中国国家标准汇编

353

GB 20851～20870

（2007 年制定）

中国标准出版社 编

中国标准出版社

北 京

图书在版编目（CIP）数据

中国国家标准汇编：2007年制定．353：GB 20851～20870/中国标准出版社编．—北京：中国标准出版社，2008

ISBN 978-7-5066-4941-4

Ⅰ．中… Ⅱ．中… Ⅲ．国家标准-汇编-中国-2007 Ⅳ．T-652．1

中国版本图书馆CIP数据核字（2008）第094982号

中国标准出版社出版发行
北京复兴门外三里河北街16号
邮政编码：100045

网址 www.spc.net.cn
电话：68523946 68517548
中国标准出版社秦皇岛印刷厂印刷
各地新华书店经销

*

开本 880×1230 1/16 印张 46 字数 1 392 千字
2008年7月第一版 2008年7月第一次印刷

*

定价 200.00 元

ISBN 978-7-5066-4941-4

出 版 说 明

1.《中国国家标准汇编》是一部大型综合性国家标准全集。自1983年起，按国家标准顺序号以精装本、平装本两种装帧形式陆续分册汇编出版。本《汇编》在一定程度上反映了我国建国以来标准化事业发展的基本情况和主要成就，是各级标准化管理机构，工矿企事业单位，农林牧副渔系统，科研、设计、教学等部门必不可少的工具书。

2. 本《汇编》收入我国正式发布的全部国家标准。各分册中如有顺序号缺号的，除特殊情况注明外，均为作废标准号或空号。

3. 由于本《汇编》的出版时间与新国家标准的发布时间已达到基本同步，我社将在每年出版前一年发布的新制定的国家标准，便于读者及时使用。出版的形式不变，分册号继续顺延。标准的属性以本书目录上标明的为准。

4. 由于标准不断修订，修订信息不能在本《汇编》中得到充分和及时的反映，根据多年来读者的要求，自1995年起，在本《汇编》汇集出版前一年发布的新制定的国家标准的同时，新增出版前一年发布的被修订的标准的汇编版本，视篇幅分设若干分册。这些修订标准汇编的正书名、版本形式与《中国国家标准汇编》相同，但不占总的分册号，仅在封面和书脊上注明“20××年修订-1，-2，-3，……”字样，作为本《汇编》的补充。读者配套购买则可收齐前一年制定和修订的全部国家标准。

5. 由于读者需求的变化，自第201分册起，仅出版精装本。

6. 2007年制修订国家标准1410项，全部收入在《中国国家标准汇编》第352～367分册和2007年修订-1～修订-23分册中。

本分册为第353分册，收入国家标准GB 20851～20870的最新版本。

中国标准出版社

2008年6月

目　　录

ICS 35.100.10
L 79

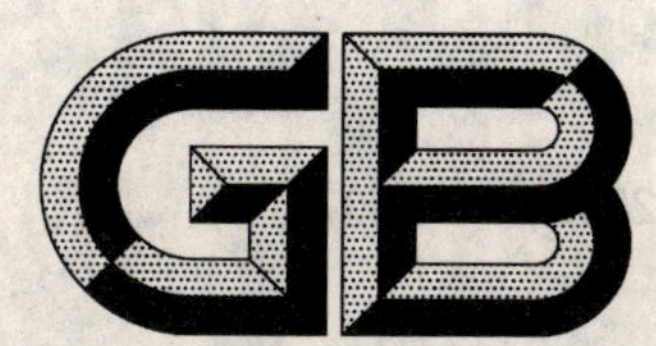

中华人民共和国国家标准

GB/T 20851.1—2007

电子收费 专用短程通信 第1部分:物理层

Electronic toll collection—Dedicated short range communication—Part1:Physical layer

2007-03-19 发布　　2007-05-01 实施

中华人民共和国国家质量监督检验检疫总局
中国国家标准化管理委员会
发布

前言

GB/T 20851—2007《电子收费 专用短程通信》分为：

——第1部分：物理层；

——第2部分：数据链路层；

——第3部分：应用层；

——第4部分：设备应用；

——第5部分：物理层主要参数测试方法。

本部分为GB/T 20851—2007的第1部分。

本部分由全国智能运输系统标准化技术委员会(SAC/TC 268)提出并归口。

本部分起草单位：交通部公路科学研究院、深圳市金溢科技有限公司。

本部分主要起草人：肖迪、李兴锐、杨蕴、宋向辉、赖展军。

电子收费 专用短程通信
第1部分:物理层

1 范围

本部分规定了用于电子收费(ETC)的专用短程通信(DSRC)物理层的技术要求。

本部分适用于公路电子收费系统,自动车辆识别、车辆出入管理、城市道路收费等领域可参照使用。

2 规范性引用文件

下列文件中的条款通过GB/T 20851的本部分的引用而成为本部分的条款。凡是注日期的引用文件,其随后所有的修改单(不包括勘误的内容)或修订版均不适用于本部分,然而,鼓励根据本部分达成协议的各方研究是否可使用这些文件的最新版本。凡是不注日期的引用文件,其最新版本适用于本部分。

GB/T 9410—1988 移动通信天线通用技术规范

GB/T 13622—1992 无线电管理术语

GB/T 14733.7—1993 电信术语 振荡、信号和相关器件

GB/T 14733.9—1993 电信术语 无线电波传播

GB/T 20839—2007 智能运输系统 通用术语

3 术语和定义

GB/T 9410—1988、GB/T 13622—1992、GB/T 14733.7—1993、GB/T 14733.9—1993 和 GB/T 20839—2007 中确立的以及下列术语和定义适用于本部分。

3.1

唤醒 wakeup

车载单元(OBU)由休眠状态转换为工作状态的过程。

3.2

前导码 preamble

物理层帧信息的前置信号,与链路层无关,可以是调制或者未调制的载波。

3.3

后导码 post-amble

物理层帧信息的后置信号,与链路层无关,可以是调制或者未调制的载波。

4 符号和缩略语

4.1 符号

下列符号适用于本部分。

dBm 表征功率与1 mW的比值,0 dBm=1 mW

RSUt 路侧单元发射天线

RSUr 路侧单元接收天线

4.2 缩略语

下列缩略语适用于本部分。

ASK　幅移键控(Amplitude Shift Keying)
BER　位误码率(Bit Error Rate)
DSRC　专用短程通信(Dedicated Short Range Communication)
e. i. r. p　等效全向辐射功率(Equivalent Isotropically Radiated Power)
ETC　电子收费(Electronic Toll Collection)
FSK　频移键控(Frequency Shift Keying)
OBU　车载单元(On Board Unit)
RSU　路侧单元(Roadside Unit)
XPD　交叉极化鉴别率(Cross Polarization Discrimination)

5　技术要求

5.1　基本要求

物理层包括上、下行链路的要求。

物理层链路包括 A 和 B 两类要求，A 类主要应满足基本的 ETC 应用，B 类在满足 ETC 应用的基础上，还应满足较高速率数据传输应用。

载波频率、e. i. r. p 和杂散发射的要求应符合有关主管部门规定。

5.2　下行链路

下行链路技术要求见表 1。

表 1　下行链路技术要求

序号	参数		A 类	B 类
1	载波频率	信道 1	5.830 GHz	5.830 GHz
		信道 2	5.840 GHz	5.840 GHz
2	占用带宽		≤5 MHz	≤5 MHz
3	频率容限		$\pm 10\times 10^{-6}$	$\pm 5\times 10^{-6}$
4	e. i. r. p		≤+33 dBm	≤+33 dBm
5	杂散发射	30 MHz～1 000 MHz	≤−36 dBm/100 kHz	≤−36 dBm/100 kHz
		2 400 MHz～2 483.5 MHz	≤−40 dBm/1 MHz	≤−40 dBm/1 MHz
		3 400 MHz～3 530 MHz	≤−40 dBm/1 MHz	≤−40 dBm/1 MHz
		5 725 MHz～5 850 MHz[a]	≤−33 dBm/100 kHz	≤−33 dBm/100 kHz
		其他 1 GHz～20 GHz	≤−30 dBm/1 MHz	≤−30 dBm/1 MHz
6	邻道泄漏功率比		−30 dB	−30 dB
7	天线半功率波瓣宽度	水平面	<38°	<38°
		垂直面	<45°	<45°
8	天线极化		右旋圆极化	右旋圆极化
9	XPD	最大增益方向	RSUt≥15 dB	RSUt≥15 dB
		−3 dB 区域	RSUt≥10 dB	RSUt≥10 dB
10	调制方式		ASK	FSK
11	调制系数/调制误差		调制系数：0.5～0.9	调制误差：−200 kHz～+200 kHz

表 1(续)

序号	参数	A类	B类
12	频率偏移	—	±512 kHz
13	编码方式	FM0	MANCHESTER
14	位速率	256 kbit/s	1 Mbit/s
15	位时钟精度	$\pm 100\times 10^{-6}$	$\pm 20\times 10^{-6}$
16	OBU 唤醒方式	15～17 个周期 14 kHz 方波[b]	15～17 个周期 14 kHz 方波[b]
17	OBU 唤醒时间	<5 ms	<5 ms
18	OBU 唤醒灵敏度	≤−40 dBm	≤−40 dBm
19	OBU 接收灵敏度	≤−50 dBm	≤−70 dBm
20	OBU 接收带宽	5.825 GHz～5.845 GHz	5.825 GHz～5.845 GHz
21	BER	10×10^{-6} 以内	1×10^{-6} 以内
22	前导码	16 位"0"	16 位"0"
23	后导码	最多 8 位	最多 8 位

[a] 对应载波 2.5 倍信道带宽以外。

[b] RSU 强制要求发送该波形;OBU 可选择被该波形唤醒或者被正常通信帧信号唤醒。

5.3 上行链路

上行链路技术要求见表 2。

表 2 上行链路技术要求

序号	参数		A 类	B 类
1	载波频率	信道 1	5.790 GHz	5.790 GHz
		信道 2	5.800 GHz	5.800 GHz
2	占用带宽		≤5 MHz	≤5 MHz
3	频率容限		$\pm 200\times 10^{-6}$	$\pm 20\times 10^{-6}$
4	e.i.r.p		≤+10 dBm	≤+10 dBm
5	杂散发射	30 MHz～1 000 MHz	≤−36 dBm/100 kHz	≤−36 dBm/100 kHz
		2 400 MHz～2 483.5 MHz	≤−40 dBm/1 MHz	≤−40 dBm/1 MHz
		3 400 MHz～3 530 MHz	≤−40 dBm/1 MHz	≤−40 dBm/1 MHz
		5 725 MHz～5 850 MHz[a]	≤−33 dBm/100 kHz	≤−33 dBm/100 kHz
		其他 1 GHz～20 GHz	≤−30 dBm/1 MHz	≤−30 dBm/1 MHz
6	邻道泄漏功率比		30 dB	30 dB
7	天线半功率波瓣宽度		<70°	<70°
8	天线极化		线极化或右旋圆极化	线极化或右旋圆极化
9	XPD	最大增益方向	RSUr≥15 dB	RSUr≥15 dB
		−3 dB 区域	RSUr≥10 dB	RSUr≥10 dB
10	调制方式		ASK	FSK

表 2(续)

序号	参数	A 类	B 类
11	调制系数/调制误差	调制系数:0.5～0.9	调制误差:−200 kHz～+200 kHz
12	频率偏移	—	±512 kHz
13	编码方式	FM0	MANCHESTER
14	位速率	512 kbit/s	1 Mbit/s
15	位时钟精度	$\pm100\times10^{-6}$	$\pm20\times10^{-6}$
16	RSU 接收灵敏度	≤−70 dBm	≤−70 dBm
17	BER	10×10^{-6}以内	1×10^{-6}以内
18	前导码	16 位“0”	16 位“0”
19	后导码	最多 8 位	最多 8 位

[a] 对应载波 2.5 倍信道带宽以外。

参 考 文 献

[1]《关于使用5.8 GHz频段频率事宜的通知》.中华人民共和国信息产业部.信部无[2002]277号 2002年7月2日.

ICS 35.100.20
L 79

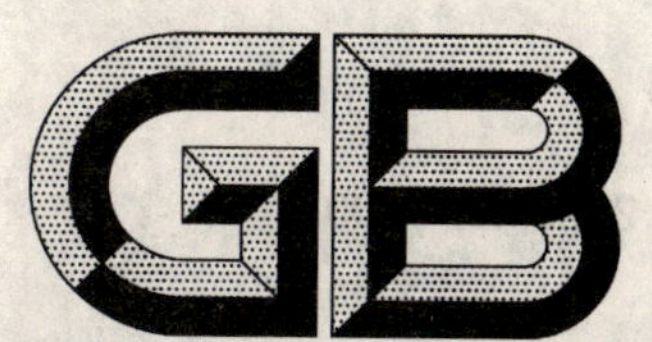

中华人民共和国国家标准

GB/T 20851.2—2007

电子收费　专用短程通信
第2部分:数据链路层

Electronic toll collection—Dedicated short range communication—
Part 2: Data link layer

2007-03-19 发布　　　　2007-05-01 实施

中华人民共和国国家质量监督检验检疫总局
中国国家标准化管理委员会　发布

前　言

GB/T 20851—2007《电子收费　专用短程通信》分为：

——第 1 部分：物理层；

——第 2 部分：数据链路层；

——第 3 部分：应用层；

——第 4 部分：设备应用；

——第 5 部分：物理层主要参数测试方法。

本部分为 GB/T 20851—2007 的第 2 部分。

本部分的附录 A 为资料性附录。

本部分由全国智能运输系统标准化技术委员会(SAC/TC 268)提出并归口。

本部分起草单位：交通部公路科学研究院、深圳市金溢科技有限公司、北京邮电大学。

本部分主要起草人：杨蕴、张北海、刘咏平、陈丙勋、宋向辉、赵荣华。

电子收费　专用短程通信
第2部分:数据链路层

1　范围

本部分规定了电子收费专用短程通信数据链路层的关键参数、通信帧、专用通信链路建立、MAC子层、LLC子层等内容。

本部分适用于公路电子收费系统RSU和OBU间的通信,自动车辆识别、车辆出入管理、城市道路收费等领域可参照使用。

2　规范性引用文件

下列文件中的条款通过GB/T 20851的本部分的引用而成为本部分的条款。凡是注日期的引用文件,其随后所有的修改单(不包括勘误的内容)或修订版均不适用于本部分,然而,鼓励根据本部分达成协议的各方研究是否可使用这些文件的最新版本。凡是不注日期的引用文件,其最新版本适用于本部分。

GB/T 7496—1987　信息处理系统　数据通信　高级数据链路控制规程　帧结构(ISO 3309:1984,IDT)

GB/T 20135—2006　智能运输系统　电子收费　系统框架模型

GB/T 20839—2007　智能运输系统　通用术语

GB/T 20851.1—2007　电子收费　专用短程通信　第1部分:物理层

3　术语、定义

GB/T 20839—2007和GB/T 20851.1—2007中确立的术语和定义适用于本部分。

4　符号和缩略语

4.1　符号

下列符号适用于本部分。

V(RB)　接收成败状态变量

V(RI)　接收序列状态变量

V(SI)　发送序列状态变量

4.2　缩略语

下列缩略语适用于本部分。

ACK　确认(Acknowledge)

ACn　有确认的命令/响应(Acknowledged Command/Response)

BST　信标服务表(Beacon Service Table)

C/R　命令/响应(Command/Response)

F　结束(Final)

FCS　帧校验序列(Frame Check Sequence)

LID　链路标识(Link Identifier)

LLC　逻辑链路控制(Logical Link Control)

LPDU　逻辑链路控制协议数据单元(LLC Protocol Data Unit)

LSDU　逻辑链路控制服务数据单元(LLC Service Data Unit)

LSB　最低有效位(Least Significant Bit)

MSB　最高有效位(Most Significant Bit)

M　修改功能位(Modifier function bit)

MAC　媒体访问控制(Medium Access Control)

OBU　车载单元(On Board Unit)

PDU　协议数据单元(Protocol Data Unit)

P/F　询问/终止(Poll/Final)

R　响应(Response)

RSU　路侧单元(Roadside Unit)

UI　无编号信息(Unnumbered Information)

VST　车辆服务表(Vehicle Service Table)

5　链路层主要参数

链路层主要参数见表1。

表1　链路层主要参数

参　数	参数定义	参数取值
T1	下行链路帧与后面相邻的上行链路帧的最短间隔时间	160 μs
T2	上行链路帧与后面相邻下行链路帧的最短间隔时间	32 μs
T3	下行链路帧与后面相邻下行链路帧的最短间隔时间	10 μs
Tu	时间单位	448 μs
N1	专用链路建立请求延时计数器	0～7
N2	第二层帧的最长八位位组数	128
N3	内部传送计数器	—
N4	确认定时器	—
注：本部分对N3、N4的参数取值不做规定。		

6　信息帧

6.1　信息帧格式

数据链路层信息交互应以帧形式进行，帧包含MAC地址、MAC控制域、LPDU(可选)和帧校验几部分。根据LPDU的类型又分为含命令LPDU的帧和含响应LPDU的帧，分别见图1和图2。

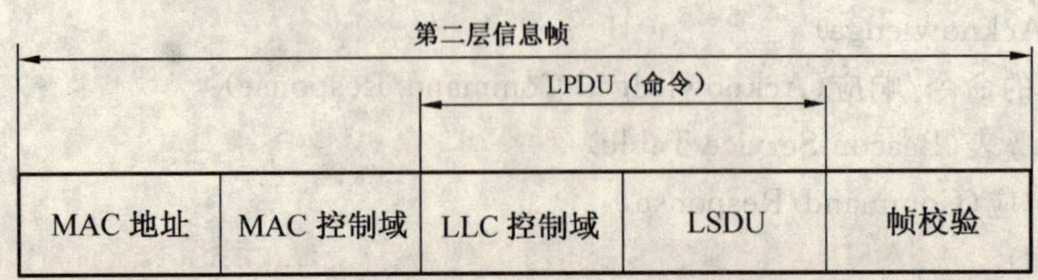

图1　含命令LPDU的信息帧结构

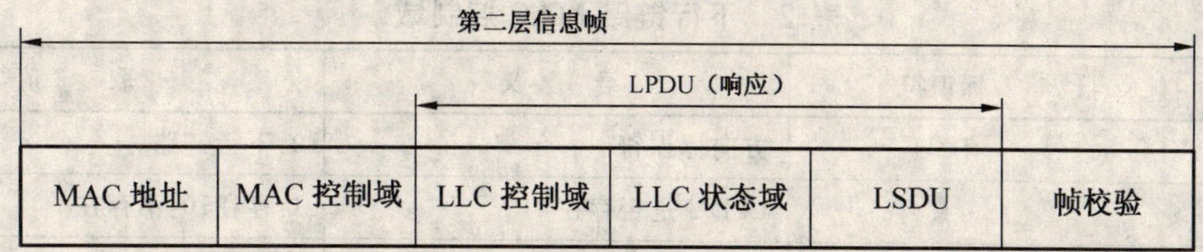

图 2　含响应 LPDU 的信息帧结构

不包含 LPDU 域的帧结构见图 3。

第二层信息帧

MAC 地址	MAC 控制域	帧校验

图 3　不包含 LPDU 域的帧结构

6.2　帧封装方式

6.2.1　帧封装格式

信息帧采用同步传输方式，帧封装格式见图 4。

图 4　第二层信息帧封装格式

6.2.2　帧起始标志和帧结束标志

帧起始标志和帧结束标志格式均为二进制序列 0111　1110。

前一帧的帧结束标志不能作为后一帧的帧起始标志。

如果接收端收到多个连续的帧起始标志，则以最后一个作为帧的起始。

6.2.3　前导码和后导码

前导码和后导码的规定见 GB/T 20851.1—2007 的 5.2 和 5.3。

6.2.4　透明传输

帧起始标志和帧结束标志间的信息，不含帧起始标志和帧结束标志，都应进行插 0 处理，过程如下。

发送端连续发送五个“1”后插入一个“0”。

接收端连续收到五个“1”时检查第六个比特。如果第六个比特为“0”，则删除该“0”；如果为“1”，则检查第七个比特。如果第七个比特为“0”，表示起始或者结束标志；如果为“1”，则接收端视该信息帧为无效帧，并舍弃。

6.2.5　MAC 地址

媒体访问地址分为广播 MAC 地址和专用 MAC 地址。广播 MAC 地址用于 RSU 对所有 OBU 的访问；专用 MAC 地址用于对某特定 OBU 的访问。

广播 MAC 地址取值应为 32 位全“1”比特：0xFFFFFFFF；专用 MAC 地址取值应为 32 位非全“1”比特。

6.3　MAC 控制域

6.3.1　下行链路的 MAC 控制域

下行链路的 MAC 控制域由 RSU 发送的帧使用。格式见表 2。

表 2 下行链路 MAC 控制域

比特位	标识符	含 义	取 值
7	D/U	方向标识符	0:下行链路
6	L	LPDU 是否存在	1:存在;0:不存在
5	C/R	命令/响应	0:命令
4	Q	广播信息,只有 MAC 地址为全 1 才有效	0:不寻求建立专用链路; 1:寻求建立专用链路
3-0	—	保留	—

6.3.2 上行链路的 MAC 控制域

上行链路的 MAC 控制域由 OBU 发送的帧使用。格式见表 3。

表 3 上行链路 MAC 控制域

比特位	标识符	含 义	取 值
7	D/U	方向标识符	1:上行链路
6	L	LPDU 是否存在	1:存在;0:不存在
5	C/R	命令/响应	1:响应
4-0	—	保留	—

6.4 LPDU 格式

LPDU 格式见 9.3。

6.5 帧校验序列

帧结束标志前应有 16 比特的 FCS。FCS 的计算范围包括 MAC 地址、MAC 控制域和 LPDU。

FCS 应符合 GB/T 7496—1987 中定义的 16 比特帧校验序列。生成多项式为 $X^{16}+X^{12}+X^{5}+1$,使用的初始值是 0xFFFF。

6.6 比特顺序

帧起始标志、帧结束标志、MAC 地址、MAC 控制域和 LPDU 应先传送 LSB。FCS 应从 MSB 开始传送。

7 专用通信链路建立与撤销

7.1 专用通信链路建立

RSU 与 OBU 之间的通信支持广播和点对点两种方式。

广播方式下,RSU 与 OBU 之间不需要建立专用通信链路,以广播 MAC 地址作为链路标识,所有 OBU 都能接收 RSU 发出的信息。

点对点方式下,RSU 与 OBU 之间需建立专用通信链路,该链路以专用 MAC 地址作为唯一标识。专用链路的建立过程如下:

a) RSU 周期性广播 Q 为 1 的特定信息;

b) 通信区域内 OBU 收到该信息后,随机延时 N1 个时间单位 Tu;

c) OBU 发送包括其 MAC 地址的信息到 RSU;

d) RSU 确认收到合法帧后,登记对应的 OBU MAC 地址,并以该 MAC 地址与对应的 OBU 通信;

e) OBU 收到带本 OBU MAC 地址的下行链路帧后,专用链路建立成功。

7.2 专用通信链路撤销

专用通信链路的撤销以及 RSU 对 OBU MAC 地址的注销,由 RSU 逻辑自行确定。

8 MAC子层

8.1 MAC服务原语

MAC子层面向LLC子层提供以下服务原语：

a) MAC. request：LLC子层发送给MAC子层，请求发送一个LPDU；

b) MAC. indication：MAC子层发送到LLC子层，指示成功收到一个LPDU。

RSU与OBU中的MAC子层服务原语分别为B-MAC原语与M-MAC原语，见表4。

表4 MAC服务原语

服务原语	条 目	描 述
B-MAC. request	原型	B-MAC. request(MAC地址，LPDU)
	功能	LLC子层发送到MAC子层，请求发送一个LPDU给OBU
	参数	MAC地址：要发送给OBU的MAC地址，它可以是专用MAC地址、广播MAC地址； LPDU：链路协议数据单元
B-MAC. indication	原型	B-MAC. indication(MAC地址，LPDU)
	功能	MAC子层发送到LLC子层，指示成功接收到一个有效帧
	参数	MAC地址：接收到的帧中MAC地址域的内容； LPDU：链路协议数据单元
M-MAC. request	原型	M-MAC. request(MAC地址，LPDU)
	功能	LLC子层发送到MAC子层以请求发送一个LPDU给RSU
	参数	MAC地址：OBU的专用MAC地址； LPDU：链路协议数据单元
M-MAC. indication	原型	M-MAC. indication(MAC地址，LPDU)
	功能	MAC子层发送到LLC子层，指示成功接收到一个有效帧
	参数	MAC地址：是接收到的帧中MAC地址域的内容； LPDU：链路协议数据单元

8.2 MAC服务描述

8.2.1 RSU MAC服务

8.2.1.1 专用链路建立

RSU广播Q等于1的特定BST信息，OBU以专用MAC地址响应该BST信息。

RSU确认收到合法帧后，登记OBU的MAC地址，并采用该MAC地址与OBU通信；OBU端的处理过程见8.2.2.1。

8.2.1.2 帧接收

8.2.1.2.1 检测帧的有效性

MAC子层应检查所有接收到的帧的有效性，依据条件如下：

a) 帧起始标志和帧结束标志符合6.2.2的规定；

b) 去掉为保持透明性而插入的0比特后，该帧包含的比特数应为8的整数倍，且不多于N2个八位位组；

c) 包含一个有效的专用MAC地址，如果已经建立专用链路，则此MAC地址应与专用链路的MAC地址相符；

d) 包含一个符合要求的MAC控制域；

e) 包含一个有效的FCS。

8.2.1.2.2 信息接收

如果接收到的有效帧的 L 比特为 1,表明该帧包含一个 LPDU。从帧中提取 LPDU 和 MAC 地址域的内容,以 B-MAC. indication 形式传送给 LLC 子层。

如果接收到的有效帧的 L 比特为 0,表明该帧不包含 LPDU。

8.2.1.3 帧发送

RSU MAC 接收 LLC 提供的 LPDU,并根据帧格式构建一个帧,MAC 控制域的 L 比特应置 1,D 比特应置 0,如果为广播信息则根据是否要寻求建立专用链路设置 Q。然后将该帧传送给低层。

8.2.2 OBU MAC 服务

8.2.2.1 专用链路建立

OBU 接收到发自广播 MAC 地址且 Q 等于 1 的广播后,以专用 MAC 地址向 RSU 发送信息。

OBU 收到第一个与自身 MAC 地址相符的下行帧后表示专用链路建立。

8.2.2.2 帧接收

8.2.2.2.1 检测帧的有效性

MAC 子层应检查所有接收到的帧的有效性:

a) 帧起始标志和帧结束标志符合 6.2.2 的规定;

b) 去掉为保持透明性而插入的 0 比特后,该帧包含的比特数应为 8 的整数倍,且不多于 N2 个八位位组;

c) 包含一个有效地址域指示合法 MAC 地址;

d) 包含一个符合要求的 MAC 控制域;

e) 包含一个有效的 FCS。

8.2.2.2.2 信息接收

如果接收到的有效帧的 L 比特为 1,表明该帧包含一个 LPDU。从帧中提取 LPDU 和 MAC 地址域的内容,以 M-MAC. indication 形式传送给 LLC 子层。

8.2.2.3 帧发送

OBU MAC 接收 LLC 提供的 LPDU,并根据帧格式构建一个帧,MAC 控制域的 L 比特和 D 比特应置 1。然后将该帧传送给低层。

9 LLC 子层

9.1 总则

LLC 产生用于传输的命令 PDU 和响应 PDU,并解释接收的命令 PDU 和响应 PDU。LLC 规定的功能包括:

a) 控制信息的初始化;

b) 组织数据流;

c) 解释接收到的命令 PDU 并生成适当的响应 PDU;

d) LLC 子层的差错控制与差错恢复。

LLC 子层规定对等实体间信息和控制传输的协议进程,其逻辑链路控制操作包括两种类型。

类型 1 操作规定一个具有最小协议复杂度的不确认无连接方式的服务。在上层提供了基本数据恢复和顺序功能时使用此类型操作。

类型 3 操作规定一个确认无连接方式的数据单元交换服务,它允许一个站点在传送数据的同时又请求回传数据。

9.2 LLC 子层服务规范

9.2.1 总则

LLC 子层规定 LLC 子层用户对 LLC 子层所要求的服务,这些服务使 LLC 子层用户可利用 LLC

子层进行数据包交换。

LLC 子层提供两种服务方式:不确认无连接方式和确认无连接方式。

不确认无连接方式:该数据传输服务提供一组方法,使数据链路用户实体可采取不确认的方式交换 LSDU,而无需在数据链路层上建立连接。该数据传输可以是点对点、组播或广播。

确认无连接方式:该数据单元交换服务提供一组方法,使数据链路用户实体可以在不建立数据链路连接的情况下交换 LSDU,并在 LLC 子层进行确认。该数据交换是点对点的。

9.2.2 交互过程概述

9.2.2.1 不确认无连接方式服务

与不确认无连接方式数据传送有关的原语是:

DL-UNITDATA. request

DL-UNITDATA. indication

DL-UNITDATA. request 从 LLC 子层用户传递给 LLC 子层,请求使用不确认无连接方式发送一个 LSDU。

DL-UNITDATA. indication 从 LLC 子层传递给 LLC 子层用户,指示一个 LSDU 的到达。

9.2.2.2 确认无连接方式服务

9.2.2.2.1 确认无连接方式数据传送

与确认无连接方式数据单元传送服务相关的原语是:

DL-DATA-ACK. request

DL-DATA-ACK. indication

DL-DATA-ACK_STATUS. indication

DL-DATA-ACK. request 从 LLC 子层用户传递给 LLC 子层,请求使用确认无连接方式数据单元传送过程发送一个 LSDU。

DL-DATA-ACK. indication 从 LLC 子层传递给 LLC 子层用户,指示一个命令 PDU 的到达,该 PDU 仅被用作再同步时除外。

DL-DATA-ACK-STATUS. indication 从 LLC 子层传递给 LLC 子层用户,传达之前与其对应的 DL-DATA-ACK. request 的执行结果。

9.2.2.2.2 确认无连接方式数据交换

与确认无连接方式数据单元交换服务相关的原语是:

DL-REPLY. request

DL-REPLY. indication

DL-REPLY-STATUS. indication

DL-REPLY. request 从 LLC 子层用户传递给 LLC 子层,请求使用确认无连接方式数据单元交换过程从一个远端站点返回一个 LSDU 或在站点之间交换 LSDU。

DL-REPLY. indication 从 LLC 子层传递给 LLC 子层用户,指示一个命令 PDU 的到达。

DL-REPLY-STATUS. indication 从 LLC 子层传递给 LLC 子层用户,传达之前与其对应的 DL-REPLY. request 的执行结果。

9.2.2.2.3 确认无连接方式待传数据更新

与确认无连接方式待传数据更新服务相关的原语是:

DL-REPLY-UPDATE. request

DL-REPLY-UPDATE-STATUS. indication

DL-REPLY-UPDATE. request 从 LLC 子层用户传递给 LLC 子层,请求 LLC 子层保存一个 LSDU,并且在稍后其他站点请求 LSDU 时发送。

DL-REPLY-UPDATE-STATUS. indication 从 LLC 子层传递给 LLC 子层用户,传达之前与其对

应的 DL-REPLY-UPDATE. request 的执行结果。

9.2.3 详细服务规范

9.2.3.1 总则

详细服务规范详细规定 LLC 的服务原语及其参数，显示 LLC 与上层协议层间信息传送关系的逻辑序列图见图 5。

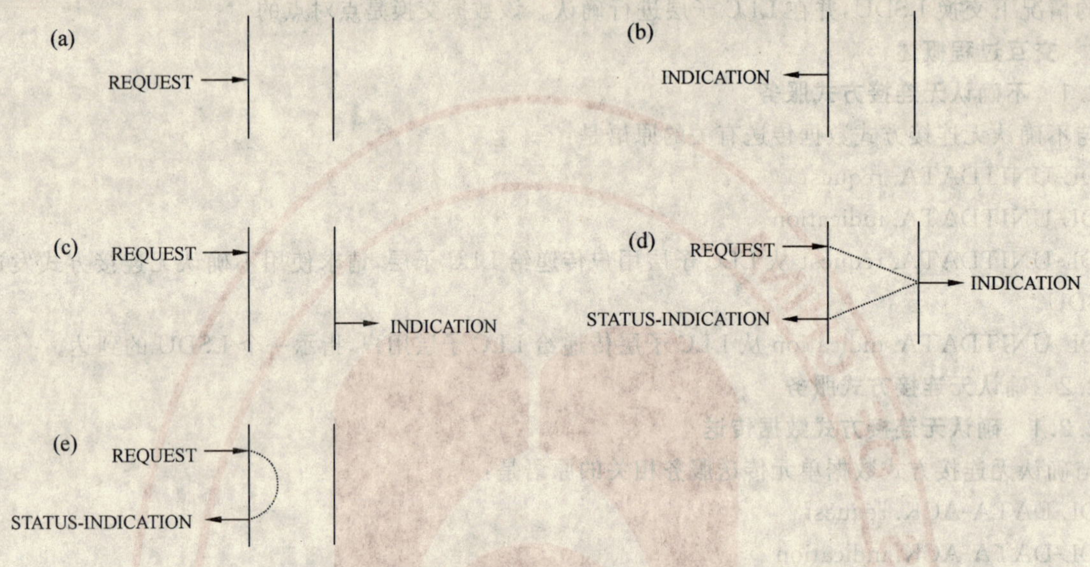

图 5 逻辑序列图

9.2.3.2 **DL-UNITDATA. request**

不确认无连接方式数据传送服务的服务请求原语。

OBU 的 DL-UNITDATA. request 应提供如下参数：

DL-UNITDATA. request (
LID,
data
)

LID 应指定一个专用 MAC 地址。

RSU 的 DL-UNITDATA. request 应提供如下参数：

DL-UNITDATA. request (
LID,
data,
response request
)

LID 可以指定一个专用或广播 MAC 地址。

“response request”表示是否要求 OBU 立即响应，若要求立即响应，则 RSU 随后等待应答。“response request”参数被直接传递给 MAC 子层。MAC 子层根据“response request”参数设置 Q 比特。

该原语从 LLC 子层用户传递给 LLC 子层，请求采用不确认无连接方式发送一个 LSDU。

9.2.3.3 **DL-UNITDATA. indication**

不确认无连接方式数据传送服务的服务指示原语。

该原语应提供如下参数：

DL-UNITDATA. indication (

LID,

data

)

LID 在 OBU 端应指定专用 MAC 地址，在 RSU 端可指定专用 MAC 地址或广播 MAC 地址。

该原语从 LLC 子层传递到 LLC 子层用户，指示一个 LSDU 的到达。

9.2.3.4 **DL-DATA-ACK. request**

确认无连接方式数据传送服务的服务请求原语。

该原语应提供如下参数：

DL-DATA-ACK. request (

LID,

data

)

LID 应指定专用 MAC 地址。

该原语从 LLC 子层用户传递到 LLC 子层，请求使用确认无连接方式传送一个 LSDU。

9.2.3.5 **DL-DATA-ACK. indication**

确认无连接方式数据传送服务的服务指示原语。

该原语应提供如下参数：

DL-DATA-ACK. indication (

LID,

data

)

LID 应指定一个专用 MAC 地址。

该原语从 LLC 子层传递给 LLC 子层用户，用来指示一个非空、非重复 LSDU 的到达。

9.2.3.6 **DL-DATA-ACK-STATUS. indication**

确认无连接方式数据传送服务的服务状态指示原语。

该原语应提供如下参数：

DL-DATA-ACK-STATUS. indication (

LID,

status

)

LID 应指定专用 MAC 地址。

“status”指示之前与其对应的数据传送服务请求成功还是失败。

该原语从 LLC 子层传递给 LLC 子层用户，指示之前与其对应的确认无连接方式数据单元传送服务请求成功还是失败。

9.2.3.7 **DL-REPLY. request**

确认无连接方式数据交换服务的服务请求原语。

该原语应提供如下参数：

DL-REPLY. request (

LID,

data

)

LID 应指定专用 MAC 地址。

该原语从 LLC 子层用户传递给 LLC 子层，请求使用确认无连接方式数据交换过程向远端站点请求预先准备好的 LSDU,或与远端站点交换 LSDU。

9.2.3.8 **DL-REPLY. indication**

确认无连接方式数据交换服务的服务指示原语。

该原语应提供如下参数:

DL-REPLY. indication (
LID,
data
)

LID 应指定专用 MAC 地址。

该原语从 LLC 子层传递给 LLC 子层用户,指示成功的从远端站点接收到一个对 LSDU 的请求,或指示其与远端站点 LSDU 的交换。

向请求站点传送预先准备好的 LSDU 不应破坏该 LSDU 的原始拷贝。后续任何站点发来的数据请求都会以相同的 LSDU 作为响应,直到使用 DL-REPLY-UPDATE. request 用新的信息替换该 LSDU。

9.2.3.9 **DL-REPLY-STATUS. indication**

确认无连接方式数据交换服务的服务状态指示原语。

该原语应提供如下参数:

DL-REPLY-STATUS. indication (
LID,
data,
status
)

LID 应指定专用 MAC 地址。

"status"指示之前与其对应的确认无连接方式数据交换请求是成功还是失败。

该原语从 LLC 子层传递给 LLC 子层用户,指示之前与其对应的确认无连接方式数据交换请求是成功还是失败,并将 LSDU 传递给 LLC 子层用户。

9.2.3.10 **DL-REPLY-UPDATE. request**

应答数据单元准备服务的服务请求原语。

该原语应提供如下参数:

DL-REPLY-UPDATE. request (
LID,
data
)

LID 应指定专用 MAC 地址。

该原语从 LLC 子层用户传递给 LLC 子层,请求 LLC 子层保存一个 LSDU,用于稍后的传送请求。

9.2.3.11 **DL-REPLY-UPDATE-STATUS. indication**

应答数据单元准备服务的服务确认原语。

该原语应提供如下参数:

DL-REPLY-STATUS. indication (
LID
status
)

LID 应指定专用 MAC 地址。

"status"指示先前相关的应答数据单元准备请求是成功还是失败。

该原语由 LLC 子层传递给 LLC 子层用户，指示之前与其对应的数据单元准备请求是成功还是失败。

9.3 LPDU 结构

9.3.1 LPDU 格式

LPDU 格式见图 6。

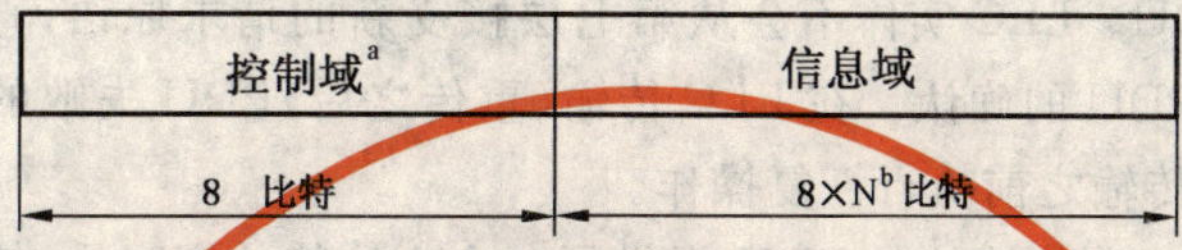

a 控制域见 9.3.2.3。

b N 为八位位组的个数，是一个大于或等于 0 的整数。

图 6 LPDU 格式

9.3.2 LPDU 元素

9.3.2.1 地址域

LLC 子层和 MAC 子层使用相同的 MAC 地址。

下行链路中的 LID 应指示 LLC 的信息域将要发往的一个或多个目的站点。上行链路中的 LID 应指示发出 LLC 信息域的源站点。

MAC 地址域的格式见 6.2.5。

9.3.2.2 C/R 比特

C/R 比特位于 MAC 控制域的第四比特。如果该比特为 0，表明该 LPDU 是一个命令；如果该比特为 1，表明该 LPDU 是一个响应。

9.3.2.3 LLC 控制域

LLC 控制域应由一个八位位组构成，用来详细定义命令和响应的功能。LLC 控制域的内容见 9.5。

9.3.2.4 信息域

信息域应由若干个(包括 0)八位位组构成。

9.3.2.5 比特顺序

MAC 子层在发送/接收响应和命令时应从 LSB 开始。信息域在传递给 MAC 子层时的比特顺序应与其从第七层接收到的比特顺序相同；信息域在传递给第七层时的比特顺序也应和从 MAC 子层接收到的比特顺序相同。

9.3.2.6 无效 LPDU

当符合下列情况之一时，LPDU 应定为无效。

a) 已被 MAC 子层识别出为无效；

b) 长度不是整数个八位位组；

c) 长度为 0(没有控制域)；

d) 没有包含有效的命令或响应控制域；

e) 包含类型 3 的命令或响应控制域，但 LID 是广播 MAC 地址；

f) 包含类型 3 的响应控制域，但在其信息域中没有 ACn 响应状态子域。

9.4 LLC 规定的两类操作

9.4.1 类型 1 操作

通过类型 1 操作，无需建立数据链路连接，就能在 LLC 实体间交换 PDU。在 LLC 子层 PDU 无需被确认，也不应有任何的流控制和差错恢复功能。

9.4.2 类型3操作

通过类型3操作,无需建立数据链路连接,就能在LLC实体间交换PDU。在LLC子层PDU都应被确认。确认功能是通过从目的LLC返回给源LLC一个包含在独立PDU中的特定响应来完成的,该PDU包含状态信息并且可以包含或不包含用户信息。

在正常的操作中,每一个类型3操作的命令PDU都应收到一个确认PDU。源LLC出于恢复目的可能会重传一个类型3的命令PDU,但是对于同一个MAC地址,LLC在等待先前的PDU的确认时不会传输一个新的类型3 PDU。LLC实体不会从第七层接受新的请求原语,直到其收到目的LLC实体对先前的"请求"原语的LPDU的确认。在LLC传输(重传之后)PDU失败的情况下,这种约束使上层能在重新开始正常的数据传输之前执行恢复操作。

LLC控制域代码交变机制为连续的PDU提供了一个1比特的序列号,使接收到命令PDU的LLC能区分该PDU是一个新的PDU还是先前接收到的PDU的副本。此外,接收确认PDU的LLC可以确信该确认信息是针对最近一次发送的PDU的。超时的确认信息应被忽略。

类型3操作定义了状态信息,该信息应由参与信息交换的站点进行维护。每个站点必须维护一个1比特序列码用于发送,一个1比特序列码用于接收。

类型3操作只用于点对点通信。

9.5 LLC程序元素

9.5.1 控制域格式

控制域格式见图7。

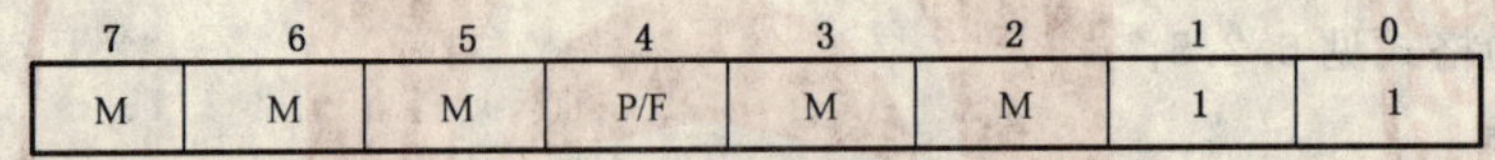

7	6	5	4	3	2	1	0
M	M	M	P/F	M	M	1	1

图7 LPDU控制域

PDU提供数据链路控制功能和信息传送。

PDU应该包含一个依照9.6.2设定的P/F比特。

9.5.2 控制域参数

9.5.2.1 类型3操作参数

9.5.2.1.1 V(SI)

发送类型3命令时,LLC应维护一个V(SI)。该变量被置成所收到的最后一个类型3响应PDU的控制域代码第八比特的值。V(SI)变量使LLC能确认其收到的确认对应于当前"尚未完成"的信息传输,同时使接收方能检测到重复的帧。

V(SI)应在建立一个新的LID时创建。

9.5.2.1.2 V(RI)

发送类型3命令时,LLC应维护一个V(RI)。该变量包含的值与收到的最后一个类型3命令的AC0或AC1控制域代码第八比特相反。V(RI)使LLC可以区分所收到的类型3命令PDU是首次接收到,还是一个先前已收到的PDU的重传。

V(RI)应在建立一个新的LID时创建。

9.5.2.1.3 V(RB)

发送类型3命令时,LLC应维护一个V(RB)。V(RB)指示最后收到的类型3命令接收是成功还是失败。V(RB)确保对重复接收到的命令PDU的响应和对原始命令PDU的响应包含相同的接收状态。如果先前一次接收失败而最近一次接收成功,接收成败状态变量V(RB)应被改变。

9.5.3 命令和响应

9.5.3.1 概述

9.5.3.2和9.5.3.3分别说明了类型1和类型3操作的每一种有效的控制域设置所对应的命令和

响应集。MAC控制域中的第四比特C/R比特用于区分命令和响应。类型1和类型3操作的命令和响应见表5。

表5 类型1和类型3操作的命令和响应

命 令	响 应
UI无编号信息	—
ACn,n=0—有确认无连接信息 序列0	ACn,n=0—有确认无连接确认 序列0
ACn,n=1—有确认无连接信息 序列1	ACn,n=1—有确认无连接确认 序列1

9.5.3.2 类型1操作命令

类型1操作命令PDU的LLC控制域见图8。

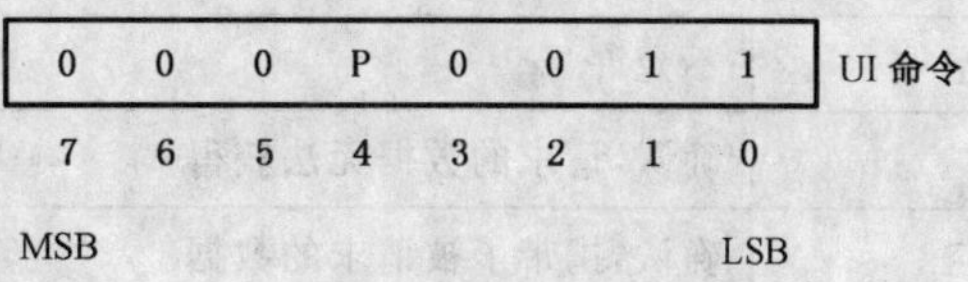

图8 类型1操作命令控制域比特分配

下行链路中,UI命令PDU用于发送信息给一个或多个OBU。上行链路中,UI命令PDU用于向一个RSU发送信息。

UI命令PDU可以在目的LLC和源LLC之间没有预先建立数据链路连接的情况下使用。对于UI命令PDU,不存在LLC响应PDU。

传送命令PDU的过程中,如果出现数据链路异常,包含在该UI命令PDU中的数据可能丢失。

9.5.3.3 类型3操作命令和响应

9.5.3.3.1 总则

类型3操作命令和响应PDU的LLC控制域见图9。

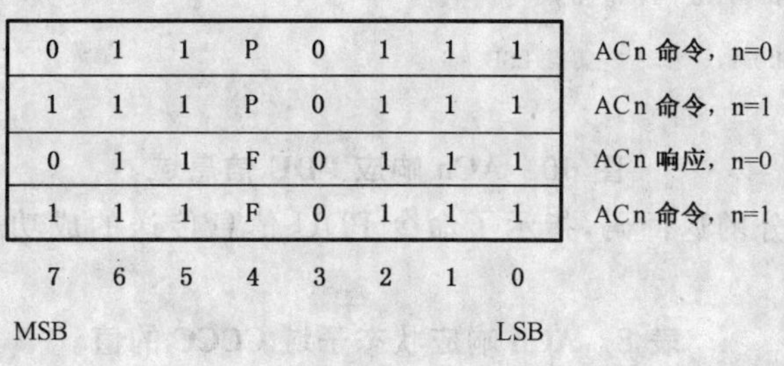

图9 类型3操作命令和响应的控制域

9.5.3.3.2 ACn命令

在类型3操作中,ACn命令PDU可在没有预先建立数据链路连接的情况下用来发送或请求信息。ACn命令PDU的使用不要求目的和源之间存在数据链路连接。接收到一个ACn命令PDU后应尽早以ACn响应PDU进行确认。ACn命令应使用专用MAC地址。ACn命令PDU的信息域可以为空或非空。若为非空,应包含一个LSDU。

9.5.3.3.3 ACn响应

在类型3操作中,使用ACn响应PDU应答一个ACn命令PDU。ACn响应PDU应发送给源LLC,并标识出进行应答的LLC。ACn响应PDU的信息域应包含一个状态子域(见9.5.3.4)。

根据P/F比特状态和LSDU是否为空,ACn命令PDU实现的功能见表6。

表 6 ACn 命令 PDU 功能表

P	LSDU	功能
0	空	再同步
0	非空	发送数据
1	空	请求数据
1	非空	交换数据

ACn 响应 PDU 实现的功能见表 7。

表 7 ACn 响应 PDU 功能表

F	LSDU	功能
0	空	再同步的确认或对接收到数据的确认
0	非空	不允许
1	空	确认,请求的数据无法获得
1	非空	确认,携带了被请求的数据

9.5.3.4 类型 3 操作的响应信息域

每个 ACn 响应 PDU 的信息域应包含一个状态子域,信息域的其它部分可以为空或非空。如果非空,则必须包含一个 LSDU。ACn 响应信息域格式见图 10。

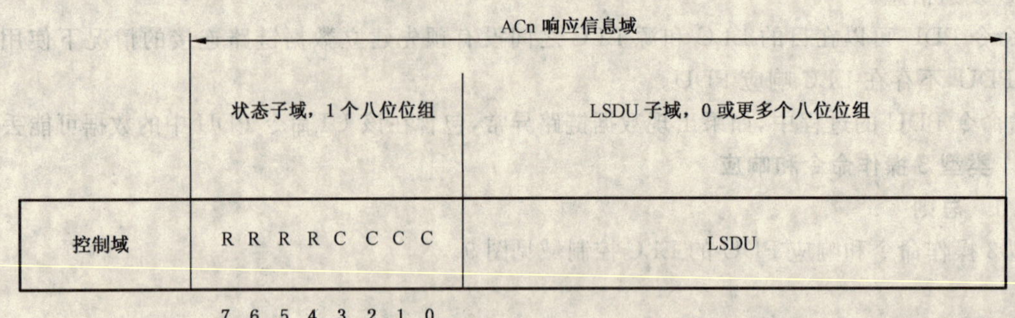

图 10 ACn 响应 PDU 信息域

状态子域中 CCCC 部分的返回码,指示了命令 PDU 信息传送的成功或失败,CCCC 的可取值见表 8。

表 8 ACn 响应状态子域 CCCC 的值

CCCC	助记符	类型	描述
0000	OK	成功	收到命令
0001	RS	永久错误	不可执行或未激活的服务
0101	UE	永久错误	LLC 用户接口错误
0110	PE	永久错误	协议错误
0111	IP	永久错误	永久的执行依赖性错误
1001	UN	暂时错误	源暂时不可用
1111	T	暂时错误	暂时的执行依赖性错误
注:所有其他 CCCC 的代码值被保留。			

状态子域中RRRR部分返回的代码指示了响应PDU信息传送的成功或失败，RRRR的可取值见表9。

表9 ACn响应状态子域中RRRR的值

RRRR	助记符	类型	描述
0000	OK	成功	响应LSDU被提交
0001	RS	永久错误	不可执行或未激活的服务
0011	NE	永久错误	没有提交响应LSDU
0100	NR	成功	没有请求响应LSDU
0101	UE	永久错误	LLC用户接口错误
0111	IP	永久错误	永久的执行依赖性错误
1001	UN	暂时错误	源暂时不可用
1111	IT	暂时错误	暂时的执行依赖性错误
注：所有其他RRRR的代码值被保留。			

如果响应PDU中的F比特为0，则RRRR子域应置成"NR"。

9.6 LLC过程描述

9.6.1 寻址过程

9.6.1.1 类型1操作过程

上行链路支持专用MAC地址。下行链路支持专用和广播MAC地址。

9.6.1.2 类型3操作过程

LID应是专用MAC地址。

9.6.2 P/F比特的使用过程

9.6.2.1 类型1操作过程

所有UI命令PDU发送时P比特置0。

9.6.2.2 类型3操作过程

如果一个命令PDU没有请求目的LLC在对其的确认中返回一个LSDU，源LLC将该ACn命令PDU的P比特置0。

如果一个命令PDU请求目的LLC在对其的确认中返回一个LSDU，源LLC将该ACn命令PDU的P比特置1。如果只希望数据从目的LLC传递给源LLC，可将命令PDU的信息域置空。

当发送一个ACn响应PDU时，目的LLC把F比特置为与接收到的ACn命令PDU中的P比特相同的值，并且只有当F比特为1时，该PDU才包含一个非空的LSDU子域。

9.6.3 链路建立过程

V(SI)、V(RI)和V(RB)应当在与其相关联的链路建立(撤消)时建立(撤消)。V(SI)创建时的初值应设置为"0"。

9.5.4 信息传送过程

9.6.4.1 类型1操作过程

信息的传送应通过发送P比特设置为"0"的UI命令PDU实现。

MAC控制域中的C/R比特用于标识出PDU中是否包含一个命令。第二层的LLC过程无需对接收到的UI命令PDU进行确认。

9.6.4.2 类型3操作过程

9.6.4.2.1 发送ACn命令

从源LLC到响应LLC的信息传输应通过发送ACn命令实现。发送LLC可以在任何时刻向任何接收 LLC 发送 ACn 命令 PDU，只要此发送 LLC 当前没有在等待来自该接收 LLC 的 ACn 响应 PDU。

当从数据链路层用户接收到一个 DL-DATA-ACK. request 时，LLC 将发送一个包含 LSDU 的 ACn 命令 PDU，其 P 比特设置为"0"。

当从数据链路层用户接收到一个 DL-REPLY. request 时，LLC 将发送一个包含 LSDU 的 ACn 命令 PDU，其 P 比特设置为"1"。

当构造 ACn 命令 PDU 时，V(SI)的值被用来确定 PDU 的 LLC 控制域代码。当 V(SI)值为"0"时，LLC 控制域代码将为 ACn，n 等于 0；当 V(SI)值为"1"时，LLC 控制域代码将为 ACn，n 等于 1。

LLC 发送一个命令 PDU 时，将为该传送启动一个确认定时器，同时将一个内部传送计数变量加 1。如果在该确认定时器超时之前没有收到 ACn 响应 PDU，则发送 LLC 将会重新传送该命令，并将内部传送计数变量加 1，复位并重新启动确认定时器。

如果仍没有收到响应 PDU，重新发送过程将反复执行，直到内部传送计数变量的值等于逻辑链路参数 N3，此时失败状态将被报告给数据链路层用户。

9.6.4.2.2 接收 ACn 命令

9.6.4.2.2.1 收到 ACn 命令 PDU 时的比较

当接收到一个 ACn 命令 PDU，LLC 将对 V(RI)与接收到的 LPDU 的 LLC 控制域代码第八比特进行比较。

如果比较的结果是相等，那么认为所接收到的 PDU 是非重发 PDU；否则认为所接收到的 PDU 是最近一次接收到的 ACn 命令 PDU 的一个重发副本。

9.6.4.2.2.2 非重发的 ACn 命令

如果接收到的 LPDU 有效、非空且 P 比特为 0，那么此 LSDU 将由 DL-DATA-ACK. indication 原语传递给数据链路层用户。

如果 P 比特为 1，所请求的应答 LSDU 可得，并且接收到的 LSDU 非空，则所接收到的 LSDU 将在 DL-REPLY. indication 原语中传递给数据链路层用户。

如果 P 比特为 1，所请求的应答 LSDU 不可得，并且接收到的 LSDU 非空，则所接收到的 LSDU 将在 DL-DATA-ACK. indication 原语中传递给数据链路层用户。

V(RI)应被置为接收到的 PDU 中 LLC 控制域代码第八比特的反码。

LLC 应当通过向 ACn 命令 PDU 的发起方发送一个 ACn 响应 PDU 对已收到的非复制 ACn 命令 PDU 进行确认，该 PDU 的 LLC 控制域第八比特被设置为 V(RI)的当前值。

如果接收到的命令 PDU 的 P 比特为"0"，发送的响应 PDU 应将 F 比特设置为"0"，并且其信息域中只包含状态子域。

如果接收到的命令 PDU 的 P 比特为 1，发送的响应 PDU 应将 F 比特设置为 1；并且如果该 LSDU 可得，则在该 PDU 信息域中应包含此 LSDU。

9.6.4.2.2.3 重发的 ACn 命令

除了以下例外情况，收到重发 ACn 命令 PDU 时的 LLC 过程与接收到非重发 PDU 的 LLC 过程相同。

a) 收到一个重发的命令 PDU 将不会对 V(RI)和 V(RB)状态变量产生影响；

b) 不管命令 PDU 中的 P 比特为何值，都不会发送 DL-DATA-ACK. indication 原语；

c) 如果在命令 PDU 中收到了一个 LSDU，将被丢弃。

9.6.4.2.3 发送 ACn 响应

只有收到一个 n 等于 1 的 ACn 命令的时候，n 等于 0 的 ACn 响应 PDU 才会被发出。

只有收到一个 n 等于 0 的 ACn 命令的时候，n 等于 1 的 ACn 响应 PDU 才会被发出。

该响应应被发送到与之相关的命令 PDU 的发送端。

响应 PDU 中的状态子域应指示资源是否空闲可用，使其成功的接收了与之关联的命令 PDU 中的信息域,以及在F比特为“1”的情况下,所请求的LSDU是否就绪,以在响应PDU中被返回。

ACn响应PDU中状态子域CCCC部分状态码的设置应参照此前存储在相应V(RB)状态变量中的接收状态。

9.6.4.2.4 **接收确认**

当传送一个ACn命令PDU给某个目的LLC后,源LLC将期待从该目的LLC处收到一个ACn PDU形式的确认。

n等于0的ACn命令应接收到n等于1的ACn确认,反之亦然。

接收到一个响应PDU后,LLC将对响应PDU中LLC控制域代码的第八比特和传送序列状态变量V(SI)的当前值进行比较。

如果比较结果为不等,则认为该响应是有效的,LLC将停止与之关联的确认定时器,将内部传送计数器复位至“0”。V(SI)状态变量将被取反。

LLC将发送一个DL-DATA-ACK-STATUS. indication原语或者DL-REPLY-STATUS. indication原语给数据链路层用户,发送何种原语取决于当前是何种请求原语正在等待确认。当响应数据在ACn响应PDU中被返回时,包含响应数据的LSDU将被传递给数据链路层用户。

LLC应根据响应PDU中状态子域的内容,将状态信息传递给数据链路层用户。

如果响应PDU中LLC控制域代码的第八比特和传送序列状态变量V(SI)的当前值的比较结果为相等,则认为该响应PDU是无效的。LLC将不会执行进一步的操作,同时继续等待收到一个有效的ACn响应PDU。确认定时器不会受到任何影响。

9.6.5 **逻辑链路参数**

9.6.5.1 **PDU中最大八位位组数N2**

N2是一个逻辑链路参数,它表示一个PDU中的八位位组的最大数目。

9.6.5.2 **PDU中最小八位位组数**

最小长度的有效命令PDU应包含控制域。因此,一个有效命令PDU的最小八位位组数应为1。

最小长度的有效ACn响应PDU应按序包含控制域和状态子域。因此,一个有效响应PDU的最小八位位组数应为2。

9.6.5.3 **信息发送最大次数N3**

N3是一个逻辑链路参数,它指出了LLC为了完成一次信息交换所进行的ACn命令PDU发送的最大次数。通常,N11被设置为足够大以克服由于链路错误所造成的PDU的丢失。N3的值也可能设置为1,这样LLC子层就不会将一个PDU重新交给MAC子层。

9.6.5.4 **确认时间N4**

确认时间决定确认定时器的周期,并由此定义源LLC期望从目的LLC接收到ACn响应PDU的最大等待时间。确认时间应考虑到MAC子层引入的延时,以及定时器的启动是在命令PDU传送开始时还是在命令PDU传送结束时。正确的操作过程要求此确认时间大于ACn命令PDU发送与相关的ACn响应PDU接收之间的正常时间间隔。RSU和OBU中的N4取值可能不同。

附 录 A
（资料性附录）
点对点通信初始化过程示例

本附录举例说明的初始化程序，主要针对某些应用中需要 RSU 与 OBU 间建立点对点通信的初始化程序。而有些应用，如 RSU 只是单方向广播讯息，则不需要如此的初始化程序。

RSU 周期性地以 UI 命令广播 BST，同时等待第一个 VST。

OBU 进入通信区时收到 BST 后交由应用层解释，如果解释的结果，显示 OBU 是进入新的通信区，而且能支持该 RSU 的服务项目，则依前面章节所叙述之方法，OBU 延时 N1 个时间单位后，以专用 MAC 地址向 RSU 发送包含 VST 的 UI 命令，并请求建立专用链路。RSU 的 MAC 子层接受此请求后，确认并登记该 MAC 地址，然后根据其专用 MAC 地址作为信息的 MAC 地址来下传信息。

BST/VST 初始化过程示意图见图 A.1 和图 A.2。

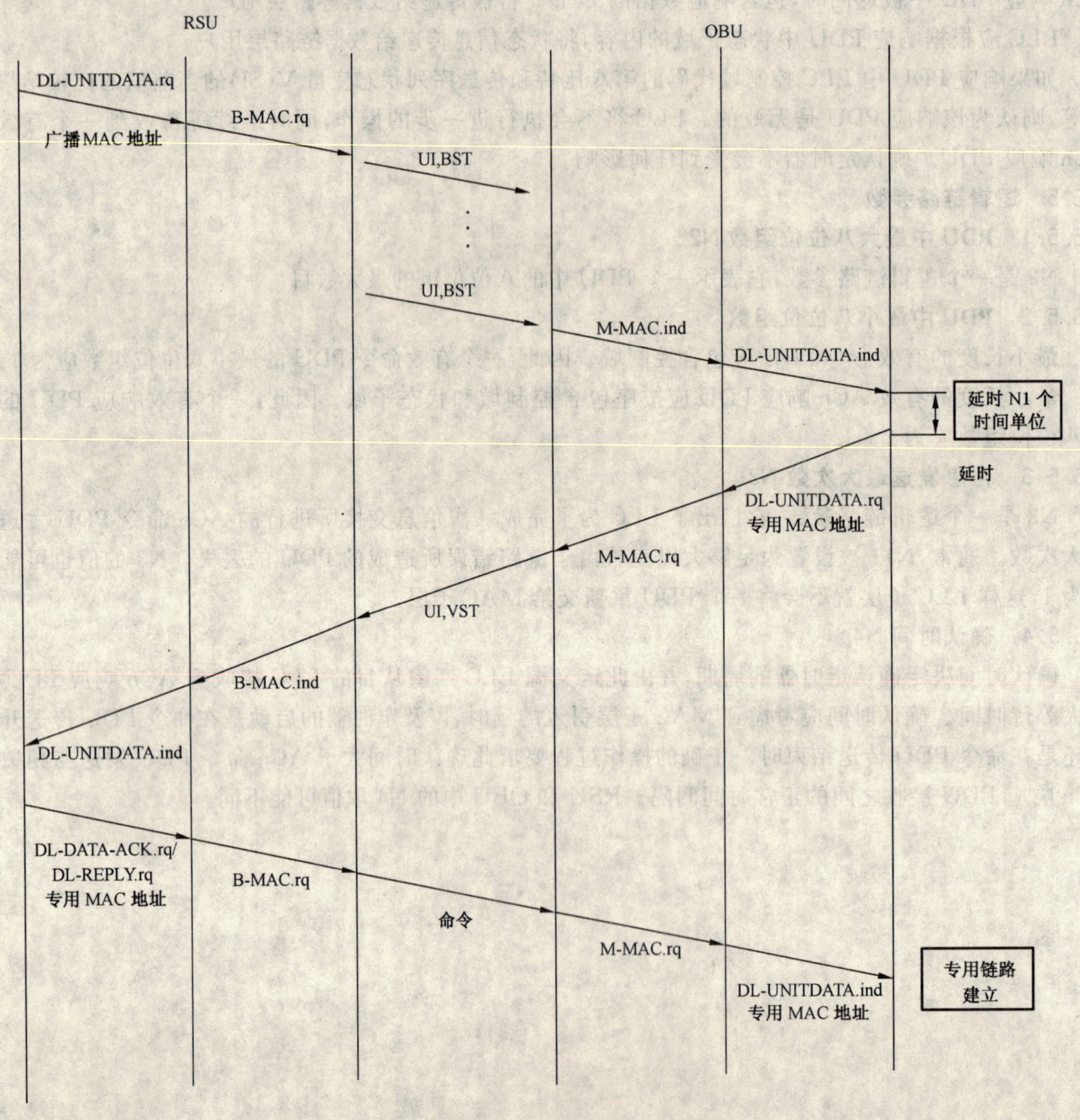

图 A.1 BST/VST 初始化过程（单个 OBU）

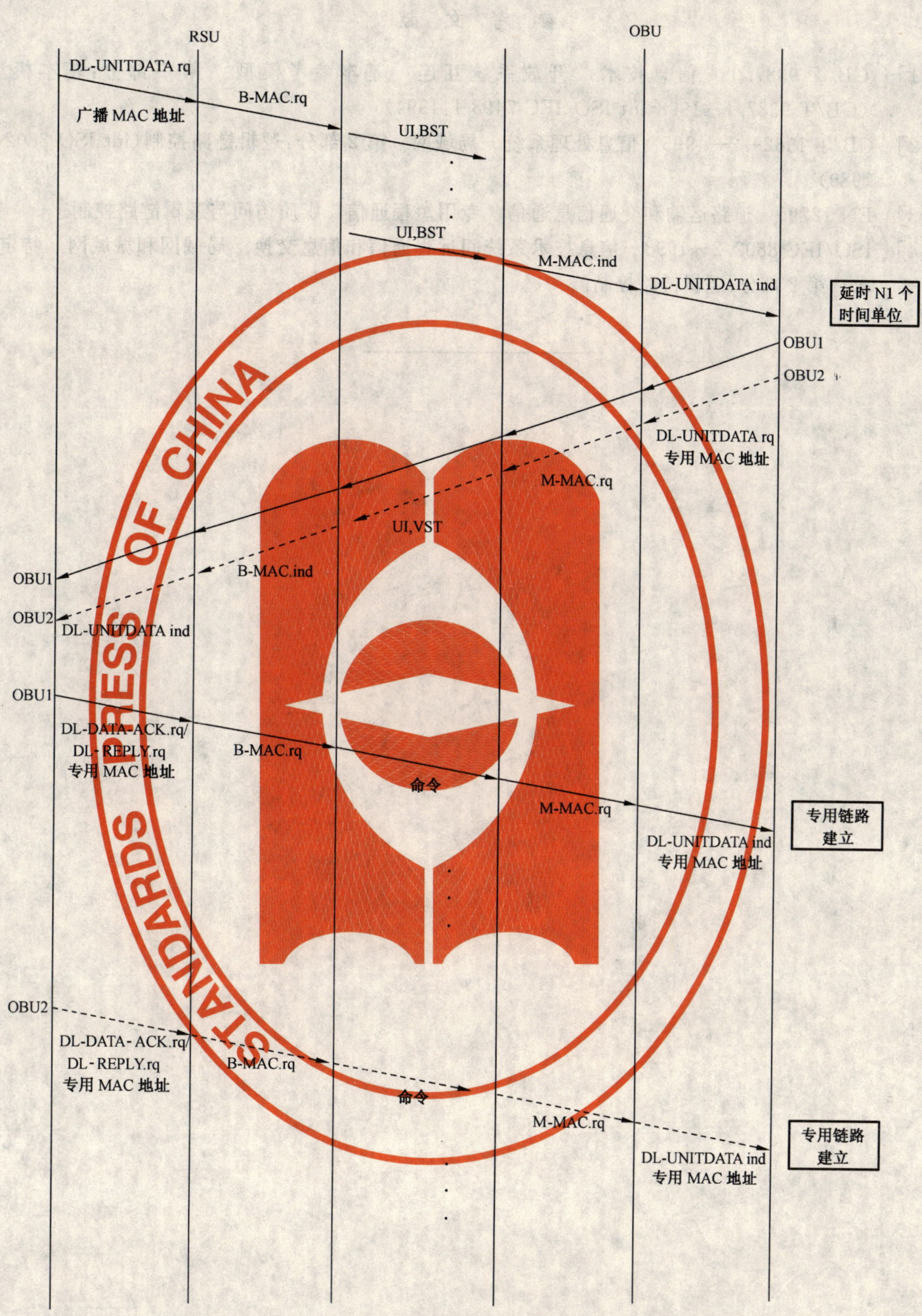

图 A.2 BST/VST 初始化过程(多个 OBU)

参 考 文 献

[1] GB/T 9387.1 信息技术 开放系统互连 基本参考模型 第1部分:基本模型(GB/T 9387.1—1998,idt ISO/IEC 7498-1:1994)

[2] GB/T 15629.2—1995 信息处理系统 局域网 第2部分:逻辑链路控制(idt ISO 8802-2:1989)

[3] EN 12795 道路运输和交通信息通信 专用短程通信 媒质访问与逻辑链路控制.

[4] ISO/IEC 8802.2—1998 信息技术系统间远程通信和信息交换 局域网和城域网 特定要求 第2部分:逻辑链路控制.

ICS 35.100.70
L 79

中华人民共和国国家标准

GB/T 20851.3—2007

电子收费 专用短程通信 第3部分：应用层

Electronic toll collection—Dedicated short range communication—Part 3: Application layer

2007-03-19 发布 2007-05-01 实施

中华人民共和国国家质量监督检验检疫总局
中国国家标准化管理委员会 发布

前言

GB/T 20851—2007《电子收费　专用短程通信》分为：

——第 1 部分：物理层；

——第 2 部分：数据链路层；

——第 3 部分：应用层；

——第 4 部分：设备应用；

——第 5 部分：物理层主要参数测试方法。

本部分为 GB/T 20851—2007 的第 3 部分。

本部分的附录 A、附录 D 为规范性附录，附录 B、附录 C 为资料性附录。

本部分由全国智能运输系统标准化技术委员会(SAC/TC 268)提出并归口。

本部分起草单位：交通部公路科学研究院、深圳市金溢科技有限公司。

本部分主要起草人：陈丙勋、宋向辉、刘咏平、杨蕴、张北海、杜水荣、黄伟斌。

电子收费 专用短程通信 第3部分:应用层

1 范围

本部分规定了电子收费(ETC)专用短程通信(DSRC)应用层的核心框架以及传送内核、初始化内核和广播内核提供的基本服务。

本部分适用于公路电子收费系统,自动车辆识别、车辆出入管理、城市道路收费等领域可参照使用。

2 规范性引用文件

下列文件中的条款通过GB/T 20851的本部分的引用而成为本部分的条款。凡是注日期的引用文件,其随后所有的修改单(不包括勘误的内容)或修订版均不适用于本部分,然而,鼓励根据本部分达成协议的各方研究是否可使用这些文件的最新版本。凡是不注日期的引用文件,其最新版本适用于本部分。

GB/T 9387.1—1998 信息技术 开放系统互连 基本参考模型 第1部分:基本模型(idt ISO/IEC 7498-1:1994)

GB/T 16262 信息技术 抽象语法记法一(ASN.1)(GB/T 16262—2006,ISO/IEC 8824:2002,IDT)

GB/T 16263.2 信息技术 ASN.1编码规则 第2部分:紧缩编码规则(PER)规范(GB/T 16263.2—2006,ISO/IEC 8825-2:2002,IDT)

GB/T 20839—2007 智能运输系统 通用术语

GB/T 20851.1—2007 电子收费 专用短程通信 第1部分:物理层

GB/T 20851.2—2007 电子收费 专用短程通信 第2部分:数据链路层

GB/T 20851.4—2007 电子收费 专用短程通信 第4部分:设备应用

3 术语和定义

GB/T 9387.1—1998和GB/T 20839—2007确立的以及下列术语和定义适用于本部分。

3.1

应用 application

DSRC协议服务的用户。

3.2

文件 file

车载单元(OBU)应用数据的基础组织单位,一般多个相关的数据单元组成一个文件。

3.3

文件标识 file identifier

文件的标识号码,同一目录下,文件标识号是唯一的。

3.4

目录标识 directory identifier

明确识别某目录的标志。

3.5

广播 broadcast

路侧单元(RSU)以广播地址发出信息,面向所有 OBU 且不需要 OBU 回复的通信应用。

3.6

初始化 initialization

RSU 发起的与 OBU 之间协商彼此通信参数和配置的过程。

3.7

层管理 layer management

提供 DSRC 通信参数的值以及采集和发布其他控制通信系统所必需的信息,用于支持通信系统的管理。

3.8

配置 profile

有关功能、性能、不同层的设置或应用处理的信息。用一个整型数值来标识。

4 缩略语

下列缩略语适用于本部分。

ADU 应用数据单元(Application Data Unit)

AID 应用标识(Application Identifier)

APDU 应用协议数据单元(Application Protocol Data Unit)

ASDU 应用服务数据单元(Application Service Data Unit)

ASN.1 抽象语法记法一(Abstract Syntax Notation One)

B-KE 广播内核(Broadcast Kernel)

BST 信标服务表(Beacon Service Table)

DID 目录标识(Directory Identifier)

DSRC 专用短程通信(Dedicated Short Range Communication)

ETC 电子收费(Electronic Toll Collection)

FID 文件标识(File Identifier)

IID 启用标识(Invoker Identifier)

I-KE 初始化内核(Initialization Kernel)

L1 DSRC 物理层(Layer1)

L2 DSRC 数据链路层(Layer2)

L7 DSRC 应用层(Layer7)

LLC 逻辑链路控制(Logical Link Control)

LID 链路标识(Link Identifier)

LPDU 逻辑链路控制协议数据单元(LLC Protocol Data Unit)

LSAP 逻辑链路控制服务访问点(LLC Service Access Point)

LSDU 逻辑链路控制服务数据单元(LLC Service Data Unit)

MAC 媒体访问控制(Medium Access Control)

OBU 车载单元(On Board Unit)

RID 记录标识(Record Identifier)

RSU 路侧单元(Roadside Unit)

SAP 服务访问点(Service Access Point)

SDU 服务数据单元(Service Data Unit)

PDU 协议数据单元(Protocol Data Unit)

PER 紧缩编码规则(Packed Encoding Rules)

PPDU 物理层协议数据单元(Physical layer Protocol Data Unit)

T-APDU 传送-应用协议数据单元(Transfer Application Protocol Data Unit)

T-ASDU 传送-应用服务数据单元(Transfer Application Protocol Data Unit)

T-KE 传送内核(Transfer Kernel)

VST 车辆服务表(Vehicle Service Table)

5 应用层核心架构

应用层核心包含 T-KE、B-KE、I-KE,T-KE 提供 I-KE 以及应用所需的数据传输基础。应用层核心架构见图 1。

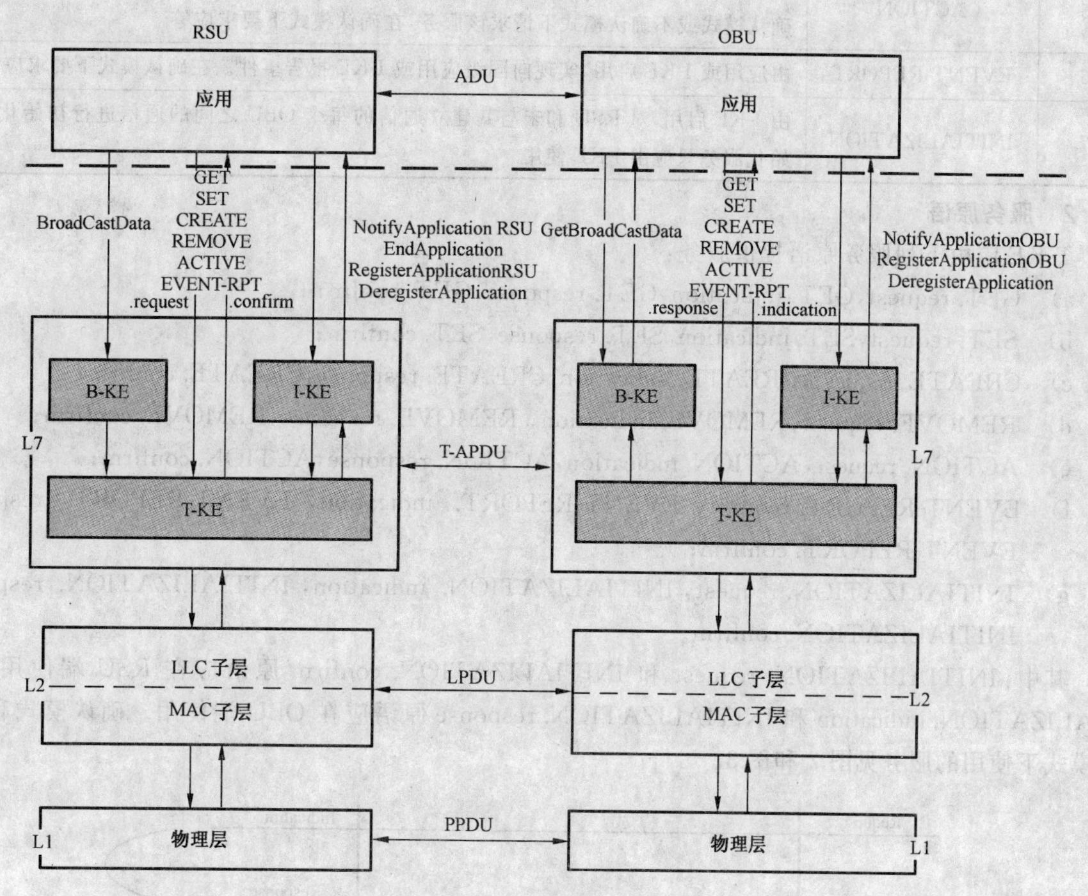

图 1 应用层核心架构

6 T-KE

6.1 功能

T-KE 通过将预定义的服务原语转换成 T-APDU 及其逆过程,在两个服务用户之间传送信息,是对传送的具体实现的抽象表示。

6.2 服务

6.2.1 范围

T-KE 应提供表 1 所列的服务。

表 1　T-KE 服务

序号	服　务	服　务　描　述
1	GET	由应用启用，用以读出对方应用信息数据文件。只能在确认模式下才能请求该服务，并要求应答
2	SET	由应用启用，用以更新对方应用信息数据文件。可在确认模式或不确认模式下请求该服务。在确认模式下要求应答
3	CREATE	由应用启用，用以创建对方应用的数据格式化信息（目录与文件）。只能在确认模式下才能请求该服务，并要求应答
4	REMOVE	由应用启用，用以删除对方应用的数据格式化信息（目录与文件）。只能在确认模式下才能请求该服务，并要求应答
5	ACTION	由应用启用，要求对方应用完成某特定操作。操作由操作类型值进一步限定。可在确认模式或不确认模式下请求该服务，在确认模式下要求应答
6	EVENT-REPORT	由应用或 I-KE 启用，实现向同级应用或 I-KE 报告事件。在确认模式下要求应答
7	INITIALIZATION	由 I-KE 启用，对 RSU 和未与其建立通信的每个 OBU 之间的通信进行初始化。初始化服务只应由 I-KE 使用

6.2.2　服务原语

T-KE 应由下列服务原语提供服务：

a)　GET. request，GET. indication，GET. response，GET. confirm；

b)　SET. request，SET. indication，SET. response，SET. confirm；

c)　CREATE. request，CREATE. indication，CREATE. response，CREATE. confirm；

d)　REMOVE. request，REMOVE. indication，REMOVE. response，REMOVE. confirm；

e)　ACTION. request，ACTION. indication，ACTION. response，ACTION. confirm；

f)　EVENT-REPORT. request，EVENT-REPORT. indication，EVENT-REPORT. response，EVENT-REPORT. confirm；

g)　INITIALIZATION. request，INITIALIZATION. indication，INITIALIZATION. response，INITIALIZATION. confirm。

其中：INITIALIZATION. request 和 INITIALIZATION. confirm 原语应在 RSU 端使用，INITIALIZATION. indication 和 INITIALIZATION. response 原语应在 OBU 端使用。确认模式和不确认模式下使用的服务见图 2 和图 3。

图 2　确认模式下使用的服务

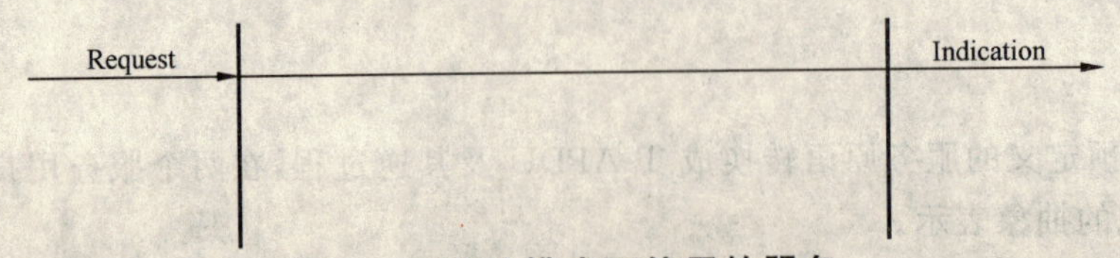

图 3　不确认模式下使用的服务

6.2.3　服务原语格式

服务原语的 T-ASDU 应具有表 2～表 8 的格式。

表 2 GET 原语

参数名称	英文表示	请求	指示	响应	确认	ASN.1 类型[c]
启用标识	IID	可选	可选	=[a]	=	Dsrc-DID
链路标识	LID	必备	必备	=	=	INTEGER
链接	Chaining	必备	必备	=	=	BOOLEAN
目录标识	DID	必备	必备	IID/DID[b]	IID/DID	Dsrc-DID
访问凭证	AccessCredentials	可选	可选	—	—	OCTET STRING
文件标识	FID	必备	必备	必备	必备	FID
偏移量	Offset	必备	必备	—	—	INTEGER
长度	Length	必备	必备	—	—	INTEGER
数据流控制	FlowControl	必备	必备	必备	可选	INTEGER
文件	FileContent	—	—	可选	可选	File
返回码	Ret	—	—	必备	必备	ReturnStatus

注：对记录型文件，Offset 表示记录标识号，Length 表示记录内容长度。

a 与相应的请求/指示相同，下同。

b 必备。若出现 IID 则予以相关指示，否则予以 DID 的相关指示，下同。

c ASN.1 类型见附录 A，下同。

表 3 SET 原语

参数名称	英文表示	请求	指示	响应	确认	ASN.1 类型
启用标识	IID	可选	可选	=	=	Dsrc-DID
链路标识	LID	必备	必备	=	=	INTEGER
链接	Chaining	必备	必备	=	=	BOOLEAN
目录标识	DID	必备	必备	IID/DID	IID/DID	DID
访问凭证	AccessCredentials	可选	可选	—	—	OCTET STRING
文件标识	FID	必备	必备	必备	必备	FID
偏移量[a]	Offset	必备	必备	—	—	INTEGER
长度	Length	必备	必备	—	—	INTEGER
文件	FileContent	必备	必备	—	—	File
模式	Mode	必备	必备	—	—	BOOLEAN
数据流控制	FlowControl	必备	必备	必备	可选	INTEGER
返回码	Ret	—	—	必备	必备	ReturnStatus

a 对记录性文件的写入，都是增加记录形式；如果检测到与上一条记录内容相同，则不做操作。

表 4　CREATE 原语

参数名称	英文表示	请求	指示	响应	确认	ASN.1 类型
启用标识	IID	可选	可选	=	=	Dsrc-DID
链路标识	LID	必备	必备	=	=	INTEGER
链接	Chaining	必备	必备	=	=	BOOLEAN
目录标识	DID	必备	必备	IID/DID	IID/DID	Dsrc-DID
访问凭证	AccessCredentials	可选	可选	—	—	OCTET STRING
文件清单	FileList	必备	必备	—	—	FileList
数据流控制	FlowControl	必备	必备	必备	可选	INTEGER
返回码	Ret	—	—	必备	必备	ReturnStatus
注：支持两种文件的创建：二进制文件和记录型文件(可变长记录)。						

表 5　REMOVE 原语

参数名称	英文表示	请求	指示	响应	确认	ASN.1 类型
启用标识	IID	可选	可选	=	=	Dsrc-DID
链路标识	LID	必备	必备	=	=	INTEGER
链接	Chaining	必备	必备	=	=	BOOLEAN
目录标识	DID	必备	必备	IID/DID	IID/DID	Dsrc-DID
访问凭证	AccessCredentials	可选	可选	—	—	OCTET STRING
文件标识清单	FileIdList	必备	必备	—	—	FileIdList
数据流控制	FlowControl	必备	必备	必备	可选	INTEGER
返回码	Ret	—	—	必备	必备	ReturnStatus

表 6　ACTION 原语

参数名称	英文表示	请求	指示	响应	确认	ASN.1 类型
启用标识	IID	可选	可选	=	=	DID
链路标识	LID	必备	必备	=	=	INTEGER
链接	Chaining	必备	必备	=	=	BOOLEAN
目录标识	DID	必备	必备	IID/DID	IID/DID	DID
操作类型	ActionType	必备	必备	—	—	INTEGER(0..127,...)
访问凭证	AccessCredentials	可选	可选	—	—	OCTET STRING
操作参数	ActionParameter	可选	可选	—	—	Container
模式	Mode	必备	必备	—	—	BOOLEAN
数据流控制	FlowControl	必备	必备	必备	可选	INTEGER
响应参数	ResponseParameter	—	—	可选	可选	Container
返回码	Ret	—	—	可选	可选	ReturnStatus

表 7 EVENT-REPORT 原语

参数名称	英文表示	请求	指示	响应	确认	ASN.1 类型
启用标识	IID	可选	可选	=	=	DID
链路标识	LID	必备	必备	=	=	INTEGER
链接	Chaining	必备	必备	=	=	BOOLEAN
目录标识	DID	必备	必备	IID/DID	IID/DID	DID
事件类型	EventType	必备	必备	—	—	INTEGER(0..127,...)
访问凭证	AccessCredentials	可选	可选	—	—	OCTET STRING
事件参数	EventParameter	可选	可选	—	—	Container
模式	Mode	必备	必备	—	—	BOOLEAN
数据流控制	FlowControl	必备	必备	必备	可选	INTEGER
返回码	Ret	—	—	可选	可选	ReturnStatus

表 8 INITIALIZATION 原语

参数名称	英文表示	请求	指示	响应	确认	ASN.1 类型
链路标识	LID	必备	必备	必备	必备	INTEGER
初始化参数	InitializationParameter	必备	必备	必备	必备	BST/VST

6.2.4 参数的设定和释义

6.2.4.1 启用标识

服务启用者所对应的 ASN.1 型专用短程通信目录标识。若响应送达缺省的启用者，则不需要该参数；若使用 IID，应包含响应此原语的 DID。

6.2.4.2 链路标识

OBU 的 I-KE 所选择的 LID；LID 取值与 MAC 地址相同。

6.2.4.3 链接

布尔型参数，若取值为“TRUE”，则执行 6.3.9。

6.2.4.4 目录标识

接收方的 ASN.1 型专用短程通信目录标识，接收方的 T-KE 用 DID 向所述目录提交指示或确认。

6.2.4.5 访问凭证

ASN.1 型八位位组字符串，带有满足访问条件所需的安全性相关信息，用以在指定目录上进行操作。

6.2.4.6 文件标识

接收 GET.indication 的目录的文件标识。访问条件得到满足，文件内容通过 GET.response 和 GET.confirm 送达启用 GET.request 的目录。

6.2.4.7 偏移量

在 GET 服务中是数据内容在二进制文件中的起始位置或者记录型文件的 RID。

在 SET 服务中是数据内容在二进制文件中的起始位置或者记录型文件的 RID。

6.2.4.8 数据流控制

表示基础通信服务行为的参数，由 T-KE 映射到某个 LLC 服务上，LLC 服务见 GB/T 20851.2—2007。数据流控制参数、行为和 LLC 服务之间的关系见表 9。

表 9 数据流控制参数、行为和 LLC 服务间的关系

数据流控制	行　　为	LLC 服务
1	无流控制，无应答	不带响应请求的 DL-UNITDATA. request
2	无流控制，有应答	带响应请求的 DL-UNITDATA. request
3	无流控制	DL-UNITDATA. indication
4	流控制，数据单元传输	DL-DATA-ACK. request
5	流控制，数据单元传输	DL-DATA-ACK. indication
6	流控制，数据单元传输状态	DL-DATA-ACK-STATUS. indication
7	流控制，数据单元交换	DL-REPLY. request
8	流控制，数据单元交换	DL-REPLY. indication
9	流控制，数据单元交换状态	DL-REPLY-STATUS. indication
10	流控制，数据单元交换准备	DL-REPLY-UPDATE. request
11	流控制，数据单元交换准备状态	DL-REPLY-UPDATE-STATUS. indication

6.2.4.9 文件、文件清单和文件标识清单

文件是 SET. request/SET. indication 或 GET. response /GET. confirm 发送的文件内容。若访问条件满足，接收 SET. indication 的目录应将文件标识中识别的文件内容修改为文件中给定的内容值。在 GET. response/GET. confirm 的情况下，若访问条件得到满足，收到相应 GET. indication 的目录应将 GET. indication 的文件标识文件内容值发送给启用 GET. request 的目录。

文件清单是包含文件标识和文件长度信息的列表，文件标识清单是文件标识信息的列表。

6.2.4.10 返回码

对服务原语的指示的回答发出的返回代码。预定义的代码如下：

a) NoErro：请求的操作执行成功；
b) AccessDenied：请求的操作由于系统安全性的原因未执行；
c) ArgumentError：文件内容访问失败，原因是未认出规定文件内容，或规定文件内容超出了范围或对文件某些内容不适合，或启用的事件报告不被接收实体支持；
d) ComplexityLimitation：请求的操作由于参数太复杂而未执行；
e) ProcessingFailure：操作处理遇到的一般性失败；
f) Processing：请求的操作正在处理，但结果不能用；
g) ChainingError：请求的操作按 6.3.9 中定义的规则未执行。

6.2.4.11 模式

布尔型参数。若取值为“TRUE”，则服务原语的指示有服务原语的响应。

6.2.4.12 操作类型

用以标识针对接收方目录的特定操作。

6.2.4.13 操作参数

启用 ACTION 操作所需的信息。

6.2.4.14 响应参数

执行 ACTION 操作而产生的结果信息。

6.2.4.15 事件类型

向接收 EVENT-REPORT. indication 的目录提交的消息。

6.2.4.16 事件参数

分别通过 EVENT-REPORT. request 和 EVENT-REPORT. indication 发送消息所需的附加信息。

6.2.4.17 **初始化参数**

通过初始化服务发送，通信初始化所需的信息。

6.3 协议规程

6.3.1 步骤

T-KE 的传送过程由以下步骤组成，其运行顺序见图 4。

a) 将 SDU 转换为 PDU；

b) 将 PDU 编码；

c) 分段；

d) 八位位组对齐；

e) 多路复用、拼接和 LLC 访问；

f) 解多路复用；

g) 并段；

h) PDU 解码、解拼接和去除插入的“0”位；

i) PDU 转换为 SDU，并按收件人分发。

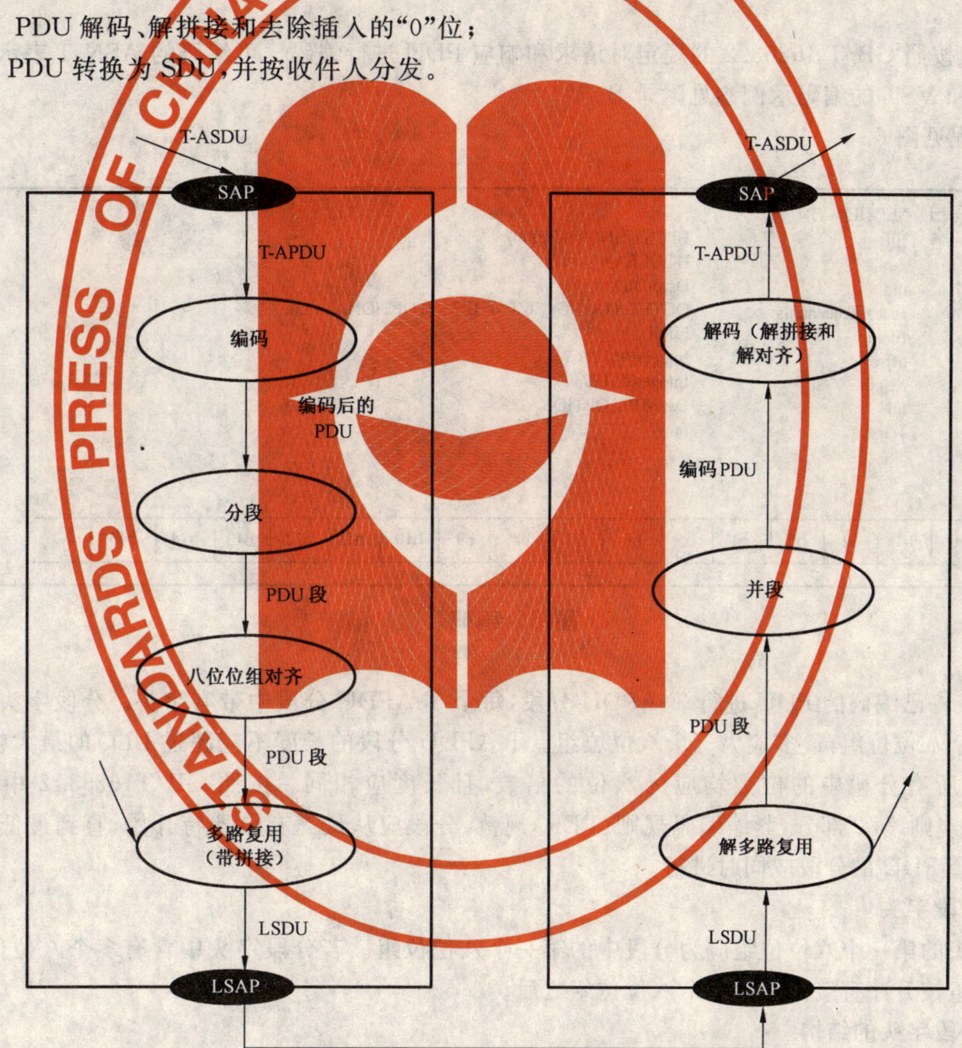

图 4 T-KE 协议

6.3.2 SDU 转换 PDU

T-KE 根据下列规则将请求和响应服务原语转换为 T-APDU：

a) 服务请求转换为附录 A 中规定的相应的服务请求 T-APDU；

b) 服务响应转换为附录 A 中规定的相应的服务响应 T-APDU；

c) 在 T-APDU 中，LID 应被去除，应通过 6.3.7 中规定的每个 LLC 服务原语转交给 LLC。在

INITIALIZATION. request 的情况下，LID 的值应为 0xFFFFFFFF。

将 SDU 转换为 PDU 的过程见图 5。

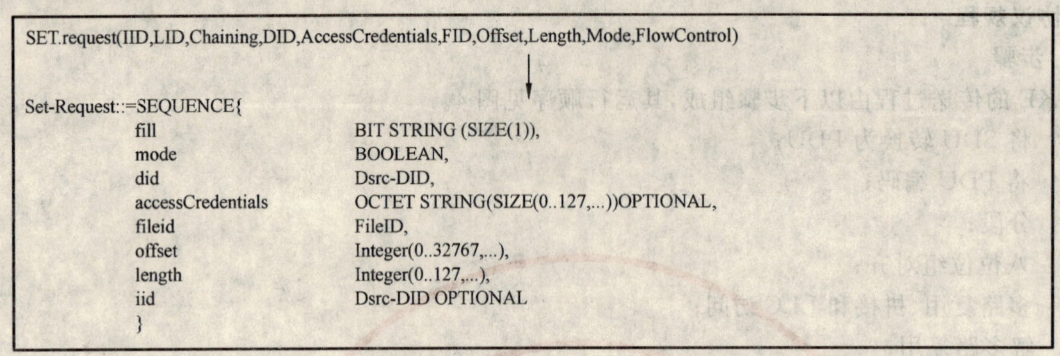

```
SET.request(IID,LID,Chaining,DID,AccessCredentials,FID,Offset,Length,Mode,FlowControl)

Set-Request::=SEQUENCE{
        fill                    BIT STRING (SIZE(1)),
        mode                    BOOLEAN,
        did                     Dsrc-DID,
        accessCredentials       OCTET STRING(SIZE(0..127,...))OPTIONAL,
        fileid                  FileID,
        offset                  Integer(0..32767,...),
        length                  Integer(0..127,...),
        iid                     Dsrc-DID OPTIONAL
        }
```

图 5　SDU 转换为 PDU

6.3.3　编码

T-KE 应按照 GB/T 16263.2 的规定对请求和响应 PDU 进行编码。可编码的 ASN.1 表示法见附录 A。BST 和 VST 的编码示例参见附录 B。

编码过程见图 6。

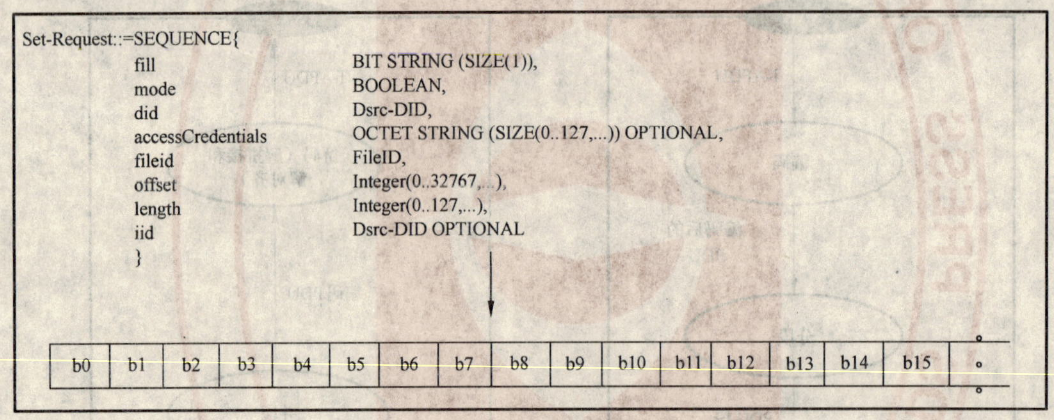

```
Set-Request::=SEQUENCE{
        fill                    BIT STRING (SIZE(1)),
        mode                    BOOLEAN,
        did                     Dsrc-DID,
        accessCredentials       OCTET STRING (SIZE(0..127,...)) OPTIONAL,
        fileid                  FileID,
        offset                  Integer(0..32767,...),
        length                  Integer(0..127,...),
        iid                     Dsrc-DID OPTIONAL
        }
```


图 6　编码

6.3.4　分段

T-KE 应将已编码的 PDU 进行 T-APDU 分段，每个 T-APDU 分段中带有字头。分段字头的长度最少应为一个八位位组，最多应为三个八位位组。T-APDU 分段的长度不应超过 LLC 的最大帧长度。除末尾段外，所有分段中的位数均应为八位的倍数，且长度应相同。按照 GB/T16263.2 中规定的 ASN.1 编码规则 第 2 部分：紧缩编码规则(PER)规范，分段应从最高有效比特开始，直到最低有效比特结束。多个 PDU 的分段应同时进行。

6.3.4.1　分段字头

分段字头的第一个八位位组应为分段中的第一个八位位组。若分段字头中含有多个八位位组，则这些八位位组按升序直接排在第一个八位位组之后。

6.3.4.2　分段字头的结构

分段字头应包含分段指示符、PDU 编号、分段计数器和分段编号扩展指示符组成。相关比特的位置见图 7。各比特按从 7 到 0 的顺序编号，其中 7 是最高有效位，0 是最低有效位。

7	6	5	4	3	2	1	0
分段指示符	PDU 编号				分段计数器		扩展指示符

图 7　一个八位位组的分段字头

6.3.4.3 分段指示符

每个分段字头的最高有效位(第 7 位)应为分段指示符。如果该分段是属于同一个 PDU 的一系列分段中的最后一个分段,或该 PDU 未进行分段,则其分段指示符应当为 1。如果已进行分段,且该分段不是消息中最后一个已分段的帧,则其分段指示符应为 0。

6.3.4.4 PDU 编号

第一个八位位组的第 6 至 3 比特表示 PDU 的编号,在接收实体并段时,对每一个 LID 此 PDU 的编号应当是唯一的,对属于同一个 T-APDU 的所有 T-APDU 分段也应如此。

PDU 编号 0000 和 0001 应只由 B-KE 发送的 T-APDU 分段所使用。

6.3.4.5 一个八位位组的分段字头

如果未进行分段处理,或者已进行了分段但只存在编号为 0 至 3 的分段时,应使用一个八位位组的分段字头。应使用一个分段计数器来对分段进行标识。第 1、2 位应为无符号的整数,其中最高有效位为第 1 个八位位组的第 2 个比特,最低有效位为第 1 个八位位组的第 1 个比特。第 0 个比特应当设置为 1。如果已进行了分段,则应将第一个分段的分段计数器置 0,对第二个分段的分段计数器置 1,依此类推。如果未进行分段,则应将分段的分段计数器置 0。

6.3.4.6 两个八位位组的分段字头

两个八位位组的分段字头应在存在 4 至 511 个分段时使用,第一个八位位组的第 0 比特应设置为 0。第一个八位位组的第 1、2 比特和第二个八位位组的第 7 至 1 比特所组成的数应为无符号的整数,其中最高有效位为第一个八位位组的第 2 比特,最低有效位为第二个八位位组的第 1 比特。第二个八位位组的第 0 比特应设置为 1。应按 6.3.4.5 中的规定对分段进行分段编号的分配。

6.3.4.7 三个八位位组的分段字头

三个八位位组的分段字头应在存在 512 到 65535 个分段时使用,第一个八位位组的第 0 比特应置 0。第一个八位位组的第 1、2 比特、第二个八位位组的第 7 至 1 比特以及第三个八位位组的第 7 至 1 比特所组成的数应为无符号的整数,其中最高有效位为第一个八位位组的第 2 比特,最低有效位为第三个八位位组的第 1 比特。第二个八位位组的第 0 比特应置 0,并且第三个八位位组的第 0 比特应置 1。应按 6.3.4.5 中的规定对分段进行分段编号的分配。

PDU 的分段过程见图 8。

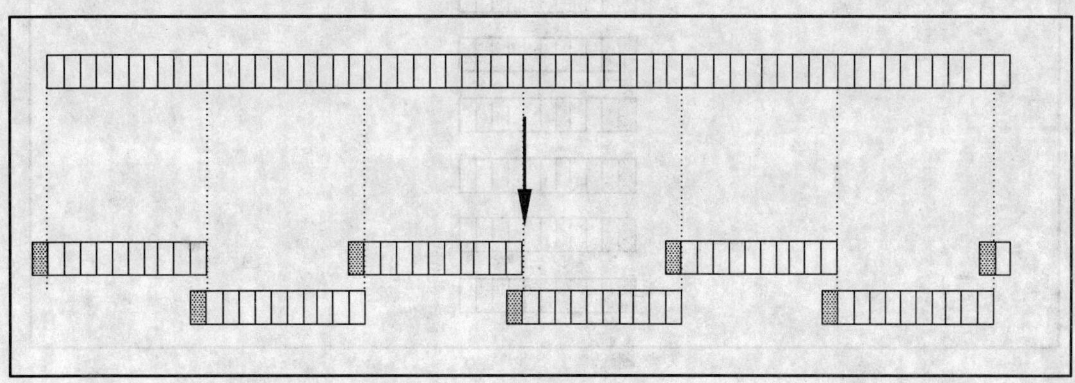

图 8　分段

6.3.5 八位位组对齐

八位位组对齐有两种机制:

a) 通过在 T-APDU 的 ASN.1 定义中插入填充比特来对齐,见附录 A。建议使用“0”作为填充比特;
b) T-KE 对分段进行补“0”操作,直到总的比特数达到 8 的倍数。所插入的“0”的数目应在 0～7 之间。

八位位组对齐过程见图 9。

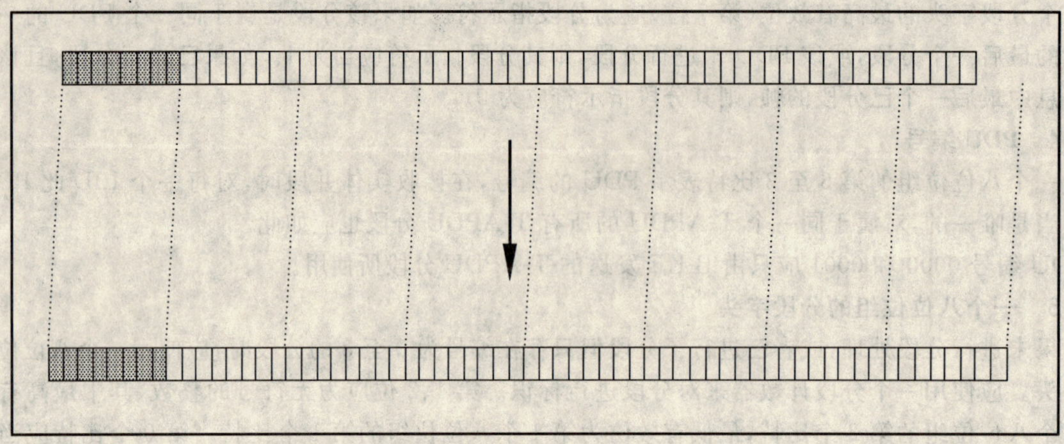

图 9　八位位组对齐

6.3.6　多路复用

T-KE 应按照固定优先权队列对 T-APDU 分段进行复用优先权由 I-KE 给出(见 7.3.2 和 7.3.3)。T-ASDU 分段的复用过程见图 10。

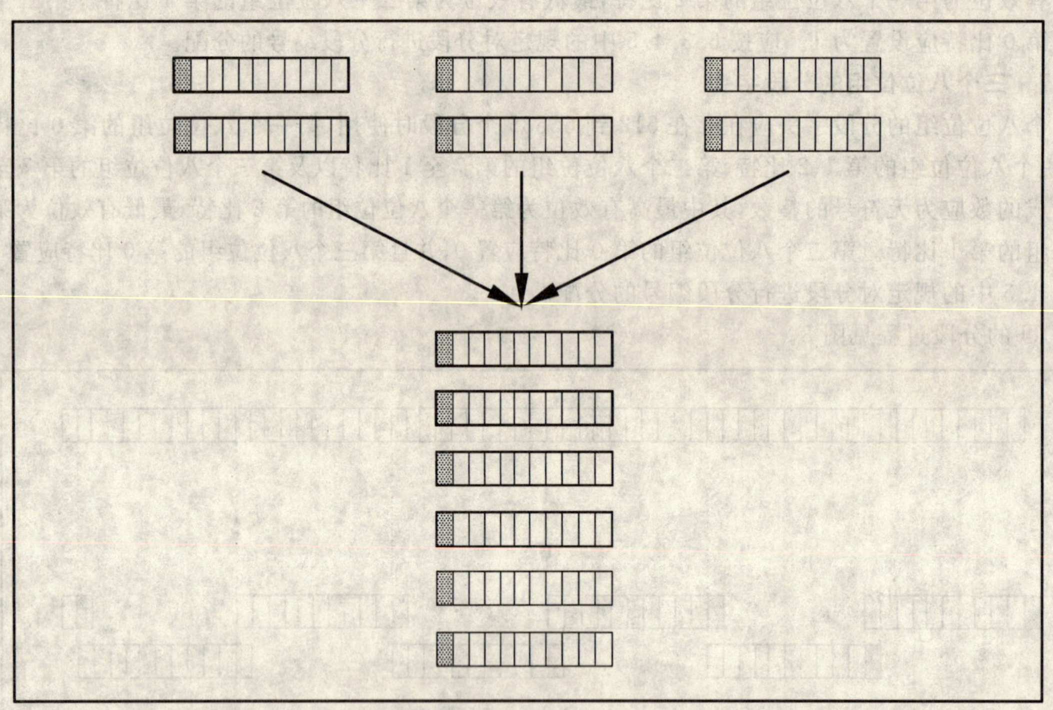

图 10　多路复用

6.3.7　访问 LLC

T-KE 应使用 T-APDU 的数据流控制参数中所指定的 LLC 服务。数据流控制参数应按 6.2.4 中的规定进行解释。LLC 的访问过程见图 11。

对 INITIALIZATION. request 服务，应使用带有响应请求的 DL-UNITDATA. Request 服务，对于 INITIALIZATION. response 服务，应使用不带响应请求的 DL-UNITDATA. Request 服务。

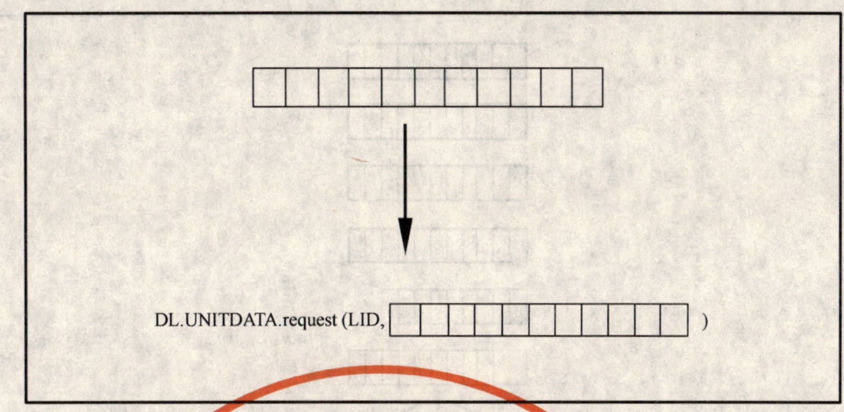

图 11 LLC 的访问

6.3.8 拼接

如果使用 LLC 服务及其 LID 都相同，且不超过 LLC 最大帧的长度，多个连续 T-APDU 可被映射到一个 LLC 服务上进行拼接。在 LSDU 中，T-APDU 分段的顺序应当由 6.3.6 给定。拼接过程见图 12。

拼接的情况仅在下列两种情况下出现：

a) 一个或多个短的未分段的 T-APDU 被映射到一个 LLC 服务上；

b) 在属于同一个 T-APDU 的一系列 T-APDU 分段的最后一个分段之后，一个或多个短的未分段的 T-APDU 被映射到一个 LLC 服务上。

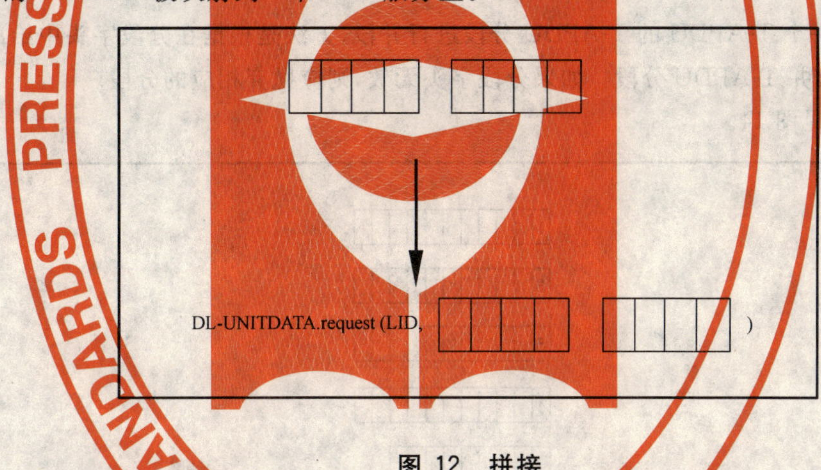

图 12 拼接

6.3.9 带有链接的拼接

有相同 PDU 编号的连续有序拼接的 T-APDU 组成一个链接。

同一个链接的 T-APDU 所调用的操作的执行应取决于链中先前的 T-APDU 所调用的操作是否已成功执行。

如果一个已被链接的 T-APDU 生成的响应带有非“无错误”返回状态，则同一链中后续 T-APDU 所调用的所有操作都不应执行，并且相关的响应均应包含“链接错误”的返回状态。

6.3.10 解复用

T-KE 应根据包含在分段字头中的 PDU 编号，将 LLC 指示原语的数据域中收到的 T-APDU 分段进行解复用。已拼接的分段应按第一个分段字头中的 PDU 编号进行解复用。

解复用的详细过程见图 13。

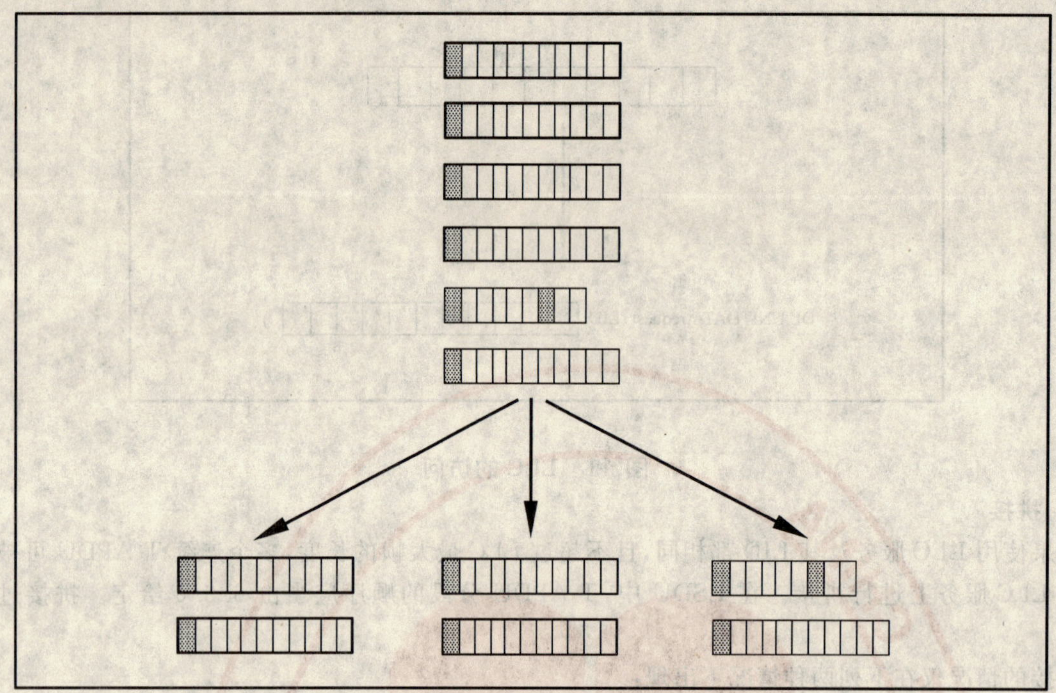

图 13 解复用

6.3.11 并段

T-KE 应将属于一个 T-APDU 的 T-APDU 分段进行并段，方法是根据在分段字头中给出的分段编号，去除分段字头并合并 T-APDU 分段。如果分段字头无效，则应抛弃相应的分段。

并段的详细过程见图 14。

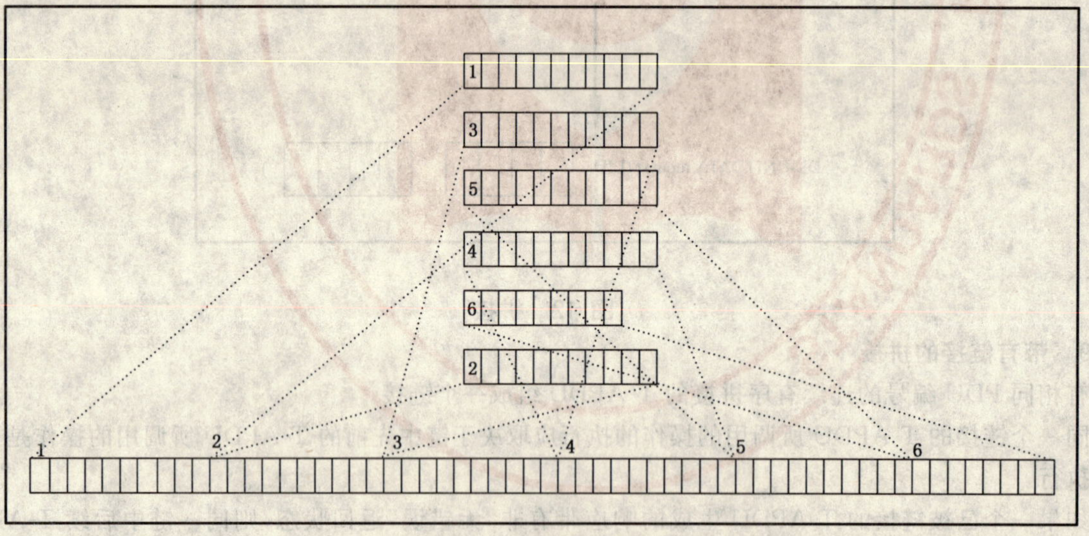

图 14 并段

6.3.12 解码

T-KE 应按照 GB/T 16263.2 中规定的 ASN.1 编码规则 第 2 部分：紧缩编码规则(PER)规范的规定，将已并段的 T-APDU 进行解码。可解码的 ASN.1 类型见附录 A。

1 至 7 比特的拖尾“0”比特的接收不应引起差错。

如果接收到了多于七个拖尾比特，且顺序排列值为“0”的比特的个数不多于 7，则应将这些“0”比特去除(因为这些比特是为了实现八位位组的对齐而被插入的)。如果后续字节第 3 至 1 比特的值为 001，则该字节应去除。据此规定，剩下的比特应作为 T-APDU 予以解码。

在所有其他情况下，已并段的 T-APDU 都应被抛弃。

如果 T-KE 不能对已并段的 T-APDU 解码，则已并段的 T-APDU 应被抛弃。T-KE 不得对附录 A 中在容器定义中所定义的虚拟 T-APDU 予以解码。

解码的详细过程见图 15。

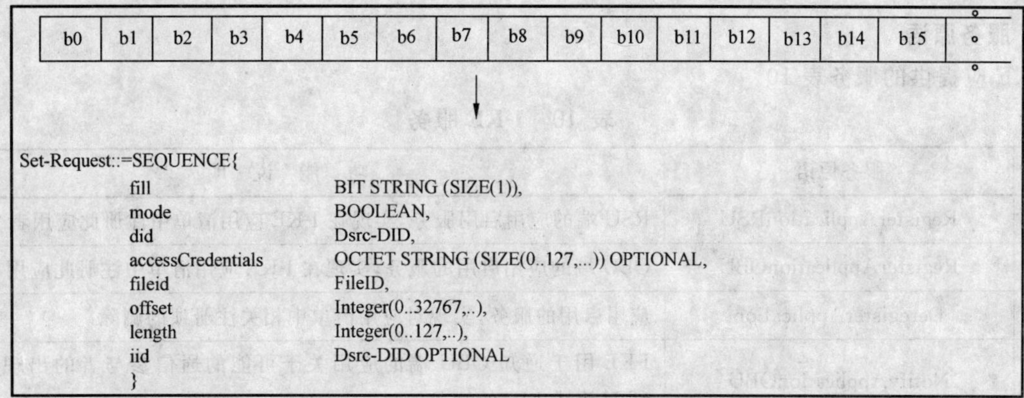

图 15 解码

6.3.13 PDU 转换为 SDU

已解码的 T-APDU 应当根据下列规则来构建 T-ASDU：

a) 服务请求应当转换为相应的服务指示 T-ASDU；

b) 服务响应应当被转换为相应的服务确认 T-ASDU；

c) T-ASDU 应当递交给 T-APDU 的 Dsrc-DID 参数中所寻址到的目录。INITIALIZATION. indication 应递交给 I-KE；

d) 如果所寻址的目录不存在，则 T-ASDU 应当被抛弃；

e) T-KE 应将此 SDU 的 LID 通知给层管理。

PDU 转换为 SDU 的过程见图 16。

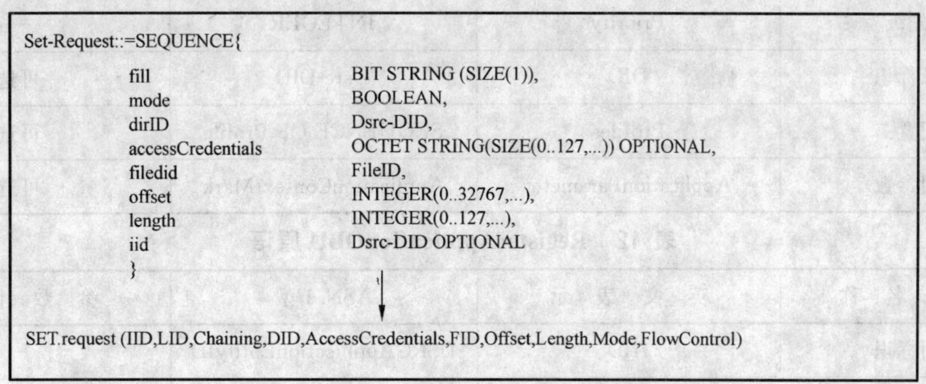

图 16 PDU 转换为 SDU

7 I-KE

7.1 总则

I-KE 应：

a) 通过与同级实体间有关配置或应用的信息交换，实现 OBU 和 RSU 之间通信初始化；

b) 按照7.3规定的服务原语提供服务；

c) 按照附录A规定的BST进行通信的初始化，并将VST传送到一个LLC服务原语中；

d) 按照附录A规定的VST进行通信的初始化；

e) 按照7.4规定的协议规程和行为进行初始化。

7.2 兼容性管理

A类和B类兼容性管理参见附录C。

7.3 服务

7.3.1 服务原语

I-KE应提供的服务表10。

表10 I-KE服务

序号	服务原语	功能说明
1	RegisterApplicationRSU	RSU端的应用启用服务，实现在I-KE应用清单中注册此应用者
2	RegisterApplicationOBU	OBU端的应用启用的服务，实现在I-KE应用清单中注册此应用
3	DeregisterApplication	应用启用的服务，实现对应用清单中相关注册项的删除
4	NotifyApplicationOBU	I-KE用于通知OBU端的应用关于可能的通信参与者的出现情况和OBU生成LID的情况
5	NotifyApplicationRSU	I-KE用于通知RSU端的应用关于可能的通信参与者和关联OBU的LID的情况
6	EndApplication	应用启用EndApplication服务来通知I-KE该应用不再需要LID

7.3.2 服务原语的格式

服务原语的格式见表11～表16。

表11 RegisterApplicationRSU原语

参数名称	英文表示	ASN.1型	参数说明
应用标识	AID	DSRCAppllicationEntityID	—
必备应用	MandatoryApplication	BOOLEAN	—
优先级	Priority	INTEGER	—
目录标识	DID	Dsrc-DID	可选
配置	Profiles	SEQUENCE OF Profile	可选
应用参数	ApplicationParameter	ApplicationContextMark	可选

表12 RegisterApplicationOBU原语

参数名称	英文表示	ASN.1型	参数说明
应用标识	AID	DSRCAppllicationEntityID	—
必备应用	MandatoryApplication	BOOLEAN	—
优先级	Priority	INTEGER	—
目录标识	DID	Dsrc-DID	可选
配置	Profiles	SEQUENCE OF Profile	可选
应用参数	ApplicationParameter	ApplicationContextMark	可选

表 13 **DeregisterApplication 原语**

参数名称	英文表示	ASN.1 型	参数说明
应用标识	AID	DSRCAppllicationEntityID	—
目录标识	DID	Dsrc-DID	可选

表 14 **NotifyApplicationRSU 原语**

参数名称	英文表示	ASN.1 型	参数说明
优先级	Priority	INTEGER	—
目录标识	DID	Dsrc-DID	若 AID 在 VST 中出现
链路标识	LID	INTEGER	—
应用参数	ApplicationParameter	ApplicationContextMark	可选
OBU 配置	obuConfiguration	ObuConfiguration	—

表 15 **NotifyApplicationOBU 原语**

参数名称	英文表示	ASN.1 型	参数说明
路侧单元标识	RSUID	BeaconID	—
优先级	Priority	INTEGER	—
目录标识	DID	Dsrc-DID	若 AID 在 BST 中出现
链路标识	LID	INTEGER	—
应用参数	ApplicationParameter	ApplicationContextMark	可选

表 16 **EndApplication 原语**

参数名称	英文表示	ASN.1 型	参数说明
目录标识	DID	Dsrc-DID	—
链路标识	LID	INTEGER	—

7.3.3 参数的设定与释义

7.3.3.1 应用标识

用以识别 DSRC 的应用。

7.3.3.2 必备应用

若应用是必备的，则为“TRUE”，若是可选的，则为“FALSE”。

7.3.3.3 优先级

应用的优先级别。数值越小优先级越高。

7.3.3.4 目录标识

目录标识在：

a) RegisterApplicationRSU 服务中，识别将注册的目录；若为单一缺省应用，应不使用 DID；

b) RegisterApplicationOBU 服务中，识别将注册的目录；

c) NotifyApplication 服务中，将识别同一级别的应用。

7.3.3.5 配置

若有，应列出与应用相关联的配置清单。

7.3.3.6 应用参数

若有，应分别在 NotifyApplicationOBU 或 NotifyApplicationRSU 服务中传送。

7.3.3.7 路侧单元标识

提供服务的 RSU 的识别标识。

7.3.3.8 **OBU 配置**

指出 NotifyApplicationRSU 中给定的与 LID 相关的 OBU 的配置和状态。

7.3.4 命名和登记

命名和登记的要求见附录 D。

7.4 协议规程

7.4.1 **RSU:BST 的重复传输**

在 RSU 端,I-KE 应传送附录 A 定义的 BST。应使用 T-KE 带有初始化参数为 BST 的 INITIALIZATION. request 服务。

7.4.2 **OBU:BST 的接收和 VST 的传输**

在 OBU 端,I-KE 通过 T-KE 的带有初始化参数为 BST 的 INITIALZATION. indication 来接收 BST。

只要下列条件之一得到满足:

a) BeaconID 与最近一次收到的 BeaconID 不同;

b) 上一次收到的 BeaconID 与目前收到的 BeaconID 之间的时间超过了 255 秒。

则 OBU 的 I-KE 应包含下列操作:

a) I-KE 应将 BST 中收到的配置告知层管理,则 DSRC 通信以此为缺省配置;

b) I-KE 应将 BST 内 ApplicationList 中给定的 DSRCApplicationEntityIDs 与注册的 DSRCApplicationEntityIDs 比较,如果 BST 内的 DSRCApplicationEntityIDs 是注册的,I-KE 应:

1) 将 DSRCApplicationEntityIDs 以及 DID 和应用参数(如果在相关的 RegisterApplicationOBU 中出现)加入到 VST 的 ApplicationList 中;

2) 通过 NotifyApplicationOBU 将下列信息通知应用层用户:

i) 参数 RSUID 是 BST 中给定的 BeaconID;

ii) 参数 Priority 是在 BST 必备 Application List 中 DSRCApplicationEntityID 的位置;

对可选 Application List 中所有的 DSRCApplicationEntityIDs 来说,是必备 Application List 中 DSRCApplicationEntityIDs 的个数加上注册的优先级;

iii) 参数 LID 是 OBU 的 MAC 地址;

iv) 参数 ApplicationParameter 若出现,则是 BST 中收到的 ApplicationParameter,否则空缺。

3) I-KE 应通过层管理将已通知的应用优先级通知给 T-KE;

4) I-KE 应从 BST 的 Profile 或 ProfileList 中选择 OBU 所支持的配置,并应当将 VST 中的 Profile 设置为此配置;

5) VST 见附录 A 所示的 ASN.1 定义;

6) I-KE 使用 T-KE 中带有下列设定参数的 INITIALIZATION. response 服务来传送 VST:

i) LID;

ii) VST。

7) I-KE 应保存 BeaconID 和时间;

8) I-KE 应保存 VST 的 ApplicationList 和 LID。

7.4.3 RSU:对 VST 的应答

RSU 的 I-KE 应用 T-KE 中带有下列设定参数的 INITIALIZATION. confirm 来接收 VST:

a) LID;

b) VST。

I-KE 应使用带有下列参数的 NotifyApplicationRSU 来通知应用层用户:

a) Priority,对于必备应用中的 DSRCApplicationEntityIDs,是必备应用清单中的位置;对可选应用中 DSRCApplicationEntityIDs,是必备应用中 DSRCApplicationEntityIDs 的个数加上在 nonmandApplications 中的位置;

b) DID,若出现,则是 VST 中的 DID,否则空缺;

c) LID,INITIALIZATION. confirm 中收到的 LID;

d) ApplicationParameter,若出现,则是 VST 中的应用参数,否则空缺;

e) obuConfiguration,VST 中的 ObuConfiguration。

I-KE 应将 LID 和 VST 中给定的配置之间的关系通知给层管理,且在 OBU 与该 LID 的后续通信中使用。

I-KE 应存储 VST 的 ApplicationList 和 INITIALIZATION. confirm 中给定的 LID。

7.4.4 RSU:RegisterApplicationRSU

接收到 RegisterApplicationRSU 原语,RSU 的 I-KE 应向必备或可选应用中分别插入原语中给定的信息。它使用参数"必备应用"和"优先级"中给定的信息。应向 BST 的 ProfileList 中插入配置。

7.4.5 OBU:RegisterApplicationOBU

接收到 RegisterApplicationOBU 原语,OBU 的 I-KE 应将此应用加到已注册的应用清单中。

OBU 的每个目录应具有唯一的 DID(DID=0 已保留)。

7.4.6 OBU:DeregisterApplication

接收到 DeregisterApplication,I-KE 应将此应用从已注册的应用清单中删除。

7.4.7 RSU:DeregisterApplication

接收到 DeregisterApplication,I-KE 应将注册项从 BST 的应用清单中删除。

7.4.8 RSU:释放应用

接收到 EndApplication,I-KE 应将从 VST 中获得的应用清单移除。若清单为空(如所有应用被删除),I-KE 应向同级 I-KE 传送释放。它应使用带有下列参数的 T-KE 的 EVENT-REPORT. request:

a) IID(空缺);

b) LID;

c) DID 等于 0;

d) EventType 等于 Release(0);

e) EventParameter(空缺);

f) Mode 等于 FALSE;

g) FlowControl 等于 1。

7.4.9 OBU:释放的接收

I-KE 应以带有下列参数的 EVENT-REPORT. indication 来接收释放:

a) IID(空缺);

b) LID;

c) DID 等于 0;

d) EventType 等于 Release(0);

e) EventParameter(空缺);

f) Mode 等于 FALSE。

I-KE 应删除 VST。

8 B-KE

8.1 总则

B-KE 应：

a) 通过 OBU 和 RSU 的广播群组交换，为 RSU 和 OBU 的各种应用实现广播信息分发、收集；

b) 按照 8.2 规定的服务原语提供服务；

c) 按照发送附录 A 中规定广播群组实现通信；

d) 按照 8.3 规定的协议规程实现广播。

8.2 服务

8.2.1 服务原语

B-KE 应由下列服务原语提供服务：

a) BroadcastData：只由 RSU 端的应用启用，实现向 OBU 端的同级应用文件以记录形式广播信息；

b) GetBroadcastData：只由 OBU 端的应用启用，实现对广播数据的获取，包括 GetBroadcastData. resquest 和 GetBroadcastData. confirm。

8.2.2 服务原语的格式

服务原语的格式见表 17 和表 18。

表 17 BroadcastData 原语

参数名称	英文表示	可选/必备	ASN. 1 型
目录标识	DID	必备	Dsrc-DID
文件	File	必备	FID
记录	Record	必备	Record

表 18 GetBroadcastData 原语

参数名称	英文表示	请求	确认	ASN. 1 型
目录标识	DID	必备	—	Dsrc-DID
文件标识	FID	必备	—	FID
记录标识	RID	必备	—	INTEGER
记录	Record	—	必备	Record

8.2.3 参数的设定和释义

8.2.3.1 目录标识

接收方的 ASN. 1 型专用短程通信目录标识。

8.2.3.2 文件标识

广播记录所存储文件号，且要求该文件为记录型文件。

8.2.3.3 记录标识

广播信息记录标识号。

8.2.3.4 记录

广播信息记录内容，可变长度。

8.3 协议规程

8.3.1 RSU：广播群组的传输

RSU 端的 B-KE 应定期使用带有下列设定参数的 T-KE 的 SET. request 服务来传送附件 A 中规

定的广播群组：

a) IID(空缺)；

b) LID 是 0xFFFFFFFF；

c) DID；

d) FID；

e) Offset 等于 RID；

f) FileContent 等于 Record；

g) Mode 等于 FALSE；

h) FlowControl 等于 1。

8.3.2 OBU：广播群组的接收

OBU 的 B-KE 应用带有下列参数的 T-KE 的 SET. indication 来接收广播群组：

a) IID(空缺)；

b) LID 等于 0xFFFFFFFF；

c) FID；

d) Offset 等于 RID；

e) FileContent 等于 Record；

f) Mode 等于 FALSE。

OBU 端的 B-KE 应将 B-KE 的新值 Record 加入广播记录缓冲区中。

8.3.3 RSU：BroadcastData

若广播记录缓冲区的上条记录内容完全相同，则忽略之；否则 B-KE 应向广播记录缓冲区的内容加入新记录，且当前记录 RID 为 0，以前记录 RID 逐次加 1。

8.3.4 OBU：GetBroadcastData

B-KE 应使用 GetBroadcastData. request 中给定的 RID 对文件进行获取，并用 GetBroadcastData. confirm 将获得结果交给有 DID 的应用。

附 录 A
（规范性附录）
数 据 结 构

A.1 模块的使用

T-KE应使用DSRCData模块和DSRCtransferData模块。

注1：IMPORT和EXPORT机制在GB/T 16262中作了标准化。

注2：本附件规定了数据结构。在使用本附件时，使用者应按相应的系统规定数据结构的详细内容，按规定数据结构在T-KE中使用DSRCData模块和DSRCtransferData模块。

A.2 ASN.1模块

```
DSRCData    DEFINITIONS::= BEGIN
  IMPORTS
  ContainerJ-y    FROM    ApplicationJ        ——此行应对定义容器类型数据的每个应用者给出，
                                              ——J和y应由无歧义的后缀取代。
  RecordJ-y       FROM    ApplicationJ;       ——此行应对定义记录类型数据的每个应用者给出，
                                              ——J和y应由无歧义的后缀取代。
  -- EXPORTS everything;

Action-Request::=SEQUENCE{
    mode                    BOOLEAN,
    did                     Dsrc-DID,
    actionType              ActionType,
    accessCredentials       OCTET STRING (SIZE(0..127,...)) OPTIONAL,
    actionParameter         Container OPTIONAL,
    iid                     Dsrc-DID OPTIONAL
    }

Action-Response::=SEQUENCE{
    fill                    BIT STRING (SIZE(2)),
    did                     Dsrc-DID,
    responseParameter       Container OPTIONAL,
    iid                     Dsrc-DID OPTIONAL,
    ret                     ReturnStatus
    }

ActionType::=INTEGER(0..127,...)
    -- 在GB/T 20851.4—2007《电子收费  专用短程通信  第4部分:设备应用》中已经定义如下
操作:
    --  0   getSecure
    --  1   setSecure
```

```
    -- 2   getRand
    -- 3   transferChannel
    -- 4   setMMI
    -- (5.. 80)     保留给 DSRC 应用
-- (81..127) 保留给私有应用

ApplicationContextMark::=Container
        (WITH COMPONENTS {octetstring   PRENSENT})
```

– ApplicationContextMark 的示例可在 GB/T 20851.4—2007《电子收费 专用短程通信 第4部分:设备应用》中找到,参考 SysInfoFile 的相关内容。

```
ApplicationList::=SEQUENCE (SIZE (0..127,...)) OF
    SEQUENCE{
        aid                          DSRCApplicationEntityID,
        did                          Dsrc-DID OPTIONAL,
        applicationParameter         ApplicationContextMark OPTIONAL
        }

BeaconID::= SEQUENCE{
    manufacturerID          INTEGER(0..255),
    individuaLID           INTEGER(0..16777215)
}

BroadCastPool::=File

BST::=SEQUENCE{
    fill                    BIT STRING(SIZE(3)),
    rsu                     BeaconID,
    time                    Time,
    profile                 Profile,
    mandapplications        ApplicationList,
    nonmandapplications     ApplicationList OPTIONAL,
    profileList             SEQUENCE (0..127,...) OF Profile
    }

Container::=CHOICE{
    integer                      [0] INTEGER,
    bitstring                    [1] BIT STRING,
    octetstring                  [2] OCTET STRING(SIZE(0..127),...),,
    universalString              [3] UniversalString,
    beaconID                     [4] BeaconID,
    t-apdu                       [5] T-APDUs,
    dsrcApplicationEntityId      [6] DSRCApplicationEntityID,
```

```
    dsrc-Ase-Id                [7] Dsrc-DID,
    fileId                     [8] FID,
    file                       [9] File,
    broadcastPool              [10] BroadcastPool,
    directory                  [11] Directory,
    time                       [12] Time,
    vector                     [13] SEQUENCE (0..255) OF INTEGER(0..127,...),
     filelist                  [14] FileList,
    dummy                      [15..96]    -- 保留为 DSRC 应用,
    private                    [97..127]   -- 保留给私有应用,
     …
     , contI-x                 [i] ContainerI-x  --此行应对每个进口 ContainerI. x 给出,
                                          --其中 I. x 被相关的后缀取代, i 为从 0
                                          --开始的已登记的标签。
                                          --间隙应由 contI. x [i] BIT STRING 来填充;
}

Create-Request::=SEQUENCE{
    fill                 BIT STRING (SIZE(2)),
    did                  Dsrc-DID,
    accessCredentials    OCTET STRING(SIZE(0..127,...)) OPTIONAL,
    filelist             FileList,
    iid                  DsrcApplicationEntityID OPTIONAL
    }

Create-Response::=SEQUENCE{
    fill                 BIT STRING(SIZE(3)),
    did                  Dsrc-DID,
    iid                  Dsrc-DID OPTIONAL,
    ret                  ReturnStatus
    }

Directory::=SEQUENCE (SIZE(0..127, ...)) OF FID

Dsrc-DID::=INTEGER(0..127,...)        -- DirectroyID

DsrcApplicationEntityID::=INTEGER{
    system                              (0),
    electronic-toll-collection          (1),  -- 电子应用
    road-tag-station-management         (2),  -- 道路标识站应用
    electronic-road-price               (3),   --城市道路收费
    freight-fleet-management            (4),
    public-transport                    (5),
```

```
    traffic-traveller-information          (6),
    traffic-control                        (7),
    parking-management                     (8),
    geographic-road-database               (9),
    medium-range-preinformation            (10),
    man-manchine-interface                 (11),
    emergency-warning                      (12)
    } (0..31,...)
    -- (17—28) 保留给 DSRC 应用
    -- (28—31) 保留给私有应用

Event-Report-Request::=SEQUENCE{
    mode                   BOOLEAN,
    did                    DirectoryID,
    eventType              EventType,
    accessCredentials      OCTET STRING (SIZE(0..127,...)) OPTIONAL,
    eventParameter         Container OPTIONAL,
    iid                    Dsrc-DID OPTIONAL
    }

Event-Report-Reponse::=SEQUENCE{
    fill               BIT STRING (SIZE(2)),
    did                DirectoryID,
    iid                Dsrc-DID OPTIONAL,
    ret                ReturnStatus  OPTIONAL
    }

EventType::=INTEGER{
    release            (0)
    } (0..127,...)
    --   (1—80)保留为 DSRC 应用
    --   (81-127)保留为自用

FID::= INTEGER(0..127,...)

File::= OCTET STRING(SIZE(0..127, ...))

FileInfo::=SEQUENCE{
    fileID             FID,
    length             INTEGER(0..32767, ...),
    type               FileType,                  -- 文件类型
    accessRights       FileAccessRights           --访问权限
}
```

```
FileAccessRights::= SEQUENCE{
    read                BIT STRING (SIZE (2)),
    write               BIT STRING (SIZE (2)),
    reserved            BIT STRING (SIZE(4))
    }

FileIdList::=SEQUENCE(SIZE(0..127, ...))OF FID

FileList::=SEQUENCE(SIZE(0..127, ...)) OF FileInfo

FileType::=INTEGER{
    typeBinary          (0),
    typeRecord          (1)
}(0..127, ...)

Get-Request::=SEQUENCE{
    fill                BIT STRING (SIZE(2)),
    did                 Dsrc-DID,
    accessCredentials   OCTET STRING(SIZE(0..127,...)) OPTIONAL,
    iid                 DsrcApplicationEntityID OPTIONAL,
    fileID              FID,
    offset              INTEGER(0..32767,...),
    length              INTEGER(0..127,...)
    }

Get-Response::=SEQUENCE{
    fill                BIT STRING (SIZE(2)),
    did                 Dsrc-DID,
    iid                 Dsrc-DID OPTIONAL,
    fileId              FID,
    fileContent         File OPTIONAL,
    ret                 ReturnStatus
    }

Initialization-Request::=BST

Initialization-Response::=VST

NamedFile::=SEQUENCE{
    fileID              FID,
    fileContent         File
}
```

```
ObuStatus::=SEQUENCE{
    iccPresent           BOOLEAN,    -- 存在(0),无(1)
    iccType              BIT STRING (SIZE(3)),    -- 逻辑加密接触卡(X1),CPU 接触卡(X0)
                                                  --逻辑加密非接触卡(1X),CPU 接触卡(0X)
    iccStatus            BOOLEAN,    -- IC 卡正常(0),出错(1)
    locked               BOOLEAN,    -- OBU 未锁(0),被锁(1)
    tampered             BOOLEAN,    -- OBU 未被拆动(0),被拆动(1)
    battery              BOOLEAN,    -- OBU 电池正常(0),电池电量低(1)
    reservedBits         BIT STRING (SIZE(8))
    }

ObuConfiguration::=SEQUENCE{
    macID               INTEGER(0..4294967295), -- MAC 地址,同时作为 LID。
    equipmentClass      BIT STRING (SIZE(4)),    -- 0  不支持 IC 卡接口  1  支持 IC 卡接口
    equipmentVersion    BIT STRING (SIZE(4)),
    obuStatus           ObuStatus
    }

Profile::=INTEGER(0..127, ...)
    -- b6b5b4  表示配置号;b3b2b1b0  表示配置的所支持的信道号
    -- 00H  配置 0(A 类)的信道 1
    -- 01H  配置 0(A 类)的信道 2
    -- 10H  配置 1(B 类)的信道 1
    -- 11H  配置 1(B 类)的信道 2
    -- (0—80) 保留给 DSRC 应用
    -- (81-127) 保留给私有应用

Record::=SEQUENCE OF Container

Remove-Request::=SEQUENCE{
    fill                BIT STRING (SIZE(2)),
    did                 Dsrc-DID,
    accessCredentials   OCTET STRING(SIZE(0..127,...)) OPTIONAL,
    fileIdlist          FileIdList,
    iid                 DsrcApplicationEntityID OPTIONAL
}

Remove-Response::=SEQUENCE{
    fill                    BIT STRING(SIZE(3)),
    did                     Dsrc-DID,
    iid                     Dsrc-DID OPTIONAL,
    ret                     ReturnStatus
    }
```

```
ReturnStatus::=INTEGER{
    noError                     (0),
    accessDenied                (1),
    argumentError               (2),
    complexityLimitation        (3),
    processingFailure           (4),
    processing                  (5),
    chainingError               (6)
    }(0..127,...)
    -- (7—127)保留给 DSRC 应用

RID::= INTEGER(0..127,...)

Set-Request::=SEQUENCE{
    fill                BIT STRING (SIZE(1)),
    mode                BOOLEAN,
    did                 Dsrc-DID,
    accessCredentials   OCTET STRING(SIZE(0..127,...)) OPTIONAL,
    iid                 Dsrc-DID OPTIONAL,
    fileId              FID,
    offset              INTEGER(0..32767,...),
    length              INTEGER(0..127,...),
    fileContent         File
    }

Set-Response::=SEQUENCE{
    fill                BIT STRING(SIZE(3)),
    did                 Dsrc-DID,
    fileId              FID,
    iid                 Dsrc-DID OPTIONAL,
    ret                 ReturnStatus
    }

Time::=INTEGER(0..424967295)-- 从 1970 年 1 月 1 日 00:00 (协调世界时) 起,以秒计算的累计总时间。

T-APDUs::= CHOICE{
    action-request          [0] Action-Request,
    action-response         [1] Action-Response,
    create-request          [2] Create-Request,
    create-response         [3] Create-Response,
    remove-request          [4] Remove-Request,
    remove-response         [5] Remove-Response,
```

```
    event-report-request          [6] Event-Report-Request,
    event-report-response         [7] Event-Report-Response,
    set-request                   [8] Set-Request,
    set-response                  [9] Set-Response,
    get-request                   [10] Get-Request,
    get-response                  [11] Get-Response,
    initialization-request        [12] Initialization-Request,
    initialization-response       [13] Initialization-Response
  }

VST::=SEQUENCE{
    fill                          BIT STRING (SIZE(4)),
    profile                       Profile,
    applications                  ApplicationList,
    obuConfiguration              ObuConfiguration
    }

END

DSRCtransferData  DEFINITIONS::= BEGIN
 IMPORTS  T-APDUs FROM   DSRCData;
 -- EXPORTS  everything;
Message::=   T-APDUs  --消息在 DSRC 链路上传输;

END
```

附 录 B
（资料性附录）
编 码 示 例

B.1 概述

下列示例说明了 ETC 应用中 BST/VST 应用层内容交换的编码情况。

B.2 BST(下行链路)

BST 示例见表 B.1,包含 1 个应用(AID=1 代表 ETC)。

表 B.1 BST 示例

八位位组号	字 段	八位位组中的位 b7							b0	描 述
0	字段字头	1	f	f	f	f	0	0	1	无分段。ffff：PDU 号码。不得设定到 0000 或 0001
1	BST SEQUENCE	1	1	0	0					INITIALIZATION. request
	{									
	Option indicator					0				不显示可选应用
	fill						0	0	0	填充
2	BeaconID INTEGER(0..2^32-1)	i	i	i	i	i	i	i	i	
3		i	i	i	i	i	i	i	i	
4		i	i	i	i	i	i	i	i	
5		i	i	i	i	i	i	i	i	
6	Time INTEGER(0..2^32-1),	t	t	t	t	t	t	t	t	(MSB) 32 bit UNIX real time.
7		t	t	t	t	t	t	t	t	
8		t	t	t	t	t	t	t	t	
9		t	t	t	t	t	t	t	t	
10	Profile INTEGER(0..127,...)	0	p	p	p	c	c	c	c	无扩展,配置值 b6b5b4 表示配置号；b3b2b1b0 表示配置的所支持的信道号 00H A 类信道 1 01H A 类信道 2 10H B 类信道 1 11H B 类信道 2
11	MandApplication SEQUENCE(0..127,..) OF	0	n	n	n	n	n	n	n	无扩展,1 个应用,取值 1
	{									
12	OPTION indicator	0								Dsrc-DID 不显示
	OPTION indicator		0							Parameter 不存在
	DSRCApplicationEntityID			0	0	0	0	0	1	无扩展，AID = 1 (ETC)
	}									

表 B.1（续）

八位位组号	字　段	八位位组中的位 b7							b0	描　述
13	ProfileList SEQUENCE　(0..　127,...) OF Profile }	0	0	0	0	0	0	0	0	无扩展,列表中的配置文件号 = 0。

B.3 VST(上行链路)

VST 示例见表 B.2。

表 B.2 VST 示例

八位位组号	字　段	八位位组中的位 b7							b0	描　述
0	字段字头	1	f	f	f	f	0	0	1	无分段。ffff: PDU 号码。不得设定到 0000 或 0001。
1	VST SEQUENCE	1	1	0	1					INITIALIZATION. response
	{									
	Fill BIT STRING (SIZE(4))					0	0	0	0	设为 0
2	Profile INTEGER(0..127,...)	0	p	p	p	p	p	p	p	无扩展，配置号
3	Applications SEQUENCE (0..127,...) OF									无扩展,1 个应用
4	{									
	OPTION indicator	1								DID 显示
	OPTION indicator		0							Parameter 不存在
	DSRCApplicationEntityID			0	0	0	0	0	1	无扩展，AID = 1 (ETC)
5	Dsrc-DID }	e	e	e	e	e	e	e	e	在 OBU 中是唯一的
6	ObuConfiguration SEQUENCE									
	{									
	macID	m	m	m	m	m	m	m	m	MAC 标识(同时作为链路地址)
7		m	m	m	m	m	m	m	m	
8		m	m	m	m	m	m	m	m	
9		m	m	m	m	m	m	m	m	
10	equipmentClass	0	0	0	1					设备类型:支持 IC 卡接口
	equipmentVersion					0	0	0	1	设备版本:1
11	ObuStatus	1	0	0	0	0	0	1	0	设备状态:带 IC 卡,被拆动
12		r	r	r	r	r	r	r	r	
	}　}									

附　录　C
（资料性附录）
A 类和 B 类兼容性管理

A 类和 B 类的设备通过 BST 实现兼容性管理，兼容性的实现在 RSU 端，即 RSU 支持 A 和 B 类两类协议。A 类和 B 类参见标准 GB/T 20851.1—2007《电子收费　专用短程通信　第 1 部分：物理层》。

兼容性设计示例

a) RSU 周期性广播 A-BST 和 B-BST；

b) A 类 OBU 或者 B 类 OBU 响应 VST；

c) RSU 判断 OBU 类型；

d) RSU 与该 OBU 建立专用链路，并按照确定的协议（A 或者 B）进行后续通信。

附 录 D
（规范性附录）
命名和登记

D.1 登记项

DSRC 应用层的 ManufacturerID 和 MAC 地址应以唯一的标识来登记。

D.2 应用标准的定义项

应用标准应保证下列数据项的统一性。

——ActionType：应是操作唯一的标识；

——Dsrc-DID：应是在每个应用中是唯一的；

——EventType：应是事件唯一的通用标识。

ICS 35.200
L 65

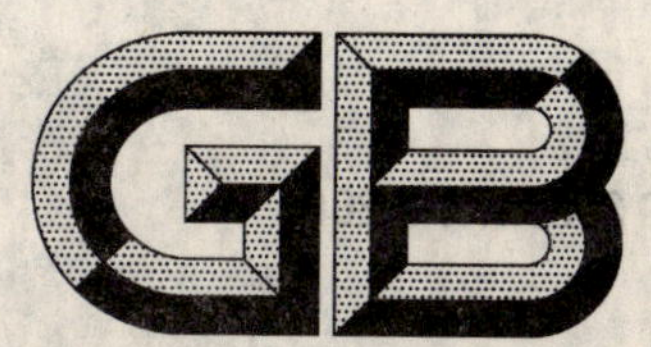

中华人民共和国国家标准

GB/T 20851.4—2007

电子收费　专用短程通信
第4部分:设备应用

Electronic toll collection—Dedicated short range communication—
Part 4:Equipment application

2007-03-19 发布　　　　　　　　2007-05-01 实施

中华人民共和国国家质量监督检验检疫总局
中国国家标准化管理委员会　发布

前　言

GB/T 20851—2007《电子收费　专用短程通信》分为：

——第1部分：物理层；

——第2部分：数据链路层；

——第3部分：应用层；

——第4部分：设备应用；

——第5部分：物理层主要参数测试方法。

本部分为GB/T 20851—2007的第4部分。

本部分的附录A为规范性附录，附录B为资料性附录。

本部分由全国智能运输系统标准化技术委员会(SAC/TC 268)提出并归口。

本部分起草单位：交通部公路科学研究院、深圳市金溢科技有限公司。

本部分主要起草人：宋向辉、罗瑞发、陈丙勋、刘咏平、肖迪、杨蕴、谌仪、杨成。

电子收费　专用短程通信
第4部分：设备应用

1　范围

本部分规定了用于电子收费(ETC)的专用短程通信设备的应用总则、技术要求、数据结构、应用接口和应用安全。

本部分适用于公路电子收费系统，自动车辆识别(AVI)、车辆出入管理、城市道路收费等领域可参照使用。

2　规范性引用文件

下列文件中的条款通过GB/T 20851的本部分的引用而成为本部分的条款。凡是注日期的引用文件，其随后所有的修改单(不包括勘误的内容)或修订版均不适用于本部分，然而，鼓励根据本部分达成协议的各方研究是否可使用这些文件的最新版本。凡是不注日期的引用文件，其最新版本适用于本部分。

GB/T 2423　电工电子产品环境试验

GB 4208　外壳防护等级(IP代码)

GB/T 20135—2006　智能运输系统　电子收费　系统框架模型

GB/T 20839—2007　智能运输系统　通用术语

GB/T 20851.1—2007　电子收费　专用短程通信　第1部分：物理层

GB/T 20851.2—2007　电子收费　专用短程通信　第2部分：数据链路层

GB/T 20851.3—2007　电子收费　专用短程通信　第3部分：应用层

JR/T 0025—2005　中国金融集成电路(IC)卡规范

ISO/IEC 7816　识别卡——带触点的集成电路卡

ISO/IEC 14443　识别卡——非接触卡规范

3　术语、定义和缩略语

3.1　术语和定义

GB/T 20135—2006和GB/T 20839—2007中确立的术语适用于本部分。

3.2　缩略语

下列缩略语适用于本部分。

AVI　自动车辆识别(Automatic Vehicle Identification)

DID　目录标识(Directory Identifier)

DSRC　专用短程通信(Dedicated Short Range Communication)

ETC　电子收费(Electronic Toll Collection)

FID　文件标识(File Identifier)

ICC　集成电路卡(Integrate Circuit Card)

MAC　信息鉴别码(Message Authentication Code)

MTC　人工半自动收费(Manual Toll Collection)

OBE　车载设备(On Board Equipment)

PSAM　消费安全访问模块(Payment Security Access Module)

RSE　路侧设备(Roadside Equipment)

TDES　三重数据加密标准(Triple Data Encryption Standard)

4　应用总则

4.1　ETC 系统构成

ETC 系统由前端系统和后台数据库系统组成,前端系统包括车道控制系统、RSE、OBE 以及 ICC。

OBE 应为双片式类型,即应支持 ICC 的读写。在 ETC 应用中,涉及电子支付的功能由 ICC 实现,OBE 提供 ICC 至 RSE 信息转发功能。系统构成见图 1。

典型 ETC 交易示例见图 2。

存储支付信息
ICC
存储AVI信息
DSRC通信
ICC访问接口
OBE
AVI信息交互
（用户、车辆信息、道路信息
或交易信息等）
RSE
计算机通信
接口
后台数据
库系统
车道控制
系统

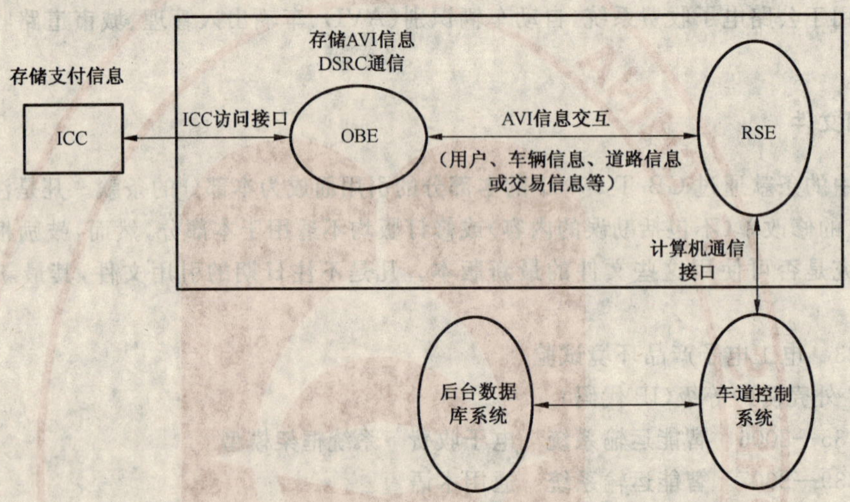

注：方框中的内容为本部分所涉及的内容。

图 1　ETC 系统构成

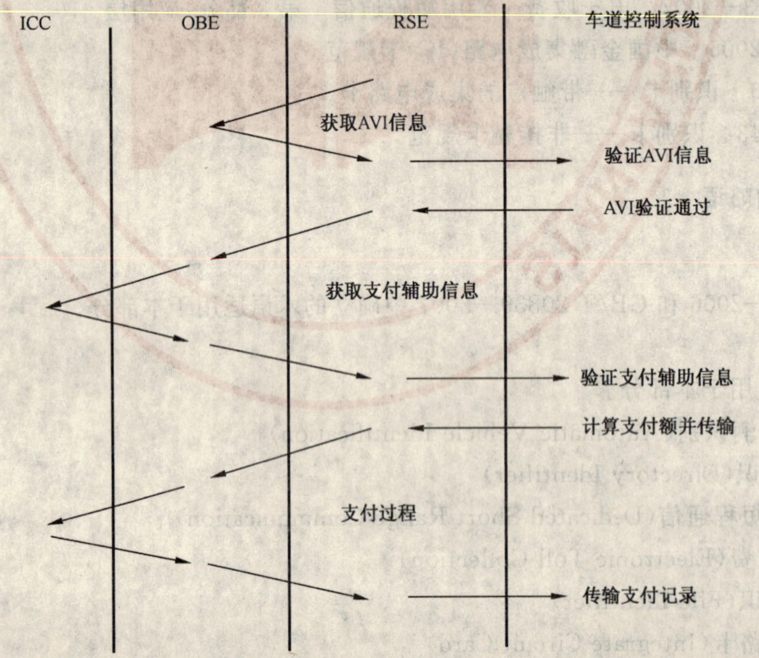

ICC
OBE
RSE
车道控制系统
获取AVI信息
验证AVI信息
AVI验证通过
获取支付辅助信息
验证支付辅助信息
计算支付额并传输
支付过程
传输支付记录

图 2　ETC 交易示例

4.2　OBE 数据一般规定

OBE 内的数据采用目录与文件进行组织。

OBE 内目录分为两类:系统目录及应用目录,系统目录为 OBE 的根目录,只有一个;应用目录是根目录下的子目录,可有多个,一个应用对应一个目录。每个目录下有多个文件,子目录下不应有其他子目录。

文件分为密钥文件和应用文件两类:密钥文件存储用以控制应用数据的安全访问的密钥;应用文件用于存储应用数据。

目录和文件分别以 DID 和 FID 来标识。DID 编号范围为 0x00—0x0F,其中 DID 为 0x00 者为根目录。文件编号 FID 范围为 0x00—0x7F,其中 FID 为 0x00 号者为密钥文件。根目录下的文件为系统文件,应用文件存储于应用目录中。对于 ETC 应用,目录号应为 0x01。

OBE 内的数据组织结构见表 1。

表 1 OBE 数据组织结构表

<table>
<tr><th colspan="3">目录/文件</th><th>文件类型</th><th>ASN.1 数据结构[a]</th></tr>
<tr><td rowspan="7">0x00
根目录</td><td colspan="2">0x00 系统密钥文件</td><td>记录</td><td>SysKeyFile</td></tr>
<tr><td colspan="2">0x01 系统信息文件</td><td>二进制</td><td>SysInfoFile</td></tr>
<tr><td colspan="2">…</td><td>…</td><td>…</td></tr>
<tr><td rowspan="3">0x01 ETC 应用目录</td><td>0x00 ETC 应用密钥文件</td><td>记录</td><td>EtcAppKeyFile</td></tr>
<tr><td>0x01 ETC 应用车辆信息文件</td><td>二进制</td><td>EtcAppVehicleFile</td></tr>
<tr><td>…</td><td>…</td><td>…</td></tr>
<tr><td>… 其他应用目录</td><td>…</td><td>…</td><td>…</td></tr>
<tr><td colspan="5">a ASN.1 数据结构见附录 A。</td></tr>
</table>

4.3 OBE 密钥

密钥分为四类:主控密钥、维护密钥、认证密钥和加密密钥。主控密钥分系统主控密钥和应用主控密钥,系统主控密钥在系统密钥文件中,应用主控密钥在对应的应用密钥文件中。密钥的功能见表 2。

表 2 密 钥 功 能

密 钥 类 型	密 钥 代 码	密 钥 功 能	应 用 过 程
主控密钥	0xM0	(1) 认证通过后可创建文件; (2) 对自身进行安全写入; (3) 对同目录下其他密钥的安全写入; (4) 根目录下的主控密钥用于子目录主控密钥的写入	发行
维护密钥	0xM1	本目录文件的安全方式写入	发行
认证密钥	0xM2	本目录文件访问读写权限控制	交易
加密密钥	0xM3	传输过程中数据的加密与解密处理	交易
注:M 为密钥所属的目录编号,如 ETC 应用的主控密钥为 0x10。			

4.4 文件属性

文件访问由密钥控制。

目录和文件的删除与创建在主控密钥的控制下进行。

普通文件(非密钥文件)有四种属性,见表 3。

表 3 文件属性

属 性	代 码	描 述
自由	0x00	自由读或写,不需要任何认证或加密处理,传输为明文数据
认证	0x01	认证后可以读或写,传输为明文数据
加密	0x02	读或写的数据内容进行加密处理,传输为密文数据
无权限	0x03	无读或者写的权限

4.5 扩展应用接口

ETC 设备应提供基于 ACTION 服务原语(见 GB/T 20851.3—2007)所扩展的应用接口,见表 4。

表 4 扩展 ETC 应用接口

操作类型(ActionType)	操 作 名 称	描 述
0	GetSecure	安全文件读取,提供 MAC 和安全加密接口
1	SetSecure	安全文件写入,提供 MAC 和安全加密接口
2	GetRand	取随机数,用于安全用途
3	TransferChannel	通道传输,用于向 OBE 部件传输 APDU
4	SetMMI	设置人机界面,规范 OBE 需统一指示的内容

5 关键设备总体技术要求

5.1 OBE 总体技术要求

5.1.1 无线链路通信

OBE 和 RSE 之间的 DSRC 应符合 GB/T 20851.1—2007、GB/T 20851.2—2007、GB/T 20851.3—2007 的相关规定。

5.1.2 安全

OBE 应提供安全访问模块或者达到同样安全等级的芯片,以存放访问控制密钥和 ETC 应用信息等。

OBE 应支持 TDES 算法的数据存取和访问控制。

OBE 中所有初始化数据的写入应采用 TDES 加密方式传输。

OBE 应具备 ICC 读写接口,该接口应符合 ISO/IEC 7816 或 ISO/IEC 14443 TYPE-A 标准的相关规定。

OBE 支持的 ICC 交易流程应符合 JR/T 0025。

5.1.3 信息存储

OBE 内的用户信息存储宜采用数据块的方式,寻址应采用目录树和文件的方式。

OBE 内应具有不小于 1 k 字节作为用户自定义的应用信息存储空间。

5.1.4 部件

5.1.4.1 标准配置部件

OBE 应配置的外部部件:ICC 读写接口、字符显示器、红绿指示灯、蜂鸣器。

5.1.4.2 可选配置部件

OBE 可选的外部部件:扬声器、USB 接口、RS232 串口等有线接口。

5.1.5 防拆卸与恢复

OBE 应具备防止用户拆卸功能,一旦被拆卸,应当立即在 OBE 内的相应信息存储区中设置相应标志字节/标志位。

因拆卸而引起的 ETC 应用失效应能够通过软件设置的方式得到恢复。

5.1.6　应用的更新

OBE 应支持应用更新,更新可采用 DSRC 方式或有线方式。

5.1.7　交易记录

OBE 应支持不少于 50 条最新交易记录的存储,交易记录可采用 DSRC 方式或有线方式读出。

5.1.8　可靠性

OBE 平均无故障时间应大于 50 000 h。

5.1.9　平均免维护时间

OBE 平均免维护时间不小于 2 年(按每天 10 次交易计算)。

5.1.10　环境条件

环境条件应符合:

a) 工作温度:一般要求－25℃～＋70℃(寒区－40℃～＋70℃);

b) 存储温度:－40℃～＋70℃;

c) 相对工作湿度:5%～100%;

d) 静电:8 kV;

e) 振动:应符合 GB/T 2423.13;

f) 冲击:应符合 GB/T 2423.6 试验 Eb 和导则。

5.2　RSE 总体技术要求

5.2.1　工作方式

RSE 采用联机工作方式。

RSE 应提供应用层服务原语接口。

5.2.2　无线链路通信

RSE 和 OBE 之间的 DSRC 应符合 GB/T 20851.1—2007、GB/T 20851.2—2007、GB/T 20851.3—2007 的相关规定。

5.2.3　安全

RSE 应内置符合 JR/T 0025 安全交易规范规定的 PSAM 作为安全认证模块,所有的加密和认证过程均通过 PSAM 的方式进行。

PSAM 卡通信速率不低于 56 kbps。单次 TDES 计算时间不大于 250 μs。

5.2.4　接口

RSE 应至少具有 RS232、RS485、USB 或以太网方式之一的上位机通信接口。

RSE 应具有符合 ISO/IEC 7816 要求的 PSAM 卡座接口,支持对符合 JR/T 0025 安全交易规范要求的 PSAM 的透明指令操作。

RSE 宜具有 TTL 电平的光电隔离接口。

5.2.5　程序和应用的更新

RSE 应具有通过上位机接口进行在线程序和应用更新的能力。

5.2.6　安装

固定安装方式的 RSE 设备支持户外安装,防护等级应满足 GB 4208 的要求,并可采用路侧或者顶挂方式;宜采用顶挂安装方式,且吊装在车道正中,挂装高度不低于 5.5 m。

5.2.7　通信区域

RSE 设备通信区域宽度应可调整在 3.3 m 范围内,见图 3。

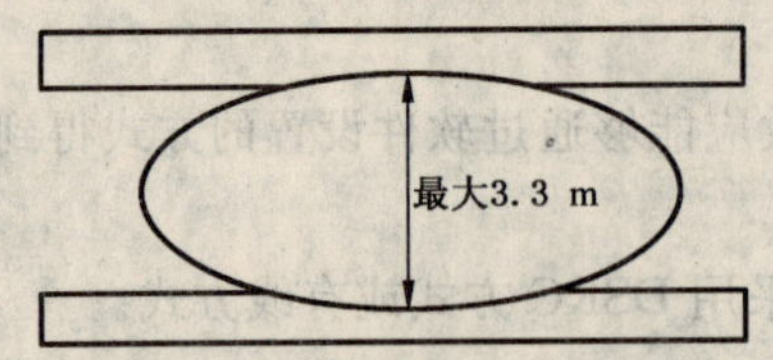

图 3 通信区域宽度示意图

5.2.8 供电

RSE 设备应采用 220 V/50 Hz 交流电源供电。

5.2.9 可靠性

RSE 平均无故障时间应大于 70 000 h。

5.2.10 环境条件

环境条件应符合：

a) 工作温度：一般要求－20℃～＋55℃（寒区－35℃～＋40℃）；

b) 存储温度：－40℃～＋85℃；

c) 相对工作湿度：4%～100%；

d) 静电：8 kV；

e) 振动：应符合 GB/T 2423.13；

f) 冲击：应符合 GB/T 2423.6 试验 Eb 和导则；

g) 盐雾：应符合 GB/T 2423.18；

h) 雷击：抗 4 kV 10/200 μs 雷击。

6 OBE 数据结构

6.1 数据结构与属性

OBE 的数据分为系统数据和应用数据两类，数据结构与属性见表 5。

表 5 OBE 数据结构与属性

目录号	文件号	文件名称	ASN.1 数据结构定义	类型	读属性	写属性
0	0	系统密钥文件	SysKeyFile	记录	0x03	0x01
	1	系统信息文件	SysInfoFile	二进制	0x00	0x02
1	0	ETC 应用密钥文件	EtcKeyFile	记录	0x03	0x01
	1	ETC 应用车辆信息文件	EtcVehicleFile	二进制	0x01	0x02
	2	ETC 应用交易记录文件	EtcTransactionFile	记录	0x00	0x00
	3	ETC 应用保留文件	EtcReservedFile	二进制	0x00	0x00
2	0	标识站应用文件	MidStationFile	二进制	0x00	0x00
3	0	城市道路收费应用文件	ErpAppFile	二进制	0x00	0x01
…	…	…	…	…	…	…
15	0	保留	…	…	…	…

6.2 系统数据

6.2.1 系统密钥文件

系统密钥文件的目录号为 0，文件号为 0，ASN.1 定义为 SysKeyFile，系统密钥文件存储 OBE 系统信息安全访问控制密钥，文件内容见表 6。

表 6 系统密钥文件

序 号	字 段 名 称	ASN.1 类型	字 段 内 容	密 钥 代 码
1	sysMasterKey	Key	系统主控密钥	0x00
2	sysMaintainKey	Key	系统维护密钥	0x01

6.2.2 系统信息文件

系统信息文件的目录号为 0,文件号为 1,ASN.1 定义为 SysInfoFile,存储 OBE 发行及合同相关信息,文件内容见表 7。

表 7 系统信息文件

序号	字 段 名 称	ASN.1 类型	字 段 内 容
1	contractProvider	OCTET STRING (SIZE(8))	服务提供商名称
2	contractType	INTEGER(0..127,...)	协约类型
3	contractVersion	INTEGER(0..127,...)	合同版本
4	contractSerialNumber	ContractSerialNumber	合同序列号
5	contractSignedDate	Date	合同签署日期
6	contractExpiredDate	Date	合同过期日期
7	Reserved	OCTET STRING (SIZE(64))	预留

6.3 ETC 应用数据

6.3.1 ETC 应用密钥文件

ETC 应用密钥文件目录号为 1,文件号为 0,ASN.1 定义为 EtcKeyFile,存储 OBE 的 ETC 应用数据安全访问控制密钥,文件内容见表 8。

表 8 ETC 应用密钥文件

序号	字段名称	ASN.1 类型	字段内容	密钥代码
1	etcMasterKey	Key	ETC 应用主控密钥	0x10
2	etcMaintainKey	Key	ETC 应用维护密钥	0x11
3	etcAccessKey	Key	ETC 应用认证密钥	0x12
4	etcEncryptKey	Key	ETC 应用加密密钥	0x13
注：etcAccessKey 用于认证,etcEncryptKey 用于加密和鉴别码计算。				

6.3.2 ETC 应用车辆信息文件

ETC 应用车辆信息文件目录号为 1,文件号为 1,ASN.1 定义为 EtcVehicleFile,文件内容见表 9。

表 9 ETC 应用车辆信息文件

序号	字段名称	ASN.1 类型	字段内容
1	vehicleLicencePlateNumber	OCTET STRING (SIZE(12))	车牌号
2	vehicleLicencePlateColor	OCTET STRING (SIZE(2))	车牌颜色
3	vehicleClass	INTEGER(0..127,...)	车型
4	vehicleUserType	INTEGER(0..127,...)	车辆用户类别
5	vehicleDimensions	VehicleDimensions	车辆尺寸
6	vehicleWheels	INTEGER(0..127,...)	车轮数

表 9（续）

序号	字段名称	ASN.1 类型	字段内容
7	vehicleAxles	INTEGER(0..127,...)	车轴数
8	vehicleWheelBases	INTEGER(0..65535)	轴距
9	vehicleWeitghtLimits	INTEGER(0..2^{24}-1)	车辆载重/座位数
10	vehicleSpecificInfomation	OCTET STRING(SIZE(16))	车辆特征描述
11	VehicleEngineNumber	OCTET STRING(SIZE(16))	车辆发动机号
12	vehicleReserved	OCTET STRING(SIZE(10))	保留字段

6.3.3 ETC 应用交易记录文件

ETC 应用交易记录文件目录号为 1，文件号为 2，ASN.1 定义为 EtcTransactionFile，ETC 交易记录空间写满时，记录用先入先出的方式循环进入记录区，文件内容见表 10。

表 10 ETC 应用交易记录文件

序号	字段名称	ASN.1 类型	字段内容
1	RecordCount	INTEGER(0..127,...)	记录数
2	Record1Length	INTEGER(0..127,...)	第一条记录的长度
3	Record1	OCTET STRING (SIZE(Record1Length))	第一条记录内容
4	Record2Length	INTEGER(0..127,...)	第二条记录的长度
5	Record2	OCTET STRING (SIZE(Record2Length))	第二条记录内容
…	…	…	…
$2n$	RecordnLength	INTEGER(0..127,...)	第 n 条记录的长度
$2n+1$	Recordn	OCTET STRING (SIZE(RecordnLength))	第 n 条记录内容

6.3.4 ETC 应用保留文件

ETC 应用保留文件目录号为 1，文件号为 3，ASN.1 定义为 EtcReservedFile，文件预留为 OCTET STRING (SIZE(40))。

6.3.5 标识站应用文件

标识站应用文件目录号为 2，文件号为 0，ASN.1 定义为 MidStationFile，文件预留为 OCTET STRING (SIZE(40))。

6.3.6 城市道路收费应用文件

城市道路收费应用文件目录号为 3，文件号为 0，ASN.1 定义为 ErpAppFile，文件预留为 OCTET STRING (SIZE(40))。

7 ETC 应用接口

7.1 ACTION 服务原语

ETC 应用在应用层服务原语 ACTION 之上扩展出 ETC 应用接口，其中 ACTION 服务原语如下：

```
Action-Request::=SEQUENCE{
    mode                BOOLEAN,
```

```
    did                 Dsrc-DID,
    actionType          ActionType,
    accessCredentials   OCTET STRING (SIZE(0..127,...)) OPTIONAL,
    actionParameter     Container OPTIONAL,
    iid                 Dsrc-DID OPTIONAL
    }
Action-Response::=SEQUENCE{
    fill                BIT STRING (SIZE(1)),
    did                 Dsrc-DID,
    responseParameter   Container OPTIONAL,
    iid                 Dsrc-DID OPTIONAL,
    ret                 ReturnStatus
    }
ActionType::=INTEGER(0..127,...)
```

已经定义如下操作：

—0 GetSecure

—1 SetSecure

—2 GetRand

—3 TransferChannel

—4 SetMMI

ActionType 中，5…80 保留给 DSRC 应用，81…127 保留给私有应用。

7.2 GetSecure 服务原语

7.2.1 功能

GetSecure 用于实现安全的数据读取，并提供可选的认证、加密和信息鉴别的机制。其中：

a) 认证：RSE 端提供访问凭证，OBE 端验证通过后才允许读取；

b) 加密：OBE 端对数据加密后再传输到 RSE 端，RSE 端需对之解密后才可获取原始数据；

c) 信息鉴别：对所传输的数据进行加密运算产生 MAC，随数据后一起传输；RSE 端接收到首先对之进行验证，无误后进行后续处理。

本接口中，a)和 b)为可选项，c)为必备项；对于无需 b)或 c)的情形，需调用 Get 服务实现。

上述三者视安全要求可组合运用。

如果同时出现 b)和 c)的情形，MAC 应基于加密后的信息计算得到。

7.2.2 接口

7.2.2.1 请求(GetSecure.request)

GetSecure.request 参数要求见表 11。

表 11 GetSecure.request 参数要求

参数	取值	参数说明
mode	TRUE	确认模式，需应答
did	Dsrc-DID	ETC 应用等于 1
actionType	0	等于 0
accessCredentials	—	可选

表 11（续）

参　数	取　值	参数说明

actionParameter	GetSecureRq::=SEQUENCE{
	fill BIT STRING (SIZE(7)),
	fileid FID,
	offset INTEGER(0..65535,...),
	length INTEGER(0..127,...),
	rndRsuForAuthen Rand,
	keyIdForAuthen INTEGER(0..255),
	keyIdForEncrypt INTEGER(0..255)
	OPTIONAL
	}
		
		文件标识
		操作数据起始位置
		操作数据长度
		产生 MAC 用随机数
		产生 MAC 用密钥索引号
		加密密钥索引号

iid	—	不存在

7.2.2.2　应答(GetSecure.response)

GetSecure.response 参数要求见表 12。

表 12　GetSecure.response 参数要求

参　数	取　值	参数说明
did	Dsrc-DID	ETC 应用对应 1

responseParameter	GetSecureRs::=SEQUENCE {
	fileid　FID,
	file　File,
	Authenticator OCTET STRING (SIZE(8))
	}
		可选
		文件标识
		读取的数据(可能加密)
		鉴别码

iid	—	不存在
ret	ReturnStatus	必备

7.3　SetSecure 服务原语

7.3.1　功能

SetSecure 用于实现安全的数据写入，并提供可选的认证、加密和信息鉴别的机制。其中：

a)　认证：RSE 端提供访问凭证，OBE 端验证通过后才允许读取；

b)　加密：OBE 端对数据加密后再传输到 RSE 端，RSE 端需对之解密后才可获取原始数据；

c)　信息鉴别：对所传输的数据进行加密运算产生信息鉴别码，随数据后一起传输；RSE 端接收到首先对之进行验证，无误后进行后续处理。

本接口中，a)和 b)为可选项，c)为必选项；对于无需 b)或 c)的情形，需调用 Set 服务实现。

上述三者示安全要求可组合运用。

如果同时出现 b)和 c)的情形，信息鉴别码应基于加密后的信息计算得到。

7.3.2　接口

7.3.2.1　请求(SetSecure.request)

SetSecure.request 参数要求见表 13。

表 13 SetSecure. request 参数要求

参 数	取 值	参数说明
mode	TRUE	确认模式，需应答
did	Dsrc-DID	ETC 应用等于 1
actionType	1	等于 1
accessCredentials	—	可选

actionParameter	SetSecureRq::=SEQUENCE{
	fill BIT STRING (SIZE(7)),
	fileid FID,
	offset INTEGER(0..65535,...),
	length INTEGER(0..127,...),
	file File,
	rndRsuForAuthen Rand,
	keyIdForAuthen INTEGER(0..255),
	keyIdForEncrypt INTEGER(0..255) OPTIONAL
	}
		
		文件标识
		操作数据起始位置
		操作数据长度
		数据内容(可能加密)
		产生 MAC 用随机数
		产生 MAC 用密钥索引号
		加密密钥索引号

iid	—	不存在

7.3.2.2 应答(SetSecure. response)

SetSecure. response 参数要求见表 14。

表 14 SetSecure. response 参数要求

参 数	取 值	参数说明
did	Dsrc-DID	ETC 应用等于 1
responseParameter	—	不存在
iid	—	不存在
ret	ReturnStatus	必备

7.4 GetRand 服务原语

7.4.1 功能

GetRand 服务用于获取 8 字节随机数。

7.4.2 接口

7.4.2.1 请求(Get-Rand. request)

GetRand. request 参数要求见表 15。

表 15 GetRand. request 参数要求

参 数	取 值	参数说明
mode	TRUE	确认模式，需应答
did	Dsrc-DID	ETC 应用等于 1
actionType	2	等于 2
accessCredentials	—	可选
actionParameter	—	不存在
iid	—	不存在

7.4.2.2 应答(GetRand.response)

GetRand.response 参数要求见表 16。

表 16 GetRand.response 参数要求

参 数	取 值	参数说明
did	Dsrc-DID	ETC 应用等于 1

responseParameter	GetRandRs::=SEQUENCE {
	rand Rand
	}
		可选
		随机数

iid	—	不存在
ret	ReturnStatus	必备

7.5 TransferChannel 服务原语

7.5.1 功能

为 RSE 与 OBE 部件之间(如 ICC、显示器、蜂鸣器等)通信提供通道传输功能,OBE 充当 RSE 与外部件之间的转发器。已经定义的外部件通道标识号见表 17。

表 17 通道标识号定义表

通道标识号(ChannelID)	名 称	说 明
0	OBE	OBE 本身
1	ICC	ICC
2	SAM	SAM 模块
3	DISPLAY	显示器
4	BEEPER	蜂鸣器
5	SPEAKER	扬声器
6	PRINTER	打印设备
7	SERIAL INTERFACE	串行口
8	USB	USB 接口
9	PARALLEL INTERFACE	并行口

7.5.2 接口

7.5.2.1 请求(TransferChannel.request)

TransferChannel.request 参数要求见表 18。

表 18 TransferChannel.request 参数要求

参 数	取 值	参数说明
mode	TRUE	确认模式,需应答
did	Dsrc-DID	ETC 应用等于 1
actionType	3	等于 3
accessCredentials	—	可选

actionParameter	ChannelRq::=SEQUENCE{
	channelid ChannelID,
	apdu apduList
	}
		通道标识号
		通道指令数据

iid	—	不存在

7.5.2.2 应答(TransferChannel.response)

TransferChannel.response 参数要求见表 19。

表 19 TransferChannel.response 参数要求

参数	取值	参数说明
did	Dsrc-DID	ETC 应用等于 1
responseParameter	ChannelRs::=SEQUENCE { channelid ChannelID, apdu apduList }	可选 通道标识号 通道应答数据
iid	—	不存在
ret	ReturnStatus	必备

7.6 SetMMI 服务原语

7.6.1 功能

用于规范 OBE 应用人机界面指示的内容,已经要求指示的内容见表 20。

表 20 MMI 标识定义

指示内容标识	名称	说明
0	ok	交易处理正常完成
1	error	交易处理异常
2	contactOperator	请联系运营商

7.6.2 接口

7.6.2.1 请求(SetMMI.request)

SetMMI.request 参数要求见表 21。

表 21 SetMMI.request 参数要求

参数	取值	参数说明
mode	TRUE	确认模式,需应答
did	Dsrc-DID	ETC 应用等于 1
actionType	4	等于 4
accessCredentials	—	不存在

actionParameter	SetMMIRq::=INTEGER{
	ok (0),
	nok (1),
	contactOperator (2)
	}
		0:正常
		1:异常
		2:与运营商联系

iid	—	不存在

7.6.2.2 应答(SetMMI.response)

SetMMI.response 参数要求见表 22。

表 22 SetMMI.response 参数定义

参数	取值	参数说明
did	Dsrc-DID	ETC 应用对应 1
responseParameter	—	不存在
ret	ReturnStatus	必备

8 ETC 应用安全

8.1 安全方式

主要安全保护手段有：

a) 访问许可：访问数据应提供许可凭证，OBE 验证通过后才允许访问；

b) 信息鉴别：随关键数据一起传送一组鉴别码，RSE 验证后才认为为合法数据；

c) 加密保护：在传输过程中对数据进行加密。

8.2 访问许可

OBE 访问许可认证通过后，RSE 具备访问权限，访问许可见图 4。过程如下：

a) RSE 通过 Get 服务取得 ContractSerialNumber，通过 GetRand 服务或直接从 VST 中获取 RndOBU，RndOBU 宜从 VST 中获取；

b) RSE 利用 MasterAccessKey（主认证密钥，16 字节）和 ContractSerialNumber 分散出临时认证密钥 tmpAccessKey（16 字节），分散算法如下：

tmpAccessKey＝TDES(MasterEtcAppAccessKey, ContractSerialNumber)

c) RSE 利用临时密钥 tmpAccessKey 加密 RandOBU（8 字节），产生 accessCredentials，算法如下：

accessCredentials＝TDES(tmpAccessKey, RandOBU)

d) RSE 后续指令携带 accessCredentials，发送到 OBE；

e) OBE 利用 AccessKey 和 RndOBU 计算出 tmpAccessCredentials，算法同 c)；

f) OBE 比较 accessCredentials 和 tmpAccessCredentials 是否相等，相等则赋予该 RSE 访问许可权限。

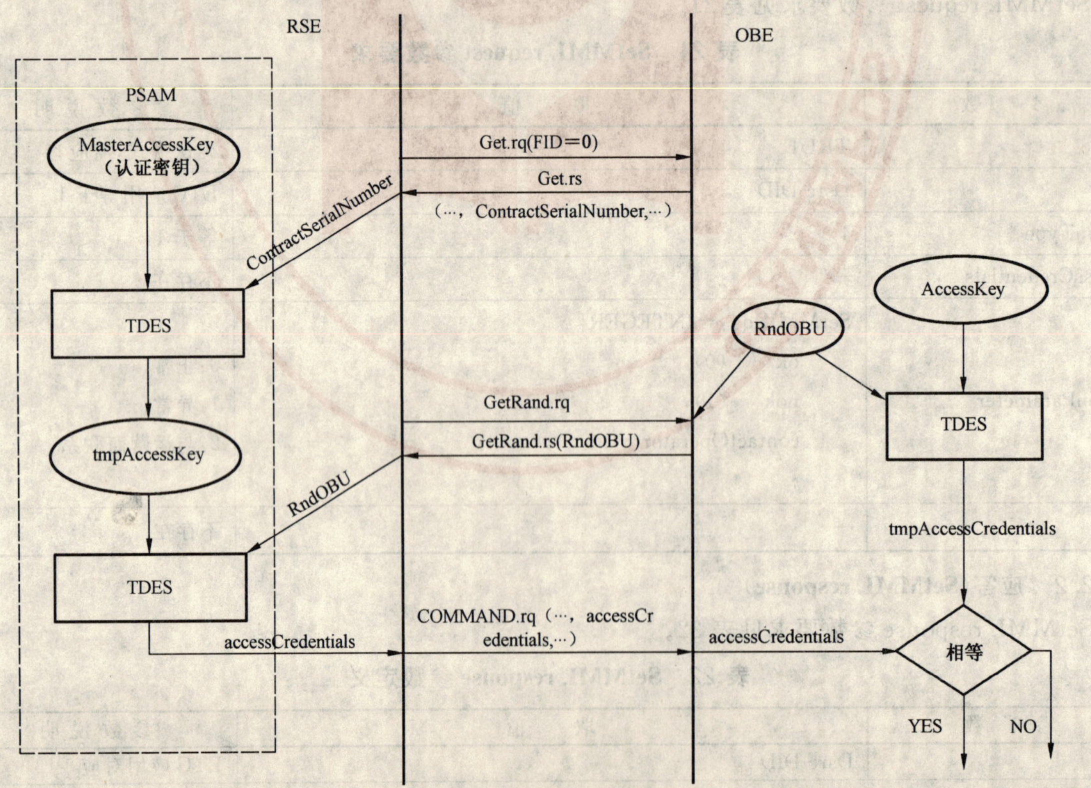

图 4 访问许可认证

8.3 信息鉴别

信息鉴别主要是针对 OBE 信息的鉴别，以鉴别码的方式实现，信息鉴别见图 5。过程如下：

a) RSE 通过 Get 服务取得 ContractSerialNumber；

b) RSE 产生随机数 randRSUForAuthen(8 字节)，并随 GetSecure 服务一起发送至 OBE；

c) OBE 利用 EncryptKey(16 字节)对 randRSUForAuthen、File 内容进行 MAC 计算，得出鉴别码 Authenticator 并随 File 一起作为响应参数发往 RSE。其中 MAC 计算方法如下：

1) 将 File 内容进行 CRC 计算(多项式 $X^{16}+X^{12}+X^{5}+1$，起始 FFFFH)，产生两字节 CRC0 和 CRC1；

2) 将 randRSUForAuthen 最低两个字节分别更换为 CRC1，CRC0，形成 8 字节临时数据；

3) 利用 EncryptKey 对 8 字节数据进行加密计算产生 Authenticator，算法如下：

Authenticator＝TDES(EncryptKey，CRC0||CRC1||randRSUForAuthen(高 6 字节))

d) OBE 在响应中发送 File 和 Authenticator 至 RSE；

e) RSE 利用 ContractSerialNumber 和 MasterEncryptKey 计算出临时密钥 tmpEncryptKey(16 字节)，算法如下：

tmpEncryptKey＝TDES(MasterEtcAppAuthenKey，ContractSerialNumber)

f) RSE 利用临时密钥 tmpKey、rndRSUForAuthen 及 File，遵循 c)中的算法计算 MAC 码 tmpAuthenticator；

g) RSE 比较 Authenticator 和 tmpAuthenticator，如果结果相等则为合法数据，否则非法。

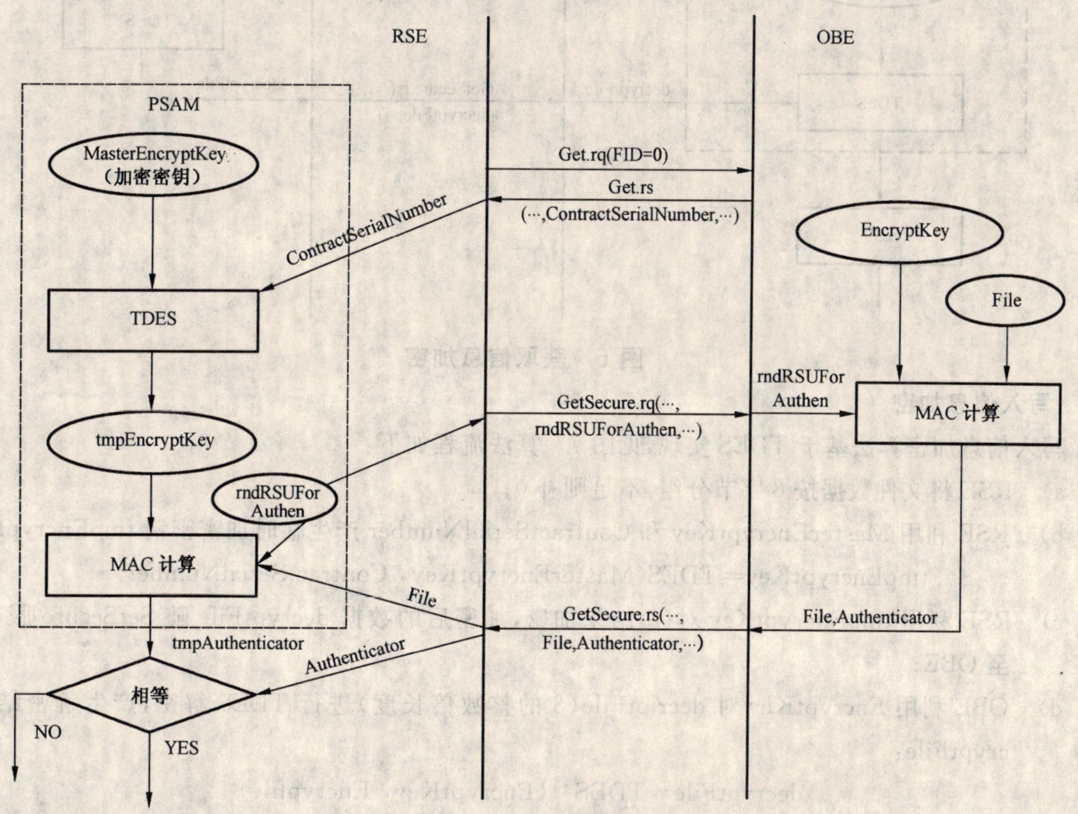

图 5 OBE 信息鉴别

8.4 获取信息加密

获取 OBE 信息加密算法基于 TDES 实现，见图 6。算法流程如下：

a) RSE 发送 GetSecure 服务至 OBE；

b) OBE 将文件数据按 8 字节分组，不足则补 0；

c) OBE 利用 EncryptKey 对上述结果(8 的整数倍长度)进行 TDES 解密，产生解密结果 decryptFile，算法如下：

$$decryptFile = TDES^{-1}(EncryptKey, Encrypfile)$$

d) OBE 将 decryptFile 随 GetSecure. rs 发送至 RSE；

e) RSE 利用 MasterEncryptKey 和 ContractSerialNumber 产生临时加密密钥 tmpEncryptKey，算法如下：

tmpEncryptKey＝TDES(MasterEncryptKey，ContractSerialNumber)

f) RSE 利用 tmpEncryptKey 对 decryptFile 加密，结果去掉多余 0 字节后即为所读取数据内容。

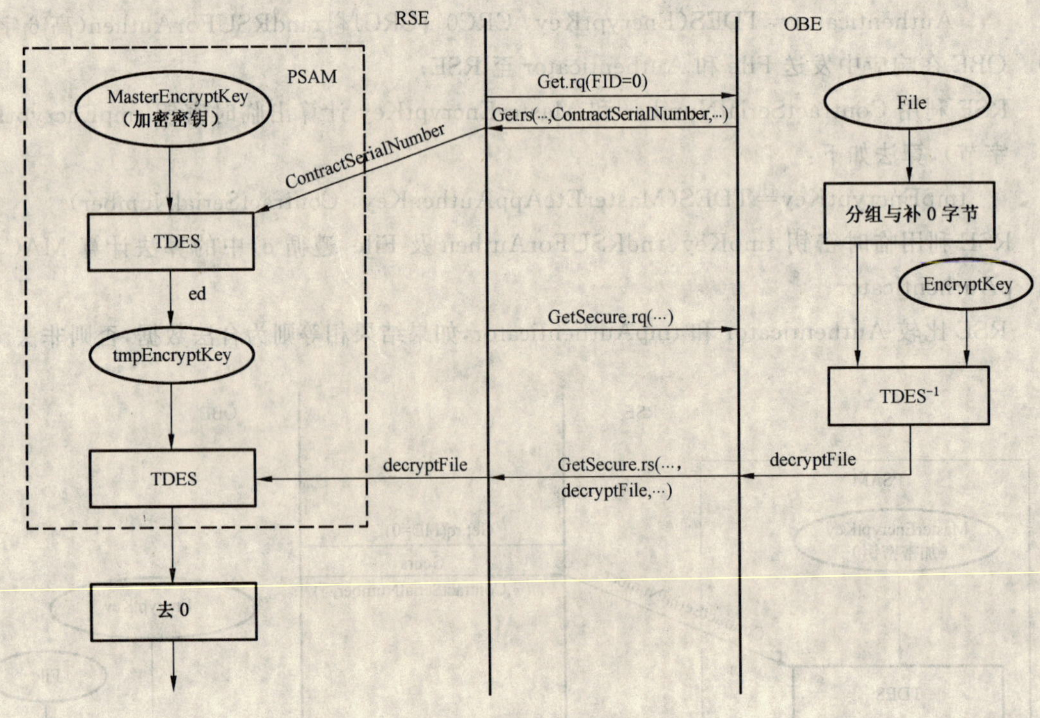

图 6 获取信息加密

8.5 写入信息加密

写入信息加密算法基于 TDES 实现，见图 7。算法流程如下：

a) RSE 将文件数据按 8 字节分组，不足则补 0；

b) RSE 利用 MasterEncryptKey 和 ContractSerialNumber 产生临时加密密钥 tmpEncryptKey：

tmpEncryptKey＝TDES(MasterEncryptKey，ContractSerialNumber)

c) RSE 利用 tmpEncryptKey 对(a)结果加密，加密后的数据 decryptFile 随 SetSecure 服务发送至 OBE；

d) OBE 利用 EncryptKey 对 decriptFile(8 的整数倍长度)进行 TDES 解密，产生解密结果 decryptFile：

$$decryptFile = TDES^{-1}(EncryptKey, Encrypfile)$$

e) OBE 将解密后的数据去掉多余 0 后写入 OBE 文件，并应答 SetSecure。

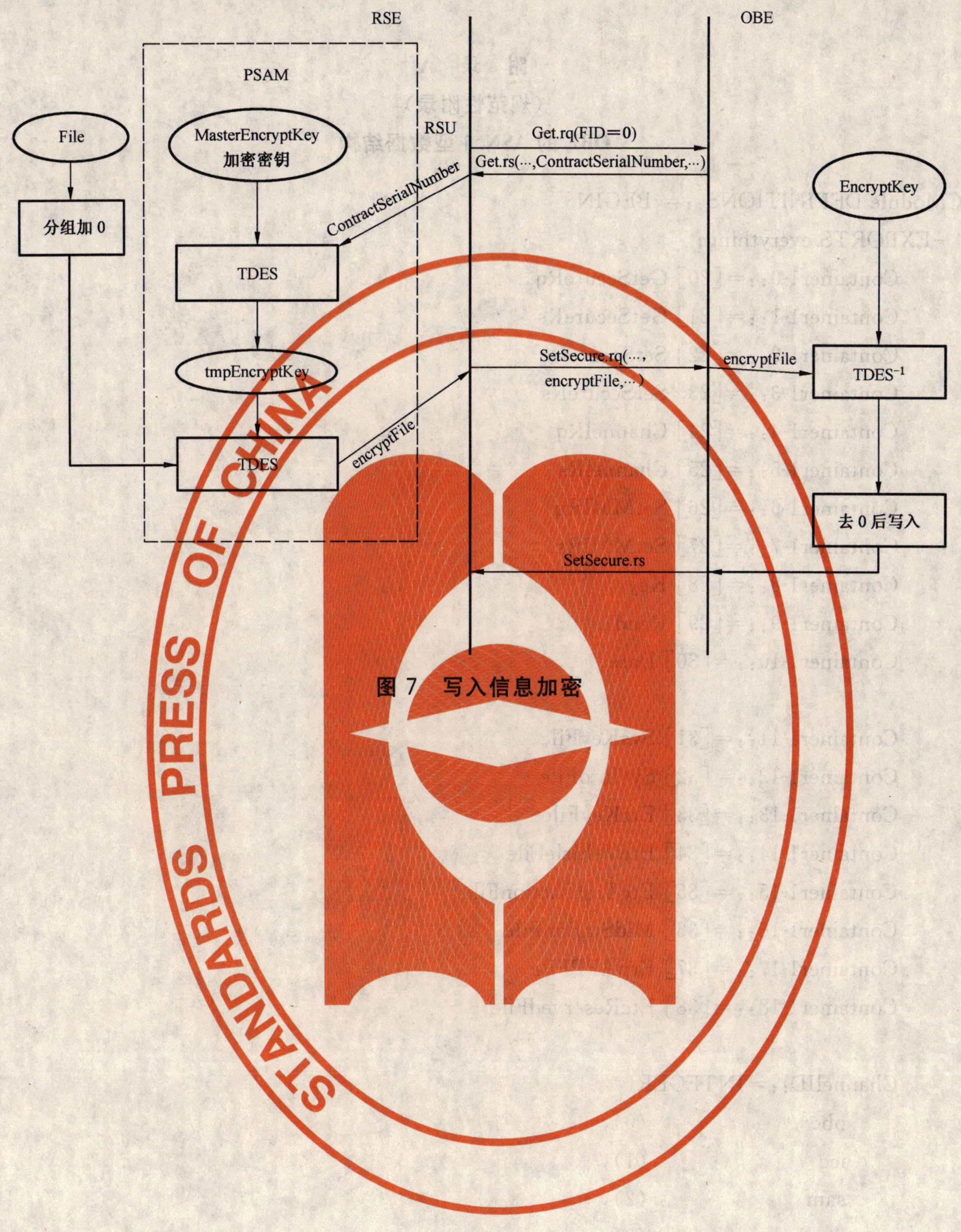

图 7　写入信息加密

附 录 A
（规范性附录）
OBE 的 ASN.1 型数据结构

```
ETCModule DEFINITIONS::= BEGIN
    --EXPORTS everything;
        Container1-0::=[20] GetSecureRq
        Container1-1::=[21] GetSecureRs
        Container1-2::=[22] SetSecureRq
        Container1-3::=[23] SetSecureRs
        Container1-4::=[24] ChannelRq
        Container1-5::=[25] ChannelRs
        Container1-6::=[26] SetMMIRq
        Container1-7::=[27] SetMMIRs
        Container1-8::=[28] Key
        Container1-9::=[29] Rand
        Container1-10::=[30] Date

        Container1-11::=[31] SysKeyFile
        Container1-12::=[32] SysInfoFile
        Container1-13::=[33] EtcKeyFile
        Container1-14::=[34] EtcVehicleFile
        Container1-15::=[35] EtcTransactionFile
        Container1-16::=[36] MidStationFile
        Container1-17::=[37] ErpAPPFile
        Container1-18::=[38] EtcReservedFile

        ChannelID::=INTEGER{
            obe                 (0),
            icc                 (1),
            sam                 (2),
            display             (3),
            beeper              (4),
            printer             (5),
            serialInterface     (6),
            parallelInterface   (7)
            }
        ApduList::=SEQUENCE OF OCTET STRING(0..127)

        ChannelRq::=SEQUENCE{
```

```
    channelid          ChannelID,
    apdu               ApduList
    }

ChannelRs::=SEQUENCE {
    channelid          ChannelID,
    apdu               ApduList
    }

ContractSerialNumber::=SEQUENCE{
    contractProviderID          OCTET STRING (SIZE(2)),
    contractInividualID         OCTET STRING (SIZE(6))
    }
--由统一机构为 contractProviderID 编码

Date ::=SEQUENCE{
    year    OCTET STRING(SIZE(2)),     --BCD 编码,YYYY
    month   OCTET STRING(SIZE(1)),     --BCD 编码,MM
    day     OCTET STRING(SIZE(1))      --BCD 编码,DD
    }

EtcKeyFile::=SEQUENCE{
    etcMasterKey         Key,--16 字节密钥
    etcMaintainKey       Key,
    etcAccessKey         Key,
    etcEncryptKey        Key
    }

MidStationFile::=OCTET STRING (SIZE(40))  --具体内容由标识站应用定义
EtcReservedFile::=OCTET STRING (SIZE(40)) --备 ETC 系统扩展用途
EtcTransactionFile::=SEQUENCE OF Record

EtcVehicleFile::=SEQUENCE{
    vehicleLicencePlateNumber     OCTET STRING (SIZE(12)),
    vehicleLicencePlateColor      OCTET STRING (SIZE(2)),
    vehicleClass                  INTEGER(0..127,...),
    vehicleUserType               INTEGER(0..127,...),
    vehicleDimensions             VehicleDimensions,
    vehicleWheels                 INTEGER(0..127,...),
    vehicleAxles                  INTEGER(0..127,...),
    vehicleWheelBases             INTEGER(0..65535),
```

```
    vehicleWeightLimits            INTEGER(0..16777215),
    vehicleSpecificInfomation      OCTET STRING (SIZE(16)),
    vehicleEngineNumber            OCTET STRING(SIZE(16)),
    vehicleReserved                OCTET STRING(SIZE(10))
}
```

--vehicleLicencePlateNumber:车牌号码,全牌照(汉字+字母+数字)信息,采用字符型存贮,
--汉字采用 GB 2312 码,如:“京”编码为“BEA9”。

--vehicleLicencePlateColor:车牌颜色,二进制编码表示(0-蓝色,1-黄色,2-黑色,3-白)。

--vehicleClass:车辆类型,1 字节,1-一型车;2-二型车;3-三型车;4-四型车;5-五型车;6-六型
--车;7～10:自定义;11～20:用于计重收费货车车型分类。其中,11-一型车;12-二型车;
--13-三型车;14-四型车;15-五型车;16-六型车;17～20:自定义计重货车车型;21～50:
--自定义;50～255:保留给未来使用。

--vehicleUserType:车辆用户类型,1 字节,0-普通车;6-公务车;8-军警车;10-紧急车;12-免
--费;14-车队;0～20 内其他:自定义;21～255:保留给未来使用。

--vehicleDimensions:车辆尺寸,二进制分别表示长(2 字节)、宽(1 字节)、高(1 字节)。单位
--为分米。如 0x012C、0x28、0x1E 表示 30 米长、4 米高、3 米宽。

--vehicleWheels:车轮数,二进制表示的数目。

--vehicleAxles:车轴数,二进制表示的数目。

--vehicleWheelbases:轴距,二进制表示,长度为 2 个字节,单位为分米。如 0x28,表示轴距
--为 4米。

--vehicleWeightLimits:车辆载重(货车)或座位数(客车),二进制表示,单位为千克/座。

--vehicleSpecificInfomation:车辆特征描述,字符用 ASCII 编码表示,汉字用机内码表示,
--如“奔驰 307”。

--vehicleEngineNumber:车辆发动机号。

--VehicleReserved:保留

ErpAppFile::=OCTET STRING (SIZE(40))--ERP 应用自定义

```
    GetRandRs::=SEQUENCE {
        rand       Rand          --8 字节随机数
        }

    GetSecureRq::=SEQUENCE{
        fill                 BIT STRING (SIZE(7)),
        fileid               FID,
        offset               INTEGER(0..65535,...),
        length               INTEGER(0..127,...),
        rndRsuForAuthen      Rand,
        keyIdForAuthen       INTEGER(0..255),
        keyIdForEncrypt      INTEGER(0..255)OPTIONAL   --如果不选表示不需对数
        据加密
        }
```

```
GetSecureRs::=SEQUENCE{
    fileid              FID,
    file                File,
    authenticator       OCTET STRING (SIZE(8))
    }

Key::=OCTET STRING (SIZE(16))

Rand::=OCTET STRING (SIZE(8))

SetMMIRq::=INTEGER{
    ok                  (0),    --交易正常
    nok                 (1),    --交易异常(通信、设备故障等技术方面异常)
    contactOperator     (2)     --联系运营商(过期、黑名单等管理方面异常)
    }

SetSecureRq::=SEQUENCE{
    fill                BIT STRING (SIZE(7)),
    fileid              FID,
    offset              INTEGER(0..65535,...),
    length              INTEGER(0..127,...),
    file                File,
    rndRsuForAuthen     Rand,
    keyIdForAuthen      INTEGER(0..255),
    keyIdForEncrypt     INTEGER(0..255) OPTIONAL     --如果不选,表示数据没
有加密
    }

SysInfoFile::= SEQUENCE{
    contractProvider            OCTET STRING (SIZE(8)),
    contractType                INTEGER(0..127,...),
    contractVersion             INTEGER(0..127,...),
    contractSerialNumber        ContractSerialNumber,
    contractSignedDate          Date,
    contractExpiredDate         Date,
    reserved                    OCTET STRING (SIZE(64))
}
-- contractProvider:服务提供商,ASCII 编码,服务提供商汉字简单描述,如“华北高速”
--contractType:服务类型,服务提供商所提供的服务种类,由各联网收费区域自定义
  --(如不同费率定义等)
--contractVersion:服务版本,服务提供商提供的服务版本,由各联网收费区域自定义
```

```
--contractSerialNumber：服务序列号，由服务商编号和个体序列号组成
--contractSignedDate：合同签署生效日期，BCD 编码 YYYYMMDD
--contractExpiredDate：合同过期日期，BCD 编码，YYYYMMDD

SysKeyFile::=SEQUENCE{
    sysMasterKey              Key,
    sysMaintainKey            Key
    }

VehicleDimensions::=SEQUENCE{
    vehicleLength             INTEGER(0..65535),
    vehicleWidth              INTEGER(0..255),
    vehicleHeigth             INTEGER(0..255)
    }

END
```

附 录 B
（资料性附录）
ETC 应用交易流程示例

本附录仅给出典型的 ETC 交易基本流程。

B.1 初始化流程

本部分内容描述了 RSE 与 OBE 之间通过 BST/VST 完成交易初始化的数据流程，初始化流程见图 B.1。详细过程如下：

a) RSE 按照一定间隔不断发送 BST；

b) OBE 接收到 BST 后，向 RSE 发送 VST，完成交易初始化。

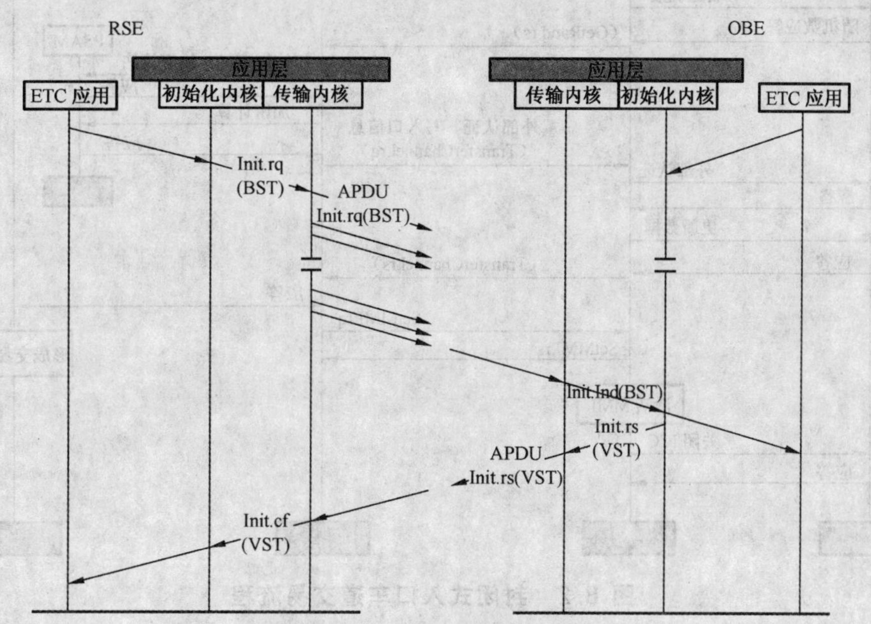

图 B.1 交易初始化流程

B.2 封闭式入口车道交易流程

封闭式入口车道交易流程，不涉及支付过程，但需要向 ICC 中写入入口信息，见图 B.2，主要流程如下：

a) RSE 与 OBE 之间通过 BST/VST 完成初始化，且 VST 中带有系统文件信息；

b) RSE 通过 GetSecure 服务读取 OBE 的车辆信息文件(DID=1,FID=1)；

c) RSE 将系统信息和应用信息转发至计算机系统，计算机系统校验信息的合法性；

d) RSE 通过 TransferChanne l 服务读取 ICC 的基本信息，并将该信息发往计算机，计算机系统验证合法性；

e) 计算机向 RSE 发送车道入口信息，RSE 通过 TransferChannel 服务发送 ICC 系列指令将该信息写入 ICC；

f) RSE 通过 SetMMI 服务进行人机指示；

g) OBE 关闭 ICC。

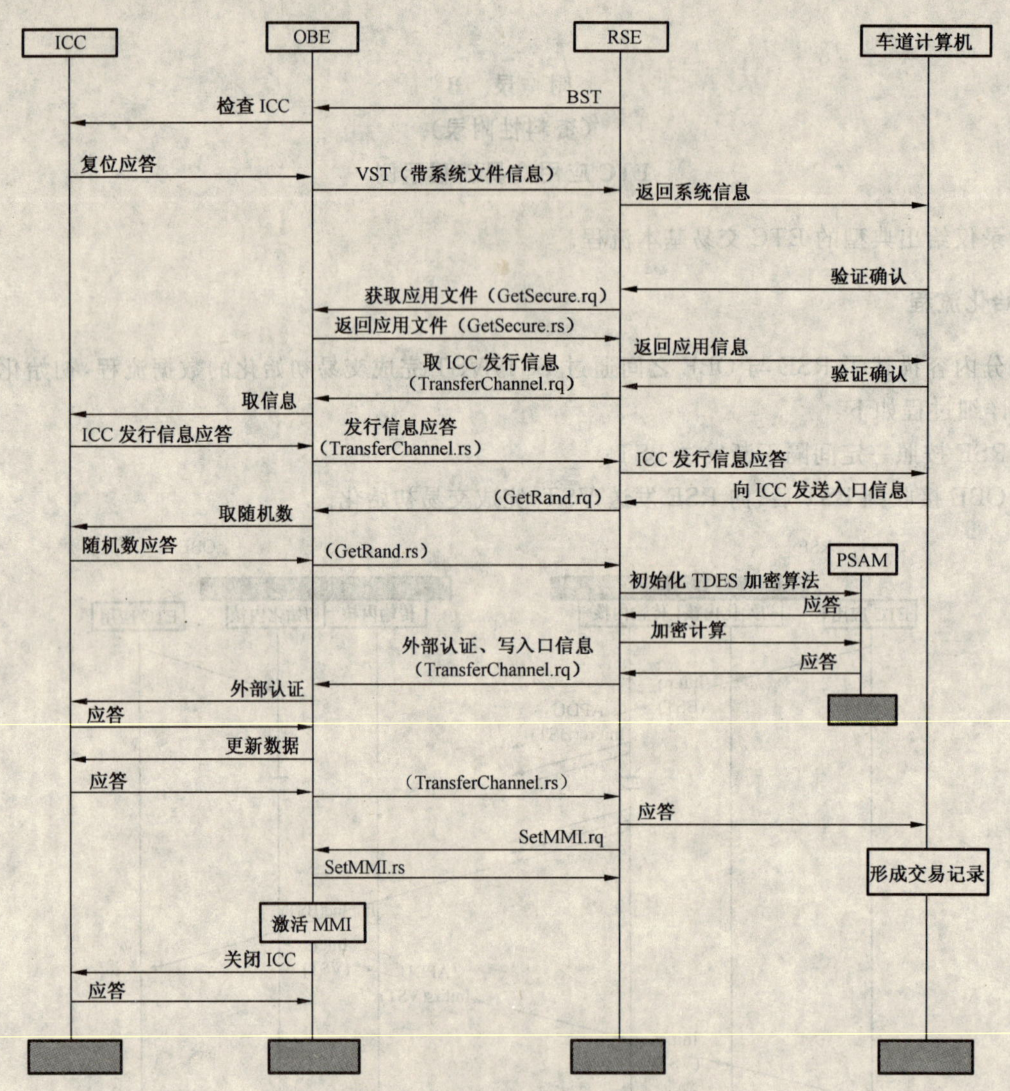

图 B.2 封闭式入口车道交易流程

B.3 封闭式出口车道交易流程

B.3.1 储值交易流程

该流程涉及支付过程，同时需读入口信息，见图 B.3，主要流程如下：

a） RSE 与 OBE 之间通过 BST/VST 完成初始化，且 VST 中带有系统文件信息；

b） RSE 通过 GetSecure 服务读取 OBE 的车辆信息文件（DID=1，FID=1）；

c） RSE 将系统信息和应用信息转发至车道计算机，计算机系统校验信息的合法性；

d） RSE 通过 TransferChannelv 服务发送 ICC 指令读取 ICC 的基本信息和入口信息，并将该信息发往计算机，计算机系统验证合法性；

e） 计算机系统计算费额，并向 RSE 发送费额等出口信息；

f） RSE 通过 TransferChannel 服务发送 ICC 指令，从 ICC 中扣除通行费（记帐交易流程不涉及此过程）；

g） RSE 通过 TransferChannel 服务发送 ICC 系列指令写出口信息，同时擦除入口信息；

h） 计算机系统形成交易记录，并将记录发送给 RSE；

i） RSE 通过 Set 服务将过车记录写入 OBE；

j） RSE 通过 SetMMI 服务进行人机指示；

k） OBE 关闭 ICC。

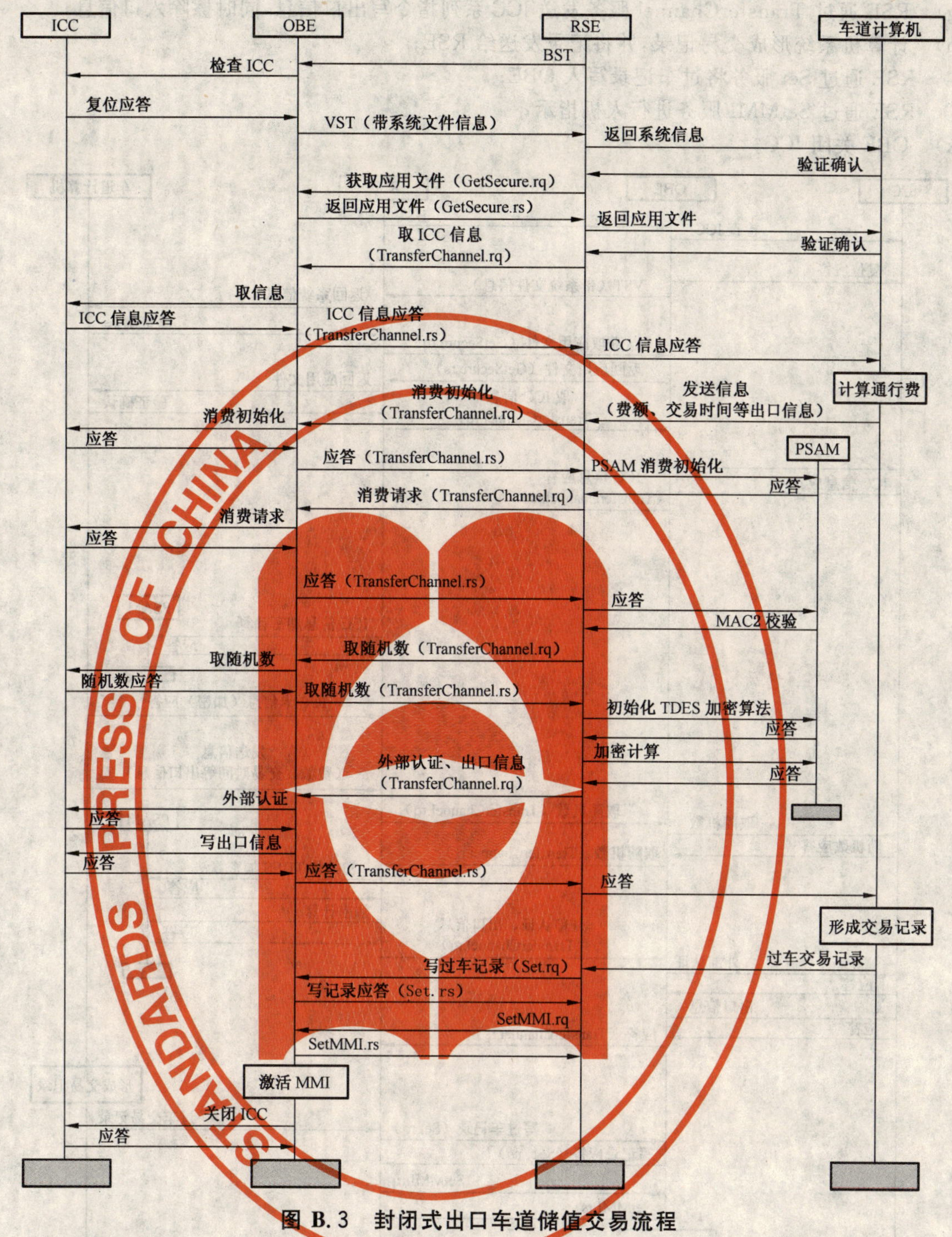

图 B.3 封闭式出口车道储值交易流程

B.3.2 记帐交易流程

该流程不涉及支付过程，但需读入口信息，同时需要在 RSE 端对 OBE 和 ICC 信息进行加密，见图 B.4，主要流程如下：

a) RSE 与 OBE 之间通过 BST/VST 完成初始化，且 VST 中带有系统文件信息；
b) RSE 通过 GetSecure 服务读取 OBE 车辆信息文件(DID=1,FID=1)；
c) RSE 将系统信息和应用信息转发至计算机系统，计算机系统校验信息的合法性；
d) RSE 通过 TransferChannel 服务发送 ICC 指令读取 ICC 的基本信息和入口信息；
e) RSE 对从 OBE 和 ICC 上读取的信息进行加密，并将将加密信息发往计算机，用以生成过车记录(储值交易流程不涉及该过程)；
f) 计算机系统向 RSE 发送出口信息；

g) RSE 通过 TransferChannel 服务发送 ICC 系列指令写出口信息，同时擦除入口信息；
h) 计算机系统形成交易记录，并将记录发送给 RSE；
i) RSE 通过 Set 服务将过车记录写入 OBE；
j) RSE 通过 SetMMI 服务进行人机指示；
k) OBE 关闭 ICC。

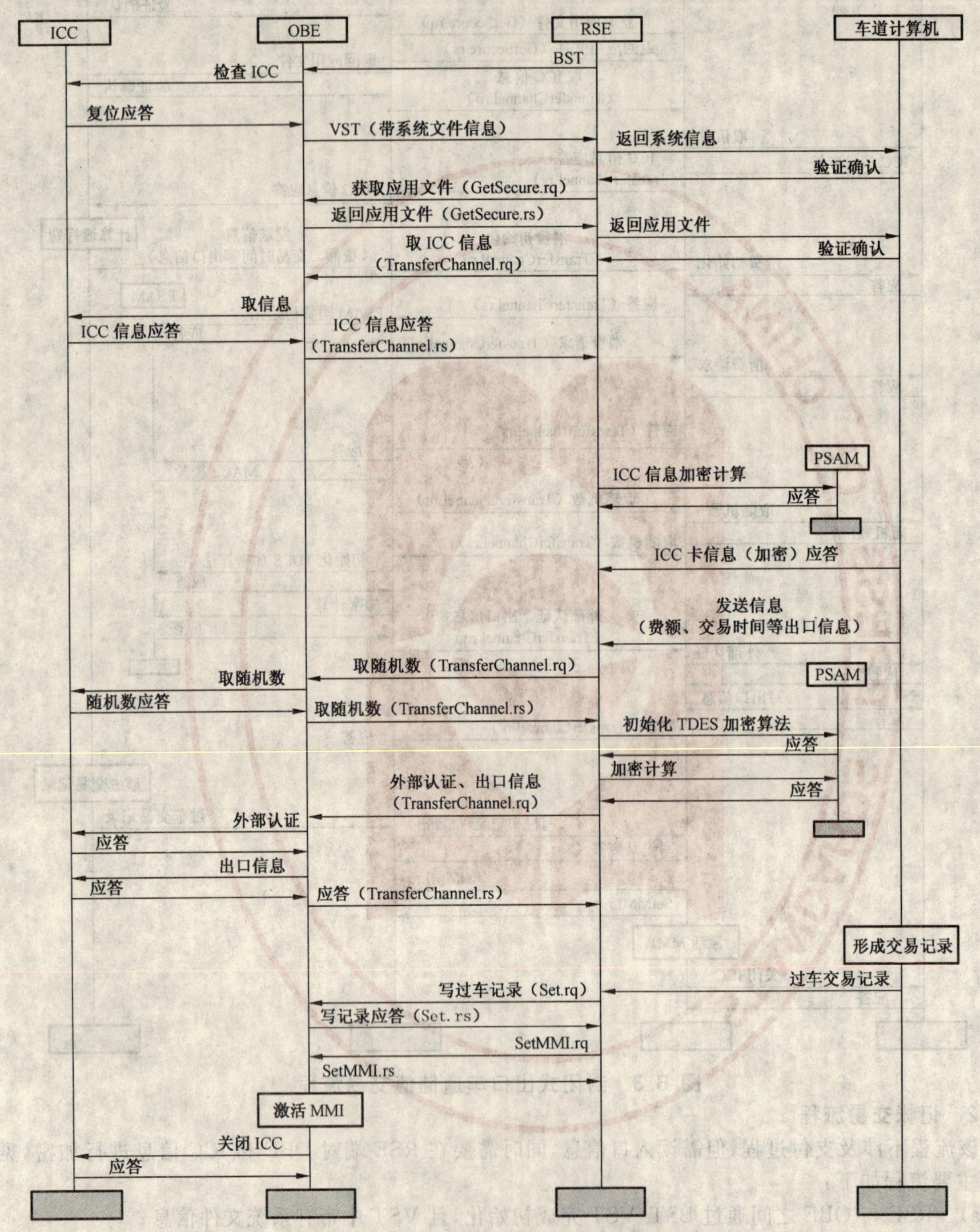

图 B.4 封闭式出口车道记帐交易流程

B.4 开放式车道交易流程

B.4.1 储值交易流程

该流程涉及支付过程，但不需判断入口信息，见图 B.5。主要流程如下：

a) RSE 与 OBE 之间通过 BST/VST 完成初始化，且 VST 中带有系统文件信息；
b) RSE 通过 GetSecure 服务读取 OBE 车辆信息文件(DID=1,FID=1)；
c) RSE 将系统信息和应用信息转发至计算机系统，计算机系统校验信息的合法性；
d) RSE 通过 TransferChannel 服务发送 ICC 指令读取 ICC 的基本信息；
e) 计算机系统计算费额，并向 RSE 发送费额等出口信息信；
f) RSE 通过 TransferChannel 服务发送 IC 卡指令，从 ICC 中扣除通行费(记帐交易流程不涉及此过程)；
g) 计算机系统形成交易记录，并将记录发送给 RSE；
h) RSE 通过 Set 服务将过车记录写入 OBE；
i) RSE 通过 SetMMI 服务进行人机指示；
j) OBE 关闭 ICC。

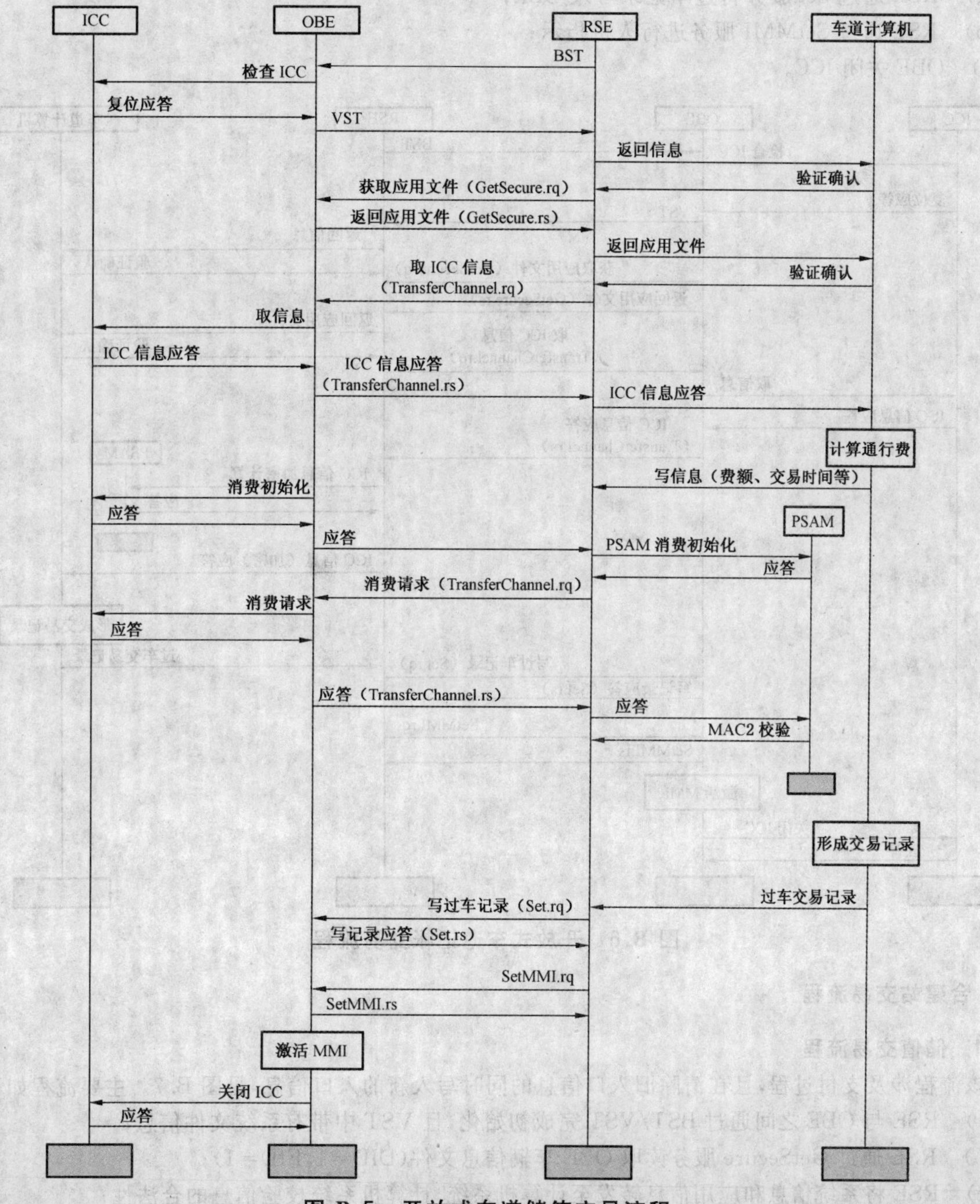

图 B.5 开放式车道储值交易流程

B.4.2 记帐交易流程

该流程不涉及支付过程，也不需要读入口信息，但需要在 RSE 端对 OBE 和 ICC 信息进行加密，见图 B.6。主要流程如下：

a） RSE 与 OBE 之间通过 BST/VST 完成初始化，且 VST 中带有系统文件信息；

b） RSE 通过 GetSecure 服务读取 OBE 车辆信息文件(DID=1,FID=1)；

c） RSE 将系统信息和应用信息转发至计算机系统，计算机系统校验信息的合法性；

d） RSE 通过 TransferChannel 发送 IC 卡指令读取 ICC 的基本信息；

e） RSE 对从 OBE 和 ICC 上读取的信息进行加密，并将加密信息发往计算机，用以生成过车记录(储值交易流程不涉及该过程)；

f） 计算机系统形成交易记录，并将记录发送给 RSE；

g） RSE 通过 Set 服务将过车记录写入 OBE；

h） RSE 通过 SetMMI 服务进行人机指示；

i） OBE 关闭 ICC。

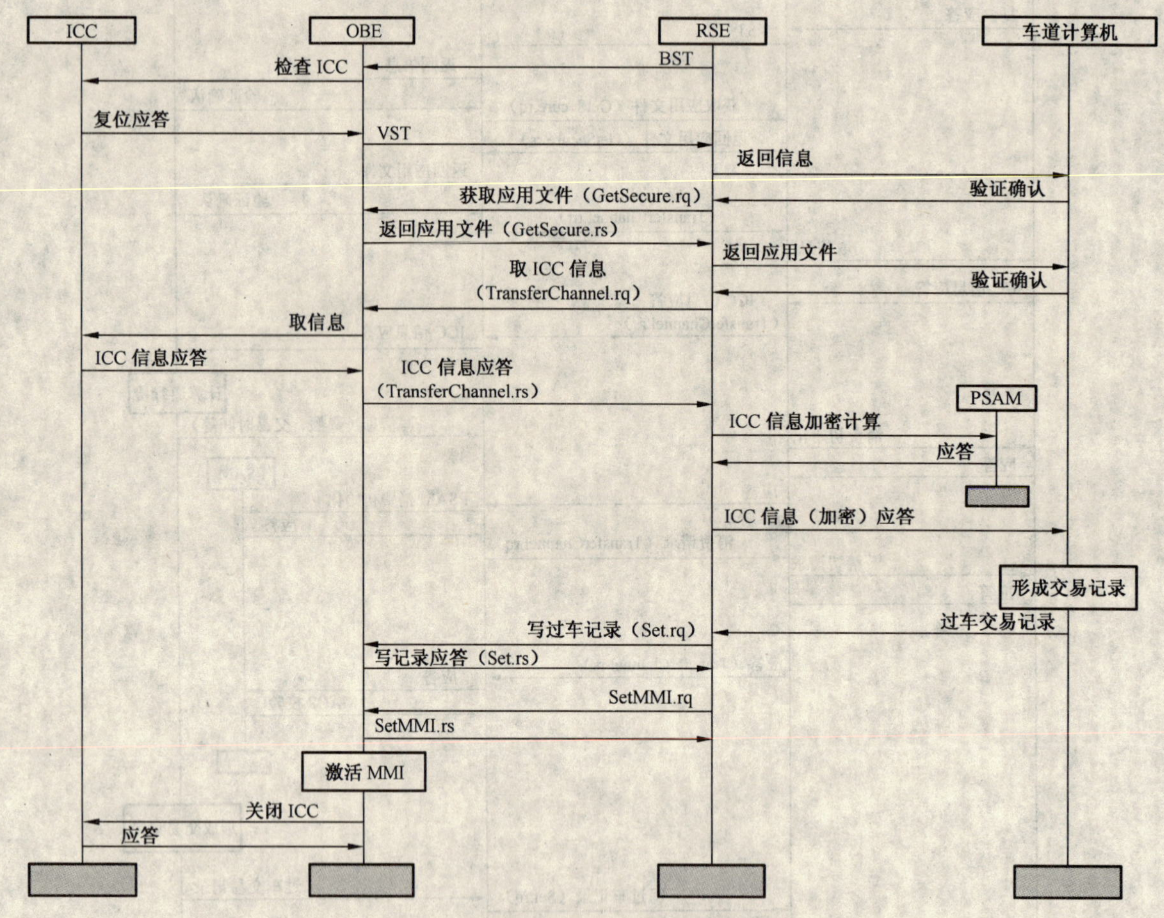

图 B.6 开放式车道记帐交易流程

B.5 合建站交易流程

B.5.1 储值交易流程

该流程涉及支付过程，且在清除旧入口信息的同时写入新的入口信息，见图 B.7。主要流程如下：

a） RSE 与 OBE 之间通过 BST/VST 完成初始化，且 VST 中带有系统文件信息；

b） RSE 通过 GetSecure 服务读取 OBE 车辆信息文件(DID=1,FID=1)；

c） RSE 将系统信息和应用信息转发至计算机系统，计算机系统校验信息的合法性；

d） RSE 通过 TransferChannel 发送 ICC 指令读取 ICC 的基本信息和入口信息，并将该信息发往

计算机,计算机系统验证合法性;

e) 计算机系统计算费额,并向 RSE 发送费额等出口信息;

f) RSE 通过 TransferChannel 服务发送 ICC 指令,从 ICC 中扣除通行费(记帐交易流程不涉及此过程);

g) RSE 通过 TransferChannel 服务发送 ICC 指令写入合建站信息;

h) 计算机系统形成交易记录,并将记录发送给 RSE;

i) RSE 通过 Set 服务将过车记录写入 OBE;

j) RSE 通过 SetMMI 服务进行人机指示;

k) OBE 关闭 ICC。

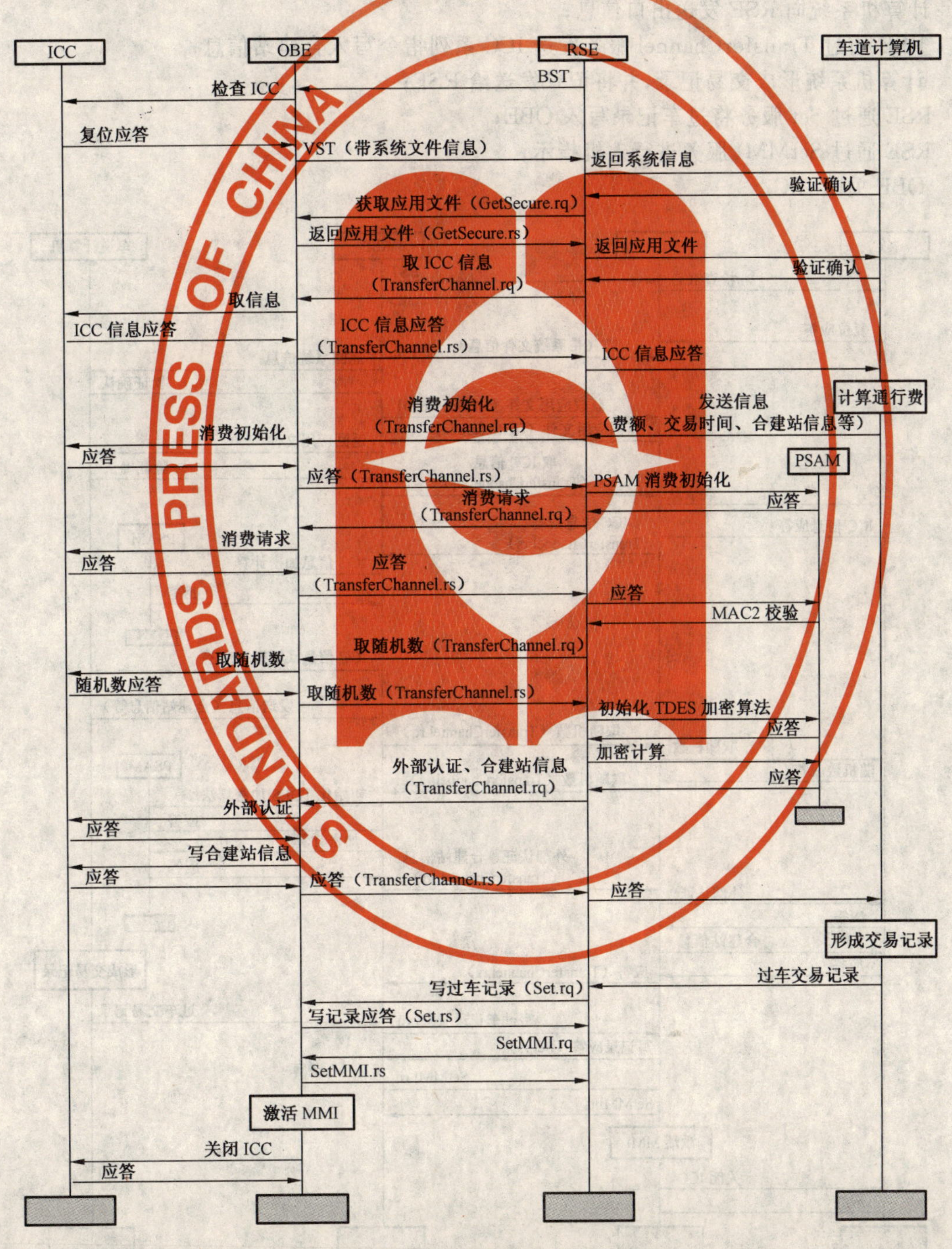

图 B.7 合建站储值交易流程

B.5.2 记帐交易流程

该流程不涉及支付过程，但需要在 RSE 端对从 OBE 和 ICC 读取的信息进行加密，且在清除旧入口信息的同时写入新的入口信息，见图 B.8。主要流程如下：

a) RSE 与 OBE 之间通过 BST/VST 完成初始化，且 VST 中带有系统文件信息；
b) RSE 通过 GetSecure 服务读取 OBE 车辆信息文件(DID=1,FID=1)；
c) RSE 将系统信息和应用信息转发至计算机系统，计算机系统校验信息的合法性；
d) RSE 通过 TransferChannel 服务发送 ICC 指令读取 ICC 的基本信息和入口信息；
e) RSE 对从 OBE 和 ICC 上读取的信息进行加密，并将加密信息发往计算机，用以生成过车记录（储值交易流程不涉及该过程）；
f) 计算机系统向 RSE 发送出口信息；
g) RSE 通过 TransferChannel 服务发送 ICC 系列指令写入合建站信息；
h) 计算机系统形成交易记录，并将记录发送给 RSE；
i) RSE 通过 Set 服务将过车记录写入 OBE；
j) RSE 通过 SetMMI 服务进行人机指示；
k) OBE 关闭 ICC。

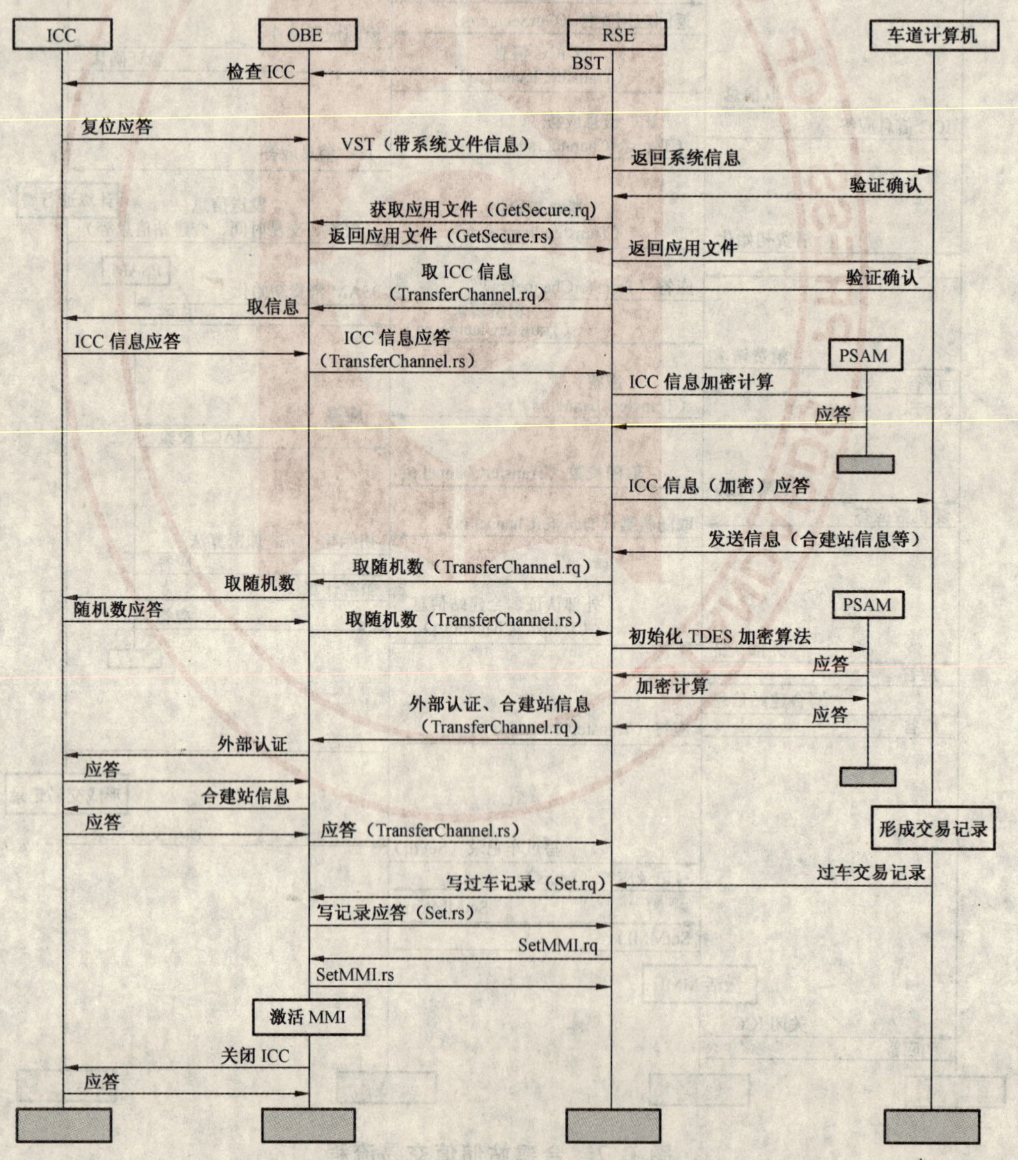

图 B.8 合建站记帐交易流程

B.6 自动辨识交易流程

描述了 OBE 在实现车辆管理类应用中的交易流程，该流程不涉及支付过程，见图 B.9。主要流程如下：

a) RSE 与 OBE 之间通过 BST/VST 完成初始化，且 VST 中带有系统文件信息；

b) RSE 通过 GetSecure 服务读取 OBE 车辆信息文件(DID=1,FID=1)；

c) RSE 将 OBE 的系统信息和应用信息转发至计算机系统，计算机系统校验信息的合法性；

d) RSE 通过 SetMMI 服务进行人机指示。

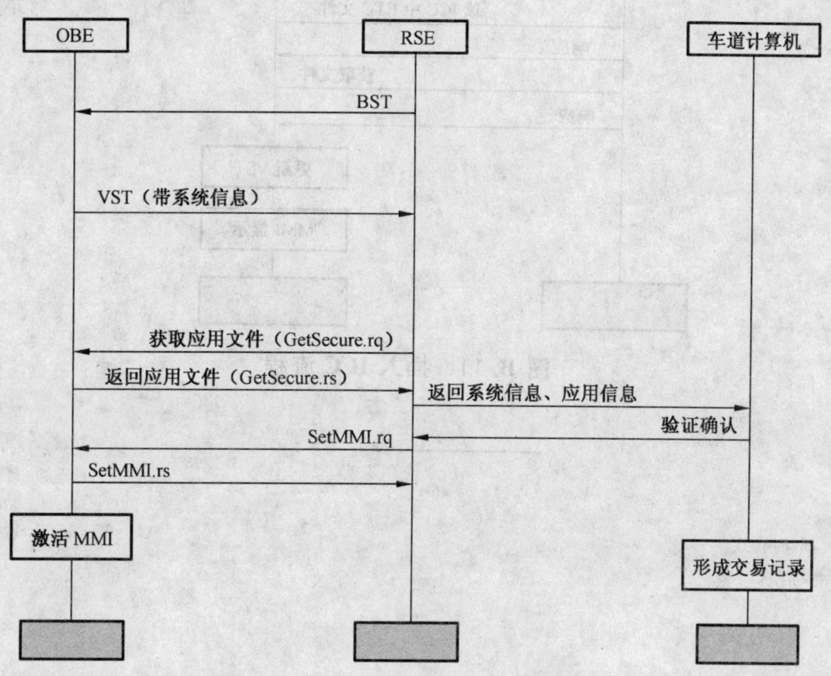

图 B.9 自动辨识交易流程

B.7 广播流程

本部分描述了 RSE 向 OBE 广播信息的交易流程，见图 B.10。RSE 用 BroadcastData 服务向 OBE 发送来自计算机系统的广播信息。

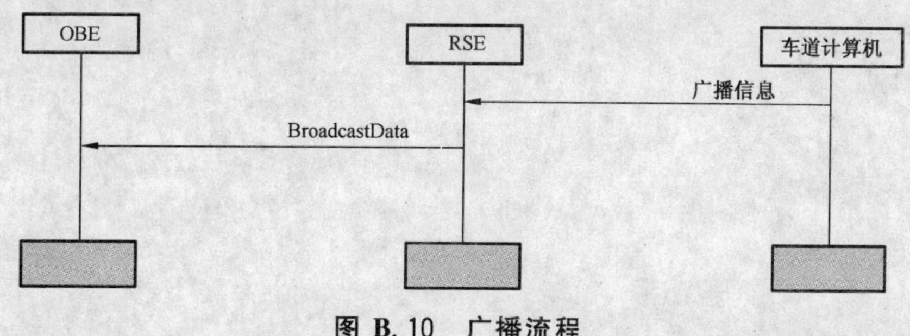

图 B.10 广播流程

B.8 插入 ICC 流程

本部分描述了 ICC 插入 OBE 的流程，见图 B.11。主要流程如下：

a) OBE 在检测到有 ICC 插入时，发送 ICC 打开命令；

b) ICC 发送给 OBE 复位信息，OBE 在收到复位信号后更新 OBE 内有关 ICC 的状态信息；

c) OBE 读取 ICC 内有关 ETC 应用的相关文件，获得卡内余额并更新卡内与卡内余额相关的状态位，同时 OBE 人机界面上予以指示。

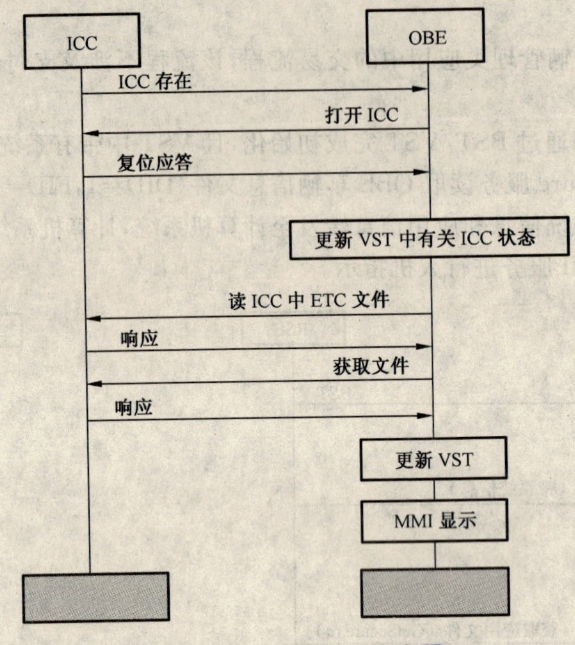

图 B.11　插入 ICC 流程

ICS 35.100.10
L 79

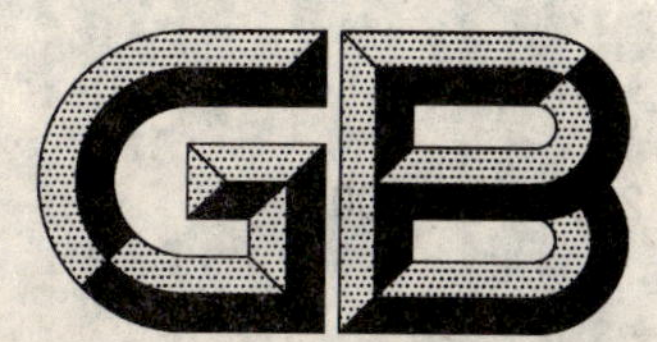

中华人民共和国国家标准

GB/T 20851.5—2007

电子收费　专用短程通信
第5部分：物理层主要参数测试方法

Electronic toll collection—Dedicated short range communication—
Part5: Test methods of the main parameters in physical layer

2007-03-19 发布　　　　2007-05-01 实施

中华人民共和国国家质量监督检验检疫总局
中国国家标准化管理委员会　发布

前　言

GB/T 20851—2007《电子收费　专用短程通信》分为：

——第1部分：物理层；

——第2部分：数据链路层；

——第3部分：应用层；

——第4部分：设备应用；

——第5部分：物理层主要参数测试方法。

本部分为GB/T 20851—2007的第5部分。

本部分由交通部提出。

本部分由全国智能运输系统标准化技术委员会(SAC/TC 268)归口。

本部分起草单位：交通部公路科学研究院。

本部分主要起草人：王笑京、肖迪、杨蕴、陈丙勋、仲崇波。

电子收费 专用短程通信
第5部分:物理层主要参数测试方法

1 范围

本部分规定了电子收费(ETC)专用短程通信(DSRC)物理层主要参数的主要测试设备和附件推荐特性、测试条件、测试方法。

本部分适用于电子收费专用短程通信路侧单元(RSU)和车载单元(OBU)物理层主要参数的测试。

2 规范性引用文件

下列文件中的条款通过GB/T 20851的本部分的引用而成为本部分的条款。凡是注日期的引用文件,其随后所有的修改单(不包括勘误的内容)或修订版均不适用于本部分,然而,鼓励根据本部分达成协议的各方研究是否可使用这些文件的最新版本。凡是不注日期的引用文件,其最新版本适用于本部分。

GB 9254—1998 信息技术设备的无线电骚扰限值和测量方法(idt CISPR 22:1997)

GB/T 12190—2006 电磁屏蔽室屏蔽效能的测量方法

GB/T 20851.1—2007 电子收费 专用短程通信 第1部分:物理层

3 符号和缩略语

3.1 符号

下列符号适用于本部分。

dBc 表征功率与载波信号功率的比值

dBm 表征功率与1mW的比值,0 dBm=1 mW

e.i.r.p_{con} 杂散等效全向辐射功率

e.i.r.p_{max} 最大等效全向辐射功率

f_c 信号源发射信号中心频率

f_{Tx} 标称载波频率

f_{Txa} 实际载波频率

G_T 测试天线增益

G_{Rx} 被测设备接收天线增益

G_{Tx} 被测设备发射天线增益

m 调制系数

P_{con} 杂散发射功率

P_{cw} 被测设备单频信号功率

P_{cwo} 信号源及测试天线单频信号功率

P_o 信号源输出功率

Δf 载波频率误差

3.2 缩略语

下列缩略语适用于本部分。

DSRC 专用短程通信(Dedicated Short Range Communication)

ETC　电子收费(Electronic Toll Collection)

OBU　车载单元(On Board Unit)

RBW　分辨率带宽(Resolution Band Width)

RSU　路侧单元(Roadside Unit)

VSWR　电压驻波比(Voltage Standing-Wave Ratio)

4　主要测试设备和附件推荐特性

4.1　功率计

——功率测量范围:-60 dBm～$+20$ dBm;

——频率范围:10 MHz～18 GHz;

——功率测量误差:±3%。

4.2　频率计

——频率范围:10 Hz～20 GHz;

——频率测量误差:$\pm 10\times 10^{-9}$。

4.3　微波信号源

——频率范围:250 kHz～20 GHz;

——频率精度:$f_c \times 100\times 10^{-9}$;

——相噪:小于-98 dBc/Hz@10 GHz,1 kHz 偏置。

4.4　频谱分析仪

——频率范围:3 Hz～26.5 GHz;

——动态范围:不小于 70 dB;

——分辨率带宽:10 Hz～3 MHz;

——背景噪声:不大于-140 dBm/Hz。

4.5　矢量信号分析仪

——频率范围:直流～6 GHz;

——矢量调制分析类型:幅度调制、频率调制和相位调制分析。

4.6　数字示波器

——带宽:1 GHz;

——采样率:2 Gsa/s;

——存储器深度:每通道 2 M 点;

——触发方式:边沿、码型、时间/事件延迟和脉冲宽度等。

4.7　测试天线

——频率范围:1 GHz～18 GHz;

——极化方式:线极化;

——VSWR:小于 1.5∶1;

——阻抗:50 Ω;

——增益:可获取。

5　测试条件

5.1　测试场地及配置

5.1.1　测试场地

辐射测试可在全电波暗室或者自由空间测试场中进行。

全电波暗室的屏蔽效能应符合 GB/T 12190—2006 的要求,归一化场地衰减应符合 GB 9254—1998

的要求。

在全电波暗室中进行测试时，被测设备应处在暗室静区范围内。

自由空间测试场的归一化场地衰减应符合 GB 9254—1998 的要求。

5.1.2 配置

5.1.2.1 传导测试系统配置

传导测试系统由被测设备、测试设备和连接附件组成，连接附件包括连接器、衰减器等。

传导测试的系统配置框图见图 1。

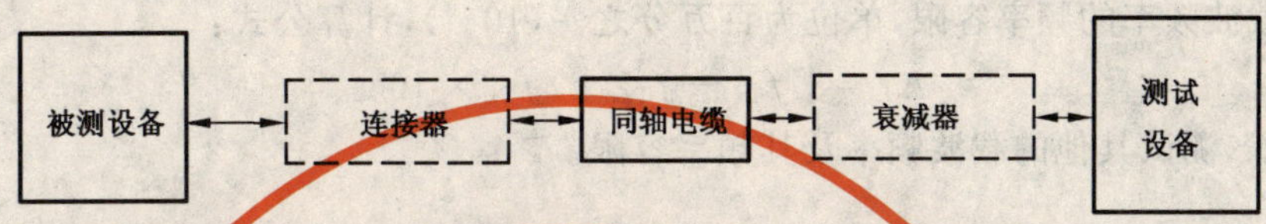

注：连接附件根据被测设备接口、被测信号强度确定。

图 1 传导测试系统配置框图

5.1.2.2 辐射测试系统配置

辐射测试系统由被测设备、测试设备和连接附件组成，连接附件包括同轴电缆、测试天线、连接器、衰减器等。

辐射测试的系统配置框图见图 2。

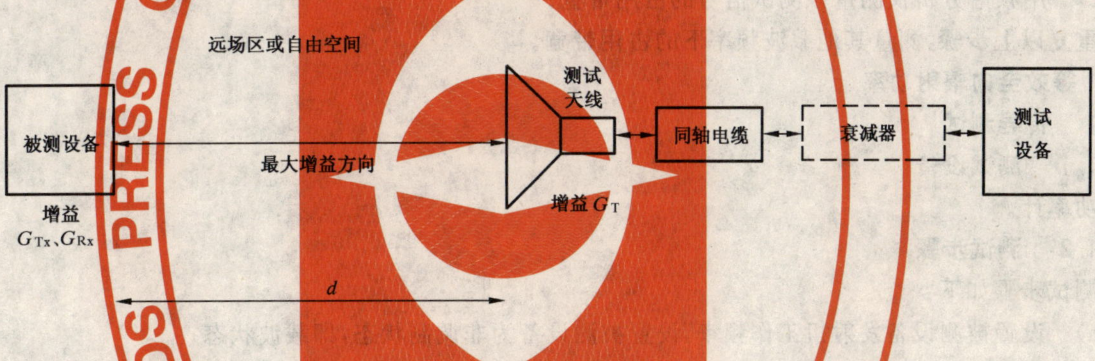

注：连接附件根据被测设备接口、被测信号强度确定。

图 2 辐射测试系统配置框图

被测设备与测试天线间距 d 应满足下式：

$$d \geqslant 2D^2/\lambda$$

式中：

D——被测设备天线最大直径；

λ——波长。

被测设备与测试天线距地面高度 h 应满足下式：

$$h \geqslant 4D$$

式中：

D——被测设备天线最大直径。

5.2 测试信号

周期为 511 比特的伪随机二进制序列(PN9)。

6 测试方法

6.1 总则

测试过程中能采用传导测试的项目，宜采用传导测试。

6.2　载波频率、频率容限

6.2.1　测试设备

频率计或带有计数器的频谱分析仪。

6.2.2　测试步骤

本测试可在传导或辐射测试条件下完成，测试步骤如下：

a）设置被测设备发射机工作频率，设置被测设备工作在非调制状态，即载波状态；

b）用频率计或带有计数器的频谱仪测量被测设备的实际载波频率 f_{Txa}；

c）计算该载波频率的频率容限，单位为百万分之一(10^{-6})，计算公式：

$$\Delta f = | f_{Tx} - f_{Txa} | / f_{Tx} \times 10^6$$

重复以上步骤，测试其他的载波频率及其频率容限。

6.3　占用带宽

6.3.1　测试设备

频谱分析仪。

6.3.2　测试步骤

本测试可在传导或辐射测试条件下完成，测试步骤如下：

a）设置被测设备发射机工作频率，设置被测设备为连续发射测试信号的状态；

b）将被测设备的发射功率设置为最大值；

c）用频谱分析仪测量该测试信号的占用带宽；

重复以上步骤，测量其他载波频率下的占用带宽。

6.4　等效全向辐射功率

6.4.1　传导测试

6.4.1.1　测试设备

功率计。

6.4.1.2　测试步骤

测试步骤如下：

a）设置被测设备发射机工作频率，设置被测设备为非调制状态，即载波状态；

b）将被测设备的发射功率设置为最大值；

c）用功率计测量被测设备发射天线端口功率 P_{cw}，计算相应的等效全向辐射功率，单位为 dBm，计算公式：

$$e.i.r.p_{max} = P_{cw} \times G_{Tx}$$

重复以上步骤，测试其他载波频率下的等效全向辐射功率。

6.4.2　辐射测试

6.4.2.1　测试设备

功率计、微波信号源。

6.4.2.2　测试步骤

测试步骤如下：

a）设置被测设备发射机工作频率，设置被测设备为非调制状态，即载波状态；

b）将被测设备的发射功率设置为最大值；

c）用功率计测量功率 P_{cw}；

d）在同样的测试条件下，用微波信号源和已知增益 G_T 的测试天线代替被测设备，并用功率计测量功率 P_{cwo}，调整微波信号源的输出功率 P_o，直至 P_{cwo} 等于 P_{cw}；

e）计算相应的等效全向辐射功率，单位为 dBm，计算公式：

$$e.i.r.p_{max} = P_o \times G_T$$

重复以上步骤测试其他载波频率下的等效全向辐射功率。

6.5 杂散发射

6.5.1 测试设备

频谱分析仪。

6.5.2 测试步骤

6.5.2.1 传导测试

a) 设置被测设备发射机工作频率，设置被测设备为连续发射测试信号的状态；

b) 将被测设备的发射功率设置为最大值；

c) 将被测设备的调制系数设置为其允许范围内的最大值；

d) 按 GB/T 20851.1—2007 中 5.2 和 5.3 的要求分别设置频谱分析仪在各测试频段的 RBW，测量该频段的杂散发射功率 P_{con}；

e) 按照以下公式计算该频段的杂散发射 e.i.r.p$_{con}$，单位为 dBm，计算公式：

$$\text{e.i.r.p}_{con} = P_{con} \times G_{Tx}$$

重复以上步骤测量其他载波频率下的杂散发射。

6.5.2.2 辐射测试

a) 设置被测设备发射机工作频率，设置被测设备为连续发射测试信号的状态；

b) 将被测设备的发射功率设置为最大值；

c) 将被测设备的调制系数设置为其允许范围内的最大值；

d) 按 GB/T 20851.1—2007 中 5.2 和 5.3 的要求分别设置频谱分析仪在各测试频段的 RBW，测量各频段的杂散发射功率 P_{con}；

e) 在同样的测试条件下，用微波信号源和已知增益 G_T 的测试天线代替被测设备，并用频谱分析仪测量功率，调整微波信号源各频段的输出功率 P_o，直至频谱分析仪测得的功率等于 P_{con}；

f) 计算相应各频段的杂散发射 e.i.r.p$_{con}$，单位为 dBm，计算公式：

$$\text{e.i.r.p}_{pon} = P_o \times G_T$$

重复以上步骤测试其他载波频率下各频段的杂散发射。

6.6 调制方式、调制系数

6.6.1 测试设备

矢量信号分析仪。

6.6.2 测试步骤

本测试可在辐射或传导测试条件下完成。测试步骤如下：

a) 设置被测设备发射机工作频率，设置被测设备为连续发射测试信号的状态；

b) 将被测设备的发射功率设置为最大值；

c) 将被测设备的调制系数设置为其允许范围内的最小值；

d) 用矢量信号分析仪测量被测设备的调制系数；

e) 改变被测设备发射机工作频率，其余设置不变，测试其他载波频率下的调制系数；

f) 将被测设备的调制系数设置为其允许范围内的最大值；

g) 用矢量信号分析仪测量被测设备的调制系数；

h) 改变被测设备发射机工作频率，其余设置不变，测试其他载波频率下的调制系数。

6.7 位速率

6.7.1 测试设备

数字示波器。

6.7.2 测试步骤

本测试可在传导或辐射测试条件下完成。测试步骤如下：

a） 设置被测设备发射机工作频率，设置被测设备为连续发射测试信号的状态；

b） 将被测设备的发射功率设置为最大值；

c） 将被测设备的调制系数设置为其允许范围内的最大值；

d） 用数字示波器测量位速率。

重复以上步骤测量其他载波频率下的位速率。

6.8 指标要求

被测设备的上述指标应分别符合 GB/T 20851.1—2007 中 5.2、5.3 的要求。

ICS 77.060
H 25

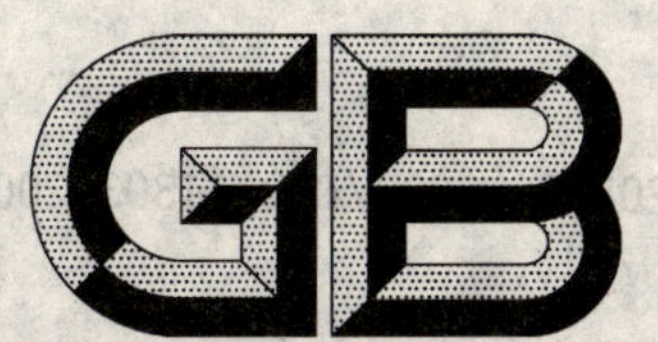

中华人民共和国国家标准

GB/T 20852—2007/ISO 11303:2002

金属和合金的腐蚀 大气腐蚀防护方法的选择导则

Corrosion of metals and alloys—Guidelines for selection of protection methods against atmospheric corrosion

(ISO 11303:2002,IDT)

2007-03-09 发布　　2007-10-01 实施

中华人民共和国国家质量监督检验检疫总局
中国国家标准化管理委员会　发布

前言

本标准等同采用国际标准ISO 11303:2002《金属和合金的腐蚀　大气腐蚀防护方法的选择导则》(英文版)。

本标准等同翻译ISO 11303:2002。

为便于使用,本标准做了下列编辑性修改:

——“本国际标准”一词改为“本标准”;

——用小数点“.”代替作为小数点的逗号“,”;

——删除国际标准前言。

本标准由中国钢铁工业协会提出。

本标准由全国钢标准化技术委员会归口。

本标准起草单位:中国科学院金属研究所、冶金工业信息标准研究院。

本标准主要起草人:王振尧、韩薇、冯超、于国才、柳泽燕。

金属和合金的腐蚀 大气腐蚀防护方法的选择导则

1 范围

本标准规定了金属和合金大气腐蚀防护方法的选择指导。适用于在大气腐蚀条件下，由结构金属材料制造的仪器和产品。大气环境的腐蚀性是合理选择防护方法时需要考虑的重要因素之一。

2 规范性引用文件

下列文件中的条款通过本标准的引用而成为本标准的条款。凡是注日期的引用文件，其随后所有的修改单(不包括勘误的内容)或修订版均不适用于本标准，然而，鼓励根据本标准达成协议的各方研究是否可使用这些文件的最新版本。凡是不注日期的引用文件，其最新版本适用于本标准。

GB/T 10123 金属和合金的腐蚀 基本术语和定义(GB/T 10123—2001,ISO 8044:1999,IDT)

GB/T 19292.1 金属和合金腐蚀 大气腐蚀性 分类(GB/T 19292.1—2003,ISO 9223:1992,IDT)

GB/T 19292.2 金属和合金腐蚀 大气腐蚀性 腐蚀等级的指导值(GB/T 19292.2—2003,ISO 9224:1992,IDT)

ISO 12944-2 色漆和清漆 采用防护涂层体系的钢结构的腐蚀防护 第2部分:环境的分类分级

3 术语和定义

下列术语和定义适用于本标准。

3.1

腐蚀体系 corrosion system

由一种或多种金属和影响腐蚀的环境要素所组成的体系。

[GB/T 10123]

3.2

腐蚀损伤 corrosion damage

使金属、环境或由它们作为组成部分的技术体系的功能遭受损害的腐蚀效应。

[GB/T 10123]

3.3

腐蚀性 corrosivity

给定的腐蚀体系内，环境引起金属腐蚀的能力。

[GB/T 10123]

3.4

腐蚀保护 corrosion protection

改进腐蚀体系以减轻腐蚀损伤。

[GB/T 10123]

3.5

服役能力(关于腐蚀) serviceability (with respect to corrosion)

腐蚀体系履行其遭受腐蚀而不受损伤的特定功能的能力。

[GB/T 10123]

3.6

服役寿命(关于腐蚀) service life (with respect to corrosion)

腐蚀体系能满足服役能力要求的时间。

[GB/T 10123]

3.7

持久能力(关于腐蚀) durability (with respect to corrosion)

满足特定的使用和保养要求下,腐蚀体系经过规定时间仍保持其服役能力的能力。

[GB/T 10123]

3.8

维持 maintenance

活动的复杂,在计划服役寿命期间保护体系的保证功能。

3.9

大气 atmosphere

包围给定物体的气体混合物,通常也包含气雾剂和粒子。

[ISO 12944-2]

4 腐蚀防护方法选择的步骤

4.1 总则

总的来说,通过选择合适的材料、防腐产品设计、降低环境的腐蚀性和采用合适的防护层覆盖产品,能够获得大气腐蚀防护。

合适的腐蚀防护方法筛选由几个步骤组成,涉及产品的特性、设计寿命、与其用途有关的其他要求、腐蚀环境和腐蚀体系以外的其他因素,如费用。图1列出了相互关系。框图中给出了4.2到4.6的腐蚀防护选择步骤。

4.2 腐蚀体系

在本标准中,腐蚀体系包含结构金属元件和它的环境两部分,环境是指与元件接触的大气,大气包括腐蚀性大气组分(气体、气雾剂、粒子)。

4.3 选择腐蚀防护方法考虑的主要因素

在为金属结构元件选择防护方法过程中,设计**服役寿命**是主要因素。追溯一个元件或一个产品的**服役寿命**,可以联系到其最重要的功能性质,如元件的厚度、非腐蚀表面、颜色或光泽。如果选择的防护方法,寿命仍较短而未达到服役能力,必需采用一个或几个维护循环。

4.4 进一步考虑的因素和要求

在选择防护方法过程中应进一步考虑的因素:

a) 使用的条件,即使用防护方法的技术可行性;

b) 从被保护的结构件使用引申出的附加要求,例如颜色深浅、力学性能或电性能、光反射等。

4.5 决策过程的考虑

4.5.1 总则

关于被保护部件的主要考虑:

a) 设计(4.5.2);

b) 结构金属(4.5.3)。

关于环境的主要考虑:

c) 活性介质,如气体污染和粒子(4.5.4);

d) 作用条件,如湿度、温度的水平及变化等(4.5.4)。

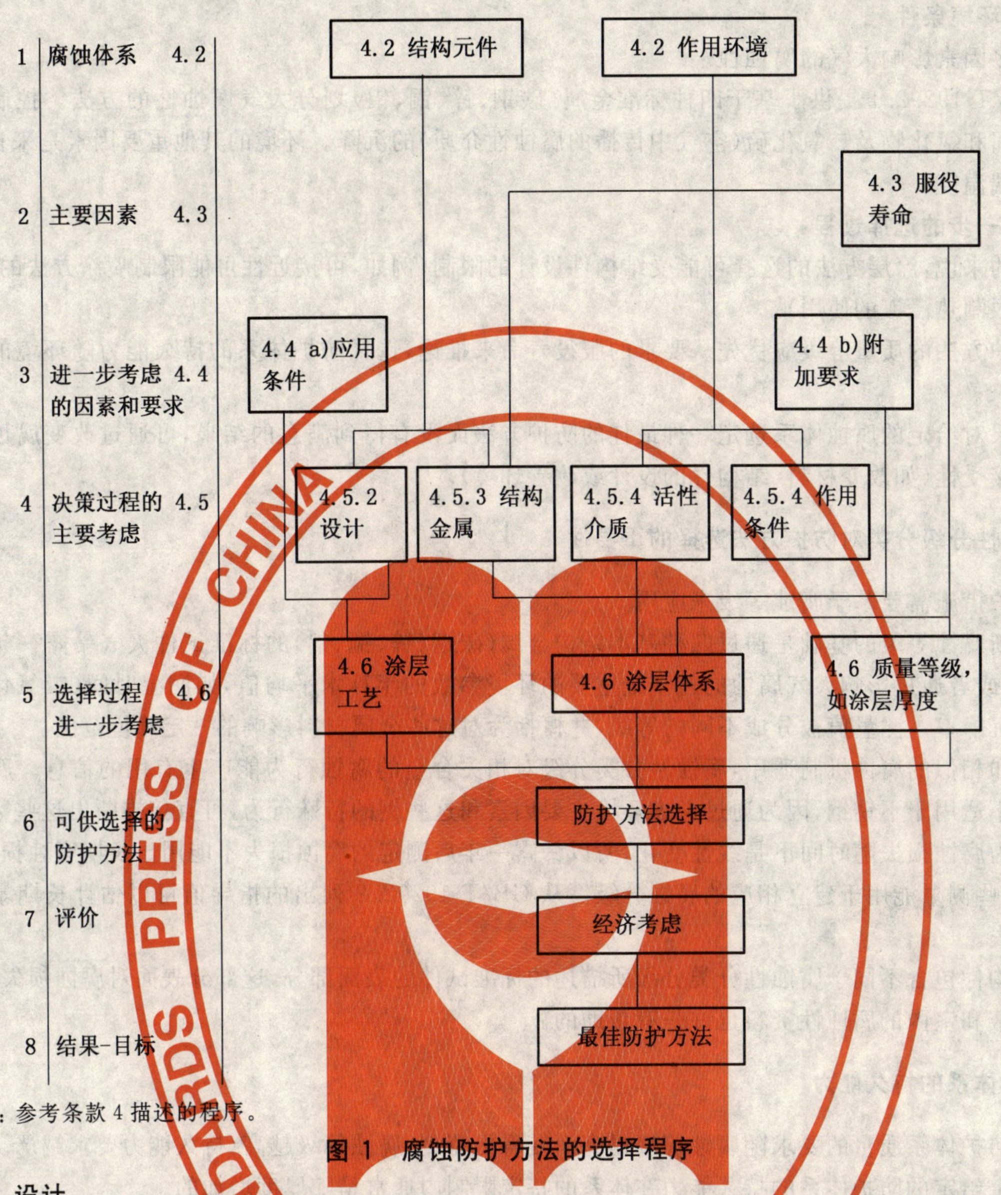

图1 腐蚀防护方法的选择程序

4.5.2 设计

结构件的形状、尺寸和其他设计参数对防护方法的择优选择有重要的影响，所以总是要考虑设计的影响。

在腐蚀体系中，结构件的设计影响大气对各种表面作用的严重程度，例如，通过不同的润湿时间、暴露类型或腐蚀剂的累积表现出来。

4.5.3 结构金属

主要的结构金属是：

a) 碳钢；

b) 耐候钢；

c) 不锈钢；

d) 铝(和铝合金)；

e) 铜(和铜合金)；

f) 锌(和锌合金)。

注：这些金属的大气腐蚀敏感性和腐蚀特征有很大的不同。

基体金属的表面状态，如腐蚀产物、盐和表面粗糙度，对腐蚀防护的持久能力有决定性的影响。

4.5.4 环境条件

许多因素影响大气的腐蚀性。

GB/T 19292.1 提供了基于四种标准金属(碳钢、锌、铜、铝)划分大气腐蚀性的方法。控制因素是润湿时间和氯化物及二氧化硫(空气中传播的腐蚀性介质)的沉降。环境的其他重要因素是来自太阳辐射和极端温度。

4.6 进一步的选择过程

总的来说,涂层方法的选择可能受结构件设计的限制(例如,可接近性可能限制喷涂方法的使用,尺寸可能限制热浸镀的使用)。

保护方法的质量等级应优先从要求的服役寿命来推论,选择防护体系的持久能力随环境的严酷性而变化。

如果对给定的腐蚀体系选定一种最佳的防护方法而没有得到满意的结果,可通过改变腐蚀体系来提高可接受性(如改变材料、结构件的设计或改善环境)。

5 腐蚀性分级分类对防护方法选择的重要性

保护措施需要基于腐蚀等级来应用。

推断腐蚀等级的基础是通过四种基本结构金属(碳钢、锌、铜、铝)的标准试件大气暴露一年后的腐蚀损失,或者通过影响大气腐蚀的三个最重要的环境参数的年算术平均值,如润湿时间、二氧化硫和氯化物的沉降率。测量值被分成不同的等级,并概括为对这些金属材料影响的一定环境范围。

假如相似的腐蚀机制适用,腐蚀性分类分级对相关合金的腐蚀行为能产生有用的信息。腐蚀性分类分级不适用于不锈钢,因为通过考虑环境主要因素和这些钢的特殊行为,可直接推断出这些数据。

因为腐蚀损失随时间不是线性变化,所以暴露一年后测定的腐蚀损失不能用于长期腐蚀损失预测。但是,这些测量能用于建立相应的腐蚀分级。从 GB/T 19292.2 列出的指导值可以估计长期暴露后的腐蚀损失。

结构件包含不同于腐蚀性分类分级所描述的标准试件的表面部分,这部分表面对腐蚀损失有影响。基于遮蔽和室内的腐蚀性资料也许是有帮助的。

6 保护体系的持久能力

对防护体系质量的要求随腐蚀等级提高而变得更苛刻,腐蚀等级越高,持久能力要求越严。

一个给定的防护体系的持久能力在体系的特定限制内通常是随厚度增加的。

注:对结构金属的防护体系及其持久能力的选择的详细资料应从详细阐述这种防护方法的有关说明书中得到,例如,通过有机涂层保护钢结构的腐蚀防护细节见 ISO 12944-1~12944-8,通过金属覆盖层保护钢结构的腐蚀防护细节见 GB/T 19355—2003。

参 考 文 献

[1] ISO 12944-1:1998　色漆和清漆　防护漆体系对钢结构的腐蚀防护　第1部分:总则

[2] ISO 12944-3:1998　色漆和清漆　防护漆体系对钢结构的腐蚀防护　第3部分:设计内容

[3] ISO 12944-4:1998　色漆和清漆　防护漆体系对钢结构的腐蚀防护　第4部分:表面类型和表面处理

[4] ISO 12944-5:1998　色漆和清漆　防护漆体系对钢结构的腐蚀防护　第5部分:防护漆体系

[5] ISO 12944-6:1998　色漆和清漆　防护漆体系对钢结构的腐蚀防护　第6部分:实验室性能试验方法

[6] ISO 12944-7:1998　色漆和清漆　防护漆体系对钢结构的腐蚀防护　第7部分:涂漆工艺的实行和管理

[7] ISO 12944-8:1998　色漆和清漆　防护漆体系对钢结构的腐蚀防护　第8部分:新工作发和维修规范的开发

[8] GB/T 19355　钢铁结构耐腐蚀防护　锌铝覆盖层　指南(GB/T 19355—2003,ISO 14713:1999,MOD)

ICS 77.060
H 25

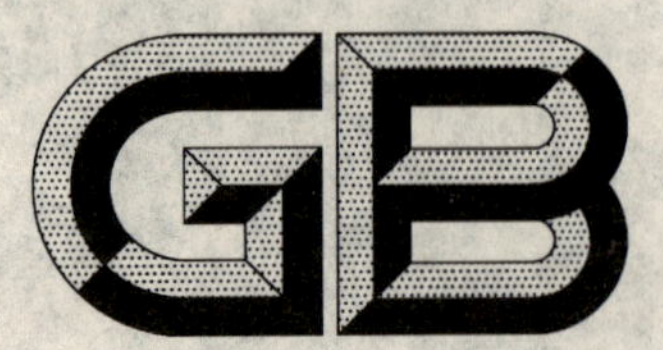

中华人民共和国国家标准

GB/T 20853—2007/ISO 16701:2003

金属和合金的腐蚀　人造大气中的腐蚀 暴露于间歇喷洒盐溶液和潮湿循环 受控条件下的加速腐蚀试验

Corrosion of metals and alloys—Corrosion in artificial atmosphere—Accelerated corrosion test involving exposure under controlled conditions of humidity cycling and intermittent spraying of a salt solution

(ISO 16701:2003,IDT)

2007-03-09 发布　　2007-10-01 实施

中华人民共和国国家质量监督检验检疫总局
中国国家标准化管理委员会　发布

前　言

本标准等同采用国际标准 ISO 16701:2003《金属和合金的腐蚀　人造大气中的腐蚀　暴露于间歇喷洒盐溶液和潮湿循环受控条件下的加速腐蚀试验》。

本标准等同翻译 ISO 16701:2003。

为便于使用，本标准做了下列编辑性修改：

——“本国际标准”一词改为“本标准”；

——用小数点“.”代替作为小数点的逗号“,”；

——删除国际标准前言。

本标准附录 A、附录 B、附录 C 是资料性附录。

本标准由中国钢铁工业协会提出。

本标准由全国钢标准化技术委员会归口。

本标准起草单位：中国科学院金属研究所、冶金工业信息标准研究院。

本标准主要起草人：王振尧、汪川、冯超、韩薇、柳泽燕。

引 言

间歇性喷雾试验方法可作为连续性喷雾试验方法的替代方法使用。这种试验结果与在氯离子有重要影响的环境中(盐来自于海水中或应用防冻盐的公路上)的暴露试验结果有更好的相关性。

在这种情况下,模拟大气腐蚀的加速腐蚀应包括循环暴露于以下环境的过程:

a) 湿的阶段,在此阶段试样首先暴露在盐雾条件下,接着是保湿期,如此反复进行。在保湿期,样品表面保持潮湿。上述过程提供了长达几个小时的湿润状态的连续暴露;

b) 控制循环湿度的阶段,试样通常被放置在一个相对高湿度和低湿度的相互交替的环境中。

这两个阶段应按照适当的次数循环。

本标准中所述的试验方法要求如下:

在第一个湿的暴露阶段,将1%(质量分数)NaCl水溶液用酸调整其pH为4.2,喷射到被测试物品表面15 min,以模拟工业区中存在的酸性沉降;接着是1 h 45 min的保湿期。按上述过程重复三次,使暴露处于湿的状态达6 h。测试循环第一阶段的整个过程一周重复两次。如果盐雾喷洒过于频繁,或者在此阶段所用氯化钠溶液浓度过高,就会出现一些户外很少发生的现象。如:严重的红锈扩散成块,或锌的过量溶解。

测试循环的主要部分由湿度循环组成,即在35℃的恒温下,在95%RH和50%RH之间交替。为了模拟湿度循环的湿的状态,设置的湿度值应接近于凝结极值,但能很好的控制测试条件在某个水平上。采用100%的湿度条件,不可避免的会导致沉积在被测试物品上的盐量的失控。

本标准中所描述的试验方法主要是为了对比测试,其获得的结果,在测试金属材料所能使用的整个环境条件范围内,不能预测该材料在抗腐蚀性方面的进一步结论。但是,在材料暴露于类似测试中所使用的含盐环境中,该方法在相关性能方面提供了有价值信息。见附录A。

金属和合金的腐蚀　人造大气中的腐蚀 暴露于间歇喷洒盐溶液和潮湿循环 受控条件下的加速腐蚀试验

1　范围

本标准详细说明了金属在有氯离子存在的环境下抗腐蚀性的测试方法，氯离子主要是来自海洋和公路除冰盐的氯化钠。

本标准规定了用于加速腐蚀测试的设备和试验过程，该试验以高度可控制的方式模拟了大气腐蚀条件。

本标准中金属包括具有腐蚀防护和不具有腐蚀防护的金属材料。

本实验室加速腐蚀试验适用于：

——金属及其合金；

——金属覆盖层(阳极性和阴极性的)；

——化学转化覆盖层；

——金属上的有机覆盖层。

尤其适用于表面处理方法最优化的对比试验。

2　规范性引用文件

下列文件中的条款通过本标准的引用而成为本标准的条款。凡是注日期的引用文件，其随后所有的修改单(不包括勘误的内容)或修订版均不适用于本标准，然而，鼓励根据本标准达成协议的各方研究是否可使用这些文件的最新版本。凡是不注日期的引用文件，其最新版本适用于本标准。

ISO 4628-1　色漆和清漆　漆膜降解的评定　缺陷量和尺寸的命名以及外观均匀改变程度　第1部分：一般介绍和命名体系

ISO 4628-2　色漆和清漆　漆膜降解的评定　缺陷量和尺寸的命名以及外观均匀改变程度　第2部分：起泡等级的评定

ISO 4628-4　色漆和清漆　漆膜降解的评定　缺陷量和尺寸的命名以及外观均匀改变程度　第4部分：破裂程度的评定

ISO 4628-5　色漆和清漆　漆膜降解的评定　缺陷量和尺寸的命名以及外观均匀改变程度　第5部分：剥落程度的评定

GB/T 6461　金属基体上金属和其他无机覆盖层　经腐蚀试验后的试样和试件的评级(GB/T 6461—2002,ISO 10289:1999,IDT)

GB/T 16545　金属和合金的腐蚀　腐蚀试样上腐蚀产物的清除(GB/T 16545—1996,ISO 8407:1991,IDT)

3　试验溶液

将氯化钠溶于电导率在25℃±2℃下不超过2 mS/m的蒸馏水或去离子水中，配制成的盐溶液浓度为10 g/L±1 g/L。

表1是氯化钠中所允许的杂质最大含量。

表 1　氯化钠中所允许的杂质最大含量(以干盐计)

杂质	杂质的最大质量分数/%	注　释
铜(以干盐计)	0.001	杂质含量是用原子吸收分光光度计或其他具有相同精度的测量方法得到的
镍(以干盐计)	0.001	
碘化钠	0.1	—
杂质总量	0.5	—

用电位-pH 计测量盐溶液在 25℃±2℃下的 pH 值。用稀硫酸调整溶液的 pH 值为 4.2±0.1(如：可在 1 L 的盐溶液中加入 1 mL 浓度为 0.025 mol/L 的硫酸)。

4　试验设备

4.1　盐雾箱

盐雾箱的设计应能获得下列试验条件，并能进行控制和监测。

在 35℃，相对湿度在 50%～95%范围内，设定湿度值的瞬时偏移最大值为±4%，相应的温度精度要求在±0.8℃。对某一恒定条件，在 7 h～8 h 期间，相对湿度平均值的精度应是±2%，相应的温度精度为±0.4℃。

注：为了满足温度和湿度的精度要求，盐雾箱应配有高效的空气循环设备，以满足盐雾箱中小的温度和湿度变化。箱的四壁及盖子要求充分隔热，以防止在这些表面上产生过多的冷凝。

盐雾箱的设计要求相对湿度变化同时间呈线性关系，在 2 h 内，相对湿度可从 95%降到 50%，2 h 内相对湿度也可从 50%升到 95%。合理的盐雾箱设计见图 B.1。

在试验循环期间，应连续不断的或有规律的监测盐雾箱中的湿度和温度，以保证在整个试验循环中相对湿度是处在规定的 95%至 50%范围内。可利用为测量高湿度而设计的湿度计来测量相对湿度，例如，高质量的温度和电容湿度计组合的传感器或金镜露点湿度计。测量温度最好使用 Pt100 传感器。

4.2　喷雾装置

安装在盐雾箱中的喷雾装置应能够产生分布均匀的垂直向下沉降的盐雾或小液滴，以 15 mm/h±5 mm/h 流速滴落在被测试物品上。

如果用一个聚集面积为 80 cm^2 的漏斗状收集器检测流速是否在规定的范围内，盐溶液的收集速率应为 120 mL/h±40 mL/h。

喷雾装置最好由一些串联安装在横杆或管子上的喷嘴组成，这样就得到部分重叠的扇形喷射模式。制作喷雾装置或衬里的材料应抗盐溶液的腐蚀且不影响盐雾的腐蚀性。推荐使用含钼的不锈钢或塑料。合理的喷雾装置设计见图 B.2。

用过的盐溶液不得重复使用。

4.3　强制风干设备

盐雾箱应该配有强制空气风干系统，因为喷雾/湿滞留后，所有的测试物品很潮湿，需要干燥，且在合理的时间内能重建试验环境。

空气风干最好由超冷和重新加热的内部循环气流组成。或用预先加热的空气通入盐雾箱来进行干燥。对于容积是 1 m^3～2 m^3 的盐雾箱来说，推荐的空气流速为 50 L/s～100 L/s。预先加热的空气温度不应使盐雾箱中最高温度超过 35℃。

注：根据实际经验，预热的强制空气温度为 40℃是适合的。

5　试样

5.1　根据被试材料或产品的有关规定选择试样的类型、数量、形状和尺寸。若无规定，应由相关双方协商确定。

5.2 对每个系列的试样应保持完好的数据记录,数据记录应包括以下信息:

a) 试验材料的描述,如表面处理的材料:基体材料的种类、前处理、覆盖层类型、制作方法和干膜的厚度;

b) 如果试验样品的涂层被有意破坏,应描述破坏部分的形状、位置以及破坏方式。还应详细说明测试期间破坏处放置的方位。

如果试样是从带有涂层的工件上切割下来的,不能损坏切割区附近的涂层。除另有规定外,必须用适当的覆盖层,如油漆、石蜡或胶带等对切割区进行保护,这些保护材料在试验条件下应是稳定的;

c) 测试前的清洗过程;

d) 参比材料或用于与试样对比的材料信息;

e) 如何检测试样,要评估哪些性能,参见第7章。

6 试验步骤

6.1 试样放置

试样放在盐雾箱内且测试面朝上。试样表面在盐雾箱中的暴露角度非常重要。对于平板试样,测试面应与垂直方向成20°±5°。对于不规则试样,如整体工件,应尽可能接近上述规定。

试样支架应放置在盐雾箱内同一个水平面上。支架应用玻璃、塑料或是进行适当涂覆的木料等惰性非金属材料制作。如须悬挂试样,悬挂试样的材料不能是金属,而应是合成纤维、棉线或其他惰性绝缘材料。

6.2 试验条件

6.2.1 依照以下方案,对盐雾箱内的试样进行12 h的循环暴露。第1循环、第8循环、第15循环和随后的每个第7循环,采用6.2.3规定的A循环盐雾。其他循环采用6.2.2中的B循环。

注:从实际经验来看,最好在周一和周五进行盐雾试验,这样如果试验在周一开始,可以保证第1循环,第9循环,第15循环,第21循环,第29循环等采用A循环。其他循环采用B循环。

6.2.2 B循环由以下步骤组成,见图1:

——步骤1 在35℃,95%RH下暴露4 h;

——步骤2 在35℃,2 h内将相对湿度从95%线性减少到50%的条件下暴露;

——步骤3 在35℃,50%RH下暴露4 h;

——步骤4 在35℃,2 h内将相对湿度从50%线性增加到95%的条件下暴露。

6.2.3 A循环由以下步骤组成,见图2:

——步骤5 在35℃盐雾箱中以流速15 mm/h向下喷雾15 min;

——步骤6 在35℃下,将相对湿度值设为95%~99%,暴露1 h 45 min,这样试样会保持潮湿状态;

步骤5和步骤6依次再重复两次,保持总湿润时间为6 h。

——步骤7 参见4.3,在相对湿度为50%,温度为35℃下,干燥试样4 h。必须在2 h内达到规定的湿度值,以使在试样和箱内部没有明显的湿迹;

——步骤4 在35℃,2 h内将相对湿度从50%线性增加到95%的条件下暴露。

注1:在盐雾箱内对试样进行盐溶液的喷洒,可以用一种简单但不够理想的方法来替代,即在箱外人为将试样浸到盐溶液中。在这种情况下,最好用C循环来代替A循环,循环C由以下步骤组成:

——步骤5a 从盐雾箱中取出试样,35℃下在规定的盐溶液中浸泡15min,浸泡后将盐溶液人工喷洒到试样上,保持表面有液滴;

——步骤6a 再次人工喷射,多余的盐溶液流掉后,将试样放回盐雾箱中,在35℃,相对湿度为95%~99%条件下放置1 h 45 min;

步骤5a和步骤6a依次再重复两次,保持总湿润时间为6 h。

——步骤 3　在 35℃,相对湿度为 50%下暴露 4 h;

——步骤 4　在 35℃,2 h 内将相对湿度从 50%线性增加到 95%的条件下暴露。

从实际经验来看,最好在周一和周五进行人工浸渍,如果试验在周一开始,可以保证第 1 循环,第 9 循环,第 15 循环,第 21 循环,第 29 循环等采用 C 循环。其他循环采用 B 循环。

注 2:为了避免其他金属溶解离子(还原时形成阴极)的污染,不能将不同的金属试样浸泡在同一个盐溶液中。

6.2.4　为检查试验结果的可重复性,有必要定时地确认试验的腐蚀性。

注:附录 C 规定了采用参比试样评价腐蚀性的方法。

6.3　试验持续时间

试验的持续时间应根据被试材料或产品的有关规定选择。若无规定,应由相关双方协商确定。

注:附录 A 中给出了评价不同种类金属抗腐蚀性能所需的暴露时间。

6.4　试验后试样的处理

试验结束后取出试样,清洗前允许干燥 0.5 h～1 h,以减小腐蚀产物损失。在检测之前要小心地将试样表面残留的盐雾溶液除去。

注:可用温度不高于 40℃的清洁流动水轻轻清洗以除去试样表面残留的盐溶液,再立即吹风。吹风时,试样距离出风口大约为 300 mm,气流压力不超过 200 kPa。

7　试验结果的评价

为满足特定要求,试验结果的评价有许多不同的标准,例如:

a)　试验后的外观;

b)　除去表面腐蚀产物后的外观;

c)　腐蚀缺陷,如点蚀、裂纹、气泡等的分布和数量;可以根据 ISO 4628-1,ISO 4628-2,ISO 4628-4,ISO 4628-5 和 GB/T 6461 所规定的方法进行评定;

d)　开始出现腐蚀的时间;

e)　质量变化及根据 GB/T 16545 标准进行金属质量损失评价;

f)　微观检查结果;

g)　力学性能变化。

注:合适的评价覆盖层或产品的标准是在具备很丰富的工程实践经验基础上确定的。

8　试验报告

试验报告包含以下信息:

a)　本标准号;

b)　试验设备的描述;

c)　试样的类型、设计、几何尺寸、以及形状;试样被测表面面积和状态;

d)　根据 5.2 的补充数据,如试样的制备,包括试验前的清洗和对试样边缘的保护措施;

e)　试验过程中,测试面的倾斜角度;

f)　循环次数或试验持续时间;

g)　试验过程中,检查的频率和间隔;

h)　试验的腐蚀性;

i)　与前面描述的测试方法的偏差;

j)　根据第 7 章最终评价试样的结果,如无涂层试样的质量和厚度损失,带涂层试样的鼓泡及剥落宽度。

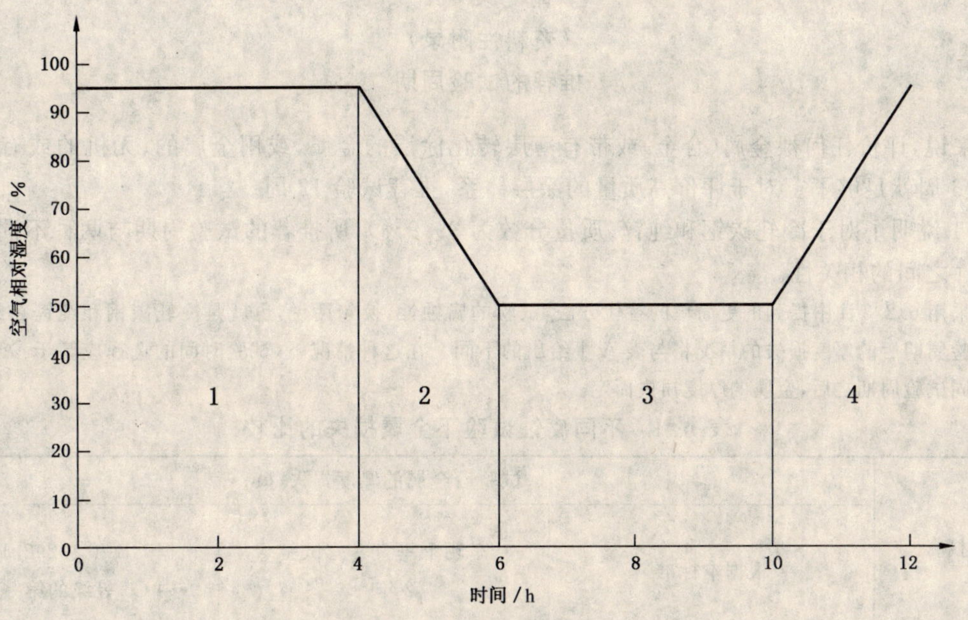

图 1 依次由步骤 1、步骤 2、步骤 3 和步骤 4 组成的无喷淋的 B 循环

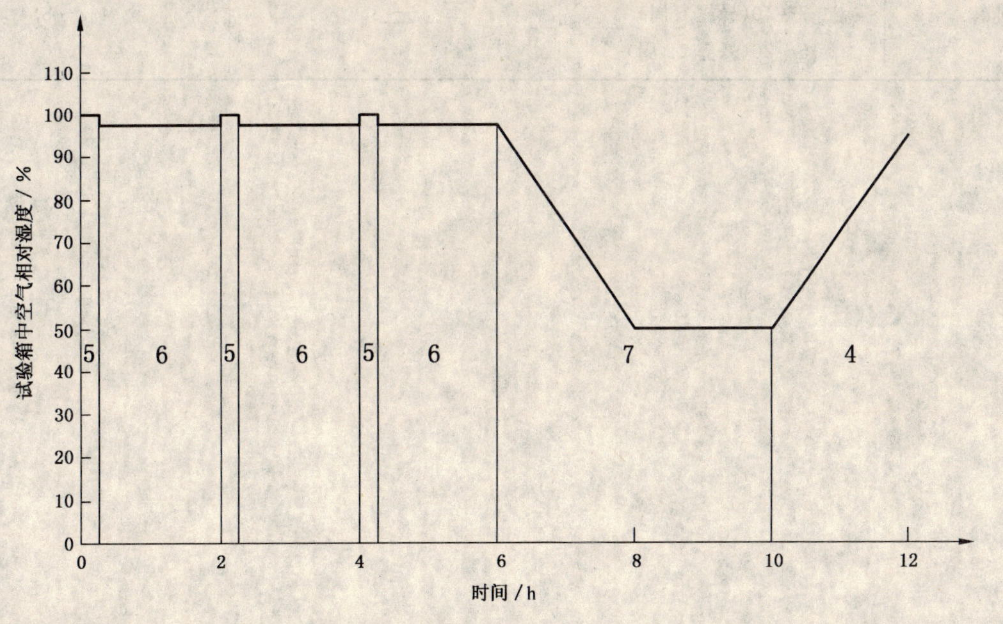

图 2 依次由步骤 5、步骤 6、步骤 5、步骤 6、步骤 5、步骤 6、步骤 7 和步骤 4 组成的有喷淋的 A 循环

附 录 A
（资料性附录）
推荐的试验周期

总的来说，评价任何裸金属（合金）或带有薄层转化涂层的金属，或用金属的、无机的或有机的涂层保护金属，6 周就足够了。对于评价高质量的涂层体系，推荐试验 12 周。

表 A.1 说明了对于冷轧碳钢和纯锌（质量分数为 99.9%），所推荐的试验周期与两种不同的室外暴露试验条件之间的相关性。

注：如采用 6.2.3 注中提到的更简单的替代方法，试验的腐蚀性，换句话说，也就是冷轧碳钢和纯锌在经过不同的试验周期后的厚度损失的情况将与表 A.1 给出的不同。在这种情况下，试验时间的选择应基于参比试样经过不同试验周期之后，金属的厚度损失而定。

表 A.1 不同腐蚀试验下金属损失的比较

测试材料	试验后金属的厚度损失/μm		
	根据本标准	车辆上垂直暴露试验 2 年[5]	根据 GB/T 19292.1—2003[2] 中 C5 等级的第一年数据
冷轧碳钢	115～130（暴露 4 周） 180～220（暴露 6 周） 315～385（暴露 12 周）	80～150	80～200
纯锌	5～7（暴露 4 周） 7～10（暴露 6 周） 15～20（暴露 12 周）	5～8	4.2～8.4

附 录 B
（资料性附录）
盐雾箱的合理设计

B.1 盐雾箱

见图B.1。

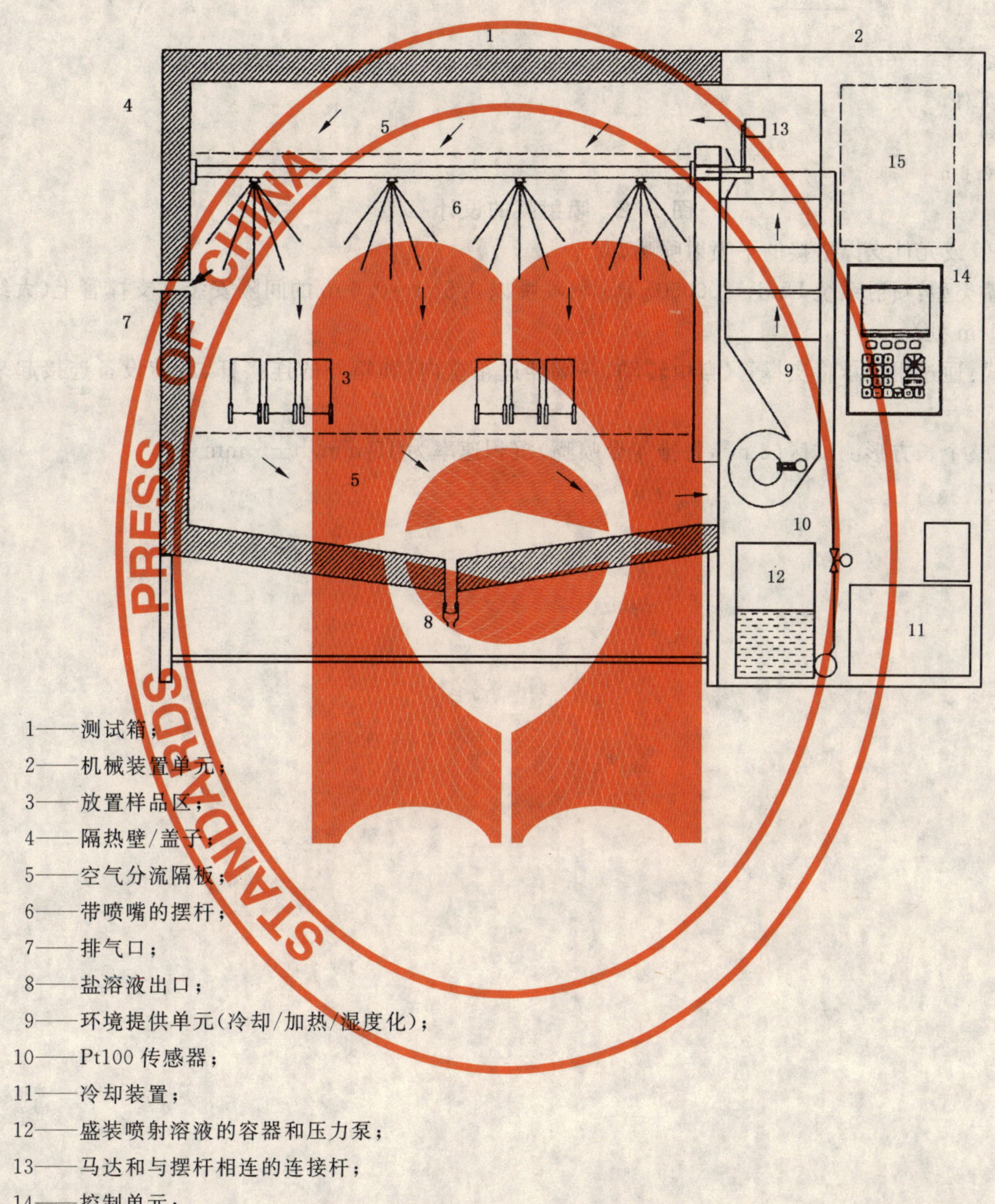

1——测试箱；
2——机械装置单元；
3——放置样品区；
4——隔热壁/盖子；
5——空气分流隔板；
6——带喷嘴的摆杆；
7——排气口；
8——盐溶液出口；
9——环境提供单元(冷却/加热/湿度化)；
10——Pt100传感器；
11——冷却装置；
12——盛装喷射溶液的容器和压力泵；
13——马达和与摆杆相连的连接杆；
14——控制单元；
15——电子调整装置。

图B.1 盐雾箱

B.2　喷射架的设计

见图 B.2。

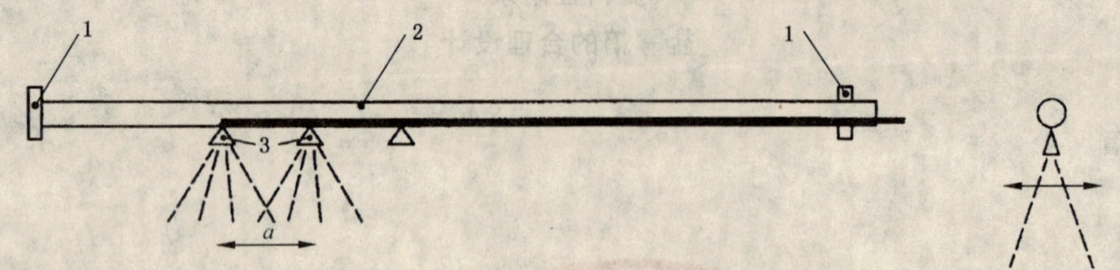

1——轴承；

2——管/元件；

3——喷嘴。

a 0.5 m～0.6 m

图 B.2　喷射架的设计

原则：摇管或元件支撑搭接的平喷射喷嘴。

推荐喷嘴类型：喷射系统 UniJet800050VP。将喷嘴以 0.5 m～0.6 m 的间隔安装在支撑管上(大约在试样上方 1 m 处)。

摇摆模式：通过用轴承将支撑管(自由转动、一端伸进箱壁内)和箱外的连接杆、旋转设备连接起来来实现。

沉积：在整个长方形测试区(2 m^3，每排 4 个喷嘴)沉积速率为 15 mm/h±5 mm/h。

附 录 C
（资料性附录）
试验腐蚀性的评价方法

C.1 参比试样

根据本标准，为了测量试验期间盐雾箱中的腐蚀性，使用四个参比试样，每个试样：

a) 符合 ISO 3574 中 CR4 级精度的钢，表面没有孔隙、伤痕和划痕，具有粗糙的表面光洁度（表面粗糙度 $Ra=1.3\ \mu m \pm 0.4\ \mu m$）；

b) 杂质含量小于 0.1%（质量分数）的锌。

参比试样的大小应为 50 mm×100 mm×1 mm。

测试前，应用烃类溶剂仔细清洗参比试样以去除能影响腐蚀速率测量结果的明显的污迹、油迹或其他外来物质。干燥后，称量参比试样精确至 0.1 mg。

用可去除性涂层保护试样背面，如吸附性塑料膜。

C.2 参比试样的放置

将每一种材料的四个参比试样放置在盐雾箱四角，未进行保护的表面朝上，并与垂直方向成 20°±5°的角度。

用惰性材料如塑料制成或涂覆参比试样支架，并且放置在与试样相同的高度上。

C.3 质量损失的测定

试验结束后，立即去除保护性涂层。接着按照 GB/T 16545 中所述的通过反复清洗去除腐蚀产物。采用下面的化学清洗步骤：

a) 对于碳钢，在 1 000 g 盐酸（$\rho_{20}=1.18$ g/mL）中加入 20 g Sb_2O_3 和 50 g $SnCl_2$，配制成溶液；

b) 对于锌，在 1 000 mL 去离子水中加入 250 g±5 g 的 $C_2H_5NO_2$（p. a.）配成饱和的氨基乙酸溶液。

两种情况的化学清洗工序最好都是在室温 20℃～25℃下，重复浸渍 5 min。每次浸渍后，应在室温下彻底清洗试样：流动水洗，然后轻轻地刷洗，用乙醇冲洗，再进行干燥。以接近 1 mg 的精度称重参比试样，按 GB/T 16545 中所述绘制质量对实际清洗循环次数曲线。

注：为使腐蚀产物在浸渍过程中高效率溶解，连续搅动溶液是重要的。为了增加溶解速率，最好使用超声清洗。

如 GB/T 16545 中所述，从质量对清洗次数曲线上可以测得去除腐蚀产物后试样的真实质量。从试验前参比试样的最初质量值中减去这个数，并且将所得的数除以参比试样暴露面积，得到参比试样每平方米的质量损失，将其除以金属的密度（碳钢的密度为 7.86 g/cm^3，锌的密度为 7.14 g/cm^3），即转换成腐蚀深度，单位 μm。

C.4 试验仪器运行良好

如果每个样品的质量损失都在附录 A 中给出的范围内，则认为测试仪器运行良好。

注：如果采用较简单的盐雾暴露，参见附录 A 中的注释。

参考文献

[1] ISO 3574 商品级和冲压级冷轧碳素钢板.

[2] GB/T 19292.1—2003 金属和合金的腐蚀 大气腐蚀性 分类(ISO 9223:1992,IDT).

[3] GB/T 10125—1997 人造气氛腐蚀试验 盐雾试验(eqv ISO 9227:1990).

[4] STROM,M.,STROM,G.,Ooij,W.J.,Sabata,A.,Edwards,R.A.,Ramamurthy,A.C.,用高性能的盐雾箱模拟汽车在户外大气腐蚀的统计设计研究—工作进展报告,SAE技术论文912282,400联邦驱动器,Warrendale,PA15096-0001 USA.

[5] STROM,M.,STROM,G.,实验室条件下模拟汽车在户外大气腐蚀的统计设计研究—材料的AISI外观腐蚀趋势的沃尔沃汽车报告,SAE技术论文932338,400联邦驱动器,Warrendale,PA 15096-0001 USA.

ICS 77.060
H 25

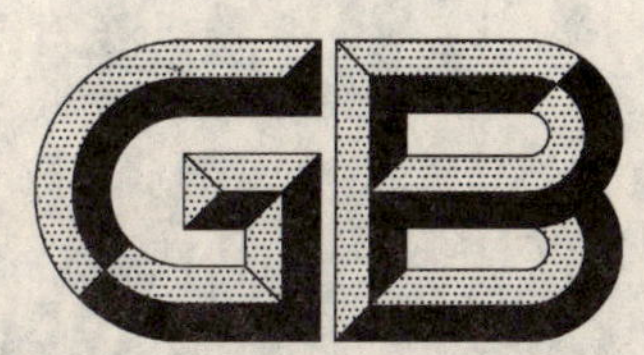

中华人民共和国国家标准

GB/T 20854—2007/ISO 14993:2001

金属和合金的腐蚀 循环暴露在盐雾、“干”和“湿”条件下的加速试验

Corrosion of metals and alloys—Accelerated testing involving cyclic exposure to salt mist, "dry" and "wet" condition

(ISO 14993:2001,IDT)

2007-03-09 发布 2007-10-01 实施

中华人民共和国国家质量监督检验检疫总局
中国国家标准化管理委员会 发布

前　言

本标准等同采用国际标准 ISO 14993:2001《金属和合金的腐蚀　循环暴露在盐雾、“干”和“湿”条件下的加速试验》。

本标准等同翻译 ISO 14993:2001(英文版)。

为便于使用,本标准做了下列编辑性修改:

——“本国际标准”一词改为“本标准”;

——用小数点“.”代替作为小数点的逗号“,”;

——删除国际标准前言。

本标准附录 A、附录 B 是资料性附录。

本标准由中国钢铁工业协会提出。

本标准由全国钢标准化技术委员会归口。

本标准起草单位:中国科学院金属研究所、冶金工业信息标准研究院。

本标准主要起草人:王振尧、李巧霞、冯超、韩薇、柳泽燕。

引 言

施加保护和未施加保护的金属材料的腐蚀受许多环境因素的影响，这主要取决于金属材料的种类和环境的类型。设计包含所有影响耐蚀性的环境因素的实验室加速腐蚀试验是不可能的，因此，模拟对金属材料腐蚀起主要作用的因素来设计实验室试验。

本标准所描述的加速腐蚀试验方法是按照模拟和增加环境对暴露于有盐污染并能加速腐蚀的户外大气的金属材料的影响而设计的。试验方法包含了将试样循环暴露于盐雾、“干”和“高湿”环境。本试验是对比性试验，试验结果不能预测在此环境条件下使用的同种金属材料耐蚀性的长期结果。但此方法仍然可提供暴露于与试验条件相类似的盐污染环境下材料的相关性能方面的有价值信息。

金属和合金的腐蚀　循环暴露在盐雾、“干”和“湿”条件下的加速试验

警告：本标准可能包含有危险的材料、操作和设备。不能明示出所有有关使用本标准安全问题。使用前建立有利于安全和健康的措施及确定适用性规章制度是本标准使用者的责任。

1　范围

本标准规定了用于评价使用于户外盐污染环境中的金属材料耐蚀性的加速腐蚀试验的仪器和试验方法，不论被测试材料是否具有永久性或暂时性腐蚀防护。本标准规定了试样循环暴露于中性盐雾、“干”和“湿”试验环境的条件。本标准对试样的类型和暴露时间不作明确规定。

本实验与传统常规的加速腐蚀试验，如中性盐雾试验(NSS)相比，其最大的优点在于它能更好地再现发生在户外盐污染环境下的腐蚀。

本标准的加速腐蚀试验适用于：

——金属及其合金；

——金属覆盖层(阳极性的和阴极性的)；

——转化覆盖层；

——阳极氧化物覆盖层；

——金属材料上的有机覆盖层。

注：在湿期间试板上水浓缩变化的循环腐蚀条件下，在试板表面划痕达到基体情况下，测定覆盖层电阻的方法见 ISO 11997-1:1998。

2　规范性引用文件

下列文件中的条款通过本标准的引用而成为本标准的条款。凡是注日期的引用文件，其随后所有的修改单(不包括勘误的内容)或修订版均不适用于本标准，然而，鼓励根据本标准达成协议的各方研究是否可使用这些文件的最新版本。凡是不注日期的引用文件，其最新版本适用于本标准。

GB/T 16545　金属和合金的腐蚀　腐蚀试样上腐蚀产物的清除(GB/T 16545—1996，ISO 8407:1991，IDT)

3　试验溶液

3.1　总则

3.2 和 3.3 给出了配制和使用中性 5%氯化钠溶液的说明。

3.2　氯化钠溶液的配制

在温度为 25℃±2℃时，在电导率不超过 2 mS/m 的蒸馏水或去离子水中溶解足量的氯化钠，配制成浓度为 50 g/L±5 g/L 的喷雾溶液。在 25℃时，此氯化钠溶液的相对密度范围为 1.029～1.036。

氯化钠中含有质量分数少于 0.001%的铜和镍。铜和镍的含量由原子吸收光谱仪或其他具有相同灵敏度的分析方法测定。氯化钠中不应含有质量分数超过 0.1%的碘化钠或质量分数超过相对于干盐计算 0.5%总杂质量。

注：如果温度为 25℃±2℃时配制的溶液 pH 值超出 6.0～7.0 范围，就要测定盐和水中是否有不希望存在的杂质。

3.3　pH 值调节

在 25℃±2℃时，盐溶液的 pH 值的测量可以使用酸度计或常规检测方法，也可用测量精度不小于

0.3 的精密 pH 试纸。根据收集的喷雾溶液的 pH 值情况，调节盐溶液的 pH 值，在 25℃±2℃时，使每一个收集器中收集的喷雾溶液的 pH 值在 6.5～7.2 范围内。通过添加稀释的分析纯的盐酸或氢氧化钠来调节盐溶液的 pH 值。每个收集器中收集的氯化钠溶液的浓度应当是 50 g/L±5 g/L。

注：喷雾时二氧化碳的损失可引起 pH 值的变化。这样的变化可通过诸如将溶液放置在容器中前将其加热到 35℃以上或用新鲜的蒸馏水配制溶液以减少二氧化碳的含量来避免。

4 试验设备

用于制作试验设备零部件的材料必须是能抗盐雾腐蚀并且不影响试验结果的材料。试验设备包括下面几个部分。

4.1 暴露设备

4.1.1 暴露箱。暴露箱的容积不小于 0.4 m^3，对于大容积的箱体，需要确保在盐雾试验期间，满足盐雾的均匀分布。箱体的顶部要避免试验时在其表面上凝结的液滴降落在试样表面。

箱体的尺寸和形状应当保证在喷盐雾期间，盐雾溶液的收集率满足在 7.2 中的规定。

注：一种可行的暴露箱设计示意图及与盐雾试验有关的设备示于附录 A。

4.1.2 湿度和温度控制系统。此控制系统保证暴露箱内的温度和湿度在规定的范围(见 7.1)。温度测量区应距箱内壁不小于 100 mm。

4.1.3 喷雾装置。喷雾装置由一个可控制压力的空气供应装备、一个盐水槽和一个或多个喷雾器组成。

压缩空气应先通过过滤器，除油净化，再供给到喷雾器。压力应当控制在 70 kPa～170 kPa 范围内。

4.1.4 空气饱和器。空气饱和器由饱和塔组成，饱和塔中的水温高于盐雾箱内温度几摄氏度。空气在进入喷雾器前应先通过饱和塔进行湿化，以防止雾滴中水的蒸发。

为确保有足够的喷雾量，盐水槽应维持一定的液位。调节喷雾压力和饱和塔水温及使用适合的喷嘴，使箱内盐雾溶液的收集率和收集液的浓度保持在规定的范围内(见 7.2)。

喷雾器应由惰性材料制成，如玻璃和塑料材料。挡板可防止盐雾对试样的直接影响。使用可调节的挡板有助于在盐雾箱中获得稳定的盐雾分布。补充槽中盐溶液的液面应自动维持一定水平，确保在试验中能稳定输送盐雾。

4.1.5 盐雾收集器。暴露箱内至少放两个收集器，由玻璃或其他惰性材料制成漏斗形状。收集面积约为 80 cm^2，漏斗的管插在标有刻度的容器中。安装盐雾收集器的目的是为了确保收集率在规定的范围内(见 7.2)。它们应放置在箱内试样放置的位置，一个靠近喷嘴，一个远离喷嘴，以保证收集的只有盐雾而不是从试样或箱体其他部位滴下的液体。

4.1.6 空气干燥器。由加热装置和风扇组成，用于供给在试验“干燥”循环内维持规定湿度的干燥空气(见表 1)。

4.1.7 排气系统。通过排气系统将气体从暴露箱中排出。要保证当通过建筑物的一个出口向户外释放气体时，气体不会受到大气反向压强的影响。

5 试样

5.1 试样的种类、数量、形状和尺寸可依据被试材料或产品有关规定选择。若无规定，应由相关双方协商确定。

5.2 试验前必须仔细地清洗被测试样，尽可能地清除那些可能会影响试验结果的杂质(灰尘、油或其他杂质)。所用的清洗方法应取决于试样材料性质，试样表面及污物清洗时，不应使用可能侵蚀试样表面的研磨料或溶剂。

使用适当的有机溶剂(沸点在 60℃和 120℃之间的碳氢化合物)和干净的软毛刷或超声清洗装置彻底清洗试样。清洗后，用新溶剂冲洗样品，然后干燥。

试样清洗后应当注意避免再被不经意的触摸而污染。

有意涂覆保护性有机膜层的试样试验前不宜清洗。

5.3 如果试样是从较大的带有涂层的工件上切割下来的，不应损坏切割区附近的覆盖层。除非另有规定，必须采用适当的在测试条件下稳定的覆盖层，如油漆、石蜡或胶带等，对切割区进行保护。

6 试样放置

6.1 试验箱中试样应放置在其测试表面不受到盐雾直接喷射的位置。

6.2 试样表面在试验箱中的放置角度是非常重要的。原则上，平板试样的测试表面朝上并与垂直方向成 20°±5°。对于表面不规则的试样，例如整个工件，也应尽可能接近上述规定。

6.3 在暴露箱中，试样可以放置在不同水平面上，但不得接触箱体，试样之间的距离应不影响盐雾自由降落在被测表面上，也应确保试样或其支架上的液滴不滴落在下面的其他样品上。对于一个新的检测或总试验时间超过 96 h 的测试，可允许被测试样移位。在此情况下，移位的次数和频率由操作者来决定，但须在试验报告中说明。

6.4 试样的支架应由惰性非金属材料制成，如玻璃、塑料或有涂层的木制品。悬挂试样的材料不应使用金属，而应使用人造纤维、棉纤维或其它惰性绝缘材料。

7 试验条件

7.1 试验条件见表 1。

7.2 在暴露箱内已按计划放置好试样，并确认盐雾收集率和条件在规定范围内后，才能开始试验。盐雾沉降的速率在 24 h 连续喷雾后，每 80 cm^2 的水平收集面积上应为 1 mL/h～2 mL/h。收集的氯化钠溶液的浓度应为 50 g/L±5 g/L，pH 值应在 6.5～7.2 范围内。

7.3 使用过的喷雾溶液不应重复使用。

7.4 在盐雾试验期间，压力应稳定在规定范围内，上下浮动不超过±0.002 5 MPa。

7.5 为了检测试验结果的重现性，有必要定期验证试验的腐蚀性。附录 B 描述利用参比试样来评估试验腐蚀性的方法。

表 1 试验条件

1	盐雾条件 (1) 温度 (2) 盐溶液	 35℃±2℃ 50 g/L±5 g/L 氯化钠溶液
2	“干”条件 (风干) (1) 温度 (2) 相对湿度	 60℃±2℃ <30%RH
3	“湿”条件 (在湿润条件下保证在试样上不发生冷凝) (1) 温度 (2) 相对湿度	 50℃±2℃ >95%RH
4	单循环的时间和具体内容	总时间 8 h，如下： 盐雾 2 h “干” 4 h “湿” 2 h (对于每个条件下的时间包括了到达规定温度的时间)

表 1（续）

5	到达规定条件的时间 （即从试验开始后，温度和湿度到达规定值所需时间）	盐雾到“干”　＜30 min “干”至“湿”　＜15 min “湿”到盐雾　＜30 min （此处默认为试验一开始就立即达到盐雾条件）
6	试样摆放角度	相对于垂直方向成 20°

8　测试的连续性

在整个试验期间，试验不得中断。只有当需要检查试样时，才能中断操作取出试样，并且中断时间保证最小。

当必须中断试验时间较长时，应将被测试样从暴露箱中取出，并按照试验完成后处理试样的相同方式（见第 10 章）进行试样处理，处理完毕后保存在干燥器中直至试验恢复。

9　试验周期

试验周期应根据被测材料或产品的相关标准来确定。当无标准时，可经有关方协商确定。

推荐的试验周期为 30 个循环（240 h），45 个循环（360 h），60 个循环（480 h），90 个循环（720 h），和 180 个循环（1 440 h）。

10　试验完成后试样的处理

盐雾试验完成后，将被测试样从盐雾箱中取出，为了减少腐蚀产物脱落，试样在清洗前应先在室内空气中自然干燥 0.5 h～1 h。然后用温度不高于 40℃的干净的流动水将被测试样小心清洗，以去除试样表面残留的盐雾溶液，接着在距试样约 300 mm 处用压强不超过 200 kPa 的空气吹干。

11　试验结果评定

试验结果的评价标准通常由被测材料或产品的标准提出。一般试验应考虑以下几个方面：

a）试验后的外观；

b）去除表面腐蚀产物后的外观；

c）腐蚀缺陷，如点蚀、裂纹、气泡等的分布和数量，可依照 GB/T 6461 中描述的方法对这些缺陷进行评定；

d）开始出现腐蚀的时间；

e）质量变化（见 GB/T 16545）；

f）微观检查结果；

g）力学性能的变化。

注：合适的评价覆盖层或产品的标准是在具备很丰富的工程实践经验基础上确定的。

12　试验报告

试验报告应包含以下内容：

a）本标准和所参照的有关标准；

b）试验设备的说明；

c）被测材料的说明；

d) 试样的尺寸、形状,试验面积和表面状态;

e) 试样的制备,包括试验前的清洗处理和对试样边缘的保护措施;

f) 试验中在盐雾、“干”和“湿”三种状态下的温度和相对湿度;

g) 试验中从盐雾到“干”、“干”到“湿”、“湿”到盐雾条件转变所需时间;

h) 试验准备阶段盐雾溶液的收集率及收集溶液的浓度和 pH 值;

i) 试验的腐蚀性(可由附录 B 中方法所确定);

j) 试验中断的频次和时间;

k) 试验循环数和持续时间;

l) 试验后被测试样的清洗方法和清洗导致的质量损失及用于校正质量损失所用的方法;

m) 试验结果,如无涂层试样质量和厚度的损失;或带有涂层试样的气泡和起皮的宽度;

n) 被测试样外观的照片资料及相关说明。

附 录 A
（资料性附录）
循环盐雾、“干”和“湿”腐蚀试验设备

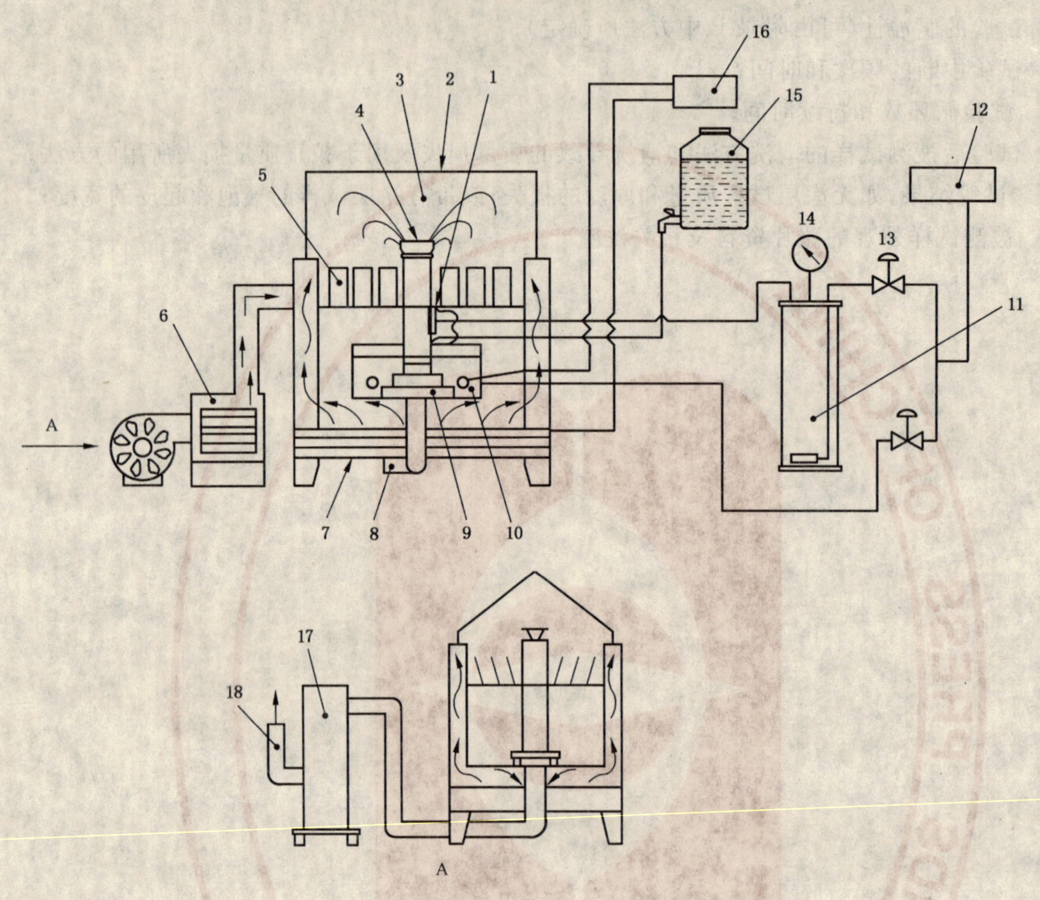

1——喷雾器；
2——封盖；
3——试验箱的腔体；
4——盐雾分散塔；
5——测试试样；
6——空气干燥器；
7——热水浴槽；
8——给湿槽；
9——鼓气装置；
10——加热器；
11——空气饱和器；
12——空气压缩器；
13——电磁阀；
14——压力表；
15——溶液槽；
16——温度控制；
17——尾气处理塔；
18——排气口。

图 A.1

附　录　B
（资料性附录）
试验腐蚀性的评估方法

B.1　参比试样

为了检验在试验期间试验箱中的腐蚀性，根据此国家标准，使用下列两种材料进行检测，每种材料分别采用四个参比试样：

a）表面粗糙度符合 ISO 3574 要求的 CR4 钢，表面无孔隙、划痕，试样表面的粗糙度为 Ra＝0.8 μm±0.3 μm；

b）杂质质量分数小于 0.1％的锌。

参比试样的尺寸应为 150 mm×70 mm×1 mm。试验前，用碳氢化合物溶剂对参比试样进行仔细地清洗，去除能影响试验结果的尘埃、油迹或其他杂质。干燥后称重，参比试样称重精确到 0.1 mg。用可去除的涂层保护试样背面，如吸附性塑料膜。

B.2　参比试样的放置

将每种材料的四个参比试样放在试验箱内四角，测试面朝上并与垂直方向成 20°±5°的角度。

参比试样的支架应由惰性材料如塑料制成或涂覆，参比试样放置的高度应与被测试样相同。

B.3　试验的周期

为了评估试验的腐蚀性，试验应当进行 48 h。

B.4　质量损失测定

测试结束后，去除掉试样背面的保护性涂层。并依照 GB/T 16545 中所述的清洗方法反复清洗试样。化学清洗方法如下：

a）对于碳钢，在 1 000 g 盐酸（ρ_{20}＝1.18 g/mL）中加入 20 g Sb_2O_3 和 50 g $SnCl_2$，配制成清洗液；

b）对于锌，使用质量百分比为 5％的醋酸作为清洗液。

先将参比试样浸泡在清洗液中 2 min，然后，在室温下用清水轻轻地漂洗，接着用丙酮或乙醇清洗，干燥后称重，参比试样称重精确到 1 mg。依据 GB/T 16545，绘制试样质量随清洗次数的变化曲线。

注：为了在浸泡期间更有效地溶解腐蚀产物，可以搅动清洗液，最好使用超声清洗以加速溶解。

根据 GB/T 16545，从试样质量随清洗次数的变化曲线上可以得到去除腐蚀产物后试样的真实质量。用参比试样试验前的质量减去试验后的质量，再除以参比试样暴露面积，就会得到参比试样每平方米的质量损失。将计算的质量损失除以金属密度（碳钢的密度为 7.86 g/cm^3，锌的密度为 7.14 g/cm^3），即转换成腐蚀深度（单位 μm）。

B.5　试验仪器运行良好

如果试验 48 h 后，每个参比试样的质量损失处于下列范围内，则认为试验仪器运行良好：

a）对于碳钢参比试样，200 g/m^2±40 g/m^2；

b）对于锌参比试样，40 g/m^2±10 g/m^2。

参 考 文 献

(1) GB/T 6461—2002 金属基体上金属和其他无机覆盖层 经腐蚀试验后的试样和试件的评级(idt ISO 10289:1999).

(2) GB/T 10125—1997 人造气氛腐蚀试验 盐雾试验(eqv ISO 9227:1990).

(3) ISO 3574:1999 商品级和冲压级冷轧碳素钢板.

(4) ISO 11997-1:1998 色漆和清漆 耐循环腐蚀的测定 第1部分:湿(盐雾)/干燥/湿度影响试验.

(5) JASO M 609—1991 汽车材料的腐蚀试验方法. 日本汽车工程协会出版.

(6) JASO M 610—1992 汽车部件的外观腐蚀试验方法. 日本汽车工程协会出版.

(7) JIS K 5621:1992 常用的防腐涂料.

(8) SUGA S. and SUGA S.. CCT 方法模拟酸雨测试 有机材料的加速试验和户外暴晒试验. ASTM STP 1202,1994.

ICS 03.220.99
M 85

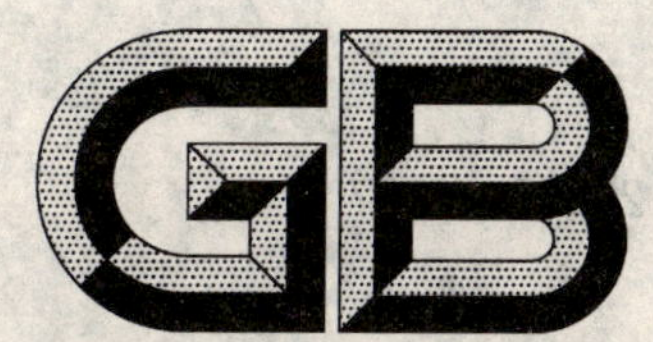

中华人民共和国国家标准

GB/T 20855—2007

航空运输城市地名代码

City codes for air transportation

2007-03-07 发布　　　　2007-09-01 实施

中华人民共和国国家质量监督检验检疫总局
中国国家标准化管理委员会　发布

前 言

本标准与国际航空运输协会《航空货物运价　规章部分》(TACT rules)一致性程度为非等效。

本标准由中国民用航空总局提出。

本标准由中国民用航空总局航空安全技术中心归口。

本标准起草单位:中国国际货运航空有限公司。

本标准主要起草人:贺德玮、臧忠福、闫世昌、赖怀南、李庚辰。

本标准为首次发布。

航空运输城市地名代码

1 范围

本标准规定了航空运输城市地名代码。

本标准适用于航空运输。

2 地名代码

2.1 由代码查城市地名全称的航空运输城市地名代码见表1。

2.2 由城市地名全称查代码的航空运输城市地名代码见表2。

表1 航空运输城市地名代码(由代码查城市地名全称)

代 码	城市地名英文全称	城市地名中文全称	所在国家或地区(州、省或区域)
AAA	ANAA	阿纳	土阿莫土群岛(太平洋)
AAB	ARRABURY QL	阿拉伯利	澳大利亚(昆士兰州)
AAC	AL ARISH	阿里什	埃及
AAE	ANNABA	安纳巴	阿尔及利亚
AAI	ARRAIAS TO	阿拉亚斯	巴西(托坎廷斯州)
AAK	ARANUKA	阿兰努卡	基里巴斯(太平洋)
AAL	AALBORG	奥尔堡	丹麦
AAN	AL AIN	艾因	阿联酋
AAO	ANACO	阿纳科	委内瑞拉
AAQ	ANAPA	阿纳帕	俄罗斯
AAR	AARHUS	奥尔胡斯	丹麦
AAT	ALTAY	阿尔泰	中国(新疆维吾尔自治区)
AAU	ASAU	阿绍	西萨摩亚(南太平洋)
AAV	ALAH	安拉	菲律宾
AAW	ABBOTTABAD	阿伯塔巴	巴基斯坦
AAX	ARAXA MG	阿拉沙	巴西(米纳斯吉拉斯州)
AAY	AL GHAYDAH	盖海达	也门
ABA	ABAKAN	阿巴坎	俄罗斯(东乌拉尔)
ABD	ABADAN	阿巴丹	伊朗
ABE	ALLENTOWN PA	阿伦敦	美国(宾夕法尼亚州)
ABE	BETHLEHEM PA	伯利恒	美国(宾夕法尼亚州)
ABE	EASTON PA	伊斯敦	美国(宾夕法尼亚州)
ABF	ABAIANG	阿拜昂	基里巴斯(太平洋)
ABG	ABINGDON QL	阿宾敦	澳大利亚(昆士兰州)

表 1（续）

代　码	城市地名英文全称	城市地名中文全称	所在国家或地区(州、省或区域)
ABH	ALPHA QL	阿尔发	澳大利亚(昆士兰州)
ABI	ABILENE TX	阿比林	美国(德克萨斯州)
ABJ	ABIDJAN	阿比让	科特迪瓦(象牙海岸)
ABK	KABRI DAR	卡卜里达尔	埃塞俄比亚
ABL	AMBLER AK	安布勒	美国(阿拉斯加州)
ABM	BAMAGA QL	巴马加	澳大利亚(昆士兰州)
ABQ	ALBUQUERQU NM	阿尔布凯克	美国(新墨西哥州)
ABR	ABERDEEN SD	阿伯丁	美国(南达科他州)
ABS	ABU SIMBEL	阿布辛贝尔	埃及
ABT	AL-BAHA	巴哈	沙特阿拉伯
ABU	ATAMBUA	阿坦布阿	印度尼西亚
ABV	ABUJA	阿布贾	尼日利亚
ABX	ALBURY NS	奥尔伯里	澳大利亚(新南威尔士州)
ABY	ALBANY GA	奥尔巴尼	美国(佐治亚州)
ABZ	ABERDEEN	阿伯丁	英国(苏格兰)
ACA	ACAPULCO	阿卡普尔科	墨西哥
ACC	ACCRA	阿克拉	加纳
ACD	ACANDI	阿坎迪	哥伦比亚
ACE	LANZAROTE	兰萨罗特	西班牙
ACH	ALTENRHEIN	阿尔滕莱茵	瑞士
ACI	ALDERNEY	奥尔德尼	英国
ACK	NANTUCKET MA	楠塔基特	美国(马萨诸塞州)
ACR	ARARACUARA	阿拉拉夸拉	哥伦比亚
ACT	WACO TX	韦科	美国(德克萨斯州)
ACV	ARCATA CA	阿克塔	美国(加利福尼亚州)
ADA	ADANA	阿达纳	土耳其
ADD	ADDIS ABABA	亚的斯亚贝巴	埃塞俄比亚
ADE	ADEN	亚丁	也门
ADF	ADIYAMAN	阿德亚曼	土耳其
ADH	ALDAN	阿尔丹	俄罗斯
ADK	ADAK IS. AK	埃达克岛	美国(阿拉斯加州)
ADL	ADELAIDE SA	阿德莱德	澳大利亚(南澳州)
ADN	ANDES	安第斯	哥伦比亚
ADO	ANDAMOOKA SA	安达穆卡	澳大利亚(南澳州)
ADQ	KODIAK AK	科迪亚克	美国(阿拉斯加州)

表 1（续）

代　码	城市地名英文全称	城市地名中文全称	所在国家或地区(州、省或区域)
ADR	ANDREWS SC	安德鲁斯	美国(南卡罗来纳州)
ADU	ARDABIL	阿黛拜耳	伊朗
ADY	ALLDAYS	奥尔代斯	南非
ADZ	SAN ANDRES	圣安德列斯	哥伦比亚
AEA	ABEMAMA ATOLL	阿贝马马环礁	基里巴斯(太平洋)
AEH	ABECHER	阿贝歇	乍得
AEK	ASEKI	阿塞克	巴布亚新几内亚
AEO	AIOUN EL ATROSS	阿尤恩—埃尔—阿屈路斯	毛里塔尼亚
AER	ADLER/SOCHI	阿德列尔/索契	俄罗斯
AES	AALESUND	埃尔琛德	挪威
AET	ALLAKAKET AK	阿拉卡基特	美国(阿拉斯加州)
AEX	ALEXANDRIA LA	亚历山大	美国(路易斯安那州)
AEY	AKUREYRI	阿库雷里	冰岛
AFA	SAN RAFAEL MD	圣拉斐尔	阿根廷
AFL	ALTA FLORES	阿尔塔弗洛雷斯	巴西
AFR	AFORE	阿福尔	巴布亚新几内亚
AGA	AGADIR	阿加迪尔	摩洛哥
AGE	WANGEROOGE	万根罗盖	德国
AGF	AGEN	阿让	法国(洛特—加龙省)
AGG	ANGORAM	安戈拉姆	巴布亚新几内亚
AGH	HELSINGBORG	赫尔辛堡	瑞典
AGJ	AGUNI	粟国	日本
AGK	KAGUA	卡瓜	巴布亚新几内亚
AGL	WANIGELA	瓦尼盖拉	巴布亚新几内亚
AGN	ANGOON AK	安贡	美国(阿拉斯加州)
AGP	MALAGA	马拉加	西班牙
AGQ	AGRINION	阿格里尼翁	希腊
AGR	AGRA	亚格兰	印度
AGS	AUGUSTA GA	奥古斯塔	美国(佐治亚州)
AGU	AGUASCALIENTES	阿瓜斯卡连特斯	墨西哥
AGV	ACARIGUA	阿卡里瓜	委内瑞拉
AGX	AGATTI IS.	阿格蒂岛	印度
AGZ	AGGENEYS	阿赫内斯	南非
AHB	ABHA	阿卜哈	沙特阿拉伯
AHE	AHE	埃赫	法属波利尼西亚(太平洋,大洋洲)

表 1（续）

代　码	城市地名英文全称	城市地名中文全称	所在国家或地区(州、省或区域)
AHI	AMAHAI	阿马哈伊	印度尼西亚
AHL	AISHALTON	艾沙尔顿	圭亚那
AHN	ATHENS GA	阿森斯	美国(佐治亚州)
AHO	ALGHERO	阿尔盖罗	意大利
AHS	AHUAS	阿瓦斯	洪都拉斯
AHU	AL HOCEIMA	阿尔荷塞马	摩洛哥
AHZ	ALPE D' HUEZ	阿尔普迪埃	法国
AIA	ALLIANCE NE	阿莱恩斯	美国(内布拉斯加州)
AIB	ANITA BAY AK	阿尼塔湾	美国(阿拉斯加州)
AIC	AIROK	艾尔奥克	马绍尔群岛(太平洋)
AID	ANDERSON IN	安德森	美国(印第安纳州)
AIE	AIOME	艾奥梅	巴布亚新几内亚
AIF	ASSIS SP	阿西斯	巴西(圣保罗州)
AIG	YALINGA	亚林加	中非
AIM	AILUK IS.	艾卢克岛	马绍尔群岛(太平洋)
AIN	WAINWRIGHT AK	韦恩赖特	美国(阿拉斯加州)
AIR	ARIPUANA MT	阿里普阿南	巴西
AIS	ARORAE IS.	阿罗赖岛	基里巴斯(太平洋)
AIT	AITUTAKI IS.	艾图塔基岛	库克群岛
AIU	ATIU IS.	阿蒂乌岛	库克群岛(太平洋,大洋洲)
AIY	ATLANTIC CITY NJ	大西洋城	美国(新泽西州)
AIZ	LAKE OZARK MO	奥扎克湖	美国(密苏里州)
AJA	AJACCIO	阿雅克肖	法国(南科西嘉省)
AJJ	AKJOUJT	阿克儒特	毛里塔尼亚
AJL	AIZAWL	艾澡尔	印度
AJN	ANJOUAN	昂儒昂	科摩罗
AJO	ALJOUF	澳尔朱夫	也门
AJR	ARVIDSJAUR	阿尔维斯克尔	瑞典
AJU	ARACAJU SE	阿拉卡茹	巴西(塞尔希培州)
AJY	AGADES	阿加德兹	尼日利亚
AKA	ANKANG	安康	中国(陕西省)
AKB	ATKA AK	阿特卡	美国(阿拉斯加州)
AKD	AKOLA	阿克拉	印度
AKE	AKIENI	阿基埃尼	加蓬
AKF	KUFRAH	库弗拉	利比亚

表 1（续）

代　码	城市地名英文全称	城市地名中文全称	所在国家或地区(州、省或区域)
AKG	ANGUGANAK	安古干纳克	巴布亚新几内亚
AKI	AKIAK AK	阿基亚克	美国(阿拉斯加州)
AKJ	ASAHIKAWA	旭川	日本
AKK	AKHIOK AK	阿克希奥克	美国(阿拉斯加州)
AKL	AUCKLAND	奥克兰	新西兰
AKN	KING SALMON AK	金萨蒙	美国(阿拉斯加州)
AKP	ANAKTUVUK AK	阿纳克图沃克帕斯	美国(阿拉斯加州)
AKR	AKURE	阿库雷	尼日利亚
AKS	AUKI	奥基	所罗门群岛(太平洋)
AKU	AKSU	阿克苏	中国(新疆维吾尔自治区)
AKV	AKULIVIK QC	阿库里维克	加拿大(魁北克省)
AKX	AKTYUBINSK	阿克秋宾斯克	哈萨克斯坦
AKY	SITTWE	实兑	缅甸
ALA	ALMATY	阿拉木图	哈萨克斯坦
ALB	SCHENECTADI NY	斯克内克塔迪	美国(纽约州)
ALC	ALICANTE	阿利坎特	西班牙
ALE	ALPINE TX	阿尔派恩	美国(德克萨斯州)
ALF	ALTA	阿尔塔	挪威
ALG	ALGIERS	阿尔及尔	阿尔及利亚
ALH	ALBANY WA	奥尔巴尼	澳大利亚(西澳州)
ALJ	ALEXANDER BAY	亚历山大湾	南非
ALK	ASELA	阿塞拉	埃塞俄比亚
ALL	ALBENGA	阿尔班加	意大利
ALM	ALAMOGORDO NM	阿拉莫戈多	美国(新墨西哥州)
ALN	ALTON IL	奥尔顿	美国(伊利诺斯州)
ALO	WATERLOO IA	滑铁卢	美国(衣阿华州)
ALP	ALEPPO	阿勒颇	叙利亚
ALQ	ALEGRETE	阿利格雷提	巴西(南里奥格朗德州)
ALR	ALEXANDRA	亚历山德拉	新西兰
ALS	ALAMOSA CO	阿拉莫萨	美国(科罗拉多州)
ALT	ALENQUER PA	阿伦克尔	巴西(帕拉州)
ALU	ALULA	阿卢拉	索马里
ALW	WALLA WALLA WA	沃拉沃拉	美国(华盛顿州)
ALY	ALEXANDRIA	亚历山大	埃及
ALZ	ALITAK AK	艾利坦克	美国(阿拉斯加州)

表 1（续）

代　码	城市地名英文全称	城市地名中文全称	所在国家或地区（州、省或区域）
AMA	AMARILLO TX	阿马里洛	美国（德克萨斯州）
AMB	AMBILOBE	安比卢贝	马达加斯加
AMC	AM TIMAN	安提曼	乍得
AMD	AHMEDABAD	艾哈迈达巴德	印度（古吉拉特邦）
AMD	ARDMORE OK	阿德莫尔	美国（俄克拉荷马州）
AMF	AMA	阿马	巴布亚新几内亚
AMG	AMBOIN	安博因	巴布亚新几内亚
AMH	ARBA MINTCH	阿尔巴明契	埃塞俄比亚
AMI	MATARAM	马塔兰	印度尼西亚（西努沙省）
AMJ	ALMENARA MG	阿尔梅纳拉	巴西（米纳斯吉拉斯州）
AMM	AMMAN	安曼	约旦
AMO	MAO	马奥	乍得
AMP	AMPANIHY	安帕尼希	马达加斯加
AMQ	AMBON	安汶	印度尼西亚（马鲁古省）
AMR	ARNO	阿尔诺	马绍尔群岛
AMS	AMSTERDAM	阿姆斯特丹	荷兰
AMT	AMATA	阿马塔	澳大利亚
AMU	AMANAB	阿马纳布	巴布亚新几亚
AMY	AMBATOMAINTY	安巴图迈茵蒂	马达加斯加
ANB	ANNISTON AL	安尼斯顿	美国（亚拉巴马州）
ANC	ANCHORAGE AK	安克雷奇	美国（阿拉斯加州）
AND	ANDERSON SC	安德森	美国（南卡罗来纳州）
ANE	ANGERS	昂热	法国（曼恩—卢瓦尔省）
ANF	ANTOFAGASTA	安托法加斯塔	智利
ANG	ANGOULEME	昂古莱姆	法国
ANH	ANUHA IS.	阿努塔岛	所罗门群岛
ANI	ANIAK AK	阿尼亚克	美国（阿拉斯加州）
ANJ	ZANAGA	扎纳加	刚果（布）
ANK	ANKARA	安卡拉	土耳其
ANL	ANDULO	安杜洛	安哥拉
ANM	ANTALAHA	昂塔拉哈	马达加斯加
ANN	ANNETTE AK	安尼特	美国（阿拉斯加州）
ANO	ANGOCHE	安戈谢	莫桑比克
ANR	ANTWERP	安特卫普	比利时（安特卫普省）
ANS	ANDAHUAYLAS	安达韦拉斯	秘鲁

表 1（续）

代 码	城市地名英文全称	城市地名中文全称	所在国家或地区(州、省或区域)
ANU	ANTIGUA	安提瓜	背风群岛(拉丁美洲)
ANV	ANVIK AK	安维克	美国(阿拉斯加州)
ANX	ANDENES	安德内斯	挪威
AOA	AROA	阿罗阿	巴布亚新几内亚
AOB	ANNANBERG	安娜堡	巴布亚新几内亚
AOD	ABOU DEIA	阿布德亚	乍得
AOG	ANSHAN	鞍山	中国(辽宁省)
AOI	ANCONA	安科纳	意大利
AOJ	AOMORI	青森	日本
AOK	KARPATHOS	卡尔帕索斯	希腊
AOL	PASO DE LES LIBRES CR	帕索德拉斯利布雷斯	阿根廷
AOO	ALTOONA PA	阿尔图纳	美国(宾夕法尼亚州)
AOR	ALOR SETAR	亚罗士	马来西亚
AOT	AOSTA	奥斯塔	意大利
APC	NAPA CA	纳帕	美国(加利福尼亚州)
APF	NAPLES FL	那布勒斯	美国(佛罗里达州)
API	APIAY	阿皮亚伊	哥伦比亚
APK	APATAKI	阿帕塔基	土阿莫土群岛(太平洋)
APL	NAMPULA	楠普拉	莫桑比克
APN	ALPENA MI	阿尔皮纳	美国(密执安州)
APO	APARTADO	阿帕尔坦多	哥伦比亚
APP	ASAPA	阿萨帕	巴布亚新几内亚
APQ	ARAPIRACA AL	阿拉皮拉卡	巴西(阿拉各斯州)
APS	ANAPOLIS GO	阿纳波利斯	巴西(戈亚斯州)
APV	APPLE VALLEY CA	阿普尔谷	美国(加利福尼亚州)
APW	APIA	阿皮亚	西萨摩亚(太平洋)
APZ	ZAPALA	萨帕拉	阿根廷
AQA	ARARAQUARA SP	阿拉拉夸拉	巴西(圣保罗州)
AQG	ANQING	安庆	中国(安徽省)
AQI	QAISUMAH	凯苏马	沙特阿拉伯
AQJ	AQABA	亚喀巴	约旦
AQP	AREQUIPA	阿雷基帕	秘鲁
ARC	ARCTIC VILLAGE AK	北极村	美国(阿拉斯加州)
ARD	ALOR IS.	阿洛尔岛	印度尼西亚
ARE	ARECIBO	阿雷西博	波多黎各

表 1（续）

代　码	城市地名英文全称	城市地名中文全称	所在国家或地区（州、省或区域）
ARF	ACARICUARA	阿卡里夸拉	哥伦比亚
ARH	ARKHANGELSK	阿尔汉格尔斯克	俄罗斯
ARI	ARICA	阿里卡	智利
ARK	ARUSHA	阿鲁沙	坦桑尼亚
ARL	ARLY	阿尔利	布基纳法索（非洲）
ARM	ARMIDALE NS	阿米代尔	澳大利亚（新南威尔士州）
ARO	ARBOLETAS	阿巴勒塔斯	哥伦比亚
ARP	ARAGIP	阿拉吉普	巴布亚新几内亚
ARR	AR SEBGUE	阿赛伯格	阿根廷
ARS	ARAGARCAS GO	阿拉加尔萨斯	巴西（戈亚斯州）
ART	WATERTOWN NY	沃特敦	美国（纽约州）
ARU	ARACATUBA SP	阿拉萨图巴	巴西（圣保罗州）
ARV	MINOCQUA WI	米诺阔	美国（威斯康星州）
ARW	ARAD	阿拉德	罗马尼亚
ARX	ASBURY PARK NJ	阿斯伯里帕克	美国（新泽西州）
ARY	ARARAT VI	亚拉拉特	澳大利亚（维多利亚州）
ARZ	NZETO	恩泽托	安哥拉
ASA	ASSAB	阿萨布	厄利特里亚
ASB	ASHGABAD	阿什哈巴德	土库曼斯坦
ASC	ASCENSION	阿森松	玻利维亚
ASD	ANDROS TOWN	安德罗斯城	巴哈马（拉丁美洲）
ASE	ASPEN CO	阿斯彭	美国（科罗拉多州）
ASF	ASTRAKHAN	阿斯特拉罕	俄罗斯
ASG	ASHBURTON	阿什伯顿	新西兰
ASJ	AMAMI O SHIMA	奄美大岛	日本
ASK	YAMOUSSOUKRO	亚穆苏克罗	科特迪瓦（象牙海岸）
ASM	ASMARA	阿斯马拉	厄利特里亚
ASO	ASOSA	阿索萨	埃塞俄比亚
ASP	ALICE SPRINGS	艾利斯斯普林斯	澳大利亚（北部地区）
ASQ	AUSTIN NV	奥斯汀	美国（内华达州）
ASR	KAYSERI	开塞利	土耳其
AST	ASTORIA OR	阿斯托里亚	美国（俄勒冈州）
ASU	ASUNCION	亚松森	巴拉圭
ASV	AMBOSELI	安博塞利	肯尼亚
ASW	ASWAN	阿斯旺	埃及

表 1（续）

代　码	城市地名英文全称	城市地名中文全称	所在国家或地区(州、省或区域)
ASX	ASHLAND WI	阿什兰	美国(威斯康星州)
ATA	ANTA	安塔	秘鲁
ATB	ATBARA	阿特巴拉	苏丹
ATC	ARTHURIS TOWN	阿瑟镇	巴哈马(拉丁美洲)
ATD	ATOIFI	阿托伊费	所罗门群岛(太平洋)
ATF	AMBATO	安巴托	厄瓜多尔
ATH	ATHENS	雅典	希腊
ATI	ARTIGAS	阿蒂加斯	乌拉圭
ATJ	ANTSIRABE	安齐拉贝	马达加斯加
ATK	ATQASUK AK	阿特卡什克	美国(阿拉斯加州)
ATL	ATLANTA GA	亚特兰大	美国(佐治亚州)
ATM	ALTAMIRA PA	阿尔塔米拉	巴西(帕拉州)
ATN	NAMATANAI	纳马塔奈	巴布亚新几内亚
ATO	ATHENS OH	阿森斯	美国(俄亥俄州)
ATQ	AMRITSAR	阿姆利则	印度
ATR	ATAR	阿塔尔	毛里塔尼亚
ATS	ARTESIA NM	阿蒂西亚	美国(新墨西哥州)
ATT	ATMAUTLUAK AK	亚特毛特卢阿克	美国(阿拉斯加州)
ATU	ATTU IS. AK	阿图岛	美国(阿拉斯加州)
ATV	ATI	阿蒂	乍得
ATW	APPLETON WI	阿普尔顿	美国(威斯康星州)
ATY	WATERTOWN SD	沃特敦	美国(南达科他州)
ATZ	ASSIUT	阿西乌特	埃及
AUA	ARUBA	阿鲁巴	阿鲁巴
AUC	ARAUCA	阿劳克	哥伦比亚
AUD	AUGUST DONS QL	奥克斯特当斯	澳大利亚(昆士兰州)
AUG	AUGUSTA ME	奥古斯塔	美国(缅因州)
AUH	ABU DHABI	阿布扎比	阿联酋
AUI	AUA IS.	阿瓦岛	巴布亚新几内亚
AUJ	AMBUNTI	安朋蒂	巴布亚新几内亚
AUK	ALAKANUK AK	阿拉卡纳克	美国(阿拉斯加州)
AUL	AUR IS.	奥尔岛	马绍尔群岛
AUM	AUSTIN MN	奥斯汀	美国(明尼苏达州)
AUO	AUBURN AL	奥本	美国(亚拉巴马州)
AUP	AGAUN	阿格瓦	巴布亚新几内亚

表 1（续）

代　码	城市地名英文全称	城市地名中文全称	所在国家或地区(州、省或区域)
AUQ	ATUONA	阿图奥纳	法属波利尼西亚(太平洋,大洋洲)
AUR	AURILLAC	欧里亚克	法国
AUS	AUSTIN TX	奥斯汀	美国(德克萨斯州)
AUU	AURUKUM QL	奥鲁昆	澳大利亚(昆士兰州)
AUV	AUMO	奥墨	巴布亚新几内亚
AUW	WAUSAU WI	沃索	美国(威斯康星州)
AUX	ARAGUAINA TO	阿拉瓜依纳	巴西(托坎廷斯州)
AUY	ANEITYUM	阿内蒂乌姆	瓦努阿图(大洋洲,南太平洋)
AVI	CIEGOD. AVILA	谢戈德阿维拉	古巴
AVL	ASHEVILLE NC	阿什维尔	美国(北卡罗来纳州)
AVL	HENDERSONVILLE NC	亨德森维尔	美国(北卡罗来纳州)
AVN	AVIGNON	阿维尼翁	法国(沃克吕兹省)
AVP	SCRANTON PA	斯克兰顿	美国(宾夕法尼亚州)
AVP	WILKES BARRE PA	威尔克斯—巴里	美国(宾夕法尼亚州)
AVU	AVU AVU	阿武阿武	所罗门群岛(太平洋)
AVX	AVALON BAY CA	阿瓦龙湾	美国(加利福尼亚州)
AVX	CATALINA IS. CA	卡塔利娜岛	美国(加利福尼亚州)
AWA	AWASSA	阿瓦萨	埃塞俄比亚
AWB	AWABA	阿瓦巴	巴布亚新几内亚
AWD	ANIWA	阿尼瓦	瓦努阿图(南太平洋,大洋洲)
AWH	AWAREH	阿瓦瑞赫	埃塞俄比亚
AWK	WAKE IS.	威克岛	太平洋
AWR	AWAR	阿瓦尔	巴布亚新几内亚
AWZ	AHWAZ	阿瓦兹	伊朗
AXA	ANGUILLA	安圭拉	背风群岛(拉丁美洲)
AXB	ALEXANDRIA NY	亚历山大	美国(纽约州)
AXC	ARAMAC QL	阿拉马克	澳大利亚(昆士兰州)
AXD	ALEXANDROUPOLIS	亚历山德鲁波利斯	希腊
AXK	ATAQ	阿塔克	也门
AXM	ARMENIA	阿尔梅尼亚	哥伦比亚
AXP	SPRINGPOINT	斯普林波因特	巴哈马(拉丁美洲)
AXR	ARUTUA	阿鲁脱	法属波利尼西亚(太平洋,大洋洲)
AXT	AKITA	秋田	日本
AXU	AXUM	阿克苏姆	埃塞俄比亚
AXX	ANGEL FIRE NM	安琪法尔	美国(新墨西哥州)

表 1（续）

代　码	城市地名英文全称	城市地名中文全称	所在国家或地区(州、省或区域)
AYC	AYACUCHO	阿亚库乔	哥伦比亚
AYD	ALROY DONS NT	奥尔罗伊当斯	加拿大(西北地区)
AYG	YAGUARA	亚瓜拉	哥伦比亚
AYK	ARKALYK	阿尔卡雷克	哈萨克斯坦
AYP	AYACUCHO	阿亚库乔	秘鲁
AYQ	AYERS ROCK NT	亚逸斯礁	澳大利亚(北部地区)
AYT	ANTALYA	安塔利亚	土耳其
AYU	AIYURA	艾尤拉	巴布亚新几内亚
AYW	AYAWASI	阿亚瓦西	印度尼西亚
AZB	AMAZON BAY	亚马逊湾	巴布亚新几内亚
AZD	YAZD	亚兹德	伊朗
AZN	ANDIZHAN	安集延	乌兹别克斯坦
AZO	KALAMAZOO MI	卡拉马祖	美国(密执安州)
AZR	ADRAR	阿德拉	阿尔及利亚
AZZ	AMBRIZ	昂布里希	安哥拉
BAF	WESTFIELD MA	韦斯特菲尔德	美国(马萨诸塞州)
BAG	BAGUIO	碧瑶	菲律宾
BAH	BAHRAIN	巴林	巴林
BAJ	BALI	巴厘	巴布亚新几内亚
BAK	BAKU	巴库	阿塞拜疆共和国
BAL	BATMAN	白特曼	土耳其
BAQ	BARRANQUILLA	巴兰基亚	哥伦比亚
BAS	BALALAE	巴拉莱	所罗门群岛(太平洋)
BAT	BARRETOS SP	巴雷图斯	巴西(圣保罗州)
BAU	BAURU SP	包鲁	巴西(圣保罗州)
BAV	BAOTOU	包头	中国(内蒙古自治区)
BAX	BARNAUL	巴尔瑙尔	俄罗斯(乌拉尔以东)
BAY	BAIA MARE	巴亚马雷	罗马尼亚
BAZ	BARCELOS AM	巴塞卢斯	巴西(亚马孙州)
BBA	BALMACEDA	巴尔马塞达	智利
BBF	BURLINGTON MA	伯林顿	美国(马萨诸塞州)
BBG	BUTARITARI	布塔里塔里	基里巴斯(太平洋)
BBH	BARTH	巴尔特	德国
BBI	BHUBANESWAR	布巴内斯瓦尔	印度
BBK	KASANE	卡萨内	博茨瓦纳

表 1（续）

代　码	城市地名英文全称	城市地名中文全称	所在国家或地区（州、省或区域）
BBM	BATTAMBANG	白泰母邦	柬埔寨
BBN	BARIO	巴里奥	马来西亚
BBO	BERBERA	伯贝拉	索马里
BBQ	BARBUDA	巴布达	安提瓜和巴布达（西印度群岛）
BBR	BASSETERRE	巴斯特尔	瓜德罗普岛（拉丁美洲）
BBT	BERBERATI	贝贝拉提	中非
BBV	BEREBY	贝利比	科特迪瓦（象牙海岸）
BBX	BLUE BALL PA	布卢贝尔	美国（宾夕法尼亚州）
BBY	BAMBARI	班巴里	中非
BBZ	ZAMBEZI	赞比西	赞比亚
BCA	BARACOA	巴拉科阿	古巴
BCD	BACOLOD	巴科洛德	菲律宾
BCI	BARCALDIN QL	巴卡尔丁	澳大利亚（昆士兰州）
BCK	BOLWARRA QL	博尔沃拉	澳大利亚（昆士兰州）
BCL	BARRA COLORAD	巴拉 科罗拉多	哥斯达黎加
BCM	BACAU	巴克乌	罗马尼亚
BCN	BARCELONA	巴塞罗那	西班牙
BCO	JINKA	金卡	埃塞俄比亚
BCS	BELLE CHAS LA	贝尔恰斯	美国（路易斯安那州）
BCY	BULCHI	布尔契	埃塞俄比亚
BDA	BERMUDA	百慕大	百慕大
BDA	HAMILTON/BERMUDA	哈密尔顿/百慕大	西印度群岛（北美洲，大西洋）
BDB	BUNDABERG QL	邦达伯格	澳大利亚（昆士兰州）
BDC	B DO CORIDA	巴都 克瑞达	巴西
BDD	BADU IS. QL	巴都岛	澳大利亚（昆士兰州）
BDH	BANDAR LENGEH	林格港	伊朗
BDI	BIRD IS.	伯德岛	基里巴斯（太平洋）
BDJ	BANJARMASIN	马辰	印度尼西亚（南加里曼丹省）
BDK	BONDOUKOU	邦杜库	科特迪瓦（象牙海岸）
BDL	WINDSOR LAKE CT	温莎湖	美国（康涅狄格州）
BDN	BADIN	巴丁	巴基斯坦
BDO	BANDUNG	万隆	印度尼西亚（西爪哇省）
BDQ	VADODARA	瓦多达拉	印度
BDR	BRIDGEPORT CT	布里奇波特	美国（康涅狄格州）
BDS	BRINDISI	布林迪西	意大利

表 1(续)

代　码	城市地名英文全称	城市地名中文全称	所在国家或地区(州、省或区域)
BDT	GBADOLITE	戈巴多莱	刚果(金)
BDU	BARDUFOSS	巴尔杜福斯	挪威
BDY	BANDON OR	班登	美国(俄勒冈州)
BEA	BEREINA	贝雷纳	巴布亚新几内亚
BEB	BENBECULA	本贝库拉	英国
BED	BEDFORD MA	贝德福德	美国(马萨诸塞州)
BEF	BLUEFIELDS	布卢菲尔兹	尼加拉瓜
BEG	BELGRADE	贝尔格莱德	塞黑
BEH	BENTON HARBOR MI	本顿港	美国(密执安州)
BEI	BEICA	贝卡	埃塞俄比亚
BEJ	BERAU	贝劳	印度尼西亚
BEK	RAE BARELI	赖伯雷利	印度
BEL	BELEM PA	培兰	巴西(帕拉州)
BEN	BENGHAZI	班加西	利比亚
BEP	BELLARY	贝拉里	印度
BER	BERLIN	柏林	德国
BES	BREST	布雷斯特	法国
BET	BETHEL AK	贝瑟尔	美国(阿拉斯加州)
BEU	BEDOURIE QL	贝杜里	澳大利亚(昆士兰州)
BEV	BEER SHEBA	贝尔谢巴	以色列
BEW	BEIRA	贝拉	莫桑比克
BEY	BEIRUT	贝鲁特	黎巴嫩
BEZ	BERU	贝鲁	基里巴斯(太平洋)
BFC	BLOOMFIELD QL	布卢姆菲尔德	澳大利亚(昆士兰州)
BFD	BRADFORD PA	布拉德福德	美国(宾夕法尼亚州)
BFF	SCOTTSBLUFF NE	斯科茨布拉夫	美国(内布拉斯加州)
BFL	BAKERSFIELD CA	贝克斯菲尔德	美国(加利福尼亚州)
BFN	BLOEMFONTEIN	布隆方丹	南非
BFP	BEAVER FALLS PA	比弗福尔斯	美国(宾夕法尼亚州)
BFR	BEDFORD IN	贝德福德	美国(印第安纳州)
BFS	BELFAST	贝尔法斯特	英国
BFT	BEAUFORT SC	波弗特	美国
BFU	BENGBU	蚌埠	中国(安徽省)
BFX	BAFOUSSAM	巴富萨姆	喀麦隆
BGA	BUCARAMANGA	布卡拉曼加	哥伦比亚

表 1（续）

代 码	城市地名英文全称	城市地名中文全称	所在国家或地区（州、省或区域）
BGB	BOOUE	布于	加蓬
BGC	BRAGANCA	布拉干萨	葡萄牙
BGF	BANGUI	班吉	中非
BGH	BOGHE	博格	毛里塔尼亚
BGI	RARBADOS	巴巴多斯	巴巴多斯（拉丁美洲）
BGI	BRIDGETOWN	布里奇顿	巴巴多斯（拉丁美洲）
BGJ	BORGAFJORDUR	博尔加峡湾	冰岛
BGK	BIG CREEK	比格河	伯利兹（拉美）
BGL	BAGLUNG	巴格隆	尼泊尔
BGM	BINGHAMTON NY	宾汉敦	美国（纽约州）
BGM	ENDICOTT NY	恩迪科特	美国（纽约州）
BGM	JOHNSON CITY NY	约翰逊城	美国（纽约州）
BGO	BERGEN	卑尔根	挪威
BGR	BANGOR ME	班戈	美国（缅因州）
BGT	BAGDAD AZ	巴格达	美国（亚利桑那州）
BGU	BANGASSOU	帮加苏	中非
BGW	BAGHDAD	巴格达	伊拉克
BGX	BAGE RS	巴热	巴西（南里奥格朗德州）
BGZ	BRAGA	布拉加	葡萄牙
BHE	BLENHEIM	布连海姆	新西兰
BHH	BISHA	比沙	沙特阿拉伯
BHJ	BHUJ	布季	印度
BHK	BUKHARA	布哈拉	乌兹别克斯坦
BHM	BIRMINGHAM AL	伯明翰	美国（亚拉巴马州）
BHN	BEIHAN	贝汉	也门
BHO	BHOPAL	博帕尔	印度（中央邦）
BHP	BHOJPUR	波杰普尔	尼泊尔
BHQ	BROKEN HILL NS	布朗肯山	澳大利亚（新南威尔士州）
BHR	BHARATPUR	珀勒特普尔	尼泊尔
BHS	BATHURST NS	巴瑟斯特	澳大利亚（新南威尔士州）
BHU	BHAVNAGAR	包纳加尔	印度
BHV	BAHAWALPUR	巴哈瓦尔布尔	巴基斯坦
BHX	BIRMINGHAM	伯明翰	英国
BHY	BEIHAI	北海	中国（广西壮族自治区）
BHZ	B HORIZONT	豪睿宗	巴西

表 1（续）

代　码	城市地名英文全称	城市地名中文全称	所在国家或地区（州、省或区域）
BIA	BASTIA	巴斯蒂亚	法国（上科西嘉省）
BIB	BAIDOA	拜多阿	索马里
BID	BLOCK IS. RI	布洛克岛	美国（罗得岛州）
BIH	BISHOP CA	毕晓普	美国（加利福尼亚州）
BIK	BIAK	比阿克	印度尼西亚
BIL	BILLINGS MT	比林斯	美国（蒙大拿州）
BIM	BIMINI(INT' L A/P)	比米尼	巴哈马（拉丁美洲）
BIN	BAMIYAN	巴米扬	阿富汗
BIO	BILBAO	毕卡巴鄂	西班牙
BIQ	BIARRITZ	比亚里茨	法国
BIR	BIRATNAGAR	比拉特纳加尔	尼泊尔
BIS	BISMARCK ND	俾斯麦	美国（北达科他州）
BIT	BAITADI	拜塔迪	尼泊尔
BIU	BILDUDALUR	比尔德拉勒	冰岛
BIV	BRIA	布里亚	中非
BIW	BILLILUNA WA	比利卢纳	澳大利亚（西澳州）
BIZ	BIMINI	比米尼	巴布亚新几内亚
BJA	BEJAIA	贝贾亚	阿尔及利亚
BJD	BAKKAFJORDUR	巴卡夫约多尔	冰岛
BJF	BATSFJORD	博茨菲尤尔	挪威
BJH	BAJHANG	巴章	尼泊尔
BJI	BEMIDJI MN	伯米吉	美国（明尼苏达州）
BJK	BENJINA	本吉纳	印度尼西亚
BJL	BANJUL	班珠尔	冈比亚
BJM	BUJUMBURA	布琼布拉	布隆迪
BJO	BERMEJO	贝尔梅霍	玻利维亚
BJR	BAHARDAR	巴哈尔达尔	埃塞俄比亚
BJS	BEIJING	北京	中国
BJW	BAJAWA	巴贾瓦	印度尼西亚
BJX	LEON-GUANAJUATO	莱昂—瓜纳华托	墨西哥
BJZ	BADAJOZ	巴达霍斯	西班牙
BKB	BIKANER	比卡内尔	印度
BKC	BUCKLAND AK	巴克兰	美国（阿拉斯加州）
BKE	BAKER OR	贝克	美国（俄勒冈州）
BKI	KOTA KINABALU	哥打基纳巴卢	马来西亚

表 1（续）

代　码	城市地名英文全称	城市地名中文全称	所在国家或地区（州、省或区域）
BKJ	BOKE	博凯	几内亚
BKK	BANGKOK	曼谷	泰国
BKM	BAKALALAN	巴克拉兰	马来西亚
BKO	BAMAKO	巴马科	马里
BKP	BARKLY DONS QL	巴克利当斯	澳大利亚（昆士兰州）
BKQ	BLACKALL QL	布莱克尔	澳大利亚（昆士兰州）
BKR	BOKORO	博科罗	乍得
BKS	BENGKULU	朋库卢	印度尼西亚（明古鲁省）
BKU	BETIOKY	贝蒂奥基	马达加斯加
BKW	BECKLEY WV	贝克利	美国（西弗吉尼亚州）
BKX	BROOKINGS SD	布鲁金斯	美国（南达科他州）
BKY	BUKAVU	布卡武	刚果（金）
BKZ	BUKOBA	布科巴	坦桑尼亚
BLA	BARCELONA	巴塞罗那	委内瑞拉
BLB	BALBOA	巴尔博亚	巴拿马
BLC	BALI	巴厘	喀麦隆
BLD	BOULDER CI. NV	博尔德城	美国（内华达州）
BLE	BORLANGE	博尔冷格	瑞典
BLF	BLUEFIELD WV	布卢菲尔德	美国（西弗吉尼亚州）
BLF	PRINCETON WV	普林斯顿	美国（西弗吉尼亚州）
BLG	BELAGA	美拉亚	马来西亚
BLH	BLYTHE CA	布莱斯	美国（加利福尼亚州）
BLI	BATNA	白特那	阿尔及利亚
BLI	BELLINGHAM WA	贝林哈姆	美国（华盛顿州）
BLK	BLACKPOOL	布莱克普尔	英国
BLL	BIKINI ATOLL	比基尼环礁	马绍尔群岛
BLL	BILLUND	比伦德	丹麦
BLO	BLONDUOS	布隆迪奥斯	冰岛
BLQ	BOLOGNA	波伦亚	意大利
BLR	BANGALORE	班加罗尔	印度（迈索尔邦）
BLT	BLACKWATER QL	布莱克沃特	澳大利亚（昆士兰州）
BLZ	BLANTYRE	布兰太尔（区首府）	马拉维
BMB	BUMBA	奔巴	刚果（金）
BMD	BELO	贝卢	马达加斯加
BME	BROOME WA	布鲁姆	澳大利亚（西澳州）

表 1（续）

代 码	城市地名英文全称	城市地名中文全称	所在国家或地区(州、省或区域)
BMF	BAKOUMA	巴库马	中非
BMG	BLOOMINGTON IN	布卢明顿	美国(印第安纳州)
BMI	BLOOMINGT-NORMAL IL	布卢明顿·诺木尔	美国(伊利诺斯州)
BMJ	BARAMITA	巴拉米塔	圭亚那
BMK	BORKUM	博尔库姆	德国
BML	BERLIN NH	柏林	美国(新罕布什尔州)
BMM	BITAM	比塔姆	加蓬
BMO	BHAMO	八莫	缅甸
BMP	BRAMPTON IS. QL	布拉姆顿岛	澳大利亚(昆士兰州)
BMU	BIMA	比马	印度尼西亚
BMW	BORDJ B. MOKHTAR	波尔吉·班·莫克塔尔	阿尔及利亚
BMY	BELEP IS.	贝莱普群岛	新喀里多尼亚(南太平洋)
BNA	NASHVILLE TN	纳什维尔	美国(田纳西州)
BNB	BOENDE	布温德	刚果(布)
BNC	BENI	贝尼	刚果(布)
BND	BANDAR ABBAS	阿巴斯港	伊朗
BNE	BRISBANE QL	布里斯班	澳大利亚(昆士兰州)
BNF	BARANOF AK	巴拉诺夫	美国(阿拉斯加州)
BNI	BENIN CITY	贝宁城	尼日利亚
BNJ	BONN	波恩	德国
BNK	BALLINA NS	巴利纳	澳大利亚(新南威尔士州)
BNM	BODINUMU	博迪努穆	巴布亚新几内亚
BNN	BRONNOYSUND	布劳诺依孙德	挪威
BNO	BURNS OR	伯恩斯	美国(俄勒冈州)
BNP	BANNU	班努	巴基斯坦
BNS	BARINAS	巴里纳斯	委内瑞拉
BNT	BUNDI	本迪	巴布亚新几内亚
BNU	BLUMENAU SC	布卢梅瑙	巴西(圣卡塔林纳州)
BNX	BANJA LUKA	巴尼亚卢卡	波斯尼亚
BNY	BELLONA IS.	贝拉纳岛	所罗门群岛(太平洋)
BNZ	BANZ	班茨	巴布亚新几内亚
BOB	BORA BORA	博拉博拉	法属波利尼西亚(太平洋,大洋洲)
BOC	BOCAS DEL TORO	博卡斯·德尔托罗	巴拿马
BOD	BORDEAUX	波尔多	法国
BOE	BOUNFJI	邦吉	刚果(布)

表 1（续）

代码	城市地名英文全称	城市地名中文全称	所在国家或地区(州、省或区域)
BOG	BOGOTA	波哥大	哥伦比亚
BOH	BOURNEMOUTH	伯恩茅思	英国
BOI	BOISE ID	博伊西	美国(爱达荷州)
BOJ	BOURGAS	布加斯	保加利亚
BOK	BROOKINGS OR	布鲁金斯	美国(俄勒冈州)
BOM	BOMBAY	孟买	印度
BON	BONAIRE	博奈尔	荷属安得列斯(拉丁美洲)
BOO	BODO	博多	挪威
BOP	BOUAR	布瓦尔	中非
BOQ	BOKU	博库	巴布亚新几内亚
BOR	BELFORT	贝尔福	法国
BOS	BOSTON MA	波士顿	美国(马萨诸塞州)
BOV	BOANG	博昂	巴布亚新几内亚
BOX	BORROLOOLA NT	博罗卢拉	澳大利亚(北部地区)
BOY	BOBO DIOULASSO	博博迪乌拉索	布基纳法索(非洲)
BPC	BAMENDA	巴门达	喀麦隆
BPH	BISLIG	比斯利格	菲律宾
BPN	BALIKPAPAN	巴厘巴板	印度尼西亚
BPS	PTO SEGURO BA	塞古鲁港	巴西(巴伊亚州)
BPT	BEAUMONT TX	博蒙特	美国(德克萨斯州)
BPX	BANGDA	邦达	中国(西藏自治区)
BPY	BESALAMPY	贝萨兰皮	马达加斯加
BQL	BOULIA QL	布利亚	澳大利亚(昆士兰州)
BQN	AGUADILLA	阿瓜迪亚	波多黎各
BQO	BOUNA	布纳	科特迪瓦(象牙海岸)
BQQ	BARRA BA	巴拉	巴西(巴依亚州)
BQT	BREST	布雷斯特	白俄罗斯
BQW	BALGO HILL WA	巴尔戈山	澳大利亚(西澳州)
BRA	BARREIRAS BA	巴雷拉斯	巴西(巴依亚州)
BRB	BARREIRINH MA	巴雷林赫	巴西(马拉尼翁州)
BRD	BRAINERD MN	布雷纳德	美国(明尼苏达州)
BRE	BREMEN	不来梅	德国(不来梅州)
BRF	BRADFORD	布拉德福德	英国
BRI	BARI	巴里	意大利
BRK	BOURKE NS	伯克	澳大利亚(新南威尔士州)

表 1（续）

代　码	城市地名英文全称	城市地名中文全称	所在国家或地区(州、省或区域)
BRL	BURLINGTON IA	伯林顿	美国(衣阿华州)
BRM	BARQUISIMETO	巴基西梅托	委内瑞拉
BRN	BERNE	伯尔尼	瑞士
BRO	BROWNSVIL TX	布朗斯维尔	美国(德克萨斯州)
BRP	BIARU	比亚鲁	巴布亚新几内亚
BRQ	BRNO	布尔诺	捷克
BRR	BARRA	巴拉	英国
BRS	BRISTOL	布里斯托尔	英国
BRT	BATHURST IS. NT	巴瑟斯特岛	澳大利亚(北部地区)
BRU	BRUSSELS	布鲁塞尔	比利时
BRV	BREMERHAVEN	不来梅港	德国(阿勒尔河入海口)
BRW	BARROW AK	巴罗	美国(阿拉斯加州)
BRX	BARAHONA	巴拉奥纳	多米尼加
BSA	BOSSASO	博沙索	索马里
BSB	BRASILIA DF	巴西利亚	巴西
BSC	BAHIA SOLANO	索拉诺港	哥伦比亚
BSD	BAOSHAN	保山	中国(云南省)
BSG	BATA	巴塔	赤道几内亚
BSJ	BAIRNSDALE VI	拜恩斯代尔	澳大利亚(维多利亚州)
BSK	BISKRA	比斯克拉	阿尔及利亚
BSL	BASLE	巴塞尔	瑞士
BSO	BASCO	巴斯科	菲律宾
BSP	BENSBACH	本斯巴赫	巴布亚新几内亚
BSR	BASRA	巴士拉	伊拉克
BSS	BALSAS MA	巴尔萨斯	巴西(马拉尼翁州)
BST	BOST	博斯特	阿富汗
BSU	BASANKUSU	巴桑库苏	刚果(金)
BSX	BASSEIN	勃生	缅甸(伊洛瓦底省)
BSY	BARDERA	巴尔代雷	索马里
BTA	BERTOUA	贝尔图阿	喀麦隆
BTC	BATTICALOA	巴提卡洛阿	斯里兰卡
BTD	BRUNETTE DIS. NT	布鲁内特	澳大利亚(北部地区)
BTE	BONTHE	邦特	塞拉利昂
BTG	BATANGAFO	巴坦加福	中非
BTH	BATAMA	巴塔玛	印度尼西亚

表 1（续）

代 码	城市地名英文全称	城市地名中文全称	所在国家或地区（州、省或区域）
BTH	BATU BESAR	巴都贝萨尔	印度尼西亚
BTI	BARTER IS. AK	巴特岛	美国（阿拉斯加州）
BTJ	BANDA ACEH	班达亚齐	印度尼西亚
BTK	BRATSK	布拉茨克	俄罗斯（乌拉尔以东）
BTL	BATTLE CR. MI	巴特尔河	美国（密执安州）
BTM	BUTTE MT	比尤特	美国（蒙大拿州）
BTN	BENNETTSVIL SC	本尼茨维尔	美国（南卡罗来纳州）
BTO	BOTOPASIE	博托帕西	苏里南（拉丁美洲）
BTR	BATON ROUGE LA	巴吞鲁日	美国（路易斯安那州）
BTS	BRATISLAVA	布拉迪斯拉发	斯洛伐克
BTT	BETTLES AK	贝特尔斯	美国（阿拉斯加州）
BTU	BINTULU	宾图卢	马来西亚
BTV	BURLINGTON VT	伯林敦	美国（佛蒙特州）
BTZ	BURSA	布尔萨	土耳其
BUA	BUKA	布卡	巴布亚新几内亚
BUC	BURKETOWN QL	伯克顿	澳大利亚（昆士兰州）
BUD	BUDAPEST	布达佩斯	匈牙利
BUE	BUENOS AIRES	布宜诺斯艾利斯	阿根廷
BUF	BUFFALO NY	布法罗	美国（纽约州）
BUG	BENGUELA	本格拉	安哥拉
BUH	BUCHAREST	布加勒斯特	罗马尼亚
BUI	BOKONDINI	博康迪尼	印度尼西亚
BUK	ALBUQ	阿尔布克	也门
BUL	BULOLO	布洛洛	巴布亚新几内亚
BUN	BUENAVENTURA	布埃纳文图拉	哥伦比亚
BUO	BURAO	布劳	索马里
BUP	BHATINDA	珀丁达	印度
BUQ	BULAWAYO	布拉瓦约	津巴布韦
BUR	BURBANK CA	伯班克	美国（加利福尼亚州）
BUS	BATUMI	巴统	格鲁吉亚
BUW	BAUBAU	巴乌巴乌	印度尼西亚
BUX	BUNIA	布尼亚	刚果（金）
BUY	BUNBURY WA	班伯里	澳大利亚（西澳州）
BUZ	BUSHEHR	布塞阿尔	伊朗
BVB	BOA VISTA RR	博阿·维斯塔	巴西（罗赖马州）

表 1（续）

代　码	城市地名英文全称	城市地名中文全称	所在国家或地区(州、省或区域)
BVC	BOA VISTA	博阿・维斯塔	佛得角(大西洋)
BVE	BRIVE-LA-GAILD	布里夫拉盖亚尔德	法国
BVG	BERLEVAG	贝勒沃格	挪威
BVH	VILHENA RO	维列纳	巴西(朗多尼亚州)
BVI	BIRDSVILL QL	伯兹维尔	澳大利亚(昆士兰州)
BVM	BELMONTE BA	贝尔蒙特	巴西(巴伊亚州)
BVZ	BEVERLEY S WA	贝弗利	澳大利亚
BWA	BHAIRAWA	拜尔瓦	尼泊尔
BWB	BARROW IS. WA	巴罗岛	澳大利亚(西澳州)
BWD	BROWNWOOD TX	布朗伍德	美国(德克萨斯州)
BWE	BRAUNSCHWEIG	不伦瑞克	德国
BWF	BARROW IN FURNES	巴罗因弗内斯	英国
BWG	BOWLING GREEN KY	鲍灵格林	美国(肯塔基州)
BWI	BALTIMORE MD	巴尔的摩	美国(马里兰州)
BWJ	BAWAN	巴万	巴布亚新几内亚
BWK	BOL	博尔	克罗地亚
BWM	BOWMAN ND	鲍曼	美国(北达科他州)
BWN	BANDAR SERI BEGAWAN	斯里巴加湾市	文莱(亚洲,全名叫文莱达鲁萨兰国)
BWQ	BREWARRINA NS	布雷沃里纳	澳大利亚(新南威尔士州)
BWT	BURNIE TS	伯尼	澳大利亚(塔斯马尼亚州)
BWU	BANKSTOWN NS	班克斯敦	澳大利亚(新南威尔士州)
BXB	BABO	巴博	印度尼西亚
BXD	BADE	巴代	印度尼西亚
BXE	BAKEL	巴克尔	塞内加尔
BXI	BOUNDIALI	本贾利	科特迪瓦(象牙海岸)
BXM	BATOM	巴特姆	印度尼西亚
BXS	BORREGO SPRING CA	博尔瑞戈斯普林	美国(加利福尼亚州)
BXU	BUTUAN	武端	菲律宾
BXV	BREIDDALSVIK	布雷达尔斯维克	冰岛
BXX	BORAMA	博拉马	索马里
BYA	BOUNDARY AK	邦德利	美国(阿拉斯加州)
BYB	DIBAA	迪巴	阿曼
BYC	YACUIBA	亚奎瓦	玻利维亚
BYD	BEIDAH	贝达赫	也门
BYK	BOUAKE	布瓦凯	科特迪瓦(象牙海岸)

表 1（续）

代　码	城市地名英文全称	城市地名中文全称	所在国家或地区(州、省或区域)
BYM	BAYAMO	巴亚莫	古巴
BYU	BAYREUTH	拜罗伊特	德国
BYW	BLAKELY IS. WA	布莱克利岛	美国(华盛顿州)
BYX	BANIYALA NT	巴尼亚拉	澳大利亚(北部地区)
BZA	BONANZA	博南沙	尼加拉瓜
BZC	BUZIOS RJ	布基亚斯	巴西(里约执内卢州)
BZD	BALRANALD NS	巴尔拉纳德	澳大利亚(新南威尔士州)
BZE	BELIZE	伯利兹城	伯利兹(拉丁美洲)
BZG	BYDGOSZCZ	比德哥什	波兰
BZI	BALIKESIR	巴利开息尔	土耳其
BZN	BOZEMAN MT	博兹曼	美国(蒙大拿州)
BZR	BEZIERS	贝济耶	法国
BZU	BUTA	布塔	刚果(金)
BZV	BRAZZAVILLE	布拉柴维尔	刚果(布)
CAB	CABINDA	卡宾达	安哥拉
CAC	CASCAVEL PR	卡斯卡韦尔	巴西(巴拉那州)
CAD	CADILLAC MI	卡迪拉克	美国(密执安州)
CAE	COLUMBIA SC	哥伦比亚	美国(南卡罗来纳州)
CAF	CARAUARI AM	卡劳阿里	巴西(亚马孙州)
CAG	CAGLIARI	卡利亚里	意大利
CAI	CAIRO	开罗	埃及
CAJ	CANAIMA	卡纳依玛	委内瑞拉
CAK	AKRON OH	阿克伦	美国(俄亥俄州)
CAK	CANTON OH	坎顿	美国(俄亥俄州)
CAL	CAMPBELLTOWN	坎贝尔镇	英国
CAM	CAMIRI	卡米里	玻利维亚
CAN	GUANGZHOU	广州	中国(广东省)
CAQ	CAUCASIA	考卡西亚	哥伦比亚
CAS	CASABLANCA	卡萨布兰卡	摩洛哥
CAV	CAZOMBO	卡宗博	安哥拉
CAW	CAMPOS RJ	坎波斯	巴西(里约热内卢州)
CAX	CARLISLE	卡莱尔	英国
CAY	CAYENNE	卡宴	法属圭亚那(南美洲)
CAZ	COBAR NS	科巴	澳大利亚(新南威尔士州)
CBA	CORNER BAY AK	考内尔湾	美国(阿拉斯加州)

表 1（续）

代　码	城市地名英文全称	城市地名中文全称	所在国家或地区(州、省或区域)
CBB	COCHABAMBA	科恰班巴	玻利维亚
CBD	CAR NICOBAR	卡尼考巴	印度
CBE	CUMBERLAND MD	坎伯兰	美国(马里兰州)
CBG	CAMBRIDGE	剑桥	英国
CBH	BECHAR	贝沙尔	阿尔及利亚
CBL	CIUDAD BOLIVAL	博利瓦尔城	委内瑞拉
CBN	CIREBON	井里汶	印度尼西亚
CBO	COTABATO	科塔巴托	菲律宾
CBP	COIMBRA	科英布拉	葡萄牙
CBQ	CALABAR	卡拉巴尔	尼日利亚
CBR	CANBERRA AC	堪培拉	澳大利亚
CBS	CABIMAS	卡维马斯	委内瑞拉
CBX	CONDOBOLIN NS	肯多伯冷	澳大利亚(新南威尔士州)
CBY	CANOBIE QL	卡诺比	澳大利亚(昆士兰州)
CCF	CARCASSONNE	卡尔卡松	法国
CCI	CONCORDIA SC	康科迪亚	巴西(圣卡塔林纳州)
CCK	COCOS IS. S	科科斯群岛	科科斯群岛
CCM	CRISCIUMA SC	克雷西阿马	巴西(圣卡塔林纳州)
CCN	CHAKCHARAN	恰克恰兰	阿富汗
CCP	CONCEPCION	康塞普西翁	智利
CCR	CONCORD CA	康科德(州府)	美国(加利福尼亚州)
CCS	CARACAS	加拉加斯	委内瑞拉
CCV	CRAIG COVE	克雷格峡	瓦努阿图(大洋洲,南太平洋)
CCW	COWELL SA	考维尔	澳大利亚(南澳州)
CCX	CACERES MT	卡塞雷斯	美国(蒙大拿州)
CCZ	CHUB CAY	恰波礁	巴哈马(拉丁美洲)
CDA	COOINDA NT	库英达	澳大利亚(北部地区)
CDB	COLD BAY AK	科尔德湾	美国(阿拉斯加州)
CDC	CEDAR CITY UT	锡达城	美国(犹他州)
CDH	CAMDEN AR	卡姆登	美国(阿肯色州)
CDL	CANDLE AK	坎德尔	美国(阿拉斯加州)
CDP	CUDDAPAH	古德伯	印度
CDQ	CROYDON QL	克罗伊登	澳大利亚(昆士兰州)
CDR	CHADRON NE	沙德伦	美国(内布拉斯加州)
CDU	CAMDEN NS	卡姆登	澳大利亚(新南威尔士州)

表 1(续)

代 码	城市地名英文全称	城市地名中文全称	所在国家或地区(州、省或区域)
CDV	CORDOVA AK	科尔多瓦	美国(阿拉斯加州)
CEB	CEBU	宿务	菲律宾
CEC	CRESCENT CITY CA	克雷申特城	美国(加利福尼亚州)
CED	CEDUNA SA	塞杜纳	澳大利亚(南澳州)
CEG	CHESTER	切斯特	英国
CEI	CHIANG RAI	清莱	泰国
CEK	CHELYABINSK	车里雅宾斯克	俄罗斯(乌拉尔以东)
CEM	CENTRAL AK	森特拉尔	美国(阿拉斯加州)
CEN	CIUDAD OBREGON	欧布雷贡城	墨西哥
CEO	WACO KUNGO	韦科昆戈	安哥拉
CEP	CONCEPCION	康塞普西翁	玻利维亚
CEQ	CANNES	戛纳	法国
CER	CHERBOURG	瑟堡	法国
CES	CESSNOCK NS	塞斯诺克	澳大利亚(新南威尔士州)
CEZ	CORTEZ CO	科特斯	美国(科罗拉多州)
CFE	CLERMONT-FERRAND	克莱蒙费朗	法国
CFG	CIENFUEGOS	西恩富格斯	古巴
CFH	CLIFTON HILLS SA	克利夫顿山	澳大利亚(南澳州)
CFN	DONEGAL	多尼格尔	爱尔兰
CFR	CAEN	卡昂	法国(卡尔瓦多斯省)
CFS	COFFS HARBOR NS	科夫斯港	澳大利亚(新南威尔士州)
CGA	CRAIG AK	克雷格	美国(阿拉斯加州)
CGB	CUIABA MT	库亚巴	巴西(马托格罗索州)
CGC	CAPE GLOUCEST	开普格罗塞斯特	巴布亚新几内亚
CGD	CHENGDE	承德	中国(河北省)
CGI	CAPE GIRARDEAU MO	开普吉拉多	美国(密苏里州)
CGJ	CHINGOLA	钦戈拉	赞比亚
CGN	COLOGNE	科隆	德国
CGO	ZHENGZHOU	郑州	中国(河南省)
CGP	CHITTAGONG	吉大港	孟加拉国
CGQ	CHANGCHUN	长春	中国(吉林省)
CGY	CAGAYAN DE ORO	卡加延德奥罗	菲律宾
CHA	CHATTANOOGA TN	查塔努加	美国(田纳西州)
CHC	CHRISTCHURCH	克赖斯特彻奇	新西兰
CHG	CHAOYANG	朝阳	中国(辽宁省)

表 1（续）

代　码	城市地名英文全称	城市地名中文全称	所在国家或地区(州、省或区域)
CHH	CHACHAPOYAS	查查波亚斯	秘鲁
CHI	CHICAGO IL	芝加哥	美国(伊利诺斯州)
CHL	CHALLIS ID	查利斯	美国(爱达荷州)
CHM	CHIMBOTE	钦博特	秘鲁
CHO	CHARLOTTESVILLE VA	夏洛茨维尔	美国(弗吉尼亚州)
CHP	CIRCLE HOT AK	瑟克尔豪特	美国(阿拉斯加州)
CHQ	CHANIA	干尼亚	希腊
CHR	CHATEAUROUX	沙特鲁	法国
CHS	CHARLESTON SC	查尔斯顿	美国(南卡罗来纳州)
CHT	CHATHAM IS. S	查塔姆群岛	新西兰
CHU	CHUATHBALUK AK	乔阿特巴卢克	美国(阿拉斯加州)
CHV	CHAVES	沙维什	葡萄牙
CHX	CHANGUINOLA	昌金怒拉	巴拿马
CHY	CHOISEUL BAY	乔依绍尔湾	所罗门群岛(太平洋)
CIC	CHICO CA	奇科	美国(加利福尼亚州)
CID	CEDAR RAPIDS IA	锡达拉皮兹	美国(衣阿华州)
CIF	CHIFENG	赤峰	中国(内蒙古自治区)
CIG	CRAIG CO	克雷格	美国(科罗拉多州)
CIH	CHANGZHI	长治	中国(山西省)
CIJ	COBIJA	科维哈	玻利维亚
CIK	CHALKYITSIK AK	查尔基齐克	美国(阿拉斯加州)
CIL	COUNCIL AK	康瑟尔	美国(阿拉斯加州)
CIM	CIMITARRA	锡米塔拉	哥伦比亚
CIP	CHIPATA	奇帕塔	赞比亚
CIS	CANTON IS.	坎顿岛	基里巴斯
CIT	CHIMKENT	奇姆肯特	哈萨克斯坦
CIV	CHOMLEY AK	乔姆利	美国(阿拉斯加州)
CIW	CANOUAN IS.	卡努安岛	圣文森特和格林纳丁斯(拉丁美洲)
CIX	CHICLAYO	奇克拉约	秘鲁
CIY	COMISO	科米索	意大利
CJA	CAJAMARCA	卡哈马尔卡	秘鲁
CJB	COIMBATORE	科印拜陀	印度
CJC	CALAMA	卡拉马	智利
CJL	CHITRAL	奇德拉尔	巴基斯坦
CJS	CIUDAD JUAREZ	华雷斯城	墨西哥

表 1（续）

代　码	城市地名英文全称	城市地名中文全称	所在国家或地区（州、省或区域）
CKB	CLARKSBURG WV	克拉克斯堡	美国（西弗吉尼西州）
CKD	CROOKED CRREK AK	克鲁克特	美国（阿拉斯加州）
CKE	CLEAR LAKE CA	克利尔湖	美国（加利福尼亚州）
CKG	CHONGQING	重庆	中国
CKI	CROKER IS. NT	克罗克岛	澳大利亚（北部地区）
CKS	CARAJAS PA	加拉杰斯	巴西（帕拉州）
CKV	CLARKSVIL TN	克拉克斯维尔	美国（田纳西州）
CKX	CHICKEN AK	奇金	美国（阿拉斯加州）
CKY	CONAKRY	科纳克里	几内亚
CKZ	CANAKKALE	恰纳卡莱	土耳其
CLA	COMILLA	库米拉	孟加拉国
CLC	CLEARLAKE TX	克利尔莱克	美国（德克萨斯州）
CLD	CARLSBAD CA	卡尔斯巴德	美国（加利福尼亚州）
CLE	CLEVELAND OH	克利夫兰	美国（俄亥俄州）
CLH	COOLAH NS	库拉	澳大利亚（新南威尔士州）
CLJ	CLUJ	克卢日	罗马尼亚
CLL	COLLEGE STATION TX	科利奇站	美国（德克萨斯州）
CLM	PT ANGELES WA	安吉利斯港	美国（华盛顿州）
CLN	CAROLINA MA	卡罗利纳	巴西（马拉尼翁州）
CLO	CALI	卡利	哥伦比亚
CLP	CLARKS POINT AK	克拉克斯波因特	美国（阿拉斯加州）
CLQ	COLIMA	科利马	墨西哥
CLT	CHARLOTTE NC	夏洛特	美国（北卡罗来纳州）
CLW	CLEARWATER FL	克利尔沃特	美国（佛罗里达州）
CLY	CALVI	卡尔维	法国
CLZ	CALABOZO	卡拉沃索	委内瑞拉
CMA	CUNNAMULLA QL	坎纳马拉	澳大利亚（昆士兰州）
CMB	COLOMBO	科伦坡	斯里兰卡
CMD	COOTAMUND NS	库存达门德	澳大利亚（新南威尔士州）
CME	CIUDAD DEL CA	巴耶斯城	墨西哥
CMF	CHAMBERY	尚贝里	法国（萨瓦省）
CMG	CORUMBA MS	科龙巴	巴西（南马托格罗索州）
CMH	COLUMBUS OH	哥伦布	美国（俄亥俄州）
CMI	CHAMPAIGN IL	尚佩恩	美国（伊利诺斯州）
CMP	SAN. ARAGUAIA PA	圣塔纳阿拉瓜亚	巴西（帕拉州）

表 1（续）

代　码	城市地名英文全称	城市地名中文全称	所在国家或地区（州、省或区域）
CMQ	CLERMONT QL	克莱蒙	澳大利亚（昆士兰州）
CMR	COLMAR	科尔马	法国
CMU	KUNDIAWA	孔迪亚瓦	巴布亚新几内亚
CMV	COROMANDEL	科罗曼德尔	新西兰
CMW	CAMAGUEY	卡马圭	古巴
CMX	HANCOCK MI	汉考克	美国（密执安州）
CMX	HOUGHTON MI	霍敦	美国（密执安州）
CNB	COONAMBLE NS	库南布拉	澳大利亚（新南威尔士州）
CNC	COCONUT IS. QL	科科纳特岛	澳大利亚（昆士兰州）
CND	CONSTANTA	康斯坦察	罗马尼亚
CNE	CANON CITY CO	卡农城	美国（科罗拉多州）
CNJ	CLONCURRY QL	克朗克里	澳大利亚（昆士兰州）
CNL	SINDAL	辛代尔	丹麦
CNM	CARLSBAD NM	卡尔斯巴德	美国（新墨西哥州）
CNP	EASTGREENLAND	东格陵兰	格陵兰（丹属，北美洲）
CNQ	CORRIENTES	科连特斯	阿根廷
CNS	CAIRNS QL	凯恩斯	澳大利亚（昆士兰州）
CNV	CANAVIEIRA BA	卡纳维也拉	巴西
CNX	CHIANG MAI	清迈	泰国
CNY	MOAB UT	莫阿布	美国（犹他州）
CNZ	CANGAMBA	坎甘巴	安哥拉
COA	COLUMBIA CA	哥伦比亚	美国（加利福尼亚州）
COC	CONCORDIA ER	康科迪亚	阿根廷
COD	CODY WY	科迪	美国（怀俄明州）
COE	COEUR D' ALON ID	科达伦	美国（爱达荷州）
COG	CONDOTO	孔多托	哥伦比亚
COH	COOCH BEHAR	库奇比哈尔	印度
COI	COCOA FL	可可	美国（佛罗里达州）
COJ	COONABARA NS	库纳巴拉	澳大利亚（新南威尔士州）
COO	COTONOU	科托努	贝宁（非洲）
COR	CORDOBA	科尔多巴	阿根廷
COS	COLORADO CO	科罗拉多	美国（科罗拉多州）
COU	COLUMBIA MO	哥伦比亚	美国（密苏里州）
COV	COVILHA	科维良	葡萄牙
CPA	CAPE PALMAS	帕尔马斯角	利比里亚

表 1（续）

代　码	城市地名英文全称	城市地名中文全称	所在国家或地区（州、省或区域）
CPB	CAPURGANA	坎普尔加纳	哥伦比亚
CPC	SAN MARTIN ANDIS	圣马丁安迪斯	阿根廷
CPD	COOBER PEDY SA	库伯佩迪	澳大利亚（南澳州）
CPE	CAMPECHE	坎佩切	墨西哥
CPH	COPENHAGEN	哥本哈根	丹麦
CPN	CAPE RODNEY	开普罗德尼	巴布亚新几内亚
CPO	COPIAPO	科皮亚波	智利
CPQ	CAMPINAS SP	坎皮纳斯	巴西（圣保罗州）
CPR	CASPER WY	卡斯珀	美国（怀俄明州）
CPT	CAPE TOWN	开普敦	南非
CPU	CURURUPU MA	库鲁鲁普	巴西（马拉尼翁州）
CPV	CAMPINA GRANDE PB	坎皮纳	巴西（帕拉伊巴州）
CPX	CULEBRA	库莱布拉	波多黎各
CQF	CALAIS	加来	法国
CQT	CAQUETANIA	坎魁坦尼亚	哥伦比亚
CRA	CRAIOVA	克拉约瓦	罗马尼亚
CRD	COMODORO RIVADAVIA	科莫多罗·里瓦达维亚	阿根廷
CRF	CARNOT	卡诺特	中非
CRI	CROOKED IS.	克鲁克德岛	巴哈马（拉丁美洲）
CRM	CATARMAN	卡塔曼	菲律宾
CRP	CORPUS CHRISTI TX	科珀斯科里斯蒂	美国（德克萨斯州）
CRQ	CARAVELAS BA	卡拉维拉斯	巴西
CRU	CARRIACOU IS.	卡里亚库岛	向风群岛（拉丁美洲）
CRV	CROTONE	克罗托内	意大利
CRW	CHARLESTON WV	查尔斯顿	美国（西弗吉尼亚州）
CSB	CARANSEBES	卡兰塞贝什	罗马尼亚
CSE	CRESTED BUTTE CO	克雷斯特德比特	美国（科罗拉多州）
CSG	COLUMBUS GA	哥伦布	美国（佐治亚州）
CSI	CASINO NS	卡西诺	澳大利亚（新南威尔士州）
CSL	SAN LUISOBISPO CA	圣路易斯·奥比斯波	美国（加利福尼亚州）
CSN	CARSON CITY NV	卡森城	美国（内布拉斯加州）
CST	CASTAWAY	卡斯塔韦	斐济（南太平洋）
CSV	CROSSVILLE TN	克罗斯维尔	美国（田纳西州）
CSX	CHANGSHA	长沙	中国（湖南省）
CTA	CATANIA	卡塔尼亚	意大利

表 1（续）

代　码	城市地名英文全称	城市地名中文全称	所在国家或地区(州、省或区域)
CTC	CATAMARCA	卡塔马尔卡	阿根廷
CTG	CARTAGENA	卡塔赫纳	哥伦比亚
CTH	COATESVILL PA	科茨维尔	美国(宾夕法尼亚州)
CTI	CUITO CUANAVA	奎托夸纳瓦	安哥拉
CTL	CHARLEVIL QL	查理维尔	澳大利亚(昆士兰州)
CTM	CHETUMAL	切图马尔	墨西哥
CTN	COOKTOWN QL	库克敦	澳大利亚(昆士兰州)
CTP	CARUTAPERA MA	卡鲁塔佩拉	巴西(马拉尼翁州)
CTU	CHENGDU	成都	中国(四川省)
CUA	CIUDAD CONSTITU CI.	孔斯蒂图西翁城	智利
CUC	CUCUTA	库库塔	哥伦比亚
CUD	CALOUNDRA QL	卡罗旺德拉	澳大利亚(昆士兰州)
CUE	CUENCA	昆卡	厄瓜多尔
CUF	CUNEO	库内奥	意大利
CUL	CULIACAN	库利阿坎	墨西哥
CUM	CUMANA	库马纳	委内瑞拉
CUN	CANCUN	坎昆	墨西哥
CUP	CARUPANO	卡鲁帕诺	委内瑞拉
CUQ	COEN QL	科恩	澳大利亚(昆士兰州)
CUR	CURACAO	库拉索	荷属安得列斯(拉丁美洲)
CUT	CUTRAL	库特拉尔科	阿根廷
CUU	CHIHUAHUA	奇瓦瓦	墨西哥
CUV	CASIGUA	卡西古瓦	委内瑞拉
CUY	CUE WA	库埃	澳大利亚(西澳州)
CVC	CLEVE SA	克利夫	澳大利亚(南澳州)
CVE	COVENAS	科韦尼亚斯	哥伦比亚
CVF	COURCHEVEL	库尔瑟维尔	法国
CVG	CINCINNATI OH	辛辛那提	美国(俄亥俄州)
CVL	CAPE VOGEL	福格尔角	巴布亚新几内亚
CVM	CIUDAD VICTORIA	维多利亚城	墨西哥
CVN	CLOVIS NM	克洛维斯	美国(新墨西哥州)
CVO	CORVALLIS OR	科瓦利斯	美国(俄勒冈州)
CVQ	CARNARVON WA	卡那封	澳大利亚(西澳州)
CVT	COVENTRY	考文垂	英国
CWA	MOSINEE WI	莫西尼	美国(威斯康星州)

表 1（续）

代　码	城市地名英文全称	城市地名中文全称	所在国家或地区(州、省或区域)
CWB	CURITIBA PR	库里蒂巴	巴西(巴拉那州)
CWI	CLINTON IA	克林顿	美国(衣阿华州)
CWL	CARDIFF	加的夫	英国
CWR	COWARIE SA	考阿里	澳大利亚(南澳州)
CWS	CENTER IS. WA	森特岛	美国(华盛顿州)
CWT	COWRA NS	考拉	澳大利亚(新南威尔士州)
CWW	COROWA NS	科罗瓦	澳大利亚(新南威尔士州)
CXA	CAICARA DE OR	凯卡拉德奥罗	委内瑞拉
CXB	COX' S BAZAAR	科克斯巴扎尔	孟加拉国
CXF	COLDFOOT AK	科尔德富特	美国(阿拉斯加州)
CXI	CHRISTMAS IS.	圣诞岛	基里巴斯(太平洋)
CXJ	CAXIAS SUL RS	南卡西亚斯	巴西(南里奥格朗德州)
CXL	CALEXICO CA	卡莱克西科	美国(加利福尼亚州)
CXN	CANDALA	坎达拉	索马里
CXP	CILACAP	其拉扎	印度尼西亚
CXT	CHARTERS TOWERS QL	查特斯堡	澳大利亚(昆士兰州)
CXY	CAT CAYS	卡特岛	巴哈马(拉丁美洲)
CYB	CAYMAN BRAC	开曼布拉克	开曼群岛(拉丁美洲)
CYC	CAYE CHAPEL	卡耶查帕尔	伯利兹(拉丁美洲)
CYF	CHEFORNAK AK	切福纳克	美国(阿拉斯加州)
CYI	CHIAYI	嘉义	中国(台湾省)
CYP	CALBAYOG	甲苗育	菲律宾
CYR	COLONIA	科洛尼亚	乌拉圭
CYS	CHEYENNE WY	夏延	美国(怀俄明州)
CYZ	CAUAYAN	卡瓦扬	菲律宾
CZA	CHICHEN ITZA	奇琴伊察	墨西哥
CZB	CRUZ ALTA RS	克鲁斯阿尔塔	巴西(南里奥格朗德州)
CZE	CORO	科罗	委内瑞拉
CZF	CAPE ROMA AK	罗马角	美国(阿拉斯加州)
CZH	COROZAL	科罗萨尔	伯利兹(拉美)
CZL	CONSTANTINE	君士坦丁	阿尔及利亚
CZM	COZUMEL	科苏梅尔	墨西哥
CZN	CHISANA AK	奇萨纳	美国(阿拉斯加州)
CZP	CAPE POLE AK	开普普尔	美国(阿拉斯加州)
CZS	CRUZEIRO SUL AC	克鲁赛罗	巴西(阿克里州)

表 1（续）

代　码	城市地名英文全称	城市地名中文全称	所在国家或地区（州、省或区域）
CZU	COROZAL	科罗萨尔	哥伦比亚
CZX	CHANGZHOU	常州	中国（江苏省）
DAB	DAYTONA BEACH FL	代托纳比奇	美国（佛罗里达州）
DAC	DHAKA	达卡	孟加拉国
DAE	DAPARIZO	达帕里卢	印度
DAH	DATHINA	达希纳	也门
DAM	DAMASCUS	大马士革	叙利亚
DAN	DANVILLE VA	丹维尔	美国（弗吉尼亚州）
DAR	DAR ES SALAAM	达累斯萨拉姆	坦桑尼亚
DAU	DARU	达鲁	巴布亚新几内亚
DAV	DAVID	达维德	巴拿马
DAX	DAXIAN	达县	中国（四川省）
DAY	DAYTON OH	戴顿	美国（俄亥俄州）
DAZ	DARWAZ	达瓦孜	阿富汗
DBA	DALBANDIN	达尔本丁	巴基斯坦
DBD	DHANBAD	丹巴德	印度
DBM	DEBRA MARCOS	德布拉马科斯	埃塞俄比亚
DBO	DUBBO NS	达博	澳大利亚（新南威尔士州）
DBP	DEBEPARE	德比帕雷	巴布亚新几内亚
DBQ	DUBUQUE IA	迪比克	美国（衣阿华州）
DBT	DEBRE TABOR	德布勒塔博尔	埃塞俄比亚
DBV	DUBROVNIK	杜布罗夫尼克	克罗地亚
DBY	DALBY QL	达尔比	澳大利亚（昆士兰州）
DDC	DODGE CITY KS	道奇城	美国（堪萨斯州）
DDG	DANDONG	丹东	中国（辽宁省）
DDI	DAYDREAM IS. QL	戴坠母岛	澳大利亚（昆士兰州）
DDM	DODOIMA	多多依马	巴布亚新几内亚
DDN	DELTA DONS QL	德尔塔顿斯	澳大利亚（昆士兰州）
DDP	DORADO	多拉多	波多黎各
DEA	DERA GHAZI KH	德拉加齐汗	巴基斯坦
DEB	DEBRECEN	德布勒森	匈牙利
DEC	DECATUR IL	迪凯特	美国（伊利诺斯州）
DED	DEHRA DUN	德拉敦	印度
DEI	DENIS IS.	丹尼斯岛	塞舌尔（非洲，印度洋）
DEL	NEW DELHI	新德里	印度

表 1（续）

代　码	城市地名英文全称	城市地名中文全称	所在国家或地区(州、省或区域)
DEM	DEMBIDOLLO	登比多洛	埃塞俄比亚
DEN	DENVER CO	丹佛	美国(科罗拉多州)
DER	DERIM	代里姆	巴布亚新几内亚
DES	DESROCHES	德罗什	塞舌尔(非洲,印度洋)
DEZ	DEIREZZOR	德尔佐尔	叙利亚
DFW	DALLAS/FT. WORTH TX	达拉斯/沃思堡	美国(德克萨斯州)
DGC	DEGAHABUR	迪加哈伯	埃塞俄比亚
DGE	MUDGEE NS	马奇	澳大利亚(新南威尔士州)
DGF	DOUGLAS LAKE BC	道格拉斯湖	澳大利亚
DGO	DURANGO	杜兰戈	墨西哥
DGT	DUMAGUETE	杜马格特	菲律宾
DHD	DURHAM DOWNS QL	达勒姆当斯	澳大利亚(昆士兰州)
DHI	DHANGARHI	当加希	尼泊尔
DHM	DHARAMSALA	特尔母萨拉	印度
DHN	DOTHAN AL	多森	美国(亚拉巴马州)
DIB	DIBRUGARH	迪布鲁格尔	印度
DIE	ANTSIRANANA	安齐拉纳纳	马达加斯加
DIG	DIQING	迪庆	中国(云南省)
DIJ	DIJON	迪戎	法国(科多尔省)
DIK	DICKINSON ND	迪金森	美国(北达科他州)
DIL	DILI	帝力	印度尼西亚
DIN	DIEN BIEN PHU	奠边府	越南
DIO	DIOMIDE IS. S AK	代奥米德群岛	美国(阿拉斯加州)
DIP	DIAPAGA	贾帕加	布基纳法索(非洲)
DIQ	DIVINOPOLIS MG	迪维诺波利斯	巴西
DIR	DIRE DAWA	迪雷达瓦	埃塞俄比亚(非洲)
DIS	LOUBOMO	卢博莫	刚果(布)
DIU	DIU	第乌	印度
DIY	DIYARBAKIR	迪亚巴克尔	土耳其
DJA	DJOUGOU	朱古	贝宁(非洲)
DJB	JAMBI	占碑	印度尼西亚(占碑省)
DJE	DJERBA	杰尔巴	突尼斯
DJG	DJANET	贾奈特	阿尔及尔
DJJ	JAYAPURA	查亚普拉	印度尼西亚(伊里安查亚省)
DJM	DJAMBALA	兼巴拉	刚果(金)

表 1（续）

代　码	城市地名英文全称	城市地名中文全称	所在国家或地区(州、省或区域)
DJN	DELTA JUNC AK	德尔塔江克申	美国(阿拉斯加州)
DJO	DALOA	达洛亚	科特迪瓦(象牙海岸)
DKI	DUNK IS. QL	邓克岛	澳大利亚(昆士兰州)
DKR	DAKAR	达喀尔	塞内加尔
DKV	DOCKER RIVER NT	多克尔河	澳大利亚
DLA	DOUALA	杜阿拉	喀麦隆
DLC	DALIAN	大连	中国(辽宁省)
DLD	GEILO	耶卢	挪威
DLG	DILLINGHAM AK	迪灵汉	美国(阿拉斯加州)
DLH	DULUTH MN	德卢斯	美国(明尼苏达州)
DLH	SUPERIOR WI	苏必利尔	美国(威斯康星州)
DLK	DULKANINNA SA	威尔坎尼亚	澳大利亚
DLL	DILLON SC	狄龙	美国(南卡罗来纳州)
DLM	DALAMAN	达拉曼	土耳其
DLU	DALI CITY	大理	中国(云南省)
DLV	DELISSAVIL NT	德利萨维尔	澳大利亚(北部地区)
DLY	DILLONS BAY	狄龙斯湾	瓦努阿图
DMD	DOOMADGEE QL	杜马德吉	澳大利亚(昆士兰州)
DMO	SEDALIA MO	锡代利亚	美国(密苏里州)
DMU	DIMAPUR	迪马布尔	印度
DNB	DUNBAR QL	邓巴	澳大利亚(昆士兰州)
DND	DUNDEE	邓迪	英国
DNF	DERNA	代尔纳	罗马尼亚
DNH	DUNHUANG	敦煌	中国(甘肃省)
DNI	WAD MEDANI	瓦德迈达尼	苏丹
DNK	DNEPROPETROVSK	第聂伯罗彼得罗夫斯克	乌克兰
DNM	DENHAM WA	登哈姆	澳大利亚(西澳州)
DNO	DIANAPOLIS TO	迪亚纳波利斯	巴西(托坎廷斯州)
DNQ	DENILIQUIN NS	德尼利昆	澳大利亚(新南威尔士州)
DNR	DINARD	迪纳尔	法国
DNU	DINANGAT	迪纳加特	巴布亚新几内亚
DNV	DANVILLE IL	丹维尔	美国(伊利诺斯州)
DNZ	DENIZLI	代尼兹利	土耳其
DOA	DOANY	多安尼	马达加斯加
DOD	DODOMA	多多马	坦桑尼亚

表 1（续）

代 码	城市地名英文全称	城市地名中文全称	所在国家或地区(州、省或区域)
DOE	DJOEMOE	朱穆	苏里南(拉美)
DOF	DORA BAY AK	多拉湾	美国(阿拉斯加州)
DOG	DONGOLA	当果拉	苏丹
DOH	DOHA	多哈	卡塔尔(中东)
DOI	DOINI	多伊尼	巴布亚新几内亚
DOK	DONETSK	顿涅茨克	乌克兰
DOL	DEAUVILLE	多维尔	法国
DOM	DOMINICA	多米尼加	多米尼加
DON	DOS LAGUNAS	多斯拉古纳斯	危地马拉
DOO	DOROBISORO	多罗比索里	巴布亚新几内亚
DOP	DOLPA	多尔帕	尼泊尔
DOR	DORI	多里	布基纳法索(非洲)
DOS	DIOS	迪奥斯	巴布亚新几内亚
DOU	DOURADOS MS	多拉杜	巴西(南马托格罗索州)
DOX	DONGARA WA	当加拉	澳大利亚(西澳州)
DPL	DIPOLOG	迪波洛洛	菲律宾
DPO	DEVONPORT TS	德文波特	澳大利亚(塔斯马尼亚州)
DPS	BALI IS.	巴厘岛	印度尼西亚
DPS	DENPASAR-BALI	登帕萨—巴厘	印度尼西亚(巴厘省)
DRB	DERBY WA	达尔比	澳大利亚(西澳州)
DRD	DORUNDA ST QL	多隆达	澳大利亚(昆士兰州)
DRE	DRUMMOND IS. MI	德拉蒙德岛	美国(密执安州)
DRG	DEERING AK	迪贝	美国(阿拉斯加州)
DRN	DIRRANBAN QL	迪兰本	澳大利亚(昆士兰州)
DRO	DURANGO CO	杜兰戈	美国(科罗拉多州)
DRR	DURRIE QL	达里	澳大利亚(昆士兰州)
DRS	DRESDEN	德累斯顿	德国
DRT	DEL RIO TX	德尔里奥	美国(德克萨斯州)
DRW	DARWIN NT	达尔文	澳大利亚(北部地区)
DSC	DSCHANG	姜村	喀麦隆
DSD	LA DESIRADE	拉代西拉德	瓜德罗普岛(拉丁美洲)
DSE	DESSIE	德西埃	埃塞俄比亚
DSK	DEAR ISMAIL KHAN	德拉伊斯梅尔汗	巴基斯坦
DSM	DES MOINES IA	得梅因	美国(衣阿华州)
DTA	DELTA UT	德尔塔	美国(犹他州)

表 1 (续)

代 码	城市地名英文全称	城市地名中文全称	所在国家或地区(州、省或区域)
DTE	DATE	达特	菲律宾
DTH	DEATH VALLEY CA	死谷	美国(加利福尼亚州)
DTM	DORTMUND	多特蒙特	德国
DTR	DECATUR IS. WA	迪凯特岛	美国(华盛顿州)
DTT	DETROIT MI	底特律	美国(密执安州)
DUB	DUBLIN	都柏林	爱尔兰
DUD	DUNEDIN	达尼丁	新西兰
DUE	DUNDO	栋多	安哥拉
DUG	DOUGLAS AZ	道格拉斯	美国(亚利桑那州)
DUJ	DUBOIS PA	杜波依斯	美国(宾夕法尼亚州)
DUM	DUMAI	杜迈	印度尼西亚
DUQ	DUNCAN/QUA BC	邓肯	加拿大(不列颠哥伦比亚省)
DUR	DURBAN	德班	南非
DUS	DUSSELDORF	杜塞尔多夫	德国(原西德北莱茵—威斯州)
DUT	DUTCH HARBOR AK	荷兰港	美国(阿拉斯加州)
DVL	DEVILS LAKE ND	德弗尔斯湖	美国(北达科他州)
DVN	DAVENPORT IA	达文波特	美国(衣阿华州)
DVO	DAVAO	达沃	菲律宾
DVR	DALY RIVER NT	戴利河	澳大利亚(北部地区)
DWB	SOALALA	苏阿拉拉	马达加斯加
DXB	DUBAI	迪拜	阿联酋
DYA	DYSART QL	代沙尔特	澳大利亚(昆士兰州)
DYG	DAYONG	大庸	中国(湖南省)
DYR	ANADYR	阿纳德尔	俄罗斯(乌拉尔以东)
DYU	DUSHANBE	杜尚别	塔吉克斯坦
DYW	DALY WATER NT	戴利沃特	澳大利亚(北部地区)
DZA	DZAOUDZI	藻德济	马约特岛
DZN	DZEZKAZGAN	杰兹卡兹甘	哈萨克斯坦
EAA	EAGLE AK	伊格尔	美国(阿拉斯加州)
EAB	ABBSE	阿伯兹	也门
EAE	EMAE	埃迈	瓦努阿图(大洋洲,南太平洋)
EAM	NEJRAN	内基兰	沙特阿拉伯
EAR	KEARNEY NE	卡尼	美国(内布拉斯加州)
EAS	SAN SEBASTIAN	圣塞瓦斯蒂安	西班牙
EAT	WENATCHEE WA	韦纳奇	美国(华盛顿州)

表 1（续）

代　码	城市地名英文全称	城市地名中文全称	所在国家或地区(州、省或区域)
EAU	EAU CLAIRE WI	欧克莱尔	美国(威斯康星州)
EBA	ELBA	厄尔巴	意大利
EBB	ENTEBBE	恩德培	乌干达
EBD	EL OBEID	埃尔奥贝德	苏丹
EBG	EL BAGRE	埃尔巴格莱	哥伦比亚
EBJ	ESBJERG	埃斯比约	丹麦
EBO	EBON	埃邦	马绍尔群岛
EBU	ST ETIENNE	圣埃田奈	法国
ECA	EAST TAWAS MI	东托沃斯	美国(密执安州)
ECG	ELIZABETH NC	伊丽莎白	美国(北卡罗来纳州)
ECH	ECHUCA VI	伊丘卡	澳大利亚(维多利亚州)
ECN	ERCAN	埃阿坎	塞浦路斯
ECO	EL ENCANTO	埃尔恩坎托	哥伦比亚
EDA	EDNA BAY AK	埃德纳湾	美国(阿拉斯加州)
EDB	ELDEBBA	埃尔德巴	苏丹
EDI	EDINBURGH	爱丁堡	英国
EDL	ELDORET	埃尔多雷特	肯尼亚
EDM	LA ROCHE	拉罗什	法国
EDO	EDREMIT/KOREF	爱德雷米特湾	土耳其
EDR	EDWARD RIVER QL	爱德华河	澳大利亚(昆士兰州)
EDW	EDWARDS AF. CA	爱德华兹·阿弗	美国(加利福尼亚州)
EEK	EEK AK	伊克	美国(阿拉斯加州)
EEN	KEENE NH	基恩	美国(新罕布什尔州)
EFG	EFOGI	埃福吉	巴布亚新几内亚
EFL	KEFALLINIA	凯法利尼亚	希腊
EGA	ENGATI	恩加利	巴布亚新几内亚
EGC	BERGERAC	贝尔热拉克	法国
EGE	VAIL/EAGLE CO	韦尔/伊格尔	美国(科罗拉多州)
EGM	SEGE	塞给	所罗门群岛(太平洋)
EGN	GENEINA	杰内纳	苏丹
EGS	EGILSSTADIR	埃吉尔斯塔蒂尔	冰岛
EGV	EAGLE RIVER WI	伊格尔河	美国(威斯康星州)
EGX	EGEGIK AK	伊杰吉克	美国(阿拉斯加州)
EHL	EL BOLSON	埃尔博尔松	阿根廷
EHM	CAPE NEWE AK	开普奈韦	美国(阿拉斯加州)

表 1（续）

代　码	城市地名英文全称	城市地名中文全称	所在国家或地区(州、省或区域)
EIA	EIA	艾亚	巴布亚新几内亚
EIE	ENISEYSK	叶尼塞斯克	俄罗斯(乌拉尔以东)
EIH	EINASLEIGH QL	艾恩斯利	澳大利亚(昆士兰州)
EIN	EINDHOVEN	埃因霍温	荷兰
EIS	BEEF IS.	比夫岛	英属维尔京群岛(拉丁美洲)
EIY	EIN YAHAV	艾因亚哈夫	巴勒斯坦
EJA	BARRANCA BERMEJA	巴兰卡维梅哈	哥伦比亚
EJH	WEDJH	韦杰	沙特阿拉伯
EKA	EUREKA CA	尤里卡	美国(加利福尼亚州)
EKB	EKIBASTUZ	埃基巴斯图兹	哈萨克斯坦
EKD	ELKEDRA NT	埃尔克德拉	澳大利亚(北部地区)
EKE	EKEREKU	埃凯雷库	圭亚耶
EKI	ELKHART IN	埃尔克哈特	美国(印第安纳州)
EKN	ELKINS WV	埃尔金斯	美国(西弗吉尼亚州)
EKO	ELKO NV	埃尔科	美国(内华达州)
EKT	ESKILSTUNA	埃斯基尔斯图纳	瑞典
EKX	ELIZABETH KY	伊丽莎白	美国(肯塔基州)
ELB	EL BANCO	埃尔班科	哥伦比亚
ELC	ELCHO IS. NT	埃尔科岛	澳大利亚(北部地区)
ELD	EL DORADO AR	埃尔多拉多	美国(阿肯色州)
ELE	EL REAL	埃尔瑞尔	巴拿马
ELF	EL FASHER	埃尔法舍尔	苏丹
ELG	EL GOLEA	埃尔果累阿	阿尔及利亚
ELH	NORTH ELEUTHERA	北伊柳塞拉	巴哈马(拉丁美洲)
ELI	ELIM AK	埃利姆	美国(阿拉斯加州)
ELJ	EL RECREO	埃尔雷克雷奥	哥伦比亚
ELL	ELLISRAS	埃利斯拉斯	南非
ELM	CORNING NY	科宁	美国(纽约州)
ELM	ELMIRA NY	埃尔迈拉	美国(纽约州)
ELO	ELDORADO MI	埃尔多拉多	阿根廷
ELP	EL PASO TX	埃尔帕索	美国(德克萨斯州)
ELQ	GASSIM	加西姆	沙特阿拉伯
ELS	EAST LONDON	东伦敦	南非
ELT	TOUR SINAI CITY	图尔西奈城	埃及
ELU	EL OUED	埃尔韦德	阿尔及利亚

表 1（续）

代　码	城市地名英文全称	城市地名中文全称	所在国家或地区（州、省或区域）
ELV	ELFIN COVE AK	埃尔芬峡	美国（阿拉斯加州）
ELW	ELLAMAR AK	埃拉马	美国（阿拉斯加州）
ELY	ELY NV	伊利	美国（内华达州）
EMD	EMERALD QL	埃尔韦德	澳大利亚（昆士兰州）
EME	EMDEN	埃姆登	德国
EMI	EMIRAU	埃密劳	巴布亚新几内亚
EMK	EMMONAK AK	埃莫纳克	美国（阿拉斯加州）
EMN	NEMA	涅马	毛里塔尼亚
EMO	EMO	伊莫	巴布亚新几内亚
EMP	EMPORIA KS	恩波里亚	美国（堪萨斯州）
EMS	EMBESSA	恩贝萨	巴布亚新几内亚
EMX	EL MAITEN CB	埃尔梅滕	阿根廷
EMY	EL MINYA	埃尔米尼亚	埃及
ENA	KENAI AK	基奈	美国（阿拉斯加州）
ENB	ENEABBA WA	埃尼亚巴	美国（华盛顿州）
ENE	ENDE	英德	印度尼西亚
ENF	ENONTEKIO	埃农泰基厄	芬兰
ENH	ENSHI	恩施	中国（湖北省）
ENN	NENANA AK	尼纳纳	美国（阿拉斯加州）
ENO	ENCARNACION	恩卡纳西翁	巴拉圭
ENS	ENSCHEDE	恩斯赫德	荷兰
ENT	ENEWETAK	埃尼威托克	马绍尔群岛（太平洋）
ENU	ENUGU	埃努古	尼日利亚
ENY	YAN' AN	延安	中国（陕西省）
EOI	EDAY IS.	埃代岛	英国
EOK	KEOKUK IA	基奥卡克	美国（衣阿华州）
EOR	EL DORADO	埃尔多拉多	委内瑞拉
EOZ	ELORZA	埃洛萨	委内瑞拉
EPL	EPINAL	埃皮纳勒	法国（孚日省）
EPN	EPENA	埃佩纳	刚果（金）
EPR	ESPERANCE WA	埃斯佩兰斯	澳大利亚（西澳州）
EPS	EL PORTILLO	埃尔波蒂洛	多米尼加
EPT	ELIPTAMIN	埃利普塔敏	巴布亚新几内亚
EQS	ESQUEL	埃斯克尔	阿根廷
ERA	ERIGAVO	埃里加伏	索马里

表 1（续）

代　码	城市地名英文全称	城市地名中文全称	所在国家或地区(州、省或区域)
ERB	ERNABELLA SA	埃纳贝拉	澳大利亚(南澳州)
ERC	ERZINCAN	埃尔津詹	土耳其
ERE	ERAVE	埃拉韦	巴布亚新几内
ERF	ERFURT	埃尔富特	德国
ERH	ERRACHIDIA	埃拉契迪亚	摩洛哥
ERI	ERIE PA	伊利	美国(宾夕法尼亚州)
ERM	ERECHIM RS	埃雷欣	巴西(南里奥格朗德州)
ERN	EIRUNEPE AM	埃鲁内佩	巴西(亚马孙州)
ERU	ERUME	埃罗麦	巴布亚新几内亚
ERZ	ERZURUM	埃尔佐鲁姆	土耳其
ESA	ESA ALA	埃沙哈拉	巴布亚新几内亚
ESC	ESCANABA MI	埃斯卡纳巴	美国(密执安州)
ESD	EASTSOUND WA	东松德	美国(华盛顿州)
ESE	ENSENADA	恩塞纳达	墨西哥
ESG	MARISCAL ESTIGARRIBIA	埃斯蒂加里维亚元帅镇	巴拉圭
ESI	ESPINOSA MG	埃斯皮诺萨	巴西(米纳斯吉拉斯州)
ESK	ESKISEHIR	埃斯基谢希尔	土耳其
ESL	ELISTA	埃利斯塔	俄罗斯(乌拉尔以西)
ESM	ESMERALDAS	埃斯梅拉尔达斯	厄瓜多尔
ESN	EASTON MD	伊斯顿	美国(马里兰州)
ESR	EL SALVADOR	萨尔瓦多	智利
ESS	ESSEN	埃森	德国
ESU	ESSAOUIRA	索维拉	摩洛哥
ETD	ETADUNNA SA	伊特丹纳	澳大利亚(南澳州)
ETE	GENDA WUHA	根当乌哈	埃塞俄比亚
ETE	METEMMA	迈泰马	埃塞俄比亚
ETH	ELAT	埃尔奥尔扎·阿普雷	以色列
ETS	ENTERPRISE AL	恩特普赖斯	美国(亚拉巴马州)
EUA	EUA	埃瓦	汤加(大洋洲)
EUC	EUCLA WA	尤克拉	澳大利亚(西澳州)
EUE	EUREKA NV	尤里卡	美国(内华达州)
EUG	EUGENE OR	尤金	美国(俄勒冈州)
EUN	LAAYOUNE	欧云	摩洛哥
EUX	ST EUSTATIUS	圣奥依斯坦图斯	荷属安得列斯(拉丁美洲)
EVD	EVA DOWNS NT	伊娃当斯	澳大利亚(北部地区)

表 1（续）

代　码	城市地名英文全称	城市地名中文全称	所在国家或地区(州、省或区域)
EVE	EVENES	埃沃内斯	挪威
EVG	SVEG	斯韦格	瑞典
EVM	EVELETH MN	埃弗莱斯	美国(明尼苏达州)
EVV	EVANSVILLE IN	埃文斯维尔	美国(印第安纳州)
EVX	EVREUX	埃夫勒	法国
EWB	FALL RIVER MA	福尔河	美国(马萨诸塞州)
EWB	NEW BEDFOFD MA	新贝德福德	美国(马萨诸塞州)
EWE	EWER	珠儿	印度尼西亚
EWI	ENAROTALI	埃纳罗塔利	印度尼西亚
EWN	NEW BERN NC	新伯尔尼	美国(北卡罗来纳州)
EWO	EWO	埃沃	刚果(金)
EWR	NEWARK NJ	纽瓦克	美国(新泽西州)
EXI	EXCURSION AK	埃克斯柯森	美国(阿拉斯加州)
EXT	EXETER	埃克塞特	英国
EYP	EL YOPAL	约帕尔	哥伦比亚
EYW	KEY WEST FL	基韦斯特	美国(佛罗里达州)
EZS	ELAZIG	埃拉特	土耳其
FAE	FAROE IS.	法罗群岛	丹麦
FAG	FAGURHOLSMYRI	法古罗尔斯米里	冰岛
FAH	FARAH	法拉	阿富汗
FAI	FAIRBANKS AK	费尔班克斯	美国(阿拉斯加州)
FAJ	FAJARDO	法哈多	波多黎各
FAK	FALSE IS. AK	福尔斯岛	美国(阿拉斯加州)
FAN	FARSUND	法琛德	挪威
FAO	FARO	法鲁	葡萄牙
FAR	FARGO ND	法戈	美国(北达科他州)
FAS	FASKRUDSFJORD	法斯克罗斯菲厄泽	冰岛
FAT	FRESNO CA	弗雷斯诺	美国(加利福尼亚州)
FAV	FAKARAVA	法卡拉瓦	玻利维亚
FAY	FT. BRAGG NC	布拉格堡	美国(北卡罗来纳州)
FBD	FAIZABAD	法依扎巴	阿富汗
FBE	FRANCIS BE PR	弗朗西斯	巴西(巴拉那州)
FBM	LUBUMBASHI	卢本巴希	刚果(金)
FCA	KALISPELL MT	卡利斯佩尔	美国(蒙大拿州)
FCB	FICKSBURG	菲克斯堡	南非

表 1（续）

代　码	城市地名英文全称	城市地名中文全称	所在国家或地区(州、省或区域)
FDE	FORDE	弗勒	挪威
FDF	FT. DE FRANCE	法兰西堡	马提尼克
FDH	FRIEDRICHSHAFEN	腓特烈港	德国
FDU	BANDUNDU	班顿杜	刚果(金)
FEG	FERGANA	费尔干纳	俄罗斯
FEZ	FEZ	非斯	摩洛哥
FFT	FRANKFORT KY	法兰克福(州府)	美国(肯塔基州)
FGU	FANGATAU	方阿陶	土阿莫土群岛(太平洋)
FHU	FT. HUACHUCA AZ	瓦丘卡堡	美国(亚利桑那州)
FHZ	FAKAHINA	法卡希纳	土阿莫土群岛(太平洋)
FIC	FIRE COVE AK	法尔峡	美国(阿拉斯加州)
FID	FISHERS IS. NY	费希尔岛	美国(纽约州)
FIE	FAIR IS.	费尔岛	英国
FIH	KINSHASA	金沙萨	刚果(金)
FIL	FILLMORE UT	菲尔莫尔	美国(犹他州)
FIN	FINSCHHAFEN	芬夏范	巴布亚新几内亚
FIZ	FITZROY CROSSI WA	菲茨罗伊克罗辛	澳大利亚(西澳州)
FJR	AL-FUJAIRAH	富查伊拉	阿联酋
FKI	KISANGANI	基桑加尼	刚果(金)
FKJ	FUKUI	福井	日本
FKL	OIL CITY PA	石油城	美国(宾夕法尼亚州)
FKQ	FAK FAK	法克法克	印度尼西亚
FLA	FLORENCIA	佛罗伦西亚	哥伦比亚
FLB	FLORIANO PI	佛卢里亚诺	巴西(皮奥伊州)
FLF	FLENSBURG	费伦斯堡	德国
FLI	FLATEYRI	费拉泰里	冰岛
FLJ	FALLS BAY AK	福尔斯湾	美国(阿拉斯加州)
FLL	FT. LAUDER FL	劳德尔堡	美国(佛罗里达州)
FLN	FLORIANOPOLIS SC	弗卢里亚诺波利斯	巴西(圣卡塔林纳州)
FLO	FLORENCE SC	佛罗伦萨	美国(南卡罗来纳州)
FLR	FLORENCE	佛罗伦萨	意大利
FLS	FLINDERS IS. TS	弗林德斯岛	澳大利亚(塔斯马尼亚州)
FLT	FLAT AK	弗拉特	美国(阿拉斯加州)
FLW	FLORES IS.	佛洛雷斯岛	亚速尔群岛(大西洋)
FLX	FALLON NV	法伦	美国(内华达州)

表 1（续）

代　码	城市地名英文全称	城市地名中文全称	所在国家或地区(州、省或区域)
FLY	FINLEY NS	芬利	澳大利亚(新南威尔士州)
FMA	FORMOSA	福莫萨	阿根廷
FMH	FALMOUTH MA	法尔茅斯	美国(马萨诸塞州)
FMI	KALEMIE	卡莱米	刚果(金)
FMN	FARMINGTON NM	法明顿	美国(新墨西哥州)
FMO	MUNSTER	蒙斯特	德国
FMS	FT. MADISON IA	麦迪逊堡	美国(爱达荷州)
FMY	FT. MYERS FL	迈尔斯堡	美国(佛罗里达州)
FNA	FREETOWN	弗里敦	塞拉利昂
FNC	FUNCHAL	丰沙尔	马德拉群岛(大西洋)
FNE	FANE	费恩	巴布亚新几内亚
FNG	FADA NGOURMA	法达恩古尔马	布基纳法索(非洲)
FNI	NIMES	尼姆	法国(加尔省)
FNJ	PYONGYANG	平壤	朝鲜
FNL	FT. COLLINS CO	柯林斯堡	美国(科罗拉多州)
FNR	FUNTER AK	芬特	美国(阿拉斯加州)
FNT	FLINT MI	弗林特	美国(密执安州)
FOC	FUZHOU	福州	中国(福建省)
FOD	FT. DODGE IA	道奇堡	美国(衣阿华州)
FOG	FOGGIA	福贾	意大利
FOK	WESTHAMPTON NY	西汉普敦	美国(纽约州)
FOM	FOUMBAN	丰班	喀麦隆
FOO	NUMFOOR	努姆富尔	印度尼西亚
FOR	FORTALEZA CE	福塔莱萨	巴西(西阿拉州)
FOT	FORSTER NS	福斯特	澳大利亚(新南威尔士州)
FOU	FOUGAMOU	富加莫	加蓬
FPO	FREEPORT	弗里波特	巴哈马(拉丁美洲)
FPR	FT. PIERCE FL	皮尔斯堡	美国(佛罗里达州)
FRA	FRANKFURT	法兰克福	德国
FRB	FORBES NS	福布斯	澳大利亚(新南威尔士州)
FRC	FRANCA SP	弗兰卡	巴西(圣保罗州)
FRD	FRIDAY HARBOR WA	星期五港	美国(华盛顿州)
FRE	FERA IS.	费拉岛	所罗门群岛(太平洋)
FRG	FARMINGDAL NY	法明代尔	美国(纽约州)
FRH	FRENCH LIC IN	弗伦奇利克	美国(印第安纳州)

表 1（续）

代　码	城市地名英文全称	城市地名中文全称	所在国家或地区(州、省或区域)
FRJ	FREJUS	弗里儒斯	法国
FRK	FREGATE IS.	弗雷盖特岛	塞舌尔(印度洋)
FRL	FORLI	弗利	意大利
FRM	FAIRMONT MN	费尔蒙特	美国(明尼苏达州)
FRO	FLORO	弗卢勒	挪威
FRP	FRESHWATER AK	弗里什沃特	美国(阿拉斯加州)
FRS	FLORES	佛洛雷斯	危地马拉
FRW	FRANCISTOWN	弗朗西斯敦	博茨瓦纳
FSD	SIOUX FALLS SD	苏福尔斯	美国(南达科他州)
FSM	FT. SMITH AR	史密斯堡	美国(阿肯色州)
FSP	ST PIERRE	圣皮埃尔	圣皮埃尔和密克隆岛(北美洲)
FTA	FUTUNA IS.	富图纳岛	瓦努阿图(大洋洲,太平洋)
FTL	FORTUNA LEDGE AK	福图纳莱奇	美国(阿拉斯加州)
FTU	FT. DAUPHIN	多凡堡	马达加斯加
FTX	OWANDO	奥旺多	刚果(布)
FUB	FULLEBORN	富勒博恩	巴布亚新几内亚
FUE	FUERTEVENTURA	弗韦尔特文土拉	加那利群岛(西属,大西洋)
FUJ	FUKUE	福江	日本
FUK	FUKUOKA	福冈	日本
FUL	FULLERTON CA	富勒顿	美国(加利福尼亚州)
FUN	FUNAFUTI	富纳富蒂	图瓦卢(太平洋,大洋洲)
FUT	FUTUNA IS.	富图纳岛	瓦利斯和富图纳群岛(太平洋)
FWA	FT. WAYNE IN	韦恩堡	美国(印第安纳州)
FWL	FAREWELL AK	费尔韦尔	美国(阿拉斯加州)
FWM	FT. WILLIAM	威廉堡	英国
FYN	FUYUN	富蕴	中国(新疆维吾尔自治区)
FYT	FAYA	法亚	乍得
FYU	FT. YUKON AK	育空堡	美国(阿拉斯加州)
FYV	FAYETTEVIL AR	费耶特维尔	美国(阿肯色州)
GAA	GUAMAL	瓜马尔	哥伦比亚
GAD	GADSDEN AL	加兹登	美国(亚拉巴马州)
GAE	GABES	加贝斯	突尼斯
GAF	GAFSA	加夫萨	突尼斯
GAH	GAYNDAH QL	盖恩达	澳大利亚(昆士兰州)
GAJ	YAMAGATA	山形	日本

表 1(续)

代 码	城市地名英文全称	城市地名中文全称	所在国家或地区(州、省或区域)
GAL	GALENA AK	加利纳	美国(阿拉斯加州)
GAM	GAMBELL AK	甘贝尔	美国(阿拉斯加州)
GAO	GUANTANAMO	关塔那摩	古巴
GAQ	GAO	加奥	马里
GAR	GARAINA	加赖纳	巴布亚新几内亚
GAS	GARISSA	加里萨	肯尼亚
GAU	GUWAHATI	古瓦哈蒂	印度
GAW	GANGAW	甘高	缅甸
GAX	GAMBA	甘巴	加蓬
GAY	GAYA	格雅	印度
GAZ	GUASOPA	瓜索帕	巴布亚新几内亚
GBD	GREAT BEND KS	大本德	美国(堪萨斯州)
GBE	GABORONE	哈博罗内	博茨瓦纳
GBF	NEGARBO	内干博	斯里兰卡
GBG	GALESBURG IL	盖尔斯堡	美国(伊利诺斯州)
GBJ	MARIE-GALANTE	玛丽—加朗特	瓜德罗普岛
GBK	GBANGBATOK	邦巴多克	塞拉利昂
GBL	GOULBURN IS. NT	古尔本岛	澳大利亚(北部地区)
GBM	GARBAHAREY	加尔巴哈瑞	索马里
GBU	KHASHM EL GIRBA	哈什姆吉尔巴	苏丹
GBV	GIBB RIVER WA	吉布河	澳大利亚(西澳州)
GCA	GUACAMAYA	瓜卡马亚	哥伦比亚
GCC	GILLETTE WY	吉勒台	美国(怀俄明州)
GCI	GUERNSEY	格恩济	英国
GCK	GARDEN CITY KS	加登城	美国(堪萨斯州)
GCM	GRAND CAYMAN	大开曼	开曼群岛(拉丁美洲,英属)
GCN	GRAND CANYON AZ	大峡谷	美国(亚利桑那州)
GDD	GORDON DOWNS WA	戈登当斯	澳大利亚(西澳州)
GDE	GODE	戈德	埃塞俄比亚
GDL	GUADALAJARA	瓜达拉哈拉	墨西哥
GDN	GDANSK	格但斯克	波兰
GDO	GUASDUALITO	瓜斯杜阿里多	委内瑞拉
GDP	GUADALUPE PI	瓜达卢佩	巴西(皮奥依州)
GDQ	GONDAR	贡达尔	埃塞俄比亚
GDT	GRAND TURK IS.	大特克	特克斯和凯科斯群岛(拉丁美洲)

表 1（续）

代　码	城市地名英文全称	城市地名中文全称	所在国家或地区(州、省或区域)
GDX	MAGADAN	马加丹	俄罗斯
GEB	GEBE	格贝	印度尼西亚
GEG	SPOKANE WA	斯波坎	美国(华盛顿州)
GEL	STO ANGELO RS	圣安赫洛	巴西(南里奥格朗德州)
GEO	GEORGETOWN	乔治敦	圭亚那
GER	NUEVA GERONA	新赫罗纳	古巴
GES	GENER SANTOS CITY	桑托斯将军城	菲律宾
GET	GERALDTOWN WA	杰拉尔敦	澳大利亚(西澳州)
GEV	GALLIVARE	耶利瓦勒	瑞典
GEW	GEWOYA	盖沃亚	巴布亚新几内亚
GEX	GEELONG VI	吉朗	澳大利亚(维多利亚州)
GFB	TOGIAK FISH AK	托盖克费什	美国(阿拉斯加州)
GFE	GRENFELL NS	格伦费尔	澳大利亚(新南威尔士州)
GFF	GRIFFITH NS	格里菲斯	澳大利亚(新南威尔士州)
GFK	GRAND FORKS ND	大福克斯	美国(北达科他州)
GFL	GLEN FALLS NY	格伦福尔斯	美国(纽约州)
GFN	GRAFTON NS	格拉夫顿	澳大利亚(新南威尔士州)
GFO	BARTICA	巴蒂卡	圭亚那
GFY	GROOTFONTEIN	赫鲁特方丹	纳米比亚
GGC	LUMBALA	隆巴拉	安哥拉
GGD	GREGORY D QL	格雷戈里	澳大利亚(昆士兰州)
GGG	GLADEWATER TX	格莱德沃特	美国(德克萨斯州)
GGG	KILGORE TX	基尔戈	美国(德克萨斯州)
GGG	LONGVIEW TX	朗维尤	美国(德克萨斯州)
GGN	GAGNOA	加尼奥阿	科特迪瓦(象牙海岸)
GGO	GUIGLO	吉格洛	科特迪瓦(象牙海岸)
GGR	GAROE	加洛韦	索马里
GGS	GOBERNADOR GRE.	古佛纳多尔格雷	阿根廷
GGT	GEORGE TOWN	乔治城	开曼群岛(拉丁美洲)
GGW	GLASGOW MT	格拉斯哥	美国(蒙大拿州)
GHA	GHARDAIA	加达亚	阿尔及利亚
GHB	GOVERNORS HARBOR	戈韦诺港	巴哈马(拉丁美洲)
GHC	GREAT HARBOUR CAY	大港	巴哈马(拉丁美洲)
GHE	GARACHINE	加拉奇内	巴拿马
GHT	GHAT	加特	利比亚

表 1(续)

代 码	城市地名英文全称	城市地名中文全称	所在国家或地区(州、省或区域)
GHU	GUALEGUAYCHU	瓜累乖丘	阿根廷
GIB	GIBRALTAR	直布罗陀	地中海
GIC	BOIGU IS. QL	博伊古岛	澳大利亚(昆士兰州)
GID	GITEGA	基特加	布隆迪
GII	SIGUIRI	锡吉里	几内亚
GIL	GILGIT	吉尔吉特	巴基斯坦
GIS	GISBORNE	吉斯伯恩	新西兰
GJA	GUANAJA	瓜纳哈	洪都拉斯
GJL	JIJEL	吉杰勒	阿尔及利亚
GJM	GUAJARA-MIRIM RO	瓜雅拉米林	巴西(朗多尼亚州)
GJR	GJOGUR	哲居尔	冰岛
GJT	GRAND JUNCTION CO	大章克兴	美国(科罗拉多州)
GKA	GOROKA	戈罗卡	巴布亚新几内亚
GKN	GULKANA AK	格尔卡纳	美国(阿拉斯加州)
GKO	KONGOBOUMBA	康果邦巴	加蓬
GLA	GLASGOW	格拉斯哥	英国
GLC	GELADI	盖拉迪	埃塞俄比亚
GLD	GOODLAND KS	古德兰	美国(堪萨斯州)
GLF	GOLFITO	戈尔菲托	哥斯达黎加
GLH	GREENVILLE MS	格林维尔	美国(密西西比州)
GLI	GLEN INNES NS	格伦因尼斯	澳大利亚(新南威尔士州)
GLK	GALCAIO	加尔卡尤	索马里
GLN	GOULIMINE	古利明	摩洛哥
GLO	GLOUCESTER	格洛斯特	英国
GLS	GALVESTON TX	加尔维斯顿	美国(德克萨斯州)
GLT	GLADSTONE QL	格拉德斯通	澳大利亚(昆士兰州)
GLV	GOLOVIN AK	戈洛文	美国(阿拉斯加州)
GLX	GALELA	加莱拉	印度尼西亚
GMA	GEMENA	格梅纳	刚果(金)
GMB	GAMBELA	甘贝拉	埃塞俄比亚
GME	GOMEL	戈梅尔	白俄罗斯
GMI	GASMATA IS.	加斯马塔岛	巴布亚新几内亚
GMM	GAMBOMA	甘博马	刚果(布)
GMN	GREYMOUTH	格雷茅斯	新西兰
GMR	GAMBIER IS.	甘比尔岛	冰岛

表 1（续）

代　码	城市地名英文全称	城市地名中文全称	所在国家或地区(州、省或区域)
GNB	GRENOBLE	格勒诺布尔	法国
GND	GRENADA	格林纳达	西印度群岛(拉丁美洲)
GNI	GREEN IS.	格林艾兰	新西兰
GNM	GUANAMBI BA	瓜纳姆比	巴西(巴伊亚州)
GNR	GENERAL ROCA	罗卡将军镇	阿根廷
GNS	GUNUNGSITOLI	古农西托利	印度尼西亚
GNU	GOODNEWS BAY AK	古德纽斯湾	美国(阿拉斯加州)
GNV	GAINESVIL FL	盖恩斯维尔	美国(佛罗里达州)
GNZ	GHANZI	甘济	博茨瓦纳
GOA	GENOA	热那亚	意大利
GOB	GOBA	戈巴	埃塞俄比亚
GOC	GORA	戈拉	巴布亚新几内亚
GOE	GONALIA	戈纳利亚	巴布亚新几内亚
GOH	NUUK	努克	格陵兰(丹属,北美洲)
GOI	GOA	果阿	印度
GOJ	GORKIJ	高尔基	俄罗斯
GOM	GOMA	戈马	刚果(金)
GON	GROTON CT	格罗顿	美国(康涅狄格州)
GON	NEW LONDON CT	新伦敦	美国(康涅狄格州)
GOO	GOONDIWIN QL	贡迪温	澳大利亚(昆士兰州)
GOP	GORAKHPUR	戈勒克布尔	印度
GOR	GORE	戈雷	埃塞俄比亚
GOS	GOSFORD NS	戈斯福德	澳大利亚(新南威尔士州)
GOT	GOTHENBURG	哥德堡	瑞典(西海岸)
GOU	GAROUA	加鲁阿	喀麦隆
GOV	GOVE NT	戈夫	澳大利亚(北部地区)
GOZ	GORNA ORECHOVICHA	戈尔纳奥里亚霍维察	保加利亚
GPA	PATRAS	帕特雷	希腊
GPB	GUARAPUAVA PR	瓜拉普阿瓦	巴西(巴拉那州)
GPI	GUAPI	瓜比	哥伦比亚
GPL	GUAPILES	瓜皮莱斯	哥斯达黎加
GPN	GARDEN POINT NT	加登波恩特	澳大利亚(北部地区)
GPO	GENERAL PICO	皮科将军镇	阿根廷
GPS	GALAPAGOS	加拉帕戈斯	厄瓜多尔
GPT	GULFPORT MS	格尔夫波特	美国(密西西比州)

表 1（续）

代 码	城市地名英文全称	城市地名中文全称	所在国家或地区（州、省或区域）
GPZ	GRAND RAPIDS MN	大急流	美国（明尼苏达州）
GQQ	GALION OH	加利恩	美国（俄亥俄州）
GRB	GREEN BAY WI	格林湾	美国（威斯康星州）
GRC	GRAND CESS	大塞斯	利比亚
GRD	GREENWOOK SC	格林伍德	美国（南卡罗来纳州）
GRG	GARDEZ	加德兹	阿富汗
GRI	GRAND IS. NE	格兰德岛	美国（内布拉斯加州）
GRJ	GEORGE	乔治	南非
GRO	GERONA	赫罗纳	西班牙
GRP	GURUPI TO	古鲁皮	巴西（托坎廷斯州）
GRQ	GRONINGEN	格罗宁根	荷兰
GRR	GRAND RAPIDS MI	大急流	美国（密执安州）
GRS	GROSSETO	格罗塞托	意大利
GRV	GROZNYJ	格罗兹尼	俄罗斯
GRW	GRACIOSA IS.	格拉西奥萨岛	厄瓜多尔
GRX	GRANADA	格拉纳达	西班牙
GRY	GRIMSEY	格里姆塞	冰岛
GRZ	GRAZ	格拉茨	奥地利
GSA	LONG PASIA	伦巴西亚	马来西亚
GSC	GASCOYNE JUNCTION WA	加斯克因章克申	澳大利亚（西澳州）
GSO	GREENSBORO NC	格林斯伯勒	美国（北卡罗来纳州）
GSO	HIGH POINT NC	海波因特	美国（北卡罗来纳州）
GSP	GREENVILLE SC	格林维尔	美国（南卡罗来纳州）
GSR	GARDO	加尔多	索马里
GST	GUSTAVUS AK	古斯塔夫斯	美国（阿拉斯加州）
GSU	GEDAREF	格达雷夫	苏丹
GTB	GENTING	根滕	印度尼西亚
GTE	GROOTE EYLANDT NT	格鲁特	澳大利亚（北部地区）
GTF	GREAT FALLS MT	格雷特瀑布	美国（蒙大拿州）
GTO	GORONTALO	戈龙塔洛	印度尼西亚
GTT	GEORGETOWN QL	乔治敦	澳大利亚（昆士兰州）
GUA	GUATEMALA CITY	危地马拉城	危地马拉
GUC	GUNNISON CO	甘尼森	美国（科罗拉多州）
GUD	GOUNDAM	贡达姆	马里
GUG	GUARI	瓜里	巴布亚新几内亚

表 1（续）

代　码	城市地名英文全称	城市地名中文全称	所在国家或地区(州、省或区域)
GUH	GUNNEDAH NS	冈讷达	澳大利亚(新南威尔士州)
GUI	GUIRIA	吉里亚	委内瑞拉
GUL	GOULBURN NS	古尔本	澳大利亚(新南威尔士州)
GUM	GUAM	关岛	太平洋
GUP	GALLUP NM	盖洛普	美国(新墨西哥州)
GUQ	GUANARE	瓜纳累	委内瑞拉
GUR	ALOTAU	阿洛淘	巴布亚新几内亚
GUV	MOUGULU	穆古卢	巴布亚新几内亚
GUW	GURYEV	古里耶夫	哈萨克斯坦
GUX	GUNA	古纳	印度
GVA	GENEVA	日内瓦	瑞士
GVI	GREEN RIVER	格陵河	巴布亚新几内亚
GVP	GREENVALE QL	格陵韦尔	澳大利亚(昆士兰州)
GVR	GOVERN. VALAKARES MG	瓦拉达里斯州长	巴西(米纳斯吉拉斯州)
GVT	GREENVILLE TX	格林维尔	美国(德克萨斯州)
GVX	GAVLE	耶夫勒	瑞典
GWA	GWA	古亚	缅甸
GWD	GWADAR	瓜德尔	巴基斯坦
GWE	GWERU	格韦鲁	津巴布韦
GWL	GWALIOR	格瓦利奥尔	印度
GWO	GREENWOOD MS	格林伍德	美国(马萨诸塞州)
GWT	WESTERLAND	韦斯特兰	德国
GWY	GALWAY	戈尔韦	爱尔兰
GXF	SEIYUN	塞云	也门
GXG	NEGAGE	内加热	安哥拉
GXQ	COYHAIQUE	科哈依克	智利
GXX	YAGOUA	亚瓜	喀麦隆
GXY	GREELEY CO	格里利	美国(科罗拉多州)
GYA	GUAYARAMERIN	瓜亚拉梅林	玻利维亚
GYE	GUAYAQUIL	瓜亚基尔	厄瓜多尔
GYI	GISENYI	吉塞尼	卢旺达
GYL	ARGYLE WA	阿盖尔	澳大利亚(西澳州)
GYM	GUAYMAS	瓜伊马斯	墨西哥
GYN	GOIANIA GO	戈亚尼亚	巴西(戈亚斯州)
GYP	GYMPIE QL	金皮	澳大利亚(昆士兰州)

表 1(续)

代 码	城市地名英文全称	城市地名中文全称	所在国家或地区(州、省或区域)
GZO	GIZO	吉佐	所罗门群岛(太平洋)
GZT	GAZIANTEP	加齐安特普	土耳其
HAA	HASVIK	哈斯维克	挪威
HAC	HACHIJO JIMA	八丈岛	日本
HAD	HALMSTAD	哈尔姆斯塔德	瑞典
HAJ	HANOVER	汉诺威	德国
HAK	HAIKOU	海口	中国(海南省)
HAM	HAMBURG	汉堡	德国
HAN	HANOI	河内	越南
HAP	HAPPY BAY QL	汉皮湾	澳大利亚(昆士兰州)
HAR	HARRISBURG PA	哈利斯堡	美国(宾夕法尼亚州)
HAS	HAIL	哈伊勒	沙特阿拉伯
HAU	HAUGESUND	海于格生德	挪威
HAV	HAVANA	哈瓦那	古巴
HAW	HAVERFORDWEST	哈弗福德韦斯特	英国
HAY	HAYCOCK AK	海科克	美国(阿拉斯加州)
HAZ	HATZFELDTHAVEN	哈茨费尔特港	巴布亚新几内亚
HBA	HOBART TS	霍巴特	澳大利亚(塔斯马尼亚州)
HBH	HOBART BAY AK	霍巴特湾	美国(阿拉斯加州)
HBT	HAFR ALBATIN	哈法尔阿尔巴廷	沙特阿拉伯
HBX	HUBLI	胡布利	印度
HCA	BIG SPRING TX	大斯普林	美国(德克萨斯州)
HCB	SHOAL COVE AK	绍阿尔峡	美国(阿拉斯加州)
HCQ	HALLS CREEK WA	霍尔兹河	澳大利亚(西澳州)
HCR	HOLY CROSS AK	霍利克罗斯	美国(阿拉斯加州)
HCW	CHERAW SC	奇罗	美国(南卡罗来纳州)
HDA	HIDDEN FALLS AK	希登福尔斯	美国(阿拉斯加州)
HDD	HYDERABAD	海得拉巴	巴基斯坦
HDF	HERINGSDORF	赫林斯多夫	德国
HDM	HAMADAN	哈马丹	伊朗
HDN	HAYDEN CO	海登	美国(科罗拉多州)
HDY	HAT YAI	合艾	泰国
HEA	HERAT	赫拉特	阿富汗
HEH	HEHO	海霍	缅甸
HEI	HEIDE/BUESUM	海德/布埃色姆	德国

表 1（续）

代　码	城市地名英文全称	城市地名中文全称	所在国家或地区（州、省或区域）
HEK	HEIHE	黑河	中国(黑龙江省)
HEL	HELSINKI	赫尔辛基	芬兰
HER	HERAKLION	赫拉克利翁	希腊
HET	HOHHOT	呼和浩特	中国(内蒙古自治区)
HEZ	NATCHEZ MI	纳奇兹	美国(密执安州)
HFA	HAIFA	海法	以色列
HFD	HARTFORD CT	哈特福德	美国(康涅狄格州)
HFE	HEFEI	合肥	中国(安徽省)
HFT	HAMMERFEST	哈默菲斯特	挪威
HGA	HARGEISA	哈尔格萨	索马里
HGD	HUGHENDEN QL	休恩登	澳大利亚(昆士兰州)
HGH	HANGZHOU	杭州	中国(浙江省)
HGL	HELGOLAND	黑尔戈兰	德国
HGN	MAE HONG SON	夜丰颂	泰国
HGO	KORHOGO	科尔霍戈	科特迪瓦(象牙海岸)
HGR	HAGERSTOWN MD	黑格斯敦	美国(马里兰州)
HGU	MOUNT HAGEN	芒特哈根	巴布亚新几内亚
HHH	HILTON HEAD SC	希尔顿海德	美国(南卡罗来纳州)
HHQ	HUA HIN	华欣	泰国
HIB	CHISHOLM/HIBBING MN	奇瑟姆/西宾	美国(明尼苏达州)
HIB	HIBBING MN	希宾	美国(明尼苏达州)
HID	HORN IS. QL	霍恩岛	澳大利亚(昆士兰州)
HIJ	HIROSHIMA	广岛	日本
HIP	HEADINGLY QL	黑丁利	澳大利亚(昆士兰州)
HIR	HONIARA	霍尼亚拉	所罗门群岛(太平洋)
HIS	HAYMAN IS. QL	海曼岛	澳大利亚(昆士兰州)
HIX	HIVA OA	希瓦瓦	玻利维亚属，太平洋
HJR	KHAJURAHO	克久拉霍	印度
HKB	HEALY LAKE AK	希利湖	美国(阿拉斯加州)
HKD	HAKODATE	函馆	日本
HKG	HONG KONG	香港	中国香港
HKK	HOKITIKA	霍基蒂卡	新西兰
HKN	HOSKINS	霍斯金斯	巴布亚新几内亚
HKT	PHUKET	普吉	泰国
HKY	HICKORY NC	希科里	美国(北卡罗来纳州)

表 1（续）

代 码	城市地名英文全称	城市地名中文全称	所在国家或地区（州、省或区域）
HLA	LANSERIA	拉塞利亚	南非
HLD	HAILAR	海拉尔	中国（内蒙古自治区）
HLF	HULTSFRED	胡尔茨弗雷德	瑞典
HLN	HELENA MT	赫勒纳	美国（蒙大拿州）
HLT	HAMILTON VI	哈密尔顿	澳大利亚（维多利亚州）
HLU	HOUAILOU	瓦伊卢	新喀里多尼亚（太平洋）
HLV	HELENVALE QL	海林维尔	澳大利亚（昆士兰州）
HLZ	HAMIL TON	哈密尔顿	新西兰
HME	HASSI MESSAOUD	哈西迈萨乌德	阿尔及利亚
HMO	HERMOSILLO	埃莫西约	墨西哥
HMR	HAMAR	哈马尔	瑞典
HNC	HATTERAS NC	哈特勒斯	美国（北卡罗来纳州）
HNG	HIENGHENE	延根	喀麦隆
HNH	HOONAH AK	霍纳	美国（阿拉斯加州）
HNK	HINCHINBROK QL	欣钦布鲁克	澳大利亚（昆士兰州）
HNL	HONOLULU HI	檀香山	美国（夏威夷州）
HNM	HANA HI	哈纳	美国（夏威夷州）
HNS	HAINES AK	哈伊尼斯	美国（阿拉斯加州）
HOB	HOBBS NM	霍布斯	美国（新墨西哥州）
HOC	KOMAKO	驹子	日本
HOD	HODEIDAH	荷台达	也门（原北也门）
HOE	HOUEISAY	会晒	老挝
HOG	HOLGUIN	奥尔金	古巴
HOI	HAO IS.	豪岛	土阿莫土群岛（太平洋）
HOK	HOOKER CREEK NT	胡克河	澳大利亚（北部地区）
HOM	HOMER AK	荷马	美国（阿拉斯加州）
HON	HURON SD	休伦	美国（南达科他州）
HOQ	HOF	霍夫	德国
HOR	HORTA	奥尔塔	葡萄牙
HOT	HOT SPRING AR	温泉	美国（阿肯色州）
HOU	HOUSTON TX	休斯敦	美国（德克萨斯州）
HOV	ORSTA VOLDA	厄斯塔伏尔达	挪威
HOX	HOMALIN	霍马林	缅甸
HOY	HOY IS.	霍耶岛	英国
HPA	HA' APAI	哈帕伊	汤加（大洋洲）

表 1（续）

代 码	城市地名英文全称	城市地名中文全称	所在国家或地区(州、省或区域)
HPB	HOOPER BAY AK	胡珀湾	美国(阿拉斯加州)
HPN	WESTCHESTER NY	韦斯特切斯特	美国(纽约州)
HPN	WHITE PLAINS NY	怀特普莱恩斯	美国(纽约州)
HQM	HOQUIAM WA	霍奎厄姆	美国(华盛顿州)
HRB	HARBIN	哈尔滨	中国(黑龙江省)
HRE	HARARE	哈拉雷	津巴布韦(原名索尔兹伯里)
HRG	HURGHADA	胡尔加达	埃及
HRK	KHARKOV	哈尔科夫	乌克兰
HRL	HARLINGEN TX	哈灵根	美国(德克萨斯州)
HRO	HARRISON AR	哈里森	美国(阿肯色州)
HRS	HARRISMITH	哈里史密斯	南非
HSI	HASTINGS NE	黑斯廷斯	美国(内布拉斯加州)
HSL	HUSLIA AK	胡斯利亚	美国(阿拉斯加州)
HSP	HOT SPRING VA	温泉	美国(弗吉尼亚州)
HSV	HUNTSVILLE AL	亨茨维尔	美国(亚拉巴马州)
HTA	CHITA	赤塔	俄罗斯(乌拉尔以东)
HTB	TERRE-DE-BAS	下岛	瓜德罗普岛(拉丁美洲)
HTI	HAMILTON IS. QL	哈密尔顿岛	澳大利亚(昆士兰州)
HTN	HOTAN	和田	中国(新疆维吾尔自治区)
HTO	EAST HAMPTON NY	东汉普顿	美国(纽约州)
HTR	HATERUMA	波照间(岛)	日本
HTS	ASHLAND KY	阿什兰	美国(肯塔基州)
HTS	HUNTINGTON WV	亨廷顿	美国(西弗吉尼亚州)
HTU	HOPETOUN VI	霍普敦	澳大利亚(维多利亚州)
HTZ	HATO COROZAL	哈托科罗萨尔	哥伦比亚
HUC	HUMACAO	乌马考	波多黎各
HUE	HUMERA	胡默拉	埃塞俄比亚
HUF	TERRE HAUTE IN	特雷霍特	美国(印第安纳州)
HUH	HUAHINE IS.	胡阿内岛	社会群岛(太平洋)
HUN	HUALIEN	花莲	中国(台湾省)
HUQ	HOUN	候恩	利比亚
HUS	HUGHES AK	休斯	美国(阿拉斯加州)
HUT	HUTCHISON KS	哈钦森	美国(堪萨斯州)
HUU	HUANUCO	万努科	秘鲁
HUV	HUDIKSVALL	胡迪克斯瓦尔	瑞典

表 1（续）

代　码	城市地名英文全称	城市地名中文全称	所在国家或地区(州、省或区域)
HUY	HUMBERSIDE	亨伯赛德	英国
HVA	ANALALAVA	阿纳拉拉瓦	马达加斯加
HVB	HERVEY BAY QL	赫维湾	澳大利亚(昆士兰州)
HVG	HONNINGSVAG	霍宁斯沃格	挪威
HVK	HOLMAVIK	候尔马维克	冰岛
HVM	HVAMMSTANGI	华姆斯唐吉	冰岛
HVN	NEW HAVEN CT	纽黑文	美国(康涅狄格州)
HVR	HAVRE MT	阿夫雷	美国(蒙大拿州)
HWA	HAWABANGO	哈瓦班戈	巴布亚新几内亚
HWI	HAWK INLET AK	霍克因莱特	美国(阿拉斯加州)
HWK	HAWKER SA	霍克尔	澳大利亚(南澳州)
HWN	HWANGE NATION PARK	万盖国家公园	津巴布韦
HXX	HAY NS	赫伊	澳大利亚(新南威尔士州)
HYA	HYANNIS MA	海恩尼斯	美国(马萨诸塞州)
HYD	HYDERABAD	海得拉巴	印度
HYF	HAYFIELDS	海菲尔德	英国
HYG	HYDABURG AK	海达堡	美国(阿拉斯加州)
HYL	HOLLIS AK	霍利斯	美国(阿拉斯加州)
HYR	HAYWARD WI	海沃德	美国(威斯康星州)
HYS	HAYS KS	海斯	美国(堪萨斯州)
HZG	HANZHONG	汉中	中国(陕西省)
HZK	HUSAVIK	胡萨维克	冰岛
HZL	HAZLETON PA	黑兹利顿	美国(宾夕法尼亚州)
IAG	NIAGARA FALLS NY	尼亚加拉瀑布	美国(纽约州)
IAM	IN AMENAS	英纳梅那斯	阿尔及利亚
IAN	KIANA AK	凯厄纳	美国(阿拉斯加州)
IAS	IASI	雅西	罗马尼亚
IBA	IBADAN	伊巴丹	尼日利亚
IBE	IBAGUE	伊瓦格	哥伦比亚
IBZ	IBIZA	伊比萨	西班牙
ICA	ICABARU	伊卡瓦路	委内瑞拉
ICI	CICIA	塞西亚	斐济(南太平洋,大洋洲)
ICK	NIEUM NICKERI	新尼克里	苏里南(拉美)
ICR	NICARO	尼卡罗	古巴
ICT	WICHITA KS	威奇塔	美国(堪萨斯州)

表 1 (续)

代　码	城市地名英文全称	城市地名中文全称	所在国家或地区(州、省或区域)
IDA	IDAHO FALLS ID	爱达荷福尔斯	美国(爱达荷州)
IDI	INDIANA PA	印第安纳	美国(宾夕法尼亚州)
IDK	INDULKANA SA	印度尔卡纳	澳大利亚(南澳州)
IDN	INDAGEN	英达根	巴布亚新几内亚
IDO	S. ISABEL M. TO	圣伊莎贝尔	巴西(托坎廷斯州)
IDR	INDORE	印多尔	印度
IDY	ILE D. YEU	耶岛	法国
IEG	ZIELONA GORA	绿山城	波兰
IEJ	IEJIMA	伊江岛	日本
IEV	KIEV	基辅	乌克兰
IFF	IFFLEY QL	伊夫雷	澳大利亚(昆士兰州)
IFJ	ISAFJORDUR	伊萨菲约杜尔	冰岛
IFL	INNISFAIL QL	因尼斯费尔	澳大利亚(昆士兰州)
IFN	ISFAHAN	伊斯法罕	伊朗
IFP	BULLHEAD CITY AZ	布尔海德城	美国(亚利桑那州)
IGA	INAGUA	英纳加	巴哈马(拉丁美洲)
IGG	IGIUGIG AK	伊久吉格	美国(阿拉斯加州)
IGH	INGHAM QL	英厄姆	澳大利亚(昆士兰州)
IGM	KINGMAN AZ	金曼	美国(亚利桑那州)
IGN	ILIGAN	伊利甘	菲律宾
IGO	CHIGORODO	奇格罗多	哥伦比亚
IGR	IGUAZU	伊瓜朱	阿根廷
IGU	IGUASSU FALLS PR	伊瓜苏瀑布	巴西(巴拉那州)
IHN	QISHN	基什恩	也门
IHO	IHOSY	伊胡西	马达加斯加
IHU	IHU	伊户	巴布亚新几内亚
IIA	INISHMAAN	伊尼什曼	冰岛
IIS	NISSAN IS.	尼桑岛	巴布亚新几内亚
IJU	IJUI RS	伊茹伊	巴西(南里奥格朗德州)
IJX	JACKSONVILLE IL	杰克逊维尔	美国(伊利诺斯州)
IKI	IKI	壹岐	日本
IKL	IKELA	伊凯拉	刚果(金)
IKO	NIKOLSKI AK	尼科尔斯基	美国(阿拉斯加州)
IKP	INKERMAN QL	英克曼	澳大利亚(昆士兰州)
IKT	IRKUTSK	伊尔库茨克	俄罗斯

表 1（续）

代　码	城市地名英文全称	城市地名中文全称	所在国家或地区(州、省或区域)
ILA	ILLAGA	伊拉加	印度尼西亚
ILE	KILLEEN TX	基林	美国(德克萨斯州)
ILF	ILFORD MN	伊尔福德	加拿大(曼尼托巴省)
ILG	WILMINGTON DE	威尔明顿	美国(特拉华州)
ILI	ILIAMNA AK	伊利亚姆纳	美国(阿拉斯加州)
ILM	WILMINGTON NC	威尔明顿	美国(北卡罗来纳州)
ILO	ILOILO	伊洛伊洛	菲律宾
ILP	ILE DES PINS(KUINE)	松树岛	新喀里多尼亚(太平洋)
ILR	ILORIN	伊洛林	尼日利亚
ILY	ISLAY	艾莱	英国
ILZ	ZILINA	日利纳	斯洛伐克
IMA	IAMALELE	雅马勒勒	巴布亚新几内亚
IMB	IMBAIMADAI	因拜马代	圭亚那
IMD	IMONDA	伊蒙达	巴布亚新几内亚
IMF	IMPHAL	英帕尔	印度
IMI	INE IS.	伊内岛	马绍尔群岛(太平洋)
IMK	SIMIKOT	锡米科特	尼泊尔
IMO	ZEMIO	泽米奥	中非
IMP	IMPERATRIZ MA	因佩拉特里斯	巴西(马拉尼翁州)
IMT	IRON MOUNT. MI	艾恩蒙廷	美国(密执安州)
INC	YINCHUAN	银川	中国(宁夏回族自治区)
IND	INDIANAPOLIS IN	印第安纳波利斯	美国(印第安纳州)
INF	IN GUEZZAM	英盖扎姆	阿尔及利亚
ING	LAGO ARGENTINO	阿根廷湖	阿根廷
INH	INHAMBANE	伊尼扬巴内	莫桑比克
INI	NIS	尼什	塞黑
INL	INT' L FALLS MN	国际瀑布	美国(明尼苏达州)
INM	INNAMINCKA SA	因纳明卡	澳大利亚(南澳州)
INN	INNSBRUCK	因斯布鲁克	奥地利
INQ	INISHEER	伊尼希尔	冰岛
INT	WINSTON SALEM NC	温斯顿—塞勒姆	美国(北卡罗来纳州)
INU	NAURU IS.	瑙鲁岛	瑙鲁(太平洋)
INV	INVERNESS	因弗内斯	英国
INW	WINSLOW AZ	温斯洛	美国(亚利桑那州)
INZ	IN SALAH	因萨拉	阿尔及利亚

表 1(续)

代 码	城市地名英文全称	城市地名中文全称	所在国家或地区(州、省或区域)
IOA	IOANNINA	雅尼那	希腊
IOK	IOKEA TOWN	雅克亚镇	巴布亚新几内亚
IOM	IS. OF MAN	曼岛	英国
ION	IMPFONDO	英普丰多	刚果(布)
IOP	IOMA	约马	巴布亚新几内亚
IOR	INISHMORE IL.	伊尼什莫尔岛	冰岛
IOS	ILHEUS BA	伊列乌斯	巴西(巴伊亚州)
IOU	ILE OUEN	乌恩岛	新喀里多尼亚(南太平洋)
IPA	IPOTA	怡波塔	瓦努阿图(南太平洋)
IPC	EASTER IS.	复活节岛	智利
IPE	IPIL	伊皮尔	菲律宾
IPG	IPIRANGA AM	伊皮兰加	巴西(亚马孙州)
IPH	IPOH	怡保	马来西亚
IPI	IPIALES	怡皮亚莱斯	哥伦比亚
IPL	EL CENTRO CA	埃尔森特罗	美国(加利福尼亚州)
IPL	IMPERIAL CA	因皮里尔	美国(加利福尼亚州)
IPN	IPATINGA MG	衣潘廷加	巴西(米纳斯吉拉斯州)
IPT	WILLIAMSPORT PA	威廉斯波特	美国(宾夕法尼亚州)
IPW	IPSWICH	伊普斯威奇	英国
IQM	QIEMO	且末	中国(新疆维吾尔自治区)
IQQ	IQUIQUE	伊基克	智利
IQT	IQUITOS	伊基托斯	秘鲁
IRA	KIRAKIRA	基拉基拉	所罗门群岛(太平洋)
IRC	CIRCLE AK	瑟克尔	美国(阿拉斯加州)
IRD	ISHURDI	伊舒尔迪	巴基斯坦
IRG	LOCKHART QL	洛克哈特	澳大利亚(昆士兰州)
IRI	IRINGA	伊林加	坦桑尼亚
IRJ	LA RIOJA	拉里奥哈	阿根廷
IRK	KIRKSVILLE MO	柯克斯维尔	美国(密苏里州)
IRO	BIRAO	比劳	中非
IRP	ISIRO	伊西罗	刚果(金)
ISA	MOUNTISA QL	芒特艾萨	澳大利亚(昆士兰州)
ISB	ISLAMABAD	伊斯兰堡	巴基斯坦
ISC	ISLES OF SCILLY	锡利群岛	英国
ISG	ISHIGAKI	右垣	日本

表 1（续）

代　码	城市地名英文全称	城市地名中文全称	所在国家或地区（州、省或区域）
ISI	ISISFORD QL	艾西斯福德	澳大利亚（昆士兰州）
ISJ	ISLA MUJERES	穆赫勒斯岛	墨西哥
ISK	NASIK	纳济克	伊朗
ISM	KISSIMMEE FL	基西米	美国（佛罗里达州）
ISN	WILLISTON ND	威利斯顿	美国（北达科他州）
ISO	KINSTON NC	金斯顿	美国（北卡罗来纳州）
ISP	ISLIP NY	艾斯利普	美国（纽约州）
IST	ISTANBUL	伊斯坦布尔	土耳其
ISW	WISCONSIN WI	威斯康星	美国（威斯康星州）
ITB	ITAITUBA PA	伊泰图巴	巴西（帕拉州）
ITH	ITHACA NY	伊萨卡	美国（纽约州）
ITI	ITAMBACURI MG	伊坦巴库里	巴西（米纳斯吉拉斯州）
ITK	ITOKAMA	伊托卡马	巴布亚新几内亚
ITN	ITABUNA BA	伊塔布纳	巴西（巴伊亚州）
ITO	HILO HI	希洛	美国（夏威夷州）
ITQ	ITAQUI RS	伊塔基	巴西（南里奥格朗德州）
IUE	NIUE IS.	纽埃岛	纽埃（大洋州）
IUL	ILU	伊卢	印度尼西亚
IVA	AMBANJA	安班贾	马达加斯加
IVC	INVERCARGILL	因佛卡吉尔	新西兰
IVL	IVALO	伊伐洛	芬兰
IVR	INVERELL NS	因旨雷尔	澳大利亚（新南威尔士州）
IVW	INVERWAY NT	因弗韦	澳大利亚（北部地区）
IWD	IRONWOOD MI	艾恩伍德	美国（密执安州）
IXA	AGARTALA	阿加尔塔拉	印度
IXB	BAGDOGRA	巴格多格拉	印度
IXC	CHANDIGARH	昌迪加尔	印度
IXD	ALLAHABAD	阿拉哈巴德	印度
IXE	MANGALORE	曼加洛尔	印度
IXG	BELGAUM	贝尔高姆	印度
IXH	KAILASHAHAR	凯拉沙哈尔	印度
IXI	LILABARI	利拉巴里	印度
IXJ	JAMMU	查谟	印度
IXK	KESHOD	克肖德	印度
IXL	LEH	列城	印度

表 1（续）

代　码	城市地名英文全称	城市地名中文全称	所在国家或地区(州、省或区域)
IXM	MADURAI	马杜赖	印度
IXQ	KAMALPUR	卡马尔普尔	印度
IXR	RANCHI	兰契	印度
IXS	SILCHAR	锡尔杰尔	印度
IXT	PASIGHAT	帕西加特	印度
IXU	AURANGABAD	奥兰加巴德	印度
IXV	ALONG	阿隆	印度
IXW	JAMSHEDPUR	贾姆谢普尔	印度
IXY	KANDLA	坎德拉	印度
IXZ	PT. BLAIR	布莱尔港	印度
IYK	INYOKERN CA	因约肯	美国(加利福尼亚州)
IZM	IZMIR	伊兹密尔	土耳其
IZO	IZUMO	出云	日本
JAA	JALALABAD	贾拉拉巴德	阿富汗
JAB	JABIRU NT	贾比茹	澳大利亚(北部地区)
JAC	JACKSON WY	杰克逊	美国(怀俄明州)
JAF	JAFFNA	贾夫纳	斯里兰卡
JAG	JACOBABAD	雅各布阿巴德	巴基斯坦
JAH	AUBAGNE	奥巴根	法国
JAI	JAIPUR	斋浦尔	印度
JAN	JACKSON MS	杰克逊	美国(密西西比州)
JAQ	JACQUINOT BAY	杰基诺特湾	巴布亚新几内亚
JAT	JABAT	贾巴特	马绍尔群岛(太平洋)
JBR	JONESBORO AR	琼斯伯勒	美国(阿肯色州)
JCB	JOACABA SC	若阿萨巴	巴西(圣卡塔林纳州)
JCK	JULIA CREEK QL	朱利亚河	澳大利亚(昆士兰州)
JCM	JACOBINA BA	雅克比纳	巴西(巴伊亚州)
JDF	JUIZ DE FORA MG	茹伊斯—迪福拉	巴西(米纳斯吉拉斯州)
JDH	JODIIQUR	焦特布尔	印度
JDO	JUAZERO D. NORTE CE	北茹阿泽鲁	巴西(西阿拉州)
JDZ	JINGDEZHEN	景德镇	中国(江西省)
JED	JEDDAH	吉达	沙特阿拉伯
JEE	JEREMIE	热雷米	海地(拉丁美洲)
JEF	JEFFERSON MO	杰斐逊	美国(密苏里州)
JEG	AASIAAT	阿西亚特	格陵兰(丹属,北美洲)

表 1（续）

代　码	城市地名英文全称	城市地名中文全称	所在国家或地区(州、省或区域)
JEQ	JEQUIE BA	热基耶	巴西(巴伊亚州)
JER	JERSEY	泽西	英国
JGA	JAMNAGAR	贾姆纳加尔	印度
JGB	JAGDALPUR	杰格德尔布尔	印度
JGN	JIAYUGUAN	嘉峪关	中国(甘肃省)
JGQ	GODHAVN	戈德港	格陵兰(丹属,北美洲)
JGR	GRONNEDAL	格罗尼达尔	格陵兰(丹属,北美洲)
JHB	JOHOR BAHRU	柔佛巴鲁	马来西亚
JHC	GARDEN CITY NY	加登城	美国(纽约州)
JHM	KAPALUA HI	卡帕卢阿	美国(夏威夷州)
JHQ	SHUTE HARBOR QL	舒特港	澳大利亚(昆士兰州)
JHS	HOLSTEINSBORG	霍尔施泰因斯堡	格陵兰(丹属,北美洲)
JHW	JAMESTOWN NY	詹姆斯敦	美国(纽约州)
JIB	DJIBOUTI	吉布提市	吉布提
JIM	JIMMA	季马	埃塞俄比亚
JIN	JINJA	金贾	乌干达
JIR	JIRI	吉里	尼泊尔
JIW	JIWANI	吉沃尼	巴基斯坦
JJI	JUANJUI	胡安惠	秘鲁
JJN	JINJIANG	曾江	马来西亚
JKG	JONKOPING	荣彻平	瑞典
JKH	CHIOS	希俄斯	希腊
JKR	JANAKPUR	贾纳克普尔	尼泊尔
JKT	JAKARTA(DJAKARTA)	雅加达	印度尼西亚
JLN	JOPLIN MO	乔普林	美国(密苏里州)
JLR	JABALPUR	贾巴尔普尔	印度
JMB	JAMBA	贾姆巴	安哥拉
JMC	SAUSALITO CA	索萨利托	美国(加利福尼亚州)
JMK	MIKONOS	米科诺斯	希腊
JMO	JOMSOM	乔姆松	尼泊尔
JMS	JAMESTOWN ND	詹姆斯敦	美国(北达科他州)
JNA	JANUARIA MG	雅努阿里亚	巴西(米纳斯吉拉斯州)
JNB	JOHANNESBURG	约翰内斯堡	南非
JNI	JUNIN	胡宁	阿根廷
JNN	NANORTALIK	纳诺塔利克	格陵兰(丹属,北美洲)

表 1(续)

代　码	城市地名英文全称	城市地名中文全称	所在国家或地区(州、省或区域)
JNS	NARSSAQ	纳赫萨克	格陵兰(丹属,北美洲)
JNU	JUNEAU AK	朱诺	美国(阿拉斯加州)
JOE	JOENSUU	约恩苏	芬兰
JOG	YOGYAKARTA	日惹	印度尼西亚
JOI	JOINVILLE SC	若因维尔	巴西(圣卡塔林州)
JOL	JOLO	霍洛	菲律宾
JON	JOHNSTON IS.	约翰斯顿岛	太平洋
JOP	JOSEPHSTAAL	约瑟夫斯塔尔	巴布亚新几内亚
JOS	JOS	乔斯	尼日利亚
JPA	JOA PESSOA PB	若昂佩索阿	巴西(帕拉伊巴州)
JPR	JI-PARANA RO	吉—巴拉那	巴西(朗多尼亚州)
JQE	JAQUE	哈克	巴拿马
JRH	JORHAT	乔哈特	印度
JRO	KILIMANJARO	乞力马扎罗	坦桑尼亚
JRS	JERUSALEM	耶路撒冷	以色列
JSA	JAISALMER	杰伊瑟尔梅尔	印度
JSH	SITIA	锡蒂亚	希腊
JSI	SKIATHOS	斯基亚索斯	希腊
JSM	JOSE D. SAN. MATIN CB	何塞—德圣马丁	阿根廷
JSO	SODERTALJE	南泰利耶	瑞典
JSR	JESSORE	杰索尔	孟加拉国
JST	JOHNSTOWN PA	约翰斯顿	美国(宾夕法尼亚州)
JTR	THIRA	锡拉	希腊
JTY	ASTYPALAIA	阿斯提帕拉拉	希腊
JUB	JUBA	朱巴	苏丹
JUI	JUIST	儒伊斯特	德国
JUJ	JUJUY	胡胡伊	阿根廷
JUL	JULIACA	胡利亚卡	秘鲁
JUM	JUMLA	久姆拉	尼泊尔
JUO	JURADO	胡拉多	哥伦比亚
JUV	UPERNAVIK	乌佩纳维克	格陵兰(丹属,北美洲)
JVA	ANKAVANDRA	安卡凡特拉	马达加斯加
JVL	JANESVILLE WI	简斯维尔	美国(威斯康星州)
JWA	JWANENG	朱瓦能	博茨瓦纳
JXN	JACKSON MI	杰克逊	美国(密执安州)

表 1（续）

代　码	城市地名英文全称	城市地名中文全称	所在国家或地区（州、省或区域）
JYV	JYVASKYLA	于伐斯居拉	芬兰
KAA	KASAMA	卡萨马	赞比亚
KAB	KARIBA	卡里巴	津巴布韦
KAC	KAMESHLI	卡米什利	叙利亚
KAD	KADUNA	卡杜纳	尼日利亚
KAE	KAKE AK	客凯	美国（阿拉斯加州）
KAI	KAIETEUR	凯厄图尔	圭亚那
KAJ	KAJAANI	卡亚尼	芬兰
KAL	KALTAG AK	卡尔塔格	美国（阿拉斯加州）
KAM	KAMARAN IS.	卡马兰岛	也门
KAN	KANO	卡诺	尼日利亚
KAO	KUUSAMO	库萨莫	芬兰
KAR	KAMARANG	卡马朗	圭亚那
KAT	KAITAIA	凯塔依亚	新西兰
KAU	KAUHAVA	考哈瓦	芬兰
KAW	KAWTHAUNG	高当	缅甸
KAX	KALBARRI WA	卡尔巴里	澳大利亚（西澳州）
KAY	WAKAYA IS.	瓦卡亚岛	斐济（大洋洲，南太平洋）
KAZ	KAU	卡乌	印度尼西亚
KBA	KABALA	卡巴拉	塞拉利昂
KBC	BIRCH CREEK AK	伯奇河	美国（阿拉斯加州）
KBE	BELL IS. AK	贝尔岛	美国（阿拉斯加州）
KBF	KARUBAGA	卡鲁巴加	印度尼西亚
KBI	KRIBI	克里比	喀麦隆
KBK	KLAG BAY AK	克拉格湾	美国（阿拉斯加州）
KBL	KABUL	喀布尔	阿富汗
KBM	KABWUM	卡布武姆	巴布亚新几内亚
KBR	KOTA BHARU	哥达巴鲁	马来西亚
KBS	BO	博城	塞拉利昂
KBX	KAMBUAYA	坎巴亚	印度尼西亚
KBY	STREAKY BAY SA	施特累基湾	澳大利亚（南澳州）
KCC	COFFMAN COVE AK	科夫曼湾	美国（阿拉斯加州）
KCE	COLLINSVILE QL	科林斯维尔	澳大利亚（昆士兰州）
KCH	KUCHING	古晋	马亚西亚
KCL	CHIGNIK AK	奇格尼克	美国（阿拉斯加州）

表 1（续）

代 码	城市地名英文全称	城市地名中文全称	所在国家或地区（州、省或区域）
KCN	CHERNOFSK AK	切尔诺夫斯克	美国（阿拉斯加州）
KCU	MASINDI	马辛迪	乌干达
KCZ	KOCHI	高知	日本
KDA	KOLDA	科尔达	塞内加尔
KDB	KAMBALDA WA	坎博尔达	澳大利亚（西澳州）
KDC	KANDI	坎迪	印度
KDD	KHUZDAR	胡兹达尔	巴基斯坦
KDE	KOROBA	科罗巴	巴布亚新几内亚
KDH	KANDAHAR	坎大哈	阿富汗（昆都士省）
KDI	KENDARI	肯达里	印度尼西亚
KDJ	NDJOLE	恩乔莱	加蓬
KDN	NDENDE	恩代恩代	加蓬
KDP	KANDEP	坎德普	巴布亚新几内亚
KDR	KANDRIAN	坎德利安	巴布亚新几内亚
KDS	KAMARAN DO QL	卡马兰·多	澳大利亚（昆士兰州）
KDU	SKARDU	斯卡都	巴基斯坦
KDV	KANDAVU	坎达武	斐济（大洋洲）
KEA	KEISAH	凯萨	印度尼西亚
KED	KAEDI	卡埃迪	毛里塔尼亚
KEE	KELLE	凯莱	刚果（金）
KEH	KENMORE WA	肯漠尔	美国（华盛顿州）
KEI	KEPI	克皮	印度尼西亚
KEJ	KEMEROVO	克麦罗沃	俄罗斯
KEK	EKWOK AK	艾科沃克	美国（阿拉斯加州）
KEL	KIEL	基尔	德国（原西德石勒苏盖格州）
KEM	KEMI/TORNIO	克米	芬兰
KEN	KENEMA	凯内马	塞拉利昂
KEO	ODIENNE	奥迭内	科特迪瓦（象牙海岸）
KEP	NEPALGANJ	尼泊尔根杰	尼泊尔
KEQ	KEBAR	克巴尔	印度尼西亚
KET	KENG TUNG	景栋	缅甸
KEV	KUOREVESI	库奥雷韦西	芬兰
KFA	KIFFA	基法	毛里塔尼亚
KFG	KALKURUNG NT	卡尔库龙	澳大利亚（北部地区）
KFP	FALSE PASS AK	福尔斯帕斯	美国（阿拉斯加州）

表 1（续）

代　码	城市地名英文全称	城市地名中文全称	所在国家或地区(州、省或区域)
KGA	KANANGA	卡南加	刚果(金)
KGB	KONGE	孔盖	巴布亚新几内亚
KGC	KINGSCOTE SA	金斯科特	澳大利亚(南澳州)
KGD	KALININGRAD	加里宁格勒	俄罗斯
KGF	KARAGANDA	卡拉干达	哈萨克斯坦
KGG	KEDOUGOU	克杜古	塞内加尔
KGI	KALGOORLIE WA	卡尔古利	澳大利亚(西澳州)
KGJ	KARONGA	卡龙加	马拉维
KGK	KOLIGANEK AK	科利加内克	美国(阿拉斯加州)
KGL	KIGALI	基加利	卢旺达
KGS	KOS	科斯	希腊
KGU	KENINGAU	建宁欧	马来西亚
KGW	KAGI	角耳	朝鲜
KGX	GRAYLING AK	格雷灵	美国(阿拉斯加州)
KGY	KINGAROY QL	金格罗伊	澳大利亚(昆士兰州)
KHE	KHERSON	赫尔松	乌克兰
KHH	KAOHSIUNG	高雄	中国(台湾省)
KHI	KARACHI	卡拉奇	巴基斯坦
KHK	KHARK IS.	卡克岛	伊朗
KHN	NANCHANG	南昌	中国(江西省)
KHS	KHASAB	海塞卜	阿曼
KHT	KHOST	霍斯特	阿富汗
KHV	KHABAROVSK	哈巴罗夫斯克	俄罗斯
KIB	IVANOF BAY AK	伊凡诺夫湾	美国(阿拉斯加州)
KID	KRISTIANSTAD	克里斯蒂安斯塔德	瑞典
KIE	KIETA	基埃塔	所罗门群岛(太平洋)
KIF	KINGFISHER ON	金菲舍	加拿大(安大略省)
KIH	KISH IS.	基什岛	伊朗
KIJ	NIIGATA	新泻	日本
KIM	KIMBERLEY	金伯利	南非
KIN	KINGSTON	金斯敦	牙买加(拉丁美洲)
KIO	KILI IS.	基尔岛	马绍尔群岛(太平洋)
KIQ	KIRA	基拉	巴布亚新几内亚
KIR	KERRY COUNTY	凯里郡	爱尔兰
KIR	KILLARNEY	基拉尔尼	爱尔兰

表 1（续）

代　码	城市地名英文全称	城市地名中文全称	所在国家或地区（州、省或区域）
KIS	KISUMU	基苏木	肯尼亚
KIT	KITHIRA	基西拉	希腊
KIU	KIUNGA	基温加	肯尼亚
KIV	KISHINEV	基什尼奥夫	摩尔达维亚
KIW	KITWE	基特韦	赞比亚
KIY	KILWA	基尔瓦	坦桑尼亚
KJA	KRASNOYARSK	克拉斯诺亚尔斯克	俄罗斯
KKA	KOYUK AK	科尤克	美国（阿拉斯加州）
KKB	KITOI BAY AK	基图依湾	美国（阿拉斯加州）
KKC	KHON KAEN	孔敬	泰国
KKD	KOKODA	科科达	巴布亚新几内亚
KKE	KERIKERI	凯里凯里	新西兰
KKH	KONGIGANAK AK	孔基加纳克	美国（阿拉斯加州）
KKI	AKIACHAK AK	阿基亚查克	美国（阿拉斯加州）
KKJ	KITA KYUSHU	北九州	日本
KKK	KALAKAKET AK	卡拉卡凯特	美国（阿拉斯加州）
KKN	KIRKENES	希尔克内斯	挪威
KKO	KAIKOHE	凯库赫	新西兰
KKR	KAUKURA ATOLL	考库拉环礁	土阿莫土群岛（太平洋）
KKU	EKUK AK	埃库克	美国（阿拉斯加州）
KKW	KIKWIT	基克韦特	刚果（金）
KLA	KAMPALA	坎帕拉	乌干达
KLB	KALABO	卡拉博	赞比亚
KLC	KAOLACK	考拉克	塞内加尔
KLE	AKELE	卡埃尔	喀麦隆
KLG	KALSKAG AK	卡尔斯卡格	美国（阿拉斯加州）
KLH	KOLHAPUR	戈尔哈普尔	印度
KLK	KALOKOL	卡洛克尔	肯尼亚
KLL	LEVELOCK AK	莱弗洛克	美国（阿拉斯加州）
KLN	LARSEN BAY AK	拉森湾	美国（阿拉斯加州）
KLO	KALIBO	卡利博	菲律宾
KLR	KALMAR	卡尔马	瑞典
KLU	KLAGENFURT	克拉根福	奥地利
KLV	KARLOVY VARY	卡罗维发利	捷克
KLW	KLAWOCK AK	克拉瓦克	美国（阿拉斯加州）

表 1（续）

代 码	城市地名英文全称	城市地名中文全称	所在国家或地区(州、省或区域)
KLX	KALAMATA	卡拉马塔	希腊
KLY	KALIMA	卡利马	刚果(金)
KLZ	KLEINZEE	克莱因齐	南非
KMA	KEREMA	凯里马	巴布亚新几内亚
KME	KAMEMBE	卡门贝	卢旺达
KMF	KAMINA	卡米纳	多哥(非洲)
KMF	KAMINA	卡米纳	刚果(金)
KMG	KUMMING	昆明	中国(云南省)
KMH	KURUMAN	库鲁曼	南非
KMI	MIYAZAKI	宫崎	日本
KMJ	KUMAMOTO	熊本	日本
KMK	MAKABANA	摩卡巴纳	刚果(金)
KML	KAMILIROI QL	卡米勒罗伊	澳大利亚(昆士兰州)
KMM	KIMAM	基曼	印度尼西亚
KMO	MANOKOTAK AK	马诺科塔克	美国(阿拉斯加州)
KMP	KEETMANSHOOP	基特曼斯胡普	纳米比亚
KMP	WEST POINT AK	西点	美国(阿拉斯加州)
KMQ	KOMATSU	小松	日本
KMR	KARIMUI	卡里穆伊	巴布亚新几内亚
KMS	KUMASI	库马西	加纳
KMU	KISMAYU	基斯马尤	索马里
KMV	KALEMYO	吉灵庙	缅甸
KMX	KHAMIS MUSHAI	海米斯 穆斯哈	埃及
KMZ	KAOMA	卡奥马	赞比亚
KNB	KANAB UT	卡纳布	美国(犹他州)
KND	KINDU	金杜	刚果(金)
KNE	KANAINJ	金井	日本
KNG	KAIMANA	凯马纳	印度尼西亚
KNJ	KINDAMBA	金丹巴	刚果(布)
KNK	KAKHONAK AK	卡克霍纳克	美国(阿拉斯加州)
KNM	KANIAMA	卡尼亚马	刚果(金)
KNN	KANKAN	坎坎	几内亚
KNQ	KONE	科内	新喀里多尼亚(太平洋)
KNS	KING IS. TS	金岛	澳大利亚(塔斯马尼亚州)
KNU	KANPUR	坎普尔	印度

表 1（续）

代　码	城市地名英文全称	城市地名中文全称	所在国家或地区(州、省或区域)
KNW	NEW STUYAHOK AK	新斯图亚霍克	美国(阿拉斯加州)
KNX	KUNUNURRA WA	库努纳拉	澳大利亚(西澳州)
KNZ	KENIEBA	凯涅巴	马里
KOA	KONA HI	科纳	美国(夏威夷州)
KOB	KOUTABA	库塔巴	喀麦隆
KOC	KOUMAC	库马克	新喀里多尼亚(太平洋)
KOD	KOTABANGUN	哥打邦翁	印度尼西亚
KOE	KUPANG	古邦	印度尼西亚
KOH	KOOLATAH NT	库勒塔	澳大利亚(北部地区)
KOI	KIRKWALL	柯克沃尔	英国
KOI	ORKNEY IS. S	奥克尼群岛	英国
KOJ	KAGOSHIMA	鹿尔岛	日本
KOK	KOKKOLA	科科拉	芬兰
KOO	KONGOLO	康果洛	刚果(金)
KOP	NAKHON PHANOM	佛统	泰国
KOR	KOKORO	科科罗	贝宁(非洲)
KOT	KOTLIK AK	戈特利克	美国(阿拉斯加州)
KOU	KOULAMOUTOU	库拉穆图	加蓬
KOV	KOKSCHETAV	科克切塔夫	哈萨克斯坦
KOW	GANZHOU	赣州	中国(江西省)
KOY	OLGA BAY AK	奥尔加湾	美国(阿拉斯加州)
KOZ	OUZINKIE AK	尤津基	美国(阿拉斯加州)
KPB	PT. BAKER AK	贝克港	美国(阿拉斯加州)
KPC	PT. CLARENC AK	克拉伦斯港	美国(阿拉斯加州)
KPI	KAPIT	加帛	马来西亚
KPK	PARKS AK	帕克斯	美国(阿拉斯加州)
KPM	KOMPIAM	孔皮亚姆	巴布亚新几内亚
KPN	KIPNUK AK	基普努克	美国(阿拉斯加州)
KPO	POHANG	浦项	韩国
KPP	KALPOWAR QL	卡尔波沃	澳大利亚(昆士兰州)
KPR	PT. WILLIAM AK	威廉港	美国(阿拉斯加州)
KPS	KEMPSEY NS	肯普西	澳大利亚(新南威尔士州)
KPT	JACKPOT NV	杰克波特	美国(内华达州)
KPV	PERRYVILLE AK	佩里维尔	美国(阿拉斯加州)
KPY	PT BAILEY AK	巴伊莱港	美国(阿拉斯加州)

表 1（续）

代 码	城市地名英文全称	城市地名中文全称	所在国家或地区(州、省或区域)
KQA	AKUTAN AK	阿库坦	美国(阿拉斯加州)
KQL	KOL	贡城	柬埔寨
KRB	KARUMBA QL	卡兰巴	澳大利亚(昆士兰州)
KRE	KIRUNDO	基龙多	布隆迪
KRF	KRAMFORS	克拉姆福什	瑞典
KRG	KARASABAI	卡拉萨拜	圭亚那
KRI	KIKORI	基科里	巴布亚新几内亚
KRJ	KARAWARI	卡拉瓦里	巴布亚新几内亚
KRK	KRAKOV	克拉科夫	波兰
KRL	KORLA	库尔勒	中国(新疆维吾尔自治区)
KRN	KIRUNA	基律纳	瑞典
KRO	KURGAN	库尔干	俄罗斯
KRP	KARUP	卡鲁普	丹麦
KRR	KRASNODAR	克拉斯诺达尔	俄罗斯
KRS	KRISTIANSAND	克里斯蒂安桑	挪威
KRT	KHARTOUM	喀土穆	苏丹
KRU	KERAU	凯劳	巴布亚新几内亚
KRW	KRASNOVOKSK	克拉斯诺沃茨克	土库曼斯坦
KRX	KAR KAR	卡尔卡尔	巴布亚新几内亚
KRY	KARAMAY	克拉玛依	中国(新疆维吾尔自治区)
KSA	KOSRAE	科斯瑞	加罗林群岛(太平洋)
KSC	KOSICE	科希策	斯洛伐克
KSD	KARLSTAD	卡尔斯塔德	瑞典
KSE	KASESE	卡塞塞	乌干达
KSI	KISSIDOUGOU	基西杜古	几内亚
KSJ	KASOS IS.	卡索斯岛	希腊
KSK	KARLSKOGA	卡尔斯库加	瑞典
KSL	KASSALA	卡萨拉	苏丹
KSM	ST MARY' S AK	圣玛丽斯	美国(阿拉斯加州)
KSN	KUSTANAY	库斯塔奈	哈萨克斯坦
KSO	KASTORIA	卡斯托里亚	希腊
KSQ	KARSHI	卡希	乌兹别克斯坦
KST	KOSTI	科斯提	苏丹
KSU	KRISTIANSAND	克里斯蒂安松	挪威
KTA	KARRATHA WA	卡拉特哈	澳大利亚(西澳州)

表 1（续）

代　码	城市地名英文全称	城市地名中文全称	所在国家或地区（州、省或区域）
KTB	THORNE BAY AK	索尔内湾	美国（阿拉斯加州）
KTD	KITADAITO	北大东岛	日本
KTE	KERTEH	居茶	马来西亚
KTF	TAKAKA	塔卡卡	新西兰
KTG	KETAPANG	吉打邦	印度尼西亚
KTL	KITALE	基塔莱	肯尼亚
KTM	KATHMANDU	加德满都	尼泊尔
KTN	KETCHIKAN AK	凯奇坎	美国（阿拉斯加州）
KTR	KATHERINE NT	凯瑟琳	澳大利亚（北部地区）
KTS	BREVIG(TELLER)MISSION AK	布雷维格（泰勒）传教区	美国（阿拉斯加州）
KTT	KITTILA	基蒂拉	芬兰
KTU	KOTA	科塔	印度
KTW	KATOWICE	卡托维兹	波兰
KUA	KUANTAN	关丹	马来西亚
KUC	KURIA	库里亚	基里巴斯（太平洋）
KUD	KUDAT	库达特	马来西亚
KUG	KUBIN IS. QL	库宾岛	澳大利亚（昆士兰州）
KUH	KUSHIRO	钏路	日本
KUK	KASIGLUK AK	（卡西格拉克）阿尔缪特	美国（阿拉斯加州）
KUL	KUALA LUMPUR	吉隆坡	马来西亚
KUM	YAKUSHIMA	屋久岛	日本
KUN	KAUNAS	考纳斯	立陶宛
KUO	KUOPIO	库奥皮欧	芬兰
KUP	KUPIANO	库皮亚诺	巴布亚新几内亚
KUS	KULUSUK IS.	库留苏克岛	格陵兰（丹属，北美洲）
KUT	KUTAISI	库塔伊西	格鲁吉亚
KUU	KULU	库卢	印度
KVA	KAVALA	卡瓦拉	希腊
KVB	SKOVDE	舍夫德	瑞典
KVC	KING COVE AK	金湾	美国（阿拉斯加州）
KVG	KAVIENG	卡维恩	巴布亚新几内亚
KVL	KIVALINA AK	基瓦利纳	美国（阿拉斯加州）
KVP	KUUJJUAQ QU	库朱阿克	加拿大（魁北克省）
KVU	KOROLEVU	科罗莱武	斐济（南太平洋）
KWA	KWAJALEIN	夸贾林	马绍尔群岛（太平洋）

表 1（续）

代　码	城市地名英文全称	城市地名中文全称	所在国家或地区(州、省或区域)
KWE	GUIYANG	贵阳	中国(贵州省)
KWF	WATERFALL AK	沃特福尔	美国(阿拉斯加州)
KWG	KRIVOY ROG	克里沃罗格	乌克兰
KWH	KHWAHAN	哈汉	阿富汗
KWI	KUWAIT	科威特	科威特(波斯湾良港)
KWJ	KWANGJU	光州	韩国
KWK	KWIGILLINGOK AK	奎吉林戈克	美国(阿拉斯加州)
KWL	GUILIN	桂林	中国(广西壮族自治区)
KWM	KOWANYAMA QL	科瓦尼阿马	澳大利亚(昆士兰州)
KWN	QUINHAGAK AK	昆哈加克	美国(阿拉斯加州)
KWT	KWETHLUK AK	奎斯卢克	美国(阿拉斯加州)
KWY	MOSER BAY AK	莫塞尔湾	美国(阿拉斯加州)
KWZ	KOL WEZI	科尔韦齐	刚果(金)
KXA	KASAAN AK	卡萨	美国(阿拉斯加州)
KXE	KLERKSDORP	克莱克斯多普	南非
KXF	KORO IS.	科罗岛	斐济(南太平洋)
KYA	KONYA	科尼亚	土耳其
KYE	TRIPOLI	的黎波里	黎巴嫩
KYK	KARLUK AK	卡勒克	美国(阿拉斯加州)
KYP	KYAUKPYU	皎漂	缅甸
KYS	KAYES	凯斯	马里
KYT	KYAUKTAW	皎道	缅甸
KYU	KOYUKUK AK	科尤库克	美国(阿拉斯加州)
KYX	YALUMET	亚罗麦特	巴布亚新几内亚
KZB	ZACHER BAY AK	扎切尔湾	美国(阿拉斯加州)
KZF	KAINTIBA	凯因蒂巴	巴布亚新几内亚
KZI	KOZANI	科扎尼	希腊
KZN	KAZAN	喀山	俄罗斯
KZS	KASTELORIZO	卡斯特洛里佐	希腊
LAA	LAMAR CO	拉马尔	美国(科罗拉多州)
LAB	LABLAB	拉布拉布	巴布亚新几内亚
LAD	LUANDA	罗安达	安哥拉
LAE	LAE	莱城	巴布亚新几内亚
LAF	LAFAYETTE IN	拉斐特	美国(印第安纳州)
LAH	LABUHA	拉布哈	印度尼西亚

表 1（续）

代　码	城市地名英文全称	城市地名中文全称	所在国家或地区（州、省或区域）
LAI	LANNION	拉尼永	法国
LAJ	LAGES SC	拉热斯	巴西（圣卡塔林纳州）
LAJ	LAJES SC	拉日斯	巴西（圣卡塔林纳州）
LAK	AKLAVIK NT	阿克拉维克	加拿大（西北地区）
LAL	LAKELAND FL	莱克兰	美国（佛罗里达州）
LAM	LOS ALAMOS NM	洛斯阿拉莫斯	美国（新墨西哥州）
LAN	LANSING MI	兰辛	美国（密执安州）
LAO	LAOAG	拉瓦格	菲律宾
LAP	LA PAZ MEX	拉巴斯	墨西哥
LAQ	BEIDA	贝达	利比亚
LAR	LARAMIE WY	拉勒米	美国（怀俄明州）
LAS	LAS VEGAS NV	拉斯维加斯	美国（内华达州）
LAU	LAMU	拉穆	肯尼亚
LAW	LAWTON OK	劳顿	美国（俄克拉荷马州）
LAX	LOS ANGELES CA	洛杉矶	美国（加利福尼亚州）
LAY	LADYSMITH	莱迪史密斯	南非
LAZ	BOM J LAPA BA	博姆·杰·拉帕	巴西（巴伊亚州）
LBA	LEEDS	利兹	英国
LBB	LUBBOCK TX	拉伯克	美国（德克萨斯州）
LBE	LATROBE PA	拉特罗布	美国（宾夕法尼亚州）
LBF	NO. PLATTE NE	北普拉特	美国（内布拉斯加州）
LBI	ALBI	阿尔比	法国（塔恩省）
LBJ	LABUAN BAJO	下拉布安	印度尼西亚
LBL	LIBERAL KS	利伯勒尔	美国（堪萨斯州）
LBQ	LAMBARENE	兰巴雷内	加蓬
LBR	LABREA AM	拉布里亚	巴西（亚马孙州）
LBS	LABASA	兰巴萨	斐济（南太平洋）
LBU	LABUAN	拉布安	马来西亚
LBV	LIBREVILLE	利伯维尔	加蓬
LBW	LONG BAWANG	隆巴旺	印度尼西亚
LBY	LA BAULE	拉包尔	法国
LCA	LARNACA	拉纳卡	塞浦路斯
LCD	LOUIS TRICHART	路易斯特里哈特	南非
LCE	LA CEIBA	拉塞瓦	洪都拉斯
LCG	LA CORUNA	拉科鲁尼亚	西班牙

表 1（续）

代　码	城市地名英文全称	城市地名中文全称	所在国家或地区(州、省或区域)
LCH	LAKE CHARLES LA	查尔斯湖	美国(路易斯安那州)
LCI	LACONIA NH	拉科尼亚	美国(新罕布什尔州)
LCL	LA COLOMA	拉科洛马	古巴
LCR	LA CHORRERA	拉乔雷拉	哥伦比亚
LCV	LUCCA	卢卡	意大利
LDA	MALDA	马尔达	印度
LDB	LONDRINA PR	隆德里纳	巴西(巴拉那州)
LDC	LINDEMAN IS. QL	林德曼岛	澳大利亚(昆士兰州)
LDE	LOURDES/TARBE	卢尔德/塔布	法国
LDH	LORD HOW IS. NS	豪勋爵岛	澳大利亚(新南威尔士州)
LDI	LINDI	林迪	坦桑尼亚
LDK	LIDKOPING	利德雪平	瑞典
LDU	LAHAD DATU	拉哈达图	马来西亚
LDY	LONDONDERRY	伦敦德里	英国
LEA	LEARMONTH WA	利尔蒙斯	澳大利亚(西澳州)
LEB	HANOVER NH	汉诺威	美国(新罕布什尔州)
LEB	LEBANON NH	莱巴嫩	美国(新罕布什尔州)
LEB	WHITE RIVER VT	怀特河	美国(佛蒙特州)
LED	LENINGRAD	列宁格勒	俄罗斯
LEG	ALEG	阿莱格	毛里塔尼亚
LEH	LE HAVRE	勒阿弗尔	法国
LEI	ALMERIA	阿尔梅里亚	西班牙
LEJ	LEIPZIG	来比锡	德国(莱比锡专区)
LEK	LABE	拉贝	几内亚
LEL	LAKE EVELLA NT	埃委拉湖	澳大利亚(北部地区)
LEN	LEON	莱昂	墨西哥
LEP	LEOPOLDINA MG	利奥波尔迪纳	巴西(米纳斯吉拉斯州)
LEQ	LANDS END	兰兹角	英国
LER	LEINSTER WA	伦斯特	澳大利亚(南澳州)
LES	LESOBENG	莱索奔	莱索托
LET	LETICIA	莱蒂西亚	哥伦比亚
LEU	SEO DE URGEL	塞奥—德乌赫尔	西班牙
LEV	LEVUKA	莱武卡	斐济
LEW	AUBURN ME	奥本	美国(缅因州)
LEW	LEWISTON ME	利维斯顿	美国(缅因州)

表 1（续）

代　码	城市地名英文全称	城市地名中文全称	所在国家或地区(州、省或区域)
LEX	LEXINGTON KY	莱克星敦	美国(肯塔基州)
LFK	LUFKIN TX	拉夫金	美国(德克萨斯州)
LFO	KELAFO	克拉福	埃塞俄比亚
LFP	LAKEFIELD QL	莱克菲尔德	澳大利亚(昆士兰州)
LFR	LA FRIA	拉弗里亚	委内瑞拉
LFT	LAFAYETTE LA	拉斐特	美国(路易斯安那州)
LFT	NEW IBERIA LA	新伊比利亚	美国(路易斯安那州)
LFW	LOME	洛美	多哥(非洲)
LGB	LONG BEACH CA	长滩	美国(加利福尼亚州)
LGG	LIEGE	列日	比利时
LGH	LEIGH CREEK SA	利河	澳大利亚(南澳州)
LGI	DEADMANS CAY	戴得曼斯凯	巴哈马(拉丁美洲)
LGK	LANGKAWI	凌家卫	马来西亚
LGL	LONG LELLANG	隆勒朗	马来西亚
LGM	LAIAGAM	拉亚加姆	巴布亚新几内亚
LGP	LEGASPI	莱加斯比	菲律宾
LGQ	LAGO AGRIO	拉戈阿格里奥	厄瓜多尔
LGU	LOGAN UT	洛根	美国(犹他州)
LGX	LUGH GANANE	卢格加纳内	索马里
LGY	LAGUNILLAS	拉古尼亚斯	玻利维亚
LHE	LAHORE	拉合尔	巴基斯坦
LHG	LIGHTNING RIDGE NS	莱特宁岭	澳大利亚(新南威尔士州)
LHI	LEREH	勒雷赫	印度尼西亚
LHU	LAKE HAVASU AZ	哈瓦苏湖城	美国(亚利桑那州)
LHW	LANZHOU	兰州	中国(甘肃省)
LIB	LIMBUNYA NT	林布尼亚	澳大利亚(北部地区)
LIE	LIBENGE	利本格	刚果(金)
LIF	LIFOU	利福	新喀里多尼亚(太平洋)
LIG	LIMOGES	利摩日	法国(上维埃纳省)
LIH	KAUAI IS. HI	考爱岛	美国(夏威夷州)
LII	MULIA	穆利亚	印度尼西亚
LIJ	LONG IS. AK	长岛	美国(阿拉斯加州)
LIK	LIKIEP IS.	利凯普	马绍尔群岛(太平洋)
LIL	LILLE	利尔	法国(北部省)
LIM	LIMA	利马	秘鲁

表 1（续）

代　码	城市地名英文全称	城市地名中文全称	所在国家或地区(州、省或区域)
LIO	LIMON	利蒙	哥斯达黎加
LIP	LINS SP	林斯	巴西(圣保罗州)
LIQ	LISALA	利萨拉	刚果(金)
LIR	LIBERIA	利韦里亚	哥斯达黎加
LIS	LISBON	里斯本	葡萄牙
LIT	LITTLE ROCK AR	小石城	美国(阿肯色州)
LIW	LOIKAW	垒固	缅甸(克耶邦)
LJA	LODJA	洛贾	刚果(金)
LJN	LAKE JACKSON TX	杰克逊湖	美国(德克萨斯州)
LJU	LJUBLJANA	卢布尔雅那	斯洛文尼亚
LKA	LARANTUKA	拉兰图卡	印度尼西亚
LKB	LAKEBA	莱克巴	斐济(南太平洋)
LKC	LEKANA	莱卡纳	刚果(布)
LKL	LAKSELV	拉克塞尔夫	挪威
LKN	LEKNES	莱克内斯	挪威
LKO	LUCKNOW	勒克瑙	印度
LKV	LAKE VIEW OR	维尤湖	美国(俄勒冈州)
LKY	LAKE MANYARA	马尼亚拉湖	坦桑尼亚
LLA	LULEA	吕勒奥	瑞典
LLG	CHILLAGOE QL	奇拉戈	澳大利亚(昆士兰州)
LLI	LALIBELA	拉利贝拉	埃塞俄比亚
LLS	LAS LOMITAS	拉斯洛米塔斯	阿根廷
LLW	LILONGWE	利朗格韦	马拉维
LMA	LAKE MINCHUMINA AK	明丘米纳湖	美国(阿拉斯加州)
LMC	LAMACARENA	拉马卡雷纳	哥伦比亚
LMD	LOS MENUCOS	洛斯梅努科斯	阿根廷
LME	LE MANS	勒芒	法国(萨尔特省)
LMI	LUMI	卢米	巴布亚新几内亚
LML	LAE IS.	莱岛	马绍尔群岛(太平洋)
LMM	LOS MOCHIS	洛斯莫奇斯	墨西哥
LMN	LIMBANG	林邦	马来西亚
LMP	LAMPEDUSA	兰佩杜萨	意大利
LMT	KLAMATH FALLS OR	克拉马斯福尔斯	美国(俄勒冈州)
LMY	LAKE MURRAY	默里湖	巴布亚新几内亚
LNB	LAMEN BAY	拉门湾	瓦努阿图(南太平洋)

表 1（续）

代　码	城市地名英文全称	城市地名中文全称	所在国家或地区(州、省或区域)
LND	LANDER WY	兰德	美国(怀俄明州)
LNE	LONORORE	朗挪罗依	瓦努阿图(南太平洋)
LNG	LESE	莱塞	巴布亚新几内亚
LNH	LAKE NASH NT	纳什湖	澳大利亚(北部地区)
LNK	LINCON NE	林肯	美国(内布拉斯加州)
LNO	LEONORA WA	利奥诺拉	澳大利亚(西澳州)
LNP	WISE VA	怀斯	美国(弗吉尼亚州)
LNS	LANCASTER PA	兰卡斯特	美国(宾夕法尼亚州)
LNY	LANAI HI	拉奈	美国(夏威夷州)
LNZ	LINZ	林茨	奥地利
LOA	LORRAINE QL	洛雷恩	澳大利亚(昆士兰州)
LOD	LONGANA	伦加纳	瓦努阿图(南太平洋)
LOE	LOEI	黎	泰国
LOH	LOJA	洛哈	厄瓜多尔
LON	LONDON	伦敦	英国
LOQ	LOBATSE	洛巴策	博茨瓦纳
LOS	LAGOS	拉各斯	尼日利亚
LOV	MONCLOVA	蒙克洛瓦	墨西哥
LOZ	LONDON KY	伦敦	美国(肯塔基州)
LPA	LAS PALMAS	拉斯帕尔马斯	加那利群岛(大西洋)
LPB	LA PAZ	拉巴斯	玻利维亚
LPD	LA PEDRERA	拉佩德雷拉	哥伦比亚
LPH	LOCHGILPHEAD	洛赫吉尔普黑德	英国
LPI	LINKOEPING	林彻平	瑞典
LPL	LIVERPOOL	利物浦	英国
LPM	LAMAP	拉马普	瓦努阿图(南太平洋)
LPO	LA PORTE IN	拉波特	美国(印第安纳州)
LPO	LUANG PRABANG	琅勃拉邦	老挝
LPP	LAPPEENRANTA	拉彭兰塔	芬兰
LPS	LOPEZ IS. WA	洛佩斯	美国(华盛顿州)
LPT	LAMPANG	南邦	泰国
LPU	LONG APUNG	伦阿彭	印度尼西亚
LPW	LIT. PT. WALTER AK	沃尔特小港	美国(阿拉斯加州)
LPY	LE PUY	勒皮	法国
LQM	PUERTO LEGUIZAMO	莱吉萨莫港	哥伦比亚

表 1（续）

代　码	城市地名英文全称	城市地名中文全称	所在国家或地区（州、省或区域）
LQN	QALA NAU	瑙堡	阿富汗
LRA	LARISSA	拉里萨	希腊
LRB	LERIBE	莱里贝	莱索托
LRD	LAREDO TX	拉雷多	美国（德克萨斯州）
LRE	LONGREACH QL	朗里奇	澳大利亚（昆士兰州）
LRH	LA ROCHILLE	拉罗歇尔	法国
LRL	LAMA-KARA	拉马卡拉	多哥（非洲）
LRM	LA ROMANA	拉罗马纳	多米尼加
LRQ	LAURIE RIVER MN	劳里河	加拿大（曼尼托巴省）
LRS	LEROS	利罗斯	希腊
LRT	LORIENT	洛里昂	法国
LRU	LAS CRUCES NM	拉斯克鲁塞斯	美国（新墨西哥州）
LRV	LOS ROQUES	洛斯罗克斯	委内瑞拉
LSA	LOSUIA	洛苏亚	巴布亚新几内亚
LSC	LA SERENA	拉塞雷纳	智利
LSE	LA CROSSE WI	拉克鲁斯	美国（威斯康星州）
LSH	LASHIO	腊戌	缅甸
LSI	LERWICK	莱威克	英国
LSM	LONG SEMADOH	伦塞马多	马来西亚
LSP	LAS PIEDRAS	拉斯皮耶德拉斯	委内瑞拉
LSQ	LOS ANGELES	洛斯安赫莱斯	智利
LSR	LOST RIVER AK	洛斯特河	美国（阿拉斯加州）
LSS	TERRE-DE-HAUT	上岛	瓜德罗普岛（拉丁美洲）
LST	LAUNCESTON TS	朗塞斯顿	澳大利亚（塔斯马尼亚州）
LSW	LHOKSUMAWE	司马威	印度尼西亚
LSY	LISMORE NS	利斯莫尔	澳大利亚（新南威尔士州）
LSZ	MALILOSINJ	马利洛逊	塞黑
LTA	TZANEEN	察嫩	南非
LTB	LATROBE TS	拉特罗布	澳大利亚（塔斯马尼亚州）
LTD	GHADAMES	加达迈斯	利比亚
LTF	LEITRE	莱特雷	巴布亚新几内亚
LTH	LATHROP WELLS NV	莱斯罗普韦尔斯	美国（内华达州）
LTK	LATAKIA	拉塔基亚	叙利亚
LTL	LASTOURVILLE	拉斯土维尔	加蓬
LTM	LETHEM	莱瑟姆	圭亚那

表 1（续）

代　码	城市地名英文全称	城市地名中文全称	所在国家或地区（州、省或区域）
LTO	LORETO	洛雷托	墨西哥
LTQ	LE TOUQUET	勒土开	法国
LTS	ALTUS OK	阿尔特斯	美国（俄克拉荷马州）
LTT	ST TROPEZ	圣特罗佩	法国
LTV	LOTUS VALE QL	洛特斯韦尔	澳大利亚（昆士兰州）
LTW	LEONARDTOWN MD	伦纳德镇	美国（马里兰州）
LUA	LUKLA	卢克拉	尼泊尔
LUD	LUDERITZ	吕德里茨	纳米比亚
LUE	LUCENEC	卢切内茨	斯洛伐克
LUG	LUGANO	卢加诺	瑞士
LUH	LUDHIANA	卢迪亚纳	印度
LUI	LA UNION	拉乌尼翁	洪都拉斯
LUJ	LUSIKISIKI	卢西基西基	南非
LUL	LAUREL MS	劳雷尔	美国（密西西比州）
LUN	LUSAKA	卢萨卡	赞比亚
LUO	LUENA	卢埃纳	安哥拉
LUP	KALAUPAPA HI	卡劳帕帕	美国（夏威夷州）
LUQ	SAN LUIS	圣路易斯	阿根廷
LUR	CAPE LISBON AK	里斯本峡	美国（阿拉斯加州）
LUU	LAURA QL	劳拉	澳大利亚（昆士兰州）
LUW	LUWUK	卢武克	印度尼西亚
LUX	LUXEMBOURG	卢森堡	卢森堡
LVB	LIVRAMENTO RS	利夫拉门图	巴西（南里奥格朗德州）
LVD	LIME VILLA AK	利默维拉	美国（阿拉斯加州）
LVI	LIVINGSTONE	利文斯通	赞比亚
LVK	LIVERMORE CA	利弗莫尔	美国（加利福尼亚州）
LVO	LAVERTON WA	拉弗顿	澳大利亚（西澳州）
LWB	LEWISBURG WV	路易斯堡	美国（西弗吉尼亚州）
LWC	LAWRENCE KS	劳伦斯	美国（堪萨斯州）
LWE	LEWOLEBA	莱沃勒巴	印度尼西亚
LWH	LAWN HILL QL	朗山	澳大利亚（昆士兰州）
LWO	LWOW(LVIV)	利沃夫	乌克兰
LWS	LEWISTON ID	路易斯顿	美国（爱达荷州）
LWT	LEWISTOWN MT	路易斯敦	美国（蒙大拿州）
LWY	LAWAS	拉瓦勒	马来西亚

表 1（续）

代　码	城市地名英文全称	城市地名中文全称	所在国家或地区（州、省或区域）
LXA	LHASA	拉萨	中国（西藏自治区）
LXR	LUXOR	卢克索	埃及
LXS	LEMNOS	利姆诺斯	希腊
LXU	LUKULU	卢库卢	赞比亚
LXV	LEADVILLE CO	莱德维尔	美国（科罗拉多州）
LYA	LUOYANG	洛阳	中国（河南省）
LYB	LITTLE CAYMAN	小开曼岛	开曼群岛（拉丁美洲）
LYC	LYCKSELE	吕克瑟勒	瑞典
LYG	LIANYUNGANG	连云港	中国（江苏省）
LYH	LYNCHBURG VA	林奇堡	美国（弗吉尼亚州）
LYP	FAISALABAD	费萨拉巴德	巴基斯坦
LYR	LONGYEARBYEN	朗伊尔城	挪威
LYS	LYON	里昂	法国（埃纳省，省会）
LYU	ELY MN	伊利	美国（明尼苏达州）
LYX	LYDD	利德	英国
LZC	LAZARO CARDENAS	拉萨罗—卡德纳斯	墨西哥
LZH	LIUZHOU	柳州	中国（广西壮族自治区）
LZR	LIZARD IS. QL	利泽德岛	澳大利亚（昆士兰州）
MAB	MARABA PA	马拉巴	巴西（帕拉州）
MAD	MADRID	马德里	西班牙
MAF	MIDLAND TX	米德兰	美国（德克萨斯州）
MAF	ODESSA TX	敖德萨	美国（德克萨斯州）
MAG	MADANG	马当	巴布亚新几内亚
MAH	MAHON	马翁	西班牙
MAH	MENORCA	梅诺卡	西班牙
MAJ	MAJURO	马朱罗	马绍尔群岛（太平洋）
MAK	MALAKAL	马拉卡尔	苏丹
MAL	MANGOLE	芒俄勒	印度尼西亚
MAM	MATAMOROS	马塔莫罗斯	墨西哥
MAN	MANCHESTER	曼彻斯特	英国
MAO	MANAUS AM	马瑙斯	巴西（亚马孙州）
MAP	MAMAI	马迈	巴布亚新几内亚
MAQ	MAE SOT	湄索	泰国
MAR	MARACAIBO	马拉开波	委内瑞拉
MAS	MANUS IS.	马努斯岛	巴布亚新几内亚

表 1（续）

代　码	城市地名英文全称	城市地名中文全称	所在国家或地区（州、省或区域）
MAT	MATADI	马塔迪	刚果（金）
MAU	MAUPITI	莫皮蒂	社会群岛（太平洋）
MAV	MALOELAP ISL.	马洛埃拉普岛	马绍尔群岛（太平洋）
MAX	MATAM	马塔姆	塞内加尔
MAY	MANGROVE CAY	曼格罗夫岛	巴哈马（大西洋）
MAZ	MAYAGUEZ	马亚圭斯	波多黎各
MBA	MOMBASA	蒙巴萨	肯尼亚
MBB	MARBLE BAR WA	马布尔巴	澳大利亚（西澳州）
MBC	MBIGOU	姆比古	加蓬
MBD	MMABATHO	姆马巴托	南非
MBE	MONBETSU	门别	日本
MBH	MARYBOROUG QL	马里伯勒	澳大利亚（昆士兰州）
MBI	MBEYA	姆贝亚	坦桑尼亚
MBJ	MONTEGO BAY	蒙特哥湾	牙买加（拉丁美洲）
MBL	MANISTEE MI	马尼斯蒂	美国（密执安州）
MBM	MKAMBATI	姆坎巴蒂	南非
MBO	MAMBURAO	曼布劳	菲律宾
MBP	MOYOBAMBA	莫约班巴	秘鲁
MBQ	MBARARA	姆巴拉拉	乌干达
MBR	MBOUT	姆布特	毛里塔尼亚
MBS	BAY CITY MI	贝城	美国（密执安州）
MBS	MIDLAND MI	米德兰	美国（密执安州）
MBS	SAGINAW MI	萨吉诺	美国（密执安州）
MBT	MASBATE	马斯巴特	菲律宾
MBU	MBAMBANAKIRA	姆班姆巴纳基拉	所罗门群岛（太平洋）
MBV	MASA	马萨	刚果（布）
MBX	MARIBOR	马里博	丹麦
MBZ	MAUES AM	毛埃斯	巴西（亚马孙州）
MCA	MACENTA	马森塔	几内亚
MCD	MACKINAC IS. MI	麦基诺岛	美国（密执安州）
MCE	MERCED CA	默塞德	美国（加利福尼亚州）
MCG	MC GRATH AK	麦格拉斯	美国（阿拉斯加州）
MCH	MACHALA	马查拉	厄瓜多尔
MCJ	MAICAO	迈考	哥伦比亚
MCK	MC COOK NE	麦库克	美国（内布拉斯加州）

表 1（续）

代　码	城市地名英文全称	城市地名中文全称	所在国家或地区(州、省或区域)
MCL	MT MCKINLE AK	芒特麦金莱	美国(阿拉斯加州)
MCM	MONTE CARLO	蒙特卡洛	摩纳哥
MCN	MACON GA	马孔	美国(佐治亚州)
MCP	MACAPA AP	马卡帕	巴西(阿马帕州)
MCR	MELCHOR DEMENCOS	梅尔乔—德门科斯	危地马拉
MCS	MONTE CASEROS	蒙特卡塞罗斯	阿根廷
MCT	MUSCAT	马斯喀特	阿曼
MCU	MONTLUCON	蒙吕松	法国
MCW	MASON CITY IA	梅森城	美国(衣阿华州)
MCX	MAKHACHKALA	马哈奇卡拉	俄罗斯
MCY	MAROOCHYDO QL	马鲁奇多	澳大利亚(昆士兰州)
MCZ	MACEIO AL	马塞约	巴西(阿拉戈斯州)
MDC	MANADO	万鸦老	印度尼西亚
MDE	MEDELLIN	麦德林	哥伦比亚
MDG	MUDANJIANG	牡丹江	中国(黑龙江省)
MDH	CARBONDAL IL	卡玻恩达尔	美国(伊利诺斯州)
MDI	MAKURDI	马库尔迪	尼日利亚
MDJ	MADRAS OR	马德拉斯	美国(俄勒冈州)
MDK	MBANDAKA	姆班达卡	刚果(金)
MDL	MANDALAY	曼德勒	缅甸(曼德勒省)
MDO	MIDDLETON IS. AK	米德尔顿岛	美国(阿拉斯加州)
MDP	MINDIPTANA	明迪普塔纳	印度尼西亚
MDQ	MAR DEL PLATA BA	马德普拉塔	阿根廷
MDR	MEDFRA AK	梅迪弗拉	美国(阿拉斯加州)
MDS	MIDDLE CAICOS	中凯科斯	特克斯和凯科斯群岛(拉丁美洲)
MDU	MENDI	曼德	巴布亚新几内亚
MDV	MEDOUNEU	梅杜纳	加蓬
MDZ	MENDOZA MD	门多萨	阿根廷
MEA	MACAE RJ	马卡埃	巴西(里约热内卢州)
MEC	MANTA	曼塔	厄瓜多尔
MED	MEDINA	麦迪纳	沙特阿拉伯
MEE	MARE	马雷	印度尼西亚
MEG	MALANGE	马兰热	安哥拉
MEH	MEHAMN	梅港	挪威
MEI	MERIDIAN MS	默里迪恩	美国(密西西比州)

表 1（续）

代　码	城市地名英文全称	城市地名中文全称	所在国家或地区（州、省或区域）
MEJ	MEADVILLE PA	米德维尔	美国（宾夕法尼亚州）
MEL	MELBOURNE VI	墨尔本	澳大利亚（维多利亚州）
MEM	MEMPHIS TN	孟菲斯	美国（田纳西州）
MEN	MENDE	芒德	法国（洛泽尔省）
MEP	MERSING	丰盛港	马来西亚
MES	MEDAN	棉兰	印度尼西亚
MET	MORETON QL	莫顿	澳大利亚（昆士兰州）
MEV	MINDEN NV	明登	美国（内华达州）
MEX	MEXICO CITY	墨西哥城	墨西哥
MEY	MEGHAULI	梅加乌里	尼泊尔
MEZ	MESSINA	墨西拿	南非
MFA	MAFIA	马菲亚	坦桑尼亚
MFB	MONFORT	蒙福特	西班牙
MFC	MAFETENG	马费滕	莱索托
MFD	MANSFIELD OH	曼斯费尔德	美国（俄亥俄州）
MFE	MC ALLEN TX	麦卡伦	美国（德克萨斯州）
MFE	MISSION TX	米申	美国（德克萨斯州）
MFF	MOANDA	莫安达	加蓬
MFG	MUZAFFARABAD	穆扎法拉巴德	巴基斯坦
MFI	MARSHFIELD WI	马什菲尔德	美国（威斯康星州）
MFJ	MOALA	莫阿拉	斐济（南太平洋）
MFN	MILFORD SOUND	米尔福德桑德	新西兰
MFP	MANNERS CREEK NT	马纳斯河	加拿大（西北地区）
MFQ	MARADI	马拉迪	尼日尔
MFR	MEDFORD OR	梅德福	美国（俄勒冈州）
MFS	MIRAFLORES	米拉菲奥里	意大利
MFU	MFUWE	姆富韦	赞比亚
MGA	MANAGUA	马那瓜	尼加拉瓜
MGB	MT GAMBIER SA	芒特甘比尔	澳大利亚（南澳州）
MGC	MICHIGAN IN	密执安	美国（印第安纳州）
MGD	MAGDALENA	马格达莱纳	玻利维亚
MGF	MARINGA PR	马林加	巴西（巴拉那州）
MGG	MARGARIMA	马加里马	巴布亚新几内亚
MGH	MARGATE	马盖特	南非
MGK	MONG TON	孟东	缅甸

表 1(续)

代　码	城市地名英文全称	城市地名中文全称	所在国家或地区(州、省或区域)
MGM	MONTGOMERY AL	蒙哥马利	美国(亚拉巴马州)
MGN	MAGANGUE	马甘格	哥伦比亚
MGP	MANGA	曼加	刚果(布)
MGQ	MOGADISHU	摩加迪沙	索马里
MGR	MOULTRIE GA	莫尔特里	美国(佐治亚州)
MGS	MANGAIA IS.	芒艾亚岛	库克群岛(大洋洲)
MGT	MILLINGIMBI NT	米林金比	澳大利亚(北部地区)
MGV	MARGARET RIVER WA	玛格丽特河	澳大利亚(西澳州)
MGW	MORGANTOWN WV	摩根敦	美国(西弗吉尼亚州)
MGX	MOABI	莫阿比	加蓬
MGZ	MERGUI	丹老	缅甸
MGZ	MYEIK	美克	缅甸
MHA	MAHDIA	马赫迪耶	突尼斯
MHD	MASHAD	马什哈德	伊朗
MHE	MITCHELL SD	米切尔	美国(南达科他州)
MHF	MORICHAL	莫里查尔	哥伦比亚
MHH	MARSH HARBOUR	马什港	巴哈马(拉丁美洲)
MHK	MANHATTAN KS	曼哈顿	美国(堪萨斯州)
MHQ	MARIEHAMN	玛丽港	芬兰
MHT	MANCHESTER NH	曼彻斯特	美国(新罕布什尔州)
MHX	MANIHIKI IS.	马尼希基群岛	库克群岛(大洋洲)
MHY	MOREHEAD	莫尔海德	巴布亚新几内亚
MIA	MIAMI FL	迈阿密	美国(佛罗里达州)
MID	MERIDA	梅里达	墨西哥
MIE	MUNCIE IN	曼西	美国(印第安纳州)
MIH	MITCHELL PASS WA	米切尔山口	澳大利亚(西澳州)
MII	MARILIA SP	马里利亚	巴西(圣保罗州)
MIJ	MILI ISLAND	米利岛	马绍尔群岛(太平洋)
MIK	MIKKELI	米凯利	芬兰
MIL	MILAN	米兰	意大利
MIM	MERIMBULA NS	默里姆布拉	澳大利亚(新南威尔士州)
MIN	MINNIPA SA	明尼帕	澳大利亚(南澳州)
MIR	MONASTIR	莫纳斯提尔	突尼斯
MIS	MISIMA IS.	米西马岛	巴布亚新几内亚
MIU	MAIDUGURI	迈杜古里	尼日利亚

表 1（续）

代　码	城市地名英文全称	城市地名中文全称	所在国家或地区（州、省或区域）
MJA	MANJA	曼扎	马达加斯加
MJB	MEJIT IS.	梅吉特岛	马绍尔群岛（太平洋）
MJC	MAN	马恩	科特迪瓦（象牙海岸，邦瓜努省）
MJD	MOHENJODARO	摩亨朱达罗	巴基斯坦
MJF	MOSJOEN	莫舍恩	挪威
MJL	MOUILA	穆伊拉	加蓬
MJM	MBUJI MAYI	姆布吉马伊	刚果（金）
MJN	MAJUNGA	马任加	马达加斯加
MJQ	JACKSON MN	杰克逊	美国（明尼苏达州）
MJT	MYTILENE	米蒂利尼	希腊
MJU	MAMUJU	马穆朱	印度尼西亚
MJV	MURCIA	穆尔西亚	西班牙
MKA	MARIANSKE LASNE	玛丽亚温泉	捷克
MKB	MEKAMBO	梅坎博	加蓬
MKC	KANSAS CITY MO	堪萨斯城	美国（密苏里州）
MKD	CHAGNI	沙尼	法国
MKE	MILWAUKEE WI	密尔沃基	美国（威斯康星州）
MKG	MUSKEGON MI	马斯基根	美国（密执安州）
MKH	MOKHOTLONG	莫霍特隆	莱索托
MKI	OBO MBOKI	奥博姆博基	中非
MKJ	MAKOUA	马夸	刚果（布）
MKK	HOOLEHUA HI	霍莱华	美国（夏威夷州）
MKK	KAUNAKAKAI HI	考纳卡凯	美国（夏威夷州）
MKL	JACKSON TN	杰克逊	美国（田纳西州）
MKM	MUKAH	穆卡	马来西亚
MKN	MALEKOLON	马勒库拉	瓦努阿图（南太平洋）
MKO	MUSKOGEE OK	马斯科吉	美国（俄克拉荷马州）
MKP	MAKEMO	默凯莫	土阿莫土群岛（太平洋）
MKQ	MERAUKE	马老奇	印度尼西亚
MKR	MEEKATHARA WA	米卡萨拉	澳大利亚（西澳州）
MKS	MEKANE SELAM	默卡讷瑟拉姆	埃塞俄比亚
MKT	MANKATO MN	曼凯托	美国（明尼苏达州）
MKU	MAKOKOU	马科库	加蓬
MKW	MANOKWARI	曼夸里	印度尼西亚
MKY	MACKAY QL	麦凯	澳大利亚（昆士兰州）

表 1（续）

代 码	城市地名英文全称	城市地名中文全称	所在国家或地区(州、省或区域)
MKZ	MALACCA	马六甲	马来西亚(马六甲省)
MLA	MALTA	马耳他	马耳他(欧洲、地中海)
MLB	MELBOURNE FL	墨尔本	美国(佛罗里达州)
MLC	MC ALESTER OK	麦卡莱斯特	美国(俄克拉荷马州)
MLE	MALE	马累	马尔代夫
MLF	MILFORD UT	米尔福德	美国(犹他州)
MLG	MALANG	玛琅	印度尼西亚
MLH	MULHOUSE	米卢斯	法国
MLI	MOLINE IL	莫林	美国(伊利诺斯州)
MLL	MARSHALL AK	马歇尔	美国(阿拉斯加州)
MLM	MORELIA	莫雷利亚	墨西哥
MLN	MELILLA	梅利拉	西班牙
MLO	MILOS	米洛斯	希腊
MLP	MALABANG	马拉邦	菲律宾
MLQ	MALALAUA	马拉拉瓦	巴布亚新几内亚
MLR	MILLICENT SA	米利森特	澳大利亚(南澳州)
MLS	MILES CITY MT	迈尔斯城	美国(蒙大拿州)
MLU	MONROE LA	门罗	美国(路易斯安那州)
MLV	MERLUNA QL	默卢纳	澳大利亚(昆士兰州)
MLW	MONROVIA	蒙罗维亚	利比里亚
MLX	MALATYA	马拉蒂亚	土耳其
MLY	MANLEY HOT SPRING AK	曼利温泉城	美国(阿拉斯加州)
MLZ	MELO	梅洛	乌拉圭
MMA	MALMO	马尔默	瑞典
MMB	MEMANBETSU	女满别	日本
MMD	MINAMI DAITO	南大东岛	日本
MME	TEESSIDE	蒂赛德	英国
MMF	MAMFE	马姆菲	喀麦隆
MMG	MT MAGNET WA	芒特马格尼特	澳大利亚(西澳州)
MMH	MAMMOTH LAKE CA	马默思湖	美国(加利福尼亚州)
MMJ	MATSUMOTO	松本	日本
MMK	MURMANSK	摩尔曼斯克	俄罗斯
MML	MARSHALL MN	马歇尔	美国(明尼苏达州)
MMM	MIDDLEMOUN QL	米德莱蒙	澳大利亚(昆士兰州)
MMN	STOW MA	斯托	美国(马萨诸塞州)

表 1（续）

代 码	城市地名英文全称	城市地名中文全称	所在国家或地区（州、省或区域）
MMO	MAIO IS.	马尤岛	佛得角（大西洋）
MMP	MOMPOS	蒙波斯	哥伦比亚
MMQ	MBALA	姆巴拉	赞比亚
MMY	MIYAKO JUIA	宫古	日本
MMZ	MAIMANA	迈马纳	阿富汗
MNA	MELANGGUANE	梅兰瓜内	印度尼西亚
MNB	MOANDA	莫安达	刚果（金）
MNE	MUNGERANIE SA	芒杰兰尼	澳大利亚（南澳州）
MNF	MANA IS.	马纳岛	斐济（南太平洋）
MNG	MANINGRIDA NT	马宁里达	澳大利亚（北部地区）
MNI	MONTSERRAT	蒙塞拉特	西班牙
MNJ	MANANJARY	马南扎里	马达加斯加
MNK	MAIANA	迈亚纳	基里巴斯（太平洋）
MNL	MANILA	马尼拉	菲律宾
MNM	MENOMINEE MI	梅诺米尼	美国（密执安州）
MNO	MANONO	马诺诺	刚果（金）
MNQ	MONTO QL	蒙托	澳大利亚（昆士兰州）
MNR	MONGU	芒古	赞比亚
MNS	MANSA	马萨	赞比亚
MNT	MINTO AK	明托	美国（阿拉斯加州）
MNU	MAULMYINE	木淡棉	缅甸
MNY	MONO IS.	莫诺岛	所罗门群岛（太平洋）
MNZ	MANASSAS VA	马纳萨斯	美国（弗吉尼亚州）
MOA	MOA	莫阿	古巴
MOB	MOBILE AL	莫比尔	美国（亚拉巴马州）
MOC	MTS CLAROS MG	蒙特斯 克拉劳斯	巴西（米纳斯吉拉斯州）
MOD	MODESTO CA	莫德斯托	美国（加利福尼亚州）
MOF	MAUMERE	毛梅里	印度尼西亚
MOG	MONG HSAT	孟萨	缅甸
MOI	MITIARO IS.	米蒂亚罗岛	库克群岛（大洋洲）
MOJ	MOENGO	蒙戈	苏里南（拉美）
MOL	MOLDE	莫尔德	挪威
MOM	MOUDJERIA	穆杰里亚	毛里塔尼亚
MON	MOUNT COOK	芒特库克	新西兰
MOO	MOOMBA SA	蒙巴	澳大利亚（南澳州）

表1(续)

代　码	城市地名英文全称	城市地名中文全称	所在国家或地区(州、省或区域)
MOQ	MORONDAVA	穆龙达瓦	马达加斯加
MOT	MINOT ND	迈诺特	美国(北达科他州)
MOU	MTN VILLAGE AK	芒廷村	美国(阿拉斯加州)
MOV	MORANBAH QL	莫兰巴	澳大利亚(昆士兰州)
MOW	MOSCOW	莫斯科	俄罗斯
MOZ	MOOREA	莫雷阿	社会群岛(太平洋,法属)
MPA	MPACHA	姆巴查	纳米比亚
MPD	MIRPUR KHAS	米尔布尔哈斯	巴基斯坦
MPL	MONTPELLIER	蒙彼得埃	法国
MPM	MAPUTO	马普托	莫桑比克
MPT	MALIANA	马利亚纳	印度尼西亚
MPV	BARRE VT	巴里	美国(佛蒙特州)
MPV	MONTPELIER VT	蒙彼利埃	美国(佛蒙特州)
MPW	MARIUPOL	马里乌波尔	乌克兰
MQB	MACOMB IL	马科姆	美国(伊利诺斯州)
MQC	MIQUELON	密克隆	法国
MQD	MAQUINCHAO RN	马金乔	阿根廷
MQI	QUINCY MA	昆西	美国(马萨诸塞州)
MQL	MILDURA VI	米尔迪拉	澳大利亚(维多利亚州)
MQN	MOI RANA	摩城	挪威
MQQ	MOUNDOU	蒙杜	乍得
MQS	MUSTIQUE	马斯蒂克	圣文森特和格林纳丁斯(拉丁美洲)
MQT	MARQUETTE MI	马凯特	美国(密执安州)
MQU	MARIQUITA	马里基塔	哥伦比亚
MQX	MAKALE	默克莱	埃塞俄比亚
MRA	MISURATA	米苏拉塔	利比亚
MRD	MERIDA	梅里达	委内瑞拉
MRE	MARA LODGES	马拉洛奇斯	肯尼亚
MRG	MAREEBA QL	马里巴	澳大利亚(昆士兰州)
MRK	MARCO IS. FL	马尔科岛	美国(佛罗里达州)
MRM	MANARE	马纳瑞	巴布亚新几内亚
MRO	MASTERTON	马斯特顿	新西兰
MRQ	MARINDUQUE	马林杜克	菲律宾
MRR	MACARA	马卡拉	厄瓜多尔
MRS	MARSEILLE	马赛	法国

表 1（续）

代 码	城市地名英文全称	城市地名中文全称	所在国家或地区(州、省或区域)
MRU	MAURITIUS	毛里求斯	非洲
MRV	MINERALNYE VODY	矿水城	俄罗斯
MRY	CARMEL CA	卡迈尔	美国(加利福尼亚州)
MRY	MONTEREY CA	蒙特雷	美国(加利福尼亚州)
MRZ	MOREE NS	莫里	澳大利亚(新南威尔士州)
MSA	MUSKRAT DAM ON	马斯克拉特担姆	加拿大(安大略省)
MSC	MESA AZ	梅萨	美国(亚利桑那州)
MSD	MT PLEASANT UT	芒特普莱森特	美国(犹他州)
MSE	MANSTON	曼斯顿	英国
MSH	MASIRAH	马西拉	阿曼
MSJ	MISAWA	三泽	日本
MSL	FLORENCE AL	佛罗伦萨	美国(亚拉巴马州)
MSL	MUSCLE SHOALS AL	马斯尔肖尔斯	美国(亚利桑那州)
MSL	SHEFFIELD AL	谢菲尔德	美国(亚拉巴马州)
MSN	MADISON WI	麦迪逊	美国(威斯康星州)
MSO	MISSOULA MT	米苏拉	美国(蒙大拿州)
MSP	MINNEAPOLIS MN	明尼阿波利斯	美国(明尼苏达州)
MSP	ST PAUL MN	圣保罗	美国(明尼苏达州)
MSQ	MINSK	明斯克	白俄罗斯
MSS	MASSENA NY	马塞纳	美国(纽约州)
MST	MAASTRICHT	马斯特里赫特	荷兰
MSU	MASERU	马塞卢	莱索托
MSV	MONTICELLO NY	蒙蒂塞洛	美国(纽约州)
MSW	MASSAWA	(马萨瓦)米齐瓦	埃塞俄比亚
MSX	MOSSENDJO	莫森焦	刚果(布)
MSY	NEW ORLEAN LA	新奥尔良	美国(路易斯安那州)
MSZ	NAMIBE	纳米贝	安哥拉
MTB	MONTE LIBANO	蒙特利瓦诺	尼加拉瓜
MTE	MTE ALEGRE PA	蒙蒂阿莱格里	巴西(帕拉州)
MTF	MIZAN TEFERI	米赞特费里	埃塞俄比亚
MTG	MATO GROSSO MT	马托格罗索	巴西(马托格罗索州)
MTH	MARATHON FL	马拉松	美国(佛罗里达州)
MTI	MOSTEIROS	莫什泰鲁什	佛得角(大西洋)
MTJ	MONTROSE CO	蒙特罗斯	美国(科罗拉多州)
MTK	MAKIN IS.	迈金岛	基里巴斯(太平洋)

表 1（续）

代 码	城市地名英文全称	城市地名中文全称	所在国家或地区（州、省或区域）
MTL	MAITLAND NS	梅特兰	澳大利亚（新南威尔士州）
MTM	METLAKATLA AK	梅特拉卡特拉	美国（阿拉斯加州）
MTO	MATTOON IL	马顿	美国（伊利诺斯州）
MTP	MONTAUK NY	蒙托克	美国（纽约州）
MTQ	MITCHELL QL	米切尔	澳大利亚（昆士兰州）
MTR	MONTERIA	蒙特里亚	哥伦比亚
MTS	MANZINI	曼齐尼	斯威士兰
MTT	MINATITLAN	米纳蒂特兰	墨西哥
MTV	MOTA LAVA	莫塔拉瓦	瓦努阿图（南太平洋）
MTW	MANITOWOC WI	马尼托沃克	美国（威斯康星州）
MTY	MONTERREY	蒙特雷	墨西哥
MTZ	MASADA	梅察达	以色列
MUA	MUNDA	蒙达	所罗门群岛（太平洋）
MUB	MAUN	马翁	博茨瓦纳
MUC	MUNICH	慕尼黑	德国
MUE	KAMUELA HI	卡姆也拉	美国（夏威夷州）
MUF	MUTING	穆廷	印度尼西亚
MUH	MERSA MATRUH	马特鲁港	厄立特里亚
MUJ	MUI	穆伊	几内亚比绍
MUK	MAUKE IS.	毛凯岛	库克群岛（大洋洲）
MUM	MUMIAS	穆米亚斯	肯尼亚
MUN	MATURIN	马图林	委内瑞拉
MUR	MARUDI	马鲁迪	马来西亚
MUW	MASCARA	穆阿斯凯尔	阿尔及利亚
MUX	MULTAN	木尔坦	巴基斯坦
MUZ	MUSOMA	穆索马	坦桑尼亚
MVA	MYVATN	米湖	冰岛
MVB	FRANCEVILLE	弗朗斯维尔	加蓬
MVD	MONTEVIDEO	蒙得维的亚	乌拉圭（东岸共和国）
MVF	MOSSORO RN	莫索罗	巴西（北里奥格朗德州）
MVH	MACKSVILLE NS	麦克斯维尔	澳大利亚（新南威尔士州）
MVJ	MANDEVILLE	曼德维尔	新西兰
MVK	MANAKARA	马纳卡拉	马达加斯加
MVL	MORRISVILL VT	莫里斯维尔	美国（佛蒙特州）
MVN	MOUNT VERNON IL	芒特弗农	美国（伊利诺斯州）

表 1（续）

代　码	城市地名英文全称	城市地名中文全称	所在国家或地区(州、省或区域)
MVO	MONGO	蒙戈	乍得
MVP	MITU	米图	哥伦比亚
MVR	MAROUA	马鲁阿	喀麦隆
MVT	MATAIVA	马太瓦	土阿莫土群岛(太平洋)
MVU	MUSGRAVE QL	马斯格雷夫	澳大利亚(昆士兰州)
MVV	MEGEVE	梅热沃	法国
MVX	MINVOUL	明武尔	加蓬
MVY	MARTHA' S VINERY MA	马撒葡萄园	美国(马萨诸塞州)
MVZ	MASVINGO	马斯温哥	津巴布韦
MWA	MARION IL	马里恩	美国(伊利诺斯州)
MWD	MIANWALI	米扬瓦利	巴基斯坦
MWE	MEROWE	麦罗维	苏丹
MWF	MAEWO	迈沃	新赫布里底群岛(瓦努阿图,太平洋)
MWH	MOSES LAKE WA	摩塞斯湖	美国(华盛顿州)
MWJ	MATTHEWS RIDGE	马修斯里奇	圭亚那
MWQ	MAGWE	马圭	缅甸(马圭省)
MWU	MUSSAU	穆绍	巴布亚新几内亚
MWY	MIRANDA QL	米兰达	澳大利亚(昆士兰州)
MWZ	MVANZA	姆万扎	坦桑尼亚
MXG	MARLBOROUG MA	马尔伯勒	美国(马萨诸塞州)
MXJ	MINNA	明纳	尼日利亚
MXK	MINDIK	明迪克	乍得
MXL	MEXICALI	墨西卡利	墨西哥
MXM	MOROMBE	穆龙贝	马达加斯加
MXN	MORLAIX	莫尔莱	法国
MXS	MAOTA SAVAII	马奥塔沙瓦依	萨摩亚(太平洋)
MXT	MAINTIRANO	迈因蒂拉努	马达加斯加
MXU	MULLEWA WA	马勒瓦	澳大利亚(西澳州)
MXX	MORA	莫拉	瑞典
MXY	MC CARTHY AK	麦卡锡	美国(阿拉斯加州)
MXZ	MEIXIAN	梅县	中国(广东省)
MYA	MORUYA NS	莫鲁亚	澳大利亚(新南威尔士州)
MYB	MAYOUMBA	马育姆巴	加蓬
MYC	MARACAY	马拉凯	委内瑞拉
MYD	MALINDI	马林迪	肯尼亚

表1(续)

代　码	城市地名英文全称	城市地名中文全称	所在国家或地区(州、省或区域)
MYE	MIYAKE JIMA	三宅岛	日本
MYG	MAYAGUANA	马亚瓜纳	巴哈马
MYH	MARBLE CANAL AZ	马布尔(运河)	美国(亚利桑那州)
MYI	MURRAY IS. QL	默里群岛	澳大利亚(昆士兰州)
MYJ	MATSUYAMA	松山	日本
MYK	MAY CREEK AK	梅因河	美国(阿拉斯加州)
MYM	MONKEY MOUNTA	猴山	越南
MYN	MAREB	默勒卜	埃塞俄比亚
MYP	MARY	马雷	俄罗斯
MYR	MYRTLE BEACH SC	默特尔比奇	美国(南卡罗来纳州)
MYS	MOYALE	莫亚莱	肯尼亚
MYT	MYITKYINA	密支那	缅甸(克钦邦)
MYU	MEKORYUK AK	梅科尤克	美国(阿拉斯加州)
MYV	MARYSVILLE CA	马里斯维尔	美国(加利福尼亚州)
MYW	WTWARA	姆特瓦拉	坦桑尼亚
MYX	MENYAMYA	梅尼亚米亚	巴布亚新几内亚
MYY	MIRI	美里	马来西亚
MYZ	MONKEY BAY	芒基湾	马拉维
MZB	MOCIMBOA D. PRAIA	莫辛布瓦一达普拉亚	莫桑比克
MZC	MITZIC	米齐克	加蓬
MZD	MENDEZ	门德斯	菲律宾
MZF	MZAMBA	姆占姆巴	南非
MZH	MERZIFON	梅尔济丰	土耳其
MZI	MOPTI	莫普提	马里
MZK	MARAKEL	马拉基	基里巴斯(太平洋)
MZL	MANIZALES	马尼萨莱斯	哥伦比亚
MZN	MINJ	明济	巴布亚新几内亚
MZO	MANZANILLO	曼萨尼罗	古巴
MZP	MOTUEKA	莫图伊卡	新西兰
MZR	MAZARI SHARIF	马扎里沙里夫	阿富汗
MZT	MAZATLAN	马萨特兰	墨西哥
MZX	MASSLO	马斯洛	埃塞俄比亚
MZX	MENA	米纳	黎巴嫩
MZZ	MARION IN	马里恩	美国(印第安纳州)
NAA	NARRABRI NS	纳拉布里	澳大利亚(新南威尔士州)

表 1（续）

代　码	城市地名英文全称	城市地名中文全称	所在国家或地区(州、省或区域)
NAE	NATITINGOU	纳蒂廷古	贝宁(非洲)
NAG	NAGPUR	那格浦尔	印度
NAH	NAHA	那霸	印度尼西亚
NAI	ANNAI	安奈	圭亚那
NAK	NAKHON RATCHASI	呵叻	泰国
NAM	NAMLEA	楠勒阿	印度
NAN	NADI	纳迪	斐济(南太平洋)
NAP	NAPLES	那不勒斯	意大利
NAQ	QANAQ	(卡纳克)图勒	格陵兰(丹属,北美洲)
NAR	NARE	纳雷	哥伦比亚
NAS	NASSAU	拿骚	巴哈马(拉丁美洲)
NAT	NATAL RN	纳塔尔	巴西(北里奥格朗德州)
NAU	NAPUKA IS.	那普卡岛	土阿莫土群岛(太平洋)
NAW	NARATHIWAT	那拉提瓦	泰国
NBB	BARRANCOMINAS	巴兰康米纳斯	哥伦比亚
NBC	NABEREVNYE CHELNE	卡马河畔切尔内	俄罗斯
NBO	NAIROBI	内罗毕	肯尼亚
NBV	CANA BRAVA MG	卡纳布拉瓦	巴西(米纳斯吉拉斯州)
NBX	NABIRE	纳比雷	印度尼西亚
NCA	NORTH CAICOS	北凯科斯	巴哈马(拉丁美洲)
NCE	NICE	尼斯	法国(滨海阿尔卑斯省)
NCH	NACHINGWEA	纳钦圭阿	坦桑尼亚
NCI	NECOCLI	内科克利	哥伦比亚
NCL	NEWCASTLE	纽卡斯尔	英国
NCN	NEW CHENEG AK	纽切内格	美国(阿拉斯加州)
NCS	NEWCASTLE	纽卡斯尔	南非
NCY	ANNECY	阿内西	法国
NDA	BANDANAIRA	班达奈拉	印度尼西亚
NDB	NOUADHIBOU	努瓦迪布	毛里塔尼亚
NDD	SUMBE	松贝	安哥拉
NDE	MANDERA	曼德拉	肯尼亚
NDJ	NDJAMENA	恩贾梅纳	乍得
NDK	NAMDRIK IS.	纳莫里克岛	马绍尔群岛(太平洋)
NDL	NDELE	恩代莱	中非
NDM	MENDI	曼德	埃塞俄比亚

表 1（续）

代　码	城市地名英文全称	城市地名中文全称	所在国家或地区(州、省或区域)
NDU	RUNDU	朗杜	纳米比亚
NDY	SANDAY	桑代	英国
NDZ	NORDHOLZ-SPIECA	诺德霍尔兹—斯片卡	德国
NEC	NECOCHEA BA	内科切阿	阿根廷
NEG	NEGRIL	内格里尔	牙买加(拉丁美洲)
NEK	NEKEMT	内格默特	埃塞俄比亚
NEU	SAM NEUA	桑怒	老挝
NFO	NIU AFOOU	纽阿福欧	汤加(大洋洲)
NGB	NINGBO	宁波	中国(浙江省)
NGD	ANEGADA	阿内加达	英属维尔京群岛(拉丁美洲)
NGE	NGAOUNDERE	恩冈代雷	喀麦隆
NGI	NGAU IS.	恩高岛	斐济(南太平洋)
NGO	NAGOYA	名古屋	日本
NGS	NAGASAKI	长崎	日本
NHF	NEW HALFA	新哈勒法	苏丹
NHV	NUKU HIVA	努库希瓦	马克萨斯群岛(太平洋,玻利维亚)
NIA	NIMBA	宁巴	利比亚
NIB	NIKOLAI AK	尼古拉	美国(阿拉斯加州)
NIE	NIBLACK AK	尼布兰克	美国(阿拉斯加州)
NIG	NIKUNAU	尼库瑙	基里巴斯(太平洋)
NIM	NIAMEY	尼亚美	尼日尔
NIO	NIOKI	尼奥基	刚果(金)
NIX	NIORO	纽罗	马里
NKC	NOUAKCHOTT	努瓦克肖特	毛里塔尼亚(沙漠中建起的新兴都城)
NKG	NANJING	南京	中国(江苏省)
NKI	NAUKITI AK	纳乌吉蒂	美国(阿拉斯加州)
NKL	NKOLO	恩科洛	刚果(金)
NKN	NANKINA	南吉纳	巴布亚新几内亚
NKU	NKAUS	恩卡尤斯	莱索托
NKV	NICHEN COVE AK	尼琴考沃	美国(阿拉斯加州)
NKY	NKAYI	恩卡伊	刚果(布)
NLA	NDOLA	恩多拉	赞比亚
NLD	NUEVO LAREDO	新拉雷多	墨西哥
NLF	DARNLEY IS. QL	达恩利岛	澳大利亚(昆士兰州)
NLG	NELSON LAGO AK	纳尔逊拉戈	美国(阿拉斯加州)

表 1（续）

代　码	城市地名英文全称	城市地名中文全称	所在国家或地区(州、省或区域)
NLK	NORFOLK IS.	诺福克岛	大洋洲
NLL	NULLAGINE WA	纳拉金	澳大利亚(西澳州)
NLS	NICHOLSON WA	尼科尔森	澳大利亚(西澳州)
NMB	DAMAN	达曼	印度
NME	NIGHTMUTE AK	奈特缪特	美国(阿拉斯加州)
NMG	SAN MIGUEL	圣米格尔	巴拿马
NMS	NAMSANG	南桑	缅甸
NMT	NAMTU	南渡	缅甸
NNB	SANTA ANA	圣安娜	所罗门群岛(太平洋)
NNG	NANNING	南宁	中国(广西壮族自治区)
NNI	NAMUTONI	纳穆托尼	纳米比亚
NNK	NAKNEK AK	纳克内克	美国(阿拉斯加州)
NNL	NONDALTON AK	农多尔顿	美国(阿拉斯加州)
NNT	NAN	难府	泰国
NNU	NANUQUE MG	纳努基	巴西(米纳斯吉拉斯州)
NNY	NANYANG	南阳	中国(河南省)
NOA	NOWRA NS	瑙拉	澳大利亚(新南威尔士州)
NOB	NOSARA BEACH	诺萨拉比奇	哥斯达黎加
NOC	CONNAUGHT	康诺特	爱尔兰
NOE	NORDDEICH	诺德代希	德国
NOM	NOMAD RIVER	诺莫德河	巴布亚新几内亚
NON	NONOUTI	诺努蒂	基里巴斯(太平洋)
NOO	NAORO	瑶罗	巴布亚新几内亚
NOR	NORDFJORDUR	诺尔峡	冰岛
NOS	NOSSI-BE	努西贝	马达加斯加
NOT	NOVATO CA	诺瓦托	美国(加利福尼亚州)
NOU	NOUMEA	努美阿	新喀里多尼亚(太平洋)
NOV	HUAMBO	万博	安哥拉
NOZ	NOVOKUZNETSK	新库兹涅茨克	俄罗斯
NPE	NAPIER	纳皮尔	新西兰
NPH	NEPHI UT	尼法	美国(犹他州)
NPL	NEW PLYMOUTH	新普利茅斯	新西兰
NPT	NEWPORT RI	纽波特	美国(罗得岛州)
NQL	NIQUELANDINI GO	尼克兰迪尼	巴西(戈亚斯州)
NQN	NEUQUEN	内乌肯	阿根廷

表 1（续）

代　码	城市地名英文全称	城市地名中文全称	所在国家或地区（州、省或区域）
NQU	NUQUI	努魁	哥伦比亚
NQY	NEWQUAY	纽基	英国
NRA	NARRANDERA NS	纳兰德拉	澳大利亚（新南威尔士州）
NRD	NORDERNEY	诺德奈	德国
NRK	NORRKOPING	诺尔雪平	瑞典
NRL	NORTH RONALDSAY	北罗纳德赛	英国
NRM	NARA	纳拉	马里
NSA	NOOSA QL	努萨	澳大利亚（昆士兰州）
NSH	NOW SHAHR	瑙沙赫尔	伊朗
NSK	NORIL' SK	诺里尔斯克	俄罗斯
NSM	NORSEMAN WA	诺斯曼	澳大利亚（西澳州）
NSN	NELSON	纳尔逊	新西兰
NSO	SCONE NS	斯昆	澳大利亚（新南威尔士州）
NST	NAKHON SI THAMAR	那空是贪玛叻	泰国
NTE	NANTES	南特	法国
NTI	BINTUNI	宾图尼	印度尼西亚
NTJ	MANTI UT	曼泰	美国（犹他州）
NTL	NEWCASTLE NS	纽卡斯尔	澳大利亚（新南威尔士州）
NTM	MIRACEMA NOTRE TO	北米拉塞马	巴西（托坎廷斯州）
NTN	NORMANTON QL	诺曼顿	澳大利亚（昆士兰州）
NTO	SANTO ANTAO	圣安唐	佛得角（大西洋）
NTT	NIUATOPUTAPU	纽阿托普塔普	汤加（大洋州）
NTY	SUN CITY	森城	南非
NUB	NUMBULWAR NT	纳姆布尔瓦	澳大利亚（北部地区）
NUD	EN NAHUD	恩纳胡得	苏丹
NUE	NUREMBERG	纽伦堡	德国
NUI	NUIQSUT AK	诺伊克索特	美国（阿拉斯加州）
NUK	NUKUTAVAKE	努库塔瓦克	土阿莫土群岛（太平洋）
NUL	NULATO AK	努拉托	美国（阿拉斯加州）
NUP	NUNAPITCH AK	纽纳皮兹	美国（阿拉斯加州）
NUR	NULLARBOR SA	纳拉伯	澳大利亚（南澳州）
NUS	NORSUP	诺索普	瓦努阿图（南太平洋，大洋洲）
NVA	NEIVA	内瓦	哥伦比亚
NVK	NARVIK	纳尔维克	挪威
NVS	NEVERS	内韦尔	法国

表 1（续）

代 码	城市地名英文全称	城市地名中文全称	所在国家或地区（州、省或区域）
NVT	NAVEGANTES SC	纳韦甘蒂斯	巴西（圣卡塔林纳州）
NVY	NEYVELI	内韦利	印度
NWI	NORWICH	诺威奇	英国
NWT	NOWATA	诺瓦塔	巴布亚新几内亚
NYC	NEW YORK NY	纽约	美国
NYE	NYERI	涅里	肯尼亚
NYI	SUNYANI	苏尼亚尼	加纳
NYK	NANYUKI	纳纽基	肯尼亚
NYN	NYNGAN NS	宁根	澳大利亚（新南威尔士州）
NYU	NYAUNGU	良乌	缅甸
NZE	NZEREKORE	恩泽雷科雷	几内亚
OAG	ORANGE NS	奥兰治	澳大利亚（新南威尔士州）
OAJ	JACKSONVILLE NC	杰克逊维尔	美国（北卡罗来纳州）
OAK	OAKLAND CA	奥克兰	美国（加利福尼亚州）
OAM	OAMARU	奥马鲁	新西兰
OAN	OLANCHITO	奥兰奇托	洪都拉斯
OAX	OAXACA	瓦哈卡	墨西哥
OBC	OBOCK	奥博克	吉布提
OBD	OBANO	奥巴诺	印度尼西亚
OBF	OBERPFAFFENHOFN	上法芬霍芬	德国
OBI	OBIDOS	乌比杜斯	葡萄牙
OBM	MOROBE	莫罗贝	巴布亚新几内亚
OBO	OBIHIRO	带广	日本
OBS	AUBENAS	欧布纳	法国
OBU	KOBUK AK	科伯克	美国（阿拉斯加州）
OBX	OBO	奥博	巴布亚新几内亚
OBY	SCOREBYSUND	斯科斯比松	格陵兰（丹属，北美洲）
OCA	OCEAN REEF FL	欧欣里尔	美国（佛罗里达州）
OCC	COCA	科卡	厄瓜多尔
OCE	OCEAN CITY MD	大洋城	美国（马里兰州）
OCF	OCALA FL	奥卡拉	美国（佛罗里达州）
OCH	NACOGDOCHES TX	纳科多奇斯	美国（德克萨斯州）
OCI	OCEANIC AK	欧欣尼克	美国（阿拉斯加州）
OCJ	OCHO RIOS	奥桥里奥斯	牙买加（拉丁美洲）
OCV	OCANA	奥卡纳	哥伦比亚

表 1（续）

代　码	城市地名英文全称	城市地名中文全称	所在国家或地区（州、省或区域）
ODA	OUADDA	瓦达	中非
ODB	CORDOBA	科尔多巴	西班牙
ODD	OODNADATTA SA	乌德纳达塔	澳大利亚（南澳州）
ODE	ODENSE	欧登赛	丹麦
ODJ	OUANDA DJALLE	万克贾莱	中非
ODL	CORDILLO D. SA	科迪洛	澳大利亚（南澳州）
ODN	LONG SERIDAN	伦塞里旦	马来西亚
ODR	ORD RIVER WA	奥德河	澳大利亚（西澳州）
ODS	ODESSA	奥德萨	乌克兰
ODW	OAK HARBOR WA	奥克港	美国（华盛顿州）
ODY	OUDOMXAY	乌多姆塞	老挝
OEC	OCUSSI	欧库西	印度尼西亚
OER	ORNSKOLDSVIK	恩金尔兹维克	瑞典
OES	SAN ANTONIO OEST	西圣安东尼奥	阿根廷
OFJ	OLAFSJORDUR	欧拉夫峡	冰岛
OFK	NORFOLK NE	诺福克	美国（内布拉斯加州）
OFU	OFU IS.	奥富岛	东萨摩亚（南太平洋）
OGG	KAHULUI HI	卡胡卢伊	美国（夏威夷州）
OGN	YONAGUNI JIMA	与那国岛	日本
OGO	ABENGOUROU	阿本古洛	科特迪瓦（象牙海岸）
OGR	BONGOR	邦戈	乍得
OGS	OGDENSBURG NY	奥格登斯堡	美国（纽约州）
OGX	OUARGLA	瓦尔格拉	阿尔及利亚
OHD	OHRID	奥赫里德	马其顿
OHI	OSHAKATI	奥沙卡蒂	纳米比亚
OHR	WYK AUF FOHR	维克奥夫福赫尔	德国
OHT	KOHAT	科哈特	巴基斯坦
OIM	OSHIMA	大岛	日本
OIR	OKUSHIRI	奥尻	日本
OIT	OITA	大分	日本
OKA	OKINAWA	冲绳	日本
OKB	ORCHID BEACH QL	奥尔奇德比奇	澳大利亚（昆士兰州）
OKC	OKLAHOMA CIITY OK	俄克拉荷马城	美国（俄克拉荷马州）
OKE	OKINO ERABU	冲永良部	日本
OKF	OKAUKUEJO	奥考奎约	纳米比亚

表 1（续）

代 码	城市地名英文全称	城市地名中文全称	所在国家或地区(州、省或区域)
OKG	OKOYO	奥科约	刚果(布)
OKI	OKI IS.	奥基岛	日本
OKJ	OKAYAMA	冈山	日本
OKK	KOKOMO IN	科科莫	美国(印第安纳州)
OKK	LOGANSPORT IN	洛根斯波特	美国(印第安纳州)
OKN	OKONDJA	奥孔贾	加蓬
OKP	OKSAPMIN	奥克萨普明	巴布亚新几内亚
OKQ	OKABA	奥卡巴	印度尼西亚
OKR	YORKE IS. QL	约克岛	澳大利亚(昆士兰州)
OKY	OAKEY QL	奥基	澳大利亚(昆士兰州)
OLB	OLBIA	奥尔比亚	意大利
OLF	WOLF POINT MT	沃尔夫波因特	美国(蒙大拿州)
OLH	OLD HARBOR AK	奥尔德港	美国(阿拉斯加州)
OLI	OLAFSVIK	欧拉夫斯维克	冰岛
OLJ	OLPOI	奥尔波依	瓦努阿图(太平洋)
OLM	OLYMPIA WA	奥林匹亚	美国(华盛顿州)
OLP	OLYMPIC DAM SA	奥林匹克旦姆	澳大利亚(南澳州)
OLQ	OLSOBIP	奥尔索比普	巴布亚新几内亚
OLU	COLUMBUS NE	哥伦布	美国(内布拉斯加州)
OMA	OMAHA NE	奥马哈	美国(内布拉斯加州)
OMB	OMBOUE	翁布埃	加蓬
OMC	ORMOC	奥尔莫克	菲律宾
OMD	ORANJEMUND	奥兰治蒙德	纳米比亚
OME	NOME AK	诺姆	美国(阿拉斯加州)
OMH	URMIEH	乌尔米耶	伊朗
OMN	OSMANABAD	奥斯曼阿巴德	印度
OMO	MOSTAR	莫斯塔尔	波黑
OMR	ORADEA	奥拉迪亚	罗马尼亚
OMS	OMSK	鄂木斯克	俄罗斯
ONA	WINONA MN	威诺纳	美国(明尼苏达州)
OND	ONDANGWA	翁旦格瓦	纳米比亚
ONG	MORNINGTON QL	莫宁顿	澳大利亚(昆士兰州)
ONH	ONEONTA NY	奥尼昂塔	美国(纽约州)
ONI	MOANAMANI	莫阿纳马尼	印度尼西亚
ONO	ONTARIO OR	安大略	美国(俄勒冈州)

表 1（续）

代　码	城市地名英文全称	城市地名中文全称	所在国家或地区（州、省或区域）
ONS	ONSLOW WA	昂斯洛	澳大利亚（西澳州）
ONT	ONTARIO CA	安大略	美国（加利福尼亚州）
ONU	ONO IS. LAU	奥诺劳岛	斐济（南太平洋）
ONX	COLON	科隆	巴拿马
OOK	TOKSOOK AK	托克苏克	美国（阿拉斯加州）
OOL	GOLD COAST QL	黄金海岸	澳大利亚（昆士兰州）
OOM	COOMA NS	库马	澳大利亚（新南威尔士州）
OOT	ONOTOA	奥诺托阿	基里巴斯（太平洋）
OPA	KOPASKER	科伯斯凯尔	冰岛
OPB	OPEN BAY	奥彭湾	新西兰
OPI	OENPELLI NT	昂佩利	澳大利亚（北部地区）
OPO	PORTO	波尔图	葡萄牙
OPU	BALIMO	巴利莫	巴布亚新几内亚
ORB	OREBRO	厄勒布鲁	瑞典
ORE	ORLEANS	奥尔良	法国
ORF	NORFOLK VA	诺福克	美国（弗吉尼亚州）
ORH	WORCESTER MA	伍斯特	美国（马萨诸塞州）
ORI	PORT LIONS AK	利翁斯港	美国（阿拉斯加州）
ORJ	ORINDUIK	奥林杜伊克	圭亚那
ORK	CORK	科克	爱尔兰
ORL	ORLANDO FL	奥兰多	美国（佛罗里达州）
ORN	ORAN	奥兰	阿尔及利亚
ORO	YORO	约罗	洪都拉斯
ORP	ORAPA	奥拉帕	博茨瓦纳
ORS	ORPHEUS IS. QL	奥普霍伊斯群岛	澳大利亚（昆士兰州）
ORT	NORTHWAY AK	诺思韦	美国（阿拉斯加州）
ORU	ORURO	奥鲁罗	玻利维亚
ORV	NOORVIK AK	诺尔维克	美国（阿拉斯加州）
ORW	ORMARA	奥尔马拉	巴基斯坦
ORZ	ORANGE WALK	奥兰治沃克	伯利兹（拉丁美洲）
OSA	OSAKA	大阪	日本
OSB	OSAGE BEACH MO	欧塞奇比奇	美国（密苏里州）
OSD	OSTERSUND	厄斯特松德	瑞典
OSH	OSHKOSH WI	奥什科什	美国（威斯康星州）
OSI	OSIJEK	奥西耶克	克罗地亚

表 1（续）

代　码	城市地名英文全称	城市地名中文全称	所在国家或地区（州、省或区域）
OSK	OSKARSHAMN	奥斯卡斯哈门	瑞典
OSL	OSLO	奥斯陆	挪威
OSM	MOSUL	摩苏尔	伊拉克
OSP	SLUPSK	斯鲁普斯克	波兰
OSR	OSTRAVA	奥斯特拉发	捷克
OSS	OSH	奥什	吉尔吉斯斯坦
OST	OSTEND	奥斯坦德	比利时
OSY	NAMSOS	纳姆索斯	挪威
OSZ	KOSZALIN	科沙林	波兰
OTA	MOTA	莫塔	埃塞俄比亚
OTC	BOL	博尔	乍得
OTD	CONTADORA	康塔多拉	巴拿马
OTG	WORTHINGTON MN	沃辛顿	美国（明尼苏达州）
OTH	NORTH BEND OR	北本德	美国（俄勒冈州）
OTI	MOROTAI IS.	莫罗太岛	印度尼西亚
OTL	BOUTILIMIT	布提利米特	毛里塔尼亚
OTM	OTTUMWA IA	奥塔姆瓦	美国（衣阿华州）
OTR	COTO 47	科托 47	哥斯达黎加
OTS	ANACORTES WA	阿纳科特斯	美国（华盛顿州）
OTU	OTU	奥图	哥伦比亚
OTY	ORIA	奥里亚	意大利
OTZ	KOTZEBUE AK	科策布	美国（阿拉斯加州）
OUA	OUAGADOUGOU	瓦加杜古	布基纳法索（非洲）
OUD	OUJDA	乌季达	摩洛哥
OUE	OUESSO	韦萨	布基纳法索（非洲）
OUG	OUAHIGOUYA	瓦希古亚	布基纳法索（非洲）
OUH	OUDTSHOORN	奥茨胡恩	南非
OUL	OULU	奥卢	芬兰
OUR	BATOURI	巴陶里	喀麦隆
OUS	OURINHOS SP	欧里纽斯	巴西（圣保罗州）
OUZ	ZOUERATE	祖埃拉特	毛里塔尼亚
OVA	BEKILY	贝基利	马达加斯加
OVB	NOVOSIBIRSK	新西伯利亚	俄罗斯
OVD	ASTURIAS	阿斯图里亚斯	西班牙
OVD	OVIEDO	奥维多	西班牙

表 1（续）

代 码	城市地名英文全称	城市地名中文全称	所在国家或地区(州、省或区域)
OWB	OWENSBORO KY	欧文斯伯勒	美国(肯塔基州)
OWD	NORWOOD MA	诺伍德	美国(马萨诸塞州)
OXB	BISSAU	比绍	几内亚比绍
OXR	OXNARD CA	奥克斯纳德	美国(加利福尼亚州)
OXR	VENTURA CA	本图拉	美国(加利福尼亚州)
OYA	GOYA	戈亚	阿根廷
OYE	OYEM	奥耶姆	加蓬
OYK	OIAPOQUE AP	奥亚波基	巴西(阿马帕地区)
OYN	OUYEN VI	奥延	澳大利亚(维多利亚州)
OYO	TRES ARROYOS	特雷斯阿罗约斯	阿根廷
OYS	YOSEMITE PASS CA	约塞米蒂帕斯	加拿大(不列颠哥伦比亚省)
OZC	OZAMIS CITY	奥三棉市	菲律宾
OZH	ZAPOROZHYE	扎波罗热	乌克兰
OZZ	OUARZAZATE	瓦尔扎扎特	摩洛哥
PAA	PA-AN	帕安	缅甸(克伦邦)
PAB	BILASPUR	比拉斯普尔	印度
PAD	PADERBORN	帕德博恩	德国
PAE	EVERETT WA	埃弗里特	美国(华盛顿州)
PAG	PAGADIAN	帕加迪安	菲律宾
PAH	PADUCAH KY	帕迪尤卡	美国(肯塔基州)
PAN	PATTANI	北大年	泰国
PAP	PORT AU PRINCE	太子港	海地(拉丁美洲)
PAR	PARIS	巴黎	法国
PAS	PAROS	帕罗斯	希腊
PAT	PATNA	巴特那	印度
PAU	PAUK	包城	缅甸
PAV	PAULO AFONSO BA	保罗·阿方索	巴西(巴伊亚州)
PAY	PAMOL	巴马尔	马来西亚
PAZ	POZA RICA-D. HIDALGO	波萨里卡—德伊达尔戈	墨西哥
PBB	PARANAIBA MS	巴拉那伊巴	巴西(南马托格罗索州)
PBC	PUEBLA	普埃布拉	墨西哥
PBD	PORBANDAR	波尔本德尔	印度
PBE	PUERTO BERRIO	贝里奥港	哥伦比亚
PBF	PINE BLUFF AR	派恩布拉夫	美国(阿肯色州)
PBH	PARO	帕罗	不丹

表 1（续）

代　码	城市地名英文全称	城市地名中文全称	所在国家或地区（州、省或区域）
PBI	WT. PALM BEACH FL	西棕榈滩	美国（佛罗里达州）
PBL	PUERTO CABELLO	卡贝略港	委内瑞拉
PBM	PARAMARIBO	帕拉马里博	苏里南（南美洲，旧名荷属圭亚那）
PBN	PORTO AMBOIM	安博因港	安哥拉
PBO	PARABURDOO WA	帕拉布尔杜	澳大利亚（西澳州）
PBR	PUERTO BARRIOS	巴里奥斯港	危地马拉
PBU	PUTAO	葡萄	缅甸
PBZ	PLETTENBERG	普莱滕贝格	德国
PCA	PORTAGE CREEK AK	波特奇克里克	美国（阿拉斯加州）
PCC	PUERTO RICO	波多黎各	哥伦比亚
PCG	PASO CABALLOS	帕索卡瓦约斯	危地马拉
PCK	PORCUPI CITY AK	波尔库皮城	美国（阿拉斯加州）
PCL	PUCALLPA	普卡尔帕	秘鲁
PCN	PICTON	皮克顿	新西兰
PCP	PRINCIPE	普林西比	大西洋
PCR	PUERTO CARRENO	卡雷尼奥港	哥伦比亚
PCT	PRINCETON NJ	普林斯顿	美国（新泽西州）
PDB	PEDRO BAY AK	佩得罗湾	美国（阿拉斯加州）
PDC	MUEO	穆埃奥	新喀里多尼亚（太平洋）
PDE	PANDIE PANDIE SA	潘迪潘迪	澳大利亚（南澳州）
PDG	PADANG	巴东	印度尼西亚
PDI	PINDIU	平迪乌	巴布亚新几内亚
PDL	PONTA DELGADA	蓬塔德尔加达	葡萄牙
PDN	PARNDANA SA	潘德纳	澳大利亚（南澳州）
PDP	PUNTA DEL EST	埃斯特角城	乌拉圭
PDT	PENDLETON OR	彭德尔顿	美国（俄勒冈州）
PDU	PAYSANDU	派桑杜	乌拉圭
PDV	PLOVDIV	普罗夫迪夫	保加利亚
PDX	PORTLAND OR	波特兰	美国（俄勒冈州）
PDZ	PEDERNALES	佩德纳莱斯	多米尼加
PEA	PENNESHAW SA	彭讷肖	澳大利亚（南澳州）
PEC	PELICAN AK	佩利肯	美国（阿拉斯加州）
PEE	PERM	彼尔姆	俄罗斯
PEG	PERUGIA	佩鲁贾	意大利
PEH	PEHUAJO	佩瓦霍	阿根廷

表 1(续)

代 码	城市地名英文全称	城市地名中文全称	所在国家或地区(州、省或区域)
PEI	PEREIRA	佩雷拉	哥伦比亚
PEM	PUERTO MALDONADO	马尔多纳多港	秘鲁
PEN	PENANG	槟榔	马来西亚
PER	PERTH WA	珀斯	澳大利亚(西澳州)
PES	PETROZAVODSK	彼得罗扎沃茨克	俄罗斯
PET	PELOTAS RS	佩洛塔斯	巴西(南里奥格朗德州)
PEU	PUERTO LEMPIRA	伦皮拉港	洪都拉斯
PEW	PESHAWAR	白沙瓦	巴基斯坦
PEZ	PENZA	奔萨	俄罗斯
PFB	PASSO FUNDO RS	帕苏丰杜	巴西(南里奥格朗德州)
PFJ	PATREKSFJORDUR	帕特莱克斯菲厄泽	冰岛
PFN	PANAMA CITY FL	巴拿马城	美国(佛罗里达州)
PFO	PAPHOS	帕福斯	塞浦路斯
PFR	ILEBO	伊莱博	刚果(金)
PGA	PAGE AZ	佩奇	美国(亚利桑那州)
PGD	PUNTA GORD FL	戈尔德角	美国(佛罗里达州)
PGE	PORGERA	波尔盖拉	巴布亚新几内亚
PGF	PERPIGNAN	佩皮尼昂	法国(东比利牛斯省)
PGI	CHIATO	奇坦托	安哥拉
PGK	PANGKALPINANG	槟港	印度尼西亚
PGM	PT GRAHAM AK	格雷厄姆港	美国(阿拉斯加州)
PGS	PEACH SPRINGS AZ	皮奇斯普林斯	美国(亚利桑那州)
PGV	GREENVILLE NC	格林维尔	美国(北卡罗来纳州)
PGX	PERIGUEUX	佩里格	法国
PGZ	PONTA GROSA PR	蓬塔格罗萨	巴西(巴拉那州)
PHB	PARNAIBA PI	巴纳伊巴	巴西(皮奥伊州)
PHC	PORT HARCOURT	哈科特港	尼日利亚
PHE	PT HEDLAND WA	黑德兰港	澳大利亚(西澳州)
PHF	HAMPTON VA	汉普顿	美国(弗吉尼亚州)
PHF	NEWPORT NEWS VA	纽波特纽斯	美国(弗吉尼亚州)
PHF	WILLIAMSBURG VA	威廉斯堡	美国(弗吉尼亚州)
PHI	PINHEIRO MA	皮涅鲁	巴西(马拉尼翁州)
PHJ	PT HUNTER NS	亨特港	澳大利亚(新南威尔士州)
PHL	CAMDEN NJ	卡姆登	美国(新泽西州)
PHL	PHILADELPHIA PA	费城	美国(宾夕法尼亚州)

表 1（续）

代　码	城市地名英文全称	城市地名中文全称	所在国家或地区（州、省或区域）
PHO	POINT HOPE AK	波因特霍普	美国（阿拉斯加州）
PHR	PACIFIC HARBOR	太平港	斐济（南太平洋）
PHS	PHITSANULOK	彭世洛	泰国
PHW	PHALABORWA	帕拉博鲁瓦	南非
PHX	PHOENIX AZ	菲尼克斯	美国（亚利桑那州）
PIA	PEORIA IL	皮奥里亚	美国（伊利诺斯州）
PIE	ST PETEERSBURG FL	圣彼得斯堡	美国（佛罗里达州）
PIH	POCATELLO ID	波卡特洛	美国（爱达荷州）
PIN	PARINTINS AM	帕林廷斯	巴西（亚马孙州）
PIP	PILOT POINT AK	皮勒特波因特	美国（阿拉斯加州）
PIR	PIERRE SD	皮尔	美国（南达科他州）
PIS	OPITIERS	普瓦捷	法国
PIT	PITTSBURGH PA	匹兹堡	美国（宾夕法尼亚州）
PIU	PIURA	皮乌拉	秘鲁
PIW	PIKWITONEI MB	皮奎托内	加拿大（曼尼托巴省）
PIX	PICO IS.	皮克岛	委内瑞拉
PIZ	POINT LAY AK	波因特莱	美国（阿拉斯加州）
PJG	PANJGUR	本杰古尔	巴基斯坦
PJS	PT ST. JUAN AK	圣胡安港	美国（阿拉斯加州）
PKA	NAPASKIAK AK	纳帕斯杰克	美国（阿拉斯加州）
PKB	MARIETTA OH	玛丽埃塔	美国（俄亥俄州）
PKB	PARKERSBURG WV	帕克斯堡	美国（西弗吉尼亚州）
PKC	PETROPAVLOVSK	彼得罗巴甫洛夫斯克	哈萨克斯坦
PKE	PARKES NS	帕克斯	澳大利亚（新南威尔士州）
PKH	PORTO KHELION	波尔托海利翁	希腊
PKK	PAKOKKU	格具	缅甸
PKN	PANGKALANBUN	庞卡兰布翁	印度尼西亚
PKO	PARAKOU	帕拉库	贝宁（非洲）
PKP	PUKA PUKA	普卡普卡	土阿莫土群岛（太平洋）
PKR	POKHARA	博克拉	尼泊尔
PKT	PT KEATS NT	基茨港	澳大利亚（北部地区）
PKU	PEKANBARU	北干巴鲁	印度尼西亚
PKW	SELEBI-PHIKWE	塞莱比—皮奎	博茨瓦纳
PKY	PALANGKARAYA	帕朗卡拉亚	印度尼西亚（中加里曼丹省）
PKZ	PAKSE	巴色	老挝

表 1（续）

代　码	城市地名英文全称	城市地名中文全称	所在国家或地区(州、省或区域)
PLB	PLATTSBURG NY	普拉茨堡	美国(纽约州)
PLD	PLAYA SAMARA	萨马拉滩	哥斯达黎加
PLF	PALA	帕拉	肯尼亚
PLH	PLYMOUTH	普利茅斯	英国
PLM	PALEMBANG	巨港	印度尼西亚
PLN	PELLSTON MI	佩尔斯顿	美国(密执安州)
PLO	PT LINCOLN SA	林肯港	澳大利亚(南澳州)
PLP	LA PALMA	拉帕尔马	西班牙
PLQ	PALANGA	帕兰加	立陶宛
PLS	PROVIDENCIALES	普罗维登夏莱斯	特克斯和凯科斯群岛(拉丁美洲)
PLW	PALU	帕卢	印度尼西亚
PLX	SEMIPALATINSK	塞米巴拉金斯克	哈萨克斯坦
PLZ	PT ELIZABETH	伊丽莎白港	南非
PMA	PEMBA	奔巴	坦桑尼亚
PMC	PUERTO MONTT	蒙特港	智利
PMD	PALMDALE CA	帕姆代尔	美国(加利福尼亚州)
PMF	PARMA	帕尔马	意大利
PMG	PONTA PORA MS	蓬塔波朗	巴西(南马托格罗索州)
PMI	PALMA MALLORC	帕尔马 马拉尔克	西班牙
PMK	PALM IS. QL	帕姆群岛	澳大利亚(昆士兰州)
PML	PT MOLLER AK	莫勒港	美国(阿拉斯加州)
PMN	PUMANI	普马尼	巴布亚新几内亚
PMO	PALERMO	巴勒莫	意大利
PMP	PIMAGA	皮曼加	刚果(金)
PMQ	PERITO MORENO	佩里托莫雷诺	阿根廷
PMR	PALMERSTON NORTH	北帕默斯顿	新西兰
PMT	BREMERTON WA	布雷默顿	美国(华盛顿州)
PMV	PORLAMAR	波尔拉马尔	委内瑞拉
PMZ	PALMAR	帕尔马尔	哥斯达黎加
PNA	PAMPLONA	巴姆普朗纳	西班牙
PNB	PORTO NACIONAL TO	纳雄耐尔港	巴西(托坎廷斯州)
PNC	PONCA CITY OK	庞卡城	美国(俄克拉荷马州)
PND	PUNTA GORDA	戈尔达角	伯利兹
PNG	PARANAGUA PR	巴拉那瓜	巴西(巴拉那州)
PNH	PHNOM PENH	金边	柬埔寨

表 1（续）

代　码	城市地名英文全称	城市地名中文全称	所在国家或地区(州、省或区域)
PNI	POHNPEI	波恩佩	加罗林群岛(太平洋)
PNK	PONTIANAK	坤甸	印度尼西亚(西加里曼丹省)
PNL	PANTELLERIA	潘泰莱里亚	意大利
PNP	POPONDETTA	波蓬德塔	巴布亚新几内亚
PNR	POINTE NOIRE	黑角	刚果(布)
PNS	PENSACOLA FL	彭萨科拉	美国(佛罗里达州)
PNX	SHERMAN/DE TX	谢尔曼德	美国(德克萨斯州)
PNZ	PETROLINA PE	彼得罗利纳	巴西(伯南布哥州)
POA	PTO ALEGRE RS	阿雷格里港	巴西(南里奥格朗德州)
POD	PODOR	波多尔	塞内加尔
POE	FT. POLK LA	波克堡	美国(路易斯安那州)
POF	POPLAR BLUFF MO	波普勒布拉夫	美国(密苏里州)
POG	PORT GENTIL	让蒂尔港	加蓬
POH	POCAHONTAS IA	波卡洪特斯	美国(衣阿华州)
POI	POTOSI	波托西	玻利维亚
POL	PEMBA	彭巴	莫桑比克
POM	PORT MORESBY	莫尔兹比港	巴布亚新几内亚(大洋洲)
PON	POPTUN	波普顿	危地马拉
POO	POCOS CALDAS MG	波卡斯卡尔达斯	巴西(米纳斯吉拉斯州)
POP	PUERTO PLATA	普拉塔港	多米尼加
POQ	POLK INLET AK	波克因莱特	美国(阿拉斯加州)
POR	PORI	波里	芬兰
POS	PORT OF SPAIN	西班牙港	特立尼达和多巴哥(拉丁美洲)
POS	TRINIDAD	特立尼达	特立尼达和多巴哥(拉丁美洲)
POT	PORT ANTONIO	安东尼奥港	牙买加(拉丁美洲)
POU	POUGHKEEPSIE NY	波基普西	美国(纽约州)
POW	PORTOROZ	波尔托罗日	波黑
POY	LOVELL WY	拉弗尔	美国(怀俄明州)
POY	POWELL WY	鲍威尔	美国(怀俄明州)
POZ	POZNAN	波兹南	波兰
PPB	PRES. PRUDENTE SP	普鲁登特总统城	巴西(圣保罗州)
PPC	PROSPECT CREEK AK	普罗斯佩克特河	美国(阿拉斯加州)
PPF	PARSONS KS	帕桑斯	美国(堪萨斯州)
PPG	PAGO PAGO	帕果帕果	美属萨摩亚(太平洋)
PPI	PT PIRIE SA	皮里港	澳大利亚(南澳州)

表 1（续）

代 码	城市地名英文全称	城市地名中文全称	所在国家或地区(州、省或区域)
PPN	POPAYAN	波帕扬	哥伦比亚
PPP	PROSERPINE QL	普罗瑟派恩	澳大利亚(昆士兰州)
PPS	PUERTO PRINCESA	普林塞萨港	菲律宾
PPT	PAPEETE	帕皮提	塔希提(南太平洋)
PPU	PAPUN	帕本	缅甸
PPW	PAPAWESTRAY	帕帕韦斯特雷	英国
PPX	PARAM	帕拉姆	加罗林群岛(美托管,太平洋)
PPZ	PUERTO PAEZ	帕埃斯港	委内瑞拉
PQI	PRESQUE IS. ME	普雷斯克岛	美国(缅因州)
PQM	PALENQUE	帕伦克	墨西哥
PQQ	PT MACQUARI NS	麦夸里港	澳大利亚(新南威尔士州)
PQS	PILOT STATE AK	派勒特斯泰特	美国(阿拉斯加州)
PRA	PARANA ER	帕拉那	阿根廷
PRB	PASO ROBLS CA	帕索罗布尔斯	美国(加利福尼亚州)
PRC	PRESCOTT AZ	普雷斯科特	美国(亚利桑那州)
PRF	PT JOHNSON AK	约翰逊港	美国(阿拉斯加州)
PRG	PRAGUE	布拉格	捷克
PRH	PHRAE	帕府	泰国
PRI	PRASLIN IS.	普拉兰岛	塞舌尔(印度洋)
PRL	PT OCEANIC AK	阿申尼克港	美国(阿拉斯加州)
PRM	PORTIMAO	波尔蒂芒	葡萄牙
PRN	PRISTINA	普里什蒂纳	塞黑
PRP	PROPRIANO	普罗普里亚诺	法国
PRQ	PRES. ROQUE SA. PENA CH	罗克・萨恩斯 ・培纳总统城	阿根廷
PRS	PARASI	伯拉西	所罗门群岛(太平洋)
PRU	PROME	卑谬	缅甸
PRX	PARIS TX	巴黎	美国(德克萨斯州)
PRY	PRETORIA	比勒陀利亚	南非
PSA	PISA	比萨	意大利
PSB	BELLEFONTE PA	贝尔丰特	美国(宾夕法尼亚州)
PSB	CLEARFIELD PA	克利尔菲尔德	美国(宾夕法尼亚州)
PSC	PASCO WA	帕斯科	美国(华盛顿州)
PSD	PORT SAID	塞得港	埃及
PSE	PONCE	庞塞	波多黎各
PSF	PITTSFIELD MA	皮茨菲尔德	美国(马萨诸塞州)

表 1（续）

代　码	城市地名英文全称	城市地名中文全称	所在国家或地区（州、省或区域）
PSG	PETERSBURG AK	彼得斯堡	美国（阿拉斯加州）
PSI	PASNI	伯斯尼	巴基斯坦
PSJ	POSO	波索	印度尼西亚
PSO	PASTO	帕斯托	哥伦比亚
PSP	PALM SPRING CA	棕榈泉	美国（加利福尼亚州）
PSR	PESCARA	佩斯卡拉	意大利
PSS	POSADAS	波萨达斯	阿根廷
PSU	PUTUSSIBAU	普图西包	印度尼西亚
PSW	PASSOS MG	帕苏斯	巴西（米纳斯吉拉斯州）
PSY	PT. STANLEY	斯坦利港	马尔维纳斯（福克兰）群岛（大西洋）
PSZ	PUERTO SUAREZ	苏亚雷斯港	玻利维亚
PTA	PT ALSWORT AK	阿尔斯沃特港	美国（阿拉斯加州）
PTC	PT ALICE AK	艾利斯港	美国（阿拉斯加州）
PTD	PT ALEXANDER AK	亚历山大港	美国（阿拉斯加州）
PTE	PT STEPHENS NS	斯蒂芬斯港	澳大利亚（新南威尔士州）
PTF	MALOLOLAILAI	马洛洛莱莱	斐济（南太平洋）
PTH	PT HEIDEN AK	海登港	美国（阿拉斯加州）
PTI	PT DOUGLAS QL	道格拉斯港	澳大利亚（昆士兰州）
PTJ	PORTLAND VI	波特兰	澳大利亚（维多利亚州）
PTM	PALMARITO	帕尔马里托	玻利维亚
PTN	MORGAN CITY LA	摩根城	美国（路易斯安那州）
PTN	PATTERSON LA	帕特森	美国（路易斯安那州）
PTO	PATO BRANCU PR	帕图布兰堡	巴西（巴拉那州）
PTP	POINTE-A-PITRE	皮特尔角城	瓜德罗普岛（拉丁美洲）
PTU	PLATINUM AK	普拉蒂纳姆	美国（阿拉斯加州）
PTX	PITALITO	皮塔利托	哥伦比亚
PTY	PANAMA CITY	巴拿马城	巴拿马
PUB	PUEBLO CO	普韦布洛	美国（科罗拉多州）
PUC	PRICE UT	普赖斯	美国（犹他州）
PUD	PUERTO DESEADO SC	德塞阿多港	阿根廷
PUE	PUERTO OBALDIA	奥瓦尔迪亚港	巴拿马
PUF	PAU	波	法国（大西洋岸比利牛斯省）
PUG	PT AUGUSTA SA	奥古斯塔港	澳大利亚（南澳州）
PUJ	PUNTA CANA	卡纳角	多米尼加
PUK	PUKARUA	普卡鲁阿	土阿莫土群岛（太平洋）

表 1（续）

代 码	城市地名英文全称	城市地名中文全称	所在国家或地区（州、省或区域）
PUM	POMALA	波马拉	印度尼西亚
PUN	PUNIA	普尼亚	刚果（金）
PUO	PRUDHOE AK	普拉德霍	美国（阿拉斯加州）
PUQ	PUNTA ARENAS	阿雷纳斯角	智利
PUS	PUSAN	釜山	韩国
PUU	PUERTO ASIS	阿西斯港	哥伦比亚
PUW	PULLMAN WA	普尔曼	美国（华盛顿州）
PUY	PULA	普拉	克罗地亚
PUZ	PUERTO CABEZAS	卡贝萨斯港	尼加拉瓜
PVA	PROVIDENCIA	普罗维登夏	哥伦比亚
PVC	PROVINCETON MA	普罗温斯敦	美国（马萨诸塞州）
PVD	PROVIDENCE RI	普罗维登斯	美国（罗得岛州）
PVE	EL PORVENIR	埃尔波维尼尔	巴拿马
PVF	PLACERVILL CA	普莱瑟维尔	美国（加利福尼亚州）
PVH	PTO VELHO RO	维利乌港	巴西（朗多尼亚州）
PVI	PARANAVAI PR	巴拉那瓦伊	巴西（巴拉那州）
PVK	PREVEZA/LEFKA	普雷韦扎/列夫卡	希腊
PVN	PLEVEN	普列文	保加利亚
PVO	PORTOVIEJO	波托维埃霍	厄瓜多尔
PVR	PUERTO VALLARTA	巴亚尔塔港	墨西哥
PVU	PROVO UT	普罗沃	美国（犹他州）
PWL	PURWOKERTO	普禾加多	印度尼西亚
PWM	PORTLAND ME	波特兰	美国（缅因州）
PXL	POLACCA AZ	波拉卡	美国（亚利桑那州）
PXM	PUERTO ESCOND	埃斯康德港	墨西哥
PXO	PORTO SANTO	圣港	葡萄牙
PYA	PUERTO BOYACA	博亚卡港	哥伦比亚
PYB	JEYPORE	杰伊布尔	印度
PYE	PENRHYN IS.	彭林岛	库克群岛（南太平洋，大洋洲）
PYH	PUERTO AYACUCHO	阿亚库乔港	委内瑞拉
PYN	PAYAN	帕扬	哥伦比亚
PYO	PUTUMAYO	普图马约	哥伦比亚
PYR	PYRGOS	皮尔戈斯	希腊
PYV	YAVIZA	亚维萨	巴拿马
PYX	PATTAYA	帕塔亚	泰国

表 1（续）

代　码	城市地名英文全称	城市地名中文全称	所在国家或地区(州、省或区域)
PZA	PAZ D ARIPORO	帕斯德阿里波罗	哥伦比亚
PZB	PIETERMARITZBURG	彼得马里茨堡	南非
PZE	PENZANCE	彭赞斯	英国
PZH	ZHOB	若布	巴基斯坦
PZO	PUERTO ORDAZ	奥尔达斯港	委内瑞拉
PZU	PORT SUDAN	苏丹港	苏丹
PZY	PIESTANY	皮耶什佳尼	斯洛伐克
QBC	BELLA COOL BC	贝拉库尔	加拿大(不列颠哥伦比亚省)
QRO	QUERETARO	克雷塔罗	墨西哥
RAB	RABAUL	拉包尔	巴布亚新几内亚
RAE	ARAR	阿莱亚	沙特阿拉伯
RAH	RAFHA	拉夫哈	沙特阿拉伯
RAI	PRAIA	普拉亚	佛得角(大西洋)
RAJ	RAJKOT	拉杰果德	印度
RAK	MARRAKECH	马拉喀什	摩洛哥
RAL	RIVERSIDE CA	里弗塞德	美国(加利福尼亚州)
RAM	RAMINGINING NT	拉明吉宁	澳大利亚(北部地区)
RAO	RIBEIRAO PRETO SP	里贝朗普雷图	巴西(圣保罗州)
RAP	RAPID CITY SD	拉皮德城	美国(南达科他州)
RAR	RAROTONGA	拉罗汤加	库克群岛(大洋洲)
RAS	RASHT	拉什特	伊朗
RAV	CRAVO NORTE	北克拉沃	哥伦比亚
RAW	ARAWA	阿拉瓦	巴布亚新几内亚
RAY	ROTHESAY	罗思赛	英国
RAZ	RAWALA KOT	拉瓦拉科特	巴基斯坦
RBA	RABAT	拉巴特	摩洛哥
RBC	ROBINVALE VI	罗宾韦尔	澳大利亚(维多利亚州)
RBF	BIG BEAR CA	熊城	美国(加利福尼亚州)
RBG	ROSEBURG OR	罗斯堡	美国(俄勒冈州)
RBH	BROOKS LODGE AK	布鲁克斯朗吉	美国(阿拉斯加州)
RBI	RABI	拉比	斯洛伐克
RBJ	REBUN	礼文	日本
RBO	ROBORE	罗博雷	玻利维亚
RBP	RABARABA	拉巴拉巴	巴布亚新几内亚
RBQ	RURRENABAQUE	鲁雷纳瓦克	玻利维亚

表 1（续）

代 码	城市地名英文全称	城市地名中文全称	所在国家或地区(州、省或区域)
RBR	RIO BRANCO AC	里奥布朗库	巴西(阿克里州)
RBU	ROEBOURNE WA	罗伯恩	澳大利亚(西澳州)
RBY	RUBY AK	鲁比	美国(阿拉斯加州)
RCB	RICHARDS BAY	理查德湾	南非
RCE	ROCHE HARBOR WA	罗奇港	美国(华盛顿州)
RCH	RIOHACHA	里奥阿查	哥伦比亚
RCM	RICHMOND QL	里士满	澳大利亚(昆士兰州)
RCN	AMER RIVER SA	亚美利加河	澳大利亚(南澳州)
RCU	RIO CUARTO	里奥夸尔托	阿根廷
RDC	REDENCAO PA	雷登桑	巴西(帕拉州)
RDD	REDDING CA	雷丁	美国(加利福尼亚州)
RDE	MERDEY	梅尔迪	印度尼西亚
RDG	READING PA	瑞丁	美国(宾夕法尼亚州)
RDM	REDMOND OR	雷德蒙德	美国(俄勒冈州)
RDT	RICHARD TOLL	里夏托尔	塞内加尔
RDU	DURHAM NC	达勒姆	美国(北卡罗来纳州)
RDU	RALEIGH NC	罗利	美国(北卡罗来纳州)
RDV	RED DEVIL AK	雷德代夫尔	美国(阿拉斯加州)
RDZ	RODEZ	罗德兹	法国
REA	REAO	雷奥	土阿莫土群岛(太平洋)
REC	RECIFE PE	累西非	巴西(伯南布哥州)
REG	REGGIO CALABRIA	雷乔卡拉布里亚	意大利
REK	REYKJAVIK	雷克雅未克	冰岛
REL	TRELEW	特雷利乌	阿根廷
REN	ORENBURG	奥伦堡	俄罗斯
REP	SIEMREAP	暹粒	柬埔寨
RES	RESISTENCIA	雷西斯滕西亚	阿根廷
RET	ROST IS.	罗斯特岛	挪威
REU	REUS	雷乌斯	西班牙
REW	REWA	雷瓦	印度
REX	REYNOSA	雷诺萨	墨西哥
REY	REYES	雷耶斯	玻利维亚
RFD	ROCKFORD IL	罗克福德	美国(伊利诺斯州)
RFN	RAUFARHOFN	勒伊法赫本	冰岛
RFP	RAIATEA	雷阿提	社会群岛(法属,太平洋)

表 1（续）

代　码	城市地名英文全称	城市地名中文全称	所在国家或地区（州、省或区域）
RFR	RIO FRIO	里奥弗里奥	洪都拉斯
RGA	RIO GRANDE IF	里奥格朗德	阿根廷
RGH	BALURGHAT	巴卢尔卡德	印度
RGI	RANGIROA	朗伊罗阿	土阿莫土群岛（太平洋）
RGL	RIO GALLEGOS	里奥加耶戈斯	阿根廷
RGN	YANGON	仰光	缅甸
RGT	RENGAT	冷岳	印度尼西亚
RHA	REYKHOLAR	雷克候拉尔	冰岛
RHE	REIMS	兰斯	法国
RHI	RHINELANDE WI	莱茵兰德	美国（威斯康星州）
RHO	RHODES	罗得	希腊
RHP	RAMECHHAP	拉梅恰布	尼泊尔
RIA	STA MARIA RS	圣玛丽亚	巴西（南里奥格朗德州）
RIB	RIBERALTA	里韦拉尔塔	玻利维亚
RIC	RICHMOND VA	里士满	美国（弗吉尼亚州）
RIE	RICE LAKE WI	莱斯湖	美国（威斯康星州）
RIF	RICHFIELD UT	里奇菲尔德	美国（犹他州）
RIG	RIO GRANDE RS	里奥格朗德	巴西（南里奥格朗德州）
RIJ	RIOJA	里奥亚	秘鲁
RIL	RIFLE CO	赖夫尔	美国（科罗拉多州）
RIN	RINGI COVE	林吉峡	所罗门群岛（太平洋）
RIO	RIO JANEIRO RJ	里约热内卢	巴西（里约热卢州）
RIS	RISHIRI	利尻	日本
RIT	RIO TIGRE	里奥蒂格雷	厄瓜多尔
RIW	RIVERTON WY	里弗顿	美国（怀俄明州）
RIX	RIGA	里加	拉脱维亚
RIY	RIYAN MUKALLA	里雅恩姆卡拉	也门
RJA	RAJAHMUNDRY	拉贾芒德里	印度
RJH	RAJSHASHI	拉杰沙希	孟加拉国
RJI	RAJOURI	拉朱里	印度
RJK	RIJEKA	里耶卡	克罗地亚
RKD	ROCKLAND ME	罗克兰	美国（缅因州）
RKS	ROCK SPRINGS WY	罗克斯普林斯	美国（怀俄明州）
RKT	RAS AL KHAIMA	哈伊马角	阿联酋（酋长国之一）
RKU	YULE IS.	尤莱	巴布亚新几内亚

表 1（续）

代　码	城市地名英文全称	城市地名中文全称	所在国家或地区（州、省或区域）
RKY	ROKEBY QL	罗克比	澳大利亚（昆士兰州）
RLA	ROLLA MO	罗拉	美国（密苏里州）
RLP	ROSELLA PLATO QL	罗塞拉普拉托	澳大利亚（昆士兰州）
RLT	ARLIT	阿尔利特	尼日尔
RMA	ROMA QL	罗马	澳大利亚（昆士兰州）
RMB	BURAIMI	布赖米	阿曼
RMD	RAMAGUNDAM	拉马贡丹	印度
RMI	RIMINI	里米尼	意大利
RMK	RENMARK SA	伦马克	澳大利亚（南澳州）
RMP	RAMPART AK	兰帕特	美国（阿拉斯加州）
RNA	ARONA	阿若那	所罗门群岛
RNB	RONNEBY	龙讷比	瑞典
RNE	ROANNE	罗阿讷	法国
RNG	RANGELY CO	兰盖利	美国（科罗拉多州）
RNI	CORN IS.	科恩岛	尼加拉瓜
RNJ	YRONJIMA	舆论岛	日本
RNL	RENNELL	伦内尔	所罗门群岛（太平洋）
RNO	RENO NV	里诺	美国（内华达州）
RNR	ROBINSON RIVER	鲁宾逊河	巴布亚新几内亚
RNS	RENNES	雷恩	法国
RNU	RANAU	拉瑙	马来西亚
ROA	ROANOKE VA	罗阿诺克	美国（弗吉尼亚州）
ROC	ROCHESTER NY	罗切斯特	美国（纽约州）
ROG	ROGERS AZ	罗杰斯	美国（亚利桑那州）
ROH	ROBINHOOD QL	罗宾汉	澳大利亚（昆士兰州）
ROK	ROCKHAMPTON QL	罗克汉普顿	澳大利亚（昆士兰州）
ROL	ROOSEVELT UT	罗斯福	美国（犹他州）
ROM	ROME	罗马	意大利
RON	RONDON	朗敦	哥伦比亚
ROO	RONDONOPOLIS MT	隆多诺波利斯	巴西（马托格罗索州）
ROP	ROTA	罗塔	西班牙
ROR	KOROR	科罗尔	帕劳群岛（太平洋）
ROS	ROSARIO SF	罗萨里奥	阿根廷
ROT	ROTORUA	罗托鲁阿	新西兰
ROU	ROUSSE	鲁塞	保加利亚

表 1（续）

代　码	城市地名英文全称	城市地名中文全称	所在国家或地区（州、省或区域）
ROV	ROSTOV	罗斯托夫	俄罗斯
ROW	ROSWELL NM	罗斯韦尔	美国（新墨西哥州）
ROY	RIO MAYO	里奥马约	阿根廷
RPM	NGUKURR NT	努库尔	澳大利亚（北部地区）
RPN	ROSH PINA	罗什平纳	以色列
RPR	RAIPUR	赖普尔	印度
RPV	ROPER VALLY NT	罗珀谷	澳大利亚（北部地区）
RRG	RODRIGUES IS.	罗德里格斯岛	毛里求斯（非洲）
RRI	BARORA	巴罗拉	所罗门群岛（太平洋）
RRS	ROROS	勒罗斯	挪威
RSA	SANTA ROSA LP	圣罗莎	阿根廷
RSB	ROSEBERTH QL	罗斯伯斯	澳大利亚（昆士兰州）
RSD	ROCK SOUND	罗克桑德	巴哈马（拉丁美洲）
RSH	RUSSIAN MISSIOM. AK	俄罗斯教区	美国（阿拉斯加州）
RSJ	ROSARIO WA	罗萨里奥	美国（华盛顿州）
RSS	ROSEIRES	鲁塞里斯	苏丹
RST	ROCHESTER MN	罗切斯特	美国（明尼苏达州）
RSU	YOSU	丽水	韩国
RTA	ROTUMA IS.	罗图马岛	斐济（南太平洋）
RTB	RIATAN	罗阿坦	洪都拉斯
RTC	RATNAGIRI	勒德纳吉里	印度
RTG	RUTENG	鲁滕	印度尼西亚
RTI	ROTI	罗蒂	印度尼西亚
RTM	ROTTERDAM	鹿特丹	荷兰
RTP	RUTLAND PLATO QL	拉特兰普拉托	澳大利亚（昆士兰州）
RTS	ROTTNEST IS. WA	罗特内斯特岛	澳大利亚（西澳州）
RTW	SARATOV	萨拉托夫	俄罗斯
RUA	ARUA	阿鲁亚	乌干达
RUH	RIYADH	利雅得	沙特阿拉伯
RUI	RUIDOSO NM	鲁伊多索	美国（新墨西哥州）
RUN	ST DENIS	圣丹尼斯	留尼汪岛（非洲，印度洋）
RUR	RURUTU IS.	鲁鲁土岛	土布艾群岛（太平洋）
RUS	MARAU SOUND	马劳桑德	所罗门群岛（太平洋）
RUT	RUTLAND VT	拉特兰	美国（佛蒙特州）
RVA	FARAFANGANA	法拉凡加纳	马达加斯加

表 1(续)

代　码	城市地名英文全称	城市地名中文全称	所在国家或地区(州、省或区域)
RVC	RIVERCESS	里弗塞斯	利比亚
RVE	SARAVENA	萨拉韦纳	哥伦比亚
RVK	ROERVIK	罗尔维克	挪威
RVN	ROVANIEMI	罗瓦涅米	芬兰
RVO	REIVILO	雷菲洛	南非
RVY	RIVERA	里维拉	乌拉圭
RWI	ROCKY MT. NC	落基山	美国(北卡罗来纳州)
RWL	RAWLINS WY	罗林斯	美国(怀俄明州)
RWP	RAWALPINDI	拉瓦尔品第	巴基斯坦
RXS	ROXAS CITY	罗克塞斯城	菲律宾
RYK	RAHIM YAR KHAN	拉希姆亚尔汗	巴基斯坦
RYN	ROYAN	鲁瓦扬	法国
RYO	RIO TURBIO	里奥图尔维奥	阿根廷
RZA	SANTA CRUZ SC	圣克鲁斯	阿根廷
RZE	RZESZOW	热舒夫	波兰
RZR	RAMSAR	拉姆萨尔	伊朗
RZZ	ROANOKE RAPIDS NC	罗阿诺克拉皮兹	美国(北卡罗来纳州)
SAA	SARATOGA WY	萨拉托加	美国(怀俄明州)
SAB	SABA IS.	萨巴岛	荷属安得列斯(拉丁美洲)
SAC	SACRAMENTO CA	萨克拉门托	美国(加利福尼亚州)
SAF	SANTA FE NM	圣菲	美国(新墨西哥州)
SAH	SANAA	萨那	也门(原北也门)
SAK	SAUDARKROKUR	瑟伊藻克罗屈尔	冰岛
SAL	SAN SALVADOR	圣萨尔瓦多	萨尔瓦多
SAM	SALAMO	塞拉莫	巴布亚新几内亚
SAN	SAN DIEGO CA	圣迭戈	美国(加利福尼亚州)
SAO	SAO PAULO SP	圣保罗	巴西(圣保罗州)
SAP	SAN PEDRO SULA	圣佩德罗苏拉	洪都拉斯
SAQ	SAN ANDROS	圣安德列斯	巴哈马(拉丁美洲)
SAT	SAN ANTON TX	圣安敦	美国(德克萨斯州)
SAU	SAWU	萨武	印度尼西亚
SAV	SAVANNAH GA	萨凡纳	美国(佐治亚州)
SAY	SIENA	锡耶纳	意大利
SAZ	SASSTOWN	萨斯敦	利比亚
SBA	SANTA BARBARA CA	圣巴巴拉	美国(加利福尼亚州)

表 1（续）

代 码	城市地名英文全称	城市地名中文全称	所在国家或地区(州、省或区域)
SBG	SABANG	沙璜	印度尼西亚
SBH	ST BARTHELEMY	圣巴特黑利米	背风群岛(拉丁美洲)
SBI	KOUNDARA	孔达拉	几内亚
SBK	ST BRIEUC	圣布里厄	法国
SBL	SANTA ANA DE BOLIVI.	圣安娜・德・玻利维	玻利维亚
SBM	SHEBOYGAV WI	希博伊根	美国(威斯康星州)
SBN	SOUTH BEND IN	南本德	美国(印第安纳州)
SBO	SALINA UT	萨莱纳	美国(犹他州)
SBQ	SIBI	锡比	巴基斯坦
SBR	SAIBAI IS. QL	塞拜岛	澳大利亚(昆士兰州)
SBS	STEAMBOAT SPRING CO	斯廷姆波特斯普林	美国(科罗拉多州)
SBU	SPRINGBOK	斯普林博克	南非
SBV	SABAH	沙巴	马来西亚(北加里曼丹)
SBW	SIBU	泗务	马来西亚
SBY	SALISBURY MD	索尔兹伯里	美国(马里兰州)
SBZ	SIBIU	锡比乌	罗马尼亚
SCC	DEADHORSE AK	载德霍斯	美国(阿拉斯加州)
SCC	PRUDHOE BAY AK	普拉德霍湾	美国(阿拉斯加州)
SCE	STATE COLLEGE PA	斯泰特科利奇	美国(宾夕法尼西亚州)
SCG	SPRING CREEK QL	斯普林河	澳大利亚(昆士兰州)
SCJ	SMITH COVE AK	史密斯峡	美国(阿拉斯加州)
SCK	STOCKTON CA	斯托克顿	美国(加利福尼亚州)
SCL	SANTIAGO	圣地亚哥	智利
SCM	SCAMMON BAY AK	斯卡蒙湾	美国(阿拉斯加州)
SCN	SAARBRUCKEN	萨尔布吕肯	德国
SCO	AKTAU	阿克套	哈萨克斯坦
SCQ	SANTIAGO COMPTERA	圣地亚哥科波泰拉	西班牙
SCT	SOCOTRA	索科特拉	也门
SCU	SANTIAGO	圣地亚哥	古巴
SCV	SUCEAVA	苏恰瓦	罗马尼亚
SCW	SYKTYVKAR	瑟克特夫卡尔	俄罗斯
SCZ	SANTA CRUZ IS.	圣克鲁斯岛	所罗门群岛(太平洋)
SDD	LUBANGO	卢班戈	安哥拉
SDE	SANTIAGO ESTERO	圣地亚哥埃斯泰罗	阿根廷
SDF	LOUISVILLE KY	路易斯维尔	美国(肯塔基州)

表 1（续）

代 码	城市地名英文全称	城市地名中文全称	所在国家或地区（州、省或区域）
SDG	SANANDAJ	萨南达季	伊朗
SDI	SAIDOR	塞多尔	巴布亚新几内亚
SDJ	SENDAI	仙台	日本
SDK	SANDAKAN	山打根	马来西亚
SDL	SUNDSVALL	松兹瓦尔	瑞典
SDN	SANDANE	桑达讷	挪威
SDP	SAND POINT AK	圣德波因特	美国（阿拉斯加州）
SDQ	SANTO DOMINGO	圣多明戈	多米尼加
SDR	SANTANDER	圣坦德	西班牙
SDT	SAIDU SHARIF	赛杜沙里夫	巴基斯坦
SDX	SEDONA AZ	塞多纳	美国（亚利桑那州）
SDY	SIDNEY MT	悉尼	美国（蒙大拿州）
SDZ	SHETLAND IS.	舍德兰群岛	英国
SEA	SEATTLE WA	西雅图	美国（华盛顿州）
SEA	TACOMA WA	塔科马	美国（华盛顿州）
SEB	SEBHA	塞卜哈	利比亚
SED	SEDOM	塞多姆	巴勒斯坦
SEH	SENGGEH	塞盖	印度尼西亚
SEI	SEN BONFIM BA	塞波斐姆	巴西（巴伊亚州）
SEL	SEOUL	首尔	韩国
SEN	SOUTHEND	绍森德	英国
SEO	SEGUELA	塞古埃拉	科特迪瓦（象牙海岸）
SEY	SELIBABY	塞利巴比	毛里塔尼亚
SEZ	MAHE IS.	马埃岛	塞舌尔（印度洋）
SFA	SFAX	斯法克斯	突尼斯
SFD	SAN FERNANDO D. APURE	圣费尔南多・阿佩尔	委内瑞拉
SFG	ST MARTIN	圣马丁	法属安得列斯（拉丁美洲）
SFN	SANTA FE	圣菲	阿根廷
SFO	SAN FRANCISCO CA	圣弗朗西斯科	美国（加利福尼亚州）
SFT	SKELLEFTEA	谢莱夫特奥	瑞典
SFU	SAFIA	萨菲亚	巴布亚新几内亚
SFY	SPRINGFIELD MA	斯普林菲尔德	美国（马萨诸塞州）
SGA	SHEGHNAN	谢格纳姆	阿富汗
SGC	SURGUT	苏尔古特	俄罗斯
SGD	SONDERBORG	森讷堡	丹麦

表 1（续）

代 码	城市地名英文全称	城市地名中文全称	所在国家或地区（州、省或区域）
SGF	SPRINGFIELD MO	斯普林菲尔德	美国（密苏里州）
SGG	SIMANGGANG	成邦江	马来西亚
SGH	SPRINGFIELD OH	斯普林菲尔德	美国（俄亥俄州）
SGI	SARGODHA	萨戈达	巴基斯坦
SGK	SANGAPI	桑加皮	巴布亚新几内亚
SGN	HO CHI MINH CITY	胡志明市	越南
SGO	ST GEORGE QL	圣乔治	澳大利亚（昆士兰州）
SGU	ST GEORGE UT	圣乔治	美国（犹他州）
SGV	SIERRA GRANDE RN	谢拉格兰德	阿根廷
SGX	SONGEA	宋吉阿	坦桑尼亚
SGY	SKAGWAY AK	斯卡圭	美国（阿拉斯加州）
SHA	SHANGHAI	上海	中国
SHB	NAKASHIBETSU	中标津	日本
SHC	INDASELASSIE	英达塞拉西	埃塞俄比亚
SHD	STAUNTON VA	斯汤顿	美国（弗吉尼亚州）
SHE	SHENYANG	沈阳	中国（辽宁省）
SHG	SHUNGNNAK AK	申纳克	美国（阿拉斯加州）
SHH	SHISHMAREF AK	希什马廖夫	美国（阿拉斯加州）
SHI	SHIMOJISHIMA	下地岛	日本
SHJ	SHARJAH	沙迦	阿联酋（酋长国之一）
SHK	SEHONGHONG	塞洪洪	莱索托
SHL	SHILLONG	西隆	印度
SHM	SHIRAHAMA	白滨	日本
SHN	SHEL TON WA	谢尔顿	美国（华盛顿州）
SHO	SOKCHO	束草	韩国
SHP	QINHUANGDAO	秦皇岛	中国（河北省）
SHQ	SOUTHPORT QL	绍斯波特	澳大利亚（昆士兰州）
SHR	SHERIDAN WY	谢里登	美国（怀俄明州）
SHS	SHASHI	沙市	中国（湖北省）
SHT	SHEPPARTON VI	谢珀顿	澳大利亚（维多利亚州）
SHV	SHREVEPORT LA	什里夫波特	美国（路易斯安那州）
SHW	SHARURAH	沙鲁拉	沙特阿拉伯
SHX	SHAGELUK AK	沙格勒克	美国（阿拉斯加州）
SHY	SHINYANGA	希尼安加	坦桑尼亚
SHZ	SESHUTES	塞斯胡蒂斯	莱索托

表 1（续）

代　码	城市地名英文全称	城市地名中文全称	所在国家或地区(州、省或区域)
SIA	XI AN	西安	中国(陕西省)
SIB	SIBITI	锡比提	刚果(布)
SID	SAL	萨尔	俄罗斯
SIF	SIMARA	锡马拉	委内瑞拉
SIH	SILGAD-DOTI	锡尔格里—多蒂	尼泊尔
SII	SIDI IFNI	西迪伊夫尼	摩洛哥
SIJ	SIGLUFJORDUR	锡格吕菲厄泽	冰岛
SIM	SIMBAI	辛拜	巴布亚新几内亚
SIN	SINGAPORE	新加坡	新加坡
SIO	SMITHTON TS	史密斯顿	澳大利亚(塔斯马尼亚州)
SIP	SIMFEROPOL	辛菲罗波尔	乌克兰
SIQ	SINGKEP	辛克普	印度尼西亚
SIR	SION	锡昂	瑞士
SIS	SISHEN	赛申	南非
SIT	SITKA AK	锡特卡	美国(阿拉斯加州)
SIU	SIUNA	休纳	尼加拉瓜
SIX	SINGLETON NS	辛格尔顿	澳大利亚(新南威尔士州)
SJB	SAN JOAQUIN	圣华金	玻利维亚
SJC	SAN JOSE CA	圣何塞	美国(加利福尼亚州)
SJD	SAN JOSE CABO	圣约瑟卡博	墨西哥
SJE	SAN JOSE D. GUAVIARE	圣约瑟	哥伦比亚
SJI	SAN JOSE	圣何塞	菲律宾
SJJ	SARAJEVO	萨拉热窝	波斯尼亚
SJK	S. J. CAMPOS SP	圣若泽坎普斯	巴西(圣保罗州)
SJO	SAN JOSE	圣何塞	哥斯达黎加
SJP	S. J. PRETO SP	圣若泽普雷托	巴西(圣保罗州)
SJQ	SESHEKE	塞谢凯	赞比亚
SJT	SAN ANGELO TX	圣安吉洛	美国(德克萨斯州)
SJU	SAN JUAN	圣胡安	波多黎各
SJV	SAN JAVIER	圣哈维尔	玻利维亚
SJW	SHIJIAZHUANG	石家庄	中国(河北省)
SJZ	SAO JORGE IS.	圣若热岛	葡萄牙
SKB	ST KITTS	圣基茨	背风群岛(拉丁美洲)
SKC	SUKI	须木	日本
SKD	SAMARKAND	撒马尔罕	乌兹别克斯坦

表 1（续）

代　码	城市地名英文全称	城市地名中文全称	所在国家或地区（州、省或区域）
SKE	SKIEN	希恩	挪威
SKG	THESSALONIKI	塞萨洛尼基	希腊
SKH	SURKHET	苏尔凯德	尼泊尔
SKI	SKIKDA	斯基克达	阿尔及利亚
SKJ	SITKINAK AK	锡特基纳克	美国（阿拉斯加州）
SKK	SHAKTOOLIK AK	沙克图利克	美国（阿拉斯加州）
SKL	ISLE OF SKYE	斯凯岛	英国
SKN	STOKMARKNES	斯托克马克内斯	挪威
SKO	SOKOTO	索科托	尼日利亚
SKP	SKOPJE	斯科普里	马其顿
SKQ	SEKAKES	塞卜凯斯	莱索托
SKR	SHAKISO	沙基索	埃塞俄比亚
SKS	VOJENS SFTHAVN	沃延斯·罗夫特汉温	丹麦
SKU	SKIROS	斯基洛斯	希腊
SKV	SAN KATARINA	圣卡塔林纳	埃及
SKW	SKWENTNA AK	斯克温特纳	美国（阿拉斯加州）
SKZ	SUKKUR	苏库尔	巴基斯坦
SLA	SALTA SA	萨尔塔	阿根廷
SLC	SALT LAKE CITY UT	盐湖城	美国（犹他州）
SLD	SLIAC	斯利亚奇	捷克
SLE	SALEM OR	塞勒姆	美国（俄勒冈州）
SLH	SOLA	索拉	挪威
SLI	SOLWEZI	索卢韦齐	赞比亚
SLK	LAKE PLACID NY	普莱西德湖	美国（纽约州）
SLK	SARANAC LAKE NY	萨拉纳克湖	美国（纽约州）
SLL	SALALAH	塞拉莱	阿曼
SLN	SALINA KS	萨莱纳	美国（堪萨斯州）
SLP	SAN LUIS POTOSI	圣路易斯波托西	墨西哥
SLQ	SLEETMUTE AK	斯利特缪特	美国（阿拉斯加州）
SLS	SILISTRA	锡利斯特拉	保加利亚
SLT	SALIDA CO	萨利达	美国（科罗拉多州）
SLU	ST LUCIA	圣路西亚	向风群岛（拉丁美洲）
SLV	SIMLA	西姆拉	印度
SLW	SALTILLO	萨尔蒂略	墨西哥
SLX	SALT CAY	萨尔特岛	特克斯和凯科斯群岛（拉丁美洲）

表 1（续）

代　码	城市地名英文全称	城市地名中文全称	所在国家或地区（州、省或区域）
SLZ	SAN LUIZ MA	圣路易斯	巴西（马拉尼翁州）
SMA	SANTA MARIA	圣玛丽亚	西速尔群岛（大西洋）
SMB	CERRO SOMBRERO	塞罗桑布雷罗	智利
SMI	SAMOS	桑马斯	希腊
SMK	ST MICHAEL AK	圣迈克尔	美国（阿拉斯加州）
SML	STELLA MARIS	斯泰拉马利斯	巴哈马（拉丁美洲）
SMM	SEMPORNA	仙本那	马来西亚
SMO	STILLWATER OK	斯蒂尔沃特	美国（俄克拉荷马州）
SMP	STOCKHOLM	斯德哥尔摩	巴布亚新几内亚
SMQ	SAMPIT	桑皮特	印度尼西亚
SMR	SANTA MARTA	圣马尔塔	哥伦比亚
SMS	ST MARIE	圣玛丽	马达加斯加
SMV	ST MORITZ	圣莫里茨	瑞士
SMW	SMARA	斯马拉	摩洛哥
SMX	STA MARIA CA	圣玛丽亚	美国（加利福尼亚州）
SMY	SIMENTI	锡门蒂	塞内加尔
SMZ	STOELMANSEIL	斯托尔曼赛尔	苏里南（拉丁美洲）
SNA	LAGUNA BEACH CA	拉古纳比奇	美国（加利福尼亚州）
SNA	SANT ANA CA	圣安娜	美国（加利福尼亚州）
SNB	SNAKE BAY NT	斯内克湾	澳大利亚（北部地区）
SND	SENO	塞诺	老挝
SNE	SAN NICOLAU	圣尼古拉	佛得角（大西洋）
SNG	SAN IGNACIO	圣伊格纳西奥	玻利维亚
SNH	STANTHORPE QL	斯坦索普	澳大利亚（昆士兰州）
SNI	SINOE	锡诺	利比亚
SNN	SHANNON	香农	爱尔兰
SNO	SAKON NAKHON	沙功那空	泰国
SNP	ST PAUL AK	圣保罗	美国（阿拉斯加州）
SNR	ST NAZAIRE	圣纳泽尔	法国
SNS	SALINAS CA	萨利纳斯	美国（加利福尼亚州）
SNW	SANDOWAY	丹兑	缅甸
SNW	THANDWE	丹兑	缅甸
SNY	SIDNEY NE	悉尼	美国（内布拉斯加州）
SOC	SOLO CITY	索罗城	印度尼西亚
SOE	SOUANKE	苏安凯	刚果（布）

表 1（续）

代 码	城市地名英文全称	城市地名中文全称	所在国家或地区（州、省或区域）
SOF	SOFIA	索非亚	保加利亚
SOG	SOGNDAL	松达尔	挪威
SOJ	SORKJOSEN	瑟休森	挪威
SOL	SOLOMON AK	所罗门	美国（阿拉斯加州）
SOM	SAN TOME	圣多美	委内瑞拉
SON	ESPIRITU SANTO	圣埃斯皮里图	瓦努阿图（太平洋）
SOO	SODERHAMN	瑟德港	瑞典
SOP	PINEHURST NC	派恩赫斯特	美国（北卡罗来纳州）
SOQ	SORONG	索龙	印度尼西亚
SOT	SODANKYLA	索丹屈莱	芬兰
SOU	SOUTHAMPTON	南安普敦	英国
SOV	SELDOVIA AK	塞尔多维亚	美国（阿拉斯加州）
SOW	SHOW LOW AZ	肖洛	美国（亚利桑那州）
SOY	STRONSAY	斯特隆塞	英国
SPA	SPARTANBURG SC	斯帕坦堡	美国（南卡罗来纳州）
SPC	SANTA CRUZ PALMA	圣克鲁斯帕尔马	加那利群岛（大西洋）
SPD	SAIDPUR	赛得普尔	孟加拉国
SPH	SOPU	索普	巴布亚新几内亚
SPI	SPRINGFIELD IL	斯普林菲尔德	美国（伊利诺斯州）
SPJ	SPARTA	斯巴达	希腊
SPK	SAPPORO	札幌	日本（北海道）
SPN	SAIPAN	塞班	加罗林群岛
SPO	SAN PEDRO CA	圣佩德罗	美国（加利福尼亚州）
SPP	MENONGUE	梅农盖	安哥拉
SPR	SAN PEDRO	圣佩德罗	伯利兹（拉丁美洲）
SPS	WICHITA FALLS TX	威奇塔瀑布	美国（德克萨斯州）
SPU	SPLIT	斯普利特	克罗地亚
SPW	SPENCER IA	斯潘塞	美国（衣阿华州）
SPY	SAN PEDRO	圣佩德罗	科特迪瓦（象牙海岸）
SPZ	SPRINGDALE AZ	斯普林代尔	美国（亚利桑那州）
SQG	SINTANG	新当	印度尼西亚
SQI	STERLING IL	斯特灵	美国（伊利诺斯州）
SQM	S. MA. ARAGUAIA GO	圣马阿拉瓜亚	巴西（戈亚斯州）
SQV	SEQUIM WA	塞奎姆	美国（华盛顿州）
SRA	SANTA ROSA RS	圣罗莎	巴西（南里奥格朗德州）

表 1(续)

代　码	城市地名英文全称	城市地名中文全称	所在国家或地区(州、省或区域)
SRE	SUCRE	苏克雷	玻利维亚
SRF	SAN RAFAEL CA	圣拉斐尔	美国(加利福尼亚州)
SRG	SEMARANG	三宝垄	印度尼西亚(中爪哇省)
SRH	SARH	萨尔	乍得
SRI	SAMARINDA	三马林达	印度尼西亚(东加里曼丹省)
SRJ	SAN BORJA	圣博尔哈	玻利维亚
SRM	SANDRINGHA QL	桑德灵厄姆	澳大利亚(昆士兰州)
SRN	STRAHAN TS	斯特拉恩	澳大利亚(塔斯马尼亚州)
SRP	STORO	斯图尔	挪威
SRQ	BRADENTON FL	布雷登顿	美国(佛罗里达州)
SRQ	SARASOTA FL	萨拉索塔	美国(佛罗里达州)
SRT	SOROTI	索罗蒂	乌干达
SRV	STONY RIVER AK	斯托尼河	美国(阿拉斯加州)
SRX	SERT	塞特	利比亚
SRZ	SANTA CRUZ	圣克鲁斯	玻利维亚
SSA	SALVADOR BA	萨尔瓦多	巴西(巴伊亚州,州府)
SSC	SUMTER SC	萨姆特	美国(南卡罗来纳州)
SSE	SHOLAPUR	绍拉布尔	印度
SSG	MALABO	马拉博	赤道几内亚
SSH	SHARM E SHEIK	沙姆沙伊赫	埃及
SSI	BRUNSWICK GA	布伦瑞克	美国(佐治亚州)
SSJ	SANDNESSJOEN	桑内舍恩	挪威
SSL	SANTA ROSALIA	圣罗萨莉亚	墨西哥
SSM	SAULT ST. MARIE MI	苏圣玛丽	美国(密执安州)
SSO	S. LOURENCO MG	圣洛伦索	巴西(米纳斯吉拉斯州)
SSQ	LA SARRE QU	拉萨尔	加拿大(魁北克省)
SSR	SARA	萨拉	菲律宾
SSS	SIASSI IS.	锡亚西群岛	巴布亚新几内亚
SSX	SAMSUN	萨姆松	土耳其
SSY	M' BANZA CONGO	姆班扎刚果	安哥拉
SSZ	SANTOS SP	桑托斯	巴西(圣保罗州)
STA	STAUNING	斯陶宁	丹麦
STB	SANTA BARBARA ZULIA	圣巴巴拉·朱丽亚	委内瑞拉
STC	ST CLOUD MN	圣克劳德	美国(明尼苏达州)
STD	SANTO DOMINGO	圣多明戈	委内瑞拉

表 1 (续)

代　码	城市地名英文全称	城市地名中文全称	所在国家或地区(州、省或区域)
STE	STEVENS PASS WI	斯泰文斯山口	美国(威斯康星州)
STG	ST GEORGE AK	圣乔治	美国(阿拉斯加州)
STI	SANTIAGO	圣地亚哥	多米尼加
STL	ST LOUIS MO	圣路易斯	美国(密苏里州)
STM	SANTAREM PA	圣塔伦	巴西(帕拉州)
STO	STOCKHOLM	斯德哥尔摩	瑞典
STR	STUTTGART	斯图加特	德国(原西德巴登州)
STS	SANTA ROSA CA	圣罗莎	美国(加利福尼亚州)
STT	ST THOMAS	圣托马斯	美属维尔京群岛(拉丁美洲)
STV	SURAT	苏拉特	印度
STW	STAVROPOL	斯塔夫罗波尔	俄罗斯
STX	ST CROIX	圣克劳依克斯	美属维尔京群岛(拉丁美洲)
STZ	STA TEREZI MT	圣特雷锡	巴西(马托格罗索州)
SUB	SURABAYA	泗水	印度尼西亚(东爪哇省)
SUE	STURGEON WI	斯特金	美国(威斯康星州)
SUF	LAMEZIA-TERME	拉默齐亚—泰尔默	意大利
SUG	SURIGAO	苏里高	菲律宾
SUH	SUR	苏尔	阿曼
SUI	SUKHUMI	苏呼米	俄罗斯
SUJ	SATU MARE	萨图马雷	罗马尼亚
SUL	SUI	苏伊	巴基斯坦
SUN	HAILEY ID	哈伊利	美国(爱达荷州)
SUN	SUN VALLEY ID	森瓦利	美国(爱达荷州)
SUT	SUMBAWANGA	松巴万加	坦桑尼亚
SUV	SUVA	苏瓦	斐济
SUX	SIOUX CITY IA	苏城	美国(衣阿华州)
SUZ	SURIA	苏里亚	西班牙
SVA	SAVOONGA AK	萨文格	美国(阿拉斯加州)
SVB	SAMBAVA	桑巴瓦	马达加斯加
SVC	SILVER CITY NM	银城	美国(新墨西哥州)
SVD	ST VINCENT	圣维森特	向风群岛(拉丁美洲)
SVG	STAVANGER	斯塔万格	挪威
SVI	SAN VICENTE CAGUAN	圣维森特坎关	哥伦比亚
SVJ	SVOLVAER	斯沃尔韦尔	挪威
SVL	SAVONLINNA	萨翁林纳	芬兰

表 1(续)

代　码	城市地名英文全称	城市地名中文全称	所在国家或地区(州、省或区域)
SVM	ST PAUL' S QL	圣保尔斯	澳大利亚(昆士兰州)
SVP	KUITO	库依托	安哥拉
SVQ	SEVILLE	塞维莱	西班牙
SVS	STEVENS VILLAGE AK	斯蒂文斯镇	美国(阿拉斯加州)
SVU	SAVUSAVU	萨武萨武	斐济(南太平洋)
SVX	EKATERINBURG	埃卡特润伯格	俄罗斯(乌拉尔以东)
SVY	SAVO	萨沃	芬兰
SVZ	SAN ANTONIO	圣安东尼奥	委内瑞拉
SWA	SHANTOU	汕头	中国(广东省)
SWB	SHAW RIVER WA	肖河	澳大利亚(西澳州)
SWD	SEWARD AK	苏厄德	美国(阿拉斯加州)
SWF	NEWBURGH NY	纽堡	美国(纽约州)
SWG	SATWAG	萨特瓦格	巴布亚新几内亚
SWH	SWAN HILL VL	斯旺山	澳大利亚(维多利亚州)
SWJ	SOUTH WEST BAY	西南湾	巴哈马(拉丁美洲)
SWP	SWAKOPMUND	斯瓦科普蒙德	纳米比亚
SWQ	SUMBAWA	松巴哇	印度尼西亚
SWS	SWANSEA	斯旺海	英国
SWY	SITIAWAN	实兆远	马来西亚
SXA	SIALUM	塞厄勒姆	巴布亚新几内亚
SXB	STRASBOURG	施特拉斯堡	奥地利
SXD	SOPHIA ANTIPO	索菲厄安蒂波	法国
SXE	SALE VI	塞尔	澳大利亚(维多利亚州)
SXG	SENANGA	赛南加	赞比亚
SXH	SEHULEA	塞胡利	巴布亚新几内亚
SXK	SAUMLAKI	萨温拉基	印度尼西亚
SXL	SLIGO	斯利戈	爱尔兰
SXM	ST MAARTEN	圣马滕	荷属安得列斯(拉丁美洲)
SXO	S. F. ARAGUAIA MT	圣菲利克斯阿拉瓜亚	巴西(马托格罗索州)
SXP	SHELDONS POINT AK	谢尔登波因特	美国(阿拉斯加州)
SXQ	SOLDOTNA AK	索尔多特纳	美国(阿拉斯加州)
SXR	SRINAGAR	斯利纳加	印度
SXS	SAHABAT	萨哈巴特	马来西亚
SXT	TAMAN NEGARA	塔曼讷加拉	马来西亚
SXU	SODDU	索杜	埃塞俄比亚

表 1（续）

代　码	城市地名英文全称	城市地名中文全称	所在国家或地区(州、省或区域)
SYA	SHEMYA AK	舍姆亚	美国(阿拉斯加州)
SYD	SYDNEY NS	悉尼	澳大利亚(新南威尔士州)
SYE	SADAH	萨达	也门(原北也门)
SYK	STYKKISHOLMUR	斯蒂基斯霍尔米	冰岛
SYM	SIMAO	思茅	中国(云南省)
SYR	SYRACUSE NY	锡拉丘兹	美国(纽约州)
SYU	SUE IS. QL	苏埃岛	澳大利亚(昆士兰州)
SYX	SANYA	三亚	中国(海南省)
SYY	STORNOWAY	斯图挪威	英国
SYZ	SHIRAZ	设拉子	伊朗
SZA	SOYO	苏阳	安哥拉
SZG	SALZBURG	萨尔茨堡	奥地利
SZK	SKUKUZA	斯库库扎	南非
SZQ	SAENZ PENA	萨恩斯佩尼亚	阿根廷
SZR	STARA ZAGORA	日扎戈拉	保加利亚
SZS	STEWART IS.	斯图尔特岛	新西兰
SZU	SEGOU	塞古	马里
SZZ	SZCZECIN	什切青	波兰
TAB	TOBAGO	多巴哥	特立尼达和多巴哥(拉丁美洲)
TAC	TACLOBAN	塔克洛班	菲律宾
TAE	DAEGU	大邱	韩国
TAG	TAGBILARAN	塔比拉兰	菲律宾
TAH	TANNA	坦纳	德国
TAI	TAIZ	塔伊兹	也门(原北也门)
TAJ	AITAPE	艾塔比	巴布亚新几内亚
TAK	TAKAMATSU	高松	日本
TAL	TANANA AK	塔纳诺	美国(阿拉斯加州)
TAM	TAMPICO	坦皮科	墨西哥
TAO	QINGDAO	青岛	中国(山东省)
TAP	TAPACHULA	塔帕楚拉	墨西哥
TAR	TARANTO	塔兰托	意大利
TAS	TASHKENT	塔什干	乌兹别克斯坦
TAT	TATRY/POPRAD	塔特拉/波普拉德	斯洛伐克
TAU	TAURAMENA	陶拉梅纳	哥伦比亚
TAV	TA' U IS.	塔乌岛	萨摩亚(南太平洋)

表 1(续)

代　码	城市地名英文全称	城市地名中文全称	所在国家或地区(州、省或区域)
TAW	TACUAREMBO	塔夸伦博	乌拉圭
TBD	TIMBIQUI	廷比基	哥伦比亚
TBE	TIMBUQUE	廷布克	巴布亚新几内亚
TBF	TABITEUEA NTH	塔比特韦亚	基里巴斯(太平洋)
TBG	TABUBIL	塔布比尔	巴布亚新几内亚
TBH	TABLAS	塔布拉斯	玻利维亚
TBN	FT. LEONARDWOOD MO	莱奥纳德乌德	美国(密苏里州)
TBO	TABORA	塔波拉	坦桑尼亚
TBP	TUMBES	通贝斯	秘鲁
TBS	TBILISI	第比利斯	格鲁吉亚
TBT	TABATINGA AM	塔巴廷加	巴西(亚马孙州)
TBZ	TABRIZ	大布里士	伊朗
TCA	TENNANT CREEK NT	滕南特河	澳大利亚(北部地区)
TCB	TREASURE CAY	特利休阿岛	巴哈马(拉丁美洲)
TCD	TARAPACA	塔拉帕卡	智利
TCE	TULCEA	图尔恰	罗马尼亚
TCF	TOCOA	托科阿	洪都拉斯
TCH	TCHIBANGA	奇班加	加蓬
TCI	TENERIFE	特内里费	哥伦比亚
TCL	TUSCALOOSA AL	塔斯卡卢萨	美国(阿拉斯加州)
TCO	TUMACO	图马科	哥伦比亚
TCQ	TACNA	塔克纳	秘鲁
TCT	TAKOTNA AK	塔科特纳	美国(阿拉斯加州)
TCU	THABA NCHU	塔巴恩丘	南非
TCW	TOCUMWAL NS	托克姆沃尔	澳大利亚(新南威尔士州)
TDA	TRINIDAD	特立尼达	哥伦比亚
TDB	TETABEDI	泰塔比迪	巴布亚新几内亚
TDD	TRINIDAD	特立尼达	玻利维亚
TDG	TANDAG	丹达	菲律宾
TDJ	TADJOURA	塔朱拉	吉布提
TDL	TANDIL BA	坦迪尔	阿根廷
TEB	TETERBORO NJ	泰特波卢	美国(新泽西州)
TED	THISTED	齐斯泰兹	丹麦
TEE	TBESSA	泰贝萨	阿尔及利亚
TEF	TELFER WA	特尔弗	澳大利亚(西澳州)

表 1（续）

代　码	城市地名英文全称	城市地名中文全称	所在国家或地区(州、省或区域)
TEH	TETLIN AK	泰特林	美国(阿拉斯加州)
TEI	TEZU	德苏	缅甸
TEK	TATITLEK AK	塔蒂特赖克	美国(阿拉斯加州)
TEM	TEMORA NS	特莫拉	澳大利亚(新南威尔士州)
TEO	TERAPO	泰拉波	巴布亚新几内亚
TEP	TEPTEP	特普特普	巴布亚新几内亚
TER	TERCEIRA IS.	特塞拉岛	葡萄牙
TET	TETE	泰特	莫桑比克
TEU	TE ANAU	蒂阿瑙	新西兰
TEX	TELLURIDE CO.	特柳赖德	美国(科罗拉多州)
TEY	THINGEYRI	辛盖里	冰岛
TEZ	TEZPUR	提斯浦尔	印度
TFF	TEFE AM	特费	巴西(亚马孙州)
TFI	TUFI	图菲	巴布亚新几内亚
TFL	TEOFILO OTONI MG	特奥菲卢奥托尼	巴西(米纳斯吉拉斯州)
TFM	TELEFOMIN	特莱福明	巴布亚新几内亚
TGF	TIGNES	蒂涅	法国
TGG	KUALA TERENGGANU	瓜拉丁加奴	马来西亚
TGI	TINGO MARIA	廷戈玛丽亚	秘鲁
TGJ	TIGA IS.	蒂加岛	洛亚尔蒂群岛(南太平洋)
TGL	TAGULA	塔古拉	巴布亚新几内亚
TGM	TIRGU MURES	特尔古穆列什	罗马尼亚
TGN	TRARALGON VI	特拉拉尔根	澳大利亚(维多利亚州)
TGO	TONGLIAO	通辽	中国(内蒙古自治区)
TGR	TOUGGOURT	图古尔特	阿尔及利亚
TGT	TANGA	丹卡	坦桑尼亚
TGU	TEGUCIGALPA	特古西加尔巴	洪都拉斯(弗朗西斯科—莫拉桑省)
TGV	TARGOVISHTE	特尔戈维什特	保加利亚
TGZ	TUXTLA GUTIERES	图斯特拉—古铁雷斯	墨西哥
THC	THIEN	奇恩	利比亚
THE	TERESINA PI	特雷西纳	巴西(皮奥伊州)
THG	THANGOOL QL	桑古尔	澳大利亚(昆士兰州)
THI	TICHITT	提希特	毛里塔尼亚
THL	TACHILEK	大勘	缅甸
THN	TROLLHATTAN	特罗尔海坦	瑞典

表 1(续)

代　码	城市地名英文全称	城市地名中文全称	所在国家或地区(州、省或区域)
THO	THORSHOFN	索尔斯港	冰岛
THR	TEHRAN	德黑兰	伊朗
THT	TAMCHAKETT	塔姆舍凯特	毛里塔尼亚
THY	THOHOYANDOU	汤霍扬杜	南非
THZ	TAHOUA	塔瓦	尼日尔
TIA	TIRANA	地拉那	阿尔巴尼亚
TID	TIARET	提亚雷特	阿尔及利亚
TIE	TIPPI	蒂皮	埃塞俄比亚
TIF	TAIF	塔伊夫	沙特阿拉伯
TIH	TIKEHAU ATOLL	蒂凯豪环礁	土阿莫土群岛(太平洋)
TII	TIRINKOT	提林库特	阿富汗
TIJ	TIJUANA	蒂华纳	墨西哥
TIM	TEMBAGAURA	特巴加普拉	印度尼西亚
TIO	TILIN	提林	缅甸
TIP	TRIPOLI	的黎波里	利比亚
TIQ	TINIAN	提尼安岛	马里亚纳群岛(美托管,太平洋)
TIR	TIRUPATI	蒂鲁伯蒂	印度
TIS	THURSDAY IS. QL	星斯四岛	澳大利亚(昆士兰州)
TIU	TIMARU	蒂马鲁	新西兰
TIV	TIVAT	蒂瓦特	塞黑
TIY	TIDJIKJA	提吉克贾	毛里塔尼亚
TIZ	TARI	塔里	巴布亚新几内亚
TJA	TARIJA	塔里哈	玻利维亚
TJB	TANJUNG BALAI	丹戎巴来	印度尼西亚
TJM	TYUMEN	秋明	俄罗斯
TJQ	TANJUNG PANDA	丹戎潘丹	印度尼西亚
TJS	TANJUNG SELOR	丹戎塞洛	印度尼西亚
TJV	THANJAVUR	坦贾武尔	印度
TKA	TALKEETNA AK	塔尔基特纳	美国(阿拉斯加州)
TKC	TIKO	蒂科	喀麦隆
TKD	TAKORADI	塔科拉迪	加纳
TKE	TENAKEE AK	特纳基	美国(阿拉斯加州)
TKG	BANDAR LAMPUN	楠榜港	印度尼西亚
TKI	TOKEEN AK	托基恩	美国(阿拉斯加州)
TKJ	TOK AK	托克	美国(阿拉斯加州)

表 1（续）

代　码	城市地名英文全称	城市地名中文全称	所在国家或地区（州、省或区域）
TKK	TRUK	特鲁克	加罗林群岛（太平洋）
TKM	TIKAL	蒂卡尔	危地马拉
TKN	TOKUNOSHIMA	德三岛	日本
TKP	TAKAPOTO	塔卡波托	土阿莫土群岛（太平洋）
TKQ	KIGOMA	基戈马	坦桑尼亚
TKR	THAKURGAON	塔库尔冈	巴基斯坦
TKS	TOKUSHIMA	德岛	日本
TKT	TAK	达府	泰国
TKU	TURKU	图尔库	芬兰
TKV	TATAKOTO	塔塔科他	土阿莫土群岛（太平洋）
TKW	TEKIN	捷金	土库曼斯坦
TKX	TAKAROA	塔卡鲁	土阿莫土群岛（太平洋）
TKY	TURKEY CREEK WA	特基河	美国（华盛顿州）
TLA	TELFER AK	特尔弗	美国（阿拉斯加州）
TLB	TARBELA	塔贝拉	巴基斯坦
TLC	TOLUCA	托卢卡	墨西哥
TLE	TULEAR	图莱亚尔	马达加斯加
TLH	TALLAHASSEE FL	塔拉哈西	美国（佛罗里达州）
TLI	TOLITOLI	托利托利	印度尼西亚
TLK	TALKNAFJORDUR	陶尔克纳峡湾	冰岛
TLL	TALLINN	塔林	爱沙尼亚共和国
TLM	TLEMCEN	特莱姆森	阿尔及利亚
TLN	TOULON	土伦	法国
TLO	TOL	托尔	巴布亚新几内亚
TLS	TOULOUSE	图卢兹	法国（上加龙省）
TLT	TULUKSAK AK	图卢克萨克	美国（阿拉斯加州）
TLU	TOLU	托卢	哥伦比亚
TLV	TEL AVIV-YAFO	特拉维夫—雅法	以色列
TLW	RALASEA	塔拉塞亚	巴布亚新几内亚
TLZ	CATALAO GO	卡塔朗	巴西（戈亚斯州）
TMC	TAMBOLAKA	坦姆波拉卡	印度尼西亚
TMD	TIMBEDRA	廷贝德拉	毛里塔尼亚
TME	TAME	泰姆	哥伦比亚
TMG	TOMANGGONG	托曼贡	马来西亚
TMH	TANAHMERAH	塔纳默拉	印度尼西亚

表 1（续）

代　码	城市地名英文全称	城市地名中文全称	所在国家或地区（州、省或区域）
TML	TAMALE	塔马利	加纳
TMM	TAMATAVE	塔马塔夫	马达加斯加
TMN	TAMANA ISLAND	塔马纳岛	基里巴斯（太平洋）
TMO	TUMEREMO	图梅雷莫	委内瑞拉
TMP	TAMPERE	坦佩雷	芬兰
TMR	TAMANASSET	塔曼拉塞特	阿尔及利亚
TMS	SAO TOME IS	圣多美	圣多美和普林西比（非洲）
TMT	TROMBETAS PA	特龙贝塔斯	巴西（帕拉州）
TMW	TMWORTH NS	塔姆沃思	澳大利亚（新南威尔士州）
TMX	TIMIMOUN	提米蒙	阿尔及利亚
TMY	TIOM	提奥姆	印度尼西亚
TNA	JINAN	济南	中国（山东省）
TNB	TANAH GROGOT	塔纳格罗戈	印度尼西亚
TNE	TANEGASHIMA	种子岛	日本
TNG	TANGIER	坦吉尔	摩洛哥
TNI	SATNA	瑟特纳	印度
TNJ	TANJUNG PINAN	丹戎槟榔	印度尼西亚
TNK	TUNUNAK AK	图努纳克	美国（阿拉斯加州）
TNN	TAINAN	台南	中国（台湾省）
TNR	ANTANANARIVO(TANANARIVO)	安塔那那利佛	马达加斯加
TNS	TUNGSTEN NT	通斯滕	加拿大（西北地区）
TOB	TOBRUK	图卜鲁克	利比亚
TOD	TIOMAN	雕门	马来西亚
TOE	TOZEUR	托泽尔	突尼斯
TOG	TOGIAK AK	托贾克	美国（阿拉斯加州）
TOK	TOROKINA	托罗基纳	巴布亚新几内亚
TOL	TOLEDO OH	托莱多	美国（俄亥俄州）
TOM	TOMBOUCTOU	通布图	马里
TON	TONU	托努	巴布亚新几内亚
TOP	TOPEKA KS	托皮卡	美国（堪萨斯州）
TOS	TROMSO	特罗姆瑟	挪威
TOU	TOUHO	图奥	新喀里多尼亚（南太平洋）
TOV	TORTOLA	托尔扎克	西班牙
TOY	TOYAMA	富山	日本
TOZ	TOUBA	图巴	科特迪瓦（象牙海岸）

表 1（续）

代　码	城市地名英文全称	城市地名中文全称	所在国家或地区（州、省或区域）
TPA	TAMPA FL	坦帕	美国（佛罗里达州）
TPC	TARAPOA	塔拉帕厄	厄瓜多尔
TPE	TAIPEI	台北	中国（台湾省）
TPI	TAPINI	塔皮尼	巴布亚新几内亚
TPK	TAPAKTUAN	打巴端	印度尼西亚
TPL	TEMPLE TX	坦普尔	美国（德克萨斯州）
TPN	TIPUTINI	蒂普蒂尼	厄瓜多尔
TPP	TARAPOTO	塔拉波托	秘鲁
TPR	TOM PRICE WA	汤姆普林斯	澳大利亚（西澳州）
TPS	TRAPANI	特拉帕尼	意大利
TRA	TARAMAJIMA	多良间岛	日本
TRB	TURBO	图尔沃	哥伦比亚
TRC	TORREON	托雷翁	墨西哥
TRD	TRONDHEIM	特隆赫姆	挪威
TRE	TIREE	泰里	英国
TRG	TAURANGA	陶朗阿	新西兰
TRH	TRONA CA	特罗纳	美国（加利福尼亚州）
TRI	BRISTOL VA	布里斯托尔	美国（弗吉尼亚州）
TRI	JOHNSON CREEK TN	约翰逊河	美国（田纳西州）
TRI	KINGSPORT TN	金斯科特	美国（田纳西州）
TRI	TRI-CITY TN	特里—思蒂	美国（田纳西州）
TRK	TARAKAN	达拉根	印度尼西亚
TRN	TURIN	都灵	意大利
TRO	TAREE NS	塔里	澳大利亚（新南威尔士州）
TRR	TRINCOMALEE	亭可马里	斯里兰卡
TRS	TRIESTE	的里雅斯特	意大利
TRU	TRUJILLO	特鲁希略	秘鲁
TRW	TARAWA	塔拉瓦	基里巴斯（太平洋）
TRY	TORORO	托罗罗	乌干达
TRZ	TIRUCHIRAPALLI	蒂鲁吉拉帕利	印度
TSB	TSUMEB	楚梅布	纳米比亚
TSC	TAISHA	大社	日本
TSD	TSHIPISE	奇皮塞	南非
TSE	ASTANA	阿斯塔那	哈萨克斯坦
TSE	TSELINOGRAD	切利诺格勒	哈萨克斯坦

表 1（续）

代　码	城市地名英文全称	城市地名中文全称	所在国家或地区（州、省或区域）
TSH	TSHIKAPA	奇卡帕	刚果（金）
TSJ	TSUSHIMA	津岛	日本
TSM	TAOS NM	陶斯	美国（新墨西哥州）
TSN	TIANJIN	天津	中国
TSR	TIMISOARA	蒂米什瓦拉	罗马尼亚
TST	TRANG	董里	泰国
TSU	TABITEUEA STH	塔比特韦亚	基里巴斯（太平洋）
TSV	TOWNSVILLE QL	汤斯维尔	澳大利亚（昆士兰州）
TTA	TAN TAN	坦坦	摩洛哥
TTB	TORTOLI	托尔托利	意大利
TTE	TERNATE	特尔纳特	印度尼西亚
TTJ	TOTTORI	乌取	日本
TTN	TRENTON NJ	特伦顿	美国（新泽西州）
TTR	TANA TORAJA	塔纳托拉贾	印度尼西亚
TTS	TSARATANANA	察拉塔纳纳	马达加斯加
TTT	TAITUNG	台东	中国（台湾省）
TTU	TETUAN	得土安	摩洛哥
TUA	TULCAN	图尔坎	厄瓜多尔
TUB	TUBUAI IS.	土布艾岛	玻利维亚（太平洋）
TUC	TUCUMAN	图库曼	阿根廷
TUD	TAMBACOUNDA	坦巴昆达	塞内加尔
TUF	TOURS	图尔	法国（安德尔—卢瓦尔省）
TUG	TUGUEGARAO	土格加劳	菲律宾
TUJ	TUM	图姆	印度尼西亚
TUK	TURBAT	杜尔伯德	巴基斯坦
TUL	TULSA OK	塔尔萨	美国（俄克拉荷马州）
TUM	TUMUT NS	蒂默特	澳大利亚（新南威尔士州）
TUN	TUNIS	突尼斯	突尼斯（地中海岸）
TUO	TAUPO	陶波	新西兰
TUP	TUPELO MS	图珀洛	美国（密西西比州）
TUQ	TOUGAN	图冈	布基纳法索（非洲）
TUR	TUCURUI PA	图库鲁依	巴西（帕拉州）
TUS	TUCSON AZ	图森	美国（亚利桑那州）
TUU	TABUK	塔布克	沙特阿拉伯
TUV	TUCUPITA	图库皮塔	委内瑞拉

表 1（续）

代 码	城市地名英文全称	城市地名中文全称	所在国家或地区(州、省或区域)
TUY	TULUM	图卢姆	墨西哥
TUZ	TUCUMA PA	图库马	巴西(帕拉州)
TVA	MORAFENOBE	穆拉费努贝	马达加斯加
TVC	TRAVERSE MI	特拉弗斯	美国(密执安州)
TVF	THIEF RIVER FALLS MN	锡夫里弗福尔斯	美国(明尼苏达州)
TVL	LAKE TAHOE CA	塔霍湖	美国(加利福尼亚州)
TVU	TAVEUNI	塔韦乌尼	斐济(南太平洋)
TVY	DAWE	土瓦	缅甸(丹那沙林/德林达依省)
TWA	TWIN HILLS AK	特温山	美国(阿拉斯加州)
TWB	TOOWOOMBA QL	图文巴	澳大利亚(昆士兰州)
TWD	PT TOWNSEN WA	汤森港	美国(华盛顿州)
TWF	TWIN FALLS ID	特温福尔斯	美国(爱达荷州)
TWT	TAWITAWI	塔威塔威	菲律宾
TWU	TAWAU	斗湖	马来西亚
TXG	TAICHUNG	台中	中国(台湾省)
TXK	TEXARKANA AR	特克萨卡纳	美国(阿肯色州)
TXM	TEMINABUAN	特米纳布安	印度尼西亚
TXU	TABOU	塔布	科特迪瓦(象牙海岸)
TYL	TALARA	塔拉拉	秘鲁
TYN	TAIYUAN	太原	中国(山西省)
TYO	TOKYO	东京	日本
TYR	TYLER TX	泰勒	美国(德克萨斯州)
TYS	KNOXVILLE TN	诺克斯维尔	美国(田纳西州)
TZN	SOUTH ANDROS	南安德洛斯	巴哈马群岛(拉丁美洲)
TZX	TRABZON	托拉布宗	土耳其
UAE	MOUNT AUE	芒特奥厄	德国
UAH	UA HUKA	瓦胡卡	马克萨斯群岛(玻利维亚,太平洋)
UAI	SUAI	苏艾	印度尼西亚
UAK	NARSSARSSUAQ	纳萨尔苏瓦克	格陵兰(丹属,北美洲)
UAP	UA POU	瓦普	马克萨斯群岛(玻利维亚,太平洋)
UAQ	SAN JUAN SJ	圣胡安	阿根廷
UAS	SAMBURU	桑布鲁	肯尼亚
UAX	UAXACTUN	瓦哈克通	危地马拉
UBA	UBERABA MG	乌贝拉巴	巴西(米纳斯吉拉斯州)
UBB	MABUIAG IS. QL	马布亚格岛	澳大利亚(昆士兰州)

表 1（续）

代　码	城市地名英文全称	城市地名中文全称	所在国家或地区（州、省或区域）
UBI	BUIN	布因	巴布亚新几内亚
UBJ	UBE	宇部	日本
UBP	UBON RATCHATHANI	乌汶	泰国
UBS	COLUMBUS MS	哥伦布	美国（密西西比州）
UBU	KALUMBURU WA	卡伦布鲁	澳大利亚（西澳州）
UCA	ROME NY	罗马	美国（纽约州）
UCA	UTICA NY	尤蒂卡	美国（纽约州）
UCN	BUCHANAN	布坎南	利比里亚
UCT	UKHTA	乌赫塔	俄罗斯
UDI	UBERLANDIA MG	乌贝兰迪亚	巴西（米纳斯吉拉斯州）
UDR	UDAIPUR	乌代布尔	印度
UEE	QUEENSTOWN TS	昆斯敦	澳大利亚（塔斯马尼亚州）
UEL	QUELIMANE	克利马内	莫桑比克
UEO	KUMEJIMA	久米岛	日本
UET	QUETTA	奎达	巴基斯坦
UFA	UFA	乌法	俄罗斯
UGA	UGASHIK AK	尤加希克	美国（阿拉斯加州）
UGC	URGENCH	乌尔根奇	土库曼斯坦
UGI	UGANIK AK	尤加尼克	美国（阿拉斯加州）
UGO	UIGE	威热	安哥拉
UHE	UHERSKE HRADI	乌赫尔堡	捷克
UIB	QUIBDO	基布多	哥伦比亚
UIH	QUI NHON	归仁	越南
UII	UTILA	乌蒂拉	洪都拉斯
UIN	QUINCY IL	昆西	美国（伊利诺斯州）
UIO	QUITO	基多	厄瓜多尔
UIP	QUIMPER	坎佩尔	法国
UIR	QUIRINDI NS	奎林代	澳大利亚（新南威尔士州）
UIT	JALUIT IS.	贾路易特岛	马绍尔群岛（太平洋）
UJE	UJAE IS.	乌贾依岛	马绍尔群岛（太平洋）
UKI	UKIAH CA	尤凯亚	美国（加利福尼亚州）
UKR	MUKEIRAS	穆赫拉斯	也门
UKU	NUKU	努库	巴布亚新几内亚
ULA	SAN JULIAN	圣胡利安	阿根廷
ULD	ULUNDI	乌伦迪	南非

表 1（续）

代　码	城市地名英文全称	城市地名中文全称	所在国家或地区（州、省或区域）
ULE	SULE	苏勒	巴布亚新几内亚
ULL	MULL	马尔	英国
ULN	ULAAN BAATAR	乌兰巴托	蒙古
ULP	QUILPIE QL	奎尔皮	澳大利亚（昆士兰州）
ULQ	TULUA	图卢瓦	哥伦比亚
ULU	GULU	古卢	乌干达
ULY	ULYANOVSK	乌里扬诺夫斯克	俄罗斯
UMC	UMBA	温巴	俄罗斯
UMD	UUMMANNAKQ	乌马纳克	格陵兰（丹属，北美洲）
UME	UMEAA	乌默奥	瑞典
UMI	QUINCEMIL	金塞米尔	秘鲁
UMR	WOOMERA SA	伍默拉	澳大利亚（南澳州）
UMU	UMUARAMA PR	乌木阿拉马	巴西（巴拉那州）
UND	KUNDUZ	昆都士	阿富汗
UNE	QACHAS NEK	加查斯内克	莱索托
UNG	KIUNGA	昆嘎	巴布亚新几内亚
UNK	UNALAKLEET AK	尤纳拉克利特	美国（阿拉斯加州）
UNT	UNION IS.	尤宁岛	圣文森特和格林纳丁斯（拉丁美洲）
UNT	UNST SHET IS	安斯特（谢特）岛	英国
UOL	BUOL	布奥尔	印度尼西亚
UOX	UNIVERSITY MS	大学城	美国（密西西比州）
UPG	UJUNG PANDANG	乌戎潘当	印度尼西亚
UPL	UPALA	乌帕拉	哥斯达黎加
UPN	URUAPAN	乌鲁阿潘	墨西哥
UPP	UPOLU POINT HI	乌波卢波因特	美国（夏威夷州）
UQE	QUEEN AK	魁恩	美国（阿拉斯加州）
URB	URUBUPUNGA SP	乌鲁布蓬加	巴西（圣保罗州）
URC	URUMQI	乌鲁木齐	中国（新疆维吾尔自治区）
URG	URUGUAIANA RS	乌鲁瓜亚纳	巴西（南里奥格朗德州）
URM	URIMAN	乌里曼	委内瑞拉
URO	ROUEN	鲁昂	法国（滨海塞纳省）
URR	URRAO	乌劳	哥伦比亚
URT	SURAT THANI	索叻他尼	泰国
URY	GURAYAT	古拉雅特	沙特阿拉伯
URZ	URUZGAN	乌鲁兹甘	阿富汗

表 1（续）

代　码	城市地名英文全称	城市地名中文全称	所在国家或地区（州、省或区域）
USH	USHUAIA	乌斯怀亚	阿根廷
USI	MABARUMA	马巴鲁马	圭亚那
USL	USELESS LOP WA	乌塞勒斯卢普	澳大利亚（西澳州）
USN	ULSAN	蔚山	朝鲜
USO	USINO	乌西诺	巴布亚新几内亚
UTB	MUTTABURRA QL	马塔巴拉	澳大利亚（昆士兰州）
UTH	UDON THANI	乌隆	泰国
UTK	UTIRIK IS.	乌蒂里克岛	马绍尔群岛（太平洋）
UTN	UPINGTON	阿平顿	南非
UTO	UTOPIA CREEK AK	乌托皮亚河	美国（阿拉斯加州）
UTP	UTAPAO	乌塔保	泰国
UTT	UMTATA	乌姆塔塔	南非
UUA	BUGULMA	布古玛	俄罗斯（乌拉尔以西）
UUD	ULAN-UDE	乌兰乌德	俄罗斯
UUS	YUZHNO-SAKHALIN	南萨哈林	俄罗斯
UVE	OUVEA	乌韦阿	新喀里多尼亚（太平洋）
UVL	NEW VALLEY	新河谷	埃及
UVO	UVOL	乌翁尔	巴布亚新几内亚
UYL	NYALA	尼亚拉	苏丹
UZU	CZU CUATIA	祖夸提亚	阿根廷
VAA	VAASA	瓦萨	芬兰
VAF	VALENCE	瓦朗斯	法国
VAG	VARGINHA MG	瓦吉尼亚	巴西（米纳斯吉拉斯州）
VAI	VANIMO	瓦尼莫	巴布亚新几内亚
VAK	CHEVAK AK	切瓦克	美国（阿拉斯加州）
VAN	VAN	凡城	土耳其
VAR	VARNA	瓦纳	保加利亚
VAS	SIVAS	锡瓦斯	土耳其
VAT	VATOMANDRY	瓦图曼德里	马达加斯加
VAU	VATUKOULA	瓦图科乌拉	斐济（大洋洲，南太平洋）
VAV	VAVA' U	瓦瓦乌	汤加（太平洋，大洋洲）
VAW	VARDOE	瓦尔德	挪威
VAZ	VAL D' ISERE	瓦勒迪泽尔	法国
VBV	VANUABALAVU	瓦努阿巴拉武	斐济（大洋洲，南太平洋）
VBY	VISBY	维斯比	瑞典

表 1（续）

代　码	城市地名英文全称	城市地名中文全称	所在国家或地区(州、省或区域)
VCB	VIEW COVE AK	维奥峡	美国(阿拉斯加州)
VCD	VICTORIA RIVER NT	维多利亚河	澳大利亚(北部地区)
VCE	VENICE	威尼斯	意大利
VCF	VALCHETA	巴尔切塔	阿根廷
VCH	VICHADERO	比查德罗	乌拉圭
VCT	VICTORIA TX	维多利亚	美国(德克萨斯州)
VDB	FAGERNES	法格内斯	挪威
VDC	VITORIA CONQUISTA BA	维多利亚康奎斯塔	巴西(巴伊亚州)
VDE	VALVERDE	瓦尔瓦尔德	因那利群岛(大西洋)
VDM	VIEDMA RN	别德马	阿根廷
VDP	VALLE D. PASCUA	帕斯夸谷镇	委内瑞拉
VDS	VADSOE	瓦得索	挪威
VDZ	VALDEZ AK	瓦尔迪兹	美国(阿拉斯加州)
VEE	VENETIE AK	韦尼蒂	美国(阿拉斯加州)
VEL	VERNAL UT	弗纳尔	美国(犹他州)
VER	VERACRUZ	韦拉克鲁斯	墨西哥
VEV	BARAKOMA	巴拉克玛	所罗门群岛(太平洋)
VEY	VESTMANNAEYJA	韦斯特曼纳	冰岛
VFA	VICTORIA FALLS	维多利亚瀑布	津巴布韦
VGA	VIJAYAWADA	维杰亚瓦达	印度
VGO	VIGO	维哥	西班牙
VGZ	VILLAGARZON	比亚加尔索	哥伦比亚
VHC	SAURIMO	绍里木	安哥拉
VHM	VILHELMINA	威廉敏娜	瑞典
VHY	VICHY	维希	法国
VHZ	VAHITAHI	瓦希塔希	土阿莫土群岛(太平洋)
VID	VIDIN	维丁	保加利亚
VIE	VIENNA	维也纳	奥地利
VIG	EL VIGIA	埃尔比西亚	委内瑞拉
VIJ	VIRGIN GORDA	维尔京戈尔达	英属维尔京群岛(拉丁美洲)
VIL	DAKHLA	达赫尔	摩洛哥
VIN	VINNICA	文尼察	俄罗斯
VIS	VISALIA CA	维塞利亚	美国(加利福尼亚州)
VIT	VICTORIA	维多利亚	西班牙
VIV	VIVAGANI	维瓦加尼	巴布亚新几内亚

表 1（续）

代　码	城市地名英文全称	城市地名中文全称	所在国家或地区（州、省或区域）
VIX	VITORIA ES	维多利亚	巴西（艾斯比利多桑多州）
VLC	VALENCIA	瓦伦西亚	西班牙
VLD	VALDOSTA GA	瓦尔多斯塔	美国（佐治亚州）
VLI	PORTVILA	维拉港	瓦努阿图（南太平洋）
VLL	VALLADOLID	瓦拉多利德	西班牙
VLM	VILLAMONTES	比亚蒙特斯	玻利维亚
VLN	VALENCIA	瓦伦西亚	委内瑞拉
VLS	VALESDIR	瓦莱斯迪尔	瓦努阿图（大洋洲，南太平洋）
VLV	VALERA	瓦莱拉	委内瑞拉
VME	VILLA MERCEDES SL	梅塞德斯镇	阿根廷
VMU	BAIMURU	拜穆鲁	巴布亚新几内亚
VNE	VANNES	瓦讷	法国
VNO	VILNIUS	维尔纽斯	立陶宛
VNR	VANROOK QL	万鲁克	澳大利亚（昆士兰州）
VNS	VARANASI	瓦拉纳西	印度
VNX	VILANCULOS	维兰库卢什	莫桑比克
VOG	VOLGOGRAD	伏尔加格勒	俄罗斯
VOH	VOHEMAR	武海马尔	马达加斯加
VOI	VOINJAMA	沃因贾马	利比亚
VOL	VOLOS	沃洛斯	希腊
VPN	VOPNAFJORDUR	沃普纳菲厄泽	冰岛
VPS	EGLIN AFB FL	埃格林空军基地	美国（佛罗里达州）
VPS	VALPARAISO FL	瓦尔产帕莱索	美国（佛罗里达州）
VPY	CHIMOIO	奇莫	莫桑比克
VPZ	VALPARAISO IN	瓦尔产帕莱索	美国（印第安纳州）
VQS	VIEQUES	别克斯	波多黎各
VRA	VARADERO	巴拉德罗	古巴
VRB	VERO BEACH FL	维罗海岸	美国（佛罗里达州）
VRC	NIRAC	比拉克	菲律宾
VRK	VARDAUS	瓦尔考斯	芬兰
VRL	VILA REAL	雷阿尔城	葡萄牙
VRN	VERONA	维罗纳	意大利
VRU	VRYBURG	弗雷堡	南非
VRY	VAEROY IS.	韦罗依岛	挪威
VSA	VILLAHERMOSA	比亚赫尔摩萨	墨西哥

表 1（续）

代　码	城市地名英文全称	城市地名中文全称	所在国家或地区(州、省或区域)
VSE	VISEU	维塞乌	葡萄牙
VSF	SPRINGFIELD VT	斯普林菲尔德	美国(佛蒙特州)
VSG	LUGANSK	卢甘斯克	乌克兰
VST	VASTERAS	韦斯特罗斯	瑞典
VTE	VIENTIANE	万象	老挝
VTU	LAS TUNAS	拉斯图纳斯	古巴
VTZ	VISHAKHAPATNAM	维沙卡帕特南	印度
VUP	VALLEDUPAR	巴耶杜帕尔	哥伦比亚
VVB	MAHANORO	马哈努鲁	马达加斯加
VVC	VILLAVICENCIO	比亚维森西奥	哥伦比亚
VVK	VASTERVIK	韦斯特维克	瑞典
VVO	VLADIVOSTOK	符拉迪沃斯托克	俄罗斯
VVZ	ILLIZI	伊利齐	阿尔及利亚
VXC	LICHINGA	利欣加	莫桑比克
VXE	SAO VICENTE	圣文森特	佛得角(大西洋,非洲)
VXO	VAXJO	韦克舍	瑞典
VYD	VRYHEID	弗雷黑德	南非
VYS	PERU IL	珀鲁	美国(伊利诺斯州)
WAA	WALES AK	威尔士	美国(阿拉斯加州)
WAB	WABAG	瓦巴格	巴布亚新几内亚
WAC	WACA	沃加	埃塞俄比亚
WAD	ANDRIAMENA	安德里亚曼纳	马达加斯加
WAE	WADI DAWASIR	瓦迪达瓦西	沙特阿拉伯
WAG	WANGANUI	旺阿努伊	新西兰
WAI	ANTSOHIHY	安特索依希	马达加斯加
WAK	ANKAZOABO	安卡祖瓦布	马达加斯加
WAM	AMBATONDRAZAKA	安巴通德拉扎卡	马达加斯加
WAO	WABO	瓦博	索马里
WAQ	ANTSALOVA	安特萨洛瓦	马达加斯加
WAS	WASHINGTON DC	华盛顿	美国(哥伦比亚特区)
WAT	WATERFORD	沃特福德	爱尔兰
WAV	WAVE HILL NT	韦夫山	澳大利亚(北部地区)
WAW	WARSAW(WARSZAWA)	华沙	波兰
WAZ	WARWICK QL	沃里克	澳大利亚(昆士兰州)
WBB	STEBBINS AK	斯泰宾斯	美国(阿拉斯加州)

表 1（续）

代　码	城市地名英文全称	城市地名中文全称	所在国家或地区（州、省或区域）
WBD	BEFANDRIANA	贝范德里亚纳	马达加斯加
WBE	BEALANANA	贝拉纳纳	马达加斯加
WBM	WAPENAMANDA	瓦佩纳曼达	巴布亚新几内亚
WBN	WOBURN MA	沃本	美国（马萨诸塞州）
WBO	BEROROHA	贝罗罗哈	马达加斯加
WBQ	BEAVER AK	比弗	美国（阿拉斯加州）
WBR	BIG RAPIDS MI	大瀑布城	美国（密执安州）
WCH	CHAITEN	查伊顿	智利
WCR	CHANDALAR AK	尚达拉	美国（阿拉斯加州）
WDB	DEEP BAY AK	迪普贝	美国（阿拉斯加州）
WDG	ENID OK	伊尼德	美国（俄克拉荷马州）
WDH	WINDHOEK	温得和克	纳米比亚
WED	WEDAU	韦道	巴布亚新几内亚
WEI	WEIPA QL	韦帕	澳大利亚（昆士兰州）
WEL	WELKOM	韦尔科姆	南非
WET	WAGETHE	瓦盖泰	印度尼西亚
WFI	FIANARANTSOA	菲亚纳兰楚阿	马达加斯加
WFK	FT. KENT/MA. ME	肯特堡	美国（缅因州）
WGA	WAGGA WAGGA NS	沃加沃加	澳大利亚（新南威尔士州）
WGC	WARANGAL	瓦朗加尔	印度
WGE	WALGETT QL	沃尔格特	澳大利亚（昆士兰州）
WGP	WAINGAPU	瓦英阿普	印度尼西亚
WGT	WANGARATTA VI	旺加拉塔	澳大利亚（维多利亚州）
WHD	HYDER AK	海德	美国（阿拉斯加州）
WHK	WHAKATANE	瓦卡塔尼	新西兰
WHL	WELSHPOOL VI	韦尔什普尔	澳大利亚（维多利亚州）
WHS	WHALSAY	沃尔塞	英国
WHT	WHARTON TX	霍顿	美国（德克萨斯州）
WIC	WICK	威克	英国
WIN	WINTON QL	温顿	澳大利亚（昆士兰州）
WIO	WILCANNIA NS	威尔坎尼亚	澳大利亚（新南威尔士州）
WIT	WITTENOOM WA	威特努姆	澳大利亚（西澳州）
WIU	WITU	维图	肯尼亚
WJA	WOJA	沃杰	马绍尔群岛（太平洋）
WJF	LANCASTER CA	兰卡斯特	美国（加利福尼亚州）

表 1（续）

代　码	城市地名英文全称	城市地名中文全称	所在国家或地区(州、省或区域)
WJR	WAJIR	瓦吉尔	肯尼亚
WKA	WANAKA	瓦纳卡	新西兰
WKB	WARRACKNABL VI	沃勒克纳比尔	澳大利亚(维多利亚州)
WKI	HWANGE	万盖	津巴布韦
WKJ	WAKKANAI	稚内	日本
WKK	ALEKNAGIK AK	阿莱克南基克	美国(阿拉斯加州)
WKL	WAIKOLOA HI	威科洛阿	美国(夏威夷州)
WKN	WAKUNAI	瓦库奈	巴布亚新几内亚
WKR	WALKER' S CAY	沃尔克岛	巴哈马(拉丁美洲)
WLC	WALCHA NS	沃尔卡	澳大利亚(新南威尔士州)
WLG	WELLINGTON	惠灵顿	新西兰
WLG	WHEELING WV	惠灵	美国(西弗吉尼亚州)
WLK	SELAWIK AK	塞拉威克	美国(阿拉斯加州)
WLM	WALTHAM MA	沃尔瑟姆	美国(马萨诸塞州)
WLR	LORING AK	洛灵	美国(阿拉斯加州)
WLS	WALLIS IS.	瓦利斯群岛	法属瓦利斯群岛
WMA	MANDRITSARA	曼德里察拉	马达加斯加
WMB	WARRNAMBOOL VI	瓦南布尔	澳大利亚(维多利亚州)
WMC	WINNEMUCCA NV	温尼马卡	美国(内华达州)
WMD	MANDABE	曼达贝	马达加斯加
WMH	MTN HOME AR	芒廷霍姆	美国(阿肯色州)
WMK	MEYERS CHAK AK	迈耶斯查克	美国(阿拉斯加州)
WML	MALAIMBANDY	马拉因班迪	马达加斯加
WMN	MAROANTSETRA	马鲁安采特拉	马达加斯加
WMO	WHITE MT. AK	怀特山	美国(阿拉斯加州)
WMR	MANANARA	马纳纳拉	马达加斯加
WMX	WAMENA	瓦梅纳	印度尼西亚
WNA	NAPAKIAK AK	纳帕杰克	美国(阿拉斯加州)
WNC	TUXEKAN IS. AK	图塞坎岛	美国(阿拉斯加州)
WNN	WUNNUMMIN ON	乌努明	加拿大(安大略省)
WNP	NAGA	那加	印度
WNR	WINDORAH QL	温多拉	澳大利亚(昆士兰州)
WNS	NAWABSHAH	纳瓦布沙阿	巴基斯坦
WOL	WOLLONGONG NS	伍伦贡	澳大利亚(新南威尔士州)
WON	WONDOOLA QL	旺杜拉	澳大利亚(昆士兰州)

表 1（续）

代 码	城市地名英文全称	城市地名中文全称	所在国家或地区(州、省或区域)
WPB	PORT BERGE	贝尔热港	马达加斯加
WPK	WROTHAM PASS QL	朗特哈姆山口	澳大利亚(昆士兰州)
WPM	WIPIM	威皮姆	巴布亚新几内亚
WPO	PAONIA CO	佩奥尼亚	美国(科罗拉多州)
WRA	WARDER	瓦尔德	埃塞俄比亚
WRE	WHANGAREI	旺阿雷	新西兰
WRG	WRANGELL AK	兰格尔	美国(阿拉斯加州)
WRL	WORLAND WY	沃兰	美国(怀俄明州)
WRO	WROCLAW	弗罗茨瓦夫	波兰
WRY	WESTRAY	韦斯特莱依	英国
WSB	STEAMBOAT BAY AK	斯廷姆波特湾	美国(阿拉斯加州)
WSG	WASHINGTON PA	华盛顿	美国(宾夕法尼亚州)
WSH	SHIRLEY NY	雪莉	美国(纽约州)
WSM	WISEMAN AK	怀斯曼	美国(阿拉斯加州)
WSN	S. NAKNEK AK	南纳克讷克	美国(阿拉斯加州)
WSO	WASHABO	瓦萨波	苏里南(拉丁美洲)
WSR	WASIOR	瓦夏尔	印度尼西亚
WST	WESTERLY RI	韦斯特利	美国(罗得岛州)
WSU	WASU	瓦苏	巴布亚新几内亚
WSX	WESTSOUND WA	韦斯特松德	美国(华盛顿州)
WSY	AIRLIE BEACH QL	艾尔列海滩	澳大利亚(昆士兰州)
WSZ	WESTPORT	韦斯特波特	新西兰
WTA	TAMBOHORANO	坦布胡拉努	马达加斯加
WTD	WEST END	韦斯特恩德	巴哈马(拉丁美洲)
WTE	WOTJE IS.	沃特吉岛	马绍尔群岛(太平洋)
WTK	NOATAK AK	诺阿塔克	美国(阿拉斯加州)
WTL	TUNTUTULIA AK	通图图利亚	美国(阿拉斯加州)
WTO	WOTHO IS.	沃特霍岛	马绍尔群岛(太平洋)
WTP	WOITAPE	沃伊塔佩	巴布亚新几内亚
WTS	TSIROANOMANDIDI	齐鲁阿努曼迪迪	马达加斯加
WUD	WUDINNA SA	伍丁纳	澳大利亚(南澳州)
WUG	WAU	瓦乌	巴布亚新几内亚
WUH	WUHAN	武汉	中国(湖北省)
WUN	WILUNA WA	威卢纳	澳大利亚(西澳州)
WUU	WAU	瓦坞	苏丹

表 1（续）

代　码	城市地名英文全称	城市地名中文全称	所在国家或地区（州、省或区域）
WUV	WUVULU	武武卢	巴布亚新几内亚
WVB	WALVIS BAY	鲸湾港	南非
WVL	WATERVILLE ME	沃特维尔	美国（缅因州）
WWD	CAPE MAY NJ	开普梅	美国（新泽西州）
WWD	WILDWOOD NJ	怀尔德伍德	美国（新泽西州）
WWK	WEWAK	韦瓦克	巴布亚新几内亚
WWT	NEWTOK AK	纽托克	美国（阿拉斯加州）
WWY	WT WYALONG NS	西怀厄朗	澳大利亚（新南威尔士州）
WYA	WHYALLA SA	怀阿拉	澳大利亚（南澳州）
WYB	YES BAY AK	耶斯湾	美国（阿拉斯加州）
WYE	YENGEMA	延盖马	塞拉利昂
WYN	WYNDHAM WA	温德姆	澳大利亚（西澳州）
WYS	WT. YELLOWS MT	西黄石	美国（蒙大拿州）
XAL	ALAMOS	阿拉莫斯	墨西哥
XAP	CHAPECO SC	沙佩科	巴西（圣保罗州）
XAR	ARIBINDA	阿里宾达	布基纳法索（非洲）
XBB	BLUBBER BAY BC	布拉伯尔湾	加拿大（不列颠哥伦比亚省）
XBE	BEARSKIN LAKE ON	贝尔斯金湖	加拿大（安大略省）
XBG	BOGANDE	博冈代	布基纳法索（非洲）
XBJ	BIRJAND	比尔詹德	伊朗
XBL	BUNO BEDELLE	本怒皮德尔	埃塞俄比亚
XBN	BINIGUNI	比尼古尼	巴布亚新几内亚
XBO	BOULSA	布尔萨	布基纳法索（非洲）
XBR	BROCKVILLE ON	布罗克维尔	加拿大（安大略省）
XCH	CHRISTMAS IS. S	圣诞群岛	圣诞群岛
XCM	CHATHAM ON	查塔姆	加拿大（安大略省）
XDE	DIEBOUGOU	杰布古	布基纳法索（非洲）
XDJ	DJIBO	吉博	布基纳法索（非洲）
XFJ	ESKILTUNA	埃斯基尔图纳	瑞典
XGA	GAOUA	加瓦	布基纳法索（非洲）
XGG	GOROM-GOROM	戈罗姆戈罗姆	布基纳法索（非洲）
XGL	GRANVILLE MN	格朗维尔	美国（明尼苏达州）
XGR	KANGIQSUAL QU	坎吉克斯瓦尔	加拿大（魁北克省）
XIC	XICHANG	西昌	中国（四川省）
XIL	XILINHOT	锡林浩特	中国（内蒙古自治区）

表1(续)

代 码	城市地名英文全称	城市地名中文全称	所在国家或地区(州、省或区域)
XKH	XIENG KHOUANG	川圹	老挝
XKO	KEMANO BC	基马诺	加拿大(不列颠哥伦比亚省)
XKS	KASABONIKA OT	卡萨波尼加	加拿大(安大略省)
XLB	LAC BROCHET MB	拉克布谢特	加拿大(曼尼托巴省)
XLU	LEO	莱奥	布基纳法索(非洲)
XMC	MALLACOOTA VI	马拉库塔	澳大利亚(维多利亚州)
XMG	MAHENDRANAGAR	马亨德拉纳格尔	印度
XMH	MANIHI	马尼希	土阿莫土群岛(太平洋)
XMI	MASASI	马萨西	坦桑尼亚
XML	MINLATON SA	明拉顿	澳大利亚(南澳州)
XMN	XIAMEN	厦门	中国(福建省)
XMS	MACAS	马卡斯	厄瓜多尔
XMY	YAM IS. QL	亚姆岛	澳大利亚(昆士兰州)
XNN	XINING	西宁	中国(青海省)
XNU	NOUNA	努纳	布基纳法索
XPA	PAMA	巴马	越南
XPK	PUKATAWAGAN MB	帕卡塔瓦根	加拿大(曼尼托巴省)
XQP	QUEPOS	克波斯	哥伦比亚
XQU	QUALICUM BC	夸利克姆	加拿大(不列颠哥伦比亚省)
XRR	ROSS RIVER YT	罗斯河	加拿大(育空地区)
XRY	JEREZ DE LA FRONTRA	赫雷斯—德拉弗龙特拉	西班牙
XSC	SOUTH CAICOS	南凯科斯岛	科特迪瓦(象牙海岸)
XSE	SEBBA	塞巴	布基纳法索(非洲)
XSI	S. INDIAN LAKE MB	南印第安湖	加拿大(曼尼托巴省)
XTG	THARGOMIND QL	桑尔戈明德	澳大利亚(昆士兰州)
XYA	YANDINA	亚迪纳	所罗门群岛(太平洋)
XYE	YE	耶城	缅甸
YAA	ANAHIM LAKE BC	阿纳希姆湖	加拿大(不列颠哥伦比亚省)
YAC	CAT LAKE ON	卡特湖	加拿大(安大略省)
YAF	ASBESTOS H QC	阿斯贝斯敦港	加拿大(魁北克省)
YAG	FT. FRANCES ON	弗朗西斯堡	加拿大(安大略省)
YAK	YAKUTAT AK	亚库塔特	美国(阿拉斯加州)
YAL	ALERT BAY BC	阿莱特湾	加拿大(不列颠哥伦比亚省)
YAM	SAULT ST. MARIE ON	苏圣玛丽	加拿大(安大略省)
YAO	YAOUNDE	雅温得	喀麦隆

表 1（续）

代　码	城市地名英文全称	城市地名中文全称	所在国家或地区(州、省或区域)
YAP	YAP	雅浦	加罗林群岛(太平洋)
YAT	ATTAWAPIS ON	阿塔瓦皮斯	加拿大(安大略省)
YAY	ST ANTHOHNY NF	圣安东尼	加拿大(纽芬兰省)
YAZ	TOFINO BC	托菲诺	加拿大(不列颠哥伦比亚省)
YBC	BAIE COMEALI QC	贝科莫里	加拿大(魁北克省)
YBE	URANIUM CITY SK	铀城	加拿大(萨斯喀彻温省)
YBF	BAMFIELD BC	班菲尔德	加拿大(不列颠哥伦比亚省)
YBG	BAGOTVILL QC	巴戈特维尔	加拿大(魁北克省)
YBI	BLACK TICK NF	布莱克蒂克	加拿大(纽芬兰省)
YBJ	BAIE JOHAN BEETZ QC	拜约翰比茨	加拿大(魁北克省)
YBK	BAKER LAKE NU	贝克湖	加拿大(西北地区)
YBL	CAMPBELL RIVER BC	坎贝尔河	加拿大(不列颠哥伦比亚省)
YBM	BRONSON CREEK CR	布良森河	加拿大(不列颠哥伦比亚省)
YBR	BRANDON MN	布兰登	加拿大(曼尼托巴省)
YBT	BROCHET MN	布朗切特	加拿大(曼尼托巴省)
YBV	BERENS RIVER MN	贝伦斯河	加拿大(曼尼托巴省)
YBX	BLANC SABLON QC	布朗萨布隆	加拿大(魁北克省)
YBY	BONNYVILLE AL	邦尼维尔	加拿大(阿尔伯塔省)
YCB	CAMBRIDG BAY NU	剑桥湾	加拿大(西北地区)
YCC	CORNWALL ON	康沃尔	加拿大(安大略省)
YCD	NANAIMO BC	纳奈莫	加拿大(不列颠哥伦比亚省)
YCF	CORTES BAY BC	科特斯湾	加拿大(不列颠哥伦比亚省)
YCG	CASTLEGAR BC	卡斯加尔	加拿大(不列颠哥伦比亚省)
YCH	CHATHAM NB	查塔姆	加拿大(新不伦瑞克省)
YCL	CHARLO NB	夏洛	加拿大(新不伦瑞克省)
YCM	ST CATHERI ON	圣坎特黑利	加拿大(安大略省)
YCN	COCHRANE ON	科克伦	加拿大(安大略省)
YCQ	CHETWYND BC	切特温德	加拿大(不列颠哥伦比亚省)
YCR	CROSS LAKE MN	克罗斯湖	加拿大(曼尼托巴省)
YCS	CHESTERFIELD NU	切斯特菲尔德	加拿大(西北地区)
YCY	CLYDE RIVER NT	克莱德河	加拿大(西北地区)
YCZ	CRESTON BC	克雷斯顿	加拿大(不列颠哥伦比亚省)
YDA	DAWSON CITY YT	道森城	加拿大(育空地区)
YDE	PARADISE RIVER NL	帕拉迪斯河	加拿大(纽芬兰省)
YDF	DEER LAKE NL	迪尔湖	加拿大(纽芬兰省)

表 1(续)

代　码	城市地名英文全称	城市地名中文全称	所在国家或地区(州、省或区域)
YDG	DIGBY NS	迪吉比	澳大利亚(新南威尔士州)
YDI	DAVIS INLE NF	代维斯贡莱	加拿大(纽芬兰省)
YDL	DEASE LAKE BC	迪斯湖	加拿大(不列颠哥伦比亚省)
YDN	DAUPHIN MB	多芬	加拿大(曼尼托巴省)
YDO	DOLBEAU QU	多尔比奥	加拿大(魁北克省)
YDP	NAIN NL	内恩	加拿大(纽芬兰省)
YDQ	DAWSON CREEK BC	道森河	加拿大(不列颠哥伦比亚省)
YDS	DESOLATION BC	德瑟莱申	加拿大(不列颠哥伦比亚省)
YDX	DOC CREEK BC	多克河	加拿大(不列颠哥伦比亚省)
YEA	EDMONTON AB	埃德蒙顿	加拿大(阿尔伯塔省)
YEC	YECHON	醴泉	韩国
YEK	ARVIAT NU	阿维特	加拿大
YEL	ELLIOT LAKE ON	埃利奥特湖	加拿大(安大略省)
YER	FT. SEVERN ON	塞文堡	加拿大(安大略省)
YET	EDSON AB	爱德森	加拿大(阿尔伯塔省)
YEV	INUVIK NT	伊努维克	加拿大(西北地区)
YEY	AMOS QC	埃墨斯	加拿大(魁北克省)
YFA	FT. ALBANY OT	奥尔巴尼堡	加拿大(安大略省)
YFB	IQALUIT NU	伊克律特	加拿大(西北地区)
YFC	FREDERICTON NB	弗雷德里克顿	加拿大(新不伦瑞克省)
YFH	FT. HOPE OT	霍普堡	加拿大(安大略省)
YFO	FLIN FLON MN	弗林费伦	加拿大(曼尼托巴省)
YFS	FT SIMPSON NT	辛普森堡	加拿大(西北地区)
YFX	FOX HARBOUR NF	福克斯港	加拿大(纽芬兰省)
YGA	GAGNON QC	加格侬	加拿大(魁北克省)
YGB	GILLIES BAY BC	吉利也斯湾	加拿大(不列颠哥伦比亚省)
YGE	GORGE HARBOR BC	戈吉港	加拿大(不列颠哥伦比亚省)
YGH	FT. GOOD HOPE NT	好望堡	加拿大(西北地区)
YGJ	YONAGO	米子	日本
YGK	KINGSTON ON	金斯顿	加拿大(安大略省)
YGL	LA GRANDE QU	拉格兰德	加拿大(魁北克省)
YGN	GREENWAY S. BC	格林韦・斯	加拿大(不列颠哥伦比亚省)
YGO	GODS NARROW MN	戈兹南罗	加拿大(曼尼托巴省)
YGP	GASPE QU	加斯佩	加拿大(魁北克省)
YGQ	GERALDTON OT	杰拉尔顿	加拿大(安大略省)

表 1（续）

代　码	城市地名英文全称	城市地名中文全称	所在国家或地区(州、省或区域)
YGR	IS. MADELEN QU	马德伦岛	加拿大(魁北克省)
YGT	IGLOOLIK NT	伊格卢利克	加拿大(西北地区)
YGV	HAVRE S.P. QC	阿夫里	加拿大(魁北克省)
YGW	KUUJJUARAP QU	库朱阿拉普	加拿大(魁北克省)
YGX	GILLAM MN	吉勒姆	加拿大(曼尼托巴省)
YGZ	GRISE FIOR NU	格赖斯峡湾	加拿大(西北地区)
YHA	PORT HOPE NF	霍普港	加拿大(纽芬兰省)
YHC	HAKAI PASS BC	哈凯山口	加拿大(不列颠哥伦比亚省)
YHD	DRYDEN ON	德赖登	加拿大(安大略省)
YHF	HEARST ON	赫斯特	加拿大(安大略省)
YHG	CHARLOTTOWN NL	夏洛特敦	加拿大(纽芬兰省)
YHI	HOLMAN IS. NT	霍尔曼岛	加拿大(西北地区)
YHK	GJOA HAVEN NT	约阿港	加拿大(西北地区)
YHM	HAMILTON ON	哈密尔顿	加拿大(安大略省)
YHN	HORNEPAYNE OT	霍恩佩恩	加拿大(安大略省)
YHR	HARRINGTON QC	哈灵顿	加拿大(魁北克省)
YHS	SECHELT BC	锡谢尔特	加拿大(不列颠哥伦比亚省)
YHY	HAY RIVER NT	赫河	加拿大(西北地区)
YHZ	HALIFAX NS	哈利法克斯	加拿大(诺瓦斯科夏省)
YIB	ATIKOKAN OT	阿蒂科肯	加拿大(安大略省)
YIF	PAKUASHIPI QC	巴夸西皮	加拿大(魁北克省)
YIH	YICHANG	宜昌	中国(湖北省)
YIK	IVUGIVIK QU	伊伍吉维克	加拿大(魁北克省)
YIN	TINDOUF	廷杜夫	阿尔及利亚
YIN	YINING	伊宁	中国(新疆维吾尔自治区)
YIO	POND INLET NT	庞德因莱特	加拿大(西北地区)
YIV	ISLAND LAKE MB	伊斯兰湖	加拿大(曼尼托巴省)
YJT	STEPHENVIL NL	斯蒂芬维尔	加拿大(纽芬兰省)
YKA	KAMLOOPS BC	坎卢普斯	加拿大(不列颠哥伦比亚省)
YKE	KNEE LAKE MB	尼湖	加拿大(曼尼托巴省)
YKG	KANGIRSUO QU	坎吉尔苏克	加拿大(魁北克省)
YKJ	KEY LAKE SK	基湖	加拿大(萨斯喀彻温省)
YKL	SCHEFFERVIL QC	谢弗维尔	加拿大(魁北克省)
YKM	YAKIMA WA	亚基马	美国(华盛顿州)
YKN	YANKTON SD	扬克顿	美国(南达科他州)

表 1(续)

代　码	城市地名英文全称	城市地名中文全称	所在国家或地区(州、省或区域)
YKQ	WASKAGANIS QC	瓦斯卡干尼斯	加拿大(魁北克省)
YKS	YAKUTSK	雅库茨克	俄罗斯
YKU	CHISASIBI QC	奇沙西比	加拿大(魁北克省)
YKX	KIRKLAND ON	柯克兰	加拿大(安大略省)
YLC	LAKE HARBOUR NT	莱克港	加拿大(西北地区)
YLD	CHAPLEAU ON	沙普洛	加拿大(安大略省)
YLE	LAC LA MARTRE NT	拉科拉马特尔	加拿大(西北地区)
YLG	YALGOO WA	亚尔古	澳大利亚(西澳州)
YLH	LANSDOWNE ON	兰斯当	加拿大(安大略省)
YLJ	MEAKOW LAKE SK	梅多湖	澳大利亚(南澳州)
YLL	LLOYKMINST AL	劳埃德明斯特	加拿大(阿尔伯塔省)
YLP	MINGAN QU	明根	加拿大(魁北克省)
YLR	LEAF RAPIDS MN	利夫大瀑布	加拿大(曼尼托巴省)
YLS	LEBEL/QUEV QC	莱贝尔/魁耶夫	加拿大(魁北克省)
YLW	KELOWNA BC	凯洛沃纳	加拿大(不列颠哥伦比亚省)
YMA	MAYO YT	马尤	加拿大(育空地区)
YMB	MERRITT BC	梅里特	加拿大(不列颠哥伦比亚省)
YME	MATANE QU	马塔讷	加拿大(魁北克省)
YMG	MANITOUADG ON	马尼图瓦兹	加拿大(安大略省)
YMH	MARY' S HARBOR NL	玛丽港	加拿大(纽芬兰省)
YML	MURRAY BAY QC	默里湾	加拿大(魁北克省)
YMM	FT. MCMURRAY AB	马克马里堡	加拿大(阿尔伯塔省)
YMN	MAKKOVIK NL	马库维克	加拿大(纽芬兰省)
YMO	MOOSONEE ON	穆索尼	加拿大(安大略省)
YMQ	MONTREAL QC	蒙特利尔	加拿大(魁北克省)
YMS	YURIMAGUAS	尤里马瓜斯	秘鲁
YMT	CHIBOUGAM QC	希布加木	加拿大(魁北克省)
YNA	NATASHQUAN QC	纳塔什昆	加拿大(魁北克省)
YNB	YANBU	延布	沙特阿拉伯
YNC	TIN CITY AK	廷城	美国(阿拉斯加州)
YNC	WEMINDJI QC	韦明吉	加拿大(魁北克省)
YND	GATINEAU QU	加蒂诺	加拿大(魁北克省)
YNE	NORWAY HOUSE MB	挪威豪斯	加拿大(曼尼托巴省)
YNG	YOUNGSTOWN OH	扬斯敦	美国(俄亥俄州)
YNJ	YANJI	延吉	中国(吉林省)

表 1(续)

代　码	城市地名英文全称	城市地名中文全称	所在国家或地区(州、省或区域)
YNK	NOOTKA SOUTH BC	南诺特卡	加拿大(不列颠哥伦比亚省)
YNL	POTS NORTH LANDING SA	波因兹诺斯兰丁	加拿大(萨斯喀彻温省)
YNM	MATAGAMI QC	马塔加米	加拿大(魁北克省)
YNO	NORTH SPIRIT LAKE OT	北斯皮雷特湖	加拿大(安大略省)
YNS	NEMISCAU QC	内米斯科	加拿大(魁北克省)
YNT	YANTAI	烟台	中国(山东省)
YOC	OLD CROW YT	奥德克劳	加拿大(育空地区)
YOD	COLD LAKE AL	科尔德湖	加拿大(阿尔伯塔省)
YOG	OGOKI OT	奥戈基	加拿大(安大略省)
YOH	OXFORD HOUSE MB	牛津豪斯	加拿大(曼尼托巴省)
YOJ	HIGH LEVEL AB	海莱夫尔	加拿大(阿尔伯塔省)
YOL	YOLA	约拉	尼日利亚
YOO	OSHAWA ON	奥沙瓦	加拿大(安大略省)
YOP	RAINBOW LAKE AB	雷恩博湖	加拿大(阿尔伯塔省)
YOT	THUNDER BAY ON	桑德湾	加拿大(安大略省)
YOW	OTTAWA ON	渥太华	加拿大(安大略省)
YPA	PRINCE ALBERT SA	艾伯特王子城	加拿大(萨斯喀彻温省)
YPB	PT ALBERNI BC	艾伯尼港	加拿大(不列颠哥伦比亚省)
YPC	PAULATUK NT	波拉图克	加拿大(西北地区)
YPD	PARRY SOUND ON	帕里桑德	加拿大(安大略省)
YPE	PEACE RIVER AB	皮斯河	加拿大(阿尔伯塔省)
YPH	INUKJUAK QU	英乌克胡阿克	加拿大(魁北克省)
YPH	PT HARRIS QU	哈里斯港	加拿大(魁北克省)
YPI	PT SIMPSON BC	辛普森港	加拿大(不列颠哥伦比亚省)
YPJ	AUPALUK QC	奥帕卢克	加拿大(魁北克省)
YPL	PICKLE LAKE ON	皮克尔湖	加拿大(安大略省)
YPM	PEKANGIKUM ON	皮康吉肯	加拿大(安大略省)
YPN	PT MENIER QC	梅尼埃港	加拿大(魁北克省)
YPO	PEAWANUCK ON	皮沃纳克	加拿大(安大略省)
YPP	PINE POINT NT	派恩波因特	加拿大(西北地区)
YPQ	PETERBORO ON	彼得博罗	加拿大(安大略省)
YPR	PRINCE RUPERT BC	鲁珀特王子城	加拿大(不列颠哥伦比亚省)
YPS	PT HAWKESBLLR NS	霍克斯伯里港	加拿大(诺瓦斯科夏省)
YPT	PENDER HARBOR BC	本德港	加拿大(不列颠哥伦比亚省)
YPW	POWELL RIVER BC	鲍威尔河	加拿大(不列颠哥伦比亚省)

表 1（续）

代　码	城市地名英文全称	城市地名中文全称	所在国家或地区(州、省或区域)
YPX	POVUNGNITUK QC	波翁尼图克	加拿大(魁北克省)
YPY	FT. CHIPEWYAN AB	奇普怀恩堡	加拿大(阿尔伯塔省)
YQB	QUEBEC QC	魁北克	加拿大(魁北克省)
YQC	QUAQTAQ QC	匡克塔克	加拿大(魁北克省)
YQD	THE PAS MN	帕斯	加拿大(曼尼托巴省)
YQG	WINDSOR ON	温莎	加拿大(安大略省)
YQH	WATSON LAKE YT	沃森湖	加拿大(育空地区)
YQI	YARMOUTH NS	雅茅斯	加拿大(诺瓦斯科夏省)
YQK	KENORA OT	凯诺拉	加拿大(安大略省)
YQL	LETHBRIDGE AB	莱斯布里奇	加拿大(阿尔伯塔省)
YQM	MONCTON NB	蒙克顿	加拿大(新不伦瑞克省)
YQQ	COMOX BC	科莫克斯	加拿大(不列颠哥伦比亚省)
YQR	REGINA SK	里贾纳	加拿大(萨斯喀彻温省)
YQS	ST THOMAS ON	圣托马斯	加拿大(安大略省)
YQU	GRAND PRAIRIE AL	大普雷里	加拿大(阿尔伯塔省)
YQV	YORKTON SK	约克顿	加拿大(萨斯喀彻温省)
YQW	NORTH BATTLEFD SK	北巴特尔	加拿大(萨斯喀彻温省)
YQX	GANDER NF	甘德	加拿大(纽芬兰省)
YQY	SYDNEY NS	悉尼	加拿大(诺瓦斯科夏省)
YQZ	QUESNEL BC	克内尔	加拿大(不列颠哥伦比亚省)
YRA	RAE LAKES NT	雷伊湖	加拿大(西北地区)
YRB	RESOLUTE NT	雷索卢特	加拿大(西北地区)
YRD	DEAN RIVER BC	德安河	加拿大(不列颠哥伦比亚省)
YRF	CARTWRIGHT NL	卡特怀特	加拿大(纽芬兰省)
YRG	RIGOLET NL	里戈莱特	加拿大(纽芬兰省)
YRI	RIVER DULO QC	狼河	加拿大(魁北克省)
YRJ	ROBERVAL QC	罗贝瓦勒	加拿大(魁北克省)
YRL	RED LAKE OT	雷德湖	加拿大(安大略省)
YRN	RIVERSINLET BC	里弗斯因莱特	加拿大(不列颠哥伦比亚省)
YRS	RED SUCKER MB	雷德萨克尔	美国(路易斯安那州)
YRT	RANKIN INLET NU	兰金因莱特	加拿大(西北地区)
YSB	SUDBURY ON	萨德伯里	加拿大(安大略省)
YSC	SHERBROOKE QC	舍布鲁克	加拿大(魁北克省)
YSF	STONY RAPIDS SK	斯托尼大瀑布	加拿大(萨斯喀彻温省)
YSG	SNOWDRIFT	斯诺德里夫特	加拿大(西北地区)

表 1(续)

代　码	城市地名英文全称	城市地名中文全称	所在国家或地区(州、省或区域)
YSJ	ST JOHN NB	圣约翰	加拿大(新不伦瑞克省)
YSK	SANIKILUAQ NT	萨尼基洛克	加拿大(西北地区)
YSM	FT SMITH NT	史密斯堡	加拿大(西北地区)
YSN	SALMON ARM BC	萨蒙阿姆	加拿大(不列颠哥伦比亚省)
YSO	POSTVILLE NF	波斯特维尔	加拿大(纽芬兰省)
YSP	MARATHON OT	马拉松	加拿大(安大略省)
YSR	NANISIVIK NU	楠尼西维克	加拿大(西北地区)
YST	ST THERESE P MB	圣塞瑞斯・波	加拿大(曼尼托巴省)
YSX	SHEARWATER BC	谢尔沃特	加拿大(不列颠哥伦比亚省)
YSY	SACHS HARBOR NT	萨奇斯港	加拿大(西北地区)
YSZ	SQUIRREL CITY BC	斯奎瑞尔城	加拿大(不列颠哥伦比亚省)
YTA	PEMBROKE OT	彭布罗克	加拿大(安大略省)
YTB	HARTLEY BAY BC	哈特利湾	加拿大(不列颠哥伦比亚省)
YTC	STURDEE BC	斯特迪	加拿大(不列颠哥伦比亚省)
YTD	THICKET POTICHI. MB	锡基特波蒂奇	加拿大(曼尼托巴省)
YTE	CAPE DORSET NU	开普多塞特	加拿大(西北地区)
YTF	ALMA QC	阿尔马	加拿大(魁北克省)
YTH	THOMPSON MN	汤普森	加拿大(曼尼托巴省)
YTJ	TERRACE BAY ON	特勒斯湾	加拿大(安大略省)
YTK	TULUGAK QC	图卢干克	加拿大(魁北克省)
YTL	BIG TROUT ON	比格特鲁特	加拿大(安大略省)
YTO	TORONTO ON	多伦多	加拿大(安大略省)
YTQ	TASIUJUAQ QC	塔晓茹阿克	加拿大(魁北克省)
YTR	TRENTON ON	特伦顿	加拿大(安大略省)
YTS	TIMMINS OT	蒂明斯	加拿大(安大略省)
YTU	TASU BC	塔苏	加拿大(不列颠哥伦比亚省)
YTX	TELEGRAPH BC	特莱格拉夫	加拿大(不列颠哥伦比亚省)
YUB	TUKTOYAKTUK NT	图克托亚图克	加拿大(西北地区)
YUD	UMIUJAQ QC	乌米乌杰克	加拿大(魁北克省)
YUF	PELLY BAY NT	佩利湾	加拿大(西北地区)
YUM	YUMA AZ	尤马	美国(亚利桑那州)
YUT	REPULSE BAY NU	里帕尔斯湾	加拿大(西北地区)
YUX	HALL BEACH NT	霍尔海滩	加拿大(西北地区)
YUY	ROUYN NORTH QC	鲁安	加拿大(魁北克省)
YVA	MORONI	莫罗尼	科摩罗(非洲)

表 1（续）

代　码	城市地名英文全称	城市地名中文全称	所在国家或地区(州、省或区域)
YVB	BONAVENTUR QC	博纳旺蒂尔	加拿大(魁北克省)
YVC	LAC LA RONGE SA	拉科拉龙日	加拿大(萨斯喀彻温省)
YVD	YEVA	耶瓦	巴布亚新几内亚
YVM	BROUGHTON NT	布劳顿	加拿大(西北地区)
YVO	VAL D' OR QC	瓦勒多	加拿大(魁北克省)
YVQ	NORMAN WELS NT	诺曼韦尔斯	加拿大(西北地区)
YVR	VANCOUVER BC	温哥华	加拿大(不列颠哥伦比亚省)
YVT	BUFFALO NARROWS SK	布法罗南罗斯	加拿大(萨斯喀彻温省)
YVZ	DEER LAKE ON	迪尔莱克湖	加拿大(安大略省)
YWB	KANGIQSUJU QC	坎吉克苏茹	加拿大(魁北克省)
YWG	WINNIPEG MN	温尼伯	加拿大(曼尼托巴省)
YWJ	DELINE	德林	加拿大
YWJ	FT FRANKL NT	富兰克林堡	加拿大(西北地区)
YWK	WABUSH NF	沃布什	加拿大(纽芬兰省)
YWL	WILLIAMS LAKE BC	威廉斯湖	加拿大(不列颠哥伦比亚省)
YWN	WINISK ON	威尼斯克	加拿大(安大略省)
YWP	WEBEQUIE ON	韦贝魁	加拿大(安大略省)
YWS	WHISTLER BC	惠斯勒	加拿大(不列颠哥伦比亚省)
YWY	WRIGLEY NT	里格列	加拿大(西北地区)
YXC	CRANBROOK BC	克兰布鲁克	加拿大(不列颠哥伦比亚省)
YXE	SASKATOON SA	萨斯卡通	加拿大(萨斯喀彻温省)
YXH	MEDICINE HAT AB	梅迪辛哈特	加拿大(阿尔伯塔省)
YXJ	FT. ST JOHN BC	圣约翰堡	加拿大(不列颠哥伦比亚省)
YXK	RIMOUSKI QC	里穆斯基	加拿大(魁北克省)
YXL	SIOUX LOOKOUT ON	苏卢考特	加拿大(安大略省)
YXN	WHALE COVE NU	怀尔峡	加拿大(西北地区)
YXP	PANGNIRTUNG NU	庞纳唐	加拿大(西北地区)
YXR	EARLTON ON	厄尔顿	加拿大(安大略省)
YXS	PRINCE GEORGE BC	乔治王子城	加拿大(不列颠哥伦比亚省)
YXT	TERRACE BC	特勒斯	加拿大(不列颠哥伦比亚省)
YXU	LONDON OT	伦敦	加拿大(安大略省)
YXX	ABBOTSFORD BC	阿伯茨福德	加拿大(不列颠哥伦比亚省)
YXY	WHITEHORS YT	怀特霍斯	加拿大(育空地区)
YXZ	WAWA ON	沃瓦	加拿大(安大略省)
YYB	NORTH BAY ON	诺斯湾	加拿大(安大略省)

表 1（续）

代　码	城市地名英文全称	城市地名中文全称	所在国家或地区（州、省或区域）
YYC	CALGARY AB	卡尔加里	加拿大（阿尔伯塔省）
YYD	SMITHERS BC	史密瑟斯	加拿大（不列颠哥伦比亚省）
YYE	FT NELSON BC	纳尔逊堡	加拿大（不列颠哥伦比亚省）
YYF	PENTICTON BC	彭蒂科顿	加拿大（不列颠哥伦比亚省）
YYG	CHARLOTTOWN PE	夏洛特敦	加拿大（爱德华王子岛省）
YYH	SPENCE BAY NT	斯彭斯湾	加拿大（西北地区）
YYJ	VICTORIA BC	维多利亚	加拿大（不列颠哥伦比亚省）
YYL	LYNN LAKE MB	林湖	加拿大（曼尼托巴省）
YYQ	CHURCHILL MB	丘吉尔	加拿大（曼尼托巴省）
YYR	GOOSE BAY NF	古斯湾	加拿大（纽芬兰省）
YYT	ST JOHN' S NF	圣约翰	加拿大（纽芬兰省）
YYU	KAPUSKASIN OT	卡普斯卡辛	加拿大（安大略省）
YYY	MONT JOLI QC	蒙若利	加拿大（魁北克省）
YZG	SALLUIT QC	索律依特	加拿大（魁北克省）
YZG	SUGLUK QC	萨格罗克	加拿大（魁北克省）
YZP	SANDSPIT BC	桑兹皮特	加拿大（不列颠哥伦比亚省）
YZR	SARNIA ON	萨尼亚	加拿大（安大略省）
YZS	CORAL HARBOR NU	科勒尔港	加拿大（西北地区）
YZT	PORT HARDY BC	哈迪港	加拿大（不列颠哥伦比亚省）
YZV	SEPT(SEVEN)-ILES QC	七岛港	加拿大（魁北克省）
ZAA	ALICE ARM BC	艾利斯湾	加拿大（不列颠哥伦比亚省）
ZAD	ZADAR	扎达尔	克罗地亚
ZAG	ZAGREB	萨格勒布	克罗地亚
ZAH	ZAHEDAN	扎黑丹	伊朗
ZAL	VALDIVIA	瓦尔迪维亚	智利
ZAM	ZAMBOANGA	三宝颜	菲律宾
ZAZ	ZARAGOZA	萨拉戈萨	西班牙
ZBE	ZABREH	扎布热赫	捷克
ZBF	BATHURST NB	巴瑟斯特	加拿大（新不伦瑞克省）
ZBO	BOWEN QL	鲍恩	澳大利亚（昆士兰州）
ZBR	CHAH-BAHAR	恰赫巴哈尔	伊朗
ZBY	SAYABOURY	沙耶武里	老挝
ZCL	ZACATECAS	萨卡特卡斯	墨西哥
ZCO	TEMUCO	特木科	智利
ZEG	SENGGO	塞戈	印度尼西亚

表 1（续）

代　码	城市地名英文全称	城市地名中文全称	所在国家或地区（州、省或区域）
ZEL	BELLA BELL BC	贝拉贝尔	加拿大（不列颠哥伦比亚省）
ZEM	EAST MAIN QC	伊斯特梅恩	加拿大（魁北克省）
ZER	ZERO	齐罗	印度
ZFA	FARO YT	法鲁	加拿大（育空地区）
ZFB	OLD FT. BAY QU	奥德福特湾	澳大利亚（昆士兰州）
ZFD	FOND DU LAC SK	丰迪拉克	加拿大（萨斯喀彻温省）
ZFM	FT. MCPHERSON NT	麦克弗森堡	加拿大（西北地区）
ZGF	GRAND FORKS BC	大福克斯	加拿大（不列颠哥伦比亚省）
ZGI	GODS RIVER MN	戈兹河	加拿大（曼尼托巴省）
ZGL	S. GALMAY QL	南格尔韦	澳大利亚（昆士兰州）
ZGS	GETHSEMANI QC	盖特塞马尼	加拿大（魁北克省）
ZHA	ZHANJIANG	湛江	中国（广东省）
ZIG	ZIGUINCHOR	济金绍尔	塞内加尔
ZIH	ZIHUATANEJO	锡瓦塔内霍	墨西哥
ZKB	KASABA BAY	卡萨巴湾	赞比亚
ZKE	KASCHECHEWO OT	坎斯切切沃	加拿大（安大略省）
ZKG	KEGASKA QC	凯加斯卡	加拿大（魁北克省）
ZLG	EL GOUERA	埃尔果拉	毛里塔尼亚
ZLO	MANZANILLO	曼萨尼罗	墨西哥
ZLT	LA TABATI QC	拉塔巴提	加拿大（魁北克省）
ZMT	MASSET BC	马塞特	加拿大（不列颠哥伦比亚省）
ZNC	NYAC AK	奈阿克	美国（阿拉斯加州）
ZND	ZINDER	津德尔	尼日尔
ZNE	NEWMAN WA	纽曼	澳大利亚（西澳州）
ZNU	NAMU BC	纳穆	加拿大（不列颠哥伦比亚省）
ZNZ	ZANZIBAR	桑给巴尔	坦桑尼亚（温古贾岛西岸）
ZOF	OCEAN FALL BC	欧欣弗尔	加拿大（不列颠哥伦比亚省）
ZOS	OSORNO	奥索尔诺	智利
ZPB	SACHIGO LAKE ON	萨芝哥湖	加拿大（安大略省）
ZQN	QUEENSTOWN	昆斯敦	新西兰
ZRH	ZURICH	苏黎世	瑞士
ZRI	SERUI	塞鲁伊	印度尼西亚
ZRJ	ROUND LAKE ON	朗德湖	加拿大（安大略省）
ZRM	SARMI	萨米	印度尼西亚
ZSA	SAN SALVADOR	圣萨尔瓦多	巴哈马（拉丁美洲）

表 1(续)

代 码	城市地名英文全称	城市地名中文全称	所在国家或地区(州、省或区域)
ZSJ	SANDY LAKE OT	桑迪湖	加拿大(安大略省)
ZSP	ST PAUL QU	圣保罗	加拿大(魁北克省)
ZSS	SASSANDRA	萨桑德拉	科特迪瓦(象牙海岸)
ZST	STEWART BC	斯图尔特	加拿大(不列颠哥伦比亚省)
ZTA	TUREIA	图雷亚	土阿莫土群岛(太平洋)
ZTB	TETE BALEI QC	太特班莱	加拿大(魁北克省)
ZTH	ZAKINTHOS IS.	扎金索斯岛	希腊
ZTM	SHAMATTAWA MB	沙马塔瓦	加拿大(曼尼托巴省)
ZTS	TAHSIS BC	塔西斯	加拿大(不列颠哥伦比亚省)
ZUC	IGNACE OT	伊尼亚斯	加拿大(安大略省)
ZUM	CHURCHILL NL	丘吉尔	加拿大(纽芬兰省)
ZVA	MIANDRIVAZO	米安德里瓦祖	马达加斯加
ZVK	SAVANNAKHET	沙湾拿吉	老挝
ZWA	ANDAPA	安达帕	马达加斯加
ZWL	WOLLASTON SK	伍拉斯顿	加拿大(萨斯喀彻温省)
ZYL	SYLHET	锡尔赫特	孟加拉国
ZZU	MZUZU	姆祖祖	马拉维

表 2 航空运输城市地名代码(由城市地名全称查代码)

城市地名英文全称	代 码	城市地名中文全称	所在国家或地区(州、省或区域)
AALBORG	AAL	奥尔堡	丹麦
AALESUND	AES	埃尔琛德	挪威
AARHUS	AAR	奥尔胡斯	丹麦
AASIAAT	JEG	阿西亚特	格陵兰(丹属,北美洲)
ABADAN	ABD	阿巴丹	伊朗
ABAIANG	ABF	阿拜昂	基里巴斯(太平洋)
ABAKAN	ABA	阿巴坎	俄罗斯(东乌拉尔)
ABBOTSFORD BC	YXX	阿伯茨福德	加拿大(不列颠哥伦比亚省)
ABBOTTABAD	AAW	阿伯塔巴	巴基斯坦
ABBSE	EAB	阿伯兹	也门
ABECHER	AEH	阿贝歇	乍得
ABEMAMA ATOLL	AEA	阿贝马马环礁	基里巴斯(太平洋)
ABENGOUROU	OGO	阿本古洛	科特迪瓦(象牙海岸)
ABERDEEN	ABZ	阿伯丁	英国(苏格兰)
ABERDEEN SD	ABR	阿伯丁	美国(南达科他州)
ABHA	AHB	阿卜哈	沙特阿拉伯

表 2（续）

城市地名英文全称	代　码	城市地名中文全称	所在国家或地区（州、省或区域）
ABIDJAN	ABJ	阿比让	科特迪瓦（象牙海岸）
ABILENE TX	ABI	阿比林	美国（德克萨斯州）
ABINGDON QL	ABG	阿宾敦	澳大利亚（昆士兰州）
ABOU DEIA	AOD	阿布德亚	乍得
ABU DHABI	AUH	阿布扎比	阿联酋
ABU SIMBEL	ABS	阿布辛贝尔	埃及
ABUJA	ABV	阿布贾	尼日利亚
ACANDI	ACD	阿坎迪	哥伦比亚
ACAPULCO	ACA	阿卡普尔科	墨西哥
ACARICUARA	ARF	阿卡里夸拉	哥伦比亚
ACARIGUA	AGV	阿卡里瓜	委内瑞拉
ACCRA	ACC	阿克拉	加纳
ADAK IS. AK	ADK	埃达克岛	美国（阿拉斯加州）
ADANA	ADA	阿达纳	土耳其
ADDIS ABABA	ADD	亚的斯亚贝巴	埃塞俄比亚
ADELAIDE SA	ADL	阿德莱德	澳大利亚（南澳州）
ADEN	ADE	亚丁	也门
ADIYAMAN	ADF	阿德亚曼	土耳其
ADLER/SOCHI	AER	阿德列尔/索契	俄罗斯
ADRAR	AZR	阿德拉	阿尔及利亚
AFORE	AFR	阿福尔	巴布亚新几内亚
AGADES	AJY	阿加德兹	尼日利亚
AGADIR	AGA	阿加迪尔	摩洛哥
AGARTALA	IXA	阿加尔塔拉	印度
AGATTI IS.	AGX	阿格蒂岛	印度
AGAUN	AUP	阿格瓦	巴布亚新几内亚
AGEN	AGF	阿让	法国（洛特—加龙省）
AGGENEYS	AGZ	阿赫内斯	南非
AGRA	AGR	亚格兰	印度
AGRINION	AGQ	阿格里尼翁	希腊
AGUADILLA	BQN	阿瓜迪亚	波多黎各
AGUASCALIENTES	AGU	阿瓜斯卡连特斯	墨西哥
AGUNI	AGJ	粟国	日本
AHE	AHE	埃赫	法属波利尼西亚（太平洋，大洋洲）
AHMEDABAD	AMD	艾哈迈达巴德	印度（古吉拉特邦）

表 2(续)

城市地名英文全称	代 码	城市地名中文全称	所在国家或地区(州、省或区域)
AHUAS	AHS	阿瓦斯	洪都拉斯
AHWAZ	AWZ	阿瓦兹	伊朗
AILUK IS.	AIM	艾卢克岛	马绍尔群岛(太平洋)
AIOME	AIE	艾奥梅	巴布亚新几内亚
AIOUN EL ATROSS	AEO	阿尤恩—埃尔—阿屈路斯	毛里塔尼亚
AIRLIE BEACH QL	WSY	艾尔列海滩	澳大利亚(昆士兰州)
AIROK	AIC	艾尔奥克	马绍尔群岛(太平洋)
AISHALTON	AHL	艾沙尔顿	圭亚那
AITAPE	TAJ	艾塔比	巴布亚新几内亚
AITUTAKI IS.	AIT	艾图塔基岛	库克群岛
AIYURA	AYU	艾尤拉	巴布亚新几内亚
AIZAWL	AJL	艾澡尔	印度
AJACCIO	AJA	阿雅克肖	法国(南科西嘉省)
AKELE	KLE	卡埃尔	喀麦隆
AKHIOK AK	AKK	阿克希奥克	美国(阿拉斯加州)
AKIACHAK AK	KKI	阿基亚查克	美国(阿拉斯加州)
AKIAK AK	AKI	阿基亚克	美国(阿拉斯加州)
AKIENI	AKE	阿基埃尼	加蓬
AKITA	AXT	秋田	日本
AKJOUJT	AJJ	阿克儒特	毛里塔尼亚
AKLAVIK NT	LAK	阿克拉维克	加拿大(西北地区)
AKOLA	AKD	阿克拉	印度
AKRON OH	CAK	阿克伦	美国(俄亥俄州)
AKSU	AKU	阿克苏	中国(新疆维吾尔自治区)
AKTAU	SCO	阿克套	哈萨克斯坦
AKTYUBINSK	AKX	阿克秋宾斯克	哈萨克斯坦
AKULIVIK QC	AKV	阿库里维克	加拿大(魁北克省)
AKURE	AKR	阿库雷	尼日利亚
AKUREYRI	AEY	阿库雷里	冰岛
AKUTAN AK	KQA	阿库坦	美国(阿拉斯加州)
AL AIN	AAN	艾因	阿联酋
AL ARISH	AAC	阿里什	埃及
AL GHAYDAH	AAY	盖海达	也门
AL HOCEIMA	AHU	阿尔荷塞马	摩洛哥
AL-BAHA	ABT	巴哈	沙特阿拉伯

表 2（续）

城市地名英文全称	代　码	城市地名中文全称	所在国家或地区(州、省或区域)
AL-FUJAIRAH	FJR	富查伊拉	阿联酋
ALAH	AAV	安拉	菲律宾
ALAKANUK AK	AUK	阿拉卡纳克	美国(阿拉斯加州)
ALAMOGORDO NM	ALM	阿拉莫戈多	美国(新墨西哥州)
ALAMOS	XAL	阿拉莫斯	墨西哥
ALAMOSA CO	ALS	阿拉莫萨	美国(科罗拉多州)
ALBANY GA	ABY	奥尔巴尼	美国(佐治亚州)
ALBANY WA	ALH	奥尔巴尼	澳大利亚(西澳州)
ALBENGA	ALL	阿尔班加	意大利
ALBI	LBI	阿尔比	法国(塔恩省)
ALBUQ	BUK	阿尔布克	也门
ALBUQUERQU NM	ABQ	阿尔布凯克	美国(新墨西哥州)
ALBURY NS	ABX	奥尔伯里	澳大利亚(新南威尔士州)
ALDAN	ADH	阿尔丹	俄罗斯
ALDERNEY	ACI	奥尔德尼	英国
ALEG	LEG	阿莱格	毛里塔尼亚
ALEGRETE	ALQ	阿利格雷提	巴西(南里奥格朗德州)
ALEKNAGIK AK	WKK	阿莱克南基克	美国(阿拉斯加州)
ALENQUER PA	ALT	阿伦克尔	巴西(帕拉州)
ALEPPO	ALP	阿勒颇	叙利亚
ALERT BAY BC	YAL	阿莱特湾	加拿大(不列颠哥伦比亚省)
ALEXANDER BAY	ALJ	亚历山大湾	南非
ALEXANDRA	ALR	亚历山德拉	新西兰
ALEXANDRIA	ALY	亚历山大	埃及
ALEXANDRIA LA	AEX	亚历山大	美国(路易斯安那州)
ALEXANDRIA NY	AXB	亚历山大	美国(纽约州)
ALEXANDROUPOLIS	AXD	亚历山德鲁波利斯	希腊
ALGHERO	AHO	阿尔盖罗	意大利
ALGIERS	ALG	阿尔及尔	阿尔及利亚
ALICANTE	ALC	阿利坎特	西班牙
ALICE ARM BC	ZAA	艾利斯湾	加拿大(不列颠哥伦比亚省)
ALICE SPRINGS	ASP	艾利斯斯普林斯	澳大利亚(北部地区)
ALITAK AK	ALZ	艾利坦克	美国(阿拉斯加州)
ALJOUF	AJO	澳尔朱夫	也门
ALLAHABAD	IXD	阿拉哈巴德	印度

表 2（续）

城市地名英文全称	代　码	城市地名中文全称	所在国家或地区(州、省或区域)
ALLAKAKET AK	AET	阿拉卡基特	美国(阿拉斯加州)
ALLDAYS	ADY	奥尔代斯	南非
ALLENTOWN PA	ABE	阿伦敦	美国(宾夕法尼亚州)
ALLIANCE NE	AIA	阿莱恩斯	美国(内布拉斯加州)
ALMA QC	YTF	阿尔马	加拿大(魁北克省)
ALMATY	ALA	阿拉木图	哈萨克斯坦
ALMENARA MG	AMJ	阿尔梅纳拉	巴西(米纳斯吉拉斯州)
ALMERIA	LEI	阿尔梅里亚	西班牙
ALONG	IXV	阿隆	印度
ALOR IS.	ARD	阿洛尔岛	印度尼西亚
ALOR SETAR	AOR	亚罗士	马来西亚
ALOTAU	GUR	阿洛淘	巴布亚新几内亚
ALPED' HUEZ	AHZ	阿尔普迪埃	法国
ALPENA MI	APN	阿尔皮纳	美国(密执安州)
ALPHA QL	ABH	阿尔发	澳大利亚(昆士兰州)
ALPINE TX	ALE	阿尔派恩	美国(德克萨斯州)
ALROY DONS NT	AYD	奥尔罗伊当斯	加拿大(西北地区)
ALTA	ALF	阿尔塔	挪威
ALTA FLORES	AFL	阿尔塔弗洛雷斯	巴西
ALTAMIRA PA	ATM	阿尔塔米拉	巴西(帕拉州)
ALTAY	AAT	阿尔泰	中国(新疆维吾尔自治区)
ALTENRHEIN	ACH	阿尔滕莱茵	瑞士
ALTON IL	ALN	奥尔顿	美国(伊利诺斯州)
ALTOONA PA	AOO	阿尔图纳	美国(宾夕法尼亚州)
ALTUS OK	LTS	阿尔特斯	美国(俄克拉荷马州)
ALULA	ALU	阿卢拉	索马里
AM TIMAN	AMC	安提曼	乍得
AMA	AMF	阿马	巴布亚新几内亚
AMAHAI	AHI	阿马哈伊	印度尼西亚
AMAMI O SHIMA	ASJ	奄美大岛	日本
AMANAB	AMU	阿马纳布	巴布亚新几亚
AMARILLO TX	AMA	阿马里洛	美国(德克萨斯州)
AMATA	AMT	阿马塔	澳大利亚
AMAZON BAY	AZB	亚马逊湾	巴布亚新几内亚
AMBANJA	IVA	安班贾	马达加斯加

表 2（续）

城市地名英文全称	代 码	城市地名中文全称	所在国家或地区（州、省或区域）
AMBATO	ATF	安巴托	厄瓜多尔
AMBATOMAINTY	AMY	安巴图迈茵蒂	马达加斯加
AMBATONDRAZAKA	WAM	安巴通德拉扎卡	马达加斯加
AMBILOBE	AMB	安比卢贝	马达加斯加
AMBLER AK	ABL	安布勒	美国（阿拉斯加州）
AMBOIN	AMG	安博因	巴布亚新几内亚
AMBON	AMQ	安汶	印度尼西亚（马鲁古省）
AMBOSELI	ASV	安博塞利	肯尼亚
AMBRIZ	AZZ	昂布里希	安哥拉
AMBUNTI	AUJ	安朋蒂	巴布亚新几内亚
AMER RIVER SA	RCN	亚美利加河	澳大利亚（南澳州）
AMMAN	AMM	安曼	约旦
AMOS QC	YEY	埃墨斯	加拿大（魁北克省）
AMPANIHY	AMP	安帕尼希	马达加斯加
AMRITSAR	ATQ	阿姆利则	印度
AMSTERDAM	AMS	阿姆斯特丹	荷兰
ANAA	AAA	阿纳	土阿莫土群岛（太平洋）
ANACO	AAO	阿纳科	委内瑞拉
ANACORTES WA	OTS	阿纳科特斯	美国（华盛顿州）
ANADYR	DYR	阿纳德尔	俄罗斯（乌拉尔以东）
ANAHIM LAKE BC	YAA	阿纳希姆湖	加拿大（不列颠哥伦比亚省）
ANAKTUVUK AK	AKP	阿纳克图沃克帕斯	美国（阿拉斯加州）
ANALALAVA	HVA	阿纳拉拉瓦	马达加斯加
ANAPA	AAQ	阿纳帕	俄罗斯
ANAPOLIS GO	APS	阿纳波利斯	巴西（戈亚斯州）
ANCHORAGE AK	ANC	安克雷奇	美国（阿拉斯加州）
ANCONA	AOI	安科纳	意大利
ANDAHUAYLAS	ANS	安达韦拉斯	秘鲁
ANDAMOOKA SA	ADO	安达穆卡	澳大利亚（南澳州）
ANDAPA	ZWA	安达帕	马达加斯加
ANDENES	ANX	安德内斯	挪威
ANDERSON IN	AID	安德森	美国（印第安纳州）
ANDERSON SC	AND	安德森	美国（南卡罗来纳州）
ANDES	ADN	安第斯	哥伦比亚
ANDIZHAN	AZN	安集延	乌兹别克斯坦

表 2（续）

城市地名英文全称	代　码	城市地名中文全称	所在国家或地区（州、省或区域）
ANDREWS SC	ADR	安德鲁斯	美国（南卡罗来纳州）
ANDRIAMENA	WAD	安德里亚曼纳	马达加斯加
ANDROS TOWN	ASD	安德罗斯城	巴哈马（拉丁美洲）
ANDULO	ANL	安杜洛	安哥拉
ANEGADA	NGD	阿内加达	英属维尔京群岛（拉丁美洲）
ANEITYUM	AUY	阿内蒂乌姆	瓦努阿图（大洋洲，南太平洋）
ANGEL FIRE NM	AXX	安琪法尔	美国（新墨西哥州）
ANGERS	ANE	昂热	法国（曼恩—卢瓦尔省）
ANGOCHE	ANO	安戈谢	莫桑比克
ANGOON AK	AGN	安贡	美国（阿拉斯加州）
ANGORAM	AGG	安戈拉姆	巴布亚新几内亚
ANGOULEME	ANG	昂古莱姆	法国
ANGUGANAK	AKG	安古干纳克	巴布亚新几内亚
ANGUILLA	AXA	安圭拉	背风群岛（拉丁美洲）
ANIAK AK	ANI	阿尼亚克	美国（阿拉斯加州）
ANITA BAY AK	AIB	阿尼塔湾	美国（阿拉斯加州）
ANIWA	AWD	阿尼瓦	瓦努阿图（南太平洋，大洋洲）
ANJOUAN	AJN	昂儒昂	科摩罗
ANKANG	AKA	安康	中国（陕西省）
ANKARA	ANK	安卡拉	土耳其
ANKAVANDRA	JVA	安卡凡特拉	马达加斯加
ANKAZOABO	WAK	安卡祖瓦布	马达加斯加
ANNABA	AAE	安纳巴	阿尔及利亚
ANNAI	NAI	安奈	圭亚那
ANNANBERG	AOB	安娜堡	巴布亚新几内亚
ANNECY	NCY	阿内西	法国
ANNETTE AK	ANN	安尼特	美国（阿拉斯加州）
ANNISTON AL	ANB	安尼斯顿	美国（亚拉巴马州）
ANQING	AQG	安庆	中国（安徽省）
ANSHAN	AOG	鞍山	中国（辽宁省）
ANTA	ATA	安塔	秘鲁
ANTALAHA	ANM	昂塔拉哈	马达加斯加
ANTALYA	AYT	安塔利亚	土耳其
ANTANANARIVO（TANANARIVO）	TNR	安塔那那利佛	马达加斯加
ANTIGUA	ANU	安提瓜	背风群岛（拉丁美洲）

表 2（续）

城市地名英文全称	代　码	城市地名中文全称	所在国家或地区(州、省或区域)
ANTOFAGASTA	ANF	安托法加斯塔	智利
ANTSALOVA	WAQ	安特萨洛瓦	马达加斯加
ANTSIRABE	ATJ	安齐拉贝	马达加斯加
ANTSIRANANA	DIE	安齐拉纳纳	马达加斯加
ANTSOHIHY	WAI	安特索依希	马达加斯加
ANTWERP	ANR	安特卫普	比利时(安特卫普省)
ANUHA IS.	ANH	阿努塔岛	所罗门群岛
ANVIK AK	ANV	安维克	美国(阿拉斯加州)
AOMORI	AOJ	青森	日本
AOSTA	AOT	奥斯塔	意大利
APARTADO	APO	阿帕尔坦多	哥伦比亚
APATAKI	APK	阿帕塔基	土阿莫土群岛(太平洋)
APIA	APW	阿皮亚	西萨摩亚(太平洋)
APIAY	API	阿皮亚伊	哥伦比亚
APPLE VALLEY CA	APV	阿普尔谷	美国(加利福尼亚州)
APPLETON WI	ATW	阿普尔顿	美国(威斯康星州)
AQABA	AQJ	亚喀巴	约旦
AR SEBGUE	ARR	阿赛伯格	阿根廷
ARACAJU SE	AJU	阿拉卡茄	巴西(塞尔希培州)
ARACATUBA SP	ARU	阿拉萨图巴	巴西(圣保罗州)
ARAD	ARW	阿拉德	罗马尼亚
ARAGARCAS GO	ARS	阿拉加尔萨斯	巴西(戈亚斯州)
ARAGIP	ARP	阿拉吉普	巴布亚新几内亚
ARAGUAINA TO	AUX	阿拉瓜依纳	巴西(托坎廷斯州)
ARAMAC QL	AXC	阿拉马克	澳大利亚(昆士兰州)
ARANUKA	AAK	阿兰努卡	基里巴斯(太平洋)
ARAPIRACA AL	APQ	阿拉皮拉卡	巴西（阿拉各斯州)
ARAR	RAE	阿莱亚	沙特阿拉伯
ARARACUARA	ACR	阿拉拉夸拉	哥伦比亚
ARARAQUARA SP	AQA	阿拉拉夸拉	巴西(圣保罗州)
ARARAT VI	ARY	亚拉拉特	澳大利亚(维多利亚州)
ARAUCA	AUC	阿劳克	哥伦比亚
ARAWA	RAW	阿拉瓦	巴布亚新几内亚
ARAXA MG	AAX	阿拉沙	巴西(米纳斯吉拉斯州)
ARBA MINTCH	AMH	阿尔巴明契	埃塞俄比亚

表 2（续）

城市地名英文全称	代　码	城市地名中文全称	所在国家或地区（州、省或区域）
ARBOLETAS	ARO	阿巴勒塔斯	哥伦比亚
ARCATA CA	ACV	阿克塔	美国（加利福尼亚州）
ARCTIC VILLAGE AK	ARC	北极村	美国（阿拉斯加州）
ARDABIL	ADU	阿黛拜耳	伊朗
ARDMORE OK	AMD	阿德莫尔	美国（俄克拉荷马州）
ARECIBO	ARE	阿雷西博	波多黎各
AREQUIPA	AQP	阿雷基帕	秘鲁
ARGYLE WA	GYL	阿盖尔	澳大利亚（西澳州）
ARIBINDA	XAR	阿里宾达	布基纳法索（非洲）
ARICA	ARI	阿里卡	智利
ARIPUANA MT	AIR	阿里普阿南	巴西
ARKALYK	AYK	阿尔卡雷克	哈萨克斯坦
ARKHANGELSK	ARH	阿尔汉格尔斯克	俄罗斯
ARLIT	RLT	阿尔利特	尼日尔
ARLY	ARL	阿尔利	布基纳法索（非洲）
ARMENIA	AXM	阿尔梅尼亚	哥伦比亚
ARMIDALE NS	ARM	阿米代尔	澳大利亚（新南威尔士州）
ARNO	AMR	阿尔诺	马绍尔群岛
AROA	AOA	阿罗阿	巴布亚新几内亚
ARONA	RNA	阿若那	所罗门群岛
ARORAE IS.	AIS	阿罗赖岛	基里巴斯（太平洋）
ARRABURY QL	AAB	阿拉伯利	澳大利亚（昆士兰州）
ARRAIAS TO	AAI	阿拉亚斯	巴西（托坎廷斯州）
ARTESIA NM	ATS	阿蒂西亚	美国（新墨西哥州）
ARTHURIS TOWN	ATC	阿瑟镇	巴哈马（拉丁美洲）
ARTIGAS	ATI	阿蒂加斯	乌拉圭
ARUA	RUA	阿鲁亚	乌干达
ARUBA	AUA	阿鲁巴	阿鲁巴
ARUSHA	ARK	阿鲁沙	坦桑尼亚
ARUTUA	AXR	阿鲁脱	法属波利尼西亚（太平洋，大洋洲）
ARVIAT NU	YEK	阿维特	加拿大
ARVIDSJAUR	AJR	阿尔维斯克尔	瑞典
ASAHIKAWA	AKJ	旭川	日本
ASAPA	APP	阿萨帕	巴布亚新几内亚
ASAU	AAU	阿绍	西萨摩亚（南太平洋）

表 2（续）

城市地名英文全称	代　码	城市地名中文全称	所在国家或地区（州、省或区域）
ASBESTOS H QC	YAF	阿斯贝斯敦港	加拿大（魁北克省）
ASBURY PARK NJ	ARX	阿斯伯里帕克	美国（新泽西州）
ASCENSION	ASC	阿森松	玻利维亚
ASEKI	AEK	阿塞克	巴布亚新几内亚
ASELA	ALK	阿塞拉	埃塞俄比亚
ASHBURTON	ASG	阿什伯顿	新西兰
ASHEVILLE NC	AVL	阿什维尔	美国（北卡罗来纳州）
ASHGABAD	ASB	阿什哈巴德	土库曼斯坦
ASHLAND KY	HTS	阿什兰	美国（肯塔基州）
ASHLAND WI	ASX	阿什兰	美国（威斯康星州）
ASMARA	ASM	阿斯马拉	厄利特里亚
ASOSA	ASO	阿索萨	埃塞俄比亚
ASPEN CO	ASE	阿斯彭	美国（科罗拉多州）
ASSAB	ASA	阿萨布	厄利特里亚
ASSIS SP	AIF	阿西斯	巴西（圣保罗州）
ASSIUT	ATZ	阿西乌特	埃及
ASTANA	TSE	阿斯塔那	哈萨克斯坦
ASTORIA OR	AST	阿斯托里亚	美国（俄勒冈州）
ASTRAKHAN	ASF	阿斯特拉罕	俄罗斯
ASTURIAS	OVD	阿斯图里亚斯	西班牙
ASTYPALAIA	JTY	阿斯提帕拉拉	希腊
ASUNCION	ASU	亚松森	巴拉圭
ASWAN	ASW	阿斯旺	埃及
ATAMBUA	ABU	阿坦布阿	印度尼西亚
ATAQ	AXK	阿塔克	也门
ATAR	ATR	阿塔尔	毛里塔尼亚
ATBARA	ATB	阿特巴拉	苏丹
ATHENS	ATH	雅典	希腊
ATHENS GA	AHN	阿森斯	美国（佐治亚州）
ATHENS OH	ATO	阿森斯	美国（俄亥俄州）
ATI	ATV	阿蒂	乍得
ATIKOKAN OT	YIB	阿蒂科肯	加拿大（安大略省）
ATIU IS.	AIU	阿蒂乌岛	库克群岛（太平洋，大洋洲）
ATKA AK	AKB	阿特卡	美国（阿拉斯加州）
ATLANTA GA	ATL	亚特兰大	美国（佐治亚州）

表 2（续）

城市地名英文全称	代　码	城市地名中文全称	所在国家或地区(州、省或区域)
ATLANTIC CITY NJ	AIY	大西洋城	美国(新泽西州)
ATMAUTLUAK AK	ATT	亚特毛特卢阿克	美国(阿拉斯加州)
ATOIFI	ATD	阿托伊费	所罗门群岛(太平洋)
ATQASUK AK	ATK	阿特卡什克	美国(阿拉斯加州)
ATTAWAPIS ON	YAT	阿塔瓦皮斯	加拿大(安大略省)
ATTU IS. AK	ATU	阿图岛	美国(阿拉斯加州)
ATUONA	AUQ	阿图奥纳	法属波利尼西亚(太平洋,大洋洲)
AUA IS.	AUI	阿瓦岛	巴布亚新几内亚
AUBAGNE	JAH	奥巴根	法国
AUBENAS	OBS	欧布纳	法国
AUBURN AL	AUO	奥本	美国(亚拉巴马州)
AUBURN ME	LEW	奥本	美国(缅因州)
AUCKLAND	AKL	奥克兰	新西兰
AUGUST DONS QL	AUD	奥克斯特当斯	澳大利亚(昆士兰州)
AUGUSTA GA	AGS	奥古斯塔	美国(佐治亚州)
AUGUSTA ME	AUG	奥古斯塔	美国(缅因州)
AUKI	AKS	奥基	所罗门群岛(太平洋)
AUMO	AUV	奥墨	巴布亚新几内亚
AUPALUK QC	YPJ	奥帕卢克	加拿大(魁北克省)
AUR IS.	AUL	奥尔岛	马绍尔群岛
AURANGABAD	IXU	奥兰加巴德	印度
AURILLAC	AUR	欧里亚克	法国
AURUKUM QL	AUU	奥鲁昆	澳大利亚(昆士兰州)
AUSTIN MN	AUM	奥斯汀	美国(明尼苏达州)
AUSTIN NV	ASQ	奥斯汀	美国(内华达州)
AUSTIN TX	AUS	奥斯汀	美国(德克萨斯州)
AVALON BAY CA	AVX	阿瓦龙湾	美国(加利福尼亚州)
AVIGNON	AVN	阿维尼翁	法国(沃克吕兹省)
AVU AVU	AVU	阿武阿武	所罗门群岛(太平洋)
AWABA	AWB	阿瓦巴	巴布亚新几内亚
AWAR	AWR	阿瓦尔	巴布亚新几内亚
AWAREH	AWH	阿瓦瑞赫	埃塞俄比亚
AWASSA	AWA	阿瓦萨	埃塞俄比亚
AXUM	AXU	阿克苏姆	埃塞俄比亚
AYACUCHO	AYC	阿亚库乔	哥伦比亚

表 2（续）

城市地名英文全称	代　码	城市地名中文全称	所在国家或地区(州、省或区域)
AYACUCHO	AYP	阿亚库乔	秘鲁
AYAWASI	AYW	阿亚瓦西	印度尼西亚
AYERS ROCK NT	AYQ	亚逸斯礁	澳大利亚(北部地区)
B DO CORIDA	BDC	巴都 克瑞达	巴西
B HORIZONT	BHZ	豪睿宗	巴西
BABO	BXB	巴博	印度尼西亚
BACAU	BCM	巴克乌	罗马尼亚
BACOLOD	BCD	巴科洛德	菲律宾
BADAJOZ	BJZ	巴达霍斯	西班牙
BADE	BXD	巴代	印度尼西亚
BADIN	BDN	巴丁	巴基斯坦
BADU IS. QL	BDD	巴都岛	澳大利亚(昆士兰州)
BAFOUSSAM	BFX	巴富萨姆	喀麦隆
BAGDAD AZ	BGT	巴格达	美国(亚利桑那州)
BAGDOGRA	IXB	巴格多格拉	印度
BAGE RS	BGX	巴热	巴西(南里奥格朗德州)
BAGHDAD	BGW	巴格达	伊拉克
BAGLUNG	BGL	巴格隆	尼泊尔
BAGOTVILL QC	YBG	巴戈特维尔	加拿大(魁北克省)
BAGUIO	BAG	碧瑶	菲律宾
BAHAR DAR	BJR	巴哈尔达尔	埃塞俄比亚
BAHAWALPUR	BHV	巴哈瓦尔布尔	巴基斯坦
BAHIA SOLANO	BSC	索拉诺港	哥伦比亚
BAHRAIN	BAH	巴林	巴林
BAIA MARE	BAY	巴亚马雷	罗马尼亚
BAIDOA	BIB	拜多阿	索马里
BAIE COMEALI QC	YBC	贝科莫里	加拿大(魁北克省)
BAIE JOHAN BEETZ QC	YBJ	拜约翰比茨	加拿大(魁北克省)
BAIMURU	VMU	拜穆鲁	巴布亚新几内亚
BAIRNSDALE VI	BSJ	拜恩斯代尔	澳大利亚(维多利亚州)
BAITADI	BIT	拜塔迪	尼泊尔
BAJAWA	BJW	巴贾瓦	印度尼西亚
BAJHANG	BJH	巴章	尼泊尔
BAKALALAN	BKM	巴克拉兰	马来西亚
BAKEL	BXE	巴克尔	塞内加尔

表 2（续）

城市地名英文全称	代　码	城市地名中文全称	所在国家或地区(州、省或区域)
BAKER LAKE NU	YBK	贝克湖	加拿大(西北地区)
BAKER OR	BKE	贝克	美国(俄勒冈州)
BAKERSFIELD CA	BFL	贝克斯菲尔德	美国(加利福尼亚州)
BAKKAFJORDUR	BJD	巴卡夫约多尔	冰岛
BAKOUMA	BMF	巴库马	中非
BAKU	BAK	巴库	阿塞拜疆共和国
BALALAE	BAS	巴拉莱	所罗门群岛(太平洋)
BALBOA	BLB	巴尔博亚	巴拿马
BALGO HILL WA	BQW	巴尔戈山	澳大利亚(西澳州)
BALI	BAJ	巴厘	巴布亚新几内亚
BALI	BLC	巴厘	喀麦隆
BALI IS.	DPS	巴厘岛	印度尼西亚
BALIKESIR	BZI	巴利开息尔	土耳其
BALIKPAPAN	BPN	巴厘巴板	印度尼西亚
BALIMO	OPU	巴利莫	巴布亚新几内亚
BALLINA NS	BNK	巴利纳	澳大利亚(新南威尔士州)
BALMACEDA	BBA	巴尔马塞达	智利
BALRANALD NS	BZD	巴尔拉纳德	澳大利亚(新南威尔士州)
BALSAS MA	BSS	巴尔萨斯	巴西(马拉尼翁州)
BALTIMORE MD	BWI	巴尔的摩	美国(马里兰州)
BALURGHAT	RGH	巴卢尔卡德	印度
BAMAGA QL	ABM	巴马加	澳大利亚(昆士兰州)
BAMAKO	BKO	巴马科	马里
BAMBARI	BBY	班巴里	中非
BAMENDA	BPC	巴门达	喀麦隆
BAMFIELD BC	YBF	班菲尔德	加拿大(不列颠哥伦比亚省)
BAMIYAN	BIN	巴米扬	阿富汗
BANDA ACEH	BTJ	班达亚齐	印度尼西亚
BANDANAIRA	NDA	班达奈拉	印度尼西亚
BANDAR ABBAS	BND	阿巴斯港	伊朗
BANDAR LENGEH	BDH	林格港	伊朗
BANDAR SERI BEGAWAN	BWN	斯里巴加湾市	文莱(亚洲,全名叫文莱达鲁萨兰国)
BANDAR LAMPUN	TKG	楠榜港	印度尼西亚
BANDON OR	BDY	班登	美国(俄勒冈州)
BANDUNDU	FDU	班顿杜	刚果(金)

表 2（续）

城市地名英文全称	代　码	城市地名中文全称	所在国家或地区（州、省或区域）
BANDUNG	BDO	万隆	印度尼西亚（西爪哇省）
BANGALORE	BLR	班加罗尔	印度（迈索尔邦）
BANGASSOU	BGU	帮加苏	中非
BANGDA	BPX	邦达	中国（西藏自治区）
BANGKOK	BKK	曼谷	泰国
BANGOR ME	BGR	班戈	美国（缅因州）
BANGUI	BGF	班吉	中非
BANIYALA NT	BYX	巴尼亚拉	澳大利亚（北部地区）
BANJA LUKA	BNX	巴尼亚卢卡	波斯尼亚
BANJARMASIN	BDJ	马辰	印度尼西亚（南加里曼丹省）
BANJUL	BJL	班珠尔	冈比亚
BANKSTOWN NS	BWU	班克斯敦	澳大利亚（新南威尔士州）
BANNU	BNP	班努	巴基斯坦
BANZ	BNZ	班茨	巴布亚新几内亚
BAOSHAN	BSD	保山	中国（云南省）
BAOTOU	BAV	包头	中国（内蒙古自治区）
BARACOA	BCA	巴拉科阿	古巴
BARAHONA	BRX	巴拉奥纳	多米尼加
BARAKOMA	VEV	巴拉克玛	所罗门群岛（太平洋）
BARAMITA	BMJ	巴拉米塔	圭亚那
BARANOF AK	BNF	巴拉诺夫	美国（阿拉斯加州）
BARBUDA	BBQ	巴布达	安提瓜和巴布达（西印度群岛）
BARCALDIN QL	BCI	巴卡尔丁	澳大利亚（昆士兰州）
BARCELONA	BCN	巴塞罗那	西班牙
BARCELONA	BLA	巴塞罗那	委内瑞拉
BARCELOS AM	BAZ	巴塞卢斯	巴西（亚马孙州）
BARDERA	BSY	巴尔代雷	索马里
BARDUFOSS	BDU	巴尔杜福斯	挪威
BARI	BRI	巴里	意大利
BARINAS	BNS	巴里纳斯	委内瑞拉
BARIO	BBN	巴里奥	马来西亚
BARKLY DONS QL	BKP	巴克利当斯	澳大利亚（昆士兰州）
BARNAUL	BAX	巴尔瑙尔	俄罗斯（乌拉尔以东）
BARORA	RRI	巴罗拉	所罗门群岛（太平洋）
BARQUISIMETO	BRM	巴基西梅托	委内瑞拉

表 2（续）

城市地名英文全称	代　码	城市地名中文全称	所在国家或地区（州、省或区域）
BARRA	BRR	巴拉	英国
BARRA BA	BQQ	巴拉	巴西（巴依亚州）
BARRA COLORAD	BCL	巴拉 科罗拉多	哥斯达黎加
BARRANCA BERMEJA	EJA	巴兰卡维梅哈	哥伦比亚
BARRANCOMINAS	NBB	巴兰康米纳斯	哥伦比亚
BARRANQUILLA	BAQ	巴兰基亚	哥伦比亚
BARRE VT	MPV	巴里	美国（佛蒙特州）
BARREIRAS BA	BRA	巴雷拉斯	巴西（巴依亚州）
BARREIRINH MA	BRB	巴雷林赫	巴西（马拉尼翁州）
BARRETOS SP	BAT	巴雷图斯	巴西（圣保罗州）
BARROW AK	BRW	巴罗	美国（阿拉斯加州）
BARROW IN FURNES	BWF	巴罗因弗内斯	英国
BARROW IS. WA	BWB	巴罗岛	澳大利亚（西澳州）
BARTER IS. AK	BTI	巴特岛	美国（阿拉斯加州）
BARTH	BBH	巴尔特	德国
BARTICA	GFO	巴蒂卡	圭亚那
BASANKUSU	BSU	巴桑库苏	刚果（金）
BASCO	BSO	巴斯科	菲律宾
BASLE	BSL	巴塞尔	瑞士
BASRA	BSR	巴士拉	伊拉克
BASSEIN	BSX	勃生	缅甸（伊洛瓦底省）
BASSETERRE	BBR	巴斯特尔	瓜德罗普岛（拉丁美洲）
BASTIA	BIA	巴斯蒂亚	法国（上科西嘉省）
BATA	BSG	巴塔	赤道几内亚
BATAMA	BTH	巴塔玛	印度尼西亚
BATANGAFO	BTG	巴坦加福	中非
BATHURST NB	ZBF	巴瑟斯特	加拿大（新不伦瑞克省）
BATHURST NS	BHS	巴瑟斯特	澳大利亚（新南威尔士州）
BATHURST IS. NT	BRT	巴瑟斯特岛	澳大利亚（北部地区）
BATMAN	BAL	白特曼	土耳其
BATNA	BLI	白特那	阿尔及利亚
BATOM	BXM	巴特姆	印度尼西亚
BATON ROUGE LA	BTR	巴吞鲁日	美国（路易斯安那州）
BATOURI	OUR	巴陶里	喀麦隆
BATSFJORD	BJF	博茨菲尤尔	挪威

表 2（续）

城市地名英文全称	代　码	城市地名中文全称	所在国家或地区(州、省或区域)
BATTAMBANG	BBM	白泰母邦	柬埔寨
BATTICALOA	BTC	巴提卡洛阿	斯里兰卡
BATTLE CR. MI	BTL	巴特尔河	美国(密执安州)
BATU BESAR	BTH	巴都贝萨尔	印度尼西亚
BATUMI	BUS	巴统	格鲁吉亚
BAUBAU	BUW	巴乌巴乌	印度尼西亚
BAURU SP	BAU	包鲁	巴西(圣保罗州)
BAWAN	BWJ	巴万	巴布亚新几内亚
BAY CITY MI	MBS	贝城	美国(密执安州)
BAYAMO	BYM	巴亚莫	古巴
BAYREUTH	BYU	拜罗伊特	德国
BEALANANA	WBE	贝拉纳纳	马达加斯加
BEARSKIN LAKE ON	XBE	贝尔斯金湖	加拿大(安大略省)
BEAUFORT SC	BFT	波弗特	美国
BEAUMONT TX	BPT	博蒙特	美国(德克萨斯州)
BEAVER AK	WBQ	比弗	美国(阿拉斯加州)
BEAVER FALLS PA	BFP	比弗福尔斯	美国(宾夕法尼亚州)
BECHAR	CBH	贝沙尔	阿尔及利亚
BECKLEY WV	BKW	贝克利	美国(西弗吉尼亚州)
BEDFORD IN	BFR	贝德福德	美国(印第安纳州)
BEDFORD MA	BED	贝德福德	美国(马萨诸塞州)
BEDOURIE QL	BEU	贝杜里	澳大利亚(昆士兰州)
BEEF IS.	EIS	比夫岛	英属维尔京群岛(拉丁美洲)
BEER SHEBA	BEV	贝尔谢巴	以色列
BEFANDRIANA	WBD	贝范德里亚纳	马达加斯加
BEICA	BEI	贝卡	埃塞俄比亚
BEIDA	LAQ	贝达	利比亚
BEIDAH	BYD	贝达赫	也门
BEIHAI	BHY	北海	中国(广西壮族自治区)
BEIHAN	BHN	贝汉	也门
BEIJING	BJS	北京	中国
BEIRA	BEW	贝拉	莫桑比克
BEIRUT	BEY	贝鲁特	黎巴嫩
BEJAIA	BJA	贝贾亚	阿尔及利亚
BEKILY	OVA	贝基利	马达加斯加

表 2（续）

城市地名英文全称	代　码	城市地名中文全称	所在国家或地区（州、省或区域）
BELAGA	BLG	美拉亚	马来西亚
BELEM PA	BEL	培兰	巴西（帕拉州）
BELEP IS.	BMY	贝莱普群岛	新喀里多尼亚（南太平洋）
BELFAST	BFS	贝尔法斯特	英国
BELFORT	BOR	贝尔福	法国
BELGAUM	IXG	贝尔高姆	印度
BELGRADE	BEG	贝尔格莱德	塞黑
BELIZE	BZE	伯利兹城	伯利兹（拉丁美洲）
BELL IS. AK	KBE	贝尔岛	美国（阿拉斯加州）
BELLA BELL BC	ZEL	贝拉贝尔	加拿大（不列颠哥伦比亚省）
BELLA COOL BC	QBC	贝拉库尔	加拿大（不列颠哥伦比亚省）
BELLARY	BEP	贝拉里	印度
BELLE CHAS LA	BCS	贝尔恰斯	美国（路易斯安那州）
BELLEFONTE PA	PSB	贝尔丰特	美国（宾夕法尼亚州）
BELLINGHAM WA	BLI	贝林哈姆	美国（华盛顿州）
BELLONA IS.	BNY	贝拉纳岛	所罗门群岛（太平洋）
BELMONTE BA	BVM	贝尔蒙特	巴西（巴伊亚州）
BELO	BMD	贝卢	马达加斯加
BEMIDJI MN	BJI	伯米吉	美国（明尼苏达州）
BENBECULA	BEB	本贝库拉	英国
BENGBU	BFU	蚌埠	中国（安徽省）
BENGHAZI	BEN	班加西	利比亚
BENGKULU	BKS	朋库卢	印度尼西亚（明古鲁省）
BENGUELA	BUG	本格拉	安哥拉
BENI	BNC	贝尼	刚果（布）
BENIN CITY	BNI	贝宁城	尼日利亚
BENJINA	BJK	本吉纳	印度尼西亚
BENNETTSVIL SC	BTN	本尼茨维尔	美国（南卡罗来纳州）
BENSBACH	BSP	本斯巴赫	巴布亚新几内亚
BENTON HARBOR MI	BEH	本顿港	美国（密执安州）
BERAU	BEJ	贝劳	印度尼西亚
BERBERA	BBO	伯贝拉	索马里
BERBERATI	BBT	贝贝拉提	中非
BEREBY	BBV	贝利比	科特迪瓦（象牙海岸）
BEREINA	BEA	贝雷纳	巴布亚新几内亚

表 2（续）

城市地名英文全称	代　码	城市地名中文全称	所在国家或地区（州、省或区域）
BERENS RIVER MN	YBV	贝伦斯河	加拿大（曼尼托巴省）
BERGEN	BGO	卑尔根	挪威
BERGERAC	EGC	贝尔热拉克	法国
BERLEVAG	BVG	贝勒沃格	挪威
BERLIN	BER	柏林	德国
BERLIN NH	BML	柏林	美国（新罕布什尔州）
BERMEJO	BJO	贝尔梅霍	玻利维亚
BERMUDA	BDA	百慕大	百慕大
BERNE	BRN	伯尔尼	瑞士
BEROROHA	WBO	贝罗罗哈	马达加斯加
BERTOUA	BTA	贝尔图阿	喀麦隆
BERU	BEZ	贝鲁	基里巴斯（太平洋）
BESALAMPY	BPY	贝萨兰皮	马达加斯加
BETHEL AK	BET	贝瑟尔	美国（阿拉斯加州）
BETHLEHEM PA	ABE	伯利恒	美国（宾夕法尼亚州）
BETIOKY	BKU	贝蒂奥基	马达加斯加
BETTLES AK	BTT	贝特尔斯	美国（阿拉斯加州）
BEVERLEY S WA	BVZ	贝弗利	澳大利亚
BEZIERS	BZR	贝济耶	法国
BHAIRAWA	BWA	拜尔瓦	尼泊尔
BHAMO	BMO	八莫	缅甸
BHARATPUR	BHR	珀勒特普尔	尼泊尔
BHATINDA	BUP	珀丁达	印度
BHAVNAGAR	BHU	包纳加尔	印度
BHOJPUR	BHP	波杰普尔	尼泊尔
BHOPAL	BHO	博帕尔	印度（中央邦）
BHUBANESWAR	BBI	布巴内斯瓦尔	印度
BHUJ	BHJ	布季	印度
BIAK	BIK	比阿克	印度尼西亚
BIARRITZ	BIQ	比亚里茨	法国
BIARU	BRP	比亚鲁	巴布亚新几内亚
BIG BEAR CA	RBF	熊城	美国（加利福尼亚州）
BIG CREEK	BGK	比格河	伯利兹（拉美）
BIG RAPIDS MI	WBR	大瀑布城	美国（密执安州）
BIG SPRING TX	HCA	大斯普林	美国（德克萨斯州）

表 2（续）

城市地名英文全称	代　码	城市地名中文全称	所在国家或地区(州、省或区域)
BIG TROUT ON	YTL	比格特鲁特	加拿大(安大略省)
BIKANER	BKB	比卡内尔	印度
BIKINI ATOLL	BLL	比基尼环礁	马绍尔群岛
BILASPUR	PAB	比拉斯普尔	印度
BILBAO	BIO	毕卡巴鄂	西班牙
BILDUDALUR	BIU	比尔德拉勒	冰岛
BILLILUNA WA	BIW	比利卢纳	澳大利亚(西澳州)
BILLINGS MT	BIL	比林斯	美国(蒙大拿州)
BILLUND	BLL	比伦德	丹麦
BIMA	BMU	比马	印度尼西亚
BIMINI	BIZ	比米尼	巴布亚新几内亚
BIMINI(INT' L A/P)	BIM	比米尼	巴哈马(拉丁美洲)
BINGHAMTON NY	BGM	宾汉敦	美国(纽约州)
BINIGUNI	XBN	比尼古尼	巴布亚新几内亚
BINTULU	BTU	宾图卢	马来西亚
BINTUNI	NTI	宾图尼	印度尼西亚
BIRAO	IRO	比劳	中非
BIRATNAGAR	BIR	比拉特纳加尔	尼泊尔
BIRCH CREEK AK	KBC	伯奇河	美国(阿拉斯加州)
BIRD IS.	BDI	伯德岛	基里巴斯(太平洋)
BIRDSVILL QL	BVI	伯兹维尔	澳大利亚(昆士兰州)
BIRJAND	XBJ	比尔詹德	伊朗
BIRMINGHAM	BHX	伯明翰	英国
BIRMINGHAM AL	BHM	伯明翰	美国(亚拉巴马州)
BISHA	BHH	比沙	沙特阿拉伯
BISHOP CA	BIH	毕晓普	美国(加利福尼亚州)
BISKRA	BSK	比斯克拉	阿尔及利亚
BISLIG	BPH	比斯利格	菲律宾
BISMARCK ND	BIS	俾斯麦	美国(北达科他州)
BISSAU	OXB	比绍	几内亚比绍
BITAM	BMM	比塔姆	加蓬
BLACK TICK NF	YBI	布莱克蒂克	加拿大(纽芬兰省)
BLACKALL QL	BKQ	布莱克尔	澳大利亚(昆士兰州)
BLACKPOOL	BLK	布莱克普尔	英国
BLACKWATER QL	BLT	布莱克沃特	澳大利亚(昆士兰州)

表 2（续）

城市地名英文全称	代　码	城市地名中文全称	所在国家或地区(州、省或区域)
BLAKELY IS. WA	BYW	布莱克利岛	美国(华盛顿州)
BLANC SABLON QC	YBX	布朗萨布隆	加拿大(魁北克省)
BLANTYRE	BLZ	布兰太尔(区首府)	马拉维
BLENHEIM	BHE	布连海姆	新西兰
BLOCK IS. RI	BID	布洛克岛	美国(罗得岛州)
BLOEMFONTEIN	BFN	布隆方丹	南非
BLONDUOS	BLO	布隆迪奥斯	冰岛
BLOOMFIELD QL	BFC	布卢姆菲尔德	澳大利亚(昆士兰州)
BLOOMINGT-NORMAL IL	BMI	布卢明顿·诺木尔	美国(伊利诺斯州)
BLOOMINGTON IN	BMG	布卢明顿	美国(印第安纳州)
BLUBBER BAY BC	XBB	布拉伯尔湾	加拿大(不列颠哥伦比亚省)
BLUE BALL PA	BBX	布卢贝尔	美国(宾夕法尼亚州)
BLUEFIELD WV	BLF	布卢菲尔德	美国(西弗吉尼亚州)
BLUEFIELDS	BEF	布卢菲尔兹	尼加拉瓜
BLUMENAU SC	BNU	布卢梅瑙	巴西(圣卡塔林纳州)
BLYTHE CA	BLH	布莱斯	美国(加利福尼亚州)
BO	KBS	博城	塞拉利昂
BOA VISTA	BVC	博阿·维斯塔	佛得角(大西洋)
BOA VISTA RR	BVB	博阿·维斯塔	巴西(罗赖马州)
BOANG	BOV	博昂	巴布亚新几内亚
BOBO DIOULASSO	BOY	博博迪乌拉索	布基纳法索(非洲)
BOCAS DEL TORO	BOC	博卡斯·德尔托罗	巴拿马
BODINUMU	BNM	博迪努穆	巴布亚新几内亚
BODO	BOO	博多	挪威
BOENDE	BNB	布温德	刚果(布)
BOGANDE	XBG	博冈代	布基纳法索(非洲)
BOGHE	BGH	博格	毛里塔尼亚
BOGOTA	BOG	波哥大	哥伦比亚
BOIGU IS. QL	GIC	博伊古岛	澳大利亚(昆士兰州)
BOISE ID	BOI	博伊西	美国(爱达荷州)
BOKE	BKJ	博凯	几内亚
BOKONDINI	BUI	博康迪尼	印度尼西亚
BOKORO	BKR	博科罗	乍得
BOKU	BOQ	博库	巴布亚新几内亚
BOL	BWK	博尔	克罗地亚

表 2（续）

城市地名英文全称	代　码	城市地名中文全称	所在国家或地区(州、省或区域)
BOL	OTC	博尔	乍得
BOLOGNA	BLQ	波伦亚	意大利
BOLWARRA QL	BCK	博尔沃拉	澳大利亚(昆士兰州)
BOM J LAPA BA	LAZ	博姆·杰·拉帕	巴西(巴伊亚州)
BOMBAY	BOM	孟买	印度
BONAIRE	BON	博奈尔	荷属安得列斯(拉丁美洲)
BONANZA	BZA	博南沙	尼加拉瓜
BONAVENTUR QC	YVB	博纳旺蒂尔	加拿大(魁北克省)
BONDOUKOU	BDK	邦杜库	科特迪瓦(象牙海岸)
BONGOR	OGR	邦戈	乍得
BONN	BNJ	波恩	德国
BONNYVILLE AL	YBY	邦尼维尔	加拿大(阿尔伯塔省)
BONTHE	BTE	邦特	塞拉利昂
BOOUE	BGB	布于	加蓬
BORA BORA	BOB	博拉博拉	法属波利尼西亚(太平洋,大洋洲)
BORAMA	BXX	博拉马	索马里
BORDEAUX	BOD	波尔多	法国
BORDJ B. MOKHTAR	BMW	波尔吉·班·莫克塔尔	阿尔及利亚
BORGAFJORDUR	BGJ	博尔加峡湾	冰岛
BORKUM	BMK	博尔库姆	德国
BORLANGE	BLE	博尔冷格	瑞典
BORREGO SPRING CA	BXS	博尔瑞戈斯普林	美国(加利福尼亚州)
BORROLOOLA NT	BOX	博罗卢拉	澳大利亚(北部地区)
BOSSASO	BSA	博沙索	索马里
BOST	BST	博斯特	阿富汗
BOSTON MA	BOS	波士顿	美国(马萨诸塞州)
BOTOPASIE	BTO	博托帕西	苏里南(拉丁美洲)
BOUAKE	BYK	布瓦凯	科特迪瓦(象牙海岸)
BOUAR	BOP	布瓦尔	中非
BOULDER CI. NV	BLD	博尔德城	美国(内华达州)
BOULIA QL	BQL	布利亚	澳大利亚(昆士兰州)
BOULSA	XBO	布尔萨	布基纳法索(非洲)
BOUNA	BQO	布纳	科特迪瓦(象牙海岸)
BOUNDARY AK	BYA	邦德利	美国(阿拉斯加州)
BOUNDIALI	BXI	本贾利	科特迪瓦(象牙海岸)

表 2（续）

城市地名英文全称	代　码	城市地名中文全称	所在国家或地区(州、省或区域)
BOUNFJI	BOE	邦吉	刚果(布)
BOURGAS	BOJ	布加斯	保加利亚
BOURKE NS	BRK	伯克	澳大利亚(新南威尔士州)
BOURNEMOUTH	BOH	伯恩茅思	英国
BOUTILIMIT	OTL	布提利米特	毛里塔尼亚
BOWEN QL	ZBO	鲍恩	澳大利亚(昆士兰州)
BOWLING GREEN KY	BWG	鲍灵格林	美国(肯塔基州)
BOWMAN ND	BWM	鲍曼	美国(北达科他州)
BOZEMAN MT	BZN	博兹曼	美国(蒙大拿州)
BRADENTON FL	SRQ	布雷登顿	美国(佛罗里达州)
BRADFORD	BRF	布拉德福德	英国
BRADFORD PA	BFD	布拉德福德	美国(宾夕法尼亚州)
BRAGA	BGZ	布拉加	葡萄牙
BRAGANCA	BGC	布拉干萨	葡萄牙
BRAINERD MN	BRD	布雷纳德	美国(明尼苏达州)
BRAMPTON IS. QL	BMP	布拉姆顿岛	澳大利亚(昆士兰州)
BRANDON MN	YBR	布兰登	加拿大(曼尼托巴省)
BRASILIA DF	BSB	巴西利亚	巴西
BRATISLAVA	BTS	布拉迪斯拉发	斯洛伐克
BRATSK	BTK	布拉茨克	俄罗斯(乌拉尔以东)
BRAUNSCHWEIG	BWE	不伦瑞克	德国
BRAZZAVILLE	BZV	布拉维尔	刚果(布)
BREIDDALSVIK	BXV	布雷达尔斯维克	冰岛
BREMEN	BRE	不来梅	德国(不来梅州)
BREMERHAVEN	BRV	不来梅港	德国(阿勒尔河入海口)
BREMERTON WA	PMT	布雷默顿	美国(华盛顿州)
BREST	BES	布雷斯特	法国
BREST	BQT	布雷斯特	白俄罗斯
BREVIG(TELLER)MISSION AK	KTS	布雷维格(泰勒)传教区	美国(阿拉斯加州)
BREWARRINA NS	BWQ	布雷沃里纳	澳大利亚(新南威尔士州)
BRIA	BIV	布里亚	中非
BRIDGEPORT CT	BDR	布里奇波特	美国(康涅狄格州)
BRIDGETOWN	BGI	布里奇顿	巴巴多斯(拉丁美洲)
BRINDISI	BDS	布林迪西	意大利
BRISBANE QL	BNE	布里斯班	澳大利亚(昆士兰州)

表 2（续）

城市地名英文全称	代　码	城市地名中文全称	所在国家或地区（州、省或区域）
BRISTOL	BRS	布里斯托尔	英国
BRISTOL VA	TRI	布里斯托尔	美国（弗吉尼亚州）
BRIVE-LA-GAILD	BVE	布里夫拉盖亚尔德	法国
BRNO	BRQ	布尔诺	捷克
BROCHET MN	YBT	布朗切特	加拿大（曼尼托巴省）
BROCKVILLE ON	XBR	布罗克维尔	加拿大（安大略省）
BROKEN HILL NS	BHQ	布朗肯山	澳大利亚（新南威尔士州）
BRONNOYSUND	BNN	布劳诺依孙德	挪威
BRONSON CREEK CR	YBM	布良森河	加拿大（不列颠哥伦比亚省）
BROOKINGS OR	BOK	布鲁金斯	美国（俄勒冈州）
BROOKINGS SD	BKX	布鲁金斯	美国（南达科他州）
BROOKS LODGE AK	RBH	布鲁克斯朗吉	美国（阿拉斯加州）
BROOME WA	BME	布鲁姆	澳大利亚（西澳州）
BROUGHTON NT	YVM	布劳顿	加拿大（西北地区）
BROWNSVIL TX	BRO	布朗斯维尔	美国（德克萨斯州）
BROWNWOOD TX	BWD	布朗伍德	美国（德克萨斯州）
BRUNETTE DIS. NT	BTD	布鲁内特	澳大利亚（北部地区）
BRUNSWICK GA	SSI	布伦瑞克	美国（佐治亚州）
BRUSSELS	BRU	布鲁塞尔	比利时
BUCARAMANGA	BGA	布卡拉曼加	哥伦比亚
BUCHANAN	UCN	布坎南	利比里亚
BUCHAREST	BUH	布加勒斯特	罗马尼亚
BUCKLAND AK	BKC	巴克兰	美国（阿拉斯加州）
BUDAPEST	BUD	布达佩斯	匈牙利
BUENAVENTURA	BUN	布埃纳文图拉	哥伦比亚
BUENOS AIRES	BUE	布宜诺斯艾利斯	阿根廷
BUFFALO NY	BUF	布法罗	美国（纽约州）
BUFFALO NARROWS SK	YVT	布法罗南罗斯	加拿大（萨斯喀彻温省）
BUGULMA	UUA	布古玛	俄罗斯（乌拉尔以西）
BUIN	UBI	布因	巴布亚新几内亚
BUJUMBURA	BJM	布琼布拉	布隆迪
BUKA	BUA	布卡	巴布亚新几内亚
BUKAVU	BKY	布卡武	刚果（金）
BUKHARA	BHK	布哈拉	乌兹别克斯坦
BUKOBA	BKZ	布科巴	坦桑尼亚

表 2（续）

城市地名英文全称	代　码	城市地名中文全称	所在国家或地区(州、省或区域)
BULAWAYO	BUQ	布拉瓦约	津巴布韦
BULCHI	BCY	布尔契	埃塞俄比亚
BULLHEAD CITY AZ	IFP	布尔海德城	美国(亚利桑那州)
BULOLO	BUL	布洛洛	巴布亚新几内亚
BUMBA	BMB	奔巴	刚果(金)
BUNBURY WA	BUY	班伯里	澳大利亚(西澳州)
BUNDABERG QL	BDB	邦达伯格	澳大利亚(昆士兰州)
BUNDI	BNT	本迪	巴布亚新几内亚
BUNIA	BUX	布尼亚	刚果(金)
BUNO BEDELLE	XBL	本怒皮德尔	埃塞俄比亚
BUOL	UOL	布奥尔	印度尼西亚
BURAIMI	RMB	布赖米	阿曼
BURAO	BUO	布劳	索马里
BURBANK CA	BUR	伯班克	美国(加利福尼亚州)
BURKETOWN QL	BUC	伯克顿	澳大利亚(昆士兰州)
BURLINGTON IA	BRL	伯林顿	美国(衣阿华州)
BURLINGTON MA	BBF	伯林顿	美国(马萨诸塞州)
BURLINGTON VT	BTV	伯林敦	美国(佛蒙特州)
BURNIE TS	BWT	伯尼	澳大利亚(塔斯马尼亚州)
BURNS OR	BNO	伯恩斯	美国(俄勒冈州)
BURSA	BTZ	布尔萨	土耳其
BUSHEHR	BUZ	布塞阿尔	伊朗
BUTA	BZU	布塔	刚果(金)
BUTARITARI	BBG	布塔里塔里	基里巴斯(太平洋)
BUTTE MT	BTM	比尤特	美国(蒙大拿州)
BUTUAN	BXU	武端	菲律宾
BUZIOS RJ	BZC	布基亚斯	巴西(里约热内卢州)
BYDGOSZCZ	BZG	比德哥什	波兰
CABIMAS	CBS	卡维马斯	委内瑞拉
CABINDA	CAB	卡宾达	安哥拉
CACERES MT	CCX	卡塞雷斯	美国(蒙大拿州)
CADILLAC MI	CAD	卡迪拉克	美国(密执安州)
CAEN	CFR	卡昂	法国(卡尔瓦多斯省)
CAGAYAN DE ORO	CGY	卡加延德奥罗	菲律宾
CAGLIARI	CAG	卡利亚里	意大利

表 2（续）

城市地名英文全称	代　码	城市地名中文全称	所在国家或地区（州、省或区域）
CAICARA DE OR	CXA	凯卡拉德奥罗	委内瑞拉
CAIRNS QL	CNS	凯恩斯	澳大利亚（昆士兰州）
CAIRO	CAI	开罗	埃及
CAJAMARCA	CJA	卡哈马尔卡	秘鲁
CALABAR	CBQ	卡拉巴尔	尼日利亚
CALABOZO	CLZ	卡拉沃索	委内瑞拉
CALAIS	CQF	加来	法国
CALAMA	CJC	卡拉马	智利
CALBAYOG	CYP	甲苗育	菲律宾
CALEXICO CA	CXL	卡莱克西科	美国（加利福尼亚州）
CALGARY AB	YYC	卡尔加里	加拿大（阿尔伯塔省）
CALI	CLO	卡利	哥伦比亚
CALOUNDRA QL	CUD	卡罗旺德拉	澳大利亚（昆士兰州）
CALVI	CLY	卡尔维	法国
CAMAGUEY	CMW	卡马圭	古巴
CAMBRIDG BAY NU	YCB	剑桥湾	加拿大（西北地区）
CAMBRIDGE	CBG	剑桥	英国
CAMDEN AR	CDH	卡姆登	美国（阿肯色州）
CAMDEN NJ	PHL	卡姆登	美国（新泽西州）
CAMDEN NS	CDU	卡姆登	澳大利亚（新南威尔士州）
CAMIRI	CAM	卡米里	玻利维亚
CAMPBELL RIVER BC	YBL	坎贝尔河	加拿大（不列颠哥伦比亚省）
CAMPBELLTOWN	CAL	坎贝尔镇	英国
CAMPECHE	CPE	坎佩切	墨西哥
CAMPINA GRANDE PB	CPV	坎皮纳	巴西（帕拉伊巴州）
CAMPINAS SP	CPQ	坎皮纳斯	巴西（圣保罗州）
CAMPOS RJ	CAW	坎波斯	巴西（里约热内卢州）
CANA BRAVA MG	NBV	卡纳布拉瓦	巴西（米纳斯吉拉斯州）
CANAIMA	CAJ	卡纳依玛	委内瑞拉
CANAKKALE	CKZ	恰纳卡莱	土耳其
CANAVIEIRA BA	CNV	卡纳维也拉	巴西
CANBERRA AC	CBR	堪培拉	澳大利亚
CANCUN	CUN	坎昆	墨西哥
CANDALA	CXN	坎达拉	索马里
CANDLE AK	CDL	坎德尔	美国（阿拉斯加州）

表 2（续）

城市地名英文全称	代　码	城市地名中文全称	所在国家或地区（州、省或区域）
CANGAMBA	CNZ	坎甘巴	安哥拉
CANNES	CEQ	戛纳	法国
CANOBIE QL	CBY	卡诺比	澳大利亚（昆士兰州）
CANON CITY CO	CNE	卡农城	美国（科罗拉多州）
CANOUAN IS.	CIW	卡努安岛	圣文森特和格林纳丁斯（拉丁美洲）
CANTON OH	CAK	坎顿	美国（俄亥俄州）
CANTON IS.	CIS	坎顿岛	基里巴斯
CAPE NEWE AK	EHM	开普奈韦	美国（阿拉斯加州）
CAPE PALMAS	CPA	帕尔马斯角	利比里亚
CAPE RODNEY	CPN	开普罗德尼	巴布亚新几内亚
CAPE DORSET NU	YTE	开普多塞特	加拿大（西北地区）
CAPE GIRARDEAU MO	CGI	开普吉拉多	美国（密苏里州）
CAPE GLOUCEST	CGC	开普格罗塞斯特	巴布亚新几内亚
CAPE LISBON AK	LUR	里斯本峡	美国（阿拉斯加州）
CAPE MAY NJ	WWD	开普梅	美国（新泽西州）
CAPE POLE AK	CZP	开普普尔	美国（阿拉斯加州）
CAPE ROMA AK	CZF	罗马角	美国（阿拉斯加州）
CAPE TOWN	CPT	开普敦	南非
CAPE VOGEL	CVL	福格尔角	巴布亚新几内亚
CAPURGANA	CPB	坎普尔加纳	哥伦比亚
CAQUETANIA	CQT	坎魁坦尼亚	哥伦比亚
CAR NICOBAR	CBD	卡尼考巴	印度
CARACAS	CCS	加拉加斯	委内瑞拉
CARAJAS PA	CKS	加拉杰斯	巴西（帕拉州）
CARANSEBES	CSB	卡兰塞贝什	罗马尼亚
CARAUARI AM	CAF	卡劳阿里	巴西（亚马孙州）
CARAVELAS BA	CRQ	卡拉维拉斯	巴西
CARBONDAL IL	MDH	卡玻恩达尔	美国（伊利诺斯州）
CARCASSONNE	CCF	卡尔卡松	法国
CARDIFF	CWL	加的夫	英国
CARLISLE	CAX	卡莱尔	英国
CARLSBAD CA	CLD	卡尔斯巴德	美国（加利福尼亚州）
CARLSBAD NM	CNM	卡尔斯巴德	美国（新墨西哥州）
CARMEL CA	MRY	卡迈尔	美国（加利福尼亚州）
CARNARVON WA	CVQ	卡那封	澳大利亚（西澳州）

表 2（续）

城市地名英文全称	代　码	城市地名中文全称	所在国家或地区（州、省或区域）
CARNOT	CRF	卡诺特	中非
CAROLINA MA	CLN	卡罗利纳	巴西（马拉尼翁州）
CARRIACOU IS.	CRU	卡里亚库岛	向风群岛（拉丁美洲）
CARSON CITY NV	CSN	卡森城	美国（内布拉斯加州）
CARTAGENA	CTG	卡塔赫纳	哥伦比亚
CARTWRIGHT NL	YRF	卡特怀特	加拿大（纽芬兰省）
CARUPANO	CUP	卡鲁帕诺	委内瑞拉
CARUTAPERA MA	CTP	卡鲁塔佩拉	巴西（马拉尼翁州）
CASABLANCA	CAS	卡萨布兰卡	摩洛哥
CASCAVEL PR	CAC	卡斯卡韦尔	巴西（巴拉那州）
CASIGUA	CUV	卡西古瓦	委内瑞拉
CASINO NS	CSI	卡西诺	澳大利亚（新南威尔士州）
CASPER WY	CPR	卡斯珀	美国（怀俄明州）
CASTAWAY	CST	卡斯塔韦	斐济（南太平洋）
CASTLEGAR BC	YCG	卡斯加尔	加拿大（不列颠哥伦比亚省）
CAT CAYS	CXY	卡特岛	巴哈马（拉丁美洲）
CAT LAKE ON	YAC	卡特湖	加拿大（安大略省）
CATALAO GO	TLZ	卡塔朗	巴西（戈亚斯州）
CATALINA IS. CA	AVX	卡塔利娜岛	美国（加利福尼亚州）
CATAMARCA	CTC	卡塔马尔卡	阿根廷
CATANIA	CTA	卡塔尼亚	意大利
CATARMAN	CRM	卡塔曼	菲律宾
CAUAYAN	CYZ	卡瓦扬	菲律宾
CAUCASIA	CAQ	考卡西亚	哥伦比亚
CAXIAS SUL RS	CXJ	南卡西亚斯	巴西（南里奥格朗德州）
CAYE CHAPEL	CYC	卡耶查帕尔	伯利兹（拉丁美洲）
CAYENNE	CAY	卡宴	法属圭亚那（南美洲）
CAYMAN BRAC	CYB	开曼布拉克	开曼群岛（拉丁美洲）
CAZOMBO	CAV	卡宗博	安哥拉
CEBU	CEB	宿务	菲律宾
CEDAR CITY UT	CDC	锡达城	美国（犹他州）
CEDAR RAPIDS IA	CID	锡达拉皮兹	美国（衣阿华州）
CEDUNA SA	CED	塞杜纳	澳大利亚（南澳州）
CENTER IS. WA	CWS	森特岛	美国（华盛顿州）
CENTRAL AK	CEM	森特拉尔	美国（阿拉斯加州）

表 2(续)

城市地名英文全称	代 码	城市地名中文全称	所在国家或地区(州、省或区域)
CERRO SOMBRERO	SMB	塞罗桑布雷罗	智利
CESSNOCK NS	CES	塞斯诺克	澳大利亚(新南威尔士州)
CHACHAPOYAS	CHH	查查波亚斯	秘鲁
CHADRON NE	CDR	沙德伦	美国(内布拉斯加州)
CHAGNI	MKD	沙尼	法国
CHAH-BAHAR	ZBR	恰赫巴哈尔	伊朗
CHAITEN	WCH	查伊顿	智利
CHAKCHARAN	CCN	恰克恰兰	阿富汗
CHALKYITSIK AK	CIK	查尔基齐克	美国(阿拉斯加州)
CHALLIS ID	CHL	查利斯	美国(爱达荷州)
CHAMBERY	CMF	尚贝里	法国(萨瓦省)
CHAMPAIGN IL	CMI	尚佩恩	美国(伊利诺斯州)
CHANDALAR AK	WCR	尚达拉	美国(阿拉斯加州)
CHANDIGARH	IXC	昌迪加尔	印度
CHANGCHUN	CGQ	长春	中国(吉林省)
CHANGSHA	CSX	长沙	中国(湖南省)
CHANGUINOLA	CHX	昌金怒拉	巴拿马
CHANGZHI	CIH	长治	中国(山西省)
CHANGZHOU	CZX	常州	中国(江苏省)
CHANIA	CHQ	干尼亚	希腊
CHAOYANG	CHG	朝阳	中国(辽宁省)
CHAPECO SC	XAP	沙佩科	巴西(圣保罗州)
CHAPLEAU ON	YLD	沙普洛	加拿大(安大略省)
CHARLESTON SC	CHS	查尔斯顿	美国(南卡罗来纳州)
CHARLESTON WV	CRW	查尔斯顿	美国(西弗吉尼亚州)
CHARLEVIL QL	CTL	查理维尔	澳大利亚(昆士兰州)
CHARLO NB	YCL	夏洛	加拿大(新不伦瑞克省)
CHARLOTTOWN NL	YHG	夏洛特敦	加拿大(纽芬兰省)
CHARLOTTE NC	CLT	夏洛特	美国(北卡罗来纳州)
CHARLOTTESVILLE VA	CHO	夏洛茨维尔	美国(弗吉尼亚州)
CHARLOTTOWN PE	YYG	夏洛特敦	加拿大(爱德华王子岛省)
CHARTERS TOWERS QL	CXT	查特斯堡	澳大利亚(昆士兰州)
CHATEAUROUX	CHR	沙特鲁	法国
CHATHAM NB	YCH	查塔姆	加拿大(新不伦瑞克省)
CHATHAM ON	XCM	查塔姆	加拿大(安大略省)

表 2（续）

城市地名英文全称	代　码	城市地名中文全称	所在国家或地区(州、省或区域)
CHATHAM IS. S	CHT	查塔姆群岛	新西兰
CHATTANOOGA TN	CHA	查塔努加	美国(田纳西州)
CHAVES	CHV	沙维什	葡萄牙
CHEFORNAK AK	CYF	切福纳克	美国(阿拉斯加州)
CHELYABINSK	CEK	车里雅宾斯克	俄罗斯(乌拉尔以东)
CHENGDE	CGD	承德	中国(河北省)
CHENGDU	CTU	成都	中国(四川省)
CHERAW SC	HCW	奇罗	美国(南卡罗来纳州)
CHERBOURG	CER	瑟堡	法国
CHERNOFSK AK	KCN	切尔诺夫斯克	美国(阿拉斯加州)
CHESTER	CEG	切斯特	英国
CHESTERFIELD NU	YCS	切斯特菲尔德	加拿大(西北地区)
CHETUMAL	CTM	切图马尔	墨西哥
CHETWYND BC	YCQ	切特温德	加拿大(不列颠哥伦比亚省)
CHEVAK AK	VAK	切瓦克	美国(阿拉斯加州)
CHEYENNE WY	CYS	夏延	美国(怀俄明州)
CHIANG MAI	CNX	清迈	泰国
CHIANG RAI	CEI	清莱	泰国
CHIATO	PGI	奇坦托	安哥拉
CHIAYI	CYI	嘉义	中国(台湾省)
CHIBOUGAM QC	YMT	希布加木	加拿大(魁北克省)
CHICAGO IL	CHI	芝加哥	美国(伊利诺斯州)
CHICHEN ITZA	CZA	奇琴伊察	墨西哥
CHICKEN AK	CKX	奇金	美国(阿拉斯加州)
CHICLAYO	CIX	奇克拉约	秘鲁
CHICO CA	CIC	奇科	美国(加利福尼亚州)
CHIFENG	CIF	赤峰	中国(内蒙古自治区)
CHIGNIK AK	KCL	奇格尼克	美国(阿拉斯加州)
CHIGORODO	IGO	奇格罗多	哥伦比亚
CHIHUAHUA	CUU	奇瓦瓦	墨西哥
CHILLAGOE QL	LLG	奇拉戈	澳大利亚(昆士兰州)
CHIMBOTE	CHM	钦博特	秘鲁
CHIMKENT	CIT	奇姆肯特	哈萨克斯坦
CHIMOIO	VPY	奇莫	莫桑比克
CHINGOLA	CGJ	钦戈拉	赞比亚

表 2（续）

城市地名英文全称	代 码	城市地名中文全称	所在国家或地区(州、省或区域)
CHIOS	JKH	希俄斯	希腊
CHIPATA	CIP	奇帕塔	赞比亚
CHISANA AK	CZN	奇萨纳	美国(阿拉斯加州)
CHISASIBI QC	YKU	奇沙西比	加拿大(魁北克省)
CHISHOLM/HIBBING MN	HIB	奇瑟姆/西宾	美国(明尼苏达州)
CHITA	HTA	赤塔	俄罗斯(乌拉尔以东)
CHITRAL	CJL	奇德拉尔	巴基斯坦
CHITTAGONG	CGP	吉大港	孟加拉国
CHOISEUL BAY	CHY	乔依绍尔湾	所罗门群岛(太平洋)
CHOMLEY AK	CIV	乔姆利	美国(阿拉斯加州)
CHONGQING	CKG	重庆	中国
CHRISTCHURCH	CHC	克赖斯特彻奇	新西兰
CHRISTMAS IS.	CXI	圣诞岛	基里巴斯(太平洋)
CHRISTMAS IS. S	XCH	圣诞群岛	圣诞群岛
CHUATHBALUK AK	CHU	乔阿特巴卢克	美国(阿拉斯加州)
CHUB CAY	CCZ	恰波岛	巴哈马(拉丁美洲)
CHURCHILL MB	YYQ	丘吉尔	加拿大(曼尼托巴省)
CHURCHILL NL	ZUM	丘吉尔	加拿大(纽芬兰省)
CICIA	ICI	塞西亚	斐济(南太平洋，大洋洲)
CIEGOD. AVILA	AVI	谢戈德阿维拉	古巴
CIENFUEGOS	CFG	西恩富格斯	古巴
CILACAP	CXP	其拉扎	印度尼西亚
CIMITARRA	CIM	锡米塔拉	哥伦比亚
CINCINNATI OH	CVG	辛辛那提	美国(俄亥俄州)
CIRCLE AK	IRC	瑟克尔	美国(阿拉斯加州)
CIRCLE HOT AK	CHP	瑟克尔豪特	美国(阿拉斯加州)
CIREBON	CBN	井里汶	印度尼西亚
CIUDAD BOLIVAL	CBL	博利瓦尔城	委内瑞拉
CIUDAD CONSTITU CI.	CUA	孔斯蒂图西翁城	智利
CIUDAD DEL CA	CME	巴耶斯城	墨西哥
CIUDAD JUAREZ	CJS	华雷斯城	墨西哥
CIUDAD OBREGON	CEN	欧布雷贡城	墨西哥
CIUDAD VICTORIA	CVM	维多利亚城	墨西哥
CLARKS POINT AK	CLP	克拉克斯波因特	美国(阿拉斯加州)
CLARKSBURG WV	CKB	克拉克斯堡	美国(西弗吉尼西州)

表 2（续）

城市地名英文全称	代　码	城市地名中文全称	所在国家或地区(州、省或区域)
CLARKSVIL TN	CKV	克拉克斯维尔	美国(田纳西州)
CLEAR LAKE CA	CKE	克利尔湖	美国(加利福尼亚)
CLEARFIELD PA	PSB	克利尔菲尔德	美国(宾夕法尼亚州)
CLEARLAKE TX	CLC	克利尔莱克	美国(德克萨斯州)
CLEARWATER FL	CLW	克利尔沃特	美国(佛罗里达州)
CLERMONT QL	CMQ	克莱蒙	澳大利亚(昆士兰州)
CLERMONT-FERRAND	CFE	克莱蒙费朗	法国
CLEVE SA	CVC	克利夫	澳大利亚(南澳州)
CLEVELAND OH	CLE	克利夫兰	美国(俄亥俄州)
CLIFTON HILLS SA	CFH	克利夫顿山	澳大利亚(南澳州)
CLINTON IA	CWI	克林顿	美国(衣阿华州)
CLONCURRY QL	CNJ	克朗克里	澳大利亚(昆士兰州)
CLOVIS NM	CVN	克洛维斯	美国(新墨西哥州)
CLUJ	CLJ	克卢日	罗马尼亚
CLYDE RIVER NT	YCY	克莱德河	加拿大(西北地区)
COATESVILL PA	CTH	科茨维尔	美国(宾夕法尼亚州)
COBAR NS	CAZ	科巴	澳大利亚(新南威尔士州)
COBIJA	CIJ	科维哈	玻利维亚
COCA	OCC	科卡	厄瓜多尔
COCHABAMBA	CBB	科恰班巴	玻利维亚
COCHRANE ON	YCN	科克伦	加拿大(安大略省)
COCOA FL	COI	可可	美国(佛罗里达州)
COCONUT IS. QL	CNC	科科纳特岛	澳大利亚(昆士兰州)
COCOS IS. S	CCK	科科斯群岛	科科斯群岛
CODY WY	COD	科迪	美国(怀俄明州)
COEN QL	CUQ	科恩	澳大利亚(昆士兰州)
COEUR D' ALON ID	COE	科达伦	美国(爱达荷州)
COFFMAN COVE AK	KCC	科夫曼湾	美国(阿拉斯加州)
COFFS HARBOR NS	CFS	科夫斯港	澳大利亚(新南威尔士州)
COIMBATORE	CJB	科印拜陀	印度
COIMBRA	CBP	科英布拉	葡萄牙
COLD BAY AK	CDB	科尔德湾	美国(阿拉斯加州)
COLD LAKE AL	YOD	科尔德湖	加拿大(阿尔伯塔省)
COLDFOOT AK	CXF	科尔德富特	美国(阿拉斯加州)
COLIMA	CLQ	科利马	墨西哥

表 2（续）

城市地名英文全称	代　码	城市地名中文全称	所在国家或地区（州、省或区域）
COLLEGE STATION TX	CLL	科利奇站	美国（德克萨斯州）
COLLINSVILE QL	KCE	科林斯维尔	澳大利亚（昆士兰州）
COLMAR	CMR	科尔马	法国
COLOGNE	CGN	科隆	德国
COLOMBO	CMB	科伦坡	斯里兰卡
COLON	ONX	科隆	巴拿马
COLONIA	CYR	科洛尼亚	乌拉圭
COLORADO CO	COS	科罗拉多	美国（科罗拉多州）
COLUMBIA CA	COA	哥伦比亚	美国（加利福尼亚州）
COLUMBIA MO	COU	哥伦比亚	美国（密苏里州）
COLUMBIA SC	CAE	哥伦比亚	美国（南卡罗来纳州）
COLUMBUS GA	CSG	哥伦布	美国（佐治亚州）
COLUMBUS MS	UBS	哥伦布	美国（密西西比州）
COLUMBUS NE	OLU	哥伦布	美国（内布拉斯加州）
COLUMBUS OH	CMH	哥伦布	美国（俄亥俄州）
COMILLA	CLA	库米拉	孟加拉国
COMISO	CIY	科米索	意大利
COMODORO RIVADAVIA	CRD	科莫多罗·里瓦达维亚	阿根廷
COMOX BC	YQQ	科莫克斯	加拿大（不列颠哥伦比亚省）
CONAKRY	CKY	科纳克里	几内亚
CONCEPCION	CCP	康塞普西翁	智利
CONCEPCION	CEP	康塞普西翁	玻利维亚
CONCORD CA	CCR	康科德（州府）	美国（加利福尼亚州）
CONCORDIA ER	COC	康科迪亚	阿根廷
CONCORDIA SC	CCI	康科迪亚	巴西（圣卡塔林纳州）
CONDOBOLIN NS	CBX	肯多伯冷	澳大利亚（新南威尔士州）
CONDOTO	COG	孔多托	哥伦比亚
CONNAUGHT	NOC	康诺特	爱尔兰
CONSTANTA	CND	康斯坦察	罗马尼亚
CONSTANTINE	CZL	君士坦丁	阿尔及利亚
CONTADORA	OTD	康塔多拉	巴拿马
COOBER PEDY SA	CPD	库伯佩迪	澳大利亚（南澳州）
COOCH BEHAR	COH	库奇比哈尔	印度
COOINDA NT	CDA	库英达	澳大利亚（北部地区）
COOKTOWN QL	CTN	库克敦	澳大利亚（昆士兰州）

表 2（续）

城市地名英文全称	代　码	城市地名中文全称	所在国家或地区(州、省或区域)
COOLAH NS	CLH	库拉	澳大利亚(新南威尔士州)
COOMA NS	OOM	库马	澳大利亚(新南威尔士州)
COONABARA NS	COJ	库纳巴拉	澳大利亚(新南威尔士州)
COONAMBLE NS	CNB	库南布拉	澳大利亚(新南威尔士州)
COOTAMUND NS	CMD	库存达门德	澳大利亚(新南威尔士州)
COPENHAGEN	CPH	哥本哈根	丹麦
COPIAPO	CPO	科皮亚波	智利
CORAL HARBOR NU	YZS	科勒尔港	加拿大(西北地区)
CORDILLO D. SA	ODL	科迪洛	澳大利亚(南澳州)
CORDOBA	COR	科尔多巴	阿根廷
CORDOBA	ODB	科尔多巴	西班牙
CORDOVA AK	CDV	科尔多瓦	美国(阿拉斯加州)
CORK	ORK	科克	爱尔兰
CORN IS.	RNI	科恩岛	尼加拉瓜
CORNER BAY AK	CBA	考内尔湾	美国(阿拉斯加州)
CORNING NY	ELM	科宁	美国(纽约州)
CORNWALL ON	YCC	康沃尔	加拿大(安大略省)
CORO	CZE	科罗	委内瑞拉
COROMANDEL	CMV	科罗曼德尔	新西兰
COROWA NS	CWW	科罗瓦	澳大利亚(新南威尔士州)
COROZAL	CZH	科罗萨尔	伯利兹(拉美)
COROZAL	CZU	科罗萨尔	哥伦比亚
CORPUS CHRISTI TX	CRP	科珀斯科里斯蒂	美国(德克萨斯州)
CORRIENTES	CNQ	科连特斯	阿根廷
CORTES BAY BC	YCF	科特斯湾	加拿大(不列颠哥伦比亚省)
CORTEZ CO	CEZ	科特斯	美国(科罗拉多州)
CORUMBA MS	CMG	科龙巴	巴西(南马托格罗索州)
CORVALLIS OR	CVO	科瓦利斯	美国(俄勒冈州)
COTABATO	CBO	科塔巴托	菲律宾
COTO 47	OTR	科托 47	哥斯达黎加
COTONOU	COO	科托努	贝宁(非洲)
COUNCIL AK	CIL	康瑟尔	美国(阿拉斯加州)
COURCHEVEL	CVF	库尔瑟维尔	法国
COVENAS	CVE	科韦尼亚斯	哥伦比亚
COVENTRY	CVT	考文垂	英国

表 2（续）

城市地名英文全称	代　码	城市地名中文全称	所在国家或地区(州、省或区域)
COVILHA	COV	科维良	葡萄牙
COWARIE SA	CWR	考阿里	澳大利亚(南澳州)
COWELL SA	CCW	考维尔	澳大利亚(南澳州)
COWRA NS	CWT	考拉	澳大利亚(新南威尔士州)
COX' S BAZAAR	CXB	科克斯巴扎尔	孟加拉国
COYHAIQUE	GXQ	科哈依克	智利
COZUMEL	CZM	科苏梅尔	墨西哥
CRAIG AK	CGA	克雷格	美国(阿拉斯加州)
CRAIG CO	CIG	克雷格	美国(科罗拉多州)
CRAIG COVE	CCV	克雷格峡	瓦努阿图(大洋洲,南太平洋)
CRAIOVA	CRA	克拉约瓦	罗马尼亚
CRANBROOK BC	YXC	克兰布鲁克	加拿大(不列颠哥伦比亚省)
CRAVO NORTE	RAV	北克拉沃	哥伦比亚
CRESCENT CITY CA	CEC	克雷申特城	美国(加利福尼亚州)
CRESTED BUTTE CO	CSE	克雷斯特德比特	美国(科罗拉多州)
CRESTON BC	YCZ	克雷斯顿	加拿大(不列颠哥伦比亚省)
CRISCIUMA SC	CCM	克雷西阿马	巴西(圣卡塔林纳州)
CROKER IS. NT	CKI	克罗克岛	澳大利亚(北部地区)
CROOKED IS.	CRI	克鲁克德岛	巴哈马(拉丁美洲)
CROOKED CRREK AK	CKD	克鲁克特	美国(阿拉斯加州)
CROSS LAKE MN	YCR	克罗斯湖	加拿大(曼尼托巴省)
CROSSVILLE TN	CSV	克罗斯维尔	美国(田纳西州)
CROTONE	CRV	克罗托内	意大利
CROYDON QL	CDQ	克罗伊登	澳大利亚(昆士兰州)
CRUZ ALTA RS	CZB	克鲁斯阿尔塔	巴西(南里奥格朗德州)
CRUZEIRO SUL AC	CZS	克鲁赛罗	巴西(阿克里州)
CUCUTA	CUC	库库塔	哥伦比亚
CUDDAPAH	CDP	古德伯	印度
CUE WA	CUY	库埃	澳大利亚(西澳州)
CUENCA	CUE	昆卡	厄瓜多尔
CUIABA MT	CGB	库亚巴	巴西(马托格罗索州)
CUITO CUANAVA	CTI	奎托夸纳瓦	安哥拉
CULEBRA	CPX	库莱布拉	波多黎各
CULIACAN	CUL	库利阿坎	墨西哥
CUMANA	CUM	库马纳	委内瑞拉

表 2（续）

城市地名英文全称	代 码	城市地名中文全称	所在国家或地区(州、省或区域)
CUMBERLAND MD	CBE	坎伯兰	美国(马里兰州)
CUNEO	CUF	库内奥	意大利
CUNNAMULLA QL	CMA	坎纳马拉	澳大利亚(昆士兰州)
CURACAO	CUR	库拉索	荷属安得列斯(拉丁美洲)
CURITIBA PR	CWB	库里蒂巴	巴西(巴拉那州)
CURURUPU MA	CPU	库鲁鲁普	巴西(马拉尼翁州)
CUTRAL	CUT	库特拉尔科	阿根廷
CZU CUATIA	UZU	祖夸提亚	阿根廷
DAEGU	TAE	大邱	韩国
DAKAR	DKR	达喀尔	塞内加尔
DAKHLA	VIL	达赫尔	摩洛哥
DALAMAN	DLM	达拉曼	土耳其
DALBANDIN	DBA	达尔本丁	巴基斯坦
DALBY QL	DBY	达尔比	澳大利亚(昆士兰州)
DALI CITY	DLU	大理	中国(云南省)
DALIAN	DLC	大连	中国(辽宁省)
DALLAS/FT. WORTH TX	DFW	达拉斯/沃思堡	美国(德克萨斯州)
DALOA	DJO	达洛亚	科特迪瓦(象牙海岸)
DALY RIVER NT	DVR	戴利河	澳大利亚(北部地区)
DALY WATER NT	DYW	戴利沃特	澳大利亚(北部地区)
DAMAN	NMB	达曼	印度
DAMASCUS	DAM	大马士革	叙利亚
DANDONG	DDG	丹东	中国(辽宁省)
DANVILLE IL	DNV	丹维尔	美国(伊利诺斯州)
DANVILLE VA	DAN	丹维尔	美国(弗吉尼亚州)
DAPARIZO	DAE	达帕里卢	印度
DAR ES SALAAM	DAR	达累斯萨拉姆	坦桑尼亚
DARNLEY IS. QL	NLF	达恩利岛	澳大利亚(昆士兰州)
DARU	DAU	达鲁	巴布亚新几内亚
DARWAZ	DAZ	达瓦孜	阿富汗
DARWIN NT	DRW	达尔文	澳大利亚(北部地区)
DATE	DTE	达特	菲律宾
DATHINA	DAH	达希纳	也门
DAUPHIN MB	YDN	多芬	加拿大(曼尼托巴省)
DAVAO	DVO	达沃	菲律宾

表 2（续）

城市地名英文全称	代　码	城市地名中文全称	所在国家或地区(州、省或区域)
DAVENPORT IA	DVN	达文波特	美国(衣阿华州)
DAVID	DAV	达维德	巴拿马
DAVIS INLE NF	YDI	代维斯贡莱	加拿大(纽芬兰省)
DAWE	TVY	土瓦	缅甸(丹那沙林/德林达依省)
DAWSON CITY YT	YDA	道森城	加拿大(育空地区)
DAWSON CREEK BC	YDQ	道森河	加拿大(不列颠哥伦比亚省)
DAXIAN	DAX	达县	中国(四川省)
DAYDREAM IS. QL	DDI	戴坠母岛	澳大利亚(昆士兰州)
DAYONG	DYG	大庸	中国(湖南省)
DAYTON OH	DAY	戴顿	美国(俄亥俄州)
DAYTONA BEACH FL	DAB	代托纳比奇	美国(佛罗里达州)
DEADHORSE AK	SCC	载德霍斯	美国(阿拉斯加州)
DEADMANS CAY	LGI	戴得曼斯凯	巴哈马(拉丁美洲)
DEAN RIVER BC	YRD	德安河	加拿大(不列颠哥伦比亚省)
DEAR ISMAIL KHAN	DSK	德拉伊斯梅尔汗	巴基斯坦
DEASE LAKE BC	YDL	迪斯湖	加拿大(不列颠哥伦比亚省)
DEATH VALLEY CA	DTH	死谷	美国(加利福尼亚州)
DEAUVILLE	DOL	多维尔	法国
DEBEPARE	DBP	德比帕雷	巴布亚新几内亚
DEBRA MARCOS	DBM	德布拉马科斯	埃塞俄比亚
DEBRE TABOR	DBT	德布勒塔博尔	埃塞俄比亚
DEBRECEN	DEB	德布勒森	匈牙利
DECATUR IL	DEC	迪凯特	美国(伊利诺斯州)
DECATUR IS. WA	DTR	迪凯特岛	美国(华盛顿州)
DEEP BAY AK	WDB	迪普贝	美国(阿拉斯加州)
DEER LAKE NL	YDF	迪尔湖	加拿大(纽芬兰省)
DEER LAKE ON	YVZ	迪尔湖	加拿大(安大略省)
DEERING AK	DRG	迪贝	美国(阿拉斯加州)
DEGAHABUR	DGC	迪加哈伯	埃塞俄比亚
DEHRA DUN	DED	德拉敦	印度
DEIREZZOR	DEZ	德尔佐尔	叙利亚
DEL RIO TX	DRT	德尔里奥	美国(德克萨斯州)
DELINE	YWJ	德林	加拿大
DELISSAVIL NT	DLV	德利萨维尔	澳大利亚(北部地区)
DELTA UT	DTA	德尔塔	美国(犹他州)

表 2（续）

城市地名英文全称	代　码	城市地名中文全称	所在国家或地区（州、省或区域）
DELTA DONS QL	DDN	德尔塔顿斯	澳大利亚（昆士兰州）
DELTA JUNC AK	DJN	德尔塔江克申	美国（阿拉斯加州）
DEMBIDOLLO	DEM	登比多洛	埃塞俄比亚
DENHAM WA	DNM	登哈姆	澳大利亚（西澳州）
DENILIQUIN NS	DNQ	德尼利昆	澳大利亚（新南威尔士州）
DENIS IS.	DEI	丹尼斯岛	塞舌尔（非洲，印度洋）
DENIZLI	DNZ	代尼兹利	土耳其
DENPASAR-BALI	DPS	登帕萨—巴厘	印度尼西亚（巴厘省）
DENVER CO	DEN	丹佛	美国（科罗拉多州）
DERA GHAZI KH	DEA	德拉加齐汗	巴基斯坦
DERBY WA	DRB	达尔比	澳大利亚（西澳州）
DERIM	DER	代里姆	巴布亚新几内亚
DERNA	DNF	代尔纳	罗马尼亚
DES MOINES IA	DSM	得梅因	美国（衣阿华州）
DESOLATION BC	YDS	德瑟莱申	加拿大（不列颠哥伦比亚省）
DESROCHES	DES	德罗什	塞舌尔（非洲，印度洋）
DESSIE	DSE	德西埃	埃塞俄比亚
DETROIT MI	DTT	底特律	美国（密执安州）
DEVILS LAKE ND	DVL	德弗尔斯湖	美国（北达科他州）
DEVONPORT TS	DPO	德文波特	澳大利亚（塔斯马尼亚州）
DHAKA	DAC	达卡	孟加拉国
DHANBAD	DBD	丹巴德	印度
DHANGARHI	DHI	当加希	尼泊尔
DHARAMSALA	DHM	特尔母萨拉	印度
DIANAPOLIS TO	DNO	迪亚纳波利斯	巴西（托坎廷斯州）
DIAPAGA	DIP	贾帕加	布基纳法索（非洲）
DIBAA	BYB	迪巴	阿曼
DIBRUGARH	DIB	迪布鲁格尔	印度
DICKINSON ND	DIK	迪金森	美国（北达科他州）
DIEBOUGOU	XDE	杰布古	布基纳法索（非洲）
DIEN BIEN PHU	DIN	奠边府	越南
DIGBY NS	YDG	迪吉比	澳大利亚（新南威尔士州）
DIJON	DIJ	迪戎	法国（科多尔省）
DILI	DIL	帝力	印度尼西亚
DILLINGHAM AK	DLG	迪灵汉	美国（阿拉斯加州）

表 2（续）

城市地名英文全称	代　码	城市地名中文全称	所在国家或地区(州、省或区域)
DILLON SC	DLL	狄龙	美国(南卡罗来纳州)
DILLONS BAY	DLY	狄龙斯湾	瓦努阿图
DIMAPUR	DMU	迪马布尔	印度
DINANGAT	DNU	迪纳加特	巴布亚新几内亚
DINARD	DNR	迪纳尔	法国
DIOMIDE IS. S AK	DIO	代奥米德群岛	美国(阿拉斯加州)
DIOS	DOS	迪奥斯	巴布亚新几内亚
DIPOLOG	DPL	迪波洛洛	菲律宾
DIQING	DIG	迪庆	中国(云南省)
DIRE DAWA	DIR	迪雷达瓦	埃塞俄比亚(非洲)
DIRRANBAN QL	DRN	迪兰本	澳大利亚(昆士兰州)
DIU	DIU	第乌	印度
DIVINOPOLIS MG	DIQ	迪维诺波利斯	巴西
DIYARBAKIR	DIY	迪亚巴克尔	土耳其
DJAMBALA	DJM	兼巴拉	刚果(金)
DJANET	DJG	贾奈特	阿尔及尔
DJERBA	DJE	杰尔巴	突尼斯
DJIBO	XDJ	吉博	布基纳法索(非洲)
DJIBOUTI	JIB	吉布提市	吉布提
DJOEMOE	DOE	朱穆	苏里南(拉美)
DJOUGOU	DJA	朱古	贝宁(非洲)
DNEPROPETROVSK	DNK	第聂伯罗彼得罗夫斯克	乌克兰
DOANY	DOA	多安尼	马达加斯加
DOC CREEK BC	YDX	多克河	加拿大(不列颠哥伦比亚省)
DOCKER RIVER NT	DKV	多克尔河	澳大利亚
DODGE CITY KS	DDC	道奇城	美国(堪萨斯州)
DODOIMA	DDM	多多依马	巴布亚新几内亚
DODOMA	DOD	多多马	坦桑尼亚
DOHA	DOH	多哈	卡塔尔(中东)
DOINI	DOI	多伊尼	巴布亚新几内亚
DOLBEAU QU	YDO	多尔比奥	加拿大(魁北克省)
DOLPA	DOP	多尔帕	尼泊尔
DOMINICA	DOM	多米尼加	多米尼加
DONEGAL	CFN	多尼格尔	爱尔兰
DONETSK	DOK	顿涅茨克	乌克兰

表 2（续）

城市地名英文全称	代　码	城市地名中文全称	所在国家或地区（州、省或区域）
DONGARA WA	DOX	当加拉	澳大利亚（西澳州）
DONGOLA	DOG	当果拉	苏丹
DOOMADGEE QL	DMD	杜马德吉	澳大利亚（昆士兰州）
DORA BAY AK	DOF	多拉湾	美国（阿拉斯加州）
DORADO	DDP	多拉多	波多黎各
DORI	DOR	多里	布基纳法索（非洲）
DOROBISORO	DOO	多罗比索里	巴布亚新几内亚
DORTMUND	DTM	多特蒙特	德国
DORUNDA STQL	DRD	多隆达	澳大利亚（昆士兰州）
DOS LAGUNAS	DON	多斯拉古纳斯	危地马拉
DOTHAN AL	DHN	多森	美国（亚拉巴马州）
DOUALA	DLA	杜阿拉	喀麦隆
DOUGLAS AZ	DUG	道格拉斯	美国（亚利桑那州）
DOUGLAS LAKE BC	DGF	道格拉斯湖	澳大利亚
DOURADOS MS	DOU	多拉杜	巴西（南马托格罗索州）
DRESDEN	DRS	德累斯顿	德国
DRUMMOND IS. MI	DRE	德拉蒙德岛	美国（密执安州）
DRYDEN ON	YHD	德赖登	加拿大（安大略省）
DSCHANG	DSC	姜村	喀麦隆
DUBAI	DXB	迪拜	阿联酋
DUBBO NS	DBO	达博	澳大利亚（新南威尔士州）
DUBLIN	DUB	都柏林	爱尔兰
DUBOIS PA	DUJ	杜波依斯	美国（宾夕法尼亚州）
DUBROVNIK	DBV	杜布罗夫尼克	克罗地亚
DUBUQUE IA	DBQ	迪比克	美国（衣阿华州）
DULKANINNA SA	DLK	威尔坎尼亚	澳大利亚
DULUTH MN	DLH	德卢斯	美国（明尼苏达州）
DUMAGUETE	DGT	杜马格特	菲律宾
DUMAI	DUM	杜迈	印度尼西亚
DUNBAR QL	DNB	邓巴	澳大利亚（昆士兰州）
DUNCAN/QUA BC	DUQ	邓肯	加拿大（不列颠哥伦比亚省）
DUNDEE	DND	邓迪	英国
DUNDO	DUE	栋多	安哥拉
DUNEDIN	DUD	达尼丁	新西兰
DUNHUANG	DNH	敦煌	中国（甘肃省）

表 2（续）

城市地名英文全称	代　码	城市地名中文全称	所在国家或地区（州、省或区域）
DUNK IS. QL	DKI	邓克岛	澳大利亚（昆士兰州）
DURANGO	DGO	杜兰戈	墨西哥
DURANGO CO	DRO	杜兰戈	美国（科罗拉多州）
DURBAN	DUR	德班	南非
DURHAM NC	RDU	达勒姆	美国（北卡罗来纳州）
DURHAM DOWNS QL	DHD	达勒姆当斯	澳大利亚（昆士兰州）
DURRIE QL	DRR	达里	澳大利亚（昆士兰州）
DUSHANBE	DYU	杜尚别	塔吉克斯坦
DUSSELDORF	DUS	杜塞尔多夫	德国（原西德北莱茵—威斯州）
DUTCH HARBOR AK	DUT	荷兰港	美国（阿拉斯加州）
DYSART QL	DYA	代沙尔特	澳大利亚（昆士兰州）
DZAOUDZI	DZA	藻德济	马约特岛
DZEZKAZGAN	DZN	杰兹卡兹甘	哈萨克斯坦
EAGLE AK	EAA	伊格尔	美国（阿拉斯加州）
EAGLE RIVER WI	EGV	伊格尔河	美国（威斯康星州）
EARLTON ON	YXR	厄尔顿	加拿大（安大略省）
EAST HAMPTON NY	HTO	东汉普顿	美国（纽约州）
EAST LONDON	ELS	东伦敦	南非
EAST MAIN QC	ZEM	伊斯特梅恩	加拿大（魁北克省）
EAST TAWAS MI	ECA	东托沃斯	美国（密执安州）
EASTER IS.	IPC	复活节岛	智利
EASTGREENLAND	CNP	东格陵兰	格陵兰（丹属，北美洲）
EASTON MD	ESN	伊斯顿	美国（马里兰州）
EASTON PA	ABE	伊斯敦	美国（宾夕法尼亚州）
EASTSOUND WA	ESD	东松德	美国（华盛顿州）
EAU CLAIRE WI	EAU	欧克莱尔	美国（威斯康星州）
EBON	EBO	埃邦	马绍尔群岛
ECHUCA VI	ECH	伊丘卡	澳大利亚（维多利亚州）
EDAY IS.	EOI	埃代岛	英国
EDINBURGH	EDI	爱丁堡	英国
EDMONTON AB	YEA	埃德蒙顿	加拿大（阿尔伯塔省）
EDNA BAY AK	EDA	埃德纳湾	美国（阿拉斯加州）
EDREMIT/KOREF	EDO	爱德雷米特湾	土耳其
EDSON AB	YET	爱德森	加拿大（阿尔伯塔省）
EDWARD RIVER QL	EDR	爱德华河	澳大利亚（昆士兰州）

表 2（续）

城市地名英文全称	代 码	城市地名中文全称	所在国家或地区(州、省或区域)
EDWARDS AF. CA	EDW	爱德华兹·阿弗	美国(加利福尼亚州)
EEK AK	EEK	伊克	美国(阿拉斯加州)
EFOGI	EFG	埃福吉	巴布亚新几内亚
EGEGIK AK	EGX	伊杰吉克	美国(阿拉斯加州)
EGILSSTADIR	EGS	埃吉尔斯塔蒂尔	冰岛
EGLIN AFB FL	VPS	埃格林空军基地	美国(佛罗里达州)
EIA	EIA	艾亚	巴布亚新几内亚
EIN YAHAV	EIY	艾因亚哈夫	巴勒斯坦
EINASLEIGH QL	EIH	艾恩斯利	澳大利亚(昆士兰州)
EINDHOVEN	EIN	埃因霍温	荷兰
EIRUNEPE AM	ERN	埃鲁内佩	巴西(亚马孙州)
EKATERINBURG	SVX	埃卡特润伯格	俄罗斯(乌拉尔以东)
EKEREKU	EKE	埃凯雷库	圭亚那
EKIBASTUZ	EKB	埃基巴斯图兹	哈萨克斯坦
EKUK AK	KKU	埃库克	美国(阿拉斯加州)
EKWOK AK	KEK	艾科沃克	美国(阿拉斯加州)
EL BAGRE	EBG	埃尔巴格莱	哥伦比亚
EL BANCO	ELB	埃尔班科	哥伦比亚
EL BOLSON	EHL	埃尔博尔松	阿根廷
EL CENTRO CA	IPL	埃尔森特罗	美国(加利福尼亚州)
EL DORADO	EOR	埃尔多拉多	委内瑞拉
EL DORADO AR	ELD	埃尔多拉多	美国(阿肯色州)
EL ENCANTO	ECO	埃尔恩坎托	哥伦比亚
EL FASHER	ELF	埃尔法舍尔	苏丹
EL GOLEA	ELG	埃尔果累阿	阿尔及利亚
EL GOUERA	ZLG	埃尔果拉	毛里塔尼亚
EL MAITEN CB	EMX	埃尔梅滕	阿根廷
EL MINYA	EMY	埃尔米尼亚	埃及
EL OBEID	EBD	埃尔奥贝德	苏丹
EL OUED	ELU	埃尔韦德	阿尔及利亚
EL PASO TX	ELP	埃尔帕索	美国(德克萨斯州)
EL PORTILLO	EPS	埃尔波蒂洛	多米尼加
EL PORVENIR	PVE	埃尔波维尼尔	巴拿马
EL REAL	ELE	埃尔瑞尔	巴拿马
EL RECREO	ELJ	埃尔雷克雷奥	哥伦比亚

表 2（续）

城市地名英文全称	代码	城市地名中文全称	所在国家或地区（州、省或区域）
EL SALVADOR	ESR	萨尔瓦多	智利
EL VIGIA	VIG	埃尔比西亚	委内瑞拉
EL YOPAL	EYP	约帕尔	哥伦比亚
ELAT	ETH	埃尔奥尔扎·阿普雷	以色列
ELAZIG	EZS	埃拉特	土耳其
ELBA	EBA	厄尔巴	意大利
ELCHO IS. NT	ELC	埃尔科岛	澳大利亚（北部地区）
ELDEBBA	EDB	埃尔德巴	苏丹
ELDORADO MI	ELO	埃尔多拉多	阿根廷
ELDORET	EDL	埃尔多雷特	肯尼亚
ELFIN COVE AK	ELV	埃尔芬峡	美国（阿拉斯加州）
ELIM AK	ELI	埃利姆	美国（阿拉斯加州）
ELIPTAMIN	EPT	埃利普塔敏	巴布亚新几内亚
ELISTA	ESL	埃利斯塔	俄罗斯（乌拉尔以西）
ELIZABETH KY	EKX	伊丽莎白	美国（肯塔基州）
ELIZABETH NC	ECG	伊丽莎白	美国（北卡罗来纳州）
ELKEDRA NT	EKD	埃尔克德拉	澳大利亚（北部地区）
ELKHART IN	EKI	埃尔克哈特	美国（印第安纳州）
ELKINS WV	EKN	埃尔金斯	美国（西弗吉尼亚州）
ELKO NV	EKO	埃尔科	美国（内华达州）
ELLAMAR AK	ELW	埃拉马	美国（阿拉斯加州）
ELLIOT LAKE ON	YEL	埃利奥特湖	加拿大（安大略省）
ELLISRAS	ELL	埃利斯拉斯	南非
ELMIRA NY	ELM	埃尔迈拉	美国（纽约州）
ELORZA	EOZ	埃洛萨	委内瑞拉
ELY MN	LYU	伊利	美国（明尼苏达州）
ELY NV	ELY	伊利	美国（内华达州）
EMAE	EAE	埃迈	瓦努阿图（大洋洲，南太平洋）
EMBESSA	EMS	恩贝萨	巴布亚新几内亚
EMDEN	EME	埃姆登	德国
EMERALD QL	EMD	埃尔韦德	澳大利亚（昆士兰州）
EMIRAU	EMI	埃密劳	巴布亚新几内亚
EMMONAK AK	EMK	埃莫纳克	美国（阿拉斯加州）
EMO	EMO	伊莫	巴布亚新几内亚
EMPORIA KS	EMP	恩波里亚	美国（堪萨斯州）

表 2（续）

城市地名英文全称	代　码	城市地名中文全称	所在国家或地区(州、省或区域)
EN NAHUD	NUD	恩纳胡得	苏丹
ENAROTALI	EWI	埃纳罗塔利	印度尼西亚
ENCARNACION	ENO	恩卡纳西翁	巴拉圭
ENDE	ENE	英德	印度尼西亚
ENDICOTT NY	BGM	恩迪科特	美国(纽约州)
ENEABBA WA	ENB	埃尼亚巴	美国(华盛顿州)
ENEWETAK	ENT	埃尼威托克	马绍尔群岛(太平洋)
ENGATI	EGA	恩加利	巴布亚新几内亚
ENID OK	WDG	伊尼德	美国(俄克拉荷马州)
ENISEYSK	EIE	叶尼塞斯克	俄罗斯(乌拉尔以东)
ENONTEKIO	ENF	埃农泰基厄	芬兰
ENSCHEDE	ENS	恩斯赫德	荷兰
ENSENADA	ESE	恩塞纳达	墨西哥
ENSHI	ENH	恩施	中国(湖北省)
ENTEBBE	EBB	恩德培	乌干达
ENTERPRISE AL	ETS	恩特普赖斯	美国(亚拉巴马州)
ENUGU	ENU	埃努古	尼日利亚
EPENA	EPN	埃佩纳	刚果(金)
EPINAL	EPL	埃皮纳勒	法国(孚日省)
ERAVE	ERE	埃拉韦	巴布亚新几内
ERCAN	ECN	埃阿坎	塞浦洛斯
ERECHIM RS	ERM	埃雷欣	巴西(南里奥格朗德州)
ERFURT	ERF	埃尔富特	德国
ERIE PA	ERI	伊利	美国(宾夕法尼亚州)
ERIGAVO	ERA	埃里加伏	索马里
ERNABELLA SA	ERB	埃纳贝拉	澳大利亚(南澳州)
ERRACHIDIA	ERH	埃拉契迪亚	摩洛哥
ERUME	ERU	埃罗麦	巴布亚新几内亚
ERZINCAN	ERC	埃尔津詹	土耳其
ERZURUM	ERZ	埃尔佐鲁姆	土耳其
ESA ALA	ESA	埃沙哈拉	巴布亚新几内亚
ESBJERG	EBJ	埃斯比约	丹麦
ESCANABA MI	ESC	埃斯卡纳巴	美国(密执安州)
ESKILSTUNA	EKT	埃斯基尔斯图纳	瑞典
ESKILTUNA	XFJ	埃斯基尔图纳	瑞典

表 2（续）

城市地名英文全称	代码	城市地名中文全称	所在国家或地区(州、省或区域)
ESKISEHIR	ESK	埃斯基谢希尔	土耳其
ESMERALDAS	ESM	埃斯梅拉尔达斯	厄瓜多尔
ESPERANCE WA	EPR	埃斯佩兰斯	澳大利亚(西澳州)
ESPINOSA MG	ESI	埃斯皮诺萨	巴西(米纳斯吉拉斯州)
ESPIRITU SANTO	SON	圣埃斯皮里图	瓦努阿图(太平洋)
ESQUEL	EQS	埃斯克尔	阿根廷
ESSAOUIRA	ESU	索维拉	摩洛哥
ESSEN	ESS	埃森	德国
ETADUNNA SA	ETD	伊特丹纳	澳大利亚(南澳州)
EUA	EUA	埃瓦	汤加(大洋洲)
EUCLA WA	EUC	尤克拉	澳大利亚(西澳州)
EUGENE OR	EUG	尤金	美国(俄勒冈州)
EUREKA CA	EKA	尤里卡	美国(加利福尼亚州)
EUREKA NV	EUE	尤里卡	美国(内华达州)
EVA DOWNS NT	EVD	伊娃当斯	澳大利亚(北部地区)
EVANSVILLE IN	EVV	埃文斯维尔	美国(印第安纳州)
EVELETH MN	EVM	埃弗莱斯	美国(明尼苏达州)
EVENES	EVE	埃沃内斯	挪威
EVERETT WA	PAE	埃弗里特	美国(华盛顿州)
EVREUX	EVX	埃夫勒	法国
EWER	EWE	珠儿	印度尼西亚
EWO	EWO	埃沃	刚果(金)
EXCURSION AK	EXI	埃克斯柯森	美国(阿拉斯加州)
EXETER	EXT	埃克塞特	英国
FADA NGOURMA	FNG	法达恩古尔马	布基纳法索(非洲)
FAGERNES	VDB	法格内斯	挪威
FAGURHOLSMYRI	FAG	法古罗尔斯米里	冰岛
FAIR IS.	FIE	费尔岛	英国
FAIRBANKS AK	FAI	费尔班克斯	美国(阿拉斯加州)
FAIRMONT MN	FRM	费尔蒙特	美国(明尼苏达州)
FAISALABAD	LYP	费萨拉巴德	巴基斯坦
FAIZABAD	FBD	法依扎巴	阿富汗
FAJARDO	FAJ	法哈多	波多黎各
FAK FAK	FKQ	法克法克	印度尼西亚
FAKAHINA	FHZ	法卡希纳	土阿莫土群岛(太平洋)

表 2（续）

城市地名英文全称	代　码	城市地名中文全称	所在国家或地区（州、省或区域）
FAKARAVA	FAV	法卡拉瓦	玻利维亚
FALL RIVER MA	EWB	福尔河	美国（马萨诸塞州）
FALLON NV	FLX	法伦	美国（内华达州）
FALLS BAY AK	FLJ	福尔斯湾	美国（阿拉斯加州）
FALMOUTH MA	FMH	法尔茅斯	美国（马萨诸塞州）
FALSE IS. AK	FAK	福尔斯岛	美国（阿拉斯加州）
FALSE PASS AK	KFP	福尔斯帕斯	美国（阿拉斯加州）
FANE	FNE	费恩	巴布亚新几内亚
FANGATAU	FGU	方阿陶	土阿莫土群岛（太平洋）
FARAFANGANA	RVA	法拉凡加纳	马达加斯加
FARAH	FAH	法拉	阿富汗
FAREWELL AK	FWL	费尔韦尔	美国（阿拉斯加州）
FARGO ND	FAR	法戈	美国（北达科他州）
FARMINGDAL NY	FRG	法明代尔	美国（纽约州）
FARMINGTON NM	FMN	法明顿	美国（新墨西哥州）
FARO	FAO	法鲁	葡萄牙
FARO YT	ZFA	法鲁	加拿大（育空地区）
FAROE IS.	FAE	法罗群岛	丹麦
FARSUND	FAN	法琛德	挪威
FASKRUDSFJORD	FAS	法斯克罗斯菲厄泽	冰岛
FAYA	FYT	法亚	乍得
FAYETTEVIL AR	FYV	费耶特维尔	美国（阿肯色州）
FERA IS.	FRE	费拉岛	所罗门群岛（太平洋）
FERGANA	FEG	费尔干纳	俄罗斯
FEZ	FEZ	非斯	摩洛哥
FIANARANTSOA	WFI	菲亚纳兰楚阿	马达加斯加
FICKSBURG	FCB	菲克斯堡	南非
FILLMORE UT	FIL	菲尔莫尔	美国（犹他州）
FINLEY NS	FLY	芬利	澳大利亚（新南威尔士州）
FINSCHHAFEN	FIN	芬夏范	巴布亚新几内亚
FIRE COVE AK	FIC	法尔峡	美国（阿拉斯加州）
FISHERS IS. NY	FID	费希尔岛	美国（纽约州）
FITZROY CROSSI WA	FIZ	菲茨罗伊克罗辛	澳大利亚（西澳州）
FLAT AK	FLT	弗拉特	美国（阿拉斯加州）
FLATEYRI	FLI	费拉泰里	冰岛

表 2（续）

城市地名英文全称	代　码	城市地名中文全称	所在国家或地区(州、省或区域)
FLENSBURG	FLF	费伦斯堡	德国
FLIN FLON MN	YFO	弗林费伦	加拿大(曼尼托巴省)
FLINDERS IS. TS	FLS	弗林德斯岛	澳大利亚(塔斯马尼亚州)
FLINT MI	FNT	弗林特	美国(密执安州)
FLORENCE	FLR	佛罗伦萨	意大利
FLORENCE AL	MSL	佛罗伦萨	美国(亚拉巴马州)
FLORENCE SC	FLO	佛罗伦萨	美国(南卡罗来纳州)
FLORENCIA	FLA	佛罗伦西亚	哥伦比亚
FLORES	FRS	佛洛雷斯	危地马拉
FLORES IS.	FLW	佛洛雷斯岛	亚速尔群岛(大西洋)
FLORIANO PI	FLB	佛卢里亚诺	巴西(皮奥伊州)
FLORIANOPOLIS SC	FLN	弗卢里亚诺波利斯	巴西(圣卡塔林纳州)
FLORO	FRO	弗卢勒	挪威
FOGGIA	FOG	福贾	意大利
FOND DU LAC SK	ZFD	丰迪拉克	加拿大(萨斯喀彻温省)
FORBES NS	FRB	福布斯	澳大利亚(新南威尔士州)
FORDE	FDE	弗勒	挪威
FORLI	FRL	弗利	意大利
FORMOSA	FMA	福莫萨	阿根廷
FORSTER NS	FOT	福斯特	澳大利亚(新南威尔士州)
FORTALEZA CE	FOR	福塔莱萨	巴西(西阿拉州)
FORTUNA LEDGE AK	FTL	福图纳莱奇	美国(阿拉斯加州)
FOUGAMOU	FOU	富加莫	加蓬
FOUMBAN	FOM	丰班	喀麦隆
FOX HARBOUR NF	YFX	福克斯港	加拿大(纽芬兰省)
FRANCA SP	FRC	弗兰卡	巴西(圣保罗州)
FRANCEVILLE	MVB	弗朗斯维尔	加蓬
FRANCIS BE PR	FBE	弗朗西斯	巴西(巴拉那州)
FRANCISTOWN	FRW	弗朗西斯敦	博茨瓦纳
FRANKFORT KY	FFT	法兰克福(州府)	美国(肯塔基州)
FRANKFURT	FRA	法兰克福	德国
FREDERICTON NB	YFC	弗雷德里克顿	加拿大(新不伦瑞克省)
FREEPORT	FPO	弗里波特	巴哈马(拉丁美洲)
FREETOWN	FNA	弗里敦	塞拉利昂
FREGATE IS.	FRK	弗雷盖特岛	塞舌尔(印度洋)

表 2（续）

城市地名英文全称	代　码	城市地名中文全称	所在国家或地区（州、省或区域）
FREJUS	FRJ	弗里儒斯	法国
FRENCH LIC IN	FRH	弗伦奇利克	美国（印第安纳州）
FRESHWATER AK	FRP	弗里什沃特	美国（阿拉斯加州）
FRESNO CA	FAT	弗雷斯诺	美国（加利福尼亚州）
FRIDAY HARBOR WA	FRD	星期五港	美国（华盛顿州）
FRIEDRICHSHAFEN	FDH	腓特烈港	德国
FT FRANKL NT	YWJ	富兰克林堡	加拿大（西北地区）
FT NELSON BC	YYE	纳尔逊堡	加拿大（不列颠哥伦比亚省）
FT SIMPSON NT	YFS	辛普森堡	加拿大（西北地区）
FT SMITH NT	YSM	史密斯堡	加拿大（西北地区）
FT. ALBANY OT	YFA	奥尔巴尼堡	加拿大（安大略省）
FT. BRAGG NC	FAY	布拉格堡	美国（北卡罗来纳州）
FT. CHIPEWYAN AB	YPY	奇普怀恩堡	加拿大（阿尔伯塔省）
FT. COLLINS CO	FNL	柯林斯堡	美国（科罗拉多州）
FT. DAUPHIN	FTU	多凡堡	马达加斯加
FT. DE FRANCE	FDF	法兰西堡	马提尼克
FT. DODGE IA	FOD	道奇堡	美国（衣阿华州）
FT. FRANCES ON	YAG	弗朗西斯堡	加拿大（安大略省）
FT. GOOD HOPE NT	YGH	好望堡	加拿大（西北地区）
FT. HOPE OT	YFH	霍普堡	加拿大（安大略省）
FT. HUACHUCA AZ	FHU	瓦丘卡堡	美国（亚利桑那州）
FT. KENT/MA. ME	WFK	肯特堡	美国（缅因州）
FT. LAUDER FL	FLL	劳德尔堡	美国（佛罗里达州）
FT. LEONARDWOOD MO	TBN	莱奥纳德乌德	美国（密苏里州）
FT. MADISON IA	FMS	麦迪逊堡	美国（爱达荷州）
FT. MCMURRAY AB	YMM	马克马里堡	加拿大（阿尔伯塔省）
FT. MCPHERSON NT	ZFM	麦克弗森堡	加拿大（西北地区）
FT. MYERS FL	FMY	迈尔斯堡	美国（佛罗里达州）
FT. PIERCE FL	FPR	皮尔斯堡	美国（佛罗里达州）
FT. POLK LA	POE	波克堡	美国（路易斯安那州）
FT. SEVERN ON	YER	塞文堡	加拿大（安大略省）
FT. SMITH AR	FSM	史密斯堡	美国（阿肯色州）
FT. ST JOHN BC	YXJ	圣约翰堡	加拿大（不列颠哥伦比亚省）
FT. WAYNE IN	FWA	韦恩堡	美国（印第安纳州）
FT. WILLIAM	FWM	威廉堡	英国

表 2（续）

城市地名英文全称	代　码	城市地名中文全称	所在国家或地区(州、省或区域)
FT. YUKON AK	FYU	育空堡	美国(阿拉斯加州)
FUERTEVENTURA	FUE	弗韦尔特文土拉	加那利群岛(西属,大西洋)
FUKUE	FUJ	福江	日本
FUKUI	FKJ	福井	日本
FUKUOKA	FUK	福冈	日本
FULLEBORN	FUB	富勒博恩	巴布亚新几内亚
FULLERTON CA	FUL	富勒顿	美国(加利福尼亚州)
FUNAFUTI	FUN	富纳富蒂	图瓦卢(太平洋,大洋洲)
FUNCHAL	FNC	丰沙尔	马德拉群岛(大西洋)
FUNTER AK	FNR	芬特	美国(阿拉斯加州)
FUTUNA IS.	FTA	富图纳岛	瓦努阿图(大洋洲,太平洋)
FUTUNA IS.	FUT	富图纳岛	瓦利斯和富图纳群岛(太平洋)
FUYUN	FYN	富蕴	中国(新疆维吾尔自治区)
FUZHOU	FOC	福州	中国(福建省)
GABES	GAE	加贝斯	突尼斯
GABORONE	GBE	哈博罗内	博茨瓦纳
GADSDEN AL	GAD	加兹登	美国(亚拉巴马州)
GAFSA	GAF	加夫萨	突尼斯
GAGNOA	GGN	加尼奥阿	科特迪瓦(象牙海岸)
GAGNON QC	YGA	加格依	加拿大(魁北克省)
GAINESVIL FL	GNV	盖恩斯维尔	美国(佛罗里达州)
GALAPAGOS	GPS	加拉帕戈斯	厄瓜多尔
GALCAIO	GLK	加尔卡尤	索马里
GALELA	GLX	加莱拉	印度尼西亚
GALENA AK	GAL	加利纳	美国(阿拉斯加州)
GALESBURG IL	GBG	盖尔斯堡	美国(伊利诺斯州)
GALION OH	GQQ	加利恩	美国(俄亥俄州)
GALLIVARE	GEV	耶利瓦勒	瑞典
GALLUP NM	GUP	盖洛普	美国(新墨西哥州)
GALVESTON TX	GLS	加尔维斯顿	美国(德克萨斯州)
GALWAY	GWY	戈尔韦	爱尔兰
GAMBA	GAX	甘巴	加蓬
GAMBELA	GMB	甘贝拉	埃塞俄比亚
GAMBELL AK	GAM	甘贝尔	美国(阿拉斯加州)
GAMBIER IS.	GMR	甘比尔岛	冰岛

表 2（续）

城市地名英文全称	代　码	城市地名中文全称	所在国家或地区(州、省或区域)
GAMBOMA	GMM	甘博马	刚果(布)
GANDER NF	YQX	甘德	加拿大(纽芬兰省)
GANGAW	GAW	甘高	缅甸
GANZHOU	KOW	赣州	中国(江西省)
GAO	GAQ	加奥	马里
GAOUA	XGA	加瓦	布基纳法索(非洲)
GARACHINE	GHE	加拉奇内	巴拿马
GARAINA	GAR	加赖纳	巴布亚新几内亚
GARBAHAREY	GBM	加尔巴哈瑞	索马里
GARDEN CITY KS	GCK	加登城	美国(堪萨斯州)
GARDEN CITY NY	JHC	加登城	美国(纽约州)
GARDEN POINT NT	GPN	加登波恩特	澳大利亚(北部地区)
GARDEZ	GRG	加德兹	阿富汗
GARDO	GSR	加尔多	索马里
GARISSA	GAS	加里萨	肯尼亚
GAROE	GGR	加洛韦	索马里
GAROUA	GOU	加鲁阿	喀麦隆
GASCOYNE JUNCTION WA	GSC	加斯克因章克申	澳大利亚(西澳州)
GASMATA IS.	GMI	加斯马塔岛	巴布亚新几内亚
GASPE QU	YGP	加斯佩	加拿大(魁北克省)
GASSIM	ELQ	加西姆	沙特阿拉伯
GATINEAU QU	YND	加蒂诺	加拿大(魁北克省)
GAVLE	GVX	耶夫勒	瑞典
GAYA	GAY	格雅	印度
GAYNDAH QL	GAH	盖恩达	澳大利亚(昆士兰州)
GAZIANTEP	GZT	加齐安特普	土耳其
GBADOLITE	BDT	戈巴多莱	刚果(金)
GBANGBATOK	GBK	邦巴多克	塞拉利昂
GDANSK	GDN	格但斯克	波兰
GEBE	GEB	格贝	印度尼西亚
GEDAREF	GSU	格达雷夫	苏丹
GEELONG VI	GEX	吉朗	澳大利亚(维多利亚州)
GEILO	DLD	耶卢	挪威
GELADI	GLC	盖拉迪	埃塞俄比亚
GEMENA	GMA	格梅纳	刚果(金)

表 2（续）

城市地名英文全称	代　码	城市地名中文全称	所在国家或地区(州、省或区域)
GENDA WUHA	ETE	根当乌哈	埃塞俄比亚
GENEINA	EGN	杰内纳	苏丹
GENER SANTOS CITY	GES	桑托斯将军城	菲律宾
GENERAL PICO	GPO	皮科将军镇	阿根廷
GENERAL ROCA	GNR	罗卡将军镇	阿根廷
GENEVA	GVA	日内瓦	瑞士
GENOA	GOA	热那亚	意大利
GENTING	GTB	根滕	印度尼西亚
GEORGE	GRJ	乔治	南非
GEORGE TOWN	GGT	乔治城	开曼群岛(拉丁美洲)
GEORGETOWN	GEO	乔治敦	圭亚那
GEORGETOWN QL	GTT	乔治敦	澳大利亚(昆士兰州)
GERALDTON OT	YGQ	杰拉尔顿	加拿大(安大略省)
GERALDTOWN WA	GET	杰拉尔敦	澳大利亚(西澳州)
GERONA	GRO	赫罗纳	西班牙
GETHSEMANI QC	ZGS	盖特塞马尼	加拿大(魁北克省)
GEWOYA	GEW	盖沃亚	巴布亚新几内亚
GHADAMES	LTD	加达迈斯	利比亚
GHANZI	GNZ	甘济	博茨瓦纳
GHARDAIA	GHA	加达亚	阿尔及利亚
GHAT	GHT	加特	利比亚
GIBB RIVER WA	GBV	吉布河	澳大利亚(西澳州)
GIBRALTAR	GIB	直布罗陀	地中海
GILGIT	GIL	吉尔吉特	巴基斯坦
GILLAM MN	YGX	吉勒姆	加拿大(曼尼托巴省)
GILLETTE WY	GCC	吉勒台	美国(怀俄明州)
GILLIES BAY BC	YGB	吉利也斯湾	加拿大(不列颠哥伦比亚省)
GISBORNE	GIS	吉斯伯恩	新西兰
GISENYI	GYI	吉塞尼	卢旺达
GITEGA	GID	基特加	布隆迪
GIZO	GZO	吉佐	所罗门群岛(太平洋)
GJOA HAVEN NT	YHK	约阿港	加拿大(西北地区)
GJOGUR	GJR	哲居尔	冰岛
GLADEWATER TX	GGG	格莱德沃特	美国(德克萨斯州)
GLADSTONE QL	GLT	格拉德斯通	澳大利亚(昆士兰州)

表 2（续）

城市地名英文全称	代　码	城市地名中文全称	所在国家或地区（州、省或区域）
GLASGOW	GLA	格拉斯哥	英国
GLASGOW MT	GGW	格拉斯哥	美国（蒙大拿州）
GLEN FALLS NY	GFL	格伦福尔斯	美国（纽约州）
GLEN INNES NS	GLI	格伦因尼斯	澳大利亚（新南威尔士州）
GLOUCESTER	GLO	格洛斯特	英国
GOA	GOI	果阿	印度
GOBA	GOB	戈巴	埃塞俄比亚
GOBERNADOR GRE.	GGS	古佛纳多尔格雷	阿根廷
GODE	GDE	戈德	埃塞俄比亚
GODHAVN	JGQ	戈德港	格陵兰（丹属，北美洲）
GODS NARROW MN	YGO	戈兹南罗	加拿大（曼尼托巴省）
GODS RIVER MN	ZGI	戈兹河	加拿大（曼尼托巴省）
GOIANIA GO	GYN	戈亚尼亚	巴西（戈亚斯州）
GOLD COAST QL	OOL	黄金海岸	澳大利亚（昆士兰州）
GOLFITO	GLF	戈尔菲托	哥斯达黎加
GOLOVIN AK	GLV	戈洛文	美国（阿拉斯加州）
GOMA	GOM	戈马	刚果（金）
GOMEL	GME	戈梅尔	白俄罗斯
GONALIA	GOE	戈纳利亚	巴布亚新几内亚
GONDAR	GDQ	贡达尔	埃塞俄比亚
GOODLAND KS	GLD	古德兰	美国（堪萨斯州）
GOODNEWS BAY AK	GNU	古德纽斯湾	美国（阿拉斯加州）
GOONDIWIN QL	GOO	贡迪温	澳大利亚（昆士兰州）
GOOSE BAY NF	YYR	古斯湾	加拿大（纽芬兰省）
GORA	GOC	戈拉	巴布亚新几内亚
GORAKHPUR	GOP	戈勒克布尔	印度
GORDON DOWNS WA	GDD	戈登当斯	澳大利亚（西澳州）
GORE	GOR	戈雷	埃塞俄比亚
GORGE HARBOR BC	YGE	戈吉港	加拿大（不列颠哥伦比亚省）
GORKIJ	GOJ	高尔基	俄罗斯
GORNA ORECHOVICHA	GOZ	戈尔纳奥里亚霍维察	保加利亚
GOROKA	GKA	戈罗卡	巴布亚新几内亚
GOROM-GOROM	XGG	戈罗姆戈罗姆	布基纳法索（非洲）
GORONTALO	GTO	戈龙塔洛	印度尼西亚
GOSFORD NS	GOS	戈斯福德	澳大利亚（新南威尔士州）

表 2（续）

城市地名英文全称	代　码	城市地名中文全称	所在国家或地区（州、省或区域）
GOTHENBURG	GOT	哥德堡	瑞典（西海岸）
GOULBURN NS	GUL	古尔本	澳大利亚（新南威尔士州）
GOULBURN IS. NT	GBL	古尔本岛	澳大利亚（北部地区）
GOULIMINE	GLN	古利明	摩洛哥
GOUNDAM	GUD	贡达姆	马里
GOVE NT	GOV	戈夫	澳大利亚（北部地区）
GOVERN. VALAKARES MG	GVR	瓦拉达里斯州长	巴西（米纳斯吉拉斯州）
GOVERNORS HARBOR	GHB	戈韦诺港	巴哈马（拉丁美洲）
GOYA	OYA	戈亚	阿根廷
GRACIOSA IS.	GRW	格拉西奥萨岛	厄瓜多尔
GRAFTON NS	GFN	格拉夫顿	澳大利亚（新南威尔士州）
GRANADA	GRX	格拉纳达	西班牙
GRAND CANYON AZ	GCN	大峡谷	美国（亚利桑那州）
GRAND CAYMAN	GCM	大开曼	开曼群岛（拉丁美洲，英属）
GRAND CESS	GRC	大塞斯	利比亚
GRAND FORKS BC	ZGF	大福克斯	加拿大（不列颠哥伦比亚省）
GRAND FORKS ND	GFK	大福克斯	美国（北达科他州）
GRAND IS. NE	GRI	格兰德岛	美国（内布拉斯加州）
GRAND JUNCTION CO	GJT	大章克兴	美国（科罗拉多州）
GRAND PRAIRIE AL	YQU	大普雷里	加拿大（阿尔伯塔省）
GRAND RAPIDS MI	GRR	大急流	美国（密执安州）
GRAND RAPIDS MN	GPZ	大急流	美国（明尼苏达州）
GRAND TURK IS.	GDT	大特克	特克斯和凯科斯群岛（拉丁美洲）
GRANVILLE MN	XGL	格朗维尔	美国（明尼苏达州）
GRAYLING AK	KGX	格雷灵	美国（阿拉斯加州）
GRAZ	GRZ	格拉茨	奥地利
GREAT BEND KS	GBD	大本德	美国（堪萨斯州）
GREAT FALLS MT	GTF	格雷特瀑布	美国（蒙大拿州）
GREAT HARBOUR CAY	GHC	大港	巴哈马（拉丁美洲）
GREELEY CO	GXY	格里利	美国（科罗拉多州）
GREEN BAY WI	GRB	格林湾	美国（威斯康星州）
GREEN IS.	GNI	格林艾兰	新西兰
GREEN RIVER	GVI	格陵河	巴布亚新几内亚
GREENSBORO NC	GSO	格林斯伯勒	美国（北卡罗来纳州）
GREENVALE QL	GVP	格陵韦尔	澳大利亚（昆士兰州）

表 2（续）

城市地名英文全称	代　码	城市地名中文全称	所在国家或地区(州、省或区域)
GREENVILLE MS	GLH	格林维尔	美国(密西西比州)
GREENVILLE NC	PGV	格林维尔	美国(北卡罗来纳州)
GREENVILLE SC	GSP	格林维尔	美国(南卡罗来纳州)
GREENVILLE TX	GVT	格林维尔	美国(德克萨斯州)
GREENWAY S. BC	YGN	格林韦·斯	加拿大(不列颠哥伦比亚省)
GREENWOOD MS	GWO	格林伍德	美国(马萨诸塞州)
GREENWOOK SC	GRD	格林伍德	美国(南卡罗来纳州)
GREGORY D QL	GGD	格雷戈里	澳大利亚(昆士兰州)
GRENADA	GND	格林纳达	西印度群岛(拉丁美洲)
GRENFELL NS	GFE	格伦费尔	澳大利亚(新南威尔士州)
GRENOBLE	GNB	格勒诺布尔	法国
GREYMOUTH	GMN	格雷茅斯	新西兰
GRIFFITH NS	GFF	格里菲斯	澳大利亚(新南威尔士州)
GRIMSEY	GRY	格里姆塞	冰岛
GRISE FIOR NU	YGZ	格赖斯峡湾	加拿大(西北地区)
GRONINGEN	GRQ	格罗宁根	荷兰
GRONNEDAL	JGR	格罗尼达尔	格陵兰(丹属,北美洲)
GROOTE EYLANDT NT	GTE	格鲁特	澳大利亚(北部地区)
GROOTFONTEIN	GFY	赫鲁特方丹	纳米比亚
GROSSETO	GRS	格罗塞托	意大利
GROTON CT	GON	略罗顿	美国(康涅狄格州)
GROZNYJ	GRV	格罗兹尼	俄罗斯
GUACAMAYA	GCA	瓜卡马亚	哥伦比亚
GUADALAJARA	GDL	瓜达拉哈拉	墨西哥
GUADALUPE PI	GDP	瓜达卢佩	巴西(皮奥依州)
GUAJARA-MIRIM RO	GJM	瓜雅拉米林	巴西(朗多尼亚州)
GUALEGUAYCHU	GHU	瓜累乖丘	阿根廷
GUAM	GUM	关岛	太平洋
GUAMAL	GAA	瓜马尔	哥伦比亚
GUANAJA	GJA	瓜纳哈	洪都拉斯
GUANAMBI BA	GNM	瓜纳姆比	巴西(巴伊亚州)
GUANARE	GUQ	瓜纳累	委内瑞拉
GUANGZHOU	CAN	广州	中国(广东省)
GUANTANAMO	GAO	关塔那摩	古巴
GUAPI	GPI	瓜比	哥伦比亚

表 2（续）

城市地名英文全称	代　码	城市地名中文全称	所在国家或地区（州、省或区域）
GUAPILES	GPL	瓜皮莱斯	哥斯达黎加
GUARAPUAVA PR	GPB	瓜拉普阿瓦	巴西（巴拉那州）
GUARI	GUG	瓜里	巴布亚新几内亚
GUASDUALITO	GDO	瓜斯杜阿里多	委内瑞拉
GUASOPA	GAZ	瓜索帕	巴布亚新几内亚
GUATEMALA CITY	GUA	危地马拉城	危地马拉
GUAYAQUIL	GYE	瓜亚基尔	厄瓜多尔
GUAYARAMERIN	GYA	瓜亚拉梅林	玻利维亚
GUAYMAS	GYM	瓜伊马斯	墨西哥
GUERNSEY	GCI	格恩济	英国
GUIGLO	GGO	吉格洛	科特迪瓦（象牙海岸）
GUILIN	KWL	桂林	中国（广西壮族自治区）
GUIRIA	GUI	吉里亚	委内瑞拉
GUIYANG	KWE	贵阳	中国（贵州省）
GULFPORT MS	GPT	格尔夫波特	美国（密西西比州）
GULKANA AK	GKN	格尔卡纳	美国（阿拉斯加州）
GULU	ULU	古卢	乌干达
GUNA	GUX	古纳	印度
GUNNEDAH NS	GUH	冈讷达	澳大利亚（新南威尔士州）
GUNNISON CO	GUC	甘尼森	美国（科罗拉多州）
GUNUNGSITOLI	GNS	古农西托利	印度尼西亚
GURAYAT	URY	古拉雅特	沙特阿拉伯
GURUPI TO	GRP	古鲁皮	巴西（托坎廷斯州）
GURYEV	GUW	古里耶夫	哈萨克斯坦
GUSTAVUS AK	GST	古斯塔夫斯	美国（阿拉斯加州）
GUWAHATI	GAU	古瓦哈蒂	印度
GWA	GWA	古亚	缅甸
GWADAR	GWD	瓜德尔	巴基斯坦
GWALIOR	GWL	格瓦利奥尔	印度
GWERU	GWE	格韦鲁	津巴布韦
GYMPIE QL	GYP	金皮	澳大利亚（昆士兰州）
HA' APAI	HPA	哈帕伊	汤加（大洋洲）
HACHIJO JIMA	HAC	八丈岛	日本
HAFR ALBATIN	HBT	哈法尔阿尔巴廷	沙特阿拉伯
HAGERSTOWN MD	HGR	黑格斯敦	美国（马里兰州）

表 2（续）

城市地名英文全称	代　码	城市地名中文全称	所在国家或地区（州、省或区域）
HAIFA	HFA	海法	以色列
HAIKOU	HAK	海口	中国（海南省）
HAIL	HAS	哈伊勒	沙特阿拉伯
HAILAR	HLD	海拉尔	中国（内蒙古自治区）
HAILEY ID	SUN	哈伊利	美国（爱达荷州）
HAINES AK	HNS	哈伊尼斯	美国（阿拉斯加州）
HAKAI PASS BC	YHC	哈凯山口	加拿大（不列颠哥伦比亚省）
HAKODATE	HKD	函馆	日本
HALIFAX NS	YHZ	哈利法克斯	加拿大（诺瓦斯科夏省）
HALL BEACH NT	YUX	霍尔海滩	加拿大（西北地区）
HALLS CREEK WA	HCQ	霍尔兹河	澳大利亚（西澳州）
HALMSTAD	HAD	哈尔姆斯塔德	瑞典
HAMADAN	HDM	哈马丹	伊朗
HAMAR	HMR	哈马尔	瑞典
HAMBURG	HAM	汉堡	德国
HAMILTON	HLZ	哈密尔顿	新西兰
HAMILTON ON	YHM	哈密尔顿	加拿大（安大略省）
HAMILTON VI	HLT	哈密尔顿	澳大利亚（维多利亚州）
HAMILTON IS. QL	HTI	哈密尔顿岛	澳大利亚（昆士兰州）
HAMILTON/BERMUDA	BDA	哈密尔顿/百慕大	西印度群岛（北美洲，大西洋）
HAMMERFEST	HFT	哈默菲斯特	挪威
HAMPTON VA	PHF	汉普顿	美国（弗吉尼亚州）
HANA HI	HNM	哈纳	美国（夏威夷州）
HANCOCK MI	CMX	汉考克	美国（密执安州）
HANGZHOU	HGH	杭州	中国（浙江省）
HANOI	HAN	河内	越南
HANOVER	HAJ	汉诺威	德国
HANOVER NH	LEB	汉诺威	美国（新罕布什尔州）
HANZHONG	HZG	汉中	中国（陕西省）
HAO IS.	HOI	豪岛	土阿莫土群岛（太平洋）
HAPPY BAY QL	HAP	汉皮湾	澳大利亚（昆士兰州）
HARARE	HRE	哈拉雷	津巴布韦（原名索尔兹伯里）
HARBIN	HRB	哈尔滨	中国（黑龙江省）
HARGEISA	HGA	哈尔格萨	索马里
HARLINGEN TX	HRL	哈灵根	美国（德克萨斯州）

表 2（续）

城市地名英文全称	代码	城市地名中文全称	所在国家或地区(州、省或区域)
HARRINGTON QC	YHR	哈灵顿	加拿大(魁北克省)
HARRISBURG PA	HAR	哈利斯堡	美国(宾夕法尼亚州)
HARRISMITH	HRS	哈里史密斯	南非
HARRISON AR	HRO	哈里森	美国(阿肯色州)
HARTFORD CT	HFD	哈特福德	美国(康涅狄格州)
HARTLEY BAY BC	YTB	哈特利湾	加拿大(不列颠哥伦比亚省)
HASSI MESSAOUD	HME	哈西迈萨乌德	阿尔及利亚
HASTINGS NE	HSI	黑斯廷斯	美国(内布拉斯加州)
HASVIK	HAA	哈斯维克	挪威
HAT YAI	HDY	合艾	泰国
HATERUMA	HTR	波照间(岛)	日本
HATO COROZAL	HTZ	哈托科罗萨尔	哥伦比亚
HATTERAS NC	HNC	哈特勒斯	美国(北卡罗来纳州)
HATZFELDTHAVEN	HAZ	哈茨费尔特港	巴布亚新几内亚
HAUGESUND	HAU	海于格生德	挪威
HAVANA	HAV	哈瓦那	古巴
HAVERFORDWEST	HAW	哈弗福德韦斯特	英国
HAVRE MT	HVR	阿夫雷	美国(蒙大拿州)
HAVRE S. P. QC	YGV	阿夫里	加拿大(魁北克省)
HAWABANGO	HWA	哈瓦班戈	巴布亚新几内亚
HAWK INLET AK	HWI	霍克因莱特	美国(阿拉斯加州)
HAWKER SA	HWK	霍克尔	澳大利亚(南澳州)
HAY NS	HXX	赫伊	澳大利亚(新南威尔士州)
HAY RIVER NT	YHY	赫河	加拿大(西北地区)
HAYCOCK AK	HAY	海科克	美国(阿拉斯加州)
HAYDEN CO	HDN	海登	美国(科罗拉多州)
HAYFIELDS	HYF	海菲尔德	英国
HAYMAN IS. QL	HIS	海曼岛	澳大利亚(昆士兰州)
HAYS KS	HYS	海斯	美国(堪萨斯州)
HAYWARD WI	HYR	海沃德	美国(威斯康星州)
HAZLETON PA	HZL	黑兹利顿	美国(宾夕法尼亚州)
HEADINGLY QL	HIP	黑丁利	澳大利亚(昆士兰州)
HEALY LAKE AK	HKB	希利湖	美国(阿拉斯加州)
HEARST ON	YHF	赫斯特	加拿大(安大略省)
HEFEI	HFE	合肥	中国(安徽省)

表 2（续）

城市地名英文全称	代　码	城市地名中文全称	所在国家或地区（州、省或区域）
HEHO	HEH	海霍	缅甸
HEIDE/BUESUM	HEI	海德/布埃色姆	德国
HEIHE	HEK	黑河	中国（黑龙江省）
HELENA MT	HLN	赫勒纳	美国（蒙大拿州）
HELENVALE QL	HLV	海林维尔	澳大利亚（昆士兰州）
HELGOLAND	HGL	黑尔戈兰	德国
HELSINGBORG	AGH	赫尔辛堡	瑞典
HELSINKI	HEL	赫尔辛基	芬兰
HENDERSONVILLE NC	AVL	亨德森维尔	美国（北卡罗来纳州）
HERAKLION	HER	赫拉克利翁	希腊
HERAT	HEA	赫拉特	阿富汗
HERINGSDORF	HDF	赫林斯多夫	德国
HERMOSILLO	HMO	埃莫西约	墨西哥
HERVEY BAY QL	HVB	赫维湾	澳大利亚（昆士兰州）
HIBBING MN	HIB	希宾	美国（明尼苏达州）
HICKORY NC	HKY	希科里	美国（北卡罗来纳州）
HIDDEN FALLS AK	HDA	希登福尔斯	美国（阿拉斯加州）
HIENGHENE	HNG	延根	喀麦隆
HIGH LEVEL AB	YOJ	海莱夫尔	加拿大（阿尔伯塔省）
HIGH POINT NC	GSO	海波因特	美国（北卡罗来纳州）
HILO HI	ITO	希洛	美国（夏威夷州）
HILTON HEAD SC	HHH	希尔顿海德	美国（南卡罗来纳州）
HINCHINBROK QL	HNK	欣钦布鲁克	澳大利亚（昆士兰州）
HIROSHIMA	HIJ	广岛	日本
HIVA OA	HIX	希瓦瓦	玻利维亚属，太平洋
HO CHI MINH CITY	SGN	胡志明市	越南
HOBART TS	HBA	霍巴特	澳大利亚（塔斯马尼亚州）
HOBART BAY AK	HBH	霍巴特湾	美国（阿拉斯加州）
HOBBS NM	HOB	霍布斯	美国（新墨西哥州）
HODEIDAH	HOD	荷台达	也门（原北也门）
HOF	HOQ	霍夫	德国
HOHHOT	HET	呼和浩特	中国（内蒙古自治区）
HOKITIKA	HKK	霍基蒂卡	新西兰
HOLGUIN	HOG	奥尔金	古巴
HOLLIS AK	HYL	霍利斯	美国（阿拉斯加州）

表 2（续）

城市地名英文全称	代　码	城市地名中文全称	所在国家或地区(州、省或区域)
HOLMAN IS. NT	YHI	霍尔曼岛	加拿大(西北地区)
HOLMAVIK	HVK	侯尔马维克	冰岛
HOLSTEINSBORG	JHS	霍尔施泰因斯堡	格陵兰(丹属,北美洲)
HOLY CROSS AK	HCR	霍利克罗斯	美国(阿拉斯加州)
HOMALIN	HOX	霍马林	缅甸
HOMER AK	HOM	荷马	美国(阿拉斯加州)
HONG KONG	HKG	香港	中国香港
HONIARA	HIR	霍尼亚拉	所罗门群岛(太平洋)
HONNINGSVAG	HVG	霍宁斯沃格	挪威
HONOLULU HI	HNL	檀香山	美国(夏威夷州)
HOOKER CREEK NT	HOK	胡克河	澳大利亚(北部地区)
HOOLEHUA HI	MKK	霍莱华	美国(夏威夷州)
HOONAH AK	HNH	霍纳	美国(阿拉斯加州)
HOOPER BAY AK	HPB	胡珀湾	美国(阿拉斯加州)
HOPETOUN VI	HTU	霍普敦	澳大利亚(维多利亚州)
HOQUIAM WA	HQM	霍奎厄姆	美国(华盛顿州)
HORN IS. QL	HID	霍恩岛	澳大利亚(昆士兰州)
HORNEPAYNE OT	YHN	霍恩佩恩	加拿大(安大略省)
HORTA	HOR	奥尔塔	葡萄牙
HOSKINS	HKN	霍斯金斯	巴布亚新几内亚
HOT SPRING AR	HOT	温泉	美国(阿肯色州)
HOT SPRING VA	HSP	温泉	美国(弗吉尼亚州)
HOTAN	HTN	和田	中国(新疆维吾尔自治区)
HOUAILOU	HLU	瓦伊卢	新喀里多尼亚(太平洋)
HOUEISAY	HOE	会晒	老挝
HOUGHTON MI	CMX	霍敦	美国(密执安州)
HOUN	HUQ	候恩	利比亚
HOUSTON TX	HOU	休斯敦	美国(德克萨斯州)
HOY IS.	HOY	霍耶岛	英国
HUA HIN	HHQ	华欣	泰国
HUAHINE IS.	HUH	胡阿内岛	社会群岛(太平洋)
HUALIEN	HUN	花莲	中国(台湾省)
HUAMBO	NOV	万博	安哥拉
HUANUCO	HUU	万努科	秘鲁
HUBLI	HBX	胡布利	印度

表 2（续）

城市地名英文全称	代　码	城市地名中文全称	所在国家或地区(州、省或区域)
HUDIKSVALL	HUV	胡迪克斯瓦尔	瑞典
HUGHENDEN QL	HGD	休恩登	澳大利亚(昆士兰州)
HUGHES AK	HUS	休斯	美国(阿拉斯加州)
HULTSFRED	HLF	胡尔茨弗雷德	瑞典
HUMACAO	HUC	乌马考	波多黎各
HUMBERSIDE	HUY	亨伯赛德	英国
HUMERA	HUE	胡默拉	埃塞俄比亚
HUNTINGTON WV	HTS	亨廷顿	美国(西弗吉尼亚州)
HUNTSVILLE AL	HSV	亨茨维尔	美国(亚拉巴马州)
HURGHADA	HRG	胡尔加达	埃及
HURON SD	HON	休伦	美国(南达科他州)
HUSAVIK	HZK	胡萨维克	冰岛
HUSLIA AK	HSL	胡斯利亚	美国(阿拉斯加州)
HUTCHISON KS	HUT	哈钦森	美国(堪萨斯州)
HVAMMSTANGI	HVM	华姆斯唐吉	冰岛
HWANGE	WKI	万盖	津巴布韦
HWANGE NATION PARK	HWN	万盖国家公园	津巴布韦
HYANNIS MA	HYA	海恩尼斯	美国(马萨诸塞州)
HYDABURG AK	HYG	海达堡	美国(阿拉斯加州)
HYDER AK	WHD	海德	美国(阿拉斯加州)
HYDERABAD	HDD	海得拉巴	巴基斯坦
HYDERABAD	HYD	海得拉巴	印度
IAMALELE	IMA	雅马勒勒	巴布亚新几内亚
IASI	IAS	雅西	罗马尼亚
IBADAN	IBA	伊巴丹	尼日利亚
IBAGUE	IBE	伊瓦格	哥伦比亚
IBIZA	IBZ	伊比萨	西班牙
ICABARU	ICA	伊卡瓦路	委内瑞拉
IDAHO FALLS ID	IDA	爱达荷福尔斯	美国(爱达荷州)
IEJIMA	IEJ	伊江岛	日本
IFFLEY QL	IFF	伊夫雷	澳大利亚(昆士兰州)
IGIUGIG AK	IGG	伊久吉格	美国(阿拉斯加州)
IGLOOLIK NT	YGT	伊格卢利克	加拿大(西北地区)
IGNACE OT	ZUC	伊尼亚斯	加拿大(安大略省)
IGUASSU FALLS PR	IGU	伊瓜苏瀑布	巴西(巴拉那州)

表 2（续）

城市地名英文全称	代　码	城市地名中文全称	所在国家或地区（州、省或区域）
IGUAZU	IGR	伊瓜朱	阿根廷
IHOSY	IHO	伊胡西	马达加斯加
IHU	IHU	伊户	巴布亚新几内亚
IJUI RS	IJU	伊茹伊	巴西（南里奥格朗德州）
IKELA	IKL	伊凯拉	刚果（金）
IKI	IKI	壹岐	日本
ILE D. YEU	IDY	耶岛	法国
ILE DES PINS(KUINE)	ILP	松树岛	新喀里多尼亚（太平洋）
ILE OUEN	IOU	乌恩岛	新喀里多尼亚（南太平洋）
ILEBO	PFR	伊莱博	刚果（金）
ILFORD MN	ILF	伊尔福德	加拿大（曼尼托巴省）
ILHEUS BA	IOS	伊列乌斯	巴西（巴伊亚州）
ILIAMNA AK	ILI	伊利亚姆纳	美国（阿拉斯加州）
ILIGAN	IGN	伊利甘	菲律宾
ILLAGA	ILA	伊拉加	印度尼西亚
ILLIZI	VVZ	伊利齐	阿尔及利亚
ILOILO	ILO	伊洛伊洛	菲律宾
ILORIN	ILR	伊洛林	尼日利亚
ILU	IUL	伊卢	印度尼西亚
IMBAIMADAI	IMB	因拜马代	圭亚那
IMONDA	IMD	伊蒙达	巴布亚新几内亚
IMPERATRIZ MA	IMP	因佩拉特里斯	巴西（马拉尼翁州）
IMPERIAL CA	IPL	因皮里尔	美国（加利福尼亚州）
IMPFONDO	ION	英普丰多	刚果（布）
IMPHAL	IMF	英帕尔	印度
IN AMENAS	IAM	英纳梅那斯	阿尔及利亚
IN GUEZZAM	INF	英盖扎姆	阿尔及利亚
IN SALAH	INZ	因萨拉	阿尔及利亚
INAGUA	IGA	英纳加	巴哈马（拉丁美洲）
INDAGEN	IDN	英达根	巴布亚新几内亚
INDASELASSIE	SHC	英达塞拉西	埃塞俄比亚
INDIANA PA	IDI	印第安纳	美国（宾夕法尼亚州）
INDIANAPOLIS IN	IND	印第安纳波利斯	美国（印第安纳州）
INDORE	IDR	印多尔	印度
INDULKANA SA	IDK	印度尔卡纳	澳大利亚（南澳州）

表 2（续）

城市地名英文全称	代　码	城市地名中文全称	所在国家或地区(州、省或区域)
INE IS.	IMI	伊内岛	马绍尔群岛(太平洋)
INGHAM QL	IGH	英厄姆	澳大利亚(昆士兰州)
INHAMBANE	INH	伊尼扬巴内	莫桑比克
INISHEER	INQ	伊尼希尔	冰岛
INISHMAAN	IIA	伊尼什曼	冰岛
INISHMORE IL.	IOR	伊尼什莫尔岛	冰岛
INKERMAN QL	IKP	英克曼	澳大利亚(昆士兰州)
INNAMINCKA SA	INM	因纳明卡	澳大利亚(南澳州)
INNISFAIL QL	IFL	因尼斯费尔	澳大利亚(昆士兰州)
INNSBRUCK	INN	因斯布鲁克	奥地利
INT' L FALLS MN	INL	国际瀑布	美国(明尼苏达州)
INUKJUAK QU	YPH	英乌克胡阿克	加拿大(魁北克省)
INUVIK NT	YEV	伊努维克	加拿大(西北地区)
INVERCARGILL	IVC	因佛卡吉尔	新西兰
INVERELL NS	IVR	因旨雷尔	澳大利亚(新南威尔士州)
INVERNESS	INV	因弗内斯	英国
INVERWAY NT	IVW	因弗韦	澳大利亚(北部地区)
INYOKERN CA	IYK	因约肯	美国(加利福尼亚州)
IOANNINA	IOA	雅尼那	希腊
IOKEA TOWN	IOK	雅克亚镇	巴布亚新几内亚
IOMA	IOP	约马	巴布亚新几内亚
IPATINGA MG	IPN	衣潘廷加	巴西(米纳斯吉拉斯州)
IPIALES	IPI	怡皮亚莱斯	哥伦比亚
IPIL	IPE	伊皮尔	菲律宾
IPIRANGA AM	IPG	伊皮兰加	巴西(亚马孙州)
IPOH	IPH	怡保	马来西亚
IPOTA	IPA	怡波塔	瓦努阿图(南太平洋)
IPSWICH	IPW	伊普斯威奇	英国
IQALUIT NU	YFB	伊克律特	加拿大(西北地区)
IQUIQUE	IQQ	伊基克	智利
IQUITOS	IQT	伊基托斯	秘鲁
IRINGA	IRI	伊林加	坦桑尼亚
IRKUTSK	IKT	伊尔库茨克	俄罗斯
IRON MOUNT. MI	IMT	艾恩蒙廷	美国(密执安州)
IRONWOOD MI	IWD	艾恩伍德	美国(密执安州)

表 2（续）

城市地名英文全称	代 码	城市地名中文全称	所在国家或地区（州、省或区域）
IS. MADELEN QU	YGR	马德伦岛	加拿大（魁北克省）
IS. OF MAN	IOM	曼岛	英国
ISAFJORDUR	IFJ	伊萨菲约杜尔	冰岛
ISFAHAN	IFN	伊斯法罕	伊朗
ISHIGAKI	ISG	右垣	日本
ISHURDI	IRD	伊舒尔迪	巴基斯坦
ISIRO	IRP	伊西罗	刚果（金）
ISISFORD QL	ISI	艾西斯福德	澳大利亚（昆士兰州）
ISLA MUJERES	ISJ	穆赫勒斯岛	墨西哥
ISLAMABAD	ISB	伊斯兰堡	巴基斯坦
ISLAND LAKE MB	YIV	伊斯兰湖	加拿大（曼尼托巴省）
ISLAY	ILY	艾莱	英国
ISLE OF SKYE	SKL	斯凯岛	英国
ISLES OF SCILLY	ISC	锡利群岛	英国
ISLIP NY	ISP	艾斯利普	美国（纽约州）
ISTANBUL	IST	伊斯坦布尔	土耳其
ITABUNA BA	ITN	伊塔布纳	巴西（巴伊亚州）
ITAITUBA PA	ITB	伊泰图巴	巴西（帕拉州）
ITAMBACURI MG	ITI	伊坦巴库里	巴西（米纳斯吉拉斯州）
ITAQUI RS	ITQ	伊塔基	巴西（南里奥格朗德州）
ITHACA NY	ITH	伊萨卡	美国（纽约州）
ITOKAMA	ITK	伊托卡马	巴布亚新几内亚
IVALO	IVL	伊伐洛	芬兰
IVANOF BAY AK	KIB	伊凡诺夫湾	美国（阿拉斯加州）
IVUGIVIK QU	YIK	伊伍吉维克	加拿大（魁北克省）
IZMIR	IZM	伊兹密尔	土耳其
IZUMO	IZO	出云	日本
JABALPUR	JLR	贾巴尔普尔	印度
JABAT	JAT	贾巴特	马绍尔群岛（太平洋）
JABIRU NT	JAB	贾比茹	澳大利亚（北部地区）
JACKPOT NV	KPT	杰克波特	美国（内华达州）
JACKSON MI	JXN	杰克逊	美国（密执安州）
JACKSON MN	MJQ	杰克逊	美国（明尼苏达州）
JACKSON MS	JAN	杰克逊	美国（密西西比州）
JACKSON TN	MKL	杰克逊	美国（田纳西州）

表 2（续）

城市地名英文全称	代　码	城市地名中文全称	所在国家或地区（州、省或区域）
JACKSON WY	JAC	杰克逊	美国（怀俄明州）
JACKSONVILLE IL	IJX	杰克逊维尔	美国（伊利诺斯州）
JACKSONVILLE NC	OAJ	杰克逊维尔	美国（北卡罗来纳州）
JACOBABAD	JAG	雅各布阿巴德	巴基斯坦
JACOBINA BA	JCM	雅克比纳	巴西（巴伊亚州）
JACQUINOT BAY	JAQ	杰基诺特湾	巴布亚新几内亚
JAFFNA	JAF	贾夫纳	斯里兰卡
JAGDALPUR	JGB	杰格德尔布尔	印度
JAIPUR	JAI	斋浦尔	印度
JAISALMER	JSA	杰伊瑟尔梅尔	印度
JAKARTA(DJAKARTA)	JKT	雅加达	印度尼西亚
JALALABAD	JAA	贾拉拉巴德	阿富汗
JALUIT IS.	UIT	贾路易特岛	马绍尔群岛（太平洋）
JAMBA	JMB	贾姆巴	安哥拉
JAMBI	DJB	占碑	印度尼西亚（占碑省）
JAMESTOWN ND	JMS	詹姆斯敦	美国（北达科他州）
JAMESTOWN NY	JHW	詹姆斯敦	美国（纽约州）
JAMMU	IXJ	查谟	印度
JAMNAGAR	JGA	贾姆纳加尔	印度
JAMSHEDPUR	IXW	贾姆谢普尔	印度
JANAKPUR	JKR	贾纳克普尔	尼泊尔
JANESVILLE WI	JVL	简斯维尔	美国（威斯康星州）
JANUARIA MG	JNA	雅努阿里亚	巴西（米纳斯吉拉斯州）
JAQUE	JQE	哈克	巴拿马
JAYAPURA	DJJ	查亚普拉	印度尼西亚（伊里安查亚省）
JEDDAH	JED	吉达	沙特阿拉伯
JEFFERSON MO	JEF	杰斐逊	美国（密苏里州）
JEQUIE BA	JEQ	热基耶	巴西（巴伊亚州）
JEREMIE	JEE	热雷米	海地（拉丁美洲）
JEREZ DE LA FRONTRA	XRY	赫雷斯—德拉弗龙特拉	西班牙
JERSEY	JER	泽西	英国
JERUSALEM	JRS	耶路撒冷	以色列
JESSORE	JSR	杰索尔	孟加拉国
JEYPORE	PYB	杰伊布尔	印度
JI-PARANA RO	JPR	吉—巴拉那	巴西（朗多尼亚州）

表 2（续）

城市地名英文全称	代　码	城市地名中文全称	所在国家或地区（州、省或区域）
JIAYUGUAN	JGN	嘉峪关	中国（甘肃省）
JIJEL	GJL	吉杰勒	阿尔及利亚
JIMMA	JIM	季马	埃塞俄比亚
JINAN	TNA	济南	中国（山东省）
JINGDEZHEN	JDZ	景德镇	中国（江西省）
JINJA	JIN	金贾	乌干达
JINJIANG	JJN	曾江	马来西亚
JINKA	BCO	金卡	埃塞俄比亚
JIRI	JIR	吉里	尼泊尔
JIWANI	JIW	吉沃尼	巴基斯坦
JOA PESSOA PB	JPA	若昂佩索阿	巴西（帕拉伊巴州）
JOACABA SC	JCB	若阿萨巴	巴西（圣卡塔林纳州）
JODHQUR	JDH	焦特布尔	印度
JOENSUU	JOE	约恩苏	芬兰
JOHANNESBURG	JNB	约翰内斯堡	南非
JOHNSON CITY NY	BGM	约翰逊城	美国（纽约州）
JOHNSON CREEK TN	TRI	约翰逊河	美国（田纳西州）
JOHNSTON IS.	JON	约翰斯顿岛	太平洋
JOHNSTOWN PA	JST	约翰斯顿	美国（宾夕法尼亚州）
JOHOR BAHRU	JHB	柔佛巴鲁	马来西亚
JOINVILLE SC	JOI	若因维尔	巴西（圣卡塔林州）
JOLO	JOL	霍洛	菲律宾
JOMSOM	JMO	乔姆松	尼泊尔
JONESBORO AR	JBR	琼斯伯勒	美国（阿肯色州）
JONKOPING	JKG	荣彻平	瑞典
JOPLIN MO	JLN	乔普林	美国（密苏里州）
JORHAT	JRH	乔哈特	印度
JOS	JOS	乔斯	尼日利亚
JOSE D. SAN. MATIN CB	JSM	何塞—德圣马丁	阿根廷
JOSEPHSTAAL	JOP	约瑟夫斯塔尔	巴布亚新几内亚
JUANJUI	JJI	胡安惠	秘鲁
JUAZERO D. NORTE CE	JDO	北茹阿泽鲁	巴西（西阿拉州）
JUBA	JUB	朱巴	苏丹
JUIST	JUI	儒伊斯特	德国
JUIZ DE FORA MG	JDF	茹伊斯—迪福拉	巴西（米纳斯吉拉斯州）

表 2（续）

城市地名英文全称	代　码	城市地名中文全称	所在国家或地区（州、省或区域）
JUJUY	JUJ	胡胡伊	阿根廷
JULIA CREEK QL	JCK	朱利亚河	澳大利亚（昆士兰州）
JULIACA	JUL	胡利亚卡	秘鲁
JUMLA	JUM	久姆拉	尼泊尔
JUNEAU AK	JNU	朱诺	美国（阿拉斯加州）
JUNIN	JNI	胡宁	阿根廷
JURADO	JUO	胡拉多	哥伦比亚
JWANENG	JWA	朱瓦能	博茨瓦纳
JYVASKYLA	JYV	于伐斯居拉	芬兰
KABALA	KBA	卡巴拉	塞拉利昂
KABRI DAR	ABK	卡卜里达尔	埃塞俄比亚
KABUL	KBL	喀布尔	阿富汗
KABWUM	KBM	卡布武姆	巴布亚新几内亚
KADUNA	KAD	卡杜纳	尼日利亚
KAEDI	KED	卡埃迪	毛里塔尼亚
KAGI	KGW	角耳	朝鲜
KAGOSHIMA	KOJ	鹿尔岛	日本
KAGUA	AGK	卡瓜	巴布亚新几内亚
KAHULUI HI	OGG	卡胡卢伊	美国（夏威夷州）
KAIETEUR	KAI	凯厄图尔	圭亚那
KAIKOHE	KKO	凯库赫	新西兰
KAILASHAHAR	IXH	凯拉沙哈尔	印度
KAIMANA	KNG	凯马纳	印度尼西亚
KAINTIBA	KZF	凯因蒂巴	巴布亚新几内亚
KAITAIA	KAT	凯塔依亚	新西兰
KAJAANI	KAJ	卡亚尼	芬兰
KAKE AK	KAE	客凯	美国（阿拉斯加州）
KAKHONAK AK	KNK	卡克霍纳克	美国（阿拉斯加州）
KALABO	KLB	卡拉博	赞比亚
KALAKAKET AK	KKK	卡拉卡凯特	美国（阿拉斯加州）
KALAMATA	KLX	卡拉马塔	希腊
KALAMAZOO MI	AZO	卡拉马祖	美国（密执安州）
KALAUPAPA HI	LUP	卡劳帕帕	美国（夏威夷州）
KALBARRI WA	KAX	卡尔巴里	澳大利亚（西澳州）
KALEMIE	FMI	卡莱米	刚果（金）

表 2（续）

城市地名英文全称	代　码	城市地名中文全称	所在国家或地区（州、省或区域）
KALEMYO	KMV	吉灵庙	缅甸
KALGOORLIE WA	KGI	卡尔古利	澳大利亚（西澳州）
KALIBO	KLO	卡利博	菲律宾
KALIMA	KLY	卡利马	刚果（金）
KALININGRAD	KGD	加里宁格勒	俄罗斯
KALISPELL MT	FCA	卡利斯佩尔	美国（蒙大拿州）
KALKURUNG NT	KFG	卡尔库龙	澳大利亚（北部地区）
KALMAR	KLR	卡尔马	瑞典
KALOKOL	KLK	卡洛克尔	肯尼亚
KALPOWAR QL	KPP	卡尔波沃	澳大利亚（昆士兰州）
KALSKAG AK	KLG	卡尔斯卡格	美国（阿拉斯加州）
KALTAG AK	KAL	卡尔塔格	美国（阿拉斯加州）
KALUMBURU WA	UBU	卡伦布鲁	澳大利亚（西澳州）
KAMALPUR	IXQ	卡马尔普尔	印度
KAMARAN DO QL	KDS	卡马兰·多	澳大利亚（昆士兰州）
KAMARAN IS.	KAM	卡马兰岛	也门
KAMARANG	KAR	卡马朗	圭亚那
KAMBALDA WA	KDB	坎博尔达	澳大利亚（西澳州）
KAMBUAYA	KBX	坎巴亚	印度尼西亚
KAMEMBE	KME	卡门贝	卢旺达
KAMESHLI	KAC	卡米什利	叙利亚
KAMILIROI QL	KML	卡米勒罗伊	澳大利亚（昆士兰州）
KAMINA	KMF	卡米纳	多哥（非洲）
KAMINA	KMF	卡米纳	刚果（金）
KAMLOOPS BC	YKA	坎卢普斯	加拿大（不列颠哥伦比亚省）
KAMPALA	KLA	坎帕拉	乌干达
KAMUELA HI	MUE	卡姆也拉	美国（夏威夷州）
KANAB UT	KNB	卡纳布	美国（犹他州）
KANAINJ	KNE	金井	日本
KANANGA	KGA	卡南加	刚果（金）
KANDAHAR	KDH	坎大哈	阿富汗（昆都士省）
KANDAVU	KDV	坎达武	斐济（大洋洲）
KANDEP	KDP	坎德普	巴布亚新几内亚
KANDI	KDC	坎迪	印度
KANDLA	IXY	坎德拉	印度

表 2（续）

城市地名英文全称	代　码	城市地名中文全称	所在国家或地区(州、省或区域)
KANDRIAN	KDR	坎德利安	巴布亚新几内亚
KANGIQSUAL QU	XGR	坎吉克斯瓦尔	加拿大(魁北克省)
KANGIQSUJU QC	YWB	坎吉克苏茹	加拿大(魁北克省)
KANGIRSUO QU	YKG	坎吉尔苏克	加拿大(魁北克省)
KANIAMA	KNM	卡尼亚马	刚果(金)
KANKAN	KNN	坎坎	几内亚
KANO	KAN	卡诺	尼日利亚
KANPUR	KNU	坎普尔	印度
KANSAS CITY MO	MKC	堪萨斯城	美国(密苏里州)
KAOHSIUNG	KHH	高雄	中国(台湾省)
KAOLACK	KLC	考拉克	塞内加尔
KAOMA	KMZ	卡奥马	赞比亚
KAPALUA HI	JHM	卡帕卢阿	美国(夏威夷州)
KAPIT	KPI	加帛	马来西亚
KAPUSKASIN OT	YYU	卡普斯卡辛	加拿大(安大略省)
KAR KAR	KRX	卡尔卡尔	巴布亚新几内亚
KARACHI	KHI	卡拉奇	巴基斯坦
KARAGANDA	KGF	卡拉干达	哈萨克斯坦
KARAMAY	KRY	克拉玛依	中国(新疆维吾尔自治区)
KARASABAI	KRG	卡拉萨拜	圭亚那
KARAWARI	KRJ	卡拉瓦里	巴布亚新几内亚
KARIBA	KAB	卡里巴	津巴布韦
KARIMUI	KMR	卡里穆伊	巴布亚新几内亚
KARLOVY VARY	KLV	卡罗维发利	捷克
KARLSKOGA	KSK	卡尔斯库加	瑞典
KARLSTAD	KSD	卡尔斯塔德	瑞典
KARLUK AK	KYK	卡勒克	美国(阿拉斯加州)
KARONGA	KGJ	卡龙加	马拉维
KARPATHOS	AOK	卡尔帕索斯	希腊
KARRATHA WA	KTA	卡拉特哈	澳大利亚(西澳州)
KARSHI	KSQ	卡希	乌兹别克斯坦
KARUBAGA	KBF	卡鲁巴加	印度尼西亚
KARUMBA QL	KRB	卡兰巴	澳大利亚(昆士兰州)
KARUP	KRP	卡鲁普	丹麦
KASAAN AK	KXA	卡萨	美国(阿拉斯加州)

表 2（续）

城市地名英文全称	代　码	城市地名中文全称	所在国家或地区（州、省或区域）
KASABA BAY	ZKB	卡萨巴湾	赞比亚
KASABONIKA OT	XKS	卡萨波尼加	加拿大（安大略省）
KASAMA	KAA	卡萨马	赞比亚
KASANE	BBK	卡萨内	博茨瓦纳
KASCHECHEWO OT	ZKE	坎斯切切沃	加拿大（安大略省）
KASESE	KSE	卡塞塞	乌干达
KASIGLUK AK	KUK	（卡西格拉克）阿尔缪特	美国（阿拉斯加州）
KASOS IS.	KSJ	卡索斯岛	希腊
KASSALA	KSL	卡萨拉	苏丹
KASTELORIZO	KZS	卡斯特洛里佐	希腊
KASTORIA	KSO	卡斯托里亚	希腊
KATHERINE NT	KTR	凯瑟琳	澳大利亚（北部地区）
KATHMANDU	KTM	加德满都	尼泊尔
KATOWICE	KTW	卡托维兹	波兰
KAU	KAZ	卡乌	印度尼西亚
KAUAI IS. HI	LIH	考爱岛	美国（夏威夷州）
KAUHAVA	KAU	考哈瓦	芬兰
KAUKURA ATOLL	KKR	考库拉环礁	土阿莫土群岛（太平洋）
KAUNAKAKAI HI	MKK	考纳卡凯	美国（夏威夷州）
KAUNAS	KUN	考纳斯	立陶宛
KAVALA	KVA	卡瓦拉	希腊
KAVIENG	KVG	卡维恩	巴布亚新几内亚
KAWTHAUNG	KAW	高当	缅甸
KAYES	KYS	凯斯	马里
KAYSERI	ASR	开塞利	土耳其
KAZAN	KZN	喀山	俄罗斯
KEARNEY NE	EAR	卡尼	美国（内布拉斯加州）
KEBAR	KEQ	克巴尔	印度尼西亚
KEDOUGOU	KGG	克杜古	塞内加尔
KEENE NH	EEN	基恩	美国（新罕布什尔州）
KEETMANSHOOP	KMP	基特曼斯胡普	纳米比亚
KEFALLINIA	EFL	凯法利尼亚	希腊
KEGASKA QC	ZKG	凯加斯卡	加拿大（魁北克省）
KEISAH	KEA	凯萨	印度尼西亚
KELAFO	LFO	克拉福	埃塞俄比亚

表 2（续）

城市地名英文全称	代　码	城市地名中文全称	所在国家或地区(州、省或区域)
KELLE	KEE	凯莱	刚果(金)
KELOWNA BC	YLW	凯洛沃纳	加拿大(不列颠哥伦比亚省)
KEMANO BC	XKO	基马诺	加拿大(不列颠哥伦比亚省)
KEMEROVO	KEJ	克麦罗沃	俄罗斯
KEMI/TORNIO	KEM	克米	芬兰
KEMPSEY NS	KPS	肯普西	澳大利亚(新南威尔士州)
KENAI AK	ENA	基奈	美国(阿拉斯加州)
KENDARI	KDI	肯达里	印度尼西亚
KENEMA	KEN	凯内马	塞拉利昂
KENG TUNG	KET	景栋	缅甸
KENIEBA	KNZ	凯涅巴	马里
KENINGAU	KGU	建宁欧	马来西亚
KENMORE WA	KEH	肯漠尔	美国(华盛顿州)
KENORA OT	YQK	凯诺拉	加拿大(安大略省)
KEOKUK IA	EOK	基奥卡克	美国(衣阿华州)
KEPI	KEI	克皮	印度尼西亚
KERAU	KRU	凯劳	巴布亚新几内亚
KEREMA	KMA	凯里马	巴布亚新几内亚
KERIKERI	KKE	凯里凯里	新西兰
KERRY COUNTY	KIR	凯里郡	爱尔兰
KERTEH	KTE	居茶	马来西亚
KESHOD	IXK	克肖德	印度
KETAPANG	KTG	吉打邦	印度尼西亚
KETCHIKAN AK	KTN	凯奇坎	美国(阿拉斯加州)
KEY LAKE SK	YKJ	基湖	加拿大(萨斯喀彻温省)
KEY WEST FL	EYW	基韦斯特	美国(佛罗里达州)
KHABAROVSK	KHV	哈巴罗夫斯克	俄罗斯
KHAJURAHO	HJR	克久拉霍	印度
KHAMIS MUSHAI	KMX	海米斯 穆斯哈	埃及
KHARK IS.	KHK	卡克岛	伊朗
KHARKOV	HRK	哈尔科夫	乌克兰
KHARTOUM	KRT	喀土穆	苏丹
KHASAB	KHS	海塞卜	阿曼
KHASHM EL GIRBA	GBU	哈什姆吉尔巴	苏丹
KHERSON	KHE	赫尔松	乌克兰

表 2（续）

城市地名英文全称	代　码	城市地名中文全称	所在国家或地区(州、省或区域)
KHON KAEN	KKC	孔敬	泰国
KHOST	KHT	霍斯特	阿富汗
KHUZDAR	KDD	胡兹达尔	巴基斯坦
KHWAHAN	KWH	哈汉	阿富汗
KIANA AK	IAN	凯厄纳	美国(阿拉斯加州)
KIEL	KEL	基尔	德国(原西德石勒苏盖格州)
KIETA	KIE	基埃塔	所罗门群岛(太平洋)
KIEV	IEV	基辅	乌克兰
KIFFA	KFA	基法	毛里塔尼亚
KIGALI	KGL	基加利	卢旺达
KIGOMA	TKQ	基戈马	坦桑尼亚
KIKORI	KRI	基科里	巴布亚新几内亚
KIKWIT	KKW	基克韦特	刚果(金)
KILGORE TX	GGG	基尔戈	美国(德克萨斯州)
KILI IS.	KIO	基尔岛	马绍尔群岛(太平洋)
KILIMANJARO	JRO	乞力马扎罗	坦桑尼亚
KILLARNEY	KIR	基拉尔尼	爱尔兰
KILLEEN TX	ILE	基林	美国(德克萨斯州)
KILWA	KIY	基尔瓦	坦桑尼亚
KIMAM	KMM	基曼	印度尼西亚
KIMBERLEY	KIM	金伯利	南非
KINDAMBA	KNJ	金丹巴	刚果(布)
KINDU	KND	金杜	刚果(金)
KING COVE AK	KVC	金湾	美国(阿拉斯加州)
KING IS. TS	KNS	金岛	澳大利亚(塔斯马尼亚州)
KING SALMON AK	AKN	金萨蒙	美国(阿拉斯加州)
KINGAROY QL	KGY	金格罗伊	澳大利亚(昆士兰州)
KINGFISHER ON	KIF	金菲舍	加拿大(安大略省)
KINGMAN AZ	IGM	金曼	美国(亚利桑那州)
KINGSCOTE SA	KGC	金斯科特	澳大利亚(南澳州)
KINGSPORT TN	TRI	金斯科特	美国(田纳西州)
KINGSTON	KIN	金斯敦	牙买加(拉丁美洲)
KINGSTON ON	YGK	金斯顿	加拿大(安大略省)
KINSHASA	FIH	金沙萨	刚果(金)
KINSTON NC	ISO	金斯顿	美国(北卡罗来纳州)

表 2（续）

城市地名英文全称	代码	城市地名中文全称	所在国家或地区（州、省或区域）
KIPNUK AK	KPN	基普努克	美国（阿拉斯加州）
KIRA	KIQ	基拉	巴布亚新几内亚
KIRAKIRA	IRA	基拉基拉	所罗门群岛（太平洋）
KIRKENES	KKN	希尔克内斯	挪威
KIRKLAND ON	YKX	柯克兰	加拿大（安大略省）
KIRKSVILLE MO	IRK	柯克斯维尔	美国（密苏里州）
KIRKWALL	KOI	柯克沃尔	英国
KIRUNA	KRN	基律纳	瑞典
KIRUNDO	KRE	基龙多	布隆迪
KISANGANI	FKI	基桑加尼	刚果（金）
KISH IS.	KIH	基什岛	伊朗
KISHINEV	KIV	基什尼奥夫	摩尔达维亚
KISMAYU	KMU	基斯马尤	索马里
KISSIDOUGOU	KSI	基西杜古	几内亚
KISSIMMEE FL	ISM	基西米	美国（佛罗里达州）
KISUMU	KIS	基苏木	肯尼亚
KITA KYUSHU	KKJ	北九州	日本
KITADAITO	KTD	北大东岛	日本
KITALE	KTL	基塔莱	肯尼亚
KITHIRA	KIT	基西拉	希腊
KITOI BAY AK	KKB	基图依湾	美国（阿拉斯加州）
KITTILA	KTT	基蒂拉	芬兰
KITWE	KIW	基特韦	赞比亚
KIUNGA	KIU	基温加	肯尼亚
KIUNGA	UNG	昆嘎	巴布亚新几内亚
KIVALINA AK	KVL	基瓦利纳	美国（阿拉斯加州）
KLAG BAY AK	KBK	克拉格湾	美国（阿拉斯加州）
KLAGENFURT	KLU	克拉根福	奥地利
KLAMATH FALLS OR	LMT	克拉马斯福尔斯	美国（俄勒冈州）
KLAWOCK AK	KLW	克拉瓦克	美国（阿拉斯加州）
KLEINZEE	KLZ	克莱因齐	南非
KLERKSDORP	KXE	克莱克斯多普	南非
KNEE LAKE MB	YKE	尼湖	加拿大（曼尼托巴省）
KNOXVILLE TN	TYS	诺克斯维尔	美国（田纳西州）
KOBUK AK	OBU	科伯克	美国（阿拉斯加州）

表 2（续）

城市地名英文全称	代　码	城市地名中文全称	所在国家或地区(州、省或区域)
KOCHI	KCZ	高知	日本
KODIAK AK	ADQ	科迪亚克	美国(阿拉斯加州)
KOHAT	OHT	科哈特	巴基斯坦
KOKKOLA	KOK	科科拉	芬兰
KOKODA	KKD	科科达	巴布亚新几内亚
KOKOMO IN	OKK	科科莫	美国(印第安纳州)
KOKORO	KOR	科科罗	贝宁(非洲)
KOKSCHETAV	KOV	科克切塔夫	哈萨克斯坦
KOL	KQL	贡城	柬埔寨
KOL WEZI	KWZ	科尔韦齐	刚果(金)
KOLDA	KDA	科尔达	塞内加尔
KOLHAPUR	KLH	戈尔哈普尔	印度
KOLIGANEK AK	KGK	科利加内克	美国(阿拉斯加州)
KOMAKO	HOC	驹子	日本
KOMATSU	KMQ	小松	日本
KOMPIAM	KPM	孔皮亚姆	巴布亚新几内亚
KONA HI	KOA	科纳	美国(夏威夷州)
KONE	KNQ	科内	新喀里多尼亚(太平洋)
KONGE	KGB	孔盖	巴布亚新几内亚
KONGIGANAK AK	KKH	孔基加纳克	美国(阿拉斯加州)
KONGOBOUMBA	GKO	康果邦巴	加蓬
KONGOLO	KOO	康果洛	刚果(金)
KONYA	KYA	科尼亚	土耳其
KOOLATAH NT	KOH	库勒塔	澳大利亚(北部地区)
KOPASKER	OPA	科伯斯凯尔	冰岛
KORHOGO	HGO	科尔霍戈	科特迪瓦(象牙海岸)
KORLA	KRL	库尔勒	中国(新疆维吾尔自治区)
KORO IS.	KXF	科罗岛	斐济(南太平洋)
KOROBA	KDE	科罗巴	巴布亚新几内亚
KOROLEVU	KVU	科罗莱武	斐济(南太平洋)
KOROR	ROR	科罗尔	帕劳群岛(太平洋)
KOS	KGS	科斯	希腊
KOSICE	KSC	科希策	斯洛伐克
KOSRAE	KSA	科斯瑞	加罗林群岛(太平洋)
KOSTI	KST	科斯提	苏丹

表 2（续）

城市地名英文全称	代 码	城市地名中文全称	所在国家或地区(州、省或区域)
KOSZALIN	OSZ	科沙林	波兰
KOTA	KTU	科塔	印度
KOTA BHARU	KBR	哥达巴鲁	马来西亚
KOTA KINABALU	BKI	哥打基纳巴卢	马来西亚
KOTABANGUN	KOD	哥打邦翁	印度尼西亚
KOTLIK AK	KOT	戈特利克	美国(阿拉斯加州)
KOTZEBUE AK	OTZ	科策布	美国(阿拉斯加州)
KOULAMOUTOU	KOU	库拉穆图	加蓬
KOUMAC	KOC	库马克	新喀里多尼亚(太平洋)
KOUNDARA	SBI	孔达拉	几内亚
KOUTABA	KOB	库塔巴	喀麦隆
KOWANYAMA QL	KWM	科瓦尼阿马	澳大利亚(昆士兰州)
KOYUK AK	KKA	科尤克	美国(阿拉斯加州)
KOYUKUK AK	KYU	科尤库克	美国(阿拉斯加州)
KOZANI	KZI	科扎尼	希腊
KRAKOV	KRK	克拉科夫	波兰
KRAMFORS	KRF	克拉姆福什	瑞典
KRASNODAR	KRR	克拉斯诺达尔	俄罗斯
KRASNOVOKSK	KRW	克拉斯诺沃茨克	土库曼斯坦
KRASNOYARSK	KJA	克拉斯诺亚尔斯克	俄罗斯
KRIBI	KBI	克里比	喀麦隆
KRISTIANSAND	KRS	克里斯蒂安桑	挪威
KRISTIANSAND	KSU	克里斯蒂安松	挪威
KRISTIANSTAD	KID	克里斯蒂安斯塔德	瑞典
KRIVOY ROG	KWG	克里沃罗格	乌克兰
KUALA LUMPUR	KUL	吉隆坡	马来西亚
KUALA TERENGGANU	TGG	瓜拉丁加奴	马来西亚
KUANTAN	KUA	关丹	马来西亚
KUBIN IS. QL	KUG	库宾岛	澳大利亚(昆士兰州)
KUCHING	KCH	古晋	马亚西亚
KUDAT	KUD	库达特	马来西亚
KUFRAH	AKF	库弗拉	利比亚
KUITO	SVP	库依托	安哥拉
KULU	KUU	库卢	印度
KULUSUK IS.	KUS	库留苏克岛	格陵兰(丹属，北美洲)

表 2（续）

城市地名英文全称	代　码	城市地名中文全称	所在国家或地区（州、省或区域）
KUMAMOTO	KMJ	熊本	日本
KUMASI	KMS	库马西	加纳
KUMEJIMA	UEO	久米岛	日本
KUMMING	KMG	昆明	中国（云南省）
KUNDIAWA	CMU	孔迪亚瓦	巴布亚新几内亚
KUNDUZ	UND	昆都士	阿富汗
KUNUNURRA WA	KNX	库努纳拉	澳大利亚（西澳州）
KUOPIO	KUO	库奥皮欧	芬兰
KUOREVESI	KEV	库奥雷韦西	芬兰
KUPANG	KOE	古邦	印度尼西亚
KUPIANO	KUP	库皮亚诺	巴布亚新几内亚
KURGAN	KRO	库尔干	俄罗斯
KURIA	KUC	库里亚	基里巴斯（太平洋）
KURUMAN	KMH	库鲁曼	南非
KUSHIRO	KUH	钏路	日本
KUSTANAY	KSN	库斯塔奈	哈萨克斯坦
KUTAISI	KUT	库塔伊西	格鲁吉亚
KUUJJUAQ QU	KVP	库朱阿克	加拿大（魁北克省）
KUUJJUARAP QU	YGW	库朱阿拉普	加拿大（魁北克省）
KUUSAMO	KAO	库萨莫	芬兰
KUWAIT	KWI	科威特	科威特（波斯湾良港）
KWAJALEIN	KWA	夸贾林	马绍尔群岛（太平洋）
KWANGJU	KWJ	光州	韩国
KWETHLUK AK	KWT	奎斯卢克	美国（阿拉斯加州）
KWIGILLINGOK AK	KWK	奎吉林戈克	美国（阿拉斯加州）
KYAUKPYU	KYP	皎漂	缅甸
KYAUKTAW	KYT	皎道	缅甸
LA BAULE	LBY	拉包尔	法国
LA CEIBA	LCE	拉塞瓦	洪都拉斯
LA CHORRERA	LCR	拉乔雷拉	哥伦比亚
LA COLOMA	LCL	拉科洛马	古巴
LA CORUNA	LCG	拉科鲁尼亚	西班牙
LA CROSSE WI	LSE	拉克鲁斯	美国（威斯康星州）
LA DESIRADE	DSD	拉代西拉德	瓜德罗普岛（拉丁美洲）
LA FRIA	LFR	拉弗里亚	委内瑞拉

表 2（续）

城市地名英文全称	代　码	城市地名中文全称	所在国家或地区(州、省或区域)
LA GRANDE QU	YGL	拉格兰德	加拿大(魁北克省)
LA PALMA	PLP	拉帕尔马	西班牙
LA PAZ	LPB	拉巴斯	玻利维亚
LA PAZ MEX	LAP	拉巴斯	墨西哥
LA PEDRERA	LPD	拉佩德雷拉	哥伦比亚
LA PORTE IN	LPO	拉波特	美国(印第安纳州)
LA RIOJA	IRJ	拉里奥哈	阿根廷
LA ROCHE	EDM	拉罗什	法国
LA ROCHILLE	LRH	拉罗歇尔	法国
LA ROMANA	LRM	拉罗马纳	多米尼加
LA SARRE QU	SSQ	拉萨尔	加拿大(魁北克省)
LA SERENA	LSC	拉塞雷纳	智利
LA TABATI QC	ZLT	拉塔巴提	加拿大(魁北克省)
LA UNION	LUI	拉乌尼翁	洪都拉斯
LAAYOUNE	EUN	欧云	摩洛哥
LABASA	LBS	兰巴萨	斐济(南太平洋)
LABE	LEK	拉贝	几内亚
LABLAB	LAB	拉布拉布	巴布亚新几内亚
LABREA AM	LBR	拉布里亚	巴西(亚马孙州)
LABUAN	LBU	拉布安	马来西亚
LABUAN BAJO	LBJ	下拉布安	印度尼西亚
LABUHA	LAH	拉布哈	印度尼西亚
LAC BROCHET MB	XLB	拉克布谢特	加拿大(曼尼托巴省)
LAC LA MARTRE NT	YLE	拉科拉马特尔	加拿大(西北地区)
LAC LA RONGE SA	YVC	拉科拉龙日	加拿大(萨斯喀彻温省)
LACONIA NH	LCI	拉科尼亚	美国(新罕布什尔州)
LADYSMITH	LAY	莱迪史密斯	南非
LAE	LAE	莱城	巴布亚新几内亚
LAE IS.	LML	莱岛	马绍尔群岛(太平洋)
LAFAYETTE IN	LAF	拉斐特	美国(印第安纳州)
LAFAYETTE LA	LFT	拉斐特	美国(路易斯安那州)
LAGES SC	LAJ	拉热斯	巴西(圣卡塔林纳州)
LAGO AGRIO	LGQ	拉戈阿格里奥	厄瓜多尔
LAGO ARGENTINO	ING	阿根廷湖	阿根廷
LAGOS	LOS	拉各斯	尼日利亚

表 2（续）

城市地名英文全称	代　码	城市地名中文全称	所在国家或地区(州、省或区域)
LAGUNA BEACH CA	SNA	拉古纳比奇	美国(加利福尼亚州)
LAGUNILLAS	LGY	拉古尼亚斯	玻利维亚
LAHAD DATU	LDU	拉哈达图	马来西亚
LAHORE	LHE	拉合尔	巴基斯坦
LAIAGAM	LGM	拉亚加姆	巴布亚新几内亚
LAJES SC	LAJ	拉日斯	巴西(圣卡塔林纳州)
LAKE CHARLES LA	LCH	查尔斯湖	美国(路易斯安那州)
LAKE EVELLA NT	LEL	埃委拉湖	澳大利亚(北部地区)
LAKE HARBOUR NT	YLC	莱克港	加拿大(西北地区)
LAKE HAVASU AZ	LHU	哈瓦苏湖城	美国(亚利桑那州)
LAKE JACKSON TX	LJN	杰克逊湖	美国(德克萨斯州)
LAKE MANYARA	LKY	马尼亚拉湖	坦桑尼亚
LAKE MINCHUMINA AK	LMA	明丘米纳湖	美国(阿拉斯加州)
LAKE MURRAY	LMY	默里湖	巴布亚新几内亚
LAKE NASH NT	LNH	纳什湖	澳大利亚(北部地区)
LAKE OZARK MO	AIZ	奥扎克湖	美国(密苏里州)
LAKE PLACID NY	SLK	普莱西德湖	美国(纽约州)
LAKE TAHOE CA	TVL	塔霍湖	美国(加利福尼亚州)
LAKE VIEW OR	LKV	维尤湖	美国(俄勒冈州)
LAKEBA	LKB	莱克巴	斐济(南太平洋)
LAKEFIELD QL	LFP	莱克菲尔德	澳大利亚(昆士兰州)
LAKELAND FL	LAL	莱克兰	美国(佛罗里达州)
LAKSELV	LKL	拉克塞尔夫	挪威
LALIBELA	LLI	拉利贝拉	埃塞俄比亚
LAMA-KARA	LRL	拉马卡拉	多哥(非洲)
LAMACARENA	LMC	拉马卡雷纳	哥伦比亚
LAMAP	LPM	拉马普	瓦努阿图(南太平洋)
LAMAR CO	LAA	拉马尔	美国(科罗拉多州)
LAMBARENE	LBQ	兰巴雷内	加蓬
LAMEN BAY	LNB	拉门湾	瓦努阿图(南太平洋)
LAMEZIA-TERME	SUF	拉默齐亚—泰尔默	意大利
LAMPANG	LPT	南邦	泰国
LAMPEDUSA	LMP	兰佩杜萨	意大利
LAMU	LAU	拉穆	肯尼亚
LANAI HI	LNY	拉奈	美国(夏威夷州)

表 2（续）

城市地名英文全称	代 码	城市地名中文全称	所在国家或地区(州、省或区域)
LANCASTER CA	WJF	兰卡斯特	美国(加利福尼亚州)
LANCASTER PA	LNS	兰卡斯特	美国(宾夕法尼亚州)
LANDER WY	LND	兰德	美国(怀俄明州)
LANDS END	LEQ	兰兹角	英国
LANGKAWI	LGK	凌家卫	马来西亚
LANNION	LAI	拉尼永	法国
LANSDOWNE ON	YLH	兰斯当	加拿大(安大略省)
LANSERIA	HLA	拉塞利亚	南非
LANSING MI	LAN	兰辛	美国(密执安州)
LANZAROTE	ACE	兰萨罗特	西班牙
LANZHOU	LHW	兰州	中国(甘肃省)
LAOAG	LAO	拉瓦格	菲律宾
LAPPEENRANTA	LPP	拉彭兰塔	芬兰
LARAMIE WY	LAR	拉勒米	美国(怀俄明州)
LARANTUKA	LKA	拉兰图卡	印度尼西亚
LAREDO TX	LRD	拉雷多	美国(德克萨斯州)
LARISSA	LRA	拉里萨	希腊
LARNACA	LCA	拉纳卡	塞浦路斯
LARSEN BAY AK	KLN	拉森湾	美国(阿拉斯加州)
LAS CRUCES NM	LRU	拉斯克鲁塞斯	美国(新墨西哥州)
LAS LOMITAS	LLS	拉斯洛米塔斯	阿根廷
LAS PALMAS	LPA	拉斯帕尔马斯	加那利群岛(大西洋)
LAS PIEDRAS	LSP	拉斯皮耶德拉斯	委内瑞拉
LAS TUNAS	VTU	拉斯图纳斯	古巴
LAS VEGAS NV	LAS	拉斯维加斯	美国(内华达州)
LASHIO	LSH	腊戌	缅甸
LASTOURVILLE	LTL	拉斯土维尔	加蓬
LATAKIA	LTK	拉塔基亚	叙利亚
LATHROP WELLS NV	LTH	莱斯罗普韦尔斯	美国(内华达州)
LATROBE PA	LBE	拉特罗布	美国(宾夕法尼亚州)
LATROBE TS	LTB	拉特罗布	澳大利亚(塔斯马尼亚州)
LAUNCESTON TS	LST	朗塞斯顿	澳大利亚(塔斯马尼亚州)
LAURA QL	LUU	劳拉	澳大利亚(昆士兰州)
LAUREL MS	LUL	劳雷尔	美国(密西西比州)
LAURIE RIVER MN	LRQ	劳里河	加拿大(曼尼托巴省)

表 2（续）

城市地名英文全称	代　码	城市地名中文全称	所在国家或地区（州、省或区域）
LAVERTON WA	LVO	拉弗顿	澳大利亚（西澳州）
LAWAS	LWY	拉瓦勒	马来西亚
LAWN HILL QL	LWH	朗山	澳大利亚（昆士兰州）
LAWRENCE KS	LWC	劳伦斯	美国（堪萨斯州）
LAWTON OK	LAW	劳顿	美国（俄克拉荷马州）
LAZARO CARDENAS	LZC	拉萨罗—卡德纳斯	墨西哥
LE HAVRE	LEH	勒阿弗尔	法国
LE MANS	LME	勒芒	法国（萨尔特省）
LE PUY	LPY	勒皮	法国
LE TOUQUET	LTQ	勒土开	法国
LEADVILLE CO	LXV	莱德维尔	美国（科罗拉多州）
LEAF RAPIDS MN	YLR	利夫大瀑布	加拿大（曼尼托巴省）
LEARMONTH WA	LEA	利尔蒙斯	澳大利亚（西澳州）
LEBANON NH	LEB	莱巴嫩	美国（新罕布什尔州）
LEBEL/QUEV QC	YLS	莱贝尔/魁耶夫	加拿大（魁北克省）
LEEDS	LBA	利兹	英国
LEGASPI	LGP	莱加斯比	菲律宾
LEH	IXL	列城	印度
LEIGH CREEK SA	LGH	利河	澳大利亚（南澳州）
LEINSTER WA	LER	伦斯特	澳大利亚（南澳州）
LEIPZIG	LEJ	来比锡	德国（莱比锡专区）
LEITRE	LTF	莱特雷	巴布亚新几内亚
LEKANA	LKC	莱卡纳	刚果（布）
LEKNES	LKN	莱克内斯	挪威
LEMNOS	LXS	利姆诺斯	希腊
LENINGRAD	LED	列宁格勒	俄罗斯
LEO	XLU	莱奥	布基纳法索（非洲）
LEON	LEN	莱昂	墨西哥
LEON-GUANAJUATO	BJX	莱昂—瓜纳华托	墨西哥
LEONARDTOWN MD	LTW	伦纳德镇	美国（马里兰州）
LEONORA WA	LNO	利奥诺拉	澳大利亚（西澳州）
LEOPOLDINA MG	LEP	利奥波尔迪纳	巴西（米纳斯吉拉斯州）
LEREH	LHI	勒雷赫	印度尼西亚
LERIBE	LRB	莱里贝	莱索托
LEROS	LRS	利罗斯	希腊

表 2（续）

城市地名英文全称	代　码	城市地名中文全称	所在国家或地区(州、省或区域)
LERWICK	LSI	莱威克	英国
LESE	LNG	莱塞	巴布亚新几内亚
LESOBENG	LES	莱索奔	莱索托
LETHBRIDGE AB	YQL	莱斯布里奇	加拿大(阿尔伯塔省)
LETHEM	LTM	莱瑟姆	圭亚那
LETICIA	LET	莱蒂西亚	哥伦比亚
LEVELOCK AK	KLL	莱弗洛克	美国(阿拉斯加州)
LEVUKA	LEV	莱武卡	斐济
LEWISBURG WV	LWB	路易斯堡	美国(西弗吉尼亚州)
LEWISTON ID	LWS	路易斯顿	美国(爱达荷州)
LEWISTON ME	LEW	利维斯顿	美国(缅因州)
LEWISTOWN MT	LWT	路易斯敦	美国(蒙大拿州)
LEWOLEBA	LWE	莱沃勒巴	印度尼西亚
LEXINGTON KY	LEX	莱克星敦	美国(肯塔基州)
LHASA	LXA	拉萨	中国(西藏自治区)
LHOKSUMAWE	LSW	司马威	印度尼西亚
LIANYUNGANG	LYG	连云港	中国(江苏省)
LIBENGE	LIE	利本格	刚果(金)
LIBERAL KS	LBL	利伯勒尔	美国(堪萨斯州)
LIBERIA	LIR	利韦里亚	哥斯达黎加
LIBREVILLE	LBV	利伯维尔	加蓬
LICHINGA	VXC	利欣加	莫桑比克
LIDKOPING	LDK	利德雪平	瑞典
LIEGE	LGG	列日	比利时
LIFOU	LIF	利福	新喀里多尼亚(太平洋)
LIGHTNING RIDGE NS	LHG	莱特宁岭	澳大利亚(新南威尔士州)
LIKIEP IS.	LIK	利凯普	马绍尔群岛(太平洋)
LILABARI	IXI	利拉巴里	印度
LILLE	LIL	利尔	法国(北部省)
LILONGWE	LLW	利朗格韦	马拉维
LIMA	LIM	利马	秘鲁
LIMBANG	LMN	林邦	马来西亚
LIMBUNYA NT	LIB	林布尼亚	澳大利亚(北部地区)
LIME VILLA AK	LVD	利默维拉	美国(阿拉斯加州)
LIMOGES	LIG	利摩日	法国(上维埃纳省)

表 2（续）

城市地名英文全称	代　码	城市地名中文全称	所在国家或地区(州、省或区域)
LIMON	LIO	利蒙	哥斯达黎加
LINCON NE	LNK	林肯	美国(内布拉斯加州)
LINDEMAN IS. QL	LDC	林德曼岛	澳大利亚(昆士兰州)
LINDI	LDI	林迪	坦桑尼亚
LINKOEPING	LPI	林彻平	瑞典
LINS SP	LIP	林斯	巴西(圣保罗州)
LINZ	LNZ	林茨	奥地利
LISALA	LIQ	利萨拉	刚果(金)
LISBON	LIS	里斯本	葡萄牙
LISMORE NS	LSY	利斯莫尔	澳大利亚(新南威尔士州)
LIT. PT. WALTER AK	LPW	沃尔特小港	美国(阿拉斯加州)
LITTLE CAYMAN	LYB	小开曼岛	开曼群岛(拉丁美洲)
LITTLE ROCK AR	LIT	小石城	美国(阿肯色州)
LIUZHOU	LZH	柳州	中国(广西壮族自治区)
LIVERMORE CA	LVK	利弗莫尔	美国(加利福尼亚州)
LIVERPOOL	LPL	利物浦	英国
LIVINGSTONE	LVI	利文斯通	赞比亚
LIVRAMENTO RS	LVB	利夫拉门图	巴西(南里奥格朗德州)
LIZARD IS. QL	LZR	利泽德岛	澳大利亚(昆士兰州)
LJUBLJANA	LJU	卢布尔雅那	斯洛文尼亚
LLOYKMINST AL	YLL	劳埃德明斯特	加拿大(阿尔伯塔省)
LOBATSE	LOQ	洛巴策	博茨瓦纳
LOCHGILPHEAD	LPH	洛赫吉尔普黑德	英国
LOCKHART QL	IRG	洛克哈特	澳大利亚(昆士兰州)
LODJA	LJA	洛贾	刚果(金)
LOEI	LOE	黎	泰国
LOGAN UT	LGU	洛根	美国(犹他州)
LOGANSPORT IN	OKK	洛根斯波特	美国(印第安纳州)
LOIKAW	LIW	垒固	缅甸(克耶邦)
LOJA	LOH	洛哈	厄瓜多尔
LOME	LFW	洛美	多哥(非洲)
LONDON	LON	伦敦	英国
LONDON KY	LOZ	伦敦	美国(肯塔基州)
LONDON OT	YXU	伦敦	加拿大(安大略省)
LONDONDERRY	LDY	伦敦德里	英国

表 2（续）

城市地名英文全称	代 码	城市地名中文全称	所在国家或地区(州、省或区域)
LONDRINA PR	LDB	隆德里纳	巴西(巴拉那州)
LONG APUNG	LPU	伦阿彭	印度尼西亚
LONG BAWANG	LBW	隆巴旺	印度尼西亚
LONG BEACH CA	LGB	长滩	美国(加利福尼亚州)
LONG IS. AK	LIJ	长岛	美国(阿拉斯加州)
LONG LELLANG	LGL	隆勒朗	马来西亚
LONG PASIA	GSA	伦巴西亚	马来西亚
LONG SEMADOH	LSM	伦塞马多	马来西亚
LONG SERIDAN	ODN	伦塞里旦	马来西亚
LONGANA	LOD	伦加纳	瓦努阿图(南太平洋)
LONGREACH QL	LRE	朗里奇	澳大利亚(昆士兰州)
LONGVIEW TX	GGG	朗维尤	美国(德克萨斯州)
LONGYEARBYEN	LYR	朗伊尔城	挪威
LONORORE	LNE	朗挪罗依	瓦努阿图(南太平洋)
LOPEZ IS. WA	LPS	洛佩斯	美国(华盛顿州)
LORD HOW IS. NS	LDH	豪勋爵岛	澳大利亚(新南威尔士州)
LORETO	LTO	洛雷托	墨西哥
LORIENT	LRT	洛里昂	法国
LORING AK	WLR	洛灵	美国(阿拉斯加州)
LORRAINE QL	LOA	洛雷恩	澳大利亚(昆士兰州)
LOS ALAMOS NM	LAM	洛斯阿拉莫斯	美国(新墨西哥州)
LOS ANGELES	LSQ	洛斯安赫莱斯	智利
LOS ANGELES CA	LAX	洛杉矶	美国(加利福尼亚州)
LOS MENUCOS	LMD	洛斯梅努科斯	阿根廷
LOS MOCHIS	LMM	洛斯莫奇斯	墨西哥
LOS ROQUES	LRV	洛斯罗克斯	委内瑞拉
LOST RIVER AK	LSR	洛斯特河	美国(阿拉斯加州)
LOSUIA	LSA	洛苏亚	巴布亚新几内亚
LOTUS VALE QL	LTV	洛特斯韦尔	澳大利亚(昆士兰州)
LOUBOMO	DIS	卢博莫	刚果(布)
LOUIS TRICHART	LCD	路易斯特里哈特	南非
LOUISVILLE KY	SDF	路易斯维尔	美国(肯塔基州)
LOURDES/TARBE	LDE	卢尔德/塔布	法国
LOVELL WY	POY	拉弗尔	美国(怀俄明州)
LUANDA	LAD	罗安达	安哥拉

表 2（续）

城市地名英文全称	代　码	城市地名中文全称	所在国家或地区（州、省或区域）
LUANG PRABANG	LPO	琅勃拉邦	老挝
LUBANGO	SDD	卢班戈	安哥拉
LUBBOCK TX	LBB	拉伯克	美国（德克萨斯州）
LUBUMBASHI	FBM	卢本巴希	刚果（金）
LUCCA	LCV	卢卡	意大利
LUCENEC	LUE	卢切内茨	斯洛伐克
LUCKNOW	LKO	勒克瑙	印度
LUDERITZ	LUD	吕德里茨	纳米比亚
LUDHIANA	LUH	卢迪亚纳	印度
LUENA	LUO	卢埃纳	安哥拉
LUFKIN TX	LFK	拉夫金	美国（德克萨斯州）
LUGANO	LUG	卢加诺	瑞士
LUGANSK	VSG	卢甘斯克	乌克兰
LUGH GANANE	LGX	卢格加纳内	索马里
LUKLA	LUA	卢克拉	尼泊尔
LUKULU	LXU	卢库卢	赞比亚
LULEA	LLA	吕勒奥	瑞典
LUMBALA	GGC	隆巴拉	安哥拉
LUMI	LMI	卢米	巴布亚新几内亚
LUOYANG	LYA	洛阳	中国（河南省）
LUSAKA	LUN	卢萨卡	赞比亚
LUSIKISIKI	LUJ	卢西基西基	南非
LUWUK	LUW	卢武克	印度尼西亚
LUXEMBOURG	LUX	卢森堡	卢森堡
LUXOR	LXR	卢克索	埃及
LWOW(LVIV)	LWO	利沃夫	乌克兰
LYCKSELE	LYC	吕克瑟勒	瑞典
LYDD	LYX	利德	英国
LYNCHBURG VA	LYH	林奇堡	美国（弗吉尼亚州）
LYNN LAKE MB	YYL	林湖	加拿大（曼尼托巴省）
LYON	LYS	里昂	法国（埃纳省，省会）
M' BANZA CONGO	SSY	姆班扎刚果	安哥拉
MAASTRICHT	MST	马斯特里赫特	荷兰
MABARUMA	USI	马巴鲁马	圭亚那
MABUIAG IS. QL	UBB	马布亚格岛	澳大利亚（昆士兰州）

表 2（续）

城市地名英文全称	代　码	城市地名中文全称	所在国家或地区（州、省或区域）
MACAE RJ	MEA	马卡埃	巴西（里约热内卢州）
MACAPA AP	MCP	马卡帕	巴西（阿马帕州）
MACARA	MRR	马卡拉	厄瓜多尔
MACAS	XMS	马卡斯	厄瓜多尔
MACEIO AL	MCZ	马塞约	巴西（阿拉戈斯州）
MACENTA	MCA	马森塔	几内亚
MACHALA	MCH	马查拉	厄瓜多尔
MACKAY QL	MKY	麦凯	澳大利亚（昆士兰州）
MACKINAC IS. MI	MCD	麦基诺岛	美国（密执安州）
MACKSVILLE NS	MVH	麦克斯维尔	澳大利亚（新南威尔士州）
MACOMB IL	MQB	马科姆	美国（伊利诺斯州）
MACON GA	MCN	马孔	美国（佐治亚州）
MADANG	MAG	马当	巴布亚新几内亚
MADISON WI	MSN	麦迪逊	美国（威斯康星州）
MADRAS OR	MDJ	马德拉斯	美国（俄勒冈州）
MADRID	MAD	马德里	西班牙
MADURAI	IXM	马杜赖	印度
MAE HONG SON	HGN	夜丰颂	泰国
MAE SOT	MAQ	湄索	泰国
MAEWO	MWF	迈沃	新赫布里底群岛（瓦努阿图，太平洋）
MAFETENG	MFC	马费滕	莱索托
MAFIA	MFA	马菲亚	坦桑尼亚
MAGADAN	GDX	马加丹	俄罗斯
MAGANGUE	MGN	马甘格	哥伦比亚
MAGDALENA	MGD	马格达莱纳	玻利维亚
MAGWE	MWQ	马圭	缅甸（马圭省）
MAHANORO	VVB	马哈努鲁	马达加斯加
MAHDIA	MHA	马赫迪耶	突尼斯
MAHE IS.	SEZ	马埃岛	塞舌尔（印度洋）
MAHENDRANAGAR	XMG	马亨德拉纳格尔	印度
MAHON	MAH	马翁	西班牙
MAIANA	MNK	迈亚纳	基里巴斯（太平洋）
MAICAO	MCJ	迈考	哥伦比亚
MAIDUGURI	MIU	迈杜古里	尼日利亚
MAIMANA	MMZ	迈马纳	阿富汗

表 2（续）

城市地名英文全称	代　码	城市地名中文全称	所在国家或地区(州、省或区域)
MAINTIRANO	MXT	迈因蒂拉努	马达加斯加
MAIO IS.	MMO	马尤岛	佛得角(大西洋)
MAITLAND NS	MTL	梅特兰	澳大利亚(新南威尔士州)
MAJUNGA	MJN	马任加	马达加斯加
MAJURO	MAJ	马朱罗	马绍尔群岛(太平洋)
MAKABANA	KMK	摩卡巴纳	刚果(金)
MAKALE	MQX	默克莱	埃塞俄比亚
MAKEMO	MKP	默凯莫	土阿莫土群岛(太平洋)
MAKHACHKALA	MCX	马哈奇卡拉	俄罗斯
MAKIN IS.	MTK	迈金岛	基里巴斯(太平洋)
MAKKOVIK NL	YMN	马库维克	加拿大(纽芬兰省)
MAKOKOU	MKU	马科库	加蓬
MAKOUA	MKJ	马夸	刚果(布)
MAKURDI	MDI	马库尔迪	尼日利亚
MALABANG	MLP	马拉邦	菲律宾
MALABO	SSG	马拉博	赤道几内亚
MALACCA	MKZ	马六甲	马来西亚(马六甲省)
MALAGA	AGP	马拉加	西班牙
MALAIMBANDY	WML	马拉因班迪	马达加斯加
MALAKAL	MAK	马拉卡尔	苏丹
MALALAUA	MLQ	马拉拉瓦	巴布亚新几内亚
MALANG	MLG	玛琅	印度尼西亚
MALANGE	MEG	马兰热	安哥拉
MALATYA	MLX	马拉蒂亚	土耳其
MALDA	LDA	马尔达	印度
MALE	MLE	马累	马尔代夫
MALEKOLON	MKN	马勒库拉	瓦努阿图(南太平洋)
MALIANA	MPT	马利亚纳	印度尼西亚
MALILOSINJ	LSZ	马利洛逊	塞黑
MALINDI	MYD	马林迪	肯尼亚
MALLACOOTA VI	XMC	马拉库塔	澳大利亚(维多利亚州)
MALMO	MMA	马尔默	瑞典
MALOELAP ISL.	MAV	马洛埃拉普岛	马绍尔群岛(太平洋)
MALOLOLAILAI	PTF	马洛洛莱莱	斐济(南太平洋)
MALTA	MLA	马耳他	马耳他(欧洲、地中海)

表 2（续）

城市地名英文全称	代　码	城市地名中文全称	所在国家或地区(州、省或区域)
MAMAI	MAP	马迈	巴布亚新几内亚
MAMBURAO	MBO	曼布劳	菲律宾
MAMFE	MMF	马姆菲	喀麦隆
MAMMOTH LAKE CA	MMH	马默思湖	美国(加利福尼亚州)
MAMUJU	MJU	马穆朱	印度尼西亚
MAN	MJC	马恩	科特迪瓦(象牙海岸,邦瓜努省)
MANA IS.	MNF	马纳岛	斐济(南太平洋)
MANADO	MDC	万鸦老	印度尼西亚
MANAGUA	MGA	马那瓜	尼加拉瓜
MANAKARA	MVK	马纳卡拉	马达加斯加
MANANARA	WMR	马纳纳拉	马达加斯加
MANANJARY	MNJ	马南扎里	马达加斯加
MANARE	MRM	马纳瑞	巴布亚新几内亚
MANASSAS VA	MNZ	马纳萨斯	美国(弗吉尼亚州)
MANAUS AM	MAO	马瑙斯	巴西(亚马孙州)
MANCHESTER	MAN	曼彻斯特	英国
MANCHESTER NH	MHT	曼彻斯特	美国(新罕布什尔州)
MANDABE	WMD	曼达贝	马达加斯加
MANDALAY	MDL	曼德勒	缅甸(曼德勒省)
MANDERA	NDE	曼德拉	肯尼亚
MANDEVILLE	MVJ	曼德维尔	新西兰
MANDRITSARA	WMA	曼德里察拉	马达加斯加
MANGA	MGP	曼加	刚果(布)
MANGAIA IS.	MGS	芒艾亚岛	库克群岛(大洋洲)
MANGALORE	IXE	曼加洛尔	印度
MANGOLE	MAL	芒俄勒	印度尼西亚
MANGROVE CAY	MAY	曼格罗夫岛	巴哈马(大西洋)
MANHATTAN KS	MHK	曼哈顿	美国(堪萨斯州)
MANIHI	XMH	马尼希	土阿莫土群岛(太平洋)
MANIHIKI IS.	MHX	马尼希基群岛	库克群岛(大洋洲)
MANILA	MNL	马尼拉	菲律宾
MANINGRIDA NT	MNG	马宁里达	澳大利亚(北部地区)
MANISTEE MI	MBL	马尼斯蒂	美国(密执安州)
MANITOUADG ON	YMG	马尼图瓦兹	加拿大(安大略省)
MANITOWOC WI	MTW	马尼托沃克	美国(威斯康星州)

表 2（续）

城市地名英文全称	代　码	城市地名中文全称	所在国家或地区(州、省或区域)
MANIZALES	MZL	马尼萨莱斯	哥伦比亚
MANJA	MJA	曼扎	马达加斯加
MANKATO MN	MKT	曼凯托	美国(明尼苏达州)
MANLEY HOT SPRING AK	MLY	曼利温泉城	美国(阿拉斯加州)
MANNERS CREEK NT	MFP	马纳斯河	加拿大(西北地区)
MANOKOTAK AK	KMO	马诺科塔克	美国(阿拉斯加州)
MANOKWARI	MKW	曼夸里	印度尼西亚
MANONO	MNO	马诺诺	刚果(金)
MANSA	MNS	马萨	赞比亚
MANSFIELD OH	MFD	曼斯费尔德	美国(俄亥俄州)
MANSTON	MSE	曼斯顿	英国
MANTA	MEC	曼塔	厄瓜多尔
MANTI UT	NTJ	曼泰	美国(犹他州)
MANUS IS.	MAS	马努斯岛	巴布亚新几内亚
MANZANILLO	MZO	曼萨尼罗	古巴
MANZANILLO	ZLO	曼萨尼罗	墨西哥
MANZINI	MTS	曼齐尼	斯威士兰
MAO	AMO	马奥	乍得
MAOTA SAVAII	MXS	马奥塔沙瓦依	萨摩亚(太平洋)
MAPUTO	MPM	马普托	莫桑比克
MAQUINCHAO RN	MQD	马金乔	阿根廷
MAR DEL PLATA BA	MDQ	马德普拉塔	阿根廷
MARA LODGES	MRE	马拉洛奇斯	肯尼亚
MARABA PA	MAB	马拉巴	巴西(帕拉州)
MARACAIBO	MAR	马拉开波	委内瑞拉
MARACAY	MYC	马拉凯	委内瑞拉
MARADI	MFQ	马拉迪	尼日尔
MARAKEL	MZK	马拉基	基里巴斯(太平洋)
MARATHON FL	MTH	马拉松	美国(佛罗里达州)
MARATHON OT	YSP	马拉松	加拿大(安大略省)
MARAU SOUND	RUS	马劳桑德	所罗门群岛(太平洋)
MARBLE BAR WA	MBB	马布尔巴	澳大利亚(西澳州)
MARBLE CANAL AZ	MYH	马布尔(运河)	美国(亚利桑那州)
MARCO IS. FL	MRK	马尔科岛	美国(佛罗里达州)
MARE	MEE	马雷	印度尼西亚

表 2（续）

城市地名英文全称	代　码	城市地名中文全称	所在国家或地区（州、省或区域）
MAREB	MYN	默勒卜	埃塞俄比亚
MAREEBA QL	MRG	马里巴	澳大利亚（昆士兰州）
MARGARET RIVER WA	MGV	玛格丽特河	澳大利亚（西澳州）
MARGARIMA	MGG	马加里马	巴布亚新几内亚
MARGATE	MGH	马盖特	南非
MARIANSKE LASNE	MKA	玛丽亚温泉	捷克
MARIBOR	MBX	马里博	丹麦
MARIE-GALANTE	GBJ	玛丽—加朗特	瓜德罗普岛
MARIEHAMN	MHQ	玛丽港	芬兰
MARIETTA OH	PKB	玛丽埃塔	美国（俄亥俄州）
MARILIA SP	MII	马里利亚	巴西（圣保罗州）
MARINDUQUE	MRQ	马林杜克	菲律宾
MARINGA PR	MGF	马林加	巴西（巴拉那州）
MARION IL	MWA	马里恩	美国（伊利诺斯州）
MARION IN	MZZ	马里恩	美国（印第安纳州）
MARIQUITA	MQU	马里基塔、	哥伦比亚
MARISCAL ESTIGARRIBIA	ESG	埃斯蒂加里维亚元帅镇	巴拉圭
MARIUPOL	MPW	马里乌波尔	乌克兰
MARLBOROUG MA	MXG	马尔伯勒	美国（马萨诸塞州）
MAROANTSETRA	WMN	马鲁安采特拉	马达加斯加
MAROOCHYDO QL	MCY	马鲁奇多	澳大利亚（昆士兰州）
MAROUA	MVR	马鲁阿	喀麦隆
MARQUETTE MI	MQT	马凯特	美国（密执安州）
MARRAKECH	RAK	马拉喀什	摩洛哥
MARSEILLE	MRS	马赛	法国
MARSH HARBOUR	MHH	马什港	巴哈马（拉丁美洲）
MARSHALL AK	MLL	马歇尔	美国（阿拉斯加州）
MARSHALL MN	MML	马歇尔	美国（明尼苏达州）
MARSHFIELD WI	MFI	马什菲尔德	美国（威斯康星州）
MARTHA' S VINERY MA	MVY	马撒葡萄园	美国（马萨诸塞州）
MARUDI	MUR	马鲁迪	马来西亚
MARY	MYP	马雷	俄罗斯
MARY' S HARBOR NL	YMH	玛丽港	加拿大（纽芬兰省）
MARYBOROUG QL	MBH	马里伯勒	澳大利亚（昆士兰州）
MARYSVILLE CA	MYV	马里斯维尔	美国（加利福尼亚州）

表 2（续）

城市地名英文全称	代　码	城市地名中文全称	所在国家或地区(州、省或区域)
MASA	MBV	马萨	刚果(布)
MASADA	MTZ	梅察达	以色列
MASASI	XMI	马萨西	坦桑尼亚
MASBATE	MBT	马斯巴特	菲律宾
MASCARA	MUW	穆阿斯凯尔	阿尔及利亚
MASERU	MSU	马塞卢	莱索托
MASHAD	MHD	马什哈德	伊朗
MASINDI	KCU	马辛迪	乌干达
MASIRAH	MSH	马西拉	阿曼
MASON CITY IA	MCW	梅森城	美国(衣阿华州)
MASSAWA	MSW	(马萨瓦)米齐瓦	埃塞俄比亚
MASSENA NY	MSS	马塞纳	美国(纽约州)
MASSET BC	ZMT	马塞特	加拿大(不列颠哥伦比亚省)
MASSLO	MZX	马斯洛	埃塞俄比亚
MASTERTON	MRO	马斯特顿	新西兰
MASVINGO	MVZ	马斯温哥	津巴布韦
MATADI	MAT	马塔迪	刚果(金)
MATAGAMI QC	YNM	马塔加米	加拿大(魁北克省)
MATAIVA	MVT	马太瓦	土阿莫土群岛(太平洋)
MATAM	MAX	马塔姆	塞内加尔
MATAMOROS	MAM	马塔莫罗斯	墨西哥
MATANE QU	YME	马塔讷	加拿大(魁北克省)
MATARAM	AMI	马塔兰	印度尼西亚(西努沙省)
MATO GROSSO MT	MTG	马托格罗索	巴西(马托格罗索州)
MATSUMOTO	MMJ	松本	日本
MATSUYAMA	MYJ	松山	日本
MATTHEWS RIDGE	MWJ	马修斯里奇	圭亚那
MATTOON IL	MTO	马顿	美国(伊利诺斯州)
MATURIN	MUN	马图林	委内瑞拉
MAUES AM	MBZ	毛埃斯	巴西(亚马孙州)
MAUKE IS.	MUK	毛凯岛	库克群岛(大洋洲)
MAULMYINE	MNU	木淡棉	缅甸
MAUMERE	MOF	毛梅里	印度尼西亚
MAUN	MUB	马翁	博茨瓦纳
MAUPITI	MAU	莫皮蒂	社会群岛(太平洋)

表 2（续）

城市地名英文全称	代　码	城市地名中文全称	所在国家或地区(州、省或区域)
MAURITIUS	MRU	毛里求斯	非洲
MAY CREEK AK	MYK	梅因河	美国(阿拉斯加州)
MAYAGUANA	MYG	马亚瓜纳	巴哈马
MAYAGUEZ	MAZ	马亚圭斯	波多黎各
MAYO YT	YMA	马尤	加拿大(育空地区)
MAYOUMBA	MYB	马育姆巴	加蓬
MAZARI SHARIF	MZR	马扎里沙里夫	阿富汗
MAZATLAN	MZT	马萨特兰	墨西哥
MBALA	MMQ	姆巴拉	赞比亚
MBAMBANAKIRA	MBU	姆班姆巴纳基拉	所罗门群岛(太平洋)
MBANDAKA	MDK	姆班达卡	刚果(金)
MBARARA	MBQ	姆巴拉拉	乌干达
MBEYA	MBI	姆贝亚	坦桑尼亚
MBIGOU	MBC	姆比古	加蓬
MBOUT	MBR	姆布特	毛里塔尼亚
MBUJI MAYI	MJM	姆布吉马伊	刚果(金)
MC ALESTER OK	MLC	麦卡莱斯特	美国(俄克拉荷马州)
MC ALLEN TX	MFE	麦卡伦	美国(德克萨斯州)
MC CARTHY AK	MXY	麦卡锡	美国(阿拉斯加州)
MC COOK NE	MCK	麦库克	美国(内布拉斯加州)
MC GRATH AK	MCG	麦格拉斯	美国(阿拉斯加州)
MEADVILLE PA	MEJ	米德维尔	美国(宾夕法尼亚州)
MEAKOW LAKE SK	YLJ	梅多湖	澳大利亚(南澳州)
MEDAN	MES	棉兰	印度尼西亚
MEDELLIN	MDE	麦德林	哥伦比亚
MEDFORD OR	MFR	梅德福	美国(俄勒冈州)
MEDFRA AK	MDR	梅迪弗拉	美国(阿拉斯加州)
MEDICINE HAT AB	YXH	梅迪辛哈特	加拿大(阿尔伯塔省)
MEDINA	MED	麦迪纳	沙特阿拉伯
MEDOUNEU	MDV	梅杜纳	加蓬
MEEKATHARA WA	MKR	米卡萨拉	澳大利亚(西澳州)
MEGEVE	MVV	梅热沃	法国
MEGHAULI	MEY	梅加乌里	尼泊尔
MEHAMN	MEH	梅港	挪威
MEIXIAN	MXZ	梅县	中国(广东省)

表 2（续）

城市地名英文全称	代 码	城市地名中文全称	所在国家或地区(州、省或区域)
MEJIT IS.	MJB	梅吉特岛	马绍尔群岛(太平洋)
MEKAMBO	MKB	梅坎博	加蓬
MEKANE SELAM	MKS	默卡讷瑟拉姆	埃塞俄比亚
MEKORYUK AK	MYU	梅科尤克	美国(阿拉斯加州)
MELANGGUANE	MNA	梅兰瓜内	印度尼西亚
MELBOURNE FL	MLB	墨尔本	美国(佛罗里达州)
MELBOURNE VI	MEL	墨尔本	澳大利亚(维多利亚州)
MELCHOR DEMENCOS	MCR	梅尔乔—德门科斯	危地马拉
MELILLA	MLN	梅利拉	西班牙
MELO	MLZ	梅洛	乌拉圭
MEMANBETSU	MMB	女满别	日本
MEMPHIS TN	MEM	孟菲斯	美国(田纳西州)
MENA	MZX	米纳	黎巴嫩
MENDE	MEN	芒德	法国(洛泽尔省)
MENDEZ	MZD	门德斯	菲律宾
MENDI	MDU	曼德	巴布亚新几内亚
MENDI	NDM	曼德	埃塞俄比亚
MENDOZA MD	MDZ	门多萨	阿根廷
MENOMINEE MI	MNM	梅诺米尼	美国(密执安州)
MENONGUE	SPP	梅农盖	安哥拉
MENORCA	MAH	梅诺卡	西班牙
MENYAMYA	MYX	梅尼亚米亚	巴布亚新几内亚
MERAUKE	MKQ	马老奇	印度尼西亚
MERCED CA	MCE	默塞德	美国(加利福尼亚州)
MERDEY	RDE	梅尔迪	印度尼西亚
MERGUI	MGZ	丹老	缅甸
MERIDA	MID	梅里达	墨西哥
MERIDA	MRD	梅里达	委内瑞拉
MERIDIAN MS	MEI	默里迪恩	美国(密西西比州)
MERIMBULA NS	MIM	默里姆布拉	澳大利亚(新南威尔士州)
MERLUNA QL	MLV	默卢纳	澳大利亚(昆士兰州)
MEROWE	MWE	麦罗维	苏丹
MERRITT BC	YMB	梅里特	加拿大(不列颠哥伦比亚省)
MERSA MATRUH	MUH	马特鲁港	厄立特里亚
MERSING	MEP	丰盛港	马来西亚

表 2（续）

城市地名英文全称	代　码	城市地名中文全称	所在国家或地区(州、省或区域)
MERZIFON	MZH	梅尔济丰	土耳其
MESA AZ	MSC	梅萨	美国(亚利桑那州)
MESSINA	MEZ	墨西拿	南非
METEMMA	ETE	迈泰马	埃塞俄比亚
METLAKATLA AK	MTM	梅特拉卡特拉	美国(阿拉斯加州)
MEXICALI	MXL	墨西卡利	墨西哥
MEXICO CITY	MEX	墨西哥城	墨西哥
MEYERS CHAK AK	WMK	迈耶斯查克	美国(阿拉斯加州)
MFUWE	MFU	姆富韦	赞比亚
MIAMI FL	MIA	迈阿密	美国(佛罗里达州)
MIANDRIVAZO	ZVA	米安德里瓦祖	马达加斯加
MIANWALI	MWD	米扬瓦利	巴基斯坦
MICHIGAN IN	MGC	密执安	美国(印第安纳州)
MIDDLE CAICOS	MDS	中凯科斯	特克斯和凯科斯群岛(拉丁美洲)
MIDDLEMOUN QL	MMM	米德莱蒙	澳大利亚(昆士兰州)
MIDDLETON IS. AK	MDO	米德尔顿岛	美国(阿拉斯加州)
MIDLAND MI	MBS	米德兰	美国(密执安州)
MIDLAND TX	MAF	米德兰	美国(德克萨斯州)
MIKKELI	MIK	米凯利	芬兰
MIKONOS	JMK	米科诺斯	希腊
MILAN	MIL	米兰	意大利
MILDURA VI	MQL	米尔迪拉	澳大利亚(维多利亚州)
MILES CITY MT	MLS	迈尔斯城	美国(蒙大拿州)
MILFORD UT	MLF	米尔福德	美国(犹他州)
MILFORD SOUND	MFN	米尔福德桑德	新西兰
MILI ISLAND	MIJ	米利岛	马绍尔群岛(太平洋)
MILLICENT SA	MLR	米利森特	澳大利亚(南澳州)
MILLINGIMBI NT	MGT	米林金比	澳大利亚(北部地区)
MILOS	MLO	米洛斯	希腊
MILWAUKEE WI	MKE	密尔沃基	美国(威斯康星州)
MINAMI DAITO	MMD	南大东岛	日本
MINATITLAN	MTT	米纳蒂特兰	墨西哥
MINDEN NV	MEV	明登	美国(内华达州)
MINDIK	MXK	明迪克	乍得
MINDIPTANA	MDP	明迪普塔纳	印度尼西亚

表 2（续）

城市地名英文全称	代　码	城市地名中文全称	所在国家或地区（州、省或区域）
MINERALNYE VODY	MRV	矿水城	俄罗斯
MINGAN QU	YLP	明根	加拿大（魁北克省）
MINJ	MZN	明济	巴布亚新几内亚
MINLATON SA	XML	明拉顿	澳大利亚（南澳州）
MINNA	MXJ	明纳	尼日利亚
MINNEAPOLIS MN	MSP	明尼阿波利斯	美国（明尼苏达州）
MINNIPA SA	MIN	明尼帕	澳大利亚（南澳州）
MINOCQUA WI	ARV	米诺阔	美国（威斯康星州）
MINOT ND	MOT	迈诺特	美国（北达科他州）
MINSK	MSQ	明斯克	白俄罗斯
MINTO AK	MNT	明托	美国（阿拉斯加州）
MINVOUL	MVX	明武尔	加蓬
MIQUELON	MQC	密克隆	法国
MIRACEMA NOTRE TO	NTM	北米拉塞马	巴西（托坎廷斯州）
MIRAFLORES	MFS	米拉菲奥里	意大利
MIRANDA QL	MWY	米兰达	澳大利亚（昆士兰州）
MIRI	MYY	美里	马来西亚
MIRPUR KHAS	MPD	米尔布尔哈斯	巴基斯坦
MISAWA	MSJ	三泽	日本
MISIMA IS.	MIS	米西马岛	巴布亚新几内亚
MISSION TX	MFE	米申	美国（德克萨斯州）
MISSOULA MT	MSO	米苏拉	美国（蒙大拿州）
MISURATA	MRA	米苏拉塔	利比亚
MITCHELL QL	MTQ	米切尔	澳大利亚（昆士兰州）
MITCHELL SD	MHE	米切尔	美国（南达科他州）
MITCHELL PASS WA	MIH	米切尔山口	澳大利亚（西澳州）
MITIARO IS.	MOI	米蒂亚罗岛	库克群岛（大洋洲）
MITU	MVP	米图	哥伦比亚
MITZIC	MZC	米齐克	加蓬
MIYAKE JIMA	MYE	三宅岛	日本
MIYAKO JUIA	MMY	宫古	日本
MIYAZAKI	KMI	宫崎	日本
MIZAN TEFERI	MTF	米赞特费里	埃塞俄比亚
MKAMBATI	MBM	姆坎巴蒂	南非
MMABATHO	MBD	姆马巴托	南非

表 2（续）

城市地名英文全称	代 码	城市地名中文全称	所在国家或地区(州、省或区域)
MOA	MOA	莫阿	古巴
MOAB UT	CNY	莫阿布	美国(犹他州)
MOABI	MGX	莫阿比	加蓬
MOALA	MFJ	莫阿拉	斐济(南太平洋)
MOANAMANI	ONI	莫阿纳马尼	印度尼西亚
MOANDA	MFF	莫安达	加蓬
MOANDA	MNB	莫安达	刚果(金)
MOBILE AL	MOB	莫比尔	美国(亚拉巴马州)
MOCIMBOA D. PRAIA	MZB	莫辛布瓦—达普拉亚	莫桑比克
MODESTO CA	MOD	莫德斯托	美国(加利福尼亚州)
MOENGO	MOJ	蒙戈	苏里南(拉美)
MOGADISHU	MGQ	摩加迪沙	索马里
MOHENJODARO	MJD	摩亨朱达罗	巴基斯坦
MOI RANA	MQN	摩城	挪威
MOKHOTLONG	MKH	莫霍特隆	莱索托
MOLDE	MOL	莫尔德	挪威
MOLINE IL	MLI	莫林	美国(伊利诺斯州)
MOMBASA	MBA	蒙巴萨	肯尼亚
MOMPOS	MMP	蒙波斯	哥伦比亚
MONASTIR	MIR	莫纳斯提尔	突尼斯
MONBETSU	MBE	门别	日本
MONCLOVA	LOV	蒙克洛瓦	墨西哥
MONCTON NB	YQM	蒙克顿	加拿大(新不伦瑞克省)
MONFORT	MFB	蒙福特	西班牙
MONG HSAT	MOG	孟萨	缅甸
MONG TON	MGK	孟东	缅甸
MONGO	MVO	蒙戈	乍得
MONGU	MNR	芒古	赞比亚
MONKEY BAY	MYZ	芒基湾	马拉维
MONKEY MOUNTA	MYM	猴山	越南
MONO IS.	MNY	莫诺岛	所罗门群岛(太平洋)
MONROE LA	MLU	门罗	美国(路易斯安那州)
MONROVIA	MLW	蒙罗维亚	利比里亚
MONT JOLI QC	YYY	蒙若利	加拿大(魁北克省)
MONTAUK NY	MTP	蒙托克	美国(纽约州)

表 2（续）

城市地名英文全称	代　码	城市地名中文全称	所在国家或地区（州、省或区域）
MONTE CARLO	MCM	蒙特卡洛	摩纳哥
MONTE CASEROS	MCS	蒙特卡塞罗斯	阿根廷
MONTE LIBANO	MTB	蒙特利瓦诺	尼加拉瓜
MONTEGO BAY	MBJ	蒙特哥湾	牙买加（拉丁美洲）
MONTEREY CA	MRY	蒙特雷	美国（加利福尼亚州）
MONTERIA	MTR	蒙特里亚	哥伦比亚
MONTERREY	MTY	蒙特雷	墨西哥
MONTEVIDEO	MVD	蒙得维的亚	乌拉圭（东岸共和国）
MONTGOMERY AL	MGM	蒙哥马利	美国（亚拉巴马州）
MONTICELLO NY	MSV	蒙蒂塞洛	美国（纽约州）
MONTLUCON	MCU	蒙吕松	法国
MONTO QL	MNQ	蒙托	澳大利亚（昆士兰州）
MONTPELIER VT	MPV	蒙彼利埃	美国（佛蒙特州）
MONTPELLIER	MPL	蒙彼得埃	法国
MONTREAL QC	YMQ	蒙特利尔	加拿大（魁北克省）
MONTROSE CO	MTJ	蒙特罗斯	美国（科罗拉多州）
MONTSERRAT	MNI	蒙塞拉特	西班牙
MOOMBA SA	MOO	蒙巴	澳大利亚（南澳洲）
MOOREA	MOZ	莫雷阿	社会群岛（太平洋，法属）
MOOSONEE ON	YMO	穆索尼	加拿大（安大略省）
MOPTI	MZI	莫普提	马里
MORA	MXX	莫拉	瑞典
MORAFENOBE	TVA	穆拉费努贝	马达加斯加
MORANBAH QL	MOV	莫兰巴	澳大利亚（昆士兰州）
MOREE NS	MRZ	莫里	澳大利亚（新南威尔士州）
MOREHEAD	MHY	莫尔海德	巴布亚新几内亚
MORELIA	MLM	莫雷利亚	墨西哥
MORETON QL	MET	莫顿	澳大利亚（昆士兰州）
MORGAN CITY LA	PTN	摩根城	美国（路易斯安那州）
MORGANTOWN WV	MGW	摩根敦	美国（西弗吉尼亚州）
MORICHAL	MHF	莫里查尔	哥伦比亚
MORLAIX	MXN	莫尔莱	法国
MORNINGTON QL	ONG	莫宁顿	澳大利亚（昆士兰州）
MOROBE	OBM	莫罗贝	巴布亚新几内亚
MOROMBE	MXM	穆龙贝	马达加斯加

表 2（续）

城市地名英文全称	代　码	城市地名中文全称	所在国家或地区(州、省或区域)
MORONDAVA	MOQ	穆龙达瓦	马达加斯加
MORONI	YVA	莫罗尼	科摩罗(非洲)
MOROTAI IS.	OTI	莫罗太岛	印度尼西亚
MORRISVILL VT	MVL	莫里斯维尔	美国(佛蒙特州)
MORUYA NS	MYA	莫鲁亚	澳大利亚(新南威尔士州)
MOSCOW	MOW	莫斯科	俄罗斯
MOSER BAY AK	KWY	莫塞尔湾	美国(阿拉斯加州)
MOSES LAKE WA	MWH	摩塞斯湖	美国(华盛顿州)
MOSINEE WI	CWA	莫西尼	美国(威斯康星州)
MOSJOEN	MJF	莫舍恩	挪威
MOSSENDJO	MSX	莫森焦	刚果(布)
MOSSORO RN	MVF	莫索罗	巴西(北里奥格朗德州)
MOSTAR	OMO	莫斯塔尔	波黑
MOSTEIROS	MTI	莫什泰鲁什	佛得角(大西洋)
MOSUL	OSM	摩苏尔	伊拉克
MOTA	OTA	莫塔	埃塞俄比亚
MOTA LAVA	MTV	莫塔拉瓦	瓦努阿图(南太平洋)
MOTUEKA	MZP	莫图伊卡	新西兰
MOUDJERIA	MOM	穆杰里亚	毛里塔尼亚
MOUGULU	GUV	穆古卢	巴布亚新几内亚
MOUILA	MJL	穆伊拉	加蓬
MOULTRIE GA	MGR	莫尔特里	美国(佐治亚州)
MOUNDOU	MQQ	蒙杜	乍得
MOUNT AUE	UAE	芒特奥厄	德国
MOUNT COOK	MON	芒特库克	新西兰
MOUNT HAGEN	HGU	芒特哈根	巴布亚新几内亚
MOUNT VERNON IL	MVN	芒特弗农	美国(伊利诺斯州)
MOUNTISA QL	ISA	芒特艾萨	澳大利亚(昆士兰州)
MOYALE	MYS	莫亚莱	肯尼亚
MOYOBAMBA	MBP	莫约班巴	秘鲁
MPACHA	MPA	姆巴查	纳米比亚
MT GAMBIER SA	MGB	芒特甘比尔	澳大利亚(南澳州)
MT MAGNET WA	MMG	芒特马格尼特	澳大利亚(西澳州)
MT MCKINLE AK	MCL	芒特麦金莱	美国(阿拉斯加州)
MT PLEASANT UT	MSD	芒特普莱森特	美国(犹他州)

表 2（续）

城市地名英文全称	代　码	城市地名中文全称	所在国家或地区（州、省或区域）
MTE ALEGRE PA	MTE	蒙蒂阿莱格里	巴西（帕拉州）
MTN HOME AR	WMH	芒廷霍姆	美国（阿肯色州）
MTN VILLAGE AK	MOU	芒廷村	美国（阿拉斯加州）
MTS CLAROS MG	MOC	蒙特斯 克拉劳斯	巴西（米纳斯吉拉斯州）
MUDANJIANG	MDG	牡丹江	中国（黑龙江省）
MUDGEE NS	DGE	马奇	澳大利亚（新南威尔士州）
MUEO	PDC	穆埃奥	新喀里多尼亚（太平洋）
MUI	MUJ	穆伊	几内亚比绍
MUKAH	MKM	穆卡	马来西亚
MUKEIRAS	UKR	穆赫拉斯	也门
MULHOUSE	MLH	米卢斯	法国
MULIA	LII	穆利亚	印度尼西亚
MULL	ULL	马尔	英国
MULLEWA WA	MXU	马勒瓦	澳大利亚（西澳州）
MULTAN	MUX	木尔坦	巴基斯坦
MUMIAS	MUM	穆米亚斯	肯尼亚
MUNCIE IN	MIE	曼西	美国（印第安纳州）
MUNDA	MUA	蒙达	所罗门群岛（太平洋）
MUNGERANIE SA	MNE	芒杰兰尼	澳大利亚（南澳州）
MUNICH	MUC	慕尼黑	德国
MUNSTER	FMO	蒙斯特	德国
MURCIA	MJV	穆尔西亚	西班牙
MURMANSK	MMK	摩尔曼斯科	俄罗斯
MURRAY BAY QC	YML	默里湾	加拿大（魁北克省）
MURRAY IS. QL	MYI	默里群岛	澳大利亚（昆士兰州）
MUSCAT	MCT	马斯喀特	阿曼
MUSCLE SHOALS AL	MSL	马斯尔肖尔斯	美国（亚利桑那州）
MUSGRAVE QL	MVU	马斯格雷夫	澳大利亚（昆士兰州）
MUSKEGON MI	MKG	马斯基根	美国（密执安州）
MUSKOGEE OK	MKO	马斯科吉	美国（俄克拉荷马州）
MUSKRAT DAM ON	MSA	马斯克拉特担姆	加拿大（安大略省）
MUSOMA	MUZ	穆索马	坦桑尼亚
MUSSAU	MWU	穆绍	巴布亚新几内亚
MUSTIQUE	MQS	马斯蒂克	圣文森特和格林纳丁斯（拉丁美洲）
MUTING	MUF	穆廷	印度尼西亚

表 2（续）

城市地名英文全称	代　码	城市地名中文全称	所在国家或地区（州、省或区域）
MUTTABURRA QL	UTB	马塔巴拉	澳大利亚（昆士兰州）
MUZAFFARABAD	MFG	穆扎法拉巴德	巴基斯坦
MVANZA	MWZ	姆万扎	坦桑尼亚
MYEIK	MGZ	美克	缅甸
MYITKYINA	MYT	密支那	缅甸（克钦邦）
MYRTLE BEACH SC	MYR	默特尔比奇	美国（南卡罗来纳州）
MYTILENE	MJT	米蒂利尼	希腊
MYVATN	MVA	米湖	冰岛
MZAMBA	MZF	姆占姆巴	南非
MZUZU	ZZU	姆祖祖	马拉维
NABEREVNYE CHELNE	NBC	卡马河畔切尔内	俄罗斯
NABIRE	NBX	纳比雷	印度尼西亚
NACHINGWEA	NCH	纳钦圭阿	坦桑尼亚
NACOGDOCHES TX	OCH	纳科多奇斯	美国（德克萨斯州）
NADI	NAN	纳迪	斐济（南太平洋）
NAGA	WNP	那加	印度
NAGASAKI	NGS	长崎	日本
NAGOYA	NGO	名古屋	日本
NAGPUR	NAG	那格浦尔	印度
NAHA	NAH	那霸	印度尼西亚
NAIN NL	YDP	内恩	加拿大（纽芬兰省）
NAIROBI	NBO	内罗毕	肯尼亚
NAKASHIBETSU	SHB	中标津	日本
NAKHON PHANOM	KOP	佛统	泰国
NAKHON RATCHASI	NAK	呵叻	泰国
NAKHON SI THAMAR	NST	那空是贪玛叻	泰国
NAKNEK AK	NNK	纳克内克	美国（阿拉斯加州）
NAMATANAI	ATN	纳马塔奈	巴布亚新几内亚
NAMDRIK IS.	NDK	纳莫里克岛	马绍尔群岛（太平洋）
NAMIBE	MSZ	纳米贝	安哥拉
NAMLEA	NAM	楠勒阿	印度
NAMPULA	APL	楠普拉	莫桑比克
NAMSANG	NMS	南桑	缅甸
NAMSOS	OSY	纳姆索斯	挪威
NAMTU	NMT	南渡	缅甸

表 2 (续)

城市地名英文全称	代 码	城市地名中文全称	所在国家或地区(州、省或区域)
NAMU BC	ZNU	纳穆	加拿大(不列颠哥伦比亚省)
NAMUTONI	NNI	纳穆托尼	纳米比亚
NAN	NNT	难府	泰国
NANAIMO BC	YCD	纳奈莫	加拿大(不列颠哥伦比亚省)
NANCHANG	KHN	南昌	中国(江西省)
NANISIVIK NU	YSR	楠尼西维克	加拿大(西北地区)
NANJING	NKG	南京	中国(江苏省)
NANKINA	NKN	南吉纳	巴布亚新几内亚
NANNING	NNG	南宁	中国(广西壮族自治区)
NANORTALIK	JNN	纳诺塔利克	格陵兰(丹属,北美洲)
NANTES	NTE	南特	法国
NANTUCKET MA	ACK	楠塔基特	美国(马萨诸塞州)
NANUQUE MG	NNU	纳努基	巴西(米纳斯吉拉斯州)
NANYANG	NNY	南阳	中国(河南省)
NANYUKI	NYK	纳纽基	肯尼亚
NAORO	NOO	瑶罗	巴布亚新几内亚
NAPA CA	APC	纳帕	美国(加利福尼亚州)
NAPAKIAK AK	WNA	纳帕杰克	美国(阿拉斯加州)
NAPASKIAK AK	PKA	纳帕斯杰克	美国(阿拉斯加州)
NAPIER	NPE	纳皮尔	新西兰
NAPLES	NAP	那不勒斯	意大利
NAPLES FL	APF	那布勒斯	美国(佛罗里达州)
NAPUKA IS.	NAU	那普卡岛	土阿莫土群岛(太平洋)
NARA	NRM	纳拉	马里
NARATHIWAT	NAW	那拉提瓦	泰国
NARE	NAR	纳雷	哥伦比亚
NARRABRI NS	NAA	纳拉布里	澳大利亚(新南威尔士州)
NARRANDERA NS	NRA	纳兰德拉	澳大利亚(新南威尔士州)
NARSSAQ	JNS	纳赫萨克	格陵兰(丹属,北美洲)
NARSSARSSUAQ	UAK	纳萨尔苏瓦克	格陵兰(丹属,北美洲)
NARVIK	NVK	纳尔维克	挪威
NASHVILLE TN	BNA	纳什维尔	美国(田纳西州)
NASIK	ISK	纳济克	伊朗
NASSAU	NAS	拿骚	巴哈马(拉丁美洲)
NATAL RN	NAT	纳塔尔	巴西(北里奥格朗德州)

表 2（续）

城市地名英文全称	代　码	城市地名中文全称	所在国家或地区（州、省或区域）
NATASHQUAN QC	YNA	纳塔什昆	加拿大(魁北克省)
NATCHEZ MI	HEZ	纳奇兹	美国(密执安州)
NATITINGOU	NAE	纳蒂廷古	贝宁(非洲)
NAUKITI AK	NKI	纳乌吉蒂	美国(阿拉斯加州)
NAURU IS.	INU	瑙鲁岛	瑙鲁(太平洋)
NAVEGANTES SC	NVT	纳韦甘蒂斯	巴西(圣卡塔林纳州)
NAWABSHAH	WNS	纳瓦布沙阿	巴基斯坦
NDELE	NDL	恩代莱	中非
NDENDE	KDN	恩代恩代	加蓬
NDJAMENA	NDJ	恩贾梅纳	乍得
NDJOLE	KDJ	恩乔莱	加蓬
NDOLA	NLA	恩多拉	赞比亚
NECOCHEA BA	NEC	内科切阿	阿根廷
NECOCLI	NCI	内科克利	哥伦比亚
NEGAGE	GXG	内加热	安哥拉
NEGARBO	GBF	内干博	斯里兰卡
NEGRIL	NEG	内格里尔	牙买加(拉丁美洲)
NEIVA	NVA	内瓦	哥伦比亚
NEJRAN	EAM	内基兰	沙特阿拉伯
NEKEMT	NEK	内格默特	埃塞俄比亚
NELSON	NSN	纳尔逊	新西兰
NELSON LAGO AK	NLG	纳尔逊拉戈	美国(阿拉斯加州)
NEMA	EMN	涅马	毛里塔尼亚
NEMISCAU QC	YNS	内米斯科	加拿大(魁北克省)
NENANA AK	ENN	尼纳纳	美国(阿拉斯加州)
NEPALGANJ	KEP	尼泊尔根杰	尼泊尔
NEPHI UT	NPH	尼法	美国(犹他州)
NEUQUEN	NQN	内乌肯	阿根廷
NEVERS	NVS	内韦尔	法国
NEW BEDFOFD MA	EWB	新贝德福德	美国(马萨诸塞州)
NEW BERN NC	EWN	新伯尔尼	美国(北卡罗来纳州)
NEW CHENEG AK	NCN	纽切内格	美国(阿拉斯加州)
NEW DELHI	DEL	新德里	印度
NEW HALFA	NHF	新哈勒法	苏丹
NEW HAVEN CT	HVN	纽黑文	美国(康涅狄格州)

表 2（续）

城市地名英文全称	代　码	城市地名中文全称	所在国家或地区(州、省或区域)
NEW IBERIA LA	LFT	新伊比利亚	美国(路易斯安那州)
NEW LONDON CT	GON	新伦敦	美国(康涅狄格州)
NEW ORLEAN LA	MSY	新奥尔良	美国(路易斯安那州)
NEW PLYMOUTH	NPL	新普利茅斯	新西兰
NEW STUYAHOK AK	KNW	新斯图亚霍克	美国(阿拉斯加州)
NEW VALLEY	UVL	新河谷	埃及
NEW YORK NY	NYC	纽约	美国
NEWARK NJ	EWR	纽瓦克	美国(新泽西州)
NEWBURGH NY	SWF	纽堡	美国(纽约州)
NEWCASTLE	NCL	纽卡斯尔	英国
NEWCASTLE	NCS	纽卡斯尔	南非
NEWCASTLE NS	NTL	纽卡斯尔	澳大利亚(新南威尔士州)
NEWMAN WA	ZNE	纽曼	澳大利亚(西澳州)
NEWPORT RI	NPT	纽波特	美国(罗得岛州)
NEWPORT NEWS VA	PHF	纽波特纽斯	美国(弗吉尼亚州)
NEWQUAY	NQY	纽基	英国
NEWTOK AK	WWT	纽托克	美国(阿拉斯加州)
NEYVELI	NVY	内韦利	印度
NGAOUNDERE	NGE	恩冈代雷	喀麦隆
NGAU IS.	NGI	恩高岛	斐济(南太平洋)
NGUKURR NT	RPM	努库尔	澳大利亚(北部地区)
NIAGARA FALLS NY	IAG	尼亚加拉瀑布	美国(纽约州)
NIAMEY	NIM	尼亚美	尼日尔
NIBLACK AK	NIE	尼布兰克	美国(阿拉斯加州)
NICARO	ICR	尼卡罗	古巴
NICE	NCE	尼斯	法国(滨海阿尔卑斯省)
NICHEN COVE AK	NKV	尼琴考沃	美国(阿拉斯加州)
NICHOLSON WA	NLS	尼科尔森	澳大利亚(西澳州)
NIEUM NICKERI	ICK	新尼克里	苏里南(拉美)
NIGHTMUTE AK	NME	奈特缪特	美国(阿拉斯加州)
NIIGATA	KIJ	新泻	日本
NIKOLAI AK	NIB	尼古拉	美国(阿拉斯加州)
NIKOLSKI AK	IKO	尼科尔斯基	美国(阿拉斯加州)
NIKUNAU	NIG	尼库瑙	基里巴斯(太平洋)
NIMBA	NIA	宁巴	利比亚

表 2（续）

城市地名英文全称	代　码	城市地名中文全称	所在国家或地区(州、省或区域)
NIMES	FNI	尼姆	法国(加尔省)
NINGBO	NGB	宁波	中国(浙江省)
NIOKI	NIO	尼奥基	刚果(金)
NIORO	NIX	纽罗	马里
NIQUELANDINI GO	NQL	尼克兰迪尼	巴西(戈亚斯州)
NIRAC	VRC	比拉克	菲律宾
NIS	INI	尼什	塞黑
NISSAN IS.	IIS	尼桑岛	巴布亚新几内亚
NIU AFOOU	NFO	纽阿福欧	汤加(大洋洲)
NIUATOPUTAPU	NTT	纽阿托普塔普	汤加(大洋州)
NIUE IS.	IUE	纽埃岛	纽埃(大洋州)
NKAUS	NKU	恩卡尤斯	莱索托
NKAYI	NKY	恩卡伊	刚果(布)
NKOLO	NKL	恩科洛	刚果(金)
NO. PLATTE NE	LBF	北普拉特	美国(内布拉斯加州)
NOATAK AK	WTK	诺阿塔克	美国(阿拉斯加州)
NOMAD RIVER	NOM	诺莫德河	巴布亚新几内亚
NOME AK	OME	诺姆	美国(阿拉斯加州)
NONDALTON AK	NNL	农多尔顿	美国(阿拉斯加州)
NONOUTI	NON	诺努蒂	基里巴斯(太平洋)
NOORVIK AK	ORV	诺尔维克	美国(阿拉斯加州)
NOOSA QL	NSA	努萨	澳大利亚(昆士兰州)
NOOTKA SOUTH BC	YNK	南诺特卡	加拿大(不列颠哥伦比亚省)
NORDDEICH	NOE	诺德代希	德国
NORDERNEY	NRD	诺德奈	德国
NORDFJORDUR	NOR	诺尔峡	冰岛
NORDHOLZ-SPIECA	NDZ	诺德霍尔兹—斯片卡	德国
NORFOLK IS.	NLK	诺福克岛	大洋洲
NORFOLK NE	OFK	诺福克	美国(内布拉斯加州)
NORFOLK VA	ORF	诺福克	美国(弗吉尼亚州)
NORIL' SK	NSK	诺里尔斯克	俄罗斯
NORMAN WELS NT	YVQ	诺曼韦尔斯	加拿大(西北地区)
NORMANTON QL	NTN	诺曼顿	澳大利亚(昆士兰州)
NORRKOPING	NRK	诺尔雪平	瑞典
NORSEMAN WA	NSM	诺斯曼	澳大利亚(西澳州)

表 2（续）

城市地名英文全称	代　码	城市地名中文全称	所在国家或地区（州、省或区域）
NORSUP	NUS	诺索普	瓦努阿图（南太平洋，大洋洲）
NORTH BATTLEFD SK	YQW	北巴特尔	加拿大（萨斯喀彻温省）
NORTH BAY ON	YYB	诺斯湾	加拿大（安大略省）
NORTH BEND OR	OTH	北本德	美国（俄勒冈州）
NORTH CAICOS	NCA	北凯科斯	巴哈马（拉丁美洲）
NORTH ELEUTHERA	ELH	北伊柳塞拉	巴哈马（拉丁美洲）
NORTH RONALDSAY	NRL	北罗纳德赛	英国
NORTH SPIRIT LAKE OT	YNO	北斯皮雷特湖	加拿大（安大略省）
NORTHWAY AK	ORT	诺思韦	美国（阿拉斯加州）
NORWAY HOUSE MB	YNE	挪威豪斯	加拿大（曼尼托巴省）
NORWICH	NWI	诺威奇	英国
NORWOOD MA	OWD	诺伍德	美国（马萨诸塞州）
NOSARA BEACH	NOB	诺萨拉比奇	哥斯达黎加
NOSSI-BE	NOS	努西贝	马达加斯加
NOUADHIBOU	NDB	努瓦迪布	毛里塔尼亚
NOUAKCHOTT	NKC	努瓦克肖特	毛里塔尼亚（沙漠中建起的新兴都城）
NOUMEA	NOU	努美阿	新喀里多尼亚（太平洋）
NOUNA	XNU	努纳	布基纳法索
NOVATO CA	NOT	诺瓦托	美国（加利福尼亚州）
NOVOKUZNETSK	NOZ	新库兹涅茨克	俄罗斯
NOVOSIBIRSK	OVB	新西伯利亚	俄罗斯
NOW SHAHR	NSH	瑙沙赫尔	伊朗
NOWATA	NWT	诺瓦塔	巴布亚新几内亚
NOWRA NS	NOA	瑙拉	澳大利亚（新南威尔士州）
NUEVA GERONA	GER	新赫罗纳	古巴
NUEVO LAREDO	NLD	新拉雷多	墨西哥
NUIQSUT AK	NUI	诺伊克索特	美国（阿拉斯加州）
NUKU	UKU	努库	巴布亚新几内亚
NUKU HIVA	NHV	努库希瓦	马克萨斯群岛（太平洋，玻利维亚）
NUKUTAVAKE	NUK	努库塔瓦克	土阿莫土群岛（太平洋）
NULATO AK	NUL	努拉托	美国（阿拉斯加州）
NULLAGINE WA	NLL	纳拉金	澳大利亚（西澳州）
NULLARBOR SA	NUR	纳拉伯	澳大利亚（南澳州）
NUMBULWAR NT	NUB	纳姆布尔瓦	澳大利亚（北部地区）
NUMFOOR	FOO	努姆富尔	印度尼西亚

表 2（续）

城市地名英文全称	代　码	城市地名中文全称	所在国家或地区（州、省或区域）
NUNAPITCH AK	NUP	纽纳皮兹	美国（阿拉斯加州）
NUQUI	NQU	努魁	哥伦比亚
NUREMBERG	NUE	纽伦堡	德国
NUUK	GOH	努克	格陵兰（丹属，北美洲）
NYAC AK	ZNC	奈阿克	美国（阿拉斯加州）
NYALA	UYL	尼亚拉	苏丹
NYAUNGU	NYU	良乌	缅甸
NYERI	NYE	涅里	肯尼亚
NYNGAN NS	NYN	宁根	澳大利亚（新南威尔士州）
NZEREKORE	NZE	恩泽雷科雷	几内亚
NZETO	ARZ	恩泽托	安哥拉
OAK HARBOR WA	ODW	奥克港	美国（华盛顿州）
OAKEY QL	OKY	奥基	澳大利亚（昆士兰州）
OAKLAND CA	OAK	奥克兰	美国（加利福尼亚州）
OAMARU	OAM	奥马鲁	新西兰
OAXACA	OAX	瓦哈卡	墨西哥
OBANO	OBD	奥巴诺	印度尼西亚
OBERPFAFFENHOFN	OBF	上法芬霍芬	德国
OBIDOS	OBI	乌比杜斯	葡萄牙
OBIHIRO	OBO	带广	日本
OBO	OBX	奥博	巴布亚新几内亚
OBO MBOKI	MKI	奥博姆博基	中非
OBOCK	OBC	奥博克	吉布提
OCALA FL	OCF	奥卡拉	美国（佛罗里达州）
OCANA	OCV	奥卡纳	哥伦比亚
OCEAN CITY MD	OCE	大洋城	美国（马里兰州）
OCEAN FALL BC	ZOF	欧欣弗尔	加拿大（不列颠哥伦比亚省）
OCEAN REEF FL	OCA	欧欣里尔	美国（佛罗里达州）
OCEANIC AK	OCI	欧欣尼克	美国（阿拉斯加州）
OCHO RIOS	OCJ	奥桥里奥斯	牙买加（拉丁美洲）
OCUSSI	OEC	欧库西	印度尼西亚
ODENSE	ODE	欧登赛	丹麦
ODESSA	ODS	奥德萨	乌克兰
ODESSA TX	MAF	敖德萨	美国（德克萨斯州）
ODIENNE	KEO	奥迭内	科特迪瓦（象牙海岸）

表 2（续）

城市地名英文全称	代　码	城市地名中文全称	所在国家或地区(州、省或区域)
OENPELLI NT	OPI	昂佩利	澳大利亚(北部地区)
OFU IS.	OFU	奥富岛	东萨摩亚(南太平洋)
OGDENSBURG NY	OGS	奥格登斯堡	美国(纽约州)
OGOKI OT	YOG	奥戈基	加拿大(安大略省)
OHRID	OHD	奥赫里德	马其顿
OIAPOQUE AP	OYK	奥亚波基	巴西(阿马帕地区)
OIL CITY PA	FKL	石油城	美国(宾夕法尼亚州)
OITA	OIT	大分	日本
OKABA	OKQ	奥卡巴	印度尼西亚
OKAUKUEJO	OKF	奥考奎约	纳米比亚
OKAYAMA	OKJ	冈山	日本
OKI IS.	OKI	奥基岛	日本
OKINAWA	OKA	冲绳	日本
OKINO ERABU	OKE	冲永良部	日本
OKLAHOMA CIITY OK	OKC	俄克拉荷马城	美国(俄克拉荷马州)
OKONDJA	OKN	奥孔贾	加蓬
OKOYO	OKG	奥科约	刚果(布)
OKSAPMIN	OKP	奥克萨普明	巴布亚新几内亚
OKUSHIRI	OIR	奥尻	日本
OLAFSJORDUR	OFJ	欧拉夫峡	冰岛
OLAFSVIK	OLI	欧拉夫斯维克	冰岛
OLANCHITO	OAN	奥兰奇托	洪都拉斯
OLBIA	OLB	奥尔比亚	意大利
OLD CROW YT	YOC	奥德克劳	加拿大(育空地区)
OLD FT. BAY QU	ZFB	奥德福特湾	澳大利亚(昆士兰州)
OLD HARBOR AK	OLH	奥尔德港	美国(阿拉斯加州)
OLGA BAY AK	KOY	奥尔加湾	美国(阿拉斯加州)
OLPOI	OLJ	奥尔波依	瓦努阿图(太平洋)
OLSOBIP	OLQ	奥尔索比普	巴布亚新几内亚
OLYMPIA WA	OLM	奥林匹亚	美国(华盛顿州)
OLYMPIC DAM SA	OLP	奥林匹克旦姆	澳大利亚(南澳州)
OMAHA NE	OMA	奥马哈	美国(内布拉斯加州)
OMBOUE	OMB	翁布埃	加蓬
OMSK	OMS	鄂木斯克	俄罗斯
ONDANGWA	OND	翁旦格瓦	纳米比亚

表 2（续）

城市地名英文全称	代码	城市地名中文全称	所在国家或地区（州、省或区域）
ONEONTA NY	ONH	奥尼昂塔	美国（纽约州）
ONO IS. LAU	ONU	奥诺劳岛	斐济（南太平洋）
ONOTOA	OOT	奥诺托阿	基里巴斯（太平洋）
ONSLOW WA	ONS	昂斯洛	澳大利亚（西澳州）
ONTARIO CA	ONT	安大略	美国（加利福尼亚州）
ONTARIO OR	ONO	安大略	美国（俄勒冈州）
OODNADATTA SA	ODD	乌德纳达塔	澳大利亚（南澳州）
OPEN BAY	OPB	奥彭湾	新西兰
OPITIERS	PIS	普瓦捷	法国
ORADEA	OMR	奥拉迪亚	罗马尼亚
ORAN	ORN	奥兰	阿尔及利亚
ORANGE NS	OAG	奥兰治	澳大利亚（新南威尔士州）
ORANGE WALK	ORZ	奥兰治沃克	伯利兹（拉丁美洲）
ORANJEMUND	OMD	奥兰治蒙德	纳米比亚
ORAPA	ORP	奥拉帕	博茨瓦纳
ORCHID BEACH QL	OKB	奥尔奇德比奇	澳大利亚（昆士兰州）
ORD RIVER WA	ODR	奥德河	澳大利亚（西澳州）
OREBRO	ORB	厄勒布鲁	瑞典
ORENBURG	REN	奥伦堡	俄罗斯
ORIA	OTY	奥里亚	意大利
ORINDUIK	ORJ	奥林杜伊克	圭亚那
ORKNEY IS. S	KOI	奥克尼群岛	英国
ORLANDO FL	ORL	奥兰多	美国（佛罗里达州）
ORLEANS	ORE	奥尔良	法国
ORMARA	ORW	奥尔马拉	巴基斯坦
ORMOC	OMC	奥尔莫克	菲律宾
ORNSKOLDSVIK	OER	恩金尔兹维克	瑞典
ORPHEUS IS. QL	ORS	奥普霍伊斯群岛	澳大利亚（昆士兰州）
ORSTA VOLDA	HOV	厄斯塔伏尔达	挪威
ORURO	ORU	奥鲁罗	玻利维亚
OSAGE BEACH MO	OSB	欧塞奇比奇	美国（密苏里州）
OSAKA	OSA	大阪	日本
OSH	OSS	奥什	吉尔吉斯斯坦
OSHAKATI	OHI	奥沙卡蒂	纳米比亚
OSHAWA ON	YOO	奥沙瓦	加拿大（安大略省）

表 2（续）

城市地名英文全称	代　码	城市地名中文全称	所在国家或地区（州、省或区域）
OSHIMA	OIM	大岛	日本
OSHKOSH WI	OSH	奥什科什	美国（威斯康星州）
OSIJEK	OSI	奥西耶克	克罗地亚
OSKARSHAMN	OSK	奥斯卡斯哈门	瑞典
OSLO	OSL	奥斯陆	挪威
OSMANABAD	OMN	奥斯曼阿巴德	印度
OSORNO	ZOS	奥索尔诺	智利
OSTEND	OST	奥斯坦德	比利时
OSTERSUND	OSD	厄斯特松德	瑞典
OSTRAVA	OSR	奥斯特拉发	捷克
OTTAWA ON	YOW	渥太华	加拿大（安大略省）
OTTUMWA IA	OTM	奥塔姆瓦	美国（衣阿华州）
OTU	OTU	奥图	哥伦比亚
OUADDA	ODA	瓦达	中非
OUAGADOUGOU	OUA	瓦加杜古	布基纳法索（非洲）
OUAHIGOUYA	OUG	瓦希古亚	布基纳法索（非洲）
OUANDA DJALLE	ODJ	万克贾莱	中非
OUARGLA	OGX	瓦尔格拉	阿尔及利亚
OUARZAZATE	OZZ	瓦尔扎扎特	摩洛哥
OUDOMXAY	ODY	乌多姆塞	老挝
OUDTSHOORN	OUH	奥茨胡恩	南非
OUESSO	OUE	韦萨	布基纳法索（非洲）
OUJDA	OUD	乌季达	摩洛哥
OULU	OUL	奥卢	芬兰
OURINHOS SP	OUS	欧里纽斯	巴西（圣保罗州）
OUVEA	UVE	乌韦阿	新喀里多尼亚（太平洋）
OUYEN VI	OYN	奥延	澳大利亚（维多利亚州）
OUZINKIE AK	KOZ	尤津基	美国（阿拉斯加州）
OVIEDO	OVD	奥维多	西班牙
OWANDO	FTX	奥旺多	刚果（布）
OWENSBORO KY	OWB	欧文斯伯勒	美国（肯塔基州）
OXFORD HOUSE MB	YOH	牛津豪斯	加拿大（曼尼托巴省）
OXNARD CA	OXR	奥克斯纳德	美国（加利福尼亚州）
OYEM	OYE	奥耶姆	加蓬
OZAMIS CITY	OZC	奥三棉市	菲律宾

表 2（续）

城市地名英文全称	代　码	城市地名中文全称	所在国家或地区(州、省或区域)
PA-AN	PAA	帕安	缅甸(克伦邦)
PACIFIC HARBOR	PHR	太平港	斐济(南太平洋)
PADANG	PDG	巴东	印度尼西亚
PADERBORN	PAD	帕德博恩	德国
PADUCAH KY	PAH	帕迪尤卡	美国(肯塔基州)
PAGADIAN	PAG	帕加迪安	菲律宾
PAGE AZ	PGA	佩奇	美国(亚利桑那州)
PAGO PAGO	PPG	帕果帕果	美属萨摩亚(太平洋)
PAKOKKU	PKK	格具	缅甸
PAKSE	PKZ	巴色	老挝
PAKUASHIPI QC	YIF	巴夸西皮	加拿大(魁北克省)
PALA	PLF	帕拉	肯尼亚
PALANGA	PLQ	帕兰加	立陶宛
PALANGKARAYA	PKY	帕朗卡拉亚	印度尼西亚(中加里曼丹省)
PALEMBANG	PLM	巨港	印度尼西亚
PALENQUE	PQM	帕伦克	墨西哥
PALERMO	PMO	巴勒莫	意大利
PALM IS. QL	PMK	帕姆群岛	澳大利亚(昆士兰州)
PALM SPRING CA	PSP	棕榈泉	美国(加利福尼亚州)
PALMA MALLORC	PMI	帕尔马 马拉尔克	西班牙
PALMAR	PMZ	帕尔马尔	哥斯达黎加
PALMARITO	PTM	帕尔马里托	玻利维亚
PALMDALE CA	PMD	帕姆代尔	美国(加利福尼亚州)
PALMERSTON NORTH	PMR	北帕默斯顿	新西兰
PALU	PLW	帕卢	印度尼西亚
PAMA	XPA	巴马	越南
PAMOL	PAY	巴马尔	马来西亚
PAMPLONA	PNA	巴姆普朗纳	西班牙
PANAMA CITY	PTY	巴拿马城	巴拿马
PANAMA CITY FL	PFN	巴拿马城	美国(佛罗里达州)
PANDIE PANDIE SA	PDE	潘迪潘迪	澳大利亚(南澳州)
PANGKALANBUN	PKN	庞卡兰布翁	印度尼西亚
PANGKALPINANG	PGK	槟港	印度尼西亚
PANGNIRTUNG NU	YXP	庞纳唐	加拿大(西北地区)
PANJGUR	PJG	本杰古尔	巴基斯坦

表 2（续）

城市地名英文全称	代　码	城市地名中文全称	所在国家或地区(州、省或区域)
PANTELLERIA	PNL	潘泰莱里亚	意大利
PAONIA CO	WPO	佩奥尼亚	美国(科罗拉多州)
PAPAWESTRAY	PPW	帕帕韦斯特雷	英国
PAPEETE	PPT	帕皮提	塔希提(南太平洋)
PAPHOS	PFO	帕福斯	塞浦路斯
PAPUN	PPU	帕本	缅甸
PARABURDOO WA	PBO	帕拉布尔杜	澳大利亚(西澳州)
PARADISE RIVER NL	YDE	帕拉迪斯河	加拿大(纽芬兰省)
PARAKOU	PKO	帕拉库	贝宁(非洲)
PARAM	PPX	帕拉姆	加罗林群岛(美托管,太平洋)
PARAMARIBO	PBM	帕拉马里博	苏里南(南美洲,旧名荷属圭亚那)
PARANA ER	PRA	帕拉那	阿根廷
PARANAGUA PR	PNG	巴拉那瓜	巴西(巴拉那州)
PARANAIBA MS	PBB	巴拉那伊巴	巴西(南马托格罗索州)
PARANAVAI PR	PVI	巴拉那瓦伊	巴西(巴拉那州)
PARASI	PRS	伯拉西	所罗门群岛(太平洋)
PARINTINS AM	PIN	帕林廷斯	巴西(亚马孙州)
PARIS	PAR	巴黎	法国
PARIS TX	PRX	巴黎	美国(德克萨斯州)
PARKERSBURG WV	PKB	帕克斯堡	美国(西弗吉尼亚州)
PARKES NS	PKE	帕克斯	澳大利亚(新南威尔士州)
PARKS AK	KPK	帕克斯	美国(阿拉斯加州)
PARMA	PMF	帕尔马	意大利
PARNAIBA PI	PHB	巴纳伊巴	巴西(皮奥伊州)
PARNDANA SA	PDN	潘德纳	澳大利亚(南澳州)
PARO	PBH	帕罗	不丹
PAROS	PAS	帕罗斯	希腊
PARRY SOUND ON	YPD	帕里桑德	加拿大(安大略省)
PARSONS KS	PPF	帕桑斯	美国(堪萨斯州)
PASCO WA	PSC	帕斯科	美国(华盛顿州)
PASIGHAT	IXT	帕西加特	印度
PASNI	PSI	伯斯尼	巴基斯坦
PASO CABALLOS	PCG	帕索卡瓦约斯	危地马拉
PASO DE LES LIBRES CR	AOL	帕索德拉斯利布雷斯	阿根廷
PASO ROBLS CA	PRB	帕索罗布尔斯	美国(加利福尼亚州)

表 2（续）

城市地名英文全称	代　码	城市地名中文全称	所在国家或地区(州、省或区域)
PASSO FUNDO RS	PFB	帕苏丰杜	巴西(南里奥格朗德州)
PASSOS MG	PSW	帕苏斯	巴西(米纳斯吉拉斯州)
PASTO	PSO	帕斯托	哥伦比亚
PATNA	PAT	巴特那	印度
PATO BRANCU PR	PTO	帕图布兰堡	巴西(巴拉那州)
PATRAS	GPA	帕特雷	希腊
PATREKSFJORDUR	PFJ	帕特莱克斯菲厄泽	冰岛
PATTANI	PAN	北大年	泰国
PATTAYA	PYX	帕塔亚	泰国
PATTERSON LA	PTN	帕特森	美国(路易斯安那州)
PAU	PUF	波	法国(大西洋岸比利牛斯省)
PAUK	PAU	包城	缅甸
PAULATUK NT	YPC	波拉图克	加拿大(西北地区)
PAULO AFONSO BA	PAV	保罗·阿方素	巴西(巴伊亚州)
PAYAN	PYN	帕扬	哥伦比亚
PAYSANDU	PDU	派桑杜	乌拉圭
PAZ D ARIPORO	PZA	帕斯德阿里波罗	哥伦比亚
PEACE RIVER AB	YPE	皮斯河	加拿大(阿尔伯塔省)
PEACH SPRINGS AZ	PGS	皮奇斯普林斯	美国(亚利桑那州)
PEAWANUCK ON	YPO	皮沃纳克	加拿大(安大略省)
PEDERNALES	PDZ	佩德纳莱斯	多米尼加
PEDRO BAY AK	PDB	佩得罗湾	美国(阿拉斯加州)
PEHUAJO	PEH	佩瓦霍	阿根廷
PEKANBARU	PKU	北干巴鲁	印度尼西亚
PEKANGIKUM ON	YPM	皮康吉肯	加拿大(安大略省)
PELICAN AK	PEC	佩利肯	美国(阿拉斯加州)
PELLSTON MI	PLN	佩尔斯顿	美国(密执安州)
PELLY BAY NT	YUF	佩利湾	加拿大(西北地区)
PELOTAS RS	PET	佩洛塔斯	巴西(南里奥格朗德州)
PEMBA	PMA	奔巴	坦桑尼亚
PEMBA	POL	彭巴	莫桑比克
PEMBROKE OT	YTA	彭布罗克	加拿大(安大略省)
PENANG	PEN	槟榔	马来西亚
PENDER HARBOR BC	YPT	本德港	加拿大(不列颠哥伦比亚省)
PENDLETON OR	PDT	彭德尔顿	美国(俄勒冈州)

表 2（续）

城市地名英文全称	代　码	城市地名中文全称	所在国家或地区(州、省或区域)
PENNESHAW SA	PEA	彭纳肖	澳大利亚(南澳州)
PENRHYN IS.	PYE	彭林岛	库克群岛(南太平洋,大洋洲)
PENSACOLA FL	PNS	彭萨科拉	美国(佛罗里达州)
PENTICTON BC	YYF	彭蒂科顿	加拿大(不列颠哥伦比亚省)
PENZA	PEZ	奔萨	俄罗斯
PENZANCE	PZE	彭赞斯	英国
PEORIA IL	PIA	皮奥里亚	美国(伊利诺斯州)
PEREIRA	PEI	佩雷拉	哥伦比亚
PERIGUEUX	PGX	佩里格	法国
PERITO MORENO	PMQ	佩里托莫雷诺	阿根廷
PERM	PEE	彼尔姆	俄罗斯
PERPIGNAN	PGF	佩皮尼昂	法国(东比利牛斯省)
PERRYVILLE AK	KPV	佩里维尔	美国(阿拉斯加州)
PERTH WA	PER	珀斯	澳大利亚(西澳州)
PERU IL	VYS	珀鲁	美国(伊利诺斯州)
PERUGIA	PEG	佩鲁贾	意大利
PESCARA	PSR	佩斯卡拉	意大利
PESHAWAR	PEW	白沙瓦	巴基斯坦
PETERBORO ON	YPQ	彼得博罗	加拿大(安大略省)
PETERSBURG AK	PSG	彼得斯堡	美国(阿拉斯加州)
PETROLINA PE	PNZ	彼得罗利纳	巴西(伯南布哥州)
PETROPAVLOVSK	PKC	彼得罗巴甫洛夫斯克	哈萨克斯坦
PETROZAVODSK	PES	彼得罗扎沃茨克	俄罗斯
PHALABORWA	PHW	帕拉博鲁瓦	南非
PHILADELPHIA PA	PHL	费城	美国(宾夕法尼亚州)
PHITSANULOK	PHS	彭世洛	泰国
PHNOM PENH	PNH	金边	柬埔寨
PHOENIX AZ	PHX	菲尼克斯	美国(亚利桑那州)
PHRAE	PRH	帕府	泰国
PHUKET	HKT	普吉	泰国
PICKLE LAKE ON	YPL	皮克尔湖	加拿大(安大略省)
PICO IS.	PIX	皮克岛	委内瑞拉
PICTON	PCN	皮克顿	新西兰
PIERRE SD	PIR	皮尔	美国(南达科他州)
PIESTANY	PZY	皮耶什佳尼	斯洛伐克

表 2（续）

城市地名英文全称	代 码	城市地名中文全称	所在国家或地区（州、省或区域）
PIETERMARITZBURG	PZB	彼得马里茨堡	南非
PIKWITONEI MB	PIW	皮奎托内	加拿大（曼尼托巴省）
PILOT POINT AK	PIP	皮勒特波因特	美国（阿拉斯加州）
PILOT STATE AK	PQS	派勒特斯泰特	美国（阿拉斯加州）
PIMAGA	PMP	皮曼加	刚果（金）
PINDIU	PDI	平迪乌	巴布亚新几内亚
PINE BLUFF AR	PBF	派恩布拉夫	美国（阿肯色州）
PINE POINT NT	YPP	派恩波因特	加拿大（西北地区）
PINEHURST NC	SOP	派恩赫斯特	美国（北卡罗来纳州）
PINHEIRO MA	PHI	皮涅鲁	巴西（马拉尼翁州）
PISA	PSA	比萨	意大利
PITALITO	PTX	皮塔利托	哥伦比亚
PITTSBURGH PA	PIT	匹兹堡	美国（宾夕法尼亚州）
PITTSFIELD MA	PSF	皮茨菲尔德	美国（马萨诸塞州）
PIURA	PIU	皮乌拉	秘鲁
PLACERVILL CA	PVF	普莱瑟维尔	美国（加利福尼亚州）
PLATINUM AK	PTU	普拉蒂纳姆	美国（阿拉斯加州）
PLATTSBURG NY	PLB	普拉茨堡	美国（纽约州）
PLAYA SAMARA	PLD	萨马拉滩	哥斯达黎加
PLETTENBERG	PBZ	普莱滕贝格	德国
PLEVEN	PVN	普列文	保加利亚
PLOVDIV	PDV	普罗夫迪夫	保加利亚
PLYMOUTH	PLH	普利茅斯	英国
POCAHONTAS IA	POH	波卡洪特斯	美国（衣阿华州）
POCATELLO ID	PIH	波卡特洛	美国（爱达荷州）
POCOS CALDAS MG	POO	波卡斯卡尔达斯	巴西（米纳斯吉拉斯州）
PODOR	POD	波多尔	塞内加尔
POHANG	KPO	浦项	韩国
POHNPEI	PNI	波恩佩	加罗林群岛（太平洋）
POINT HOPE AK	PHO	波因特霍普	美国（阿拉斯加州）
POINT LAY AK	PIZ	波因特莱	美国（阿拉斯加州）
POINTE NOIRE	PNR	黑角	刚果（布）
POINTE-A-PITRE	PTP	皮特尔角城	瓜德罗普岛（拉丁美洲）
POKHARA	PKR	博克拉	尼泊尔
POLACCA AZ	PXL	波拉卡	美国（亚利桑那州）

表 2（续）

城市地名英文全称	代　码	城市地名中文全称	所在国家或地区(州、省或区域)
POLK INLET AK	POQ	波克因莱特	美国(阿拉斯加州)
POMALA	PUM	波马拉	印度尼西亚
PONCA CITY OK	PNC	庞卡城	美国(俄克拉荷马州)
PONCE	PSE	庞塞	波多黎各
POND INLET NT	YIO	庞德因莱特	加拿大(西北地区)
PONTA DELGADA	PDL	蓬塔德尔加达	葡萄牙
PONTA GROSA PR	PGZ	蓬塔格罗萨	巴西(巴拉那州)
PONTA PORA MS	PMG	蓬塔波朗	巴西(南马托格罗索州)
PONTIANAK	PNK	坤甸	印度尼西亚(西加里曼丹省)
POPAYAN	PPN	波帕扬	哥伦比亚
POPLAR BLUFF MO	POF	波普勒布拉夫	美国(密苏里州)
POPONDETTA	PNP	波蓬德塔	巴布亚新几内亚
POPTUN	PON	波普顿	危地马拉
PORBANDAR	PBD	波尔本德尔	印度
PORCUPI CITY AK	PCK	波尔库皮城	美国(阿拉斯加州)
PORGERA	PGE	波尔盖拉	巴布亚新几内亚
PORI	POR	波里	芬兰
PORLAMAR	PMV	波尔拉马尔	委内瑞拉
PORT ANTONIO	POT	安东尼奥港	牙买加(拉丁美洲)
PORT AU PRINCE	PAP	太子港	海地(拉丁美洲)
PORT BERGE	WPB	贝尔热港	马达加斯加
PORT GENTIL	POG	让蒂尔港	加蓬
PORT HARCOURT	PHC	哈科特港	尼日利亚
PORT HARDY BC	YZT	哈迪港	加拿大(不列颠哥伦比亚省)
PORT HOPE NF	YHA	霍普港	加拿大(纽芬兰省)
PORT LIONS AK	ORI	利翁斯港	美国(阿拉斯加州)
PORT MORESBY	POM	莫尔兹比港	巴布亚新几内亚(大洋洲)
PORT OF SPAIN	POS	西班牙港	特立尼达和多巴哥(拉丁美洲)
PORT SAID	PSD	塞得港	埃及
PORT SUDAN	PZU	苏丹港	苏丹
PORTAGE CREEK AK	PCA	波特奇克里克	美国(阿拉斯加州)
PORTIMAO	PRM	波尔蒂芒	葡萄牙
PORTLAND ME	PWM	波特兰	美国(缅因州)
PORTLAND OR	PDX	波特兰	美国(俄勒冈州)
PORTLAND VI	PTJ	波特兰	澳大利亚(维多利亚州)

表 2（续）

城市地名英文全称	代　码	城市地名中文全称	所在国家或地区(州、省或区域)
PORTO	OPO	波尔图	葡萄牙
PORTO AMBOIM	PBN	安博因港	安哥拉
PORTO KHELION	PKH	波尔托海利翁	希腊
PORTO NACIONAL TO	PNB	纳雄耐尔港	巴西(托坎廷斯州)
PORTO SANTO	PXO	圣港	葡萄牙
PORTOROZ	POW	波尔托罗日	波黑
PORTOVIEJO	PVO	波托维埃霍	厄瓜多尔
PORTVILA	VLI	维拉港	瓦努阿图(南太平洋)
POSADAS	PSS	波萨达斯	阿根廷
POSO	PSJ	波索	印度尼西亚
POSTVILLE NF	YSO	波斯特维尔	加拿大(纽芬兰省)
POTOSI	POI	波托西	玻利维亚
POTS NORTH LANDING SA	YNL	波因兹诺斯兰丁	加拿大(萨斯喀彻温省)
POUGHKEEPSIE NY	POU	波基普西	美国(纽约州)
POVUNGNITUK QC	YPX	波翁尼图克	加拿大(魁北克省)
POWELL WY	POY	鲍威尔	美国(怀俄明州)
POWELL RIVER BC	YPW	鲍威尔河	加拿大(不列颠哥伦比亚省)
POZA RICA-D. HIDALGO	PAZ	波萨里卡—德伊达尔戈	墨西哥
POZNAN	POZ	波兹南	波兰
PRAGUE	PRG	布拉格	捷克
PRAIA	RAI	普拉亚	佛得角(大西洋)
PRASLIN IS.	PRI	普拉兰岛	塞舌尔(印度洋)
PRES. PRUDENTE SP	PPB	普鲁登特总统城	巴西(圣保罗州)
PRES. ROQUE SA. PENA CH	PRQ	罗克・萨恩斯・培纳总统城	阿根廷
PRESCOTT AZ	PRC	普雷斯科特	美国(亚利桑那州)
PRESQUE IS. ME	PQI	普雷斯克岛	美国(缅因州)
PRETORIA	PRY	比勒陀利亚	南非
PREVEZA/LEFKA	PVK	普雷韦扎/列夫卡	希腊
PRICE UT	PUC	普赖斯	美国(犹他州)
PRINCE ALBERT SA	YPA	艾伯特王子城	加拿大(萨斯喀彻温省)
PRINCE GEORGE BC	YXS	乔治王子城	加拿大(不列颠哥伦比亚省)
PRINCE RUPERT BC	YPR	鲁珀特王子城	加拿大(不列颠哥伦比亚省)
PRINCETON NJ	PCT	普林斯顿	美国(新泽西州)
PRINCETON WV	BLF	普林斯顿	美国(西弗吉尼亚州)
PRINCIPE	PCP	普林西比	大西洋

表 2（续）

城市地名英文全称	代　码	城市地名中文全称	所在国家或地区(州、省或区域)
PRISTINA	PRN	普里什蒂纳	塞黑
PROME	PRU	卑谬	缅甸
PROPRIANO	PRP	普罗普里亚诺	法国
PROSERPINE QL	PPP	普罗瑟派恩	澳大利亚(昆士兰州)
PROSPECT CREEK AK	PPC	普罗斯佩克特河	美国(阿拉斯加州)
PROVIDENCE RI	PVD	普罗维登斯	美国(罗得岛州)
PROVIDENCIA	PVA	普罗维登夏	哥伦比亚
PROVIDENCIALES	PLS	普罗维登夏莱斯	特克斯和凯科斯群岛(拉丁美洲)
PROVINCETON MA	PVC	普罗温斯敦	美国(马萨诸塞州)
PROVO UT	PVU	普罗沃	美国(犹他州)
PRUDHOE AK	PUO	普拉德霍	美国(阿拉斯加州)
PRUDHOE BAY AK	SCC	普拉德霍湾	美国(阿拉斯加州)
PT ALBERNI BC	YPB	艾伯尼港	加拿大(不列颠哥伦比亚省)
PT ALEXANDER AK	PTD	亚历山大港	美国(阿拉斯加州)
PT ALICE AK	PTC	艾利斯港	美国(阿拉斯加州)
PT ALSWORT AK	PTA	阿尔斯沃特港	美国(阿拉斯加州)
PT ANGELES WA	CLM	安吉利斯港	美国(华盛顿州)
PT AUGUSTA SA	PUG	奥古斯塔港	澳大利亚(南澳州)
PT BAILEY AK	KPY	巴伊莱港	美国(阿拉斯加州)
PT DOUGLAS QL	PTI	道格拉斯港	澳大利亚(昆士兰州)
PT ELIZABETH	PLZ	伊丽莎白港	南非
PT GRAHAM AK	PGM	格雷厄姆港	美国(阿拉斯加州)
PT HARRIS QU	YPH	哈里斯港	加拿大(魁北克省)
PT HAWKESBLLR NS	YPS	霍克斯伯里港	加拿大(诺瓦斯科夏省)
PT HEDLAND WA	PHE	黑德兰港	澳大利亚(西澳州)
PT HEIDEN AK	PTH	海登港	美国(阿拉斯加州)
PT HUNTER NS	PHJ	亨特港	澳大利亚(新南威尔士州)
PT JOHNSON AK	PRF	约翰逊港	美国(阿拉斯加州)
PT KEATS NT	PKT	基茨港	澳大利亚(北部地区)
PT LINCOLN SA	PLO	林肯港	澳大利亚(南澳州)
PT MACQUARI NS	PQQ	麦夸里港	澳大利亚(新南威尔士州)
PT MENIER QC	YPN	梅尼埃港	加拿大(魁北克省)
PT MOLLER AK	PML	莫勒港	美国(阿拉斯加州)
PT OCEANIC AK	PRL	阿申尼克港	美国(阿拉斯加州)
PT PIRIE SA	PPI	皮里港	澳大利亚(南澳州)

表 2（续）

城市地名英文全称	代　码	城市地名中文全称	所在国家或地区(州、省或区域)
PT SIMPSON BC	YPI	辛普森港	加拿大(不列颠哥伦比亚省)
PT ST. JUAN AK	PJS	圣胡安港	美国(阿拉斯加州)
PT STEPHENS NS	PTE	斯蒂芬斯港	澳大利亚(新南威尔士州)
PT TOWNSEN WA	TWD	汤森港	美国(华盛顿州)
PT. BAKER AK	KPB	贝克港	美国(阿拉斯加州)
PT. BLAIR	IXZ	布莱尔港	印度
PT. CLARENC AK	KPC	克拉伦斯港	美国(阿拉斯加州)
PT. STANLEY	PSY	斯坦利港	马尔维纳斯(福克兰)群岛(大西洋)
PT. WILLIAM AK	KPR	威廉港	美国(阿拉斯加州)
PTO ALEGRE RS	POA	阿雷格里港	巴西(南里奥格朗德州)
PTO SEGURO BA	BPS	塞古鲁港	巴西(巴伊亚州)
PTO VELHO RO	PVH	维利乌港	巴西(朗多尼亚州)
PUCALLPA	PCL	普卡尔帕	秘鲁
PUEBLA	PBC	普埃布拉	墨西哥
PUEBLO CO	PUB	普韦布洛	美国(科罗拉多州)
PUERTO ASIS	PUU	阿西斯港	哥伦比亚
PUERTO AYACUCHO	PYH	阿亚库乔港	委内瑞拉
PUERTO BARRIOS	PBR	巴里奥斯港	危地马拉
PUERTO BERRIO	PBE	贝里奥港	哥伦比亚
PUERTO BOYACA	PYA	博亚卡港	哥伦比亚
PUERTO CABELLO	PBL	卡贝略港	委内瑞拉
PUERTO CABEZAS	PUZ	卡贝萨斯港	尼加拉瓜
PUERTO CARRENO	PCR	卡雷尼奥港	哥伦比亚
PUERTO DESEADO SC	PUD	德塞阿多港	阿根廷
PÚERTO ESCOND	PXM	埃斯康德港	墨西哥
PUERTO LEGUIZAMO	LQM	莱吉萨莫港	哥伦比亚
PUERTO LEMPIRA	PEU	伦皮拉港	洪都拉斯
PUERTO MALDONADO	PEM	马尔多纳多港	秘鲁
PUERTO MONTT	PMC	蒙特港	智利
PUERTO OBALDIA	PUE	奥瓦尔迪亚港	巴拿马
PUERTO ORDAZ	PZO	奥尔达斯港	委内瑞拉
PUERTO PAEZ	PPZ	帕埃斯港	委内瑞拉
PUERTO PLATA	POP	普拉塔港	多米尼加
PUERTO PRINCESA	PPS	普林塞萨港	菲律宾
PUERTO RICO	PCC	波多黎各	哥伦比亚

表 2（续）

城市地名英文全称	代　码	城市地名中文全称	所在国家或地区（州、省或区域）
PUERTO SUAREZ	PSZ	苏亚雷斯港	玻利维亚
PUERTO VALLARTA	PVR	巴亚尔塔港	墨西哥
PUKA PUKA	PKP	普卡普卡	土阿莫土群岛（太平洋）
PUKARUA	PUK	普卡鲁阿	土阿莫土群岛（太平洋）
PUKATAWAGAN MB	XPK	帕卡塔瓦根	加拿大（曼尼托巴省）
PULA	PUY	普拉	克罗地亚
PULLMAN WA	PUW	普尔曼	美国（华盛顿州）
PUMANI	PMN	普马尼	巴布亚新几内亚
PUNIA	PUN	普尼亚	刚果（金）
PUNTA ARENAS	PUQ	阿雷纳斯角	智利
PUNTA CANA	PUJ	卡纳角	多米尼加
PUNTA DEL EST	PDP	埃斯特角城	乌拉圭
PUNTA GORD FL	PGD	戈尔德角	美国（佛罗里达州）
PUNTA GORDA	PND	戈尔达角	伯利兹
PURWOKERTO	PWL	普禾加多	印度尼西亚
PUSAN	PUS	釜山	韩国
PUTAO	PBU	葡萄	缅甸
PUTUMAYO	PYO	普图马约	哥伦比亚
PUTUSSIBAU	PSU	普图西包	印度尼西亚
PYONGYANG	FNJ	平壤	朝鲜
PYRGOS	PYR	皮尔戈斯	希腊
QACHAS NEK	UNE	加查斯内克	莱索托
QAISUMAH	AQI	凯苏马	沙特阿拉伯
QALA NAU	LQN	瑙堡	阿富汗
QANAQ	NAQ	（卡纳克）图勒	格陵兰（丹属，北美洲）
QIEMO	IQM	且末	中国（新疆维吾尔自治区）
QINGDAO	TAO	青岛	中国（山东省）
QINHUANGDAO	SHP	秦皇岛	中国（河北省）
QISHN	IHN	基什恩	也门
QUALICUM BC	XQU	夸利克姆	加拿大（不列颠哥伦比亚省）
QUAQTAQ QC	YQC	匡克塔克	加拿大（魁北克省）
QUEBEC QC	YQB	魁北克	加拿大（魁北克省）
QUEEN AK	UQE	魁恩	美国（阿拉斯加州）
QUEENSTOWN	ZQN	昆斯敦	新西兰
QUEENSTOWN TS	UEE	昆斯敦	澳大利亚（塔斯马尼亚州）

表 2（续）

城市地名英文全称	代　码	城市地名中文全称	所在国家或地区(州、省或区域)
QUELIMANE	UEL	克利马内	莫桑比克
QUEPOS	XQP	克波斯	哥伦比亚
QUERETARO	QRO	克雷塔罗	墨西哥
QUESNEL BC	YQZ	克内尔	加拿大(不列颠哥伦比亚省)
QUETTA	UET	奎达	巴基斯坦
QUI NHON	UIH	归仁	越南
QUIBDO	UIB	基布多	哥伦比亚
QUILPIE QL	ULP	奎尔皮	澳大利亚(昆士兰州)
QUIMPER	UIP	坎佩尔	法国
QUINCEMIL	UMI	金塞米尔	秘鲁
QUINCY IL	UIN	昆西	美国(伊利诺斯州)
QUINCY MA	MQI	昆西	美国(马萨诸塞州)
QUINHAGAK AK	KWN	昆哈加克	美国(阿拉斯加州)
QUIRINDI NS	UIR	奎林代	澳大利亚(新南威尔士州)
QUITO	UIO	基多	厄瓜多尔
RABARABA	RBP	拉巴拉巴	巴布亚新几内亚
RABAT	RBA	拉巴特	摩洛哥
RABAUL	RAB	拉包尔	巴布亚新几内亚
RABI	RBI	拉比	斯洛伐克
RAE BARELI	BEK	赖伯雷利	印度
RAE LAKES NT	YRA	雷伊湖	加拿大(西北地区)
RAFHA	RAH	拉夫哈	沙特阿拉伯
RAHIM YAR KHAN	RYK	拉希姆亚尔汗	巴基斯坦
RAIATEA	RFP	雷阿提	社会群岛(法属,太平洋)
RAINBOW LAKE AB	YOP	雷恩博湖	加拿大(阿尔伯塔省)
RAIPUR	RPR	赖普尔	印度
RAJAHMUNDRY	RJA	拉贾芒德里	印度
RAJKOT	RAJ	拉杰果德	印度
RAJOURI	RJI	拉朱里	印度
RAJSHASHI	RJH	拉杰沙希	孟加拉国
RALASEA	TLW	塔拉塞亚	巴布亚新几内亚
RALEIGH NC	RDU	罗利	美国(北卡罗来纳州)
RAMAGUNDAM	RMD	拉马贡丹	印度
RAMECHHAP	RHP	拉梅恰布	尼泊尔
RAMINGINING NT	RAM	拉明吉宁	澳大利亚(北部地区)

表 2（续）

城市地名英文全称	代　码	城市地名中文全称	所在国家或地区（州、省或区域）
RAMPART AK	RMP	兰帕特	美国（阿拉斯加州）
RAMSAR	RZR	拉姆萨尔	伊朗
RANAU	RNU	拉瑙	马来西亚
RANCHI	IXR	兰契	印度
RANGELY CO	RNG	兰盖利	美国（科罗拉多州）
RANGIROA	RGI	朗伊罗阿	土阿莫土群岛（太平洋）
RANKIN INLET NU	YRT	兰金因莱特	加拿大（西北地区）
RAPID CITY SD	RAP	拉皮德城	美国（南达科他州）
RARBADOS	BGI	巴巴多斯	巴巴多斯（拉丁美洲）
RAROTONGA	RAR	拉罗汤加	库克群岛（大洋洲）
RAS AL KHAIMA	RKT	哈伊马角	阿联酋（酋长国之一）
RASHT	RAS	拉什特	伊朗
RATNAGIRI	RTC	勒德纳吉里	印度
RAUFARHOFN	RFN	勒伊法赫本	冰岛
RAWALA KOT	RAZ	拉瓦拉科特	巴基斯坦
RAWALPINDI	RWP	拉瓦尔品第	巴基斯坦
RAWLINS WY	RWL	罗林斯	美国（怀俄明州）
READING PA	RDG	瑞丁	美国（宾夕法尼亚州）
REAO	REA	雷奥	土阿莫土群岛（太平洋）
REBUN	RBJ	礼文	日本
RECIFE PE	REC	累西非	巴西（伯南布哥州）
RED DEVIL AK	RDV	雷德代夫尔	美国（阿拉斯加州）
RED LAKE OT	YRL	雷德湖	加拿大（安大略省）
RED SUCKER MB	YRS	雷德萨克尔	美国（路易斯安那州）
REDDING CA	RDD	雷丁	美国（加利福尼亚州）
REDENCAO PA	RDC	雷登桑	巴西（帕拉州）
REDMOND OR	RDM	雷德蒙德	美国（俄勒冈州）
REGGIO CALABRIA	REG	雷乔卡拉布里亚	意大利
REGINA SK	YQR	里贾纳	加拿大（萨斯喀彻温省）
REIMS	RHE	兰斯	法国
REIVILO	RVO	雷菲洛	南非
RENGAT	RGT	冷岳	印度尼西亚
RENMARK SA	RMK	伦马克	澳大利亚（南澳州）
RENNELL	RNL	伦内尔	所罗门群岛（太平洋）
RENNES	RNS	雷恩	法国

表 2（续）

城市地名英文全称	代　码	城市地名中文全称	所在国家或地区(州、省或区域)
RENO NV	RNO	里诺	美国(内华达州)
REPULSE BAY NU	YUT	里帕尔斯湾	加拿大(西北地区)
RESISTENCIA	RES	雷西斯滕西亚	阿根廷
RESOLUTE NT	YRB	雷索卢特	加拿大(西北地区)
REUS	REU	雷乌斯	西班牙
REWA	REW	雷瓦	印度
REYES	REY	雷耶斯	玻利维亚
REYKHOLAR	RHA	雷克候拉尔	冰岛
REYKJAVIK	REK	雷克雅未克	冰岛
REYNOSA	REX	雷诺萨	墨西哥
RHINELANDE WI	RHI	莱茵兰德	美国(威斯康星州)
RHODES	RHO	罗得	希腊
RIATAN	RTB	罗阿坦	洪都拉斯
RIBEIRAO PRETO SP	RAO	里贝朗普雷图	巴西(圣保罗州)
RIBERALTA	RIB	里韦拉尔塔	玻利维亚
RICE LAKE WI	RIE	莱斯湖	美国(威斯康星州)
RICHARD TOLL	RDT	里夏托尔	塞内加尔
RICHARDS BAY	RCB	理查德湾	南非
RICHFIELD UT	RIF	里奇菲尔德	美国(犹他州)
RICHMOND QL	RCM	里士满	澳大利亚(昆士兰州)
RICHMOND VA	RIC	里士满	美国(弗吉尼亚州)
RIFLE CO	RIL	赖夫尔	美国(科罗拉多州)
RIGA	RIX	里加	拉脱维亚
RIGOLET NL	YRG	里戈莱特	加拿大(纽芬兰省)
RIJEKA	RJK	里耶卡	克罗地亚
RIMINI	RMI	里米尼	意大利
RIMOUSKI QC	YXK	里穆斯基	加拿大(魁北克省)
RINGI COVE	RIN	林吉峡	所罗门群岛(太平洋)
RIO BRANCO AC	RBR	里奥布朗库	巴西(阿克里州)
RIO CUARTO	RCU	里奥夸尔托	阿根廷
RIO FRIO	RFR	里奥弗里奥	洪都拉斯
RIO GALLEGOS	RGL	里奥加耶戈斯	阿根廷
RIO GRANDE IF	RGA	里奥格朗德	阿根廷
RIO GRANDE RS	RIG	里奥格朗德	巴西(南里奥格朗德州)
RIO JANEIRO RJ	RIO	里约热内卢	巴西(里约热卢州)

表 2(续)

城市地名英文全称	代 码	城市地名中文全称	所在国家或地区(州、省或区域)
RIO MAYO	ROY	里奥马约	阿根廷
RIO TIGRE	RIT	里奥蒂格雷	厄瓜多尔
RIO TURBIO	RYO	里奥图尔维奥	阿根廷
RIOHACHA	RCH	里奥阿查	哥伦比亚
RIOJA	RIJ	里奥亚	秘鲁
RISHIRI	RIS	利尻	日本
RIVER DULO QC	YRI	狼河	加拿大(魁北克省)
RIVERA	RVY	里维拉	乌拉圭
RIVERCESS	RVC	里弗塞斯	利比亚
RIVERSIDE CA	RAL	里弗塞德	美国(加利福尼亚州)
RIVERSINLET BC	YRN	里弗斯因莱特	加拿大(不列颠哥伦比亚省)
RIVERTON WY	RIW	里弗顿	美国(怀俄明州)
RIYADH	RUH	利雅得	沙特阿拉伯
RIYAN MUKALLA	RIY	里雅恩姆卡拉	也门
ROANNE	RNE	罗阿讷	法国
ROANOKE VA	ROA	罗阿诺克	美国(弗吉尼亚州)
ROANOKE RAPIDS NC	RZZ	罗阿诺克拉皮兹	美国(北卡罗来纳州)
ROBERVAL QC	YRJ	罗贝瓦勒	加拿大(魁北克省)
ROBINHOOD QL	ROH	罗宾汉	澳大利亚(昆士兰州)
ROBINSON RIVER	RNR	鲁宾逊河	巴布亚新几内亚
ROBINVALE VI	RBC	罗宾韦尔	澳大利亚(维多利亚州)
ROBORE	RBO	罗博雷	玻利维亚
ROCHE HARBOR WA	RCE	罗奇港	美国(华盛顿州)
ROCHESTER MN	RST	罗切斯特	美国(明尼苏达州)
ROCHESTER NY	ROC	罗切斯特	美国(纽约州)
ROCK SOUND	RSD	罗克桑德	巴哈马(拉丁美洲)
ROCK SPRINGS WY	RKS	罗克斯普林斯	美国(怀俄明州)
ROCKFORD IL	RFD	罗克福德	美国(伊利诺斯州)
ROCKHAMPTON QL	ROK	罗克汉普顿	澳大利亚(昆士兰州)
ROCKLAND ME	RKD	罗克兰	美国(缅因州)
ROCKY MT. NC	RWI	落基山	美国(北卡罗来纳州)
RODEZ	RDZ	罗德兹	法国
RODRIGUES IS.	RRG	罗德里格斯岛	毛里求斯(非洲)
ROEBOURNE WA	RBU	罗伯恩	澳大利亚(西澳州)
ROERVIK	RVK	罗尔维克	挪威

表 2（续）

城市地名英文全称	代　码	城市地名中文全称	所在国家或地区（州、省或区域）
ROGERS AZ	ROG	罗杰斯	美国（亚利桑那州）
ROKEBY QL	RKY	罗克比	澳大利亚（昆士兰州）
ROLLA MO	RLA	罗拉	美国（密苏里州）
ROMA QL	RMA	罗马	澳大利亚（昆士兰州）
ROME	ROM	罗马	意大利
ROME NY	UCA	罗马	美国（纽约州）
RONDON	RON	朗敦	哥伦比亚
RONDONOPOLIS MT	ROO	隆多诺波利斯	巴西（马托格罗索州）
RONNEBY	RNB	龙纳比	瑞典
ROOSEVELT UT	ROL	罗斯福	美国（犹他州）
ROPER VALLY NT	RPV	罗珀谷	澳大利亚（北部地区）
ROROS	RRS	勒罗斯	挪威
ROSARIO SF	ROS	罗萨里奥	阿根廷
ROSARIO WA	RSJ	罗萨里奥	美国（华盛顿州）
ROSEBERTH QL	RSB	罗斯伯斯	澳大利亚（昆士兰州）
ROSEBURG OR	RBG	罗斯堡	美国（俄勒冈州）
ROSEIRES	RSS	鲁塞里斯	苏丹
ROSELLA PLATO QL	RLP	罗塞拉普拉托	澳大利亚（昆士兰州）
ROSH PINA	RPN	罗什平纳	以色列
ROSS RIVER YT	XRR	罗斯河	加拿大（育空地区）
ROST IS.	RET	罗斯特岛	挪威
ROSTOV	ROV	罗斯托夫	俄罗斯
ROSWELL NM	ROW	罗斯韦尔	美国（新墨西哥州）
ROTA	ROP	罗塔	西班牙
ROTHESAY	RAY	罗思赛	英国
ROTI	RTI	罗蒂	印度尼西亚
ROTORUA	ROT	罗托鲁阿	新西兰
ROTTERDAM	RTM	鹿特丹	荷兰
ROTTNEST IS. WA	RTS	罗特内斯特岛	澳大利亚（西澳州）
ROTUMA IS.	RTA	罗图马岛	斐济（南太平洋）
ROUEN	URO	鲁昂	法国（滨海塞纳省）
ROUND LAKE ON	ZRJ	朗德湖	加拿大（安大略省）
ROUSSE	ROU	鲁塞	保加利亚
ROUYN NORTH QC	YUY	鲁安	加拿大（魁北克省）
ROVANIEMI	RVN	罗瓦涅米	芬兰

表 2（续）

城市地名英文全称	代　码	城市地名中文全称	所在国家或地区(州、省或区域)
ROXAS CITY	RXS	罗克塞斯城	菲律宾
ROYAN	RYN	鲁瓦扬	法国
RUBY AK	RBY	鲁比	美国(阿拉斯加州)
RUIDOSO NM	RUI	鲁伊多索	美国(新墨西哥州)
RUNDU	NDU	朗杜	纳米比亚
RURRENABAQUE	RBQ	鲁雷纳瓦克	玻利维亚
RURUTU IS.	RUR	鲁鲁土岛	土布艾群岛(太平洋)
RUSSIAN MISSIOM. AK	RSH	俄罗斯教区	美国(阿拉斯加州)
RUTENG	RTG	鲁滕	印度尼西亚
RUTLAND VT	RUT	拉特兰	美国(佛蒙特州)
RUTLAND PLATO QL	RTP	拉特兰普拉托	澳大利亚(昆士兰州)
RZESZOW	RZE	热舒夫	波兰
S. F. ARAGUAIA MT	SXO	圣菲利克斯阿拉瓜亚	巴西(马托格罗索州)
S. GALMAY QL	ZGL	南格尔韦	澳大利亚(昆士兰州)
S. INDIAN LAKE MB	XSI	南印第安湖	加拿大(曼尼托巴省)
S. ISABEL M. TO	IDO	圣伊莎贝尔	巴西(托坎廷斯州)
S. J. CAMPOS SP	SJK	圣若泽坎普斯	巴西(圣保罗州)
S. J. PRETO SP	SJP	圣若泽普雷托	巴西(圣保罗州)
S. LOURENCO MG	SSO	圣洛伦索	巴西(米纳斯吉拉斯州)
S. MA. ARAGUAIA GO	SQM	圣马阿拉瓜亚	巴西(戈亚斯州)
S. NAKNEK AK	WSN	南纳克讷克	美国(阿拉斯加州)
SAARBRUCKEN	SCN	萨尔布吕肯	德国
SABA IS.	SAB	萨巴岛	荷属安得列斯(拉丁美洲)
SABAH	SBV	沙巴	马来西亚(北加里曼丹)
SABANG	SBG	沙璜	印度尼西亚
SACHIGO LAKE ON	ZPB	萨芝哥湖	加拿大(安大略省)
SACHS HARBOR NT	YSY	萨奇斯港	加拿大(西北地区)
SACRAMENTO CA	SAC	萨克拉门托	美国(加利福尼亚州)
SADAH	SYE	萨达	也门(原北也门)
SAENZ PENA	SZQ	萨恩斯佩尼亚	阿根廷
SAFIA	SFU	萨非亚	巴布亚新几内亚
SAGINAW MI	MBS	萨吉诺	美国(密执安州)
SAHABAT	SXS	萨哈巴特	马来西亚
SAIBAI IS. QL	SBR	塞拜岛	澳大利亚(昆士兰州)
SAIDOR	SDI	塞多尔	巴布亚新几内亚

表 2（续）

城市地名英文全称	代　码	城市地名中文全称	所在国家或地区(州、省或区域)
SAIDPUR	SPD	赛得普尔	孟加拉国
SAIDU SHARIF	SDT	赛杜沙里夫	巴基斯坦
SAIPAN	SPN	塞班	加罗林群岛
SAKON NAKHON	SNO	沙功那空	泰国
SAL	SID	萨尔	俄罗斯
SALALAH	SLL	塞拉莱	阿曼
SALAMO	SAM	塞拉莫	巴布亚新几内亚
SALE VI	SXE	塞尔	澳大利亚(维多利亚州)
SALEM OR	SLE	塞勒姆	美国(俄勒冈州)
SALIDA CO	SLT	萨利达	美国(科罗拉多州)
SALINA KS	SLN	萨莱纳	美国(堪萨斯州)
SALINA UT	SBO	萨莱纳	美国(犹他州)
SALINAS CA	SNS	萨利纳斯	美国(加利福尼亚州)
SALISBURY MD	SBY	索尔兹伯里	美国(马里兰州)
SALLUIT QU	YZG	索律依特	加拿大(魁北克省)
SALMON ARM BC	YSN	萨蒙阿姆	加拿大(不列颠哥伦比亚省)
SALT CAY	SLX	萨尔特岛	特克斯和凯科斯群岛(拉丁美洲)
SALT LAKE CITY UT	SLC	盐湖城	美国(犹他州)
SALTA SA	SLA	萨尔塔	阿根廷
SALTILLO	SLW	萨尔蒂略	墨西哥
SALVADOR BA	SSA	萨尔瓦多	巴西(巴伊亚州,州府)
SALZBURG	SZG	萨尔茨堡	奥地利
SAM NEUA	NEU	桑怒	老挝
SAMARINDA	SRI	三马林达	印度尼西亚(东加里曼丹省)
SAMARKAND	SKD	撒马尔罕	乌兹别克斯坦
SAMBAVA	SVB	桑巴瓦	马达加斯加
SAMBURU	UAS	桑布鲁	肯尼亚
SAMOS	SMI	桑马斯	希腊
SAMPIT	SMQ	桑皮特	印度尼西亚
SAMSUN	SSX	萨姆松	土耳其
SAN ANDRES	ADZ	圣安德列斯	哥伦比亚
SAN ANDROS	SAQ	圣安德列斯	巴哈马(拉丁美洲)
SAN ANGELO TX	SJT	圣安吉洛	美国(德克萨斯州)
SAN ANTON TX	SAT	圣安敦	美国(德克萨斯州)
SAN ANTONIO	SVZ	圣安东尼奥	委内瑞拉

表 2（续）

城市地名英文全称	代　码	城市地名中文全称	所在国家或地区（州、省或区域）
SAN ANTONIO OEST	OES	西圣安东尼奥	阿根廷
SAN BORJA	SRJ	圣博尔哈	玻利维亚
SAN DIEGO CA	SAN	圣迭戈	美国（加利福尼亚州）
SAN FERNANDO D. APURE	SFD	圣费尔南多·阿佩尔	委内瑞拉
SAN FRANCISCO CA	SFO	圣弗朗西斯科	美国（加利福尼亚州）
SAN IGNACIO	SNG	圣伊格纳西奥	玻利维亚
SAN JAVIER	SJV	圣哈维尔	玻利维亚
SAN JOAQUIN	SJB	圣华金	玻利维亚
SAN JOSE	SJI	圣何塞	菲律宾
SAN JOSE	SJO	圣何塞	哥斯达黎加
SAN JOSE CA	SJC	圣何塞	美国（加利福尼亚州）
SAN JOSE CABO	SJD	圣约瑟卡博	墨西哥
SAN JOSE D. GUAVIARE	SJE	圣约瑟	哥伦比亚
SAN JUAN	SJU	圣胡安	波多黎各
SAN JUAN SJ	UAQ	圣胡安	阿根廷
SAN JULIAN	ULA	圣胡利安	阿根廷
SAN KATARINA	SKV	圣卡塔林纳	埃及
SAN LUIS	LUQ	圣路易斯	阿根廷
SAN LUIS POTOSI	SLP	圣路易斯波托西	墨西哥
SAN LUISOBISPO CA	CSL	圣路易斯·奥比斯波	美国（加利福尼亚州）
SAN LUIZ MA	SLZ	圣路易斯	巴西（马拉尼翁州）
SAN MARTIN ANDIS	CPC	圣马丁安迪斯	阿根廷
SAN MIGUEL	NMG	圣米格尔	巴拿马
SAN NICOLAU	SNE	圣尼古拉	佛得角（大西洋）
SAN PEDRO	SPR	圣佩德罗	伯利兹（拉丁美洲）
SAN PEDRO	SPY	圣佩德罗	科特迪瓦（象牙海岸）
SAN PEDRO CA	SPO	圣佩德罗	美国（加利福尼亚州）
SAN PEDRO SULA	SAP	圣佩德罗苏拉	洪都拉斯
SAN RAFAEL CA	SRF	圣拉斐尔	美国（加利福尼亚州）
SAN RAFAEL MD	AFA	圣拉斐尔	阿根廷
SAN SALVADOR	SAL	圣萨尔瓦多	萨尔瓦多
SAN SALVADOR	ZSA	圣萨尔瓦多	巴哈马（拉丁美洲）
SAN SEBASTIAN	EAS	圣塞瓦斯蒂安	西班牙
SAN TOME	SOM	圣多美	委内瑞拉
SAN VICENTE CAGUAN	SVI	圣维森特坎关	哥伦比亚

表 2（续）

城市地名英文全称	代 码	城市地名中文全称	所在国家或地区（州、省或区域）
SAN. ARAGUAIA PA	CMP	圣塔纳阿拉瓜亚	巴西（帕拉州）
SANAA	SAH	萨那	也门（原北也门）
SANANDAJ	SDG	萨南达季	伊朗
SAND POINT AK	SDP	圣德波因特	美国（阿拉斯加州）
SANDAKAN	SDK	山打根	马来西亚
SANDANE	SDN	桑达讷	挪威
SANDAY	NDY	桑代	英国
SANDNESSJOEN	SSJ	桑内舍恩	挪威
SANDOWAY	SNW	丹兑	缅甸
SANDRINGHA QL	SRM	桑德灵厄姆	澳大利亚（昆士兰州）
SANDSPIT BC	YZP	桑兹皮特	加拿大（不列颠哥伦比亚省）
SANDY LAKE OT	ZSJ	桑迪湖	加拿大（安大略省）
SANGAPI	SGK	桑加皮	巴布亚新几内亚
SANIKILUAQ NT	YSK	萨尼基洛克	加拿大（西北地区）
SANT ANA CA	SNA	圣安娜	美国（加利福尼亚州）
SANTA ANA	NNB	圣安娜	所罗门群岛（太平洋）
SANTA ANA DE BOLIVI.	SBL	圣安娜·德·玻利维	玻利维亚
SANTA BARBARA CA	SBA	圣巴巴拉	美国（加利福尼亚州）
SANTA BARBARA ZULIA	STB	圣巴巴拉·朱丽亚	委内瑞拉
SANTA CRUZ	SRZ	圣克鲁斯	玻利维亚
SANTA CRUZ SC	RZA	圣克鲁斯	阿根廷
SANTA CRUZ IS.	SCZ	圣克鲁斯岛	所罗门群岛（太平洋）
SANTA CRUZ PALMA	SPC	圣克鲁斯帕尔马	加那利群岛（大西洋）
SANTA FE	SFN	圣菲	阿根廷
SANTA FE NM	SAF	圣菲	美国（新墨西哥州）
SANTA MARIA	SMA	圣玛丽亚	西速尔群岛（大西洋）
SANTA MARTA	SMR	圣马尔塔	哥伦比亚
SANTA ROSA CA	STS	圣罗莎	美国（加利福尼亚州）
SANTA ROSA RS	SRA	圣罗莎	巴西（南里奥格朗德州）
SANTA ROSA LP	RSA	圣罗莎	阿根廷
SANTA ROSALIA	SSL	圣罗萨莉亚	墨西哥
SANTANDER	SDR	圣坦德	西班牙
SANTAREM PA	STM	圣塔伦	巴西（帕拉州）
SANTIAGO	SCL	圣地亚哥	智利
SANTIAGO	SCU	圣地亚哥	古巴

表 2（续）

城市地名英文全称	代　码	城市地名中文全称	所在国家或地区(州、省或区域)
SANTIAGO	STI	圣地亚哥	多米尼加
SANTIAGO COMPTERA	SCQ	圣地亚哥科波泰拉	西班牙
SANTIAGO ESTERO	SDE	圣地亚哥埃斯泰罗	阿根廷
SANTO ANTAO	NTO	圣安唐	佛得角(大西洋)
SANTO DOMINGO	SDQ	圣多明戈	多米尼加
SANTO DOMINGO	STD	圣多明戈	委内瑞拉
SANTOS SP	SSZ	桑托斯	巴西(圣保罗州)
SANYA	SYX	三亚	中国(海南省)
SAO JORGE IS.	SJZ	圣若热岛	葡萄牙
SAO PAULO SP	SAO	圣保罗	巴西(圣保罗州)
SAO TOME IS	TMS	圣多美	圣多美和普林西比(非洲)
SAO VICENTE	VXE	圣文森特	佛得角(大西洋,非洲)
SAPPORO	SPK	札幌	日本(北海道)
SARA	SSR	萨拉	菲律宾
SARAJEVO	SJJ	萨拉热窝	波斯尼亚
SARANAC LAKE NY	SLK	萨拉纳克湖	美国(纽约州)
SARASOTA FL	SRQ	萨拉索塔	美国(佛罗里达州)
SARATOGA WY	SAA	萨拉托加	美国(怀俄明州)
SARATOV	RTW	萨拉托夫	俄罗斯
SARAVENA	RVE	萨拉韦纳	哥伦比亚
SARGODHA	SGI	萨戈达	巴基斯坦
SARH	SRH	萨尔	乍得
SARMI	ZRM	萨米	印度尼西亚
SARNIA ON	YZR	萨尼亚	加拿大(安大略省)
SASKATOON SA	YXE	萨斯卡通	加拿大(萨斯喀彻温省)
SASSANDRA	ZSS	萨桑德拉	科特迪瓦(象牙海岸)
SASSTOWN	SAZ	萨斯敦	利比亚
SATNA	TNI	瑟特纳	印度
SATU MARE	SUJ	萨图马雷	罗马尼亚
SATWAG	SWG	萨特瓦格	巴布亚新几内亚
SAUDARKROKUR	SAK	瑟伊藻克罗屈尔	冰岛
SAULT ST. MARIE MI	SSM	苏圣玛丽	美国(密执安州)
SAULT ST. MARIE ON	YAM	苏圣玛丽	加拿大(安大略省)
SAUMLAKI	SXK	萨温拉基	印度尼西亚
SAURIMO	VHC	绍里木	安哥拉

表 2（续）

城市地名英文全称	代　码	城市地名中文全称	所在国家或地区(州、省或区域)
SAUSALITO CA	JMC	索萨利托	美国(加利福尼亚州)
SAVANNAH GA	SAV	萨凡纳	美国(佐治亚州)
SAVANNAKHET	ZVK	沙湾拿吉	老挝
SAVO	SVY	萨沃	芬兰
SAVONLINNA	SVL	萨翁林纳	芬兰
SAVOONGA AK	SVA	萨文格	美国(阿拉斯加州)
SAVUSAVU	SVU	萨武萨武	斐济(南太平洋)
SAWU	SAU	萨武	印度尼西亚
SAYABOURY	ZBY	沙耶武里	老挝
SCAMMON BAY AK	SCM	斯卡蒙湾	美国(阿拉斯加州)
SCHEFFERVIL QC	YKL	谢弗维尔	加拿大(魁北克省)
SCHENECTADI NY	ALB	斯克内克塔迪	美国(纽约州)
SCONE NS	NSO	斯昆	澳大利亚(新南威尔士州)
SCOREBYSUND	OBY	斯科斯比松	格陵兰(丹属,北美洲)
SCOTTSBLUFF NE	BFF	斯科茨布拉夫	美国(内布拉斯加州)
SCRANTON PA	AVP	斯克兰顿	美国(宾夕法尼亚州)
SEATTLE WA	SEA	西雅图	美国(华盛顿州)
SEBBA	XSE	塞巴	布基纳法索(非洲)
SEBHA	SEB	塞卜哈	利比亚
SECHELT BC	YHS	锡谢尔特	加拿大(不列颠哥伦比亚省)
SEDALIA MO	DMO	锡代利亚	美国(密苏里州)
SEDOM	SED	塞多姆	巴勒斯坦
SEDONA AZ	SDX	塞多纳	美国(亚利桑那州)
SEGE	EGM	塞给	所罗门群岛(太平洋)
SEGOU	SZU	塞古	马里
SEGUELA	SEO	塞古埃拉	科特迪瓦(象牙海岸)
SEHONGHONG	SHK	塞洪洪	莱索托
SEHULEA	SXH	塞胡利	巴布亚新几内亚
SEIYUN	GXF	塞云	也门
SEKAKES	SKQ	塞卜凯斯	莱索托
SELAWIK AK	WLK	塞拉威克	美国(阿拉斯加州)
SELDOVIA AK	SOV	塞尔多维亚	美国(阿拉斯加州)
SELEBI-PHIKWE	PKW	塞莱比一皮奎	博茨瓦纳
SELIBABY	SEY	塞利巴比	毛里塔尼亚
SEMARANG	SRG	三宝垄	印度尼西亚(中爪哇省)

表 2（续）

城市地名英文全称	代 码	城市地名中文全称	所在国家或地区（州、省或区域）
SEMIPALATINSK	PLX	塞米巴拉金斯克	哈萨克斯坦
SEMPORNA	SMM	仙本那	马来西亚
SEN BONFIM BA	SEI	塞波斐姆	巴西（巴伊亚州）
SENANGA	SXG	赛南加	赞比亚
SENDAI	SDJ	仙台	日本
SENGGEH	SEH	塞盖	印度尼西亚
SENGGO	ZEG	塞戈	印度尼西亚
SENO	SND	塞诺	老挝
SEO DE URGEL	LEU	塞奥—德乌赫尔	西班牙
SEOUL	SEL	首尔	韩国
SEPT(SEVEN)-ILES QC	YZV	七岛港	加拿大（魁北克省）
SEQUIM WA	SQV	塞奎姆	美国（华盛顿州）
SERT	SRX	塞特	利比亚
SERUI	ZRI	塞鲁伊	印度尼西亚
SESHEKE	SJQ	塞谢凯	赞比亚
SESHUTES	SHZ	塞斯胡蒂斯	莱索托
SEVILLE	SVQ	塞维莱	西班牙
SEWARD AK	SWD	苏厄德	美国（阿拉斯加州）
SFAX	SFA	斯法克斯	突尼斯
SHAGELUK AK	SHX	沙格勒克	美国（阿拉斯加州）
SHAKISO	SKR	沙基索	埃塞俄比亚
SHAKTOOLIK AK	SKK	沙克图利克	美国（阿拉斯加州）
SHAMATTAWA MB	ZTM	沙马塔瓦	加拿大（曼尼托巴省）
SHANGHAI	SHA	上海	中国
SHANNON	SNN	香农	爱尔兰
SHANTOU	SWA	汕头	中国（广东省）
SHARJAH	SHJ	沙迦	阿联酋（酋长国之一）
SHARM E SHEIK	SSH	沙姆沙伊赫	埃及
SHARURAH	SHW	沙鲁拉	沙特阿拉伯
SHASHI	SHS	沙市	中国（湖北省）
SHAW RIVER WA	SWB	肖河	澳大利亚（西澳州）
SHEARWATER BC	YSX	谢尔沃特	加拿大（不列颠哥伦比亚省）
SHEBOYGAV WI	SBM	希博伊根	美国（威斯康星州）
SHEFFIELD AL	MSL	谢菲尔德	美国（亚拉巴马州）
SHEGHNAN	SGA	谢格纳姆	阿富汗

表 2（续）

城市地名英文全称	代　码	城市地名中文全称	所在国家或地区(州、省或区域)
SHEL TON WA	SHN	谢尔顿	美国(华盛顿州)
SHELDONS POINT AK	SXP	谢尔登波因特	美国(阿拉斯加州)
SHEMYA AK	SYA	舍姆亚	美国(阿拉斯加州)
SHENYANG	SHE	沈阳	中国(辽宁省)
SHEPPARTON VI	SHT	谢珀顿	澳大利亚(维多利亚州)
SHERBROOKE QC	YSC	舍布鲁克	加拿大(魁北克省)
SHERIDAN WY	SHR	谢里登	美国(怀俄明州)
SHERMAN/DE TX	PNX	谢尔曼德	美国(德克萨斯州)
SHETLAND IS.	SDZ	舍德兰群岛	英国
SHIJIAZHUANG	SJW	石家庄	中国(河北省)
SHILLONG	SHL	西隆	印度
SHIMOJISHIMA	SHI	下地岛	日本
SHINYANGA	SHY	希尼安加	坦桑尼亚
SHIRAHAMA	SHM	白滨	日本
SHIRAZ	SYZ	设拉子	伊朗
SHIRLEY NY	WSH	雪莉	美国(纽约州)
SHISHMAREF AK	SHH	希什马廖夫	美国(阿拉斯加州)
SHOAL COVE AK	HCB	绍阿尔峡	美国(阿拉斯加州)
SHOLAPUR	SSE	绍拉布尔	印度
SHOW LOW AZ	SOW	肖洛	美国(亚利桑那州)
SHREVEPORT LA	SHV	什里夫波特	美国(路易斯安那州)
SHUNGNNAK AK	SHG	申纳克	美国(阿拉斯加州)
SHUTE HARBOR QL	JHQ	舒特港	澳大利亚(昆士兰州)
SIALUM	SXA	塞厄勒姆	巴布亚新几内亚
SIASSI IS.	SSS	锡亚西群岛	巴布亚新几内亚
SIBI	SBQ	锡比	巴基斯坦
SIBITI	SIB	锡比提	刚果(布)
SIBIU	SBZ	锡比乌	罗马尼亚
SIBU	SBW	泗务	马来西亚
SIDI IFNI	SII	西迪伊夫尼	摩洛哥
SIDNEY MT	SDY	悉尼	美国(蒙大拿州)
SIDNEY NE	SNY	悉尼	美国(内布拉斯加州)
SIEMREAP	REP	暹粒	柬埔寨
SIENA	SAY	锡耶纳	意大利
SIERRA GRANDE RN	SGV	谢拉格兰德	阿根廷

表 2（续）

城市地名英文全称	代　码	城市地名中文全称	所在国家或地区(州、省或区域)
SIGLUFJORDUR	SIJ	锡格吕菲厄泽	冰岛
SIGUIRI	GII	锡吉里	几内亚
SILCHAR	IXS	锡尔杰尔	印度
SILGAD-DOTI	SIH	锡尔格里—多蒂	尼泊尔
SILISTRA	SLS	锡利斯特拉	保加利亚
SILVER CITY NM	SVC	银城	美国(新墨西哥州)
SIMANGGANG	SGG	成邦江	马来西亚
SIMAO	SYM	思茅	中国(云南省)
SIMARA	SIF	锡马拉	委内瑞拉
SIMBAI	SIM	辛拜	巴布亚新几内亚
SIMENTI	SMY	锡门蒂	塞内加尔
SIMFEROPOL	SIP	辛菲罗波尔	乌克兰
SIMIKOT	IMK	锡米科特	尼泊尔
SIMLA	SLV	西姆拉	印度
SINDAL	CNL	辛代尔	丹麦
SINGAPORE	SIN	新加坡	新加坡
SINGKEP	SIQ	辛克普	印度尼西亚
SINGLETON NS	SIX	辛格尔顿	澳大利亚(新南威尔士州)
SINOE	SNI	锡诺	利比亚
SINTANG	SQG	新当	印度尼西亚
SION	SIR	锡昂	瑞士
SIOUX CITY IA	SUX	苏城	美国(衣阿华州)
SIOUX FALLS SD	FSD	苏福尔斯	美国(南达科他州)
SIOUX LOOKOUT ON	YXL	苏卢考特	加拿大(安大略省)
SISHEN	SIS	赛申	南非
SITIA	JSH	锡蒂亚	希腊
SITIAWAN	SWY	实兆远	马来西亚
SITKA AK	SIT	锡特卡	美国(阿拉斯加州)
SITKINAK AK	SKJ	锡特基纳克	美国(阿拉斯加州)
SITTWE	AKY	实兑	缅甸
SIUNA	SIU	休纳	尼加拉瓜
SIVAS	VAS	锡瓦斯	土耳其
SKAGWAY AK	SGY	斯卡圭	美国(阿拉斯加州)
SKARDU	KDU	斯卡都	巴基斯坦
SKELLEFTEA	SFT	谢莱夫特奥	瑞典

表 2（续）

城市地名英文全称	代　码	城市地名中文全称	所在国家或地区(州、省或区域)
SKIATHOS	JSI	斯基亚索斯	希腊
SKIEN	SKE	希恩	挪威
SKIKDA	SKI	斯基克达	阿尔及利亚
SKIROS	SKU	斯基洛斯	希腊
SKOPJE	SKP	斯科普里	马其顿
SKOVDE	KVB	舍夫德	瑞典
SKUKUZA	SZK	斯库库扎	南非
SKWENTNA AK	SKW	斯克温特纳	美国(阿拉斯加州)
SLEETMUTE AK	SLQ	斯利特缪特	美国(阿拉斯加州)
SLIAC	SLD	斯利亚奇	捷克
SLIGO	SXL	斯利戈	爱尔兰
SLUPSK	OSP	斯鲁普斯克	波兰
SMARA	SMW	斯马拉	摩洛哥
SMITH COVE AK	SCJ	史密斯峡	美国(阿拉斯加州)
SMITHERS BC	YYD	史密瑟斯	加拿大(不列颠哥伦比亚省)
SMITHTON TS	SIO	史密斯顿	澳大利亚(塔斯马尼亚州)
SNAKE BAY NT	SNB	斯内克湾	澳大利亚(北部地区)
SNOWDRIFT	YSG	斯诺德里夫特	加拿大(西北地区)
SOALALA	DWB	苏阿拉拉	马达加斯加
SOCOTRA	SCT	索科特拉	也门
SODANKYLA	SOT	索丹屈莱	芬兰
SODDU	SXU	索杜	埃塞俄比亚
SODERHAMN	SOO	瑟德港	瑞典
SODERTALJE	JSO	南泰利耶	瑞典
SOFIA	SOF	索非亚	保加利亚
SOGNDAL	SOG	松达尔	挪威
SOKCHO	SHO	束草	韩国
SOKOTO	SKO	索科托	尼日利亚
SOLA	SLH	索拉	挪威
SOLDOTNA AK	SXQ	索尔多特纳	美国(阿拉斯加州)
SOLO CITY	SOC	索罗城	印度尼西亚
SOLOMON AK	SOL	所罗门	美国(阿拉斯加州)
SOLWEZI	SLI	索卢韦齐	赞比亚
SONDERBORG	SGD	森讷堡	丹麦
SONGEA	SGX	宋吉阿	坦桑尼亚

表 2（续）

城市地名英文全称	代　码	城市地名中文全称	所在国家或地区（州、省或区域）
SOPHIA ANTIPO	SXD	索菲厄安蒂波	法国
SOPU	SPH	索普	巴布亚新几内亚
SORKJOSEN	SOJ	瑟休森	挪威
SORONG	SOQ	索龙	印度尼西亚
SOROTI	SRT	索罗蒂	乌干达
SOUANKE	SOE	苏安凯	刚果（布）
SOUTH ANDROS	TZN	南安德洛斯	巴哈马群岛（拉丁美洲）
SOUTH BEND IN	SBN	南本德	美国（印第安纳州）
SOUTH CAICOS	XSC	南凯科斯岛	科特迪瓦（象牙海岸）
SOUTH WEST BAY	SWJ	西南湾	巴哈马（拉丁美洲）
SOUTHAMPTON	SOU	南安普敦	英国
SOUTHEND	SEN	绍森德	英国
SOUTHPORT QL	SHQ	绍斯波特	澳大利亚（昆士兰州）
SOYO	SZA	苏阳	安哥拉
SPARTA	SPJ	斯巴达	希腊
SPARTANBURG SC	SPA	斯帕坦堡	美国（南卡罗来纳州）
SPENCE BAY NT	YYH	斯彭斯湾	加拿大（西北地区）
SPENCER IA	SPW	斯潘塞	美国（衣阿华州）
SPLIT	SPU	斯普利特	克罗地亚
SPOKANE WA	GEG	斯波坎	美国（华盛顿州）
SPRING CREEK QL	SCG	斯普林河	澳大利亚（昆士兰州）
SPRINGBOK	SBU	斯普林博克	南非
SPRINGDALE AZ	SPZ	斯普林代尔	美国（亚利桑那州）
SPRINGFIELD IL	SPI	斯普林菲尔德	美国（伊利诺斯州）
SPRINGFIELD MA	SFY	斯普林菲尔德	美国（马萨诸塞州）
SPRINGFIELD MO	SGF	斯普林菲尔德	美国（密苏里州）
SPRINGFIELD OH	SGH	斯普林菲尔德	美国（俄亥俄州）
SPRINGFIELD VT	VSF	斯普林菲尔德	美国（佛蒙特州）
SPRINGPOINT	AXP	斯普林波因特	巴哈马（拉丁美洲）
SQUIRREL CITY BC	YSZ	斯奎瑞尔城	加拿大（不列颠哥伦比亚省）
SRINAGAR	SXR	斯利纳加	印度
ST ANTHOHNY NF	YAY	圣安东尼	加拿大（纽芬兰省）
ST BARTHELEMY	SBH	圣巴特黑利米	背风群岛（拉丁美洲）
ST BRIEUC	SBK	圣布里厄	法国
ST CATHERI ON	YCM	圣坎特黑利	加拿大（安大略省）

表 2（续）

城市地名英文全称	代 码	城市地名中文全称	所在国家或地区(州、省或区域)
ST CLOUD MN	STC	圣克劳德	美国(明尼苏达州)
ST CROIX	STX	圣克劳依克斯	美属维尔京群岛(拉丁美洲)
ST DENIS	RUN	圣丹尼斯	留尼汪岛(非洲,印度洋)
ST ETIENNE	EBU	圣埃田奈	法国
ST EUSTATIUS	EUX	圣奥依斯坦图斯	荷属安得列斯(拉丁美洲)
ST GEORGE AK	STG	圣乔治	美国(阿拉斯加州)
ST GEORGE QL	SGO	圣乔治	澳大利亚(昆士兰州)
ST GEORGE UT	SGU	圣乔治	美国(犹他州)
ST JOHN NB	YSJ	圣约翰	加拿大(新不伦瑞克省)
ST JOHN' S NF	YYT	圣约翰	加拿大(纽芬兰省)
ST KITTS	SKB	圣基茨	背风群岛(拉丁美洲)
ST LOUIS MO	STL	圣路易斯	美国(密苏里州)
ST LUCIA	SLU	圣路西亚	向风群岛(拉丁美洲)
ST MAARTEN	SXM	圣马滕	荷属安得列斯(拉丁美洲)
ST MARIE	SMS	圣玛丽	马达加斯加
ST MARTIN	SFG	圣马丁	法属安得列斯(拉丁美洲)
ST MARY' S AK	KSM	圣玛丽斯	美国(阿拉斯加州)
ST MICHAEL AK	SMK	圣迈克尔	美国(阿拉斯加州)
ST MORITZ	SMV	圣莫里茨	瑞士
ST NAZAIRE	SNR	圣纳泽尔	法国
ST PAUL AK	SNP	圣保罗	美国(阿拉斯加州)
ST PAUL MN	MSP	圣保罗	美国(明尼苏达州)
ST PAUL QU	ZSP	圣保罗	加拿大(魁北克省)
ST PAUL' S QL	SVM	圣保尔斯	澳大利亚(昆士兰州)
ST PETEERSBURG FL	PIE	圣彼得斯堡	美国(佛罗里达州)
ST PIERRE	FSP	圣皮埃尔	圣皮埃尔和密克隆岛(北美洲)
ST THERESE P MB	YST	圣塞瑞斯·波	加拿大(曼尼托巴省)
ST THOMAS	STT	圣托马斯	美属维尔京群岛(拉丁美洲)
ST THOMAS ON	YQS	圣托马斯	加拿大(安大略省)
ST TROPEZ	LTT	圣特罗佩	法国
ST VINCENT	SVD	圣维森特	向风群岛(拉丁美洲)
STA MARIA CA	SMX	圣玛丽亚	美国(加利福尼亚州)
STA MARIA RS	RIA	圣玛丽亚	巴西(南里奥格朗德州)
STA TEREZI MT	STZ	圣特雷锡	巴西(马托格罗索州)
STANTHORPE QL	SNH	斯坦索普	澳大利亚(昆士兰州)

表 2（续）

城市地名英文全称	代 码	城市地名中文全称	所在国家或地区(州、省或区域)
STARA ZAGORA	SZR	日扎戈拉	保加利亚
STATE COLLEGE PA	SCE	斯泰特科利奇	美国(宾夕法尼西亚州)
STAUNING	STA	斯陶宁	丹麦
STAUNTON VA	SHD	斯汤顿	美国(弗吉尼亚州)
STAVANGER	SVG	斯塔万格	挪威
STAVROPOL	STW	斯塔夫罗波尔	俄罗斯
STEAMBOAT BAY AK	WSB	斯廷姆波特湾	美国(阿拉斯加州)
STEAMBOAT SPRING CO	SBS	斯廷姆波特斯普林	美国(科罗拉多州)
STEBBINS AK	WBB	斯泰宾斯	美国(阿拉斯加州)
STELLA MARIS	SML	斯泰拉马利斯	巴哈马(拉丁美洲)
STEPHENVIL NL	YJT	斯蒂芬维尔	加拿大(纽芬兰省)
STERLING IL	SQI	斯特灵	美国(伊利诺斯州)
STEVENS PASS WI	STE	斯泰文斯山口	美国(威斯康星州)
STEVENS VILLAGE AK	SVS	斯蒂文斯镇	美国(阿拉斯加州)
STEWART BC	ZST	斯图尔特	加拿大(不列颠哥伦比亚省)
STEWART IS.	SZS	斯图尔特岛	新西兰
STILLWATER OK	SMO	斯蒂尔沃特	美国(俄克拉荷马州)
STO ANGELO RS	GEL	圣安赫洛	巴西(南里奥格朗德州)
STOCKHOLM	SMP	斯德哥尔摩	巴布亚新几内亚
STOCKHOLM	STO	斯德哥尔摩	瑞典
STOCKTON CA	SCK	斯托克顿	美国(加利福尼亚州)
STOELMANSEIL	SMZ	斯托尔曼赛尔	苏里南(拉丁美洲)
STOKMARKNES	SKN	斯托克马克内斯	挪威
STONY RAPIDS SK	YSF	斯托尼大瀑布	加拿大(萨斯喀彻温省)
STONY RIVER AK	SRV	斯托尼河	美国(阿拉斯加州)
STORNOWAY	SYY	斯图挪威	英国
STORO	SRP	斯图尔	挪威
STOW MA	MMN	斯托	美国(马萨诸塞州)
STRAHAN TS	SRN	斯特拉恩	澳大利亚(塔斯马尼亚州)
STRASBOURG	SXB	施特拉斯堡	奥地利
STREAKY BAY SA	KBY	施特累基湾	澳大利亚(南澳州)
STRONSAY	SOY	斯特隆塞	英国
STURDEE BC	YTC	斯特迪	加拿大(不列颠哥伦比亚省)
STURGEON WI	SUE	斯特金	美国(威斯康星州)
STUTTGART	STR	斯图加特	德国(原西德巴登州)

表 2（续）

城市地名英文全称	代　码	城市地名中文全称	所在国家或地区(州、省或区域)
STYKKISHOLMUR	SYK	斯蒂基斯霍尔米	冰岛
SUAI	UAI	苏艾	印度尼西亚
SUCEAVA	SCV	苏恰瓦	罗马尼亚
SUCRE	SRE	苏克雷	玻利维亚
SUDBURY ON	YSB	萨德伯里	加拿大(安大略省)
SUE IS. QL	SYU	苏埃岛	澳大利亚(昆士兰州)
SUGLUK QC	YZG	萨格罗克	加拿大(魁北克省)
SUI	SUL	苏伊	巴基斯坦
SUKHUMI	SUI	苏呼米	俄罗斯
SUKI	SKC	须木	日本
SUKKUR	SKZ	苏库尔	巴基斯坦
SULE	ULE	苏勒	巴布亚新几内亚
SUMBAWA	SWQ	松巴哇	印度尼西亚
SUMBAWANGA	SUT	松巴万加	坦桑尼亚
SUMBE	NDD	松贝	安哥拉
SUMTER SC	SSC	萨姆特	美国(南卡罗来纳州)
SUN CITY	NTY	森城	南非
SUN VALLEY ID	SUN	森瓦利	美国(爱达荷州)
SUNDSVALL	SDL	松兹瓦尔	瑞典
SUNYANI	NYI	苏尼亚尼	加纳
SUPERIOR WI	DLH	苏必利尔	美国(威斯康星州)
SUR	SUH	苏尔	阿曼
SURABAYA	SUB	泗水	印度尼西亚(东爪哇省)
SURAT	STV	苏拉特	印度
SURAT THANI	URT	索叻他尼	泰国
SURGUT	SGC	苏尔古特	俄罗斯
SURIA	SUZ	苏里亚	西班牙
SURIGAO	SUG	苏里高	菲律宾
SURKHET	SKH	苏尔凯德	尼泊尔
SUVA	SUV	苏瓦	斐济
SVEG	EVG	斯韦格	瑞典
SVOLVAER	SVJ	斯沃尔韦尔	挪威
SWAKOPMUND	SWP	斯瓦科普蒙德	纳米比亚
SWAN HILL VL	SWH	斯旺山	澳大利亚(维多利亚州)
SWANSEA	SWS	斯旺海	英国

表 2（续）

城市地名英文全称	代　码	城市地名中文全称	所在国家或地区(州、省或区域)
SYDNEY NS	SYD	悉尼	澳大利亚(新南威尔士州)
SYDNEY NS	YQY	悉尼	加拿大(诺瓦斯科夏省)
SYKTYVKAR	SCW	瑟克特夫卡尔	俄罗斯
SYLHET	ZYL	锡尔赫特	孟加拉国
SYRACUSE NY	SYR	锡拉丘兹	美国(纽约州)
SZCZECIN	SZZ	什切青	波兰
TA' U IS.	TAV	塔乌岛	萨摩亚(南太平洋)
TABATINGA AM	TBT	塔巴廷加	巴西(亚马孙州)
TABITEUEA NTH	TBF	塔比特韦亚	基里巴斯(太平洋)
TABITEUEA STH	TSU	塔比特韦亚	基里巴斯(太平洋)
TABLAS	TBH	塔布拉斯	玻利维亚
TABORA	TBO	塔波拉	坦桑尼亚
TABOU	TXU	塔布	科特迪瓦(象牙海岸)
TABRIZ	TBZ	大布里士	伊朗
TABUBIL	TBG	塔布比尔	巴布亚新几内亚
TABUK	TUU	塔布克	沙特阿拉伯
TACHILEK	THL	大勘	缅甸
TACLOBAN	TAC	塔克洛班	菲律宾
TACNA	TCQ	塔克纳	秘鲁
TACOMA WA	SEA	塔科马	美国(华盛顿州)
TACUAREMBO	TAW	塔夸伦博	乌拉圭
TADJOURA	TDJ	塔朱拉	吉布提
TAGBILARAN	TAG	塔比拉兰	菲律宾
TAGULA	TGL	塔古拉	巴布亚新几内亚
TAHOUA	THZ	塔瓦	尼日尔
TAHSIS BC	ZTS	塔西斯	加拿大(不列颠哥伦比亚省)
TAICHUNG	TXG	台中	中国(台湾省)
TAIF	TIF	塔伊夫	沙特阿拉伯
TAINAN	TNN	台南	中国(台湾省)
TAIPEI	TPE	台北	中国(台湾省)
TAISHA	TSC	大社	日本
TAITUNG	TTT	台东	中国(台湾省)
TAIYUAN	TYN	太原	中国(山西省)
TAIZ	TAI	塔伊兹	也门(原北也门)
TAK	TKT	达府	泰国

表 2（续）

城市地名英文全称	代　码	城市地名中文全称	所在国家或地区（州、省或区域）
TAKAKA	KTF	塔卡卡	新西兰
TAKAMATSU	TAK	高松	日本
TAKAPOTO	TKP	塔卡波托	土阿莫土群岛（太平洋）
TAKAROA	TKX	塔卡鲁	土阿莫土群岛（太平洋）
TAKORADI	TKD	塔科拉迪	加纳
TAKOTNA AK	TCT	塔科特纳	美国（阿拉斯加州）
TALARA	TYL	塔拉拉	秘鲁
TALKEETNA AK	TKA	塔尔基特纳	美国（阿拉斯加州）
TALKNAFJORDUR	TLK	陶尔克纳峡湾	冰岛
TALLAHASSEE FL	TLH	塔拉哈西	美国（佛罗里达州）
TALLINN	TLL	塔林	爱沙尼亚共和国
TAMALE	TML	塔马利	加纳
TAMAN NEGARA	SXT	塔曼讷加拉	马来西亚
TAMANA ISLAND	TMN	塔马纳岛	基里巴斯（太平洋）
TAMANASSET	TMR	塔曼拉塞特	阿尔及利亚
TAMATAVE	TMM	塔马塔夫	马达加斯加
TAMBACOUNDA	TUD	坦巴昆达	塞内加尔
TAMBOHORANO	WTA	坦布胡拉努	马达加斯加
TAMBOLAKA	TMC	坦姆波拉卡	印度尼西亚
TAMCHAKETT	THT	塔姆舍凯特	毛里塔尼亚
TAME	TME	泰姆	哥伦比亚
TAMPA FL	TPA	坦帕	美国（佛罗里达州）
TAMPERE	TMP	坦佩雷	芬兰
TAMPICO	TAM	坦皮科	墨西哥
TAN TAN	TTA	坦坦	摩洛哥
TANA TORAJA	TTR	塔纳托拉贾	印度尼西亚
TANAH GROGOT	TNB	塔纳格罗戈	印度尼西亚
TANAHMERAH	TMH	塔纳默拉	印度尼西亚
TANANA AK	TAL	塔纳诺	美国（阿拉斯加州）
TANDAG	TDG	丹达	菲律宾
TANDIL BA	TDL	坦迪尔	阿根廷
TANEGASHIMA	TNE	种子岛	日本
TANGA	TGT	丹卡	坦桑尼亚
TANGIER	TNG	坦吉尔	摩洛哥
TANJUNG BALAI	TJB	丹戎巴来	印度尼西亚

表 2（续）

城市地名英文全称	代　码	城市地名中文全称	所在国家或地区(州、省或区域)
TANJUNG PANDA	TJQ	丹戎潘丹	印度尼西亚
TANJUNG PINAN	TNJ	丹戎槟榔	印度尼西亚
TANJUNG SELOR	TJS	丹戎塞洛	印度尼西亚
TANNA	TAH	坦纳	德国
TAOS NM	TSM	陶斯	美国(新墨西哥州)
TAPACHULA	TAP	塔帕楚拉	墨西哥
TAPAKTUAN	TPK	打巴端	印度尼西亚
TAPINI	TPI	塔皮尼	巴布亚新几内亚
TARAKAN	TRK	达拉根	印度尼西亚
TARAMAJIMA	TRA	多良间岛	日本
TARANTO	TAR	塔兰托	意大利
TARAPACA	TCD	塔拉帕卡	智利
TARAPOA	TPC	塔拉帕厄	厄瓜多尔
TARAPOTO	TPP	塔拉波托	秘鲁
TARAWA	TRW	塔拉瓦	基里巴斯(太平洋)
TARBELA	TLB	塔贝拉	巴基斯坦
TAREE NS	TRO	塔里	澳大利亚(新南威尔士州)
TARGOVISHTE	TGV	特尔戈维什特	保加利亚
TARI	TIZ	塔里	巴布亚新几内亚
TARIJA	TJA	塔里哈	玻利维亚
TASHKENT	TAS	塔什干	乌兹别克斯坦
TASIUJUAQ QC	YTQ	塔晓茹阿克	加拿大(魁北克省)
TASU BC	YTU	塔苏	加拿大(不列颠哥伦比亚省)
TATAKOTO	TKV	塔塔科他	土阿莫土群岛(太平洋)
TATITLEK AK	TEK	塔蒂特赖克	美国(阿拉斯加州)
TATRY/POPRAD	TAT	塔特拉/波普拉德	斯洛伐克
TAUPO	TUO	陶波	新西兰
TAURAMENA	TAU	陶拉梅纳	哥伦比亚
TAURANGA	TRG	陶朗阿	新西兰
TAVEUNI	TVU	塔韦乌尼	斐济(南太平洋)
TAWAU	TWU	斗湖	马来西亚
TAWITAWI	TWT	塔威塔威	菲律宾
TBESSA	TEE	泰贝萨	阿尔及利亚
TBILISI	TBS	第比利斯	格鲁吉亚
TCHIBANGA	TCH	奇班加	加蓬

表 2(续)

城市地名英文全称	代码	城市地名中文全称	所在国家或地区(州、省或区域)
TE ANAU	TEU	蒂阿瑙	新西兰
TEESSIDE	MME	蒂赛德	英国
TEFE AM	TFF	特费	巴西(亚马孙州)
TEGUCIGALPA	TGU	特古西加尔巴	洪都拉斯(弗朗西斯科—莫拉桑省)
TEHRAN	THR	德黑兰	伊朗
TEKIN	TKW	捷金	土库曼斯坦
TEL AVIV-YAFO	TLV	特拉维夫—雅法	以色列
TELEFOMIN	TFM	特莱福明	巴布亚新几内亚
TELEGRAPH BC	YTX	特莱格拉夫	加拿大(不列颠哥伦比亚省)
TELFER AK	TLA	特尔弗	美国(阿拉斯加州)
TELFER WA	TEF	特尔弗	澳大利亚(西澳州)
TELLURIDE CO	TEX	特柳赖德	美国(科罗拉多州)
TEMBAGAURA	TIM	特巴加普拉	印度尼西亚
TEMINABUAN	TXM	特米纳布安	印度尼西亚
TEMORA NS	TEM	特莫拉	澳大利亚(新南威尔士州)
TEMPLE TX	TPL	坦普尔	美国(德克萨斯州)
TEMUCO	ZCO	特木科	智利
TENAKEE AK	TKE	特纳基	美国(阿拉斯加州)
TENERIFE	TCI	特内里费	哥伦比亚
TENNANT CREEK NT	TCA	滕南特河	澳大利亚(北部地区)
TEOFILO OTONI MG	TFL	特奥菲卢奥托尼	巴西(米纳斯吉拉斯州)
TEPTEP	TEP	特普特普	巴布亚新几内亚
TERAPO	TEO	泰拉波	巴布亚新几内亚
TERCEIRA IS.	TER	特塞拉岛	葡萄牙
TERESINA PI	THE	特雷西纳	巴西(皮奥伊州)
TERNATE	TTE	特尔纳特	印度尼西亚
TERRACE BC	YXT	特勒斯	加拿大(不列颠哥伦比亚省)
TERRACE BAY ON	YTJ	特勒斯湾	加拿大(安大略省)
TERRE HAUTE IN	HUF	特雷霍特	美国(印第安纳州)
TERRE-DE-BAS	HTB	下岛	瓜德罗普岛(拉丁美洲)
TERRE-DE-HAUT	LSS	上岛	瓜德罗普岛(拉丁美洲)
TETABEDI	TDB	泰塔比迪	巴布亚新几内亚
TETE	TET	泰特	莫桑比克
TETE BALEI QC	ZTB	太特班莱	加拿大(魁北克省)
TETERBORO NJ	TEB	泰特波卢	美国(新泽西州)

表 2（续）

城市地名英文全称	代　码	城市地名中文全称	所在国家或地区(州、省或区域)
TETLIN AK	TEH	泰特林	美国(阿拉斯加州)
TETUAN	TTU	得土安	摩洛哥
TEXARKANA AR	TXK	特克萨卡纳	美国(阿肯色州)
TEZPUR	TEZ	提斯浦尔	印度
TEZU	TEI	德苏	缅甸
THABA NCHU	TCU	塔巴恩丘	南非
THAKURGAON	TKR	塔库尔冈	巴基斯坦
THANDWE	SNW	丹兑	缅甸
THANGOOL QL	THG	桑古尔	澳大利亚(昆士兰州)
THANJAVUR	TJV	坦贾武尔	印度
THARGOMIND QL	XTG	桑尔戈明德	澳大利亚(昆士兰州)
THE PAS MN	YQD	帕斯	加拿大(曼尼托巴省)
THESSALONIKI	SKG	塞萨洛尼基	希腊
THICKET POTICHI. MB	YTD	锡基特波蒂奇	加拿大(曼尼托巴省)
THIEF RIVER FALLS MN	TVF	锡夫里弗福尔斯	美国(明尼苏达州)
THIEN	THC	奇恩	利比亚
THINGEYRI	TEY	辛盖里	冰岛
THIRA	JTR	锡拉	希腊
THISTED	TED	齐斯泰兹	丹麦
THOHOYANDOU	THY	汤霍扬杜	南非
THOMPSON MN	YTH	汤普森	加拿大(曼尼托巴省)
THORNE BAY AK	KTB	索尔内湾	美国(阿拉斯加州)
THORSHOFN	THO	索尔斯港	冰岛
THUNDER BAY ON	YOT	桑德湾	加拿大(安大略省)
THURSDAY IS. QL	TIS	星斯四岛	澳大利亚(昆士兰州)
TIANJIN	TSN	天津	中国
TIARET	TID	提亚雷特	阿尔及利亚
TICHITT	THI	提希特	毛里塔尼亚
TIDJIKJA	TIY	提吉克贾	毛里塔尼亚
TIGA IS.	TGJ	蒂加岛	洛亚尔蒂群岛(南太平洋)
TIGNES	TGF	蒂涅	法国
TIJUANA	TIJ	蒂华纳	墨西哥
TIKAL	TKM	蒂卡尔	危地马拉
TIKEHAU ATOLL	TIH	蒂凯豪环礁	土阿莫土群岛(太平洋)
TIKO	TKC	蒂科	喀麦隆

表 2（续）

城市地名英文全称	代　码	城市地名中文全称	所在国家或地区(州、省或区域)
TILIN	TIO	提林	缅甸
TIMARU	TIU	蒂马鲁	新西兰
TIMBEDRA	TMD	廷贝德拉	毛里塔尼亚
TIMBIQUI	TBD	廷比基	哥伦比亚
TIMBUQUE	TBE	廷布克	巴布亚新几内亚
TIMIMOUN	TMX	提米蒙	阿尔及利亚
TIMISOARA	TSR	蒂米什瓦拉	罗马尼亚
TIMMINS OT	YTS	蒂明斯	加拿大(安大略省)
TIN CITY AK	YNC	廷城	美国(阿拉斯加州)
TINDOUF	YIN	廷杜夫	阿尔及利亚
TINGO MARIA	TGI	廷戈玛丽亚	秘鲁
TINIAN	TIQ	提尼安岛	马里亚纳群岛(美托管，太平洋)
TIOM	TMY	提奥姆	印度尼西亚
TIOMAN	TOD	雕门	马来西亚
TIPPI	TIE	蒂皮	埃塞俄比亚
TIPUTINI	TPN	蒂普蒂尼	厄瓜多尔
TIRANA	TIA	地拉那	阿尔巴尼亚
TIREE	TRE	泰里	英国
TIRGU MURES	TGM	特尔古穆列什	罗马尼亚
TIRINKOT	TII	提林库特	阿富汗
TIRUCHIRAPALLI	TRZ	蒂鲁吉拉帕利	印度
TIRUPATI	TIR	蒂鲁伯蒂	印度
TIVAT	TIV	蒂瓦特	塞黑
TLEMCEN	TLM	特莱姆森	阿尔及利亚
TMWORTH NS	TMW	塔姆沃思	澳大利亚(新南威尔士州)
TOBAGO	TAB	多巴哥	特立尼达和多巴哥(拉丁美洲)
TOBRUK	TOB	图卜鲁克	利比亚
TOCOA	TCF	托科阿	洪都拉斯
TOCUMWAL NS	TCW	托克姆沃尔	澳大利亚(新南威尔士州)
TOFINO BC	YAZ	托菲诺	加拿大(不列颠哥伦比亚省)
TOGIAK AK	TOG	托贾克	美国(阿拉斯加州)
TOGIAK FISH AK	GFB	托盖克费什	美国(阿拉斯加州)
TOK AK	TKJ	托克	美国(阿拉斯加州)
TOKEEN AK	TKI	托基恩	美国(阿拉斯加州)
TOKSOOK AK	OOK	托克苏克	美国(阿拉斯加州)

表 2（续）

城市地名英文全称	代 码	城市地名中文全称	所在国家或地区(州、省或区域)
TOKUNOSHIMA	TKN	德三岛	日本
TOKUSHIMA	TKS	德岛	日本
TOKYO	TYO	东京	日本
TOL	TLO	托尔	巴布亚新几内亚
TOLEDO OH	TOL	托莱多	美国(俄亥俄州)
TOLITOLI	TLI	托利托利	印度尼西亚
TOLU	TLU	托卢	哥伦比亚
TOLUCA	TLC	托卢卡	墨西哥
TOM PRICE WA	TPR	汤姆普林斯	澳大利亚(西澳州)
TOMANGGONG	TMG	托曼贡	马来西亚
TOMBOUCTOU	TOM	通布图	马里
TONGLIAO	TGO	通辽	中国(内蒙古自治区)
TONU	TON	托努	巴布亚新几内亚
TOOWOOMBA QL	TWB	图文巴	澳大利亚(昆士兰州)
TOPEKA KS	TOP	托皮卡	美国(堪萨斯州)
TOROKINA	TOK	托罗基纳	巴布亚新几内亚
TORONTO ON	YTO	多伦多	加拿大(安大略省)
TORORO	TRY	托罗罗	乌干达
TORREON	TRC	托雷翁	墨西哥
TORTOLA	TOV	托尔扎克	西班牙
TORTOLI	TTB	托尔托利	意大利
TOTTORI	TTJ	乌取	日本
TOUBA	TOZ	图巴	科特迪瓦(象牙海岸)
TOUGAN	TUQ	图冈	布基纳法索(非洲)
TOUGGOURT	TGR	图古尔特	阿尔及利亚
TOUHO	TOU	图奥	新喀里多尼亚(南太平洋)
TOULON	TLN	土伦	法国
TOULOUSE	TLS	图卢兹	法国(上加龙省)
TOUR SINAI CITY	ELT	图尔西奈城	埃及
TOURS	TUF	图尔	法国(安德尔—卢瓦尔省)
TOWNSVILLE QL	TSV	汤斯维尔	澳大利亚(昆士兰州)
TOYAMA	TOY	富山	日本
TOZEUR	TOE	托泽尔	突尼斯
TRABZON	TZX	托拉布宗	土耳其
TRANG	TST	董里	泰国

表 2（续）

城市地名英文全称	代 码	城市地名中文全称	所在国家或地区(州、省或区域)
TRAPANI	TPS	特拉帕尼	意大利
TRARALGON VI	TGN	特拉拉尔根	澳大利亚(维多利亚州)
TRAVERSE MI	TVC	特拉弗斯	美国(密执安州)
TREASURE CAY	TCB	特利休阿岛	巴哈马(拉丁美洲)
TRELEW	REL	特雷利乌	阿根廷
TRENTON NJ	TTN	特伦顿	美国(新泽西州)
TRENTON ON	YTR	特伦顿	加拿大(安大略省)
TRES ARROYOS	OYO	特雷斯阿罗约斯	阿根廷
TRI-CITY TN	TRI	特里—思蒂	美国(田纳西州)
TRIESTE	TRS	的里雅斯特	意大利
TRINCOMALEE	TRR	亭可马里	斯里兰卡
TRINIDAD	POS	特立尼达	特立尼达和多巴哥(拉丁美洲)
TRINIDAD	TDA	特立尼达	哥伦比亚
TRINIDAD	TDD	特立尼达	玻利维亚
TRIPOLI	KYE	的黎波里	黎巴嫩
TRIPOLI	TIP	的黎波里	利比亚
TROLLHATTAN	THN	特罗尔海坦	瑞典
TROMBETAS PA	TMT	特龙贝塔斯	巴西(帕拉州)
TROMSO	TOS	特罗姆瑟	挪威
TRONA CA	TRH	特罗纳	美国(加利福尼亚州)
TRONDHEIM	TRD	特隆赫姆	挪威
TRUJILLO	TRU	特鲁希略	秘鲁
TRUK	TKK	特鲁克	加罗林群岛(太平洋)
TSARATANANA	TTS	察拉塔纳纳	马达加斯加
TSELINOGRAD	TSE	切利诺格勒	哈萨克斯坦
TSHIKAPA	TSH	奇卡帕	刚果(金)
TSHIPISE	TSD	奇皮塞	南非
TSIROANOMANDIDI	WTS	齐鲁阿努曼迪迪	马达加斯加
TSUMEB	TSB	楚梅布	纳米比亚
TSUSHIMA	TSJ	津岛	日本
TUBUAI IS.	TUB	土布艾岛	玻利维亚(太平洋)
TUCSON AZ	TUS	图森	美国(亚利桑那州)
TUCUMA PA	TUZ	图库马	巴西(帕拉州)
TUCUMAN	TUC	图库曼	阿根廷
TUCUPITA	TUV	图库皮塔	委内瑞拉

表 2（续）

城市地名英文全称	代　码	城市地名中文全称	所在国家或地区（州、省或区域）
TUCURUI PA	TUR	图库鲁依	巴西（帕拉州）
TUFI	TFI	图非	巴布亚新几内亚
TUGUEGARAO	TUG	土格加劳	菲律宾
TUKTOYAKTUK NT	YUB	图克托亚图克	加拿大（西北地区）
TULCAN	TUA	图尔坎	厄瓜多尔
TULCEA	TCE	图尔恰	罗马尼亚
TULEAR	TLE	图莱亚尔	马达加斯加
TULSA OK	TUL	塔尔萨	美国（俄克拉荷马州）
TULUA	ULQ	图卢瓦	哥伦比亚
TULUGAK QC	YTK	图卢干克	加拿大（魁北克省）
TULUKSAK AK	TLT	图卢克萨克	美国（阿拉斯加州）
TULUM	TUY	图卢姆	墨西哥
TUM	TUJ	图姆	印度尼西亚
TUMACO	TCO	图马科	哥伦比亚
TUMBES	TBP	通贝斯	秘鲁
TUMEREMO	TMO	图梅雷莫	委内瑞拉
TUMUT NS	TUM	蒂默特	澳大利亚（新南威尔士州）
TUNGSTEN NT	TNS	通斯滕	加拿大（西北地区）
TUNIS	TUN	突尼斯	突尼斯（地中海岸）
TUNTUTULIA AK	WTL	通图图利亚	美国（阿拉斯加州）
TUNUNAK AK	TNK	图努纳克	美国（阿拉斯加州）
TUPELO MS	TUP	图珀洛	美国（密西西比州）
TURBAT	TUK	杜尔伯德	巴基斯坦
TURBO	TRB	图尔沃	哥伦比亚
TUREIA	ZTA	图雷亚	土阿莫土群岛（太平洋）
TURIN	TRN	都灵	意大利
TURKEY CREEK WA	TKY	特基河	美国（华盛顿州）
TURKU	TKU	图尔库	芬兰
TUSCALOOSA AL	TCL	塔斯卡卢萨	美国（阿拉斯加州）
TUXEKAN IS. AK	WNC	图塞坎岛	美国（阿拉斯加州）
TUXTLA GUTIERES	TGZ	图斯特拉—古铁雷斯	墨西哥
TWIN FALLS ID	TWF	特温福尔斯	美国（爱达荷州）
TWIN HILLS AK	TWA	特温山	美国（阿拉斯加州）
TYLER TX	TYR	泰勒	美国（德克萨斯州）
TYUMEN	TJM	秋明	俄罗斯

表 2（续）

城市地名英文全称	代 码	城市地名中文全称	所在国家或地区（州、省或区域）
TZANEEN	LTA	察嫩	南非
UA HUKA	UAH	瓦胡卡	马克萨斯群岛（玻利维亚，太平洋）
UA POU	UAP	瓦普	马克萨斯群岛（玻利维亚，太平洋）
UAXACTUN	UAX	瓦哈克通	危地马拉
UBE	UBJ	宇部	日本
UBERABA MG	UBA	乌贝拉巴	巴西（米纳斯吉拉斯州）
UBERLANDIA MG	UDI	乌贝兰迪亚	巴西（米纳斯吉拉斯州）
UBON RATCHATHANI	UBP	乌汶	泰国
UDAIPUR	UDR	乌代布尔	印度
UDON THANI	UTH	乌隆	泰国
UFA	UFA	乌法	俄罗斯
UGANIK AK	UGI	尤加尼克	美国（阿拉斯加州）
UGASHIK AK	UGA	尤加希克	美国（阿拉斯加州）
UHERSKE HRADI	UHE	乌赫尔堡	捷克
UIGE	UGO	威热	安哥拉
UJAE IS.	UJE	乌贾依岛	马绍尔群岛（太平洋）
UJUNG PANDANG	UPG	乌戎潘当	印度尼西亚
UKHTA	UCT	乌赫塔	俄罗斯
UKIAH CA	UKI	尤凯亚	美国（加利福尼亚州）
ULAAN BAATAR	ULN	乌兰巴托	蒙古
ULAN-UDE	UUD	乌兰乌德	俄罗斯
ULSAN	USN	蔚山	朝鲜
ULUNDI	ULD	乌伦迪	南非
ULYANOVSK	ULY	乌里扬诺夫斯克	俄罗斯
UMBA	UMC	温巴	俄罗斯
UMEAA	UME	乌默奥	瑞典
UMIUJAQ QC	YUD	乌米乌杰克	加拿大（魁北克省）
UMTATA	UTT	乌姆塔塔	南非
UMUARAMA PR	UMU	乌木阿拉马	巴西（巴拉那州）
UNALAKLEET AK	UNK	尤纳拉克利特	美国（阿拉斯加州）
UNION IS.	UNT	尤宁岛	圣文森特和格林纳丁斯（拉丁美洲）
UNIVERSITY MS	UOX	大学城	美国（密西西比州）
UNST SHET IS	UNT	安斯特（谢特）岛	英国
UPALA	UPL	乌帕拉	哥斯达黎加
UPERNAVIK	JUV	乌佩纳维克	格陵兰（丹属，北美洲）

表 2（续）

城市地名英文全称	代　码	城市地名中文全称	所在国家或地区(州、省或区域)
UPINGTON	UTN	阿平顿	南非
UPOLU POINT HI	UPP	乌波卢波因特	美国(夏威夷州)
URANIUM CITY SK	YBE	铀城	加拿大(萨斯喀彻温省)
URGENCH	UGC	乌尔根奇	土库曼斯坦
URIMAN	URM	乌里曼	委内瑞拉
URMIEH	OMH	乌尔米耶	伊朗
URRAO	URR	乌劳	哥伦比亚
URUAPAN	UPN	乌鲁阿潘	墨西哥
URUBUPUNGA SP	URB	乌鲁布蓬加	巴西(圣保罗州)
URUGUAIANA RS	URG	乌鲁瓜亚纳	巴西(南里奥格朗德州)
URUMQI	URC	乌鲁木齐	中国(新疆维吾尔自治区)
URUZGAN	URZ	乌鲁兹甘	阿富汗
USELESS LOP WA	USL	乌塞勒斯卢普	澳大利亚(西澳州)
USHUAIA	USH	乌斯怀亚	阿根廷
USINO	USO	乌西诺	巴布亚新几内亚
UTAPAO	UTP	乌塔保	泰国
UTICA NY	UCA	尤蒂卡	美国(纽约州)
UTILA	UII	乌蒂拉	洪都拉斯
UTIRIK IS.	UTK	乌蒂里克岛	马绍尔群岛(太平洋)
UTOPIA CREEK AK	UTO	乌托皮亚河	美国(阿拉斯加州)
UUMMANNAKQ	UMD	乌马纳克	格陵兰(丹属,北美洲)
UVOL	UVO	乌翁尔	巴布亚新几内亚
VAASA	VAA	瓦萨	芬兰
VADODARA	BDQ	瓦多达拉	印度
VADSOE	VDS	瓦得索	挪威
VAEROY IS.	VRY	韦罗依岛	挪威
VAHITAHI	VHZ	瓦希塔希	土阿莫土群岛(太平洋)
VAIL/EAGLE CO	EGE	韦尔/伊格尔	美国(科罗拉多州)
VAL D' ISERE	VAZ	瓦勒迪泽尔	法国
VAL D' OR QC	YVO	瓦勒多	加拿大(魁北克省)
VALCHETA	VCF	巴尔切塔	阿根廷
VALDEZ AK	VDZ	瓦尔迪兹	美国(阿拉斯加州)
VALDIVIA	ZAL	瓦尔迪维亚	智利
VALDOSTA GA	VLD	瓦尔多斯塔	美国(佐治亚州)
VALENCE	VAF	瓦朗斯	法国

表 2(续)

城市地名英文全称	代　码	城市地名中文全称	所在国家或地区(州、省或区域)
VALENCIA	VLC	瓦伦西亚	西班牙
VALENCIA	VLN	瓦伦西亚	委内瑞拉
VALERA	VLV	瓦莱拉	委内瑞拉
VALESDIR	VLS	瓦莱斯迪尔	瓦努阿图(大洋洲,南太平洋)
VALLADOLID	VLL	瓦拉多利德	西班牙
VALLE D. PASCUA	VDP	帕斯夸谷镇	委内瑞拉
VALLEDUPAR	VUP	巴耶杜帕尔	哥伦比亚
VALPARAISO FL	VPS	瓦尔产帕莱索	美国(佛罗里达州)
VALPARAISO IN	VPZ	瓦尔产帕莱索	美国(印第安纳州)
VALVERDE	VDE	瓦尔瓦尔德	因那利群岛(大西洋)
VAN	VAN	凡城	土耳其
VANCOUVER BC	YVR	温哥华	加拿大(不列颠哥伦比亚省)
VANIMO	VAI	瓦尼莫	巴布亚新几内亚
VANNES	VNE	瓦讷	法国
VANROOK QL	VNR	万鲁克	澳大利亚(昆士兰州)
VANUABALAVU	VBV	瓦努阿巴拉武	斐济(大洋洲,南太平洋)
VARADERO	VRA	巴拉德罗	古巴
VARANASI	VNS	瓦拉纳西	印度
VARDAUS	VRK	瓦尔考斯	芬兰
VARDOE	VAW	瓦尔德	挪威
VARGINHA MG	VAG	瓦吉尼亚	巴西(米纳斯吉拉斯州)
VARNA	VAR	瓦纳	保加利亚
VASTERAS	VST	韦斯特罗斯	瑞典
VASTERVIK	VVK	韦斯特维克	瑞典
VATOMANDRY	VAT	瓦图曼德里	马达加斯加
VATUKOULA	VAU	瓦图科乌拉	斐济(大洋洲,南太平洋)
VAVA' U	VAV	瓦瓦乌	汤加(太平洋,大洋洲)
VAXJO	VXO	韦克舍	瑞典
VENETIE AK	VEE	韦尼蒂	美国(阿拉斯加州)
VENICE	VCE	威尼斯	意大利
VENTURA CA	OXR	本图拉	美国(加利福尼亚州)
VERACRUZ	VER	韦拉克鲁斯	墨西哥
VERNAL UT	VEL	弗纳尔	美国(犹他州)
VERO BEACH FL	VRB	维罗海岸	美国(佛罗里达州)
VERONA	VRN	维罗纳	意大利

表 2（续）

城市地名英文全称	代　码	城市地名中文全称	所在国家或地区(州、省或区域)
VESTMANNAEYJA	VEY	韦斯特曼纳	冰岛
VICHADERO	VCH	比查德罗	乌拉圭
VICHY	VHY	维希	法国
VICTORIA	VIT	维多利亚	西班牙
VICTORIA BC	YYJ	维多利亚	加拿大(不列颠哥伦比亚省)
VICTORIA CONQUISTA BA	VDC	维多利亚康奎斯塔	巴西(巴伊亚州)
VICTORIA ES	VIX	维多利亚	巴西(艾斯比利多桑多州)
VICTORIA TX	VCT	维多利亚	美国(德克萨斯州)
VICTORIA FALLS	VFA	维多利亚瀑布	津巴布韦
VICTORIA RIVER NT	VCD	维多利亚河	澳大利亚(北部地区)
VIDIN	VID	维丁	保加利亚
VIEDMA RN	VDM	别德马	阿根廷
VIENNA	VIE	维也纳	奥地利
VIENTIANE	VTE	万象	老挝
VIEQUES	VQS	别克斯	波多黎各
VIEW COVE AK	VCB	维奥峡	美国(阿拉斯加州)
VIGO	VGO	维哥	西班牙
VIJAYAWADA	VGA	维杰亚瓦达	印度
VILA REAL	VRL	雷阿尔城	葡萄牙
VILANCULOS	VNX	维兰库卢什	莫桑比克
VILHELMINA	VHM	威廉敏娜	瑞典
VILHENA RO	BVH	维列纳	巴西(朗多尼亚州)
VILLA MERCEDES SL	VME	梅塞德斯镇	阿根廷
VILLAGARZON	VGZ	比亚加尔索	哥伦比亚
VILLAHERMOSA	VSA	比亚赫尔摩萨	墨西哥
VILLAMONTES	VLM	比亚蒙特斯	玻利维亚
VILLAVICENCIO	VVC	比亚维森西奥	哥伦比亚
VILNIUS	VNO	维尔纽斯	立陶宛
VINNICA	VIN	文尼察	俄罗斯
VIRGIN GORDA	VIJ	维尔京戈尔达	英属维尔京群岛(拉丁美洲)
VISALIA CA	VIS	维塞利亚	美国(加利福尼亚州)
VISBY	VBY	维斯比	瑞典
VISEU	VSE	维塞乌	葡萄牙
VISHAKHAPATNAM	VTZ	维沙卡帕特南	印度
VIVAGANI	VIV	维瓦加尼	巴布亚新几内亚

表 2（续）

城市地名英文全称	代　码	城市地名中文全称	所在国家或地区（州、省或区域）
VLADIVOSTOK	VVO	符拉迪沃斯托克	俄罗斯
VOHEMAR	VOH	武海马尔	马达加斯加
VOINJAMA	VOI	沃因贾马	利比亚
VOJENS SFTHAVN	SKS	沃延斯·罗夫特汉温	丹麦
VOLGOGRAD	VOG	伏尔加格勒	俄罗斯
VOLOS	VOL	沃洛斯	希腊
VOPNAFJORDUR	VPN	沃普纳菲厄泽	冰岛
VRYBURG	VRU	弗雷堡	南非
VRYHEID	VYD	弗雷黑德	南非
WABAG	WAB	瓦巴格	巴布亚新几内亚
WABO	WAO	瓦博	索马里
WABUSH NF	YWK	沃布什	加拿大（纽芬兰省）
WACA	WAC	沃加	埃塞俄比亚
WACO TX	ACT	韦科	美国（德克萨斯州）
WACO KUNGO	CEO	韦科昆戈	安哥拉
WAD MEDANI	DNI	瓦德迈达尼	苏丹
WADI DAWASIR	WAE	瓦迪达瓦西	沙特阿拉伯
WAGETHE	WET	瓦盖泰	印度尼西亚
WAGGA WAGGA NS	WGA	沃加沃加	澳大利亚（新南威尔士州）
WAIKOLOA HI	WKL	威科洛阿	美国（夏威夷州）
WAINGAPU	WGP	瓦英阿普	印度尼西亚
WAINWRIGHT AK	AIN	韦恩赖特	美国（阿拉斯加州）
WAJIR	WJR	瓦吉尔	肯尼亚
WAKAYA IS.	KAY	瓦卡亚岛	斐济（大洋洲，南太平洋）
WAKE IS.	AWK	威克岛	太平洋
WAKKANAI	WKJ	稚内	日本
WAKUNAI	WKN	瓦库奈	巴布亚新几内亚
WALCHA NS	WLC	沃尔卡	澳大利亚（新南威尔士州）
WALES AK	WAA	威尔士	美国（阿拉斯加州）
WALGETT QL	WGE	沃尔格特	澳大利亚（昆士兰州）
WALKER’ S CAY	WKR	沃尔克岛	巴哈马（拉丁美洲）
WALLA WALLA WA	ALW	沃拉沃拉	美国（华盛顿州）
WALLIS IS.	WLS	瓦利斯群岛	法属瓦利斯群岛
WALTHAM MA	WLM	沃尔瑟姆	美国（马萨诸塞州）
WALVIS BAY	WVB	鲸湾港	南非

表 2（续）

城市地名英文全称	代 码	城市地名中文全称	所在国家或地区(州、省或区域)
WAMENA	WMX	瓦梅纳	印度尼西亚
WANAKA	WKA	瓦纳卡	新西兰
WANGANUI	WAG	旺阿努伊	新西兰
WANGARATTA VI	WGT	旺加拉塔	澳大利亚(维多利亚州)
WANGEROOGE	AGE	万根罗盖	德国
WANIGELA	AGL	瓦尼盖拉	巴布亚新几内亚
WAPENAMANDA	WBM	瓦佩纳曼达	巴布亚新几内亚
WARANGAL	WGC	瓦朗加尔	印度
WARDER	WRA	瓦尔德	埃塞俄比亚
WARRACKNABL VI	WKB	沃勒克纳比尔	澳大利亚(维多利亚州)
WARRNAMBOOL VI	WMB	瓦南布尔	澳大利亚(维多利亚州)
WARSAW(WARSZAWA)	WAW	华沙	波兰
WARWICK QL	WAZ	沃里克	澳大利亚(昆士兰州)
WASHABO	WSO	瓦萨波	苏里南(拉丁美洲)
WASHINGTON DC	WAS	华盛顿	美国(哥伦比亚特区)
WASHINGTON PA	WSG	华盛顿	美国(宾夕法尼亚州)
WASIOR	WSR	瓦夏尔	印度尼西亚
WASKAGANIS QC	YKQ	瓦斯卡干尼斯	加拿大(魁北克省)
WASU	WSU	瓦苏	巴布亚新几内亚
WATERFALL AK	KWF	沃特福尔	美国(阿拉斯加州)
WATERFORD	WAT	沃特福德	爱尔兰
WATERLOO IA	ALO	滑铁卢	美国(衣阿华州)
WATERTOWN NY	ART	沃特敦	美国(纽约州)
WATERTOWN SD	ATY	沃特敦	美国(南达科他州)
WATERVILLE ME	WVL	沃特维尔	美国(缅因州)
WATSON LAKE YT	YQH	沃森湖	加拿大(育空地区)
WAU	WUG	瓦乌	巴布亚新几内亚
WAU	WUU	瓦坞	苏丹
WAUSAU WI	AUW	沃索	美国(威斯康星州)
WAVE HILL NT	WAV	韦夫山	澳大利亚(北部地区)
WAWA ON	YXZ	沃瓦	加拿大(安大略省)
WEBEQUIE ON	YWP	韦贝魁	加拿大(安大略省)
WEDAU	WED	韦道	巴布亚新几内亚
WEDJH	EJH	韦杰	沙特阿拉伯
WEIPA QL	WEI	韦帕	澳大利亚(昆士兰州)

表 2（续）

城市地名英文全称	代 码	城市地名中文全称	所在国家或地区(州、省或区域)
WELKOM	WEL	韦尔科姆	南非
WELLINGTON	WLG	惠灵顿	新西兰
WELSHPOOL VI	WHL	韦尔什普尔	澳大利亚(维多利亚州)
WEMINDJI QC	YNC	韦明吉	加拿大(魁北克省)
WENATCHEE WA	EAT	韦纳奇	美国(华盛顿州)
WEST END	WTD	韦斯特恩德	巴哈马(拉丁美洲)
WEST POINT AK	KMP	西点	美国(阿拉斯加州)
WESTCHESTER NY	HPN	韦斯特切斯特	美国(纽约州)
WESTERLAND	GWT	韦斯特兰	德国
WESTERLY RI	WST	韦斯特利	美国(罗得岛州)
WESTFIELD MA	BAF	韦斯特菲尔德	美国(马萨诸塞州)
WESTHAMPTON NY	FOK	西汉普敦	美国(纽约州)
WESTPORT	WSZ	韦斯特波特	新西兰
WESTRAY	WRY	韦斯特莱依	英国
WESTSOUND WA	WSX	韦斯特松德	美国(华盛顿州)
WEWAK	WWK	韦瓦克	巴布亚新几内亚
WHAKATANE	WHK	瓦卡塔尼	新西兰
WHALE COVE NU	YXN	怀尔峡	加拿大(西北地区)
WHALSAY	WHS	沃尔塞	英国
WHANGAREI	WRE	旺阿雷	新西兰
WHARTON TX	WHT	霍顿	美国(德克萨斯州)
WHEELING WV	WLG	惠灵	美国(西弗吉尼亚州)
WHISTLER BC	YWS	惠斯勒	加拿大(不列颠哥伦比亚省)
WHITE MT. AK	WMO	怀特山	美国(阿拉斯加州)
WHITE PLAINS NY	HPN	怀特普莱恩斯	美国(纽约州)
WHITE RIVER VT	LEB	怀特河	美国(佛蒙特州)
WHITEHORS YT	YXY	怀特霍斯	加拿大(育空地区)
WHYALLA SA	WYA	怀阿拉	澳大利亚(南澳州)
WICHITA KS	ICT	威奇塔	美国(堪萨斯州)
WICHITA FALLS TX	SPS	威奇塔瀑布	美国(德克萨斯州)
WICK	WIC	威克	英国
WILCANNIA NS	WIO	威尔坎尼亚	澳大利亚(新南威尔士州)
WILDWOOD NJ	WWD	怀尔德伍德	美国(新泽西州)
WILKES BARRE PA	AVP	威尔克斯—巴里	美国(宾夕法尼亚州)
WILLIAMS LAKE BC	YWL	威廉斯湖	加拿大(不列颠哥伦比亚省)

表 2（续）

城市地名英文全称	代　码	城市地名中文全称	所在国家或地区（州、省或区域）
WILLIAMSBURG VA	PHF	威廉斯堡	美国（弗吉尼亚州）
WILLIAMSPORT PA	IPT	威廉斯波特	美国（宾夕法尼亚州）
WILLISTON ND	ISN	威利斯顿	美国（北达科他州）
WILMINGTON DE	ILG	威尔明顿	美国（特拉华州）
WILMINGTON NC	ILM	威尔明顿	美国（北卡罗来纳州）
WILUNA WA	WUN	威卢纳	澳大利亚（西澳州）
WINDHOEK	WDH	温得和克	纳米比亚
WINDORAH QL	WNR	温多拉	澳大利亚（昆士兰州）
WINDSOR ON	YQG	温莎	加拿大（安大略省）
WINDSOR LAKE CT	BDL	温莎湖	美国（康涅狄格州）
WINISK ON	YWN	威尼斯克	加拿大（安大略省）
WINNEMUCCA NV	WMC	温尼马卡	美国（内华达州）
WINNIPEG MN	YWG	温尼伯	加拿大（曼尼托巴省）
WINONA MN	ONA	威诺纳	美国（明尼苏达州）
WINSLOW AZ	INW	温斯洛	美国（亚利桑那州）
WINSTON SALEM NC	INT	温斯顿—塞勒姆	美国（北卡罗来纳州）
WINTON QL	WIN	温顿	澳大利亚（昆士兰州）
WIPIM	WPM	威皮姆	巴布亚新几内亚
WISCONSIN WI	ISW	威斯康星	美国（威斯康星州）
WISE VA	LNP	怀斯	美国（弗吉尼亚州）
WISEMAN AK	WSM	怀斯曼	美国（阿拉斯加州）
WITTENOOM WA	WIT	威特努姆	澳大利亚（西澳州）
WITU	WIU	维图	肯尼亚
WOBURN MA	WBN	沃本	美国（马萨诸塞州）
WOITAPE	WTP	沃伊塔佩	巴布亚新几内亚
WOJA	WJA	沃杰	马绍尔群岛（太平洋）
WOLF POINT MT	OLF	沃尔夫波因特	美国（蒙大拿州）
WOLLASTON SK	ZWL	伍拉斯顿	加拿大（萨斯喀彻温省）
WOLLONGONG NS	WOL	伍伦贡	澳大利亚（新南威尔士州）
WONDOOLA QL	WON	旺杜拉	澳大利亚（昆士兰州）
WOOMERA SA	UMR	伍默拉	澳大利亚（南澳州）
WORCESTER MA	ORH	伍斯特	美国（马萨诸塞州）
WORLAND WY	WRL	沃兰	美国（怀俄明州）
WORTHINGTON MN	OTG	沃辛顿	美国（明尼苏达州）
WOTHO IS.	WTO	沃特霍岛	马绍尔群岛（太平洋）

表 2（续）

城市地名英文全称	代　码	城市地名中文全称	所在国家或地区(州、省或区域)
WOTJE IS.	WTE	沃特吉岛	马绍尔群岛(太平洋)
WRANGELL AK	WRG	兰格尔	美国(阿拉斯加州)
WRIGLEY NT	YWY	里格列	加拿大(西北地区)
WROCLAW	WRO	弗罗茨瓦夫	波兰
WROTHAM PASS QL	WPK	朗特哈姆山口	澳大利亚(昆士兰州)
WT WYALONG NS	WWY	西怀厄朗	澳大利亚(新南威尔士州)
WT. PALM BEACH FL	PBI	西棕榈滩	美国(佛罗里达州)
WT. YELLOWS MT	WYS	西黄石	美国(蒙大拿州)
WTWARA	MYW	姆特瓦拉	坦桑尼亚
WUDINNA SA	WUD	伍丁纳	澳大利亚(南澳州)
WUHAN	WUH	武汉	中国(湖北省)
WUNNUMMIN ON	WNN	乌努明	加拿大(安大略省)
WUVULU	WUV	武武卢	巴布亚新几内亚
WYK AUF FOHR	OHR	维克奥夫福赫尔	德国
WYNDHAM WA	WYN	温德姆	澳大利亚(西澳州)
XI AN	SIA	西安	中国(陕西省)
XIAMEN	XMN	厦门	中国(福建省)
XICHANG	XIC	西昌	中国(四川省)
XIENG KHOUANG	XKH	川圹	老挝
XILINHOT	XIL	锡林浩特	中国(内蒙古自治区)
XINING	XNN	西宁	中国(青海省)
YACUIBA	BYC	亚奎瓦	玻利维亚
YAGOUA	GXX	亚瓜	喀麦隆
YAGUARA	AYG	亚瓜拉	哥伦比亚
YAKIMA WA	YKM	亚基马	美国(华盛顿州)
YAKUSHIMA	KUM	屋久岛	日本
YAKUTAT AK	YAK	亚库塔特	美国(阿拉斯加州)
YAKUTSK	YKS	雅库茨克	俄罗斯
YALGOO WA	YLG	亚尔古	澳大利亚(西澳州)
YALINGA	AIG	亚林加	中非
YALUMET	KYX	亚罗麦特	巴布亚新几内亚
YAM IS. QL	XMY	亚姆岛	澳大利亚(昆士兰州)
YAMAGATA	GAJ	山形	日本
YAMOUSSOUKRO	ASK	亚穆苏克罗	科特迪瓦(象牙海岸)
YAN' AN	ENY	延安	中国(陕西省)

表 2（续）

城市地名英文全称	代码	城市地名中文全称	所在国家或地区（州、省或区域）
YANBU	YNB	延布	沙特阿拉伯
YANDINA	XYA	亚迪纳	所罗门群岛（太平洋）
YANGON	RGN	仰光	缅甸
YANJI	YNJ	延吉	中国（吉林省）
YANKTON SD	YKN	扬克顿	美国（南达科他州）
YANTAI	YNT	烟台	中国（山东省）
YAOUNDE	YAO	雅温得	喀麦隆
YAP	YAP	雅浦	加罗林群岛（太平洋）
YARMOUTH NS	YQI	雅茅斯	加拿大（诺瓦斯科夏省）
YAVIZA	PYV	亚维萨	巴拿马
YAZD	AZD	亚兹德	伊朗
YE	XYE	耶城	缅甸
YECHON	YEC	醴泉	韩国
YENGEMA	WYE	延盖马	塞拉利昂
YES BAY AK	WYB	耶斯湾	美国（阿拉斯加州）
YEVA	YVD	耶瓦	巴布亚新几内亚
YICHANG	YIH	宜昌	中国（湖北省）
YINCHUAN	INC	银川	中国（宁夏回族自治区）
YINING	YIN	伊宁	中国（新疆维吾尔自治区）
YOGYAKARTA	JOG	日惹	印度尼西亚
YOLA	YOL	约拉	尼日利亚
YONAGO	YGJ	米子	日本
YONAGUNI JIMA	OGN	与那国岛	日本
YORKE IS. QL	OKR	约克岛	澳大利亚（昆士兰州）
YORKTON SK	YQV	约克顿	加拿大（萨斯喀彻温省）
YORO	ORO	约罗	洪都拉斯
YOSEMITE PASS CA	OYS	约塞米蒂帕斯	加拿大（不列颠哥伦比亚省）
YOSU	RSU	丽水	韩国
YOUNGSTOWN OH	YNG	扬斯敦	美国（俄亥俄州）
YRONJIMA	RNJ	舆论岛	日本
YULE IS.	RKU	尤莱	巴布亚新几内亚
YUMA AZ	YUM	尤马	美国（亚利桑那州）
YURIMAGUAS	YMS	尤里马瓜斯	秘鲁
YUZHNO-SAKHALIN	UUS	南萨哈林	俄罗斯
ZABREH	ZBE	扎布热赫	捷克

表 2（续）

城市地名英文全称	代　码	城市地名中文全称	所在国家或地区(州、省或区域)
ZACATECAS	ZCL	萨卡特卡斯	墨西哥
ZACHER BAY AK	KZB	扎切尔湾	美国(阿拉斯加州)
ZADAR	ZAD	扎达尔	克罗地亚
ZAGREB	ZAG	萨格勒布	克罗地亚
ZAHEDAN	ZAH	扎黑丹	伊朗
ZAKINTHOS IS.	ZTH	扎金索斯岛	希腊
ZAMBEZI	BBZ	赞比西	赞比亚
ZAMBOANGA	ZAM	三宝颜	菲律宾
ZANAGA	ANJ	扎纳加	刚果(布)
ZANZIBAR	ZNZ	桑给巴尔	坦桑尼亚(温古贾岛西岸)
ZAPALA	APZ	萨帕拉	阿根廷
ZAPOROZHYE	OZH	扎波罗热	乌克兰
ZARAGOZA	ZAZ	萨拉戈萨	西班牙
ZEMIO	IMO	泽米奥	中非
ZERO	ZER	齐罗	印度
ZHANJIANG	ZHA	湛江	中国(广东省)
ZHENGZHOU	CGO	郑州	中国(河南省)
ZHOB	PZH	若布	巴基斯坦
ZIELONA GORA	IEG	绿山城	波兰
ZIGUINCHOR	ZIG	济金绍尔	塞内加尔
ZIHUATANEJO	ZIH	锡瓦塔内霍	墨西哥
ZILINA	ILZ	日利纳	斯洛伐克
ZINDER	ZND	津德尔	尼日尔
ZOUERATE	OUZ	祖埃拉特	毛里塔尼亚
ZURICH	ZRH	苏黎世	瑞士

ICS 71.100.40
G 73

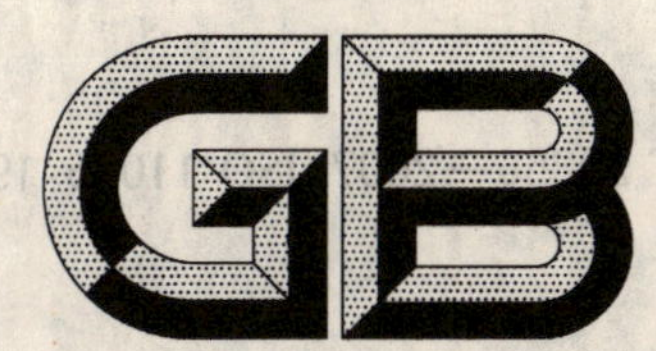

中华人民共和国国家标准

GB/T 20856—2007/ISO 11075:1993

航空器 牛顿型除冰、防冰液 ISO Ⅰ型

Aerospace—Aircraft de-icing/anti-icing Newtonian fluids, ISO type Ⅰ

(ISO 11075:1993, IDT)

2007-03-07 发布 2007-09-01 实施

中华人民共和国国家质量监督检验检疫总局
中国国家标准化管理委员会 发布

前　言

本标准等同采用 ISO 11075:1993《航空-航天器　牛顿型除冰、防冰液,ISO Ⅰ型》(英文版)。

为便于使用,本标准做了下列编辑性修改:

——用小数点符号“.”代替小数点符号“,”;

——用“本标准”代替“本国际标准”;

——删除了 ISO 11075:1993 的前言。

本标准由中国民用航空总局提出。

本标准由中国民用航空总局航空安全技术中心归口。

本标准起草单位:中国民用航空总局第二研究所。

本标准主要起草人:杨军、韦勇强、赵越让、曾海军、刘家伟、吴斌、夏祖西。

本标准为首次发布。

航空器　牛顿型除冰、防冰液　ISO Ⅰ型

1　范围

本标准规定了用于停放在地面的航空器外表面除冰、防冰用牛顿流体(ISOⅠ型)的要求。

2　规范性引用文件

下列文件中的条款通过本标准的引用而成为本标准的条款。凡是注日期的引用文件,其随后所有的修改单(不包括勘误的内容)或修订版均不适用于本标准,然而鼓励根据本标准达成协议的各方研究是否可使用这些文件的最新版本。凡是不注日期的引用文件,其最新版本适用于本标准。

GB/T 20857—2007　航空器　非牛顿型除冰、防冰液　ISOⅡ型(ISO 11078:1994,IDT)

ISO 1518:1992　色漆和清漆　使用铅笔测定薄膜硬度

ISO 2719:1988　石油产品和润滑剂闪点的测定　Pensky-Martens 闭杯法

ISO 3013:1974　航空燃料冰点的测定

ISO 3104:1994　石油产品　透明和不透明液体运动黏度的测定和计算

ISO 3675:1993　原油和液体石油产品　密度/相对密度的实验测定　液体相对密度法

AMS 2470H　阳极化处理的铝合金　铬酸处理

AMS 2475D　保护处理　镁合金

AMS 4037L　铝合金板材　4.4Cu-1.5Mg-0.60Mn(2024-T3 片,-T351 板)固溶热处理

AMS 4041M　铝合金板材　包铝　4.4Cu-1.5Mg-0.60Mn　(包铝 2024 和 1-1/2%包铝 2024-T3 片;1-1/2% 包铝 2024-T351 板)

AMS 4049H　铝合金板材　包铝　5.6Zn-2.5Mg-1.6Cu-0.23Cr　(包铝 7075-T6 片,-T651 板)固溶沉淀热处理

AMS 4376E　镁合金板材　3.0Al-1.0Zn(AZ31B-H26)　冷卷和半退火

AMS 4911F　钛合金片材　条材　和板材　6Al-4V　退火

AMS 6350H　钢片材　条材　和板材　0.95Cr-0.20Mo(0.28-0.33C)

ASTM A 109M-1990a　冷扎碳钢带材标准规范(公制)

ASTM D 1193-1977　试剂水规范

ASTM D 1331-1989　表面活性剂溶液的表面张力与界面张力的试验方法

ASTM D 1747-1989　黏性材料折光率的测定方法

ASTM E 70-1990　用玻璃电极测定水溶液 pH 值的试验方法

ASTM F 483-1990　航空器维护用化学品全浸腐蚀试验测试方法

ASTM F 484-1983　与液体或半液体化合物接触的丙烯酸塑料应力开裂试验方法

ASTM F 485-1990　清洗剂对未涂漆航空器表面影响的试验方法

ASTM F 502-1983　清洗及维护用化学材料对航空器漆层表面影响的试验方法

ASTM F 519-1977　电镀工艺和航空器维护用化学品的机械氢脆试验方法

ASTM F 945-1985　航空器发动机清洗剂对钛合金的应力腐蚀试验方法

ASTM F 1104-1987　液体型、水基航空器清洗剂的储存稳定性试验方法

ASTM F 1110-1990　夹层腐蚀试验方法

ASTM F 1111-1988 航空器维护用化学品对低脆镉板腐蚀的试验方法

BAC 5718 低氢脆镉板

DIN 65 321:1989 航空航天 聚丙烯酸(类)片、板模压件技术规范

MIL-P-83310 透明聚碳酸酯塑料片材

OECD 化合物测试指南 第三部分 降解和积累 易降解性 301 D 密闭瓶测试

WL 5.1416:1992 航空航天 在 5.1415 材料中的双轴拉伸、抗裂纹扩散、浇铸、交联的丙烯酸(类)材料

3 术语和定义

下列术语和定义适用于本标准。

3.1

牛顿流体 Newtonian fluid

黏度独立于剪切力和剪切时间,流动无屈服应力,流体剪切速率与剪切应力成正比,随应力的施加而立即流动的流体。

3.2

批量 lot

由同一批原材料、在同样固定的生产条件下、在一个生产循环中生产出来并同时经生产商检验后提供的所有产品。

注:如果识别批号有效,这些产品可以在同一个基本批号下被分别少量包装。

3.3

试生产试验 preproduction test

用以确定是否与本标准规定的所有技术要求相一致的试验。

3.4

验收试验 acceptance test

通过测试确定是否符合 4.2.6、4.2.7 和 4.2.10 要求的试验。

3.5

定期试验 periodic test

定期进行的用以确定是否符合 4.2.8.2 和 4.5 要求的试验。

4 性能

4.1 组成

除冰、防冰液应含冰点降低成分,可加入其他添加剂,在符合本标准要求的条件下,其成分由生产厂商决定。

如果以乙二醇为冰点降低添加剂,则还需要加入一种抑制剂,以降低由于乙二醇水溶液与带直流电贵金属电极发生相互作用从而引起潜在火灾的危险。

除冰、防冰液应符合当地对道面相容性的要求。除冰作业后,尤其是在低湿度或无雨、雪的天气条件下,可能造成路面打滑,应标示警告。

4.2 特性

除冰、防冰液应具备下述特性。

4.2.1 闪点

按 ISO 2719 要求测定闪点,闪点不应低于 100℃ (212 ℉)。

4.2.2 相对密度

按 ISO 3675 要求测定相对密度,相对密度应在标称值的±1.5%范围内。

4.2.3　储存稳定性

在机场环境下，交付的除冰、防冰液应保持2年的贮存稳定性。采用ASTM F 1104规定的方法进行试验，热试验在80℃±2℃（176 ℉±3.6 ℉）的温度下持续30 d，冷试验持续30 d。除冰、防冰液暴露在热、冷环境时，不应发生分层，与用ASTM D 1193 Ⅳ型水按1:1稀释的新制样品相比，浑浊度也不应增大。

4.2.4　硬水相容性

除冰、防冰液与4.2.4.1中规定的标准硬水按1:1混合后，按4.2.4.2要求测试其稳定性，不应出现任何不溶性沉淀，不应比按1:1与ASTM D 1193 Ⅳ型水混合的新制稀释液样品浑浊。pH值应在初始值的±0.5以内。

4.2.4.1　标准硬水的组成

在1 L ASTM D 1193 Ⅳ型水中，溶解400 mg±5 mg乙酸钙[$(CH_3COO)_2Ca \cdot 2H_2O$]和280 mg±5 mg硫酸镁($MgSO_4 \cdot 7H_2O$)。

4.2.4.2　稀释液的稳定性试验

将350 mL稀释液加入一带密封塞或水冷凝器的500 mL玻璃容器中，在95℃±2℃（203 ℉±3.6 ℉）下加热30 d。加热结束后，目测检查，并测定pH值。将试验结果与未实验的初始样品测试结果进行比较。

4.2.5　颜色

客户可要求对除冰、防冰液进行染色或不染色，染色除冰、防冰液应为桔红色，色度不应超过含100×10^{-6}CI溶剂桔59（色标）或等效染料物质的样品液的色度。

4.2.6　pH值

除冰、防冰液pH值按ASTM E 70进行测定，pH值应在标称值的±0.5以内。

4.2.7　冰点

按ISO 3013进行测定，冰点变化应在标称值的±3℃（5.4 ℉）以内。用ASTM D 1193 Ⅳ型水按1:1稀释原液时，所得稀释液的冰点不应大于−20℃（−4 ℉）。

4.2.8　流变性

除冰、防冰液在−30℃～80℃（−22 ℉～176 ℉）温度范围内，应表现牛顿流体特性。

4.2.8.1　黏度

按ISO 3104进行测定，在20℃（68 ℉）和−30℃（−22 ℉）时除冰、防冰液黏度变化应在试生产除冰、防冰液黏度值的±10%以内。

4.2.8.2　空气动力特性

除冰、防冰液按GB/T 20857—2007附录B的要求进行测定，应表现出可接受的空气动力学特性。

4.2.9　表面张力

按ASTM D 1331进行测定，交付的除冰、防冰液在20℃（68 ℉）时表面张力不应大于40×10^{-3} N/m（40 dyn/cm）。

4.2.10　折光率

按ASTM D 1747进行测定，除冰、防冰液20℃（68 ℉）时的折光率应在标称值的±0.001 5以内。

4.3　材料相容性

材料相容性试验应使用下列溶液测试：

——原液；

——用ASTM D 1193 Ⅳ型水按1:1比例混合的稀释液。

4.3.1　金属表面的腐蚀

4.3.1.1　夹层腐蚀

按ASTM F 1110进行试验，试验板的夹层腐蚀率不应大于1级。

4.3.1.2 全浸腐蚀

按 ASTM F 483 进行试验，除冰、防冰液既不应对试板产生明显的腐蚀，也不应使任何一个试验板单位面积的质量变化超过表 1 所列数值。

表 1 允许单位面积质量日变化最大值

试板	相关标准	允许质量日变化最大值 mg/cm²
按 ASTM 2470 进行阳极化处理的铝合金	AMS 4037	0.3
铝合金	AMS 4041	0.3
铝合金	AMS 4049	0.3
按 ASTM 2475 进行重铬酸盐处理的镁合金	AMS 4376	0.2
钛合金	AMS 4911	0.1
碳钢 T 5	ASTM A 109	0.8
按 BAC 5718 进行处理的镀镉钢	AMS 6350	0.3

4.3.1.3 低脆镀镉板腐蚀

按 ASTM F 1111 进行试验，除冰、防冰液不应使低脆镀镉试片的单位面积质量日变化值大于 0.3 mg/cm²。

4.3.1.4 抗应力腐蚀

按 ASTM F 945 中加热方法 A 进行试验，除冰、防冰液不应使钛试件产生裂纹。

4.3.1.5 氢脆

按 ASTM F 519 的规定，选择 1a 型、1c 型或 2a 型试件中任意一种进行试验，不应产生氢脆。

4.3.2 对塑料的影响

4.3.2.1 对聚丙烯酸酯类塑料的影响

按 ASTM F 484 进行试验，加热至 65℃ ± 2℃ (149 ℉ ± 3.6 ℉) 的除冰、防冰液不应使符合 DIN 65321并按 WL 5.1416 拉伸的聚丙烯酸酯塑料产生龟裂、污迹或褪色现象。

4.3.2.2 对聚碳酸酯塑料的影响

除试板外层应力水平应为 13.793 MPa (2 000 psi)且保持 30 min± 2 min 外，按 ASTM F 484 中规定的测试方法进行试验时，除冰、防冰液不应使 MIL-P-83310 聚碳酸酯塑料产生龟裂、玷污或褪色现象。

4.3.3 对涂层表面的影响

4.3.3.1 按 ISO 1518 进行试验，漆层表面涂覆除冰、防冰液，在 22℃ (71.6 ℉) 下放置 7 d 后，漆层应能承受 1 200 g 的负载。

4.3.3.2 按 ASTM F 502 进行试验，将加热至 65℃±2℃ (149 ℉ ±3.6 ℉) 的测试除冰、防冰液涂覆在初始温度为 22℃ (71.6 ℉) 漆层表面时，不应使漆膜产生任何条斑、褪色或起泡现象。

4.3.4 对未涂层表面的影响

按 ASTM F 485 要求进行试验，除冰、防冰液不应使试板产生条斑，也不应留下任何需要抛光才能除去的污迹。

4.4 环境要求

4.4.1 生物降解性

除冰、防冰液应满足国家对环保的有关规定，且生物降解率不应低于 90%，按 OECD 生物降解密封瓶试验 301D 要求进行生物降解试验。

生产厂商应向客户提供试验结果，其试验结果应至少包括以下内容：

——除冰、防冰液生态性能说明书;

——除冰、防冰液的总耗氧量(TOD),用每升除冰、防冰液的耗氧毫克数表示;

——除冰、防冰液5d生物降解百分数[5d生物耗氧量(BOD)];

——用质量百分数表示硫、卤素、磷酸盐、硝酸盐和重金属(铅、铬、镉和汞)的浓度。

4.4.2 水生生物毒性

水生生物毒性应满足国家对环保的有关规定。

4.4.3 毒性

毒性应满足国家对环保的有关规定。

4.5 防冰性能

Ⅰ型除冰、防冰液(按4.2.4.1要求用标准硬水稀释成1:1稀释液)按GB/T 20857—2007附录A进行试验,该稀释液在高湿度试验条件下应至少持续20 min不结冰,在喷水试验条件下应至少持续3 min不结冰。

5 质量保证条款

5.1 检验职责

生产商应提供试验样品,并完成所有规定的试验。

应按5.5规定将试验结果提供给客户。客户有权对产品取样和进行必要验证试验,以确保产品符合本标准。

5.2 检验频率

5.2.1 试生产试验

在下列情况下应进行试生产试验:

——初次将产品发运给客户之前;

——当原材料或生产工艺发生变化,需按5.4.2要求获得批准时;

——当客户认为需要验证试验时。

5.2.2 定期试验

定期试验应每半年进行一次。

5.2.3 验收试验

每批产品都应进行验收试验。

5.3 取样

5.3.1 试生产及定期试验

从每一批中随机抽取足够产品用于完成所需试验。

5.3.2 验收试验

从每一批中随机抽取足够产品来完成全部所需试验。

5.4 批准

5.4.1 在提供正式产品前,试生产样品应得到客户的认可。正式产品的试验结果应与被客户认可的试生产样品试验结果一致。

5.4.2 生产商应采用与被认可的样品相同的配方、生产工艺及检验方法。如果原料、配方或生产工艺发生改变,生产商应取得用户的认可,同时生产商还应报告按4.5和4.2.8.2要求的防冰试验和空气动力学试验结果,以及客户认为必要的其他试验结果。

5.5 试验报告

5.5.1 试生产及定期试验报告

生产商在初次发货前应提供试生产试验结果报告。此外,被认可的或独立的试验机构在进行定期试验时应确认表2所列的样品性能,将试验结果与生产厂商提供的防冰及空气动力试验文件中的这些测试结果相比较，并出具报告。

表 2　除冰、防冰液的特性

样品性能	相关条款
冰点	4.2.7
黏度	4.2.8.1
表面张力	4.2.9
折光率	4.2.10

两个报告均应有如下内容：

——参照标准；

——生产厂商产品标识；

——批号；

——批量。

5.5.2　验收试验报告

生产商在每次发货时都应出具一份报告，并应证明该批产品的组成和性能与被认可的样品一致。

报告应包括以下内容：

——参照标准；

——生产厂商产品标识；

——批号；

——发货总量；

——客户订货编号。

5.6　重新取样和试验

如果样品在上述试验中不能满足规定的要求，则对不满足要求的同一批产品取三个附加样进行试验，以其试验结果为依据来处置这批产品。如果任何一个重测样不符合规定的要求，则这批产品应视为不合格。视为不合格产品后，不应再重新取样、试验。所有的试验结果都应出具报告。

应在给用户提供试生产试验结果之前或同时，向用户提供材料安全数据单(MSDS)。

参 考 文 献

［1］ ISO 11076:1993，航空-航天器　除冰、防冰液除冰、防冰法。
［2］ ISO 11077:1993，航空航天　自行式除冰、防冰车　功能要求。

ICS 71.100.40
G 73

中华人民共和国国家标准

GB/T 20857—2007/ISO 11078:1994

航空器　非牛顿型除冰、防冰液　ISOⅡ型

Aerospace—Aircraft de-icing/anti-icing non-Newtonian fluids, ISO type Ⅱ

(ISO 11078:1994,IDT)

2007-03-07 发布　　2007-09-01 实施

中华人民共和国国家质量监督检验检疫总局
中国国家标准化管理委员会　发布

前　言

本标准等同采用 ISO 11078:1994《航空-航天器　非牛顿型除冰、防冰液,ISOⅡ型》(英文版)。

为便于使用,本标准做了下列编辑性修改:

——用小数点符号“.”代替小数点符号“,”;

——用“本标准”代替“本国际标准”;

——删除了 ISO 11078:1994 的前言;

——增加了单位换算的内容。

本标准的附录 A 和附录 B 为规范性附录。

本标准由中国民用航空总局提出。

本标准由中国民用航空总局航空安全技术中心归口。

本标准起草单位:中国民用航空总局第二研究所。

本标准主要起草人:王航、梅拥军、谢麟、郭强、王晋、卿红宇、刘雪奇。

本标准为首次发布。

航空器　非牛顿型除冰、防冰液　ISOⅡ型

1　范围

本标准规定了用于停放在地面的航空器外表面除冰、防冰用非牛顿流体(ISOⅡ型)的要求及完成防冰性能试验所需试验室和试验过程的最低要求。

注:符合本标准的产品如混入其他除冰、防冰液将会产生不利的影响。

2　规范性引用文件

下列文件中的条款通过本标准的引用而成为本标准的条款。凡是注日期的引用文件,其随后所有的修改单(不包括勘误的内容)或修订版均不适用于本标准,然而鼓励根据本标准达成协议的各方研究是否可使用这些文件的最新版本。凡是不注日期的引用文件,其最新版本适用于本标准。

ISO 1518:1992　色漆和清漆　使用铅笔测定薄膜硬度

ISO 2719:1988　石油产品和润滑剂闪点的测定　Pensky-Martens 闭杯法

ISO 3013:1974　航空燃料冰点的测定

ISO 9002:1994　产品、安装、服务的质量保证体系

ISO 11076:1993　航空航天器　液体除冰、防冰法

ISO 11077:1993　航空航天　自行式除冰和防冰车　功能要求

AMS 2470H　阳极化处理的铝合金　铬酸处理

AMS 2475D　保护处理　镁合金

AMS 4037L　铝合金板材　4.4Cu-1.5Mg-0.60Mn(2024-T3 片,-T351 板)　固溶热处理

AMS 4041M　铝合金板材　包铝　4.4Cu-1.5Mg-0.60Mn(包铝 2024 和 1-1/2%包铝 2024-T3 片,1-1/2%包铝 2024-T351 板)

AMS 4049H　铝合金板材　包铝　5.6Zn-2.5Mg-1.6Cu-0.23Cr(包铝 7075-T6 片,-T651 板)　固溶沉淀热处理

AMS 4376E　镁合金板材　3.0Al-1.0Zn(AZ31B-H26)　冷卷和半退火

AMS 4911F　钛合金板材　条材　和板材　6Al-4V　退火

ASTM A 109M-1990a　冷扎碳钢带材标准规范(公制)

ASTM C 672-1991　暴露于防冻化学品中的混凝土表面抗蚀刻性的试验方法

ASTM D 891-1989　液体工业化学品相对密度测试方法

ASTM D 1193-1977　试剂水规范

ASTM D 1331-1989　表面活性剂溶液的表面张力与界面张力的试验方法

ASTM D 1747-1989　黏性材料折光率的测定方法

ASTM D 2196-1986　旋转(Brookfield)黏度计测定非牛顿材料流变性能的试验方法

ASTM E 70-1990　用玻璃电极测定水溶液 pH 值的试验方法

ASTM F 483-1990　航空器维护用化学品全浸腐蚀试验测试方法

ASTM F 484-1983　与液体或半液体化合物接触的丙烯酸塑料应力开裂试验方法

ASTM F 485-1990　清洗剂对未涂漆航空器表面影响的试验方法

ASTM F 502-1983　清洗及维护用化学材料对航空器漆层表面影响的试验方法

ASTM F 519-1977　电镀工艺和航空器维护用化学品的机械氢脆试验方法

ASTM F 945-1985　航空器发动机清洗剂对钛合金的应力腐蚀试验方法

ASTM F 1105-1990　液体型　溶剂型　航空器清洗剂的储存稳定性试验

ASTM F 1110-1990　夹层腐蚀试验方法

ASTM F 1111-1988　航空器维护用化学品对低脆镉板腐蚀的试验方法

DIN 65 321:1989　航空航天　聚丙烯酸(类)片、板模压件技术规范

MIL-A-8243D　防冰、除冰 除霜液

MIL-P-83310　透明聚碳酸酯塑料片材

OECD 化合物测试指南　第三部分　降解和积累　易降解性　301 D　密闭瓶测试

WL 5.1416:1992　航空航天　在 5.1415 材料中的双轴拉伸、抗裂纹扩散、浇铸、交联的丙烯酸(类)材料

3　术语和定义

下列术语和定义适用于本标准。

3.1

非牛顿流体　non-Newtonian fluid

黏度取决于剪切力和剪切时间的流体。

3.2

假塑性　pseudoplastic behavior

随着剪切速率增加，黏度降低的特性。

3.3

批量　lot

由同一批原材料、在同样固定的生产条件下、在一个生产循环中生产出来并同时经生产商检验后提供的所有产品。

注：如果识别批号有效，这些产品可以在同一个基本批号下被分别少量包装。

3.4

试生产试验　preproduction test

用以确定是否与本标准规定的所有技术要求相一致的试验。

3.5

验收试验　acceptance test

用以确定是否符合 4.2.4、4.2.8、4 .2.10 和 6.1 要求的试验。

3.6

定期试验　periodic test

定期进行的用以确定是否符合第 9 章和第 10 章的试验。

4　性能

4.1　组成

除冰、防冰液应含冰点降低成分和其他添加剂，以使最终产品满足使用要求，同时满足本标准的所有要求。

如果以乙二醇为冰点降低添加剂，则还需要加入一种抑制剂，以降低由于乙二醇水溶液与贵金属电极发生作用产生直流电势而引起火灾的危险。

4.2　物理特性

4.2.1　外观

除冰、防冰液不应含有目视可见杂质。按客户要求既可染色，也可不染色。除冰、防冰液不应被染成 ISO I 型液中所用的桔红色或其他除冰液的颜色。

4.2.2 闪点

按 ISO 2719 要求测定闪点，闪点不应低于 100℃（212 ℉）。

4.2.3 相对密度

按 ASTM D 891 进行测定，相对密度应在标称值的±1.5 %范围以内。

4.2.4 pH 值

按 ASTM E 70 进行测定，pH 值应在标称值的±0.5 以内。

4.2.5 储存稳定性

按 ISO 11076 规定的储存稳定性要求，采用 ASTM F1105 规定的方法进行测试，除冰、防冰液应在两年的储存期内保持稳定。与新制样品相比，即使暴露在冷、热环境中，除冰、防冰液也不应发生分层，浑浊度不应增大，流变性不应有任何变化。

4.2.6 热稳定性

4.2.6.1 按 4.2.6.2 要求，除冰、防冰液在 70℃（158 ℉）下放置 30 d 后，不应产生任何沉淀、不溶物或严重浑浊；pH 值的变化不应超过初始值的±0.5；20℃±0.5℃ 的布氏黏度增加不应超过初始值的 10%，降低不应超过初始值的 20%。此外，除冰、防冰液还应满足第 9 章的要求。

4.2.6.2 在进行热稳定性试验前，按 6.1 要求测定样品在 20℃（68 ℉）时的布氏黏度，按 4.2.4 要求测定样品的 pH 值。

将 350 mL 被测除冰、防冰液放入 500 mL 带密封盖的瓶中，将瓶密封后置于 70℃±2℃（158 ℉±3.6 ℉）的烘箱中放置 30 d。30 d 后取出除冰、防冰液并使之冷却后与未加热样品目测比较，并测定其 pH 值和−30℃～20℃（−22 ℉～68 ℉）范围内的布氏黏度，将此结果与初始值相比较。

4.2.7 硬水相容性

将除冰、防冰液与 4.2.7.1 中规定的标准硬水按 1∶1(体积比)混合后，按 4.2.7.2 要求测试其稳定性，不应出现任何不溶性沉淀，不应比新制稀释液样品(按体积比 1∶1 与 ASTM D 1193 IV 型水混合)浑浊。pH 值应在初始值的±0.5 以内。

4.2.7.1 标准硬水的组成

在 1 L ASTM D 1193 Ⅳ 型水中，溶解 400 mg±5 mg 乙酸钙[$(CH_3COO)_2Ca \cdot 2H_2O$]和 280 mg±5 mg硫酸镁($MgSO_4 \cdot 7H_2O$)。

4.2.7.2 稀释液的稳定性试验

将 350 mL 稀释液加入一带密封塞或水冷凝器的 500 mL 玻璃容器中，在 95℃±2℃（203 ℉±3.6 ℉）下加热 30 d。

加热结束后，目测检查，并测定 pH 值。将试验结果与未实验的初始样品测试结果进行比较。

4.2.8 冰点

按 ISO 3013 进行测定，除冰、防冰液的冰点不应大于下列值：

——原液：−32℃（−25.6 ℉）；

——稀释液：−10℃（14 ℉）。

稀释液应为原液与 ASTM D 1193 Ⅳ 型水按 1∶1(质量比)组成的混合液。

4.2.9 表面张力

按 ASTM D 1331 进行测定，交付的除冰、防冰液在 20℃(68 ℉)时表面张力不应大于 40×10^{-3} N/m（40 dyn/cm）。

4.2.10 折光率

按 ASTM D 1747 进行测定，除冰、防冰液 20℃(68 ℉)时的折光率应在标称值的±0.001 5 以内。

5 材料相容性

材料相容性试验应使用下列溶液进行测试：

——原液；

——用 ASTM D 1193 IV 型水按 1∶1 比例混合的稀释液。

5.1 金属表面的腐蚀

5.1.1 夹层腐蚀

按 ASTM F 1110 进行试验，试验板的夹层腐蚀速率不应大于 1 级。

5.1.2 全浸腐蚀

按 ASTM F 483 进行试验，除冰、防冰液既不应对试板产生明显的腐蚀，也不应使任何一个试板单位面积的质量变化超过表 1 所列数值。

表 1 允许单位面积质量日变化最大值

试 板	相关标准	允许质量日变化最大值 mg/cm²
按 AMS2470 进行阳极化处理的铝合金	AMS 4037	0.3
铝合金	AMS 4041	0.3
铝合金	AMS 4049	0.3
按 AMS2475 进行重铬酸盐处理的镁合金	AMS 4376	0.2
钛合金	AMS 4911	0.1
碳钢 T5	ASTM A 109	0.8

5.1.3 低脆镀镉板腐蚀

按 ASTM F 1111 进行试验，除冰、防冰液不应使低脆镀镉试片的单位面积质量日变化值大于 0.3 mg/cm^2。

5.1.4 抗应力腐蚀

按 ASTM F 945 中加热方法 A 进行试验，除冰、防冰液不应使钛试件产生裂纹。

5.1.5 氢脆

按 ASTM F 519 的规定，选择 1a 型，1c 型，或 2a 型试件中任意一种进行试验，不应产生氢脆。

5.2 对塑料的影响

5.2.1 聚丙烯酸酯塑料

按 ASTM F 484 进行试验，加热至 65℃±2℃（149 ℉±3.6 ℉）的除冰、防冰液不应使符合 DIN 65 321并按 WL 5.1416 拉伸的聚丙烯酸酯塑料产生龟裂、污斑或褪色现象。

5.2.2 聚碳酸酯塑料

除试板外表面应力水平应为 13.793 MPa（2 000 psi）且保持 10 min±1 min 外，按 ASTM F 484 中规定的测试方法进行试验，除冰、防冰液不应使 MIL-P-83310 聚碳酸酯塑料产生龟裂、玷污或褪色现象。

5.3 对涂层表面的影响

5.3.1 按 ISO 1518 进行试验，漆层表面涂覆该除冰、防冰液，且在 22℃±1℃（71.6 ℉±1.8 ℉）下放置 7 d 后，漆层应能承受 1 200 g 负载。

5.3.2 按 ASTM F 502 规定，将加热至 65℃±2℃（149 ℉±3.6 ℉）的测试除冰、防冰液涂覆在初始温度为 22℃（71.6 ℉）的涂层表面，不应使漆层产生条斑、褪色或起泡现象。

5.4 对未涂漆表面的影响

按 ASTM F 485 要求进行试验，除冰、防冰液不应使试板产生条斑，也不应留下任何需要抛光才能除去的污迹。

6 流变性

按 ASTM D 2196 进行试验，除冰、防冰液应呈现非牛顿流体特性，在 −30℃～20℃（−22 ℉～68 ℉）温度范围内应呈现假塑性。

注：ISOⅡ型液含有假塑性增稠剂可以防止冰、雪沉积。

6.1 黏度

为了控制产品质量，生产厂商应按 ASTM D 2196 方法测定黏度，黏度值用毫帕秒（mPa·s）表示，并报告合格产品的典型黏度值。

用 Brookfield LVT 型黏度计的 1 号和 2 号转子，或 SC4-34/13 R 小样适配器进行黏度测定。

黏度测定应在 0.3 r/min、6 r/min、30 r/min 的转速下进行。

应报告黏度测定时的温度及转子的编号。

注：转子型号宜按照黏度计生产厂商的建议进行选择。

交付的除冰、防冰液的黏度应在标称值的±10%以内。

6.2 剪切稳定性

除冰、防冰液被航空器除冰、防冰过程中使用的符合 ISO 11077 要求的泵输送或工业喷撒装置喷撒后，仍应能满足附录 A 的防冰要求。

6.2.1 以下实验室试验可以模拟一些工业喷洒设备对除冰、防冰液的剪切影响。

将一只装有除冰、防冰液的测试容器放入一个可以测定转速的 Brookfield 搅拌器中，在下列条件下运转 5 min±10 s：

——转速（在每次试验前，在水中校正转速）：3 500 r/min±100 r/min；

——容器材料：玻璃；

——搅拌器叶片至容器底部距离：25 mm±2 mm；

——容器直径：85 mm±5 mm；

——溶液体积：500 mL±10 mL；

——溶液初始温度：20℃±1℃（68 ℉±1.8 ℉）。

经过剪切处理后的溶液应至少排气（除去内部气泡）24 h，方可进行防冰性能和流变性试验。

6.2.2 生产商应向客户报告防冰性能试验结果及黏度值的变化。

7 膜稳定性

7.1 应用

本试验用于考察液膜暴露在不同环境下受到的影响，以确保在连续使用除冰、防冰液后不形成厚膜或凝胶。

7.2 暴露在干燥空气中

将交付的产品暴露于相对湿度为 50%～60%的控制箱中，过一段时间，其质量减少 20%±1%后，用 Brookfield LVT 型黏度计 1 号转子，在 3 r/min 条件下测试，20℃±1℃（68 ℉±1.8 ℉）时的最大黏度不应超过 500 mPa·s。

7.3 薄膜的热稳定性

将除冰、防冰液倒在一倾角为 20°的铝合金试板上，形成 250 μm±25 μm 厚的薄膜，然后在温度为 100℃±2℃（212 ℉±3.6 ℉）的环境中暴露 30 min±1 min，不应形成不溶于水的膜。

7.4 道面抗剥落性

用除冰、防冰液与自来水按 1：3（体积比）配成的稀释液代替规定的氯化钙溶液，按 ASTM C 672 规定的通用方法进行 50 个冻、融循环试验后，试验材料表面状况变化不应大于 2 级。

8 环境要求

8.1 生物降解性

除冰、防冰液应满足国家对环保的有关规定，且生物降解率不应低于90%，按OECD生物降解密封瓶试验301D要求进行生物降解试验。

生产厂商应向客户提供试验结果，其试验结果应至少包括以下内容：

——除冰、防冰液生态性能说明书；

——除冰、防冰液的总耗氧量(TOD)，用每升除冰、防冰液的耗氧毫克数表示；

——除冰、防冰液5 d生物降解百分数[5 d生物耗氧量(BOD)]；

——用质量分数表示硫、卤素、磷酸盐、硝酸盐和重金属(铅、铬、镉和汞)的浓度。

8.2 水生生物毒性

水生生物毒性应满足国家对环保的有关规定。

8.3 毒性

毒性要求应满足国家对环保的有关规定。

9 防冰性能

按附录A的规定，ISOⅡ型除冰、防冰液在高湿度试验条件下应至少持续4 h不结冰，在喷水试验条件下应至少持续30 min不结冰。

试验过程和试验设备见附录A。

10 空气动力特性

生产厂商应按照附录B的方法进行空气动力特性试验，并且其产品应具有可接受的空气动力特性，才能证实产品符合本标准。

11 质量保证条款

11.1 检验职责

生产商应提供试验样品，并完成所有规定的试验。

应按11.5规定将试验结果提供给客户。客户有权对产品取样和进行必要验证试验，以确保产品符合本标准。

11.2 检验频率

11.2.1 试生产试验

在下列情况下应进行试生产试验：

——初次将产品发运给客户之前；

——当原材料或生产工艺发生变化，需按11.4.2要求获得批准时；

——当客户认为需要验证试验时。

11.2.2 定期试验

定期试验应每半年进行一次。

11.2.3 验收试验

每批产品都应进行验收试验。

11.3 取样

11.3.1 试生产试验及定期试验

从每一批中随机抽取足够产品用于完成所需试验。

11.3.2 验收试验

从同一批次产品中随机抽取足够产品用于完成所需试验。

11.4 批准

11.4.1 在提供正式产品前,试生产样品应得到客户的认可。正式产品的试验结果应与被客户认可的试生产样品试验结果一致。

11.4.2 生产商应采用与被认可的样品相同的配方、生产工艺及检验方法。如果原料、配方或生产工艺发生改变,生产商应取得用户的认可。同时生产商还应报告第9章和第10章要求的防冰性能试验和空气动力特性试验结果,以及客户认为必要的其他试验结果。

11.5 试验报告

11.5.1 试生产及定期试验报告

生产商在初次发货前应提供试生产试验结果报告。此外,被认可的或独立的试验机构在进行定期试验时应确认表2所列的样品性能,将试验结果与生产厂商提供的防冰及空气动力试验文件中的这些试验结果相比较,并出具报告。

两个报告均应有如下内容:

——参照标准;

——生产厂商产品标识;

——批号;

——批量。

表2 除冰、防冰液的特性

样品指标(性能)	相关条款
冰点	4.2.8
黏度	6.1
表面张力	4.2.9
折光率	4.2.10

11.5.2 验收试验报告

生产商在每次发货时都应出具一份报告,并可证明该批产品的组成和性能与被认可的样品一致。

报告应包括以下内容:

——参照标准;

——生产厂商产品标识;

——批号;

——发货总量;

——客户订货编号。

11.6 重新取样和试验

如果样品在上述试验中不能满足规定的要求,则对不满足要求的同一批产品取三个附加样进行试验,以其试验结果为依据来处置这批产品。如果任何一个重测样不符合规定的要求,则这批产品应视为不合格。视为不合格产品后,不应再重新取样、试验。所有的试验结果都应出具报告。

应在给用户提供试生产试验结果之前或同时,向用户提供材料安全数据单(MSDS)。

附 录 A
(规范性附录)
防冰性能试验方法

A.1 概述

本附录所述试验方法用于测定 ISOⅡ型除冰、防冰液的实验室防冰保持时间。

A.2 原理

本方法是将除冰、防冰液试样倒在专门的测试板上,将测试板暴露于两类结冰条件下,通过测量发生指定程度结冰前的最小暴露时间来评估试样的防冰性能。

A.3 试验装置

常用的实验室装置如下。

注:也可以使用满足表 A.1 要求的其他类型的喷水和湿度控制装置。

表 A.1 试验设备性能要求

测试参数		要求
测试室	最小容积	每 2.25 dm^2 的试板表面需 1 m^3 空间
	气温控制	(0℃~−5℃)±0.5℃[(32℉~23℉)±0.9 ℉]
	水平气流速度	0.2 m/s±0.05 m/s
	空气湿度控制	相对湿度 96%±2%
	积霜速率[a]	1.2 g/dm^2±0.2 g/dm^2(4 h 后)
试板	试板材料	AMS 4037L 铝合金,表面粗糙度 *Ra* 为 0.1 μm~0.2 μm
	试板数	6 个
	试板尺寸	10 cm×30 cm
	倾角	10°±0.2°
	温度控制	−5℃±0.5℃(23 ℉±0.9 ℉)
喷水装置	水	去离子水,pH 值为 6.5~7.0
	水滴尺寸	平均直径 20 μm,50%水珠在 15 μm~35 μm 之内
	喷水强度	5 g/(dm^2·h)±0.2 g/(dm^2·h)

[a] 达到要求的积霜速率的必要条件为:空气温度为 0℃,试板温度为−5℃,相对湿度为 96%,空气水平流速为 0.2 m/s。

A.3.1 测试室

每 2.25 dm^2 的试板面积至少应有 1 m^3 的测试空间(对于 A.3.2 中所规定的测试板面积,测试室最小容积为 8 m^3)。如果测试室安装了窗口,应使用双层光滑观察窗,以防止水雾凝结和便于清楚观察试板。如果没有观察窗,则应在测试室内安装摄像装置或类似设备用于观察试板的情况。测试室还应有门或相应的入口,以便往测试板上倾倒测试液、测量冰沉积量、检查试板和喷嘴系统。

测试室的温度应能控制在−5℃~0℃(23 ℉~32 ℉),温度误差为±0.5℃(±0.9 ℉),感温装置应位于空气循环系统的出口侧,距离测试板 0.5 m 的范围内,但在使用过程中不应直接位于喷嘴的延伸线上。测试室内的空气交换速率应使距离试板上方 5 cm 处气流的平均水平流速保持在 0.2 m/s±0.05 m/s。

当空气温度为 0℃(32 ℉)时,测试室内的湿度应能控制在相对湿度为 96%±2%,且不应出现可见的水雾、细水珠或冻雨,即:当用 A.5.4.1 所描述的方法进行测试时,不应产生直径大于 4 μm 的水滴。在水平气流速度为 0.2 m/s 及上述相对湿度、空气温度的条件下,试验 4 h 后,试板(冷却到 -5℃(23 ℉))上的霜沉积量应为 1.2 g/dm^2±0.2 g/dm^2。

用饱和水蒸气发生器保持湿度,该发生器应位于空气循环系统的出口侧,通过与控制系统相连的湿度校正传感器控制。当需要较高的湿度时,应将传感器置于试板上沿中心线上方 5 cm 处测量湿度。

在整个测试过程中,空气温度和湿度传感器都应与一个连续工作的记录仪或电子数据采集系统相连,以作为检测测试室内环境控制特性的手段。

A.3.2 试板

试板由打磨过的 AMS 4037L 铝合金制成,其表面粗糙度算术平均偏差 *Ra* 为 0.1 μm～0.2 μm。在喷水防冰试验和高湿度防冰试验中,试板应与水平成 10°±0.2°的夹角。

测试面至少应由六个独立的试板组成,试板尺寸为 30 cm×10 cm,分隔试板的隔片应高于试板表面 5 mm,以防止相邻试板的试液相互影响。

试板上应有清晰的永久性标志:

——一条水平线。该水平线通过所有试板,所有距试板的上边沿 25 mm 的水平线应处于一条水平线上,用以估计测试过程中涂覆试液的试板上的结冰程度(见 A.5.4);

——两条水平线。此两条水平线通过所有的试板,分别距试板上边沿 10 cm 和 20 cm 的两条水平线,应分别处于两条水平线上,用来校对测试装置(见 A.4.4.3)。

试板下表面与一个容器结合,容器内有用于热交换循环的液体,以确保试板上表面温度能控制在 -5℃±0.5℃(23 ℉±0.9 ℉)的范围内。另有一个温度传感器位于装有循环液的容器中或连接容器与热交换器的液体回流管路中。

温度传感器应与一个连续工作的记录仪或电子数据采集系统相连,以检测整个测试过程中试板的温度变化。

试板或结霜试板是进行除冰、防冰液防冰性能测试的载体,应放置于环境试验室内。

A.3.3 喷水装置

A.3.3.1 一般要求

在测试室的上部空间位于试板的上方,应装有喷水装置。在喷水试验中,该装置通过压缩空气或旋转盘将低速水流雾化,再通过喷嘴喷出。

喷水装置应与能连续提供去离子水(pH 值为 6.5～7.0)的水源相连。水源处应能提供无油压缩空气。水流量及空气压力应能调节,以满足下列要求:

——喷水的平均水滴直径应为 20 μm,且 50%的水滴直径应在 15 μm～35 μm 之间;

——在冻雨试验中,喷水的平均强度应为 5 g/(dm^2·h)±0.2 g/(dm^2·h);

——水雾应均匀分布于整个测试板区域内;

——当测试室内的空气以及试板温度均为 -5℃(23 ℉)时,水雾以水珠的形式撞击到试板上,并在撞击后结冰。

用于冻雨试验的喷水装置,只要满足上述要求,其具体型号和几何尺寸可由用户自行选定。

A.3.3.2 喷水装置示例

以下给出了一个有可移动喷嘴且具有良好使用性能的喷水装置示例。

喷嘴由外喷嘴和内喷嘴两部分构成,分别连接水源和压缩空气,图 A.1 给出了喷嘴的关键尺寸。

单位为毫米

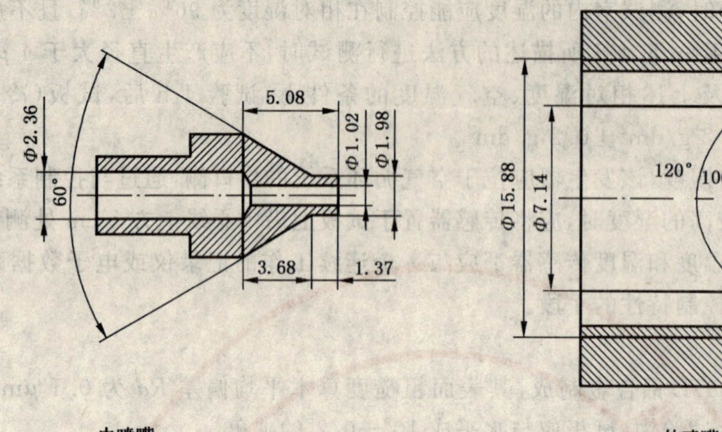

注：装配时内喷嘴凸出外喷嘴 0.3 mm。

图 A.1 喷嘴

图 A.2 中给出喷水试验中测试室内喷嘴与试板的相对位置。喷嘴位于试板后方，与垂直方向成45°，与试板上边缘的垂直距离为 65 cm，水平距离为 60 cm，喷嘴固定在一根 1 m 长的横杆上，可在测试室的宽度方向、平行于试板的上边作往复运动，移动的速度为 0.3 m/s，往复运动每分钟 18 次。上述特殊的构造能保证喷水均匀的可重复的覆盖试板，以及便于通过测试室的双层玻璃窗观察试板。

单位为厘米

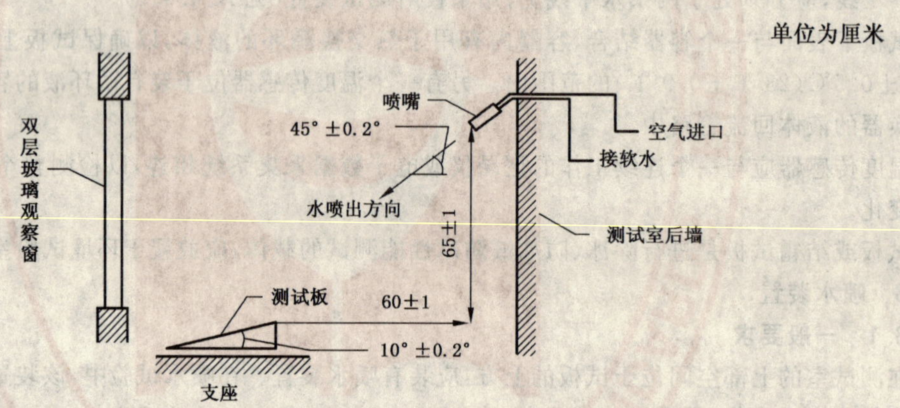

图 A.2 喷水装置剖面示意图

要达到平均 5 g/(dm² · h)的降水强度，典型的水流量为 24 cm³/min，空气压力为172.4 kPa±13.8 kPa(25 psi±2 psi)。表 A.2 中给出了移动式喷嘴系统的主要试验参数。

表 A.2 移动式喷嘴系统试验参数

测试参数		要求
喷嘴尺寸[a]	内喷嘴内直径	1.02 mm(0.040 in)
	外喷嘴内直径	2.29 mm(0.090 in)
	内喷嘴外直径	1.98 mm(0.078 in)
	内喷嘴凸出于外喷嘴长度	0.3 mm(0.012 in)
与垂直方向夹角		45°±0.2°
喷嘴与试板水平距离		60 cm±1 cm

表 A.2(续)

测 试 参 数	要 求
喷嘴与试板垂直距离	65 cm±1 cm
横向移动距离	1 m
横向移动速度	0.3 m/s±0.05 m/s
向喷嘴供水流量	24 cm^3/min±2 cm^3/min
向喷嘴供气压力	172.4 kPa±13.8 kPa (25 psi±2 psi)
水喷出的最小角度	15°
[a] 喷嘴的详细尺寸见图 A.1。	

A.3.4 温控系统

温控系统应能将：

——测试室内的空气温度控制在 0℃±0.5℃(32 ℉±0.9 ℉)或−5℃±0.5℃(23 ℉ ±0.9 ℉)；

——测试板的温度控制在−5℃±0.5℃(23 ℉±0.9 ℉)。

温控系统还包含一个固态温度传感器，即：一个铂电阻探头(0℃(32 ℉)时的电阻值为 100 Ω)，配合一个灵敏度为 0.5℃(0.9 ℉)的温度控制器。

与能开关的温度控制器相连的热交换器应能将空气和试板温度控制在所要求的范围内。

A.3.5 湿度控制装置

在空气温度为 0℃(32 ℉)时，没有任何可见冷凝物的情况下，湿度控制装置应能将相对湿度控制在 96%±2%范围内。

与湿度控制装置相连的饱和水蒸气发生器(SWVG)或类似装置，应能将相对湿度控制在要求的范围内。该饱和水蒸气发生器位于空气循环系统的出口处。一种简便方法是用一个 80℃(176 ℉)水浴向空气流中引入饱和水蒸气。

适用的湿度控制器由一个湿度传感器(如一个可在 0℃(32 ℉)测定湿度范围为 90%～100%的电容型、电阻型或导电型探头)和一个控制饱和水蒸气发生器的控制器组成(从而控制进入空气流的水蒸气量)。

A.3.6 空气分配系统

空气分配系统由下列部分组成：

——风扇，用以产生循环空气，使空气能流经测试室的主体空间和热交换器。测试室中气流水平方向的流速应达到 0.2 m/s±0.05 m/s；

——热交换器，有足够的能力。使测试室内的空气温度能够降至−5℃(23 ℉)；

——管道，用于连接热交换器和测试室，热交换器与测试室相连的出入口应设置在适当的位置，以确保测试室内的空气形成良好的循环。

A.4 试验条件

A.4.1 标准测量设备

应对温度传感器、湿度传感器、电子天平、pH 计、风速表和秒表进行校准，并按 ISO 9002 进行维护。

A.4.2 试板的表面粗糙度

应用表面粗糙度测试仪测量 A.5.2 中提到的试板的表面粗糙度，测试范围应涵盖每个试板的上部，探头的测力为 1 mN。必要时，可用粒度小于 2 μm 的抛光粉蘸酒精打磨达到所要求的表面粗糙度，进行防冰试验前应用水将抛光剂清洗干净。

A.4.3 平均气流速度

应用适用的风速表或测速仪在试板上方 5 cm 处测量平均气流速度。

A.4.4 喷水装置

A.4.4.1 平均水珠直径

应用下列方法(或等效方法)测量喷嘴所产生的水珠平均直径:

——载玻片碰击法,这种方法是从一个涂油的显微镜载玻片上收集水珠的样品。所涂油可为矿物油也可为硅油(或其他的憎水涂层),20℃(68 ℉)时其黏度约为5 000 mPa·s;在载玻片上的涂油厚度应大于或等于 500 μm。水珠的直径可用有合适分度线的目镜在显微镜下直接测量,也可从载玻片的放大照片上测量;

——激光散射法,在这种方法中,激光散射微粒分析仪与一个低能激光发射装置和一个光电探测器配合使用,以便测量落向测试板表面水珠的大小。当水珠被激光照射后,水珠将散射掉部分光线,从而形成一系列的散射条纹,这些条纹反映了水珠的大小。分析这些散射条纹,可得到水珠直径的大致分布。利用一些可以购买到的商业仪器,可随时进行这种分析。

在高湿度防冰性能测试中,可采用上面任何一种方法或等效方法对水滴直径进行测量,确保落到试板上的水滴直径不大于 4 μm。

A.4.4.2 喷水防冰时间试验

在喷水防冰时间试验中,宜使喷嘴喷出的水的强度为 5 g/(dm²·h)±0.2 g/(dm²·h),测试室内空气温度和试板温度均为-5℃(23 ℉),观察喷出水珠降落到试板上表面的特性。水珠在与测试板的碰撞中应被冻结,但碰撞前不应结冰。

应注意到冰晶降落到测试板上会看到雪,而不是冻雨。

A.4.4.3 结冰量的校准

对两种防冰性能试验,最重要的是在每个测试板上形成的冰量是均匀的和可重复的。应在相应的喷水试验和高湿度试验条件下,不用任何除冰、防冰液,进行结冰量的评估。

表 A.3 给出了试验条件。

表 A.3 试验条件

测试参数		要求
喷水保持时间测试	空气温度	-5℃±0.5℃(23 ℉±0.9 ℉)
	试板温度	-5℃±0.5℃(23 ℉±0.9 ℉)
	试板斜度	10°±0.2°
	喷水强度	5 g/(dm²·h)±0.2 g/(dm²·h)
高湿度保持时间测试	空气温度	0℃±0.5℃(32 ℉±0.9 ℉)
	试板温度	-5℃±0.5℃(23 ℉±0.9 ℉)
	试板斜度	10°±0.2°
	相对湿度	96%±2%
	水平气流速度	0.2 m/s±0.05 m/s
	霜沉积量	1.2 g/dm²±0.2 g/dm²(4 h后)

应将每个试板精确分为上、中、下三个部分,再分别测量每一个试板各部分的结冰量。测量时,应小心刮下每个部分的冰层,并用精确度为 0.01 g 的电子天平称量,以测试冰层分布是否均匀。

试板各部分的结冰量应为 5 g/(dm²·h)±0.2 g/(dm²·h),相当于 0.5 mm/h 的平均降水量。在高湿度环境中,4 h 的结冰量为 1.2 g/(dm²·h)±0.2 g/(dm²·h),相当于积霜速度为 0.03 mm/h 的

霜冻。为了检验其重现性，结冰量测试至少应连续进行两次，每次测试结果都应处于所要求范围内。

只有达到上述结冰量时，根据本标准所进行防冰性能测试的环境实验箱才符合要求。

建议定期进行结冰量校准，至少每12个月应校准一次。

A.5 步骤

A.5.1 引言

当满足A.3和A.4所述的试验要求时，即可进行本章所述的喷水和高湿度防冰时间试验。

A.5.2 试板的清洁

试板金属表面应无任何目视可见的污点、油渍等污染。试验前，如果怀疑试板上存在污染物，应先用80℃(176 ℉)的热水清洗，然后用乙醇清洗，再用热水清洗。每次使用溶剂清洗后都应彻底干燥。在两次试验之间，试板应用热水清洗，再进行干燥。

A.5.3 样品的准备

按6.2.1的要求，进行喷水和高湿度防冰试验的原液样品应事先经过剪切。

A.5.4 防冰性能试验

A.5.4.1 喷水防冰性能试验

测试室内的环境条件按下列要求设置：

——空气温度：−5℃±0.5℃(23 ℉±0.9 ℉)；

——试板温度：−5℃±0.5℃(23 ℉±0.9 ℉)；

——试板斜度：10°±0.2°。

待空气及试板的温度达到要求并稳定后，即可向试板上倾倒试液。以表A.4中1号试验条件为例，允许试液在试板上完全润湿5 min，使其完全润湿并达到−5℃(23 ℉)的要求。建议每次试验时应至少留一个不涂任何液体的空白试板，用来测量降水量。每个3 dm^2 的试板所需试液为75 mL，温度为20℃±2℃ (68 ℉±3.6 ℉)。

然后按A.4.4.2的要求喷水，测量从喷水开始到距试板顶部25 mm刻线处出现结冰所需的时间，即喷水防冰保持时间。

停止喷水，然后测量空白试板的结冰量，单位为克每平方分米小时[$g/(dm^2 \cdot h)$]，结冰量是本次试验后，空白试板上冰的总质量，此时，不必按A.4.4.3中所述方法检查冰层分布是否均匀。

A.5.4.2 高湿度防冰性能试验

测试室内的环境条件按下列要求设置：

——空气温度：0℃±0.5℃(32 ℉±0.9 ℉)；

——试板温度：−5℃±0.5℃(23 ℉±0.9 ℉)；

——试板斜度：10°±0.2°；

——相对湿度：96%±2%；

——水平气流速度：0.2 m/s±0.05 m/s。

测试室内不应有任何目视可见的沉积物(如雾、霜、冻雨等)。

当空气温度及试板温度、相对湿度达到要求并稳定后，按A.5.4.1的方法向试板上倾倒试液，但至少应留一个空白试板，以便测量霜沉积速度。通常每个试板需要温度为20℃±2℃ (68 ℉±3.6 ℉)的试液75 mL。

测量从向试板倾倒除冰液到试板顶部25 mm刻线处出现结冰所需要的时间，该时间即为高湿度条件下的防冰保持时间。

记录防冰保持时间，并在试验进行4 h后，按照A.5.4.1的要求，测量空白试板上的结冰总质量。

A.6 结果

A.6.1 试验结果重现性

由于喷水保持时间和高湿度保持时间是动态的，试验结果会有波动。因此宜重复进行防冰试验以检验其结果的重现性。在表A.4给出了两次连续试验的例子及试液的推荐涂抹次序。

表A.4 用六个试板试验时除冰、防冰液的倾倒顺序

试验序号	试板号					
	1	2	3	4	5	6
1	空白[a]	液体	空白	液体	空白	液体
2	液体	空白	液体	空白	液体	空白

[a] 在每次实验中，空白试板用于测量结冰量。

对于相同的除冰、防冰液，喷水试验的两个连续试验过程的结果偏差应在±5%的范围内(或30 min的保持时间允许有±1.5 min的偏差)。对于高湿度的持久试验，同一样品两个连续试验过程结果偏差应在±6%的范围内(或4 h的保持时间允许有±15 min的偏差)。

A.6.2 喷水防冰性能

应用两次单独试验结果计算原液的防冰时间。如果空白试板上结冰量为5 g/(dm^2·h)±0.2 g/(dm^2·h)，则计算出的平均值可作为ISO喷水防冰保持时间。

A.6.3 高湿度防冰性能

应用两次单独试验结果计算原液的高湿度防冰保持时间。如果空白试板上的结冰量4 h以后为1.2 g/(dm^2·h)±0.02 g/(dm^2·h)，则计算出的平均值可作为高湿度防冰保持时间。

A.6.4 试验报告

试验报告至少应包括：

——试验除冰、防冰液的简要说明；

——防冰试验类型和试验日期；

——平均保持时间(分)；

——平均结冰量，对于喷水试验以克每平方分米小时[g/(dm^2·h)]为单位，对于高湿度试验以克每平方分米(g/dm^2)为单位(4 h后测量)。

防冰试验应进行两次，每次的试验结果都应单独报告。

附 录 B
（规范性附录）
航空器地面除冰、防冰液空气动力特性验收标准测试法

B.1 概述

B.1.1 测试目的

对于供在大型喷气式运输机地面使用的除冰、防冰液，本方法建立了对其空气动力吹除性能的要求。该类型的航空器起飞速度通常超过 100 kn～110 kn(185.3 km/h～203.8 km/h)。因此本测试方法的目的在于，当航空器在起飞加速和爬升过程中，除冰、防冰液从航空器的翼面和舵面上吹除时，确保该除冰、防冰液具有可接受的空气动力特性。

B.1.2 除冰、防冰液的验收及设备、场地要求

如果除冰、防冰液按照本标准测试，并且测试结果符合 B.7 的验收要求，则这种航空器地面除冰液的空气动力学吹除性能是符合要求的。

在证明飞机满足 B.7 的验收要求时，如果用到了本测试方法及其结果，则应以书面形式将满足该测试方法要求的设备、相关人员和资源的相关证明提交给除冰、防冰管理部门审核，以保证测试技术以及测试场地和设备能够满足要求。

这些场地和设备的认证间隔期为 5 年，认证时应提供最新数据以证明设备、测试步骤、支持资源和工作人员能够继续提供可靠数据。

为保证除冰、防冰液持续符合本标准，在除冰、防冰液初次测试合格以后，还应根据本标准每隔半年对其原液和稀释液重新测试，试液仍应具有可接受的流动特性。

B.1.3 安全及危害

本标准将涉及到一些有危险性的材料、操作方式及设备，但并没有刻意说明在本标准使用中的任何或全部安全问题。使用者在采用本标准前有责任考虑和制定恰当的安全措施，并在使用前设定适用的控制范围。

B.2 注意事项

航空器地面除冰、防冰液的空气动力特性验收依据是通过试验测得的空气和除冰、防冰液在平板上的 BLDT(边界层位移厚度)，试验时自由流速度随时间的变化规律应与航空器起飞过程中的相一致。通过比较测试液与参比液和干态的 BLDT 来决定测试液是否满足空气动力学要求。对稀释液和未稀释液进行测试的温度范围应与航线上使用温度范围一致。

B.3 缩略语及符号

B.3.1 缩略语

下列缩略语适用于本标准。

BLDT　边界层位移厚度

RH　相对湿度

B.3.2 符号

下列符号适用于本标准。

b　第三站位截面宽度

c　第三站位截面周长

t　时间

S_1　稳定段第一站位截面积

S_2　第二站位测试管截面积

S_3　第三站位测试管截面积

p_1　稳定段第一站位静压

p_2　第二站位静压

p_3　第三站位静压

T_g　气流温度(风)

T_f　测试液温度(除冰、防冰液)

T_t　目标温度

v　进风口平均风速(第二站位)

v_i　静态风速(idle wind velocity)

v_m　最大风速

v_s　起动风速

δ_d^*　干表面的 BLDT 值(第三站位)

δ_f^*　除冰、防冰液覆盖表面的 BLDT 值(第三站位)

$\overline{\delta^*}$　δ_f^* 与 δ_d^* 的周向加权平均值

δ_r^*　参比液的 δ_f^* 值

δ_0^*　0℃时的最大允许 δ_f^* 值

δ_{-20}^*　−20℃时的最大允许 δ_f^* 值

υ　气体的运动黏度

ρ　气体密度

B.4　测试设备的要求

测试应在水平风管中进行，该风管应有如下的几何尺寸、流动性能及仪表。

如果测试结果用于认证除冰、防冰液是依照本标准进行测试并且符合 B.7 要求，则有关测试设备独立于除冰、防冰液生产厂商的证明性文件以及能满足下述要求的证明性文件应提交给除冰、防冰管理部门审核，以表明该测试技术可行，测试设备合格能胜任本测试工作。

上述设备应每隔 5 年重新进行合格验证，验证时应提供能证实测试设备、仪器、程序持续可靠的近期数据。

下述设备用于测量除冰、防冰液的空气动力特性的可吹除性，此外，场地和设备的技术能力还包括按照 B.5.2 要求提供或获取数据的能力，有足够的传感器校验设备以保证精度和准确性要求，有经过培训的人员以有效地按本方法完成试验。

B.4.1　测试风管

B.4.1.1　尺寸

测试风管的尺寸见图 B.1。

B.4.1.2　公差

公差应在下列范围内：

——线性尺寸：≤±2%；

——S_2/S_3：0.927±0.01。

B.4.1.3　设计特征

测试风管的底面呈水平，从第二站位至第三站位顶面向上倾斜 8 mm。风管的表面应平整光滑，以保证在干态(无液体)下在第三站位的 BLDT 应小于或等于 3 mm。试验时应在测试风管底面均匀的铺一层 2 mm 的试液,并在每次吹风完毕后将残留液除去。

B.4.2 测试风管内气流的主要特性

B.4.2.1 测试气体

空气、氮气或其他对整个测试无副作用的气体都可作为测试气体。

B.4.2.2 温度范围

温度范围为 0℃~-25℃或试液能使用的最低温度。

B.4.2.3 温度的稳定性

在气体连续流动大于或等于 60 s 的过程中,温度应稳定在目标值的±2℃范围内,但在每次吹风后的第 27 s 到第 33 s 之间温度偏差应小于或等于±1℃。

B.4.2.4 温度在空间上的均匀性

温度在空间范围内应均匀,其偏差应小于或等于±1℃。

B.4.2.5 风速范围

以 2.6 m/s^2(在第二测试站位测量)的恒定加速度,风速(V)在 25 s±2 s 的时间内应能从 0 或 0.5 m/s增加到 65 m/s±5 m/s,在 30 s 后风速应至少达到 65 m/s±5 m/s 的水平,并且应能保持30 s以上,见图 B.2。在加速前,风速应维持在小于或等于 5 m/s 的水平,并保持至少 5 min。

B.4.2.6 紊流度

紊流度($\Delta U/U_{\infty}$)应小于或等于 0.005。

B.4.2.7 速度在空间上的均匀性

速度在空间上的均匀性要求如下:

——垂直和横向:$\Delta U/U_{\infty} \leqslant \pm 0.005$;

——纵向:$\Delta U \leqslant (-1\ \text{m/s} \pm 0.008 U_{\infty})/\text{m}$。

B.4.2.8 相对湿度

相对湿度应为 70%±30%。

B.4.3 测试设备的热稳定性

B.4.3.1 测试风管

测试风管应绝热或热量只在测试设备和循环气流之间传递,并且能被预冷以保证测试过程中测试风管结构的热平衡。

B.4.3.2 测试环路

绝热环路应能保证测试风管的温度特性符合 B.4.2 的要求。

B.4.4 测试设备的排水

排水口应被设置在测试风管下风口,在低速的区域,便于排走试液以确保试液不回流至测试风管的上风口处。

B.4.5 仪表

B.4.5.1 温度和相对湿度

B.4.5.1.1 测试风管内气体温度

气体温度应在第二站位的上表面下方大约 5 mm 处测量。

B.4.5.1.2 测试除冰、防冰液温度

测试除冰、防冰液温度应在第三站位试液的内部,距测试风管底面以上约 1 mm 处测量。

B.4.5.1.3 温度传感器

温度传感器为一直径为 0.2 mm 的铜-康铜热电偶,其测量空间大约为 0.5 mm^3(热电偶的温度测量范围为-180℃~400℃,灵敏度为±0.1℃,精度为±0.5℃),在测量开始和结束时都应对热电偶进行校验。

B.4.5.1.4 相对湿度

相对湿度用相对湿度计或类似的仪器测量，这种类似仪器应定期用相对湿度计校验。

B.4.5.2 测试风管的气体压力

B.4.5.2.1 总压力(p_1)

根据标准风洞规范，由于位于测试风管上游的稳定段的第一站位处风速较低，可直接测量该处的静压作为测试风管内的气流总压。测压孔的直径为 4 mm，与稳定段侧壁平齐安装。

B.4.5.2.2 进口静压力(p_2)

进口静压力 p_2 的测量位置位于第二站位处的上壁面中心处，测压孔直径为 4 mm，与上壁面平齐安装。

B.4.5.2.3 出口静压力(p_3)

出口静压力 p_3 的测量位置位于第三站位处的上壁面中心处，可避开第二站位处的测温管引起的气流扰动。测压孔直径为 4 mm，与上壁面平齐安装。

B.4.5.2.4 压力传感器

共有两个压力传感器用于测量(p_1-p_2)和(p_2-p_3)这两个压差值。用于测量(p_2-p_3)的传感器的测量范围应至少为 300 Pa，精度为±0.5%；用于测量(p_1-p_2)的传感器的测量范围应至少为 3 000 Pa，精度为±1%。数据的稳定性(随时间变化小于 0.5%)及响应时间(延迟时间小于 0.1 s)应可通过适当的数据滤波及相应的数据平滑技术达到。推荐采用 1 Hz～5 Hz 低通滤波，数据采集频率应至少为滤波器截止频率的两倍。应在测试开始前和测试结束后对压力传感器进行校验，校验应在整个测试范围内进行，用精度为±0.25%的仪器校正测量(p_2-p_3)的传感器；用精度为±0.5%的仪器校正测量(p_1-p_2)的传感器。

B.4.5.3 测试风管的风速及紊流度

B.4.5.3.1 风速

在第二站位测量测试风管内的风速，风速按下式计算：

$$v=\sqrt{\frac{2}{\rho}(p_1-p_2)/\left[1-\left(\frac{s_2}{s_1}\right)^2\right]} \qquad \text{(B.1)}$$

由于可能存在压力泄漏及损失，所以应定期用校验过的空速管探头来验证式(B.1)。

B.4.5.3.2 紊流度

根据普遍认可的风洞规范，紊流度可用热线或热膜传感器或其他方法测量。

B.4.6 测试设备实例

示例设备由一个具有 0.5 m×0.5 m 试验段，并能降温的闭合回路风洞组成，测试风管装在风洞的试验段内。测试风管的进口处装有一个短的收敛性的进口，用以保证获得所要求的最高风速，还有一较长的扩散部分，可避免因尾流影响而造成较大的压力损失。为了提供高品质的流场，风洞的稳定段内装有蜂窝器和或整流网，稳定段与试验段入口的收缩比为 9∶1。一台功率为 36.775 kW(50 hp)的变速风扇电机，其转速由计算机根据实际风速及设定值之间的差异信号进行调节。冷却则由一个位于稳定段上游的热交换器来完成，冷却部分有一个两级的氟里昂—乙二醇冷却环路，由一台功率为 55.162 kW (75 hp)的压缩机驱动，最低温度可达－30℃。在图 B.3 中给出了一个建议设备的草图。

B.5 试液的要求

B.5.1 概述

提交测试的除冰液应为实验性样品或符合本标准的除冰、防冰液商品，生产日期应在测试前 3 个月内，应与进行过冷水喷雾试验(见 A.6.2)及高湿度试验(见 A.6.3)的样品具有相同的批号，但应未经过剪切。每一个状态测试约需 1 L 试液，完成整个测试过程大约需要试液 50 L。对每种除冰、防冰液应进行原液、75∶25 稀释液和 50∶50 的稀释液的测试，稀释过程应由测试机构完成，稀释所用的水应符合

ASTM D1193 的要求。生产厂商在提交测试样品时应注明产品名称或编号、批号及生产日期。

B.5.2 试液的性能参数

空气动力特性测试设备将通过下列试验来检测参比液。

B.5.2.1 黏度

按 ASTM D2196 要求，测量 20℃和 0℃时除冰、防冰液的黏度，然后每下降 10℃测量一次黏度，直至生产厂商规定的最低使用温度。应对原液和所有用于测试的稀释液进行黏度测定。

B.5.2.2 表面张力

按 ASTM D1331 要求，测量未稀释液在 20℃±3℃时的表面张力。

B.5.2.3 折光率

按 ASTM D1747 要求，测量未稀释液在 20℃±3℃时的折光率。

B.5.2.4 pH 值

按 ASTMD E70 要求，测量未稀释液在 20℃±3℃时的 pH 值。

B.6 测试步骤

B.6.1 测试要求

应对试液、符合 MIL-A-8243D 的 I 型参比除冰液、测试风管干状态分别进行 BLDT 的测量。每种除冰、防冰液选定的测试温度应在 0℃～－20℃范围内，如果生产厂商给定的最低使用温度低于－20℃，则每降低大约 10℃进行一次测定，直至生产厂商给定的最低使用温度。每种除冰、防冰液至少测定三个目标温度下的 BLDT（每次测试的三个目标温度不必完全相同）。为提高测试结果的精确度，应在目标温度偏差±3℃以内，测量三次 BLDT。在除冰、防冰液的每个目标温度的 BLDT 测量前和测量后，应立即测量干态测试风管的 BLDT。对每一种液体至少应完成一组共 9 次 BLDT 的测量，而每 36 个 BLDT 中至少应包含 6 次干态 BLDT 值。在 B.6.2 中给出了测量一种除冰、防冰液的一个 BLDT 值(即一轮测试)的步骤。测量干态测试风管的 BLDT 值应确保测试风管中无任何除冰、防冰液并按 B.6.2的规定进行，但需删去与除冰、防冰液有关的步骤。

B.6.2 测试顺序

B.6.2.1 选择目标温度。

B.6.2.2 在测试之前，试液需要一个预冷过程，以便能在测试过程中达到目标温度，但应避免试液部分凝固，以防试液流变性发生不可逆的改变。因此，预冷时试液的温度应随时保持在其凝固点以上约 5℃。试液的预冷却通常分两节进行，首先在冷却室内长期存放，然后一旦将试液涂在测试风管底面上后，应在风洞的自然风速即静态风速(v_i)下让其放置 5 min。

B.6.2.3 预冷测试设备，使测试气体及整个结构在目标温度下达到热稳定状态。通常有效的测试方法是首先从最低测试温度开始进行测试。

B.6.2.4 测量试液的折光率，从而保证试液内部的水分含量在生产厂商给定值的±1%误差范围内。

B.6.2.5 在测试风管底面注入大约 1 L 试液，用校正过的刮板刮成 2 mm 厚的薄膜。薄膜应从第二站位覆盖到第三站位，应将多余的试液刮到第三站位下风口的排污口处，并使除冰、防冰液摊开，避免在测试风管出口处堆积。

B.6.2.6 在测试风管内的气流速度小于或等于 5 m/s 的情况下，确保测试风管、环形管路试液稳定放置 5 min，从而让测试气体及试液的温度接近目标温度。在稳定阶段的最后时间内，测试气体及试液的温度偏差应在±2℃的范围内。测试风管内气体不应引起试液有任何肉眼可见的流动。

B.6.2.7 模拟航空器起飞时风速随时间变化的历程对试液进行吹风试验。

按图 B.2 所示的规律对测试风管内的气流进行加速，同时记录下 t，RH，T_f，T_g，(p_1-p_2)和(p_2-p_3)。

B.6.2.7.1 初始风速(v_s)应在 0～5 m/s 的范围内。

B.6.2.7.2 从 $t=0$ 至 $t=2$ s±2 s 时，风速应增至 v_s；从 $t=2$ s±2 s 至 $t=25$ s±2 s，风速度应从 v_s 增

加至 v_m；从 t=25 s±2 s 至 t=60 s，风速应保持 v_m 不变。

B.6.2.7.3 最大风速(v_m)应为 65 m/s±5 m/s。

B.6.2.8 在 t=60 s 时，应尽快将风速降至 0。

B.6.2.9 测定残留在试板上的除冰、防冰液的水分含量。

B.6.2.10 测试数据的处理见 B.6.4。

B.6.3 测试注意事项

B.6.3.1 安全事项

见 B.1.3 有关安全的说明。

B.6.3.2 霜

如果在测试风管内形成霜，将明显影响测试结果，应予以避免。

B.6.3.3 水分量的变化

在测试之前和测试过程中，试液如果脱水，将明显影响测试结果，应予以避免。所有的试液都应保存在封口良好的容器中，从而避免试液在测试前水分蒸发。测试结束后应立刻按 ASTM D 1797 测量除冰、防冰液的折光率，并将测试结果与测试前的折光率相比较，从折光率—稀释校正曲线算出并报告水分含量的差异。

B.6.3.4 异常 BLDT 数据

应仔细分析所有干态测试的 $\delta_d^*(t)$ 曲线，以判断是否有异常现象，这些异常现象可能由下列原因引起。

B.6.3.4.1 BLDT 值增加

在测试过程的最后 30 s 内 BLDT 随时间增加，而气流速度又保持恒定，可能是霜在测试壁上持续沉积，使测试区内壁变粗糙所致。

B.6.3.4.2 恒定的 BLDT 值

在测试的最后 30 s 内，随着时间的推移，BLDT 值保持不变，但明显比其他干态的测试结果大(大于 20%)，这说明测试区域内壁存在因霜凝结造成的局部粗糙现象或不正常的试液积累现象。如果出现上述不正常现象，则随后的测试结果都应被舍弃，并且以连续的两次反常干状态测试结果为基础的所有湿状态的测试结果将可能重测。但如果一系列的湿态测试处在一个正常的初始干态测试结果和一个不正常的末次干态测试结果之间，则初始几轮的测试结果可能是可接受的，而最后几轮的测试结果可能是有问题的。

判断结果是否可以接受，取决于这些特殊的测试结果的吻合程度和相同的测试液在其他温度下的测试结果。

B.6.4 数据处理

B.6.4.1 测试数据的说明

B.6.4.1.1 期望数据

在 60 s 的测试过程中，需要记录以下数据随时间的变化：v，δ_d^* 与 δ_f^*，T_f 以及 RH，参见图 B.4 的示例。

B.6.4.1.2 期望数据的平均值

给出的具体测试结果应是加速过程最后阶段的平均值，即测试过程中第 27 秒和第 33 秒之间所测得的 BLDT 的平均值和测试液温度的平均值。

B.6.4.2 计算方法

B.6.4.2.1 速度

见 B.4.5.3.1。

B.6.4.2.2 BLDT

测试风管第三站位底面上的 BLDT，应用 (p_1-p_2) 和 (p_2-p_3) 两个压力差来计算，在每一次测试中这两个压力差都是时间的函数。测试风管周界上的平均 BLDT 值，应在第三站位根据质量守恒和伯努利方程得到的式(B.2)计算：

$$\overline{\delta^{\cdot}} = \frac{1}{c}\left[s_3 - s_2\sqrt{\frac{(p_1 - p_2)}{(p_1 - p_2) + (p_2 - p_3)}}\right] \quad \cdots\cdots\cdots\cdots\cdots\cdots (\text{B.2})$$

式中符号所代表的含义见 B.3.2。

如果测试风管的底面没有试液，即测试段四个面都处于同样的干燥状态，则式(B.2)的结果就代表干状态下的 BLDT 值：

$$\delta^{\cdot}_{d} = \overline{\delta^{\cdot}}(\text{没有除冰、防冰液})$$

如果测试风管底面覆盖了一层除冰、防冰液，而上壁面及侧面是干态的，则第三站位各表面的 BLDT 值就不一致，这种情况下，用 $\delta^{\cdot}_{f}$ 来代表底面的 BLDT 值，而其他各面的干态 BLDT 值则用 $\delta^{\cdot}_{d}$ 来代表。前面测得的 $\overline{\delta^{\cdot}}$ 则作为 $\delta^{\cdot}_{d}$ 和 $\delta^{\cdot}_{f}$ 的周向加权平均值，这样可得到下列关系式：

$$\delta^{\cdot}_{f} = \frac{c}{b}\left[\overline{\delta^{\cdot}} - \frac{c-b}{c}\delta^{\cdot}_{d}\right] \quad \cdots\cdots\cdots\cdots\cdots\cdots (\text{B.3})$$

式中符号 b 所代表的含义见 B.3.2。

上述公式用于计算湿表面的 BLDT 值，其中 $\overline{\delta^{\cdot}}$ 是底面有试液时测试风管的周界平均 BLDT 值，$\delta^{\cdot}_{d}$ 是在预先没有涂除冰、防冰液的情况下多次测试得到的“干态”BLDT。更准确的说，这些在干状态下的 $\delta^{\cdot}_{d}$ 用以(通过下列经验公式)确定常数 k：

$$\delta^{\cdot}_{d} = k\left(\frac{v}{\upsilon}\right)^{-1/5} \quad \cdots\cdots\cdots\cdots\cdots\cdots (\text{B.4})$$

式中符号所代表的含义见 B.3.2 。

根据式(B.4)，当由式(B.1)计算出速度 v 后即可算出 $\delta^{\cdot}_{d}$，并通过式(B.3)用于对湿表面的 $\delta^{\cdot}_{f}$ 的计算。

B.6.4.2.3　温度

温度数据由热电偶获得，见 B.4.5.1.1。

B.6.4.2.4　相对湿度(RH)

相对湿度数据由干湿球湿度计测得，见 B.4.5.1.4。

B.6.5　测试偏差与精度

B.6.5.1　精确度的一般要求

整个过程中的测试精度由两次重复性测试得到。在一个给定的精确温度下，$\delta^{\cdot}_{f}$ 的误差为 ±0.1 mm，考虑测试结果的温度敏感性(大约 0.2 mm/℃)，重复实验温度波动范围在 ±1℃ 内的，$\delta^{\cdot}_{f}$ 值变化应在 ±0.3 mm 内。

B.6.5.2　干状态下 BLDT 偏差

由于雷诺数的不同，干状态下的 BLDT 随温度的不同而有所不同，但其值应为 2.5 mm±0.4 mm，BLDT 的理论计算名义值为 2.5 mm，超出的变化(±0.4 mm)与测试设备有关，通常是由于边界层的最初状态所引起的。

B.6.5.3　测试液的 BLDT 偏差

由于不同的试液都用干状态的 BLDT 来计算湿状态的 BLDT 值，所以 $\delta^{\cdot}_{f}$ 的偏移量为 ±0.5 mm。对于一种给定试液，这就确定了不同合格测试设备之间可能的偏差。

B.7　除冰、防冰液的空气动力特性验收标准

B.7.1　试液验收标准

最大的可接受的 $\delta^{\cdot}_{f}$ 值是温度的函数，它基于干状态和参比液的 BLDT 测试值而得出(见 B.6.1)。$\delta^{\cdot}_{-20}$ 和 $\delta^{\cdot}_{0}$ 是 BLDT 值的上限值，可分别按下式计算：

$$\delta'_0 = \delta'_r + 0.71(\delta'_r - \delta'_d)_0 \quad \cdots\cdots (B.5)$$

式中 δ'_d 和 δ'_r 分别是 0℃时干状态的 BLDT 和参比液的 BLDT 值。

$$\delta'_{-20} = \delta'_r - 0.18(\delta'_r - \delta'_d)_{-20} \quad \cdots\cdots (B.6)$$

式中 δ'_d 和 δ'_r 分别是在－20℃时干状态的 BLDT 值和参考液的 BLDT 值。

对于试液的温度低于－20℃的，其最大的 BLDT 等于－20℃时 BLDT 值，对于温度介于 0℃～－20℃之间的试液，其最大的 BLDT 值应在点（－20℃、δ'_{-20}）和点（0℃、δ'_0）之间的一条直线上。

B.7.2　试液验收标准的背景材料

通过在两维和三维的大型喷气式运输机模型上测试使用除冰、防冰液后的升力损失，可得到本标准在执行过程中的相关信息，这些更详细的信息参见波音文献 D6-55573 和随附的参考书目。

B.7.3　试液的验收

如果试液所有的 BLDT 测试值中，只有不到 10％的测试数据超过（大于）B.7.1 中要求的规范值，且每个测试数据不超过规范值的 10％，则这种除冰、防冰液是可接受的。如果发现在某一个温度范围测试样不可接受，则应在 B.9 所述报告中清楚说明。除冰、防冰液生产厂商应通告除冰、防冰液不能使用的温度范围。如果在不可接受的温度范围内使用，应咨询航空器生产厂商。

B.7.4　试液持续验收

为了保证测试液满足本标准，在最初测试后每半年按照本标准要求对原液和稀释液进行一次复测，证明满足空气动力特性的吹除性能要求。

如果试液在其成分或性能上作了一些调整变成一种新的除冰、防冰液，则应重新判定这种新的除冰、防冰液是否符合本标准的要求。

由符合本标准的除冰、防冰液生产厂商授权生产的除冰、防冰液，仍应单独验证，符合本标准。如果能提供资料证明初次试液与获得许可的除冰、防冰液相同，则获得许可的除冰、防冰液满足本标准。

B.8　测试结果

测试结果应包含下列内容。

B.8.1　试液特征参数数据单

数据单中包括 B.5.2 中所规定的性能参数，参见图 B.5。

B.8.2　BLDT 测试汇总表

本表详细记录每种试液 BLDT 值及对应干态的 BLDT 值，参见图 B.6。

B.8.3　测试过程数据

测试过程中相关数据参见图 B.4。

B.8.4　试液的验收数据

以图示形式绘出试液、参比液及干状态下的 BLDT 值，并同时给出 B.7.1 中所述的可接受的规范值，参见图 B.7。

B.8.5　测试液合格的结论

由空气动力特性试验单位出具的有关试液是否满足 B.7 的要求结论。

B.8.6　水分含量的偏差

应报告测试过程中每个试液水分含量变化。如果变化超过±2％，则应予以详细说明。

B.9　测试报告

测试报告应包括下列内容。

B.9.1　试液信息

生产厂商应提供 B.5.1 中所述的产品信息。

B.9.2 空气动力学测试机构信息

B.9.2.1 测试机构的资质申明

根据本标准而进行测试的结果，如果用于证明除冰、防冰液满足本标准 B.7 中所述的要求，应按 B.1.2和 B.4 的规定，在测试报告上注明其测试机构符合本标准的要求，并且取得除冰、防冰管理部门审核认证。

B.9.2.2 测试机构的独立性说明

根据本标准而进行测试的结果，如果用于证明除冰、防冰液满足 B.7 的要求，应按 B.4 的规定，在测试报告上注明空气动力特性测试机构与除冰、防冰液生产厂商是相互独立的。

B.9.2.3 试液代码

生产厂商的产品名称应与测试机构的代码对应。

B.9.2.4 测试结果

测试结果见 B.8。

单位为毫米

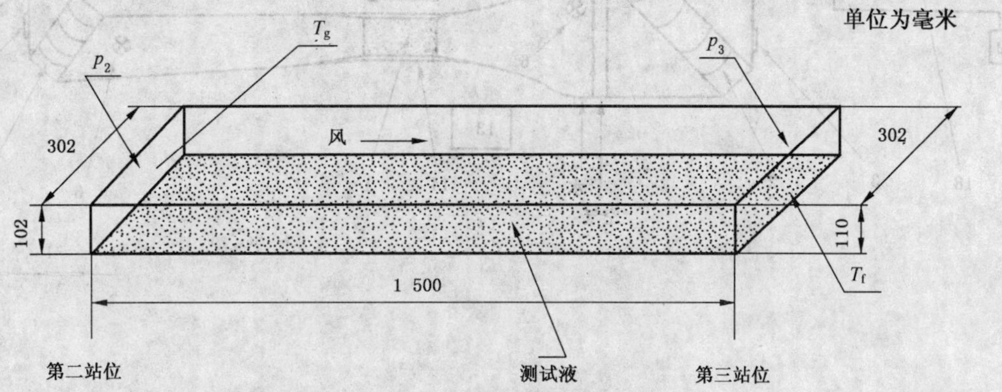

图 B.1 测试风管原理

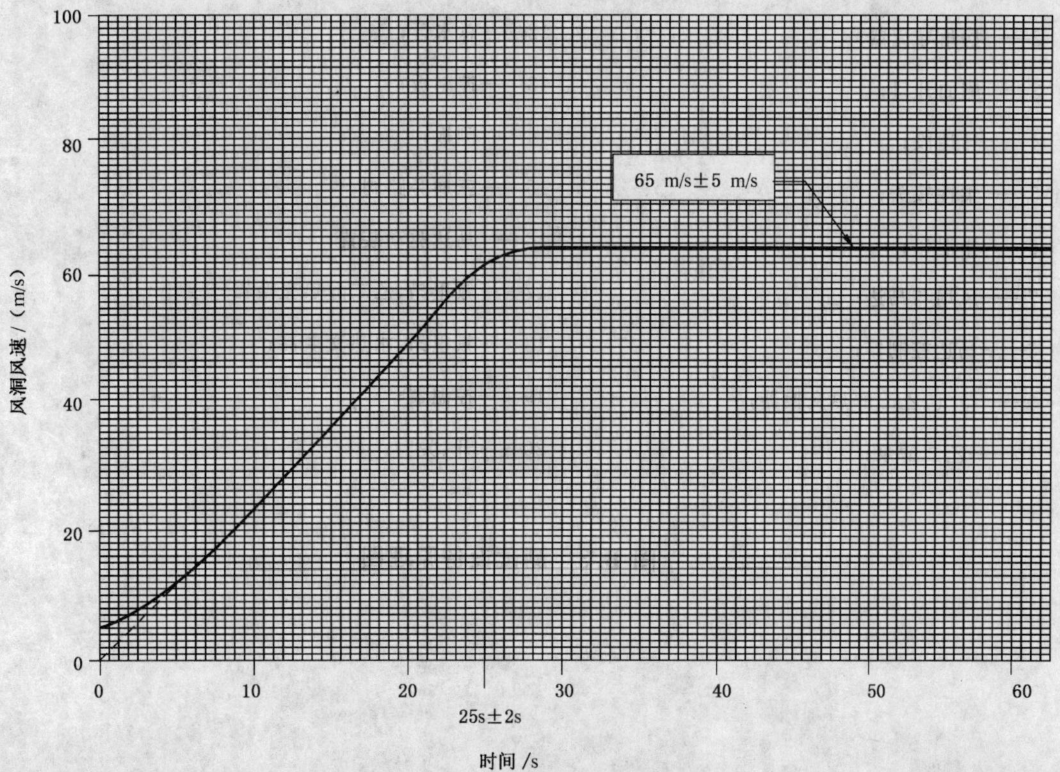

图 B.2 地面起飞加速模型

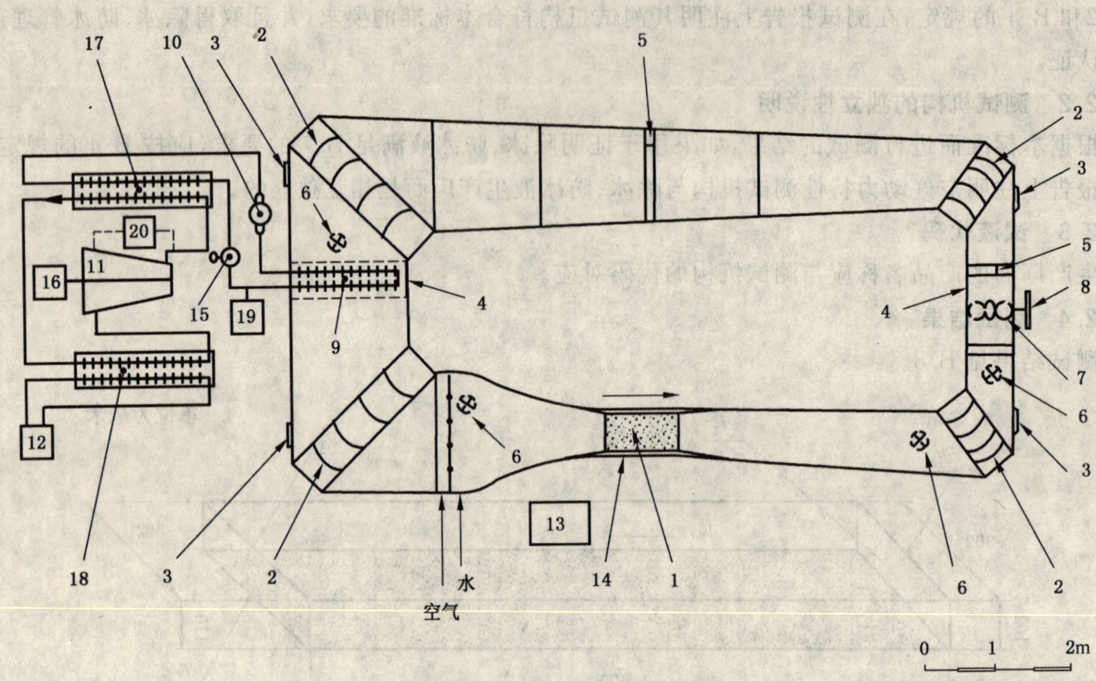

1——试验段、测试风管；

2——拐角导流器；

3——侧面开口；

4——马达段；

5——柔性接头；

6——排泄口；

7——风扇与马达；

8——马达控制器；

9——空气、乙二醇热交换器；

10——乙二醇泵；

11——压缩机(30 t)；

12——总水管；

13——控制板；

14——侧板；

15——三通旁路阀；

16——马达驱动装置；

17——氟里昂、乙二醇热交换器；

18——氟里昂、水热交换器；

19——控温器；

20——开、关。

图 B.3　测试设备原理图

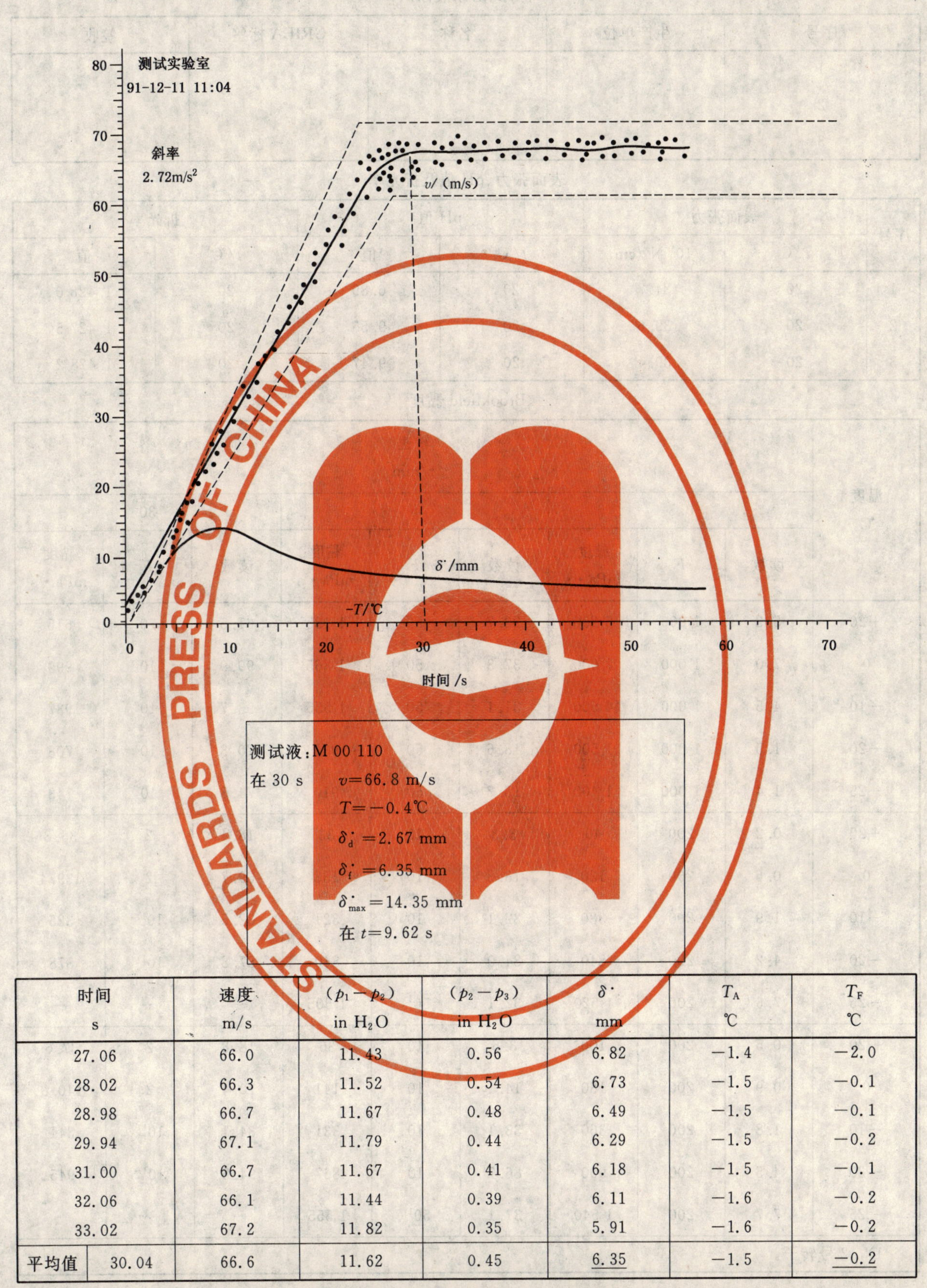

时间 s		速度 m/s	(p_1-p_2) in H_2O	(p_2-p_3) in H_2O	$\delta^{\cdot}$ mm	T_A ℃	T_F ℃
27.06		66.0	11.43	0.56	6.82	−1.4	−2.0
28.02		66.3	11.52	0.54	6.73	−1.5	−0.1
28.98		66.7	11.67	0.48	6.49	−1.5	−0.1
29.94		67.1	11.79	0.44	6.29	−1.5	−0.2
31.00		66.7	11.67	0.41	6.18	−1.5	−0.1
32.06		66.1	11.44	0.39	6.11	−1.6	−0.2
33.02		67.2	11.82	0.35	5.91	−1.6	−0.2
平均值	30.04	66.6	11.62	0.45	6.35	−1.5	−0.2

图 B.4　测试过程中的数据举例

除冰、防冰液标识

序号	生产单位	名称	GRIEA 标签	签收
1				
2				
3				

表面张力、pH 值及折光率

序号	表面张力		pH 值		折光率	
	t/℃	10^5 N /cm	t/℃	值	t/℃	值
1	20	34.7	20	6.89	20	1.428 0
2	20	39.6	20	9.55	20	1.427 5
3	20	39.4	20	9.47	20	1.428 2

Brookfield 黏度

温度 ℃	转速 r/min								
	0.3			6			30		
	读数	F	黏度 mPa·s	读数	F	黏度 mPa·s	读数	F	黏度 mPa·s
+20	5.2	1 000	5 200	23.7	50	1 185	61.5	10	615
0	7.0	1 000	7 000	37.3	50	1 865	99.9	10	999
−10	4.5	1 000	4 500	31.1	50	1 555	93.7	10	937
−20	1.5	1 000	1 500	18.6	50	930	70.8	10	708
−25	1.4	1 000	1 400	18.2	50	910	74.3	10	743
+20	0.2	200	40	3.3	10	33	18.4	2	36.8
0	0.6	200	120	13.8	10	138	69.7	2	139.4
−10	1.9	200	380	32.1	10	321	32.5	10[1)]	325
−20	4.2	200	840	84.0	10	840	87.8	10[1)]	878
−25	7.6	200	1 520	32.1	50[1)]	1 605	—	—	—
+20	0.5	200	100	3.6	10	36	18.8	2	37.6
0	0.9	200	180	14.1	10	141	70.4	2	140.8
−10	1.8	200	360	33.1	10	331	34.1	10[1)]	341
−20	4.5	200	900	86.7	10	867	94.5	10[1)]	945
−25	7.7	200	1 540	31.1	50[1)]	1 555	—	—	—

1) 2 号转子。

图 B.5 测试液性能数据单

空气动力学性能测试数据

	测试代号	t_A ℃	t_F ℃	RH %	30 s时的速度 m/s	δ mm
DRY	FPD-212	0.6		42.9		2.78
A341	FP-424	1.0	0.1	45.0	65.9	8.51
A341	FP-425	2.6	0.1	46.0	65.4	8.52
A341	FP-426	−1.3	−1.7	54.8	65.5	8.60
DRY	FPD-213	−2.2		55.0		2.80
DRY	FPD-214	−9.1		70.5		2.71
A341	FP-427	−11.0	−10.3	67.3	65.8	8.83
A341	FP-428	−10.8	−9.8	65.2	65.2	9.10
A341	FP-429	−11.6	−11.4	66.4	66.7	8.05
A341	FP-439	−10.6	−9.7	63.1	65.9	8.47
A341	FP-440	−10.0	−10.3	65.1	65.7	8.43
DRY	FPD-216	−12.0		64.8		2.75
DRY	FPD-227	−14.4		67.8		2.75
A341	FP-441	−14.7	−12.6	66.7	65.7	9.05
A341	FP-442	−15.7	−13.3	66.5	65.6	9.04
A341	FP-443	−15.9	−14.7	66.8	65.6	9.06
DRY	FPD-228	−17.1		56.2		2.82
DRY	FPD-217	−21.7		60.5		2.75
A341	FP-430	−20.1	−20.1	62.6	65.9	8.94
A341	FP-431	−17.5	−19.0	67.4	65.7	8.88
A341	FP-432	−21.8	−21.1	58.7	65.9	9.21
DRY	FPD-218	−21.8		53.6		2.76
DRY	FPD-222	−26.2		55.2		2.77
A341	FP-433	−26.5	−24.5	53.2	64.7	9.80
A341	FP-434	−24.4	−23.6	58.5	64.9	9.55
A341	FP-435	−26.7	−25.6	54.1	65.3	9.59
DRY	FPD-221	−26.4		50.3		2.78
DRY	FPD-225	−30.0		47.0		2.72
A341	FP-436	−31.4	−29.3	47.8	63.3	10.53
A341	FP-437	−30.4	−28.4	48.8	64.4	10.48
A341	FP-438	−30.7	−29.7	50.4	63.9	10.51
DRY	FPD-223	−31.7		48.7		2.73

图 B.6 测试数据汇总举例

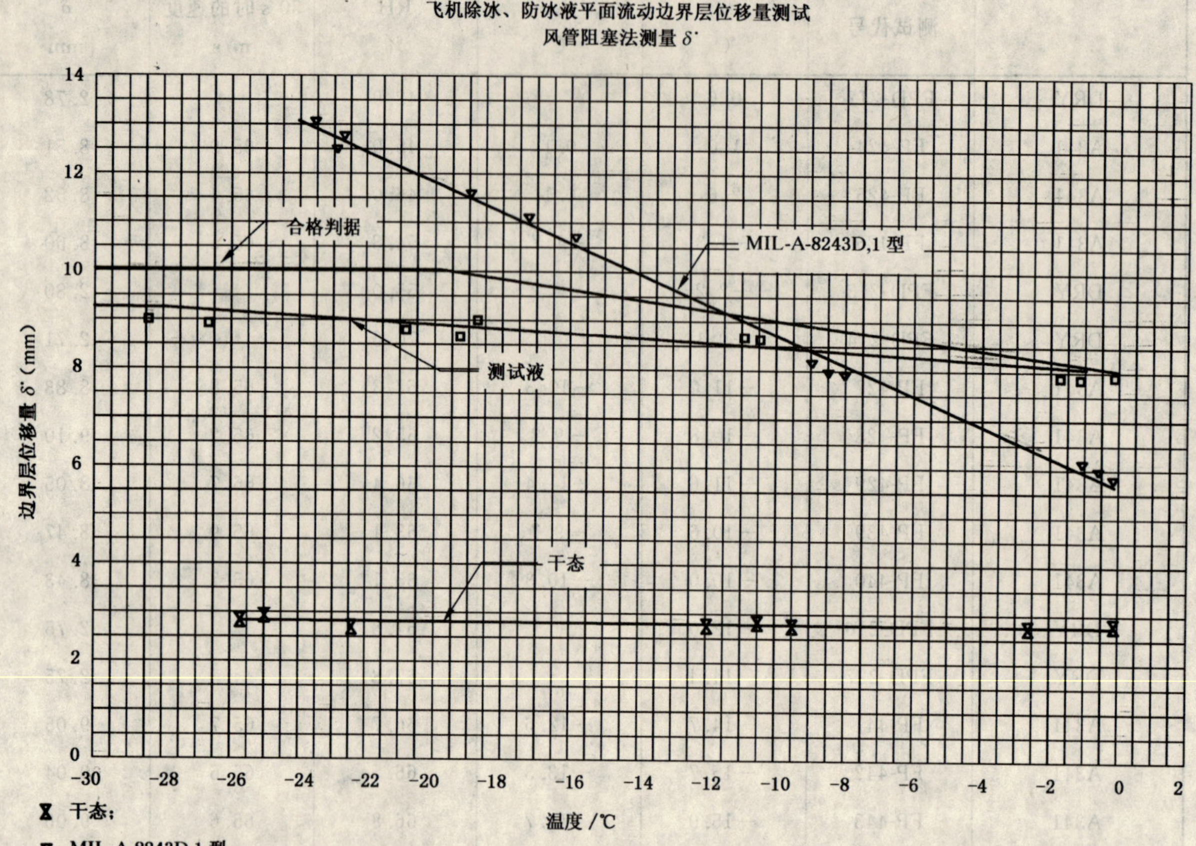

图 B.7 测试结果汇总举例

ICS 55.020
A 83

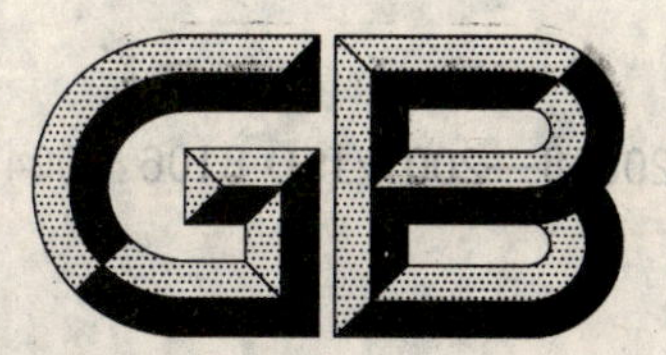

中华人民共和国国家标准

GB/T 20858—2007/ISO 8106:2004

玻璃容器 用重量法测定容量试验方法

Glass containers—Determination of capacity by gravimetric method—Test method

(ISO 8106:2004,IDT)

2007-03-21 发布 2007-09-01 实施

中华人民共和国国家质量监督检验检疫总局
中国国家标准化管理委员会 发布

前言

本标准等同采用ISO 8106:2004《玻璃容器——用重量法测定容量——试验方法》。

玻璃容器的容量大小是一个重要的技术指标，制定测定容量的试验方法有利于玻璃容器的容量统一和对外贸易。

本标准由全国包装标准化技术委员会提出，由全国包装标准化技术委员会玻璃容器分技术委员会归口。

本标准起草单位：北京玻璃陶瓷质量监督检测中心、国家轻工业玻璃产品质量监督检测中心。

本标准主要起草人：贺瑞玲、崔久全、杜玉海、李美英。

玻璃容器　用重量法测定容量试验方法

1　范围

本标准规定了重量法测定玻璃容器的公称容量和满口容量的方法及其容量准确度极限。

本标准适用于盛装食品、酒、饮料、药品、化妆品和化工试剂等玻璃容器的容量测定。

2　规范性引用标准

下列文件中的条款通过本标准的引用而成为本标准的条款。凡是注日期的引用文件，其随后所有的修改单(不包括勘误的内容)或修订版均不适用于本标准，然而，鼓励根据本标准达成协议的各方研究是否可使用这些文件的最新版本。凡是不注日期的引用文件，其最新版本适用于本标准。

GB/T 9987　玻璃瓶罐制造术语

3　术语和定义

GB/T 9987　确立的术语和定义适用于本标准。

4　试验原理

由容器内所灌装的水，根据水温用容积修正系数修正后，计算出玻璃容器的容量。

5　取样

应以预定数目的容器进行试验，这些容器应在其批量产品中具有代表性。

6　试验设备

6.1　通用温度计：最小分度值不大于1℃。

6.2　天平：其准确度见表1的规定。

表1　天平的准确度

容量/mL	准确度/g
≤10	±0.1
10～250	±0.25
250～1 000	±0.5
1 000～5 000	±1.25
>5 000	±5

6.3　触液板：用于广口容器的满口容量测定。

6.4　深度规：用于公称容量测定。

7　试验步骤

7.1　试验温度范围为22℃±5℃。

7.2　使用通用温度计(6.1)测量水温，在整个试验过程中保持水温波动在±1℃以内。

7.3 使用天平(6.2)称量洁净干燥的空容器。容器的温度应为环境温度，在整个试验过程中保持该温度波动在±1℃以内。

7.4 向置于水平平面上的容器中注水。在整个试验过程中，容器的外表面应保持干燥。

7.5 在测定满口容量时，注水至容器内水的液面的顶部与瓶口齐平为止。测定广口容器时，将触液板盖在瓶口上，直到上升的液面刚刚触到触液板(6.3)为止。在触液板的底面上不得聚有气泡。

7.6 在测定公称容量时，注水至灌装面。应将调至规定液面深度的深度规(6.4)垂直居中地插入容器的颈口内。应使用流量控制装置向容器内注水，直到液面的中心与量规的测头刚刚接触为止。

7.7 对灌装后的容器立刻进行称量，称量准确度应符合表1的规定。

8 结果的表示

8.1 近似容量的计算

容器的近似容量应通过灌装过的容器的质量与容器的质量之差值计算出来，用容积表示(水密度近似为1 g/mL)，单位为毫升(mL)。

8.2 实际容量的计算

容器的实际容量应按式(1)计算(单位为mL)：

$$实际容量 = m \times K \quad \cdots\cdots(1)$$

式中：

m——所测得的水的质量，单位为克(g)；

K——在试验温度下的容积修正系数，单位为毫升每克(mL/g)。

表2列出了蒸馏水在实验允许温度范围内的容积修正系数。

表2 在0.1 MPa(1 bar)大气压力下各种温度的蒸馏水的容积修正系数

试验温度/℃	容积修正系数 K/(mL/g)
16	1.001 02
17	1.001 23
18	1.001 41
19	1.001 60
20	1.001 80
21	1.002 01
22	1.002 23
23	1.002 47
24	1.002 71
25	1.002 96
26	1.003 23
27	1.003 50
28	1.003 78

示例(对蒸馏水)：

试验温度＝18℃

水的质量＝500 g

实际容量＝500×1.001 41＝500.71(mL)

由于在实际测试容量时大部分使用的是未经蒸馏的自来水，因此有必要使用修正系数，比如，在测试时要考虑到当地自来水的密度。

9 试验报告

试验报告应包括以下内容：

a） 检测依据；

b） 产品名称、规格；

c） 检测数量；

d） 样品编号；

e） 实测结果；

f） 合格判定。

ICS 55.020
A 83

中华人民共和国国家标准

GB/T 20859—2007/ISO 15119:2000

包装　袋　满装袋摩擦力的测定

Packaging—Sacks—Determination of the friction of filled sacks

(ISO 15119:2000,IDT)

2007-03-21 发布　　2007-09-01 实施

中华人民共和国国家质量监督检验检疫总局
中国国家标准化管理委员会　发布

前　言

本标准等同采用国际标准 ISO 15119:2000《包装——袋——满装袋摩擦力的测定》。

本标准由全国包装标准化技术委员会提出，全国包装标准化技术委员会玻璃容器分技术委员会归口。

本标准主要起草单位：国家包装产品质量监督检验中心（天津）、国家包装产品质量监督检验中心（广州）。

本标准主要起草人：韩雪山、赵煜、卢明、邵忱、王青、袁文广、徐炜峰、杨凯。

ISO 前言

ISO(国际标准化组织)是由各国标准化团体(ISO 成员)组成的世界性联合会。国际标准的制定工作通常由 ISO 技术委员会完成。对某个技术委员会确立的项目感兴趣的任何成员都有权派代表参加该技术委员会。无论是官方的和非官方的国际组织,只要与 ISO 有联系,同样可以参加该项工作。在电工技术标准化方面,ISO 与国际电工委员会(IEC)合作密切。

国际标准是按 ISO/IEC 导则　第 3 部分要求起草的。

技术委员会通过的国际标准草案稿送交各成员投票表决。国际标准需要取得至少 75%参加投票表决的成员团体同意才能正式发布。

必须注意到本国际标准的某些部分可能涉及到专利权的问题,ISO 对任何或所有这些专利权的鉴别将不负任何责任。

国际标准 ISO 15119 是由 ISO/TC 122 包装技术委员会 SC 2 包装袋分技术委员会制定。

引　言

标准规定了三种测定满装袋摩擦力的方法:斜面法、吊摆法和倾板法。

当满装袋在运输和(或)仓储过程中经常采取堆码形式时,确定满装袋能承受的摩擦力非常重要。例如载有满装袋运输托盘集装单元是否需要另外的捆扎。

满装袋的摩擦力不仅受袋材料的影响,还受到袋上的印刷、内装商品的性质和填充量的影响。因此本标准规定的满装袋试验方法是提供给最终用户来使用的。

本标准规定的方法为袋的设计者和使用者提供帮助,依据已知内装物和搬运方式来正确选择袋的种类。该方法为袋的不同设计和填充量的对比提供了依据。采用不同方法得到的结果无可比性。

斜面法用来测定堆码满装袋层与层之间的相互摩擦系数,特别是码放在托盘上的袋。

吊摆法和倾板法适用于测定单个袋子的摩擦力性能。它们同样很重要,例如测试充填工艺。

包装　袋　满装袋摩擦力的测定

1　范围

本标准规定了斜面法、吊摆法和倾板法三种满装袋摩擦力的测定方法。

本标准中的斜面法适用于测定堆码满装袋层与层之间的相互摩擦系数，吊摆法和倾板法适用于测定单个袋子的摩擦力性能。

2　规范性引用文件

下列文件中的条款通过本标准的引用而成为本标准的条款。凡是注日期的引用文件，其随后所有的修改单(不包括勘误的内容)或修订版均不适用于本标准，然而，鼓励根据本标准达成协议的各方研究是否可使用这些文件的最新版本。凡是不注日期的引用文件，其最新版本适用于本标准。

GB/T 4857.2　包装　运输包装件基本试验　第2部分：温湿度调节处理(ISO 2233:2000，MOD)

GB/T 4857.11　包装　运输包装件基本试验　第11部分：水平冲击试验方法(ISO 2244:2000，MOD)

ISO 7023　包装——袋——空袋检验抽样方法

3　试验原理

3.1　斜面法

用一个在斜面上的滚动台车，将满装袋堆码在台车上，使其产生一个预定速度。通过台车与一个垂直冲击面相撞使堆码的袋子停下。

摩擦力是所测量的阻止堆码样品表面产生位移时力的极限值，位移主要发生在上层袋子。

3.2　吊摆法

用吊摆给堆码的满装袋一个预定的水平速度。通过吊摆与一个垂直冲击面相撞使堆码的袋子停下。

根据袋子与阻尼器的位移来确定摩擦系数。

3.3　倾板法

将满装袋堆码在一个可增大水平方向夹角的台板表面，测量最上层袋子开始移动时的角度。这个角度的正切值就是初始的摩擦系数。

4　试验设备

4.1　斜面法

4.1.1　斜面冲击试验机

按 GB/T 4857.11 中的规定，见图1。

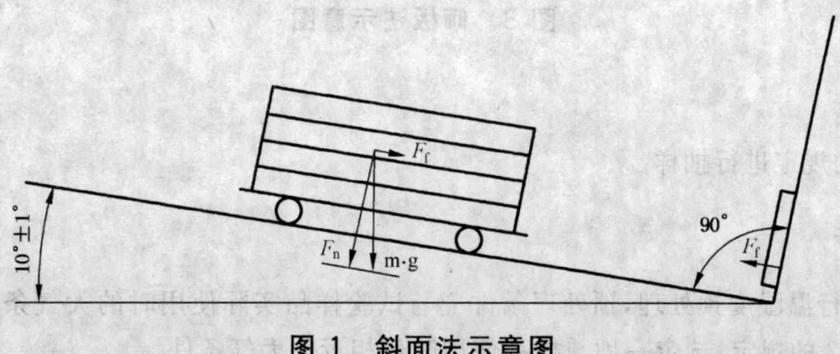

图1　斜面法示意图

4.2 吊摆法

4.2.1 吊摆冲击试验机

按 GB/T 4857.11 中的规定，阻尼器能阻止台板发生二次冲击，见图 2。

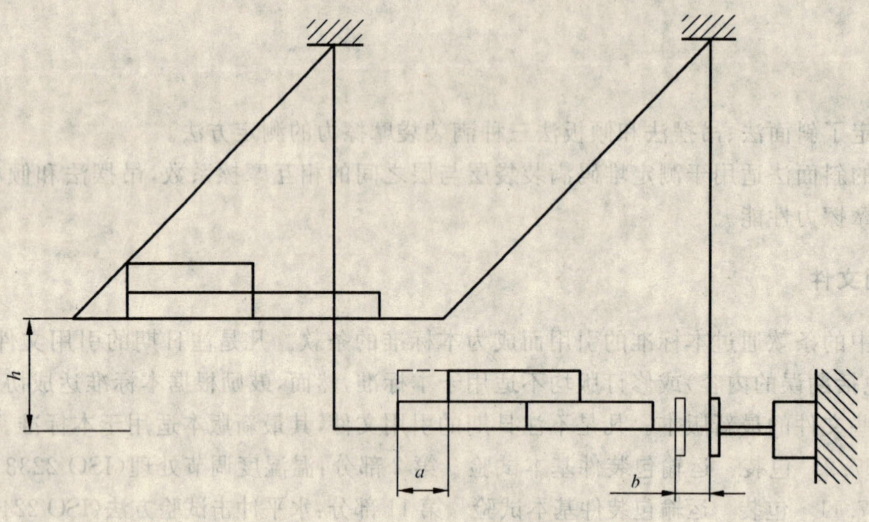

图 2 吊摆法示意图

4.3 倾板法（见图 3）

4.3.1 台板能够通过铰合链接掀起，板面光滑有足够的强度，台板的长和宽应大于满装袋的最长边，在较低的一端安装挡块。

4.3.2 台板可移动并指示角度的装置，精确度为 0.5°。能以 1.5°/s±0.5°/s 的速度平滑地增加台板的倾斜角度，从水平到至少 45°。倾翻台板不能引起台板的振动。

4.3.3 工作台，台板应安放在有一定强度，稳固的工作台上。

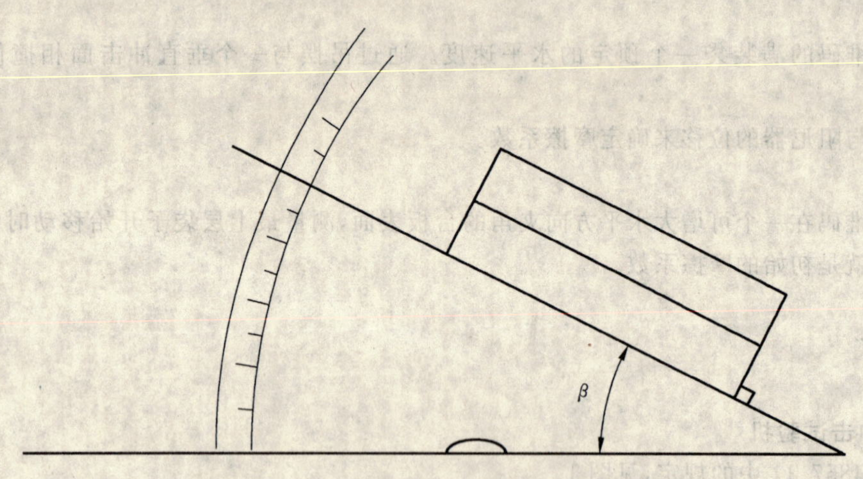

图 3 倾板法示意图

5 抽样

按 ISO 7023 的规定进行抽样。

6 试样预处理条件

对试验样品进行温湿度预处理，预处理条件应与试验样品实际使用时的大气条件相同。如果不可行，按 GB/T 4857.2 的规定，选定一种与样品使用时最相近的大气条件。

7 试验程序

7.1 一般试验条件

试验应在与预处理条件相同的环境下进行。如果达不到预处理条件，应该在试验样品离开预处理条件3分钟内开始试验。

7.2 试验样品填装

用预定的内装和灌装方法将袋装满，并以预定的方式封合。满装袋质量与预定质量的误差不应超过±0.2%。

7.3 试验程序确定

7.3.1 斜面法

将试验样品装在台车上，试样距台车的前沿20 mm～50 mm，使台车首先撞击挡板。若使用托盘，托盘需牢牢地固定在台车上。若试验样品直接放在台车上，在台车上贴上几条双面胶。

选择一个台车的初始位置，冲击前袋子码放位置不发生改变。

释放台车，使其仅仅由于重力下滑。保证在台车冲击之前到挡板之前样品的码放位置不变。

当袋子被码放成漏斗形或者横截于台车时，试验样品容易倒塌。若在试验开始前样品倒塌，需重新码放袋子。

以一个最小的可行增量逐渐增加台车的运行长度，当超过袋子间的内聚力时，确定台车的增值极限值。

用电子的方法在冲击面上测量摩擦力(F_f，见图1)。

7.3.2 吊摆法

将两个或多个满装袋固定在吊摆台板上，这些满装袋应与被测样品相同。将被测袋放在它们的上面，并标记这个袋子的位置。

将台板提升到一个预定的高度(h)并释放(见图2)。使台车撞到阻尼器上并停止，不能回弹。

记录上层袋子的位移(a)和阻尼器活塞的位移(b)。

7.3.3 倾板法

使台板水平，角度仪指示归零。按测试的方向将一个满装袋放在台板上，其一端固定在挡块上，把另一个满装袋放在它的上面。

以4.3.2中规定的速度倾斜台板，当上层的袋子开始运动时停止(见图3)。

记录此时的角度(β)，精确到0.5°。

重复以上程序至少三次以上，并计算三个角度的平均值。

8 计算

8.1 斜面法

按式(1)计算摩擦系数(μ_i)。

$$\mu_i = F_f/(m \times g \times \cos\alpha) \qquad (1)$$

式中：

F_f——测量的冲击力，单位为牛顿(N)；

m——台车和样品的质量，单位为千克(kg)；

g——重力加速度，9.8 m/s^2；

α——台车倾斜的角度，单位为度(°)。

8.2 吊摆法

按式(2)计算摩擦系数(μ_p)。

$$\mu_p = h/(a+b) \qquad (2)$$

式中：

h——吊摆的提升高度，单位为厘米(cm)；

a——样品的位移，单位为厘米(cm)；

b——阻尼器活塞的位移，单位为厘米(cm)。

8.3 倾板法

按式(3)计算摩擦系数(μ_t)。

$$\mu_t = \tan\beta \qquad \cdots\cdots(3)$$

式中：

β——特定堆码组合中上层袋子位置发生改变时的平均角度，单位为度(°)。

9 试验报告

试验报告应包括下列内容：

a) 说明试验系按本标准执行；

b) 试验日期和试验地点；

c) 详细说明试验样品的尺寸、结构和规格。说明影响摩擦力的全部因素，包括：袋的外层材料、印刷、满装袋质量和内装商品名称；

d) 试验环境条件；

e) 使用的试验方法和测定的摩擦系数；

f) 应注明：

——对于斜面法：码放的形式；

——对于吊摆法和倾板法：相对于被固定的袋子，移动袋子的位置；

g) 试验目的(评价设计方案、堆码方法、表面印刷、油墨种类等)。

ICS 55.020
A 83

中华人民共和国国家标准

GB/T 20860—2007/ISO 11897:1999

包装　热塑性软质薄膜袋 折边处撕裂扩展试验方法

Packaging—Sacks made from thermoplastic flexible film—Tear propagation on edge folds

(ISO 11897:1999,IDT)

2007-03-21 发布　　2007-09-01 实施

中华人民共和国国家质量监督检验检疫总局
中国国家标准化管理委员会　发布

ICS 55.020
A 82

中华人民共和国国家标准

GB/T 20860—2007/ISO 11897:1999

包装 热塑性软质薄膜袋 折边处撕裂扩展试验方法

Packaging—Sacks made from thermoplastic flexible film—Tear propagation on edge folds

(ISO 11897:1999, IDT)

2007-03-21发布　　2007-09-01实施

中华人民共和国国家质量监督检验检疫总局
中国国家标准化管理委员会　发布

前言

本标准等同采用国际标准 ISO 11897:1999《包装——热塑性软质薄膜袋——折边处撕裂扩展试验方法》。

本标准的附录 A 为资料性附录。

本标准由全国包装标准化技术委员会提出，由全国包装标准化技术委员会玻璃容器分技术委员会归口。

本标准起草单位：国家包装产品质量监督检验中心（天津）、国家包装产品质量监督检验中心（广州）。

本标准主要起草人：李华、刘波、朱丽萍、冯勇、邵忱、王振华、王青、张卫红。

ISO 前言

ISO(国际标准化组织)是由各国标准化团体(ISO 成员)组成的世界性联合会。国际标准的制定工作通常由 ISO 技术委员会完成。对某个技术委员会确立的项目感兴趣的任何成员都有权派代表参加该技术委员会。无论是官方的和非官方的国际组织,只要与 ISO 有联系,同样可以参加该项工作。在电工技术标准化方面,ISO 与国际电工委员会(IEC)合作密切。

国际标准是按 ISO/IEC 导则　第 3 部分要求起草的。

技术委员会通过的国际标准草案稿送交各成员投票表决。国际标准需要取得至少 75%参加投票表决的成员团体同意才能正式发布。

国际标准 ISO 11897 是由 ISO/TC 122 包装技术委员会 SC 2 包装袋分技术委员会制定。

附录 A 仅供参考。

包装　热塑性软质薄膜袋
折边处撕裂扩展试验方法

1　范围

本标准规定了热塑性软质薄膜袋在给定条件下的折边处撕裂扩展力的试验方法。

本标准适用于检测热塑性软质薄膜折边处的剩余强度。

2　规范性引用文件

下列文件中的条款通过本标准的引用而成为本标准的条款。凡是注日期的引用文件,其随后所有的修改单(不包括勘误的内容)或修订版均不适用于本标准,然而,鼓励根据本标准达成协议的各方研究是否可使用这些文件的最新版本。凡是不注日期的引用文件,其最新版本适用于本标准。

GB/T 1040.3　塑料　拉伸性能的测定　第3部分:薄膜和薄片的测试条件

GB/T 4857.2　包装　运输包装件基本试验　第2部分:温湿度调节处理(ISO 2233:2000,MOD)

GB/T 6672　塑料薄膜和薄片厚度测定　机械测量法(idt ISO 4593:1993)

3　术语和定义

下列术语和定义适用于本标准。

3.1

撕裂扩展力　resistance to tear propagation

带有切口和穿孔的梯形试样抵抗撕裂扩展的力。

3.2

剩余强度　residual resistance

薄膜折边处的撕裂扩展力和非折边处的撕裂扩展力之比,以百分数表示。

4　试验样品

4.1　取样和试验样品的准备

试样如图1所示,从被测薄膜或塑料袋上采取。折边试样应包含折叠边,切口应与折边重合;非折边试样应直接挨着折边,在样袋的两边裁取,切口平行于折边。

用刀切或者冲切试样,边缘光滑无毛刺。建议使用如附录A所示的模板裁切和标划试样。

使用不影响材料性能的墨水或其他中性介质标划试样,如图1所示。

单位为毫米

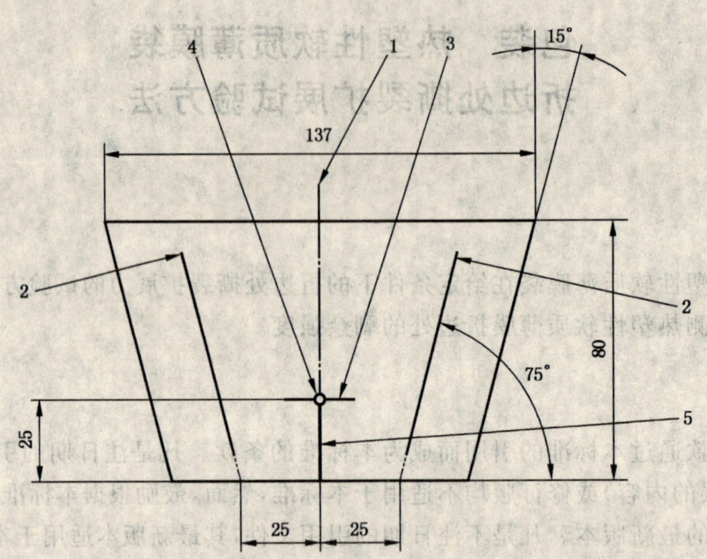

1——折叠边；

2——夹具夹持标线；

3——穿孔标线；

4——穿孔；

5——切口。

注：切口内端的横向标记便于试样穿孔的定位。

图 1 用于折边撕裂扩展力试验的试样

4.2 试验样品数量

若可能，采取五个折边试样和五个非折边试样。

5 试验设备

5.1 拉伸试验机

按 GB/T 1040.3 的规定，夹具应能够按照标线夹持试样，夹具宽度为 100 mm。

5.2 厚度测试仪

厚度测试仪应符合 GB/T 6672 的规定。

6 试验环境条件

在 GB/T 4857.2 规定的条件 23℃±2℃，相对湿度 50%±2%下进行试验。

7 试验程序

7.1 按第 6 章的规定，对试样进行 24 h 的预处理。

7.2 按照 GB/T 6672 规定的方法测量试样的厚度，测量点应在折边的两侧，靠近切口的位置。

7.3 将试样固定在拉伸试验机的上下夹具上。试样上的标线应尽可能与夹具边缘重合。开始拉伸试验，以 100 mm/min±10 mm/min 的速度进行拉力试验。观察并记录得到的最大值。

8 评定

用每次测试的最大力值计算算术平均值，折叠薄膜和非折叠薄膜的测试结果要分别计算。以两个平均值的比率计算剩余强度[见式(1)]。

$$R = F_{fold}/F_{film} \times 100\% \qquad (1)$$

式中：

R——剩余强度，%；

F_{fold}——薄膜折边处的撕裂扩展力，单位为牛顿(N)；

F_{film}——薄膜非折边处的撕裂扩展力，单位为牛顿(N)。

9 试验报告

试验报告应包括下列内容：

a) 说明试验系按本标准执行；

b) 被测管状薄膜或塑料袋的自然状态和标志；

c) 管状薄膜或塑料袋的生产日期；

d) 试样数量；

e) 试样预处理时间和实验室环境条件；

f) 试样厚度；

g) 折边处试样的撕裂扩展力值；

h) 非折边处试样的撕裂扩展力值；

i) 剩余强度；

j) 试样测试过程中的任何非正常现象，例如撕裂的扩展和破裂的方式；

k) 任何与本标准不同的情况；

l) 试验日期。

附　录　A
（资料性附录）
试样制备模板

单位为毫米

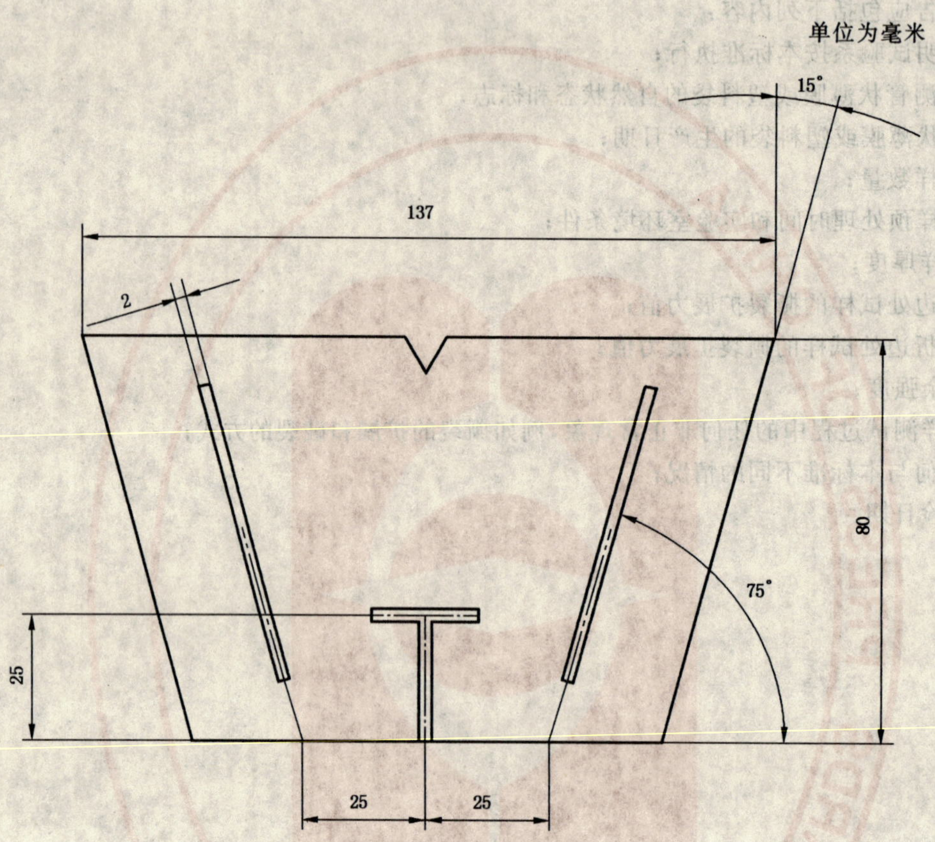

图 A.1　2 mm～3 mm 厚铜质制样模板

ICS 13.030.01
Z 04

中华人民共和国国家标准

GB/T 20861—2007

废弃产品回收利用术语

Terminology of waste product recovery

2007-03-21 发布　　2007-09-01 实施

中华人民共和国国家质量监督检验检疫总局
中国国家标准化管理委员会　发布

前 言

本标准由中国标准化研究院提出并归口。

本标准起草单位:中国标准化研究院、中国家用电器研究院、中国环境科学研究院、中国旧货业协会、北京工业大学、中国人民大学、中国家用电器协会、中国物资再生协会。

本标准主要起草人:林翎、李爱仙、张友良、周仲凡、覃业竣、李红旗、李江华、刘福中、高延莉、陈妙农、高东峰。

废弃产品回收利用术语

1 范围

本标准规定了废弃产品回收利用的基本术语。

本标准适用于废弃产品回收利用的管理、技术研究、开发、经营、标准制定等工作，其他相关工作中也可参考使用。

2 术语和定义

下列术语和定义适用于本标准。

2.1

废弃产品　waste product

产品的拥有者不再使用且已经丢弃或放弃的产品，以及在生产、运输、销售、使用过程中产生的不合格产品、报废产品和过期产品等。

2.2

二手产品　second hand product

具有部分或全部原有使用价值，转手他人，可再使用的产品。

2.3

防治　prevention and control

为减少**废弃产品**(2.1)的数量和毒性，以及降低对环境和人类健康危害所采取的措施。

2.4

收集　collection

废弃产品(2.1)的聚集、分类和整理的过程。

2.5

贮存　storage

在符合相关要求的场所暂时性存放**废弃产品**(2.1)的活动。

2.6

拆解　disassembly

通过人工或机械方式将废弃产品进行拆卸、解体，以便于**处理**(2.7)的活动。

2.7

处理　treatment

对废弃产品进行除污、拆解、破碎等进行的任何活动。

2.8

处置　disposal

采用焚烧、填埋或其他改变废弃产品的物理、化学、生物特性的方法，达到减量化或者消除其危险或危害成分的活动，或者将废弃产品最终置于符合环境保护规定要求的场所或者设施的活动。

2.9

再使用　reuse

废弃产品(2.1)或其中的元器件、零部件继续使用或经清理、维修后继续用于原来用途的行为。

2.10

再生利用　recycling

对**废弃产品**(2.1)进行**处理**(2.7),使之能够作为原材料重新利用的过程,但不包括对能量的回收和利用。

2.11

回收利用　recovery

对**废弃产品**(2.1)进行**处理**(2.7),使之能够满足其原来的使用要求或用于其他用途的过程,包括对能量的回收和利用。

2.12

收集率　collection rate

收集的**废弃产品**(2.1)的数量或质量与所生产的数量或质量的百分比。

2.13

再生利用率　recycling rate

废弃产品(2.1)中能够被**再使用**(2.9)部分与**再生利用**(2.10)部分的质量之和(不包括**能量回收**(2.19)部分)与已回收的**废弃产品**(2.1)的质量之比。

2.14

回收利用率　recovery rate

废弃产品(2.1)中能够被**回收利用**(2.11)部分(包括**再使用**(2.9)部分、**再生利用**(2.10)部分和**能量回收**(2.19)部分)的质量之和与已回收的废弃产品的质量之比。

2.15

可再生利用率　recyclability rate

新产品中能够被**再使用**(2.9)部分与**再生利用**(2.10)部分的质量之和(不包括**能量回收**(2.19)部分)占新产品质量的百分比。

2.16

可回收利用率　recoverability rate

新产品中能够被**回收利用**(2.11)部分(包括**再使用**(2.9)部分、**再生利用**(2.10)部分和**能量回收**(2.19)部分)的质量之和占新产品质量的百分比。

2.17

可再生材料　recyclable material

经过加工处理可使其重新获得使用价值的各种原材料。

2.18

再生材料　recycled material

对失去原使用价值的材料经过加工处理产生的重新获得使用价值的材料。

2.19

能量回收　energy recovery

通过焚烧、热解等方式处理废弃产品,以回收能量的过程。

中文索引

中文名称 序号

英文索引

英文名称 序号

ICS 13.030.50
Z 04

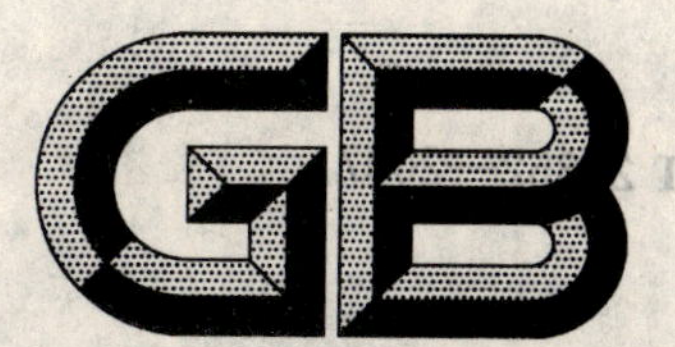

中华人民共和国国家标准

GB/T 20862—2007

产品可回收利用率计算方法导则

Directives of the calculation method for recoverability rate of products

2007-03-21 发布　　2007-09-01 实施

中华人民共和国国家质量监督检验检疫总局
中国国家标准化管理委员会　发布

前　言

本标准由国家发展和改革委员会资源节约和环境保护司提出。

本标准由全国能源基础与管理标准化技术委员会归口。

本标准起草单位：中国标准化研究院、中国家用电器研究院、中国轮胎翻修利用协会、清华大学环境科学与工程系、中国物资再生协会、中国机动车辆安全鉴定检测中心、西门子公司。

本标准主要起草人：刘玫、张友良、庞澍华、李金惠、高延莉、罗健夫、吴涤、林翎。

产品可回收利用率计算方法导则

1 范围

本标准规定了用于计算新生产产品的可回收利用率的术语和定义、编制原则、计算方法。

本标准适用于新生产的产品可回收利用率计算方法的制定。

2 规范性引用文件

下列文件中的条款通过本标准的引用而成为本标准的条款。凡是注日期的引用文件，其随后所有的修改单(不包括勘误的内容)或修订版均不适用于本标准，然而，鼓励根据本标准达成协议的各方研究是否可使用这些文件的最新版本。凡是不注日期的引用文件，其最新版本适用于本标准。

GB/T 4754—2002 国民经济行业分类

GB/T 7635.1—2002 全国主要产品分类与代码 第1部分：可运输产品

3 术语和定义

下列术语和定义适用于本标准。

3.1

回收利用 recovery

对废弃产品进行处理，使之能够满足其原来的使用要求或用于其他用途的过程，包括对能量的回收和利用。

3.2

可回收利用率 recoverability rate

新产品中能够被回收利用部分(包括再使用部分、再生利用部分和能量回收部分)的质量之和占新产品质量的百分比。

3.3

再使用 reuse

废弃产品或其中的元器件、零部件继续使用或经清理、维修后直接用于原来用途的行为。

3.4

再生利用 recycling

对废弃产品进行处理，使之能够作为原材料重新利用的过程，但不包括对能量的回收和利用。

3.5

能量回收 energy recovery

通过焚烧、热解等方式处理废弃产品，以回收能量的过程。

4 编制原则

4.1 对工业生产行业的确定应按照 GB/T 4754—2002 的要求。

4.2 对产品类别的确定应按照 GB/T 7635.1—2002 的要求。

4.3 采用以质量为统一单位的计算方法。

4.4 零部件和(或)材料的回收利用应考虑安全、环保、技术和经济方面的可行性。

4.5 产品可回收利用率计算方法中应包括能够被回收利用的零部件和(或)材料的质量。

5 计算方法

5.1 按照可回收利用的零部件和(或)材料进行计算的产品可回收利用率

$$R_{cov}=\frac{\sum_{i=1}^{n}m_i}{M}\times 100\% \qquad \cdots\cdots(1)$$

式中：

R_{cov}——可回收利用率，(%)；

m_i——第 i 种可回收利用的零部件和(或)材料的质量，单位为千克(kg)；

n——可回收利用的零部件和(或)材料的类别总数；

M——产品总质量，单位为千克(kg)。

5.2 按照回收利用阶段进行计算的产品可回收利用率

$$R_{cov}=\frac{\sum_{j=1}^{n}m_j}{M}\times 100\% \qquad \cdots\cdots(2)$$

式中：

R_{cov}——可回收利用率，(%)；

m_j——第 j 个回收利用阶段可回收利用零部件和(或)材料的质量，单位为千克(kg)；

n——回收利用阶段总数；

M——产品总质量，单位为千克(kg)。

5.3 各回收利用阶段的产品可回收利用率

$$R_k=\frac{m_k}{m}\times 100\% \qquad \cdots\cdots(3)$$

式中：

R_k——第 k 个回收利用阶段的可回收利用率，(%)；

m_k——第 k 个回收利用阶段可回收利用的零部件和(或)材料的质量，单位为千克(kg)；

m——第 k 个回收利用阶段的产品质量，单位为千克(kg)。

ICS 53.020.20
J 80

中华人民共和国国家标准

GB/T 20863.1—2007/ISO 4301-1:1986

起重机械　分级　第1部分：总则

Cranes—Classification—Part 1:General

(ISO 4301-1:1986,Cranes and lifting appliances—Classification—Part 1:General,IDT)

2007-03-21 发布　　2007-08-01 实施

中华人民共和国国家质量监督检验检疫总局
中国国家标准化管理委员会　发布

前　言

GB/T 20863《起重机械　分级》分为5个部分：

——第1部分：总则

——第2部分：流动式起重机

——第3部分：塔式起重机

——第4部分：臂架起重机

——第5部分：桥式和门式起重机

本部分为GB/T 20863《起重机械　分级》的第1部分。

本部分等同采用ISO 4301-1:1986《起重机和起重机械　分级　第1部分：总则》(英文版)。

本部分等同翻译ISO 4301-1:1986。

为便于使用，本部分还做了下列编辑性修改：

——"ISO 4301的本部分"一词改为"GB/T 20863的本部分"；

——用小数点"."代替作为小数点的逗号","；

——删除ISO 4301-1:1986前言，对ISO 4301-1:1986的引言做了编辑性修改；

——删去国际标准原文2.2中的"列有相应数据的载荷谱估算表将在以后的国际标准中给出"，因所提到的载荷谱估算表至今未见有正式国际标准提出，在本部分中提及无实际意义且不影响本部分的技术内容；

——删去国际标准原文3.3和4.4中的"利用工作级别设计特殊类型起重机械将在以后的国际标准中涉及"和"利用工作级别设计特殊类型的机构将在以后的国际标准中涉及"，原因同上条。

本部分由中国机械工业联合会提出。

本部分由全国起重机械标准化技术委员会(SAC/TC 227)归口。

本部分起草单位：北京起重运输机械研究所，大连重工·起重集团有限公司。

本部分主要起草人：何铀。

本部分为首次发布。

引　言

起重机通过起升和移动质量在额定起重量以下的载荷进行物料搬运作业。然而它们的工作任务差别很大。它们可以是单一型式的起重机，例如桥式起重机；也可以是介于两种型式之间的起重机，例如建筑塔式起重机和重型岸边起重机之间型式的起重机。为了达到相应的安全级别和买方要求的使用寿命，起重机的设计必须考虑其工作条件。分级是为起重机结构设计和机械设计提供理论基础的一种方法。也可作为制造商和用户确定某台特定起重机能否胜任所需工作任务的参考依据。

本部分定义的分级与起重机类型和驱动方式无关。在本标准的其他部分将分别确定不同类型起重机械（例如：流动式起重机、塔式起重机、臂架起重机、桥式和门式起重机等）的工作级别划分。

起重机械　分级　第1部分:总则

1　范围

GB/T 20863 的本部分根据起重机在设计预期寿命期间应完成的工作循环数和代表名义载荷状态的载荷谱系数规定了起重机的通用分级方法。

GB/T 20863 本部分的应力计算方法或试验方法只适用于本标准各部分所涉及的起重机类型。

2　分级的用途

分级有两种实际用途,它们虽然相关,但具有不同的目的。

2.1　起重机整机的分级

分级的第一个目的是起重机制造商和用户之间有必要对起重机的工作制度达成协议,这种由双方商定的分级即为起重机整机的分级。它可作为合同和技术方面的参考,不作为设计应用。此种分级的方法由第 3 章给出。

2.2　用于设计的分级

分级的第二个目的是为起重机设计提供依据,确定设计计算方法并验证起重机在给定的使用条件下是否达到其预期寿命。设计者作为起重机专业技术人员,应将用户或制造商提供的载荷谱系数估算值(例如在设计系列起重设备的情况下),与作为分析基础的各种假设和所有影响零部件组合的各种因素综合考虑。

3　起重机整机的工作级别

确定起重机工作级别应考虑的两个因素是使用等级和载荷状态。

3.1　使用等级

用户要求起重机在使用寿命期内有一定的工作循环数,该工作循环数是分级的基本参数之一。对起重机械的某些特定作业,例如用抓斗卸散料,工作循环数可方便地从已知工作总时数和每小时工作循环数得出。在其他情况下,例如流动式起重机,因为起重机有多种不同的工作任务,工作循环数不易确定,因此有必要根据经验估算适用值。总工作循环数是起重机械在规定使用寿命期间所有工作循环数的总和。

合理地确定起重机的使用寿命要考虑经济、技术和环境及设备老化等因素的影响。

可能的总工作循环数与起重机使用频繁程度有关。为方便起见,把总工作循环数分成 10 个使用等级,见表 1。为了进行分级,把一个工作循环看作起重机开始起吊载荷到进行下一次起吊载荷为止的整个作业过程。

表 1　起重机的使用等级

使用等级	最大工作循环数	起重机使用频繁程度
U_0	1.60×10^4	很少使用
U_1	3.20×10^4	
U_2	6.30×10^4	
U_3	1.25×10^5	
U_4	2.50×10^5	不频繁使用
U_5	5.00×10^5	中等频繁使用

表 1（续）

使用等级	最大工作循环数	起重机使用频繁程度
U_6	1.00×10^6	较频繁使用
U_7 U_8 U_9	2.00×10^6 4.00×10^6 $>4.00\times10^6$	频繁使用

3.2 载荷状态

分级的第二个基本参数是起重机载荷状态，它与一个特定值的载荷的作用次数和起重机的额定载荷值有关。表 2 列出了 4 个载荷谱系数(K_P)的名义值，每个系数名义值代表一个相应的载荷状态。

当无法获得起重机在设计预期寿命期间准确的载荷起升次数和载荷质量等数据时，制造商和用户应就选择适当的名义载荷状态协商一致。

在已知起重机设计预期寿命期内起升载荷的质量和起吊次数等准确数据的情况下，起重机整机的载荷谱系数 K_P 可采用式(1)计算：

$$K_P=\sum\left[\frac{C_i}{C_T}\left(\frac{P_i}{P_{max}}\right)^m\right] \qquad \cdots\cdots(1)$$

式中：

C_i——与起重机各个起升载荷相对应的平均工作循环数，$C_i=C_1,C_2,C_3,\cdots,C_n$；

C_T——对应所有起升载荷的起重机总工作循环数，$C_T=\Sigma C_i=C_1+C_2+C_3+\cdots+C_n$；

P_i——表征起重机工作任务特性的各个载荷值(载荷级别)，$P_i=P_1,P_2,P_3,\cdots,P_n$；

P_{max}——起重机的最大工作载荷(额定起升载荷)；

$m=3$。

展开后，式(1)变为式(2)：

$$K_P=\frac{C_1}{C_T}\left(\frac{P_1}{P_{max}}\right)^3+\frac{C_2}{C_T}\left(\frac{P_2}{P_{max}}\right)^3+\frac{C_3}{C_T}\left(\frac{P_3}{P_{max}}\right)^3+\cdots+\frac{C_n}{C_T}\left(\frac{P_n}{P_{max}}\right)^3 \qquad \cdots\cdots(2)$$

然后将计算得出的起重机载荷谱系数与表 2 中的名义载荷谱系数值 K_P 对比，选取最接近(或不小于)的 K_P 值确定起重机的名义载荷谱系数。

表 2　起重机的载荷状态及载荷谱系数 K_P

载荷状态	名义载荷谱系数 K_P	说　明
Q1—轻	0.125	极少吊运安全工作载荷，经常吊运较轻载荷
Q2—中	0.25	较少吊运安全工作载荷，经常吊运中等载荷
Q3—重	0.50	较多吊运安全工作载荷，经常吊运较重载荷
Q4—特重	1.00	经常吊运接近安全工作载荷的载荷

3.3 起重机整机的工作级别

表 1 确定了起重机的使用等级，表 2 确定了起重机的载荷状态，起重机工作级别按表 3 确定。

表 3　起重机整机工作级别

载荷状态	名义载荷谱系数 K_P	使用等级									
		U_0	U_1	U_2	U_3	U_4	U_5	U_6	U_7	U_8	U_9
Q1—轻	0.125			A1	A2	A3	A4	A5	A6	A7	A8
Q2—中	0.25		A1	A2	A3	A4	A5	A6	A7	A8	
Q3—重	0.50	A1	A2	A3	A4	A5	A6	A7	A8		
Q4—特重	1.00	A2	A3	A4	A5	A6	A7	A8			

4 起重机机构的分级

4.1 机构的使用等级

机构的使用等级以总使用时间(小时数)为标志,分为 10 个等级见表 4。

最大总使用时间可根据平均日使用时间(小时数),年工作日和预期工作年限推算。

为此,只有当机构运转时才认为其在使用中。

表 4 机构使用等级

使用等级	总使用时间/h	机构运转频繁程度
T_0	200	很少使用
T_1	400	
T_2	800	
T_3	1 600	
T_4	3 200	不频繁使用
T_5	6 300	中等频繁使用
T_6	12 500	较频繁使用
T_7	25 000	频繁使用
T_8	50 000	
T_9	100 000	

第 2 栏中的总使用时间只应作为理论上约定的时间,它是机构零件(例如滚珠轴承、齿轮和各种轴)的设计依据。但在任何情况下,都不能将其视为机构的工作寿命保证期。

4.2 机构的载荷状态

机构的载荷状态表明机构承受载荷的轻重程度。表 5 给出了 4 种名义载荷状态。

机构的载荷谱系数 K_m 按式(3)计算:

$$K_m = \sum\left[\frac{t_i}{t_T}\left(\frac{P_i}{P_{max}}\right)^m\right] \qquad \cdots\cdots(3)$$

式中:

t_i——机构承受不同等级载荷的平均使用时间,$t_i = t_1, t_2, t_3, \cdots, t_n$;

t_T——机构承受所有等级载荷作用的时间总和,$t_T = \Sigma_{t_i} = t_1 + t_2 + t_3 + \cdots + t_n$;

P_i——表征机构在不同工作特征下所承受的各个载荷值(载荷级别),$P_i = P_1, P_2, P_3, \cdots, P_n$;

P_{max}——机构承受的最大载荷值;

$m=3$。

展开式(3)后变为式(4):

$$K_m = \frac{t_1}{t_T}\left(\frac{P_1}{P_{max}}\right)^3 + \frac{t_2}{t_T}\left(\frac{P_2}{P_{max}}\right)^3 + \frac{t_3}{t_T}\left(\frac{P_3}{P_{max}}\right)^3 + \cdots + \frac{t_n}{t_T}\left(\frac{P_n}{P_{max}}\right)^3 \qquad \cdots\cdots(4)$$

然后将计算得出的机构载荷谱系数与表 5 中的名义载荷谱系数值 K_m 对比,选取最接近(或不小于)的 K_m 值确定机构的名义载荷谱系数。

表 5 机构的名义载荷谱系数 K_m

载荷状态	名义载荷谱系数 K_m	说　明
L1—轻	0.125	机构很少承受最大载荷,一般承受较轻载荷
L2—中	0.25	机构较少承受最大载荷,一般承受中等载荷
L3—重	0.50	机构较多承受最大载荷,一般承受较大载荷
L4—特重	1.00	机构经常承受最大载荷

4.3 机构的工作级别

确定了机构的使用等级和载荷状态后，机构的工作级别可根据表 6 确定。

表 6 机构的工作级别

载荷状态	名义载荷谱系数 K_m	使用等级									
		T_0	T_1	T_2	T_3	T_4	T_5	T_6	T_7	T_8	T_9
L1—轻	0.125			M1	M2	M3	M4	M5	M6	M7	M8
L2—中	0.25		M1	M2	M3	M4	M5	M6	M7	M8	
L3—重	0.50	M1	M2	M3	M4	M5	M6	M7	M8		
L4—特重	1.00	M2	M3	M4	M5	M6	M7	M8			

ICS 53.020.20
J 80

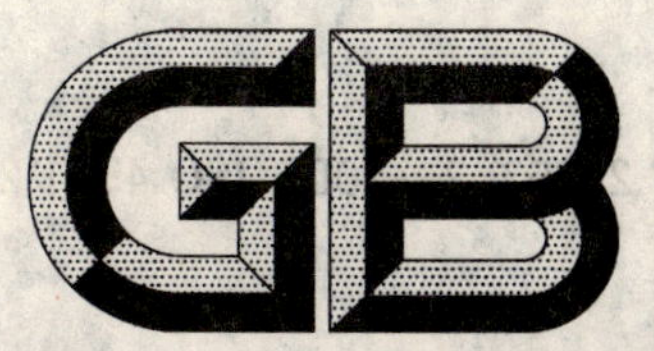

中华人民共和国国家标准

GB/T 20863.2—2007/ISO 4301-2:1985

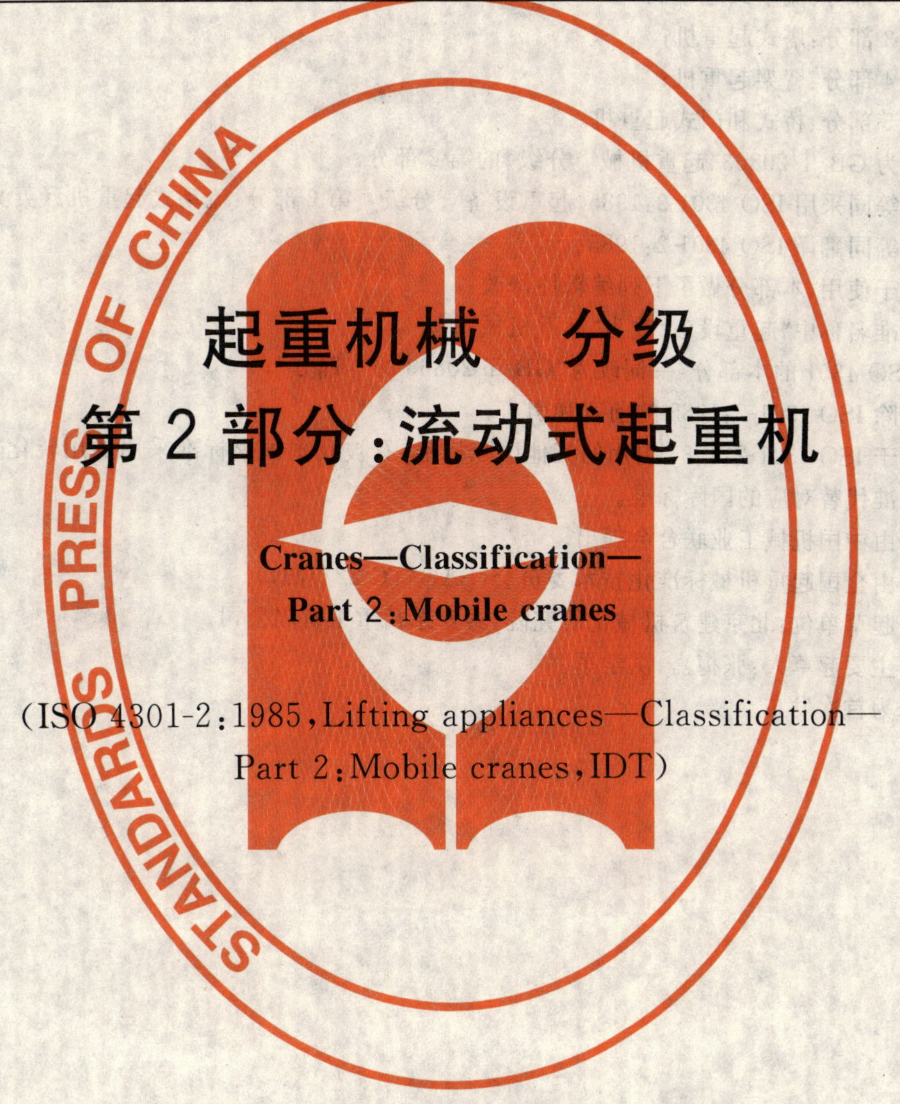

起重机械 分级
第2部分:流动式起重机

Cranes—Classification—
Part 2:Mobile cranes

(ISO 4301-2:1985,Lifting appliances—Classification—
Part 2:Mobile cranes,IDT)

2007-03-21 发布 2007-08-01 实施

中华人民共和国国家质量监督检验检疫总局
中国国家标准化管理委员会 发布

前言

GB/T 20863《起重机械　分级》分为5个部分:
——第1部分:总则;
——第2部分:流动式起重机;
——第3部分:塔式起重机;
——第4部分:臂架起重机;
——第5部分:桥式和门式起重机。

本部分为GB/T 20863《起重机械　分级》的第2部分。

本部分等同采用ISO 4301-2:1985《起重设备　分级　第2部分:流动式起重机》(英文版)。

本部分等同翻译ISO 4301-2:1985。

为了便于使用,本部分做了下列编辑性修改:
——标准名称中"起重设备"改为"起重机械";
——"ISO 4301的本部分"一词改为"GB/T 20863的本部分";
——删除ISO 4301-2:1985的前言和引言;
——对于ISO 4301-2:1985引用的其他国际标准,有被我国国家标准采用的用转化为我国的国家标准代替对应的国际标准。

本部分由中国机械工业联合会提出。

本部分由全国起重机械标准化技术委员会(SAC/TC 227)归口。

本部分起草单位:北京建筑机械化研究院,泰安东岳重工有限公司。

本部分主要起草人:张梅嘉、洪学军。

本部分为首次发布。

起重机械　分级
第2部分:流动式起重机

1　范围

GB/T 20863的本部分是根据流动式起重机在预期寿命期内完成的工作循环数和代表名义载荷状态的载荷谱系数对整机和机构进行分级的。

本部分适用于ISO 4306-2定义的流动式起重机。

2　规范性引用文件

下列文件中的条款通过GB/T 20863的本部分引用而成为本部分的条款。凡是注日期的引用文件,其随后所有的修改单(不包括勘误的内容)或修订版均不适用于本部分,然而,鼓励根据本部分达成协议的各方研究是否可使用这些文件的最新版本。凡是不注日期的引用文件,其最新版本适用于本部分。

GB/T 20863.1—2007　起重机械　分级　第1部分:总则(ISO 4301-1:1986,Cranes and lifting appliances—Classification—Part 1:General,IDT)

ISO 4306-2　起重机　术语　第2部分:流动式起重机

ISO 4308　起重机和起重机械　钢丝绳的选择

3　流动式起重机整机分级

流动式起重机的整机分级见表1。

表1　流动式起重机整机分级[a]

起重机类型	工作级别
通用吊钩、不连续工作的流动式起重机	A1
使用吊桶、抓斗或电磁盘的流动式起重机	A3
繁重作业,如集装箱吊装或普通码头作业的流动式起重机	A4
a　还应参见GB/T 20863.1—2007中表3规定的载荷状态Q和使用等级U的有关级别。	

4　流动式起重机机构分级

流动式起重机的机构分级见表2。

表2　流动式起重机机构分级

动作机构	工作级别		
	A1	A3	A4
起升	M3	M4	M5
回转	M2	M3	M4
变幅	M2	M3	M3
伸缩	M1	M2	M1[a]

表 2(续)

动作机构	工作级别		
	A1	A3	A4
运行(仅在工作现场):			
轮胎	M1	M1	M1
履带	M1	M2	M2
注 1:还应参见 GB/T 20863.1—2007 中表 6。 注 2:GB/T 20863.1—2007 中表 6 规定的载荷状态 L 和使用等级 T 的有关级别适用于 M1、M2、M3、M4 和 M5。 注 3:机构分级与钢丝绳 Z_P 值及卷筒和滑轮的选择系数 h 值无关(见 ISO 4308)。			
[a] 臂架不带载伸缩。			

ICS 53.020.20
J 80

中华人民共和国国家标准

GB/T 20863.3—2007/ISO 4301-3:1993

起重机械　分级　第3部分:塔式起重机

Cranes—Classification—Part 3:Tower cranes

(ISO 4301-3:1993,IDT)

2007-03-21 发布　　　　2007-08-01 实施

中华人民共和国国家质量监督检验检疫总局
中国国家标准化管理委员会　发布

前言

GB/T 20863《起重机械　分级》分为5个部分:

——第1部分:总则;

——第2部分:流动式起重机;

——第3部分:塔式起重机;

——第4部分:臂架起重机;

——第5部分:桥式和门式起重机。

本部分为GB/T 20863《起重机械　分级》的第3部分。

本部分等同采用ISO 4301-3:1993《起重机　分级　第3部分:塔式起重机》(英文版)。

本部分等同翻译ISO 4301-3:1993。

为了便于使用,本部分做了下列编辑性修改:

——"ISO 4301的本部分"一词改为"GB/T 20863的本部分";

——删除ISO 4301-3:1993的前言;

——对于ISO 4301-3:1993引用的其他国际标准,有被我国国家标准采用的用转化为我国的国家标准代替对应的国际标准。

本部分由中国机械工业联合会提出。

本部分由全国起重机械标准化技术委员会(SAC/TC 227)归口。

本部分起草单位:北京建筑机械化研究院。

本部分主要起草人:张梅嘉、洪学军。

起重机械 分级
第3部分:塔式起重机

1 范围

GB/T 20863的本部分是对ISO 4306-3定义的塔式起重机进行分级。

注:对于ISO 4306-1定义的起重机分级,是根据起重机预期寿命期内完成的工作循环数和代表名义载荷状态的载荷谱系数进行的。见GB/T 20863.1。

本部分适用于下列塔式起重机:

——建筑及一般施工用可拆卸的塔式起重机;

——永久性安装的塔式起重机;

——平头式塔式起重机;

——码头及造船厂用塔式起重机。

本部分不适用于下列起重机:

——可以安装塔式起重装置的流动式起重机;

——带或不带臂架的安装用桅杆。

2 规范性引用文件

下列文件中的条款通过GB/T 20863的本部分引用而成为本部分的条款。凡是注日期的引用文件,其随后所有的修改单(不包括勘误的内容)或修订版均不适用于本部分,然而,鼓励根据本部分达成协议的各方研究是否可使用这些文件的最新版本。凡是不注日期的引用文件,其最新版本适用于本部分。

GB/T 20863.1 起重机械 分级 第1部分:总则(GB/T 20863.1—2007,ISO 4301-1:1986,Cranes and lifting appliances—Classification—Part 1:General,IDT)

ISO 4306-1 起重机 术语 第1部分:通用术语

ISO 4306-3 起重机 术语 第3部分:塔式起重机

3 术语和定义

ISO 4306-1及ISO 4306-3确立的术语和定义适用于GB/T 20863的本部分。

4 塔式起重机类型

根据要完成的工作,塔式起重机可分为下列三种基本类型:

——第1类:不经常使用,或具有轻级载荷状态的塔式起重机;

——第2类:建筑用塔式起重机;

——第3类:经常使用,或具有重级载荷状态的塔式起重机。

5 塔式起重机整机分级

塔式起重机的整机分级见表1,整机分级的举例见表2。

表 1 塔式起重机整机分级

起重机类型	整机分级		
	使用等级	载荷状态	工作级别
1	U1～U4	Q1 和 Q2	A1～A4
2	U3 和 U4	Q2	A3 和 A4
3	U4 和 U5	Q2 和 Q3	A4～A6

表 2 塔式起重机整机分级举例

起重机类型	用途	整机分级		
		使用等级	载荷状态	工作级别
1	不经常使用的塔式起重机	U1	Q2	A1
	储料场用塔式起重机	U3	Q1	A2
	钻井平台维修用塔式起重机	U3	Q2	A3
	船坞中修理用塔式起重机	U4	Q2	A4
2	快装式塔式起重机	U3	Q2	A3
	非快装式塔式起重机	U4	Q2	A4
3	船坞中吊装用塔式起重机	U4	Q2	A4
	港口集装箱装卸用塔式起重机	U4	Q2	A4
	造船用塔式起重机	U4	Q3	A5
	用抓斗的塔式起重机	U5	Q3	A6

6 塔式起重机机构分级

塔式起重机的机构分级见表 3，机构分级的举例见表 4。

表 3 塔式起重机机构分级

起重机类型	机构分级														
	使用等级					载荷状态					工作级别				
	H	S	L	D	T	H	S	L	D	T	H	S	L	D	T
1	T1～T4	T1～T4	T1～T3	T1～T3	T1 和 T2	L1 和 L2	L3	L1 和 L2	L1 和 L2	L3	M1～M4	M2～M5	M1～M3	M1～M3	M2 和 M3
2	T3 和 T4	T3 和 T4	T2 和 T3	T2 和 T3	T1 和 T2	L2	L3	L3	L2	L3	M3 和 M4	M4 和 M5	M3 和 M4	M2 和 M3	M2 和 M3
3	T4 和 T5	T4 和 T5	T3 和 T4	T3～T5	T2～T5	L2 和 L3	L2 和 L3	L2 和 L3	L2 和 L3	L2 和 L3	M4～M6	M4～M6	M3～M5	M3～M6	M2～M6
注：H——起升；S——回转；L——动臂变幅；D——小车变幅；T——行走。															

表 4 塔式起重机机构分级举例

起重机类型	用途	机构分级														
		使用等级					载荷状态					工作级别				
		H	S	L	D	T	H	S	L	D	T	H	S	L	D	T
1	不经常使用的塔式起重机	T1	T1	T1	T1	T1	L2	L3	L2	L2	L3	M1	M2	M1	M1	M2
	储料场用塔式起重机	T3	T3	T2	T2	T1	L1	L3	L1	L1	L3	M2	M4	M1	M1	M2
	钻井平台维修用塔式起重机	T3	T3	T2	T2	T1	L1	L3	L2	L2	L3	M3	M4	M2	M2	M2
	船坞中修理用塔式起重机	T4	T4	T3	T3	T2	L2	L3	L2	L2	L3	M4	M5	M3	M3	M3
2	快装式塔式起重机	T3	T3	T2	T2	T1	L2	L3	L3	L2	L3	M3	M4	M3	M2	M2
	非快装式塔式起重机	T4	T4	T3	T3	T2	L2	L3	L3	L2	L3	M4	M5	M4	M3	M3
3	船坞中吊装用塔式起重机	T4	T4	T3	T3	T5	L2	L3	L2	L2	L3	M4	M5	M3	M3	M6
	港口集装箱装卸用塔式起重机	T4	T4	T3	T4	T2	L2	L2	L2	L2	L2	M4	M4	M3	M4	M2
	造船用塔式起重机	T4	T4	T3	T3	T4	L3	L3	L3	L3	L3	M5	M5	M4	M4	M5
	用抓斗的塔式起重机	T5	T5	T4	T5	T2	L3	L3	L3	L3	L3	M6	M6	M5	M6	M3

注：H——起升；S——回转；L——动臂变幅；D——小车变幅；T——行走。

ICS 53.020.20
J 80

中华人民共和国国家标准

GB/T 20863.4—2007/ISO 4301-4:1989

起重机械 分级 第4部分:臂架起重机

Cranes—Classification—
Part 4:Jib cranes

(ISO 4301-4:1989,Cranes and related equipment—Classification—Part 4:Jib cranes,IDT)

2007-03-21 发布　　　　2007-08-01 实施

中华人民共和国国家质量监督检验检疫总局
中国国家标准化管理委员会　发布

前　言

GB/T 20863《起重机械　分级》分为5个部分：

——第1部分：总则

——第2部分：流动式起重机

——第3部分：塔式起重机

——第4部分：臂架起重机

——第5部分：桥式和门式起重机

本部分为GB/T 20863《起重机械　分级》的第4部分。

本部分等同采用ISO 4301-4:1989《起重机和起重机械　分级　第4部分：臂架起重机》（英文版）。

本部分等同翻译ISO 4301-4:1989。

为便于使用，本部分做了下列编辑性修改：

——"ISO 4301的本部分"一词改为"GB/T 20863的本部分"；

——删除国际标准前言；

——ISO 4301-4:1989引用的ISO 4301-1:1986，用已等同转化为我国的国家标准表示。

本部分由中国机械工业联合会提出。

本部分由全国起重机械标准化技术委员会(SAC/TC 227)归口。

本部分负责起草单位：北京起重运输机械研究所。

本部分主要起草人：何铀。

起重机械　分级
第4部分:臂架起重机

1　范围

GB/T 20863的本部分规定了臂架起重机的工作级别,不包括塔式起重机、流动式起重机和铁路起重机。以起重机及其机构在预期寿命期间完成的工作循环数以及代表名义载荷状态的载荷谱系数为依据进行分级。

2　规范性引用文件

下列文件中的条款通过GB/T 20863的本部分的引用而成为本部分的条款。凡是注日期的引用文件,其随后所有的修改单(不包括勘误的内容)或修订版均不适用于本部分,然而,鼓励根据本部分达成协议的各方研究是否可使用这些文件的最新版本。凡是不注日期的引用文件,其最新版本适用于本部分。

GB/T 20863.1　起重机械　分级　第1部分:总则(GB/T 20863.1—2007,ISO 4301-1:1986,Cranes and lifting appliances—Classification—Part 1:General,IDT)

3　工作级别

起重机整机及机构的工作级别应按GB/T 20863.1进行分级。

臂架起重机根据使用条件分级的一般原则见表1。

在起重机使用等级和载荷状态未知的情况下,工作级别宜按照同类型起重机的最低工作级别考虑。

表1　各种用途的臂架起重机及机构的工作级别

序号	起重机类型	起重机使用频繁程度	整机工作级别	机构工作级别				
				起升	变幅	小车运行	回转	大车运行
1	人力驱动起重机		A1	M1	M1	M1	M1	M1
2	装配用车间起重机		A2	M2	M1	M1	M2	M2
3a)	吊钩式甲板起重机		A4	M3	M3	—	M3	—
3b)	抓斗或电磁甲板起重机		A6	M5	M3	—	M3	—
4	造船起重机		A4	M5	M4	M4	M4	M5
5a)	货场用吊钩起重机		A4	M4	M3	M4	M4	M4
5b)	货场用抓斗或电磁起重机	中等频繁使用[a]	A6	M6	M6	M6	M6	M5
5c)	货场用抓斗或电磁起重机	频繁使用[a]	A8	M8	M7	M7	M7	M6
6a)	港口吊钩起重机	中等频繁使用[a]	A6	M5	M4	—	M5	M3
6b)	港口吊钩起重机	频繁使用[a]	A7	M7	M5	—	M6	M4
6c)	港口抓斗或电磁起重机	中等频繁使用[a]	A7	M7	M6	—	M6	M4
6d)	港口抓斗或电磁起重机	频繁使用[a]	A8	M8	M7	—	M7	M4

a　"中等频繁使用"和"频繁使用"的含义宜参考GB/T 20863.1。

ICS 53.020.20
J 80

中华人民共和国国家标准

GB/T 20863.5—2007/ISO 4301-5:1991

起重机械 分级
第5部分:桥式和门式起重机

Cranes—Classification—
Part 5:Overhead travelling and portal bridge cranes

(ISO 4301-5:1991,IDT)

2007-03-21 发布 2007-08-01 实施

中华人民共和国国家质量监督检验检疫总局
中国国家标准化管理委员会 发布

前　言

GB/T 20863《起重机械　分级》分为5个部分：

——第1部分：总则；

——第2部分：流动式起重机；

——第3部分：塔式起重机；

——第4部分：臂架起重机；

——第5部分：桥式和门式起重机。

本部分为GB/T 20863的第5部分。

本部分等同采用ISO 4301-5:1991《起重机械　分级　第5部分：桥式和门式起重机》(英文版)。

本部分等同翻译ISO 4301-5:1991。

为便于使用，本部分做了下列编辑性修改：

——"ISO 4301的本部分"一词改为"GB/T 20863的本部分"；

——删除ISO 4301-5:1991的前言；

——ISO 4301-5:1991引用的ISO 4301-1:1986，用已等同转化为我国的国家标准表示。

本部分由中国机械工业联合会提出。

本部分由全国起重机械标准化技术委员会(SAC/TC 227)归口。

本部分起草单位：北京起重运输机械研究所，大连重工·起重集团有限公司。

本部分主要起草人：陈璇。

起重机械　分级
第5部分：桥式和门式起重机

1　范围

GB/T 20863的本部分根据起重机及其机构在预计寿命期间内完成的工作循环次数和代表名义载荷状态的载荷谱系数，规定了桥式和门式起重机的分级。

2　规范性引用文件

下列文件中的条款通过GB/T 20863的本部分的引用而成为本部分的条款。凡是注日期的引用文件，其随后所有的修改单(不包括勘误的内容)或修订版均不适用于本部分，然而，鼓励根据本部分达成协议的各方研究是否可使用这些文件的最新版本。凡是不注日期的引用文件，其最新版本适用于本部分。

GB/T 20863.1　起重机械　分级　第1部分：总则(GB/T 20863.1—2007，ISO 4301-1:1986，Cranes and lifting appliance—Classification—Part 1:General，IDT)

3　工作级别

起重机整机及其机构应按GB/T 20863.1进行分级。

桥式和门式起重机根据使用条件分级的一般原则见表1。

在起重机使用等级和载荷状态未知的情况下，起重机的工作级别宜按照同类型起重机的最低工作级别考虑。

表1　各种用途的桥式和门式起重机及其机构的工作级别

序号	起重机类型	起重机使用频繁程度	起重机整机工作级别	机构工作级别		
				起升	小车运行	大车运行
1	人力驱动起重机		A1	M1	M1	M1
2	装配用车间起重机		A1	M2	M1	M2
3a)	电站用起重机		A1	M2	M1	M3
3b)	维修用起重机		A1	M3	M1	M2
4a)	车间起重机	很少使用	A2	M3	M2	M3
4b)	车间起重机	中等频繁使用	A3	M4	M3	M4
4c)	车间起重机	频繁使用	A4	M5	M3	M5
5a)	货场用起重机	吊钩式，很少使用	A3	M3	M2	M4
5b)	货场用起重机	抓斗或电磁盘式，频繁使用	A6	M6	M6	M6
6a)	废料场起重机	吊钩式，很少使用	A3	M4	M3	M4
6b)	废料场起重机	抓斗或电磁盘式，中等频繁使用	A6	M6	M5	M6
7	卸船机		A7	M8	M6	M7
8a)	集装箱搬运起重机		A5	M6	M6	M6
8b)	岸边集装箱起重机		A5	M6	M6	M4

表 1（续）

序号	起重机类型	起重机使用频繁程度	起重机整机工作级别	机构工作级别		
				起升	小车运行	大车运行
9	冶金起重机					
9a)	换轧辊起重机		A2	M4	M3	M4
9b)	铸造起重机		A7	M8	M6	M7
9c)	夹钳起重机		A7	M8	M7	M7
9d)	脱锭起重机		A8	M8	M8	M8
9e)	加料起重机		A8	M8	M8	M8
10	铸造车间辅助起重机		A5	M5	M4	M5

ICS 65.060.30
B 91

中华人民共和国国家标准

GB/T 20864—2007

水稻插秧机　技术条件

Rice transplanter—Specification

2007-03-21 发布　　　　2007-08-01 实施

中华人民共和国国家质量监督检验检疫总局
中国国家标准化管理委员会　发布

前　言

本标准由中国机械工业联合会提出。

本标准由全国农业机械标准化技术委员会归口。

本标准负责起草单位：中国农业机械化科学研究院。

本标准参加起草单位：久保田农机（苏州）有限公司、南京农业机械化研究所、延吉插秧机制造有限公司、现代农装湖州联合收割机有限公司、洋马（中国）农机有限公司。

本标准主要起草人：赵亮、中田昌义、张文毅、杨兆文、朱圣赞、朱建平、梁前伟。

本标准为首次发布。

水稻插秧机　技术条件

1　范围

本标准规定了水稻插秧机的性能指标、技术要求、检验规则、标志、包装、运输和贮存。

本标准适用于以规格化带土秧苗的水稻插秧机(以下简称插秧机)。

2　规范性引用文件

下列文件中的条款通过本标准的引用而成为本标准的条款。凡是注日期的引用文件,其随后所有的修改单(不包括勘误的内容)或修订版均不适用于本标准,然而,鼓励根据本标准达成协议的各方研究是否可使用这些文件的最新版本。凡是不注日期的引用文件,其最新版本适用于本标准。

GB/T 2828.1　计数抽样检验程序　第1部分:按接收质量限(AQL)检索的逐批检验抽样计划(GB/T 2828.1—2003,ISO 2859-1:1999,IDT)

GB/T 3098.1　紧固件机械性能　螺栓、螺钉和螺柱(GB/T 3098.1—2000,idt ISO 898-1:1999)

GB/T 3098.2　紧固件机械性能　螺母　粗牙螺纹(GB/T 3098.2—2000,idt ISO 898-2:1992)

GB/T 6243　水稻插秧机　试验方法

GB/T 9480　农林拖拉机和机械、草坪和园艺动力机械　使用说明书编写规则(GB/T 9480—2001,eqv ISO 3600:1996)

GB 10395.1　农林拖拉机和机械　安全技术要求　第1部分:总则(GB 10395.1—2001,eqv ISO 4254-1:1989)

GB 10395.9　农林拖拉机和机械　安全技术要求　第9部分:播种、栽种和施肥机械(GB 10395.9—2006,ISO 4254-9:1992,MOD)

GB 10396　农林拖拉机和机械、草坪和园艺动力机械　安全标志和危险图形　总则(GB 10396—2006,ISO 11684:1995,MOD)

GB/T 13306　标牌

JB/T 5673　农林拖拉机及机具涂漆　通用技术条件

JB/T 8574　农机具产品型号编制规则

3　术语和定义

下列术语和定义适用于本标准。

3.1

乘坐式水稻插秧机　riding rice transplanter

由动力驱动,操作者乘坐其上的水稻插秧机。

3.2

伤秧　damaged seedling

栽插后茎基部有折伤、刺伤、或切断现象的水稻秧苗。

3.3

漂秧　floating seedling

水稻秧苗栽插后,秧根未栽入泥土内,漂浮于水面的秧苗。

3.4

翻倒秧　laid seedling hill

带土苗栽插后，苗块倒翻于田中，叶鞘与田间泥面接触的水稻秧苗。

3.5

漏插　miss planting hill

栽插后无水稻秧苗的插穴。

3.6

插深　planting depth

栽插后，水稻秧苗生根处距泥面的深度。

4　技术要求

4.1　工作条件与作业性能

4.1.1　插秧田应泥碎田平，泥脚深度符合样机的适应范围。

4.1.2　秧苗要求

4.1.2.1　秧苗要求采用规格化育秧方法育出的带土秧苗应符合下列规定：

——栽插的秧苗应符合插秧机产品说明书的规定；

——苗高 100 mm～250 mm，叶龄 2 叶～4.5 叶。

4.1.2.2　盘土宽比秧箱分隔内档小 1 mm～3 mm，土层厚 15 mm～25 mm。

4.1.2.3　盘土不松散也不过度固化黏结，秧根盘结，土壤含水率 35%～55%。

4.1.3　工作条件在满足 4.1.1、4.1.2 的条件下，插秧机产品的技术性能应符合表 1 规定。

4.1.4　插秧机可靠性考核样机不少于 2 台，考核的每台样机生产试验面积和试验方法按 GB/T 6243 的规定。

表 1　插秧机性能指标

序号	检验项目	技术指标
1	相对均匀度/%	≥85
2	插秧深度[a]/mm	10～35
3	插秧深度合格率/%	≥90
4	伤秧率/%	≤4
5	漏插率/%	≤5
6	漂秧率/%	≤3
7	翻倒率/%	≤3
8	可靠性/%	≥90
9	驾驶员耳位噪声/dB(A)	≤89
10	静态环境噪声/dB(A)	≤85

a　插秧深度也可根据当地农艺要求的深度进行测定，插秧深度要求为农艺要求±8 mm。

4.1.5　插秧机的插秧相对均匀度、插秧深度合格率、伤秧率、漏插率、漂秧率、翻倒率的计算按 GB/T 6243的规定。

4.2　一般技术要求

4.2.1　插秧机产品应符合本标准的要求，并按规定程序批准的图样和技术文件制造。

4.2.2　插秧机所使用的原材料和标准件及配套发动机应符合有关标准的规定。

4.2.3　插秧机的型号表示方法应符合 JB/T 8574 的有关规定。

4.2.4　涂漆应符合 JB/T 5673 的有关规定，涂层为 TQ-4-SM-DM，所有涂漆应均匀、无脱落、皱皮、流挂和露底,漆膜厚度应不小于 35 μm,附着力不低于Ⅱ级。

4.2.5 不涂漆的零部件及标准件表面,应做防锈处理。各种操作手柄应镀铬、镀锌或采用塑料件。

4.2.6 插秧机的使用说明书应符合 GB/T 9480 标准的规定。

4.3 安全要求

4.3.1 插秧机的安全技术要求应符合 GB 10395.1 的规定。

4.3.2 插秧机的外露回转件应有防护罩,操作台、脚踏板应符合 GB 10395.9 的规定。

4.3.3 插秧机应针对遗留风险设置永久性安全标志,安全标志应符合 GB 10396 的规定。安全标志应在使用说明书中加以说明。

4.4 主要零部件技术要求

4.4.1 插秧传动箱

4.4.1.1 传动箱装配后各运动部件应运转灵活,操纵自如,不得有卡滞现象和碰撞现象。

4.4.1.2 档位调节应平顺、移动灵活、准确可靠、操作自如。

4.4.2 插植部件

4.4.2.1 插植臂组装后,按插植臂工作旋向转动摆臂支杆,各转动部件应转动灵活无卡阻。

4.4.2.2 在秧爪将秧苗插入土壤后,推秧器应能弹出实现强制推秧,弹出后的推秧器极限位置与秧爪尖之差不大于 2 mm。

4.4.2.3 插植臂应密封以防漏油,进入水和泥土。

4.4.3 秧苗箱

4.4.3.1 秧苗箱表面应保证秧苗在秧箱内纵向平滑移动,同时不左右滑移。

4.4.3.2 纵向送秧不得逆向窜动。

4.5 整机装配技术要求

4.5.1 所有零部件必须检验合格,外协件、外购件必须有合格证明文件,并经抽查复验方可进行装配。

4.5.2 整机装配后各润滑点应加注润滑油脂或机油,静结合面不允许渗油,动结合面不允许滴油。

4.5.3 整机装配后在工作速度的最高和最低转速范围内,各运动件应运转平稳、可靠,无异常碰撞、冲击、振动现象。

4.5.4 插秧机需配置安全离合器,安全离合器应能在秧爪遇到障碍时自动脱开,保护传动系统和插植臂不受损坏。

4.5.5 各调整机构应操作方便,调节灵活、可靠;调节范围应能达到规定的极限位置。

4.5.6 秧爪行距偏差不大于 5 mm。秧爪应对准相对应的秧门,秧爪与秧门侧隙大于 1 mm。

4.5.7 不允许插植臂及秧爪尖左右摇摆和沿正反转方向窜动。在停机状态下,用手沿正反转方向摆动插植臂,秧爪尖空行程不大于 5 mm,秧爪尖旋转一周秧爪尖的左右摆动量不大于 2 mm。

4.5.8 在插植臂运行过程中,各秧爪尖要各自之间动作一致,各行取秧量误差不大于 2 mm。当秧爪取秧量相同并处于最低位置时,秧爪尖高差不大于 5 mm。

4.5.9 纵向送秧应保证无打滑现象,送秧量应能无级调节,以保证与秧爪取秧量相适应。

4.5.10 插植离合器应分离彻底、接合可靠。分离时,秧爪尖应停留在尾托板或浮船尾部底面 50 mm 以上,且在推秧和取秧行程之间的预定位置。

4.5.11 传动箱等重要部位的紧固件螺栓的机械性能应不低于 GB/T 3098.1 中规定的 8.8 级,螺母应不低于 GB/T 3098.2 中的 8 级。扭紧力矩应符合机械装配标准的有关规定。运转后各紧固件应牢固可靠。

5 试验方法

插秧机的试验方法按 GB/T 6243 的规定进行。

6 检验规则

6.1 出厂检验

6.1.1 每台插秧机必须经过制造厂技术检验部门检验合格并附有检验合格证方可出厂。

6.1.2 出厂前每台插秧机需进行外观检查，检查各紧固件扭紧力矩是否符合要求，机器的附件和配件是否齐全。

6.1.3 每台插秧机出厂前都应进行不少于 20 min 的空运转试验并检验下列项目：

——起动、运转情况，起动应正常、运转应平稳无异常响声；

——离合器，离合器离合平稳，灵活可靠；

——紧固件，紧固件无松动现象；

——静态环境噪声，噪声应在规定范围内。

6.1.4 批量购买插秧机的用户可对第 4 章规定的技术要求项目(具体检验项目供需双方可以协商确定)进行抽样检查。抽查检验和判定规则应符合 GB/T 2828.1 的规定，也可由供货双方协商确定。

6.2 型式检验

6.2.1 遇有下列情况之一时，应进行型式检验。

——新产品或老产品转厂生产的试制定型鉴定；

——正常生产后，如结构、材料、工艺有较大改变，可能影响产品质量时；

——正常生产时，定期 3 年或积累生产 1 000 台后；

——产品停产 1 年以上，恢复生产时；

——出厂检验结果与上次型式检验有较大差异时；

——国家质量监督机构提出进行型式检验要求时。

6.2.2 检验项目应按本标准规定的全部技术要求进行。

6.2.3 型式检验的抽样检查和判定规则应符合 GB/T 2828.1 的规定。推荐采用正常检查一次抽样方案，检查批量应满足样本大小至少为 2 台，检查水平为特殊检查水平 S-1，可接收质量限(AQL)为 6.5。

7 标志、包装、运输与贮存

7.1 每台插秧机应在显著位置固定产品标牌，标牌应符合 GB/T 13306 的规定。标牌内容至少应包括：

a) 制造厂名称和/或商标；

b) 插秧机名称和型号；

c) 插秧机主要参数；

d) 执行产品标准编号；

e) 产品制造日期和出厂编号。

7.2 插秧机一般应包装(整装或分装)。包装应牢固可靠，规定的附件、备件、工具等应装入箱内或包内。

7.3 插秧机出厂时，随机应附有下列文件：

——使用说明书；

——产品合格证；

——装箱清单。

7.4 插秧机在运输、装卸过程中不应由于振动和碰撞等造成损坏。

7.5 插秧机应贮存在通风、干燥并有防雨措施的场所。

ICS 65.060.30
B 91

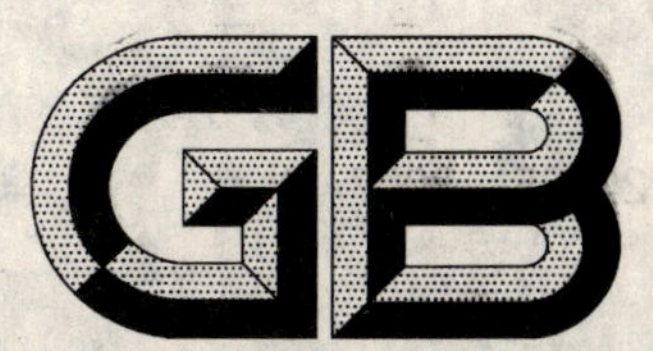

中华人民共和国国家标准

GB/T 20865—2007

免耕施肥播种机

No-tillage fertile—Seeding drill

2007-03-21 发布 2007-08-01 实施

中华人民共和国国家质量监督检验检疫总局
中国国家标准化管理委员会 发布

前　言

本标准由中国机械工业联合会提出。

本标准由全国农业机械标准化技术委员会归口。

本标准负责起草单位：中国农业机械化科学研究院。

本标准参加起草单位：河南豪丰机械制造有限公司、山西省农机试验鉴定站、西安旋播机厂、沈阳农业大学。

本标准主要起草人：杨兆文、潘一兵、曹庆春、李宝筏、史可器、高太宁。

本标准为首次发布。

免耕施肥播种机

1 范围

本标准规定了免耕施肥播种机的技术要求,试验方法与检验规则,标志、包装与贮存。

本标准适用于机械式、气力式免耕施肥播种机(以下简称免耕施播机)。

2 规范性引用文件

下列文件中的条款通过本标准的引用而成为本标准的条款。凡是注日期的引用文件,其随后所有的修改单(不包括勘误的内容)或修订版均不适用于本标准,然而,鼓励根据本标准达成协议的各方研究是否可使用这些文件的最新版本。凡是不注日期的引用文件,其最新版本适用于本标准。

GB/T 699 优质碳素结构钢

GB/T 1243 短节距传动用精密滚子链和链轮(GB/T 1243—2006,ISO 606:2004,IDT)

GB/T 2828.1 计数抽样检验程序 第1部分:按接收质量限(AQL)检索的逐批检验抽样计划(GB/T 2828.1—2003,ISO 2859-1:1999,IDT)

GB/T 3098.1—2000 紧固件机械性能 螺栓、螺钉和螺柱(idt ISO 898-1:1999)

GB/T 3098.2—2000 紧固件机械性能 螺母 粗牙螺纹(idt ISO 898-2:1992)

GB/T 5262 农业机械试验条件 测定方法的一般规定

GB/T 6973 单粒(精密)播种机试验方法(GB/T 6973—2005,ISO 7256-1:1984,MOD)

GB/T 9239.1 机械振动 恒态(刚性)转子平衡品质要求 第1部分:规范与平衡允差的检验(GB/T 9239.1—2006,ISO 1940-1:2003,IDT)

GB/T 9439 灰铸铁件

GB/T 9478 谷物条播机 试验方法(GB/T 9478—2005,ISO 7256-2:1984,MOD)

GB/T 9480 农林拖拉机和机械、草坪和园艺动力机械 使用说明书编制规则(GB/T 9480—2001,eqv ISO 3600:1996)

GB 10395.1 农林拖拉机和机械 安全技术要求 第1部分:总则(GB 10395.1—2001,eqv ISO 4254-1:1985)

GB 10395.9 农林拖拉机和机械 安全技术要求 第9部分:播种、栽种和施肥机械(GB 10395.9—2006,ISO 4254-9:1992,MOD)

GB 10396 农林拖拉机和机械、草坪和园艺动力机械 安全标志和危险图形 总则(GB 10396—2006,ISO 11684:1995,MOD)

GB/T 13306 标牌

JB/T 5673 农林拖拉机及机具涂漆 通用技术条件

JB/T 6274.1—2001 谷物播种机 技术条件

JB/T 10293—2001 单粒(精密)播种机 技术条件

YB/T 5059 低碳钢冷轧钢带

3 术语和定义

下列术语和定义适用于本标准。

3.1

残茬　crop residue

作物果实收获后，地表以上作物秸秆、叶子、根茬的总称。

3.2

免耕播种作业　no-tillage drilling

在作物残茬覆盖的地表上，不实行任何土壤耕作的条件下所进行的播种作业。

3.3

残茬覆盖量　stubble mulch

单位面积地表土壤上，覆盖的作物残茬的质量。

3.4

残茬覆盖率　stubble rate

地表土壤上作物残茬覆盖面积与地表总面积的比率。

3.5

播种作业通过性　drilling passing

在免耕条件下，机具排除作物残茬堵塞，满足播种农艺要求的能力。

3.6

堵塞程度　blockage degree

在免耕播种作业时，地表作物残茬对机具形成的壅堵的程度。

3.7

轻度堵塞　light blockage

在播种作业时，机具有少量堵塞，堵塞物可以从行间流掉，基本能正常作业。

3.8

重度堵塞　heavy blockage

在播种作业时，机具被作物残茬缠绕堵塞，地表有长距离拖痕，或出现动力不足，无法行走，影响播种质量。

3.9

段粒数　number of seed in seed channel

在农艺要求的段内，播下的种子粒数。

3.10

空段　no-seed in seed channel

播种作业时，在1.5倍的农艺要求株距段内无种子。

4　技术要求

4.1　一般要求

4.1.1　免耕施播机应符合本标准要求，并按经规定程序批准的图样和技术文件制造。

4.1.2　免耕施播机的破茬、切草、清垄及开沟部件应具有切茬、分茬、防堵塞和防缠绕功能，工作时不得产生重度堵塞与拖堆现象。

4.2　性能指标

4.2.1　小麦免耕施肥播种机

4.2.1.1　播种作业通过性能：在满足残茬覆盖率不小于40%，秸秆粉碎长度合格率不小于85%，残茬覆盖量0.3 kg/m^2～0.6 kg/m^2(秸秆含水率不大于25%)的条件下，能按使用说明书规定的作业速度作业，不允许发生重度堵塞。

4.2.1.2　小麦免耕施播机的排种性能在规定的排种量150 kg/hm^2～180 kg/hm^2，排肥性能在颗粒状化肥含水率不大于12%，小结晶粉末状化肥含水率不大于2%，排肥量150 kg/hm²～180 kg/hm²的条件下，其性能指标应符合表1的规定。

4.2.1.3 小麦免耕施播机作业时，播种深度合格率不小于70%(以当地农艺要求播种深度为h，$h\pm1$ cm为合格。

4.2.1.4 小麦免耕施播机在施肥作业时，种肥间距合格率不小于90%(种肥间距大于3 cm为合格)。

4.2.1.5 小麦免耕施播机使用可靠性(有效度)不小于90%。平均首次故障前作业量：与大于15 kW拖拉机配套的小麦免耕施播机不小于25 hm²/m，与不大于15 kW拖拉机配套的小麦免耕施播机不小于20 hm²/m。

表1 小麦免耕施播机性能指标

序号	项目		性能指标
1	各行排种量一致性变异系数/%		≤3.9
2	总排种量稳定性变异系数/%		≤1.3
3	种子破损率/%		≤0.5
4	播种均匀性变异系数/%		≤45
5	排肥性能	各行排肥量一致性变异系数/%	≤13.0
		总排肥量稳定性变异系数/%	≤7.8

4.2.2 玉米免耕施肥播种机

4.2.2.1 播种作业通过性能：在满足残茬覆盖率不小于40%，秸秆粉碎长度合格率不小于85%，残茬覆盖量0.8 kg/m²～1.5 kg/m²(秸秆含水率不大于25%)的条件下，能按使用说明书规定的作业速度作业，不允许发生重度堵塞。

4.2.2.2 在地表质量符合免耕作业要求，土壤含水率在10%～25%，种子播量在22.5 kg/hm²～52.5 kg/hm²，颗粒状化肥含水率不大于12%，小结晶粉末状化肥含水率不大于2%，排肥量按150 kg/hm²～300 kg/hm²的条件下，种子段粒数合格率，空段率及排肥性能应符合表2的规定(种子每测试段的粒数应为不小于1)。

表2 玉米免耕施播机性能指标

序号	项目		指标
1	段粒数合格率/%		≥90
2	空段率/%		≤5
3	种子破损率	金属材料排种器/%	≤1.5
		非金属材料排种器/%	≤0.5
4	排肥性能	各行排肥量一致性变异系数/%	≤13.0
		总排肥量稳定性变异系数/%	≤7.8
注：作业速度按使用说明书的规定进行，一般作业速度范围应取中值。			

4.2.2.3 玉米免耕施播机作业时，播种深度合格率不小于70%(以当地农艺要求播种深度为h，$h\pm1$ cm为合格。

4.2.2.4 玉米免耕施播机在施肥作业时，种肥间距合格率应不小于90%(种肥间距大于3 cm为合格)。

4.2.2.5 玉米免耕施播机使用可靠性(有效度)不小于90%。

4.3 使用说明书

免耕施播机的使用说明书应符合 GB/T 9480 的有关规定，并应说明免耕施播机的使用条件和技术性能。

4.4 一般零部件技术要求

4.4.1 免耕施播机的切草盘、轮齿拔草器、开沟器和破茬清垄部件采用 GB/T 699 规定的 65Mn 钢材制造。铧刀，铲尖部工作表面热处理硬度 40 HRC～50 HRC；破茬清垄部件工作表面热处理硬度 45 HRC～50 HRC；切草盘刃口允许有残缺，但深度不大于 2 mm，长度不大于 15 mm，数量不多于3 处；平面度误差不大于 1.5 mm。

4.4.2 零件所用原材料应符合图样中要求的国家标准和行业标准的规定。允许有材料代用，其代用材料应保持原设计性能。

4.4.3 铸件应符合 GB/T 9439 的有关规定，不得有裂纹和其他降低零件强度的缺陷，配合部位不允许有砂眼、气孔、缩孔、夹渣等缺陷。

4.4.4 焊接件牢固，不得有夹渣、咬肉、烧穿、裂纹和未焊透等缺陷，焊后变形应校正符合图样规定。

4.4.5 橡胶波纹输种、输肥管在气温 0℃～40℃范围内应能正常工作，冷脆温度不高于－30℃。钢带螺旋式输种、输肥管应采用 YB/T 5059 规定的 08F 低碳钢冷轧钢带制造。加工后必须热处理，消除内应力。按自由长度拉长 30%，连续拉 3 次永久变形不大于自由长度的 1%。

4.4.6 短节距传动用精密滚子链和链轮应符合 GB/T 1243 的规定。

4.4.7 气吸排种圆盘平面度不大于 0.2 mm。

4.4.8 用做气吸式施播机的风机叶轮应做静平衡，平衡检验的风机叶轮其平衡品质等级应符合 GB/T 9239.1—2006 规定的 G6.3 级。

4.5 主要部件技术要求

4.5.1 机架焊合后，应进行校正，各梁之间的平行度及框架对角线尺寸之差应符合表 3 规定。

表 3 机架尺寸偏差

梁的长度 m	平行度及尺寸之差 mm
≤1.5	≤3.0
＞1.5～2.5	≤4.5
＞2.5	≤6.0

4.5.2 种箱及肥箱的结合处不应漏种、漏肥，排种器、排肥器部件与箱底板局部间隙不大于 1 mm。

4.5.3 排种器装配：零件要清洁，装配后转动灵活可靠，不得有卡滞现象，紧固件联结牢固，清种器调整灵活，润滑部位应注润滑油。

4.5.4 未装种子和肥料时，排种轴在不大于 15 N·m 力矩作用下应转动灵活，排肥轴在不大于 40 N·m 力矩作用下应转动灵活。

4.5.5 滑刀式，锄铲式等开沟器铲尖工作表面和配合表面应光洁无缺陷。

4.5.6 双圆盘式开沟器应转动灵活，在交点处的间隙不大于 2 mm，两圆盘在相对转动时，交点处的间隙应不大于 5 mm。

4.5.7 风机组装完后不得漏气；并进行试运转，运转速度应以风机设计的使用速度为准，运转时间不少于 30 min，轴承温升不高于 25℃。

4.5.8 风机组装完后转动灵活，叶轮的全跳动不大于 0.5 mm，叶轮与吸气嘴不得有摩擦现象。

4.6 总装技术要求

4.6.1 所有零部件必须经检验合格，外购件、外协件必须有合格证，方可进行装配。

4.6.2 机具装配后，零件的外露加工表面和摩擦表面均应涂防锈油。

4.6.3 在同一平面的主、被动圆柱齿轮和链轮传动应平稳，工作中不掉链。

4.6.4 播种机开沟器在运输或工作状态时，输种、输肥管不应卡住或脱出。

4.6.5 播种机深浅调节机构应方便、灵活、可靠。

4.6.6 地轮及支持轮的端面圆跳动和径向圆跳动应符合表4的规定。

4.6.7 刀轴、深松刀处承受载荷的紧固件的强度等级为：螺栓不低于GB/T 3098.1—2000中规定的8.8级；螺母不低于GB/T 3098.2—2000中规定的8级。

表4 地轮跳动偏差

单位为毫米

项目	轮子直径	
	≤600	>600
端面圆跳动	7	10
径向圆跳动	5	8

4.6.8 播种机的运输间隙应符合表5的规定。

表5 运输间隙

项目	牵引式	悬挂式	备　注
运输间隙 mm	≥150	≥300	与15 kW以上拖拉机配套
	≥110	≥200	与≤15 kW拖拉机配套

4.7 油漆与外观质量

4.7.1 免耕施播机涂漆前应将表面锈层、油污、粘砂、泥土、焊渣和尘垢等清除干净。

4.7.2 免耕施播机涂漆应符合JB/T 5673中规定，油漆涂层用普通耐候涂层TQ-2-2-DM，肥料箱内应用耐化肥涂层TQ-3-F-DM进行防腐蚀处理。

4.7.3 种子箱内壁、金属排种器内壁、铸铁排种轮及阻塞套允许只涂底漆、不涂面漆。开沟器、脚踏板、复土器、地轮及划印器圆盘等部件可以不涂底漆、只涂黑色面漆。

4.7.4 免耕施播机的外观应整洁，不得有锈蚀、碰伤等缺陷。油漆表面应平整、均匀和光滑。

4.8 安全技术要求

4.8.1 免耕施播机的安全技术要求应符合GB 10395.1和GB 10395.9的规定，并在机器上安装安全标志，其安全标志应符合GB 10396的规定。

4.8.2 对操作人员有危险的外露传动、旋转件应有可靠的防护罩，防护罩应便于机器的维护、保养和观察，防护罩的涂漆颜色应区别于播种机的整机涂色。

4.8.3 工作时需要有人在上面操作的播种机，应装有宽度不小于300 mm的防滑脚踏板和相应的扶手，脚踏板距地面的高度不大于300 mm，扶手和脚踏板的长度适合工作人员操作并与机器相适应。

4.8.4 免耕施播机应在明显位置标明“播种时不可倒退”的标志。

4.8.5 种、肥箱盖开启时应有固定装置，作业时不应因振动、颠簸和风吹而自行打开。

4.8.6 播种机单独停放时，应能保持稳定和安全。

5 试验方法与检验规则

5.1 主要技术参数测定

试验前对样机主要技术参数进行测定，将样机置于水平混凝土或坚实平坦的地面，调整至水平状态进行测定。

5.2 试验条件及准备

5.2.1 试验用种子

采用使用说明书规定的种子进行性能试验，种子的千粒重、含水率、原始破损率按 GB/T 5262 的规定进行。

5.2.2 试验地

根据免耕施播机机型和当地保护性耕作种植模式(当地的作物种植情况、前茬作物种类、地表情况等)，选择有代表性的地块为试验用地。试验地长度应不小于 50 m，两端预备区不小于 10 m，宽度应满足机具 4 个往返行程。按 GB/T 5262 的规定及本标准 5.2.3 对试验地状况进行调查测定，调查测定的内容为：地形、土壤类型、土壤含水率、土壤坚实度、前茬作物、小麦、玉米秸秆含水率、残茬覆盖率、残茬覆盖量、秸秆粉碎长度合格率等。

5.2.3 残茬的测定方法

5.2.3.1 残茬覆盖率的测定

用 100 m 长的绳子沿地块对角线拉开，每隔 20 cm 做记号，统计记号下有残茬的点数 D_2，再除以总记号数(测定点数)D_1，每个地块测定 5 次取平均值。残茬覆盖率按公式(1)计算。

$$F=\frac{\sum\frac{D_2}{D_1}}{5}\times 100 \qquad \cdots\cdots(1)$$

式中：

F——残茬覆盖率，%；

D_1——测定点数；

D_2——测定有残茬的点数。

5.2.3.2 残茬覆盖量的测定

在测试的地块，按照对角线法选 10 点，每点用 1 m×1 m 的测试框取样；拣出测试框内的全部残茬(不包括埋在土下面的根茬)；将残茬烘干至含水率不大于 25%，称重后求平均值。残茬覆盖量按公式(2)计算。

$$W=\frac{\sum W_i}{10} \qquad \cdots\cdots(2)$$

式中：

W——测区残茬覆盖量，单位为千克每平方米(kg/m^2)；

W_i——每个测点残茬覆盖量，单位为千克每平方米(kg/m^2)。

5.2.3.3 秸秆粉碎长度合格率测定

在测试的地块，按照对角线法选 5 点，每点用 1 m×1 m 的测试框取样；分别测出每测点秸秆的总质量和粉碎长度合格的秸秆质量(玉米、高粱秆不大于 10 cm；小麦秸秆长度不大于 15 cm)按公式(3)计算秸秆粉碎长度合格率并求其平均值。

$$F=\frac{M_i}{M_z}\times 100 \qquad \cdots\cdots(3)$$

式中：

F——测点秸秆粉碎长度合格率，%；

M_i——测点秸秆粉碎长度合格质量，单位为千克(kg)；

M_z——测点全部秸秆质量，单位为千克(kg)。

5.3 性能试验

5.3.1 小麦免耕施播机主要性能试验

小麦免耕施播机的各行排种量一致性变异系数、总排种量稳定性变异系数、种子破损率、排肥性能、播种均匀性变异系数、播种深度合格率、种肥间距合格率、使用可靠性等项目的测定按 GB/T 9478 的规定。平均首次故障前作业量按 JB/T 6274.1—2001 附录的规定进行测定。

5.3.2 玉米播种,种子破损率、排肥性能、播种深度合格率的测定

玉米免耕施播机的种子破损率、排肥性能、播种深度合格率的测定按 GB/T 6973 的规定。

5.3.3 玉米段粒数合格率、空段率的测定

试验地应经人工处理后在无秸秆、浅旋,地表土壤细碎、平整,调整玉米免耕施肥播种机开沟器不入土的情况下,将种子播在试验地表。播种机具小于等于 3 行的全测,大于 3 行可测 3 行。测区内每行连续选取 100 个测试段,测定记录每个测试段内播下的实际种子粒数,按公式(4)计算段粒数合格率,按公式(5)计算空段数。

$$D_1 = \frac{\sum C_h}{C_z} \times 100 \qquad (4)$$

式中:

D_1——段粒数合格率,%;

C_h——测区内所播种子合格段数;

C_z——测定的总段数。

$$D_2 = \frac{K_i}{C_z} \times 100 \qquad (5)$$

式中:

D_2——空段率,%;

K_i——空粒的段数。

5.3.4 播种作业通过性的测定

免耕施播机按使用说明书规定的作业速度进行作业,测区长度不小于 60 m,往返一个行程,观察机具在作业过程中是否能连续正常作业,残茬对机具的堵塞程度,是否影响播种质量。

5.3.5 入土性能测定

在中等壤土、平做条件、土壤含水率 10%~25%的条件下,免耕施播机按使用说明书规定的作业速度进行作业,观察机具在作业过程中开沟器能否顺利入土、连续正常作业。

5.3.6 可靠性考核

玉米免耕施播机的使用可靠性(有效度)、平均首次故障前作业量按 JB/T 10293 的规定进行。种肥间距的测定按 GB/T 9478—2005 附录 B 的规定进行。播种机具小于等于 3 行的全测,大于 3 行的可测 3 行,每行测 10 个点。记录测定结果。

6 检验规则

6.1 免耕施播机应进行空运转试验,运转时地轮的转速相当于正常作业速度,运转时间为 5 min~10 min。操纵提升机构,使开沟器起落 3 次;检查传动、升降各连接部位,各部件不得阻卡,变形和松动。

6.2 免耕施肥播种机必须经制造厂质量检验部门检查合格,并附有产品质量合格证方准出厂。

6.3 定货单位有权按本标准要求抽检产品质量。抽样方案和可接收质量限(AQL)按 GB/T 2828.1 的规定,也可由供需双方协商确定。

6.4 采用随机抽样,在工厂近 6 个月内生产的合格产品中随机抽取(在工厂抽样时,整机库存量应不少于 16 台。在销售部门抽样可不受此限。),抽取整机样本为 2 台。

6.5 免耕施播机在检查和验收中,按其产品对使用的影响程度分为 A 类(重大缺陷),B 类(严重缺陷),C 类(一般缺陷)三类。分类检验项目内容见表 6,检查、验收结果判定内容见表 7,表中 AQL 为可接收质量限,Ac 为接收数,Re 为拒收数。

6.6 播种机出厂时,应带有说明书规定的备用件、附件及专用工具。

6.7 用户在按生产厂使用说明书规定的情况下,从提货之日起一年内,产品因质量不能正常工作时,生

产厂应负责包修、包换、包退(易损件、零件正常磨损除外)。

表6 分类检验项目

分类	序号	检验项目
A	1	安全要求
	2	机具通过性
B	1	段粒数合格率[a]
	2	播种均匀性变异系数
	3	种子破损率
	4	空段率[a]
	5	各行排种量一致性变异系数
	6	总排种量稳定性的变异系数
	7	种肥间距合格率
	8	入土性能
	9	播种深度合格率
	10	开沟器、分草器、破茬、清垄部件工作表面的材料及硬度
C	1	油漆外观质量
	2	涂层附着力
	3	各行排肥量一致性变异系数
	4	总排肥量稳定性变异系数
	5	圆盘开沟器交点处间隙
	6	开沟器(圆盘开沟器除外)刃部粗糙度
	7	机架焊接质量与各梁的平行度,对角线尺寸差
	8	种、肥箱底板结合处不漏种、肥
	9	运输间隙
	10	空载转动排种、排肥器轴的力矩
	11	橡胶波纹管和钢带螺旋卷管质量
	12	输种、肥管质量

a 仅适用于玉米免耕施肥播种机。

表7 检查、验收结果判定表

项目分类		A		B		C	
项目数		2		10(8)		12	
检查水平		S-1					
样本数(*n*)		2					
合格品	AQL	6.5		40		65	
	Ac Re	0	1	2	3	3	4

注:括号内数据为玉米免耕施肥播种机适用。

7 标志、包装、贮存

7.1 免耕施播机应在明显的位置固定产品标牌。标牌应符合 GB/T 13306 的规定,并标明下列内容:

a) 产品型号、名称;

b) 主要技术参数;

c) 产品商标；

d) 制造厂名称、地址；

e) 制造日期；

f) 出厂编号；

g) 产品执行标准。

7.2 有包装箱出厂的播种机，箱面文字和标记应清晰、整齐、耐久。

7.3 免耕施播机可以总装或部件包装出厂。部件包装出厂应牢固可靠，各部件在不经任何修正的情况下即能进行总装。零件、附件、备件、随机专用工具需用木箱或包装袋包装。

7.4 免耕施播机出厂时，随机技术文件应用防水袋装好，文件包括：

a) 装箱清单；

b) 产品质量合格证；

c) 产品使用说明书；

d) 执行标准代号。

7.5 产品应贮存在干燥、通风和无腐蚀气体的室内，露天存放时应有防雨、防潮和防碰撞措施。

ICS 17.220.20
N 22

中华人民共和国国家标准

GB/T 20866—2007

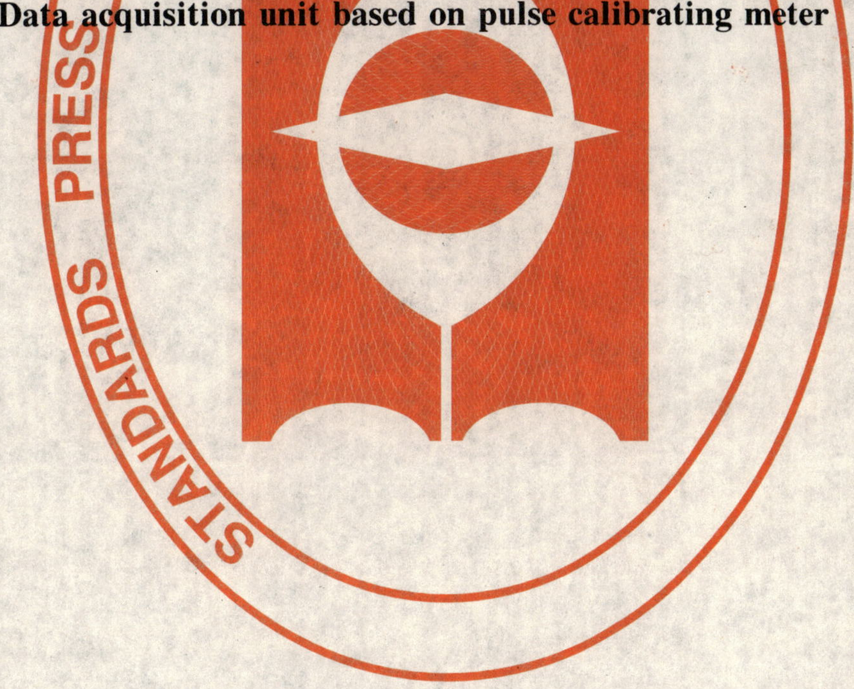

基于户用脉冲计量表的数据采集器

Data acquisition unit based on pulse calibrating meter

2007-01-18 发布　　　　2007-08-01 实施

中华人民共和国国家质量监督检验检疫总局
中国国家标准化管理委员会　发布

前　言

本标准是参照国家标准及IEC相关标准，结合我国自动抄表行业的特点制定的。

本标准的附录A、附录B、附录C、附录D和附录H是规范性附录。

本标准的附录E、附录F和附录G是资料性附录。

本标准由中国机械工业联合会提出。

本标准由全国电工仪器仪表标准化委员会归口。

本标准起草单位：深圳市计量质量检测研究院、深圳市汉光电子技术有限公司、哈尔滨电工仪表研究所、中国测试技术研究院、深圳市浩迪科技有限公司、深圳市成星自动化系统有限公司、潍坊市潍微科技有限公司、四平市双喜科技开发有限公司。

本标准主要起草人：朱崇全、曾国清、朱晓、鲁昀、施国范、潘柯、张学波、李喜生、关文举。

本标准首次发布。

基于户用脉冲计量表的数据采集器

1 范围

本标准规定了数据采集器的术语、技术要求、试验方法、检测规则、标志、包装、运输和贮存。

本标准适用于数据采集器的设计、制造、试验和检测。

本标准中所指的数据采集器是指适用于住宅和工商业用户的基于干簧管、光耦、霍尔等脉冲电路技术的电能表、燃气表、自来水表、中水表、直饮水表、热水表、热能表等计量表的信号采集、处理、传输的设备。

2 规范性引用文件

下列文件中的条款通过本标准的引用而成为本标准的条款，凡是注日期的引用文件，其随后所有的修改单(不包括勘误的内容)或修订版不适用于本标准，然而，鼓励根据本标准达成协议的各方研究是否使用这些文件的最新版本。凡是不注日期的引用文件，其最新版本适用于本标准。

GB/T 2421—1999 电工电子产品环境试验 第1部分：总则(idt 60068-1：1988)

GB/T 2423.1—2001 电工电子产品环境试验 第2部分：试验方法 试验A：低温(idt 60068-2-1：1990)

GB/T 2423.2—2001 电工电子产品环境试验 第2部分：试验方法 试验B：高温(idt 60068-2-2：1974)

GB/T 2423.4—1993 电工电子产品基本环境试验规程 试验Db：交变湿热试验方法(eqv IEC 60068-2-30：1980)

GB/T 2423.5—1995 电工电子产品环境试验 第二部分：试验方法 试验Ea和导则：冲击(idt IEC 60068-2-27：1987)

GB/T 2423.10—1995 电工电子产品环境试验 第二部分：试验方法 试验Fc和导则：振动(正弦)(idt 60068-2-6：1982)

GB/T 2829—2002 周期检验计数抽样程序及表(适用于对过程稳定性的检验)

GB 3836.1—2000 爆炸性气体环境用电气设备 第1部分：通用要求(eqv IEC 60079-0：1998)

GB/T 6113.1—1995 无线电骚扰和抗扰度测量设备规范

GB 9254—1998 信息技术设备的无线电骚扰限值和测量方法(idt CISPR 22：1997)

GB/T 15464—1995 仪器仪表包装通用技术条件

GB/T 17626.1—2006 电磁兼容 试验和测量技术 抗扰度试验总论(idt 61000-4-1：2000)

GB/T 17626.2—2006 电磁兼容 试验和测量技术 静电放电抗扰度试验(idt 61000-4-2：2001)

GB/T 17626.3—2006 电磁兼容 试验和测量技术 射频电磁场辐射抗扰度试验(idt 61000-4-3：2002)

GB/T 17626.4—1998 电磁兼容 试验和测量技术 电快速瞬变脉冲群抗扰度试验(idt 61000-4-4：1995)

GB/T 17626.5—1999 电磁兼容 试验和测量技术 浪涌(冲击)抗扰度试验(idt 61000-4-5：1995)

GB/T 17626.8—2006 电磁兼容 试验和测量技术 工频磁场抗扰度试验(idt 61000-4-8：2001)

GB/T 17626.11—1999　电磁兼容　试验和测量技术　电压暂降、短时中断和电压变化的抗扰度试验(idt 61000-4-11:1994)

IEC 61000-3-8:1997　电磁兼容性(EMC)　第3-8部分:限值　低压电力设备上传输信号的电平、频带和电磁骚扰电平

3　术语和定义

下列术语和定义适用于本标准。

3.1

自动抄表系统　automatic meter reading system

应用于住宅和工商业用户的能够实现计量表数据自动抄录的计算机网络系统。该系统主要由计量表、数据采集器、集中器、主站等设备组成。

3.2

数据采集器　data acquisition unit

采集一个或多个计量表的信号,进行数据处理、储存,并能与集中器或主站进行数据交换的设备。

3.3

脉冲计量表　pulse calibrating meter

以电脉冲作为输出及传输信号方式的计量表。

3.4

主站　master station

对数据采集器或集中器上传的数据进行处理的计算机单元。

3.5

脉冲　pulse

一个按一定电压幅度、一定时间间隔连续发出的信号。

3.6

脉冲常数　pulse constant

表征计量表每个计量单位所产生的脉冲数量。

3.7

信道　channel

信号传输的媒体,如RS485,无线电波,低压电力线等。

3.7.1

上行信道　up channel

数据采集器与集中器或主站之间的信道。

3.7.2

下行信道　down channel

数据采集器与计量表之间的信道。

4　自动抄表系统结构及设备型号

4.1　自动抄表系统结构

自动抄表系统的基本结构见附录A。

4.2　数据采集器设备型号

数据采集器设备型号第一部分包括数据采集器代号和生产厂家代号,第二部分包括上行信道、供电

方式、采集通道数、产品设计序列号。

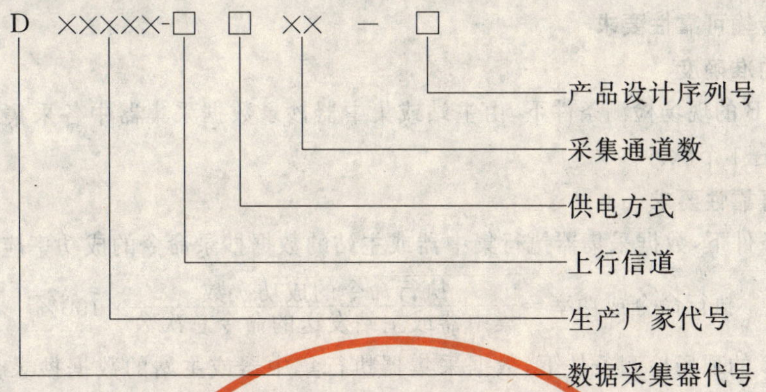

型号中各代号的表示和含义如下：

设备代号：D 代表数据采集器。

生产厂家代号：用 5 位阿拉伯数字表示，其中前两位为省份代号，后三位为厂家编号，厂家编号由省一级质量技术监督局统一编制和管理。

上行信道分别用 a、b、c、d 4 个字母表示，其中：a 代表 RS485，b 代表微功率射频无线通讯，c 代表低压电力线载波，d 代表其他通讯方式。

供电方式分别用 a、b、c、d 4 个字母表示，其中：a 代表 220 V 交流供电，b 代表集中直流供电，c 代表纯电池供电，d 代表其他供电方式。

采集通道数：指数据采集器所能采集的通道数，用两位阿拉伯数字表示。

产品设计序列号：由 26 个英文字母从 a～z 顺序排列。

5 技术要求

5.1 功能要求

5.1.1 抄表功能

应具备各种类型脉冲计量表的信号采集、处理、储存和传输的功能。

5.1.2 通信功能

应有与集中器或主站远程双向通信的功能，即能够接收和回复集中器或主站发出的数据采集及参数设置命令，并将设备故障信息上报给集中器或主站等。

5.1.3 设置功能

应可设置数据采集器的地址、脉冲计量表信息、脉冲常数、初始值等参数。

5.1.4 设备故障记录功能

发生以下几种情况时数据采集器应有记录功能：

a) 有故障检测功能的脉冲计量表发生断路或短路故障时；

b) 数据采集器脉冲采集通道发生故障时；

c) 数据采集器工作所需的电源发生故障时。

5.1.5 工作电源转换功能

采用市电供电的数据采集器可配备电源转换模块（也可外接直流集中供电设备）。当市电断电时，能自动转换到备用电源，当市电恢复时，能自动转换到市电供电状态。

5.1.6 扩展功能

5.1.6.1 数据采集器的脉冲采集通道应有判断脉冲计量表发生断路或短路故障的功能，并能根据所连接脉冲计量表的情况启用或屏蔽脉冲采集通道的故障报警功能。

5.1.6.2 应可按用户要求设计新功能，如可通过燃气泄漏报警器和燃气控制阀门实现燃气泄漏报警和燃气控制的功能，通过对燃气控制阀门、自来水阀门、继电器等设备的控制实现欠费关断功能等。

5.2 计量及数据传输可靠性要求

5.2.1 脉冲采集的准确度

在试验或附录B的现场检测条件下，由主站或集中器抄录数据采集器中各采集通道的总脉冲数的累计误差应不大于±1个脉冲。

5.2.2 数据传输可靠性要求

5.2.2.1 在试验条件下，数据采集器执行集中器或主站的数据抄录命令的成功率应满足表1的规定。

$$执行命令成功率=\frac{执行命令的成功次数}{集中器或主站发送的命令总次数}\times 100\%$$

5.2.2.2 在附录B的现场检测条件下，数据采集器执行集中器或主站的数据抄录命令的成功率应满足表2的规定。

表1 试验条件下数据采集器执行命令成功率

上行信道	数据采集器执行命令成功率
RS485	≥99%
微功率射频无线通讯	≥98%
低压电力线载波	≥97%
其他通讯方式	≥97%

表2 现场检测条件下数据采集器执行命令成功率

上行信道	数据采集器执行命令成功率
RS485	≥99%
微功率射频无线通讯	≥95%
低压电力线载波	≥85%
其他通讯方式	≥90%

5.3 电气性能

5.3.1 供电方式

a) 交流供电方式：

电压：220 V，允许偏差：±15%。

频率：50 Hz允许偏差：−5%～+20%。

b) 直流集中供电方式：

电压：5 V～36 V，允许偏差：±5%。

c) 电池供电方式：

电压：3 V～12 V，允许偏差：±5%。

5.3.2 功率消耗

对于采用220 V交流供电及直流集中供电方式的，数据采集器每个采集通道消耗的功率应不大于0.5 W；采用电池供电且上行信道为有线方式的，数据采集器整体消耗的功率应不大于0.1 W；采用电池供电且上行信道为无线方式的，数据采集器在静态时整体消耗的功率应不大于0.2 mW，在无线发射接收状态时整体消耗的功率应不大于100 mW。

5.3.3 后备电源工作时间

当220 V交流或直流集中供电方式的后备电源在220 V交流市电断电后，应能保证数据采集器正常工作时间不小于48 h。使用电池供电方式的电池寿命应不小于5年。

5.4 电磁兼容性(EMC)

5.4.1 抗扰度

应能保证传导的或辐射的电磁骚扰以及静电放电不使数据采集器的各部件损坏,或无实质性影响,各项功能、读数准确度、执行命令成功率应符合 5.1、5.2.1、5.2.2.1 的要求。

5.4.2 电压降落和短时中断

电压降落和短时中断不应使数据采集器损坏或死机。

5.4.3 无线电干扰抑制

数据采集器不应发出能干扰其他设备的传导和辐射噪声。

5.5 结构和机械性能

5.5.1 结构

应牢固,便于安装,无开裂,无变形,无松脱。

5.5.2 机械性能

应能承受正常运行中的机械振动及常规运输条件下的冲击,不应发生损坏和零部件松动脱落现象,各项功能、读数准确度、执行命令成功率应符合 5.1、5.2.1、5.2.2.1 的要求。

5.6 安全性能

5.6.1 绝缘电阻

在交流 220 V 和直流电气回路对地之间,施加 500 V 电压,在正常工作条件下,绝缘电阻应不低于 5 MΩ。

5.6.2 接地电阻

将电源线接地导线与样机连线的接地端子、易触及接地部件之间的接地电阻应≤0.1 Ω。

5.6.3 工频耐压

在交流 220 V 电气回路与直流电气回路之间施加有效值为 2 kV 的 50 Hz 正弦波电压 1 min,不应出现电弧、放电、击穿和损坏,其泄漏电流应小于 7 mA。

5.6.4 下行信道及上行信道防电力线搭接保护

a) 在无一级保护情况下,数据采集器各下行信道分别承受电压 220 V、持续时间 15 min 的电力线接触试验时不应着火,试验后,数据采集器应能正常工作。

b) 在无一级保护情况下,数据采集器上行信道承受电压 220 V、持续时间 15 min 的电力线接触试验时不应着火,试验后,数据采集器应能正常工作。

5.7 防爆安全要求

当数据采集器置于爆炸危险区,或置于安全区作为本安防爆型燃气表、燃气控制阀门的关联设备时,应符合 GB 3836.1—2000 及其相关防爆标准的要求,样机应取得国家授权的质量监督检验部门检验通过的防爆合格证。

5.8 设备工作环境条件

在温度为−10℃～+55℃,湿度为 40%～90%,大气压力为 86 kPa～106 kPa 的环境条件下应能正常工作。

6 试验方法

6.1 试验条件

在试验过程中,应将组成自动抄表系统的各相关设备置于标准大气条件环境中,按图 A.1 所示进行连接,上行信道和下行信道采用有线方式的通讯线长度应在 10 m～50 m 之间。

6.2 环境条件

试验应在 GB/T 2421—1999 要求的测量和试验用标准大气条件下进行,在每一项目的试验期间环境条件应相对稳定。

6.3 **试验电源条件**

a) 交流供电方式：

电压：220 V，允许偏差：±5%。

频率：50 Hz 允许偏差：±1%。

b) 直流集中供电方式：

电压：5 V～36 V，允许偏差：±5%。

c) 电池供电方式：

电压：3 V～12 V，允许偏差：±5%。

6.4 **功能试验**

将组成自动抄表系统的各相关设备进行连接，按 5.1 的相应要求对数据采集器进行功能试验。

6.5 **脉冲采集准确度试验**

6.5.1 **测试仪器**

采用模拟脉冲发生器的输出脉冲作为信号输入，脉冲模拟发生器应能模拟附录 C、附录 D 中脉冲计量表所发出的脉冲信号。

6.5.2 **测试方法**

将被测试的数据采集器各采集通道连接至脉冲模拟发生器输入端口，脉冲模拟发生器发出 10 万个标准脉冲信号，从主站或集中器中抄录到数据采集器中实际脉冲数的累计误差应不大于±1 个脉冲。

6.5.3 **对干扰脉冲的过滤功能（对含数据采集器的一体化脉冲计量表此功能不作要求）**

6.5.3.1 用模拟脉冲发生器来模拟干扰脉冲输入进行测试，模拟干扰脉冲为在标准脉冲波形中，每 100 ms 随机产生的脉冲宽度为 10 ms 的方波，其高低电平幅度为附录 C 中与当前标准脉冲电平状态相反的高端电平高度或低端电平高度。

6.5.3.2 将被测试的数据采集器通道连接至脉冲模拟发生器输入端口，脉冲模拟发生器发出 500 个叠加模拟干扰脉冲的标准脉冲信号，将数据采集器的读数与脉冲模拟发生器上显示的读数相比较，有效脉冲计数的准确度应满足 5.2.1 的要求。

6.6 **数据传输可靠性试验**

在试验条件下，由主站或集中器对数据采集器发出 500 条单通道抄表命令，执行命令成功率应满足 5.2.2.1 表 1 的要求。

6.7 **电气性能试验**

6.7.1 **电源电压变化影响**

将供电电源电压在 5.3.1 允许偏差范围以内变化，数据采集器应能正常工作，各项功能、读数准确度、执行命令成功率应符合 5.1、5.2.1、5.2.2.1 的要求。

6.7.2 **功率消耗**

用伏安法测出在数据采集器非传输状态下及传输状态下的功耗，均应符合 5.3.2 的要求。

6.7.3 **后备电源工作时间**

在后备电源的电池充电充足时将市电断开，然后用模拟脉冲发生器发出 1 万个标准脉冲信号，由主站或集中器进行抄录，读数准确度和执行命令成功率应符合 5.2.1、5.2.2.1 的要求，数据采集器应能连续工作 48 h。

6.8 **气候环境影响试验**

6.8.1 **高温试验**

按 GB/T 2423.2—2001 规定的 Bb 类进行试验，将被测试样机在非通电状态下放入高温箱中央，将电源线、通讯线、信号线引出高温箱，按要求接入模拟脉冲发生器、电源线、信号线，并与主站或集中器连接好，使自动抄表系统处于通电工作状态，高温箱以不大于 1℃/min 的速率升温至规定的最高温度 +55℃，保温 16 h；试验期间，样机同步接收模拟脉冲发生器的脉冲信号，其功能及读数准确度、执行命令成功率应符合 5.1、5.2.1、5.2.2.1 的要求。试验结束,在标准大气条件下恢复。

6.8.2 低温试验

按 GB/T 2423.1—2001 规定的 Ab 类进行试验,将被测试样机在非通电状态下放入低温箱中央,将电源线、通讯线、信号线引出低温箱,按要求接入模拟脉冲发生器、电源线、信号线,并与主站或集中器连接好,使自动抄表系统处于通电工作状态,低温箱以不大于 1℃/min 的速率降温至规定的最低温度 −10℃,保温 16 h;试验期间,样机同步接收模拟脉冲发生器的脉冲信号,各项功能、读数准确度、执行命令成功率应符合 5.1、5.2.1、5.2.2.1 的要求。试验结束,在标准大气条件下恢复。

6.8.3 交变湿热试验

按 GB/T 2423.4—1993 的规定进行试验,试验时间为 2 d,最高温度为+55℃。将被测试样机在非通电状态下放入交变湿热箱中央,将电源线、通讯线、信号线引出湿热箱,按要求接入模拟脉冲发生器、电源线、信号线,并与主站连接好,使自动抄表系统处于通电工作状态,湿热箱的温度变化曲线按标准 GB/T 2423.4—1993 中图 1 的要求进行设定。高温高湿恒定阶段,温度维持在(55±2)℃,降温阶段,温度降至(25±3)℃,相对湿度除最初 15 min 应不低于 90%外,其余时间均不低于 95%。试验后,恢复 2 h,样机同步接收模拟脉冲发生器的脉冲信号,各项功能、读数准确度、执行命令成功率应符合 5.1、5.2.1、5.2.2.1 的要求。试验结束,在标准大气条件下恢复,绝缘电阻应符合 5.6.1 的要求。

6.9 电磁兼容性试验

6.9.1 一般试验条件

在下列所有试验中,样机处于正常工作位置,所有需接地的部件应接地;试验时,样机处于工作状态,并接收模拟脉冲发生器所发出的标准脉冲信号。

6.9.2 静电放电抗扰度试验

按照 GB/T 17626.2—2006 的规定,并在下述条件下进行:

a) 接触放电:

——严酷等级:4;

——试验电压:±8 kV。

b) 空气放电:

——严酷等级:4;

——试验电压:±15 kV。

在其外壳和被试样机操作键等工作人员经常可能触及的部位,放电 10 次,每次放电间隔至少为 1 s。样机在通电工作的条件下,试验时,样机应能正常采集数据;试验后,样机不应出现损坏或信息的改变,各项功能、读数准确度、执行命令成功率应符合 5.1、5.2.1、5.2.2.1 的要求。

6.9.3 辐射电磁场抗扰度试验

按照 GB/T 17626.3—2006 的规定,并在下述条件下进行:

——电源及辅助线路加参比电压,样机应处于数据采集状态;

——频率范围:80 MHz~1 000 MHz;

——严酷等级:3;

——试验场强:10 V/m(未调制);1 kHz,80%,AM(调制)。

试验时,样机不应出现损坏或信息的改变,各项功能、读数准确度、执行命令成功率应符合 5.1、5.2.1、5.2.2 的要求。

6.9.4 电快速瞬变脉冲群抗扰度试验

6.9.4.1 试验条件

按照 GB/T 17626.4—1998 中的规定,并在下述条件下进行。

试验电压应以共模方式施加于地与样机的下列线路间(采用直流集中供电设备的样机只对直流集中供电设备 220 V 交流输入端线路进行实验,对直流供电线路不作要求):

a) 电源线路；

b) 正常工作时与电源线路分离的辅助线路，通常为保护接地线路；

c) 上行信道线路(有线方式)；

d) 下行信道线路(对含数据采集器的一体化脉冲计量表此功能不作要求)。

6.9.4.2 **电源和辅助线路**

——电源和辅助线路加参比电压；

——严酷等级:3；

——电源和辅助线路的试验电压:2 kV；

——试验时间:每次作用 60 s。

在脉冲群作用下，样机不应出现损坏或信息的改变，并能正常计数，读数准确度符合 5.2.1 的要求；试验后，各项功能、读数准确度、执行命令成功率应符合 5.1、5.2.1、5.2.2.1 的要求。

6.9.4.3 **使用耦合夹将试验电压耦合至上行信道**

——电源和辅助线路加参比电压；

——严酷等级:3；

——耦合在上行信道和下行信道的试验电压:1 kV；

——试验时间:每次作用 60 s。

试验后，样机不应出现损坏或信息的改变，并能正常地工作，各项功能、读数准确度、执行命令成功率应符合 5.1、5.2.1、5.2.2.1 的要求。

6.9.4.4 **使用耦合夹将试验电压耦合至下行信道**

——电源和辅助线路加参比电压；

——严酷等级:3

——耦合在下行信道的试验电压:1 kV；

——试验时间:每次作用 60 s。

在脉冲群作用下，样机不应出现损坏或信息的改变，并能正常计数。试验后，各项功能、读数准确度、执行命令成功率应符合 5.1、5.2.1、5.2.2.1 的要求。

6.9.5 **浪涌(冲击)抗扰度试验**

6.9.5.1 **试验条件**

按照 GB/T 17626.5—1999 的规定，并在下述条件下进行。

a) 试验电压应施加于下列线路间：

——电源电压线路端之间；

——电源电压线路端与地之间；

——上行信道(有线方式)与地之间；

——下行信道与地之间(对含数据采集器的一体化脉冲计量表此功能不作要求)。

b) 极性:正、负。

c) 试验次数:正负极性各 5 次。

d) 重复率:每分钟 1 次。

6.9.5.2 **电源电压线路之间**

——电源电压试验波形:1.2/50 μs；

——严酷等级:3；

——试验电压:2 kV。

试验中，样机应无损坏。试验后，样机储存的信息应无改变，各项功能、读数准确度、执行命令成功率应符合 5.1、5.2.1、5.2.2.1 的要求。

6.9.5.3 **电源电压线路端与地之间**

——电源电压试验波形：1.2/50 μs；

——严酷等级：4；

——试验电压：4 kV。

试验中，样机应无损坏。试验后，样机储存的信息应无改变，各项功能、读数准确度、执行命令成功率应符合 5.1、5.2.1、5.2.2.1 的要求。

6.9.5.4 **上行信道(有线方式)与地之间**

——电源电压试验波形：10/700 μs；

——严酷等级：4；

——试验电压：4 kV。

试验中，样机应无损坏。试验后，样机储存的信息应无改变，各项功能、读数准确度、执行命令成功率应符合 5.1、5.2.1、5.2.2.1 的要求。

6.9.5.5 **下行信道与地之间**

——电源电压试验波形：10/700 μs；

——严酷等级：4；

——试验电压：4 kV。

试验中，样机应无损坏。试验后，样机储存的信息应无改变，各项功能、读数准确度、执行命令成功率应符合 5.1、5.2.1、5.2.2.1 的要求。

6.9.6 **工频磁场抗扰度试验**

按照 GB/T 17626.8—1998 的规定，并在下述条件下进行：

——电源及辅助线路加参比电压；

——频率范围：80 MHz～1 000 MHz；

——严酷等级：3；

——试验场强：10 V/m(未调制)；1 kHz，80%，AM(调制)。

在正常工作状态下，将样机置于产生与系统电源电压相同频率的随时间正弦变化的、强度为 10 A/m的均匀磁场的线圈中心，改变磁场线圈的方向与线圈中电流的相位，以便得到最不利的方向和相位，试验过程中样机的各项功能、读数准确度、执行命令成功率应符合 5.1、5.2.1、5.2.2.1 的要求。

6.9.7 **电压降落和短时中断**

按照 GB/T 17626.11—1999 的规定，按下列条件进行：

a) 电压中断 $\Delta U=100\%$，中断时间为 1 s，中断次数为 3 次。各次中断之间的恢复时间为 50 ms。

b) 电压降落 $\Delta U=60\%$，降落时间为 1 min，降落次数为 1 次。

电压降落和短时中断试验时，样机不应损坏或死机；试验后，样机储存的信息应无改变，各项功能、读数准确度、执行命令成功率应符合 5.1、5.2.1、5.2.2.1 的要求。

6.9.8 **无线电干扰的测量**

无线电干扰的试验应按 GB 9254—1998 中 B 级设备的规定，在下述条件进行：

a) 电压和辅助线路加参比电压。

b) 样机在通电状态下，不采集脉冲信号，不与主站或集中器通讯。

c) 1 m 长屏蔽的电缆应用于连接电压电路。

6.10 **结构和机械性能试验**

6.10.1 **结构**

用目测法检查其结构，应符合 5.5.1 的要求。

6.10.2 机械性能试验

6.10.2.1 振动试验

受试样机不包装，不通电，固定在试验台中央，样机在非工作状态下，试验按 GB/T 2423.5—1995 的规定进行，振动方向为 X、Y、Z 轴。

a) 共振搜索

——频率：5 Hz—55 Hz—5 Hz；

——扫频速率：≤1 oct/min；

——驱动振幅：0.19 mm。

b) 共振保持：

——共振时间：10 min；

——共振保持：1.59 mm(5 Hz≤f≤10 Hz)、0.76 mm(10 Hz≤f≤25 Hz)、0.19 mm(25 Hz≤f≤55 Hz)。

c) 振动循环：

——驱动振幅：0.19 mm；

——扫频速率：≤1 oct/min；

——次数：2 次。

d) 重复共振搜索：

——频率循环范围：5 Hz—55 Hz—5Hz；

——扫频速率：≤1 oct/min；

——驱动振幅：0.19 mm。

试验后检查受试样机应无损坏和紧固件松动脱落现象，通电后样机的各项功能、读数准确度、执行命令成功率应符合 5.1、5.2.1、5.2.2.1 的要求。

6.10.2.2 冲击试验

受试样机不包装，不通电，固定在试验台中央，样机在非工作状态下，试验按 GB/T 2423.10—1995 的规定进行。

——加速度：980 m/s^2；

——脉冲持续时间：(4±1)ms；

——冲击次数：6 个面，每面 3 次；

——冲击波形：半个正弦波。

试验后检查受试样机应无损坏和紧固件松动脱落现象，通电后样机的各项功能、读数准确度、执行命令成功率应符合 5.1、5.2.1、5.2.2.1 的要求。

6.11 安全性能试验

6.11.1 绝缘电阻试验

按 5.6.1 的规定进行试验。

6.11.2 接地电阻试验

按 5.6.2 的规定进行试验。

6.11.3 工频耐压试验

按 5.6.3 的规定进行试验。

6.11.4 下行信道及上行信道防电力线搭接保护试验

试验见图 1。试验位置同单路模拟雷电冲击试验，试验端子为(A+B)－E。试验电压为 220 V，持续时间为 15 min，在无第一级保护情况下，按 600 Ω、200 Ω 和 10 Ω 的顺序各试验一次，试验结果应符合 5.6.4 的要求。

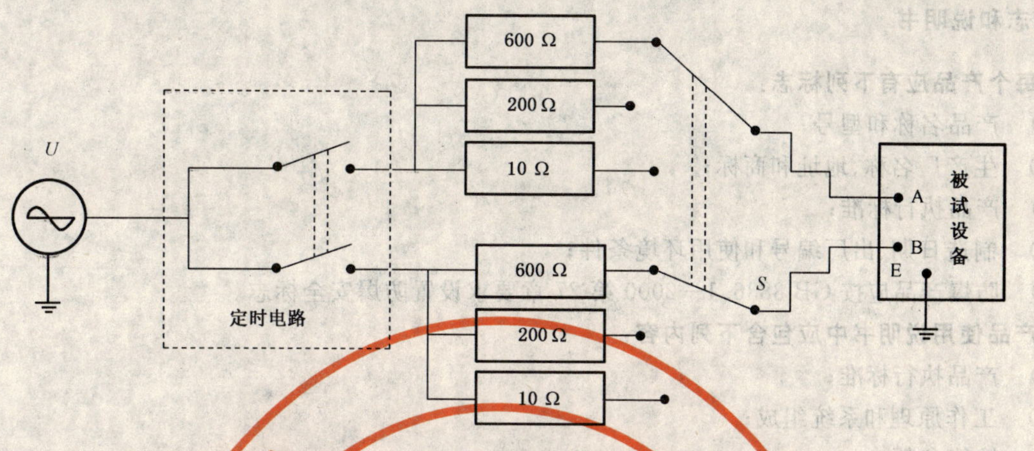

图 1　电力线接触试验连接图

注：在做下行通道试验时，A、B 为脉冲输出端口；在做上行通道试验时，A、B 为通讯端口。

6.12　防爆安全试验

按 GB 3836.1—2000 及其相关防爆标准的要求进行试验。

7　检测规则

7.1　出厂检测

由制造厂对生产的每个产品，按附录 H 中表 H.1 检测项目表规定的出厂检测项目进行检测，合格后加盖合格印，并出具出厂检测报告。

7.2　型式试验

7.2.1　按检测项目表规定的全部项目进行检测

出现下列情况之一应进行型式试验：

a)　新产品设计定型鉴定及批试生产定型鉴定；

b)　当结构，工艺或主要材料有所改变，可能影响其符合本技术条件要求时；

c)　停产一年后重新投产时；

d)　批量生产的产品每达到 2 年进行一次型式试验；

e)　国家质量监督机关或主管部门要求进行型式试验时。

7.2.2　抽样

型式试验的样品应在出厂检测合格的产品中随机抽取，按 GB/T 2829—2002 选择判别水平 Ⅰ，不合格质量水平 RQL＝30 的二次抽样方案，即：

$$[n;Ac,Re]=\begin{vmatrix}4;0,2\\4;1,2\end{vmatrix}$$

式中：

n——样本大小；

Ac——合格判定数；

Re——不合格判定数。

7.2.3　不合格分类

按 GB/T 2829—2002 的规定，不合格分为 A、B、C 3 类。各类的权值定为：A 类 1.0，B 类 0.45，C 类 0.25，累计后小数位 4 舍 5 入取整。

7.3　检测项目

检测项目按附录 H 检测项目表进行。

8 标志和说明书

8.1 每个产品应有下列标志：

a) 产品名称和型号；

b) 生产厂名称、地址和商标；

c) 产品执行标准；

d) 制造日期、出厂编号和使用环境条件；

e) 防爆产品应按 GB 3836.1—2000 第 27 章要求设置防爆安全标志。

8.2 产品使用说明书中应包含下列内容：

a) 产品执行标准；

b) 工作原理和系统组成；

c) 性能参数；

d) 工程安装方法；

e) 现场调试方法；

f) 系统维护和注意事项。

9 包装、运输和贮存

9.1 包装应符合 GB/T 15464—1995 的规定。

9.2 每个产品应有塑料袋、防震瓦楞纸、纸盒包装，纸盒内应放置防潮剂，将若干产品用瓦楞纸箱包装。

9.3 包装纸箱上应注明产品名称、规格型号、数量，以及防雨、防水、防撞击、防振动标志和堆码的层数。

9.4 包装完整的产品在运输过程中应避免雨、雪的直接淋袭，并防止受到剧烈的撞击和振动。

9.5 包装完整的产品存放时，应放在温度为 0℃～45℃，相对湿度不超过 85%，空气中无腐蚀性物质的室内。

附　录　A
（规范性附录）
自动抄表系统结构图

自动抄表系统的基本结构如图 A.1 所示。

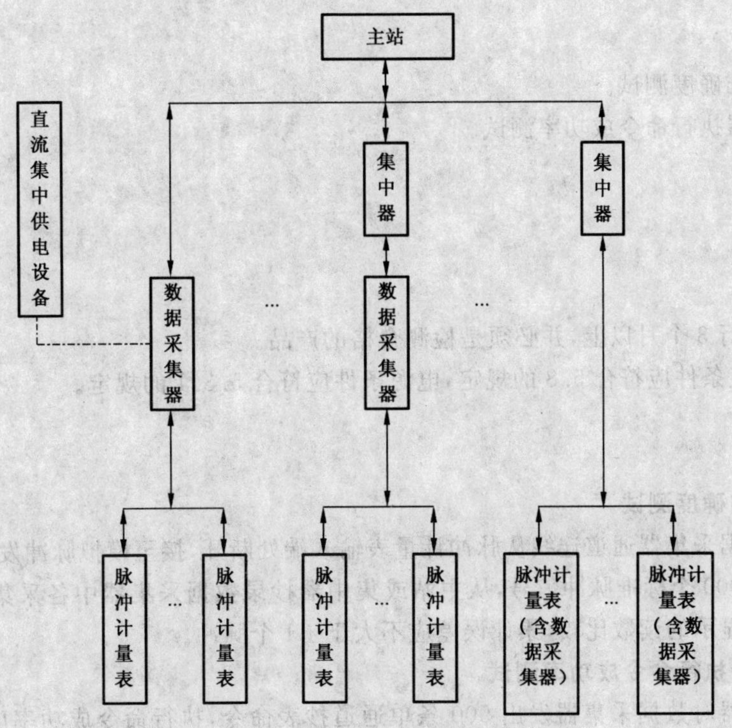

图 A.1　自动抄表系统结构图

附 录 B
（规范性附录）
数据采集器现场检测

B.1 检测项目

B.1.1 功能检查。

B.1.2 脉冲计数准确度测试。

B.1.3 数据采集器执行命令成功率测试。

B.2 检测方法

B.2.1 检测条件

B.2.1.1 系统条件

数据采集器运行 3 个月以上，并必须是检测合格的产品。

B.2.1.2 气候环境条件应符合 5.8 的规定，电源条件应符合 5.3.1 的规定。

B.2.2 功能检查

同 6.4。

B.2.3 脉冲计数准确度测试

将被测试的数据采集器通道连线从脉冲计量表输入端处断开，接至模拟脉冲发生器输出端口，模拟脉冲发生器发出 1 000 个标准脉冲信号，从主站或集中器抄录数据采集器中各采集通道的总脉冲数与脉冲模拟发生器上显示的读数比较，累计误差应不大于±1 个脉冲。

B.2.4 数据采集器执行命令成功率测试

由主站或集中器对数据采集器发出 500 条单通道抄表命令，执行命令成功率应满足 5.2.2.2 表 2 的要求。

附　录　C
（规范性附录）
可适用于本标准的脉冲计量表

C.1　脉冲计量表输出脉冲信号的波形示意图

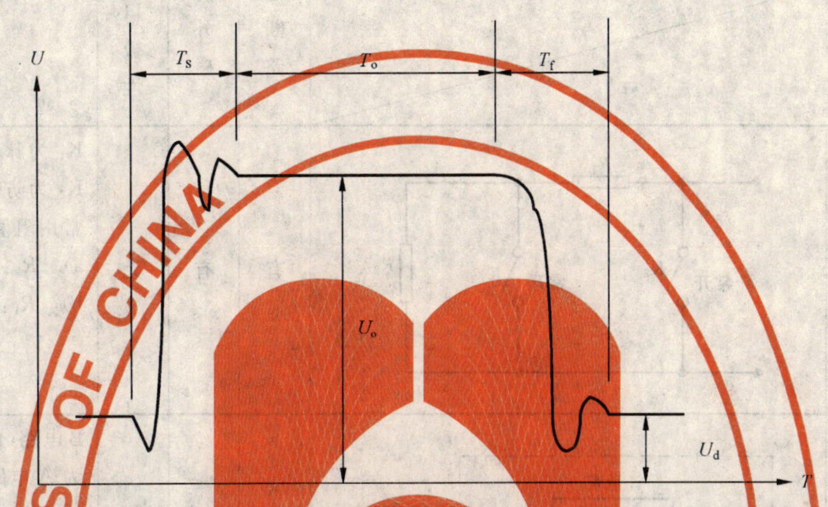

图中：U_c——脉冲电路工作电压；　U_o——脉冲信号的高端电平高度；
U_d——脉冲信号的低端电平高度；　U_h——报警信号低端电平高度(短路故障)；
U_l——报警信号高端电平高度(断路故障)；　T_s——脉冲信号前沿宽度；
T_f——脉冲信号的后沿宽度；　T_o——脉冲信号的有效宽度。

注：脉冲装置输出的波形应为方波，脉冲前沿 T_s、后沿 T_f 的抖动延时应小于 10 ms。

图 C.1　脉冲信号的波形示意图

C.2　正常计量脉冲电平

C.2.1　有故障报警功能的脉冲计量表

U_o 应为：60%～70% U_c；

U_d 应为：10%～20% U_c。

C.2.2　无故障报警功能的脉冲计量表

U_o 应为：60%～100% U_c；

U_d 应为：0%～40% U_c。

C.3　报警脉冲低端电平高度(短路故障)

报警脉冲低端电平高度应小于 5% Uc。

C.4　报警脉冲高端电平高度(断路故障)

报警脉冲高端电平高度应大于 95% U_c。

C.5　脉冲宽度

T_o(无论高低电平)均应大于或等于 80 ms。

附　录　D
（规范性附录）
脉冲计量表的典型脉冲采集电路

表 D.1　脉冲计量表的 4 种典型脉冲采集电路

型号 \ 特点		短断路	防外磁	接口极性	电路说明
A　无源两线式	R_1　R_2　常开 K_2　常开 K_1	有	有	无	K_1 为脉冲输出开关； K_2 为防磁开关。 常用阻值： a)　R_1:2 kΩ,R_2,22 kΩ b)　R_1:1 kΩ,R_2,39 kΩ
B　光耦有源三线式	计量表　信号端　地　电源	无	无	有	B 电路(信号端和地)可作为 A 电路中的 K_1 开关
C　光耦无源两线式	计量表　信号端　地	无	无	有	C 电路可作为 A 电路中的 K_1 开关
D　霍尔有源三线式	霍尔器件　电源　信号端　地	无	无	有	D 电路(信号端和地)可作为 A 电路中的 K_1 开关

附 录 E
（资料性附录）
RS485 标准串行电气接口

E.1 RS485 标准采用平衡式发送，差分式接收的数据收发器来驱动总线。

E.2 电平要求

E.2.1 驱动与接收端耐静电放电(ESD)±15 kV(人体模式)。

E.2.2 共模输入电压：−7 V～+12 V。

E.2.3 差模输入电压：大于 0.2 V。

E.2.4 驱动输出电压：在负载阻抗 54 Ω 时，最大 5 V，最小 1.5 V。

E.3 其他要求

E.3.1 三态输出方式。

E.3.2 半双工通信方式。

E.3.3 驱动能力应不小于 32 个同类接口。

E.3.4 在传输速率不大于 100 kbit/s 条件下，有效传输距离不小于 1 200 m。

E.3.5 总线是无源的，有从站或手持设备提供电源。

附 录 F
（资料性附录）
电力线载波接口

F.1 电力线载波信道

F.1.1 信号频带

采用低压电力线载波通信时，其载波信号频率范围应为 3 kHz ～ 5 kHz，优先选择 IEC 61000-3-8 规定的电力部门专用频带 9 kHz ～ 95 kHz。系统使用的信号频带应征得有关电力部门的同意。

F.1.2 最大输出信号电平

以下的电平测量均在 GB/T 6113.1—1995 附录 F 的 F.2 的 50 μH 与 5 Ω 并联的 V 型人工电源网络上。

a） 3 kHz ～ 9 kHz 频带的最大输出信号电平为 134 dBμV；

b） 9 kHz ～ 9 5 kHz 频带的最大输出信号电平：

1） 小于 5 kHz 的带宽的窄带载波最大输出信号电平：9 kHz 时为 134 dBμV，95 kHz 时为 120 dBμV，9 kHz～95 kHz 时随频率呈线性下降；

2） 不小于 5 kHz 的带宽的窄带载波最大输出信号电平为 134 dBμV；

3） 用 200 Hz 带宽的峰值检测器测出的最大信号电平为 120 dBμV。

c） 95 kHz～148.5 kHz 频带的最大输出信号电平：

一般为 116 dBμV，工业区应用时不应超过 134 dBμV。

d） 148.5 kHz～500 kHz 频带的最大输出信号电平不大于 66 dBμV～56 dBμV。

F.1.3 使用频率外的干扰电平

a） 9 kHz～95 kHz 频带的最大干扰电平不大于 66 dBμV；

b） 150 kHz～500 kHz 频带的最大干扰电平不大于 50 dBμV；

c） 大于 500 kHz 频带的最大干扰电平不大于 46 dBμV。

附 录 G
（资料性附录）
无线收发接口

G.1 无线接口使用的无线电频率应优先选用40.66 MHz～40.70 MHz频段或228.425 MHz频段和606 MHz～798 MHz频段。

G.2 无线接口使用的无线电频率在选用G.1规定的频率有困难时，也可选用430 MHz～434.77 MHz频段。

G.3 发射功率和其他主要技术指标应符合信息产业部1998年5月发布的《微功率（短距离）无线电设备管理暂行规定》相对应的技术要求。

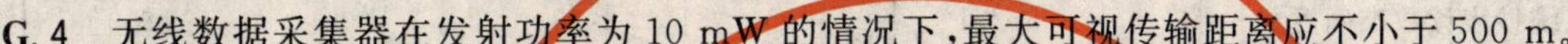

G.4 无线数据采集器在发射功率为10 mW的情况下，最大可视传输距离应不小于500 m。

附　录　H
（规范性附录）
检测项目表

表 H.1　检测项目表

序号	校验项目	要求	检测方法	出厂检测	型式检测	不合格类别
1	结构	5.5.1	6.10.1	√	√	C
2	机械性能	5.5.2	6.10.2	—	√	B
3	基本功能	5.1	6.4	√	√	A
4	系统抄表读数准确度	5.2.1	6.5	√	√	A
5	数据传输可靠性	5.2.2	6.6	—	√	A
6	电源电压变化影响	5.3.1	6.7.1	√	√	C
7	功率消耗	5.3.2	6.7.2	√	√	C
8	停电后备电源工作时间	5.3.3	6.7.3	—	√	B
9	静电放电抗扰度试验	5.4.1	6.9.2	—	√	A
10	射频电磁场抗扰度试验	5.4.1	6.9.3	—	√	A
11	电快速瞬变脉冲群抗扰度试验	5.4.1	6.9.4	—	√	A
12	浪涌(冲击)抗扰度试验	5.4.1	6.9.5	—	√	A
13	工频磁场抗扰度试验	5.4.1	6.9.6	—	√	A
14	电压降落和短时中断	5.4.2	6.9.7	—	√	A
15	无线电干扰的测量	5.4.3	6.9.8	—	√	A
16	绝缘电阻	5.6.1	6.11.1	—	√	A
17	接地电阻	5.6.2	6.11.2	—	√	A
18	工频耐压	5.6.3	6.11.3	—	√	A
19	防交流 220 V 搭接保护	5.6.4	6.11.4	—	√	A
20	防爆安全试验	5.7	6.12	—	√	A
21	高温影响	5.8	6.8.1	*	√	A
22	低温影响	5.8	6.8.2	*	√	A
23	交变湿热试验	5.8	6.8.3	—	√	A

注：“√”表示应做的项目；“*”表示批次抽检的项目。

ICS 25.040.30
J 07

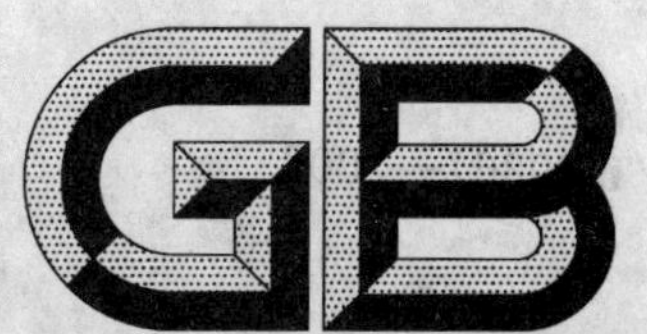

中华人民共和国国家标准

GB/T 20867—2007

工业机器人 安全实施规范

Industrial robot—Safety implementation specification

2007-01-18 发布 2007-08-01 实施

中华人民共和国国家质量监督检验检疫总局
中国国家标准化管理委员会 发布

前　言

本标准为推荐性国家标准。

本标准由中国机械工业联合会提出。

本标准由全国工业自动化系统与集成标准化技术委员会归口。

本标准起草单位：北京机械工业自动化研究所。

本标准主要起草人：胡景谬、郝淑芬、聂尔来、许瑾 。

本标准是首次发布。

引　言

1　工业机器人安全标准制修订概况

1.1　国际工业机器人安全标准的制修订概况

ISO 10218是《工业机器人安全》国际标准的编号，此标准是国际标准化组织ISO/TC 184/SC 2/WG 3制定的，并于1992年1月正式发布实施，1997年9月经全体成员体投票复审，确认继续有效实施。近年来，随着科学技术的迅猛发展，工业机器人的品种不断增加，功能扩展，性能提高，应用领域亦更加广泛，不仅从制造业扩展到非制造业，甚至扩展到医疗、服务和康复领域，因此机器人使用的安全及防护问题日益突出。2000年，美国提出为了加强机器人和机器人系统的安全，使标准的制定者和使用者更便于交流和执行，并且标准还应考虑用于工业自动化的系统中除机器人系统以外的安全问题，因此需要对ISO 10218：1992年的版本进行修订，同时提供了美国在1999年制定的标准版本。2000年ISO/TC 184/SC 2在美国举行的年会上形成决议，决定成立工作组，对安全标准进行修订。2001年在日本举行的年会上工作组提出了新工作项目建议草案，把安全标准分成两个部分，第一部分为设计、构形和安装时的安全，第二部分为机器人重新组装、重新布置及使用时的安全规范。此两部分的内容比1992年版细化和增加了不少具体内容，特别是对安全防护电路的设计及对各类人员的安全防护措施更加明确。目前该标准正在制定中。

1.2　我国工业机器人安全标准的制修订情况

工业机器人产品在我国的研制开发始于"七五"期间。由于工业机器人产品有着与其他产品不同的特征，其运动部件，特别是手臂和手腕部分具有较高的能量，且以较快的速度掠过比机器人机座大得多的空间，并随着生产环境和条件及工作任务的改变，其手臂和手腕的运动亦随之改变。若遇到意外启动，则对操作者、编程示教人员及维修人员均存在着潜在的伤害。为此，为防止各类事故的发生，避免造成不必要的人身伤害，在研制机器人产品的同时，也立项制定工业机器人安全标准。

我国第一个安全标准GB 11291—1989是1989年3月发布，1990年实施的，它是参照日本标准JIS B 8433：1986《工业机器人安全法则》制定的。1994年，经过五年的使用，发现原标准过于简单，且国际标准ISO 10218也已经发布实施，按照我国积极采用国际标准的原则，于1994年成立工作组对1989年版进行修订，原国家技术监督局于1997年9月发布，1998年4月开始实施。此版本完全参照采用了ISO 10218：1992的版本，在内容上有所增加，首次提出了安全分析和风险评价的概念以及机器人系统的安全设计和防护措施。目前该标准尚在实施中。

2　编写实施规范的目的

根据《中华人民共和国标准化法》第七条及实施条例第十八条的规定：国家标准、行业标准分为强制性标准和推荐性标准。下列标准属于强制性标准："（一）药品标准，食品卫生标准，兽药标准；（二）产品及产品生产、储存和使用中的安全、卫生标准，劳动安全、卫生标准，运输安全标准；（三）工程建设质量、安全、卫生标准及国家需要控制的其他工程建设标准；（四）环境保护的污染物排放标准和环境质量标准；（五）重要的通用技术术语、符号、代号和制图方法；（六）通用试验、检验方法标准；（七）互换配合标准；（八）国家需要控制的重要产品质量标准"。因GB 11291—1997标准是涉及产品使用中的安全标准，经全国工业自动化系统与集成标准化技术委员会/机器人分委会建议，上级主管部门审核批准，此标准定为强制性标准。我国的强制性标准属于技术法规的范畴，其范围与WTO规定的技术法规的五个方面基本一致。根据WTO的有关规定和国际惯例，标准是自愿性的，而法规或合同是强制性的，标准的内容只有通过法规或合同的引用才能强制执行，而强制性标准则必须执行。因此为了增加GB 11291标准的可操作性，便于工程技术人员、管理人员及用户更准确、全面地使用和实施安全标准，特制定本实施规范。

工业机器人　安全实施规范

1　范围

本标准规定了工业机器人安全标准的实施步骤和细则，从而增加了GB 11291标准的可操作性，便于广大生产厂商、销售商和用户的设计、安装、调试、操作和维护等相关人员全面准确地使用和实施机器人安全标准。

本标准适用于工业环境中的工业机器人及其系统的设计、生产、销售、管理和使用。

2　规范性引用文件

下列文件中的条款通过本标准的引用而成为本标准的条款。凡是注日期的引用文件，其随后所有的修改单（不包括勘误的内容）或修订版均不适用于本标准，然而，鼓励根据本标准达成协议的各方研究是否可使用这些文件的最新版本。凡是不注日期的引用文件，其最新版本适用于本标准。

GB 5226.1—2002　机械安全　机械电气设备　第1部分：通用技术条件（IEC 60204-1:2000，IDT）

GB 11291—1997　工业机器人　安全规范（eqv ISO 10218:1992）

GB/T 12644—2001　工业机器人　特性表示（eqv ISO 9946:1999）

GB 14048（所有部分）　低压开关设备和控制设备

GB/T 15706.1—1995　机械安全　基本概念与设计通则　第1部分：基本术语、方法学（eqv ISO/TR 12100-1:1992）

GB/T 15706.2—1995　机械安全　基本概念与设计通则　第2部分：技术原则与规范（eqv ISO/TR 12100-2:1992）

GB/T 16856—1997　机械安全　风险评价的原则（eqv PREN 1050:1994）

3　安全分析

GB 11291—1997第4章主要讲述了三个方面。首先是机器人产品在设计和使用时采取安全措施的必要性；第二是对机器人及机器人系统的应用进行安全分析；第三是根据安全分析提出采取安全防护的策略和减少风险的措施，以便使整个机器人系统达到可接受的整体安全的水平。

3.1　安全分析的步骤

安全分析可按下述步骤进行：

a)　对于考虑到的（包括估计需要出、入或接近危险区）应用，确定所要求的任务，即：机器人或机器人系统的用途是什么；是否需要操作、示教人员或其他相关人员出入安全防护空间，是否频繁出入；都去做什么；是否会产生可预料的误用（如意外的启动等）。

b)　识别（包括与每项任务有关的故障和失效方式等）危险源，即识别由于机器人的运动以及为完成作业所需的操作中会发生什么样的故障或失效，以及潜在的各种危险是什么。

c)　进行风险评价，确定属于哪类风险。

d)　根据风险评价，确定降低风险的对策。

e)　根据机器人及其系统的用途，采取一定的具体安全防护措施。

f)　评估是否达到了可接受的系统安全水平，确定安全等级。

3.2　识别危险源

识别可能由机器人系统本身或外围设备产生或由于人与机器人系统相互干扰而产生的危险或危险状态，使在进行机器人及其系统设计，和进行风险评价时，便于危险分析。

识别危险时，应从整套装备的各个方面来进行考虑：

a) 设备方面：机器人，安全防护设施，外围设备；

b) 设备的构建和安装：设备之间的端点，安装的稳定性，定位的位置；

c) 相互关系方面：机器人系统本身，机器人系统与其他相关设备之间，人与机器人系统相互交叉干涉而形成的危险。

危险和危险状态可以列表，对于各种机器人及其不同用途，其危险源不尽相同。大致可分为下述各项。

3.2.1 设施失效或产生故障引起的危险

a) 安全保护设施的移动或拆卸——如隔栏、现场传感装置、光幕等的移动或拆卸而造成的危险；控制电路、器件或部件的拆卸而造成的危险。

b) 动力源或配电系统失效或故障——如掉电、突然短路、断路等。

c) 控制电路、装置或元器件失效或发生故障。

3.2.2 机械部件运动引起的危险

a) 机器人部件运动——如大臂回转、俯仰、小臂弯曲、手腕旋转等引起的挤压、撞击和夹住，夹住工件的脱落、抛射。

b) 与机器人系统的其他部件或工作区内其他设备相连部件运动引起的挤压、撞击和夹住，或工作台上夹具所夹持工件的脱落、抛射形成刺伤、扎伤，或末端执行器如喷枪、高压水切割枪的喷射，焊炬焊接时熔渣的飞溅等。

3.2.3 储能和动力源引起的危险

a) 在机器人系统或外围设备的运动部件中弹性元件能量的积累引起元件的损坏而形成的危险。

b) 在电力传输或流体的动力部件中形成的危险，如触电、静电、短路，液体或气体压力超过额定值而使运动部件加速、减速形成意外伤害。

3.2.4 危险气体、材料或条件

a) 易燃、易爆环境，如机器人用于喷漆、搬运炸药；

b) 腐蚀或侵蚀，如接触各类酸、碱等腐蚀性液体；

c) 放射性环境，如在辐射环境中应用机器人进行各种作业，采用激光工具切割的作业；

d) 极高温或极低温环境，如在高温炉边进行搬运作业，由热辐射引起燃烧或烫伤。

3.2.5 由噪声产生的危险

如导致听力损伤和对语言通信及听觉信号产生干扰。

3.2.6 干扰产生的危险

a) 电磁、静电、射频干扰——由于电磁干扰、射频干扰和静电放电，使机器人及其系统和周边设备产生误动作，意外启动、或控制失效而形成的各种危险运动。

b) 振动、冲击——由于振动和冲击，使连接部分断裂、脱开，使设备破坏，或产生对人员的伤害。

3.2.7 人因差错产生的危险

a) 设计、开发、制造(包括人类工效学考虑)——如在设计时，未考虑对人员的防护；末端夹持器没有足够的夹持力，容易滑脱夹持件；动力源和传输系统没有考虑动力消失或变化时的预防措施；控制系统没有采取有效的抗干扰措施；系统构成和设备布置时，设备间没有足够的间距；布置不合理等形成潜在的、无意识的启动、失控等。

b) 安装和试运行(包括通道、照明和噪声)——由于机器人系统及外围设备和安全装置安装不到位，或安装不牢固，或未安装过渡阶段的临时防护装置，形成试运行期间运动的随意性，造成对调试和示教人员的伤害；通道太窄，照明达不到要求，使人员遇见紧急事故时，不能安全迅速撤

离，而对人员造成伤害。

c) **功能测试**——机器人系统和外围设备包括安全器件及防护装置，在安装到位和可靠后，要进行各项功能的测试，但由于人员的误操作，或未及时检测各项安全及防护功能而使设备及系统在工作时造成故障和失效，从而对操作、编程和维修人员造成伤害。

d) **应用和使用**——未按制造厂商的使用说明书进行应用和使用，而造成对人员或设备的损伤。

e) **编程和程序验证**——当要求示教人员和程序验证人员在安全防护空间内进行工作时，要按照制造厂商的操作说明书的步骤进行。但由于示教或验证人员的疏忽而造成误动作、误操作，或安全防护空间内进入其他人员时，启动机器人运动而引起对人员的伤害，或按规定应采用低速示教，由于疏忽而采用高速造成对人员的伤害等，特别是系统中具有多台机器人时，在安全防护区内有数人进行示教和程序校验而造成对其他设备和人员伤害的危险。

f) **组装(包括工件搬运、夹持和切削加工)**——是应用和使用中产生危险的一种潜在因素，一般是由误操作或由工人与机器人系统相互干涉、人为差错造成的对设备和人员的伤害。如人工上、下料与机器人作业节拍不协调等。

g) **故障查找和维护**——在查找故障和维修时，未按操作规程进行操作而产生对设备和人员的伤害。

h) **安全操作规程**——规程内容不齐全，条款不具体，未规定对各类人员的培训等而引起潜在的危险。

3.2.8 机器人系统或辅助部件的移动、搬运或更换而产生的潜在的危险

由于机器人用途的变更或作业对象的变换，或机器人系统及其外围设备产生故障，经过修复、更换部件而使整个系统或部件重新设置、连接、安装等形成的对设备和人员伤害的潜在危险。

3.3 风险评价

由于机器人规格、尺寸、性能和功能的不同，其用途亦各异，其危险的种类和程度亦不同，采取的安全防护措施也不尽相同，因此需评价机器人及其系统在安装、编程、操作、使用、故障查找和维护时的风险。经过评价后，采取适宜的安全对策，避免和降低风险，达到尽可能的消除危险和选择适当安全措施。

3.3.1 评价风险的要求

a) 风险评价应由机器人及其系统的开发者或用户在系统设计初期进行。

b) 当系统安装和构建完成后，再完成最后的全面的风险评价并保留文件。

c) 风险评价的步骤：

1) 确定系统的作业任务和识别各种潜在的危险(假定没有安装安全防护装置)；

2) 进行风险判断；

3) 确定降低风险和选择安全防护类型；

4) 在安装了安全防护装置后，确定风险是否降低到可接受的等级。

3.3.2 风险要素

风险与特殊情况或技术过程开发中所考虑的危险有关，它是该危险可能伤害的严重度和伤害出现的概率及避免或限制伤害的可能性的函数(参见 GB/T 16856—1997 的 7.1)。

a) 严重度——可能伤害的程度，用符号 S1 和 S2 表示。

损伤的严重度是指对人的伤害：

——轻度损伤(S1)：通常是可恢复的；

——严重损伤(S2)：通常不可恢复，包括死亡。

在确定 S1 和 S2 时，应根据事故的通常后果和正常治愈的过程做出决定，例如撞伤和(或)划伤而并无并发症可划作 S1，而断肢或死亡将划作 S2。

b) 伤害出现的概率，用暴露于危险区域中人的频次和(或)时间来评估，用符号 E1 和 E2 来表示：

——不频繁的暴露(E1)：每天或每班少于一次，如在正式工作前进行示教、编程、程序校验等；

——频繁暴露(E2)：如一个人在正常工作条件下，为了上、下工件须经常到达机器人的危险区域，或连续地暴露于危险区域中。

c) 避开危险的可能性，用符号 A1、A2 来表示。应考虑下述因素：

——机器人及其系统的各类操作、示教、程序校验、维修人员是否经过培训，能否熟练掌握操作程序及安全操作规程等；

——危险事件出现时速度的高低，如机器人的运动速度是处于低速还是高速；

——对风险或危险事件的认知，如能否通过其物理特征直接观察到机器人及其外围设备的作业状况，有无警示装置或其他信息；

——各类人员逃避危险的可能性(如人员反应的灵敏性，足够的间距或通道)；

——有无操作的实践经验和知识以及安全的实际经验。

出现危险状态时如有避开事故的机会或能明显地减小其影响则宜选 A1，如果几乎无避开危险的机会应选 A2。

表 1 危险的严重度、暴露、避免的类别表

要素	类别		判据
严重度	S1	轻度损伤	可正常恢复；或要求单次紧急救护
	S2	严重损伤	不能正常恢复；或致命的；或要求多次急救
暴露	E1	不频繁暴露	每天或每班少于一次[a]
	E2	频繁暴露	每小时大于一次[a]
避免	A1	可能避免	能从旁边走出；或有足够的警示反应时间，或机器人运动速度低于 250 mm/s
	A2	不可能避免	不能从旁门走出；或反应时间不够；或机器人运动速度大于 250 mm/s

[a] 执行作业任务的频率改变能影响危险的暴露，安装安全防护装置或撤除能源，也能降低危险的暴露。

3.4 确定风险降低索引号

对每种作业任务，由表 1 得到危险的严重度、暴露和避免等判据的综合情况，再从表 2 交叉得到风险降低的索引号。表 2 是假定没有安装安全防护装置的。

表 2 安全防护装置选择前风险降低的判定阵列

伤害的严重度	暴露	避免	风险降低索引号
S2 严重损伤多次紧急救护	E2 频繁暴露	A2 不可能避免	R1
		A1 可能避免	R2A
	E1 不频繁暴露	A2 不可能避免	R2B
		A1 可能避免	R2B
S1 轻度损伤单次紧急救护	E2 频繁暴露	A2 不可能避免	R2C
		A1 可能避免	R3A
	E1 不频繁暴露	A2 不可能避免	R3B
		A1 可能避免	R4

3.5 安全防护装置的选择

由表2确定风险降低的索引号，再从表3确定安全防护装置性能和安全控制系统性能的最低要求。

表3 安全防护装置性能选择阵列表

索引号	安全防护装置性能	安全控制性能
R1	具有危险消除或危险置换的性能(3.5.4)	控制可靠的安全控制系统(3.5.8)
R2A	采用工程措施防止危险进入或停止危险(3.5.3)，例如采用联锁的隔栏防护装置、光幕、安全阀，或其他的现场传感装置	控制可靠的安全控制系统(3.5.8)
R2B		具有监控的单通道安全控制系统(3.5.7)
R2C		单通道安全控制系统(3.5.6)
R3A	采用非联锁的隔栏、间距、安全规程和保护设备(3.5.2)	单通道安全控制系统(3.5.6)
R3B		简单的安全控制系统(3.5.5)
R4	认知措施(3.5.1)	简单的安全控制系统(3.5.5)

3.5.1 索引号 R4

本类型为最低的安全防护性能，应通过行政管理手段，包括音响/视觉的警示措施和培训来降低风险。

3.5.2 索引号 R3

安全防护至少应依靠非联锁的隔栏、与危险源之间的间距、安全规程、人员保护设备来降低风险，并采用索引号R4的措施进行安全防护。

3.5.3 索引号 R2

安全防护应通过防止危险进入或切断危险的措施来达到，并采用R3和R4条款的安全防护来降低风险。

3.5.4 索引号 R1

风险的降低应通过危险的消除或确实不会产生相当的或更大的危险的置换来完成。当不可能消除危险或置换时，应采用R2的所有条款内容和用R3及R4条款的安全防护来降低风险。

3.5.5 简单的安全控制系统性能

应采用单通道电路设计和构成简单的安全控制系统，并且是可编程的。

注：这种典型电路仅宜用于发信号和报警。

3.5.6 单通道安全控制系统性能

单通道安全控制系统应以硬件为基础，或采用用以制约机器人运行而形成限定空间的限位装置，如：机械挡块、极限开关、光幕、激光扫描器件等。这些部件应经过验证是安全的，且遵照制造商的建议使用的。采用的电路设计应被证实是安全的(如单通道的电气-机械的反向制动装置在断路状态时能发出信号进行停止)。

3.5.7 具有监控功能的单通道安全系统性能

具有监控功能的单通道安全控制系统应包括3.5.6的要求，应经过验证是安全的，并应在适当的时间间隔后，进行检查(如果可能，宜自动查明故障)。

a) 在机器人及其系统启动时和在操作中每种状态变化时，能进行安全功能的检查。

b) 检查时若未探测出故障则允许操作进行；若探测出有故障存在应生成一个停止信号；若运动停止后仍有危险，则应发出警告。

c) 检查时不会引起新的危险状态产生。

d) 故障跟踪探测直到故障清除，应一直保持在安全状态。

3.5.8 控制可靠的安全控制系统的性能

控制可靠的安全控制系统应设计和构建成在任何单个器件发生故障时不妨碍机器人停止运动。

这种安全控制系统应以硬件构成，或在此基础上使用软件及基于固件的控制器，且包括在该系统等级上的自动监控装置。

a) 若检测到故障，则监控装置能生成一个停止信号；若运动停止后仍存在危险，则应给出个警告。

b) 在跟踪检测故障直到故障清除，应一直保持在安全状态。

c) 当发生非偶然的失效时，应考虑到类似的失效模式。

d) 在失效时，宜检测单个的故障。若不能实施，则应在对安全功能发下个指令时检测“失效”。

e) 这种安全控制电路应与正常的程序控制电路分开。

3.6 验证

一旦按照表 3 的要求选择和安装了安全防护装置，则必须按照 3.2 和 3.3 的内容再一次重复进行，以确保被识别的每种危险已经被防止，而残余的风险是可容许的。再次对每个任务用表 1 评价能否避开、暴露的情况和损伤的严重度，然后用表 4 确定风险降低的索引号。当得到的索引号是 R3 和 R4 时，说明采取的安全防护装置是适宜的。若得到的风险降低的索引号不是 R3 或 R4 时，则应选择附加的安全防护装置来控制残余的风险，使风险降低的索引号达到 R3 和 R4。

表 4 安装了安全防护装置的安全防护选择验证表

暴 露	避 免	伤害的程度	风险降低索引号
E2 频繁暴露	A2 不可避免	S2 严重损伤	R1
		S1 轻微损伤	R2C
	A1 可避免	S2 严重损伤	R2A
		S1 轻微损伤	R3A
E1 不频繁暴露	A2 不可避免	S2 严重损伤	R2B
		S1 轻微损伤	R3B
	A1 可避免	S2 严重损伤	R3A
		S1 轻微损伤	R4

4 基本设计要求

4.1 安全失效

4.1.1

安全失效是指当机器人及其系统在实际应用时，元器件或某个部件发生不可预见的失效。但在设计、构造和使用时则应预先考虑到这种情况的发生，不使其安全功能受到影响，若某一项功能受到影响暂停时，则整个系统仍然处于安全状态，且应提供一种能确保安全（如锁住）的工作方式选择器件或措施以防止自行启动。安全功能是由输入信号触发并通过控制系统有关安全部件处理的，能使机器人及其系统达到安全状态的功能。机器人及其系统的安全功能至少应包括：

a) 限制运动范围的功能；

b) 紧急停机和安全停机的功能；

c) 慢速运动——机器人运动速度低于 250 mm/s；

d) 安全防护装置的联锁功能。

4.1.2

在进行机器人控制系统功能设计时，亦应考虑到安全失效的情况。控制功能的基本要求应符合 GB/T 5226.1—2002 的 9.2 的规定。这里的功能包括起动功能、停止功能、工作方式选择功能、安全防护装置功能一项或几项暂停操作功能等，具体要求将在后面章节中叙述。

4.2 电气设备

机器人及其系统中的电气设备的选择应符合其预定的用途，选用的元器件、部件及设备则应符合产品标准。

4.3 电源

电源和接地(保护接地)应符合制造厂的规定。一般,在常规电源条件下,机器人及其系统的电气控制装置应设计成能在满载或无载时正常运行。

4.4 电源隔离

电源隔离是在机器人系统和电源之间安装隔离(切断)装置,它应安装在对操作人员无伤害之处。隔离装置应具有断路或开路功能。当需要时,该装置将切断机器人系统电气控制的电源,当使用两个或两个以上的电源隔离装置时,应采取联锁保护措施。

当电源隔离器件采用 GB 14048 的开关隔离器件切断开关或断路器时,其基本技术要求可参见 GB/T 5226.1—2002 的 5.3.3。

5 机器人设计和制造

在设计和制造机器人时应从人类工效学、机械、控制系统、手把手示教编程、应急运动、动力源、储能、干扰、操作状态、选择装置等方面进行安全防护的设计,使机器人在应用时,有一个良好的安全基础。

5.1 人类工效学原则

a) 机器人各部件的设计应考虑操作和维修人员的身材、姿势、体力和动作特征,以避免在使用和维修机器人时产生紧张状态和运动。例如:示教盒的大小、键盘布置和重量应使编程人员在编程时不会产生握不住和误操作的状况;人工引导机器人示教时,牵引力不能大于中等操作人员的手动拉力或压力;各部件的连接或固定件应设计得使人的手或工具能接近紧固零件。

b) 人机接口的设计和布局应易于操作,如操作和编程装置,手持式控制装置、控制板、计算机终端及应用程序的媒体驱动装置的位置,应处于操作者在正常工作位置上易够得着的范围内。意外操作的可能性应减至最小,且操作者进行操作时不会处于危险位置上。

c) 应给出能清晰指示机器人工作方式及非编程原因而使机器人停止运动的相应信息。

5.2 机械部分设计的安全要求

设计机器人机械部分时,除需按照常规机械设计考虑机械结构及其零部件应能满足机器人所需的运动功能、性能要求、强度、刚度、各种相应尺寸及外形外,还应考虑在设计中消除由机器人运动部件所产生的危险。若不可能在机械部分设计时清除这种危险,则应进行安全防护的设计及采取相应的安全措施。

5.2.1 机器人运动范围的限定

机器人的运动范围是机器人的一项性能指标。它是由机器人操作机构的结构、传动和尺寸来决定的。但机器人的作业对象不同,所需的工作空间也不同。为了限定机器人各轴的运动,要采用各种限止机器人运动范围的方式,如机械方式、电气控制方式、软件编程方式等,但必须同时采取安全预防措施。

a) 采用机械式限位装置,如可调整的机械挡块及缓冲装置。要求在设计时能考虑到在机器人具有额定负载和最大速度运动时,该装置能使机器人停止在已调整好的位置上,且用紧固件可靠地固定在该位置上。

b) 非机械式限位装置。当设计、构造和安装后能达到与机械停止装置同等的安全水平时,可采取非机械式限位装置。非机械式限位装置包括用电动、气动、液压的限位装置、限位开关、光幕、激光扫描器件等。在安装后要进行测试,测试时必须以设计确定的最大的预期负载和最大速度进行运动,并能停止在预期的位置上。非机械式限位装置的电路必须是可靠的,测试方法和结论必须写在文件中。

5.2.2 防护罩和外壳

机器人中构成危险因素的电气、液压等部件应具有固定的防护罩和外壳,且在正常运行期间不能打开;当需要打开防护罩和外壳时,应采用工具才能卸下或打开。

5.2.3 运输考虑

在设计机器人时，应考虑吊装和运输的需要。设计吊装用的挂钩、吊环螺钉、螺钉孔和抓手等，必须能承受整个机器人的重量。机器人吊装时，运动部件应采取恰当的措施进行定位，不使其在吊装和运输过程中产生意外的运动，造成危害。包装运输时，应按包装标准进行包装，并在包装箱外打上所需标记。

5.2.4 安装的预防措施

此处的安装是指机器人安装用的零、部件。设计机器人的安装底座时，应能使机器人牢固地安装在所需位置上，并且在预计的各种操作运行条件下，机器人能安全、稳定地运行。

5.3 控制系统设计的安全要求

5.3.1 面板的布置

为防止出现偶然的或意外的操作，控制系统面板上选用的控制器件，应能承受规定的使用应力，一般应具有 IP54 的最低防护等级。所设计的安装位置应使维修时易于接近，操作者在正常工作位置上易够得着操作者进行操作时不会处于危险位置，并使意外操作的可能性减至最小。

其他如按钮的颜色和标记、指示灯的使用方式和颜色及闪烁、光标按钮、具有旋动部分的控制器件(如电位器)、起动器件等的安全要求，应按照 GB/T 5226.1—2002 的 10.2～10.6 的要求执行。

5.3.2 紧急停机

紧急停机是机器人的一项重要功能，它优先于机器人其他所有功能，即它能超越其他功能撤除机器人驱动器的动力，使机器人的全部运动部件停止运动。

a) 在机器人每个操作工位包括能启动机器人运动的悬吊式操作盒或示教盒处，均应有一个手动操作的急停装置。

b) 急停装置的操作件应是红色的，其后面的衬托色应着黄色。按钮开关操作件外形应是掌形或蘑菇形。

c) 急停装置的操作件未经手动复位前应不可能恢复，若有几个急停装置，则在所有操作件复位前电路不应恢复。手动操作急停装置的操作件的触头应能确保强制断开操作件。

d) 任何机器人启动前，必须手动复位，而急停电路本身的复位不应启动机器人的任何运动。

如果急停或动力源故障引起的逻辑判别错误或存储状态丢失，则必须在存储或逻辑顺序复位后才可以开始操作。

5.3.3 安全停止

为了与外部的安全防护器件连接，每台机器人应设计有一组或多组安全停止电路。

当机器人以自动方式运行时，安全停止电路应能使机器人所有运动停止，并且能撤消机器人驱动器的动力。这种停止可以用手动实现也可以用安全控制系统电路的逻辑控制来实现。

机器人启动前，必须使驱动器的动力复位，而对驱动器施加动力不应引起机器人的任何动作。

5.3.4 电连接器

在设计机器人的电气连接器时，应考虑由于连接器的失配可能会引起机器人的危险运动，因此机器人的电气连接器应采用键入式的或具有标志或标记的接插件，使其不能互换。

若电气连接器分离或破裂可能引起机器人的危险运动，则在设计时应采取保护措施，如捆扎、配对啮合等。

5.3.5 示教盒

机器人的示教盒设计时，应满足下列安全要求。

a) 示教盒的设计应满足人类工效学的原则(见 5.1)。

b) 在安全保护空间内使用示教盒时，应不能启动机器人以自动方式运行。当机器人处于示教盒控制下时，机器人所有运动都只能由示教盒启动。

c) 由示教盒启动机器人进行示教时，工具中心点(TCP)的速度应不超过 250 mm/s。

d) 示教盒上具有的可供选择的大于 250 mm/s 的速度，如在进行任务程序校验时使用，操作人员应在安全防护空间外用键控开关谨慎地操作。当安全防护空间内有人时，应仅使用握持-运行控制装置和使能装置来启动机器人运动。

e) 在示教盒上能引起机器人运动的所有按钮和其他器件，处于松开位置时，机器人的运动应处于停止状态。

f) 示教盒上应设有急停器件。

5.3.6 使能装置

当使能装置作为机器人控制系统的一部分时，该使能装置应具有三个位置的开关，仅当连续握持在中心位置上才允许机器人运动或具有其他功能。放松装置的中心使能位置或按在中心使能位置旁边，应安全停止机器人的危险运动。使能装置应与安全控制系统的停止电路或其他等效的安全停止电路相连接。

可以通过设计使当安全防护空间内无人或机器人工具中心点的运动小于 250 mm/s 时，使能装置不起作用。

使能装置可以是示教盒的一部分，也可以单独设置。

5.4 使用移动手臂进行编程的机器人的安全措施

当机器人编程采用人工引导机器人手臂时，应采取安全预防措施，如在进行编程和进行配重时应能安全地断开电源。

5.5 应急运动的预防措施

机器人轴应急运动时，应采取相应的安全措施。例如：

a) 动力断开时：

- 用溢流阀使系统降压；
- 配有配重的平衡装置，则应设置机动制动器的手动释放装置。

b) 动力接通时：

- 采用先导控制阀或部件的手动控制设备；
- 启动反向运动去控制设备。

5.6 动力源

设计机器人时，应考虑动力源动力的丧失、恢复和变化时不会引起机器人危险运动。

应满足 GB/T 5226.1—2002 的 4.3 对电源的要求；提供欠压保护器件使其在预定的电压值下应确保进行适当的保护，但应防止欠压保护器件复原后，不能自行重新启动。

5.7 储能

当机器人的结构中含有储能的零部件(如蓄能器、弹簧、配重或飞轮等)时，在储能器处应打上标记，同时给出控制和释放能量的方法。如自动卸荷、局部卸压，压力指示等。

5.8 干扰

在设计和构造机器人时，应综合采用屏蔽、滤波、抑制、接地等抗干扰措施，减少电磁干扰(EMI)、静电放电(ESD)、射频干扰(RFI)、热、光、振动等对机器人运行安全的影响。

5.9 操作状态选择装置

在设计时，所选用的装置应能保证明确的选择各种操作状态和能指示所选择的操作状态。不同操作状态的选择其本身不应引起机器人的运动或者启动机器人其他功能。

仅当操作状态选择装置可靠时(如采用键控选择)，才允许通过操作状态的选择(如设定、示教、程序验证等)暂停安全防护装置的保护。在安全防护装置的保护暂停期间应防止自动操作，且机器人的运动速度应不超过 250 mm/s，但某些操作要求运行速度大于 250 mm/s(如进行任务程序验证)时，则应要求操作人员在安全防护空间内操作，且机器人的运动只能通过握持-运行控制装置和使能装置来启动。

6 机器人系统的安全防护和设计

6.1 机器人系统的设计

6.1.1 概要

在设计和布置机器人系统时，为使操作员、编程员和维修人员能得到恰当地安全防护，应按照机器人制造厂的规范进行。为确保机器人及其系统与预期的运行状态相一致，则应评价分析所有的环境条件，包括爆炸性混合物、腐蚀情况、湿度、污染、温度、电磁干扰(EMI)、射频干扰(RFI)和振动等是否符合要求，否则应采取相应的措施。

6.1.2 安全防护空间

安全防护空间是由机器人外围的安全防护装置(如栅栏等)所组成的空间。确定安全防护空间的大小是通过风险评价来确定超出机器人限定空间而需要增加的空间。一般应考虑当机器人在作业过程中，所有人员身体的各部分应不能接触到机器人运动部件和末端执行器或工件的运动范围(参见GB 11291—1997 中的图 1)。

6.1.3 机器人系统的布局

a) 控制装置的机柜宜安装在安全防护空间外。这可使操作人员在安全防护空间外进行操作、启动机器人运动完成工作任务，并且在此位置上操作人员应具有开阔的视野，能观察到机器人运行情况及是否有其他人员处于安全防护空间内。若控制装置被安装在安全防护空间内时，则其位置和固定方式能满足在安全防护空间内各类人员安全性的要求(参见 GB 11291—1997 的 7.6 和第 8 章的要求)。

b) 机器人系统的布置应避免机器人运动部件和与机器人作业无关的周围固定物体和设备(如建筑结构件、共用设施等)之间的挤压和碰撞，应保持有足够的安全间距，一般最少为 0.5 m。但那些与机器人完成作业任务相关的设备和装置(如物料传送装置、工作台、相关工具台、相关机床等)则不受约束。

c) 当要求由机器人系统布局来限定机器人各轴的运动范围时，应按 5.2.1 的要求来设计限定装置，并在使用时进行器件位置的正确调整和可靠固定。

d) 在设计末端执行器时，应使其当动力源(电气、液压、气动、真空等)发生变化或动力消失时，负载不会松脱落下或发生危险(如飞出)；同时，在机器人运动时由负载和末端执行器所生成的静力和动力及力矩应不超出机器人的负载能力。

e) 机器人系统的布置应考虑操作人员进行手动作业时(如零件的上、下料)的安全防护。可通过传送装置、移动工作台、旋转式工作台、滑道推杆、气动和液压传送机构等过渡装置来实现，使手动上、下料的操作人员置身于安全防护空间之外。但这些自动移出或送进的装置不应产生新的危险。

6.1.4 动力断开

a) 提供给机器人系统及外围设备的动力源应满足由制造商的规范以及本地区的或国家的电气构成规范要求，并按标准提出的要求进行接地。

b) 在设计机器人系统时，应考虑维护和修理的需要，必须具备有能与动力源断开的技术措施。断开必须做到既可见(如运行明显中断)，又能通过检查断开装置操作器的位置而确认，而且能将切断装置锁定在断开位置。切断电器电源的措施应按相应的电气安全标准。机器人系统或其他相关设备动力断开时，应不发生危险。

6.1.5 急停

机器人系统的急停电路应超越其他所有控制，使所有运动停止，并从机器人驱动器上和可能引起危险的其他能源(如外围设备中的喷漆系统、焊接电源、运动系统、加热器等)上撤除驱动动力。

a) 每台机器人的操作站和其他能控制运动的场合都应设有易于迅速接近的急停装置。

b) 机器人系统的急停装置应如机器人控制装置一样，其按钮开关应是掌撳式或蘑菇头式，衬底为黄色的红色按钮，且要求由人工复位。

c) 重新启动机器人系统运行时，应在安全防护空间外，按规定的启动步骤进行。

d) 若机器人系统中安装有两台机器人，且两台机器人的限定空间具有相互交叉的部分，则其共用的急停电路应能停止系统中两台机器人的运动。

6.1.6 远程控制

当机器人控制系统需要具有远程控制功能时，应采取有效措施防止由其他场所启动机器人运动而产生危险。

具有远程操作（如通过通信网络）的机器人系统，应设置一种装置（如键控开关），以确定在进行本地控制时，任何远程命令均不能引发危险产生。

6.2 安全防护装置

根据 GB/T 15706.1—1995 的定义，安全防护装置是安全装置和防护装置的统称。安全装置是"消除或减小风险的单一装置或与防护装置联用的装置（而不是防护装置）"。如联锁装置、使能装置、握持-运行装置、双手操纵装置、自动停机装置、限位装置等。防护装置是"通过物体障碍方式专门用于提供防护的机器部分。根据其结构，防护装置可以是壳、罩、屏、门、封闭式防护装置等"。如固定式防护装置、活动式防护装置、可调式防护装置、联锁防护装置、带防护锁的联锁防护装置及可控防护装置等。

为了减小已知的危险和保护各类工作人员的安全，在设计机器人系统时，应根据机器人系统的作业任务及各阶段操作过程的需要和风险评价的结果，选择合适的安全防护装置。所选用的安全防护装置应按制造厂的说明进行使用和安装。

6.2.1 机器人系统安全防护装置的作用

安全防护装置应能：

a) 防止各操作阶段中与该操作无关的人员进入危险区域；

b) 中断引起危险的来源；

c) 防止非预期的操作；

d) 容纳或接受由于机器人系统作业过程中可能掉落或飞出的物件；

e) 控制作业过程中产生的其他危险（如抑制噪声、遮挡激光、弧光、屏蔽辐射等）。

6.2.2 机器人系统的安全防护装置

机器人系统的安全防护可采用一种或多种安全防护装置，如：

a) 固定式或联锁式防护装置；

b) 双手控制装置、使能装置、握持-运行装置、自动停机装置、限位装置等；

c) 现场传感安全防护装置（PSSD），如安全光幕或光屏、安全垫系统、区域扫描安全系统、单路或多路光束等。

6.2.3 固定式防护装置

固定式防护装置应：

a) 通过紧固件（如螺钉、螺栓、螺母等）或通过焊接将防护装置永久固定在所需的地方；

b) 其结构能经受预定的操作力和环境产生的作用力，即应考虑结构的强度与刚度；

c) 其构造应不增加任何附加危险（如应尽量减少锐边、尖角、凸起等）；

d) 不使用工具就不能移开固定部件；

e) 隔板或栅栏底部离走道地面不大于 0.3 m，高度应不低于 1.5 m。

除通过与通道相连的连锁门或现场传感装置区域外，应能防止由别处进入安全防护空间。

注：在物料搬运机器人系统周围安装的隔板或栅栏应有足够的高度以防止任何物件由于末端夹持器松脱而飞出隔板或栅栏。

6.2.4 联锁式防护装置

a) 在机器人系统中采用联锁式防护装置时，应考虑下述原则：

1) 防护装置关闭前，联锁能防止机器人系统自动操作，但防护装置的关闭应不能使机器人进入自动操作方式，而启动机器人进入自动操作应在控制板上谨慎地进行。

2) 在伤害的风险消除前，具有防护锁定的联锁防护装置处于关闭和锁定状态；或当机器人系统正在工作时，防护装置被打开应给出停止或急停的指令。联锁装置起作用时，若不产生其他危险，则应能从停止位置重新启动机器人运行。

中断动力源可消除进入安全防护区之前的危险，但如动力源中断不能立即消除危险，则联锁系统中应含有防护装置的锁定和/或制动系统。

在进出安全防护空间的联锁门处，应考虑设有防止无意识关闭联锁门的结构或装置（如采用两组以上触点，具有磁性编码的磁性开关等）。应确保所安装的联锁装置的动作在避免了一种危险（如停止了机器人的危险运动）时，不会引起另外的危险发生（如使危险物质进入工作区）。

b) 特殊用途中联锁系统的选择应考虑到风险评价（见3.3）。

c) 在设计联锁系统时，亦应考虑安全失效的情况，即万一某个联锁器件发生不可预见的失效时，安全功能应不受影响。若万一受影响，则机器人系统仍应保持在安全状态。

6.2.5 现场传感装置

在机器人系统的安全防护中经常使用现场传感装置，在设计时应遵循下述原则：

a) 现场传感装置的设计和布局应能使传感装置未起作用前人员不能进入且身体各部位不能伸到限定空间内。为了防止人员从现场传感装置旁边绕过进入危险区，要求将现场传感装置与隔栏一起使用。

b) 在设计和选择现场传感装置时，应考虑到其作用不受系统所处的任何环境条件（如湿度、温度、噪声、光照等）的影响。

c) 当现场传感装置已起作用时，只要不产生其他的危险，可将机器人系统从停止状态重新启动到运行状态。

d) 在恢复机器人运动时，应要求撤除传感区域的阻断，此时不应使机器人系统重新启动自动操作。

e) 应具有指示现场传感装置正在运行的指示灯，其安装位置应易于观察。可以集成在现场传感装置中，也可以是机器人控制接口的一部分。

6.3 警示方式

在机器人系统中，为了引起人们注意潜在危险的存在，应采取警示措施。警示措施包括栅栏或信号器件。它们是被用于识别通过上述安全防护装置没有阻止的残留风险，但警示措施不应是前面所述安全防护装置的替代品。

6.3.1 警示栅栏

为了防止人员意外进入机器人限定空间，应设置警示栅栏。

6.3.2 警示信号

为了给接近或处于危险中的人员提供可识别的视听信号，应设置和安装信号警示装置。在安全防护空间内采用可见的光信号来警告危险时，应有足够多的器件以便人们在接近安全防护空间时能看到光信号。

音响报警装置则应具有比环境噪声分贝级别更高的独特的警示声音。

6.4 安全生产规程

应该考虑到机器人系统寿命中的某些阶段（例如调试阶段、生产过程转换阶段、清理阶段、维护阶段），设计出完全适用的安全防护装置去防止各种危险是不可能的，且那些安全防护装置亦可以被暂停。在这种状态下，应该采用相应的安全生产规程。

6.5 安全防护装置的复位

重建联锁门或现场传感装置区域时，其本身应不能重新启动机器人的自动操作。应要求在安全防护空间仔细地动作来重新启动机器人系统。重新启动装置的安装位置，应在安全防护空间内的人员不能够到的地方，且能观察到安全防护空间。

7 使用和维护

机器人系统安全防护装置经过设计、构建、安装和试运行后，在使用时(如示教编程、程序验证、自动操作、故障查找和维护)亦应满足安全要求。用户在使用和维护期间，应对机器人系统每一操作者提供安全防护的措施，以保证他们不受伤害。

7.1 编程

进行编程时应尽可能在安全防护空间外来进行。当示教人员必须进入安全防护空间内进行编程时，则应采用下述附加的安全防护措施，并通过 5.9 中的操作状态选择要求暂停安全防护装置(如连锁门、现场传感装置)的保护功效。

7.1.1 编程前

a) 用户必须确保示教人员按照培训要求进行培训，并在实际的机器人系统中的机器人上进行训练和熟悉包括所有安全防护措施在内的所推荐的编程步骤。

b) 示教人员应目检机器人系统和安全防护空间，确保不存在产生危险的外界条件。示教盒的运动控制和急停控制应进行功能测试，以保证正常操作。示教操作开始前，应排除故障和失效。编程时，应关断机器人驱动器不需要的动力(必需的平衡装置应保持有效)。

c) 示教人员进入安全防护空间前，所有的安全防护装置应确保在位，且在预期的示教方式下能起作用。进入安全防护空间前，应要求示教人员进行编程操作，但应不能进行自动操作。

7.1.2 编程中

a) 示教期间仅允许示教编程人员在防护空间内。

b) 示教人员应具有和使用有单独控制机器人运动功能的示教盒。

c) 示教期间，机器人运动只能受示教装置控制。机器人不应响应来自其他地方的遥控命令。

d) 示教人员应具有单独控制在安全防护空间内的其他设备运动控制权，且这些设备的控制应与机器人的控制分开。

e) 若在安全防护空间内有多台机器人，而栅栏的连锁门开着或现场传感装置失去作用时，所有的机器人都应禁止进行自动操作。

f) 机器人系统中所有急停装置都应保持有效。

g) 示教时，机器人的运动速度应低于 250 mm/s，具体的速度选择应考虑万一发生危险，示教人员有足够的时间脱离危险或停止机器人的运动。

7.1.3 返回自动操作

在启动机器人系统进行自动操作前，示教人员应将暂停使用的安全防护装置功效恢复。

7.2 编程数据

应保留任务程序和维修程序的记录。

程序数据不使用时，应储存在可传送的媒体(如纸、磁盘等)中，并存放在合适的保护环境中。

7.3 自动操作

仅在满足下列要求时，才能启动机器人进行自动操作：

a) 预期的安全防护装置都在位，并且能起作用；

b) 在安全防护空间内没有人；

c) 遵守安全操作规程。

7.4 程序验证(程序校验)

程序验证是确认机器人的编程路径及处理性能与应用时所期望的路径和处理性能是否一致的方法。验证可以是程序路径的全部或一段。程序验证的人员应尽可能在安全防护空间外执行。当人员必须在安全防护空间内完成程序验证时,应满足以下条件:

a) 程序验证必须在机器人运动速度低于 250 mm/s 时进行,除机器人的运动控制仅使用握持-运行装置或使能装置外,还应满足 7.1 编程时的安全防护要求。

b) 当要求在机器人的运行速度超过 250 mm/s 时,校验人员在安全防护空间内检查已编程的作业任务和与其他设备相互配合关系,应采用以下的安全防护要求:

1) 第一个循环应采用低于 250 mm/s 的速度进行,然后仅由编程人员用键控开关谨慎地操作,分步增加速度;

2) 安全防护空间内的工作人员应使用使能装置或与其安全级别等效的其他装置;

3) 应建立安全工作步骤以使在安全防护空间内的人员的危险减至最小。

7.5 故障查找

故障查找应在安全防护空间外进行。当不能实行,且机器人系统设计时已考虑到需要在安全防护空间内进行故障查找,则应采用下列的安全要求:

a) 担负故障查找的人员要经过特别的核准和对这种工作进行过培训;

b) 进入安全防护空间内的人员应使用使能装置使机器人运动;

c) 制定安全操作规程,使安全防护空间内的人员对危险的暴露降至最低。

7.6 维护

为了确保机器人或机器人系统连续安全运行,应制定检查和维护的程序,而检查和维护程序的制定应考虑制造商的建议。

7.6.1 为避免机器人系统的维修人员受到危险的伤害,应按照制造商的说明书对其进行安全防护和进行安全培训.

7.6.2 尽可能使维修人员在安全防护空间外进行作业,如将机器人臂放置于某一预定的位置。

当必须在安全防护空间内完成维护任务时,应根据风险评价来考虑选择下面所述的安全防护措施。

7.6.2.1 应使用切断动力源的步骤关断机器人系统并释放或阻塞潜在的所积蓄的能量。

7.6.2.2 当机器人已上电,要求维修人员进入安全防护空间内进行维修时,应做到下述几点:

a) 进入安全防护空间前应完成下列步骤:

1) 对机器人系统进行目检,以判断是否存在可能引起误动作的条件;

2) 为确保示教盒能进行正常操作,使用前应进行功能测试;

3) 若发现某些故障或误动作的条件,则维修人员在进入安全防护空间之前应进行排除或修复。

b) 在安全防护空间内的维修人员应拥有机器人或机器人系统的总的控制权,且:

1) 机器人控制应脱离自动操作状态;

2) 机器人应不能响应任何远程控制信号;

3) 所有机器人系统的急停装置应保持有效。

c) 启动机器人系统进入自动操作状态前,应恢复暂停作用的安全防护装置的功效。

8 安装、试运行和功能测试

8.1 安装

机器人系统应按制造厂说明书的要求进行安装,并按 GB/T 12644 作为安装期间的补充指导。安全防护措施应通过危险分析和风险评价后进行判定。生产前,用户应重新检查安全要求,以确保安全防护装置运行可靠。

a) 所有的安全防护装置应在预定的使用条件下进行试验。其不足之处必须进行修改。

b) 必须重新检查作业任务,保证安全防护不会妨碍其作业任务的完成。

c) 复查安全防护装置的作用,保证其不易于失去作用或绕过安全防护装置。

8.2 试运行和功能测试

机器人或机器人系统在安装或再置位后的启动(包括首次启动)和测试中,应遵循下述条款的规定。这些规定同样适用于机器人或机器人系统中软件或硬件更换之后和影响其运行的维修之后。

8.2.1 限定空间的指定

所有的机器人或机器人系统都应安装安全防护装置。若计划中的安全防护装置在进行试运行和功能测试前尚未就位,则应在运行前采取安装限定空间的临时措施(如安装链条、轻便墙板、警示栅栏等)。

8.2.2 人员的限制

在调试和功能测试期间,安全防护装置生效前,不允许人员进入安全防护空间。

8.2.3 安全和运行检验

应按照制造厂的说明书进行机器人及其系统的试运行和功能测试,并应包括如下的准备工作:

a) 通电前检查。

1) 机器人已按说明书正确安装,且稳定性好。

2) 电气连接正确,电源参数(如电压、频率、干扰级别等)在规定的范围内。

3) 其他设施(如水、空气、燃气等)连接正确,且在规定的界限内。

4) 通信连接正确。

5) 外围设备和系统连接正确。

6) 已安装好限定空间的限位装置。

7) 已采用安全防护措施。

8) 周边的环境符合规定(如照明、噪声等级、湿度、温度、大气污染等)。

b) 通电后检查。

1) 机器人系统控制装置的功能如启动、停机、操作方式选择(包括键控锁定开关)符合预定要求,机器人能按预定的操作系统命令进行运动。

2) 机器人各轴都能在预期的限定范围内进行运动。

3) 急停及安全停机电路及装置有效。

4) 可与外部电源断开和隔离。

5) 示教装置的功能正常。

6) 安全防护装置和联锁的功能正常,其他安全防护装置(如栅栏、警示装置)就位。

7) 在"慢速"时,机器人能正常运行,并具有作业能力。

8) 在自动(正常)操作方式下,机器人运行正常,且具有在额定负载和要求的速度下完成预定作业的能力。

8.2.4 机器人系统重新启动步骤

机器人及其系统的软件、硬件及任务程序更换、修理或维护后,重新启动时应遵循如下步骤:

a) 通电前,检查硬件的任何变化或附加物;

b) 为了正常运行,对机器人系统进行功能性测试。

9 文件

9.1 机器人制造厂应提供的文件

机器人产品制造厂随机提供的有关文件至少应包括下列各项:

a) 产品检验合格证；

b) 按 GB/T 12644 所规定的表示机器人规范参数的表格及说明；

c) 按 GB/T 12644 指出的使用机器人所处环境条件的物理参数，如湿度、温度、大气压力、海拔高度、污染情况、电磁干扰(EMI)射频干扰(FRI)、静电放电(ESD)、振动、噪声等；

d) 安装说明书：如要求的地面条件、抗震装置、接地要求、吊装步骤、安装接口位置尺寸简图(包括机座及腕部机械接口安装所需螺钉或螺栓、销子的规格及数量)，连接电、气、液等外界设施所需的规格、要求、安全预防措施，以及安装中的注意事项；

e) 机器人进行试运行，编程、操作及重新启动安全运行步骤和试验、校验的使用说明书；

f) 机器人可能发生故障的描述及进行定期维护、保养、试验和校验及预防的说明；

g) 包括安全操作、设定和维修在内的安全操作规程和在各种控制方式和不同运行状态下机器人的响应特性和避免危险的安全措施；

h) 对各类人员的要求及培训的说明。

9.2 机器人系统制造厂应提供的文件

机器人系统制造厂提供的文件应包括机器人、辅助设备及安全防护装置在内整个系统的全部文件。

a) 机器人制造厂提供的所有文件；

b) 电气、液压、气动系统所有控制系统的功能和位置的说明；

c) 机器人系统的安装说明书，包括机器人及其系统及安全防护装置、外围设备在内的安装要求，与外部电源及气源、液压源等系统的连接及安装说明；

d) 限位装置的结构及调整范围、位置尺寸、数量、安全防护装置的结构、位置尺寸、功能、联锁要求、线路连接等的说明；

e) 系统的维护、修理步骤及说明；

f) 可预见的危险状态、残留的风险及避免危险的措施等的说明；

g) 建议应采用的附加保护措施(如系统的安全操作规程、培训、人员的保护装备等)的说明。

10 培训

使用机器人及机器人系统的用户应确保其编程、操作、维修人员参加安全培训，并获得胜任该工作的能力。培训最好是教室与操作现场相结合。

10.1 培训的目标

培训的目的是要参加培训的人员了解到下列信息：

a) 安全器件的用途和它们的功能；

b) 专门涉及健康和安全的规程；

c) 通过机器人或机器人系统的运行而形成的各种危险；

d) 与特定的机器人有关的工作任务和用途；

e) 安全的基本概念。

10.2 培训的要求

a) 学习适用的安全规程标准和机器人制造厂及机器人系统设计者的安全建议；

b) 理解所安排的任务的明确含义；

c) 掌握用于完成所指定的作业任务的所有控制装置及其功能的识别和说明如慢速控制、示教盒操作、急停步骤、切断步骤、单点控制等；

d) 识别与作业有关的危险，包括辅助设备带来的危险；

e) 识别安全防护措施，包括安全防护装置的类型、安全防护装置的能力或挑选方案、所选择的器件的功能、器件的功能测试方法、所选器件的限止性以及从识别危险开始的安全操作步骤、对人员的安全防护装备等；

f) 掌握保证安全防护装置和联锁装置功能正常的测试方法。

10.3 再培训的要求

当系统变更，人员变化和事故发生以后，为了确保安全操作，应对相关人员重新进行安全培训。

参 考 文 献

GB 16754—1997 机械安全 急停 设计原则(eqv ISO/IEC 13850:1995)

GB/T 16855.1—2005 机械安全 控制系统有关安全部件 第1部分:设计通则(ISO 13849-1:1999,MOD)

ANSI/RIA R15.06—1999 机器人和机器人系统 安全要求

ISO 10218:1992 工业机器人安全

ISO/CD 10218-1:2003 Manipulating Industrial Robots—Safety—Part 1:Design、Construction and Installation

ISO/CD 10218-2:2002 Manipulating Industrial Robots—Safety—Part 2:Rebuilding、Redeployment and Use

ICS 25.040.30
J 07

中华人民共和国国家标准

GB/T 20868—2007

工业机器人　性能试验实施规范

Industrial robot—Detailed implementation specification for performance and related test

2007-01-18 发布　　2007-08-01 实施

中华人民共和国国家质量监督检验检疫总局
中国国家标准化管理委员会　发布

前　言

本标准由中国机械工业联合会提出。

本标准由全国工业自动化系统与集成标准化技术委员会归口。

本标准起草单位:北京机械工业自动化研究所、北京理工大学机器人研究所。

本标准主要起草人:陆际联、胡景谬、郝淑芬、聂尔来、许瑾。

本标准首次发布。

引　言

1　概述

1.1　关于 GB/T 12642—2001《工业机器人　性能规范及其试验方法》标准修订的说明

GB/T 12642—2001 标准是在 GB/T 12642—1990《工业机器人　性能规范》和 GB/T 12645《工业机器人　性能测试方法》的基础上等效采用国际标准 ISO 9283:1998 而修订的。修订时将我国原有的两项标准合并为一项。

国际标准 ISO 9283:1998 是国际标准化组织从 1992 年开始对原版本 ISO 9283:1990 进行修订而成的。新标准对位姿特性和轨迹特性的相关规定有较大的变化，修改了原版本中某些只适用于二维空间的图例、表述和计算公式，特别是对轨迹特性的计算方法已能适用于标准规定的空间试验轨迹。同时，新版将原拟单独制定标准的对比性试验作为附录，规定了选用的各项参数。

GB/T 12642—2001 实施后取代 GB/T 12642—1990《工业机器人　性能规范》和 GB/T 12645—1990《工业机器人　性能测试方法》两项国家标准。

1.2　GB/T 12642—2001 标准的使用

GB/T 12642—2001 规定了操作型工业机器人的重要性能指标和相应的试验方法。

制造商在编制机器人产品说明书时应按标准的定义确定机器人的技术指标，避免使用企业自定的指标。

试验部门应按标准推荐的试验方法对被试机器人进行测试，使试验结果具有可比性。

相关测试仪器的制造商应使仪器的功能和性能符合标准的要求。

工业机器人的用户在选型时应根据使用要求参照标准规定的性能指标选择合适的机器人。

1.3　工业机器人一般性试验和对比试验

标准规定的机器人性能试验分为一般性试验和对比试验两种。一般性试验是为完整表征某一型号机器人的性能所需进行的试验；对比试验是为比较同一应用种类但不同型号或制造商的机器人的性能所进行的试验。一般性试验的测试立方体尺寸、平面、负载、速度和轨迹形状是制造商根据被试机器人的性能确定的；对比试验的上述参数则应在 GB/T 12642—2001 的附录 A 中的规定中选择。

2　编制《工业机器人　性能试验实施规范》的目的

本标准是在 GB/T 12642—2001 的基础上编制，目的提供实用性和可操作性的标准文本，便于制造商、销售商和用户准确的使用与实施机器人性能试验的标准，提高产品质量。

工业机器人　性能试验实施规范

1　范围

本标准提供了制造商和用户等使用 GB/T 12642—2001 对工业机器人进行性能试验时的实施细则和操作步骤。

本标准供工业机器人制造厂商、试验部门、机器人用户使用。

2　规范性引用文件

下列文件中的条款通过本标准的引用而成为本标准的条款。凡是注日期的引用文件，其随后所有的修改单(不包括勘误的内容)或修订版均不适用于本标准，然而，鼓励根据本标准达成协议的各方研究是否可使用这些文件的最新版本。凡是不注日期的引用文件，其最新版本适用于本标准。

GB/T 12642—2001　工业机器人　性能规范及其试验方法(eqv ISO 9283:1998)

GB/T 12643—1997　工业机器人　词汇(eqv ISO 8373:1994)

3　术语和定义

本标准采用 GB/T 12643 中给出的术语及定义。

4　性能试验的实施

制造商、用户和独立的试验部门均可按标准所述的试验项目对某个机器人或样机进行研究和检验，但定型试验和验收试验必须在经过批准的有认证资质的实验室或制造商、用户以外的具有符合标准要求的试验设备的实验室进行。

实施规范对 GB/T 12642 的规定做了进一步陈述和解释，以便于操作。

5　试验前的准备工作

为保证试验的顺利进行，制造商和试验部门在试验前必须做好充分的准备。

5.1　制造商的准备工作

a)　对被试机器人进行全部功能检查，并检查机器人控制器中的所有可设置参数。在试验过程中，如果不得不重新调整机器人或设置参数，需重新开始试验。

b)　如果被试机器人在试验部门安装，机器人制造商必须提出安装的建议，备足所需的压板及紧固件，以确保被试机器人稳固地安装于试验环境，避免试验过程中机器人高速运动时因基础不稳造成的振动对性能指标的影响。

c)　选定需要测量的性能指标。针对被试机器人的应用场合，可按 GB/T 12642 附录 B 选择所要测量的性能指标。

d)　按 GB/T 12642 的 6.3 的要求，规定试验的环境条件和正常操作条件。

e)　按被试机器人的额定负载，参照 GB/T 12642 图 1，制造质量、重心位置和惯性力矩符合要求的试验用末端执行器，并向试验部门提供其图纸。如果某些性能指标需要在 10% 额定负载或由制造商指定其他数值下进行附加试验，则试验用末端执行器应能方便地减重。机器人控制器中的工具中心点(TCP)位置参数应按所制造的末端执行器的数据设置。

f)　按被试机器人的技术指标确定位姿特性和轨迹特性的试验速度。位姿特性和轨迹特性的额定速度可以不同。对于位姿特性，是否以 50% 或 10% 额定速度进行试验，由制造商确定。

g) 按 GB/T 12642 的 6.8 的要求选定测量平面。对于 6 轴机器人，制造商如不选用 C_1-C_2-C_7-C_8 作为测量平面，则应在征得试验部门同意的情况下规定特殊的测量平面；对于少于 6 轴的机器人，制造商应指定选用的测量平面。

h) 计算测量平面上的 5 个试验位姿 P_1～P_5。试验位姿以何种坐标表示，取决于被试机器人的编程方式。如需测量最小定位时间及重定向轨迹准确度，则还需按 GB/T 12642 图 6、表 19 和图 24 计算测试立方体对角线上一系列定位点的位姿。

i) 如不选用 GB/T 12642 的 6.8.6.2 规定的试验轨迹，制造商应对所选择的试验轨迹加以说明。

j) 按每一试验项目对机器人的运动要求编制运动程序。原则上可采用任何一种编程方式，但若采用离线编程方式，则试验前必须实现编程所用的坐标系与测量坐标系之间的高精度转换，具有相当大的难度，因而，不推荐使用离线编程方式。

k) 为了使测量仪器的数据采集与机器人的运动同步，选定机器人控制器的开关量输出信号，并在机器人运动程序中适时地将该输出置 1。

5.2 试验部门的准备工作

a) 根据机器人制造商的建议安装被试机器人，所选用的测试仪器亦应稳固地设置，避免试验过程中被试机器人与仪器间的相对运动。

b) 按照制造商选定的需测量的性能指标，制定试验实施计划。

c) 试验时直接的测量点可以不是 GB/T 12642 图 1 中的 TCP，但试验结果必须表达 TCP 处的特性。试验部门应确定直接测量点的位置并按制造商提供的末端执行器图纸确定其与 TCP 的转换关系。

d) 检查所选用的测试仪器，保证其不确定度满足 GB/T 12642 的 6.5 的要求。

e) 保证试验环境满足 GB/T 12642 的 6.3.2 的要求，试验环境中不应有其他设备造成的明显振动。

f) 熟悉被试机器人的性能和操作条件，并对机器人制造商的试验运动编程提出建议。

g) 检查机器人制造商编制的运动程序是否符合试验的要求。

h) 按照机器人控制器开关量输出的电平，准备与测量仪器启动采集的输入端相应的接口装置。

6 仪器的选择

a) 对于被试机器人必须运动的试验项目，测量仪器不应对运动造成明显的干扰，因此，应尽可能采用非接触式测量仪器。

b) 如有部分测量仪器需附加在被试机器人上，其质量应尽可能小，附加质量的位置亦应尽可能不在机械接口上。

c) 标准规定测量的不确定度不能超过被测特性数值的 25%，这里的被测特性应是由机器人制造商提出的技术指标的数值，而不是实际测量出的数值。例如，被试机器人位置轨迹重复性的指标为 1 mm，测量系统总的不确定度为 0.2 mm，实际测量出的位置轨迹重复性为 0.1 mm，应认为测量系统的不确定度是满足标准要求的，但实际测出的 0.1 mm 的位置轨迹重复性可信度不大。此例中，如果测量系统总的不确定度小于 0.04 mm，则实际测出的 0.1 mm 的位置轨迹重复性可信度较大。

d) 轨迹特性、超调量和位置稳定性的测量均要求测量仪器的数据采集速率足够高。可按下述要求选择数据采集速率：

——制造商在轨迹运动编程时已确定加、减速时间，测量仪器的采集速率应保证在加、减速段的数据采集点数不小于 10；

——位置超调量试验时，位姿试验速度乘以采样间隔时间不应大于超调量指标；

——或者，如果位姿稳定试验时测出机械接口有明显的振动，则采样间隔时间不应大于振动周期的 1/10。

e) 标准规定的所有测试项目可归结为测量 TCP 的三维空间位置和腕法兰平面的三维姿态及它们随时间的变化。除直接测量这些数据外，允许间接测量。例如，腕法兰平面的姿态可根据其上三个点的空间位置推算。因此，从测量仪器所获得的独立测量值必须与测量要求相对应。例如，若要求同时测量 TCP 的三维空间位置和腕法兰平面的三维姿态，测量仪器至少应得到三个空间点的三组空间位置数据。为了减少测量误差，只要仪器有足够的能力，允许增加测量点。

f) 在某些情况下，可能只要求测量 TCP 的空间位置，所选用的测量仪器也只具有测量某一点空间位置的能力，在配置仪器时需要消除腕法兰平面姿态的变化对测量点空间位置的影响。例如，用三自由度关节式测量机对机器人进行接触式测量时，测量机与机器人连接处应采用球铰。

g) 由于试验项目多，数据采集量大，又是在机器人运动过程中进行测量，仪器必须具备可与机器人运动同步的功能，即可在接收机器人控制器输出的信号后启动和停止测量，至少应能同步启动并定时停止测量。

h) 试验数据处理量很大，仪器必须具有按标准规定的指标计算方法计算性能指标的能力。

7 姿态角的表达方式

原则上，姿态角可采用任何表达方式。但是，如果某一种表达方式使测出的姿态角在 2π 或 360°附近，则姿态角的稍稍变化就可能使其数值发生 2π 或 360°的间断，而在很多姿态特性指标的计算中又需计算姿态角测量的平均值，间断将使姿态角的平均值完全错误。所以，标准规定表达姿态角的转动顺序必须使姿态在数值上是连续的。这就要求测量系统对姿态角有多种表达方式，一旦发现测出的某一姿态角接近 2π 或 360°，就应改用另一种表达方式，直到三个姿态角均不在 2π 或 360°附近。

8 试验步骤

如选定全部性能指标试验，建议按如下顺序进行试验：

——位置稳定时间和位置超调量，通过此项试验确定位置稳定时间，以便在后续试验编程时留出足够的测量停顿时间；

——位姿准确度和位姿重复性；

——多方向位姿准确度变动；

——位姿特性漂移；

——互换性；

——距离准确度和距离重复性；

——轨迹准确度、轨迹重复性和轨迹速度特性，进行此项试验前对各种试验轨迹先测量一次轨迹速度特性，确定加、减速时间，以便保证机器人至少能在试验轨迹 50% 的长度内达到稳定速度，如果加、减速时间过长，不能达到此要求，机器人制造商应重新调整加、减速时间；

——重定向轨迹准确度；

——拐角超调和圆角误差；

——摆幅误差和摆频误差；

——最小定位时间；

——静态柔顺性。

9 指令位姿的确定

位姿及轨迹准确度的计算均涉及指令位姿数据。指令位姿是机器人运动编程时由指令确定的机器人位置和姿态。为了计算准确度指标，指令位姿与仪器测量的实到位姿必须以同一坐标系表示。由于机器人运动编程方法的不同，指令位姿的确定方法也不同。

9.1 示教编程的指令位姿

无论是手把手示教还是用示教盒示教编程，编程时一旦将机器人引导到示教点（P_1～P_5及大圆和小圆轨迹的几个特定点），即可用测量仪器测出其位姿，这就是指令位姿。显然，指令位姿与以后测出的实到位姿的坐标系相同，在计算准确度指标时无需换算。由直线轨迹端点及大圆和小圆轨迹的几个特定点确定的理想直线和圆弧（大圆和小圆轨迹可以用超过半圆的圆弧代替）即为指令轨迹。用这样的指令位姿和指令轨迹算出的准确度实际上只反映了机器人再现的准确性。

9.2 手动数据输入或离线编程的指令位姿

手动数据输入或离线编程时，P_1～P_5及大圆和小圆轨迹的几个特定点的指令位姿一般是用基座坐标系表示的。而测量仪器测得的实到位姿一般是用仪器确定的测量坐标系表示的。因而，在计算准确度指标时不能直接将指令位姿与实到位姿相比较。

这种编程方式的准确度指标是机器人运动学模型准确性的重要反映。在编程确定指令位姿后，不能使机器人到达某一位姿点再用仪器测量其位姿作为指令位姿（虽然，此位姿与以后测出的实到位姿的坐标系相同）。唯一正确的方法是求得基座坐标系与测量坐标系的变换关系，称为坐标准直。不过，现有仪器很多不具有坐标准直的功能，有的仪器虽有此功能，但准直的准确度难以保证。因此，建议对此类机器人只做位姿重复性、轨迹重复性、距离准确度、距离重复性等指标的测量。因为，重复性指标只涉及实到位姿，与表示位姿的坐标系无关；而距离准确度虽涉及指令距离和实到距离，但由于不同坐标系中的距离不变性，计算指令距离时可用基座坐标表示的指令位姿，计算实到距离时可用测量坐标系表示的实到位姿。

10 运动程序的编制

除静态柔顺性试验外，进行其他项目的性能试验时，被试机器人都必须按一定要求运动。编制运动程序时应加入适当的同步信号，以便使测量仪器的数据采集自动进行。

10.1 位置稳定性试验运动程序编制要点

——从位姿点P_2开始，将机械接口以额定速度（或其50%、10%）移至P_1，再回到P_2，为一个运动循环。运动时采用点到点控制或连续轨迹控制均可。

——到达P_1时，将选定的用于仪器同步的开关量输出信号置1，0.1 s后，再将该输出信号置0。

——超过预先估计的位置稳定时间后，返回P_2。

——可无限制进行循环，待仪器采集完3次循环的数据后，停止机器人的运动。

——仪器数据采集的停止必须采用定时方式。需要预先估计位置稳定时间，在仪器上设置略大的采集终止时间。如果预设的时间不能使仪器采集到完整的稳定过程，需要加长设置的时间重新进行试验。

10.2 位姿准确度和位姿重复性试验运动程序编制要点

——从位姿点P_1开始，依次将机械接口以额定速度（或其50%、10%）移至P_5、P_4、P_3、P_2，再回到P_1，为一个运动循环。运动时采用点到点控制或连续轨迹控制均可。

——在每一位姿点应停顿一段时间，停顿时间应大于测出的位姿稳定时间。此后，将选定的用于仪器同步的开关量输出信号置1。

——将开关量输出信号置0，移动机械接口至下一位姿点。

——可无限制进行循环，待仪器采集完30次循环的数据后，停止机器人的运动。

10.3 多方向位姿准确度变动试验运动程序编制要点

——在机座坐标−x、−y、−z方向上分别选定与P_1点距离不小于200 mm的三点a、b、c。

——从a点开始，将机械接口以额定速度（或其50%、10%）移至P_1，然后移至b点，再移至P_1，移至

c 点，再移至 P_1，最后回到 a 点为一个循环。

——每次到达 P_1 后，应停顿一段时间，停顿时间应大于测出的位姿稳定时间。此后，将选定的用于仪器同步的开关量输出信号置 1，然后置 0，使仪器采集数据。

——可无限制进行循环，待仪器采集完 30 次循环的数据后，停止机器人的运动。

——对位姿点 P_2、P_4 的试验程序与上类似，但 P_2 的 a、b、c 点应分别在 −x、−y、−z 方向上；P_4 的 a、b、c 点应分别在 x、y、z 方向上。

10.4 位姿特性漂移试验运动程序编制要点

——从位姿点 P_2 开始，使机械接口以额定速度（或其 50%、10%）移至 P_1，再回到 P_2，为一个运动循环。运动时采用点到点控制或连续轨迹控制均可。

——在 P_1 应停顿一段时间，停顿时间应大于测出的位姿稳定时间。此后，将选定的用于仪器同步的开关量输出信号置 1。

——将开关量输出信号置 0，移动机械接口至 P_2。

——由 P_1 返回 P_2 过程中应设一中间位姿点，使机械接口的姿态有较大变化，以保证返回时所有关节均运动。

——可无限制进行循环，待漂移试验结束后，停止机器人的运动。

10.5 互换性试验运动程序编制要点

——互换性试验运动程序与位姿特性试验运动程序相同，但只进行额定速度试验。

——试验在 5 台同型号机器人上进行，更换机器人时不能移动测量仪器，并应保持相同的试验条件。

10.6 距离准确度和距离重复性试验运动程序编制要点

——从位姿点 P_4 开始，将机械接口以额定速度（或其 50%、10%）移至 P_2，再回到 P_4，为一个运动循环。运动时采用点到点控制或连续轨迹控制均可。

——到达 P_2 和 P_4 时，应停顿一段时间，停顿时间应大于测出的位姿稳定时间。此后，将选定的用于仪器同步的开关量输出信号置 1，然后置 0，使仪器采集数据。

——将开关量输出信号置 0，移动机械接口至下一位姿点。

——可无限制进行循环，待仪器采集完 30 次循环的数据后，停止机器人的运动。

10.7 轨迹准确度、轨迹重复性和轨迹速度特性试验运动程序编制要点

——从试验轨迹起点开始，使 TCP 以额定速度（或其 50%、10%）沿轨迹（直线，或大圆，或小圆）运动至轨迹终点，再回到起点，停顿数秒，为一个测试循环。

——开始运动前，将选定的用于仪器同步的开关量输出信号置 1，停顿 0.1 s 后置 0。

——到达终点后，停顿数秒，再向起点运动。在终点和起点停顿的目的是让仪器有足够的时间处理采集到的数据（例如，数据存盘）。

——仪器数据采集的停止可以有定时和同步两种方式。定时停止需要预先估计全轨迹运动时间，在仪器上设置略大的采集终止时间。同步停止需要在机器人控制器上选定另一开关量输出，到达轨迹终点后，停顿 0.1 s，使该信号置 1，0.1 s 后置 0，仪器收到信号后停止采集。这两种方式均可使仪器采集到完整的轨迹数据。

——可无限制进行循环，待仪器采集完 10 次循环的数据后，停止机器人的运动。

10.8 重定向轨迹准确度试验运动程序编制要点

——从位姿点 P_6 开始，使机械接口以额定速度（或其 50%、10%）变姿态地经 P_7、P_1、P_8 到达 P_9，再回到起点，停顿数秒，为一个测试循环。运动时采用连续轨迹控制。

——开始运动前，将选定的用于仪器同步的开关量输出信号置 1，停顿 0.1 s 后置 0。

——到达终点后,停顿数秒,再向起点运动。在终点和起点停顿的目的是让仪器有足够的时间处理采集到的数据(例如,数据存盘)。

——仪器数据采集的停止可以有定时和同步两种方式。定时停止需要预先估计全轨迹运动时间,在仪器上设置略大的采集终止时间。同步停止需要在机器人控制器上选定另一开关量输出,到达轨迹终点后,停顿 0.1 s,使该信号置 1,0.1 s 后置 0,仪器收到信号后停止采集。这两种方式均可使仪器采集到完整的轨迹数据。

——可无限制进行循环,待仪器采集完 10 次循环的数据后,停止机器人的运动。

10.9 拐角超调和圆角误差试验运动程序编制要点

——以 $E_4(P_5)$ 和 $E_1(P_2)$ 的中点作为起点,将机械接口以额定速度(或其 50%、10%)直线地移向 E_1,再移至 E_1 和 $E_2(P_3)$ 的中点,此为终点,然后回到 E_4 和 E_1 的中点,完成一个循环。

——拐角点 E_1 是两段直线轨迹的交点,机器人在这里不停顿,但可按制造商规定的方式完成两条轨迹的平滑过渡。

——开始运动前,将选定的用于仪器同步的开关量输出信号置 1,停顿 0.1 s 后置 0。

——到达终点后,停顿数秒,再向起点运动。在终点和起点停顿的目的是让仪器有足够的时间处理采集到的数据(例如,数据存盘)。

——仪器数据采集的停止可以有定时和同步两种方式。定时停止需要预先估计两段轨迹总运动时间,在仪器上设置略大的采集终止时间。同步停止需要在机器人控制器上选定另一开关量输出,到达拐角终点后,停顿 0.1 s,使该信号置 1,0.1 s 后置 0,仪器收到信号后停止采集。这两种方式均可使仪器采集到完整的拐角轨迹数据。

——可无限制进行循环,待仪器采集完 3 次循环的数据后,停止机器人的运动。

——对于拐角点 E_2 的特性试验,起点为 $E_1(P_2)$ 和 $E_2(P_3)$ 的中点,终点为 E_2 和 $E_3(P_4)$ 的中点;对于拐角点 E_3 的特性试验,起点为 E_2 和 E_3 的中点,终点为 E_3 和 $E_4(P_5)$ 的中点;对于拐角点 E_4 的特性试验,起点为 E_3 和 $E_4(P_5)$ 的中点,终点为 E_4 和 $E_1(P_2)$ 的中点。

——如果在编程时不愿增加 4 个中点位姿,可以选择 E_1~E_4 作为起、终点。例如,E_1 拐角轨迹的起点为 E_4,终点为 E_2,余类推。这样编程不会影响拐角特性。

10.10 摆幅误差和摆频误差试验运动程序编制要点

——从位姿点 P_1 开始,使 TCP 以一定摆幅和摆频向 y 方向运动,运动距离至少包含 10 个摆动周期。摆动结束后无摆动地回到 P_1,停顿数秒,为一个测试循环。

——其他关于同步和停顿的安排与轨迹特性试验运动程序编制要点相同。

10.11 最小定位时间试验运动程序编制要点

——从位姿点 P_1 开始,使机械接口以额定速度直线地依此移向 P_2、P_4 上一系列符合 GB/T 12642 表 19 要求的位姿点,最后回到 P_1,此为一个循环。

——位姿点的总数取决于对角线的长度。

——开始运动前,将选定的用于仪器同步的开关量输出信号置 1,停顿 0.1 s 后置 0。

——到达终点后,停顿数秒,再返回起点。在终点和起点停顿的目的是让仪器有足够的时间处理采集到的数据(例如,数据存盘)。

——仪器数据采集的停止可以有定时和同步两种方式。定时停止需要预先估计从起点到终点的全程运动时间,在仪器上设置略大的采集终止时间。同步停止需要在机器人控制器上选定另一开关量输出,到达终点后,停顿 0.1 s,使该信号置 1,0.1 s 后置 0,仪器收到信号后停止采集。这两种方式均可使仪器采集到全程的数据。

——可无限制进行循环,待仪器采集完 3 次循环的数据后,停止机器人的运动。

11 试验报告

GB/T 12642已给出试验报告示例，试验单位可参照示例的格式编制试验报告。基于微型机的测试系统最好具有自动生成试验报告的能力，以避免填写试验结果时出错。

试验报告应特别注意对试验条件的说明，如果试验未能完全按照标准的规定进行，对差异更应特别予以说明。

ICS 25.040.30
J 07

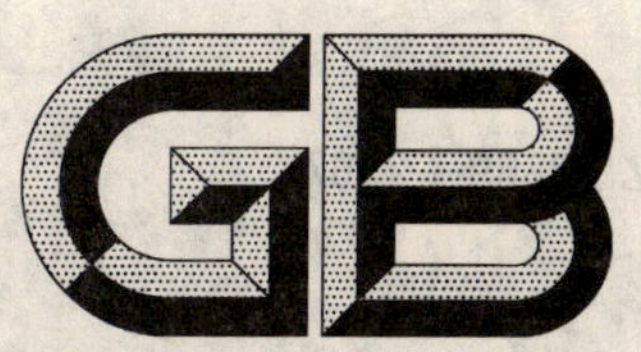

中华人民共和国国家标准化指导性技术文件

GB/Z 20869—2007

工业机器人　用于机器人的中间代码

Industrial robot—Intermediate Code for Robot(ICR)

(ISO/TR 10562:1995, Manipulating industrial robots—Intermediate Code for Robots(ICR), MOD)

2007-01-18 发布

中华人民共和国国家质量监督检验检疫总局
中国国家标准化管理委员会　发布

前　言

本指导性技术文件修改采用ISO/TR 10562:1995《操作型机器人　用于机器人中间代码(ICR)》(英文版)。

本指导性技术文件等同翻译ISO/TR 10562:1995。为便于使用,本指导性技术文件作了下列编辑性修改:

——“本技术报告”改为“本指导性技术文件”;

——为了与现有的工业机器人系列标准一致,本指导性技术文件名称中删除了“操作型”三个字;

——删除了国际技术报告的前言;

——删去了原文中不符合我国标准编写的字句;

——删去了原文中的附录C,将附录D作为本指导性技术文件的附录C。

本指导性技术文件的附录A、附录B和附录C为资料性附录。

本指导性技术文件由中国机械工业联合会提出。

本指导性技术文件由全国工业自动化系统与集成标准化技术委员会归口。

本指导性技术文件起草单位:北京机械工业自动化研究所。

本指导性技术文件主要起草人:聂尔来、郝淑芬、许瑆、董瑞翔、贾永君、贾沛、于括。

本指导性技术文件首次发布。

工业机器人　用于机器人的中间代码

1　范围

本指导性技术文件规定的中间代码是面向用户的编程系统和工业机器人控制系统的中间界面。它定义了数据列表(包括中间代码有关的数据)的结构和访问结构。

2　规范性引用文件

下列文件中的条款通过本指导性技术文件的引用而成为本指导性技术文件的条款。凡是注日期的引用文件,其随后所有的修改单(不包括勘误的内容)或修订版均不适用于本指导性技术文件,然而,鼓励根据本指导性技术文件达成协议的各方研究是否可使用这些文件的最新版本。凡是不注日期的引用文件,其最新版本适用于本指导性技术文件。

GB/T 12643—1997　工业机器人　词汇(eqv ISO 8373:1994)

GB/T 15273.1—1994　信息处理　八位单字节编码图形字符集　第一部分:拉丁字母一(idt ISO 8859-1:1987)

GB/T 16720.3—1996　工业自动化系统　制造报文规范　第3部分:机器人伴同标准(eqv ISO/IEC 9506-3:1991)

3　术语和定义

GB/T 12643 确定的及下列术语和定义适用于本指导性技术文件。

按照 GB/T 15273.1(8位字符集)规定的对所有代码和数据元素将作出描述。ICR 是面向机器和解释器的,而不是面向用户的。

3.1

ICR 程序　ICR program

用 ICR 写的机器人指令和数据集合。

3.2

数据列表　date list

用 ICR 代码写的位置、位姿和其他数据结构的集合。

3.3

机器人控制器　robot control unit

接收指令代码,并向操作机每个关节发送伺服信号的控制装置。

4　本指导性技术文件的约定

如果某个程序码仅用本指导性技术文件所定义的代码特征,并且它不依赖于任何专用的解释器,则认为该程序代码遵循了本指导性技术文件。

本指导性技术文件的单条语句可分成两组,第一组(A组)语句与工业机器人控制器及其所控制的机器人类型无关。第二组(B组)语句依赖于特定的工业机器人类型及控制器。

A组分成八个相关层次。

基本层(level 0)包含:

- 存储和数据管理;
- 程序流程控制;

- 布尔和算术运算；
- 语句：CNFGCHAN、OPENCHAN、CLOSECHAN、RESETCHAN、STATCHAN、数据交换语句 DIN 和 DOUT；
- 除了符号寻址外的其他寻址模式。

作为基本层的扩展，产生了七个彼此独立的相关层次：

——符号寻址模式。

——除了基本层所列语句之外的其他数据交换语句。

CNFGCHAN、OPENCHAN、CLOSECHAN、RESETCHAN、STATCHAN、DIN 和 DOUT。

——数据列表管理。

——传感器函数。

——调试纠错函数。

——用户扩展语句。

——备用扩展语句。

B 组分成核心语句和扩展语句。

——核心语句包括：

ACCEL、VEL 和 MOVTIM 语句。

JMOVE 和 LMOVE 语句。

CALIB、CURPOS、GOHOME、MOVSTP、MOVCONT 和 MOVCANCEL 语句。

末端执行器语句描述。

——扩展语句包括：

不包括在核心语句中的技术规范。

不包括在核心语句中的每个运动和执行器的控制。

机器人设备的描述。

在本指导性技术文件中，ICR 处理器定义为“接受 ICR 代码作为输入，并按照标准定义语义执行 ICR 代码的系统或机构”。如果处理器至少满足 A 组中的基本层和 B 组中的核心部分，那么认为它遵从了本指导性技术文件，除非处理器明确指出不接受 B 组中核心部分的函数。

ICR 可用两种不同形式表达，在第一种形式中，所有操作数仅由 ASCⅡ码数字组成，第二种形式允许用助记符表示操作数。下面两条语句的效果完全相同。

① 220,5450;

和② 220,'MOVEND';

在语句①中操作符用数字表示，而语句②中操作符采用助记符的形式。

由于 ICR 代码有两种不同的表示方法，所以有两种不同的 ICR 解释器。第一种较简单，它用数值作操作数，而第二种允许使用助记符。第二种解释器称为 MNEMONICAL-ICR 解释器，也可以看作是一种预处理器，它先将助记符转换成数值，再由第一种较简单的 ICR 解释器处理。

5 基本概念

5.1 引言

本指导性技术文件是涉及工业机器人需求的系列标准的一部分，其他标准包括诸如安全、性能规范及其测试方法、术语和机械接口等。可以看出这些标准是相互关联的，而且也是与其他标准相关的。

本指导性技术文件是一个二级委员会对离线编程和不同机器人控制器之间的中间代码(ICR)的草案。机器人编程语言的表示有多个层次。ICR 也允许技术和几何数据在机器人控制器之间相互交换，但这并不意味着要使用中间代码的其他层次，这也不是要取消 ICR 和机器人控制器之间的其他中间代码。然而，ICR 应被作为机器人编程和控制器之间的中间接口。

本指导性技术文件附录A中给出机器人系统状态变量的指南，作为ICR的参考，这些状态变量定义在GB/T 16720.3。

本指导性技术文件附录B阐述了在应用中如何使用和实现ICR，如何把机器人编程语言转变成ICR代码。

一台工业机器人需要完成多种任务，这组用来定义机器人将要完成规定人的运动和辅助功能的指令由一个任务程序来规定。

一个特定的应用是通过任务描述或用面向用户的编程语言写的程序来说明的。这个面向用户的高级编程语言的文法和语义取决于系统编程的类型(例如是陈述性编程还是面向CAD的交互式编程)。程序必须翻译成机器人低级程序代码，然后装入机器人控制器去执行。

从各种机器人控制器的数量和面向用户的高级编程系统的演变来说，很有必要在这两者之间建立一座桥梁。ICR就是为此打开方便之门，它的目的是既支持机器人控制实现的所有特征，也支持描述任务的全部要素。

在不同机器人控制器之间或在任何机器人编程系统和控制器之间交换用户程序和数据，ICR代码是很有用的。代码本身是由一系列代表不同指令的记录组成，一条指令可能是一个数据或类型定义。指令包括数学运算和堆栈操作，它能对按照后缀法定义的数学表达式进行有效的计算。

高级编程语言中支持块结构有利于结构化编程。关于变量和其他可编程对象在块中的作用域由符号标识，在某些特定场合也使用绝对地址，如直接处理I/O存储映射。

本指导性技术文件详细说明了ICR的功能和范围，但其正式文法描述是在助记符层实现的。代码数字的定义很容易映射到本文描述的ICR元素。

有些用到的条目如位姿或方向没有详细解释，它们的意义在其他ISO文献中已有描述。

中间代码的主要特征如下：

——中间代码：如图1所示，中间代码正好介于机器人编程系统的标准输出和机器人控制器的标准输入之间。

——数据交换标准格式：用ICR写的数据列表能用于数据交换和示教的数据输入。

——机器间接口：ICR被认为是计算机系统之间的数据交换格式，它不是面向用户的语言，代码基本上仅由整数表示，然而为了增加程序可读性，用符号表示变量和其他操作，ICR中仅使用可打印字符集。

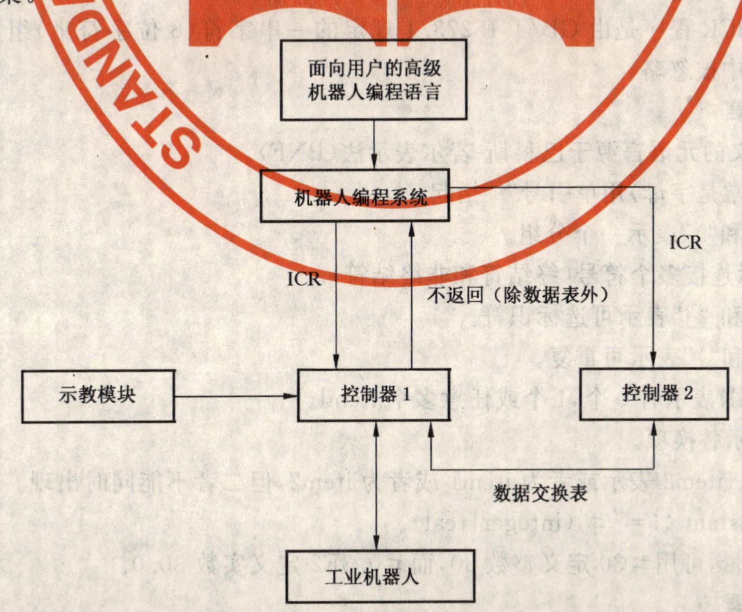

图1 带有中间接口的机器人编程结构

用 ICR 写的数据和程序在图 1 所示的系统之间传送，程序以如下两种方法执行。

——用 ICR 写的程序通过解释器转变成指定代码，然后传送到机器人控制器执行。

——用 ICR 写的程序用文件或通信方式传送到机器人控制器直接执行。

机器人控制器的系统构成和实现完全依赖于机器人的系统开发商，但在本指导性技术文件中假定控制器的结构如图 2 所示：

——路径发生器：用于计算工业操作机的行程轨迹。

——伺服系统：用来实现路径。

——外设控制器：用于控制数字/模拟量的 I/O 单元。

——传感器：没有定义专门的装置，通常假定为 DIO。

——通信线路：假定如 RS232C 标准的串行线路。

——文件存储系统：文件可用于选择项。

本指导性技术文件假定的多关节机器人是具有六个自由度的工业操作机，本指导性技术文件不包括多于六个自由度的机器人，而对于少于六个自由度的机器人，本指导性技术文件同样适用。

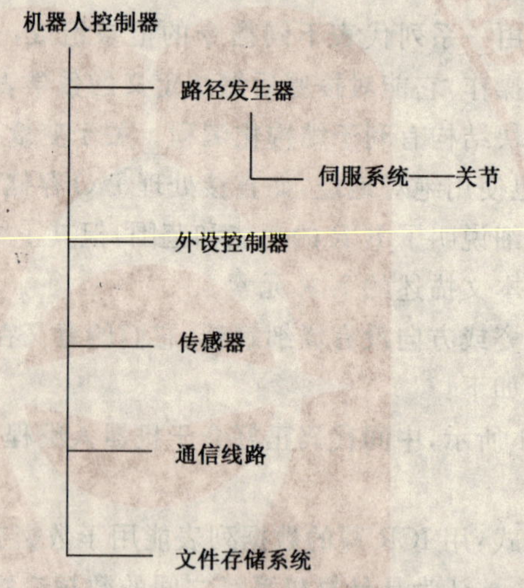

图 2 机器人控制器的构形

5.2 ICR 语法描述

从词法角度看，ICR 程序是由 GB/T 15273.1 规定的一串字符(8 位字符集)组成，所有控制符(如换行和回车)在处理中被忽略。

5.2.1 ICR 的元语言

为 ICR 词法定义的元语言源于巴科斯-若尔表示法(BNF)。

a) 终结符(通常是字母)用单引号“'”括起。

b) 用括号“(”和“)”表示一个分组。

c) 连字符表示连接多个符号(终结符和非终结符)。

d) 方括号“[”和 “]”表示可选标识符。

e) 大括号“{”和“}”表示可重复。

例如，{iteml}表示有 0 个，1 个或任意多个 iteml。

f) 符号“|”表示替换项。

例如，item1|item2 表示或者为 item1 或者为 item2，但二者不能同时出现。

例：number_constant ::='#'(integer|real)。

一个数字常量，可用#30 定义整数 30，而#0.3E2 定义实数 30.0。

5.2.2 ICR 词法元素

在这一节中的文法描述了字符词法元素的格式及其彼此分类，因此和本指导性技术文件所使用的其他文法不同，这就意味着 ICR 词法元素不同于句法定义，因为在多个终结符之间不允许有空格（如整数定义）。以后各章的句法定义将以此为参考。

digit ::=
'0' | '1' | '2' | '3' | '4' |
'5' | '6' | '7' | '8' | '9'.

Upper_case_letter ::=
'A' | 'B' | 'C' | 'D' | 'E' | 'F' | 'G' |
'H' | 'I' | 'J' | 'K' | 'L' | 'M' | 'N' |
'O' | 'P' | 'Q' | 'R' | 'S' | 'T' | 'U' |
'V' | 'W' | 'X' | 'Y' | 'Z'.

lower_case_letter ::=
'a' | 'b' | 'c' | 'd' | 'e' | 'f' | 'g' |
'h' | 'i' | 'j' | 'k' | 'l' | 'm' | 'n' |
'o' | 'p' | 'q' | 'r' | 's' | 't' | 'u' |
'v' | 'w' | 'x' | 'y' | 'z'.

letter :: = upper_case_letter | lower_case_letter.

space :: = ' '.

underscore ::= '_'.

special_character0 ::=
'!' | '"' | '#' | '$' | '%' | '&' | ''' |
'(' | ')' | '*' | '+' | ',' | '-' | '.' | '/'.

special_character1 ::=
':' | ';' | '<' | '=' | '>' | '?' | '@'.

special_character2 ::=
'[' | ']' | '\' | '^' | '`'.

special_character3 ::=
'{' | '|' | '}' | '~'.

graphic_character ::=
letter | digit | space | underscore |
special_character0 | special_character1 |
special_character2 | special_character3.

unsigned_integer ::= digit { digit }.

在 6.2 中描述了有关整型、字符型、实型、布尔型、字符串型的语义。

integer ::= [('+'|'-')] unsigned_integer

character ::=
'''graphic_character'''|
' $ 'unsigned_integer.

上面美元符"$"表示字符码的数值。其类型是 GB/T 15273.1 规定的码(8 位字符集)。

real ::= integer'.'[unsigned_integer]['E'integer].

boolean ::='T' | 'TRUE' | 'F' | 'FALSE'.

string 字符串是双引号"""括起来的一列字符。而串中的双引号本身用两个双引号本身来表示，如"abc" "def"表示 abc"def。

string ::='"'[graphic_character]'"'.

symbol 标识符形式上与不限长度的字符串类似，它所有字符必须是字母，数字或下划线，而且第一个字符必须是字母。标识符中大小号字母是不区别的（如 ABC 和 abc 意义相同）。标识符不能用双引号括起。

symbol ::= letter{(letter|digit|underscore)}.

5.3 地址模式

5.3.1 绝对地址

当用户需要指定机器人控制器和其他外设的绝对地址时，可用整形数字来表示。地址应能被控制器接受，注意：对于绝对地址的解释完全依赖于系统，所以为了代码的通用性，最好不要使用绝对地址。

我们已经提到过，有关机器人控制器的计算环境已超出本文范围。然而，我们经常需要存储空间的映象（如 I/O 映象的外设）。因为 ICR 是简单、初级的语言，注意绝对地址并一定是实地址，也可以是 CPU 虚存空间的虚地址，它的数据类型是除 INTEGER（整数）类型范围外的无符号 INTEGER（整数）。表示如下：

absolute_address ::='@'unsigned_integer.

这里无符号整数代表虚存空间的地址。由于绝对地址对机器人系统有高度依赖性，应尽量避免使用。

5.3.2 块相对地址

块相对地址是指只表示程序块和其内部块的变量，若用整数给出块相对地址，它的值可由如下公式计算：

2^{24} * block_nesting_number + variable_index.

注释：定义数 2^{24} 是考虑到用 32 位整数来表示一个块的相对地址，块嵌套号（block_nesting_number）是对在此之前已被激活的块开始语句（BLKBEG）中给出的块嵌套标识号的引用。如果具有相同块嵌套号的几个块同时激活，最后激活的块有效。对于主程序块嵌套号从零开始。

变量索引（variable_index）是指一个变量的块内相对寻址，这个变量必须在块嵌套号（block_nesting_number）到引用的块内用变量语句（DECLVAR）进行说明。

若一个块相对地址由其标识符给出，那么外部块或过程名后加点“.”作为它的前缀（如 procedure_out.variable_name）。如果没有外部块或过程名，则默认它是内部块。

blockrel_address ::=
    'BRADR''('(integer|[symbol'.'] symbol)')'.

5.3.3 操作数存取

在 ICR 指令中，存取操作数通过使用常量，绝对地址，块相对地址或标识符。

operand ::=
    symbol | absolute_address | constant | blockrel_address.

部分操作数被压入堆栈中，其余的在语句中描述，指令执行结果被压入堆栈。当遇到一个标识符，就要根据指令中的定义判断它是标号，过程名还是变量。

整型常量表示为“#1012”这里“#”是 ASCⅡ 字符。“#1012”是一个 1000 加 12 的十进制数。

为表示数据入栈和出栈。在每条指令的定义中使用如下表示法。

Stack：

    I_n：var_type，…，I_2：var_type，I_1：var_type
⇒ O_m：var_type，...，O_2：var_type，O_1：var_type

这里，I_x 表示第 x 次入栈值，O_x 表示第 x 次出栈值，var_type 表示数据类型。

堆栈是“后进先出”（LIFO）存储器，输入/输出值的顺序如图 3 所示，因此 I_1 和 O_1 位于栈顶（TOS），“var_type”可以是一个或多个数据类型名（参见“变量和常量”），当使用两个或更多的数据类型时，用括号和竖线表示如下：

I_1:(var_type1 | var_type2).

(这个表达方式超出了 ICR 词法定义,仅仅用来作解释和说明。)

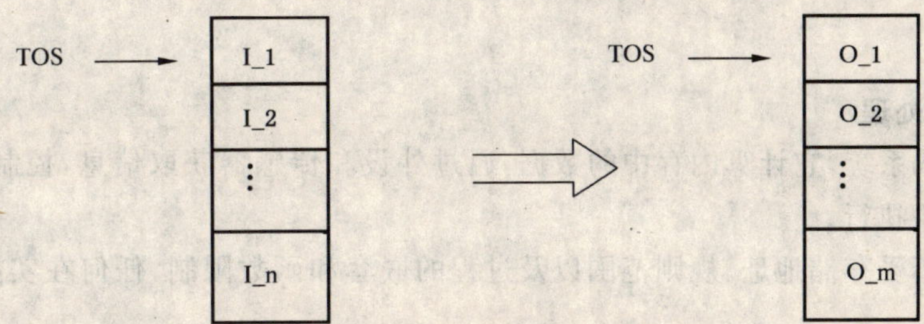

图 3 堆栈操作

5.4 ICR 单元结构

ICR 程序的基本结构由单元组成,单元可包括一个用户程序,也可能是一个含有过程、函数或数据列表的模块。模块对于分别开发程序部件再将它们连接起来是必须的。数据列表用于机器人控制器之间的数据交换(如用户程序中的位置量)。

```
icr_unit      ::=  program | data_list.
program       ::=  pbeg { statement } pend.
data_list     ::=  dlhead { dldat } dlend.
```

5.5 语句结构

ICR 的每个操作都写成一条语句,语句由一个行号和一条指令组成,一条指令又由一个操作符和零个、一个或多个操作数组成,操作数以逗号分隔,整个操作以分号结束。

所有的运算都用 ASCⅡ字符数字代码表示,如"22100"。为了增加代码可读性,也可用助记符表示。如:"PBEG"。而行号必须是唯一的。

```
statement     ::=  line_number ',' instruction ';'.
line_number   ::=  unsigned_integer.
instruction   ::=
   remark | declvar | typedef | progflow | operation |
   specification | movecontrol | dataexchange |
   datalistop | description | sensorfunction | debugfunction.
```

指令在第 7 章中定义,为方便起见,下面给出一个例子。

```
remark        ::=  cd_remark ',' linenumber ',' text.
cd_remark     ::=  'REMARK' | remark_code.
remark_code    =   1000(整数)
linenumber     =   机器人高级编程语言中的行号(整数)
text           =   remark(字符串)
```

这里 cd_remark 是指令 REMARK(用助记符"REMARK"或 1000 表示)的标识码。两种表示法(助记符和数字代码)要求定义两种与之相适应的 ICR 装入器,类型 1 仅采用代码方式,而类型 2 可用代码或助记符方式,"linenumber"和"text"是 REMARK 指令的操作数。

5.6 程序流程结构

ICR 被设计成两个计算机系统间的中间代码,它没有复杂的程序流程结构,而是采用简单、快速的方法,如条件转移和无条件转移。

所有语句由一系列无符号整数表示的指令序号编号,转移目标通过指令号定义的,如:

```
label         ::=  unsigned_integer.
```

禁止从块或过程外部跳入 n 个块或过程中间。

在 ICR 中引入块结构，在一个块中可使用动态变量，但它必须在块首("blkbeg")说明，并在程序退出本块时取消，块的嵌套和其他特征和 Pascal 语言中规定相同。

6 数据类型

6.1 ICR 中的数据处理

ICR 是一种代码系统，它计算内存中的数据，通过外设和传感器获取信息，控制外设和操作机。其数值计算通常在栈中执行。

ICR 中的定义不受存储地址、规则范围以及过程的嵌套和函数限制，任何在实施中引起的限制，必须由用户考虑。

6.1.1 数据类型

在 ICR 中定义的数据类型分成：

a) 逻辑和算术数据类型：integer，Boolean，real，character；

b) 文本数据类型：string；

c) 结构数据类型：array，record；

d) 几何数据类型：position，orientation，pose；

e) 和机器人有关的数据类型：joint，main_joint，add_joint，robtarget。

在 6.2～6.5 将详细讨论。除了后四种数据类型，所有其他数据类型和 PASCAL 语言中相同。数据结构的实现与系统有关，后四种类型是专门为机器人控制设计的。

尽管不同数据类型间的混合运算基本上是不允许的，但每一种数据类型及其组合的运算是可以的，也可以进行强制类型转换。

6.1.2 变量

ICR 有两种变量：

——静态变量；

——动态变量。

后者仅用于块和过程内部。

变量可以用一个在使用前说明的唯一符号表示，也可以用一个能由块相对地址存取的变量表示。

变量的类型由它的标识符给定，可能是一个数字代码或符号名，如 ICR 预定义的数据类型表所示。

```
var_type            ::=   type_identifier | data_type.
type_indentifier    ::=   unsigned_integer.
data_type           ::=
'BRADR'|'INT'|'REAL'|'BOOL'|'CHAR'|'STR'|
'POS'|'ORI'|'POSE'|'JOINT'|'M_JOINT'|'A_JOINT'|'ROBTRT'.
```

数据类型的缩略词在 7.4 中给出详细描述。

ICR 预定义的数据类型表

类型标识码	数据类型	数据类型含义
0	BRADR	块相对地址
1	INT	整型
2	REAL	实型
3	BOOL	布尔型
4	CHAR	字符型
5	STR	字符串型

(续表)

类型标识码	数据类型	数据类型含义
6	(保留)	保留
7	(保留)	保留
8	POS	位置
9	ORI	方向
10	POSE	位姿
11	JOINT	关节
12	M_JOINT	主关节
13	A_JOINT	附加关节
14	ROBTRT	机器人目标

ICR 的数据类型分成以下几组：

——逻辑和算术型：它和传统计算机科学定义的一样。

——文本型：STRING 数据类型允许处理文本信息，如：反映用户终端输入或建立文本信息块。

——结构型：类似于 Pascal 语言，用户可以定义结构。

——与机器人无关的几何数据类型：为定义机器人的运动，几何型数据是很有用的，它是预定义的结构型数据，机器人的位置能通过 POSITION（直角坐标系）描述，而 ORIENTATION（直角参考坐标系）给出了机器人的方向（主要是末端执行器方向）。用 POSE 描述了机器人在直角坐标系中的位置和方向。

——与机器人相关的数据类型：和机器人有关的数据类型对不同机器人（更精确地说是机器人运动学）也不同。因此，它们是与实现有关的。如果 ICR 程序由一个机器人控制器移植到另一个上，它们的定义也必须改变。JOINT 数据类型表示关节坐标，ROBTARGET 像 POSE 一样也描述了机器人在直角坐标系中的位置和方向，但它还包括构造信息，如需要，也用于表示附加轴的不确定的位置和关节值。

以上描述都为预定义数据类型。

6.2 逻辑和算术数据类型

对以下每种数据类型，其类型定义描述了其预定义的取值范围，其语法定义于 5.2.2。

BOOLEAN(BOOL)

该类型包含“TRUE”和“FALSE”两个逻辑值。

允许值是：

false_value = FALSE|F

true_value = TRUE|T

INTEGER(INT)

包含整数范围的数据类型。

允许整数值的范围是：

最小值＝－2,147,483,647

最大值＝＋2,147,483,647

（一个整型变量值由 4 个字节表示）。

CHARACTER(CHAR)

ASCⅡ码字符的数据类型。

允许值有：

图形字符/无符号整数范围

无符号整数范围 = 0～255

(其前 128 个值和 ASCⅡ码相对应)。

REAL(REAL)

包含实数范围内的数据类型。

real_value ::= integer′·′[unsigned_integer][exponent].

exponent ::=′E′inerger.

实数传统表示法是由小数部分和可选的指数部分组成。

小数部分是由正、负整数或零后跟一点号′·′和可选的无符号整数组成,用来表示小数的十进制部分。

指数是一个正数、0 或负数,代表 10 的方次,在实数定义内不允许有空格,实数允许取值范围是正负两范围和零值,true_zero.

negative_range = −1.7E38～−1.7E−38

positive_range = 1.7E-38～1.7E38

true_zero = 0.

(实数变量值用四字节浮点数表示,参见 IEEE 754)。

BRADR(BRADR)

该数据类型涉及块相对地址。

允许在整数范围内取值:

lowest_bradr_value = 0

highest_bradr_value = +4,294,967,296

(块相对地址用四个字节表示)。

这些取值范围是 ICR 实施中的最低要求。

6.3 文本表达

STRING(STR)

该数据类型是由双引号“"”括起来的一串字符组成,它含有字符串实际长度的信息,字符串中字符的位置从 1 开始,其长度在 0～255 的范围内。

6.4 结构数据类型

ICR 中结构数据类型如数组和记录不具有显示的数据类型,但在 ICR 中能定义数组并通过块相对地址实现在其上的操作。

下面举例说明,在这个例子中的一些 ICR 元素在以后将详细说明,在任何高级语言中,如下数据的定义和赋值都有具体规定。

```
VAR
    X:RECORD
          K_1:real;
          K_2:integer;
          K_3:array[1..5]of integer;
          K_4:array[1..4]of
                RECORD
                    L_1:real;
                    L_2:integer;
                ENDRECORD;
          ENDRECORD;
```

```
        Y:integer;
    BEGIN
        Y:X.K_4[3].L_2;
    ENDPROG.
```

可以用下列语句进行类型说明：

snr,TYPEDEF,4096,1,REAL,1,INT;

snr,DECLVAR,0,1,REAL,0,6,INT,0,4,4096,0,1,INT;

为了存取数组元素并赋值，ICR 中提供如下地址管理：

假定 X 的块相对地址为 3。

元素'X.k_4'的块相对地址→TOS_0：

snr,PUSHBR,BRADR(10);

内部记录的元素号→TOS_1：

snr,PUSHSZ,4096;　　元素(L_1,L_2)的号

下标最小界→TOS_2：

snr,PUSHI,#3;

snr,PUSHI,#1;

snr,SUBI;

(以上三行能简化为："snr,PUSHI,#2")

检查下标越界：

snr,PUSHI,#3; TOS_3 <－(upb－lwb＝4－1＝3)

snr,CHECK_BR,error_snr,0;

计算下标所指元素地址：

snr,MULBR;　　TOS_1 <－TOS_2 * TOS_1

snr,ADDBR;　　TOS_0 <－TOS_1＋TOS_0

计算记录域'L_2'的地址→TOS_0：

snr,ADD_DIST,BRADR(10),BRADR(11);

取值并存入变量"Y"中：

snr,LOADVD,1;　　TOS_0 <－在 X.K_4[3].L_2 中的整数值

snr,POPI,BRADR(18);

6.5 预定义的几何数据类型

POSITION(POS)

该结构类型定义了机器人的位置，包含三个实数：

RECORD X,Y,Z : REAL;END

ORIENTATION(ORI)

该结构类型定义了直角坐标系中机器人末端执行器的方向，它是由一个表示方向定义的整数和四个表示方向值(角和其他参数)的实数组成。方向定义种类的标识码决定四个实数值的意义：

```
RECORD
        ori_id:INT;
        a,b,c,d:REAL;
END
```

例中：ori_id＝1 时，a,b,c,是绕 x、y、z 关节轴的旋转角度，d 为任意值；

ori_id＝2 时，a,b,c,是绕 z、y'、和 z"关节轴的旋转角度，d 为任意值；

ori_id＝3 时，a,b,c,是绕 z、y'、x"关节轴的旋转角度，d 为任意值；

ori_id=4 时，a，b，c，是绕 y、x′和 z″关节轴的旋转角度，d 为任意值；

ori_id=5 时，a，b，c，是归一化的矢量坐标（x、y 是方向，z 旋转轴），d 是旋转角度；

ori_id=6 时，a，b，c，d 是四个性能参数。

POSE(POSE)

该类型由直角坐标系定义的位置和方向组成

```
RECORD
        POSITION:POS ;
        ORIENTATION:ORI ;
END
```

ROBTARGET(ROBTRT)

该结构数据类型用于描述机器人运动目标和不同参数：

```
RECORD
        cartpos:POSE;(* 直角坐标的位置和方向 *)
        status:INT;(* 关于附加自由度信息 *)
        turns:ARRAY [1.. r_nturns]of INT;(* 以 360 度的旋转圈数 *)
        adax:A_JOINT;(* 附加轴的关节位置 *)
END;(* RECORD *)
```

Status 描述了附加自由度（如左肩或右肩）。这个整型数值和机器人构造之间的关系与机器人系统有关。

Turns 描述了一些轴执行过程中的 360°旋转值。R_nturns 定义了关节的数量，这些关节旋转能超过 360°，R_nturns 是与机器人系统有关的，它是固定的，对编程系统和机器人控制系统必须是已知的（系统参数），而由于附加轴的数量是与机器人有关的，所以用一个可变记录 A_JOINT 来定义这些轴。

JOINT(JOINT)

该结构类型用于描述在关节坐标系中机器人的目标位置，因为轴的数量是与机器人有关的，所以 joint 由可变记录 M_JOINT 和 A_JOINT 组成，以区别主轴和附加轴。

```
RECORD
        jointpos:M_JOINT;(* 几个主轴的关节位置 *)
        addax :A_ JOINT;(* 附加轴的关节位置 *)
END;(* RECORD *)
```

MAIN_JOINT(M_JOINT)

该结构类型用于描述机器人轴的关节坐标值。它是由 REAL 类型数组成，轴的数量是与机器人有关的，并且是固定的，对编程系统和机器人控制系统是已知的，在控制系统中定义为系统参数。根据轴的类型，各元素或者是角度（旋转轴）或者是位移（移动轴）。在程序开始处，可以通过 CHECK_AXES 指令检查轴的数量。

```
RECORD
        A_1,A_2,… :REAL;
END;
```

ADD_JOINT(A_JOINT)

该结构类型用于描述附加轴的关节坐标值，它也是由一系列的 REAL 型数组成，附加轴的数量是与机器人有关且是固定的，对编程系统和控制系统是已知的，按照轴型，各元素或者是角度（旋转轴）或者是位移（移动轴），在程序开始处，可以用 CHECK_AXES 指令检查附加轴的数量。

```
RECORD
        AA_1,AA_2,… :REAL;
```

END;

例子：

假定工业机器人有五个主轴和两个附加轴，那么 M_JOINT 由五个实数组成：

```
RECORD
        A_1,A_2,A_3,A_4,A_5 :REAL;
END;
```

A_JOINT 由两个实数组成：

```
RECORD
       AA_1,AA_2 :REAL;
END;
```

JOINT 由 M_JOINT 和 A_JOINT 组成：

```
RECORD
         jointpos:M_JOINT;
         adax:A_ JOINT;
END;
```

6.6 常量

常量定义为如下形式：

```
constant ::=   simple_constant | structured_constant.
number_constant ::=   '#'(integer | real ).
simple_constant  ::=
    '#'(integer | real | boolean | character | string).
structured_constant ::=
    '#''('type_identifier ','
    data_structure_definition' )'.
data _structure_definition ::=
    position_cons | orientation_cons | pose_cons |
    joint_cons | robtarget_cons.
position_cons ::=
    number_constant ',' number_constant ','
    number_constant.
orientation_cons ::=
    integer ',' number_constant ',' number_constant','
    number_constant ',' number_constant.
pose_cons ::=
    number_constant ',' number_constant ','number_constant
    ',' integer ',' number_constant ',' number_constant ','
    number_constant','number_constant.
joint_cons ::=
main_joint_cons ',' add_joint_cons.
main_joint_cons ::=
numnber_constant ','… ',' number_constant.
add_joint_cons ::=
number_constant ','… ',' number_constant.
```

robtarget_cons ::=
pose_cons ',' integer ','
integer ','… ',' integer ','
add_joint_cons.

7 指令

ICR 包括许多指令，依次按以下分类：

a) 内务管理信息
这些指令可被用于将附加信息传送给机器人控制器，特别是检测装置。例如，用户程序的名称和行数。

b) 内存和数据管理
该指令用于变量的装入和存储及内存分配。

c) 程序流控制
用于控制程序的执行，这些指令包括子程序管理，分支、循环和其他的部分。

d) 布尔和算术运算
本指令集包括布尔逻辑和算术运算，正如我们在高级编程语言中所见到的。另外，也提供了几何数据类型的运算，例如通过旋转实现位置变换。

e) 技术性能参数
工业机器人运动控制技术结构，例如速度、加速度或运动时间。

f) 运动和末端执行器的控制
这些指令允许对机器人的运动和末端执行器的操作进行描述。

g) 数据交换
用于同周边设备、控制面板或过程控制进行通信的指令语句。

h) 数据表的管理
这些指令语句用于管理外部数据表，包括机器人位置。它们允许数据表元素的读写操作，数据表文件的打开和关闭等。

i) 机器人设备的描述
这些指令用于工作空间的范围、机器人运动学、工具描述、度量单位、长度、角度、定标系数及其他。

j) 末端执行器控制(未被包含，待扩充)
用于末端执行器(手爪、工具、生产设备)的控制指令。

k) 传感器功能（未被包含，待扩充）
用于传感器性能参数和控制的指令。

l) 协同编程(未被包含，待扩充)
用于在程序中，实现任务声明、执行、延迟、优先级和取消，任务与外部事件的同步。

m) 调试功能(起步阶段，待扩展)
这些命令用于调试和特殊服务，但不包括在 ICR 的用户程序中。

n) 用户特定扩展
用户通过特定指令符号可定义自己的应用指令。

o) 待扩展部分
有待未来扩展的代码。

7.1 内务管理信息[**REMARK**(注释)]

这个指令允许包含注释来识别源程序中的行号或者其他文本信息(能够在编译或者控制代码装载

的过程中被移走)。

Group of compliance: group A, level 0

语法:

```
remark        ::=  cd_remark ',' linenumber ',' text.
cd_remark     ::=  'REMARK' | remark_code.
remark_code    =   1000 (整型)
linenumber     =   高级机器人编程语言的行号(整型)
text           =   注释(字符串)
```

7.2 内存和数据管理

7.2.1 变量说明(DECLVAR)

每个全局或局部变量都必须说明。说明方式有二,通过对象数量及其数据类型,或者通过其符号名及其数据类型。变量的实际地址不必被指定。

块相对地址索引(block relative indices)从0起始,连续递增。对于结构对象(也包括类型码超过4095的预定义的TYPEDEF对象),块内相对地址索引与每一个基本对象相关联,例如,四个POSITION对象(..,4,8,..)有12个索引与之相关。索引的排列顺序与自上一个BLKBEG以来所有用DECLVAR声明的对象排列顺序相同。

Group of compliance: group A, level 0

语法:

```
declvar       ::=
    cd_declvar ',' indicator ',' ((number_of_objects ','
    var_type) | (symbol ',' var_type)) { ',' indicator
    ',' ((number_of_objects ',' var_type) | (symbol ','
    var_type)) }.
cd_declvar    ::=  'DECLVAR' | declvar_code
indicator     ::=  '0' | '1'
var_type      ::=  data_type | type_identifier | symbol
declvar_code   =    500 (整型)
indicator      =   全局变量或局部变量(静态)的指示符(整型)
                     0=全局
                       (用于块嵌套时等于0)
                     1=局部
                       (用于块嵌套时大于0)
number_of_objects =  指定类型的变量的数量 (整型)
var_type       =    变量类型
symbol         =    变量名 (字符串)
```

7.2.2 类型定义 (TYPEDEF)

该语句用来定义混合变量类型。因此,说明的变量类型可由预定义的数据类型和以前定义的类型复合而成。

Group of compliance : group A, level 0

语法:

```
typedef       ::=
    cd_typedef ',' (type_identifier | symbol ) ','
    number_of_components ',' comp_type
```

{',' number_of_components ',' comp_type }.

cd_typedef ::= 'TYPEDEF' | typedef_code.

typedef_code = 700 (整型)

type_identifier = 所说明类型的标识符

(整数 >= 4096)

symbol = 类型名(字符串)

number_of_components = 所指定类型的分量数目(整型)

comp_type = 分量的数据类型描述符(整型)

在编程语言中,类型定义最初是"伪代码"。这样的代码通常不包含在可执行代码中。基于这样的认识,ICR 可以被看成是对文本形式的转换,而不是作为可执行代码。通过预处理器或装入程序,这些类型定义可被转换为基本数据类型。

7.3 程序流控制

这些指令用于控制程序的执行和时序,也包括程序和子程序管理语句。

语法:

progflow ::=

pbeg | pend | check_axes | check_ori | check_br | call |

jump_target | label | subpend | blkbeg | blkend | goto |

if | jmp_dec | noop | delay | wait_b | wait_le | wait_ge |

pause | teachon.

7.3.1 程序头(PBEG)

程序的起始。它是程序的第一条语句。

Group of compliance: group A, level 0

语法:

pbeg ::= cd_pbeg ',' first_number ',' name.

cd_pbeg ::= 'PBEG' | pbeg_code

pbeg_code = 22100(整型)

first_number = 程序段的第一条指令的行号(整型)

name = 程序名(字符串)

7.3.2 程序尾(PEND)

程序结尾。它是程序的最后一条语句。程序执行至此停止。

Group of compliance: group A, level 0

语法:

pend ::= cd_pend.

cd_pend ::='PEND' | pend_code.

pend_code = 22150 (整型)

7.3.3 检查轴数(CHECK_AXES)

用于检查轴和附加轴数量。程序开始时,每个控制器能够检查机器人轴和附加轴的数量在程序中与实际中是否一致。其比较结果以二进制形式存于栈顶。

Group of compliance: group A, level 0

语法:

check_axes ::= cd_check_axes ',' ax_number ','

add_ax_number.

cd_check_axes ::='CHECK_AXES' | check_axes_code.

check_axes_code = 22850（整型）
ax_number = 机器人轴数量(整型)
add_ax_number = 机器人附加轴数量（整型）

7.3.4 检查方向(CHECK_ORI)

检查机器人方向描述。在程序开始处,每个控制器能够检查程序中使用的方向描述与控制器的工具方向描述是否一致。其比较结果以二进制形式存于栈顶。如果程序中有多个方向标识符,每一个都应被查对。

Group of compliance：group A,level 0

语法：

check_ori ::= cd_check_ori ',' ori_id.
cd_check_ori ::= 'CHECK_ORI' | check_ori_code.
check_ori_code = 22860（整型）
ori_id = 方向标识符(整型)

7.3.5 检查栈顶值（CHECK_BR）

如果位于堆栈顶部 stack－1 的整数值大于堆栈的栈顶值,程序继续执行由 instruction_number 指定的指令。栈顶值被去除,stack－1 的栈顶值不变。

Group of compliance：group A,level 0

语法：

check_br ::= check_br_nr | check_br_sym
check_br_nr ::= cd_check_br_nr ',' instruction_number
',' block_nesting_difference.
cd_check_br_nr ::= 'CHECK_BR_NR' | check_br_nr_code.
check_br_nr_code = 22870（整型）
instruction_number = 目标指令行号(整型)
block_nesting_difference = 目标块嵌套级减去实际块嵌套级(整型)
check_br_sym ::= cd_check_br_sym ',' symbol
',' block_nesting_difference.
cd_check_br_sym ::= 'CHECK_BR_SYM' | check_br_sym_code.
check_br_sym_code = 22880（整型）
symbol = 目标行标识符(字符串)
block_nesting_difference =目标块嵌套级减去实际块嵌套级(整型)

7.3.6 程序调用(CALL)

对过程的调用。

过程调用可以通过使用过程的指令的行号来实现,也可使用标识符(过程名)来实现。

参数通过堆栈来传递。

Group of compliance：group A,level 0

语法：

call ::= cd_call ',' subbeg_number.
cd_call ::= 'CALL' | call_code.
call_code = 22200（整型）
subbeg_number = 程序中第一个可执行语句的指令行号(整型)

7.3.7 子程序头或跳转的目标(LABEL)

子程序或跳转目标的起始点。参数经堆栈传递。程序调用的最后一个参数位于堆栈顶部。

Group of compliance：group A，level 0

语法：

```
jump_target          ::=   cd_jump_target ',' symbol.
cd_jump_target       ::='LABEL' | jump_target_code.
jump_target_code       =   22400（整型）
```

7.3.8 子程序尾(SUBPEND)

子程序结尾。它是子程序的最后一条语句。子程序调用语句被执行后返回。

Group of compliance：group A，level 0

语法：

```
subpend              ::=   cd_subpend.
cd_subpend           ::='SUBPEND' | subpend_code.
subpend_code           =   22220（整型）
```

7.3.9 块头(BLKBEG)

块的起始，同时为数据的存储做了准备。块用于限定数据对象的范围(正如在高级机器人语言中定义的那样，即：类似 Pascal 的数据概念)并且管理它们在内存中的分配。对于程序和子程序系统块说明很有用。

Group of compliance：group A，level 0

语法：

```
blkbeg               ::=   cd_blkbeg ',' block_num ',' block_nest.
cd_blkbeg            ::='BLKBEG' | blkbeg_code.
blkbeg_code            =   22300（整型）
block_num              =   块号(调试用)(整型)
block_nest             =   块嵌套的级数（整型）
```

7.3.10 块尾（BLKEND）

块结尾。为数据对象所保留的内存被释放。

Group of compliance：group A，level 0

语法：

```
blkend               ::=   cd_blkend.
cd_blkend            ::='BLKEND' | blkend_code.
blkend_code            =   22310(整型)
```

7.3.11 无条件跳转(GOTO)

程序从由 instruction_number 定义的指令行或由 LABLE 定义的标号位置继续执行。

Group of compliance：group A，level 0

语法：

```
goto                 ::=   goto_nr | goto_symbol.
goto_nr              ::=   cd_goto_nr ',' instruction_number,
                              nest_difference.
cd_goto_nr           ::=   'GOTONR' | goto_nr_code.
goto_nr_code           =   22420(整型)
instruction_number     =   目标指令的行号(整型)
nest_difference        =   目标块嵌套级与实际块嵌套级的差值
goto_symbol          ::=   cd_goto_symbol ',' symbol,nest_difference.
cd_goto_symbol       ::='GOTOSYM' | goto_symbol_code.
```

goto_symbol_code = 22430(整型)

symbol = 程序部分的名字(字符串)

7.3.12 条件跳转(IF)

如果堆栈顶的值为二进制 FALSE,程序执行由 instruction_number 定义的指令行和由 LABLE 定义的标号位置开始执行。栈顶的值被去除。

Group of compliance: group A,level 0

语法:

if ::= if_nr | if_symbol.

if_nr ::= cd_if_nr ',' instruction_number.

cd_if_nr ::='IFNR' | if_nr_code.

if_nr_code =22450(整型)

instruction_number =THEN_Program_part 后的第一条指令的行号(如有 ELSE_ part,它将是 ELSE_program_part 这部分程序的起始位置,否则将是程序下面要顺序执行的语句)(整型)

if_symbol ::= cd_if_symbol ',' symbol.

cd_if_symbol ::= 'IFSYM'| if_symbol_code.

if_symbol_code = 22460(整型)

symbol =THEN_program_part 后的第一条指令的标号名(如有 ELSE_part,这将是 ELSE_program_part 这部分程序的起始位置,否则将是程序下面要顺序执行的部分)(字符串)

7.3.13 跳转或递减(JMP_DEC)

零条件跳转或递减。程序自 LABEL 定义的标号位置继续执行。如堆栈顶的值为零,则它被去除。

Group of compliance: group A,level 0

语法:

jmp_dec ::= jmp_dec_nr | jmp_dec_symbol.

jmp_dec_nr ::= cd_jmp_dec_nr ',' instruction_number.

cd_jmp_dec_nr ::= 'JMP_DEC_NR' | jmp_dec_nr_code.

jmp_dec_nr_code = 22470 (整型)

instruction_number = 零值跳转时的目标行号(整型)

jmp_dec_symbol ::= cd_jmp_dec_symbol ',' symbol.

cd_jmp_dec_symbol ::='JMP_DEC_SYM' | jmp_dec_symbol_code.

jmp_dec_symbol_code = 22480(整型)

symbol = 零值跳转将执行的程序部分的标号名(字符串)

如果栈顶的整型值是零,程序由 instruction_number 定义的指令行或由 LABLE 定义的标号位置执行。否则,栈顶的值减 1。

7.3.14 空操作(NOOP)

没有操作被执行。该代码区域的内存空间被留做检测用。

Group of compliance: group A,level 0

语法:

noop ::= cd_noop.

cd_noop ::= 'NOOP' | noop_code.

noop_code = 22999(整型)

7.3.15 **延时(DELAY)**

延时执行程序。

Group of compliance：group A，level 0

语法：

```
delay                 ::=  cd_delay.
cd_delay              ::=  'DELAY' | delay_code.
delay_code             =   22600(整型)
```

程序的执行以秒为单位延迟，延时秒数由栈顶的实数值给出。栈顶值被移走。

7.3.16 **等待二进制输入(WAIT_B)**

WAIT 语句等待二进制值输入，或如果等待超时则跳转。

Group of compliance：group A，level 0

语法：

```
wait_b                    ::=  wait_b_nr | wait_b_symbol.
wait_b_nr                 ::=  cd_wait_b_nr ',' instruction_number.
cd_wait_b_nr              ::= 'WAIT_BNR' | wait_b_nr_code.
wait_b_nr_code             =   22620(整型)
instruction_number         =   在超时情况下，继续执行的指令的行号(整型)
wait_b_symbol             ::=  cd_wait_b_symbol ',' symbol.
cd_wait_b_symbol          ::= 'WAIT_BSYM' | wait_b_symbol_code.
wait_b_symbol_code         =   22630(整型)
symbol                     =   在超时情况下，继续执行的程序部分的名称(字符串)
```

程序延时等待，直到二进制输入值等于栈顶的布尔值。在等待超时情况下，程序从 instruction_number 或 symbol 定义的指令行继续执行。堆栈中有三个参数：通道号 channel_number(I_3，整型)，布尔值 boolean value (I_2)，和位于栈顶的以秒为单位的延迟时限值(I_1，实型)。如超时时限为负值，则不延时。栈顶值被移走。

7.3.17 **等待模拟量输入(小于或等于)(WAIT_LE)**

WAIT 语句等待小于或等于门限值的模拟量输入，或如果等待超时则跳转。

Group of compliance：group A，level 0

语法：

```
wait_le                   ::=  wait_le_nr | wait_le_symbol.
wait_le_nr                ::=  cd_wait_le_nr ',' instruction_number.
cd_wait_le_nr             ::= 'WAIT_LENR' | wait_le_nr_code.
wait_le_nr_code            =   22640(整型)
instruction_number         =   在超时情况下，继续执行的指令的行号(整型)
wait_le_symbol            ::=  cd_wait_le_symbol ',' symbol.
cd_wait_le_symbol         ::= 'WAIT_LESYM' | wait_le_symbol_code.
wait_le_symbol_code        =   22650(整型)
symbol                     =   在超时情况下，继续执行的程序部分的名称(字符串)
```

程序延时等待，直到得到不超过门限值的模拟量输入。在等待超时情况下，程序从 instruction_number 或 symbol 定义的指令行继续执行。堆栈中有三个参数：通道号 channel_number(I_3，整型)，布尔值 boolean value (I_2)，和位于栈顶的以秒为单位的延迟时限值 timeout value(I_1，实型)。如延迟时限 timeout value 为负值，则不延时。栈顶值被移走。

7.3.18 等待模拟量输入(大于或等于)(WAIT_GE)

WAIT 语句等待大于或等于门限值的模拟量输入,或如果超时则跳转。

Group of compliance: group A, level 0

语法:

```
wait_ge                    ::=  wait_ge_nr | wait_ge_symbol.
wait_ge_nr                 ::=  cd_wait_ge_nr ',' instruction_number.
cd_wait_ge_nr              ::= 'WAIT_GENR' | wait_ge_nr_code.
wait_ge_nr_code              =  22660(整型)
instruction_number           =  在超时情况下,继续执行的指令的行号(整型)
wait_ge_symbol             ::=  cd_wait_ge_symbol ',' symbol.
cd_wait_ge_symbol          ::= 'WAIT_GESYM' | wait_ge_symbol_code.
wait_ge_symbol_code          =  22670(整型)
symbol                       =  在超时情况下,继续执行的程序部分的名称(字符串)
```

程序延时等待,直到得到不小于门限值的模拟量输入。在等待超时情况下,程序从 instruction_number 或 symbol 定义的指令行继续执行。堆栈中有三个参数:通道号 channel_number(I_3,整型),布尔值 boolean value (I_2),和位于栈顶的以秒为单位的延迟时限值 timeout value(I_1,实型)。如延迟时限 timeout value 为负值,则不延时。栈顶值被移走。

7.3.19 暂停 (PAUSE)

暂停,等待启动信号。

Group of compliance: group A, level 0

语法:

```
pause                      ::=  cd_pause.
cd_pause                   ::= 'PAUSE' | pause_code.
pause_code                   =  22700 (整型)
```

程序的执行被暂停,同时位于栈顶的字符串被送到标准输出设备。栈顶值被移走。当收到程序启动信号后,程序继续执行。

7.3.20 示教模式开始(TEACHON)

程序的执行被挂起,启动示教模式。在示教模式结束并确认后程序继续执行。

Group of compliance: group A, level 0

语法:

```
teachon                    ::=  cd_teachon.
cd_teachon                 ::= 'TEACHON' | teachon_code.
teachon_code                 =  22800 (整型)
```

7.4 布尔和算术运算

这些指令用于布尔、算术运算也用于字符串、关节(joint)处理。操作数位于堆栈中,最后一个操作数位于栈顶,运算的结果存于栈顶,而操作数被替换掉。

语法:

```
operation ::=
ari_op1 | ari_op2 | b_op1 | b_op2 |
gen_op | str_op | pap_op_c | pap_opv | pap_opvft |
pap_opvd | pushsz | add_dist.
```

运算代码的助记符表示法:包括该运算的一个助记码和其后是用于表示操作数数据类型的一或二个字母。所以,数据类型有以下缩写表示:

极短型	短型	数据类型
A	BRADR	块相对地址
B	BOOL	布尔值,逻辑值
C	CHAR	字符型
I	INT	整型
R	REAL	实型
P	POS	位置
O	ORI	方向
E	POSE	位姿
T	ROBTRT	机器人目标
J	JOINT	关节
M	M_JOINT	主关节
D	A_JOINT	附加关节
S	STR	字符串

7.4.1 算术运算

三角函数变量的单位被默认为弧度。同样,反三角函数的结果也以弧度为单位。

7.4.1.1 单操作数的算术运算

单操作数的算术运算见下表。操作数应在栈顶(例外的是,当为 FLTM1 时,操作数位于 TOS－1)。位于栈顶(当为 FLTM1 时,则位于 TOS－1)的该操作数将被计算结果替代。

Group of compliance: group A,level 0

语法:

ari_op1　　　　∷=　op1_symbol | ari_op1_code.
op1_symbol　　　=　算术运算符的符号(见表)
ari_op1_code　　=　运算码(整型)

运算码	运算符	结果类型	操作数类型	解　释
21005	ABSI	INT	INT	整型数绝对值
21010	ABSR	REAL	REAL	实型数绝对值
21015	NORM	REAL	POS	向量求模($(X^2+Y^2+Z^2)^{1/2}$) 例如,如果操作数是空间两点位置的差(由 SUBP 得出),则该运算结果为两点间的距离
21020	NEGI	INT	INT	整型数取反
21025	NEGR	REAL	REAL	实型数取反
21030	NEGP	POS	POS	点坐标的各参数均取反
21035	ROUND	INT	REAL	实型数四舍五入取整
21040	TRUNC	INT	REAL	尾数取整
21045	FLOAT	REAL	INT	将 TOS 的内容由整型转换为实型
21050	FLTM1	REAL	INT	将 TOS－1 的内容由整型转换为实型(TOS 的内容未被转换)

（续表）

运算码	运算符	结果类型	操作数类型	解　释
21055	ORD	INT	CHAR	将字符转换为对应的字符串序列中的序数
21060	CHR	CHAR	INT	将对应的字符串序列中的序数转换为字符
21065	BOOLI	INT	BOOL	将TOS的内容由布尔型转换为整型
21070	CTTJ	JOINT	ROBTRT	将TOS的内容从机器人目标型转换为关节型
21075	CTJT	ROBTRT	JOINT	将TOS的内容从关节型转换为机器人目标型
21080	SQRT	REAL	REAL	平方根
21085	SIN	REAL	REAL	正弦函数
21090	COS	REAL	REAL	余弦函数
21095	TAN	REAL	REAL	正切函数
21100	ASIN	REAL	REAL	反正弦函数
21105	ACOS	REAL	REAL	反余弦函数
21110	LN	REAL	REAL	自然对数
21111	EXPN	REAL	REAL	自然指数

7.4.1.2　双操作数的算术运算

双操作数的算术运算如下表。操作数在堆栈中。计算结果存于栈顶，该操作数将被替代。下表中在“操作数类型”这一列，右边的操作数位于栈顶（TOS，即最后一个被压入堆栈）。

Group of compliance：group A，level 0

语法：

ari_op2　　::=　op2_symbol | ari_op2_code

op2_symbol　　=　运算符（见表）

ari_op2_code　　=　运算码（见表）（整型）

运算码	运算符	结果类型	操作数类型	解　释
21115	ADDBR	BRADR	BRADR BRADR	块相对地址和地址偏移量相加
21120	MULBR	BRADR	BRADR INT	块相对地址与地址偏移量的乘积
21125	ADDI	INT	INT INT	整数加法
21130	ADDR	REAL	REAL REAL	实数加法
21135	ADDP	POS	POS POS	位置量加法
21140	ADDJ	JOINT	JOINT JOINT	关节量加法
21145	ADDEP	POSE	POSE POS	位姿变换（位置相加，方向不变）
21150	SUBI	INT	INT INT	整数减法
21155	SUBR	REAL	REAL REAL	实数减法

（续表）

运算码	运算符	结果类型	操作数类型	解　　释
21160	SUBP	POS	POS POS	位置量相减(TOS－1 减去 TOS)
21165	SUBJ	JOINT	JOINT JOINT	关节量相减(TOS－1 减去 TOS)
21170	SUBEP	POSE	POSE POS	位姿变换(位置相减,方向不变)
21175	MULI	INT	INT INT	整数乘法
21180	MULR	REAL	REAL REAL	实数乘法
21185	MULPI	POS	POS INT	整数型位置分量相乘
21190	MULPR	POS	POS REAL	实数型位置分量实数相乘
21195	ROTP	POS	POS ORI	位置旋转
21200	ROTO	ORI	ORI ORI	方向旋转,即:第二个方向所定义的旋转被施加在第一个方向上
21205	TRANSP	POS	POSE POS	位置变换(位置旋转),依据位姿的方向和平移进行变换
21210	ROTE	POSE	POSE ORI	位姿旋转,即:第二个方向所定义的旋转施加到该位姿的方向上
21215	TRANSE	POSE	POSE POSE	方位变换
21220	DIVI	INT	INT INT	整数除法(TOS－1 被 TOS 除)
21225	DIVR	REAL	REAL REAL	实数除法(TOS－1 被 TOS 除)
21230	DIVPI	POS	POS INT	位姿的各分量被整数除(TOS－1 被 TOS 除)
21235	DIVPR	POS	POS REAL	位姿的各分量被实数除(TOS－1 被 TOS 除)
21240	MOD	INT	INT INT	取模
21245	RELE	POSE	POSE POSE	位姿关系(TRANS 的反函数)计算从第二个位姿到第一个位资所需的平移和旋转
21250	ATAN2	REAL	REAL REAL	反正切函数 (结果在区间(－Pi,＋Pi)之间,等于直角坐标(操作数 2,操作数 1)所对应的极坐标的弧度角分量,操作数 2 对应于 X 值(TOS),操作数 1 对应于 Y 值(TOS－1))
21255	EQB	BOOL	BOOL BOOL	判断布尔值相等
21260	EQC	BOOL	CHAR CHAR	判断字符值相等
21265	EQI	BOOL	INT INT	判断整数值相等
21270	EQR	BOOL	REAL REAL	判断实数值相等
21275	EQP	BOOL	POS POS	判断位置值相等
21280	EQO	BOOL	ORI ORI	判断方向值相等
21285	EQE	BOOL	POSE POSE	判断位姿值相等

（续表）

运算码	运算符	结果类型	操作数类型	解　释
21290	EQS	BOOL	STR STR	判断字符串相等
21295	NEB	BOOL	BOOL BOOL	判断布尔值不相等
21300	NEC	BOOL	CHAR CHAR	判断字符值不相等
21305	NEI	BOOL	INT INT	判断整数值不相等
21310	NER	BOOL	REAL REAL	判断实数值不相等
21315	NEP	BOOL	POS POS	判断位置值不相等
21320	NEO	BOOL	ORI ORI	判断方向值不相等
21325	NEE	BOOL	POSE POSE	判断位姿值不相等
21330	NES	BOOL	STR STR	判断字符串不相等
21335	GTI	BOOL	INT INT	比较整数较大(TOS－1＞TOS)
21340	GTR	BOOL	REAL REAL	比较实数较大(TOS－1＞TOS)
21345	LTI	BOOL	INT INT	比较整数较小(TOS－1＜TOS)
21350	LTR	BOOL	REAL REAL	比较实数较小(TOS－1＜TOS)
21355	GEI	BOOL	INT INT	比较整数大于或等于(TOS－1＞＝TOS)
21360	GER	BOOL	REAL REAL	比较实数大于或等于(TOS－1＞＝TOS)
21365	LEI	BOOL	INT INT	比较整数小于或等于(TOS－1＜＝TOS)
21370	LER	BOOL	REAL REAL	比较实数小于或等于(TOS－1＜＝TOS)

7.4.2 布尔和位逻辑运算

7.4.2.1 单操作数的布尔和位逻辑运算

单操作数的布尔和位逻辑运算如下表。操作数应在栈顶。位于栈顶的操作数将被计算结果替代。

Group of compliance：group A，level 0

语法：

b_op1　　::=　b_op1_symbol | b_op1_code.

b_op1_symbol　　=　布尔运算符(见表)

b_op1_code　　=　运算码(整型)(见表)

运算码	运算符	结果类型	操作数类型	解　释
21375	NOTB	BOOL	BOOL	布尔值取反
21380	NOTI	INT	INT	整数按位取反

7.4.2.2 双操作数的二进制和位逻辑运算

双操作数的布尔和位逻辑运算如下表。操作数应在堆栈中，第二个操作数位于栈顶。位于栈顶的操作数将被保存于栈顶替代计算结果。下表中，“操作数类型”这一列里，靠右的操作数位于栈顶(TOS，即最后一个被压入堆栈)。

Group of compliance：group A，level 0

语法：

b_op2　　::=　b_op2_symbol | b_op2_code.

b_op2_symbol　　=　布尔运算符(见表)

b_op2_code　　=　运算码(整型)(见表)

运算码	运算符	结果类型	操作数类型	解　　释
21385	ANDB	BOOL	BOOL BOOL	逻辑与
21390	ANDI	INT	INT INT	整数按位与
21395	ORB	BOOL	BOOL BOOL	逻辑或
21400	ORINT	INT	INT INT	整数按位或
21405	XORB	BOOL	BOOL BOOL	逻辑异或
21410	XORI	INT	INT INT	整数按位异或

7.4.3 “生成型”运算

由分量产生某种类型数据，生成型运算如下表。操作数应在堆栈中，最后一个操作数位于栈顶。运算完成后该操作数将被替代，计算结果被保存于栈顶。下表中，“操作数类型”这一列里，靠右的操作数位于栈顶(TOS，即最后一个被压入堆栈)。

Group of compliance：group A，level 0

语法：

gen_op ::= gen_op_symbol | gen_op_code.

gen_op_symbol = 布尔运算符(见表)

gen_op _code = 运算码(整型)(见表)

gen_op_code	gen_op_symbol	结果类型	操作数类型	解　　释
21415	GENP	POS	REAL，REAL，REAL	由在TOS中的3个实数按X，Y和Z的顺序生成位置数
21420	GENO	ORI	INT，REAL，REAL，REAL，REAL	由在TOS中的一个整型和四个实型数按ori_id，a，b，c和d的顺序生成一个方向数
21425	GENE	POSE	POS，ORI	由一个位置数和一个方向数(依此顺序)生成一个位姿值(pose)
21430	GENERO	POSE	REAL，REAL，REAL，ORI	由三个实数和一个方向数(其在栈顶TOS的顺序为X，Y，Z和ORI)生成一个位姿数
21435	GENEPR	POSE	POS，INT，RE-AL，REAL，RE-AL，REAL	由一个位置数生成一个位姿数，一个整数和四个实数(在TOS上的顺序为ori_id，a，b，c和d)
21440	GENERR	POSE	REAL，REAL，REAL，INT，REAL，REAL，REAL，REAL	由三个实数、一个整数和四个实数生成一个位姿数(在TOS上的顺序为X，Y，Z，ori_id，a，b，c和d)
21441	GENT	ROBTRT	POSE，INT，INT，...，A_JOINT	产生一个机器人目标数。由一个姿位数，一个整数(状态)，多个整数(旋转转数)和一个附加关节(在TOS上的顺序为位姿，状态，转数和附加关节)
21442	GENM	M_JOINT	REAL，...	从一系列实数产生一个主关节数(在TOS上按照轴1，2，...的顺序)

（续表）

gen_op_code	gen_op_symbol	结果类型	操作数类型	解释
21443	GEND	A_JOINT	REAL,...	产生一个附加关节数，从一系列实数（在TOS上按照轴1,2,...的顺序）
21444	GENJ	JOINT	M_JOINT, A_JOINT	由一个主关节数和一个附加关节数（在TOS上依此顺序）生成一个关节数
21445	GENJRD	JOINT	REAL,..., A_JOINT	生成一个关节数，由一系列实数（轴1,2,...）和一个附加关节（在TOS上依此顺序）
21446	GENJMR	JOINT	M_JOINT, REAL,...	生成一个关节数，由一个主关节和一系列实数（附加轴1,2,...）（在TOS上依此顺序）
21447	GENJRR	JOINT	REAL,..., REAL,...	生成一个关节数，由一系列实数（轴1,2,...）和另一系列实数（附加轴1,2,...）（在TOS上依此顺序）

7.4.4 字符串运算

字符串运算如下表。操作数应在堆栈中，操作数的顺序依照在“操作数类型”这一列里提及的顺序。运算结束后，计算结果被保存于栈顶，操作数将被替代。

Group of compliance：group A，level 0

语法：

str_op ::= str_op_symbol | str_op_code.

str_op_symbol = 字符串运算符（见表）

str_op_code = 运算码（整型）（见表）

运算码	运算符	结果类型	操作数类型	解释
21450	APPENDC	STR	STR,CHAR	该字符被加在字符串尾
21455	CONCATS	STR	STR,STR	第二个字符串被加在第一个字符串尾
21460	EXTRCTS	STR	STR,INT,INT	从字符串中抽取一段，第一个整数为开始位置，第二个整数为结尾位置。第一个整数要小于或等于第二个整数
21465	GETCHR	CHAR	STR,INT	按照整数索引位置在字符串中取一个字符
21470	SETCHR	STR	STR, CHAR,INT	按照整数索引位置在字符串中加一个字符
21475	LENGTHS	INT	STR	得到字符串的长度（字符数）

7.4.5 堆栈操作

7.4.5.1 固定长度的入栈（push）和出栈（pop）

固定长度的入栈和出栈操作如下表。其长度与硬件相关。数据类型应由前面的“生成型”运算产生，而不应由入栈出栈操作决定。例如，不允许如下情况发生：将一实型数压入栈顶，然后将它弹出堆栈赋值给整型数变量。出栈指令的操作数不能为常数。

Group of compliance：group A，level 0

语法：

pap_op_c ::= (pap_op_symbol | pap_op_code) [',' operand].

pap_op_symbol = 入栈出栈操作符(见表)

pap_op_code = 运算码(见表)(整型)

operand = 见 5.3.3

运算码	运算符	操作数类型	解　释
21480	PUSHB	BOOL	布尔值入栈
21485	PUSHC	CHAR	字符值入栈
21490	PUSHI	INT	整数入栈
21495	PUSHR	REAL	实数入栈
21500	PUSHP	POS	位置值入栈
21505	PUSHO	ORI	方向值入栈
21510	PUSHE	POSE	位姿值入栈
21515	PUSHT	ROBTRT	机器人目标值入栈
21520	PUSHJ	JOINT	关节值入栈
21525	PUSHS	STR	字符串入栈
21530	PUSHA	BRADR	操作数...(即,一些对象的地址)入栈
21531	PUSHBR	BRADR	块相对地址入栈
21532	PUSHAA	absolute address	一个绝对地址值入栈
21535	POPB	BOOL	布尔值从堆栈弹出到绝对地址或符号中
21540	POPC	CHAR	一个字符弹出到绝对地址或符号中
21545	POPI	INT	一个整数弹出到绝对地址或符号中
21550	POPR	REAL	一个实数弹出到绝对地址或符号中
21555	POPP	POS	一个位置值弹出到绝对地址或符号中
21560	POPO	ORI	一个方向值弹出到绝对地址或符号中
21565	POPE	POSE	一个位资值弹出到绝对地址或符号中
21570	POPT	ROBTRT	一机器人对象弹出到绝对地址或符号中
21575	POPJ	JOINT	一个关节值弹出到绝对地址或符号中
21580	POPS	STR	一个字符串弹出到绝对地址或符号中
21585	POPA	BRADR	一个地址值弹出到块相对地址或符号中
21590	DUPB	BOOL	将栈顶(TOS)中的布尔值复制到 TOS 和 TOS −1 中
21595	DUPC	CHAR	将 TOS 中的字符值复制到 TOS 和 TOS−1 中
21600	DUPI	INT	将 TOS 中的整数值复制到 TOS 和 TOS−1 中
21605	DUPR	REAL	将 TOS 中的实数值复制到 TOS 和 TOS−1 中
21610	DUPP	POS	将 TOS 中的位置值复制到 TOS 和 TOS−1 中
21615	DUPO	ORI	将 TOS 中的方向值复制到 TOS 和 TOS−1 中
21620	DUPE	POSE	将 TOS 中的位姿值复制到 TOS 和 TOS−1 中

（续表）

运算码	运算符	操作数类型	解　释
21625	DUPT	ROBTRT	将TOS中的机器人目标值复制到TOS和TOS－1中
21630	DUPJ	JOINT	将TOS中的关节值复制到TOS和TOS－1中
21635	DUPS	STR	将TOS中的字符串值复制到TOS和TOS－1中
21640	DUPA	absolute address	将POS中的绝对地址值复制到POS和POS－1
21645	SWAPB	BOOL	互换POS和POS－1中的布尔值
21650	SWAPC	CHAR	互换POS和POS－1中的字符值
21655	SWAPI	INT	互换POS和POS－1中的整数值
21660	SWAPR	REAL	互换POS和POS－1中的实数值
21665	SWAPP	POS	互换POS和POS－1中的位置值
21670	SWAPO	ORI	互换POS和POS－1中的方向值
21675	SWAPE	POSE	互换POS和POS－1中的位姿值
21680	SWAPT	ROBTRT	互换POS和POS－1中的机器人目标值
21685	SWAPJ	JOINT	互换POS和POS－1中的关节值
21690	SWAPS	STR	互换POS和POS－1中的字符串值
21695	SWAPA	absolute	互换POS和POS－1中的绝对地址值

注意：TOS表示堆栈顶部。

7.4.5.2 变长度的入栈和出栈操作

变长度的入栈和出栈操作都在下表列出。

Group of compliance: group A, level 0

语法：

```
pap_opv            ::=
    ( pap_opv_symbol | pap_opv_code )
      ',' size [',' operand].
pap_opv_symbol          =    进栈和退栈操作符(见下表)
pap_opv_code            =    操作码(见下表)(整型)
size                    =    操作数的大小,按字节算(整型)
```

操作码	操作符	长度	操作数类型	说　明
21700	PUSHV	实际长度	常数或绝对地址或符号	一个定值入栈
21705	PUSH	实际长度	—	在堆栈中分配指定长度的字节数
21710	POPV	实际长度	绝对地址或符号	一个给定长度的值出栈后赋给绝对地址或符号
21715	POP	实际长度	—	在堆栈中释放给定“长度”字节的空间
21720	LOAD	实际长度	—	堆栈顶部的绝对地址或符号被一个数值所代替
21725	STORE	实际长度	—	堆栈中一个数值(TOS－1)贮存在一个绝对地址或符号中(TOS)。 该数值和地址或符号被弹出堆栈

在下表中列出了带长度的入栈和出栈的操作，这里的长度取决于数据类型说明而不是显式的长度说明。

Group of compliance：group A，level 0

语法：

pap_opvd ::= (pap_opvd_symbol | pap_opvd_code) ',' type [',' operand].

pap_opvd_symbol = 入栈和出栈操作符(见下表)

pap_opvd_code = 操作码 (整型) (见下表)

type = 操作数的数据类型(整型)

operand = 详见 5.3.3

操作码	操作符	类型	操作对象类型	说　明
21726	PUSHVD	type	块相对地址或符号	长度值由类型指定的数值入栈至 TOS 位置
21727	POPVD	type	块相对地址或符号	长度值由类型指定的数值出栈赋给操作数
21728	LOADVD	type	—	处在 TOS 位置的块的相对地址或符号由一类型指定的值所代替
21729	STOREVD	type size	—	堆栈中 TOS—1 位置的值贮存在 TOS 位置的一个块的相对地址中。该值和相对地址同时出栈

7.4.5.3　**有固定数据类型，且数量为变量的元素的入栈和出栈操作**

具有固定数据类型，且数量为变量的元素的入栈和出栈操作可以应用在整个数组的入栈和出栈中。

Group of compliance：group A，level 0

语法：

pap_opvft ::= (pap_opvft_symbol | pap_opvft_code) ',' el_nr ',' el_type ',' operand.

pap_opvft_symbol = 进栈和退栈操作符(见下表)

pap_opvft_code = 操作码(见下表)(整型)

el_nr = 元素的数量(整型)

el_type = 元素的数据类型(整型)

operand = 详见 5.3.3

操作编码	操作助记符	说明
21730	PUSHFD	进栈到栈顶的字段
21731	POPFD	退栈到绝对地址的字段或是助记符

7.4.5.4　**地址计算操作**

在对一个数组单元进行寻址操作时，数组起始地址的增加值必须从"nr_of_elements_before_the_wanted_one"和"size_of_one_array_element"的乘运算得到。

"size_of_one_array_element"参数可以使用 PUSHSZ 指令执行入栈操作(见下文)。

"nr_of_elements_before_the_wanted_one"一般表示"index_value"减去"lower_bound_of_array"。这里的单元的数目一般在堆栈中采用整数运算计算。

这里的两个值(单元的容量和单元的数量)必须使用 MULBR 指令进行乘运算。运算得到的结果可以使用 ADDBR 指令加到数组的起始地址上。

Group of compliance：group A，level 0

语法：

pushz ::= (pushsz_symbol | pushsz_code) ',' type.

pushsz_symbol = 'PUSHSZ'

pushsz_code = 21735(整型)

type = 单元数据类型(整型)

当数据类型被压入栈中时,空间容量就被一个单元所占据。

注释：

如果所有相同数据类型的记录统一排列在真实目标内存中,那么装入程序就能将块的相对地址和偏移量转换到绝对内存空间的地址和偏移量。如果排列时临近的两个单元间由于排列而存在空位,则执行入栈操作的长度值必须包括那个空位的长度。

在对一条记录的字段进行寻址操作时,地址从记录的起始地址开始,地址的增加值必须从目标字段的间隔中得到。这个间隔可以使用 ADD_DIST 指令加到起始地址上去。

Group of compliance: group A, level 0

语法：

add_dist ::= (add_dist_symbol | add_dist_code) ',' operand1 ',' operand2.

add_dist_symbol = 'ADD_DIST'

add_dist_code = 21740(整型)

operand1 = 块的相对地址或表示包含目标字段的记录的助记符

operand2 = 块的相对地址或表示目标字段的助记符

操作数 1 到操作数 2 的间隔被加到 TOS 中的块相对地址。按操作数 1 确定记录的起始位置,按操作数 2 确定所需要的区域。这个块相对地址是原先用 PUSHBR 指令压入堆栈的。

7.5 技术规范

一些机器人控制器的系统变量用于规定机器人的技术规格或者是机器人的当前状态。这些系统变量可以定义机器人的运动,例如机器人的工具中心点(缩写为 TCP)的加速度和速度,或者机器人的位姿精度,也就是命令值和实际位姿之间的差距。

按照 ISO/TR 8373 中的一些机器人技术术语的定义,机器人的运动可以从下面两个方面来分别描述：

——一种位姿到另外一种位姿的运动:这指的是让机器人在工作范围内尽可能快速从一种位姿移动到另外一种位姿。这种运动包括一个初始位姿(常叫做初始点)和下一个位姿,也就是结束位姿(常叫做结束点)。

——连续路径:它指的是控制机器人沿着一个连续的路径移动。这个路径包括一个初始位姿,一个或多个中间位姿(常叫做通过点)和结束位姿。

系统变量按照默认值进行初始化并且可以在程序起始段进行更改。这个默认值一般由机器人的制造商提供。这样,如果一个变量被改变了,这个变化将会一直存在直到它被另外一个变化所代替。

接下来的语句允许在大多数情况下有权使用系统的全局变量,这些情况包括数字编码或记忆码 R_×××(读出系统变量×××);同时允许使用记忆码 W_×××(写变量×××)改变变量。这些语句的语法如下：

——“R_×××” 取得机器人控制器中的系统变量×××的值,并将此值压入堆栈的顶部。

——“W_×××” 设置位于通信系统堆栈顶部的变量×××,并写入到机器人控制器中。

例如,“R_ACCEL”语句读出可编程的工具中心点的加速度的值并将此值压入堆栈的顶部。“W_ACCEL”语句执行相反的操作将此变量的值弹出堆栈,然后把此值写入机器人控制器的加速度系统变量中。这个值就成为新的可编程的工具中心点的加速度的值。

语句中的变量通过 LIFO 堆栈(定义见 5.3.3)来传输。

语法：

specification ∷=

r_accel | w_accel | r_vel | w_vel | r_movtim | w_movtim |

mvtmout | r_resdp | w_resdp | r_resip | w_resip |

identir | selectir | curpos.

命名为 ERRSPE 的变量符号经常用来描述由控制器设置的声明的执行结果。ERRSPE 变量的组成包括两项，操作控制代码和它后面的错误值。

RECORD

statement：字符串

error_code：整形

END；

默认的值是 0(当没有错误发生时)。而负值则用来标定错误的代码，其绝对值("i"错误)由机器人制造商提供并随机器人改变。

在下面的描述中将给出表示一般错误代码的负数值。

7.5.1 运动加速度的读取(R_ACCEL)

读取可编程的当前机器人的 TCP 运动的加速度值时，加速度的值会从机器人控制器中的加速度系统变量中压入堆栈的顶部。

Group of compliance ：group B，kernel

语法：

r_accel ∷= cd_r_accel ',' accel_type ',' accel_kind.

cd_r_accel ∷= 'R_ACCEL' | r_accel_code.

r_accel_code = 2000(整形)

accel_type = 加速度类型代码(字符型)

J = 关节操作加速度

T = TCP 在机器人中的几何参照系的加速度

accel_kind = 加速度的种类(整型)

1 = 表示加速度为制造商给出的最大加速度值的百分数

2 = 表示单位为 m/s^2

3 = 表示单位为 rad/s^2

堆栈：

I_1：整型

⇨ O_1：实数

词义解释：

I_1：表示坐标轴数

0 = 所有的坐标轴

i = 指定的坐标轴 i

O_1：表示加速度的值

错误代码：

−1 = 表示在 accel_kind 和 accel_type 之间存在不兼容性。例如，如果给一台机器人的 accel_type设为"J" 同时 accel_kind 设为"2"，则错误就会产生。

−2 = 表示不合法的加速度值(超限)。

在机器人的几何参照系(accel_type 设为"T")中，由指定的 accel_kind 参数给出 TCP 沿着下一运动轨迹(点到点的转换或连续的路径运动)的平移和/或旋转加速度。

如果为1:表示 TCP 的平移和转动加速度的百分数;

如果为2:表示 TCP 的平移加速度的值;

如果为3:表示 TCP 的转动加速度的值。

7.5.2 运动加速度的写入(W_ACCEL)

当前机器人 TCP 的运动加速度值被写入时,存放于堆栈顶部加速度的值被取出,并写出机器人控制器的加速度系统变量中。

Group of compliance: group B, kernel

语法:

w_accel	::=	cd_w_accel ',' accel_type ',' accel_kind.
cd_w_accel	::=	'W_ACCEL' | w_accel_code.
w_accel_code	=	2050(整型)
accel_type	=	加速度类型代码(字符型) J = 实际关节加速度 T = 机器人几何参照系中的 TCP 的加速度
accel_kind	=	加速度的种类(整型) 1 = 表示加速度为制造商给出的最大加速度值的百分数 2 = 表示单位为 m/s^2 3 = 表示单位为 rad/s^2

堆栈:

I_2 :实数,I_1 :整型

⇨ (无结果)

词义解释:

I_2:加速度的值

I_1:表示坐标轴数

0 = 所有的坐标轴

i = 指定的坐标轴 i

错误代码:

−1 = 表示在 accel_kind 和 accel_type 之间存在不兼容性.例如,如果给一台机器人的 accel_type 设为"J"同时 accel_kind 设为"2",则错误就会产生。

−2 = 不合法的加速度的值(超限)。

在机器人的几何参照系(accel_type 设为"T")中,由指定的 accel_kind 参数给出 TCP 沿着下一运动轨迹(点到点的转换或连续的路径运动)的平移和/或旋转加速度。

如果为1:表示 TCP 的平移和转动加速度的百分数;

如果为2:表示 TCP 的平移加速度的值;

如果为3:表示 TCP 的转动加速度的值。

7.5.3 移动速度的读取(R_VEL)

读取可编程的当前机器人的 TCP 的运动速度值时,速度的值会从机器人控制器中的速度系统变量中压入堆栈的顶部。

Group of compliance:group B, kernel

语法:

r_vel	::=	cd_r_vel ',' vel_type ',' vel_kind.
cd_r_vel	::=	'R_VEL'| r_vel_code.
r_vel_code	=	2100 (整型)

vel_type = 速度类型代码(字符型)
J = 实际关节速度
T = 机器人几何参照系中的 TCP 速度
vel_kind ::= 速度的种类(整型)
1 = 表示速度为制造商给出的最大速度值的百分数
2 = 表示单位为 m/s
3 = 表示单位为 rad/s

堆栈:

I_1:整型

⇨ O_1:实数

词义解释:

I_1:表示坐标轴数

0 = 所有的坐标轴

i = 指定的坐标轴 i

O_1:表示速度的值

错误代码:

−1 = 表示在 vel_kind 和 vel_type 之间存在不兼容性。例如,如果给一台机器人的 vel_type 设为"J" 同时 vel_kind 设为"2",则错误就会产生。

在机器人的几何参照系(vel_type 设为"T")中,由指定的 vel_kind 参数给出 TCP 沿着下一运动轨迹(点到点的转换或连续的路径运动)的平移和/或转动速度。

如果为 1:表示 TCP 的平移和转动速度的百分数;

如果为 2:表示 TCP 的平移速度的值;

如果为 3:表示 TCP 的转动速度的值。

7.5.4 运动速度的写入(W_VEL)

当前机器人 TCP 的运动速度值的写入时,存放于堆栈顶部速度的值被取出并写入机器人控制器的系统变量中。

Group of compliance: group B, kernel

语法:

W_VEL ::= cd_w_vel ',' vel_type ',' vel_kind.
cd_w_vel ::= 'W_VEL' | w_vel_code.
w_vel_code = 2150(整型)
vel_type = 速度类型代码(字符型)
J = 实际关节速度
T = 机器人几何参照系中的 TCP 的速度
vel_kind = 速度的种类(整型)
1 = 表示速度为制造商给出的最大速度值的百分比
2 = 表示单位为 m/s
3 = 表示单位为 rad/s

堆栈:

I_2 :实数,I_1 :整型

⇨ (无结果)

词义解释:

I_2:速度的值

I_1：表示坐标轴数
0 = 所有的坐标轴
i = 指定的坐标轴 i

错误代码：

−1 = 表示在 vel_kind 和 vel_type 之间存在不兼容性。例如，如果给一台机器人的 vel_type 设为"J" 同时 vel_kind 设为"2"，则错误就会产生。

−2 = 不合法的速度的值(超限)。

在机器人的几何参照系(vel_type 设为"T")中，由指定的 vel_kind 参数给出 TCP 沿着下一运动轨迹(点到点的转换或连续的路径运动)的平移和/或旋转速度。

如果为 1：表示 TCP 的平移和旋转速度的百分数；

如果为 2：表示 TCP 的平移速度的值；

如果为 3：表示 TCP 的旋转速度的值。

7.5.5 运动持续时间的读取(R_MOVTIM)

读取一个给定运动的执行时间，并将此信息存于机器人控制器中，这是为了通知程序运动正在进行当中或者是已经完成。当机器人到达目标点并且运动误差在允许的范围以内时，机器人的运动完成。在机器人的运动完成之前，xMOVE 语句(详见 7.6)复位计时器清 0。然后，执行时间的值被压至堆栈的顶部。在整个运动过程中，计时器的值始终为零。在运动结束时，计时器的值就为整个过程的执行时间。

Group of compliance：group B，kernel

语法：

r_movtim	::=	cd_r_movtim.
cd_r_movtim	::=	'R_MOVTIM' | r_movtim_code.
r_movtim_code	=	2200(整型)

堆栈：

⇨ O_1：实数

词义解释：

O_1：执行时间

0 = 表示运动正在进行中

n = 表示上一个运动结束时返回的执行时间的单位为 s

错误代码：

−1 = 表示当前没有运动在进行中。

7.5.6 设定运动的持续时间(W_MOVTIM)

设定一个给定运动过程的持续时间。如果必须在指定的执行时间内执行下一条 xMOVE 语句，执行这条语句就将改变机器人的运动速度。存放于堆栈顶部的执行时间的值执行上推操作。

Group of compliance：group B，kernel

语法：

w_movtim	::=	cd_w_movtim.
cd_w_movtim	::=	'W_MOVTIM' | w_movtim_code.
w_movtim_code	=	2250 (整型)

堆栈：

I_1：实数

⇨ (无结果)

词义解释：

I_1：表示运动执行时间的单位为 s

7.5.7　**运动超时时间的设定(MVTMOUT)**

设定一个给定运动的超时时间。存放于堆栈顶部的超时时间的值执行上推操作。如果在超时时间结束时运动还在进行当中,则在相应的 xMOVE 语句中错误代码就会被置为－1。如果程序中没有指定超时时间,那么其最大值为系统默认值。

Group of compliance:group B,extensions

语法:

mvtmout	::=	cd_mvtmout.
cd_mvtmout	::=	'MVTMOUT' | mvtmout_code.
mvtmout_code	=	2300(整型)

堆栈:

I_1:实数

⇨ (无结果)

词义解释:

I_1:表示运动超时时间的单位为 s

7.5.8　**机器人在目标位姿的精度值的读取(RD_ACCDP)**

机器人到达目标点时的精确度决定了在运动完成之前机器人的 TCP 必须有多接近目标点的 TCP(点偏移)。由于几何坐标系中的每一个坐标轴或是每一个关节都有着自己的度量单位,这一误差区域被叫做"虚球"。当前精度的值被压入堆栈的顶部。

Group of compliance:group B,extensions

语法:

rd_accdp	::=	cd_rd_accdp ',' accdp_type ',' accdp_kind.
cd_rd_accdp	::=	'RD_ACCDP' | rd_accdp_code.
rd_accdp_code	=	2400(整型)
accdp_type	=	精确度类型代码(字符型) J =　实际的关节精确度值 T =　机器人几何参照系中的 TCP 的精确度
accdp_kind	=	精确度的种类(整型) 1 =　表示精确度为制造商给出的最大精确值的百分数 2 =　表示一个平滑的"虚球"的半径,单位为 mm 3 =　表示"虚球"的半径在编码器中的增量

堆栈:

I_1:整型

⇨ O_1:整型

词义解释:

I_1:指定的坐标轴的数目

0 =　所有的坐标轴

i =　表示坐标轴 i

O_1:精度的值

如果机器人控制器不能够接受实数类型的"虚球"半径或是半径最大值的百分数,那么控制器会给出最接近自身允许值的离散的精度值。多数情况下工业机器人的控制器都能接受离散值或是像"fine","medium","large"这样的预定义的常量。

7.5.9　**机器人目标点精度值的写入(W_ACCDP)**

机器人到达目标点时的精确度决定了在运动完成之前机器人的 TCP 有多接近目标点的 TCP(点

偏移)。由于几何坐标系中的每一个坐标轴或是每一个关节都有着自己的度量单,这一误差区域被叫做“虚球”。设定的精度值从堆栈的顶部退出,写入机器人控制器的系统变量中。

Group of compliance:group B,extensions

语法:

w_accdp	::=	cd_w_accdp ',' accdp_type ',' accdp_kind.
cd_w_accdp	::=	'W_ACCDP' | w_accdp_code.
w_accdp_code	=	2450(整型)
accdp_type	=	精确度类型代码(字符型) J = 实际的关节精确度值 T = 机器人几何参照系中的 TCP 的精确度
accdp_kind	=	精确度的种类(整型) 1 = 表示精确度为制造商给出的最大精确值的百分数 2 = 表示一个平滑的“虚球”的半径,单位为 mm 3 = 表示“虚球”的半径在编码器中的增量

堆栈:

I_2:整型,I_1:整型

⇨ (无结果)

词义解释:

I_2:精度的值

I_1:指定的坐标轴的数目

0 = 所有的坐标轴

i = 表示坐标轴 i

如果机器人控制器不能够接受实数类型的“虚球”半径或是半径最大值的百分数,那么控制器会给出最接近自身允许值的离散的精度值。多数情况下工业机器人的控制器都能接受离散值或是像“fine”,“medium”,“large”这样的预定义的常量。

7.5.10 中间点机器人精度的读取(RD_ACCIP)

中间点的机器人精度决定了在连续轨迹运动中机器人的 TCP 必须有多接近中间点的位姿。由于几何坐标系中的每一个坐标轴或是每一个关节都有着自己的度量单位,这一误差区域被叫做“虚球”。当前精度的值被压入堆栈的顶部。

Group of compliance:group B,extensions

语法:

rd_accip	::=	cd_rd_accip ',' accip_type ',' accip_kind.
cd_rd_accip	::=	'RD_ACCIP' | rd_accip_code.
rd_accip_code	=	2500(整型)
accip_type	=	精确度类型代码(字符型) J = 实际的关节精确度值 T = 机器人几何参照系中的 TCP 的精确度
accip_kind	=	精确度的种类(整型) 1 = 表示精确度为制造商给出的最大精确值的百分数 2 = 表示一个平滑的“虚球”的半径,单位为 mm 3 = 表示“虚球”的半径在编码器中的增量

堆栈:

I_1:整型

⇨ O_1:整型

词义解释:

I_1:指定的坐标轴的数目

0 = 所有的坐标轴

i = 表示坐标轴 i

O_1:精度的值

如果机器人控制器不能够接受实数类型的“虚球”半径或是半径最大值的百分数,那么控制器会给出最接近自身允许值的离散的精度值。多数情况下工业机器人的控制器都能接受离散值或是像“fine”,“medium”,“large”这样的预定义的常量。

7.5.11 中间点机器人精度的写入(W_ACCIP)

中间点时的机器人精度决定了在连续轨迹运动中机器人的 TCP 必须有多接近中间点的位姿,由于几何坐标系中的每一个坐标轴或是每一个关节都有着自己的度量单位,这一误差区域被叫做“虚球”。这个指定精度的值从堆栈的顶部执行上退操作后写入机器人控制器的系统变量中。

Group of compliance:group B,extensions

语法:

w_accip ::= cd_w_accip ',' accip_type ',' accip_kind.

cd_w_accip ::= 'W_ACCIP' | w_accip_code.

w_accip_code = 2550(整型)

accip_type = 精确度类型代码(字符型)

J = 实际的关节精确度值

T = 机器人几何参照系中的 TCP 的精确度

accip_kind = 精确度的种类(整型)

1 = 表示精确度为制造商给出的最大精确值的百分数

2 = 表示一个平滑的“虚球”的半径,单位为 mm

3 = 表示“虚球”的半径在编码器中的增量

堆栈:

I_2:整型,I_1:整型

⇨ (无结果)

词义解释:

I_2:精度的值

I_1:指定的坐标轴的数目

0 = 所有的坐标轴

i = 表示坐标轴 i

如果机器人控制器不能够接受实数类型的“虚球”半径或是半径最大值的百分数,那么控制器会给出最接近自身允许值的离散的精度值。多数情况下工业机器人的控制器都能接受离散值或是像“fine”,“medium”,“large”这样的预定义的常量。

7.5.12 当前机器人号的识别(IDENTIR)

如果有多个机器人则识别出其号码。当前机器人的标识号被压入堆栈的顶部。

Group of compliance:group B,extensions

语法:

identir ::= cd_identir.

cd_identir ::= 'IDENTIR' | identir_code.

identir_code = 2700 (整型)

堆栈：

⇨ O_1：整型

词义解释：

O_1：当前工业机器人的标识号

7.5.13 当前工业机器人的选择(SELECTIR)

在多个机器人中选择一个。所选的机器人的标识号从堆栈的顶部弹出。

Group of compliance：group B，extensions

语法：

selectir	::=	cd_selectir.
cd_selectir	::=	'SELECTIR' | selectir_code.
selectir_code	=	2800（整型）

堆栈：

I_1：整型

⇨ （无结果）

词义解释：

I_1：当前工业机器人的标识号

错误代码：

−1 ＝ 未知标识号的机器人

7.5.14 位姿的访问(CURPOS)

读取机器人 TCP 的当前位姿。位姿从当前机器人控制器中的位姿数据压堆栈的顶部。

Group of compliance：group B，kernel

语法：

curpos	::=	cd_curpos ',' pose_type.
cd_curpos	::=	'CURPOS' | curpos_code.
curpos_code	=	2900（整型）
pose_type	=	位姿类型代码(字符型)
		J ＝ 关节的实际坐标值
		T ＝ 表示在机器人几何坐标系中 TCP 的位姿(robtarget)

堆栈：

O_1：(joint | robtarget)

⇨ （无结果）

词义解释：

O_1：当前工业机器人的位姿值

7.6 运动控制

运动控制语句控制机器人工具中心点在两个点间的位移，而这两个点由关节类型直角坐标系中的位移和 Robtarget 类型在机器人几何坐标系中的几何位移来定义。这样，机器人及一个或多个外部轴的运动可以使用类型为 Robtarget，值为 1 的全局变量 Add_Axis 来执行(详见第 6 章)。

语法：

movecontrol ::=

jmove | lmove | cmove | pmove | movtrj |

calib | gohome | movbeg | movend | movstp |

movcont | movcancel.

路径块结构由一系列给定的点到点的运动组成。每一个给定的运动由一个运动语句执行，而初始的点总是机器人的前一个点。

一个轨迹可以使用示教盒来示教，而这样的一个轨迹可以使用 MOVTRJ 语句来执行。在这种情况下，所有的运动和关联参数直接由机器人控制器来进行处理。

如果系统变量没有被赋值，则被赋为默认值。机器人在中间点的精度由一个规范的表达语句来定义(详见 7.5.9 和 7.5.11)。

通过设置“wait”参数来允许或不允许一条语句和它的子句并行执行。如果“wait”被置为“W”，那么下一条语句只有当运动完成或是被终止才能被执行。

假设一个路径块中有基本的 xMOVE 语句，则程序执行时参数“wait”就不会被机器人控制器所考虑。在 MOVBEG 语句中的参数值会在整个路径中一直有效，直到下一条 MOVEND 语句出现。

使用 xMOVE 语句可以将堆栈顶部的目标点(以及 CMOVE 指令中的中间点)写入在机器人控制器中。在执行一条 xMOVE 语句之前，这些点必须被压入堆栈的顶部。这些变量的描述以及 LIFO 堆栈中的排序由每一条语句给出。

命名为 ERRMOV 的变量用来描述由控制器执行语句的结果。变量 ERRMOV 结构包括两个元素，操作指令代码和紧接着的错误值：

```
RECORD
    statement ：STRING
    error_code：INTEGER
END
```

系统默认的值为 0(没有错误)。负值则用来描述标准错误代码，而正值(“i” 错误)则由机器人制造商提供，并且和机器人有关。

7.6.1 关节插补运动(JMOVE)

使用关节插补来控制给定的机器人运动到下一个点。

Group of compliance ：group B，kernel

语法：

jmove ::= cd_jmove ',' abs_rel ',' pose_type ',' wait.

cd_jmove ::= 'JMOVE' | jmove_code.

jmove_code = 5010 (整型)

abs_rel = 位移的类型(整型)

1 = 绝对值

2 = 相对值

pose_type = 点类型代码(字符型)

J = 关节坐标系操作的值

T = 表示在机器人几何坐标系中 TCP 的点

wait = 标识应用程序在 JMOVE 指令后是否要等到运动结束后再继续：

W = 表示程序要等到运动结束后再继续

N = 表示程序不用等到运动结束后就可以继续

堆栈：

I_1 ：(joint if pose_type='J'|robtarget if pose_type='T')

⇨ (no result)

词义解释：

I_1：目标点的值

错误代码：

−1 = 在运动结束前超时

7.6.2 直线插补运动(LMOVE)

在几何坐标系中使用机器人 TCP 线性插补来控制给定的机器人运动到下一个点。

Group of compliance ：group B,kernel

语法：

lmove ∷= cd_lmove ',' abs_rel ',' pose_type ',' wait.

cd_lmove ∷= 'LMOVE' | lmove_code.

lmove_code = 5030（整型）

abs_rel = 位移的类型（整型）

1 = 绝对值

2 = 相对值

pose_type = 点类型代码（字符型）

J = 关节坐标系操作的值

T = 在机器人几何坐标系中的 TCP 位姿

wait = 标识应用程序在 LMOVE 指令后是否要等到运动结束后再继续：

W = 表示程序要等到运动结束后再继续

N = 表示程序不用等到运动结束后就可以继续

堆栈：

I_1 ：(joint if pose_type='J'|robtarget if pose_type='T')

⇨ （无结果）

词义解释：

I_1 ：目标点的值

错误代码：

−1 = 在运动执行结束前超时

7.6.3 圆弧插补运动(CMOVE)

在几何坐标系中使用机器人 TCP 圆弧插补来控制给定的机器人运动到下一个点。并且必须给出中间点用来定义一个圆弧，这就意味着一共要给出三个点。而中间点和目标点都必须是同一种类型。

Group of compliance ：group B,extensions

语法：

cmove ∷= cd_cmove ',' abs_rel ',' pose_type ',' wait.

cd_cmove ∷= 'CMOVE' | cmove_code.

cmove_code = 5050（整型）

abs_rel = 位移的类型（整型）

1 = 绝对值

2 = 相对值

pose_type = 点类型代码（字符型）

J = 关节坐标系操作的值

T = 在机器人几何坐标系中的 TCP 点

wait = 标识应用程序在 CMOVE 指令后是否要等到运动结束后再继续：

W = 表示程序要等到运动结束后再继续

N = 表示程序不用等到运动结束后就可以继续

堆栈：

I_2 ：(joint if pose_type='J'|robtarget if pose_type='T')

I_1 ：(joint if pose_type='J'|robtarget if pose_type='T')

⇨ （无结果）

词义解释：

I_2：中间点的值

I_1：目标点的值

错误代码：

−1 = 在运动执行结束前超时

7.6.4 多项式插补运动(PMOVE)

在几何坐标系中控制机器人运动到一段定义曲线上的下一个点(多项式插补)。运动到下一个点的曲线形状决定于多项式的次数。

Group of compliance ：group B，extensions

语法：

pmove ::=

cd_pmove ',' abs_rel ',' pose_type ',' deg ',' wait.

cd_pmove ::= 'PMOVE' | pmove_code.

pmove_code = 5070(整型)

abs_rel = 位移的类型（整型）

1 = 绝对值

2 = 相对值

pose_type = 点类型代码（字符型 ）

J = 关节坐标系操作的值

T = 在机器人几何坐标系中的 TCP 点

deg = 插补多项式的方次(整型)

wait = 标识应用程序在 PMOVE 指令后是否要等到运动结束后再继续：

W = 表示程序要等到运动结束后再继续

N = 表示程序不用等到运动结束后就可以继续

堆栈：

I_1：(joint if pose_type='J'|robtarget if pose_type 'T')

⇨ (no result)

词义解释：

I_1：目标点的值

错误代码：

−1 = 在运动执行结束前超时

7.6.5 示教轨迹的执行(MOVTRJ)

执行一个由示教程序给定的机器人轨迹运动。

Group of compliance ：group B，extensions

语法：

movtrj ::= cd_movtrj ',' wait.

cd_movtrj ::= 'MOVTRJ' | movtrj_code.

movtrj_code = 5100(整型)

wait = 标识应用程序在 MOVTRJ 指令后是否要等到运动结束后再继续：

W = 表示程序要等到运动结束后再继续

N = 表示程序不用等到运动结束后就可以继续

堆栈：

I_1 ：(整型)

⇨ (无结果)

词义解释：

I_1 ：示教轨迹的号码

错误代码：

−1 = 在运动执行结束前超时

−2 = 未知的轨迹号码

7.6.6 **机器人的校准(CALIB)**

控制一个给定的机器人运动以完成坐标轴的精确校准。

Group of compliance ：group B,kernel

语法：

calib ::= cd_calib ',' axes_indic ',' wait.

cd_calib ::= 'CALIB' | calib_code.

calib_code = 5200 (整型)

axes_indic = 用于标识校准坐标轴的整型：

如果与 i 轴相对应的二进制数的第 i 位 等于1,那么就可确定 i 轴已经被校准了。

例如,如果需要校准坐标轴 1,3,5,6,则 axel_indic 的二进制组合数就应该是"110101",就是"53"。

wait = 标识应用程序在 CALIB 指令后是否要等到运动结束后再继续：

W = 表示程序要等待轨迹运动结束

N = 表示程序不用等到运动结束

错误代码：

−1 = 未知的坐标轴号

7.6.7 **回到起始点的运动(GOHOME)**

在关节坐标系中控制机器人回到工作区域之外的起始点。

Group of compliance ：group B,kernel

语法：

gohome ::= cd_gohome ',' wait.

cd_gohome ::= 'GOHOME' | gohome_code.

gohome_code = 5300 (整型)

wait = 标识应用程序在 GOHOME 指令后是否要等到运动结束后再继续：

W = 表示程序要等到运动结束后再继续

N = 表示程序不用等到运动结束后就可以继续

堆栈：

I_1：关节类型

⇨ (无结果)

词义解释：

I_1：起始点定义值

错误代码：

−1 = 在运动执行结束前超时

7.6.8 **路径结构块的开始(MOVBEG)**

使用 xMOVE 语句来开始路径结构块。第一条 xMOVE 语句的初始点就是路径的第一个点。

Group of compliance ：group B，extensions

语法：

movbeg ::= cd_movbeg ',' wait.

cd_movbeg ::='MOVBEG' | movbeg_code.

movbeg_code = 5400（整型）

wait = 标识应用程序在下一条相应的 MOVEND 指令后是否要等到路径执行结束后再继续：

W = 表示程序要等到路径执行结束后再继续

N = 表示程序不用等到路径执行结束后就可以继续

在块结构中，路径由 xMOVE 指令设置来定义。机器人的初始点就是第一条 xMOVE 指令的初始点，沿着路径的机器人的目标点就是最后一条 xMOVE 指令的目标点，而其余由 xMOVE 指令的设置的点就是速度不为 0 的那些中间点。

程序中也可能将像类似夹具控制或获得的传感器数据插入块中，这些指令会在前一个运动指令执行结束后执行。

如果 wait 参数设置为"N"，所有在 MOVEND 指令之后且不在块结构中的指令都不需要等到运动到路径的终点后再执行。

7.6.9 路径结束结构块（MOVEND）

在路径块结构执行完毕时，最后一条 xMOVE 指令的目标点就是路径的最后一个点。

Group of compliance：group B，extensions

语法：

movend ::= cd_movend.

cd_movend ::= 'MOVEND' | movend_code.

movend_code = 5450（整型）

错误代码：

−1 = 没有相应的 MOVBEG 指令

这条指令结束一个 MOVBEG 结构。同时解释器或编译器会把这一系列的 xMOVE 指令转换为一个全局路径。

7.6.10 运动停止（MOVSTP）

停止机器人的运动：机器人停止一个给定的运动。

Group of compliance：group B，kernel

语法：

movstp ::= cd_movstp ',' stop_type.

cd_movstp ::= 'MOVSTP' | movstp_code.

cd_movstp = 5500（整型）

stop_type = 停止运动的类型

1 = 机器人使用 ACCEL 系统变量负值来完成停止运动

2 = 快速停止（使用最大的减速值）

错误代码：

−1 = 当前进程中没有运动

7.6.11 运动继续（MOVCONT）

在上一次停止后机器人继续运动。这条指令在 MOVSTP 指令后使用，机器人会自动继续执行至程序初始设定的目标点的运动。这条指令可以在路径结构块中使用。

Group of compliance：group B，kernel

语法：

movcont ::= cd_movcont.

cd_movcont ::= 'MOVCONT' | movcont_code.

movcont_code = 5600（整型）

错误代码：

−1 = 没有被中断的运动

7.6.12 运动的取消(MOVCANCEL)

停止机器人的当前运动并且取消目标点。如果在块结构中有 MOVCANCEL 指令并且此指令在 MOVEND 指令之前执行，机器人就会停止，预定路径会被取消，程序直到下一个相应的 MOVEND 指令后继续执行。

Group of compliance：group B，kernel

语法：

movcancel ::= cd_movcancel.

cd_movcancel ::= 'MOVCANCEL' | movcancel_code.

movcancel_code = 5700（整型）

错误代码：

−1= 没有被中断的运动

7.7 数据交换

这些指令处理用于在机器人控制器和外部设备之间交换的字符数据和数字/模拟数据。由于输入和输出依赖于硬件，所以很难为其制定一个标准。在下面的章节里，所有的描述都基于 I/O 到 I/O 的映射。但这并不意味着 ICR 可以排除内存到 I/O 的映射的使用。在 I/O 端口和 I/O 地址之间的映射应该在 ICR 中的编译器/解释器内完成。

语法：

dataexchange ::=

cnfgchan | openchan | closechan | resetchan | statchan |

getch | putch | getblk | putblk

din | dout | ain | aout.

7.7.1 通信通道的控制

这些指令是用来建立或取消通信连接，或用来监控通信通道的状态。

7.7.1.1 通信通道的配置(CNFGCHAN)

此功能用于在机器人控制器中配置通信通道。

Group of compliance：group A，level 0

语法：

cnfgchan ::= cd_cnfgchan.

cd_cnfgchan ::='CNFGCHAN' | cnfgchan_code.

cnfgchan_code = 23100（整型）

堆栈：

I_5，I_4，I_3，I_2：整型，I_1：无符号整型

⇨ （无结果）

词义解释：

I_1：通信通道的端口号

I_2：如果值大于 0：用于将来扩充

如果值等于 0：表示标准配置(8 位)

如果值小于0：表示依赖于控制器硬件

I_3：实际的波特率

I_4：奇偶校验：0 = 不校验

1 = 偶校验

2 = 奇检验

I_5：停止位：0 = 1停止位

1 = 1½停止位

注意：如果I_2小于0，那么指定的这些数据(I_2到I_5)都和机器人控制器硬件有关。

错误代码：

0 = 无错误

−1 = 机器人控制器不支持给定的配置

7.7.1.2 通信通道的打开(OPENCHAN)

此函数用于请求打开通信通道。

Group of compliance：group A，level 0

语法：

openchan ::= cd_openchan.

cd_openchan ::= 'OPENCHAN' | openchan_code.

openchan_code = 23200（整型）

堆栈：

I_1：无符号整型

⇨ （无结果）

词义解释：

I_1：通信通道的端口号

7.7.1.3 关闭通信通道(CLOSECHAN)

此函数用于请求关闭通信通道。

Group of compliance：group A，level 0

语法：

closechan ::= cd_closechan.

cd_closechan ::= 'CLOSECHAN'|closechan_code.

closechan_code = 23250（整型）

堆栈：

I_1：无符号整型

⇨ （无结果）

词义解释：

I_1：通信通道的端口号

7.7.1.4 通道的复位(RESETCHAN)

此函数用于请求复位通信错误并完成初始化设置。

Group of compliance：group A，level 0

语法：

resetchan ::= cd_resetchan.

cd_resetchan ::= 'RESETCHAN' | resetchan_code.

resetchan_code = 23300(整型)

堆栈：

I_1:无符号整型

⇨ （无结果）

词义解释：

I_1:通信通道的端口号

7.7.1.5 通道状态的获取(STATCHAN)

此函数用来查询通信通道的状态。

Group of compliance: group A, level 0

语法：

statchan ::= cd_statchan.

cd_statchan ::= 'STATCHAN' | statchan_code.

statchan_code = 23400(整型)

堆栈：

I_1:无符号整型

⇨ O_1:无符号整型

词义解释：

I_1:通信通道的端口号

O_1:状态缓冲区的端口号

7.7.2 交换字符数据

这些指令用于字符数据的读/写。

7.7.2.1 字符的读取(GETCH)

此函数用于请求从通信通道中读取一个字符。

Group of compliance: group A, level 2

语法：

getch ::= cd_getch.

cd_getch ::= 'GETCH' | getch_code.

getch_code = 23500 (正型)

堆栈：

I_1:无符号整型

⇨ O_1:字符型

词义解释：

I_1:通信通道的端口号

O_1:字符

7.7.2.2 字符的写入(PUTCH)

此函数用于请求将一个字符写入通信通道中。

Group of compliance: group A, level 2

语法：

putch ::= cd_putch.

cd_putch ::= 'PUTCH' | putch_code.

putch_code = 23510 (整型)

堆栈：

I_2:字符型,I_1:无符号整型

⇨ （无结果）

词义解释：

I_2：字符

I_1：通信通道的端口号

7.7.2.3 **通信中数据块的读取(GETBLK)**

此函数用于请求从通信通道中读取一些字符。

Group of compliance：group A，level 2

语法：

getblk ::= cd_getblk.

cd_getblk ::= 'GETBLK' | getblk_code.

getblk_code = 23550 (整型)

堆栈：

I_2：字符型，I_1：无符号整型

⇨ O_1：字符串

词义解释：

I_2：在块缓冲区里的待读取数据的大小

I_1：通信通道的端口号

O_1：获取的字符串数据

7.7.2.4 **通信中数据块的写入(PUTBLK)**

此函数用于请求向通信通道中写入一些字符。

Group of compliance：group A，level 2

语法：

putblk ::= cd_putblk.

cd_putblk ::= 'PUTBLK' | putblk_code.

putblk_code = 23560 (整型)

堆栈：

I_3：字符型，I_2：无符号整型

I_1：无符号整型

⇨ (无结果)

词义解释：

I_3：需要发送的字符串

I_2：需要从块缓冲区里写入的数据的大小

I_1：通信通道的端口号

7.7.3 **数字和模拟量的输入/输出**

这些指令用来交换数字和模拟量数据。

7.7.3.1 **数字量数据的输入(DIN)**

此函数用于请求从通信通道中输入一数字量数据。

Group of compliance：group A，level 0

语法：

din ::= cd_din.

cd_din ::= 'DIN' | din_code.

din_code = 23600(整型)

堆栈：

I_1：无符号整型

⇨ O_1：无符号整型

词义解释：

I_1：通信通道的端口号

O_1：获得的数字量数据的值

7.7.3.2 **数字量数据的输出(DOUT)**

此函数用于请求输出一数字量数据到通信通道中。

Group of compliance：group A，level 0

语法：

dout ::= cd_dout.

cd_dout ::= 'DOUT' | dout_code.

dout_code = 23650(整型)

堆栈：

I_2：无符号整型，I_1：无符号整型

⇨ (无结果)

词义解释：

I_2：需要输出的数据的值

1 表示 TRUE，0 表示 FALSE

I_1：通信通道的端口号

7.7.3.3 **模拟量数据的输入(AIN)**

此函数用于请求从通信通道中输入一模拟量数据。

Group of compliance：group A，level 2

语法：

ain ::= cd_ain.

cd_ain ::= 'AIN' | ain_code.

ain_code = 23700(整型)

堆栈：

I_1：无符号整型

⇨ O_1：实数

词义解释：

I_1：通信通道的端口号

O_1：获取的模拟量数据的值

7.7.3.4 **模拟量数据的输出(AOUT)**

此函数用于请求输出一模拟量数据到通信通道中。

Group of compliance：group A，level 2

语法：

aout ::= cd_aout.

cd_aout ::= 'AOUT' | aout_code.

aout_code = 23750(整型)

堆栈：

I_2：实数，I_1：无符号整型

⇨ (无结果)

词义解释：

I_2：需要输出的模拟量数据的值

I_1：通信通道的端口号

7.8 数据列表管理

这些指令用来处理数据列表。数据列表用来分离一些集中的可更改的数据或是一些可能需要在程序中更改的数据。这样这些数据就可以被 CAD 系统、可编程的示教程序或文本编辑程序处理。

这些指令可以在程序语言中不包括文件传输模块时完成数据列表的创建、定义和操作。

语法：

datalistop ∷=

dlopen | dlgen | dlcls | dldel | dlein | dleout.

7.8.1 打开数据列表(DLOPEN)

打开一个存在的数据列表。

Group of compliance：group A，level 3

语法：

dlopen ∷= cd_dlopen.

cd_dlopen ∷= 'DLOPEN' | dlopen_code.

dlopen_code = 14100（整型）

堆栈：

I_1：字符串

⇨ O_1：整型

词义解释：

I_1：dl_name(数据列表名称存储在数据列表的起始段处)

O_1：dl_number(数据列表中元素的数目存储在数据列表的起始段处)

出错处理：

如果在执行操作时有错误，例如若不存在数据表，则在系统变量 ERRSPE 中产生错误代码。

出错代码：

0 = 没有错误

−1 = 数据表不存在

7.8.2 新建数据列表(DLGEN)

新建并打开一个数据列表。

Group of compliance：group A，level 3

语法：

dlgen ∷= cd_dlgen.

cd_dlgen ∷= 'DLGEN' | dlgen_code.

dlgen_code = 14200（整型）

堆栈：

I_1：字符串

⇨ （无结果）

词义解释：

I_1：dl_name(数据列表名称存储在数据列表的起始段处)

错误代码：

0 = 创建了新数据列表

−1 = 数据列表已经存在

−2 = 没有足够的存储空间

7.8.3 关闭数据列表(DLCLS)

关闭已打开的数据列表。

Group of compliance：group A,level 3

语法：

dlcls　　　::＝　cd_dlcls.

cd_dlcls　　::＝　'DLCLS' | dlcls_code.

dlcls_code　　＝　14300（整型）

堆栈：

I_1：字符串

⇨　（无结果）

词义解释：

I_1：dl_name（数据列表名称存储在数据列表的起始段处）

错误代码：

0 ＝　数据列表被关闭

−1 ＝　数据列表不存在

7.8.4　删除数据列表（DLDEL）

删除一个数据列表。

Group of compliance：group A,level 3

语法：

dldel　　　::＝　cd_dldel.

cd_dldel　　::＝　'DLDEL' | dldel_code.

dldel_code　　＝　14500（整型）

堆栈：

I_1：字符串

⇨　（无结果）

词义解释：

I_1：dl_name（数据列表名称存储在数据列表的起始段处）

错误代码：

0 ＝　数据列表被删除

−1 ＝　数据列表不存在

7.8.5　读取数据列表中的元素（DLEIN）

读取一个数据列表中的元素。列表中元素的数据已放置在堆栈的顶部。

Group of compliance：group A,level 3

语法：

dlein　　　::＝　cd_dlein ',' data_type.

cd_dlein　　::＝'DLEIN' | dlein_code.

dlein_code　　＝　14700（整型）

data_type　　＝　依照 dldat_type 的数据类型（整型，详见第 6 章和 8.3）

堆栈：

I_2：字符串，I_1：字符串

⇨　O_1：依照 dldat_type 的数据类型（见上面叙述）

词义解释：

I_1：dl_name（数据列表名称存储在数据列表的起始段处）

I_2：dl_element（数据元素名称存储在数据列表文件的元素中）

O_1：数据（数据列表元素的 dldat_data 值）

错误代码：

0 = 成功的操作

<0 = 操作被终止

−3 = 数据列表没有被打开

−4 = 数据列表中不存在元素

−5 = 不兼容的类型

7.8.6 向数据列表中写入元素(DLEOUT)

向数据列表中写入元素，需要写入的元素数据从堆栈取得。

Group of compliance：group A，level 3

语法：

dleout ::= cd_dleout ',' data_type.

cd_dleout ::='DLEOUT' | dleout_code.

dleout_code = 14750(整型)

data_type = 依照 dldat_type 的数据类型(整型，详见第 6 章和 8.3)

堆栈：

I_3：依照 data_type 的数据类型

I_2：字符串，I_1：字符串

⇨ (无结果)

词义解释：

I_1：dl_name(数据列表名称存储在数据列表的起始段处)

I_2：dl_element (数据元素名称存储在数据列表文件的元素中)

I_3：数据(数据列表元素的 dldat_data 值)

错误代码：

>0 = 有效的执行了操作

1 = 新元素被写入了

2 = 修改了已有的元素

<0 = 操作被终止

−2 = 存储器空间不够

−3 = 数据列表没有被打开

−5 = 不兼容的类型。已经存在的条目没有被覆盖，这是因为其数据类型与指定的数据类型不兼容

7.9 机器人设备的描述

这些指令用于限定工作空间、机器人运动学、末端执行器描述以及其他一些因素。

语法：

description ::=

limit | worksp | prosp | efna | tcp_def.

7.9.1 限制轴的范围(LIMIT)

轴的运动范围的限定。

Group of compliance：group B，extensions

语法：

limit ::= cd_limit ',' ax_no ',' min_max ',' axis_limit.

cd_limit ::= 'LIMIT' | limit_code.

limit_code = 3100(整型)

ax_no = 轴的号码,整型

min_max = 表示为最小或最大的限定,整型

0 = 最小的限定

1 = 最大的限定

axis_limit = 限定值的地址或是常量,实数类型。限定值定义为每一个轴操作范围的百分比。有效值为 0～100%

7.9.2 工作空间定义(WORKSP)

在一个笛卡尔坐标系中定义工作空间。

Group of compliance：group B,extensions

语法：

worksp ::= cd_worksp ',' min_max ',' wsp_limit.

cd_worksp ::= 'WORKSP' | worksp_code.

worksp_code = 3200(整型)

min_max = 表示为最小或最大的限定,整型

0 = 最小的限定

1 = 最大的限定

wsp_limit = (输入参数地址) 位置

这条指令为一个有效的 TCP 定义了一个工作空间。在笛卡尔坐标系中最小或最大坐标轴的值单位为 mm。

7.9.3 限定区域(PROSP)

定义了一个禁区。

Group of compliance：group B,extensions

语法：

props ::= cd_prosp ',' min_max ',' psp_limit.

cd_prosp ::= 'PROSP' | prosp_code.

prosp_code = 3300 (整型)

min_max = 表示为最小或最大的限定,整型

0 = 最小的限定

1 = 最大的限定

psp_limit = (输入参数地址) 位置

这条之令为一个有效的 TCP 在一个工作空间中定义了一个禁区,这个工作空间是使用 WORKSP 指令定义的。

7.9.4 末端执行器的选择(EFNA)

一个末端执行器的一般调用。

Group of compliance：group B,extensions

语法：

efna ::= cd_efna ',' data_type ',' eef_label.

cd_efna ::= 'EFNA' | efna_code.

efna_code = 17100 (整型)

data_type = 终止应变器标志的数据类型,整型

eef_label = (输入参数地址) 字符串/整型

这条指令可以选择一个可靠的并且能被机器人控制器辨识的终止应变器。终止应变器的数据可以被下面的所有运动指令使用。

7.9.5 **TCP 的定义(TCP_DEF)**

定义一个末端执行器中心点的坐标系。

Group of compliance：group B，extensions

语法：

tcp_def ::= cd_tcp_def ',' data_type ',' effector_label ',' data_type2 ',' effector_data.

cd_tcp_def ::= 'TCP_DEF' | tcp_def_code.

tcp_def_code = 17200（整型）

data_type = 执行器号码的数据类型(整型)

effector_label = (输入参数地址)(整型)

data_type2 = 执行器数据的数据类型

effector_data = (输入参数地址)(整型)位置，方向，位姿

7.10 **末端执行器的控制**

末端执行器的控制函数将在下一版本中定义。

7.11 **传感器函数**

有关传感器的函数将在下一版本中定义。

7.12 **并行设计函数**

并行设计函数将在下一版本中定义。

7.13 **调试函数**

语法：

debugfuction ::= checkon | checkoff.

7.13.1 **开关接通检查函数**

这个函数用算术运算检查开关接通与否。

Group of compliance：group A，level 5

语法：

checkon ::= cd_checkon.

cd_checkon ::= 'CHECKON' | checkon_code.

checkon_code = 18100（整型）

7.13.2 **开关断开检查函数**

这个函数用算术运算来检查开关断开与否。

Group of compliance：group A，level 5

语法：

checkoff ::= cd_checkoff.

cd_checkoff ::= 'CHECKOFF' | checkoff_code.

checkoff_code = 18150（整型）

7.14 **用户自定义扩展**

从28000～31999的代码数为保留值，用户可进行自定义扩展。在语法里这些扩展可以放在ICR结构之后，但是不能包含任何数据和函数。

注意：用户自定义扩展应该严格的最大限度的限制使用，因为这样会削减程序和数据的可移植性。

7.15 **未来的扩展**

从25000～27999的代码数为保留值，用于ICR将来的扩展。

8 数据列表定义

下面这些指令用来定义数据列表。数据列表用来分离一些集中的可更改的数据或是一些可能需要

在程序中更改的数据。这样这些数据就可以被CAD系统、可编程的示教程序或文本编辑程序处理,并且完全独立于程序处理。

本章节仅仅描述带有表头、数据列表元素和最终元素的数据列表的存贮结构。在ICR程序中对类似数据列表和数据元素的描述详见7.8。

8.1 数据列表的表头(DLHEAD)

数据列表的第一个元素(表头)总是DLHEAD。

语法:

dlhead ::= cd_dlhead ',' dl_name ',' dl_number.
cd_dlhead ::= 'DLHEAD' | dlhead_code.
dlhead_code = 24000 (整型)
dl_name = 数据列表名称(ASCⅡ字符串)
dl_number = 数据列表元素的数目(整型)

8.2 数据列表的结尾(DLEND)

数据列表的最后一个元素总是DLEND。

语法:

dlend ::= cd_dlend ',' dl_name.
cd_dlend ::= 'DLEND' | dlend_code.
dlend_code = 24999 (整型)
dl_name = 数据列表名称(ASCⅡ字符串)

8.3 数据列表的元素(DLDAT)

一个数据列表中的元素的描述如下:

语法:

dldat ::= cd_dldat ',' dldat_name ',' dldat_type ',' dldat_data.
cd_dldat ::= 'DLDAT' | dldat_code.
dldat_code = 24500 (整型)
dldat_name = 数据列表名称(ASCⅡ字符串)
dldat_type = 数据类型描述(整型)(详见数据类型)
dldat_data = 对应于数据类型的常数(常数)

附 录 A
（资料性附录）
机器人系统状态变量

在本指导性技术文件中，机器人系统状态变量根据被称之为MMS/RCS（机器人伴同标准）的GB/T 16720.3来描述。当在中间代码中使用或涉及它们时，参考GB/T 16720.3。

附 录 B
（资料性附录）
实 施 指 南

B.1 引言

这个实施指南用来便于执行ICR（用于机器人的中间代码），但它不是作为实施规范。

ICR是一种伪机器级编程代码。在本指导性技术文件中，用于ICR指令的伪机器是通过指令描述定义的。它是一种带有显式输入/输出语句的基于堆栈的机器。数据堆栈是显式的，而程序返回堆栈是隐式的。这是出于保护子程序和异常返回地址。诸变量既可以是局部的，也可以是全局的。为了允许递归，局部变量应放在堆栈内，根据不同的实现方法，全局变量可放在堆栈内或放在单独的变量库内。

ICR与用于实现几个Pascal编译程序或解释程序的P代码类似。[1)]

通常，ICR实施设计可分成两个主要部分：解释程序/执行程序的实施和专用的高级或产生ICR的中级编程语言的实施。通常，解释程序设计应更为简单明了，这是因为，它可直接基于ICR指令的描述和规范（假定已作出合适的伪机器设计，而且已恰当地采取了与决策有关的所有恰当的内部代码）。

B.2 解释 ICR

ICR是一种代码，它以两种一致性类别的两种风格存在：数字代码（此处所有的代码元素都指定为GB/T 15273.1数码的字符串）和人能读出的符号代码（此处所有的代码元素都指定为助记符，即应用整个GB/T 15273.1字符集）。在两种情况下，ICR都应转换成为控制器所用的内部形式。这种转换通常由一个称之为“装入程序”的预处理程序来完成。

在较低的一致性类别情况下（它要求代码用数字表示），转换“装入”把GB/T 15273.1数字串转换成内部二进制BCD码（或诸如此类别的码）表示。这既可是直接的转换，也可以是重新映射。直接转换主要用于ICR解释程序，用来优化转换速度（例如，在直接输入ICR字符串的控制器中），以便逐行完成转换，从而其速度直接影响到ICR指令的执行时间。更通用的方法是借助于所有代码元素的重新映射，将外部数字的ICR表示转换为内部形式。这需要稍长一些的转换时间，然而，它能优化不同的类型。用这种方法可以实现某些优化功能，例如能够优化执行时间或最终的内部代码所需的存储器空间。用紧凑映射可以优化执行速度，它能有效地对解释程序的选择语句（例如pascal语言中的“CASE”语句，C语言中的“switch”语句）进行编程。所需存储器空间可由内部字的特短、短、长和特长（以位数表示）的特定选择来优化，内部字长度的选择取决于特定的ICR指令的典型使用频率。一般地，使用一种优化准则来选择。需要这种种优化的一个例子是产生一种非伪（non-pseudo）的实际硬件（微）处理器，它直接执行ICR代码（以一种内部形式）。

B.2.1 伪机器结构

本指导性技术文件既没有规定也不需要任何数目的内部解释器（执行器）机器寄存器。然而很明显，需要一个用于数据处理的后进先出（LIFO）堆栈指针，可能还需要有一个LIFO子程序返回堆栈指针（若数据堆栈不用于上面两个目的的话）、一个具有随机装入和改变的线性程序计算器（用于程序和子程序跳转移），以及一个数据表读/写（或单独的读和写）指针。此外，为了优化循环和静态/动态块的包含执行，也许还要包含静态和动态标记指针。

1）有关产生P代码的Pascal编译程序的详尽说明，以及P代码解释程序的说明可查阅S. pamberton、M. C. Daniels写的书《PASCAL Implementation》，Ellis Harwood，Chichester 1983，ISBN 0-85312-482-5，该书给出许多涉及实施伪机器编程代码的相关资料。

对机器人控制本身，也许还需包括作为内部寄存器或固定存储器映射位置的几个状态变量。这通常包括各种“加速度”寄存器、“减速度”寄存器、“速度”寄存器、运动时间寄存器、当前位置寄存器、目标位置寄存器等。这些寄存器将主要影响到本指导性技术文件中的技术规范的ICR指令。

需要有其他的数据/状态寄存器以及与末端执行器/执行器有关的状态/数据寄存器，用来规定运动控制和可能的其他控制。

输入/输出通道必须有状态信息表（即“InputOnly”、“OutptOnly”、“InputOutput”、“TranferSpeed”、“ProtocolType”和/或其他）。这些表通常依赖于所用的具体设备。

为便于MMS通信（见附录A），本指导性技术文件包含解释程序的一个单独部分。

如本指导性技术文件中所解释的，ERROR代码需要一个单独的全局寄存器。

B.2.2　字符串

ICR中的字符串数据类型是一种伪动态数据类型。它在堆栈中是全动态的。如果用DECLVAR来说明，则字符串是静态变量（固定的物理长度），它有一个最小的固定长度值。限于基于栈帧的计算机的堆栈容量，这个固定值是必须的。

由于ICR规范试图只增强显式数据类型选型，所以动态的栈顶字符串的实施可以由动态擦除存储器和从栈顶到该区域的指针来实现，在这个区域执行所有字符串的改变。此种实施将证明，如果长字符串经常入栈和出栈，则要比其他方式快得多。然而，由于此类实施并不严格遵守本指导性技术文件，因而未予积极鼓励。如果绝对需要此类技巧（对执行时间有高度优化要求的解释程序），在应用时应十分小心。主要的问题可能是在特殊时刻使用堆栈结构的栈顶资料形成隐式数据类型选型时由编译程序和人工写ICR引起。

B.2.3　动态存储器分配

ICR规范不影响任何特殊的存储器管理方法和可能的动态存储器碎片收集。此外，本指导性技术文件也不包括存储器地址分配和地址重新分配功能，这些功能将在即将推出的版本中定义。然而，实施者应当考虑到，许多程序设计语言使用实际的动态存储器地址分配，因此许多编译程序也以同样的方式使用地址分配和地址重新分配。有几种实施动态存储器地址分配的方法，但是它超出了本文的范围。

B.2.4　数据类型的转换和选型

尽管ICR规范推荐显式数据类型的计算和转换，如果要严格地实现这个条件，这也是可论证的。借助于规定有每个值的信息（典型地是几位或一个字节）类型附加于堆栈上，有可能相当容易地实现这一点。这无疑会增加ICR解释的安全性，但会禁止用于某些语言的编译程序的存在，那些语言借助于在栈顶放置一个隐式数据类型的值（例如在某一函数的退出处）并在以后将它作为别的类型来使用（最普遍的类型交互混用的这种是与整数和布尔值的混合）。另一个可能的方法，是在每个栈入口有一个标志数组。这会要求堆栈为隐式选型而正确地构造，并容许解释程序具有显式检验及隐式无检验方式。这两种方法都要耗费执行时间。

B.2.5　数据存取

由于ICR是一种基于堆栈的计算机，所以大部分变量包含在不同的堆栈架构中。对于解释程序，先决条件是允许从顶层局部范围向下直到全局层正确地访问堆栈架构。这意味着变量存取首先是在最近的局部DECLVAR堆栈库中（当前的架构内）搜索，然后在堆栈的下一层（下一个更深的堆栈架构），依次类推，直到发现它在一个DECLVAR说明语句中的说明为止，最坏的情况是存取一个全局变量。在解释程序中有可能引入控制器本身已知的公用变量假定它们是最后被检查的变量。这允许局部变量优先于在较高的语法层上的变量，局部变量优先于全局变量，全局变量优先于控制器定义的公用变量。

这种存取数据的方法，借助于动态和静态标记指针是最容易实现的。必须注意到，来自每个静态语法层（文本块嵌套层）最新活动块的数据总是被存取。这意味着，在ICR程序的文本结构和ICR程序的执行结构之间应行成明显的差别。正确地处理这一点是绝对必须的，因为许多语言及其编译程序将使用递归。所需的标记指针可以置于数据堆栈，或单独放在一个栈标记堆栈中。它们将用SUBPBEG、

SUBPEND 和 BLKBEG、BLKEND 指令来处理。

B.2.6 过程调用约定

ICR 规定了过程参数通过堆栈来传递。要做到这一点，解释程序须遵守几个规则。通常在 CALL 被执行之前将参数压入堆栈。CALL 指令应不改变数据堆栈的状态。由于现在通常起用新块和堆栈架构，所以允许程序语句存取参数是重要的。考虑到这一点，DECLVAR 应是第一条指令（如果程序具有参数的话）。

B.2.7 功能调用约定

功能调用顺序与程序相同。然而，返回值会留在功能程序结束处的栈顶。SUBPEND 语句不应改变数据堆栈。在主程序流中的后续指令会发现位于栈顶上供进一步处理的功能返回值，如同已执行一个通常的 ICR 指令，从而取代了功能调用。

B.2.8 转移指令

由于转移指令也许会跳出块的范围，所以必须正确地设计转移指令的注释。在跳出构成块结构的堆栈之外的情况下，这是特别重要的（并难于实施）。尤其重要的是，要注意到转移总是跟在程序的文本结构之后。这就是说，一次程序块的跳出应跟在静态标记链接之后，而不是动态标记之后。转移的实施与堆栈架构相连的标记指针紧密相关。一个程序块（一系列块）的跳出，其特性好像它已有效地执行了所有有关的 BLKEND 指令。也可参阅 B.2.5。

B.2.9 采用 ICR 的提示

ICR 解释程序的用法并不对机器人控制器的机器人运动专用部分的概念或执行提出特殊要求。一个 ICR 解释程序能作为一个单独的模块来执行，该模块可插入到现有的机器人控制器上。不是机器人运动专用的更复杂的功能应作为 ICR 解释程序本身的一部分来执行，例如，算术运算或堆栈管理机制。

与机器人运动运行时系统和过程 I/O 或用户 I/O 模块的连接可用一个内部制作的专用接口来建立。该接口可以部分是程序性的。连到运动运行时间系统的接口，建议用一种缓冲存储器结构，例如，FIFO（先进先出）堆栈，以避免 ICR 解释程序与运动运行时间系统（ix）之间对时间的强依赖性。

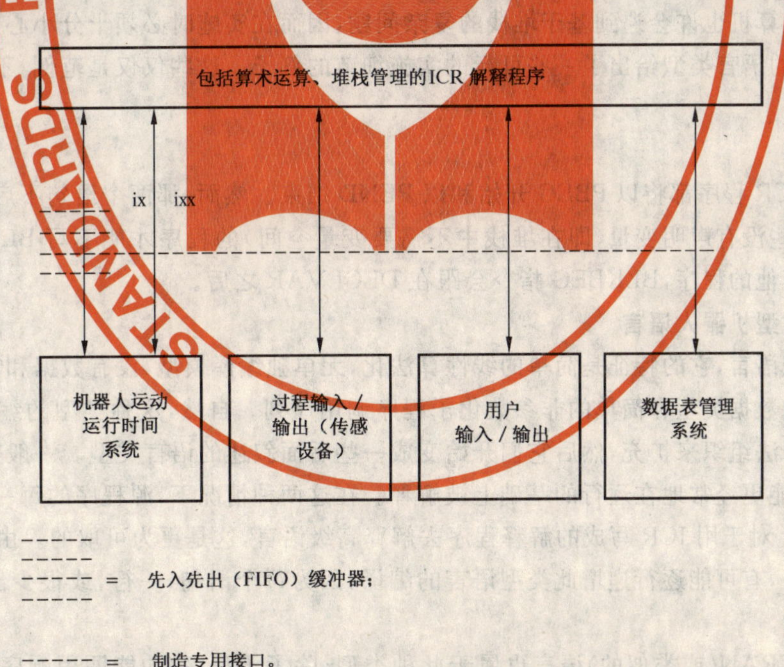

图 B.1 ICR 解释程序和机器人控制器的连接

仅在运动运行时间系统受到 ICR 解释程序所评估的快速传感器信息所影响时，为了在 ICR 解释程序和运动运行时间系统（ixx）之间获得更紧密的时间耦合，必须对此问题作更多的考虑。

ICR 可考虑作为编程系统和机器人控制器间的一种低层代码接口。该编程系统既可在线处于机器人控制器上，也可离线处于外部编程器上，或者甚至置于两者之上，该编程系统的编程方法的使适用范围可包括从简单的非结构指令语言到高级结构语言或 CAD 系统。特别是对于低成本机器人控制器的实施，作为一个不依赖于标准化的低级编程接口的生产厂商，ICR 会是一个好的选择。

依据该编程系统，在线和/或离线都能执行程序调试系统。调试工具应支持制造者规定的接口直到高级编程系统(i_1)以便能进行高层调试；并支持 ICR 解释程序(i_2)的接口，以控制程序流并检查或改变数据值。

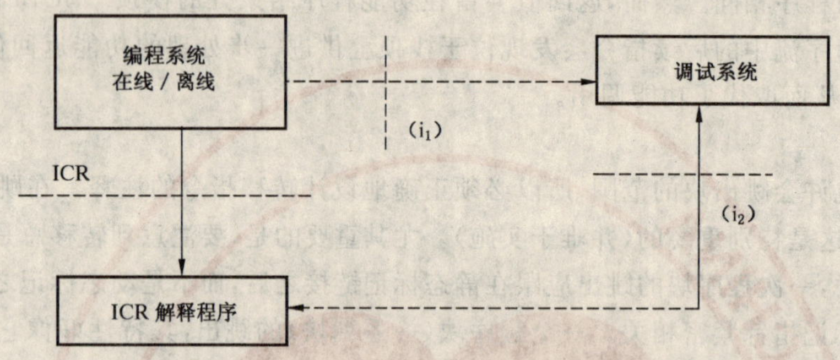

图 B.2　在高级编程和调试系统及一个 ICR 解释程序之间的接口

B.3　进入 ICR 的编程

ICR 是一种允许从任何高级语言转换的通用的伪低级编程代码。为此，必须写出相应的编译程序。不同的高级或中级编程语言(甚或是编程代码)将转换成 ICR。因此，每种转换将使用不同的、适合于语言转换的 ICR 工具的用法。ICR 解释程序/执行程序将察觉不到那些不同。这就是说，使用数据和变量说明及块结构的很不相同的方法都可用于编译程序，只要它们符合本指导性技术文件中的语句说明。由于在此过程中计算机也许会遇到基于堆栈的复杂问题，因而在实施时必须十分小心。

在此，为主要的语言类型给出了一些可行的实施细节的例子。这些仅仅是范例，不应用作编译程序设计的规范。

B.3.1　概述

所有独立的 ICR 程序都将以 PBEG 开始和以 PEND 结束。然而，那两个语句不启动基本的堆栈架构。因此，只有那些没有声明变量(即在堆栈中不需要变量空间)的程序才能不写 BLKBEG/BLKEND 指令对。对所有其他的程序，BLKBEG 指令会跟在 DECLVAR 之后。

B.3.2　BASIC 类型机器人语言

这是一种编程语言，它的特征是简单的线性算法化，无单独编译模型，没有数据和算法抽象化，只有一些明确预定义的数据类型和简单的非参数化子程序调用序列。自然，这种类型的编程语言能以简单或较复杂的结构语法组织来扩充，然后它们开始变成一些后面叙述的语言类型。一般来说 BASIC 型语言既能被编译，又能更经常地在逐行的基础上被解释。在这两种情况下，源程序的每一行会直接转换成 ICR，然后被执行。对于用 ICR 写成的解释程序去解释高级语言，这是更为可取的。由于其结构不需要较复杂的分析算法，有可能逐行递增此类型语言的编译，因为每个语句(一行，或很少出现的集中数行)在语法上是独立的。

较老的 FORTRAN(或类似的)语言也属于此种类型，除了子程序/功能调用顺序(它是参数化的)外，其他都是同样的。由于这个原因(并且由于现代 FORTRAN 或例如 RATFOR 是全结构化语言)，这些语言的实际编译和实施与 PASCAL 类型的实施会非常类似。即使在一定的情况下依旧可递增编译，但是很少进行逐行解释。此外，FORTRAN 容许单独的编译，所以应提供连接程序。

B.3.3 Pascal 类型机器人语言

这种类型的语言的特征是强制使用严密的语法结构和称之为结构化程序设计。所有的过程和函数都是(或至少能)参数化的,并且程序是分层次的块结构。对于程序/函数而言,变量可以是全局的或是局部的。通常,容许递归而且实现相当简单。此种类型的某些程序(像 MODULA2 或 ADA)允许模块化编程。

由于编译程序/连接程序会分辨所有的外部说明并将所有涉及的模块合并到一个可执行的 ICR 程序内,然后 ICR 程序被下载到控制器,所以实现模块化编程是没有问题的。然而,在一定的情况下,有动态连接的可能是更可取的。这包括在控制器中存在的专用动态连接程序和高速存取长期程序存储器的可能性。ICR 代码的标准版不直接支持动态模块,所以应在原来的控制器编程代码中进行专用编程工作以便能做到这一点。

虽然堆栈中参数的次序与解释是无关联的,为了在不同的编译程序和语言之间允许参数通过,强烈建议将堆栈上的参数以在原语言中碰到的同样的次序,从左到右压入。这就是说,最左边的那个高级语言参数会首先被压入堆栈,最右边的那个参数会处在栈顶。

对每个程序/函数/模块进行明确分块是重要的,这是因为,为变量预留堆栈空间是依赖于此的。

由于 ICR 不能区分开程序和函数,所以必须在程序的结尾处,最后一个 BLKEND 语句之后,但在 SUBPEND 指令之前,明确地清除所有程序参数的堆栈。函数的返回结果应遗留在栈顶刚好在 SUBPEND 之前。这样做的一个办法是在 BLKEND 执行之前,首先将它从堆栈弹出进入到一个暂存变量(来自于任何以前的堆栈架构或全局变量),然后,明确地清除掉所有的参数,最后,刚好在 SUBPEND 之前又将其推入堆栈。

B.3.3.1 C 子类型机器人语言

C 子类型主要特点在于包括在任何块中(在 C 中以符号“{”和“}”划界)的可能性和带下标数组与指针的难区别性。块局部变量的实施直接受 ICR 指令 BLKBEG 与 DECLVAR 支持。C 子类型语言的第二个特征引起一个不太严重的问题。ICR 规范推荐显式数据类型选型,然而,一些语言很经常地使用隐式类型选型(例如在 C 语言中,数组和指针的互换性仅仅是更多种隐式类型选型的一个)。对于数组相对于指针的具体问题而言,谨慎使用 ELAAPR 应隐含地与合适的(动态)变量地址相混合。其他隐式选型(非数据转化!)的问题是一个概念性的问题。如果 ICR 解释程序的实施不强化显式栈顶类型检查的话,就不会有问题。然而,由于这并非每次都是绝对不可能的,建议编译程序产生合适的显式 IC 选型/转换指令。应特别注意整数和布尔值的公共隐式选型,特别是,因为六位字节可区分各个 ICR 实施。

B.3.4 LISP 型机器人语言

这种高级语言主要特点在于单个或多个链接表处理和数据与程序的通用的互换性。然而,甚至对这种类型的语言也可写出编译程序。这些语言需要合适的应用程序来实现存储器管理和无用存储单元收集。由于这些语言需要非常专门的实现技巧,建议去查阅适当的文献(例如 W. M. Waite 写的“Implementing Software for Non-Numeric Applications”, prentice-Hall, Englewood Cliffs 1973, ISBN 0-13-451898-5)。

B.3.5 APL 和类似的语言

这是变量类型很不充分的一种语言,它意味着所有的转换(例如实标量转换为整型矩阵或字符矢量转换为布尔值数组)都是根据操作符隐含进行。这既可以借助于使用动态变量又可以借助于组合现有的 ICR 类型和动态变量来达到。这种类型语言的程序多半是离线开发的,然后编译成 ICR,除非是设计了一个在线的 CAP 系统。在这种情况下,应设计一个有效的语言解释程序,所有的语言元素都会以特定的 ICR 例行程序来执行,并且整个的系统会借助于一个简单的语法分析器来驱动。用 ICR 执行这种语言是借助于通用的数据相关的严格分层结构,因而变得十分方便,该结构能容易地转换为严格基于堆栈的结构(进一步的详情涉及 APL 类语言语法分析器/解释程序构成,可查阅 R. Zacks 的“An APL implementation for Microcomputers",Sybex1978)

B.3.6 FORTH 型机器人语言

这种语言(除了 FORTH 语言本身,其带有宏扩展的大多基于堆栈的伪机器编程代码都可看作是这类语言)的特点是,用基于堆栈的操作和不限制各种扩展可能性,实质上允许它们去仿真任何其他各种编程语言。这些语言在其执行规则方面与 ICR 非常紧密相关。在用 ICR 执行 FORTH 本身时的一个主要问题是包括模拟的多个堆栈,在决定使用编译技术或 ICR 编程的解释程序时会遇到其他问题。

B.3.7 面向对象的语言和其他语言

叙述其他语言的可能的实施会超出本附录的范围。然而,必须注意,最常用的面向对象语言(例如 C++)会容易地归入到上述类别的一种。然后,为包括对象描述而扩展这些语言。一部分 ICR 直接支持复杂的对象以及与它们有关的机器人学领域中的相关操作。虽然那些语言不会直接归入到称之为“面向对象”的范围之内,然而,借助于使用其他 ICR 指令,依旧可提供可被模拟的简单而深入的理解。

附　录　C
（资料性附录）
ICR 的代码数表

C.1　数据类型及其他：

BRADR	块相对地址	0
INT	整型	1
REAL	实型	2
BOOL	布尔型	3
CHAR	字符	4
STR	字符串	5
保留		6
保留		7
POS	位置	8
ORI	方向	9
POSE	位姿	10
JOINT	关节	11
M_JOINT	主关节	12
A_JOINT	附加关节	13
ROBTRT	机器人目标	14
REMARK	注释	1000
DECLVAR	全局变量说明	500
TYPEDEF	类型定义	700

C.2　程序流控制(22000)

PBEG	程序开始	22100
PEND	程序结束	22150
PSTOP	程序停止	22190
CALL	程序调用	22200
BLKBEG	程序块的开始	22300
BLKEND	程序块的结束	22310
SUBPEND	子程序尾和返回	22220
LABEL	子程序开始或跳转标号	22400
GOTONR	转向指令号	22420
GOTOSYM	转向符号	22430
IFNR	转向指令号的逻辑条件	22450
IFSYM	转向符号标记的逻辑条件	22460
JMP_DEC_NR	跳转或递减	22470
JMP_DEC_SYM	跳转或递减	22480
NOOP	空操作	22999

DELAY	程序执行延迟	22600
WAIT_BNR	等待二进制输入	22620
WAIT_BSYM	等待二进制输入	22630
WAIT_LENR	等待模拟输入(小于或等于)	22640
WAIT_LESYM	等待模拟输入(小于或等于)	22650
WAIT_GENR	等待模拟输入(大于或等于)	22660
WAIT_GESYM	等待模拟输入(大于或等于)	22670
PAUSE	暂停	22700
TEACHON	开始示教模式	22800
CHECK_AXES	检查轴数	22850
CHECK_ORI	检查方向值注释类型	22860
CHECK_BR	比较堆栈值并分支	22870
CHECK_BR_SYM	比较堆栈值并分支	22880

C.3 布尔运算和算术运算(21000)

Ari_op1_code	op1_sym_bol	结果的类型	操作数类型	注　释
21005	ABSI	INT	INT	绝对值
21010	ABSR	REAL	REAL	绝对值
21015	NORM	REAL	POS	向量的模
21020	NEGI	INT	INT	整型取反
21025	NEGR	REAL	REAL	实型取反
21030	NEGP	POS	POS	位置数取反
21035	ROUND	INT	REAL	实型数四舍五入,取整
21040	TRUNC	INT	REAL	实型数的尾数
21045	FLOAT	REAL	INT	转换整型数
21050	FLTM1	REAL	INT	转换整型数
21055	ORD	INT	CHAR	转换字符
21060	CHR	CHAR	INT	转换数
21065	BOOLI	INT	BOOL	转换布尔值
21070	CTTJ	JOINT	ROBTRT	转换机器人目标
21075	CTJT	ROBTRT	JOINT	转换关节
21080	SQRT	REAL	REAL	平方根
21085	SIN	REAL	REAL	正弦函数
21090	COS	REAL	REAL	余弦函数
21095	TAN	REAL	REAL	正切函数
21100	ASIN	REAL	REAL	反正弦函数
21105	ACOS	REAL	REAL	反余弦函数
21110	LN	REAL	REAL	自然对数
21111	EXPN	REAL	REAL	自然指数

Ari_op2_code	op2_sym_bol	结果的类型	操作数类型	注　释
21115	ADDBR	BRADR	BRADR BRADR	地址附加
21120	MULBR	BRADR	BRADR INT	地址乘积
21125	ADDI	INT	INT INT	整数加法
21130	ADDR	REAL	REAL REAL	实数加法
21135	ADDP	POS	POS POS	位置数相加
21140	ADDJ	JOINT	JOINT JOINT	关节位置相加
21145	ADDEP	POSE	POSE POS	位姿变换
21150	SUBI	INT	INT INT	整数减法
21155	SUBR	REAL	REAL REAL	实数减法
21160	SUBP	POS	POS POS	位置数相减
21165	SUBJ	JOINT	JOINT JOINT	关节位置相减
21170	SUBEP	POSE	POSE POS	位置变换
21175	MULI	INT	INT INT	整数乘法
21180	MULR	REAL	REAL REAL	实数乘法
21185	MULPI	POS	POS INT	以整数相乘
21190	MULPR	POS	POS REAL	以实数相乘
21195	POTR	POS	POS ORI	位置旋转
21200	ROTO	ORI	ORI ORI	方向旋转
21205	TRANSP	POS	POSE POS	位置变换
21210	ROTE	POSE	POSE ORI	位姿旋转
21215	TRANSE	POSE	POSE POSE	方位变换
21220	DIVI	INT	INT INT	整数除法
21225	DIVR	REAL	REAL REAL	实数除法
21230	DIVPI	POS	POS INT	以整数除
21235	DIVPR	POS	POS REAL	以实数除
21240	MOD	INT	INT INT	模函数
21245	RELE	POSE	POSE POSE	方位关系
21250	ATAN2	REAL	REAL REAL	反正切
21255	EQB	BOOL	BOOL BOOL	布尔值是否相等
21260	EQC	BOOL	CHAR CHAR	字符值是否相等
21265	EQI	BOOL	INT INT	整数值是否相等
21270	EQR	BOOL	REAL REAL	实数值是否相等
21275	EQP	BOOL	POS POS	位置数是否相等
21280	EQO	BOOL	ORI ORI	方向值是否相等
21285	EQE	BOOL	POSE POSE	方位值是否相等
21290	EQS	BOOL	STR STR	字符串是否相等

（续表）

Ari_op2_code	op2_sym_bol	结果的类型	操作数类型	注　释
21295	NEB	BOOL	BOOL BOOL	布尔值是否不相等
21300	NEC	BOOL	CHAR CHAR	字符值是否不相等
21305	NEI	BOOL	INT INT	整数值是否不相等
21310	NER	BOOL	REAL REAL	实数值是否不相等
21315	NEP	BOOL	POS POS	位置数是否不相等
21320	NEO	BOOL	ORI ORI	方向值是否不相等
21325	NEE	BOOL	POSE POSE	方位值是否不相等
21330	NES	BOOL	STR STR	字符串是否不相等
21335	GTI	BOOL	INT INT	大于某整数
23340	GTR	BOOL	REAL REAL	大于某实数
21345	LTI	BOOL	INT INT	小于某整数
21350	LTR	BOOL	REAL REAL	小于某实数
21355	GEI	BOOL	INT INT	大于等于某整数
21360	GER	BOOL	REAL REAL	大于等于某实数
21365	LEI	BOOL	INT INT	小于等于某整数
21370	LER	BOOL	REAL REAL	小于等于某实数

C.3.1　单操作数的布尔值和逐位逻辑运算

b_op1_code	b _op1_symbol	结果的类型	操作数类型	注　释
21375	NOTB	BOOL	BOOL	布尔值取非
21380	NOTI	INT	INT	整数取反

C.3.2　双操作数的布尔值和逐位逻辑运算

b_op2_code	b _op2_symbol	结果的类型	操作数类型	注　释
21385	ANDB	BOOL	BOOL BOOL	逻辑与
21390	ANDI	INT	INT INT	整数逐位与
21395	ORB	BOOL	BOOL BOOL	逻辑或
21400	ORINT	INT	INT INT	整数逐位或
21405	XORB	BOOL	BOOL BOOL	逻辑异或
21410	XORI	INT	INT INT	整数逐位异或

C.3.3　生成型运算

gen_op_code	gen _op_symbol	结果的类型	操作数类型	注　释
21415	GENP	POS	REAL,REAL,REAL	由三个实数生成 POS
21420	GENO	ORI	INT,REAL,REAL,REAL,REAL	由一个整数和四个实数生成一个 ORI

（续表）

gen_op_code	gen _op_symbol	结果的类型	操作数类型	注　释
21425	GENE	POSE	POS,ORI	生成一个方位值
21430	GENERO	POSE	REAL, REAL, REAL,ORI	由三个实数和一个方向数生成一个方位值
21435	GENEPR	POSE	POS, INT, REAL, REAL, REAL, REAL	由一个位置值、一个整数和 4 个实数生成一个方位值
21440	GENERR	POSE	REAL, REAL, REAL, INT, REAL, REAL, REAL, REAL	由三个实数、一个整数和四个实数生成一个方位值
21441	GENT	ROBTRT	POSE, INT, INT, …,A_JOINT	生成一个机器人目标
21442	GENM	M_JOINT	REAL,…	由一系列实数生成一个 M_JOINT
21443	GEND	A_JOINT	REAL,…	由一系列实数生成一个 A_JOINT
21444	GENJ	JOINT	M_JOINT, A_JOINT	生成一个 JOINT
21445	GENJRD	JOINT	REAL,…, A_JOINT	生成一个 JOINT
21446	GENJMR	JOINT	M_JOINT REAL,…	生成一个 JOINT
21447	GENJRR	JOINT	REAL,…, REAL,…	生成一个 JOINT

C.3.4　字符串运算

str_op_code	str _op_symbol	结果的类型	操作数类型	注　释
21450	APPENDC	STR	STR,CHAR	添加字符到字符串
21455	CONCATS	STR	STR,STR	字符串连接
21460	EXTRCTS	STR	STR,INT,INT	抽取字符串的一部分
21465	GETCHR	CHAR	STR,INT	得到一个字符
21470	SETCHR	STR	STR,CHAR,INT	设定一个字符进入字符串
21475	LENGTHS	INT	STR	得到字符串长度

C.3.5 堆栈运算

C.3.5.1 固定长度的入栈(PUSH)和出栈(POP)操作

pap_op_code	pap _op_symbol	操作数类型	注　释
21480	PUSHB	BOOL	将布尔值压入栈顶 TOS
21485	PUSHC	CHAR	将字符值压入 TOS
21490	PUSHI	INT	将整数值压入 TOS
21495	PUSHR	REAL	将实数值压入 TOS
21500	PUSHP	POS	将位置值压入 TOS
21505	PUSHO	ORI	将方向值压入 TOS
21510	PUSHE	POSE	将方位值压入 TOS
21515	PUSHT	ROBTRT	将机器人目标值压入 TOS
21520	PUSHJ	JOINT	将一关节值压入 TOS
21525	PUSHS	STR	将字符串值压入 TOS
21530	PUSHA	BRADR	将操作数压入 TOS
21531	PUSHBR	BRADR	压入块相对地址
21532	PUSHAA	abs. addr	压入绝对地址
21535	POPB	BOOL	布尔值从堆栈弹出到绝对地址或符号中
21540	POPC	CHAR	弹出一字符
21545	POPI	INT	弹出一整数
21550	POPR	REAL	弹出一实数
21555	POPP	POS	弹出一位置值
21560	POPO	ORI	弹出一方向值
21565	POPE	POSE	弹出一方位值
21570	POPT	ROBTRT	弹出一机器人目标
21575	POPJ	JOINT	弹出一关节值
21580	POPS	STR	弹出一字符串
21585	POPA	BRADR	弹出一地址
21590	DUPB	BOOL	复制一布尔值
21595	DUPC	CHAR	复制一字符
21600	DUPI	INT	复制一整数
21605	DUPR	REAL	复制一实数
21610	DUPP	POS	复制一位置值
21615	DUPO	ORI	复制一方向值
21620	DUPE	POSE	复制一方位值
21625	DUPT	ROBTRT	复制一机器人目标
21630	DUPJ	JOINT	复制一关节值
21635	DUPS	STR	复制一字符串

（续表）

pap_op_code	pap _op_symbol	操作数类型	注　释
21640	DUPA	absolute	复制一绝对地址
21645	SWAPB	BOOL	互换布尔值
21650	SWAPC	CHAR	互换字符值
21655	SWAPI	INT	互换整数
21660	SWAPR	REAL	互换实数
21665	SWAPP	POS	互换位置值
21670	SWAPO	ORI	互换方向值
21675	SWAPE	POSE	互换方位值
21680	SWAPT	ROBTRT	互换机器人目标值
21685	SWAPJ	JOINT	互换关节值
21690	SWAPS	STR	互换字符串值
21695	SWAPA	absolute	互换绝对地址

C.3.5.2　变长度的入栈和出栈操作

pap_opv_code	pap _opv_symbol	规格	操作数类型	注　释
21700	PUSHV	实际大小	常数/绝对地址/符号	以给定大小的数压入堆栈
21705	PUSH	实际大小	—	配置堆栈中的“规格”字节
21710	POPV	实际大小	绝对地址或符号	一个给定规格的值从堆栈弹出到绝对地址/符号
21715	POP	实际大小	—	释放堆栈中的“规格”字节
21720	LOAD	实际大小	—	用值取代绝对地址或符号
21725	STORE	实际大小	—	在 TOS 上存储值
21726	PUSHVD	类型	块相对地址符号	按规定类型将规格值压入堆栈
21727	POPVD	类型	块相对地址符号	按规定类型将规格值弹出堆栈
21728	LOADVD	类型	—	下载 TOS 值
21729	STOREVD	类型大小	—	存储 TOS 值
21730	PUSHFD	字段被压入 TOS		
21731	POPFD	TOS 中值弹出到字段		

C.3.6 计算地址的运算

PUSHSZ	将数组元素的规模压入 TOS	21735
ADD_DIST	将距离加到地址段	21740

C.4 技术规范(2000)

R_ACCEL	读运动加速度	2000
W_ACCEL	写运动加速度	2050
R_VEL	读运动速度	2100
W_VEL	写运动速度	2150
R_MOVTIM	存取运动持续时间	2200
W_MOVTIM	设定运动持续时间	2250
MVTMOUT	设定运动暂停时间	2300
RD_ACCDP	读终点的机器人精度	2400
W_ACCDP	写终点的机器人精度	2450
RD_ACCIP	读中间点的机器人精度	2500
W_ACCIP	写中间点的机器人精度	2550
IDENTIR	辨识当前机器人	2700
SELECTIR	选择当前机器人	2800
CURPOS	方位值存取	2900

C.4.1 运动控制(5000)

JMOVE	由关节插补规定的运动	5010
LMOVE	线性插补运动	5030
CMOVE	圆周插补运动	5050
PMOVE	多项式插补运动	5070
MOVTRJ	实现示教轨迹	5100
CALIB	机器人校准	5200
GOHOME	运动到原始位姿	5300
MOVBEG	路径结构块的头	5400
MOVEND	路径结构块的尾	5450
MOVSTP	停止运动	5500
MOVCONT	继续运动	5600
MOVCANCEL	取消运动	5700

C.4.2 数据交换

CNFGCHAN	配置通信通道	23100
OPENCHAN	打开通信通道	23200
CLOSECHAN	关闭通信通道	23250
RESETCHAN	通信通道的复位	23300
STATCHAN	取得通道状态	23400

C.4.3 字符数据交换

GETCH	取出字符	23500
PUTCH	送出字符	23510
GETBLK	取得通信字段	23550
PUTBLK	送出通信字段	23560

C.4.4 数字和模拟输入/输出

DIN	数字数据输入	23600
DOUT	数字数据输出	23650
AIN	模拟数据输入	23700
AOUT	模拟数据输出	23750

C.4.5 数据表管理(14000)

DLOPEN	打开数据表	14100
DLGEN	新数据表	14200
DLCLS	关闭数据表	14300
DLDEL	删去数据表	14500
DLEIN	读数据表元素	14700
DLEOUT	写数据表元素	14750

C.4.6 机器人设备的描述(3000 和 17000)

LIMIT	轴范围的限制	3100
WORKSP	工作空间确定	3200
PROSP	禁止区域	3300
EFNA	末端执行器的选择	17100
TCP_DEF	工具中心点的确定	17200

C.4.7 调试函数(18000)

CHECKON		18100
CHECKOFF		18150

C.4.8 用户专用扩展

保留从 28000～31999 的代码数,用于用户专用扩展。

C.4.9 未来的扩展

保留从 25000～27999 的代码数,用于 ICR 的未来扩展。

C.5 数据表定义(24000)

DLHEAD	数据表头	24000
DLEND	数据表尾	24999
DLDAT	数据表元素	24500

ICS 31.080.01
L 40

中华人民共和国国家标准

GB/T 20870.1—2007/IEC 60747-16-1:2001

半导体器件
第16-1部分:
微波集成电路 放大器

Semiconductor devices—
Part 16-1:Microwave integrated circuits—Amplifiers

(IEC 60747-16-1:2001,IDT)

2007-02-09 发布 2007-09-01 实施

中华人民共和国国家质量监督检验检疫总局
中国国家标准化管理委员会 发布

前　　言

本部分等同采用国际标准 IEC 60747-16-1:2001《半导体器件　第 16-1 部分:微波集成电路　放大器》第 1 版(英文版)。

本部分等同翻译 IEC 60747-16-1:2001。

由于 IEC 60747-16-1 存在印刷错误和疏漏,本部分在采用该国际标准时进行了编辑性修改,修改的内容如下:

a) 删除 IEC 前言。
b) 第 1 章"本部分规定了微波集成电路功率放大器……"中删除"功率"。因为本部分名称为"微波集成电路　放大器",标准涉及低噪声等多种放大器。
c) 3.8 中"(单位为 dB)"改为"(单位为 dBm)"。输入功率与输出功率的单位应为 dBm。
d) 3.9～3.11 为 s 参数中 s_{11}、s_{22} 和 s_{12} 的模(即 $|s_{11}|$、$|s_{22}|$ 和 $|s_{12}|$)的定义,其内容引用 IEC 60747-7:2000 中 3.5.2.1、3.5.2.2 和 3.5.2.4,而 IEC 60747-7 给出的是 s_{11}、s_{22} 和 s_{12} 的定义,不是 $|s_{11}|$、$|s_{22}|$ 和 $|s_{12}|$ 的定义,两者不等同,不能直接引用。本部分按 5.13～5.15 中 $|s_{11}|$、$|s_{22}|$ 和 $|s_{12}|$ 测试方法中的测试原理,在 3.9～3.11 给出其定义。
e) 4.6.2 表中"参数"栏补充"(注 1)"。IEC 60747-16-1 在表中给出了注 1 的内容,未给出出处。
f) 图 1 中与功率计 1 相连的定向耦合器的耦合方向改为由信号源(E 点)至功率计 1(A 点)。
g) 5.14.2.6"由公式(19)计算输出反射系数的模 $|s_{22}|$。"改为"由公式(19)计算输出回波损耗 $|s_{22}|$。"
h) 5.14.2.7 k)中删除"——输入功率"。测试时调节输入功率使器件输出功率达到规定值即可,不需要固定输入功率。
i) 图 6 中定向耦合器的耦合方向改为由被测器件输出端(B 点)至功率计。
j) 公式(31)～(34)中的"－"改为"＋",其测试原理同 5.2.3 和 5.11.3 一样,公式的符号也应一致。
k) 5.21.3"杂散度 P_{SP}/P_o(dBm)由下式得出"中"(dBm)"改为"(dBc)"。

本部分引用的国际标准中除 IEC 60748-4 外,其他标准已有相应的国家标准,但因现行国家标准等同采用的是较早版本的国际标准,所以不能被本部分引用,只能直接引用 IEC 标准。

本部分由中华人民共和国信息产业部提出。

本部分由全国半导体器件标准化技术委员会归口。

本部分起草单位:中国电子科技集团公司第五十五研究所。

本部分主要起草人:黄玉英、林妹红。

半导体器件
第16-1部分：
微波集成电路 放大器

1 范围

本部分规定了微波集成电路放大器的术语、基本额定值、特性以及测试方法。

2 规范性引用文件

下列文件中的有关条款通过GB/T 20870的本部分的引用而成为本部分的条款。凡是注日期的引用文件，其随后所有的修改单(不包括勘误的内容)或修订版均不适用于本部分。然而，鼓励根据本部分达成协议的各方研究是否可使用这些文件的最新版本。凡是不注日期的引用文件，其最新版本适用于本部分。

GB/T 4728.13—1996 电气简图用图形符号 第13部分：模拟元件(idt IEC 60617-13:1993)

GB/T 17573—1998 半导体器件 分立器件和集成电路 第1部分：总则(idt IEC 60747-1:1983)

GB/T 17940—2000 半导体器件 集成电路 第3部分：模拟集成电路(idt IEC 60748-3:1986)

IEC 60617-12:1997 简图用图形符号 第12部分：二进制逻辑元件

IEC 60747-7:2000 半导体器件 分立器件和集成电路 第7部分：双极型晶体管

IEC 60748-2:1997 半导体器件 集成电路 第2部分：数字集成电路

IEC 60748-4:1997 半导体器件 集成电路 第4部分：接口集成电路

3 术语和定义

下列术语和定义适用于本部分。

3.1

线性(功率)增益 linear (power) gain

G_{lin}

功率传输曲线 $P_o(\mathrm{dBm})=f(P_i)$ 中线性工作区的功率增益。

注：在这个区域，$\Delta P_o(\mathrm{dBm})=\Delta P_i(\mathrm{dBm})$。

3.2

线性(功率)增益平坦度 linear (power) gain flatness

ΔG_{lin}

工作在功率传输特性曲线上线性工作区的功率增益平坦度。

3.3

功率增益 power gain

G_P, G

输出功率与输入功率之比。

注：功率增益通常用分贝表示。

3.4

(功率)增益平坦度 (power) gain flatness

ΔG_P

在规定的频率范围内和规定的输入功率条件下所测得的最大功率增益与最小功率增益之差。

3.5

(最大可用)增益控制范围　(maximum available) gain reduction

ΔG_{red}

由增益控制提供的最大功率增益和最小功率增益分贝数之差。

3.6

限幅输出功率

3.6.1

输出功率限幅范围　output power limiting range

增加输入功率,输出功率受到限制的范围。

注:制定规范时,该范围由输入功率的下限和上限值确定。

3.6.2

限幅输出功率　limiting output power

$P_{o(ltg)}$

限幅范围内的输出功率。

3.6.3

限幅输出功率平坦度　limiting output power flatness

$\Delta P_{o(ltg)}$

在输出功率限幅范围内,最大输出功率与最小输出功率之差。

$$\Delta P_{o(ltg)} = P_{o(ltg,max)} - P_{o(ltg,min)}$$

3.7

交调失真　intermodulation distortion

P_n/P_1

在规定的输入功率下,n 阶信号输出功率与基频信号输出功率之比。

3.8

截距点功率(对于交调产物)　power at the intercept point (for intermodulation products)

$P_{n(lp)}$

在图上对作为输入功率(单位为 dBm)函数的输出功率(单位为 dBm)进行外推时,基频的输出功率与 n 阶交调信号的输出功率的延伸线交点处的输出功率。

3.9

输入反射系数的模　magnitude of the input reflection coefficient

输入回波损耗　input return loss

$|s_{11}|$

输出端负载阻抗和源阻抗都为 50 Ω 时,输入端的反射功率与输入端的入射功率之比。

3.10

输出反射系数的模　magnitude of the output reflection coefficient

输出回波损耗　output return loss

$|s_{22}|$

输入端外接阻抗和源阻抗都为 50 Ω 时,输出端的反射功率与输出端的入射功率之比。

3.11

反向传输系数的模　magnitude of the reverse transmission coefficient

隔离度　isolation

$|s_{12}|$

输入端外接阻抗和源阻抗都为 50 Ω 时,输入端输出的功率与输出端输入的功率之比。

3.12

幅度调制对相位调制的转换系数　conversion coefficient of amplitude modulation to phase modulation

$\alpha_{(AM\text{-}PM)}$

输出信号的相位变化量(单位为度)与引起该变化量的输入功率变化量(单位为 dB)之比。

3.13

群延迟时间　group delay time

$t_{d(grp)}$

通过放大器的相移随角频率的变化率。

注:通常群延迟时间非常接近输入输出延迟时间。

3.14

***n* 阶谐波失真比　*n*th order harmonic distortion ratio**

P_{nth}/P_1

在规定输出功率条件下,在器件输出端测得的 n 阶谐波输出功率与基频输出功率之比。

3.15

输出噪声功率　output noise power

P_N

在规定输出功率、频率范围和带宽内的最大输出噪声功率。

3.16

规定负载电压驻波比下杂散度　spurious intensity under specified load VSWR

P_{SP}/P_o

在规定负载电压驻波比的条件下,在器件输出端测得的最大杂散功率与基频功率之比。

4　基本额定值和特性

4.1　总则

4.1.1　电路识别和类型

4.1.1.1　名称和类型

应给出型号识别(器件名称)、电路类型和采用的技术。

微波放大器分成四种类型:

A 型:低噪声放大器;

B 型:自动增益控制放大器;

C 型:限幅放大器;

D 型:功率放大器。

4.1.1.2　一般功能说明

应说明由微波集成电路放大器所完成的功能和应用特性。

4.1.1.3　制造技术

应说明制造技术,例如:半导体单片集成电路、薄膜集成电路、微型组件等。该说明应包括半导体技术的细节,如:MESFET、MISFET、硅双极型晶体管、HBT 等。

4.1.1.4　封装识别

应说明如下几点:

——IEC 和(或)国家外形图的代号,或包括引出端编号的非标准封装图;

——主要封装材料:例如金属、陶瓷、塑料。

4.1.1.5 主要应用

必要时应说明其主要用途。如果器件有限制性的应用，必须在这里说明。

4.2 应用说明

应说明集成电路的应用信息以及其与相关器件的关系。

4.2.1 系统适应性和(或)接口信息

应说明集成电路是否适应应用系统和(或)接口标准或规则。

应给出有关应用系统、设备和电路，如：VSAT 系统、DBS 接收机、微波着陆系统等的详细信息。

4.2.2 总框图

需要时应给出应用系统的框图。

4.2.3 参考数据

应给出能在各派生型号之间比较的最重要特性。

4.2.4 电兼容性

应说明该集成电路与其他特殊集成电路或集成电路族是否电兼容，或是否需要专用接口。

应给出输入和输出电路的细节，例如：输入/输出阻抗、隔直流、漏极开路等。若存在与其他器件的互换性，应予以规定。

4.2.5 相关器件

应在此规定如下(适用时)：

——正常工作所需器件(包括型号、名称和功能)；

——直接连接的外部器件(包括型号、名称和功能)。

4.3 功能规定

4.3.1 详细框图——功能框图

应给出微波集成电路放大器的详细框图或等效电路资料。功能框图应包括如下部分：

1) 功能块；

2) 各独立功能块之间的互连；

3) 功能块中各独立功能单元；

4) 各独立功能块之间的互连；

5) 各外部连接功能；

6) 各功能块间的相互依赖性。

框图应标明各个外部连接的功能，在不会引起混淆的情况下，也可以标明引出端符号和(或)编号。如果封装有金属部分，应标明外部引出端与金属部分的所有连接。必要时应说明与所有相关的外部电气元件的连接。

作为附加资料，可以给出完整的电路图，但不必标明电路元器件值。必须给出功能图形符号。这些可以从图形符号标准中查到，或根据 IEC 60617-12 或 GB/T 4728.13—1996 的规则进行设计。

4.3.2 引出端识别与功能

应在框图上标出所有引出端(电源端，输入或输出端，输入/输出端)。

引出端功能 1)～4)应按下表列出：

引出端编号	引出端符号	1) 引出端名称	2) 功能	引出端功能	
				3) 输入/输出识别	4) 输入/输出电路类型

1) 引出端名称

应给出识别各功能端的引出端名称。应区分：电源端、接地端、空端(NC)、无用端(NU)。

2）功能

应给出引出端功能的简要说明：

——多任务端(即该端有多个功能)的各种功能；

——利用引出端相互连接、编程和(或)将功能选择数据施加到功能选择端(例如模式选择端)，所能选择的集成电路的所有功能。

3）输入/输出识别

应标明输入、输出、输入/输出和多路输入/输出端。

4）输入/输出电路型式

应识别输入和输出电路形式，如：输入/输出阻抗、有无隔直流单元等。

5）接地型式

如封装的底座接地，应予以说明。

例如：

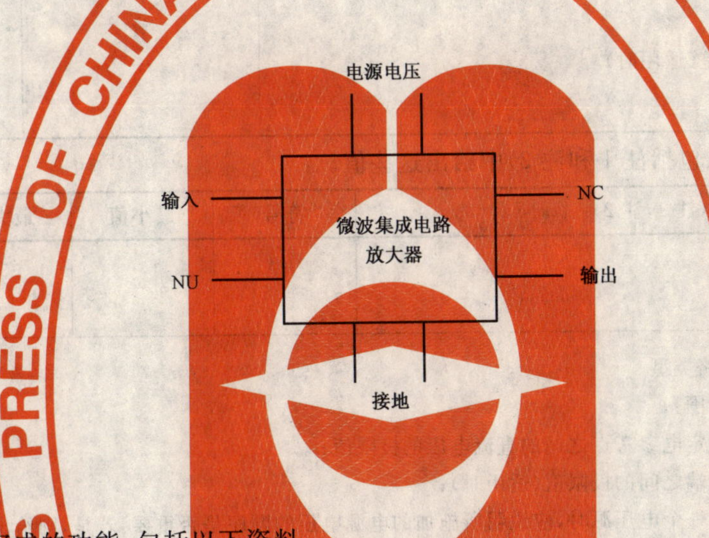

4.3.3 **功能说明**

应规定电路完成的功能，包括以下资料：

——基本功能；

——与外部引出端的关系；

——工作模式(例如：启动方法，优先权等)；

——中断处理。

4.3.4 **族相关特性**

应规定所有的族特定功能(见 IEC 60748-2、GB/T 17940—2000 和 IEC 60748-4)。

如果族中存在额定值、特性和功能特性，应采用 IEC 60748 的相关部分(例如，对于微处理器，见 IEC 60748-2:1997 第Ⅲ章第 3 节)。

注：对于每一个新的器件族，应在 IEC 60748 的相关部分加入特定条款。

4.4 **极限值**(绝对最大额定值体系)

极限值表应包括：

a) 应规定极限条件的相互关系；

b) 如果外部连接和(或)安装元件(例如热沉)对额定值有影响，则应给出这种带有连接和(或)安装元件的集成电路的额定值；

c) 如果瞬时过载超过极限值，应说明最大过载和持续时间；

d) 在器件工作期间，有不同的最小值和最大值时，应予以规定；

e) 所有电压是对规定参考端而言(V_{SS}，G_{ND}等)；

f) 规定最大值和(或)最小值时，制造商应说明是参数的绝对值还是代数值；

g) 给出的额定值必须覆盖多功能集成电路在整个规定工作温度范围内的工作。如果额定值与温度相关,应说明这种相关性。

4.4.1 电极限值

电极限值应按如下规定:

参　数	最小值	最大值
(1) 电源电压	+	+
(2) 电源电流(适用时)		+
(3) 输入电压(适用时)	+	+
(4) 输出电压(适用时)	+	+
(5) 输入电流(适用时)		+
(6) 输出电流(适用时)		+
(7) 其他端电压(适用时)	+	+
(8) 其他端电流(适用时)		+
(9) 输入和输出间的电压差(适用时)	+	+
(10) 耗散功率		+

详细规范可在下表(包括注 1 和注 2)中给出这些值。

参数(注 1,注 2)	符号	最小值	最大值	单位

注 1:适用时,根据电路类型。

注 2:对于电源电压范围:

——电源端与规定电参考点之间的直流电压的极限值;

——规定的电源端之间的极限值(适用时);

——当需要不止一个电压源时,应说明所施加的电源电压的顺序是否重要:若是,则给出顺序;

——当需要不止一个电源时,必要时应规定电源电压和电流额定值的组合。

4.4.2 温度

a) 工作温度;

b) 贮存温度;

c) 沟道温度(仅对 C 型和 D 型放大器);

d) 引线温度(对引线焊接的器件)。

详细规范可在下表(包括注)中给出这些值。

参数(注)	符号	最小值	最大值	单位

注:适用时,根据电路类型。

4.5 工作条件(在规定工作温度范围内)

工作条件不被检验但可用于质量评定。

4.5.1 正和(或)负电源电压

4.5.2 初始化顺序(适用时)

若需规定初始化顺序,应规定电源施加顺序和初始化程序。

4.5.3 输入电压(适用时)

4.5.4 输出电流(适用时)

4.5.5 其他端的电压和(或)电流值(适用时)

4.5.6 外部元件(适用时)

4.5.7 工作温度范围

4.6 电特性

除另有规定外，特性应适用于全工作温度范围。

应在下述温度下规定 4.6.1 和 4.6.2 中的特性：

a) 规定的工作温度范围，或

b) 25℃、最高工作温度和最低工作温度。

4.6.1 静态特性

各类放大器应规定的参数如下：

参数	最小值	典型值[a]	最大值	类型			
				A	B	C	D
4.6.1.1 电源电流	+	+	+	+	+	+	+
4.6.1.2 热阻			+			+	+
[a] 任选。							

详细规范中可列表给出各值：

特性	符号	条件	最小值	典型值[a]	最大值	单位
[a] 任选。						

4.6.2 动态或交流特性

应给出 4.5.1 中规定的推荐电源电压范围内电的最坏条件下的动态或交流电特性。

各类放大器应规定的参数如下：

参数(注 1)	最小值	最大值	类型			
			A	B	C	D
4.6.2.1 线性增益	+		+	+		+
4.6.2.2 线性增益平坦度		+	+	+		+
4.6.2.3 功率增益	+			+		+
4.6.2.4 功率增益平坦度		+		+		+
4.6.2.5 增益控制范围	+			+		
4.6.2.6 输出功率	+			+		+
4.6.2.7 1 dB 增益压缩输出功率	+			+		+
4.6.2.8 限幅输出功率	+	+			+	
4.6.2.9 限幅输出功率平坦度		+			+	
4.6.2.10 交调失真		+			+	+
4.6.2.11 截距点功率	+				+	+
4.6.2.12 噪声系数		+	+			
4.6.2.13 输入反射系数的模(输入回波损耗)	+		+	+	+	+
4.6.2.14 输出反射系数的模(输出回波损耗)	+		+	+		+[b]
4.6.2.15 反向传输系数的模(隔离度)	+		+	+	+	+
4.6.2.16 幅度调制对相位调制的转换系数(适用时)		+			+	+
4.6.2.17 群延迟时间(适用时)		+		+	+	+

表(续)

参数(注 1)	最小值	最大值	类型 A	类型 B	类型 C	类型 D
4.6.2.18 自动增益控制时间常数[a]						
4.6.2.19 功率附加效率(适用时)	+					+
4.6.2.20 *n* 阶谐波失真比(适用时)(注 2)		+				+
4.6.2.21 输出噪声功率(适用时)		+				+
4.6.2.22 在规定负载电压驻波比下杂散度(适用时)(注 2)		+				+

注 1:B型和D型放大器需选择 4.6.2.1、4.6.2.2 和 4.6.2.7 的参数或 4.6.2.3、4.6.2.4 和 4.6.2.6 的参数。
注 2:单位通常为 dBc。

a 在考虑中。
b 任选。对于D型放大器,器件有时需要大信号工作条件而不是小信号。虽然两种工作条件下术语的定义是相同的,但对于大信号工作条件和小信号工作条件应规定不同的测试方法。

详细规范可列表给出这些值:

特性	符号	条件	最小值	典型值[a]	最大值	单位

a 任选。

4.7 **机械和环境额定值、特性和数据**

应规定适用的机械和环境额定值(见 GB/T 17573—1998 第Ⅵ篇第 7 章)。

4.8 **附加资料**

适用时,应给出以下资料。

4.8.1 **输入和输出等效电路**

根据输入和输出电路的类型应给出详细信息,例如:输入/输出阻抗、隔直流、漏极开路等。

4.8.2 **内部保护电路**

应说明集成电路是否含有抗强静电电压或电场的内部保护电路。

4.8.3 **外接电容**

若需要输入/输出隔直流电容器,应给出电容值。

4.8.4 **热阻**

4.8.5 **与其他类型电路的互连**

适用时,应给出与其他电路互连的细节,如 AGC 的检波器电路、读出放大器、缓冲器。

4.8.6 **外部连接元件的影响**

可给出表示外部连接元件影响放大器特性的曲线或数据。

4.8.7 **对相关器件的建议**

例如,对于高频器件,应说明电源的去耦。

4.8.8 **注意事项**

适用时,应说明电路的注意事项(见 GB/T 17573—1998 第Ⅸ篇)。

4.8.9 **应用数据**

4.8.10 **其他应用资料**

4.8.11 **数据单发布日期**

5 测试方法

5.1 总则

5.1.1 特性阻抗

本部分中电路图所示的测试系统的输入输出阻抗为 50 Ω。如果不是 50 Ω,应规定其值。

5.1.2 一般注意事项

采用 GB/T 17573—1998 第Ⅶ篇第 1 章列出的一般注意事项。另外,应注意使用低纹波直流电源以及在测试频率下对所有偏置电源电压充分去耦。要特别注意输出功率测试电路的负载阻抗。

功率的单位为“dBm”。单位“dBm”表示相对 1 mW 的分贝数。

5.1.3 注意事项

当操作静电敏感器件时,应遵守 GB/T 17573—1998 第Ⅸ篇中的操作注意事项。

5.1.4 类型

本部分中的器件有封装和芯片两种型式,应用适用的测试夹具进行测试。

5.2 线性(功率)增益(G_{lin})

5.2.1 目的

测量规定条件下的线性增益。

5.2.2 电路图

测试电路见图 1。

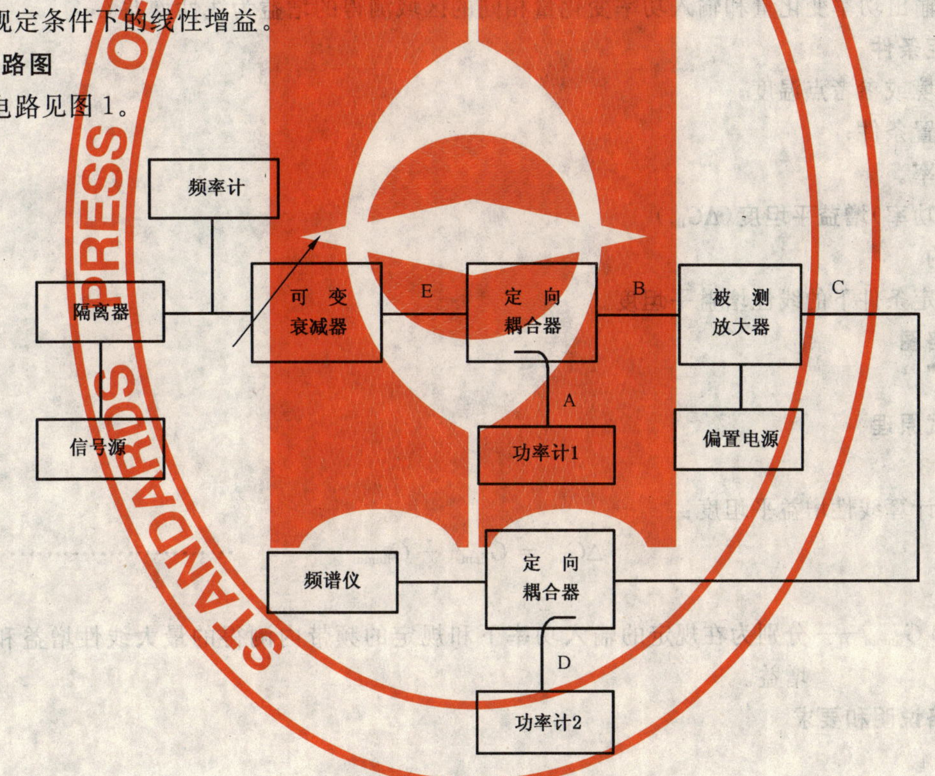

图 1 线性增益测试电路

5.2.3 测试原理

图 1 所示电路图中,被测放大器的输入功率 P_i 和输出功率 P_o 由下式计算:

$$P_i = P_1 + L_1 \quad\cdots\cdots(1)$$

$$P_o = P_2 + L_2 \quad\cdots\cdots(2)$$

式中:

P_1 和 P_2——分别为功率计 1 和 2 的读数;

$$L_1 = L_A - L_B$$

L_A 和 L_B——分别为图 1 中从 E 点到 A 点和从 E 点到 B 点的损耗;

L_2——图 1 中从 C 点到 D 点的电路损耗。P_i、P_o、P_1 和 P_2 单位为 dBm，L_1 和 L_2 单位为 dB。

由公式(1)和(2)得出功率增益 G_P(dB)：

$$G_P = P_o - P_i \quad \cdots\cdots(3)$$

线性增益 G_{lin} 是在输出功率变化量(dB)和输入功率变化量相同的区域测得的功率增益。

5.2.4 电路说明和要求

隔离器的作用是使被测器件的功率保持恒定，不受输入阻抗失配的影响。

应预先测得电路损耗 L_1 和 L_2。

5.2.5 注意事项

在测试期间应消除频谱仪监测到的振荡现象。负载应能承受馈入的功率。

信号源的谐波或杂波响应应降至可以忽略不计。

5.2.6 测试程序

a) 将信号源的频率调到规定值；

b) 加上规定的偏置条件；

c) 给被测器件施加适当的输入功率；

d) 改变输入功率，使输出功率变化量(dB)与输入功率变化量相同；

e) 在输出功率变化量和输入功率变化量相同的区域测得的增益为线性增益 G_{lin}。

5.2.7 规定条件

——环境或参考点温度；

——偏置条件；

——频率。

5.3 线性(功率)增益平坦度(ΔG_{lin})

5.3.1 目的

测量规定条件下的线性增益平坦度。

5.3.2 电路图

见图 1。

5.3.3 测试原理

见 5.2.3。

由下式计算线性增益平坦度：

$$\Delta G_{lin} = G_{linmax} - G_{linmin} \quad \cdots\cdots(4)$$

式中：

G_{linmax} 和 G_{linmin}——分别为在规定的输入功率下和规定的频带内测得的最大线性增益和最小线性增益。

5.3.4 电路说明和要求

见 5.2.4。

5.3.5 注意事项

见 5.2.5。

5.3.6 测试程序

a) 将信号源的频率调到规定值；

b) 加上规定的偏置条件；

c) 给被测器件施加适当的输入功率；

d) 改变输入功率，使输出功率变化量(dB)与输入功率变化量相同；

e) 确定测量线性增益的适当的输入功率；

f) 在相同的输入功率下，在规定的频带内改变频率值；

g) 在规定的频带内,测得最大线性增益 G_{linmax} 和最小线性增益 G_{linmin};

h) 由公式(4)计算线性增益平坦度 ΔG_{lin}。

5.3.7 规定条件

——环境或参考点温度;

——偏置条件;

——频率范围。

5.4 功率增益(G_P)

5.4.1 目的

测量规定条件下的功率增益。

5.4.2 电路图

见图1。

5.4.3 测试原理

见5.2.3。

5.4.4 电路说明和要求

见5.2.4。

5.4.5 注意事项

见5.2.5。

5.4.6 测试程序

a) 将信号源的频率调到规定值;

b) 加上规定的偏置条件;

c) 给被测器件施加规定的输入功率 P_i;

d) 测量输出功率 P_o。

5.4.7 规定条件

——环境或参考点温度;

——偏置条件;

——频率;

——输入功率。

5.5 (功率)增益平坦度(ΔG_P)

5.5.1 目的

测量规定条件下的功率增益平坦度。

5.5.2 电路图

见图1。

5.5.3 测试原理

见5.2.3。

由下式计算功率增益平坦度:

$$\Delta G_P = G_{Pmax} - G_{Pmin} \quad \cdots\cdots (5)$$

式中:

G_{Pmax} 和 G_{Pmin}——分别在规定的输入功率下和规定的频带内测得的最大功率增益和最小功率增益。

5.5.4 电路说明和要求

见5.2.4。

5.5.5 注意事项

见5.2.5。

5.5.6 测试程序

a) 将信号源的频率调到规定值；

b) 加上规定的偏置条件；

c) 给被测器件施加输入功率 P_i；

d) 测量输出功率 P_o；

e) 由公式(3)计算功率增益；

f) 在相同的输入功率下，在规定的频带内，连续改变频率值；

g) 在规定的频带内，测得最大功率增益 G_{Pmax} 和最小功率增益 G_{Pmin}；

h) 由公式(5)计算功率增益平坦度。

5.5.7 规定条件

——环境或参考点温度；

——偏置条件；

——频率范围；

——输入功率。

5.6 (最大可用)增益控制范围(ΔG_{red})

5.6.1 目的

测量规定条件下的 AGC 放大器的增益控制范围。

5.6.2 电路图

见图 1，偏置电源包括 AGC 偏置。

5.6.3 测试原理

见 5.2.3。

5.6.4 电路说明和要求

见 5.2.4。

5.6.5 注意事项

见 5.2.5。

5.6.6 测试程序

a) 将信号源的频率调到规定值；

b) 加上规定的偏置条件；

c) 将 AGC 偏置设置到能提供最大线性增益 G_{linmax} 的规定值；

d) 给被测器件施加适当的输入功率 P_i；

e) 改变输入功率，使输出功率变化量(dB)与输入功率变化量相同；

f) 在输出功率变化量与输入功率变化量相同的区域测得的增益就是最大线性增益 G_{linmax}；

g) 将 AGC 偏置设置到能提供最小线性增益 G_{linmin} 的规定值；

h) 用同样的方法测出最小线性增益(dB)。

$$\Delta G_{red} = G_{linmax} - G_{linmin} \qquad (6)$$

5.6.7 规定条件

——环境或参考点温度；

——偏置条件；

——频率；

——能提供最大线性增益和最小线性增益的 AGC 偏置。

5.7 限幅输出功率($P_{o(ltg)}$)、限幅输出功率平坦度($\Delta P_{o(ltg)}$)

5.7.1 目的

测量规定条件下的限幅输出功率和限幅输出功率平坦度。

5.7.2 电路图

见图 1。

5.7.3 测试原理

见 5.2.3。

5.7.4 电路说明和要求

见 5.2.4。

5.7.5 注意事项

见 5.2.5。

5.7.6 测试程序

a) 将信号源的频率调到规定值；

b) 加上规定的偏置条件；

c) 给被测器件施加输入功率 P_i；

d) 测出输出功率 P_o；

e) 在规定的输入功率的上、下限内，改变输入功率，测出最小输出功率($P_{o(ltg,min)}$)和最大输出功率($P_{o(ltg,max)}$)；

f) 由下式计算限幅输出功率($P_{o(ltg)}$)和限幅输出功率平坦度($\Delta P_{o(ltg)}$)：

$$P_{o(ltg)} = P_{o(ltg,max)} \quad \cdots\cdots(7)$$

$$\Delta P_{o(ltg)} = P_{o(ltg,max)} - P_{o(ltg,min)} \quad \cdots\cdots(8)$$

5.7.7 规定条件

——环境或参考点温度；

——偏置条件；

——频率；

——输入功率的下限；

——输入功率的上限。

5.8 输出功率(P_o)

5.8.1 目的

测量规定条件下的输出功率。

5.8.2 电路图

见图 1。

5.8.3 测试原理

见 5.2.3。

5.8.4 电路说明和要求

见 5.2.4。

5.8.5 注意事项

见 5.2.5。

5.8.6 测试程序

a) 将信号源的频率调到规定值；

b) 加上规定的偏置条件；

c) 给被测器件施加适当的输入功率 P_i；

d) 测出输出功率 P_o。

5.8.7 规定条件

——环境或参考点温度；

——偏置条件；

——频率范围；

——输入功率。

5.9 1 dB 增益压缩输出功率($P_{o(1dB)}$)

5.9.1 目的

测量规定条件下的 1 dB 增益压缩输出功率。

5.9.2 电路图

见图 1。

5.9.3 测试原理

见 5.2.3。

1 dB 增益压缩输出功率($P_{o(1\ dB)}$)是在增益比线性增益下降 1 dB 时的输出功率。

5.9.4 电路说明和要求

见 5.2.4。

5.9.5 注意事项

见 5.2.5。

5.9.6 测试程序

a) 将信号源的频率调到规定值;

b) 加上规定的偏置条件;

c) 给被测器件施加适当的输入功率 P_i;

d) 改变输入功率,使输出功率变化量(dB)与输入功率变化量相同;

e) 在输出功率变化量(dB)与输入功率变化量相同的区域测得的增益是线性增益 G_{lin};

f) 增加输入功率直到增益比线性增益 G_{lin} 下降 1 dB;

g) 测量 1 dB 增益压缩输出功率。

5.9.7 规定条件

——环境或参考点温度;

——偏置条件;

——频率。

5.10 噪声系数(F)

5.10.1 目的

测量规定条件下的噪声系数。

5.10.2 电路图

测试电路见图 2。

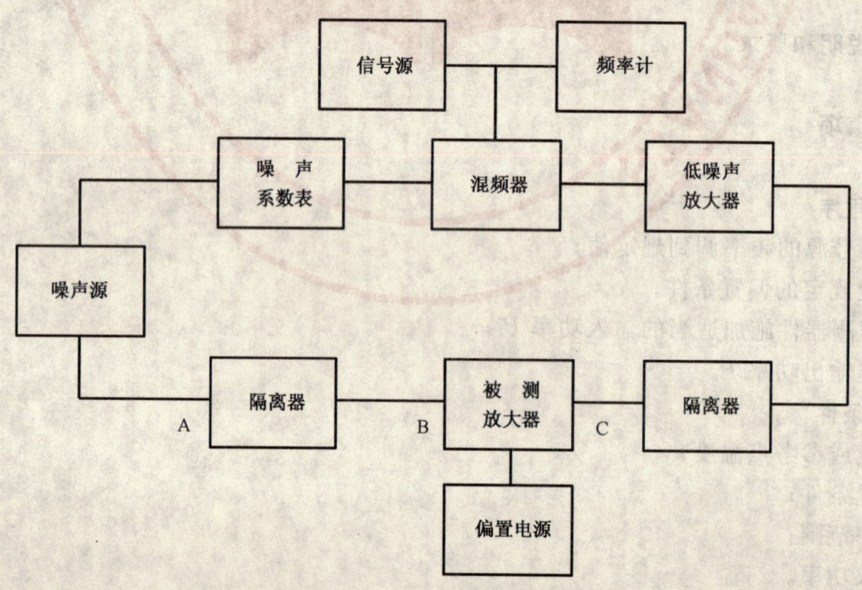

图 2 噪声系数的基本测试电路

5.10.3 **测试原理**

由下式计算被测器件的噪声系数 F：

$$F = 10\lg\left[10^{(F_{12}-L_1)/10} - \frac{10^{(F_2/10)}-1}{10^{(G_{\text{lin}}/10)}}\right] \quad \cdots\cdots(9)$$

式中：

F_{12}——总噪声系数；

L_1——从 A 点到 B 点的电路损耗；

F_2——输出端 C 点之后的噪声系数；

G_{lin}——被测器件的线性增益。

F_{12}、F_2、G_{lin}和 L_1 单位为 dB。

采用热态和冷态测试方法测试噪声系数。

F_{12}、F_2、G_{lin}由下式计算：

$$F_{12} = 10\lg\left(\frac{10^{ENR/10}}{(P_{\text{N1}}/P_{\text{N2}})-1}\right) \quad \cdots\cdots(10)$$

$$F_2 = 10\lg\left(\frac{10^{ENR/10}}{(P_{\text{N3}}/P_{\text{N4}})-1}\right) \quad \cdots\cdots(11)$$

$$G_{\text{lin}} = 10\lg\left(\frac{P_{\text{N1}}-P_{\text{N2}}}{P_{\text{N3}}-P_{\text{N4}}}\right) \quad \cdots\cdots(12)$$

式中：

ENR——噪声源的超噪比,dB；

P_{N1}和 P_{N2}——分别为在噪声源热态和冷态条件下所测得的噪声功率,W；

P_{N3}和 P_{N4}——图 2 中把 A 点与 C 点直接连接时,分别在噪声源热态和冷态条件下所测得的噪声功率,W。

测试温度为 290 K。

5.10.4 **电路说明和要求**

电路损耗 L_1 应预先测得。

5.10.5 **注意事项**

为避免受干扰信号的影响,应对整个电路进行屏蔽和接地。在单边带(SSB)条件下测量噪声系数时,应注意由混频器产生的镜像和其他杂波响应。

这些杂波响应应降至可以忽略不计。

5.10.6 **测试程序**

a) 将信号源的频率调到规定值；

b) 为了测量测试系统产生的噪声,不接入被测器件连接图 2 中 A 点与 C 点；

c) 分别测量噪声源热态和冷态对应的噪声功率 P_{N3}和 P_{N4}；

d) 按图 2 所示接入被测器件；

e) 加上规定的偏置条件；

f) 分别测量噪声源热态和冷态对应的噪声功率 P_{N1}和 P_{N2}；

g) 由公式(9)～(12)计算噪声系数(dB)。

注：必要时,对被测器件的输入和输出阻抗进行调配。

5.10.7 **规定条件**

——环境或参考点温度；

——偏置条件；

——频率；

——单边带或双边带。

5.11 交调失真(P_n/P_1)(双频)

5.11.1 目的

测量规定条件下的交调失真。

5.11.2 电路图

测试电路见图 3。

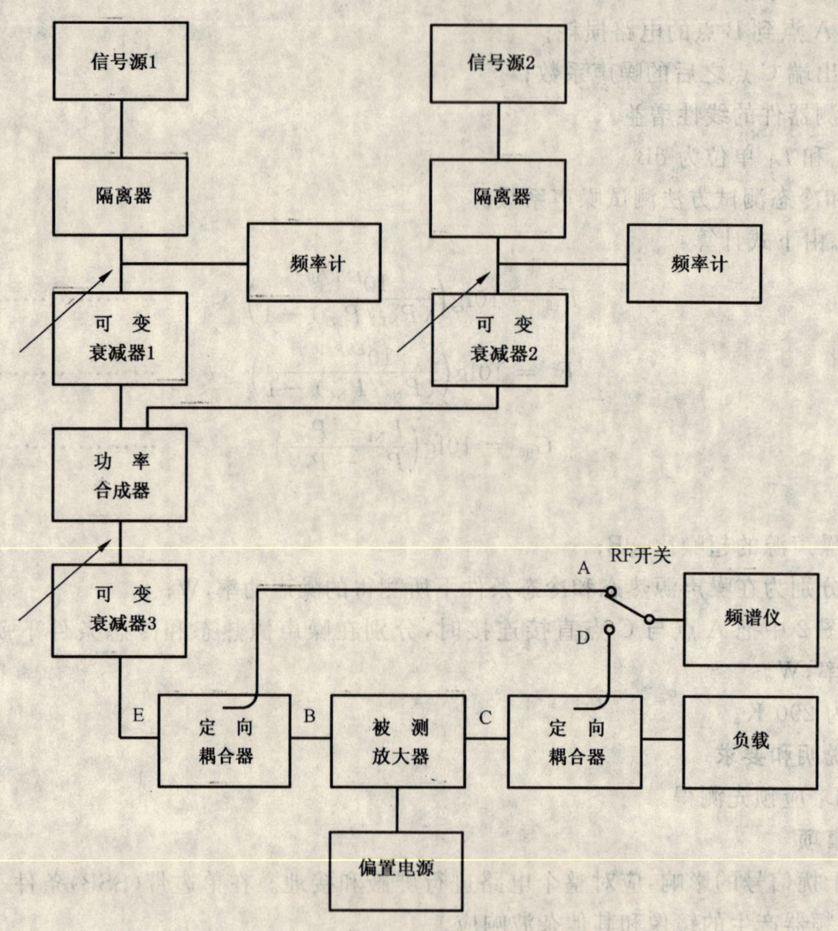

图 3 双频交调失真的基本测试电路

5.11.3 测试原理

在图 3 中，被测器件的输入功率 P_i、输出功率 P_o 和 P_n 由下式计算：

$$P_i = P_a + L_1 \quad \cdots\cdots(13)$$

$$P_o = P_b + L_2 \quad \cdots\cdots(14)$$

$$P_n = P_c + L_2 \quad \cdots\cdots(15)$$

式中：

P_o 和 P_n——分别为基频信号和交调失真的输出功率；

P_a、P_b 和 P_c——分别为与 P_i，P_o 和 P_n 对应的频谱仪指示值；

L_1——为损耗 L_A 和 L_B 的差值。这里 L_A 为图 3 中 E 点到 A 点的损耗，L_B 为图 3 中 E 点到 B 点的损耗；

L_2——为图 3 中 C 点到 D 点的电路损耗。

P_i、P_o、P_n、P_a、P_b 和 P_c 的单位为 dBm。L_1 和 L_2 的单位为 dB。

交调失真 P_n/P_1(单位为 dBc)由公式(14)和公式(15)导出：

$$P_n/P_1 = P_n - P_o = P_c - P_b \quad \cdots\cdots(16)$$

5.11.4 **电路说明和要求**

见5.2.4。

可以省掉可变衰减器3。

5.11.5 **注意事项**

见5.2.5。

开关连接至A点时,D点最好接负载;反过来也一样。

5.11.6 **测试程序**

a) 按规定施加偏置;

b) 开关接到A点;

c) 开启信号源1,将基频信号加至被测器件,用频谱仪和可变衰减器1来使信号功率 P_i 达到规定值;

d) 开启信号源2,将另一个信号加至被测器件,用频谱仪和可变衰减器2来使该信号幅度与基频信号相等;

e) 开关接到D点;

f) 由频谱仪测出基频信号和交调产物的输出功率 P_b 和 P_c(单位为dBm);

g) 规定输入功率 P_i 下的交调失真由公式(13)~(16)计算得出。

5.11.7 **规定条件**

——环境或参考点温度;

——偏置条件;

——输入功率;

——频率。

5.12 **截距点功率(对于交调产物)($P_{n(IP)}$)**

5.12.1 **目的**

测量规定条件下交调产物的截距点功率。

5.12.2 **电路图**

见5.11.2。

5.12.3 **测试原理**

见5.11.3。

5.12.4 **电路说明和要求**

见5.11.4。

5.12.5 **注意事项**

见5.11.5。

5.12.6 **测试程序**

a) 施加规定条件下的偏置;

b) 开关接到A点;

c) 开启信号源1,将基频信号加至被测器件,用频谱仪和可变衰减器1来使信号功率 P_i 达到规定值;

d) 开启信号源2,将另一个信号加至被测器件,用频谱仪和可变衰减器2来使该信号幅度与基频信号相等;

e) 开关接到D点;

f) 由频谱仪测出基频信号和规定交调产物的输出功率;

g) 用可变衰减器3改变输入信号的功率值,在规定范围内重复以上程序;

h) 将得到的数据绘成曲线;

i) 将基频信号和交调产物的线性区延伸;

j) 两延伸线的交点对应的输出功率即是在5.12.7规定的条件下交调产物(即二阶、三阶等)的截距点功率。

5.12.7 规定条件

——环境或参考点温度;

——偏置条件;

——输入功率;

——频率;

——输入功率范围。

5.13 输入反射系数的模(输入回波损耗)($|s_{11}|$)

5.13.1 目的

测量规定条件下输入反射系数的模(输入回波损耗)。

5.13.2 电路图

测试电路见图4。

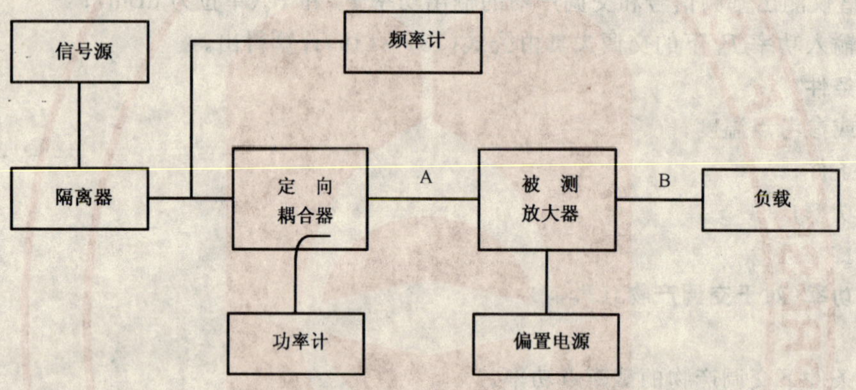

图4 输入/输出反射系数的模(输入/输出回波损耗)的测试电路

注:可用网络分析仪测量反射系数的模(输入/输出回波损耗)。

5.13.3 测试原理

在本方法中,反射系数的模用回波损耗来表示,回波损耗较常用。回波损耗的符号与反射系数的模(单位为dB)相反。

输入回波损耗可由下式计算:

$$|s_{11}| = P_1 - P_2 \qquad (17)$$

式中:

P_1——A点传输线短路或开路时测得的功率,dBm;

P_2——接入被测器件时测得的功率,dBm。

5.13.4 电路说明和要求

隔离器的作用是使被测器件功率保持恒定,不受输入阻抗失配的影响。

被测器件的输入端与定向耦合器相连,其他射频端接上负载。

为避免被测器件回波损耗出现较大的误差,定向耦合器应有足够的定向性。

5.13.5 注意事项

见5.1.2。

5.13.6 测试程序

a) 将信号源的频率调到规定值;

b) 将A,B点断开;

c) A点传输线短路或开路；

d) 将功率计的读数记为P_1；

e) 在A,B点间接入被测器件；

f) 加上规定的偏置条件；

g) 将功率计的读数记为P_2；

h) 由公式(17)计算出回波损耗。

5.13.7 规定条件

——环境或参考点温度；

——偏置条件；

——频率；

——输入功率。

5.14 输出反射系数的模(输出回波损耗)($|s_{22}|$)

对器件的所有工作条件来说，输出反射系数的模$|s_{22}|$的定义是唯一的。然而，必须针对工作条件选择不同的测试方法。注意$|s_{22}|$值取决于输出功率的大小。

5.14.1中描述的测试方法是在小信号工作条件下进行的，而5.14.2是大信号工作条件的测试方法。

5.14.1 小信号工作条件下的输出反射系数的模(输出回波损耗)

5.14.1.1 目的

测量在规定的小信号工作条件下输出反射系数的模(输出回波损耗)。

5.14.1.2 电路图

见图4。

5.14.1.3 测试原理

见5.13.3。

输出回波损耗由下式计算：

$$|s_{22}| = P_1 - P_2 \quad \cdots\cdots(18)$$

式中：

P_1——A点传输线短路或开路时测得的功率，dBm；

P_2——接入被测器件时测得的功率，dBm。

5.14.1.4 电路说明和要求

隔离器的作用是使被测器件的功率保持恒定，不受输入阻抗失配的影响。

被测器件的输出端与定向耦合器相连，其他射频端接上负载。

为避免被测器件回波损耗出现较大的误差，定向耦合器应有足够的定向性。

5.14.1.5 注意事项

见5.1.2。

5.14.1.6 测试程序

a) 将信号源的频率调到规定值；

b) 将A、B点断开；

c) A点传输线短路或开路；

d) 将功率计的读数记为P_1；

e) 在A、B点间接入被测器件；

f) 加上规定的偏置条件；

g) 将功率计的读数记为P_2；

h) 由公式(18)计算输出回波损耗。

5.14.1.7 规定条件

——环境或参考点温度；

——偏置条件；

——频率；

——输入功率。

5.14.2 大信号工作条件下的输出反射系数的模(输出回波损耗)

5.14.2.1 目的

测量在规定的大信号工作条件下输出反射系数的模(输出回波损耗)。

5.14.2.2 电路图

测试电路见图 5。

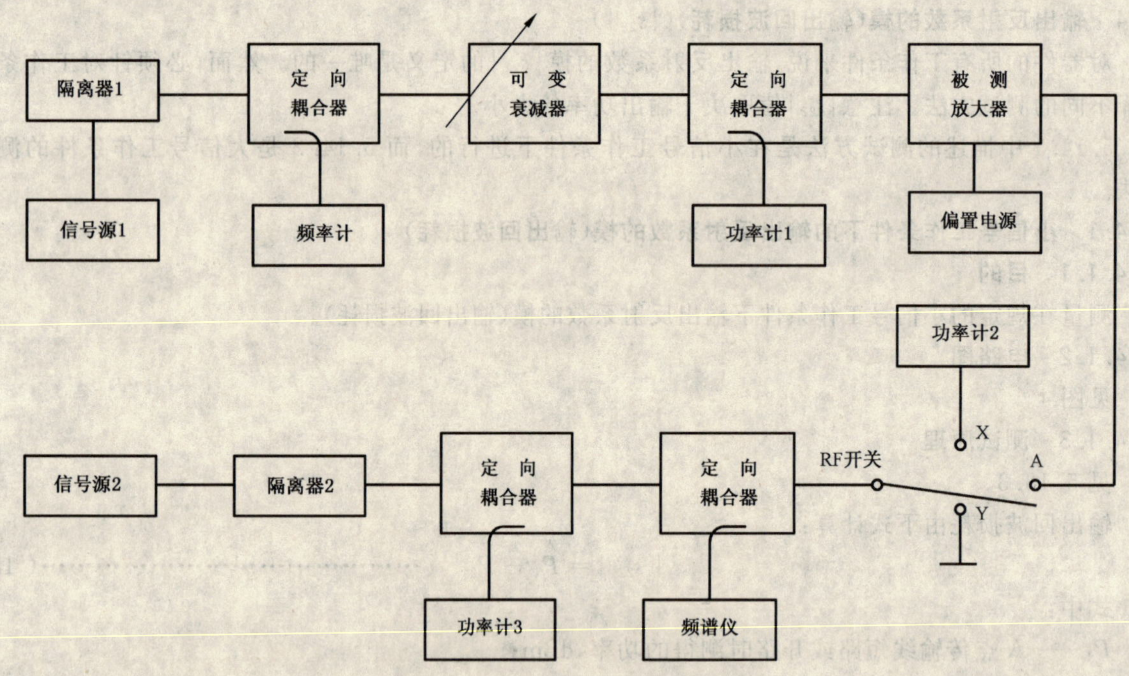

图 5 输出反射系数的测试电路

5.14.2.3 测试原理

见 5.13.3。

输出回波损耗由下式计算：

$$|s_{22}| = P_1 - P_2 \qquad (19)$$

式中：

P_1——RF 开关接到 Y 点时频谱仪显示值，dBm；

P_2——RF 开关接到 A 点时频谱仪显示值，dBm。

5.14.2.4 电路说明和要求

隔离器的作用是使被测器件功率保持恒定，不受输入阻抗失配的影响。

信号源 1 提供被测器件规定的功率，信号源 2 用来测量输出反射系数的模$|s_{22}|$。

5.14.2.5 注意事项

在测试期间，应消除频谱仪监测到的振荡现象。

信号源的谐波和杂波响应降至可以忽略不计。

信号源 1 的频率(f_1)和信号源 2 的频率(f_2)间隔应使被测器件的频率响应可以忽略。

5.14.2.6 测试程序

a) 将信号源1(即输入信号)的频率调到规定值(f_1);

b) 将信号源2(即输出反射信号)的频率调到规定值(f_2);

c) 将RF开关接到X;

d) 应将信号源2的功率调到比被测器件规定输出功率值小20 dB处;

e) 将RF开关接到Y;

f) 记下频谱仪指示的功率值(P_1);

g) 将RF开关接到A;

h) 加上规定的偏置条件;

i) 给被测器件施加规定的功率;

j) 记下频谱仪指示的功率值(P_2);

k) 由公式(19)计算输出回波损耗$|s_{22}|$。

5.14.2.7 规定条件

——环境或参考点温度;

——偏置条件;

——频率;

——输出功率。

5.15 反向传输系数的模(隔离度)($|s_{12}|$)

5.15.1 目的

测量规定条件下反向传输系数的模(隔离度)。

5.15.2 电路图

测试电路见图6。

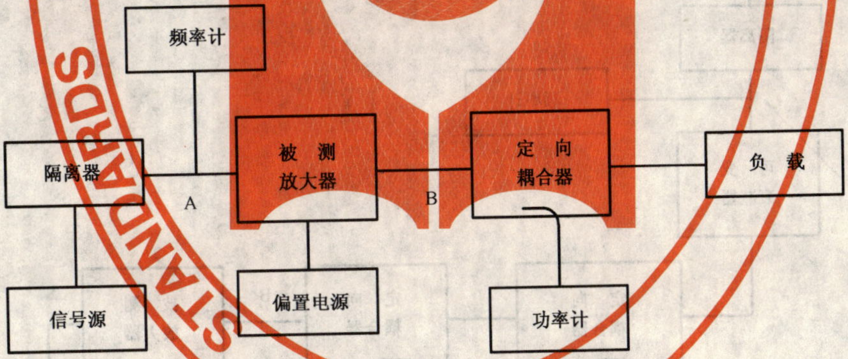

图6 隔离度的测试电路

注:也可用网络分析仪测量反向传输系数的模。

5.15.3 测试原理

被测器件的输出端接隔离器,输入端接负载。

A点的输入功率为P_1,B点的输出功率为P_2。

隔离度由公式(20)计算:

$$|s_{12}| = P_1 - P_2 \quad (20)$$

5.15.4 电路说明和要求

隔离器的作用是使被测器件功率保持恒定,不受输入阻抗失配的影响。

被测器件的输出端接隔离器,输入端接负载。

与被测器件的反向传输系数相比,功率计应有足够大的动态范围。

5.15.5 注意事项

见5.1.2。

5.15.6 测试程序

a) 将信号源的频率调到规定值；

b) 不接入被测器件，直接将A点与B点连接；

c) 将功率计指示的输入功率值记为 P_1；

d) 在A点与B点间接入被测器件；

e) 加上规定的偏置条件；

f) 将功率计指示的输出功率值记为 P_2；

g) 由公式(20)计算隔离度。

5.15.7 规定条件

——环境或参考点温度；

——偏置条件；

——频率；

——输入功率。

5.16 幅度调制对相位调制的转换系数($\alpha_{(AM-PM)}$)

5.16.1 目的

测量规定条件下幅度调制对相位调制的转换系数。

5.16.2 电路图

测试电路见图7。

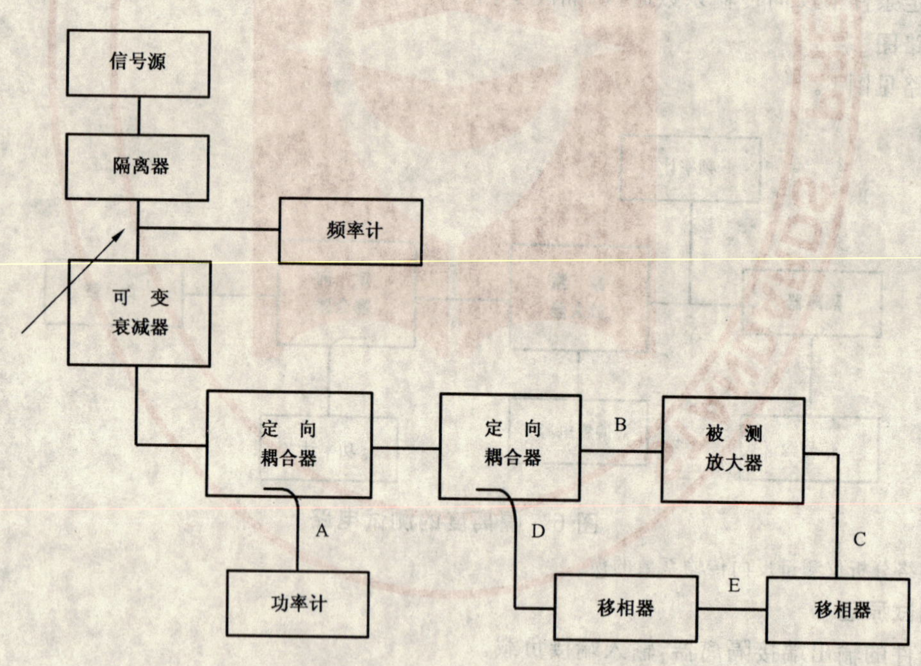

图7 $\alpha_{(AM-PM)}$的基本测试电路

注：也可用网络分析仪测量幅度调制对相位调制的转换系数。

5.16.3 测试原理

在图7电路图中，输入功率 P_i 由下式计算：

$$P_i = P_1 + L_1 \qquad \cdots\cdots(21)$$

式中：

P_1——功率计指示值；

L_1——图 7 中从可变衰减器输出端到 A 点和从可变衰减器输出端到 B 点的电路损耗之差。

电路中输出信号相位 ϕ_0 由下式计算：

$$\phi_0 = \phi_1 - \phi_2 \qquad (22)$$

式中：

ϕ_1、ϕ_2——分别为在规定的输入功率 P_i 下，图 7 中从 B 点到 C 点和从 D 点到 E 点的相位差。

P_i 和 P_1 单位为 dBm。L_1 的单位为 dB。ϕ_0、ϕ_1 和 ϕ_2 的单位为度。

幅度调制对相位调制的转换系数由公式(21)和公式(22)计算：

$$\alpha_{(AM\text{-}PM)} = \Delta\phi_0 / \Delta P_1 \qquad (23)$$

式中：

ΔP_1——通过调节可变衰减器所得到的输入功率变化量；

$\Delta\phi_0$——与输入功率变化量相对应的信号相位变化量。

5.16.4 电路说明和要求

见 5.2.4。

在接入被测器件之前，最好先测出整个电路的信号相位。为便于计算相位变化量，图 7 中移相器调至 $\phi_0=0$。

5.16.5 注意事项

见 5.2.5。

信号源和被测器件的谐波和杂波响应降至可以忽略不计。

5.16.6 测试程序

a) 将信号源的频率调到规定值；

b) 加上规定的偏置条件；

c) 给被测器件施加适当的输入功率 P_i；

d) 测量信号相位 ϕ_1 和 ϕ_2，由公式(22)计算 ϕ_0；

e) 增加输入功率，测试和计算另一个 ϕ_1、ϕ_2 和 ϕ_0；

f) 由公式(23)计算在规定的输入功率下的转换系数 $\alpha_{(AM\text{-}PM)}$。

5.16.7 规定条件

——环境或参考点温度；

——偏置条件；

——输入功率；

——频率；

——输入功率增量。

5.17 群延迟时间($t_{d(grp)}$)

5.17.1 目的

测量规定条件下的群延迟时间。

5.17.2 电路图

见图 7。

注：也可用网络分析仪测量群延迟时间。

5.17.3 测试原理

在图 7 中，输出信号相位 ϕ_0 由下式计算：

$$\phi_0 = \phi_1 - \phi_2 \qquad (24)$$

式中：

ϕ_1 和 ϕ_2——分别是在输入信号角频率为 ω 时 B 点到 C 点和 D 点到 E 点的相位差。

ϕ_0，ϕ_1 和 ϕ_2 的单位为 rad。

ω 的单位为 rad/s。

群延迟时间由公式(24)计算如下：

$$t_{d(grp)} = -\Delta\phi_0/\Delta\omega \quad \cdots\cdots(25)$$

式中：

$\Delta\omega$——输入信号角频率的变化量；

$\Delta\phi_0$——对应于输入角频率变化量的信号相位变化量。

5.17.4 电路说明和要求

见5.2.4。

在安装被测器件之前，应先测出整个电路的信号相位。为便于计算相位变化量，图7中移相器调至$\phi_0=0$。

5.17.5 注意事项

见5.16.5。

5.17.6 测试程序

a) 将信号源的频率调到规定值；

b) 加上规定的偏置条件；

c) 给被测器件施加适当的输入功率；

d) 测量信号相位 ϕ_1 和 ϕ_2，根据公式(24)计算 ϕ_0；

e) 提高输入信号频率，测试和计算另一个 ϕ_1、ϕ_2 和 ϕ_0；

f) 在规定的输入角频率下的群延迟时间 $t_{d(grp)}$ 由公式(25)计算确定。

5.17.7 规定条件

——环境或参考点温度；

——偏置条件；

——输入功率；

——频率；

——输入频率增量。

5.18 功率附加效率(η_{add})

5.18.1 目的

测量规定条件下的功率附加效率。

5.18.2 电路图

测试电路见图8。

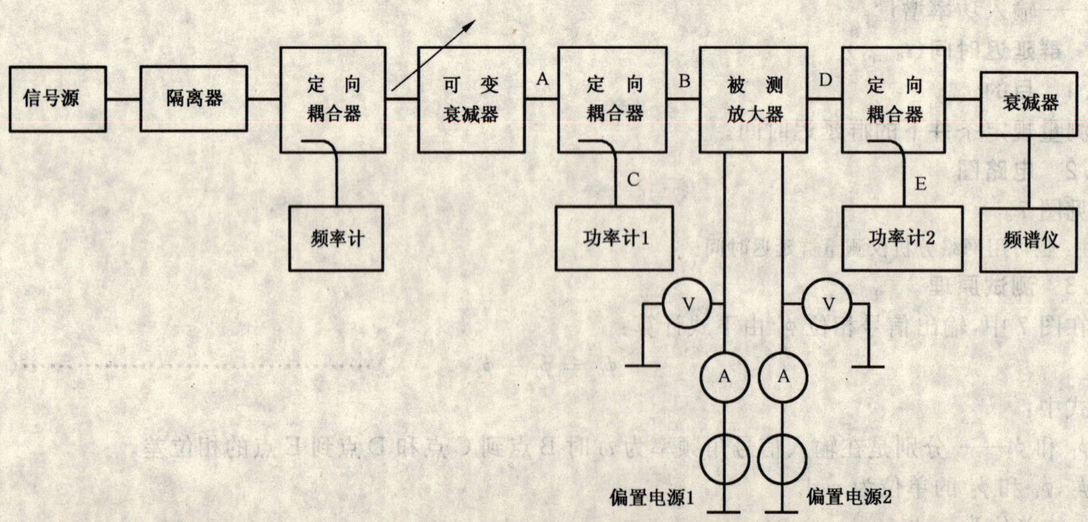

图8 功率附加效率测试电路

5.18.3 测试原理

图 8 中,输入功率 P_i(dBm)和输出功率 P_o(dBm)由下式计算:

$$P_i = P_1 - L_1 \quad \cdots\cdots (26)$$

$$P_o = P_2 + L_2 \quad \cdots\cdots (27)$$

式中:

P_1——功率计 1 的读数,dBm;

P_2——功率计 2 的读数,dBm;

L_1——(从 A 点到 B 点的损耗,dB)-(从 A 点到 C 点的损耗,dB);

L_2——从 D 点到 E 点的损耗,dB。

功率附加效率 η_{add} 由下式计算:

$$\eta_{add} = \frac{(10^{P_o/10} - 10^{P_i/10})/1\,000}{|V_1 I_1| + |V_2 I_2|} \quad \cdots\cdots (28)$$

式中:

V_1——直流电压,单位 V,由偏置电源 1 提供给器件;

I_1——直流电流,单位 A,由偏置电源 1 提供给器件;

V_2——控制直流电压,单位 V,由偏置电源 2 提供给器件;

I_2——控制直流电流,单位 A,由偏置电源 2 提供给器件。

注 1:功率附加效率通常用百分数表示,即:$100 \times \eta_{add}$[η_{add} 由公式(28)求得]。

注 2:由于 P_i 通常比 P_o 小很多,有时在公式(28)中忽略 P_i。

5.18.4 电路说明和要求

偏置电源 2 用于控制被测器件的增益。L_1 和 L_2 应预先测得。

5.18.5 注意事项

由频谱仪监测输出信号和振荡。在测试期间应消除振荡。

信号源的谐波和杂波响应应降至可以忽略不计。

5.18.6 测试程序

a) 将信号源的频率调到规定值;

b) 加上规定的偏置条件;

c) 通过调节 V_2、I_2 或输入功率 P_i 使输出功率 P_o 达到规定值;

d) 测量直流偏置电流和电压;

e) 由公式(28)计算功率附加效率 η_{add}。

5.18.7 规定条件

——环境或参考点温度;

——偏置条件;

——频率;

——输出功率。

5.19 *n* 阶谐波失真比(P_{nth}/P_1)

5.19.1 目的

测量在规定条件下的 *n* 阶谐波失真比 P_{nth}/P_1。

5.19.2 电路图

测试电路见图 9。

5.19.3 测试原理

在图 9 所示电路图中,*n* 阶谐波失真比 P_{nth}/P_1(单位为 dBc)由下式计算得出:

$$P_{nth}/P_1 = P_{nth} - P_1 \quad \cdots\cdots (29)$$

式中：

P_1——由频谱仪测得的基频功率，dBm；

P_{nth}——由频谱仪测得的 n 阶谐波功率，dBm。

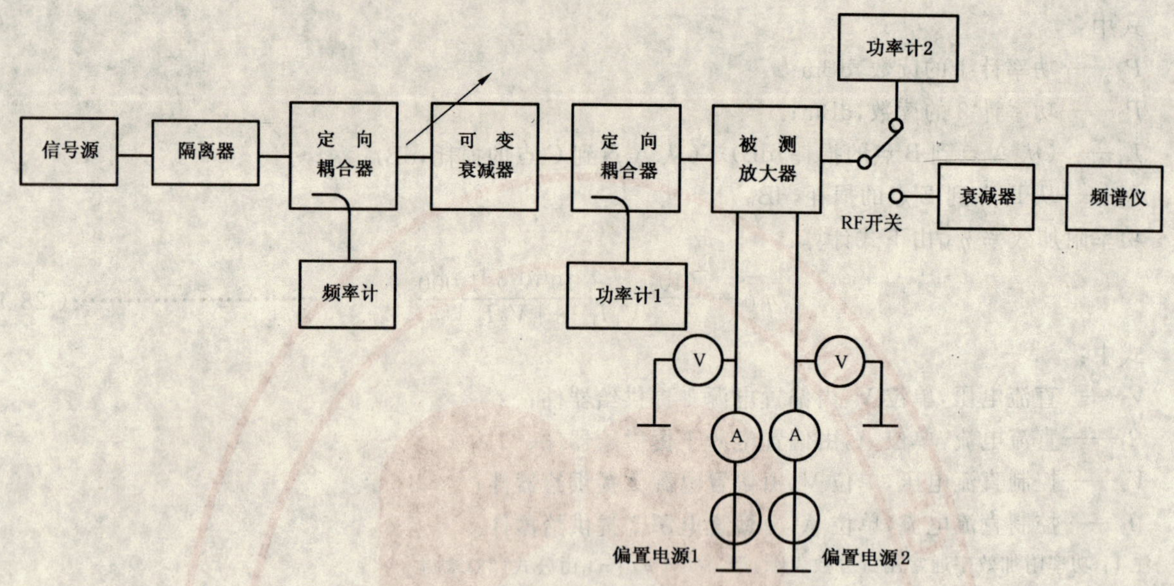

图 9 n 阶谐波失真比的测试电路

5.19.4 电路说明和要求

偏置电源 2 用于控制被测器件的增益。

5.19.5 注意事项

由频谱仪监测输出信号和振荡。在测试期间应消除振荡现象。

信号源的谐波和杂波响应应降至可以忽略不计。

5.19.6 测试程序

a) 将信号源的频率调到规定值；

b) 施加规定的 V_1 或 I_1；

c) 调节 V_2、I_2 或输入功率 P_i 使输出功率 P_o 达到规定值；

d) 由频谱仪测得基频功率 P_1 和 n 阶谐波功率 P_{nth}；

e) 由公式(29)计算 n 阶谐波失真比 P_{nth}/P_1。

5.19.7 规定条件

——环境或参考点温度；

——偏置条件；

——频率(基频)；

——输入功率；

——输出功率。

5.20 输出噪声功率(P_N)

5.20.1 目的

测量规定条件下的输出噪声功率。

5.20.2 电路图

测试电路见图 10。

5.20.3 测试原理

输出噪声功率 P_N 是在规定的噪声测试频率范围内，施加规定频率的规定输入功率 P_i，产生规定的

输出功率 P_o 时由器件产生的最大输出噪声功率。

图 10 中，P_i，P_o，P_N 由下式计算得出：

$$P_i = P_1 - L_1 \quad \cdots\cdots (30)$$

$$P_o = P_2 + L_2 \quad \cdots\cdots (31)$$

$$P_N = P_3 + L_3 \quad \cdots\cdots (32)$$

式中：

P_1——功率计 1 的读数，dBm；

P_2——功率计 2 的读数，dBm；

P_3——在规定噪声功率测试频率范围内，由频谱仪测得的最大值；

L_1——基频下（A 点功率，dBm）－（B 点功率，dBm）；

L_2——基频下（C 点功率，dBm）－（D 点功率，dBm）；

L_3——噪声功率测试频率下，（C 点功率，dBm）－（E 点功率，dBm）。

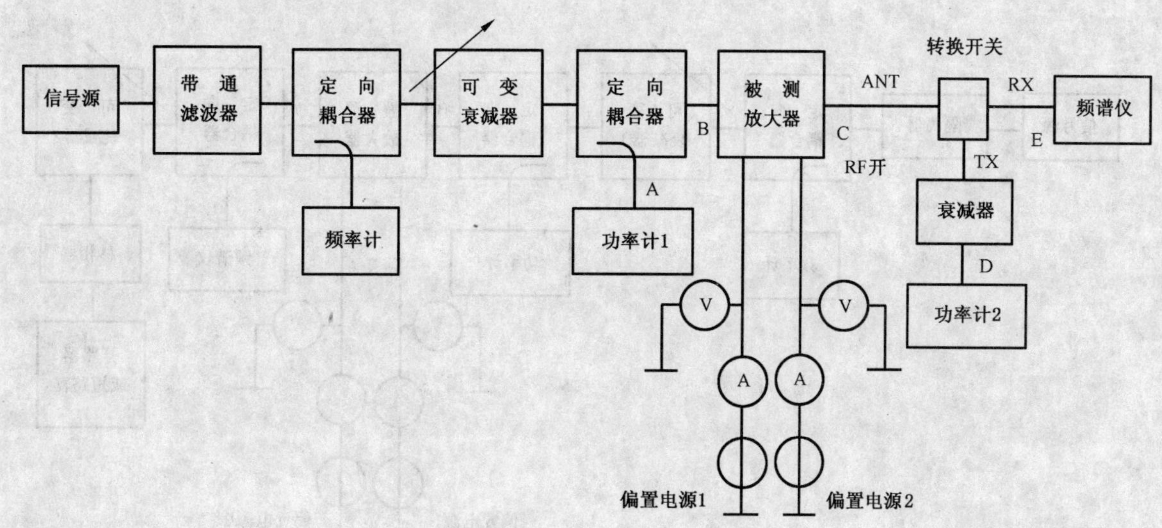

图 10　输出噪声功率的测试电路

5.20.4　电路说明和要求

带通滤波器的通带是基频带（传输频带）。阻带是噪声功率测试频率（接收到的频带），应接入滤波器以降低信号源的噪声。

双工器的 ANT-TX 支路通过基频信号，阻止噪声功率测试频率信号；ANT-RX 支路通过噪声功率测试频率信号，阻止基频信号。双工器的作用在于防止基频信号太强损坏频谱仪。

偏置电源 2 用来实现被测器件的增益控制。

L_1、L_2 和 L_3 应预先测得。

5.20.5　注意事项

在测试期间应消除振荡现象。信号源的谐波和杂波响应应降至可以忽略不计。

必要时，为了增强频谱仪的灵敏度，在双工器和频谱仪之间接入放大器。被接入的放大器的噪声应小到可以忽略。

5.20.6　测试程序

a）　将信号源的频率调到规定值；

b）　加上规定的偏置条件；

c）　调节 V_2、I_2 或输入功率 P_i 使输出功率 P_o 达到规定值；

d）　由频谱仪测量规定噪声频带范围内的最大功率；

e) 由公式(32)计算噪声功率 P_N。

5.20.7 规定条件

——环境或参考点温度；

——偏置条件；

——基频；

——噪声测试频率范围；

——输入功率；

——输出功率。

5.21 在规定负载电压驻波比下的杂散度(P_{SP}/P_o)

5.21.1 目的

通过测试在规定负载电压驻波比下的杂散度来确定规定条件下的稳定度。

5.21.2 电路图

测试电路见图 11。

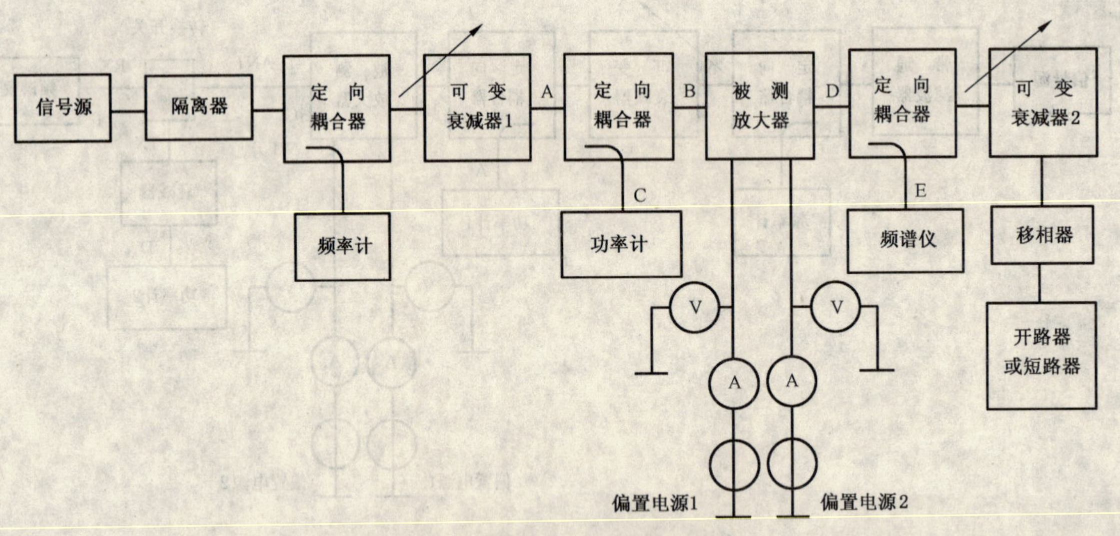

图 11 杂散度的测试电路

5.21.3 测试原理

在图 11 中，输出功率 P_o 和杂散输出功率 P_{SP} 由下式计算：

$$P_o = P_1 + L_1 \qquad (33)$$

$$P_{SP} = P_2 + L_2 \qquad (34)$$

式中：

P_1——由频谱仪指示的基频输出功率，dBm；

P_2——由频谱仪指示的最大杂散输出功率(不包括谐波分量)，dBm；

L_1 和 L_2——分别为 P_1 和 P_2 对应的测试频率下 D 点到 E 点的电路损耗，dB。

杂散度 P_{SP}/P_o(dBc)由下式得出：

$$P_{SP}/P_o = P_{SP} - P_o \qquad (35)$$

5.21.4 电路说明和要求

偏置电源 2 用于控制被测器件的增益。

应预先调节可变衰减器 2 使得在 D 点负载电压驻波比达到规定值。

L_1 和 L_2 应预先测得。

5.21.5 注意事项

信号源的谐波和杂波响应应降至可以忽略不计。

在定向耦合器带外可能发生振荡。

5.21.6 测试程序

a) 将信号源的频率调到规定值；

b) 加上规定的偏置条件；

c) 给被测器件施加规定的输入功率；

d) 在规定相位范围内，改变移相器的相位，找出最大杂散输出；

e) 保持相位不变，用频谱仪测量基频功率 P_1 和杂散输出功率 P_{SP}；

f) 由公式(35)计算杂散度 P_{SP}/P_o。

5.21.7 规定条件

——环境或参考点温度；

——偏置条件；

——输入频率；

——输入功率；

——负载 VSWR；

——负载相位变化范围。